C#高级编程

(第 12 版)

(上册)

[奥] 克里斯琴 • 内格尔(Christian Nagel) 著
李 铭 译

清華大學出版社
北 京

图书在版编目(CIP)数据

C#高级编程：第12版 / (奥) 克里斯琴•内格尔(Chrisitian Nagel) 著；李铭译. —北京：清华大学出版社，2022.10 (2024.4重印)

(开源.NET 生态软件开发)

书名原文：Professional C# and .NET 2021 Edition

ISBN 978-7-302-61877-5

Ⅰ. ①C… Ⅱ. ①克… ②李… Ⅲ. ①C 语言—程序设计 Ⅳ. ①TP312.8

中国版本图书馆 CIP 数据核字(2022)第 173381 号

责任编辑：王　军
装帧设计：孔祥峰
责任校对：马遥遥
责任印制：宋　林

出版发行：清华大学出版社

网　　址：https://www.tup.com.cn，https://www.wqxuetang.com
地　　址：北京清华大学学研大厦 A 座　　邮　　编：100084
社 总 机：010-83470000　　邮　　购：010-62786544
投稿与读者服务：010-62776969，c-service@tup.tsinghua.edu.cn
质 量 反 馈：010-62772015，zhiliang@tup.tsinghua.edu.cn

印 装 者：大厂回族自治县彩虹印刷有限公司
经　　销：全国新华书店
开　　本：170mm×240mm　　印　　张：58　　字　　数：1637 千字
版　　次：2022 年 10 月第 1 版　　印　　次：2024 年 4 月第 2 次印刷
定　　价：198.00 元

产品编号：095365-01

译 者 序

如今，C# 10、.NET 6、Blazor Server、Blazor WebAssembly 以及 WinUI 3，这么多的新功能和工具突然出现在我们面前，着实有些令我们眼花缭乱。套用人们常说的一句话：这是进行 C#开发的一个美好时代。

自从 C#问世以来，每一版都在增加新的功能和特性，C# 10 也不例外。尽管在这个版本中并没有颠覆性的变化，但细节上的完善仍然使得这个语言使用起来更加方便。

.NET 6 是新的 LTS 版本，这意味着从发布时开始，官方会提供 3 年的支持。所以，如果想使用新的功能，并且追求稳定性，.NET 6 是很好的选择。它同样增加了一些新的特性，例如，在进行 JSON 序列化的时候，现在可以使用一个新的 System.Text.Json 库，而不必再借助于 Newtonsoft.Json 库。新的库更快，且需要分配的对象更少。这体现了每一次.NET 迭代的目的：性能更好、使用起来更加方便。

Blazor Server 和 Blazor WebAssembly 是开发交互式 Web 应用程序的一种基于 C#的新技术，所以不需要使用 JavaScript。对于习惯使用 C#的开发人员，这是一个好消息，因为他们可以使用自己熟悉的语言专注业务功能的开发。另一方面，它们又基于.NET，所以可以使用.NET 提供的丰富的库。

WinUI 是新的用户界面技术，其提供的控件独立于 Windows 10 版本，所以，有了新的控件，就马上可以使用，而不需要等待新的 Windows 10 版本发布。

使用这些丰富而强大的工具，能够编写出符合用户需求且性能很高的应用程序。但是，你可能刚刚接触它们，虽然知道它们的强大，但不知道如何使用它们。这个时候，本书就能够提供帮助。

本书作者 Christian Nagel 有着丰富的开发经验，并且已经撰写过多本备受欢迎的 C#和.NET 图书。你可以相信，他不但知道如何使用 C#和.NET，而且知道如何以容易理解的方式，帮助读者学习如何使用 C#和.NET。展现在你面前的这本书讲解的是实际开发中会用到的技术，他的写作风格也不会让你感觉到读后不知所云。

但是，这本书具体讲了些什么呢？本书分为 4 个部分，首先讲解了 C#语言。任何时候，语言都是基础。不学会 C#语言，C#和.NET 开发也就无从谈起。这个部分讲解了 C#语言的方方面面，从基础的变量、类型、运算符，一直讲解到高级的异步编程、反射等。第 II 部分介绍了.NET 库。所谓“工欲善其事，必先利其器”，学会语言后，还要有趁手的工具。.NET 提供的各种库能够使得编写应用程序的过程更加轻松愉快。第 III 部分介绍如何使用 ASP.NET Core 技术来创建 Web 应用程序和服务。学习完前两个部分后，你已经为编写自己的 Web 应用程序打好了基础，但可能仍然不知道如何着手开发。本部分的内容将帮助你灵活运用自己掌握的知识，以及 ASP.NET Core 提供的各种框架和技术，创建出符合用户需求的 Web 应用程序和服务。第 IV 部分介绍如何创建 Windows 应用程序。你将学到如何使用 XAML 代码和 WinUI 创建出具有炫目 UI 的桌面应用程序。

本书的内容可谓包罗万象，可以起到“一站式”学习的作用。通过学习本书，你能够掌握语言，熟悉框架，开发出自己想开发的各种应用程序。当然，如果你已经熟悉书中介绍的一些知识点，则可以有选择地阅读，用这本书来查漏补缺。

总而言之，希望这本书能够为你提供帮助，让你成为更加优秀的开发人员，开发出更多、更好的应用程序。

译　者
2022 年 9 月

作 者 简 介

Christian Nagel 是 Visual Studio 和开发技术方向的 Microsoft MVP，担任微软开发技术代言人(Microsoft Regional Director)已经超过 15 年。Christian 是 CN innovation 公司的创始人，CN innovation 公司提供指导、培训、代码评审服务，并协助使用微软技术设计和开发解决方案。他拥有超过 25 年的软件开发经验。

Christian Nagel 在 Digital Equipment Corporation 公司通过 PDP 11 和 VAX/VMS 系统开始了他的计算机职业生涯，此后接触过各种语言和平台。在 2000 年，.NET 只有一个技术概览版时，他就开始使用各种技术建立.NET 解决方案。目前，他主要指导人们开发和设计基于.NET 和 Microsoft Azure 技术的解决方案，包括 Windows 应用程序、ASP.NET Core 和 MAUI，并帮助他们使用 Microsoft Azure 服务产品。

在软件开发领域工作多年后，Christian 仍然热爱学习和使用新技术，并通过多种形式教别人如何使用新技术。他的 Microsoft 技术知识非常渊博，撰写了很多书，拥有微软认证培训师(MCT)、Azure 开发助理、DevOps 工程师专家和微软认证解决方案开发专家(MCSD)认证。Christian 经常在国际会议(如 Microsoft Ignite(原来的 TechEd)、BASTA!和 TechDays)上发言。他的联系网站见网址 0-1。

技术编辑简介

Rod Stephens 是拥有丰富经验的开发人员和作者，撰写了超过 250 篇杂志文章和 35 本图书，这些作品被翻译为多国文字。在职业生涯中，Rod 开发过各种各样的应用程序，涉及电话交换系统、收费系统、维修调度系统、税务处理系统、废水处理系统、音乐会票务系统、制图系统以及职业足球队的培训系统。

Rod 的 C# Helper 网站(见网址 0-2)很受欢迎，每年获得数百万次点击。该网站为 C#程序员提供提示、技巧和示例程序。他的 VB Helper 网站(见网址 0-3)为 Visual Basic 程序员提供了类似的材料。

Rod 的联系方式见网址 0-4。

致　谢

我要感谢 Charlotte Kughen，这么多年来，出版了这么多版本，是她使本书的文本更具可读性。我常常在深夜完成章节，在这个时间，我在反复修改句子的过程中可能会弄错一些东西。在把我的想法变为具有可读性的文本的过程中，Charlotte 提供了巨大的帮助。Charlotte，特别感谢你在这么多版本以来一直支持我，期待将来我们还能够一起合作。

特别感谢本书的技术编辑 Rod Stephens。Rod 对我的源代码提出了宝贵的建议，他提出的一些修改提高了源代码的质量。Rod 自己也撰写了一些优秀的图书，例如 *Essential Algorithms: A Practical Approach to Computer Algorithms Using Python and C#*和 *WPF 3d: Three-Dimensional Graphics with WPF and C#*。这些图书也是提高 C#技能的好选择。

感谢为这本书做出贡献的整个团队。我要特别感谢本书前几个版本的技术编辑 István Novák。现在，István 承担了技术校对的职责，解决最后的问题。我还要感谢 Kim Wimpsett，他纠正了很多文字问题。感谢 Barath Kumar Rajasekaran，他为本书的出版流程能够顺利推进提供了很多帮助。

我还要感谢所有开发 C#和.NET 的人们，特别是 Mads Torgersen，他与他的团队和社区一起为 C#带来了新特性；.NET Core 团队的 Richard Lander，我和他针对本书的内容和方向有过精彩的讨论；David Fowler，他不只增强了.NET 的性能，还提高了.NET 的可用性。感谢 Scott Hanselman(作为 Microsoft RD，我们已经相识多年)的精妙想法，也感谢他一直在社区做贡献。感谢 Don Box，早在.NET 问世之前，他就影响了我对于爱和自由(COM 和 XML)的认识。

本书的这个版本撰写于新冠疫情期间。这场疫情改变商业格局的速度超出了人们的想象。在此期间，我的业务并没有减少，因为我在家中在线工作。但在我的职业生涯中，我的出行从来没有这么少过。我把多出来的时间完全用在了写书上。在撰写本书的前几版时，我记得我在机场候机的时候花了不少时间来写书。这一次，我完全在家中撰写整本书。我想特别感谢我的妻子和孩子们支持我写作。我花了许多晚上、周末和假期(并不只是因为新冠疫情)来写作，但你们一直十分理解，给我提供了巨大的帮助。Angela、Stephanie、Matthias 和 Katharina，你们是我深爱的人。没有你们，本书不可能顺利出版。

前　言

.NET 早在 2000 年就被正式宣布，但直到现在，它依然活跃在开发人员的视野中。自从.NET 变得开源，不只能够在 Windows 上使用，还能够在 Linux 平台上使用之后，就开始受到越来越多开发人员的青睐。通过使用 WebAssembly 标准，.NET 还可以在客户端的浏览器中运行，且不需要安装插件。

随着 C#和.NET 新的增强功能的出现，现在关注点不只是提高性能，也在于提高易用程度。.NET 成为越来越多新开发人员的选择。

对于有长时间开发经验的开发人员，C#也很有吸引力。每一年，Stack Overflow 都会调查开发人员最喜欢、最不喜欢和最想要的编程语言和框架。多年来，C#一直在开发人员最喜欢的前 10 名编程语言榜单内。ASP.NET Core 现在是开发人员最喜欢的框架。.NET Core 在最喜欢的其他框架/库/工具分类中排名第一。详细信息可以参见网址 0-5。

使用 C#和 ASP.NET Core 时，可以创建在 Windows、Linux 和 macOS 上运行的 Web 应用程序和服务(包括微服务)。可以使用 Windows Runtime，通过 C#、XAML 和.NET 创建原生 Windows 应用程序。可以创建在 ASP.NET Core、Windows 应用程序和.NET MAUI 之间共享的库，还可以创建传统的 Windows Forms 和 WPF 应用程序。

本书的大部分示例可以在 Windows 或 Linux 系统上运行。Windows 应用程序示例是例外，它们只能运行在 Windows 平台上。可以使用 Visual Studio、Visual Studio Code 或 Visual Studio for Mac 作为开发环境，只有 Windows 应用程序示例需要使用 Visual Studio。

0.1　.NET Core 的世界

.NET 有很长的历史，第一个版本发布于 2002 年。新一代.NET 完全重写了原来的.NET，它还很年轻(.NET Core 1.0 发布于 2016 年)。近来，旧的.NET 版本的许多特性被添加到.NET Core 中，使得迁移过程更加轻松。

创建新的应用程序时，没有理由不使用新的.NET 版本。是应该继续使用老版本的.NET，还是迁移到新的.NET，这要取决于应用程序使用的特性，迁移的难度，以及迁移应用程序能够带来什么好处。对于不同的应用程序，最好的选择可能不一样。

新的.NET 为创建 Windows 和 Web 应用程序及服务提供了简单的方式。可以创建在 Kubernetes 集群的 Docker 容器中运行的微服务；创建 Web 应用程序；使用新的 OpenTelemetry 标准，以独立于供应商的方式分析分布式跟踪；创建返回 HTML、JavaScript 和 CSS 的 Web 应用程序；以及创建返回 HTML、JavaScript 和.NET 二进制文件的 Web 应用程序，这些.NET 二进制文件通过使用 WebAssembly，以安全的、标准的方式在客户端的浏览器中运行。可以使用 WPF 和 Windows Forms，以传统的方式创建 Windows 应用程序，也可以使用现代 XAML 特性和控件，它们支持 WinUI 以及使用.NET MAUI 的移动应用程序的流畅设计。

.NET 使用现代模式。其核心服务(如 ASP.NET Core 和 EF Core)中内置了依赖注入，这不只让单元测试变得更加简单，也使得开发人员更容易增强和修改这些技术的特性。

.NET能够在多个平台上运行。除了Windows和macOS，还支持许多Linux环境，如Alpine、CentOS、Debian、Fedora、openSUSE、Red Hat、SLES和Ubuntu。

.NET开源(网址0-6)且免费可用。你可以找到C#编译器的会议记录(网址0-7)、C#编译器的源代码(网址0-8)、.NET运行库和库(网址0-9)以及支持Razor页面、Blazor和SignalR的ASP.NET Core(网址0-10)。

下面总结了新的.NET的一些特性：

- .NET是开源的。
- .NET使用现代模式。
- .NET支持在多个平台上开发。
- ASP.NET Core可以在Windows和Linux上运行。

0.2 C#的世界

C#在2002年发布时，是一种用于.NET Framework的开发语言。C#的设计思想来自C++、Java和Pascal。Anders Hejlsberg从Borland来到微软公司，带来了开发Delphi语言的经验。Hejlsberg在微软公司开发了Java的Microsoft版本J++，之后创建了C#。

> **注意：**
> Anders Hejlsberg现在已经转移到TypeScript(而他仍在影响C#)，Mads Torgersen是C#的项目负责人。C#的改进可以在网址0-7上公开讨论。在这里，可以阅读C#语言建议和会议记录，也可以提交自己的C#建议。

C#一开始不仅作为一种面向对象的通用编程语言，也是一种基于组件的编程语言，支持属性、事件、特性(注解)和构建程序集(包括元数据的二进制文件)。

随着时间的推移，C#增强了泛型、语言集成查询(Language Integrated Query，LINQ)、lambda表达式、动态特性和更简单的异步编程。C#编程语言并不简单，它提供了很多功能，而且实际使用的功能在不断进化。因此，C#不仅是面向对象或基于组件的语言，它还包括函数式编程的理念，开发各种应用程序的通用语言会实际应用这些理念。

如今，每年都会发布一个新的C#版本。C# 8添加了可空引用类型，C# 9添加了记录等。C# 10在2021年随着.NET 6发布，C# 11将在2022年随着.NET 7发布。由于如今变化飞快，请查看本书的GitHub存储库来获得持续更新。

0.3 C#的新特性

每一年，新的C#版本都会发布，提供许多新的特性。最新版本包含许多特性，例如使用可空引用类型来减少NullableReferenceException类型的异常，让编译器提供更多帮助；例如提高生产效率的特性，如索引和范围；例如使得switch语句看起来经典的switch表达式；例如使用声明的特性；例如对模式匹配的增强。顶级语句可以减少小型应用程序和记录的源代码行数。记录是类，只不过编译器会为它的相等性比较、解构和with表达式创建样板代码。代码生成器允许在编译器运行时自动创建代码。本书将讨论所有这些新特性。

0.4 ASP.NET Core 中的新特性

ASP.NET Core 现在包含一种新的创建 Web 应用程序的技术：Blazor Server 和 Blazor WebAssembly。Blazor 提供了一种全栈选项，可以使用 C#为客户端和服务器编写代码。在 Blazor Server 中，你创建的包含 HTML 和 C#代码的 Razor 组件在服务器端运行。在 Blazor WebAssembly 中，使用 C#和 HTML 编写的 Razor 组件通过 HTML 5 标准 WebAssembly 在客户端运行。WebAssembly 允许在所有现代 Web 浏览器中运行二进制代码。

对于创建服务，现在可以在 ASP.NET Core 中使用 gRPC 来实现服务之间的二进制通信。对于服务与服务之间的通信，结合使用 ASP.NET Core 与 gRPC 可以降低需要的带宽，并且在需要进行大量数据传输时，还可以降低 CPU 和内存使用率。

0.5 Windows 的新特性

对于为 Windows 开发应用程序，有一种新技术将通用 Windows 平台(Universal Windows Platform，UWP)和桌面应用程序的特性结合了起来，即 WinUI 3。WinUI 是 Windows 10 应用程序的原生 UI 平台。借助 WinUI，可以使用包含已编译绑定的现代 XAML 代码来创建桌面应用程序。Microsoft 的流畅设计系统中也提供了新的控件。不同于之前 UWP 平台随着 Windows Runtime 而交付，现在这些控件是独立于 Windows 10 版本来开发的，这就允许在 Windows 10 的 1809 版本及更高版本中使用最新控件。WinUI 的路线图显示，将来也可以在 WPF 应用程序中使用这些新控件。

0.6 编写和运行 C#代码的环境

.NET Core 运行在 Windows、Linux 和 macOS 操作系统上。使用 Visual Studio Code(网址 0-11)，可以在任何操作系统上创建和构建程序。在 Windows 或 Linux 平台上，可以使用.NET 开发工具构建和运行本书的大部分示例。只有 WinUI 应用程序需要使用 Windows 平台，此时 Visual Studio 是最佳选项。构建和运行 WinUI 应用程序需要的最低版本是 16.10。

使用.NET CLI 和 Azure CLI 时，命令行起着重要的作用。你可以使用新的 Windows 终端。在最新的 Windows 10 版本中，该终端作为 Windows 的一部分提供。对于较旧的版本，可以在 Microsoft Store 中下载它。

大部分.NET 开发人员使用 Windows 平台进行开发。使用 Windows Subsystem for Linux (WSL 2)时，可以在 Linux 环境中构建和运行.NET 应用程序，并且可以在 Windows 环境中安装不同的 Linux 发行版，访问相同的文件。Visual Studio 甚至允许调试在 WSL 2 上的 Linux 环境中运行的.NET 应用程序。

本书中的一些示例展示了如何使用 Microsoft Azure 作为可选的托管环境来运行 Web 应用程序、使用 Azure Functions，以及使用 Entity Framework Core 来访问 SQL Server 和 Azuer Cosmos DB。对于这些示例，可以使用 Microsoft Azure 的免费试用服务，请访问网址 0-12 进行注册。

0.7 本书内容

本书分为 4 个主要部分：

- C#语言

- 使用.NET 的基类库
- 开发 Web 应用程序和服务
- 开发 Windows 应用程序

下面详细介绍不同部分的各章讲述的内容。

第 I 部分——C#语言

本书第 I 部分介绍 C#编程语言的方方面面。你将学到 C#的语法选项，并了解 C#语法如何与.NET 中的类和接口整合在一起。本部分为学习 C#语言打下坚实的基础。这里不假定你熟悉特定的编程语言，但认为你是一名有经验的程序员。该部分首先介绍 C#的基本语法和数据类型，然后介绍 C#的高级特性。

- 第 1 章介绍创建.NET 应用程序的基础知识。你将了解.NET CLI，并使用 C# 9 的顶级语句创建一个 Hello World 应用程序。
- 第 2 章介绍 C#的核心特性，并详细解释顶级语句以及关于变量声明和类型的信息。该章介绍目标类型的 new 表达式，解释可空引用类型，并定义包含新的 switch 表达式的程序流。
- 第 3 章介绍如何创建引用类型或值类型，创建和使用元组，以及使用 C# 9 的增强来创建和使用记录。
- 第 4 章详细介绍 C#的面向对象技术，并演示 C#中用于面向对象的所有关键字。还介绍了 C# 9 记录的继承。
- 第 5 章解释 C#运算符，以及如何为自定义类型重载标准运算符。
- 第 6 章不只介绍简单的数组，还介绍多维数组和锯齿数组，使用 Span 类型来访问数组，以及使用新的索引和范围运算符来访问数组。
- 第 7 章介绍方法的.NET 指针，lambda 表达式和闭包，以及.NET 事件。
- 第 8 章介绍不同类型的集合，例如列表、队列、栈、字典和不可变集合。该章还介绍了如何在不同的场景中选择合适的集合。
- 第 9 章介绍 C#语言集成查询，用于查询集合中的数据。该章还介绍如何在查询中使用多个 CPU 核心，以及当在 Entity Framework Core 中使用 LINQ 来访问数据库时，表达式树中发生了什么。
- 第 10 章介绍如何处理错误，抛出和捕获异常，以及在捕获异常时过滤异常。
- 第 11 章介绍 C#关键字 async 和 await 的应用，介绍基于任务的异步模式，还介绍异步流，这是 C# 8 中新增的特性。
- 第 12 章介绍如何在 C#中使用和读取特性。介绍使用反射读取特性，还介绍源代码生成器，它允许在编译时创建源代码。
- 第 13 章是第 I 部分的最后一章，展示如何通过 using 语句和新的 using 声明来使用 IDisposable 接口，并将展示如何对托管和非托管内存使用 Span 类型。该章介绍如何在 Windows 和 Linux 环境中使用平台调用。

第 II 部分——库

第 II 部分首先创建自定义库和 NuGet 包，但这部分的主要主题是使用对于所有应用程序类型都很重要的.NET 库。

- 第 14 章解释程序集和 NuGet 包之间的区别。你将学习如何创建 NuGet 包，还会学到一种新的 C#特性“模块初始化器”，它允许在库中运行初始代码。

- 第 15 章详细介绍如何使用 Host 类来配置依赖注入容器，以及通过不同的配置提供程序(包括 Azure App Configuration 和用户秘密)在.NET 应用程序中获取配置信息的内置选项。
- 第 16 章继续使用 Host 类来配置日志选项。你还将学到如何使用.NET 提供程序读取提供的指标信息，如何使用 Visual Studio App Center，以及如何使用 OpenTelemetry 为分布式跟踪扩展日志。
- 第 17 章介绍.NET 为并行化和同步提供的多种特性。第 11 章介绍 Task 类的核心功能。该章则介绍 Task 类的更多功能，例如构成任务层次结构和使用 ValueTask。该章介绍并行编程中会遇到的一些问题，如争用条件和死锁。对于同步，则介绍 lock 关键字可用的不同特性，以及 Monitor、SpinLock、Mutex、Semaphore 类等。
- 第 18 章介绍使用新的流 API(它们允许使用 Span 类型)来读写文件系统，还介绍通过 System.Text.Json 名称空间中的类新提供的.NET JSON 序列化器。
- 第 19 章介绍网络编程的基础类(如 Socket 类)，以及如何使用 TCP 和 UDP 创建应用程序。还可以使用 HttpClient 工厂模式来创建在发生暂时性错误时自动重试的 HttpClient 对象。
- 第 20 章介绍用于加密数据的加密类，解释如何使用新的 Microsoft.Identity 平台进行用户身份验证，提供关于 Web 安全性的信息，以及关于编码和跨站请求伪造攻击的信息。
- 第 21 章介绍如何读写数据库的数据，包括 EF Core 提供的众多特性，如影子属性、全局查询过滤器、多对多关系以及 EF Core 现在提供的指标信息。还介绍如何使用 EF Core 读写 Azure Cosmos DB。
- 第 22 章介绍如何使用对于 Windows 和 Web 应用程序都很重要的技术来本地化应用程序。
- 第 23 章介绍如何创建单元测试，使用.NET CLI 分析代码覆盖率，以及在创建单元测试时使用模拟库。还介绍 ASP.NET Core 为创建集成测试提供的特性。

第 III 部分——Web 应用程序和服务

本书第 III 部分介绍用于创建 Web 应用程序和服务的 ASP.NET Core 技术。可以在本地环境中运行这些应用程序和服务，也可以使用 Azure App Services、Azure Static Web Apps 或 Azure Functions 在云中运行它们。

- 第 24 章介绍 ASP.NET Core 的基础知识。该章基于第 II 部分介绍的依赖注入容器，展示 ASP.NET Core 如何使用中间件来向每个 HTTP 请求添加功能，以及为 ASP.NET Core 端点路由定义路由。
- 第 25 章介绍如何使用不同的技术(如 ASP.NET Core 和 Azure Functions)来创建微服务，以及如何使用 gRPC 进行二进制通信。
- 第 26 章介绍如何使用 ASP.NET Core 技术与用户交互。该章介绍 Razor 页面、Razor 视图以及 Tag Helper 和视图组件等功能。
- 第 27 章介绍 Razor 组件对 ASP.NET Core 的最新增强，这次增强允许实现在服务器和在客户端(使用 WebAssembly)运行的 C#代码。该章介绍 Blazor Server 和 Blazor WebAssembly 的区别，各自的局限，以及可用的内置组件。
- 第 28 章介绍如何使用 ASP.NET Core 的实时功能来向一组客户端发送信息，以及如何在 SignalR 中使用 C#异步流。

第 IV 部分——应用程序

本书的第 IV 部分介绍 XAML 代码，以及使用 Windows 10 的原生 UI 平台 WinUI 来创建 Windows 应用程序。该部分介绍的许多信息也适用于 WPF 应用程序和.NET MAUI，适用于为移动平台开发基于 XAML 的应用程序。

- 第 29 章介绍 XAML 的基础知识，包括依赖属性和附加属性。你将学习如何创建自定义标记扩展，以及 WinUI 提供的控件类别，包括自适应触发器和延迟加载等高级技术。
- 第 30 章介绍使用 MVVM 模式所需的信息，以及如何在不同的基于 XAML 的技术(如 WinUI、WPF 和.NET MAUI)之间共享尽可能多的代码。
- 第 31 章介绍 XAML 形状和几何图形元素，展示样式和控件模板，说明如何创建动画，并解释如何在基于 XAML 的应用程序中使用可视化状态管理器。

0.8 如何下载本书的示例代码

读者在学习本书中的示例时，可手工输入所有的代码，也可使用本书附带的源代码文件。本书使用的所有源代码都可以从本书合作站点网址 0-13 上下载。登录到网址 0-13，使用搜索框或书名列表就可找到本书。接着单击本书细目页面上的 Download Code 链接，就可以获得所有源代码，也可扫描封底的二维码获取本书的源代码和书中提到的网址。

注意：

许多图书的书名都很相似，所以通过 ISBN 查找本书是最简单的，本书英文版的 ISBN 是 978-1-119-79720-3。

在下载代码后，只需要用自己喜欢的解压缩软件对它进行解压缩即可。

本书源代码也在 GitHub 上提供，网址是网址 0-14。在 GitHub 中，还可以使用 Web 浏览器打开每个源代码文件。使用这个网站时，可以把完整的源代码下载到一个 zip 文件。还可以将源代码复制到系统上的本地目录，只需要安装 git 工具即可。为此可以使用 Visual Studio 或者从网址 0-15 下载 Windows、Linux 和 macOS 的 git 工具。要将源代码复制到本地目录，请使用 git clone：

```
> git clone https://www.github.com/ProfessionalCSharp/ProfessionalCSharp2021
```

使用此命令，把完整的源代码复制到子目录 ProfessionalCSharp2021。之后就可以开始处理源文件了。

在.NET 更新后(本书的下个版本出版前)，源代码将在 GitHub 上更新。请查看 GitHub 存储库中的 readme.md 文件以了解更新。如果在复制源代码之后源代码发生了变化，可以将当前目录更改为源代码目录，并提取最新的更改：

```
> git pull
```

如果对源代码做了更改，git pull 可能会导致错误。如果发生这种情况，可以把更改隐藏起来，然后再次获取：

```
> git stash
> git pull
```

git 命令的完整列表可以在网址 0-16 上找到。

如果有关于源代码的疑问，可以使用 GitHub 存储库的讨论功能。如果发现源代码有错误，可以在存储库中报告问题。在浏览器中打开网址 0-14，单击 Issues 选项卡，单击 New Issue 按钮。这将打开一个编辑器。你应该尽可能详细地描述问题。

为了报告问题，需要一个 GitHub 账户。如果有 GitHub 账户，也可以将源代码存储库分叉到账户上。有关使用 GitHub 的更多信息，请查看网址 0-17。

注意：

可以读取源代码和相关问题，并在不加入 GitHub 的情况下在本地复制存储库。要在 GitHub 上发布问题并创建自己的存储库，需要自己的 GitHub 账户。GitHub 的基本功能是免费的(参见 0-18)。

0.9 勘误表

尽管我们已经尽力保证不出现错误，但错误总是难免的，如果你在本书中找到了错误，如拼写错误或代码错误，请告诉我们，我们将非常感激。通过勘误表，可以让其他读者避免受挫，当然，这还有助于提供更高质量的信息。

要在网站上找到本书的勘误表，可以登录网址 0-13，通过搜索框或书名列表查找本书，然后在本书的细目页面上，单击 Book Errata 链接。在这个页面上可以查看图书编辑已提交的所有勘误项。

如果没有在 Book Errata 页面上发现自己找到的错误，请访问网址 0-19，了解如何把自己发现的错误发送给我们。我们将检查信息，如果合适的话，将会把消息提交到该书的勘误页面，并在该书的后续版本中修复问题。

目　　录

第 II 部分　库

第 III 部分 Web 应用程序和服务

第 IV 部分 应用程序

第Ⅰ部分
C# 语 言

第1章 .NET应用程序和工具

本章要点

- 从.NET Framework到.NET Core，再到.NET
- .NET术语
- .NET支持周期
- 应用程序类型和技术
- 开发工具
- 使用.NET命令行接口编写“Hello World!”程序
- 创建Web应用程序的技术

本章源代码：

通过扫描封底二维码下载本书源代码。本章源代码可以在代码文件的1_CS/HelloWorld目录中找到。

本章代码分为以下几个主要的示例文件：

- HelloWorld
- WebApp
- SelfContainedHelloWorld

1.1 从.NET Framework到.NET Core，再到.NET

.NET的第一个版本发布于2002年。从那之后，.NET发生了很多变化。.NET的第一个时代是.NET Framework的时代，它为Windows桌面开发提供了Windows Forms，为创建Web应用程序提供了Web Forms。.NET的这个版本只能用于Microsoft Windows。当时，Microsoft还在ECMA为C#创建了一个标准(见网址1-1)。

后来，Silverlight使用了这种技术的一个子集，通过一个浏览器插件在浏览器中运行其功能有限的运行库。在这个时候，一家名为Ximian的公司开发了Mono运行库，该公司提供了Microsoft的.NET功能的一个子集，可用于Linux和Android。再后来，Novell收购了Ximian，而Novell后来又被The Attachmate Group收购。由于新公司对.NET失去了兴趣，Ximian的创始人Miguel de Icaza创办了Xamarin公司，并将值得关注的.NET部分带到了他的新公司，开始创建Android和iOS可用的.NET

项目。如今，Xamarin 隶属于 Microsoft，Mono 运行库则成为 dotnet 运行库存储库(https://github.com/dotnet/runtime)的一部分。

Silverlight 为不同外形尺寸的其他设备开启了.NET 开发时代，这些设备对于.NET 有不同的需求。长期来看，Silverlight 没有获得成功，因为之后出现的 HTML5 提供了原来只能通过使用浏览器插件获得的功能。但是，Silverlight 开始让.NET 走向不同的方向，最终导致.NET Core 问世。

.NET Core 是.NET 问世之后最大的变化。.NET 代码变得开源，允许为其他平台创建应用，并且.NET 的新代码库使用了现代设计模式。下一步的进展合情合理：.NET Core 3.1 之后的版本被命名为.NET 5，去掉了 Core 这个词，并且跳过了版本 4。这是为了告诉.NET Framework 的开发人员，.NET Framework 4.8 之上还有更高的版本，现在是时候转到.NET 5 来创建新的应用程序了。

对于使用.NET Core 的开发人员，这种转变很容易，只需要改变现有应用程序的目标框架版本号即可。从.NET Framework 迁移应用程序则没有那么简单，取决于应用程序的类型，可能需要或多或少的修改。.NET Core 3.x 支持 WPF 和 Windows Forms 应用程序。对于这些应用程序类型，转变到.NET 可能并不难。但是，现有的.NET Framework WPF 应用程序可能有一些功能不能轻松地转移到新的.NET 上。例如，.NET Core 和.NET 5 不支持应用程序域。将 Windows Communications Foundation (WCF)服务移动到.NET 5 就更加困难了。新的.NET 时代不支持 WCF 的服务器部分。因此，需要使用满足需求的 ASP.NET Core Web API、gRPC 或另外一种通信技术来重写应用程序的 WCF 服务。

对于现有应用程序，继续使用.NET Framework 而不是转向新的.NET 可能更加有用，因为这个旧框架在未来的很多年中仍然会被继续维护。Windows 10 中默认安装了.NET Framework，而且.NET Framework 的目标支持时间与 Windows 10 版本的支持时间一样长。

新的.NET 和 NuGet 包允许 Microsoft 提供更快的更新周期来交付新特性。在创建应用程序时，决定使用什么技术并不容易。本章将帮助你进行决策。本章将介绍可用于创建 Windows 和 Web 应用程序及服务的不同技术，如何选择数据库访问技术，以及如何从旧技术迁移到新技术。还将介绍可以为本书中的代码示例使用的.NET 工具。

1.2 .NET 术语

在深入介绍之前，你应该理解概念和一些重要的.NET 术语，例如.NET SDK 包含什么，以及.NET 运行库是什么。还应该清晰地理解.NET Framework 和.NET，何时使用.NET Standard，以及 NuGet 包和.NET 名称空间。

1.2.1 .NET SDK

要开发.NET 应用程序，需要安装.NET SDK。SDK 中包含.NET 命令行接口(command-line interface，CLI)、工具、库和运行库。使用.NET CLI 可以基于模板创建新应用程序，恢复包，生成和测试应用程序，以及创建开发包。本章稍后的“.NET CLI”一节将介绍如何创建和生成应用程序。

如果你使用的是 Visual Studio 2019，则安装 Visual Studio 的时候会自动安装.NET SDK。如果你没有安装 Visual Studio，则可以从 https://dot.net 安装 SDK。该网址说明了如何在 Windows、macOS 和 Linux 系统上安装.NET SDK。

我们可以安装.NET SDK 的多个版本。下面的命令显示了系统上安装的所有不同版本的 SDK。默认情况下，将使用最新版本。

```
> dotnet --list-sdks
```

注意：

要运行命令，需要打开命令提示。有多种不同的方式可以打开命令提示：使用 Windows 内置的命令提示；安装新的 Windows 终端；如果安装了 Visual Studio，可以启动开发者命令提示；或者可以使用 bash shell。本章的“开发工具”小节将详细介绍 Windows 终端。

如果不想使用最新版本的 SDK，可以创建一个 global.json 文件。下面的命令：

```
> dotnet new globaljson
```

将在当前目录中创建 global.json 文件。该文件包含 version 元素，其值为当前使用的版本号。你可以将这个版本号改为已安装的其他 SDK 版本：

```
{
  "sdk": {
    "version": "5.0.202"
  }
}
```

在 global.json 的目录及其子目录中，将使用指定的 SDK 版本。使用下面的命令可以验证这一点：

```
> dotnet --version
```

1.2.2 .NET 运行库

在目标系统中，不需要安装.NET SDK，只需要安装.NET 运行库。运行库包含全部核心库和 dotnet 驱动程序。

dotnet 驱动程序用于运行应用程序，例如，使用下面的命令可以运行 Hello World 应用程序：

```
> dotnet hello-world.dll
```

在 https://dot.net 上，不只可以找到关于如何在不同平台上下载和安装 SDK 的说明，还可以找到关于如何下载和安装运行库的声明。

除了在目标系统上安装运行库，还可以将运行库作为应用程序的一部分交付(这被称为自包含部署)。这种技术与.NET Framework 应用程序有很大区别，本章的“使用.NET CLI”小节将进行介绍。

要查看系统上安装了哪些运行库，可以使用下面的命令：

```
> dotnet --list-runtimes
```

1.2.3 公共语言运行库

C#编译器将 C#代码编译为 Microsoft Intermediate Language (IL)代码。这种代码有些类似于汇编代码，但具有更加面向对象的特性。IL 代码由公共语言运行库(Common Language Runtime，CLR)运行。那么，CLR 是怎样做的呢？

CLR 把 IL 代码编译为原生代码。.NET 程序集中的 IL 代码由一个即时(Just-In-Time，JIT)编译器编译。该编译器创建平台特定的代码。运行库中包含一个名为 RyuJIT 的 JIT 编译器，它比之前的编译器更快，而且对于在使用 Visual Studio 调试应用程序的过程中使用“编辑并继续”功能提供了更好的支持。

运行库还包括一个带有类型加载器的类型系统，类型加载器负责从程序集中加载类型。类型系统中的安全基础设施验证是否允许使用某些类型系统结构，如继承。

创建类型的实例后，实例还需要销毁，内存也需要回收。运行库的另一个特性是垃圾收集器。垃圾收集器从托管堆中清除不再引用的对象的内存。

运行库还负责线程的处理。在 C#中创建托管的线程时，线程不一定来自底层操作系统。运行库负责线程的虚拟化和管理。

注意：
第 13 章介绍了垃圾收集器和清理内存的方法。第 17 章介绍了在 C#中创建和管理线程的方法。

1.2.4 .NET 编译平台

随着 SDK 安装的 C#编译器属于.NET 编译平台，这个编译平台名为 Roslyn。Roslyn 允许你与编译过程交互，处理语法树，以及访问语言规则定义的语义模型。你可以使用 Roslyn 来编写代码分析器和重构功能。还可以将 Roslyn 与 C# 9 的一个新特性代码生成器结合使用，第 12 章将对此进行介绍。

1.2.5 .NET Framework

.NET Framework 是旧.NET 的名称，其最新版本是.NET Framework 4.8。使用这个框架创建新的应用程序没有太大帮助，不过，你仍可以维护使用.NET Framework 4.8 编写的现有应用程序，因为这项技术在未来的很多年间仍会被支持。如果现有应用程序并不能从使用新技术获益，并且维护工作量不大，那么短期内没有必要转为使用新技术。

取决于现有应用程序使用的技术，转为使用.NET 可能并不困难。从.NET Core 3 开始，新技术被用于支持 WPF 和 Windows Forms。但是，WPF 和 Windows 应用程序使用的一些特性可能要求修改应用程序架构。

.NET 的新版本不再支持一些技术，包括 ASP.NET Web Forms、Windows Communication Foundation (WCF)和 Windows Workflow Foundation (WF)。在不能使用 ASP.NET Web Forms 的情况下，你可以使用 ASP.NET Blazor 重写应用程序。在不能使用 WCF 的情况下，你可以使用 ASP.NET Core Web API 或 gRPC。在不能使用 WF 的情况下，转为使用 Azure Logic Apps 可能会有帮助。

1.2.6 .NET Core

.NET Core 是新的.NET，所有新技术都使用它，是本书的一大关注点(现在它有了一个新的名称：.NET)。这个框架是开源的，可以在 http://www.github.com/dotnet 上找到它。其运行库是 CoreCLR 库；其框架存储在 CoreFX 存储库中，包含集合类、文件系统访问、控制台和 XML 等。

.NET Framework 要求必须在系统上安装应用程序需要的特定版本，而在.NET Core 1.0 中，框架(包括运行库)是与应用程序一起交付的。以前，把 ASP.NET Web 应用程序部署到共享服务器上有时可能有问题，因为提供商安装了旧版本的.NET。这种情况已经一去不复返了。现在可以将运行库与应用程序一起交付，并不依赖于服务器上安装的版本。

.NET Core 以模块化的方式设计。该框架分成数量很多的 NuGet 包。为了让你不必处理所有的包，.NET Core 支持使用元包引用一起工作的小包。这种特性在.NET Core 2.0 和 ASP.NET Core 2.0 得到进一步的改进。在 ASP.NET Core 2.0 中，只需要引用 Microsoft.AspNetCore.All，就可以得到 ASP.NET Core Web 应用程序通常需要的所有包。

.NET Core 可以很快更新。即使更新运行库，也不影响现有的应用程序，因为运行库与应用程序一起安装。现在，Microsoft 可以更快速地发布改进后的.NET Core，包括运行库。

注意：
针对使用.NET Core开发应用程序，Microsoft创建了新的命令行实用程序。本章后面的“使用.NET CLI”小节在创建“Hello World!”应用程序时将介绍这些工具。

1.2.7 .NET

从.NET 5开始，.NET Core有了一个新名称：.NET。从名称中删除了“Core”这个词，应该会让仍在使用.NET Framework的开发人员明白，从今以后不会再有.NET Framework的新版本，也不会再为.NET Framework开发新的特性。如果要创建新的应用程序，应该使用.NET。

1.2.8 .NET Standard

在创建和使用库时，.NET Standard是一个重要的规范。.NET Standard不是一个实现，而是一个协定。本协定规定了需要实现哪些API。在每个新的.NET Standard版本中都添加了新的API。但API从不会被删除。例如，.NET Standard 2.1中的API比.NET 1.6更多。

创建库的时候，你可能想使用尽可能多的API，所以建议选择最新的.NET Standard。但是，.NET Standard的版本越高，意味着支持该标准的平台数量越少，所以这也是一个考虑因素。

可以在https://docs.microsoft.com/dotnet/standard/net-standard中找到.NET Standard的平台支持表。例如，.NET Framework 4.6.1和更高版本最高支持.NET Standard 2.0。.NET Core 3.0和更高版本(包括.NET 5及更高版本)支持.NET Standard 2.1。通用Windows平台(Universal Windows Platform)版本10.0.16299支持.NET Standard 2.0。Xamarin.Android 10.0支持.NET Standard 2.1。

从.NET 5开始，.NET Standard变得不再重要。如果你使用.NET 5创建库，可以在.NET 5、.NET 6及更高版本的应用程序中使用这些库。与此类似，如果你使用.NET 7创建库，则可以在使用.NET 7或更高版本编写的应用程序中使用这些库。

但是，我们不能预测.NET Framework、Mono和其他较老的技术是否会慢慢消亡，所以在未来的许多年间，如果你的库需要支持较老的技术，则仍然需要.NET Standard。

注意：
请阅读第14章中关于.NET Standard的详细信息。

1.2.9 NuGet包

在早期，程序集是应用程序的可重用单元。添加对程序集的一个引用，以便在自己的代码中使用公共类型和方法的时候，仍可以这样使用程序集(一些程序集必须这样使用)。然而，使用库可能不仅意味着添加一个引用并使用它。使用库也意味着一些配置更改，或者可以通过脚本来利用一些特性。目标框架决定了你能够使用什么二进制文件。这是在NuGet包中打包程序集的一个原因。NuGet包是一个zip文件，其中包含程序集(或多个程序集)、配置信息和PowerShell脚本。

使用NuGet包的另一个原因是，它们很容易找到，它们不仅可以从微软公司找到，也可以从第三方找到。NuGet包很容易在NuGet服务器http://www.nuget.org上获得。

可以使用.NET CLI在应用程序中添加NuGet包：

```
> dotnet add package <package-name>
```

在Visual Studio项目的引用中，可以打开NuGet包管理器(NuGet Package Manager，见图1-1)，在该管理器中可以搜索包，并将其添加到应用程序中。这个工具允许搜索还没有发布的包(包括预发布选项)，定义应该在哪个 NuGet 服务器中搜索包。搜索包的一个地方是自己的共享目录，其中放置了内部使用的包。

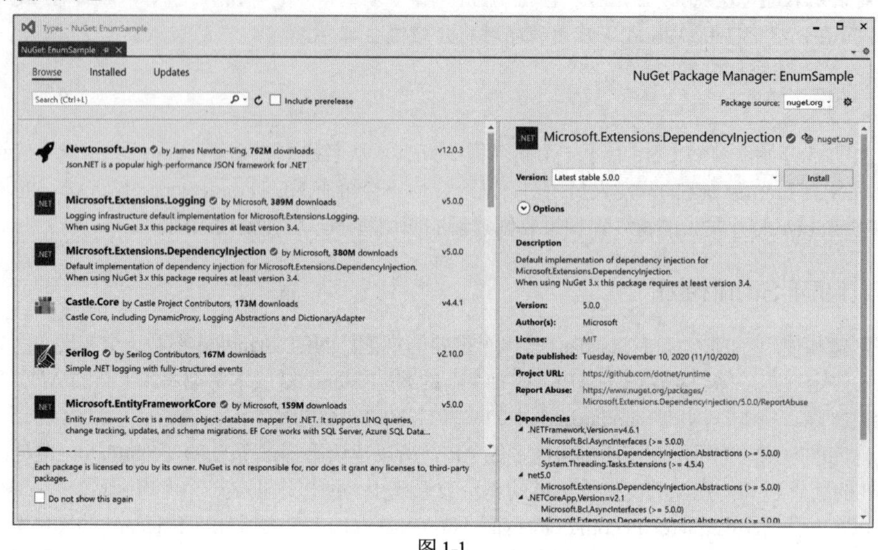

图 1-1

1.2.10　名称空间

.NET 提供的类组织在名称空间中，它们大多以 System 或 Microsoft 开头。表 1-1 描述了一些名称空间，帮助你理解名称空间的层次结构。

表 1-1

名称空间	说明
System.Collections	这是集合的根名称空间。其子名称空间也包含集合，如 System.Collections.Concurrent 和 System.Collections. Generic
System.Diagnostics	这是诊断信息的根名称空间，如事件记录和跟踪(在 System.Diagnostics.Tracing 名称空间中)
System.Globalization	该名称空间包含的类用于全球化和本地化应用程序
System.IO	这是文件 IO 的名称空间，其中的类访问文件和目录，包括读取器、写入器和流
System.Net	这是核心网络功能的名称空间，比如访问 DNS 服务器，用 System.Net.Sockets 创建套接字
System.Threading	这是线程和任务的根名称空间。任务在 System.Threading.Tasks 中定义
Microsoft.Data	这是访问数据库的名称空间。Microsoft.Data.SqlClient 包含访问 SQL Server 的类。以前包含在 System.Data 名称空间中的类已经被重新打包到 Microsoft.Data 中
Microsoft.Extensions.DependencyInjection	这是 Microsoft 依赖注入容器的名称空间，该依赖注入容器是.NET 的一部分
Microsoft.EntityFrameworkCore	使用 Entity Framework Core 可以访问关系和 NoSQL 数据库。相关类型在这个名称空间中定义

1.3 .NET 支持周期

在.NET 的新时代进行开发时，应该知道不同版本的支持周期。.NET 发布版由 Current(当前版本)或 LTS (Long-Term Support，长期支持版本)标签区分。LTS 版本至少支持 3 年，或者在下一个 LTS 版本发布后继续支持一年。例如，如果在一个 LTS 版本发布后，下一个 LTS 版本间隔 2.5 年再发布，则上一个 LTS 版本的支持时间为 3.5 年。当前发布版本在下一个版本发布后只会继续支持 3 个月。在撰写本书时，.NET Core 2.2 和 3.0 是已经不再提供安全功能和 hotfix 支持的当前版本，而.NET Core 2.1 和 3.1 是仍被支持的 LTS 版本。表 1-2 列出了不同.NET Core 和.NET 版本的发布日期、支持等级和结束支持日期。

表 1-2

.NET Core/ .NET 版本	发布日期	支持等级	结束支持日期
1.0	2016 年 6 月 27 日	LTS	2019 年 6 月 27 日
1.1	2016 年 11 月 16 日	LTS	2019 年 6 月 27 日
2.0	2017 年 8 月 14 日	当前	2018 年 10 月 1 日
2.1	2018 年 5 月 30 日	LTS	2021 年 8 月 21 日
2.2	2018 年 12 月 4 日	当前	2019 年 12 月 23 日
3.0	2019 年 9 月 23 日	当前	2020 年 3 月 3 日
3.1	2019 年 12 月 3 日	LTS	2022 年 12 月 3 日
5.0	2020 年 11 月 10 日	当前	大约 2022 年 2 月
6.0	2021 年 11 月	LTS	2024 年 11 月
7.0	2022 年 11 月	当前	2024 年 2 月，或者有小版本发布，则结束支持的日期可能更早
8.0	2023 年 11 月	LTS	2026 年 11 月

从.NET 5 开始，版本变得更具可预测性。每年 11 月将发布一个新的主版本。每隔一年发布的主版本是一个 LTS 版本。

根据工作环境，你可以选择使用 LTS 版本或当前版本。使用当前版本能够更快使用新特性，但需要更加频繁地升级到新版本。当应用程序还处在活跃的开发阶段时，你可能会决定使用当前版本。随着应用程序变得更加稳定，可以切换到下一个 LTS 版本。

如果你已经使用持续集成/持续交付(continuous integration/continuous delivery，CI/CD)开始开发，则只使用当前版本、从而更快获得新特性就成为一项简单任务。

1.4 应用程序类型和技术

可以使用 C#创建控制台应用程序，本书前几章的大多数示例都是控制台应用程序。对于实际的程序，控制台应用程序并不常用。使用 C#创建的应用程序可以使用与.NET 相关的许多技术。本节概述可以用 C#编写的不同类型的应用程序。

1.4.1 数据访问

在介绍应用程序类型之前，先看看所有应用程序类型在访问数据时都会采用的技术。

文件和目录可以使用简单的 API 调用来访问，但简单的 API 调用对于有些场景而言不够灵活。使用流 API 有很大的灵活性，流提供了更多的特性，例如加密或压缩。读取器和写入器简化了流的使用。所有可用的不同选项都在第 18 章中进行介绍。

为了读取和写入数据库，可以使用抽象层：Entity Framework Core (参见第 21 章)。Entity Framework Core 提供了从对象层次结构到数据库关系的映射。EF Core 不只能够使用不同的关系数据库，还支持 NoSQL 数据库，例如 Azure Cosmos DB。

1.4.2 Windows 应用程序

对于创建 Windows 应用程序，可以使用新的 UI 控件 WinUI 3.0 来创建通用 Windows 平台(Universal Windows Platform，UWP)或 Windows 桌面应用程序。UWP 应用程序使用沙盒环境，在这个沙盒环境中，应用程序需要根据使用的 API 向用户请求权限。桌面应用程序版本可以比作 WPF 和 Windows Forms 应用程序，它们可以使用几乎全部.NET 5 API。也可以更新 WPF 和 Windows Forms 应用程序，使它们使用新的现代 WinUI 控件。

第 30 章及后续章节将介绍如何使用 MVVM 模式创建使用 XAML 代码的 WinUI 应用程序。

注意：
第 30 章介绍了 WinUI 应用程序的创建，并介绍了 XAML、不同的 XAML 控件和应用程序的生命周期。通过支持 MVVM 模式，可以使用 WinUI、WPF、UWP、Xamarin、Uno 平台和 MAUI，利用尽可能多的公共代码来创建应用程序。这一模式在第 30 章中介绍。为了给应用程序创建酷炫的外观和风格，请务必阅读第 31 章。第 32 章深入介绍 Windows 应用程序的一些高级特性。

1.4.3 Web 应用程序

在使用.NET 创建 Web 应用程序时，有多个选项可用。ASP.NET Core MVC 这种技术为应用程序结构实现了模型-视图-控制器(Model-View-Controller，MVC)模式。如果你有一个.NET Framework ASP.NET MVC 应用程序，那么转为使用 ASP.NET Core MVC 应该不会困难。

相比 MVC 模式，ASP.NET Core Razor 页面提供了一种更加简单的选项。Razor 页面可以使用代码隐藏文件，或者将 C#代码与 HTML 页面混合在一起。这种解决方案更容易上手，而且可以与 MVC 结合使用。Razor 页面的依赖注入特性使得创建可重用的代码变得很容易。

ASP.ENT Core Blazor 是一种新技术，用于消除 JavaScript 代码。它有一个服务器端变体，可以在服务器上处理用户界面事件。通过在后台使用 SignalR，客户端与服务器持续连接在一起。Blazor 的另外一个变体是在客户端使用 WebAssembly。有了这种变体，可以使用 C#、HTML 和 CSS 来编写代码，在客户端运行二进制文件。因为 WebAssembly 是一种 HTML5 标准，所以 Blazor 能够在所有现代浏览器中运行，并不需要使用插件。

最初引入 ASP.NET，从根本上改变了 Web 编程模型。ASP.NET Core 再次改变了它，允许使用.NET Core 提高性能和可伸缩性。它不只运行在 Windows 上，也可以在 Linux 系统上运行。

在 ASP.NET Core 中，不再包含 ASP.NET Web Forms(它仍然可以使用，在.NET 4.7 中更新)。

ASP.NET Core MVC 基于著名的 MVC 模式，更容易进行单元测试。它使用 HTML、CSS、JavaScript 编写用户界面，在后台使用 C#，从而更好地实现了关注点分离。

注意：
第 24 章将介绍 ASP.NET Core 的基础，第 26 章继续巩固基础，并介绍如何使用 Razor 页面、Razor

视图和 ASP.NET Core MVC 框架。第 27 章继续介绍 Razor 组件，以及 Blazor Server 和 Blazor WebAssembly 的开发。

1.4.4 服务

SOAP 和 WCF 在过去完成了它们的任务。现代应用程序则使用 REST (Representational State Transfer)和 Web API。使用 ASP.NET Core 创建 Web API 是一种更容易进行通信的选项，它满足了分布式应用程序 90%以上的需求。这项技术是基于 REST 的，它为无状态、可伸缩的 Web 服务定义了指导方针和最佳实践。

客户端可以接收 JSON 或 XML 数据。JSON 和 XML 也可以被格式化，以使用 Open Data(OData)规范。

这个 API 的新特性使得在 Web 客户端上通过 JavaScript、.NET 和其他技术来使用它变得更加容易。

创建 Web API 是构建微服务的好方法。构建微服务的方法定义了更小的服务，这些服务可以独立地运行和部署，可以自己控制数据存储。

为了描述服务，定义了一个新的标准：OpenAPI(见网址 1-2)。这个标准植根于 Swagger(见网址 1-3)。

对于类似于远程过程调用(remote procedure calls，RPC)的通信，可以使用 gRPC，它提供了一个基于 HTTP/2 的二进制通信，可在不同平台间使用。

注意：
ASP.NET Core Web API、OpenAPI、gRPC 和更多关于微服务的信息参见第 25 章。

1.4.5 SignalR

对于实时 Web 功能以及客户端和服务器端之间的双向通信，可以使用 SignalR，它是一种 ASP.NET Core 技术。只要信息可用，SignalR 就允许将信息尽快推送给连接的客户端。SignalR 使用 WebSocket 技术推送信息。

注意：
第 28 章将讨论 SignalR 连接管理、连接的分组以及流传输的基础知识。

1.4.6 Microsoft Azure

现在，在考虑开发图景时不能忽视云。虽然本书没有专门的章节讨论云技术，但在几章中都提到了 Microsoft Azure。

Microsoft Azure 提供了软件即服务(Software as a Service，SaaS)、基础设施即服务(Infrastructure as a Service，IaaS)、平台即服务(Platform as a Service，PaaS) 和函数即服务(Functions as a Service，FaaS)。有时产品介于这些类别之间。下面介绍一些 Microsoft Azure 产品。

1. SaaS

SaaS 提供了完整的软件，不需要你处理服务器的管理和更新等。Office 365 是一个 SaaS 产品，它通过云产品使用电子邮件和其他服务。与开发人员相关的 SaaS 产品是 Azure DevOps Services。Azure DevOps Services 是 Azure DevOps Server (原来叫做 Team Foundation Server)的云版本，可用于私有的和公共的代码仓库，跟踪错误和工作项，以及构建和测试服务。Microsoft 提供的 GitHub 也属于这种类别，它使用 Azure DevOps 的许多特性进行了增强。

2. IaaS

另一个服务产品是 IaaS。这个服务产品提供了虚拟机。用户负责管理操作系统，维护更新。当创建虚拟机时，可以决定使用不同的硬件产品，例如最多 416 核的共享核心(撰写本书时的数据，但这个数据可能会很快改变)。416 核、11.4TB 的 RAM 和 8TB 的本地 SSD 属于计算机的“M 系列”。

对于预装的操作系统，可以在 Windows、Windows Server、Linux 和预装了 SQL Server、BizTalk Server、SharePoint 和 Oracle 等许多产品的操作系统之间进行选择。

笔者经常为一周只需要几个小时的环境使用虚拟机，因为虚拟机按小时支付费用。如果想尝试在 Linux 上编译和运行.NET Core 程序，但没有 Linux 计算机，在 Microsoft Azure 上安装这样一个环境是很容易的。

3. PaaS

对于开发人员来说，Microsoft Azure 最相关的部分是 PaaS。可以访问存储和读取数据的服务，使用应用程序服务的计算和联网功能，在应用程序中集成开发者服务。

为了在云中存储数据，可以使用关系数据存储 SQL Database。SQL Database 与 SQL Server 的本地版本大致相同。也有一些 NoSQL 解决方案(例如 Cosmos DB)，它们有不同的存储选项，如 JSON 数据、关系、表存储，以及存储 blob(如图像或视频)的 Azure Storage。

应用程序服务可以用于托管通过 ASP.NET Core 创建的 Web 应用程序和 API 应用程序。

除了前面介绍的 Visual Studio Team Services，Microsoft Azure 中的 Developer Services 的另一部分是 Application Insights。它的发布周期更短，对于获得用户如何使用应用程序的信息越来越重要。哪些菜单会因为用户找不到而不被使用？用户在应用程序中使用什么路径来完成任务？在 Application Insights 中，可以得到有用的匿名用户信息，找出用户在使用应用程序时存在的问题，并使用 DevOps 快速解决这些问题。

还可以使用 Cognitive Services 提供的功能处理图像，使用 Bing Search API，利用语言服务理解用户的看法等。

4. FaaS

FaaS 是云服务的一个新概念，也称为 Azure 无服务器计算技术。当然，幕后仍有一个服务器，只是不需要为保留的 CPU 和内存付费，就像在 Web 应用程序中使用的应用程序服务一样。相反，支付的金额是基于消费的，即基于调用次数计费，但对执行活动所需要的内存和时间有一些限制。Azure 函数是一种可以使用 FaaS 进行部署的技术。

注意：

第 15 章不仅将介绍在.NET 应用程序中定义配置的架构，还将介绍需要做什么才能使用这种配置方法来访问 Microsoft Azure App Configuration 和 Azure Key Vault。第 16 章将介绍如何使用 Azure Monitor，第 21 章将介绍如何使用本地 SQL 数据库和 Azure SQL 来访问关系数据库，还将介绍如何使用 EF Core 来访问 Azure Cosmos NoSQL 数据库。第 25 章将使用 Azure App Service 和 Azure Functions 进行部署。

1.5 开发工具

要进行开发，需要有一个 SDK 来生成和测试应用程序，还需要有一个代码编辑器。其他工具也可能会有帮助，例如 Windows 系统上的 Linux 环境，以及运行 Docker 镜像的环境。接下来就来介绍一些实用的工具。

1.5.1 .NET CLI

要进行开发，需要安装.NET SDK。如果使用 Visual Studio 进行开发，则在安装 Visual Studio 的时候会安装.NET SDK。如果使用其他环境，或者想要安装与 Visual Studio 安装的版本不同的版本，那么可以访问 https://dot.net。在这里，你可以为不同的平台下载和安装 SDK 的不同版本。

SDK 中包含.NET CLI，这是用于开发.NET 应用程序的命令行接口。你可以使用.NET CLI 创建新的应用程序、编译应用程序、运行单元测试、创建 NuGet 包，以及创建在发布时需要的文件。除了使用.NET CLI，也可以使用任何编辑器(如记事本)来编写代码。当然，如果能够使用其他提供了智能感知功能的工具，那么使用那些工具将更易于运行和调试应用程序。

本章后面的“使用.NET CLI”小节将介绍如何使用.NET CLI。

1.5.2 Visual Studio Code

Visual Studio Code 是一个轻量级编辑器，不只能够在 Windows 上使用，还可以在 Linux 和 macOS 上使用。Visual Studio 社区创建了大量扩展，使得 Visual Studio Code 成为许多技术的首选环境。

对于本书的许多章节，可以使用 Visual Studio Code 作为开发编辑器，但不能创建 WinUI 或 Xamarin 应用程序。Visual Studio Code 代码可以用于.NET Core 控制台应用程序和 ASP.NET Core Web 应用程序的开发。

可以从 http://code.visualstudio.com 下载 Visual Studio Code。

1.5.3 Visual Studio Community

这个版本的 Visual Studio 是免费的，具备以前 Professional 版的功能，但使用时间有许可限制。它对开源项目和培训、学术和小型专业团队是免费的。与 Visual Studio Express 版本(以前的免费版本)不同，Visual Studio Community 允许在 Visual Studio 中使用扩展。

1.5.4 Visual Studio Professional

这个版本比 Community 版包含更多功能，例如 CodeLens 和 Team Foundation Server(用于进行源代码管理和团队协作)。有了这个版本，也会获得一个订阅，其中包括 Microsoft 提供的几个用于开发和测试的服务器产品，还会得到一个免费信用额度，可将其用于在 Microsoft Azure 中进行开发和测试。

1.5.5 Visual Studio Enterprise

与 Professional 版不同，这个版本包含很多测试工具，如 Live Unit Testing、Microsoft Fakes(用于单元测试隔离)和 IntelliTest(单元测试是所有 Visual Studio 版本的一部分)。通过 Code Clone 可以找到解决方案中的相似代码。Visual Studio Enterprise 版还包含架构和建模工具，以分析和验证解决方案架构。

注意：
有了 Visual Studio 订阅，就有权每月免费使用一定数量的 Microsoft Azure，具体数量由 Visual Studio 订阅的类型决定。

注意：
本书中的一些功能，如本书简单介绍的实时单元测试，需要使用 Visual Studio Enterprise 版。但是，使用 Visual Studio Community 版即可完成本书的大部分内容。

1.5.6 Visual Studio for Mac

Visual Studio for Mac 起源于 Xamarin Studio，但现在提供的功能比早期产品多得多。例如，Visual Studio for Mac 的编辑器源代码与 Windows 版本的 Visual Studio 相同。有了 Visual Studio for Mac，不仅可以创建 Xamarin 应用程序，还可以创建在 Windows、Linux 和 macOS 上运行的 ASP.NET Core 应用程序。在本书的许多章节中，都可以使用 Visual Studio for Mac。但介绍 WinUI 的章节(第 29 章到第 31 章)要求用 Windows 运行和开发应用程序。

1.5.7 Windows 终端

Windows 命令提示在很多年间没有变化，如今终于有了一个全新的终端。该终端的源代码可在 https://github.com/Microsoft/terminal 访问，它提供了许多有助于开发的特性。该终端提供了多个选项卡和不同的 shell，例如 Windows PowerShell (一个命令提示)、Azure Cloud Shell 和 WSL 2 环境。该终端可以全屏显示，打开不同的选项卡以便于访问不同的文件夹，以及拆分窗格，从而在一个屏幕中打开不同的文件夹进行比较。它每个月都在增加新的特性。可以从 Microsoft Store 安装终端。

1.5.8 WSL 2

WSL 2 是第二代 Windows Subsystem for Linux。在这个版本中，运行 Linux 的子系统变得更快，而且提供了几乎所有 Linux API。

使用 WSL 2 可以从 Microsoft Store 安装不同的 Linux 发行版。如果使用 Windows 终端，则可以为安装的每个 Linux 发行版打开不同的选项卡。

WSL 2 是在 Windows 系统上的 Linux 环境中构建和运行.NET 应用程序的一种简单方式。当.NET 应用程序在 Linux 环境中运行时，甚至可以使用 Visual Studio 调试它们，只需要安装了.NET Core Debugging with WSL 2 扩展即可。在 Visual Studio 中运行调试会话的时候，会自动在 WSL 2 环境中安装.NET SDK。

1.5.9 Docker Desktop

Docker Desktop for Linux(可从 https://hub.docker.com/editions/community/docker-ce-desktop-windows 下载)允许为 Linux 或 Windows 运行 Docker。使用 Docker 允许基于包含.NET 运行库的镜像，创建包含应用程序代码的镜像。.NET 运行库自身则基于 Linux 或 Windows 镜像。

使用 Docker 时，可以使用在多个 Docker 容器内运行的许多.NET 服务创建解决方案。Docker 容器是 Docker 镜像的运行实例，可以使用 Visual Studio 或 dotnet 工具(例如 tye，其地址为 https://github.com/dotnet/tye)创建。

注意：
第25章将介绍如何创建微服务以及在Docker容器中运行它们。

1.6 使用.NET CLI

在本书的许多章节中并不需要Visual Studio，而可以使用任何编辑器和命令行(例如.NET CLI)。下面看看如何设置系统，以及如何使用这个工具。这里的介绍适用于所有平台。

如今，CI/CD技术的应用，使得人们非常关注命令行。你可以创建一个管道，在后台自动进行编译、测试和部署。

安装了.NET CLI工具后，就有了一个入口点来启动所有这些工具。使用下面的命令：

```
> dotnet  --help
```

会看到dotnet工具的所有不同的可用选项。许多选项都有简写形式。例如，对于上面的命令，也可以输入：

```
> dotnet -h
```

1.6.1 创建应用程序

dotnet工具提供了一种简单的方法创建“Hello World!”应用程序。输入如下命令就可以创建一个控制台应用程序：

```
> dotnet new console --output HelloWorld
```

这个命令创建一个新的HelloWorld目录并添加源代码文件Program.cs和项目文件HelloWorld.csproj。dotnet new命令还包括dotnet restore的功能，所以所有必要的NuGet包都会下载。要查看应用程序使用的库的依赖项和版本列表，可以检查obj子目录中的文件project.assets.json。如果不使用选项--output (或简写形式-o)，文件就在当前目录中生成。

生成的源代码如下所示：

```
using System;

namespace HelloWorld
{
  class Program
  {
    static void Main(string[] args)
    {
      Console.WriteLine("Hello World!");
    }
  }
}
```

注意：
20世纪70年代，Brian Kernighan和Dennis Ritchie撰写了《C程序设计语言》一书。自那之后，使用“Hello World”应用程序开始学习编程语言就变成一种传统。使用.NET Core CLI时，这个程序会自动生成。

下面看看这个程序的语法。Main()方法是.NET 应用程序的入口点。CLR 在启动时调用静态 Main()方法。Main()方法需要放到一个类中。这里，这个类命名为 Program，但是可以给它指定任何名称。

Console.WriteLine 调用 Console 类的 WriteLine()方法。Console 类在 System 名称空间中。为了避免在调用该方法时编写 System.Console.WriteLine，在源文件的顶部使用 using 声明打开了 System 名称空间。

在编写源代码之后，需要编译代码来运行它。本章后面的“构建应用程序”小节将解释如何编译代码。

创建的项目配置文件名为 HelloWorld.csproj。该文件包含项目配置，例如目标框架，以及要创建的二进制文件的类型。该文件中有一条重要的信息，即对 SDK 的引用(项目文件 HelloWorld/HelloWorld.csproj)：

```
<Project Sdk="Microsoft.NET.Sdk">
  <PropertyGroup>
    <OutputType>Exe</OutputType>
    <TargetFramework>net5.0</TargetFramework>
  </PropertyGroup>
</Project>
```

1.6.2 顶级语句

C# 9 让我们能够简化“Hello World!”应用程序的代码。使用顶级语句时，可以去掉名称空间、类和 Main()方法声明，而只编写顶级语句。此时，“Hello World!”应用程序将如下所示(代码文件 HelloWorld/Program.cs)：

```
using System;
Console.WriteLine("Hello World!");
```

如果为 WriteLine()方法调用添加 System 名称空间前缀，则可以把这个程序写成一行代码：

```
System.Console.WriteLine("Hello World!");
```

注意：

使用顶级语句时，仍然会在后台生成一个类和一个 Main()方法。查看生成的 IL 代码可知，生成了一个名为<Program>$的类，以及一个名为<Main>$的主方法，其中包含顶级语句。只不过不需要我们自己来编写这些代码。

对于示例应用程序等小型应用程序，顶级语句能够减少必须编写的代码。当在类似脚本的环境中使用 C#时，顶级语句也很实用。第 2 章将详细讨论顶级语句。

1.6.3 选择框架和语言版本

除了为一个框架版本生成二进制文件，还可以选择将 TargetFramework 元素替换为 TargetFrameworks，并指定多个框架，例如下面的代码中指定了.NET 5 和.NET Framework 4.8。添加 LangVersion 元素，是因为示例应用程序使用了 C# 9 代码(顶级语句)。如果不使用此特性，则框架版本将定义使用的 C#版本。.NET 5 默认使用 C# 9，.NET Framework 4.8 则使用 C# 7.3 (项目文件 HelloWorld/HelloWorld.csproj)。

```
<Project Sdk="Microsoft.NET.Sdk">
  <PropertyGroup>
```

```
    <OutputType>Exe</OutputType>
    <TargetFrameworks>net5.0;net48</TargetFrameworks>
    <LangVersion>9.0</LangVersion>
  </PropertyGroup>
</Project>
```

Sdk 特性指定了项目使用的 SDK。Microsoft 提供了不同的 SDK：Micrsoft.NET.Sdk 用于控制台应用程序，Microsoft.NET.Sdk.Web 用于 ASP.NET Core Web 应用程序，Microsoft.NET.Sdk.BlazorWebAssembly 用于使用 Blazor 和 WebAssembly 的 Web 应用程序。

不需要手动把源文件添加到项目中。相同目录和子目录中，带有.cs 扩展名的文件会自动添加到项目中进行编译。还会自动添加带有.resx 扩展名的资源文件，用于嵌入资源。也可以改变默认行为，显式排除/包含文件。

也不需要手动添加.NET Core 包。当指定目标框架 net5.0 的时候，将自动包含元包 Microsoft.NETCore.App，它引用了其他许多包。

1.6.4 构建应用程序

要构建应用程序，需要将当前目录改为应用程序的目录，并启动 dotnet build。为.NET 5.0 和.NET Framework 4.8 编译时，输出如下：

```
> dotnet build
Microsoft (R) Build Engine version 16.8.0 for .NET Copyright (C)
Microsoft Corporation. All rights reserved.

  Determining projects to restore...
  Restored C:\procsharp\Intro\HelloWorld\HelloWorld.csproj (in 308 ms).
  HelloWorld -> C:\procsharp\Intro\HelloWorld\bin\Debug\net48\HelloWorld.exe
  HelloWorld -> C:\procsharp\Intro\HelloWorld\bin\Debug\net5.0\HelloWorld.dll
Build succeeded.
  0 Warning(s)
  0 Error(s)
Time Elapsed 00:00:02.82
```

注意：

命令 dotnet new 和 dotnet build 会自动恢复 NuGet 包，这可以防止忘记恢复包。恢复 NuGet 包的操作会从 NuGet 服务器或者环境中配置的其他服务器获取项目文件中引用的库。也可以使用 dotnet restore 显式地恢复 NuGet 包。

编译过程的结果是在 bin/debug/[net5.0|net48]文件夹中生成一个程序集，其中包含 Program 类的 IL 代码。如果比较.NET Core 与.NET 4.8 的构建结果，会发现对于.NET Core，生成了一个包含 IL 代码的 DLL，而对于.NET 4.8，生成一个包含 IL 代码的 EXE。为.NET Core 生成的程序集依赖于 System.Console 程序集，而.NET 4.8 程序集则在 mscorlib 程序集中包含 Console 类。

要构建发布代码，就需要指定选项--configuration Release (简写为-c Release)：

```
> dotnet build --configuration Release
```

注意：

调试构建包含调试符号，并且为了方便调试，并没有对生成的代码进行优化。而在发布构建中，针对生产环境优化了代码，所以代码运行更快。在开发阶段(即把应用程序交付到生产环境之前)，应该时不时试用发布构建，因为其行为可能与调试构建存在区别。

1.6.5　运行应用程序

要运行应用程序，可以使用 dotnet run 命令。

```
> dotnet run
```

如果项目文件面向多个框架，就需要通过--framework 选项告诉 dotnet run 命令，使用哪个框架来运行应用程序。这个框架必须通过 csproj 文件来配置。对于样例应用程序，可以在恢复信息之后得到如下输出：

```
> dotnet run --framework net5.0
Hello World!
```

在生产系统中，不使用 dotnet run 运行应用程序，而是使用 dotnet 和库的名称：

```
> dotnet bin/debug/net5.0/HelloWorld.dll
```

编译器还会创建可执行文件，但它的作用只是加载和启动库。也可以启动可执行文件。接下来的步骤将说明如何为发布应用程序构建可执行文件。

> **注意：**
> 前面是在 Windows 上构建和运行“Hello World!”应用程序，而 dotnet 工具在 Linux 和 macOS 上的工作方式是相同的。可以在这两个平台上使用相同的.NET CLI 命令。

1.6.6　创建 Web 应用程序

与创建控制台应用程序类似，也可以使用.NET CLI 创建 Web 应用程序。输入 dotnet new 时，可以看到可用的模板列表。

下面的命令：

```
> dotnet new webapp -o WebApp
```

会使用 Razor Pages 创建新的 ASP.NET Core Web 应用程序。

创建的项目文件现在包含对 Microsoft.NET.Sdk.Web SDK 的引用。该 SDK 包含创建 Web 应用程序和服务时需要用到的工具和扩展：

```
<Project Sdk="Microsoft.NET.Sdk.Web">
  <PropertyGroup>
    <TargetFramework>net5.0</TargetFramework>
  </PropertyGroup>
</Project>
```

现在使用下述命令：

```
> dotnet build
> dotnet run
```

运行上述代码会启动 ASP.NET Core 的 Kestrel 服务器，来监听端口 5000 和 5001。可以打开浏览器访问从这个服务器返回的页面，如图 1-2 所示。

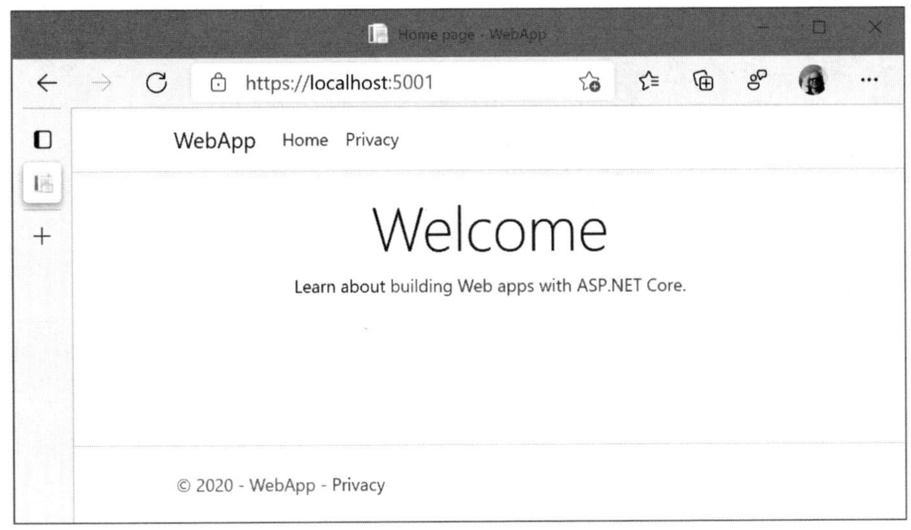

图 1-2

如果是第一次启动该服务器，会收到一个安全警告，询问是否信任开发人员证书。选择信任后，将不再显示该警告。

要停止应用程序，只需按 Ctrl+C 来发出取消命令。

1.6.7 发布应用程序

使用 dotnet 工具，可以创建一个 NuGet 包并发布应用程序来进行部署。首先创建应用程序的依赖于框架的部署。这减少了发布所需的文件。

使用之前创建的控制台应用程序，只需要运行以下命令来创建发布所需的文件。使用-f 选择框架，使用-c 选择发布配置。

```
> dotnet publish -f net5.0 -c Release
```

发布所需的文件放在 bin/Release/net5.0/publish 目录中。

在目标系统上使用这些文件进行发布时，也需要运行库。在 https://www.microsoft.com/net/download/上可以找到运行库的下载和安装说明。

> **注意：**
> 如果应用程序使用了额外的 NuGet 包，这些包需要在 csproj 文件中引用，并且库需要与应用程序一起交付。阅读第 14 章，了解更多信息。

1.6.8 自包含部署

也可以不在目标系统上安装运行库，而是在交付应用程序时一起交付运行库。这就是所谓的自包含部署。

安装应用程序的平台不同，运行库就不同。因此，对于自包含部署，需要通过在项目文件中指定 RuntimeIdentifiers，来指定支持的平台，如下面的项目文件所示。这里，指定了 Windows 10、macOS 和 Ubuntu Linux 的运行库标识符(项目文件 SelfContainedHelloWorld/SelfContainedHelloWorld.csproj)：

```
<Project Sdk="Microsoft.NET.Sdk">
  <PropertyGroup>
    <OutputType>Exe</OutputType>
    <TargetFramework>net5.0</TargetFramework>
  </PropertyGroup>
  <PropertyGroup>
    <RuntimeIdentifiers>
      win10-x64; ubuntu-x64; osx.10.11-x64;
    </RuntimeIdentifiers>
  </PropertyGroup>
</Project>
```

注意：

在 https://docs.microsoft.com/en-us/dotnet/core/rid-catalog 的.NET Core Runtime Identifier(RID)类别中，可以获取不同平台和版本的所有运行库标识符。

现在可以为所有不同的平台创建发布文件：

```
> dotnet publish -c Release -r win10-x64
> dotnet publish -c Release -r osx.10.11-x64
> dotnet publish -c Release -r ubuntu-x64
```

在运行这些命令之后，可以在 Release/[win10-x64|osx.10.11-x64|ubuntu-x64]/publish 目录中找到发布所需要的文件。因为现在包含.NET 5.0 运行库，所以发布需要的文件的规模也越来越大。在这些目录中，可以找到平台特定的可执行文件，可以在不使用 dotnet 命令的情况下直接启动它。

注意：

如果运行安装了 WSL 2 的 Windows 系统，则可以在该子系统中直接运行为 Ubuntu 创建的二进制文件镜像。如果在 WSL 中安装了.NET SDK，则也可以在该子系统内执行构建和发布命令。

1.6.9　创建单个可执行文件

除了发布大量文件，也可以创建单个可执行文件。添加-p:PublishSingleFile=true 选项，会把整个运行库添加到一个二进制文件中，然后可以将该文件用于部署。运行下面的命令，将在输出目录 singlefile 中创建一个文件。该目录还包含一个带有.pdb 扩展名的文件。可以部署该文件来获取符号信息，以便在应用程序崩溃时能够进行分析。

```
> dotnet publish -r win10-x64 -p:PublishSingleFile=true --self-contained
-o singlefile
```

1.6.10　readytorun

为了提高应用程序的启动性能，可以将应用程序的一部分预编译为原生代码。这样一来，在运行应用程序的时候，IL 编译器要做的工作就减少了。无论有没有使用 PublishSingleFile，都可以使用这个选项。

```
> dotnet publish -r win10-x64 -p:PublishReadyToRun=true --self-contained
-o readytorun
```

除了使用命令行传递此配置，还可以在项目文件中指定<PublishReadyToRun>元素。

1.6.11 剪裁

当然，发布应用程序时，在一个可执行文件中包含完整的运行库会导致文件太大。可以通过这种方法解决：剪裁掉应用程序不需要的类和方法，使二进制文件变得更小。

通过在项目文件中指定PublishTrimmed元素，可以启用剪裁。TrimMode指定了剪裁的程度。值link(本例中使用了这个值)基于成员进行剪裁，删除掉未使用的成员。当把这个值设置为copyused的时候，如果应用程序使用了一个程序集中的任何成员，就完整保留该程序集：

```
<Project Sdk="Microsoft.NET.Sdk">
  <PropertyGroup>
    <OutputType>Exe</OutputType>
    <TargetFramework>net5.0</TargetFramework>
    <RuntimeIdentifiers>
      win10-x64; ubuntu-x64; osx.10.11-x64;
    </RuntimeIdentifiers>
    <PublishTrimmed>true</PublishTrimmed>
    <TrimMode>link</TrimMode>
  </PropertyGroup>
</Project>
```

通过使用下面的命令和上面的项目配置，可以创建一个应用了剪裁的可执行文件。在撰写本书时，“Hello World!”的二进制文件的大小从54MB减小到2.8MB，这很令人惊叹。这项特性还在持续改进中，将来可能会节约更多空间。

```
> dotnet publish -o publishtrimmed -p:PublishSingleFile=true --self-contained
-r win10-x64
```

剪裁存在风险。例如，如果应用程序使用了反射，那么剪裁器不知道运行时需要反射成员。为了应对这种问题，可以指定不剪裁哪些程序集、类型和类型成员。要配置这些选项，请在以下网址阅读详细的文档：https://docs.microsoft.com/dotnet/core/deploying/trimming-options。

1.7 小结

本章涵盖了很多重要的技术和.NET的变化。在将来的开发中，应该使用.NET Core (现在已经重命名为.NET)创建新的应用程序。对于现有应用程序，无论是想继续使用老技术，还是迁移到新技术，都要视应用程序的状态而定。如果想迁移到.NET，那么现在你已经知道了可以使用什么框架来替换旧框架。

本章介绍了开发时使用的工具，并深入了介绍了如何使用.NET CLI来创建、构建和发布应用程序。

还介绍了用于访问数据库和创建Windows应用程序的技术，以及创建Web应用程序的不同方式。

本章通过一个“Hello World!”示例建立基础，第2章开始讨论C#语法，学习变量、实现程序流以及把代码组织到名称空间中等内容。

第2章 核心C#

本章要点

- 顶级语句
- 声明变量
- 目标类型推导 new 表达式
- 可空类型
- C#的预定义数据类型
- 程序流
- 名称空间
- 字符串
- 注释和文档
- C#的预处理器指令
- C#编程的推荐规则和约定

本章源代码：

通过扫描封底二维码下载本书源代码。本章源代码可以在代码文件的 1_CS/CoreCSharp 目录中找到。

本章代码分为以下几个主要的示例文件：

- TopLevelStatements
- CommandLineArgs
- VariableScopeSample
- NullableValueTypes
- NullableReferenceTypes
- ProgramFlow
- SwitchStatement
- SwitchExpression
- ForLoop
- StringSample

所有示例项目都启用了可空引用类型。

2.1 C#基础

理解了C#的用途后，就该学习如何使用它了。本章将介绍C#编程的基础知识，这也是后续章节的基础。学习完本章后，读者就有足够的 C#知识来编写简单的程序了，但还不能使用继承或其他面向对象的特性。这些内容将在后面的几章中讨论。

第 1 章解释了如何使用.NET CLI 工具编写“Hello World!”应用程序。本章将关注 C#语法。首先对 C#语法做一些一般性的介绍：

- 语句都以分号(;)结尾，并且语句可以写在多个代码行上，不需要使用续行字符。
- 用花括号({})把语句组合为块。
- 单行注释以两个斜杠字符开头(//)。
- 多行注释以一个斜杠和一个星号(/*)开头，以一个星号和一个斜杠(*/)结尾。
- C#区分大小写，即 myVar 与 MyVar 是两个不同的变量。

2.1.1 顶级语句

C# 9 中新增了一种名为顶级语句的语言特性。在创建简单的应用程序时，可以不定义名称空间、不声明类，也不定义 Main()方法。只包含一行代码的“Hello World!”应用程序如下所示：

```
System.Console.WriteLine("Hello World!");
```

我们来增强这个只包含一行代码的应用程序，以打开定义 Console 类的名称空间。通过使用 using 指令导入 System 名称空间后，可以直接使用 Console 类，而不必为其添加名称空间前缀：

```
using System;
Console.WriteLine("Hello World!");
```

因为 WriteLine()是 Console 类的静态方法，所以甚至可以使用 using static 指令打开 Console 类：

```
using static System.Console;
WriteLine("Hello World!");
```

使用顶级语句时，编译器会在后台创建一个包含 Main()方法的类，并把顶级语句添加到 Main()方法中：

```
using System;

class Program
{
  static void Main()
  {
    Console.WriteLine("Hello, World!");
  }
}
```

注意：

本书的许多示例使用了顶级语句，因为这种功能对于小型示例应用程序极为有用。对于很小的微服务(现在只需要几行代码就可以编写出来)，以及在类似脚本的环境中使用 C#的时候，这种功能也有实际用途。

2.1.2 变量

C#提供了声明和初始化变量的不同方式。变量有一个类型和一个随着时间可能发生改变的值。在下面的代码片段中，变量名称左侧的类型声明定义了该变量的类型，所以变量 s1 的类型是 string。变量 s1 被初始化为一个新的字符串对象，将字符串字面量“Hello, World!”传递给了构造函数。因为 string 类型非常常用，所以除了创建新的字符串对象，也可以把“Hello, World!”字符串直接赋值给变量(变量 s2 采用了这种方法)。

C# 3 引入了支持类型推断的 var 关键字，它也可以用来声明变量。在这里，右侧的值是有类型的，左侧将从该值推断出类型。编译器从字符串字面量“Hello, World!”创建一个字符串对象，s3 也是类型安全的、强类型的字符串，就像 s1 和 s2 那样。

C# 9 提供了一种新的语法来声明和初始化变量：目标类型的 new 表达式。当左侧知道了变量的类型后，就不必编写 new string(“Hello, World!”)这样的表达式，而是可以使用表达式 new(“Hello, World!”)。不必在右侧指定类型(代码文件 TopLevelStatements/Program.cs)：

```
using System;

string s1 = new string("Hello, World!");
string s2 = "Hello, World!";
var s3 = "Hello, World!";
string s4 = new("Hello, World!");

Console.WriteLine(s1);
Console.WriteLine(s2);
Console.WriteLine(s3);
Console.WriteLine(s4);
//...
```

注意：

无论是在左侧使用 var 关键字声明类型，还是使用目标类型的 new 表达式，基本都只是个人喜好问题。在后台，会生成相同的代码。从 C# 3 开始提供 var 关键字，之前需要在左侧通过定义类型来声明类型，并且实例化对象时还需要在右侧指定类型，而 var 关键字减少了需要编写的代码量。使用 var 关键字时，只需要在右侧指定类型。但是，对类型的成员不能使用 var 关键字。在 C#9 之前，对于类成员，需要写两次类型，现在则可以使用目标类型的 new 表达式。目标类型的 new 表达式可用于局部变量，如前面代码片段中的变量 s4 所示。这并不会让 var 关键字失去作用，它依然有自己的优势，例如在接收方法的返回值时使用。

2.1.3 命令行实参

当启动程序，向应用程序传递值的时候，对于顶级语句，将自动声明变量 args。在下面的代码片段中，通过使用 foreach 语句访问变量 args，遍历全部命令行实参，并将它们的值显示到控制台(代码文件 CommandLineArgs/Program.cs)：

```
using System;

foreach (var arg in args)
{
  Console.WriteLine(arg);
}
```

使用.NET CLI运行应用程序时，可以在dotnet run后面加上--，然后将实参传递给程序。添加--是为了避免将.NET CLI的实参与应用程序的实参混淆：

```
> dotnet run -- one two three
```

运行这行代码，将在控制台看到字符串one two three。

创建自定义的Main()方法时，需要声明该方法接受一个字符串数组。你可以为该变量选择一个名称，但通常会将该变量命名为args。这也是为什么在为顶级语句自动生成变量时，使用了名称args：

```
using System;

class Program
{
  static void Main(string[] args)
  {
    foreach (var arg in args)
    {
      Console.WriteLine(arg);
    }
  }
}
```

2.1.4 变量的作用域

变量的作用域是可以访问该变量的代码区域。一般情况下，确定作用域遵循以下规则：

- 只要类在作用域内，则其字段(也称为成员变量)也在作用域内。
- 在到达声明局部变量的块语句或者方法的右花括号之前，局部变量都在作用域内。
- 在for、while或类似语句中声明的局部变量的作用域是该循环体内部。

大型程序常常在不同部分为不同的变量使用相同的变量名。只要变量的作用域是程序的不同部分，不会导致多义性，就不会有问题。但要注意，同名的局部变量不能在同一作用域内声明两次。例如，不能使用下面的代码：

```
int x = 20;
// some more code
int x = 30;
```

考虑下面的代码示例(代码文件 VariableScopeSample/Program.cs)：

```
using System;

for (int i = 0; i < 10; i++)
{
  Console.WriteLine(i);
} // i goes out of scope here

// We can declare a variable named i again, because
// there's no other variable with that name in scope
for (int i = 9; i >= 0; i----)
{
  Console.WriteLine(i);
} // i goes out of scope here.
```

这段代码很简单，使用两个for循环先顺序打印0~9的数字，再逆序打印0~9的数字。重要的是在同一个方法中，代码中的变量i声明了两次。可以这么做的原因是，i在两个相互独立的循环内部声明，所以每个变量i对于各自的循环来说是局部变量。

下面是另一个例子(代码文件 VariableScopeSample2/Program.cs)：

```
int j = 20;
for (int i = 0; i < 10; i++)
{
  int j = 30; // Can't do this -j is still in scope
  Console.WriteLine(j + i);
}
```

如果试图编译它，就会产生如下错误：

```
error CS0136: A local or parameter named 'j' cannot be declared in this scope because that
name is used in an enclosing local scope to define a local or
parameter
```

其原因是：变量 j 是在for循环开始之前定义的，在执行for循环时仍处于其作用域内，直到Main()方法(由编译器创建)结束执行后，变量j才超出作用域。因为编译器无法区分这两个变量，所以不允许声明第二个变量。

即使在 for 循环结束后再声明变量 j 也没有帮助，因为无论在什么地方声明变量，编译器都会将所有变量声明移动到作用域内的顶部。

2.1.5 常量

对于从不会改变的值，可以定义一个常量。要定义常量值，需要使用 const 关键字。

使用 const 关键字声明变量后，在该变量出现的每个地方，编译器将使用常量值替换它。

通过在类型的前面使用 const 关键字来指定常量：

```
const int a = 100; // This value cannot be changed.
```

该局部字段每次出现时，编译器就把它替换为它的值。在版本化时，这种行为很重要。如果在库中声明了一个常量，然后在应用程序中使用该常量，就需要重新编译应用程序来使用新值。否则，库中的值和应用程序使用的值可能不同。正因此，最好只对从不会改变的值(即使在将来的版本中也不会改变)使用 const。

常量具有如下特点：

- 常量必须在声明时初始化。指定了其值后，就不能再改写了。
- 常量的值必须能在编译时计算出来。因此，不能用变量的值来初始化常量。如果需要这么做，就必须使用只读字段。
- 常量总是隐式静态的。但注意，不必(实际上，是不允许)在常量声明中包含修饰符 static。

在程序中使用常量至少有下面的好处：

- 由于使用易读的名称(名称的值易于理解)替代了魔数和字符串，常量使程序变得更易于阅读。
- 常量更容易避免程序出现错误。如果在声明常量的位置以外的某个地方将另一个值赋给常量，编译器就会标记错误。

注意：

如果多个实例可以具有不同的值，但这些值在初始化后不会再发生变化，那么可以使用 readonly 字段。第 3 章将介绍 readonly 字段。

2.1.6 在顶级语句中使用方法和类型

在包含顶级语句的文件中，也可以添加方法和类型。在下面的代码片段中，定义了一个名为Method()的方法，并在该方法的声明和实现后调用了它(代码文件 TopLevelStatements/Program.cs)：

```
//...
void Method()
{
   Console.WriteLine("this is a method");
}

Method();
//...
```

可以在使用之前或之后声明该方法。在相同的文件中可以添加类型，但需要在顶级语句的后面指定它们。在下面的代码片段中，指定类 Book 包含一个 Title 属性和 ToString()方法。在类型声明前，创建了一个新实例，并将其赋值给变量 b1，还设置了 Title 属性的值，然后将该实例写入控制台。当把对象作为实参传递给 WriteLine()方法时，将调用 Book 类的 ToString()方法：

```
Book b1 = new();
b1.Title = "Professional C#";
Console.WriteLine(b1);


class Book
{
  public string Title { get; set; }
  public override string ToString() => Title;
}
```

注意：
第 3 章将详细介绍如何创建和调用方法，如何自定义类。

注意：
所有顶级语句需要包含在一个文件中，否则编译器将不知道从哪个文件开始。如果使用了顶级语句，则应该让它们易于找到，例如，把它们添加到 Program.cs 文件中。你不会希望在多个文件中查找顶级语句。

2.2 可空类型

在 C#的第一个版本中，值类型不能有 null 值，但总是可以将 null 赋值给引用类型。这种情况在 C# 2 中第一次发生改变，因为 C# 2 引入了可空值类型。C# 8 对引用类型做了修改，因为.NET 中发生的大部分异常是 NullReferenceException。当调用的引用成员的值为 null 时，就会发生这种类型的异常。为了减少这种问题，使它们成为编译错误，C# 8 引入了可空引用类型。

本节将介绍可空值类型和可空引用类型。它们的语法看上去类似，但后台实现有很大区别。

2.2.1　可空值类型

对于值类型，如 int，不能向其赋值 null。当映射到数据库或其他数据源(如 XML 或 JSON)的时候，这可能导致一些难以处理的情况。使用引用类型则会造成额外的开销：对象存储在堆上，当不再使用该对象时，垃圾回收过程需要清理它。可以采用的方法是，在类型定义中使用“?”，这将允许赋值 null：

```
int? x1 = null;
```

编译器将把这行语句改为使用 Nullable<T>类型：

```
Nullable<int> x1 = null;
```

Nullable<T>不会增加引用类型的开销。它仍然是一个 struct(值类型)，只不过添加了一个布尔标志，用来指定值是否为 null。

下面的代码片段演示了使用可空值类型和不可为空值的赋值。变量 n1 是可空的 int，它被赋值为 null。可空值类型定义了 HasValue 属性，可以用它来检查变量是否被赋值。使用 Value 属性可以访问该变量的值。这种方法可用来将值赋值给不可为空的值类型。总是可以把不可为空的值赋值给可空的值类型，这种赋值总会成功(代码文件 NullableValueTypes/Program.cs)：

```
int? n1 = null;
if (n1.HasValue)
{
  int n2 = n1.Value;
}
int n3 = 42;
int? n4 = n3;
```

2.2.2　可空引用类型

可空引用类型的目标是减少 NullReferenceException 类型的异常，这是.NET 应用程序中最常发生的异常类型。一直以来都有一个指导原则：应用程序不应该抛出这种异常，而总是应该检查 null，但没有编译器的帮助，很容易就会漏掉值为 null 的情况。

为了能够获得编译器的帮助，需要启用可空引用类型。因为这种特性可能破坏现有代码，所以需要显式启用。为此，需要在项目文件中指定 Nullable 元素，并将其值设置为 enable(项目文件 NullableReferenceTypes.csproj)：

```
<Project Sdk="Microsoft.NET.Sdk">
  <PropertyGroup>
    <OutputType>Exe</OutputType>
    <TargetFramework>net5.0</TargetFramework>
    <Nullable>enable</Nullable>
  </PropertyGroup>
</Project>
```

现在，不能把 null 赋值给引用类型。如果启用了 Nullable，然后编写下面的代码：

```
string s1 = null; // compiler warning
```

编译器将给出如下错误：CS8600: Converting a null literal or a possible null value to non-nullable type.。

要将 null 赋值给字符串，需要在声明类型时加上“?”，就像可空值类型那样：

```
string? s1 = null;
```

当使用可空的 s1 变量时，需要在调用方法或者把该变量赋值给不可为空的字符串之前，检查它的值不是 null。否则，编译器将生成警告：

```
string s2 = s1.ToUpper(); // compiler warning
```

通过使用 null 条件运算符“?.”，可以在调用方法前检查 null。使用该运算符时，只有对象不为 null，才会调用方法。其结果不能被写入不可为空的字符串，因为如果 s1 是 null，则右侧表达式的结果为 null：

```
string? s2 = s1?.ToUpper();
```

通过使用空合并运算符“??”，可以在对象为空时指定一个不同的返回值。在下面的代码片段中，当??左侧的表达式返回 null 的时候，整个表达式将返回一个空字符串。右侧表达式的完整结果将写入变量 s3，它不会为 null。如果 s1 不为 null，它就是 s1 字符串的大写版本，而如果 s1 是 null，它就是一个空字符串：

```
string s3 = s1?.ToUpper() ?? string.Empty;
```

除了使用这些运算符，还可以使用 if 语句确认变量不为 null。在下面的代码片段的 if 语句中，使用了 C#模式 is not 来验证 s1 不为 null。只有当 s1 不为 null 的时候，才会调用 if 语句的块。在这里，不需要使用可空条件运算符来调用 ToUpper()方法：

```
if (s1 is not null)
{
  string s4 = s1.ToUpper();
}
```

当然，也可以使用不等于运算符!=：

```
if (s1 != null)
{
  string s5 = s1.ToUpper();
}
```

注意：
第 5 章将详细介绍运算符。

对于类型成员，使用可空引用类型也很重要，如下面的代码片段中的 Book 类的 Title 和 Publisher 成员所示。代码中使用不可为空的 string 类型声明了 Title，所以在创建 Book 类的新对象时，必须初始化 Title。它是由 Book 类的构造函数初始化的。Publisher 属性允许为 null，所以不需要初始化(代码文件 NullableReferenceTypes/Program.cs)：

```
class Book
{
  public Book(string title) => Title = title;

  public string Title { get; set; }
  public string? Publisher { get; set; }
}
```

当声明Book类的变量时，可以把该变量声明为可空(b1)，或者使用一个带有构造函数的Book对象进行声明(b2)。可以把Title属性赋值给一个不可为空的string类型。对于Publisher属性，可以将其赋值给一个可空字符串，或者使用前面介绍的运算符：

```
Book? b1 = null;
Book b2 = new Book("Professional C#");
string title = b2.Title;
string? publisher = b2.Publisher;
```

对于可空值类型，后台会使用一个 Nullable<T>类型。对于可空引用类型则不是这样。相反，编译器会向这些类型添加注解。可空引用类型关联着Nullable特性。通过这种方式，可以在库中使用可空引用类型，使参数和成员具有可空性。当在新的应用程序中使用这种库时，智能感知可以提供方法或参数是否可为空的信息，编译器就能够相应地给出警告。使用编译器的旧版本(早于C# 8)时，仍然可以像使用不带注解的库那样使用这些库。编译器会忽略它不认识的特性。

注意：

本书中的几乎全部示例都启用了可空引用类型。在.NET 5中，几乎全部基础类库都完全使用可空引用类型添加了注解。这有助于获取关于参数和返回类型的信息。需要注意Microsoft在决定可空性时所做的选择。对于object.ToString()方法返回的字符串，一开始的文档说明是，重写该方法绝不应该返回null。.NET团队检查了不同的实现：重写该方法的一些Microsoft团队返回了null。因为用法与文档不同，Microsoft决定将object.ToString()方法声明为返回string?，这允许它返回null。在重写该方法时，你可以更加严格，只返回string。第4章将详细讨论方法重写。

在现有应用程序中启用可空引用类型是一种破坏性改变，所以为了允许逐渐迁移到这种新特性，可以使用预处理器指令#nullable来启用或禁用它，以及将它还原为项目文件中的设置。这将在“C#预处理器指令”小节进行讨论。

2.3 使用预定义数据类型

前面介绍了如何声明变量和常量，以及可空性这种极为重要的增强，下面要详细讨论C#中可用的数据类型。

数据类型的C#关键字(如int、short和string)从编译器映射到.NET数据类型。例如，在C#中声明一个int类型的数据时，声明的实际上是.NET struct (System.Int32)的一个实例。所有基本数据类型都提供了可供调用的方法。例如，要把int i转换为string类型，可以编写下面的代码：

```
string s = i.ToString();
```

应该强调的是，在这种便利语法的背后，类型实际上仍存储为基本类型。因此，基本类型用C#结构表示，实际上并没有性能损失。

下面看看C#中定义的内置类型。我们将列出每个类型，以及它们的定义和对应.NET类型的名称。还将介绍一些例外情况：它们是重要的数据类型，但只能通过.NET类型使用，而没有自己的C#关键字。

首先来看预定义的值类型，它们代表基础数据，如整数、浮点数、字符和布尔值。

2.3.1 整型

C#支持使用不同位数的整型，并且区分了只支持正数的类型和支持一定范围内的正数和负数的类型。byte和sbyte类型使用8位。byte类型允许0~255之间的值(只有正值)，而sbyte中的s意味着使用符号(sign)，所以该类型支持-128~127 之间的值(8 位只能支持这么多数字)。

short 和 ushort 类型使用 16 位。short 类型的取值范围为-32 768~32 767。ushort 类型中的 u 代表无符号(unsigned)，它的取值范围为 0~65 535。类似，int 类型是带符号 32 位整数，uint 类型为无符号 32 位整数。long 和 ulong 使用 64 位。在后台，C#关键字 sbyte、short、int 和 long 映射到 System.SByte、System.Int16、System.Int32 和 System.Int64。无符号版本映射到 System.Byte、System.UInt16、System.UInt32 和 System.UInt64。底层.NET 类型在类型名称中清晰地列出了使用的位数。

要检查类型的最大值和最小值，可以使用 MaxValue 和 MinValue 属性。

2.3.2 BigInteger

如果需要的数字比 64 位的 long 类型能够表示的值更大，则可以使用 BigInteger 类型。该结构对于位数没有限制，可以一直增长下去，直到没有可用的内存。这个类型没有对应的 C#关键字，所以需要使用 BigInteger。因为它能够无限增长，所以无法提供 MinValue 和 MaxValue 属性。该类型提供了内置的计算方法，如 Add()、Subtract()、Divide()、Multiply()、Log()、Log10()、Pow()等。

2.3.3 本机整数类型

如果应用程序是 32 位或 64 位应用程序，则 int、short 和 long 类型的位数和可用大小是独立的。这与 C++中的整数定义不同。C# 9 为平台特定的值提供了新的关键字：nint 和 nuint(分别代表本机整数和本机无符号整数)。在 64 位应用程序中，这些整数类型使用 64 位，而在 32 位应用程序中，只使用 32 位。这些类型对于直接访问内存很重要，第 13 章将介绍相关内容。

2.3.4 数字分隔符

为了提高数字的可读性，可以使用数字分隔符。可以向数字添加下画线，如下面的代码片段所示。在这个代码片段中，还使用了 0x 前缀来指定十六进制值(代码文件 DataTypes/Program.cs)：

```
long l1 = 0x_123_4567_89ab_cedf;
```

用作分隔符的下画线被编译器忽略。这些分隔符提高了可读性，但并没有添加任何功能。对于前面的示例，每次从右边读取 16 位(或 4 个十六进制字符)，就添加一个数字分隔符。结果比下面这种写法更容易读懂：

```
long l2 = 0x123456789abcedf;
```

因为编译器只会忽略下画线，所以你要自己负责确保可读性。可以在任何位置放置下画线，所以不恰当地放置下画线可能对于提高可读性并没有帮助：

```
long l3 = 0x_12345_6789_abc_ed_f;
```

允许把数字分隔符放在任何位置是有用的，因为这允许把它用于不同的情况——例如，使用十六进制或八进制值，或者分离协议所需的不同位(如下一节所示)。

2.3.5 二进制值

除了提供数字分隔符，C#还便于把二进制值赋值给整数类型。如果在变量值前面加上 0b 字面值作为前缀，只允许使用 0 和 1，如下面的代码片段所示(代码文件 DataTypes/Program.cs)：

```
uint binary1 = 0b_1111_1110_1101_1100_1011_1010_1001_1000;
```

前面的代码片段使用一个32位的无符号int。数字分隔符对二进制值的可读性有很大帮助。这段代码把二进制值分隔为4位一组。注意，也可以用十六进制记数法：

```
uint hex1 = 0xfedcba98;
```

使用八进制记数法时，每三位使用一个分隔符会有所帮助，八进制计数法使用0(二进制为000)和7(二进制为111)之间的字符：

```
uint binary2 = 0b_111_110_101_100_011_010_001_000;
```

下面的示例展示了如何定义可以在二进制协议中使用的分隔符，其中2位定义了最右边的部分，6位定义了下一部分，最后由2个4位来完成16位：

```
ushort binary3 = 0b1111_0000_101010_11;
```

注意：
第5章介绍了二进制数据的更多信息。

2.3.6 浮点类型

C#还基于IEEE 754标准，指定了使用不同位数的浮点类型。Half类型(.NET 5新增)使用16位，float(映射到.NET中的Single类型)使用32位，double(映射到.NET中的Double类型)使用64位。这些数据类型中有1位用作符号。取决于具体类型，可能有10~52位用作有效位，有5~11位用作指数。表2-1显示了详细信息。

表2-1

C#关键字	.NET类型	说明	有效位数	指数位数
	System.Half	16位单精度浮点数	10	5
float	System.Single	32位单精度浮点数	23	8
double	System.Double	64位双精度浮点数	52	11

赋值的时候，如果硬编码了一个非整数值(如12.3)，则编译器一般假定该变量是double。如果想指定该值为float，可以在其后加上字符F(或f)：

```
float f = 12.3F;
```

使用decimal类型(.NET结构Decimal)时，.NET有一个高精度的浮点类型，它使用128位，可用于财务计算。在这128位中，有1位用作符号，96位用作整数。剩下的位指定了比例因子。要把数字指定为decimal类型而不是double、float或整数类型，可以在数字的后面加上字符M(或m)，如下所示：

```
decimal d = 12.30M;
```

2.3.7 bool类型

C#的bool类型用于包含布尔值true或false。

bool值和整数值不能相互隐式转换。如果变量(或函数的返回类型)声明为bool类型，就只能使用值true或false。如果试图使用0表示false，非0值表示true，就会出错。

2.3.8 字符类型

.NET 字符串由两个字节的字符组成。C#关键字 char 映射到.NET 类型 Char。使用单引号(如'A')创建一个 char 类型的值；使用双引号则会创建一个字符串。

除了把 char 表示为字符字面量之外，还可以用 4 位十六进制的 Unicode 值(如'\u0041')、带有强制类型转换的整数值(如(char)65)或十六进制数(如'\x0041')表示它们。它们还可以用转义序列表示，如表 2-2 所示。

表 2-2

转义序列	字符
\'	单引号
\"	双引号
\\	反斜杠
\0	空
\a	警告
\b	退格
\f	换页
\n	换行
\r	回车
\t	水平制表符
\v	垂直制表符

2.3.9 数字的字面值

前面的小节显示了数字的字面值。现在用一个表格进行总结，见表 2-3。

表 2-3

字面值	位置	说明
U	后缀	unsigned int
L	后缀	long
UL	后缀	unsigned long
F	后缀	float
M	后缀	decimal (货币)
0x	前缀	十六进制数字，允许使用 0~F
0b	前缀	二进制数字，只允许使用 0 和 1
true	NA	布尔值
False	NA	布尔值

2.3.10 object 类型

除了值类型，使用 C#关键字还可以定义两种引用类型：object 关键字映射到 Object 类，string 关键字映射到 String 类。本章后面的“使用字符串”小节将讨论字符串类型。Object 类是所有引用类型最终的基类，它可以用于两个目的：

- 可以使用 object 引用来绑定任何特定子类型的对象。例如，第 5 章将说明如何使用 object 类型把栈中的值对象装箱，再移动到堆中。object 引用也可以用于反射，此时必须有代码来处理类型未知的对象。
- object 类型实现了许多一般用途的基本方法，包括 Equals()、GetHashCode()、GetType()和 ToString()。用户定义的类可能需要使用一种面向对象技术——重写，来提供其中一些方法的替代实现代码，第 4 章将介绍这方面的内容。例如，重写 ToString()时，要给类提供一个方法，给出类本身的字符串表示。如果类中没有提供这些方法的实现代码，编译器就会使用 object 类型中的实现代码，返回类的名称。

2.4 程序流控制

本节将介绍 C#语言最基本的重要语句：控制程序流的语句。使用这些语句时，就不必按代码在程序中的出现的顺序执行它们。通过使用条件语句(如 if 和 switch 语句)，可以根据是否满足特定条件创建代码分支。使用 for、while 和 foreach 语句可以在循环中重复执行语句。

2.4.1 if 语句

使用 if 语句时，可以在圆括号内指定一个表达式。如果该表达式返回 true，就调用花括号指定的块。如果条件不为 true，则可以使用 else if 检查另外一个条件是否为 true。通过重复使用 else if，可以检查更多条件。如果 if 指定的表达式不为 true，所有 else if 表达式也都不为 true，则将调用 else 指定的块。

在下面的代码段中，从控制台读入了一个字符串。如果输入一个空字符串，将调用 if 语句后的代码块。这是因为，当字符串为 null 或空字符串时，string 方法 IsNullOrEmpty()将返回 true。当输入的长度小于 5 个字符的时候，将调用 else if 语句指定的块。在其他所有情况中，例如输入的长度为 5 个及以上字符，将调用 else 块(代码文件 ProgramFlow/Program.cs)：

```
Console.WriteLine("Type in a string");
string? input = Console.ReadLine();

if (string.IsNullOrEmpty(input))
{
  Console.WriteLine("You typed in an empty string.");
}
else if (input?.Length < 5)
{
  Console.WriteLine("The string had less than 5 characters.");
}
else
{
  Console.WriteLine("Read any other string");
}
Console.WriteLine("The string was " + input);
```

注意：
如果 if/else if/else 块中只有一条语句，那么并非必须使用花括号。只有当块中包含多个语句的时候，才必须使用花括号。但是，对于单条语句，使用花括号有助于提高可读性。

在 if 语句中，else if 和 else 语句是可选的。如果只是需要根据某个条件调用一个代码块，而在该条件不满足时不调用代码块，那么可以使用不带 else 的 if 语句。

2.4.2 is 运算符的模式匹配

C#支持一种名为“模式匹配”的特性，可以通过 if 语句和 is 运算符使用这种特性。前面的“可空引用类型”小节包含一个使用 if 语句和 is not null 模式的示例。

下面的代码片段将收到的类型为 object 的实参与 null 进行比较。这里使用了常量模式来比较实参和 null，并抛出 ArgumentNullException。在 else if 的表达式中，使用了类型模式来检查变量 o 是不是 Book 类型。如果是，则将变量 o 赋值给变量 b。因为变量 b 是 Book 类型，所以可以访问 Book 类型指定的 Title 属性(代码文件 ProgramFlow/Program.cs)：

```
void PatternMatching(object o)
{
  if (o is null) throw new ArgumentNullException(nameof(o));
  else if (o is Book b)
  {
    Console.WriteLine($"received a book: {b.Title}");
  }
}
```

注意：

本例在抛出 ArgumentNullException 的时候使用了 nameof 表达式。编译器将把 nameof 表达式解析为其实参的名称(如变量 o)，然后将结果作为一个字符串进行传递。throw new ArgumentNullException(nameof(o));解析得到的代码与 throw new ArgumentNullException(“o”);相同。但是，如果将变量 o 重命名为另外一个值，那么重构功能能够自动重命名 nameof 表达式指定的变量。如果重命名了变量，但没有修改 nameof 的参数，编译器将给出错误。如果不使用 nameof 表达式，变量和字符串很容易变得不同步。

下面的代码片段显示了常量模型和类型模式的更多例子：

```
if (o is 42) // const pattern
if (o is "42") // const pattern
if (o is int i) // type pattern
```

注意：

可以在 is 运算符、switch 语句和 switch 表达式中使用模式匹配。可以使用不同类别的模式匹配。本章只介绍常量模式、类型模式和关系模式，以及模式组合。第 3 章将介绍更多模式，例如属性模式、元组模式和递归模式。

2.4.3 switch 语句

switch...case 语句适合于从一组互斥的可执行分支中选择一个执行分支。其形式是 switch 参数的后面跟一组 case 子句。如果 switch 参数中的表达式等于某个 case 子句旁边的某个值，就执行该 case 子句中的代码。此时不需要使用花括号把语句组合到块中，只需要使用 break 语句标记每段 case 代码的结尾即可。也可以在 switch 语句中包含一条 default 子句，如果表达式不等于任何 case 子句的值，就执行 default 子句的代码。下面的 switch 语句测试变量 x 的值(代码文件 SwitchStatement/Program.cs)：

```
void SwitchSample(int x)
{
  switch (x)
  {
    case 1:
      Console.WriteLine("integerA = 1");
      break;
    case 2:
      Console.WriteLine("integerA = 2");
      break;
    case 3:
      Console.WriteLine("integerA = 3");
      break;
    default:
      Console.WriteLine("integerA is not 1, 2, or 3");
      break;
  }
}
```

注意，case值必须是常量表达式，不允许使用变量。

在switch语句中，不能删除不同case中的break。与C++和Java编程语言不同，在C#中，不支持在执行完一个case实现后自动执行另外一个case实现(即所谓的贯穿)。但是，虽然不支持自动贯穿，仍可以使用goto关键字选择另外一个case，从而实现显式贯穿。下面是一个示例：

```
goto case 3;
```

如果多个case的实现完全相同，则可以先指定多个case，然后再指定实现：

```
switch(country)
{
  case "au":
  case "uk":
  case "us":
    language = "English";
    break;
  case "at":
  case "de":
    language = "German";
    break;
}
```

2.4.4 switch语句的模式匹配

在switch语句中也可以使用模式匹配。下面的代码片段显示了使用常量、类型和关系模式的不同case选项。方法SwitchWithPatternMatching()接受类型为object的一个参数。case null是一个常量模式，将o与null进行比较。接下来的3个case指定了类型模式。case int i使用了类型模式，当o是int、并且when子句满足时，就会创建变量i。这个when子句使用关系模式检查它是不是大于42。下一个case匹配其余所有int类型。这里没有指定应该把变量o赋值给哪个变量。如果不需要变量，而只是需要知道它是不是特定类型，就并不是一定要指定一个变量。在匹配Book类型时，使用了变量b。因为在这里声明了变量，所以它的类型是Book(代码文件SwitchStatement/Program.cs)：

```
void SwitchWithPatternMatching(object o)
{
```

```
  switch (o)
  {
    case null:
      Console.WriteLine("const pattern with null");
      break;
    case int i when i > 42
      Console.WriteLine("type pattern with when and a relational pattern");
    case int:
      Console.WriteLine("type pattern with an int");
      break;
    case Book b:
      Console.WriteLine($"type pattern with a Book {b.Title}");
      break;
    default:
      break;
  }
}
```

2.4.5 switch 表达式

接下来的示例显示了一个基于 enum 类型的 switch。enum 类型将整数作为基础，但为不同的值指定了名称。类型 TrafficLight 为交通灯的不同颜色定义了不同的值(代码文件 SwitchExpression/Program.cs)：

```
enum TrafficLight
{
  Red,
  Amber,
  Green
}
```

注意：
第 3 章将详细介绍 enum 类型，并展示修改基类型和赋不同值的效果。

到目前为止的 switch 语句只是在每个 case 中调用了某种操作。当使用 return 语句从方法返回时，也可以直接在 case 中返回一个值，而不继续执行其余 case。NextLightClassic()方法接收一个 TrafficLight 参数，然后返回一个 TrafficeLight。如果传入的值为 TrafficLight.Green，该方法将返回 TrafficLight.Amber。如果当前的交通灯值为 TrafficeLight.Amber，该方法将返回 TrafficLight.Red：

```
TrafficLight NextLightClassic(TrafficLight light)
{
  switch (light)
  {
    case TrafficLight.Green:
      return TrafficLight.Amber;
    case TrafficLight.Amber:
      return TrafficLight.Red;
    case TrafficLight.Red:
      return TrafficLight.Green;
    default:
       throw new InvalidOperationException();
  }
}
```

在这种场景中，如果需要基于不同的选项返回值，则可以使用 C# 8 新增的 switch 表达式。NextLight()方法和前面的方法类似，接收并返回一个 TrafficLight 值。该方法的实现使用了一个表达式体成员，因为整个实现是用一条语句完成的。此时，不需要使用花括号和 return 语句。当使用 switch 表达式代替 switch 语句时，变量和 switch 关键字的顺序颠倒了过来。使用 switch 语句时，要判断的值跟在 switch 关键字后面，放在花括号中。使用 switch 表达式时，变量放在 switch 关键字的前面。在 switch 表达式中，使用花括号括起来的块来定义不同的 case。但是，其中并不使用 case 关键字，而是使用=>符号来定义返回的值。功能与之前相同，但是要编写的代码行数少了：

```
TrafficLight NextLight(TrafficLight light) =>
  light switch
  {
    TrafficLight.Green => TrafficLight.Amber,
    TrafficLight.Amber => TrafficLight.Red,
    TrafficLight.Red => TrafficLight.Green,
    _ => throw new InvalidOperationException()
  };
```

如果使用 using static 指令导入 enum 类型 TrafficLight，则可以在使用 enum 值定义时不添加类型名称，从而进一步实现简化：

```
using static TrafficLight;

TrafficLight NextLight(TrafficLight light) =>
  light switch
  {
    Green => Amber,
    Amber => Red,
    Red => Green,
    _ => throw new InvalidOperationException()
  };
```

注意：
在美国，交通灯的变化比许多国家简单。在许多国家，交通灯会从红色转回黄褐色。此时，可以使用多种黄褐色状态，如 AmberAfterGreen 和 AmberAfterRed。但是，其他一些选项需要使用属性模式或基于元组的模式匹配。第 3 章将介绍相关内容。

下面的示例使用了模式组合符来组合多种模式。首先从控制台读取输入。因为这里使用了 or 组合模式，所以如果输入了 two 或 three，将匹配相同的模式(代码文件 SwitchExpression/Program.cs)：

```
string? input = Console.ReadLine();

string result = input switch
{
  "one" => "the input has the value one",
  "two" or "three" => "the input has the value two or three",
  _ => "any other value"
};
```

使用模式组合符时，可以使用 and、or 和 not 关键字组合模式。

2.4.6 for 循环

C#提供了 4 种不同的循环机制(for、while、do...while 和 foreach)，在满足某个条件之前，可以重复执行代码块。for 循环提供的迭代循环机制是在执行下一次迭代前，测试是否满足某个条件：

```
for (int i = 0; i < 100; i++)
{
  Console.WriteLine(i);
}
```

for 语句的第一个表达式是初始化表达式，这是在执行第一次循环前要计算的表达式。通常会初始化一个局部变量来作为循环计数器。

第二个表达式是条件表达式，这是在 for 块每次迭代之前检查的表达式。如果这个表达式计算为 true，就执行 for 块。如果它计算为 false，则 for 语句结束，程序将执行 for 块的结束花括号之后的下一条语句。

执行完 for 循环体后，将执行第三个表达式，即迭代器。通常会递增循环计数器。i++将把变量 i 加 1。执行完第三个表达式后，将再次计算条件表达式，检查是否应该再迭代一次 for 块。

for 循环是所谓的预测试循环，因为循环条件是在执行循环语句前计算的，如果循环条件为假，循环语句就根本不会执行。

嵌套的 for 循环非常常见，在每次迭代外部循环时，内部循环都要彻底执行完毕。这种模式通常用于在矩形多维数组中遍历每个元素。最外部的循环遍历每一行，内部的循环遍历某行上的每个列。下面的代码显示多行数字，它还使用另一个 Console 方法 Console.Write()，该方法的作用与 Console.WriteLine()相同，但不在输出中添加回车换行符(代码文件 ForLoop/Program.cs)：

```
// This loop iterates through rows
for (int i = 0; i < 100; i += 10)
{
  // This loop iterates through columns
  for (int j = i; j < i + 10; j++)
  {
    Console.Write($" {j}");
  }
  Console.WriteLine();
}
```

上述例子的结果是：

```
0 1 2 3 4 5 6 7 8 9
10 11 12 13 14 15 16 17 18 19
20 21 22 23 24 25 26 27 28 29
30 31 32 33 34 35 36 37 38 39
40 41 42 43 44 45 46 47 48 49
50 51 52 53 54 55 56 57 58 59
60 61 62 63 64 65 66 67 68 69
70 71 72 73 74 75 76 77 78 79
80 81 82 83 84 85 86 87 88 89
90 91 92 93 94 95 96 97 98 99
```

注意：

尽管在技术上，可以在 for 循环的测试条件中计算其他变量，而不计算计数器变量，但这不太常见。也可以在 for 循环中忽略一个表达式(甚至所有表达式)，但如果是这种情况，应该考虑使用 while 循环。

2.4.7 while 循环

与 for 循环一样，while 循环也是一个预测试循环。其语法是类似的，但 while 循环只有一个表达式：

```
while(condition)
  statement(s);
```

与 for 循环不同的是，while 循环最常用于以下情况：在循环开始前，不知道重复执行一条语句或语句块的次数。通常，在某次迭代中，while 循环体中的语句把布尔标志设置为 false，结束循环，如下面的例子所示：

```
bool condition = false;
while (!condition)
{
  // This loop spins until the condition is true.
  DoSomeWork();
  condition = CheckCondition(); // assume CheckCondition() returns a bool
}
```

2.4.8 do...while 循环

do...while 循环是 while 循环的后测试版本。这意味着该循环的测试条件要在执行完循环体之后计算。因此 do...while 循环适用于循环体至少执行一次的情况，如下例所示：

```
bool condition;
do
{
  // This loop will at least execute once, even if the condition is false.
  MustBeCalledAtLeastOnce();
  condition = CheckCondition();
} while (condition);
```

2.4.9 foreach 循环

foreach 循环可以迭代集合中的每一项。现在，不必考虑集合的准确概念(第 6 章将详细介绍集合)，只需要知道集合是一种包含一系列对象的对象即可。从技术上看，一个对象要成为集合，就必须支持 IEnumerable 接口。集合的例子有 C#数组、System.Collections 名称空间中的集合类，以及用户定义的集合类。从下面的代码中可以了解 foreach 循环的语法，其中假定 arrayOfInts 是一个 int 类型的数组：

```
foreach (int temp in arrayOfInts)
{
  Console.WriteLine(temp);
}
```

其中，foreach 循环每次迭代数组中的一个元素。它把每个元素的值放在 int 类型的变量 temp 中，然后执行一次循环迭代。

这里也可以使用类型推断。此时，foreach 循环变成：

```
foreach (var temp in arrayOfInts)
{
  // ...
}
```

temp 的类型推断为 int，因为这是集合项的类型。

注意，foreach 循环不能改变集合中各项(上文中 temp)的值，所以下面的代码不会编译：

```
foreach (int temp in arrayOfInts)
{
  temp++;
  Console.WriteLine(temp);
}
```

如果需要迭代集合中的各项，并改变它们的值，应使用 for 循环。

2.4.10　退出循环

在循环中，可以使用 break 语句停止迭代，也可以使用 continue 语句结束当前迭代，并执行下一次迭代。使用 return 语句可以退出当前方法，从而退出循环。

2.5　名称空间

对于小型示例应用程序，不需要指定名称空间。当创建库之后，库中的类会在应用程序中使用，此时，为了避免产生二义性，必须指定名称空间。前面使用的 Console 类是在 System 名称空间中定义的。要使用 Console 类，要么需要加上 System 名称空间作为前缀，要么需要导入 System 名称空间。

在定义名称空间时，可以采用分层的方式。例如，ServiceCollection 类在 Microsoft.Extensions.DependencyInjection 名称空间中定义。要在 Wrox.ProCSharp.CoreCSharp 中定义 Sample 类，可以使用 namespace 关键字指定这种名称空间层次：

```
namespace Wrox
{
  namespace ProCSharp
  {
    namespace CoreCSharp
    {
      public class Sample
      {
      }
    }
  }
}
```

也可以使用点号标识符指定名称空间：

```
namespace Wrox.ProCSharp.CoreCSharp
{
  public class Sample
  {
  }
}
```

名称空间是一种逻辑构造，完全独立于物理文件或组件。一个程序集可以包含多个名称空间，而一个名称空间可以分布在多个程序集中。它是将不同类型分组到一起的一种逻辑构造。

每个名称空间名称由其所在的名称空间的名称组成，从最外层名称空间开始，到其自己的短名称结束，每个名称之间用点号分隔。因此，ProCSharp 名称空间的完整名称是 Wrox.ProCSharp，Sample 类的完整名称是 Wrox.ProCSharp.CoreCSharp.Sample。

2.5.1 using语句

显然，名称空间可能相当长，输入起来很麻烦，也不总必须用这种方式指定某个类。如本章前面所述，C#允许简写类的全名。为此，要在文件的顶部列出类的名称空间，前面加上using关键字。在文件的其他地方，就可以使用其类型名称来引用名称空间中的类型了。

如果using语句引用的两个名称空间包含同名的类型，就必须使用完整的名称(或者至少较长的名称)，确保编译器知道访问哪个类型。例如，假如类 Test 同时存在于 ProCSharp.CoreCSharp 和 ProCSharp.OOP 名称空间中。如果再创建一个类Test，并且导入前面的两个名称空间，编译器就会报出二义性编译错误。此时，需要为类型指定名称空间名称。

2.5.2 名称空间的别名

除了为类指定完整的名称空间名称来解决二义性问题，还可以使用using指令指定一个别名，如下面属于两个名称空间的不同的Timer类所示：

```
using TimersTimer = System.Timers.Timer;
using Webtimer = System.Web.UI.Timer;
```

2.6 使用字符串

本章的代码已经多次使用过string类型。string是一个重要的引用类型，提供了许多特性。虽然是一个引用类型，但它是不可变的。string类型提供的所有方法不改变字符串的内容，而是返回一个新的字符串。例如，为了连接字符串，对+运算符进行了重载。表达式s1 + " " + s2首先创建一个新的字符串，将s1和包含空格字符的字符串组合起来，然后通过将得到的结果字符串与s2组合起来，创建一个新的字符串。最后，用变量s3引用这个结果字符串：

```
string s1 = "Hello";
string s2 = "World";
string s3 = s1 + "  " + s2;
```

创建多个字符串时需要知道，不再需要的对象需要被垃圾收集器清理。垃圾收集器会释放托管堆中原本由不再需要的对象占用的内存。但是，并不是当不再使用引用的时候会立即发生垃圾收集；垃圾收集基于特定的内存限制。关于垃圾收集器的更多信息，请阅读第13章。最好能够避免分配对象，这可以通过使用StringBuilder类动态操作字符串来实现。

2.6.1 使用StringBuilder

StringBuilder允许程序使用Append()、Insert()、Remove()和Replace()方法动态操作字符串，并不会创建新的对象。相反，StringBuilder会使用一个内存缓冲区，在需要的时候修改这个缓冲区。创建StringBuilder时，默认容量为16个字符。如果像下面的代码片段这样追加字符串，将需要更多内存，此时容量将加倍至32个字符(代码文件StringSample/Program.cs)：

```
void UsingStringBuilder()
{
  StringBuilder sb = new("the quick");
  sb.Append(' ');
  sb.Append("brown fox jumped over ");
  sb.Append("the lazy dogs 1234567890 times");
```

```
    string s = sb.ToString();
    Console.WriteLine(s);
  }
```

如果容量太小，需要增加时，缓冲区大小总是成倍增加，例如，从 16 增加为 32，再增加为 64，再增加为 128 个字符。使用 Length 属性可以访问字符串的长度。Capacity 属性可以返回 StringBuilder 的容量。创建了必要的字符串后，可以使用 ToString()方法，这将创建一个新的字符串，其中包含 StringBuilder 的内容。

2.6.2 字符串插值

本章中的代码片段已经包含带有$前缀的字符串。这种前缀允许在字符串内计算表达式，称为"字符串插值"。例如，对于字符串 s2，将把字符串 s1 的内容嵌入到 s2 中，所以最终结果是 Hello World!：

```
string s1 = "World";
string s2 = $"Hello, {s1}!";
```

在花括号内，可以编写代码表达式，这些表达式将被计算，其结果将被添加到字符串中。在下面的代码片段中，使用 3 个占位符来指定一个字符串，其中 x 的值、y 的值和 x 加 y 的结果将被添加到字符串中：

```
int x = 3, y = 4;
string s3 = $"The result of {x} and {y} is {x + y}";
Console.WriteLine(s3);
```

结果字符串是 The result of 3 and 4 is 7。

编译器会翻译插值字符串，以调用 string 的 Format()方法。在调用该方法时，将传入带有编号的占位符的字符串，其后是额外的实参。在 Format()方法的实现中，额外的实参的结果将基于编号传入占位符。字符串后的第一个实参将传递给 0 占位符，第二个实参将传递给 1 占位符，以此类推：

```
string s3 = string.Format("The result of {0} and {1} is {2}", x, y, x + y);
```

注意：
要在插值字符串中转义花括号，可以使用双花括号：{{}}。

2.6.3 FormattableString

把字符串赋值给 FormattableString，就很容易看到插值字符串被翻译成什么。可以把插值字符串直接赋值给这种类型，因为它比正常的字符串更适合这种类型。该类型定义了 Format 属性(返回得到的格式字符串)、ArgumentCount 属性和方法 GetArgument()(返回实参值)；代码文件为 StringSample/Program.cs。

```
void UsingFormattableString()
{
  int x = 3, y = 4;
  FormattableString s = $"The result of {x} + {y} is {x + y}";
  Console.WriteLine($"format: {s.Format}");
  for (int i = 0; i < s.ArgumentCount; i++)
  {
    Console.WriteLine($"argument: {i}:{s.GetArgument(i)}");
  }
```

```
    Console.WriteLine();
  }
```

运行此代码段，输出结果如下：

```
format: The result of {0} + {1} is {2}
argument 0: 3
argument 1: 4
argument 2: 7
```

注意：
第 22 章将介绍如何为字符串插值使用不同区域性。默认情况下，字符串插值使用当前区域性。

2.6.4 字符串格式

对于插值字符串，可以为表达式添加一个字符串格式。.NET 基于计算机的区域为数字、日期和时间定义了默认格式。下面的代码片段显示了使用不同格式的日期、int 值和 double 值。D 用于使用长日期格式显示日期，d 则使用短日期格式。显示数字时，分别使用了整数加小数格式(n)、指数表示法(e)、十六进制格式(x)和货币格式(c)。对于 double 值，第一个结果将小数点后的位数四舍五入为 3 位(###.###)，第二个结果在小数点前面也显示 3 位(000.000)：

```
void UseStringFormat()
{
  DateTime day = new(2025, 2, 14);
  Console.WriteLine($"{day:D}");
  Console.WriteLine($"{day:d}");

  int i = 2477;
  Console.WriteLine($"{i:n} {i:e} {i:x} {i:c}");

  double d = 3.1415;
  Console.WriteLine($"{d:###.###}");
  Console.WriteLine($"{d:000.000}");
  Console.WriteLine();
}
```

运行应用程序时，将得到下面的输出：

```
Friday, February 14, 2025
2/14/2025
2,477.00 2.477000e+003 9ad $2,477.00
3.142
```

注意：
关于不同格式字符串的信息，请参阅 Microsfot 的文档。https://docs.microsoft.com/en-us/dotnet/standard/base-types/standard-numeric-format-strings 提供了关于数字的不同格式字符串的信息，https://docs.microsoft.com/en-us/dotnet/standard/base-types/standard-date-and-time-format-strings 提供了关于日期/时间的不同格式字符串的信息。要为自定义类型自定义格式，请参阅第 9 章的示例。

2.6.5 verbatim 字符串

本章前面的“字符类型”小节中的代码片段包含一些特殊字符，如\t(表示制表位)和\r\n(表示回车换行)。在完整的字符串中，可以利用这些字符的特殊含义。如果需要在字符串输出中显示反斜杠，则可以使用两个反斜杠\\进行转义。如果需要多次用到反斜杠，这种写法会令人厌烦，因为它们可能降低代码的可读性。对于这种场景，例如在使用正则表达式的时候，就可以使用 verbatim 字符串。verbatim 字符串带有@前缀：

```
string s = @"a tab: \t, a carriage return: \r, a newline: \n";
Console.WriteLine(s);
```

运行上面的代码将得到下面的输出：

```
a tab: \t, a carriage return: \r, a newline: \n
```

2.6.6 字符串的范围

String 类型提供了一个 Substring()方法，用于获取字符串的一部分内容。从 C# 8 开始，除了使用 Substring()方法，还可以使用 hat 和范围运算符。范围运算符使用“..”表示法来指定一个范围。在字符串中，可以使用索引器来访问一个字符，或者可以将其与范围运算符结合使用，以访问一个子串。..运算符左右两侧的数字指定了范围。左侧的数字指定了从字符串中取出的第一个值(从零开始索引)，它包含在范围内；右侧的数字指定了从字符串中取出的最后一个值(也是从零开始索引)。在下面的例子中，范围 0..3 将选出字符串 The。从字符串的第一个字符开始取值时，可以省略 0，如下面的代码片段所示。范围 4..9 从第 5 个字符开始，一直到第 8 个字符结束。要从字符串末尾开始算起，可以使用 hat 运算符^(代码文件 StringSample/Program.cs)：

```
void RangesWithStrings()
{
  string s = "The quick brown fox jumped over the lazy dogs down " +
    "1234567890 times";
  string the = s[..3];
  string quick = s[4..9];
  string times = s[^5..^0];
  Console.WriteLine(the);
  Console.WriteLine(quick);
  Console.WriteLine(times);
  Console.WriteLine();
}
```

注意：

关于索引、范围和 hat 运算符的更多信息，请阅读第 6 章。

2.7 注释

本节的内容是给代码添加注释，该主题表面看来十分简单，但实际可能很复杂。注释有助于阅读代码的其他开发人员理解代码，而且可以用来为其他开发人员生成代码的文档。

2.7.1 源文件中的内部注释

C#使用传统的 C 风格注释方式：单行注释使用(// ...)，多行注释使用(/* ... */)：

```
// This is a single--line comment
/* This comment
spans multiple lines. */
```

单行注释中的任何内容，即从//开始一直到行尾的内容都会被编译器忽略。多行注释中“/*”和“*/”之间的所有内容也会被忽略。可以把多行注释放在一行代码中：

```
Console.WriteLine(/* Here's a comment! */ "This will compile.");
```

内联注释在调试的时候很有用，例如，你可能想要临时使用一个不同的值运行代码，如下面的代码片段所示。但是，内联注释会让代码变得难以理解，所以使用它们时应该小心。

```
DoSomething(Width, /*Height*/ 100);
```

2.7.2 XML 文档

除了上一节介绍的C风格的注释外，C#还有一个非常出色的功能：根据特定的注释自动创建XML格式的文档说明。这些注释都是单行注释，但都以3条斜杠(///)开头，而不是通常的两条斜杠。在这些注释中，可以把包含类型和类型成员的文档说明的XML标记放在代码中。

编译器可以识别表2-4所示的标记。

表 2-4

标记	说明
<c>	把行中的文本标记为代码，例如<c>int i = 10;</c>
<code>	把多行标记为代码
<example>	标记一个代码示例
<exception>	说明一个异常类(编译器要验证其语法)
<include>	包含其他文档说明文件的注释(编译器要验证其语法)
<list>	把列表插入文档中
<para>	建立文本的结构
<param>	标记方法的参数(编译器要验证其语法)
<paramref>	表明一个单词是方法的参数(编译器要验证其语法)
<permission>	说明对成员的访问(编译器要验证其语法)
<remarks>	给成员添加描述
<returns>	说明方法的返回值
<see>	提供对另一个参数的交叉引用(编译器要验证其语法)
<seealso>	提供描述中的“参见”部分(编译器要验证其语法)
<summary>	提供类型或成员的简短小结
<typeparam>	用在泛型类型的注释中，以说明一个类型参数
<typeparamref>	类型参数的名称
<value>	描述属性

下面的代码片段显示了Calculator类，并为该类和Add()方法指定了文档说明(代码文件Math/Calculator.cs)：

```
namespace ProCSharp.MathLib
{
  ///<summary>
  /// ProCsharp.MathLib.Calculator class.
```

```
  /// Provides a method to add two doubles.
  ///</summary>
  public static class Calculator
  {
    ///<summary>
    /// The Add method allows us to add two doubles.
    ///</summary>
    ///<returns>Result of the addition (double)</returns>
    ///<param name="x">First number to add</param>
    ///<param name="y">Second number to add</param>
    public static double Add(double x, double y) => x + y;
  }
}
```

要生成 XML 文档，可以在项目文件中添加 GenerateDocumentationFile(项目配置文件 Math/Math.csproj)：

```
<Project Sdk="Microsoft.NET.Sdk">

  <PropertyGroup>
    <OutputType>exe</OutputType>
    <TargetFramework>net5.0</TargetFramework>
    <Nullable>enable</Nullable>
    <GenerateDocumentationFile>true</GenerateDocumentationFile>
  </PropertyGroup>

</Project>
```

添加了这个设置后，将在程序的二进制文件(编译应用程序的时候将生成该文件)所在的目录中生成文档文件。也可以指定 DocumentationFile 元素，定义一个与项目文件不同的名称，还可以指定在一个绝对目录中生成文档文件。

在 Visual Studio 等工具中使用类和成员时，智能感知功能将把文档中的信息显示为工具提示。

2.8 C#预处理器指令

除了前面介绍的常用关键字外，C#还有许多名为“预处理器指令”的命令。这些命令从来不会转换为可执行代码中的命令，但会影响编译过程的各个方面。例如，使用预处理器指令可以禁止编译器编译代码的某一部分。如果将不同的框架作为目标，并处理了框架之间的区别，就可能采用这种处理。在另外一种场景中，可能想要根据不同的情况启用和禁用可空引用类型(因为修改现有代码库后，不能在短期内修复代码)。

预处理器指令的开头都有符号#。

下面简要介绍预处理器指令的功能。

2.8.1 #define 和#undef

#define 的用法如下所示：

```
#define DEBUG
```

它告诉编译器存在给定名称的符号，在本例中是 DEBUG。这有点类似于声明一个变量，但这个变量并没有真正的值，只是存在而已。这个符号不是实际代码的一部分，而只在编译器编译代码时存在。在 C#代码中它没有任何意义。

#undef 正好相反——它删除符号的定义：

```
#undef DEBUG
```

如果符号不存在，#undef 就没有任何作用。同样，如果符号已经存在，则#define 也不起作用。

必须把#define 和#undef 命令放在 C#源文件的开头位置，在声明要编译的任何对象的代码之前。

#define 本身并没有什么用，但与其他预处理器指令(特别是#if)结合使用时，它的功能就非常强大了。

默认情况下，在调试构建中，定义 DEBUG 符号，而在发布代码中，定义 RELEASE 符号。要对调试和发布构建定义不同的代码路径，并不需要定义这些符号，而只需要使用下一节将介绍的预处理器指令来定义编译器选择的代码路径。

> **注意：**
> 预处理器指令不用分号结束，一般一行上只有一条命令。如果编译器遇到一条预处理器指令，就会假定下一条命令在下一行。

2.8.2 #if、#elif、#else 和#endif

这些指令告诉编译器是否要编译代码块。考虑下面的方法：

```
int DoSomeWork(double x)
{
  // do something
  #if DEBUG
  Console.WriteLine($"x is {x}");
  #endif
}
```

这段代码会像往常那样编译，但 Console.WriteLine()方法调用是个例外，它包含在#if 子句内。这行代码只有在定义了符号 DEBUG 后才执行。如前所述，在调试构建中会定义 DEBUG 符号，或者也可以在前面使用#define 指令定义符号 DEBUG。当编译器遇到#if 指令后，将先检查相关的符号是否存在，如果符号存在，就编译#if 子句中的代码。否则，编译器会忽略所有的代码，直到遇到匹配的#endif 指令为止。一般是在调试时定义符号 DEBUG，把与调试相关的代码放在#if 子句中。接近发布软件时，就把#define 指令注释掉，所有的调试代码会奇迹般地消失，可执行文件也会变小，最终用户不会被这些调试信息弄糊涂(显然，要做更多的测试，确保代码在没有定义 DEBUG 的情况下也能工作)。这项技术在 C 和 C++编程中十分常见，称为条件编译(conditional compilation)。

#elif (=else if)和#else 指令可以用在#if 块中，其含义非常直观。也可以嵌套#if 块：

```
#define ENTERPRISE
#define W10
// further on in the file
#if ENTERPRISE
// do something
#if W10
// some code that is only relevant to enterprise
// edition running on W10
#endif
#elif PROFESSIONAL
// do something else
```

```
#else
// code for the leaner version
#endif
```

#if 和#elif 还支持一组逻辑运算符“!”、“==”、“!=”、“&&”和“||”。如果符号存在，就被认为是 true，否则为 false，例如：

```
#if W10 && !ENTERPRISE // if W10 is defined but ENTERPRISE isn't
```

2.8.3 #warning 和#error

另两个非常有用的预处理器指令是#warning 和#error。当编译器遇到它们时，会分别产生警告或错误。如果编译器遇到#warning 指令，会向用户显示#warning 指令后面的文本，之后编译继续进行。如果编译器遇到#error 指令，就会向用户显示后面的文本，作为一条编译错误消息，然后会立即退出编译，不会生成 IL 代码。

使用这些指令可以检查#define 语句是不是做错了什么事，还可以使用#warning 语句提醒自己执行某个操作：

```
#if DEBUG && RELEASE
#error "You've defined DEBUG and RELEASE simultaneously!"
#endif

#warning "Don't forget to remove this line before the boss tests the code!"
Console.WriteLine("*I love this job.*");
```

2.8.4 #region 和#endregion

#region 和#endregion 指令用于把一段代码视为有给定名称的一个块，如下所示：

```
#region Member Field Declarations
int x;
double d;
decimal balance;
#endregion
```

编译器会忽略 region 指令，但 Visual Studio 代码编辑器等工具会使用该指令。编辑器允许折叠 region 部分，只显示与该 region 关联的文本名称。这方便了浏览源代码。但是，更好的做法是编写较短的代码文件。

2.8.5 #line

#line 指令可以用于改变编译器在警告和错误信息中显示的文件名和行号信息。这条指令用得并不多。如果编写代码时使用了某个包，且该包会修改你编写的代码，然后再把代码发送给编译器，那么这种时候该指令最有用，因为这意味着编译器报告的行号或文件名与文件中的行号或你正在编辑的文件名不匹配。#line 指令可以用于还原这种匹配。也可以使用语法#line default 把行号还原为默认的行号：

```
#line 164 "Core.cs" // We happen to know this is line 164 in the file
// Core.cs, before the intermediate
// package mangles it.
// later on
```

```
#line default // restores default line numbering
```

2.8.6 #pragma

#pragma 指令可以抑制或还原指定的编译警告。与命令行选项不同，#pragma 指令可以在类或方法级别实现，对抑制警告的内容和抑制的时间进行更精细的控制。下面的例子禁止“字段未使用”(field not used)警告，然后在编译 MyClass 类后还原该警告：

```
#pragma warning disable 169
public class MyClass
{
  int neverUsedField;
}
#pragma warning restore 169
```

2.8.7 #nullable

使用#nullable 指令可以启用或禁用代码文件内的可空引用类型。无论项目文件中指定什么设置，#nullable enable 都将启用可空引用类型。#nullable disable 禁用可空引用类型，#nullable restore 将设置改回项目文件中的设置。

如何使用这个指令？如果项目文件中启用了可空引用类型，那么在这种编译行为导致问题的代码段，可以临时禁用可空引用类型，然后在存在可空性问题的代码段之后还原为项目文件的设置。

2.9 C#编程准则

本章的最后一节介绍编写C#程序时应该牢记和遵循的准则。大多数C#开发人员都遵守这些规则，所以在这些规则的指导下编写程序，可以方便其他开发人员使用程序的代码。

2.9.1 关于标识符的规则

本小节将讨论变量、类和方法等的命名规则。注意，本节所介绍的规则不仅是建议遵循的准则，也是 C#编译器强制使用的。

标识符是给变量、用户定义的类型(如类和结构)和这些类型的成员指定的名称。标识符区分大小写，所以 interestRate 和 InterestRate 是不同的变量。确定在 C#中可以使用什么标识符有两条规则：

- 可以包含数字字符，但数字字符必须以字母或下画线开头。
- 不能把 C#关键字用作标识符。

C#保留的关键字的列表请参见：https://docs.microsoft.com/en-us/dotnet/csharp/languagereference/keywords/。

如果需要把某一保留字用作标识符(例如，访问一个用另一种语言编写的类)，那么可以在标识符的前面加上前缀符号@，告知编译器其后的内容是一个标识符，而不是 C#关键字(所以，abstract 不是有效的标识符，但@abstract 是)。

最后，标识符也可以包含 Unicode 字符，用语法\uXXXX 指定，其中 XXXX 是 Unicode 字符的 4 位十六进制编码。下面是有效标识符的一些例子：

- Name
- Überfluß

- _Identifier
- \u005fIdentifier

最后两个标识符完全相同，可以互换(因为 005f 是下画线字符的 Unicode 代码)，所以这些标识符在同一个作用域内不能声明两次。

2.9.2 用法约定

在任何开发语言中，通常有一些传统的编程风格。这些风格不是语言自身的一部分，而是约定，例如，变量如何命名，类、方法或函数如何使用等。如果使用某语言的大多数开发人员都遵循相同的约定，不同的开发人员就很容易理解彼此的代码，这一般有助于程序的维护。约定主要取决于语言和环境。例如，在 Windows 平台上编程的 C++开发人员一般使用前缀 psz 或 lpsz 表示字符串：char *pszResult;和 char *lpszMessage;，但在 UNIX 系统上，则不使用任何前缀：char*Result;和 char *Message;。

> **注意：**
> *在变量名中添加代表其数据类型的前缀字母，这种约定称为 Hungarian 表示法。这样，其他阅读该代码的开发人员就可以立即从变量名中了解它代表什么数据类型。有了智能编辑器和 IntelliSense 之后，人们普遍认为 Hungarian 表示法是多余的。*

在许多语言中，用法约定是随着语言的使用逐渐演变而来的，但是对于 C#和整个.NET Framework，微软公司编写了非常多的用法准则，详见.NET/C#文档。这说明，从一开始，.NET 程序就有非常高的互操作性，方便开发人员理解代码。在开发这些用法准则时，微软公司参考了 20 多年来面向对象编程的发展情况。根据相关的新闻组的反馈，这些用法规则在开发时经过深思熟虑，已经为开发社区所接受。所以我们应遵守这些准则。

但要注意，这些准则与语言规范不同。用户应尽可能遵循这些准则，但如果有充分的理由不遵循它们，也不会有什么问题。例如，不遵循这些准则，并不会出现编译错误。一般情况下，如果不遵循用法准则，就必须有充分的理由。如果决定不遵循用法准则，那么这应该是你有意为之，而不应该是因为你懒得遵守准则。如果将本书的后续示例与用法准则进行对比，会发现许多示例都没有遵循约定。这通常是因为这些约定是针对比示例程序大得多的程序设计的。如果编写一个完整的软件包，这些准则很有用，但它们并不适用于只有 20 行代码的独立程序。在许多情况下，遵循约定会使这些示例难以理解。

良好编程风格的完整准则非常详细。这里只介绍一些比较重要的准则，以及最可能出人意料的准则。如果用户要让代码完全遵循用法准则，就需要参考微软的文档。

2.9.3 命名约定

使程序易于理解的一个重要方面是给数据项选择命名的方式，包括变量、方法、类、枚举和名称空间的命名方式。

显然，这些名称应反映数据项的目的，且不与其他名称冲突。.NET Framework 的一般理念是，变量名要反映该变量实例的目的，而不反映数据类型。例如，height 就是一个比较好的变量名，而 integerValue 就不太好。但是，这种规则是一种理想状态，很难达到。特别是在处理控件时，大多数情况下可能会使用 confirmationDialog 和 chooseEmployeeListBox 等变量名，这些变量名确实说明了变量的数据类型。

接下来的小节介绍了在选择名称时应该考虑的一些因素。

1. 名称的大小写

在许多情况下，名称都应使用 Pascal 大小写形式。 Pascal 大小写形式指名称中单词的首字母大写，如 EmployeeSalary、ConfirmationDialog、PlainTextEncoding。注意，名称空间和类，以及基类中的成员等名称都应遵循 Pascal 大小写规则，最好不要使用带有下画线字符的单词，即名称不应是 employee_salary。其他语言中常量的名称常常全部大写，但在 C#中最好不要这样，因为这种名称很难阅读，而应全部使用 Pascal 大小写形式的命名约定：

```
const int MaximumLength;
```

还推荐使用另一种大小写模式：camel 大小写形式。这种形式类似于 Pascal 大小写形式，但名称中第一个单词的首字母不大写，如 employeeSalary、confirmationDialog、plainTextEncoding。遇到以下 3 种情况时，可以使用 camel 大小写形式：

- 类型中所有私有成员字段的名称
- 传递给方法的所有参数的名称
- 用于区分同名的两个对象，比较常见的是属性封装字段：

```
private string employeeName;
public string EmployeeName
{
  get
  {
    return employeeName;
  }
}
```

注意：
从.NET Core 开始，.NET 团队在私有成员字段的名称前面添加了下画线作为前缀。本书中也采用这种约定。

如果使用属性封装字段，则私有成员总是使用 camel 大小写形式，而公有的或受保护的成员总是使用 Pascal 大小写形式，这样使用这段代码的其他类就只能使用 Pascal 大小写形式的名称了(除了参数名以外)。

还要注意大小写问题。C#区分大小写，所以在 C#中，仅大小写不同的名称在语法上是正确的，如上面的例子所示。但是，有时可能从 Visual Basic 应用程序中调用你的程序集，而 Visual Basic 不区分大小写。如果使用仅大小写不同的名称，就必须使这两个名称不能从程序集的外部访问(上例是可行的，因为仅私有变量使用了 camel 大小写形式的名称)。否则，Visual Basic 中的其他代码就不能正确使用你的程序集。

2. 名称的风格

名称的风格应保持一致。例如，如果类中的一个方法名为 ShowConfirmationDialog()，另一个方法就不能被命名为 ShowDialogWarning()或 WarningDialogShow()，而应是 ShowWarningDialog()。

3. 名称空间的名称

名称空间的名称非常重要，一定要仔细考虑，以避免一个名称空间的名称与其他名称空间同名。记住，名称空间的名称是.NET 区分共享程序集中对象名的唯一方式。如果一个软件包的名称空间使用的名称与另一个软件包相同，而这两个软件包都由同一个程序使用，就会出问题。因此，最好用自己的公司名创建顶级的名称空间，再嵌套技术范围较窄的用户所在小组或部门的名称空间，或者类所在软件包的名称空间。Microsoft 建议使用这种形式的名称空间：<公司名>.<技术名>。

4. 名称和关键字

名称不应与任何关键字冲突，这非常重要。实际上，如果在代码中，试图给某一项指定与 C#关键字同名的名称，就会出现语法错误，因为编译器会假定该名称表示一条语句。但是，由于类可能由其他语言编写的代码访问，因此不能使用其他.NET 语言中的关键字作为名称。一般来说，C++关键字类似于 C#关键字，不太可能与 C++混淆，只有 Visual C++常用的关键字以两个下画线字符开头。与 C#一样，C++关键字都是小写字母，如果遵循公有类和成员使用 Pascal 风格名称的约定，则在它们的名称中至少有一个字母大写，这样就不会与 C++关键字冲突。另一方面，Visual Basic 的问题会多一些，因为 Visual Basic 的关键字要比 C#的关键字多，而且它不区分大小写，这意味着不能依赖于 Pascal 风格的名称来区分类和成员。

查看 Microsoft 文档：docs.microsoft.com/dotnet/csharp/language-reference/keywords。在这里，有一个很长的 C#关键字列表，不应将这些名称用于类和成员。

2.9.4 属性和方法的使用

类中容易造成困惑的一个方面是，应使用属性还是方法来表示特定的数量。这没有硬性规定，但一般情况下，如果某个东西看起来像变量，并且行为也与变量类似，就应使用属性来表示它(如果不知道属性是什么，请阅读第 3 章)，即：

- 客户端代码应能读取它的值。最好不要使用只写属性，例如，应使用 SetPassword()方法，而不是 Password 只写属性。
- 读取该值不应花太长的时间。实际上，如果是属性，通常表明读取过程花的时间相对较短。
- 读取该值不应有任何明显的和意外的副作用。进一步说，设置属性的值，不应有与该属性不直接相关的副作用。设置对话框的宽度会改变该对话框在屏幕上的外观，这是可以的，因为这种结果与该属性明显相关。
- 可以按照任何顺序设置属性。尤其在设置属性时，最好不要因为还没有设置另一个相关的属性而抛出异常。例如，为了使用访问数据库的类，需要设置 ConnectionString、UserName 和 Password，类作者应确保已经恰当实现了该类，使用户能够按照任何顺序设置它们。
- 连续读取属性应得到相同的结果。如果属性的值可能会出现预料不到的改变，就应把它编写为一个方法。在监控汽车运动的类中，把 speed 设置为属性就不合适，而应使用 GetSpeed()方法；另一方面，应把 Weight 和 EngineSize 设置为属性，因为对于给定的对象，它们是不变的。

如果要编写的数据项满足上述所有条件，就把它设置为属性，否则就应使用方法。

2.9.5 字段的使用

字段的用法非常简单。字段几乎总应该是私有的，但在某些情况下也可以把常量或只读字段设置为公有。如果把字段设置为公有，就不利于在以后扩展或修改类。

遵循上面的准则就可以培养良好的编程习惯，而且这些准则应与良好的面向对象的编程风格一起使用。

最后要记住以下有用的备注：微软公司在保持一致性方面相当谨慎，在编写.NET 基类时遵循了它自己的准则。因此，要直观地感受到在编写.NET 代码时应该遵循的约定，只需查看基础类，看看类、成员、名称空间的命名方式，以及类层次结构的工作方式等。在你的类与基础类之间保持一致性有助于提高可读性和可维护性。

注意：

ValueTuple 类型包含公共字段，而旧的 Tuple 类型则使用属性。微软打破了自己为字段定义的准则。由于元组的变量可以简单到只是 int 变量，而且由于性能非常重要，因此微软决定为值元组使用公共字段。它只是表明，规则总是有例外情况。有关元组的更多信息，请阅读第 3 章。

2.10 小结

本章介绍了一些 C#的基本语法，包括编写简单的 C#程序需要掌握的内容。我们讲述了许多基础知识，其中有许多是熟悉 C 风格语言(甚至 JavaScript)的开发人员能立即领悟的。C#源于 C++、Java 和 Pascal (Anders Hejlsberg，即 C#原来的主架构师，是 Turbo Pascal 的原作者，还创建了 J++，即 Java 的 Microsoft 版本)。

随着时间过去，C#中添加了一些新的特性，这些特性也被其他编程语言采用，而 C#自己也采纳了其他编程语言中的一些增强的地方。第 3 章将介绍如何创建不同的类型；类、结构和新的记录类型之间的区别；还将解释类型的成员(例如属性)，并更加详细地介绍方法。

第3章 类、记录、结构和元组

本章要点

- 按值和按引用传递参数
- 类和成员
- 记录
- 结构
- 枚举类型
- ref、in 和 out 关键字
- 元组
- 解构
- 模式匹配
- 分部类型

本章源代码：

通过扫描封底二维码下载本书源代码。本章源代码可以在代码文件的 1_CS/Types 目录中找到。

本章代码分为以下几个主要的示例文件：

- TypesSample
- ClassesSample
- MathSample
- MethodSample
- ExtensionMethods
- RecordsSample
- StructsSample
- EnumSample
- RefInOutSample
- TuplesSample
- PatternMatchingSample

所有项目都启用了可空引用类型。

3.1 创建及使用类型

到目前为止，我们介绍了组成 C#语言的主要模块，包括变量、数据类型和程序流语句，并展示了一些简短但完整的程序，它们只包含顶级语句和一些方法。但是，我们还没有介绍如何把这些元素组合在一起，构成一个更长的程序。要创建更长的程序，关键在于使用.NET 的类型，包括类、记录、结构和元组，这也是本章的主题。

注意：

本章将讨论与类型相关的基本语法，但假定你已经熟悉了使用类的基本原则，例如，知道构造函数或属性的含义，因此本章主要阐述如何把这些原则应用于 C#代码。

3.2 按值传递和按引用传递

.NET 中的类型可分为按值传递和按引用传递的类型。

按值传递的意思是，如果把一个变量赋值给另外一个变量，将复制前者的值。修改新值并不会导致原值发生变化。赋值时会复制变量的内容。在下面的代码示例中，创建了一个结构，使其包含公有字段 A。x1 和 x2 是这种类型的变量。在创建了 x1 后，把 x1 赋值给 x2。因为结构是值类型，所以 x1 中的数据将被复制到 x2 中。修改 x2 的公有字段的值并不会影响 x1。x1 变量仍然会显示原来的值，因为值是被复制到 x2 中的(代码文件 TypesSample/Program.cs)：

```
AStruct x1 = new() { A = 1 };
AStruct x2 = x1;
x2.A = 2;
Console.WriteLine($"original didn't change with a struct: {x1.A}");

//...

public struct AStruct
{
  public int A;
}
```

注意：

通常，不应该创建公有字段，而是应该使用其他成员，例如属性。这里为了方便读者了解.NET 类型的主要区别，使用了公有字段。

类的行为则有很大不同。如果修改了 y2 变量中的公有成员 A，则使用引用 y1 可以读取 y2 中的新值。按引用传递意味着在赋值后，变量 y1 和 y2 引用相同的对象(代码文件 TypesSample/Program.cs)：

```
AClass y1 = new() { A = 1 };
AClass y2 = y1;
y2.A = 2;
Console.WriteLine($"original changed with a class: {y1.A}");

//...

public class AClass
{
```

```
  public int A;
}
```

类型之间的另外一个值得注意的区别在于数据的存储位置。对于引用类型，例如类，数据存储在托管堆上的内存中。变量本身存储在栈上，但它引用堆上的内容。对于值类型，例如结构，数据通常存储在栈上。这一点对于垃圾回收很重要。如果不再使用堆上的对象，垃圾收集器需要清理这些对象。而栈上的内存会在方法结束后自动释放，因为此时变量超出了其作用域。

注意：
结构的值通常存储在栈上。但是，对于装箱，即把结构作为对象传递，或者调用了结构的对象方法时，将把结构的数据移动到堆上。装箱会把结构移动到堆上，拆箱会把它移动回到栈上。C#还有一种从不会在堆上存储数据的类型：ref struct。对于 ref struct，如果使用了会把数据移动到堆上的操作，就会产生编译错误。第 13 章将介绍 ref struct。

现在来看看 C# 9 中新增的记录类型。使用 record 关键字可以创建记录。与上例使用 class 关键字创建引用类型相似，使用 record 关键字也会创建一个引用类型。C# 9 记录就是一个类。record 关键字只不过是一个“语法糖”(syntax sugar)，编译器在后台会创建一个类。运行库不需要为其提供功能。不使用这个关键字，也可以创建与编译器生成的代码相同的代码，只不过你自己需要编写多得多的代码行(代码文件 TypesSample/Program.cs)：

```
ARecord z1 = new() { A = 1 };
ARecord z2 = z1;
z2.A = 2;
Console.WriteLine($"original changed with a record: {z1.A}");

//...

public record ARecord
{
  public int A;
}
```

注意：
record 支持类似于结构的值语义，但被实现为一个类。record 可以方便地创建不可变类型，并且其成员在初始化后不能再被改变。本章后面将会更加详细地介绍记录。

元组是什么情况呢？使用元组时，可以把多个类型组合为一个类型，而不需要创建类、结构或记录。这种类型的表现如何？

在下面的代码片段中，t1 是一个元组，将一个数字和一个字符串组合起来。然后把元组 t1 赋值给变量 t2。如果修改 t2 的值，t1 不会改变。原因在于，在为元组使用 C#语法时，编译器在后台会使用 ValueTuple 类型(这是一个结构)并复制值(代码文件 TypesSample/Program.cs)：

```
var t1 = (Number: 1, String: "a");
var t2 = t1;
t2.Number = 2;
t2.String = "b";
Console.WriteLine($"original didn't change with a tuple: {t1.Number} {t1.String}");
```

注意：

.NET 提供了 Tuple<T>类型和 ValueTuple<T>类型。Tuple<T>是更早的类型，作为类实现。在内置的 C#元组语法中，使用了 ValueTuple。ValueTuple 为元组的所有成员包含公有字段。更早的 Tuple<T>类型包含公有只读属性，其值不能改变。如今，在应用程序中不需要使用 Tuple<T>类型，因为 ValueTuple<T>有更好的内置支持。

在了解了类、结构、记录和元组之间的主要区别后，我们接下来深入探讨类，包括类的成员。类的大部分成员也适用于记录和结构。在介绍完类的成员后，我们将讨论记录和结构的区别。

3.3 类

类包含成员，成员可以是静态成员或实例成员。静态成员属于类，实例成员属于对象。静态字段的值对每个对象都是相同的。而每个对象的实例字段都可以有不同的值。静态成员关联了 static 修饰符。

成员的种类见表 3-1。

表 3-1

成员	说明
字段	字段是类的数据成员，它是类型的一个变量，该类型是类的一个成员
常量	常量与类关联在一起(尽管它们没有 static 修饰符)。在用到常量的所有地方，编译器将把常量替换为其真实的值
方法	方法是与特定类相关联的函数
属性	属性是可以从客户端访问的函数，其访问方式与访问类的公共字段类似。C#为实现类中的读写属性提供了专用语法，所以不必使用那些名称中嵌有 Get 或 Set 的方法。因为属性的这种语法不同于一般函数的语法，所以在客户端代码中，对象是实际的东西的错觉被加强了
构造函数	构造函数是在实例化对象时自动调用的特殊函数。它们必须与所属的类同名，且不能有返回类型。构造函数对于初始化很有用
索引器	索引器允许使用访问数组的方式访问对象。第 5 章将详细论述索引器
运算符	运算符执行的最简单的操作就是加法和减法。在两个整数相加时，严格地说，就是对整数使用“+”运算符。C#还允许指定把已有的运算符应用于自己的类(运算符重载)。第 5 章将详细论述运算符
事件	事件是类的成员，在发生某些行为(如修改类的字段或属性，或者发生了某种形式的用户交互操作)时，它可以让对象通知订阅者。客户端可以包含称为“事件处理程序”的代码来响应该事件。第 7 章将详细介绍事件
析构函数	析构函数或终结器的语法类似于构造函数的语法，但是在 CLR 检测到不再需要某个对象时调用。它们的名称与类相同，但前面有一个“~”符号。不可能精确预测什么时候调用终结器。第 13 章将详细介绍终结器
解构函数	解构函数允许将对象解构为元组或不同的变量。本章稍后的“解构”小节将介绍解构过程
类型	类可以包含内部类。如果内部类型只和外部类型结合使用，将会得到有趣的结果

下面详细介绍类成员。

3.3.1 字段

字段是与类关联的变量。在类 Person 中，定义了 string 类型的字段_firstName 和_lastName。建议使用 private 访问修饰符声明字段，这样就只能在类内访问字段(代码文件 ClassesSample/Person.cs)：

```
public class Person
{
  //...
  private string _firstName;
  private string _lastName;
  //...
}
```

注意：

使用 private 访问修饰符声明的成员只能被该类的成员调用。要允许任何地方都能够访问成员，则应使用 public 访问修饰符。除了这两个访问修饰符，C#还定义了 internal 和 protected 修饰符。第 4 章将详细讨论不同的访问修饰符。

在类 PeopleFactory 中，字段 s_peopleCount 的类型是 int，并且应用了 static 修饰符。使用 static 修饰符时，字段将用于该类的所有实例。实例字段(不带 static 修饰符)对于类的每个实例有不同的值。因为 PeopleFactor 类只有静态成员，所以可以对类本身应用 static 修饰符。编译器会确保不会在该类中添加实例成员(代码文件 ClassesSample/PeopleFactory.cs)：

```
public static class PeopleFactory
{
  //...
  private static int s_peopleCount;
  //...
}
```

3.3.2 只读字段

为了保证对象的字段不能改变，字段可以用 readonly 修饰符声明。带有 readonly 修饰符的字段只能在构造函数中赋值。它与第 2 章介绍的 const 修饰符不同。使用 const 修饰符声明变量时，编译器会在使用该变量的任何地方将它替换为它的值。编译器知道常量的值。只读字段在运行期间通过构造函数赋值。对于下面的 Person 类指定的构造函数，必须传入 firstName 和 lastName 的值。

与常量字段相反，只读字段可以是实例成员。在下面的代码片段中，修改了_firstName 和_lastName 字段，为它们添加了 readonly 修饰符。如果试图在构造函数中在初始化后修改它们的值，编译器将报错(代码文件 ClassesSample/Person.cs)：

```
public class Person
{
  //...
  public Person(string firstName, string lastName)
  {
    _firstName = firstName;
    _lastName = lastName;
  }
```

```
  private readonly string _firstName;
  private readonly string _lastName;
  //...
}
```

3.3.3 属性

C#为设置和获取字段的值定义了属性语法，使我们不必专门创建一对方法。从类的外部看，属性看起来和字段一样，不过属性通常以大写字母开头。在类内，可以编写自定义实现，不只是简单地设置字段和获取字段的值，而是可以添加一些程序逻辑，在把值赋值给变量之前，对值进行验证。还可以定义一个纯粹计算出来的属性，并不需要让该属性访问任何变量。

下面的代码片段中显示的 Person 类定义了一个名为 Age 的属性，它访问私有字段_age。它使用 get 访问器返回该字段的值。使用 set 访问器时，将自动创建变量 value，它包含在设置该属性时传入的值。在这段代码中，value 变量用于给_age 字段赋值(代码文件 ClassesSample/Person.cs)：

```
public class Person
{
  //...

  private int _age;
  public int Age
  {
    get => _age;
    set => _age = value;
  }
}
```

如果在实现属性访问器时需要使用多条语句，可以像下面的代码片段那样使用花括号：

```
private int _age;
public int Age
{
  get
  {
    return _age;
  }
  set
  {
    _age = value;
  }
}
```

要使用属性，可以从对象实例访问属性。为属性设置值将调用 set 访问器。读取值将调用 get 访问器：

```
person.Age = 4; // setting a property value with the set accessor
int age = person.Age; // accessing the property with the get accessor
```

1. 自动实现的属性

如果属性的 set 和 get 访问器中没有任何逻辑，就可以使用自动实现的属性。这种属性会自动实现后备成员变量。前面 Age 示例的代码如下：

```
public int Age { get; set; }
```

不需要声明私有字段。编译器会自动创建它。使用自动实现的属性，就不能直接访问字段，因为不知道编译器生成的名称。如果对属性所需要做的就是读取和写入一个字段，那么使用自动实现属性时的属性语法比使用具有表达式体的属性访问器时的语法要短。

使用自动实现的属性，就不能在属性设置中验证属性的有效性。所以对于 Age 属性，就不能检查是否设置了无效的年龄。

自动实现的属性可以使用属性初始化器来初始化。编译器将把这种初始化语句移动到创建的构造函数中，在构造函数体之前进行初始化。

```
public int Age { get; set; } = 42;
```

2. 属性的访问修饰符

C#允许给属性的 get 和 set 访问器设置不同的访问修饰符，所以属性可以有公有的 get 访问器和私有或受保护的 set 访问器。这有助于控制属性的设置方式或时间。在下面的代码示例中，注意 set 访问器有一个私有访问修饰符，而 get 访问器没有任何访问修饰符。这表示 get 访问器采用属性的访问级别。在 get 和 set 访问器中，必须有一个采用属性的访问级别。如果 get 访问器的访问级别是 protected，就会产生一个编译错误，因为这会使两个访问器的访问级别都不同于属性的访问级别。

```
private string _name;
public string Name
{
  get => _name;
  private set => _name = value;
}
```

对于自动实现的属性，也可以设置不同的访问级别：

```
public int Age { get; private set; }
```

3. 只读属性

在属性定义中省略 set 访问器，就可以创建只读属性。因此，要让 FirstName 成为只读属性，可以只定义 get 访问器：

```
private readonly string _firstName;
public string FirstName
{
  get => _firstName;
}
```

仅用 readonly 修饰符声明字段，允许在构造函数中初始化属性的值。

> **注意：**
>
> 类似于只使用 get 访问器的属性，也可以指定只使用 set 访问器的属性。这是一个只写属性。但这是不好的编程方式，可能使访问这个属性的开发人员感到迷惑。一般情况下，对于这种情况，建议定义方法，而不是使用只写属性。

4. 表达式体属性

对于只实现了 get 访问器的属性，可以借助“=>”符号使用一种简化的语法，为其赋值一个表达式体成员。并不需要编写一个 get 访问器来返回值。在后台，编译器使用 get 访问器创建一个实现。

在下面的代码片段中，定义了一个 FirstName 属性，它使用表达式体属性返回字段_firstName。FullName 将_firstName 字段和 LastName 属性的值组合起来，返回完整的姓名(代码文件 ClassesSample/Person.cs)：

```
private readonly string _firstName;
public string FirstName => _firstName;
private readonly string _lastName;
public strign LastName => _lastName;
public string FullName => $"{FirstName} {LastName}";
```

5. 自动实现的只读属性

C#为自动实现的属性提供了一个简单的语法，用于创建访问只读字段的只读属性。这些属性可以使用属性初始化器来初始化。

```
public string Id { get; } = Guid.NewGuid().ToString();
```

在后台，编译器会创建一个只读字段和一个属性，get 访问器可以访问这个字段。初始化器的代码进入构造函数的实现代码，并在调用构造函数体之前调用。

当然，只读属性也可以显式地在构造函数中初始化，如下面的代码片段所示：

```
public class Book
{
  public Book(string title) => Title = title;

  public string Title { get; }
}
```

6. 仅初始化的 set 访问器

C# 9 允许使用 init 关键字代替 set 关键字，定义具有 get 和 init 访问器的属性。这样一来，就只能在构造函数内或者使用对象初始化器来设置属性值(代码文件 ClassesSample/Book.cs)：

```
public class Book
{
  public Book(string title)
  {
    Title = title;
  }

  public string Title { get; init; }
  public string? Publisher { get; init; }
}
```

C# 9 为只应该在构造函数内或者对象初始化器内设置的属性提供了一个新选项。现在，就可以通过调用构造函数并使用对象初始化器来设置属性，创建一个新的 Book 对象，如下面的代码片段所示(代码文件 ClassesSample/Program.cs)：

```
Book theBook = new("Professional C#")
{
  Publisher = "Wrox Press"
};
```

使用对象初始化器可以在创建对象时初始化属性。构造函数定义了实例化类时必须提供的参数。

而使用对象初始化器，可以为所有具有 set 或 init 访问器的属性赋值。对象初始化器只能在创建对象时使用，而不能在创建对象后使用。

3.3.4 方法

C#术语区分函数和方法。在 C#术语中，“函数成员”不仅包含方法，也包含其他非数据成员，如索引器、运算符、构造函数、析构函数和属性，即包含可执行代码的所有成员。

1. 方法的声明

在 C#中，方法的定义包括任意方法修饰符(如方法的可访问性)、返回值的类型，然后依次是方法名、输入参数的列表(用圆括号括起来)和方法体(用花括号括起来)。

每个参数都包括参数的类型名和在方法体中的引用名称。但如果方法有返回值，则 return 语句就必须与返回值一起使用，以指定出口点，例如：

```
public bool IsSquare(Rectangle rect)
{
  return (rect.Height == rect.Width);
}
```

如果方法没有返回值，就把返回类型指定为 void，因为不能省略返回类型。如果方法不带参数，仍需要在方法名的后面包含一对空的圆括号()。对于没有返回值的情况，return 语句就是可选的；当到达闭花括号时，方法会自动返回。

2. 表达式体方法

如果方法的实现只有一条语句，C#为方法定义提供了一个简化的语法：表达式体方法。使用这种语法时，不需要编写花括号和 return 关键字，而使用运算符“=>”区分操作符左边的声明和操作符右边的实现代码。

下面的例子与前面的方法 IsSquare()相同，但使用表达式体方法语法实现。=>操作符的右侧定义了方法的实现代码。不需要花括号和返回语句。返回的是语句的结果，该结果的类型必须与左边方法声明的类型相同，在下面的代码片段中，该类型是 bool：

```
public bool IsSquare(Rectangle rect) => rect.Height == rect.Width;
```

3. 调用方法

在下面的例子中，说明了类的定义和实例化，以及方法的定义和调用的语法。类 Math 定义了静态成员和实例成员(代码文件 MathSample/Math.cs)：

```
public class Math
{
  public int Value { get; set; }
  public int GetSquare() => Value * Value;
  public static int GetSquareOf(int x) => x * x;
}
```

Program.cs 文件中的顶级语句使用 Math 类，调用静态方法，并实例化一个对象来调用实例方法(代码文件 MathSample/Program.cs)：

```
using System;

// Call static members
```

```
int x = Math.GetSquareOf(5);
Console.WriteLine($"Square of 5 is {x}");

// Instantiate a Math object
Math math = new();

// Call instance members
math.Value = 30;
Console.WriteLine($"Value field of math variable contains {math.Value}");
Console.WriteLine($"Square of 30 is {math.GetSquare()}");
```

运行 MathSample 示例，会得到如下结果：

```
Square of 5 is 25
Value field of math variable contains 30
Square of 30 is 900
```

从代码中可以看出，Math 类包含一个属性和一个方法，该属性包含一个数字，该方法计算该数字的平方。这个类还包含一个静态方法，用于计算作为参数传入的数字的平方。

4. 方法的重载

C#支持方法的重载——方法的几个版本有不同的签名(即，方法名相同，但参数的个数和/或数据类型不同)。为了重载方法，只需要声明同名但参数个数或类型不同的方法即可：

```
class ResultDisplayer
{
  public void DisplayResult(string result)
  {
    // implementation
  }

  public void DisplayResult(int result)
  {
    // implementation
  }
}
```

不仅参数类型可以不同，参数的数量也可以不同，如下一个示例所示。一个重载的方法可以调用另一个重载的方法：

```
class MyClass
{
  public int DoSomething(int x) => DoSomething(x, 10);

  public int DoSomething(int x, int y)
  {
    // implementation
  }
}
```

> **注意：**
> 对于方法重载，仅通过返回类型不足以区分重载的版本，仅通过参数名称也不足以区分它们。参数的数量和/或类型必须不同。

5. 命名的参数

调用方法时，变量名不需要添加到调用中。然而，如果使用如下的方法签名移动矩形：

```
public void MoveAndResize(int x, int y, int width, int height)
```

用下面的代码片段调用它，就很难从调用中看出每个数字的用途：

```
r.MoveAndResize(30, 40, 20, 40);
```

可以改变调用，明确数字的含义：

```
r.MoveAndResize(x: 30, y: 40, width: 20, height: 40);
```

任何方法都可以使用命名的参数调用。只需要编写变量名，后跟一个冒号和所传递的值。编译器会去掉变量名，创建一个方法调用，就像没有变量名一样——这在编译后的代码中没有差别。

还可以用这种方式更改变量的顺序，编译器会重新安排，获得正确的顺序。其真正的优势是下一节所示的可选参数。

6. 可选参数

参数也可以是可选的。必须为可选参数提供默认值。可选参数必须是方法定义的最后的参数：

```
public void TestMethod(int notOptionalNumber, int optionalNumber = 42)
{
  Console.WriteLine(optionalNumber + notOptionalNumber);
}
```

这个方法可以使用一个或两个参数调用。传递一个参数时，编译器就修改方法调用，给第二个参数传递 42。

```
TestMethod(11);
TestMethod(11, 42);
```

注意：

因为编译器会修改带有可选参数的方法，以传递默认值，所以在库的新版本中，默认值不应该改变，否则会造成破坏性修改，因为如果调用该库的应用程序不重新编译，就仍然会使用以前的值。

可以定义多个可选参数，如下所示：

```
public void TestMethod(int n, int opt1 = 11, int opt2 = 22, int opt3 = 33)
{
  Console.WriteLine(n + opt1 + opt2 + opt3);
}
```

这样，该方法就可以使用 1、2、3 或 4 个参数调用。下面代码中的第一行使用可选参数的默认值 11、22 和 33。第二行传递了前三个参数，最后一个参数的值是 33：

```
TestMethod(1);
TestMethod(1, 2, 3);
```

使用多个可选参数时，就可以突显出命名参数的作用。使用命名参数时，可以传递任何可选参数，例如，下面的例子仅传递最后一个参数：

```
TestMethod(1, opt3: 4);
```

警告：

注意使用可选参数时的版本控制问题。一个问题是在新版本中改变默认值；另一个问题是改变参数的数量。添加另一个可选参数看起来很有吸引力，毕竟它是可选的。但是，编译器会修改调用代码，填充所有的参数，如果以后添加另一个参数，早期编译的调用程序就会失败。

7. 个数可变的参数

使用可选参数，可以定义数量可变的参数。然而，还有一种语法允许传递数量可变的参数，且这种语法没有版本控制问题。

声明数组类型的参数(示例代码使用一个 int 数组)，并添加 params 关键字，就可以使用任意数量的 int 参数调用该方法。

```
public void AnyNumberOfArguments(params int[] data)
{
  foreach (var x in data)
  {
    Console.WriteLine(x);
  }
}
```

注意：

数组参见第 6 章。

AnyNumberOfArguments()方法的参数类型是 int[ ]，所以可以传递一个 int 数组，或因为使用了 params 关键字，可以传递任何数量的 int 值：

```
AnyNumberOfArguments(1);
AnyNumberOfArguments(1, 3, 5, 7, 11, 13);
```

如果应该把不同类型的参数传递给方法，可以使用 object 数组：

```
public void AnyNumberOfArguments(params object[] data)
{
  // ...
```

现在可以使用任何类型调用这个方法：

```
AnyNumberOfArguments("text", 42);
```

如果 params 关键字与方法签名定义的多个参数一起使用，则 params 只能使用一次，而且它必须是最后一个参数：

```
Console.WriteLine(string format, params object[] arg);
```

注意：

如果重载了方法，并且其中一个方法使用了 params 关键字，那么编译器会优先选择参数固定的方法，而不是使用 params 关键字的方法。例如，如果一个方法有两个 int 参数(Foo (int, int))，另一个方法使用了 params 关键字(Foo (int [ ] params)，那么在使用两个 int 实参调用该方法时，将调用 Foo (int, int)，因为它能够更好地匹配实参。

前面介绍了方法的许多方面，下面看看构造函数，这是一种特殊的方法。

3.3.5 构造函数

声明基本构造函数的语法就是声明一个与类同名的方法，但该方法没有返回类型：

```
public class MyClass
{
  public MyClass()
  {
  }

  //...
}
```

并不是必须给类提供构造函数。如果没有提供任何构造函数，编译器会在后台生成一个默认的构造函数。这个构造函数把所有的成员字段初始化为默认值。数字的默认值是 0，bool 的默认值是 false，引用类型的默认值是 null。当使用可空引用类型的时候，如果没有声明引用类型允许为 null，并且没有初始化这些字段，编译器将给出警告。

构造函数的重载遵循与其他方法相同的规则。换言之，可以为构造函数提供任意多的重载，只要它们的签名有明显的区别即可：

```
public MyClass() // parameterless constructor
{
  // construction code
}

public MyClass(int number) // constructor overload with an int parameter
{
  // construction code
}
```

如果提供了任意构造函数，编译器就不会自动提供默认的构造函数。只有在没有定义任何构造函数时，编译器才会自动提供默认的构造函数。

注意，可以把构造函数定义为 private 或 protected，这样不相关的类就不能访问它们：

```
public class MyNumber
{
  private int _number;
  private MyNumber(int number) => _number = number;
  //...
}
```

这种做法在创建单例的时候很有用，因为对于单例，只能在静态工厂方法中创建一个实例。

1. 表达式体和构造函数

如果构造函数的实现由一个表达式组成，那么构造函数可以通过一个表达式体来实现：

```
public class Singleton
{
  private static Singleton s_instance;
  private int _state;
  private Singleton(int state) => _state = state;

  public static Singleton Instance => s_instance ??= new Singleton(42);
}
```

也可以使用一个表达式初始化多个属性。这可以通过使用下面的代码片段中显示的元组语法实现。Book 构造函数需要两个参数。将这两个变量放到圆括号内，就创建了一个元组。之后，这个元组被解构，放到赋值运算符左侧指定的属性中。编译器在后台会检测到初始化时不需要元组，所以无论是在花括号内初始化属性，还是使用下面的元组语法初始化属性，编译器将创建相同的代码：

```
public class Book
{
  public Book(string title, string publisher) =>
    (Title, Publisher) = (title, publisher);

  public string Title { get; }
  public string Publisher { get; }
}
```

2. 从构造函数中调用其他构造函数

在类中创建多个构造函数的时候，不应该重复实现。不过，一个构造函数可以在构造函数初始化器中调用另外一个构造函数。

两个构造函数初始化相同的字段，显然，最好把所有代码放在一个地方。C#有一个名为函数初始化器的特殊语法，可以实现此目的：

```
class Car
{
  private string _description;
  private uint _nWheels;
  public Car(string description, uint nWheels)
  {
    _description = description;
    _nWheels = nWheels;
  }
  public Car(string description): this(description, 4)
  {
  }
}
```

这里，this 关键字仅调用参数最匹配的那个构造函数。注意，构造函数初始化器在构造函数的函数体之前执行。

3. 静态构造函数

类的静态成员可以在创建该类的任何实例前使用(甚至可能根本不会创建该类的实例)。要初始化静态成员，可以创建一个静态构造函数。静态构造函数的名称与类相同(类似于实例构造函数)，但应用了 static 修饰符。这个构造函数不能应用访问修饰符，因为它不是由使用该类的代码调用的。在该类的其他任何成员被调用之前，或者在创建任何实例之前，将自动调用静态构造函数：

```
class MyClass
{
  static MyClass()
  {
    // initialization code
  }
  //...
}
```

.NET 运行库不保证什么时候执行静态构造函数，所以不能将依赖于静态构造函数在特定时间(如加载程序集时)执行的代码放到静态构造函数中。另外，也无法预测不同类的静态构造函数按照什么顺序执行。但是，能够保证静态构造函数最多只会运行一次，并且会在你的代码发出任何对类的引用之前调用。在 C#中，通常在第一次调用该类的任何成员之前立即执行静态构造函数。

3.3.6 局部函数

在类的外部可以调用使用 public 访问修饰符声明的方法。在类内的任何位置(其他方法、属性访问器、构造函数等)可以调用使用 private 访问修饰符声明的方法。为了施加进一步的限制，可以声明局部函数。局部函数只能在声明了该局部函数的方法内调用。局部函数的作用域为该方法，所以不能从其他地方调用。

在方法 IntroLocalFunctions()中，定义了局部函数 Add()。其参数和返回类型的实现方法与普通方法相同。类似于普通方法，可以使用花括号或者表达式体(如下面的代码片段所示)来实现局部函数。从 C# 8 开始，如果局部函数的实现不访问类中定义的实例成员，也不访问方法的局部变量，就可以为该局部函数指定 static 修饰符。使用 static 修饰符时，编译器会确保该局部函数不会访问实例成员或者方法的局部变量，并可以优化生成的代码。只能在声明局部函数的方法内调用局部函数，而不能在类中的其他任何位置调用。是在使用局部函数的地方之前还是之后声明局部函数，只是个人偏好问题(代码文件 MethodSample/LocalFunctionsSample.cs)：

```
public static void IntroLocalFunctions()
{
  static int Add(int x, int y) => x + y;

  int result = Add(3, 7);
  Console.WriteLine("called the local function with this result: {result}");
}
```

在下面的代码片段中，在声明局部函数 Add()时没有指定 static 修饰符。这个函数在实现中不只使用了函数实参指定的变量，还使用了其外层作用域(即方法的作用域)内指定的变量 z。访问自己作用域外的变量(称为闭包)时，编译器会创建一个类，将这个函数内使用的数据传递给该类的构造函数。对于这种情况，需要在声明局部函数内使用的变量后再声明该局部函数。因此，局部函数被放到了方法 LocalFunctionWithClosure()的末尾：

```
public static void LocalFunctionWithClosure()
{
  int z = 3;

  int result = Add(1, 2);
  Console.WriteLine("called the local function with this result: {result}");

  int Add(int x, int y) => x + y + z;
}
```

注意：

当使用 yield 语句延迟执行时，局部函数对于错误处理有帮助。第 9 章将介绍相关内容。在 C# 9 中，可以为局部函数指定 extern 修饰符。第 13 章在介绍原生方法调用时将展示这种用法。

3.3.7　泛型方法

如果需要让方法的实现能够支持多种类型，可以实现泛型方法。方法 Swap<T>()将 T 定义为一个泛型类型，该方法的两个参数和局部变量 temp 都是这个类型(代码文件 MeethodSample/GenericMethods.cs)：

```
class GenericMethods
{
  public static void Swap<T>(ref T x, ref T y)
  {
    T temp;
    temp = x;
    x = y;
    y = temp;
  }
}
```

注意：
使用 T 作为泛型类型的名称是一种约定做法。如果需要使用多个泛型类型，则可以使用 T1、T2、T3 等。对于特定的泛型类型，也可以添加名称，如 TKey 和 TValue 代表了键的类型和值的类型的泛型类型。

注意：
使用泛型方法时，如果定义了约束，并且指定泛型类型需要实现某个接口或者从某个基类派生，就可以调用除了 object 类的成员之外的泛型成员。第 4 章在介绍泛型的时候将介绍相关内容。

3.3.8　扩展方法

扩展方法允许创建扩展其他类型的方法。

下面的代码片段定义了 GetWordCount()方法，它用于扩展 string 类型。扩展方法不使用类名定义，而是通过对参数使用 this 修饰符定义。GetWordCount()扩展了字符串类型，因为带有 this 修饰符的参数(这需要是第一个参数)是 string 类型。扩展方法需要是静态方法，并且在一个静态类中声明(代码文件 ExtensionMethods/StringExtensions.cs)：

```
public static class StringExtensions
{
  public static int GetWordCount(this string s) => s.Split().Length;
}
```

要使用这个静态方法，首先需要导入扩展类的名称空间，然后就可以像调用实例方法那样调用扩展方法(代码文件 ExtensionMethods/Program.cs)：

```
string fox = "the quick brown fox jumped over the lazy dogs";
int wordCount = fox.GetWordCount();
Console.WriteLine($"{wordCount} words");
Console.ReadLine();
```

看起来好像扩展方法破坏了有关继承和封装的面向对象规则，因为在向现有类型添加方法时，可以不继承该类型或者修改该类型。但是，你只能访问公有成员。扩展方法只不过是语法糖，因为编译器会将方法调用改为调用一个静态方法，并传入该实例作为参数，如下所示：

```
int wordCount = StringExtensions.GetWordCount(fox);
```

为什么要创建扩展方法，而不是调用静态方法呢？因为这样一来，代码会容易阅读许多。查看为LINQ(第 9 章将介绍)实现的扩展方法，或者用于配置和日志提供程序(第 15 章将介绍)的扩展方法就能够发现这一点。

3.3.9 匿名类型

第 2 章讲到，var 关键字可以用来实现隐式类型的变量。把它与 new 关键字一起使用时，可以创建匿名类型。匿名类型是从 object 继承的一个没有名称的类。类的定义从初始化器中推断得出，就像隐式类型的变量那样。

例如，如果需要一个包含人的名、中间名和姓的对象，则可以像下面这样进行声明：

```
var captain = new
{
  FirstName = "James",
  MiddleName = "Tiberius",
  LastName = "Kirk"
};
```

这将生成一个包含 FirstName、MiddleName 和 LastName 只读属性的对象。如果创建另外一个如下所示的对象：

```
var doctor = new
{
  FirstName = "Leonard",
  MiddleName = string.Empty,
  LastName = "McCoy"
};
```

那么 captain 和 doctor 的类型是相同的。可以设置 captain = doctor。只有当全部属性匹配时，才能够这么做。

如果使用另外一个对象设置匿名类型的成员的值，那么可以推断出这些成员的名称。通过这种方法可以简化初始化器。如果已经有一个类包含 FirstName、MiddleName 和 LastName 属性，并且有该类的一个实例，且实例名为 person，就可以像下面这样实例化 captain：

```
var captain = new
{
  person.FirstName,
  person.MiddleName,
  person.LastName
};
```

在名为 captain 的新对象中推断出了 person 对象的属性名，所以 captain 对象也有 FirstName、MiddleName 和 LastName 属性。

匿名类型的实际类型名称是未知的，所以它们才被称为“匿名”类型。编译器会为这种类型编造一个名称，但只有编译器能够使用该名称。因此，你不能也不应该计划在新对象上使用类型反射，因为这样做无法得到一致的结果。

3.4 记录

本章前面提到，记录是支持值语义的引用类型。这种类型可以减少你自己需要编写的代码，因为编译器会实现按值比较记录的代码，并提供其他一些特性，本节将分别进行介绍。

3.4.1 不可变类型

记录的一种主要用例是创建不可变类型(不过使用记录也可以创建可变类型)。不可变类型只包含类型状态不能改变的成员。可以使用构造函数或者对象初始化器初始化这种类型，但之后就不能再改变任何值。

不可变类型对于多线程很有用。当使用多个线程来访问不可变对象时，不必担心同步问题，因为对象的值不会改变。

String 类是不可变类型的一个例子。这个类没有定义任何允许修改内容的成员。ToUpper()(将字符串改为大写形式)等方法总是返回一个新字符串，但传递给构造函数的原字符串保持不变。

3.4.2 名义记录

可以创建两种类型的记录：名义记录和位置记录。名义记录看起来与类相同，只不过使用 record 关键字代替了 class 关键字，如类型 Book1 所示。在这里，使用了只能初始化的设置访问器，禁止在创建实例后改变其状态(代码文件 RecordsSample/Program.cs)：

```
public record Book1
{
   public string Title { get; init; } = string.Empty;
   public string Publisher { get; init; } = string.Empty;
}
```

可以在记录中添加本章介绍的构造函数和其他所有成员。编译器会创建一个使用记录语法的类。记录与类的区别在于，编译器会在记录类中创建另外一些功能。编译器会重写基类 object 的 GetHashCode()和 ToString()方法，创建方法和运算符重载来比较不同的值的相等性，创建方法来克隆现有对象以及创建新对象，此时可以使用对象初始化器修改一些属性的值。

注意：
第 5 章将介绍运算符重载。

3.4.3 位置记录

实现记录的第二种方式是使用位置记录语法。这种语法在记录名称的后面使用圆括号指定成员。这种语法称为“主构造函数”。编译器也会根据这些代码生成一个类，并为主构造函数中使用的类型创建只能在初始化时设置的访问器，以及使用相同参数初始化属性的一个构造函数(代码文件 RecordsSample/Program.cs)：

```
public record Book2(string Title, string Publisher);
```

通过使用花括号，可以在现有实现中添加需要的东西，例如重载的构造函数、方法或者本章前面介绍的其他成员：

```
public record Book2(string Title, string Publisher)
```

```
{
  // add your members, overloads
}
```

因为编译器会创建带有参数的构造函数，所以可以像之前做过的那样实例化对象，即通过将值传递给构造函数来实现(代码文件 RecordsSample/Program.cs)：

```
Book2 b2 = new("Professional C#", "Wrox Press");
Console.WriteLine(b2);
```

因为编译器创建了一个 ToString()方法，并且在把变量传递给 WriteLine()方法时隐式调用了这个 ToString()方法，所以显示的结果如下：类名，其后是一个花括号，花括号中包含属性的名称和值：

```
Book2 { Title = Professional C#, Publisher = Wrox Press }
```

对于位置记录，编译器会创建与名义记录相同的成员，并且会添加解构方法。本章后面的"解构"小节将介绍解构。

3.4.4　记录的相等性比较

类对于相等性比较的默认实现是比较引用。创建相同类型的两个新对象后，即使把它们实现为相同的值，它们也是不同的，因为它们引用了堆上的不同对象。记录具有不同的行为。记录对于相等性比较的实现是，如果两个记录的属性值相同，那么它们就相等。

在下面的代码片段中，创建了包含相同值的两个记录。object.ReferenceEquals()方法返回 false，因为它们是不同的引用。使用相等运算符==返回 true，因为记录类型实现了该运算符(代码文件 RecordsSample/Program.cs)：

```
Book1 book1a = new() { Title = "Professional C#", Publisher = "Wrox Press" };
Book1 book1b = new() { Title = "Professional C#", Publisher = "Wrox Press" };
if (!object.ReferenceEquals(book1a, book1b))
  Console.WriteLine("Two different references for equal records");

if (book1a == book1b)
  Console.WriteLine("Both records have the same values");
```

记录类型使用 Equals()方法实现了 IEquality 接口，还实现了==(相等)和!=(不相等)运算符。

3.4.5　with 表达式

使用记录可以简单地创建不可变类型，但记录有一个新的特性，允许方便地创建新的记录实例。.NET 编译平台(.NET Compiler Platform，也称为 Roslyn)内置了不可变对象和许多 With()方法，用于从现有对象创建新的对象。C# 9 中的增强以及 with 表达式使得 Roslyn 团队能够做大量简化。使用记录语法创建的代码包含一个拷贝构造函数和一个有隐藏名称的 Clone()方法，该方法可以将现有对象的全部值复制到它返回的新实例中。with 表达式使用这个 Clone()方法，再结合只能在初始化时设置的访问器，就可以使用对象初始化语法来设置应该不同的值。

```
var aNewBook = book1a with { Title = "Professional C# and .NET - 2024" };
```

注意：
第 4 章将介绍类和记录的继承。

3.5 结构

前面看到，类和记录为在程序中封装对象提供了一种出色的方式。它们被存储到堆上，让数据的生存期变得更加灵活，但性能上稍微有些损失。存储在堆上的对象需要垃圾收集器做一些工作，以便释放不再需要的对象占用的内存。为了减少垃圾收集器需要做的工作，可以为较小的对象使用栈。

第 2 章讨论了预定义值类型，如 int 和 double，它们被表示为结构类型。你可以自己创建这类结构。

通过使用 struct 关键字代替 class 关键字，类型将默认存储在栈上，而不是堆上。

下面的代码片段定义了一个名为 Dimensions 的结构，它只是简单地存储一个物品的长度和宽度。假设你在编写一个家具摆放程序，允许用户在计算机上试着用不同的方式安排家具摆放位置。你想要存储每个家具的尺寸。你只有两个数字需要处理，而且你会发现，把它们作为一对值而不是单独的值来进行处理更加方便。这里不需要有大量方法，也不需要继承一个类，你也肯定不会想让.NET 运行时使用堆却只存储两个 double 值，因为使用堆会影响性能(代码文件 StructsSample/Dimensions.cs)：

```
public readonly struct Dimensions
{
  public Dimensions(double length, double width)
  {
    Length = length;
    Width = width;
  }

  public double Length { get; }
  public double Width { get; }
  //...
}
```

注意：
如果结构的成员不修改任何状态(构造函数除外)，那么可以使用 readonly 修饰符声明结构。编译器会确保你不能添加任何修改状态的成员。

定义结构的成员与定义类和记录的成员的方式相同。前面已经看到了 Dimensions 结构的构造函数。下面的代码演示了为 Dimensions 结构体添加一个 Diagonal 属性，它调用了 Math 类的 Sqrt()方法(代码文件 StructsSample/Dimensions.cs)：

```
public struct Dimensions
{
  //...
  public double Diagonal => Math.Sqrt(Length * Length + Width * Width);
}
```

结构采用前面讨论过的按值传递语义，即值会被复制。结构与类和记录还有其他区别：

- 结构不支持继承。可以使用结构实现接口，但不能继承另外一个结构。
- 结构总是有一个默认的构造函数。对于类，如果定义了构造函数，则不会再生成默认构造函数。结构类型与类不同。结构总是有一个默认构造函数，你无法创建一个自定义的无参数构造函数。
- 对于结构，可以指定字段在内存中如何布局。第 13 章将介绍这方面的内容。

- 结构存储在栈上，或者如果结构是堆上存储的另外一个对象的一部分，就会内联存储它们。当把结构用作对象时，如把它们传递给一个对象参数，或者调用了一个基于对象的方法，就会发生装箱，值也会被存储到堆上。

3.6 枚举类型

枚举是一个值类型，包含一组命名的常量，如这里的 Color 类型。枚举类型用 enum 关键字定义：

```
public enum Color
{
  Red,
  Green,
  Blue
}
```

可以声明枚举类型的变量，如变量 c1，然后将枚举中的值(采用枚举类型的名称加上命名常量的形式)赋值给该变量(代码文件 EnumSample/Program.cs)：

```
void ColorSamples()
{
  Color c1 = Color.Red;
  Console.WriteLine(c1);

  //...
}
```

运行程序，控制台输出显示 Red，这是枚举的常量值。

默认情况下，enum 的类型是 int。这个基本类型可以改为其他整数类型(byte、short、int、带符号的 long 和无符号的 long)。命名常量的值从 0 开始递增，但它们可以改为其他值(代码文件 EnumSample/Color.cs)：

```
public enum Color : short
{
  Red = 1,
  Green = 2,
  Blue = 3
}
```

使用强制类型转换可以把数字改为枚举值，把枚举值改为数字。

```
Color c2 = (Color)2;
short number = (short)c2;
```

还可以使用 enum 类型把多个选项赋值给一个变量，而不仅仅是使用一个枚举常量进行赋值。要让枚举值互斥，应分别为这些值的数字设置一个不同的位。

枚举类型 DaysOfWeek 为每天定义了不同的值。要设置不同的位，可以使用由 0x 前缀指定的十六进制值轻松地完成。Flags 特性告诉编译器，为值创建一个不同的字符串表示，例如给 DaysOfWeek 类型的一个变量设置值 3，如果为 DaysOfWeek 枚举使用了 Flags 特性，那么结果是 Monday, Tuesday (代码文件 EnumSample/DaysOfWeek.cs)：

```
[Flags]
public enum DaysOfWeek
{
```

```
  Monday = 0x1,
  Tuesday = 0x2,
  Wednesday = 0x4,
  Thursday = 0x8,
  Friday = 0x10,
  Saturday = 0x20,
  Sunday = 0x40
}
```

有了这个枚举声明，就可以使用“逻辑或”运算符为一个变量指定多个值 (代码文件 EnumSample/Program.cs)：

```
DaysOfWeek mondayAndWednesday = DaysOfWeek.Monday | DaysOfWeek.Wednesday;
Console.WriteLine(mondayAndWednesday);
```

运行程序，输出是日期的字符串表示：

```
Monday, Wednesday
```

设置不同的位时，也可以通过组合位来包括多个值，如 Weekend 的值 0x60 是用“逻辑或”运算符组合了 Saturday 和 Sunday 的结果。Workday 的值 0x1f 则组合了从 Monday 到 Friday 的所有日子，AllWeek 用“逻辑或”运算符组合了 Workday 和 Weekend (代码文件 EnumSample/DaysOfWeek.cs)：

```
[Flags]
public enum DaysOfWeek
{
  Monday = 0x1,
  Tuesday = 0x2,
  Wednesday = 0x4,
  Thursday = 0x8,
  Friday = 0x10,
  Saturday = 0x20,
  Sunday = 0x40,
  Weekend = Saturday | Sunday,
  Workday = 0x1f,
  AllWeek = Workday | Weekend
}
```

有了这些代码，就可以把 DaysOfWeek.Weekend 直接赋值给变量。使用“逻辑或”运算符来组合 DaysOfWeek.Saturday 和 DaysOfWeek.Sunday，然后进行赋值，也可以得到相同的结果。输出会显示 Weekend 的字符串表示。

```
DaysOfWeek weekend = DaysOfWeek.Saturday | DaysOfWeek.Sunday;
Console.WriteLine(weekend);
```

使用枚举时，类 Enum 有时非常有助于动态获得枚举类型的信息。Enum 提供了方法来解析字符串，以获得相应的枚举常量，以及枚举类型的所有名称和值。

下面的代码片段使用字符串和 Enum.TryParse() 来获得相应的 Color 值(代码文件 EnumSample/Program.cs)：

```
if (Enum.TryParse<Color>("Red", out Color red))
{
  Console.WriteLine($"successfully parsed {red}");
}
```

注意：

Enum.TryParse < T >()是一个泛型方法，其中 T 是泛型参数类型。其返回值是一个布尔类型，当解析成功时，返回值为 true。要返回解析后的枚举结果，需要使用 out 关键字作为参数的修饰符。使用 out 关键字时，可以指定从一个方法返回多个值。下一节将讨论这个关键字。

Enum.GetNames()方法返回一个包含枚举中的所有名称的字符串数组：

```
foreach (var color in Enum.GetNames(typeof(Color)))
{
  Console.WriteLine(color);
}
```

运行应用程序，输出如下：

```
Red
Green
Blue
```

为了获得枚举的所有值，可以使用方法 Enum.GetValues()。为了获得整数值，需要使用 foreach 语句把它转换为枚举的底层类型：

```
foreach (short color in Enum.GetValues(typeof(Color)))
{
  Console.WriteLine(color);
}
```

3.7 ref、in 和 out

值类型是按值传递的，所以当把一个变量赋值给另外一个变量时，例如将变量传递给方法时，将复制该变量的值。有一种方法可以避免这种复制。如果使用 ref 关键字，将按引用传递值类型。本节将介绍参数和返回类型修饰符 ref、in 和 out。

3.7.1 ref 参数

下面的代码片段定义了方法 ChangeAValueType()，其 int 参数是按引用传递的。记住，int 被声明为结构，所以这种行为对于自定义结构也是有效的。默认情况下，int 是按值传递的。但是，因为这里使用了 ref 修饰符，所以会按引用传递 int (使用 int 变量的地址)。在实现中，现在名为 x 的变量引用的是与变量 a 相同的、栈上的数据。修改变量 x 的值也会修改 a 的值，所以在调用后，变量 a 包含的值是 2(代码文件 RefInOutSample/Program.cs)：

```
int a = 1;
ChangeAValueType(ref a);
Console.WriteLine($"the value of a changed to {a}");

void ChangeAValueType(ref int x)
{
  x = 2;
}
```

如果想按引用传递值类型，需要在声明方法时和调用方法时都使用 ref 关键字。这条信息对于调用者很重要，因为这让调用者知道，收到值类型的方法可能会修改值。

你可能想知道，使用 ref 关键字传递引用有没有用？毕竟传递引用本来就允许方法修改内容。不过，使用 ref 关键字传递引用确实是有用的，如下面的代码片段所示。方法 ChangingAReferenceByRef()为 SomeData 类型的实参指定了 ref 修饰符，这里 SomeData 是一个类。在实现中，首先将 Value 属性的值改为 2。之后，创建了一个新的实例，使其引用一个 Value 为 3 的对象。如果在方法声明和方法调用中删除 ref 关键字，则在调用后，data1.Value 的值为 2。没有使用 ref 关键字时，data1 变量引用堆上的对象和方法开始时的 data 变量。创建新对象后，data 变量引用堆上的新对象，它包含值 3。像示例代码中这样使用 ref 关键字时，data 变量引用 data1 变量，所以它是一个指针的指针。这样一来，在 ChangingAReferenceByRef()中创建新实例后，变量 data1 将引用这个新的对象，而不是旧对象：

```
SomeData data1 = new() { Value = 1 };
ChangingAReferenceByRef(ref data1);
Console.WriteLine($"the new value of data1.Value is: {data1.Value}");

void ChangingAReferenceByRef(ref SomeData data)
{
  data.Value = 2;
  data = new SomeData { Value = 3 };
}

class SomeData
{
  public int Value { get; set; }
}
```

3.7.2 in 参数

如果在向方法传递一个值类型时，想要避免复制值的开销，但又不想在方法内改变值，就可以使用 in 修饰符。

在下面的示例代码中，定义了一个 SomeValue 结构，它包含 4 个 int 值(代码文件 RefInOutSample/Program.cs)：

```
struct SomeValue
{
  public SomeValue(int value1, int value2, int value3, int value4)
  {
    Value1 = value1;
    Value2 = value2;
    Value3 = value3;
    Value4 = value4;
  }
  public int Value1 { get; set; }
  public int Value2 { get; set; }
  public int Value3 { get; set; }
  public int Value4 { get; set; }
}
```

如果声明了一个方法，并将 SomeValue 结构作为一个实参传入该方法，则在调用该方法时需要复制 4 个 int 值。使用 ref 关键字时，不需要复制值，而是可以传递一个引用。但是，调用者可能不想被调用方法做出任何修改。为了保证不会发生修改，可以使用 in 修饰符。使用该修饰符时，会采用按引用传递，但编译器不允许在使用 data 变量时修改任何值。现在，data 就成为一个只读变量：

```
void PassValueByReferenceReadonly(in SomeValue data)
```

```
{
  // data.Value1 = 4; - you cannot change a value, it's a read-only variable!
}
```

3.7.3 ref return

为了避免在方法返回时复制值，可以在声明返回类型时添加 ref 关键字，并在返回值时使用 return ref。Max()方法接受两个 SomeValue 结构作为参数，并返回二者中更大的那个结构。以下代码示例中，参数也使用了 ref 修饰符，所以不会复制值：

```
ref SomeValue Max(ref SomeValue x, ref SomeValue y)
{
  int sumx = x.Value1 + x.Value2 + x.Value3 + x.Value4;
  int sumy = y.Value1 + y.Value2 + y.Value3 + y.Value4;

  if (sumx > sumy)
  {
    return ref x;
  }
  else
  {
    return ref y;
  }
}
```

在 Max()方法的实现中，可以使用一个条件 ref 表达式来替换 if/else 语句。此时，需要在表达式中使用 ref 关键字来比较 sumx 和 sumy。根据比较的结果，将把 ref x 或者 ref y 写入一个局部值的 ref，然后返回该局部值的 ref：

```
ref SomeValue Max(ref SomeValue x, ref SomeValue y)
{
  int sumx = x.Value1 + x.Value2 + x.Value3 + x.Value4;
  int sumy = y.Value1 + y.Value2 + y.Value3 + y.Value4;

  ref SomeValue result = ref (sumx > sumy) ? ref x : ref y;
  return ref result;
}
```

调用者需要决定是应该复制返回的值，还是应该使用引用。在下面的代码片段中，第一次调用 Max()方法时，将结果复制到了 bigger1 变量中，尽管该方法被声明为返回 ref。第一个版本并不会导致编译错误(这与 ref 参数的情况不同)。复制值并没有问题，只不过性能会降低一些。在第二次调用时，使用了 ref 关键字来调用方法，得到一个 ref return。这次调用需要把结果写入一个局部值的 ref。第三次调用将结果写入一个 readonly 局部值的 ref。对于 Max()方法，不需要修改内容。这里使用 readonly，只是为了指定 bigger3 变量不会被改变，如果设置属性来修改它的值，编译器将会报错：

```
SomeValue one = new SomeValue(1, 2, 3, 4);
SomeValue two = new SomeValue(5, 6, 7, 8);

SomeValue bigger1 = Max(ref one, ref two);
ref SomeValue bigger2 = ref Max(ref one, ref two);
ref readonly SomeValue bigger3 = ref Max(ref one, ref two);
```

Max()方法不会修改它的任何输入。这就允许为参数使用 in 关键字，如 MaxReadonly()方法所示。

但是，这里必须把返回类型的声明改为ref readonly。如果不这么做，将允许MaxReadonly()方法的调用者在收到结果后改变该方法的输入：

```
ref readonly SomeValue MaxReadonly(in SomeValue x, in SomeValue y)
{
  int sumx = x.Value1 + x.Value2 + x.Value3 + x.Value4;
  int sumy = y.Value1 + y.Value2 + y.Value3 + y.Value4;

  return ref (sumx > sumy) ? ref x : ref y;
}
```

现在，调用者必须把结果写入一个ref readonly变量，或者将结果赋值到一个新的局部变量中。对于bigger5，不需要使用readonly，因为收到的原始值将被复制：

```
ref readonly SomeValue bigger4 = ref MaxReadonly(in one, in two);
SomeValue bigger5 = MaxReadonly(in one, in two);
```

3.7.4 out参数

如果方法应该返回多个值，那么有不同的选项可以采用。一种选项是创建一个自定义类型，另一种选项是为参数使用ref关键字。使用ref关键字时，需要在调用方法前先初始化参数。数据将被传入方法，并从方法返回。如果方法只应该返回数据，可以使用out关键字。

int.Parse()方法期望收到一个string，如果解析成功，它会返回一个int。如果不能将string解析为int，将抛出一个异常。为了避免这种异常，可以使用int.TryParse()方法。无论解析是否成功，这个方法都返回一个布尔值。解析操作的结果通过一个out参数返回。

下面是int类型的TryParse()方法的声明：

```
bool TryParse(string? s, out int result);
```

要调用TryParse()方法，可以使用out修饰符传递一个int。使用out修饰符时，不需要在调用TryParse()方法前声明或者初始化该变量：

```
Console.Write("Please enter a number: ");
string? input = Console.ReadLine();
if (int.TryParse(input, out int x))
{
  Console.WriteLine();
  Console.WriteLine($"read an int: {x}");
}
```

3.8 元组

使用数组可以将相同类型的多个对象组合为一个对象。使用类、结构和记录时，可以将多个对象组合为一个对象，并添加属性、方法、事件等各种不同类型的成员。元组允许把不同类型的多个对象组合为一个对象，但又没有创建自定义类型时的复杂性。

为了更好地理解元组的一些优势，我们来看看方法能够返回什么。要从方法返回多个结果，可以创建自定义类型，然后在该自定义类型中组合不同的结果类型，或者需要为参数使用ref或out关键字。使用ref和out关键字有一个重要的限制：它们不能用于异步方法。创建自定义类型有其优势，但在一些情况下没有必要创建自定义类型。元组是更加简单的选择，可以从方法返回一个元组。从

C# 7 开始，C#语法中集成了元组。

3.8.1　声明和初始化元组

可以使用圆括号声明元组，然后使用在圆括号内创建的元组字面值来初始化该元组。在下面的代码片段中，左侧声明了一个名为 tuple1 的元组变量，它包含一个 string、一个 int 和一个 Book。在右侧，使用元组字面值(它包含字符串 magic、数字 42 和使用 Book 记录的主构造函数初始化的一个 Book 对象)来创建一个元组。要访问该元组，可以使用变量 tuple1 和在圆括号内声明的成员(在本例中为 AString、Number 和 Book)。代码文件为 TuplesSample/Program.cs：

```
void IntroTuples()
{
  (string AString, int Number, Book Book) tuple1 =
   ("magic", 42, new Book("Professional C#", "Wrox Press"));
   Console.WriteLine($"a string: {tuple1.AString}, " +
     $"number: {tuple1.Number}, " +
     $"book: {tuple1.Book}");
  //...
}
```

运行应用程序(顶级语句调用了 IntroTuples())时，输出将显示元组的值：

```
a string: magic, number: 42, book: Book { Title = Professional C#, Publisher = Wrox Press }
```

注意：

关于应该使用 camelCase 还是 PascalCase 来命名元组，存在一些讨论。Microsoft 没有针对命名内部成员和私有成员提供指导，但是对于公有 API，他们决定使用 PascalCase 命名元组成员。毕竟，使用元组指定的名称是公有成员，而公有成员通常使用 PascalCase。如果你对 Microsoft 的不同团队和社区之间的讨论感兴趣，可以访问 https://github.com/dotnet/runtime/issues/27939。

在把元组字面值赋值给元组变量的时候，也可以不声明其成员。此时，可以使用 ValueTuple 结构的成员名称 Item1、Item2 和 Item3 来访问元组的成员：

```
var tuple2 = ("magic", 42, new Book("Professional C#", "Wrox Press"));
Console.WriteLine($"a string: {tuple2.Item1}, number: {tuple2.Item2}, " +
  $"book: {tuple2.Item3}");
```

在字面值中，可以为元组字段分配名称，这需要首先定义一个名称，其后跟上一个冒号，也就是与对象字面值相同的语法：

```
var tuple3 = (AString: "magic", Number: 42,
  Book: new Book("Professional C#", "Wrox Press"));
```

名称只是提供一种便利。当类型匹配的时候，可以把一个元组赋值给另一个元组，名称并不重要：

```
(string S, int N, Book B) tuple4 = tuple3;
```

元组成员的名称也可以从源推断出来。对于变量 tuple5，第二个成员是一个字符串，其值为一本书的名称。代码中没有为这个成员分配名称，但因为该属性的名称为 Title，所以将自动使用 Title 作为元组成员的名称：

```
Book book = new("Professional C#", "Wrox Press");
var tuple5 = (ANumber: 42, book.Title);
Console.WriteLine(tuple5.Title);
```

3.8.2　元组解构

还可以将元组解构为变量。为此，只需要从前面的代码示例中删除元组变量，并在圆括号中定义变量名。然后，就可以直接访问包含元组各个部分的值的变量。如果不需要某些变量，可以使用 discard。discard 是名称为_的 C#占位符变量。它们用来忽略结果，如下面代码片段中的第二次解构所示(代码文件 TuplesSample/Program.cs)：

```
void TuplesDeconstruction()
{
  var tuple1 = (AString: "magic",
    Number: 42, Book: new Book("Professional C#", "Wrox Press"));
  (string aString, int number, Book book) = tuple1;

  Console.WriteLine($"a string: {aString}, number: {number}, book: {book}");

  (_, _, var book1) = tuple1;
  Console.WriteLine(book1.Title);
}
```

3.8.3　元组的返回

下面介绍一个更有用的示例：返回元组的方法。在下面的代码片段中，Divide()方法接收两个参数，并返回一个由两个 int 值组成的元组。通过把方法的返回组放到圆括号内来创建元组结果(代码文件 Tuples/Program.cs)：

```
static (int result, int remainder) Divide(int dividend, int divisor)
{
  int result = dividend / divisor;
  int remainder = dividend % divisor;
  return (result, remainder);
}
```

结果被解构为 result 和 remainder 变量：

```
private static void ReturningTuples()
{
  (int result, int remainder) = Divide(7, 2);
  Console.WriteLine($"7 / 2 - result: {result}, remainder: {remainder}");
}
```

注意：
使用元组，可以避免通过 out 参数声明方法签名。out 参数不能与 async 方法一起使用，但此限制不适用于元组。

3.9　ValueTuple

使用 C#元组语法时，C#编译器在后台创建 ValueTuple 结构，.NET 为 1 到 7 个泛型参数定义了 7 个 ValueTuple 结构，还定义了另一个 ValueTuple 结构，其第 8 个参数可以是另一个元组。使用元组字面值会调用 Tuple.Create()。元组结构定义了名为 Item1、Item2、Item3 等的公有字段，以访问所有项。

对于元素的名称，编译器使用 TupleElementNames 特性来存储元组成员的自定义名称。编译器将读取这些信息来调用正确的成员。

> **注意：**
> 第 12 章将详细介绍特性。

3.10 解构

前面介绍了元组的解构——将元组写入简单变量。也可以对任意自定义类型进行解构：把类或结构分解为它的各个部分。

例如，可以把前例中的 Person 类解构为名、姓和年龄(代码文件 Classes/Program.cs)：

```
//...
(var first, var last, _) = katharina;
Console.WriteLine($"{first} {last}");
```

为完成结构，只需要创建 Deconstruct()方法(也被称为解构器)，将分离的部分放入 out 参数中(代码文件 Classes/Person.cs)。

```
public class Person
{
  //...
  public void Deconstruct(out string firstName, out string lastName,
    out int age)
  {
    firstName = FirstName;
    lastName = LastName;
    age = Age;
  }
}
```

解构是用方法 Deconstruct()实现的。该方法总是 void 类型，并用 out 参数返回各个部分。除了创建类的成员，还可以通过创建扩展方法来进行解构，如下面的代码片段所示：

```
public static class PersonExtensions
{
  public static void Deconstruct(this Person person, out string firstName,
    out string lastName, out int age)
  {
    firstName = person.FirstName;
    lastName = person.LastName;
    age = person.Age;
  }
}
```

> **注意：**
> 对于位置记录，Deconstruct()方法是由编译器实现的。定义主构造函数的时候，编译器就知道了 Deconstruct()方法的参数的顺序，并能够自动创建 Deconstruct()方法。对于名义记录，可以创建 Deconstruct()方法的自定义实现，类似于为类创建 Deconstruct()方法。对于任何情况(位置记录、名义记录或者类)，都可以根据需要定义使用不同参数类型的重载。

3.11　模式匹配

第 2 章通过使用 is 运算符和 switch 语句，介绍了模式匹配的基本功能。现在可以进一步拓展，介绍如何使用元组和属性模式来进行模式匹配。

3.11.1　使用元组进行模式匹配

第 2 章介绍了一个使用交通灯的简单模式匹配的示例。现在来扩展该示例，不只是简单地从红色转为绿色、转为黄褐色、再转为红色等，而是在转为黄褐色后，根据上一次的交通灯颜色来改变到不同的状态。模式匹配可以基于元组的值。

注意：

在许多国家，交通灯有着不同的顺序。在加拿大和其他几个国家，从黄褐色(或黄色)变为红色后，黄褐色和红色会同时显示来表示变化。在大多数欧洲国家，从红色变为绿色时，红色和黄褐色会同时显示一秒钟、两秒钟或三秒钟。在奥地利、中国、俄国、以色列和其他国家，在行走阶段快结束时，绿灯会开始闪烁。如果你对交通灯变化的细节感兴趣，可以阅读网址 3-1。

方法 NextLightUsingTuples()通过两个参数接受两个枚举值，代表当前的和之前的交通灯颜色。通过(current,previous)将这两个参数组合为一个元组，然后基于这个元组来定义 switch 表达式。在 switch 表达式中，使用了元组模式。当当前交通灯的值为 Red 时，匹配第一个 case。这里使用 discard 忽略了之前的交通灯的值。NextLightUsingTuples()方法被声明为返回一个包含 Current 和 Previous 属性的元组。在第一个匹配中，返回匹配此返回类型的元组(Amber, current)，为当前交通灯指定新值 Amber。在所有的 case 中，使用收到的当前交通灯来设置之前的交通灯。当当前交通灯是 Amber 时，元组模式将根据之前的交通灯产生不同的结果。如果之前的交通灯是 Red，那么返回的新交通灯是 Green，而如果之前的交通灯是 Green，那么返回的新交通灯是 Red(代码文件 PatternMatchingSample/Program.cs)：

```
(TrafficLight Current, TrafficLight Previous)
 NextLightUsingTuples(TrafficLight current, TrafficLight previous) =>
   (current, previous) switch
   {
     (Red, _) => (Amber, current),
     (Amber, Red) => (Green, current),
     (Green, _) => (Amber, current),
     (Amber, Green) => (Red, current),
     _ => throw new InvalidOperationException()
   };
```

下面的代码片段在 for 循环中调用了方法 NextLightUsingTuples()。返回值被解构为 currentLight 和 previousLight 变量，以便把当前的交通灯信息写入控制台，并在下一次迭代中调用 NextLightUsingTuples()方法：

```
var previousLight = Red;
var currentLight = Red;
for (int i = 0; i < 10; i++)
{
  (currentLight, previousLight) = NextLightUsingTuples(currentLight,
    previousLight);
  Console.Write($"{currentLight} - ");
```

```
    await Task.Delay(1000);
  }
  Console.WriteLine();
```

注意：

语句 await Task.Delay(1000);会让应用程序等待 1 秒，然后再调用下一条语句。使用顶级语句时，可以直接添加 async 方法，如上面的代码片段所示。如果想把这条语句添加到一个方法中，则需要在声明该方法时添加 async 修饰符，并且最好让该方法返回一个 Task。第 11 章将详细讨论相关内容。

3.11.2 属性模式

我们来再次扩展交通灯示例。使用元组时，可以添加额外的值和类型来扩展功能。但是，到了一定程度后，可读性会下降，此时使用类或记录会有帮助。

交通灯的一种扩展是让不同的交通灯阶段具有不同的时间。另外一种扩展在一些国家得到了应用：在交通灯从绿色变为黄褐色之前，引入了另外一个阶段，即让绿灯闪烁 3 次。为了记录不同的状态，创建了 TrafficeLightState 记录(代码文件 PatternMatchingSample/Program.cs)：

```
public record TrafficLightState(TrafficLight CurrentLight,
  TrafficLight PreviousLight, int Milliseconds, int BlinkCount = 0);
```

另外还扩展了枚举类型 TrafficLight 来包含 GreenBlink 和 AmberBlink：

```
public enum TrafficLight
{
  Red,
  Amber,
  Green,
  GreenBlink,
  AmberBlink
}
```

新的方法 NextLightUsingRecords()接受一个 TrafficLightState 类型的、包含当前交通灯状态的参数，返回一个包含新状态的 TrafficLightState。在方法的实现中，再次使用了 switch 表达式，这一次使用属性模式来选择 case。如果变量 trafficLightState 的 CurrentLight 属性的值为 AmberBlink，就返回一个新的 TrafficLightState，其返回的当前交通灯为红灯。当 CurrentLight 被设置为 Amber 时，也会验证 PreviousLight 属性。取决于 PreviousLight 的值，会返回不同的记录。这个场景中还使用了另外一个模式：C# 9 中新增的关系模式。BlinkCount : < 3 引用了 BlinkCount 属性，并验证该值是否小于 3。如果是，则使用 with 表达式从之前的状态克隆 TrafficLightState，并将 BlinkCount 加 1：

```
TrafficLightState NextLightUsingRecords(TrafficLightState trafficLightState)
  => trafficLightState switch
  {
    { CurrentLight: AmberBlink } =>
      new TrafficLightState(Red, trafficLightState.PreviousLight, 3000),
    { CurrentLight: Red } =>
      new TrafficLightState(Amber, trafficLightState.CurrentLight, 200),
    { CurrentLight: Amber, PreviousLight: Red} =>
      new TrafficLightState(Green, trafficLightState.CurrentLight, 2000),
    { CurrentLight: Green } =>
      new TrafficLightState(GreenBlink, trafficLightState.CurrentLight,
        100, 1),
    { CurrentLight: GreenBlink, BlinkCount: < 3 } =>
```

```
      trafficLightState with
        { BlinkCount = trafficLightState.BlinkCount + 1 },
    { CurrentLight: GreenBlink } =>
      new TrafficLightState(Amber, trafficLightState.CurrentLight, 200),
    { CurrentLight: Amber, PreviousLight: GreenBlink } =>
      new TrafficLightState(Red, trafficLightState.CurrentLight, 3000),
    _ => throw new InvalidOperationException()
  };
```

下面的代码片段在 for 循环中调用 NextLightUsingRecords()，就像前面所做的那样。现在把一个 TrafficLightState 实例作为实参传递给 NextLightUsingRecords()方法。从这个方法接受新值，然后在控制台中显示当前的状态：

```
TrafficLightState currentLightState = new(AmberBlink, AmberBlink, 2000);

for (int i = 0; i < 20; i++)
{
  currentLightState = NextLightUsingRecords(currentLightState);
  Console.WriteLine($"{currentLightState.CurrentLight},
    {currentLightState.Milliseconds}");
  await Task.Delay(currentLightState.Milliseconds);
}
```

3.12 分部类型

partial 关键字允许把一个类型放在多个文件中。一般情况下，某种类型的代码生成器生成了一个类的某部分，所以把类放在多个文件中是有益的。假定要给工具自动生成的类添加一些代码。如果重新运行该工具，前面所做的修改就会丢失。partial 关键字有助于把类分开放在两个文件中，对不是由代码生成器定义的文件进行修改。

partial 关键字的用法是：把 partial 放在 class、struct 或 interface 关键字的前面。在下面的例子中，SampleClass 类保存在两个不同的源文件 SampleClassAutogenerated.cs 和 SampleClass.cs 中：

```
//SampleClassAutogenerated.cs
partial class SampleClass
{
  public void MethodOne() { }
}

//SampleClass.cs
partial class SampleClass
{
  public void MethodTwo() { }
}
```

当编译包含这两个源文件的项目时，会创建一个 SampleClass 类，它有两个方法 MethodOne()和 MethodTwo()。

在嵌套的类型中，只要 partial 关键字位于 class 关键字的前面，就可以嵌套分部类。在把分部类型编译为类型时，特性、XML 注释、接口、泛型参数特性和成员会合并。假如有如下两个源文件：

```
// SampleClassAutogenerated.cs
[CustomAttribute]
```

```
partial class SampleClass: SampleBaseClass, ISampleClass
{
  public void MethodOne() { }
}

// SampleClass.cs
[AnotherAttribute]
partial class SampleClass: IOtherSampleClass
{
  public void MethodTwo() { }
}
```

编译后，等价的源文件变成：

```
[CustomAttribute]
[AnotherAttribute]
partial class SampleClass: SampleBaseClass, ISampleClass, IOtherSampleClass
{
  public void MethodOne() { }
  public void MethodTwo() { }
}
```

注意：

尽管创建庞大的类，使其分散到不同的文件中，然后让不同开发人员在不同的文件中开发相同的类看起来很有诱惑力，但partial关键字并不是为这种目的设计的。在这种情况下，最好把大类拆分成几个小类，一个类只用于一个目的。

分部类可以包含分部方法。如果生成的代码应该调用可能不存在的方法，这就是非常有用的。扩展分部类的程序员可以决定创建分部方法的自定义实现代码，或者什么也不做。下面的代码片段包含一个分部类，其方法MethodOne()调用APartialMethod()方法。APartialMethod()方法用partial关键字声明，因此不需要任何实现代码。如果没有实现代码，编译器将删除这个方法调用：

```
//SampleClassAutogenerated.cs
partial class SampleClass
{
  public void MethodOne()
  {
    APartialMethod();
  }
  public partial void APartialMethod();
}
```

分部方法的实现可以放在分部类的其他任何地方，如下面的代码片段所示。有了这个方法，编译器就在MethodOne内创建代码，调用这里声明的APartialMethod()：

```
// SampleClass.cs
partial class SampleClass: IOtherSampleClass
{
  public void APartialMethod()
  {
    // implementation of APartialMethod
  }
}
```

注意：

在 C# 9 之前，分部方法必须被声明为 void 类型。现在不再需要这么做。但是，如果分部方法不返回 void，就必须提供实现。这是一种极为有用的增强，在使用代码生成器的时候十分有用。第 12 章将介绍代码生成器。

3.13　小结

本章介绍了 C#中使用类、记录、结构和元组创建自定义类型的语法。你看到了如何声明静态和实例字段、属性、方法和构造函数，包括使用花括号的成员和使用表达式体的成员。

作为第 2 章的延续，还介绍了模式匹配的更多特性，例如元组、属性和关系模式。

第 4 章将扩展类型，介绍如何使用继承、添加接口以及为类、记录和接口使用继承。

第4章 C#面向对象编程

本章要点

- 为类和记录使用继承
- 使用访问修饰符
- 使用接口
- 使用默认接口方法
- 使用依赖注入
- 使用泛型

本章源代码：

通过扫描封底二维码下载本书源代码。本章源代码可以在代码文件的 1_CS/ObjectOrientation 目录中找到。

本章代码分为以下几个主要的示例文件：

- VirtualMethods
- AbstractClasses
- InheritanceWithConstructors
- RecordsInheritance
- UsingInterfaces
- DefaultInterfaceMethods
- GenericTypes
- GenericTypesWithConstraints

所有项目都启用了可空引用类型。

4.1 面向对象

C#不是一种纯粹的面向对象编程语言，它提供了多种编程范式。但是，面向对象是 C#的一个重要概念，也是.NET 提供的所有库的核心原则。

面向对象的三个最重要的概念是继承、封装和多态性。第 3 章谈到如何创建单独的类来安排属性、方法和字段。当把某类型的成员声明为 private 时，就不能从外部访问它们。它们被封装在类型中。

本章将介绍继承和多态性，并使用继承扩展封装功能。

第 3 章介绍了类型的所有成员。本章将介绍如何使用继承增强基类型，如何创建类层次，以及C#中的多态性的工作方式。还介绍与继承相关的所有 C#关键字，如何将接口用作依赖注入的契约，以及允许在接口中添加实现的默认接口方法。

4.2　类的继承

如果要声明派生自另一个类的一个类，就可以使用下面的语法：

```
class MyDerivedClass: MyBaseClass
{
  // members
}
```

> **注意：**
> 如果在类定义中没有指定基类，则基类将是 System.Object。

下面的例子定义了基类 Shape。无论是矩形还是椭圆，形状都有一些共同点：都有位置和大小。针对位置和大小，定义了相应的类，并把它们包含到 Shape 类中。Shape 类定义了只读属性 Position 和 Shape，这些属性通过自动属性初始化器来初始化(代码文件 VirtualMethods/Shape.cs)：

```
public class Position
{
  public int X { get; set; }
  public int Y { get; set; }
}

public class Size
{
  public int Width { get; set; }
  public int Height { get; set; }
}

public class Shape
{
  public Position Position { get; } = new Position();
  public Size Size { get; } = new Size();
}
```

> **注意：**
> 对于形状示例，Position 和 Size 对象包含在 Shape 类的一个对象中，这就是组合的概念。Rectangle 和 Ellipse 类派生自基类 Shape，这就是继承。

4.2.1　虚方法

把一个基类方法声明为 virtual，就可以在任何派生类中重写该方法。

下面的代码片段显示的 DisplayShape()方法在声明时使用了 virtual 关键字。Shape 的 Draw()方法调用了这个 DisplayShape()方法。虚方法可以声明为 public 或 protected。在派生类中重写该方法时不能改变访问修饰符。因为 Draw()方法使用了 public 访问修饰符，所以在使用 Shape 或者从 Shape 派生的任何类时，能够在外部使用 Draw()方法。不能重写 Draw()方法，因为它没有使用 virtual 修饰符(代码文件 VirtualMethods/Shape.cs)：

```
public class Shape
{
  public void Draw() => DisplayShape();

  protected virtual void DisplayShape()
  {
    Console.WriteLine($"Shape with {Position} and {Size}");
  }
}
```

注意：
本章后面将详细讨论所有 C#访问修饰符。

也可以将属性声明为 virtual。虚属性或被重写属性的语法与非虚属性相同，只不过在定义中包含一个 virtual 关键字：

```
public virtual Size Size { get; set; }
```

为简单起见，接下来的讨论主要关注方法，但讨论的内容也适用于属性。

声明为 virtual 的方法可在派生类中重写。要声明一个重写基类方法的方法，需要使用 override 关键字(代码文件 VirtualMethods/ConcreteShapes.cs)：

```
public class Rectangle : Shape
{
  protected override void DisplayShape()
  {
    Console.WriteLine($"Rectangle at position {Position} with size {Size}");
  }
}
```

虚函数提供了 OOP 的一种核心特性：多态性。使用虚函数时，将调用哪个方法的决定推迟到了运行时。编译器会创建一个虚方法表(virtual method table, vtable)，其中列举了可在运行时调用的方法，然后在运行时根据类型调用方法。

出于性能考虑，在 C#中，函数默认不是虚函数。对于非虚函数，不需要 vtable，编译器会直接找到调用的方法。

Size 和 Position 类型重写了 ToString()方法。该方法在基类 Object 中被声明为 virtual(代码文件 VirtualMethods/ConcreteShapes.cs)：

```
public class Position
{
  public int X { get; set; }
  public int Y { get; set; }

  public override string ToString() => $"X: {X}, Y: {Y}";
}

public class Size
{
  public int Width { get; set; }
  public int Height { get; set; }
```

```
    public override string ToString() => $"Width: {Width}, Height: {Height}";
}
```

在 C# 9 之前，要求在重写基类的方法时，签名(所有参数类型和方法名)和返回类型必须精确匹配。如果想要使用不同的参数，需要创建一个不重写基类成员的新方法。

在 C# 9 中，这个规则有了一点小改变：重写方法时，返回类型可以不同，但需要派生自基类的返回类型。这种做法的一种用途是创建一个类型安全的 Clone()方法。Shape 类定义了一个 Clone()虚方法，它返回 Shape(代码文件 VirtualMethods/Shape.cs)：

```
public virtual Shape Clone() => throw new NotImplementedException();
```

Rectangle 类重写了这个方法，以返回 Rectangle 类型而不是基类 Shape。它创建了一个新的实例，并将现有实例的所有值复制到了新创建的实例中：

```
public override Rectangle Clone()
{
  Rectangle r = new();
  r.Position.X = Position.X;
  r.Position.Y = Position.Y;
  r.Size.Width = Size.Width;
  r.Size.Height = Size.Width;
  return r;
}
```

在 Program.cs 文件的顶级语句中，实例化了一个矩形和一个椭圆形，设置了它们的属性，并通过调用 Clone()虚方法克隆了该矩形。最后，调用了 DisplayShapes()方法，并传入创建的全部形状。Shape 类的 Draw()方法将被调用，它又会依次调用派生类中重写的方法。在这个代码片段中，还使用了 Ellipse 类，它与 Rectangle 类相似，也是从 Shape 派生的(代码文件 VirtualMethods/Program.cs)：

```
Rectangle r1 = new();
r1.Position.X = 33;
r1.Position.Y = 22;
r1.Size.Width = 200;
r1.Size.Height = 100;

Rectangle r2 = r1.Clone();
r2.Position.X = 300;

Ellipse e1 = new();
e1.Position.X = 122;
e1.Position.Y = 200;
e1.Size.Width = 40;
e1.Size.Height = 20;

DisplayShapes(r1, r2, e1);

void DisplayShapes(params Shape[] shapes)
{
  foreach (var shape in shapes)
  {
    shape.Draw();
  }
}
```

运行程序可以看到，Draw()方法的输出来自 Rectangle 和 Ellipse 中重写的 DisplayShape()方法的实现：

```
Rectangle at position X: 33, Y: 22 with size Width: 200, Height: 100
Rectangle at position X: 300, Y: 22 with size Width: 200, Height: 200
Ellipse at position X: 122, Y: 200 with size Width: 40, Height: 20
```

注意：

成员字段和静态方法都不能被声明为 virtual。除了实例函数成员之外，虚成员的概念没有意义。

4.2.2 隐藏方法

如果在基类和派生类中声明了签名相同的方法，但没有把该方法分别声明为 virtual 和 override，派生类方法就会隐藏基类方法。

要隐藏方法，可以在方法声明中使用 new 关键字作为修饰符。在大多数情况下，应该重写方法，而不是隐藏方法，因为隐藏方法会造成对于给定类的实例调用错误方法的危险。但是，如下面的例子所示，C#语法可以确保开发人员在编译时收到这个潜在错误的警告，从而在有意隐藏方法时更加安全。这也是类库开发人员得到的版本方面的好处。

假定类库中有一个类 Shape：

```
public class Shape
{
  // various members
}
```

未来可能要编写一个派生类 Ellipse，用它给 Shape 基类添加某个功能，特别是要添加该基类中目前没有的方法——MoveBy()：

```
public class Ellipse: Shape
{
  public void MoveBy(int x, int y)
  {
    Position.X += x;
    Position.Y += y;
  }
}
```

过了一段时间，基类的编写者决定扩展基类的功能，并刚好也添加了一个名为 MoveBy()的方法，该方法的名称和签名与你添加的方法相同，但作用不同。这个新方法可能声明为 virtual，也可能不声明为 virtual。

如果重新编译派生的类，会得到一个编译器警告，因为出现了一个潜在的方法冲突。应用程序仍然能够工作，之前编写的代码中使用 Ellipse 类调用 MoveBy()的地方，仍然会调用你编写的方法。隐藏方法是一种默认行为，这是为了避免在基类中添加方法时造成破坏性修改。

为了消除编译警告，需要为 MoveBy()方法添加 new 修饰符。编译器在有和没有 new 修饰符的时候创建的代码是相同的，但是使用 new 修饰符能够消除编译警告，把这个方法标记为一个新方法，即与基类不同的一个方法：

```
public class Ellipse: Shape
{
  new public void MoveBy(int x, int y)
```

```
    {
      Position.X += x;
      Position.Y += y;
    }
    //...
  }
```

如果不使用 new 关键字，也可以重命名方法，或者可以在基类的方法声明为 virtual，且用作相同的目的时重写它。然而，如果其他方法已经调用了此方法，简单的重命名会破坏其他代码。

> **注意：**
> new 方法修饰符不应该故意用于隐藏基类的成员。这个修饰符的主要目的是处理版本冲突，以及在创建了派生类后，响应基类的变化。

4.2.3　调用方法的基类版本

如果派生类重写或者隐藏了基类的方法，则可以使用 base 关键字来调用该方法的基类版本。例如，在基类 Shape 中，声明了 Move()虚方法来改变实际位置，以及将一些信息写入控制台。在派生类 Rectangle 中应该调用这个方法，以使用基类的实现(代码文件 VirtualMethods/Shape.cs)：

```
public class Shape
{
  public virtual void Move(Position newPosition)
  {
    Position.X = newPosition.X;
    Position.Y = newPosition.Y;
    Console.WriteLine($"moves to {Position}");
  }
  //...
}
```

Move()方法在 Rectangle 类中重写，把 Rectangle 一词添加到控制台。写出文本之后，使用 base 关键字调用基类的方法(代码文件 VirtualMethods/ConcreteShapes.cs)：

```
public class Rectangle: Shape
{
  public override void Move(Position newPosition)
  {
    Console.Write("Rectangle ");
    base.Move(newPosition);
  }
  //...
}
```

现在，把矩形移动到一个新位置(代码文件 VirtualMethods/Program.cs)：

```
r1.Move(new Position { X = 120, Y = 40 });
```

运行应用程序，输出是 Rectangle 和 Shape 类中 Move()方法的结果：

```
Rectangle moves to X: 120, Y: 40
```

注意：
使用 base 关键字，可以调用基类的任何方法，而不仅仅是已重写的方法。

4.2.4 抽象类和抽象方法

C#允许把类和方法声明为 abstract。抽象类不能实例化，而抽象方法没有实现，必须在非抽象的派生类中重写。显然，抽象方法自动是虚方法。如果类包含抽象方法，则该类也是抽象的，且必须声明为抽象的。

下面把 Shape 类改为抽象类。现在不再让 Clone()方法抛出一个 NotImplementedException，而是将它声明为抽象方法，使它在 Shape 中不能有实现(代码文件 AbstractClasses/Shape.cs)：

```
public abstract class Shape
{
  public abstract Shape Clone(); // abstract method
}
```

从抽象基类中派生类型时，如果该派生类型不是抽象的，则是具体类型。具体类必须实现基类的所有抽象成员。否则，编译器会报错(代码文件 AbstractClasses/ConcreteShapes.cs)：

```
public class Rectangle : Shape
{
  //...
  public override Rectangle Clone()
  {
    Rectangle r = new();
    r.Position.X = Position.X;
    r.Position.Y = Position.Y;
    r.Size.Width = Size.Width;
    r.Size.Height = Size.Width;
    return r;
  }
}
```

使用抽象的 Shape 类和派生的 Ellipse 类，可以声明 Shape 的一个变量。不能实例化它，但是可以实例化 Ellipse，然后赋值给该 Shape 变量(代码文件 AbstractClasses/Program.cs)：

```
Shape s1 = new Ellipse();
s1.Draw();
```

4.2.5 密封类和密封方法

如果不想让其他类派生某个类，就应密封该类。给类添加 sealed 修饰符，就不允许创建该类的子类。密封一个方法，就不能重写该方法。

```
sealed class FinalClass
{
  //...
}

class DerivedClass: FinalClass // wrong. Cannot derive from sealed class.
{
  //...
}
```

最可能需要把类或方法标记为 sealed 的情形是，类或方法是供库、类或自己编写的其他类的内部操作使用的。重写方法可能导致代码的不稳定。密封类后，就确保了不能重写方法。

密封类有另一个原因。对于密封类，编译器知道不能派生类，因此用于虚方法的虚拟表可以缩短或消除，以提高性能。string 类是密封的。没有哪个应用程序不使用字符串，所以最好使这种类型保持高性能。把类标记为 sealed 对编译器来说是一个很好的提示。

将一个方法声明为 sealed 的目的类似于将类声明为 sealed。方法可以是基类的重写方法，但是在接下来的例子中，编译器知道，另一个类不能扩展这个方法的虚拟表，它在这里终止继承。

```
class MyClass: MyBaseClass
{
  public sealed override void FinalMethod()
  {
    // implementation
  }
}

class DerivedClass: MyClass
{
  public override void FinalMethod() // wrong. Will give compilation error
  {
  }
}
```

要在方法或属性上使用 sealed 关键字，必须先从基类重写该成员。如果不想让基类中的方法或属性被重写，就不要把它声明为 virtual。

4.2.6 派生类的构造函数

第 3 章介绍了单个类的构造函数是如何工作的。这样，就产生了一个有趣的问题：在开始为层次结构中的类(这个类继承了其他可能也有自定义构造函数的类)定义自己的构造函数时，会发生什么情况？

在使用形状的示例应用程序中，到现在为止还没有指定自定义构造函数。编译器会自动创建一个默认构造函数，把所有成员初始化为 null 或 0(取决于成员的类型是引用还是值类型)，或者使用指定的属性初始化器中的代码来把它们添加到默认构造函数中。现在，我们来修改实现，创建不可变类型，并定义自定义构造函数来初始化它们的值。下面的代码片段修改了 Position、Size 和 Shape 类来指定只读属性，并修改了它们的构造函数来初始化这些属性。Shape 类仍然是抽象类，不允许创建这种类型的实例(代码文件 InheritanceWithConstructors/Shape.cs)：

```
public class Position
{
  public Position(int x, int y) => (X, Y) = (x, y);

  public int X { get; }
  public int Y { get; }

  public override string ToString() => $"X: {X}, Y: {Y}";
}

public class Size
{
  public Size(int width, int height) => (Width, Height) = (width, height);
```

```
    public int Width { get; }
    public int Height { get; }

    public override string ToString() => $"Width: {Width}, Height: {Height}";
  }

  public abstract class Shape
  {
    public Shape(int x, int y, int width, int height)
    {
      Position = new Position(x, y);
      Size = new Size(width, height);
    }

    public Position Position { get; }
    public virtual Size Size { get; }

    public void Draw() => DisplayShape();

    protected virtual void DisplayShape()
    {
      Console.WriteLine($"Shape with {Position} and {Size}");
    }

    public abstract Shape Clone();
  }
```

现在，也需要修改 Rectangle 和 Ellipse 类型。Shape 类没有无参数构造函数，所以编译器会报错，因为它无法自动调用基类的构造函数。这里也需要一个自定义构造函数。

在 Ellipse 类的新实现中，定义了一个构造函数来提供形状的位置和大小。要调用基类的构造函数，就像调用基类的方法一样，需要使用 base 关键字，但不能在构造函数体内使用 base 关键字，而是要在构造函数初始化器中使用，还需要传入必要的实参。现在可以简化 Clone()方法来调用构造函数，通过传递现有对象的值来创建一个新的 Ellipse 对象(代码文件 InheritanceWithConstructors/ConcreteShapes.cs)：

```
  public class Ellipse : Shape
  {
    public Ellipse(int x, int y, int width, int height)
      : base(x, y, width, height) { }

    protected override void DisplayShape()
    {
      Console.WriteLine($"Ellipse at position {Position} with size {Size}");
    }

    public override Ellipse Clone() =>
      new(Position.X, Position.Y, Size.Width, Size.Height);
  }
```

注意：

第 3 章在介绍构造函数初始化器时，介绍了使用 this 关键字调用相同类的其他构造函数。要调用基类的构造函数，需要使用 base 关键字。

4.3 修饰符

前面已经遇到了许多所谓的修饰符，即可用于类型或成员的关键字。修饰符可能说明方法的可见性，如 public 或 private，也可能说明项的性质，如方法是 virtual 或 abstract。C#有许多修饰符，现在花一些时间来提供完整的修饰符列表。

4.3.1 访问修饰符

访问修饰符决定了其他哪些代码项可以访问某个代码项。

对于类型成员，可以使用全部访问修饰符。public 和 internal 访问修饰符也可用于类型自身。对于嵌套类型(在类型内指定的类型)，可以应用全部访问修饰符。就访问修饰符而言，嵌套类型是外部类型的成员，例如下面的代码片段中的两个类所示。这段代码使用 public 访问修饰符声明了 OuterType，而对 InnerType 类型，则应用了 protected 访问修饰符。由于使用了 protected 访问修饰符，所以 OuterType 的成员和派生自 OuterType 的所有类型的成员可以访问 InnerType：

```
public class OuterType
{
  protected class InnerType
  {
    // members of the inner type
  }
  // more members of the outer type
}
```

public 访问修饰符的开放性最强，每个人都可以访问使用 public 访问修饰符声明的类或成员。private 访问修饰符的限制性最强，应用了 private 访问修饰符的成员只能在它所在的类中使用。protected 访问修饰符的限制性位于前面这两种访问限制之间。除了 private 访问修饰符以外，它允许从使用了 protected 访问修饰符的类型派生的所有类型访问。

internal 访问修饰符则与前面的几个访问修饰符不同。它具有程序集作用域。在相同程序集内定义的所有类型能够访问使用了 internal 访问修饰符的成员和类型。

如果没有为类型指定访问修饰符，则默认情况下使用 internal 访问修饰符。此时，只能在相同程序集内使用该类型。

protected internal 访问修饰符通过 OR 关系把 protected 和 internal 组合了起来。相同程序集内的任何类型都可以使用 protected internal 成员，而如果使用了继承关系，则另外一个程序集中的类型也可以使用这些成员。在中间语言代码中，这被称为 famorassem (family or assembly，家族或程序集)，family 对应于 C#的 protected 关键字，assembly 对应于 internal 关键字。在 IL 代码中，famandassem 也是可用的。C#团队在为 AND 组合寻找合适的名称时遇到了一些困难，最终决定使用 private protected 将程序集内的访问权限限制为具有继承关系的类型，不允许其他任何程序集中的类型进行访问。

表 4-1 列出了所有访问修饰符以及它们的用途：

表 4-1

修饰符	应用于	说明
public	所有类型或成员	任何代码均可以访问该项
protected	类型和嵌套类型的所有成员	只有该类型或者该类型的派生类型能访问该项

(续表)

修饰符	应用于	说明
internal	所有类型或成员	只能在包含它的程序集中访问该项
private	类型和嵌套类型的所有成员	只能在它所属的类型中访问该项
protected internal	类型和嵌套类型的所有成员	只能在包含它的程序集和派生类型的任何代码中访问该项
private protected	类型和嵌套类型的所有成员	只能在包含它的类型和该类型的派生类型(必须在同一个程序集内)中访问该项

4.3.2 其他修饰符

表 4-2 中的修饰符可以应用于类型的成员，而且有不同的用途。在应用于类型时，其中的几个修饰符也是有意义的。

表 4-2

修饰符	应用于	说明
new	函数成员	成员用相同的签名隐藏继承的成员
static	所有成员	成员不作用于类的具体实例，也称为类成员，而不是实例成员
virtual	仅函数成员	成员可以由派生类重写
abstract	仅函数成员	虚拟成员，定义了成员的签名，但没有提供实现代码
override	仅函数成员	成员重写了继承的虚拟或抽象成员
sealed	类、方法和属性	对于类，不能继承自密封类。对于属性和方法，成员重写已继承的虚拟成员，但任何派生类中的任何成员都不能重写该成员。此时，该修饰符必须与 override 一起使用
extern	仅静态[DllImport]方法	成员在外部用另一种语言实现。这个关键字的用法参见第 13 章

4.4 记录的继承

第 3 章讨论了 C# 9 的一个新特性：记录。记录在底层其实就是类。但是，不能从类(object 类型除外)派生记录，也不能从记录派生类。不过，可以从记录派生记录。

我们来修改形状示例，使其使用位置记录。在下面的代码片段中，Position 和 Size 是包含 X、Y、Width 和 Height 属性的记录，并通过主构造函数指定了只能在初始化时设置的访问器。Shape 是一个抽象记录，包含 Position 和 Size 属性，一个 Draw()方法，以及一个 DisplayShape()虚方法。与类一样，可以为记录使用修饰符，如 abstract 和 virtual。记录不需要前面指定的 Clone()方法，因为使用 record 关键字会自动创建 Clone()方法(代码文件 RecordsInheritance/Shape.cs)：

```
public record Position(int X, int Y);

public record Size(int Width, int Height);

public abstract record Shape(Position Position, Size Size)
{
  public void Draw() => DisplayShape();
```

```
  protected virtual void DisplayShape()
  {
    Console.WriteLine($"Shape with {Position} and {Size}");
  }
}
```

Rectangle 记录派生自 Shape 记录。借助于 Rectangle 类型使用的主构造函数语法，Shape 记录的派生记录能够将相同的值传递给 Shape 的主构造函数。与前面创建的 Rectangle 类相似，在 Rectangle 记录中，重写了 DisplayShape()方法(代码文件 RecordsInheritance/ConcreteShapes.cs)：

```
public record Rectangle(Position Position, Size Size) : Shape(Position, Size)
{
  protected override void DisplayShape()
  {
    Console.WriteLine($"Rectangle at position {Position} with size {Size}");
  }
}
```

Program.cs 文件中的顶级语句使用主构造函数创建了 Rectangle 和 Ellipse。Ellipse 记录的实现与 Rectangle 记录类似。通过使用内置的功能克隆了第一个矩形，并使用 with 表达式改变了新矩形的 Position 属性。with 表达式使用了主构造函数创建的、只能在初始化时设置的访问器(代码文件 RecordsInheritance/Program.cs)：

```
Rectangle r1 = new(new Position(33, 22), new Size(200, 100));
Rectangle r2 = r1 with { Position = new Position(100, 22) };
Ellipse e1 = new(new Position(122, 200), new Size(40, 20));

DisplayShapes(r1, r2, e1);

void DisplayShapes(params Shape[] shapes)
{
  foreach (var shape in shapes)
  {
    shape.Draw();
  }
}
```

注意：
在将来的 C#版本中，针对记录的继承规则可能会放松，允许从类继承记录。

4.5 使用接口

类可以从一个类派生，记录可以从一个记录派生。对于类和记录，不能使用多重继承。使用接口可以把多重继承引入 C#。类和记录都能够实现多个接口。另外，一个接口可以继承多个接口。

在 C# 8 之前，接口不能有任何实现。从 C# 8 开始，可以为接口创建实现，但这与类和记录的实现有很大区别，因为接口不能保存状态，所以不能实现字段或自动属性。由于方法实现只是接口的一个额外特性，所以我们到本章后面再进行讨论，现在先关注于接口的契约特性。

4.5.1 预定义接口

我们来看一些预定义的接口，以及在.NET 中如何使用它们。甚至有一些 C#关键字被设计出来，用于处理特定的预定义接口。using 语句和 using 声明(第 13 章将详细介绍)使用 IDisposable 接口。该接口定义了一个没有任何实参、也没有返回类型的 Dispose()方法。从这个接口派生的类需要实现该 Dispose()方法：

```
public IDisposable
{
  void Dispose();
}
```

using 语句使用这个接口。可以把这个语句用于任何实现了 IDisposable 接口的类(这里用于 Resource 类)：

```
using (Resource resource = new())
{
  // use the resource
}
```

编译器将这个 using 语句转换为下面的代码，在 try/finally 语句的 finally 块中调用 Dispose()方法：

```
Resource resource = new();
try
{
  // use the resource
}
finally
{
  resource.Dispose();
}
```

注意：
第 10 章将讨论 try/finally 块。

另外一个通过语言关键字来使用接口的例子是使用了 IEumerator 和 IEnumerable 接口的 foreach 语句。下面的代码片段：

```
string[] names = { "James", "Jack", "Jochen" };
foreach (var name in names)
{
  Console.WriteLine(name);
}
```

被转换为访问 IEnumerable 接口的 GetEnumerator()方法，并使用一个 while 循环来访问 IEnumberator 接口的 MoveNext()方法和 Current 属性：

```
string[] names = { "James", "Jack", "Jochen" };
var enumerator = names.GetEnumerator();
while (enumerator.MoveNext())
{
  var name = enumerator.Current;
  Console.WriteLine(name);
}
```

注意：

第 6 章将介绍如何借助 yield 语句来自定义 IEnumerable 和 IEnumerator 接口的实现。

接下来看一个在.NET 类中使用接口的例子，该接口很容易实现。接口 IComparable<T>定义了一个 CompareTo()方法，用于对通过泛型参数 T 指定的类型的对象进行排序。.NET 中的多个类使用这个接口来排序任意类型的对象：

```
public interface IComparable<in T>
{
  int CompareTo(T? other);
}
```

在下面的代码片段中，记录 Person 实现了该接口，并将泛型参数指定为 Person。Person 指定了 FirstName 和 LastName 属性。代码中还定义了 CompareTo()方法，当两个值(this 和 other)相同时，该方法返回 0；如果 this 对象在 other 对象的前面，则返回小于 0 的值；如果 other 对象在 this 对象的前面，就返回大于 0 的值。因为 string 对象也实现了 IComparable，所以此实现用于比较 LastName 属性。如果 LastName 的比较结果是 0，则还会比较 FirstName 属性(代码文件 UsingInterfaces/Person.cs)：

```
public record Person(string FirstName, string LastName) : IComparable<Person>
{
  public int CompareTo(Person? other)
  {
    int compare = LastName.CompareTo(other?.LastName);
    if (compare is 0)
    {
      return FirstName.CompareTo(other?.FirstName);
    }
    return compare;
  }
}
```

Program.cs 中的顶级语句在数组中创建了 3 个 Person 记录，并使用数组的 Sort()方法来排序数组中的元素(代码文件 UsingInterfaces/Program.cs)：

```
Person p1 = new("Jackie", "Stewart");
Person p2 = new("Graham", "Hill");
Person p3 = new("Damon", "Hill");

Person[] people = { p1, p2, p3 };
Array.Sort(people);
foreach (var p in people)
{
  Console.WriteLine(p);
}
```

运行该应用程序将显示记录类型的排序后的 ToString()输出：

```
Person { FirstName = Damon, LastName = Hill }
Person { FirstName = Graham, LastName = Hill }
Person { FirstName = Jackie, LastName = Stewart }
```

接口可以作为一个契约。记录 Person 实现了 Array 类的 Sort()方法使用的 IComparable 契约。Array 类只需要知道契约定义(接口的成员)，就能够知道自己可以使用什么。

4.5.2 使用接口进行依赖注入

我们来创建一个自定义接口。在形状示例中，Shape 和 Rectangle 类型使用 Console.WriteLine()方法在控制台写一条消息：

```
protected virtual void DisplayShape()
{
  Console.WriteLine($"Shape with {Position} and {Size}");
}
```

这样一来，DisplayShape()方法就强依赖于 Console 类。为了让这个实现独立于 Console 类，并能够写入控制台或文件，可以定义一个契约，例如下面的代码片段中显示的 ILogger 接口。该接口指定了 Log()方法，可以向该方法传递一个字符串作为实参(代码文件 UsingInterfaces/ILogger.cs)：

```
public interface ILogger
{
  void Log(string message);
}
```

Shape 类的一个新版本使用构造函数注入，即将接口注入到这个类的对象中。在构造函数中，把使用参数传递的对象赋值给只读属性 Logger。在 DisplayShape()方法的实现中，使用 ILogger 类型的属性来写消息(代码文件 UsingInterfaces/Shape.cs)：

```
public abstract class Shape
{
  public Shape(ILogger logger)
  {
    Logger = logger;
  }

  protected ILogger Logger { get; }
  public Position? Position { get; init; }
  public Size? Size { get; init; }

  public void Draw() => DisplayShape();

  protected virtual void DisplayShape()
  {
    Logger.Log($"Shape with {Position} and {Size}");
  }
}
```

对于抽象的 Shape 类的具体实现，在其构造函数中将 ILogger 接口传递给基类的构造函数。DisplayShape()方法使用了基类的保护属性 Logger(代码文件 UsingInterfaces/ConcreteShapes.cs)：

```
public class Ellipse : Shape
{
  public Ellipse(ILogger logger) : base(logger) { }

  protected override void DisplayShape()
  {
    Logger.Log($"Ellipse at position {Position} with size {Size}");
  }
}
```

接下来，我们需要 ILogger 接口的一个具体实现。ConsoleLogger 类是向控制台写入消息的一种实现方式。该类实现了 ILogger 接口，将一条消息写入控制台(代码文件 UsingInterfaces/ConsoleLogger.cs)：

```
public class ConsoleLogger : ILogger
{
  public void Log(string message) => Console.WriteLine(message);
}
```

注意：
第 16 章将讨论如何使用 Microsoft.Extensions.Logging 名称空间中的 ILogger 接口。

在创建 Ellipse 时，可以在向它的构造函数传递 ILogger 接口的实例时创建 ConsoleLogger(代码文件 UsingInterfaces/Program.cs)：

```
Ellipse e1 = new(new ConsoleLogger())
{
  Position = new(20, 30),
  Size = new(100, 120)
};
r1.Draw();
```

注意：
使用依赖注入时，责任被转移了。现在不会强依赖于 Console 类的具体实现，而是将使用什么实现的责任交到了 Shape 类型的外部。这样一来，就可以在外部指定使用什么实现。这也被称为好莱坞原则："Don't call us, we call you"（"不要给我们打电话，有事情我们会给你打电话"）。依赖注入使得单元测试变得更加简单，因为很容易用模拟类型替换依赖。使用依赖注入的另外一个优势是可以创建平台特定的实现。例如，显示消息框的行为在通用 Windows 平台(MessageDialog.ShowAsync)、WPF(MessageBox.Show)和 Xamarin.Forms(Page.Alert)中是不同的。由于有一个公共的视图模型，可以使用 IDialogService 接口，为不同的平台定义不同的实现。第 15 章将介绍如何使用依赖注入容器来实现依赖注入。第 23 章将讨论单元测试。

4.5.3　显式和隐式实现的接口

可以显式或者隐式实现接口。到目前为止的示例隐式实现了接口，例如 ConsoleLogger 类：

```
public class ConsoleLogger : ILogger
{
  public void Log(string message) => Console.WriteLine(message);
}
```

在显式接口实现中，被实现的成员没有访问修饰符，并且方法名的前面带有接口前缀：

```
public class ConsoleLogger : ILogger
{
  void ILogger.Log(string message) => Console.WriteLine(message);
}
```

对于显式接口实现，当使用 ConsoleLogger 类型的变量时，不能访问该接口，因为它不是公有的。如果使用接口类型的变量(ILogger)，可以调用 Log()方法，使接口的契约得到满足。也可以将 ConsoleLogger 变量强制转换为接口 ILogger 来调用此方法。

这样做的原因之一是为了解决冲突。如果不同的接口定义了相同的方法签名，而你的类需要实现这些接口，并且这些实现需要是不同的实现，则可以使用显式接口实现。

使用显式接口实现的另外一个原因是向类外的代码隐藏接口方法，但仍然满足接口的契约。System.Collections.Specialized 名称空间中的 StringCollection 类和 IList 接口是一个例子。IList 接口定义了一个 Add()方法：

```
int Add(object? value);
```

StringCollection 类针对字符串进行了优化，所以首选为 Add()方法使用字符串类型：

```
public int Add(string? value);
```

传递对象的版本在 StringCollection 类外被隐藏了起来，因为 StringCollection 类对该方法有一个显式的接口实现。要直接使用这个类型，只需要传递一个字符串参数。如果一个方法使用 IList 作为参数，则可以为该参数使用实现了 IList 的任何对象。特别是，可以为该参数使用一个 StringCollection 对象，因为该类仍然实现了 IList 接口。

4.5.4　对比接口和类

现在，你已经了解了接口的基础知识，我们来比较接口、类、记录和结构在面向对象方面的异同：

- 可以声明所有这些 C#类型的变量。即，可以声明类变量、接口变量、记录变量或结构变量。
- 可以使用类、记录和结构实例化一个新对象。不能使用抽象类或者接口实例化一个新对象。
- 对于类，可以从基类派生一个类。对于记录，可以从基记录派生一个记录。对于类和记录，支持实现继承。结构不支持继承。
- 类、记录和结构都可以实现多个接口。ref struct 不能实现接口。

4.5.5　默认接口方法

在 C# 8 之前，修改接口总是一种破坏性修改。即使仅是为接口添加一个成员也是一种破坏性修改。实现此接口的类型需要实现这个新的接口成员。因此，许多.NET 库是使用抽象基类创建的。当向抽象基类添加一个新成员时，如果该成员不是一个抽象成员，就不会造成破坏性修改。Microsoft 组件对象模型(Component Object Model，COM)基于接口，每当引入破坏性修改时，就会定义一个新的接口，如 IViewObject、IViewObjectEx、IViewObject2、IViewObject3。

从 C# 8 开始，接口可以有实现。但是，需要知道在什么地方可以使用这种特性。C# 8 由.NET Core 3.x 支持。对于更老的技术，可以修改编译器版本，但这可能存在风险。要支持默认接口成员，需要修改运行库。这种修改只在.NET Core 3.x+和.NET Standard 2.1+中可用。在.NET Framework 应用程序或者没有.NET 5 支持的 UWP 应用程序中，不能使用默认接口成员。

1. 避免破坏性修改

我们来介绍默认接口成员的主要特性，看看如何避免破坏性修改。在前面的代码示例中，指定了 ILogger 接口：

```
public interface ILogger
{
  void Log(string message);
}
```

如果在其中添加任何成员，但不提供实现，就需要更新 ConsoleLogger 类。为了避免破坏性修改，为接受 Exception 参数的新的 Log()方法添加了一个实现。在这个实现中，通过传递 string 来调用之前的 Log()方法(代码文件 DefaultInterfaceMethods/ILogger.cs)：

```
public interface ILogger
{
  void Log(string message);
  public void Log(Exception ex) => Log(ex.Message);
}
```

> **注意：**
> Log()方法的实现应用了 public 访问修饰符。接口成员默认使用 public 访问修饰符，所以并不是必须指定该修饰符。不过，对于接口中的实现，可以使用与类相同的修饰符，包括 virtual、abstract、sealed 等。

不修改 ConsoleLogger 类的实现也可以生成应用程序。如果使用了接口的变量，则可以调用两个 Log()方法：使用字符串参数的 Log()方法和使用 Exception 参数的 Log()方法(代码文件 DefaultInterfaceMethods/Program.cs)：

```
ILogger logger = new ConsoleLogger();
logger.Log("message");
logger.Log(new Exception("sample exception"));
```

在 ConsoleLogger 类的新实现中，可以为 ILogger 接口中新定义的 Log()方法创建一个不同的实现。在本例中，使用 ILogger 接口会调用 ConsoleLogger 类中实现的方法。这里使用了显式接口实现来实现该方法，但也可以使用隐式接口实现来实现它(代码文件 DefaultInterfaceMethods/ConsoleLogger.cs)：

```
public class ConsoleLogger : ILogger
{
  public void Log(string message) => Console.WriteLine(message);

  void ILogger.Log(Exception ex)
  {
    Console.WriteLine(
      $"exception type: {ex.GetType().Name}, message: {ex.Message}");
  }
}
```

2. C#中的特征

默认接口成员可用于实现 C#中的特征(traits)。特征允许为一组类型定义方法。实现特征的一种方式是使用扩展方法，另一种方式就是使用默认接口方法。

语言集成查询使用扩展方法实现了许多 LINQ 运算符。现在，接口可以有默认实现，因此可以使用默认接口成员来实现这些方法。

> **注意：**
> 第 8 章介绍了扩展方法。第 9 章将介绍 LINQ 中实现的所有扩展方法。

为了演示这一点，定义了一个派生自接口 IEnumerable<T>的 IEnumerableEx<T>接口。由于从该接口派生，所以 IEnumerableEx<T>接口指定了与基接口相同的契约，但添加了一个 Where()方法。

该方法接受一个委托参数，用于传递一个返回布尔值的谓词方法，该方法迭代全部项，并调用该谓词引用的方法。如果谓词返回 true，Where()方法就使用 yield return 返回该项。

```
using System;
using System.Collections.Generic;

public interface IEnumerableEx<T> : IEnumerable<T>
{
  public IEnumerable<T> Where(Func<T, bool> pred)
  {
    foreach (T item in this)
    {
      if (pred(item))
      {
        yield return item;
      }
    }
  }
}
```

注意：
第 6 章将详细讨论 yield 语句。

现在需要有一个集合来实现 IEnumerableEx<T>接口。通过创建一个新的集合类型 MyCollection，使其派生自 System.Collections.ObjectModel 名称空间中定义的 Collection<T>基类，很容易创建这样的一个集合。因为 Collection<T>类已经实现了 IEnumerable<T>接口，所以不需要再添加额外的实现来支持 IEnumerableEx<T>(代码文件 DefaultInterfaceMethods/MyCollection.cs)：

```
class MyCollection<T> : Collection<T>, IEnumerableEx<T>
{
}
```

之后，创建一个 MyCollection<string>类型的集合，并使用名称来填充它。把接收一个字符串并返回一个布尔值的 lambda 表达式传递给接口中定义的 Where()方法。foreach 语句将迭代结果，只显示以 J 开头的名字(代码文件 DefaultInterfaceMethods/Program.cs)：

```
IEnumerableEx<string> names = new MyCollection<string>
  { "James", "Jack", "Jochen", "Sebastian", "Lewis", "Juan" };

var jNames = names.Where(n => n.StartsWith("J"));
foreach (var name in jNames)
{
  Console.WriteLine(name);
}
```

注意：
调用默认接口成员的时候，总是需要使用接口类型的变量，这与显式实现的接口类似。
但是，使用接口和默认接口成员时，不能添加保存状态的成员。字段、事件(使用委托)和自动属性会添加状态，所以不允许在接口中添加它们。如果需要保存状态，应该使用抽象类。

4.6 泛型

为了减少需要编写的代码，一种方式是使用继承，在基类的基础上添加功能。另一种方式是创建使用类型参数的泛型，这允许在实例化泛型时指定类型(可以与继承结合起来使用)。

我们来创建一个对象链表，其中每一项引用下一项和前一项。我们创建的第一个泛型是一个记录，通过使用尖括号来指定泛型类型参数。T 是占位用的类型参数名称。使用主构造函数时，会创建一个具有只能在初始化时设置的访问器的属性。该记录有两个额外的属性 Next 和 Prev，分别引用下一项和前一项。对这些额外的属性使用了 internal 访问修饰符，以便只允许在相同的程序集内调用 set 访问器(代码文件 GenericTypes/LinkedListNode.cs)：

```
public record LinkedListNode<T>(T Value)
{
  public LinkedListNode<T>? Next { get; internal set; }
  public LinkedListNode<T>? Prev { get; internal set; }
  public override string? ToString() => Value?.ToString();
}
```

注意：

因为 LinkedListNode 类型是一个记录，所以重写 ToString()方法很重要。使用 ToString()方法的默认实现时，将显示所有属性成员的值，这会调用每个属性值的 ToString()。由于 Next 和 Prev 属性引用其他对象，所以可能发生栈溢出。

泛型类 LinkedList 包含属性 First 和 Last，用来访问列表中的第一个和最后一个元素，还包含一个 AddLast()方法，用于在列表末尾添加一个新节点。它还实现了 IEnumerable<T>接口，从而能够迭代所有元素(代码文件 GenericTypes/LinkedList.cs)：

```
public class LinkedList<T> : IEnumerable<T>
{
  public LinkedListNode<T>? First { get; private set; }
  public LinkedListNode<T>? Last { get; private set; }
  public LinkedListNode<T> AddLast(T node)
  {
    LinkedListNode<T> newNode = new(node);
    if (First is null || Last is null)
    {
      First = newNode;
      Last = First;
    }
    else
    {
      newNode.Prev = Last;
      LinkedListNode<T> previous = Last;
      Last.Next = newNode;
      Last = newNode;
    }
    return newNode;
  }

  public IEnumerator<T> GetEnumerator()
  {
    LinkedListNode<T>? current = First;
```

```
      while (current is not null)
      {
        yield return current.Value;
        current = current.Next;
      }
    }

  IEnumerator IEnumerable.GetEnumerator() => GetEnumerator();
}
```

在生成的Main()方法中，分别使用int类型、string类型、一个元组和一个记录将LinkedList初始化。LinkedList能够用于任何类型(代码文件GenericTypes/Program.cs)：

```
LinkedList<int> list1 = new();
list1.AddLast(1);
list1.AddLast(3);
list1.AddLast(2);

foreach (var item in list1)
{
  Console.WriteLine(item);
}
Console.WriteLine();

LinkedList<string> list2 = new();
list2.AddLast("two");
list2.AddLast("four");
list2.AddLast("six");

Console.WriteLine(list2.Last);

LinkedList<(int, int)> list3 = new();
list3.AddLast((1, 2));
list3.AddLast((3, 4));
foreach (var item in list3)
{
  Console.WriteLine(item);
}
Console.WriteLine();

LinkedList<Person> list4 = new();
list4.AddLast(new Person("Stephanie", "Nagel"));
list4.AddLast(new Person("Matthias", "Nagel"));
list4.AddLast(new Person("Katharina", "Nagel"));

// show the first
Console.WriteLine(list4.First);

public record Person(string FirstName, string LastName);
```

约束

前面LinkedListNode<T>和LinkedList<T>类型的实现没有对泛型添加特殊要求，所以允许使用任何类型。这让我们无法在实现中使用任何非object的成员。编译器不接受调用泛型类型T的任何属性或方法的操作。

将 DisplayAllTitles()方法添加到 LinkedList<T>类会导致编译错误。T 不包含 Title 的定义，并且找不到可接受第一个 T 类型参数的可访问扩展方法 Title(代码文件 GenericTypesWithConstraints/LinkedList.cs)：

```
public void DisplayAllTitles()
{
  foreach (T item in this)
  {
    Console.WriteLine(item.Title);
  }
}
```

为了解决这个问题，定义了一个包含 Title 属性的 ITitle 接口。在实现该接口时需要实现 Title 属性：

```
public interface ITitle
{
  string Title { get; }
}
```

现在，在泛型 LinkedList<T>的定义中，可以指定泛型类型 T 的约束，要求 T 实现接口 ITitle。通过在 where 关键字的后面添加对类型的要求，可以指定约束：

```
public class LinkedList<T> : IEnumerable<T>
  where T : ITitle
{
  //...
}
```

做出这种修改后，DisplayAllTitles()方法将能够编译。该方法使用 ITitle 接口指定的成员，这是对泛型类型的要求。现在，不再能够为泛型参数使用 int 和 string，但可以修改 Person 记录来实现这种约束(代码文件 GenericTypesWithConstraints/Program.cs)：

```
public record Person(string FirstName, string LastName, string Title)
  : ITitle { }
```

表 4-3 列出了可以对泛型使用的约束：

表 4-3

约束	说明
where T : struct	使用结构约束时，T 必须是值类型
where T : class	使用类约束时，T 必须是引用类型
where T : class?	T 必须是可空的或者不可为空的引用类型
where T : notnull	T 必须是不可为空的类型，可以是值类型或引用类型
where T : unmanaged	T 必须是不可为空的非托管类型
where T : IFoo	类型 T 必须实现接口 IFoo
where T : Foo	类型 T 必须派生自基类 Foo
where T : new()	这是构造函数约束，指定了 T 必须有无参数构造函数。不能为有参数的构造函数指定约束
where T1 : T2	使用约束时，还可以指定类型 T1 派生自泛型类型 T2

4.7 小结

本章介绍了如何在C#中进行继承。你看到了 C#为实现多个接口以及类和记录的单一继承所提供的丰富支持，还看到了 C#提供的众多有用的、可以帮助提高代码健壮性的语法构造，包括不同的访问修饰符以及非虚函数和虚函数的概念。本章还介绍了接口的新特性，它允许为接口添加代码实现。另外还介绍了泛型的概念，泛型可用于重用代码。

第 5 章将介绍全部 C#运算符和类型强制转换。

第5章 运算符和类型强制转换

本章要点

- C#中的运算符
- 隐式和显式转换
- 为自定义类型重载标准运算符
- 比较对象的相等性
- 实现自定义索引器
- 用户定义的转换

本章源代码：

通过扫描封底二维码下载本书源代码。本章源代码可以在代码文件的 1_CS/OperatorsAndCasts 目录中找到。

本章代码分为以下几个主要的示例文件：

- OperatorsSample
- BinaryCalculations
- OperatorOverloadingSample
- EqualitySample
- CustomIndexerSample
- UserDefinedConversion

所有项目都启用了可空引用类型。

前几章介绍了使用 C#编写有用程序所需要的大部分知识。本章将继续讨论基本语言元素，接着论述 C#语言的强大扩展功能。本章还介绍如何使用运算符，以及如何使用运算符重载和自定义转换扩展自定义类型。

5.1 运算符

C#支持表 5-1 中的运算符和表达式。在下表中，按优先级最高到最低的顺序列出了运算符。

表 5-1

类别	运算符
主要运算符	x.y x?.y f(x) a[x] x++ x-- x! x->y new typeof default checked unchecked delegate nameof sizeof delegate stackalloc
一元运算符	+x -x !x ~x ++x --x ^x (T)x await &x *x true false
范围运算符	x..y
乘除运算符	x*y x/y x%y
加法运算符	x+y x-y
移位运算符	x<<y x>>y
关系运算符	x<y x>y x<=y x>=y
类型测试运算符	is as
相等性运算符	x==y x!=y
逻辑运算符	x&y x^y x|y
条件逻辑运算符	x&&y x||y
空合并运算符	x??y
条件运算符	c?t:f
赋值运算符	x=y x+=y x-=y x*=y x/=y x%=y x&=y x|=y x^=y x<<=y x>>=y x??=y
lambda 表达式	=>

注意：

有 4 个运算符(sizeof、*、->和&)只能用于不安全的代码(这些代码忽略了 C#的类型安全性检查)，有关这些不安全代码的讨论见第 13 章。

第 2 章介绍了为字符串使用新的范围和 hat 运算符。第 6 章将介绍如何为数组使用这些运算符，还将介绍如何使用这些运算符支持自定义类型。

5.1.1 复合赋值运算符

复合赋值运算符是使用赋值运算符和另外一个运算符的一种简写形式。例如，不必编写 x = x + 2，而是可以使用复合赋值运算符 x += 2。递增 1 的运算使用得更加频繁，所以有其自己的简写形式 x++：

```
int x = 1;
int x += 2; // shortcut for int x = x + 2;
x++; // shortcut for x = x + 1;
```

其他所有复合赋值运算符都可以使用简写方式。C# 8 引入了一种新的复合赋值运算符：空合并复合赋值运算符。本章后面将讨论这个运算符。

你可能想知道为什么++递增运算符有两种形式。把运算符放在表达式的前面称为前置，把运算符放在表达式的后面称为后置。要点是注意它们的行为方式有所不同。

递增或递减运算符可以用作整个表达式，也可以用于表达式的内部。当单独使用时，前缀和后缀版本的作用是相同的，都对应于语句 x = x + 1。但当它们用于较长的表达式内部时，把运算符放在前面(++x)会在计算表达式之前递增 x，换言之，递增了 x 后，在表达式中使用新值进行计算。而把运算符放在后面(x++)会在计算表达式之后递增 x，即使用 x 的原始值计算表达式。下面的例子使用++递增运算符说明了它们的区别(代码文件 OperatorsSample/Program.cs)：

```
void PrefixAndPostfix()
{
  int x = 5;
  if (++x == 6) // true - x is incremented to 6 before the evaluation
  {
    Console.WriteLine("This will execute");
  }
  if (x++ == 6) // true - x is incremented to 7 after the evaluation
  {
    Console.WriteLine("The value of x is: {x}"); // x has the value 7
  }
}
```

下面介绍在 C#代码中频繁使用的运算符和新增的运算符。

5.1.2　条件运算符

条件运算符(?:)也称为三元运算符，是 if...else 结构的简化形式。其名称的出处是它带有 3 个操作数。它首先判断一个条件，如果条件为真，就返回一个值；如果条件为假，则返回另一个值。其语法如下：

```
condition ? true_value: false_value
```

其中 condition 是要判断的布尔表达式，true_value 是 condition 为真时返回的值，false_value 是 condition 为假时返回的值。

恰当地使用条件运算符，可以使程序更加简洁。它特别适合于给调用的函数提供两个参数中的一个。使用它可以把布尔值快速转换为字符串值 true 或 false。它也很适合于显示一个单词的正确的单数形式或复数形式(代码文件 OperatorsSample/Program.cs)：

```
int x = 1;
string s = x + " ";
s += (x == 1 ? "man": "men");
Console.WriteLine(s);
```

如果 x 等于 1，这段代码就显示 1 man；如果 x 等于其他数，就显示其正确的复数形式。但要注意，如果结果需要本地化为不同的语言，就必须编写更复杂的例程，以考虑到不同语言的不同语法规则。第 22 章将介绍如何全球化和本地化.NET 应用程序。

5.1.3　checked 和 unchecked 运算符

考虑下面的代码：

```
byte b = byte.MaxValue;
b++;
Console.WriteLine(b);
```

byte 数据类型只能包含 0~255 的数。将 byte.MaxValue 赋值给一个 byte 变量，得到 255。对于 255，字节中所有可用的 8 个位都得到设置：11111111。所以递增这个值会导致溢出，并得到 0。

为了在这种情况下生成异常，C#提供了 checked 和 unchecked 运算符。如果把一个代码块标记为 checked，CLR 就会执行溢出检查，如果发生溢出，就抛出 OverflowException 异常。下面修改上述代码，使之包含 checked 运算符(代码文件 OperatorsSample/Program.cs)：

```
byte b = 255;
```

```
checked
{
  b++;
}
Console.WriteLine(b);
```

除了编写一个 checked 块，也可以在表达式中使用 checked 关键字：

```
b = checked(b + 3);
```

运行这段代码会抛出 OverflowException。

通过在 csproj 文件中添加 CheckForOverflowUnderflow 设置，可以对所有未标记的代码进行溢出检查：

```
<PropertyGroup>
  <OutputType>Exe</OutputType>
  <TargetFramework>net5.0</TargetFramework>
  <Nullable>enable</Nullable>
  <CheckForOverflowUnderflow>true</CheckForOverflowUnderflow>
</PropertyGroup>
```

在配置项目设置来进行溢出检查时，可以使用 unchecked 运算符来标记不应该进行溢出检查的代码。

注意：

默认不检查上溢出和下溢出，因为执行这种检查会影响性能。使用 checked 作为项目的默认设置时，每一个算术运算的结果都需要验证其值是否越界。i++是 for 循环中大量使用的一种算术运算。为了避免这种性能影响，最好一直保留默认设置(Check for Arithmetic Overflow/Underflow)，在需要时使用 checked 运算符。

5.1.4 is 和 as 运算符

is 和 as 运算符可以检查对象是否与特定的类型兼容，在类层次结构中很有用。

假设有一个简单的类层次结构。类 DerivedClass 派生自类 BaseClass。你可以把 DerivedClass 类型的变量赋值给 BaseClass 类型的变量，BaseClass 的所有成员在 DerivedClass 中都是可用的。在下面的示例中，发生了隐式转换：

```
BaseClass = new();
DerivedClass = new();
baseClass = derivedClass;
```

如果有一个 BaseClass 类型的参数，想将其赋值给 DerivedClass 类型的变量，这是不能通过隐式转换实现的。对于 SomeAction()方法来说，可以传入 BaseClass 或者派生自 BaseClass 的任何类型的实例，但这不一定会成功。在这里，可以使用 as 运算符。as 运算符要么返回一个 DerivedClass 实例(如果变量是该类型)，要么返回 null：

```
public void SomeAction(BaseClass baseClass)
{
  DerivedClass? derivedClass = baseClass as DerivedClass;
  if (derivedClass != null)
  {
    // use the derivedClass variable
  }
}
```

除了使用 as 运算符，还可以使用 is 运算符。如果转换成功，is 将返回 true，否则返回 false。使用 is 运算符时，可以指定一个变量，如果 is 运算符返回 true，就为该变量赋值：

```
public void SomeAction(BaseClass baseClass)
{
  if (baseClass is DerivedClass derivedClass)
  {
    // use the derivedClass variable
  }
}
```

注意：
第 2 章介绍了使用 is 运算符进行常量、类型和关系模式的模式匹配。

5.1.5 sizeof 运算符

使用 sizeof 运算符可以确定值类型在栈中需要的字节数(代码文件 OperatorsSample/Program.cs)：

```
Console.WriteLine(sizeof(int));
```

其结果是显示数字 4，因为 int 有 4 个字节长。

如果结构只包含值类型，则也可以把 sizeof 运算符用于结构，例如下面显示的 Point 结构(代码文件 OperatorsSample/Point.cs)：

```
public readonly struct Point
{
  public Point(int x, int y) => (X, Y) = (x, y);

  public int X { get; }
  public int Y { get; }
}
```

注意：
类不能使用 sizeof 运算符。

如果对自定义类型使用 sizeof 运算符，就需要把代码放在 unsafe 块中，如下所示(代码文件 OperatorsSample/Program.cs)：

```
unsafe
{
  Console.WriteLine(sizeof(Point));
}
```

注意：
默认情况下不允许使用不安全的代码，需要在 csproj 项目文件中指定 AllowUnsafeBlocks。第 13 章将详细论述不安全的代码。

5.1.6 typeof 运算符

typeof 运算符返回一个表示特定类型的 System.Type 对象。例如，typeof(string)返回表示 System.String 类型的 Type 对象。在使用反射技术动态地查找对象的相关信息时，这个运算符很有用。第 12 章将介绍反射。

5.1.7 nameof 运算符

当需要把在编译时就已经知道的字符串用作参数时，nameof 运算符很有用。该运算符接受一个符号、属性或方法，并返回其名称。

这个运算符如何使用？以下示例展示了当需要一个变量的名称时，检查参数是否为 null：

```
public void Method(object o)
{
  if (o == null) throw new ArgumentNullException(nameof(o));
}
```

当然，这类似于传递一个字符串，而不是使用 nameof 运算符来抛出异常。但是，想要将参数名传递给异常的构造函数，使用 nameof 运算符可以防止出现拼写错误。另外，改变参数的名称时，很容易忘记更改传递到 ArgumentNullException 构造函数的字符串。重构特性能够帮助修改所有使用了 nameof 的地方。

```
if (o == null) throw new ArgumentNullException("o");
```

对变量的名称使用 nameof 运算符只是一个用例。还可以使用它得到属性的名称，例如，在属性 set 访问器中触发改变事件(使用 INotifyPropertyChanged 接口)，并传递属性的名称。

```
public string FirstName
{
  get => _firstName;
  set
  {
    _firstName = value;
    OnPropertyChanged(nameof(FirstName));
  }
}
```

nameof 运算符也可以用来得到方法的名称。如果方法是重载的，它同样适用，因为所有的重载版本都得到相同的值：方法的名称。

```
public void Method()
{
Log($"{nameof(Method)} called");
```

5.1.8 索引器

在第 6 章将使用索引器(方括号)访问数组。这里传递数值 2，使用索引器访问数组 arr1 的第三个元素：

```
int[] arr1 = {1, 2, 3, 4};
int x = arr1[2]; // x == 3
```

类似于访问数组元素，对集合类也实现了索引器(参见第 8 章)。

索引器并不要求必须在方括号内使用整数，并且对于任何类型都可以定义索引器。下面的代码片段创建了一个泛型字典，其键是一个字符串，值是一个整数。在字典中，键可以与索引器一起使用。在下面的示例中，字符串 first 传递给索引器，以设置字典里的这个元素，然后把相同的字符串传递给索引器来检索此元素：

```
Dictionary<string, int> dict = new();
dict["first"] = 1;
int x = dict["first"];
```

注意：
本章后面的“实现自定义的索引器”将介绍如何在自己的类中创建索引运算符。

5.1.9　空合并运算符和空合并赋值运算符

空合并运算符(??)提供了一种快捷方式，可以处理可空类型和引用类型存在 null 值的可能性。这个运算符放在两个操作数之间，第一个操作数必须是一个可空类型或引用类型；第二个操作数必须与第一个操作数的类型相同，或者可以隐式地转换为第一个操作数的类型。空合并运算符的计算如下：

- 如果第一个操作数不是 null，整个表达式就等于第一个操作数的值。
- 如果第一个操作数是 null，整个表达式就等于第二个操作数的值。

例如：

```
int? a = null;
int b;
b = a ?? 10; // b has the value 10
a = 3;
b = a ?? 10; // b has the value 3
```

如果第二个操作数不能隐式地转换为第一个操作数的类型，就生成一个编译时错误。

空合并运算符不仅对可空类型很重要，对引用类型也很重要。在下面的代码片段中，属性 Val 只有在不为空时才返回_val 变量的值。如果它为空，就创建 MyClass 的一个新实例，赋值给_val 变量，最后从属性中返回。只有在变量_val 为空时，才执行 get 访问器中表达式的第二部分。

```
private MyClass _val;
public MyClass Val
{
  get => _val ?? (_val = new MyClass());
}
```

使用 null-coalescing 分配运算符，可以简化以上代码来创建一个新的 MyClass，并在_val 为空时将其分配给_val：

```
private MyClass _val;
public MyClass Val
{
  get => _val ??= new MyClass();
}
```

5.1.10　空值条件运算符

可以使用 C#中的空值条件运算符功能减少大量代码行。生产环境中的大量代码行都会验证空值条件。访问作为方法参数传递的成员变量之前，需要对其进行检查，以确定该变量的值是否为null；如果是null，则会抛出一个NullReferenceException异常。.NET设计准则指定，代码不应该抛出这些类型的异常，应该检查空值条件。然而，很容易忘记这样的检查。下面的这个代码片段验证传递的参数p是否非空。如果它为空，方法就只是返回，而不会继续执行：

```
public void ShowPerson(Person? p)
{
  if (p is null) return;
  string firstName = p.FirstName;
  //...
}
```

使用空值条件运算符访问FirstName属性(p?.FirstName)，当p为空时，就只返回null，而不继续执行表达式的右侧(代码文件OperatorsSample/Program.cs)。

```
public void ShowPerson(Person? p)
{
  string firstName = p?.FirstName;
  //...
}
```

使用空值条件运算符访问int类型的属性时，不能把结果直接赋值给int类型，因为结果可以为空。解决这个问题的一种选择是把结果赋值给可空的int：

```
int? age = p?.Age;
```

当然，要解决这个问题，也可以使用空合并运算符，定义另一个结果(例如 0)，以防止左边的结果为空：

```
int age1 = p?.Age ?? 0;
```

也可以结合多个空值条件运算符。下面访问Person对象的Address属性，这个属性又定义了City属性。Person对象需要进行null检查，如果它不为空，还需要检查Address属性的结果是否为空：

```
Person p = GetPerson();
string city = null;
if (p != null && p.HomeAddress != null)
{
  city = p.HomeAddress.City;
}
```

使用空值条件运算符时，代码会更简单：

```
string city = p?.HomeAddress?.City;
```

还可以把空值条件运算符用于数组。在下面的代码片段中，使用索引运算符访问值为null的数组变量元素时，会抛出NullReferenceException异常：

```
int[] arr = null;
int x1 = arr[0];
```

当然，可以进行传统的null检查，以避免这个异常条件。更简单的版本是使用?[0]访问数组中的第一个元素。如果结果是null，空合并运算符就将0返回给x1变量：

```
int x1 = arr?[0] ?? 0;
```

5.2 使用二进制运算符

在学习编程时，使用二进制值一直是一个需要理解的重要概念，因为计算机使用 0 和 1。现在，许多新接触编程的人可能已经错过了它的学习，因为他们是使用Blocks、Scratch、Python或者JavaScript开始学习编程的。即使你已经很了解 0 和 1，本节仍然可以帮助复习。

首先，从使用二进制运算符的简单计算开始。方法 SimpleCalculations()首先使用二进制值(二进制字面量和数字分隔符)声明并初始化变量 binary1 和 binary2。使用运算符&，两个值用二进制 AND 运算符合并起来，并写入变量 binaryAnd。然后，使用运算符 | 创建 binaryOr 变量，使用运算符 ^ 创建 binaryXOR 变量，使用运算符 ~ 创建 reverse1 变量(代码文件 BinaryCalculations/Program.cs)：

```
void SimpleCalculations()
{
  Console.WriteLine(nameof(SimpleCalculations));
  uint binary1 = 0b1111_0000_1100_0011_1110_0001_0001_1000;
  uint binary2 = 0b0000_1111_1100_0011_0101_1010_1110_0111;
  uint binaryAnd = binary1 & binary2;
  DisplayBits("AND", binaryAnd, binary1, binary2);
  uint binaryOR = binary1 | binary2;
  DisplayBits("OR", binaryOR, binary1, binary2);
  uint binaryXOR = binary1 ^ binary2;
  DisplayBits("XOR", binaryXOR, binary1, binary2);
  uint reverse1 = ~binary1;
  DisplayBits("NOT", reverse1, binary1);
  Console.WriteLine();
}
```

为了以二进制形式显示 uint 和 int 变量，下面创建扩展方法 ToBinaryString()。Convert.ToString()提供的一个重载带有两个 int 参数，其中第二个 int 值是 toBase 参数。使用这个方法，可以通过传递值 2(二进制)、8(八进制)、10(十进制)和 16(十六进制)来格式化二进制值的输出字符串。默认情况下，如果二进制值以 0 开始，这些 0 值将被忽略，而不会打印出来。PadLeft()方法填充字符串中的这些 0 值。字符串需要的字符数由 sizeof 运算符计算，并左移 4 位。如前所述，sizeof 运算符返回指定类型的字节数。要显示这些位，需要将字节数乘以 8，这相当于向左移动 3 位。另一个扩展方法是 AddSeparators()，它使用 LINQ 方法在每四位数之后添加 _ 分隔符(代码文件 BinaryCalculations/BinaryExtensions.cs)：

```
public static class BinaryExtensions
{
  public static string ToBinaryString(this uint number) =>
    Convert.ToString(number, toBase: 2).PadLeft(sizeof(uint) << 3, '0');

  public static string ToBinaryString(this int number) =>
    Convert.ToString(number, toBase: 2).PadLeft(sizeof(int) << 3, '0');

  public static string AddSeparators(this string number) =>
    string.Join('_',
      Enumerable.Range(0, number.Length / 4)
        .Select(i => number.Substring(i * 4, 4)).ToArray());
}
```

> **注意：**
> AddSeparators 使用 LINQ。LINQ 详见第 9 章。

方法 DisplayBits()是从前面展示的 SimpleCalculations()方法调用的，它使用 ToBinaryString()和 AddSeparators()扩展方法。在这里，将显示用于操作的操作数，以及结果(代码文件 BinaryCalculations/Program.cs)：

```
void DisplayBits(string title, uint result, uint left,
  uint? right = null)
{
  Console.WriteLine(title);
  Console.WriteLine(left.ToBinaryString().AddSeparators());
  if (right.HasValue)
  {
    Console.WriteLine(right.Value.ToBinaryString().AddSeparators());
  }
  Console.WriteLine(result.ToBinaryString().AddSeparators());
  Console.WriteLine();
}
```

在运行应用程序时，可以看到使用二进制运算符&的以下输出。对于这个运算符，只有两个输入值都为 1 时，得到的位才是 1：

```
AND
1111_0000_1100_0011_1110_0001_0001_1000
0000_1111_1100_0011_0101_1010_1110_0111
0000_0000_1100_0011_0100_0000_0000_0000
```

应用二进制运算符 |，如果设置一个输入位，则设置结果位(1)：

```
OR
1111_0000_1100_0011_1110_0001_0001_1000
0000_1111_1100_0011_0101_1010_1110_0111
1111_1111_1100_0011_1111_1011_1111_1111
```

对于 ^ 运算符，如果两个原始的位只设置了一个，而没有设置两个，则设置结果：

```
XOR
1111_0000_1100_0011_1110_0001_0001_1000
0000_1111_1100_0011_0101_1010_1110_0111
1111_1111_0000_0000_1011_1011_1111_1111
```

最后，对于运算符~，结果是对原始位的取反：

```
NOT
1111_0000_1100_0011_1110_0001_0001_1000
0000_1111_0011_1100_0001_1110_1110_0111
```

> **注意：**
> 关于使用二进制值的更多信息，请阅读第 6 章关于 BitArray 类的介绍。

5.2.1 位的移动

如前面的示例所述，向左移动 3 位就是原来的数字乘以 8。向左移动 1 位就是原来的数字乘以 2。假定需要乘以 2、4、8、16、32 等时，移位比调用乘法运算符要快得多。

下面的代码片段在变量 s1 中设置了一个位，在 for 循环中，这个位总是移动一位(代码文件 BinaryCalculations/Program.cs)：

```
void ShiftingBits()
{
  Console.WriteLine(nameof(ShiftingBits));
  ushort s1 = 0b01;
  Console.WriteLine($"{"Binary",16} {"Decimal",8} {"Hex",6}");
  for (int i = 0; i < 16; i++)
  {
    Console.WriteLine($"{s1.ToBinaryString(),16} {s1,8} hex: {s1,6:X}");
    s1 = (ushort)(s1 << 1);
  }
  Console.WriteLine();
}
```

在程序的输出中，可以看到循环中的二进制、十进制和十六进制值：

```
          Binary Decimal   Hex
0000000000000001       1     1
0000000000000010       2     2
0000000000000100       4     4
0000000000001000       8     8
0000000000010000      16    10
0000000000100000      32    20
0000000001000000      64    40
0000000010000000     128    80
0000000100000000     256   100
0000001000000000     512   200
0000010000000000    1024   400
0000100000000000    2048   800
0001000000000000    4096  1000
0010000000000000    8192  2000
0100000000000000   16384  4000
1000000000000000   32768  8000
```

5.2.2 有符号数和无符号数

使用二进制时要记住的一件重要的事情是，使用带符号的类型时，如 int、long、short，最左端的一位用来表示符号。使用 int 类型时，可用的最大值是 2147483647 或 0x7FFF FFFF(代表 31 位的正数)。对于 uint，可用的最大值是 4294967295 或 0xFFFF FFFF(代表 32 位的正数)。对于 int，数字范围的另一半用于负数。

为了理解负数是如何表示的，下面的代码片段使用 short.MaxValue 将 maxNumber 变量初始化为最大的 15 位正数。然后，在 for 循环中，该变量会递增三次。在所有的结果中，都将显示二进制、十进制和十六进制值(代码文件 BinaryCalculations/Program.cs)：

```
void SignedNumbers()
{
  Console.WriteLine(nameof(SignedNumbers));

  void DisplayNumber(string title, short x) =>
    Console.WriteLine($"{title,-11} " +
      $"bin: {x.ToBinaryString().AddSeparators()}, " +
      $"dec: {x,6}, hex: {x,4:X}");
```

```
  short maxNumber = short.MaxValue;
  DisplayNumber("max short", maxNumber);
  for (int i = 0; i < 3; i++)
  {
    maxNumber++;
    DisplayNumber($"added {i + 1}", maxNumber);
  }
  Console.WriteLine();
  //...
}
```

在应用程序的输出中可以看到，除符号位之外的所有位都设置为最大的整数值。输出以不同的格式显示相同的值——二进制、十进制和十六进制。在第一个输出中加 1，将导致设置符号位的 short 类型溢出，其他所有位都是 0，这是 short 类型的最大负值。在这个结果之后，又递增了两次：

```
max short bin: 0111_1111_1111_1111, dec:  32767, hex: 7FFF
added 1   bin: 1000_0000_0000_0000, dec: -32768, hex: 8000
added 2   bin: 1000_0000_0000_0001, dec: -32767, hex: 8001
added 3   bin: 1000_0000_0000_0010, dec: -32766, hex: 8002
```

在下一个代码片段中，变量 zero 初始化为 0。在 for 循环中，这个变量递减三次：

```
short zero = 0;
DisplayNumber("zero", zero);
for (int i = 0; i < 3; i++)
{
  zero--;
  DisplayNumber($"subtracted {i + 1}", zero);
}
Console.WriteLine();
```

在输出中可以看到，0 被表示为所有位都未设置。递减的结果是十进制-1，它设置了所有位，包括符号位：

```
zero         bin: 0000_0000_0000_0000, dec:  0, hex: 0
subtracted 1 bin: 1111_1111_1111_1111, dec: -1, hex: FFFF
subtracted 2 bin: 1111_1111_1111_1110, dec: -2, hex: FFFE
subtracted 3 bin: 1111_1111_1111_1101, dec: -3, hex: FFFD
```

接下来，从 short 的最大的负数开始，将这个数字递增三次：

```
short minNumber = short.MinValue;
DisplayNumber("min number", minNumber);
for (int i = 0; i < 3; i++)
{
  minNumber++;
  DisplayNumber($"added {i + 1}", minNumber);
}
Console.WriteLine();
```

前面在溢出最大的正数时，显示了最大的负数。在使用 int.MinValue 时，会看到相同的数字。这个数字递增了三次：

```
min number bin: 1000_0000_0000_0000, dec: -32768, hex: 8000
added 1    bin: 1000_0000_0000_0001, dec: -32767, hex: 8001
added 2    bin: 1000_0000_0000_0010, dec: -32766, hex: 8002
added 3    bin: 1000_0000_0000_0011, dec: -32765, hex: 8003
```

5.3　类型的安全性

中间语言(IL)可以对其代码强制实现强类型安全性。强类型化支持.NET 提供的许多服务，包括安全性和语言的互操作性。因为 C#语言会编译为 IL，所以 C#也是强类型的。这说明数据类型并不总是可无缝互换。本节将介绍基本类型之间的转换。

> **注意：**
> C#也支持不同引用类型之间的转换，在与其他类型相互转换时还允许定义所创建的数据类型的行为方式。本章稍后将详细讨论这两个主题。
> 另一方面，泛型可以避免对一些常见的情形进行类型转换，详见第 4 章，另外第 8 章在介绍泛型集合类的时候也会介绍相关知识。

5.3.1　类型转换

我们常常需要把数据从一种类型转换为另一种类型。考虑下面的代码：

```
byte value1 = 10;
byte value2 = 23;
byte total = value1 + value2;
Console.WriteLine(total);
```

在试图编译这些代码行时，会得到一条错误消息：

```
Cannot implicitly convert type 'int' to 'byte'
```

问题是，把两个 byte 型数据加在一起时，将返回 int 型结果，而不是另一个 byte 数据。这是因为 byte 包含的数据只能为 8 位，所以把两个 byte 型数据加在一起，很容易得到不能存储在单个 byte 型数据中的值。如果要把结果存储在一个 byte 变量中，就必须把它转换回 byte 类型。C#支持两种转换方式：隐式转换和显式转换。

1. 隐式转换

只要能保证值不会发生任何变化，类型转换就可以自动(隐式)进行。这就是前面代码失败的原因：试图从 int 转换为 byte，可能丢失 3 个字节的数据。编译器不允许这么做，除非我们明确告诉它这就是我们希望的结果！如果在 long 类型变量而非 byte 类型变量中存储结果，就不会有问题了：

```
byte value1 = 10;
byte value2 = 23;
long total = value1 + value2; // this will compile fine
Console.WriteLine(total);
```

程序可以顺利编译，且不会发生任何错误，这是因为 long 类型变量包含的数据字节比 byte 类型多，所以没有丢失数据的危险。在这些情况下，编译器会很顺利地转换，不需要我们显式地提出要求。你可能已经想到，只能从较小的整数类型隐式地转换为较大的整数类型，而不能从较大的整数类型隐式地转换为较小的整数类型。也可以在整数和浮点数之间转换，然而，其规则略有不同。可以在相同大小的类型之间转换，如 int/uint 转换为 float，long/ulong 转换为 double。也可以从 long/ulong 转换回 float，但是这样做可能会丢失 4 个字节的数据，表示得到的 float 值比使用 double 得到的值精度低；编译器认为这是一种可以接受的错误，因为值的数量级不会受到影响。还可以将无符号的变量赋值给有符号的变量，只要无符号变量值的大小在有符号变量的范围之内即可。

在隐式地转换值类型时，对于可空值类型需要考虑其他因素：

- 可空值类型隐式地转换为其他可空值类型，应遵循前面介绍的非可空类型的转换规则。即 int?隐式地转换为 long?、float?、double?和 decimal?。
- 非可空值类型隐式地转换为可空值类型也遵循前面介绍的转换规则，即 int 隐式地转换为 long?、float?、double?和 decimal?。
- 可空值类型不能隐式地转换为非可空值类型，此时必须进行显式转换，如下一节所述。这是因为可空值类型的值可以是 null，但非可空类型不能表示这个值。

2. 显式转换

有许多场合不能隐式地转换类型，否则编译器会报告错误。下面是不能进行隐式转换的一些场合：

- int 转换为 short——会丢失数据
- int 转换为 uint——会丢失数据
- uint 转换为 int——会丢失数据
- float 转换为 int——会丢失小数点后面的所有数据
- 任何数字类型转换为 char——会丢失数据
- decimal 转换为任何数字类型——因为 decimal 类型的内部结构不同于整数和浮点数
- int?转换为 int——可空类型的值可以是 null。

但是，可以使用类型强制转换(cast)显式地执行这些转换。在把一种类型强制转换为另一种类型时，有意地迫使编译器进行转换。类型强制转换的一般语法如下：

```
long val = 30000;
int i = (int)val; // A valid cast. The maximum int is 2147483647
```

即，把强制转换的目标类型名放在要转换值之前的圆括号中。

类型强制转换是一种比较危险的操作，即使在从 long 转换为 int 这样简单的类型强制转换过程中，如果原来 long 的值比 int 的最大值还大，就会出现问题：

```
long val = 3000000000;
int i = (int)val; // An invalid cast. The maximum int is 2147483647
```

在本例中，不会报告错误，但也得不到期望的结果。如果运行上面的代码，并输出 i 中存储的结果，则其值为：

```
-1294967296
```

最好假定显式类型强制转换不会给出希望的结果。如前所述，C#提供了一个 checked 运算符，使用它可以测试操作是否会导致算术溢出。使用 checked 运算符可以检查类型强制转换是否安全，如果不安全，就要迫使运行库抛出一个溢出异常：

```
long val = 3000000000;
int i = checked((int)val);
```

记住，所有的显式类型强制转换都可能不安全，在应用程序中应包含代码来处理可能失败的类型强制转换。第 10 章将使用 try 和 catch 语句引入结构化异常处理。

使用类型强制转换可以把大多数基本数据类型从一种类型转换为另一种类型。例如，下面的代码给 price 加上 0.5，再把结果强制转换为 int：

```
double price = 25.30;
```

```
int approximatePrice = (int)(price + 0.5);
```

这会把价格四舍五入为最接近的金额。但在这个转换过程中，小数点后面的所有数据都会丢失。因此，如果要使用这个修改过的价格进行更多的计算，最好不要使用这种转换。但如果要输出最终计算或部分计算的结果的近似值，且不希望由于小数点后面的多位数据而麻烦用户，这种转换就很合适。

下面的例子说明了把无符号整数转换为 char 时会发生的情况：

```
ushort c = 43;
char symbol = (char)c;
Console.WriteLine(symbol);
```

输出结果是 ASCII 码为 43 的字符，即+符号。可以尝试数字类型(包括 char)之间的任何转换，这种转换是可行的，例如，把 decimal 转换为 char，或把 char 转换为 decimal。

值类型之间的转换并不仅限于孤立的变量，还可以把类型为 double 的数组元素转换为类型为 int 的结构成员变量：

```
struct ItemDetails
{
  public string Description;
  public int ApproxPrice;
}
//...
double[] Prices = { 25.30, 26.20, 27.40, 30.00 };
ItemDetails id;
id.Description = "Hello there.";
id.ApproxPrice = (int)(Prices[0] + 0.5);
```

要把一个可空类型转换为非可空类型，或转换为另一个可空类型，并且其中可能会丢失数据，就必须使用显式的类型强制转换。甚至在底层基本类型相同的元素之间进行转换时，也要使用显式的类型强制转换。例如，int?转换为 int，或 float?转换为 float。这是因为可空类型的值可以是 null，而非可空类型不能表示这个值。只要可以在两种等价的非可空类型之间进行显式的类型强制转换，对应可空类型之间显式的类型强制转换就可以进行。但如果从可空类型强制转换为非可空类型，且变量的值是 null，就会抛出 InvalidOperationException 异常。例如：

```
int? a = null;
int b = (int)a; // Will throw exception
```

谨慎地使用显式的类型强制转换，就可以把简单值类型的任何实例转换为几乎任何其他类型。但在进行显式的类型转换时有一些限制，就值类型来说，只能在数字、char 类型和 enum 类型之间转换。不能直接把布尔型强制转换为其他类型，也不能把其他类型转换为布尔型。

如果需要在数字和字符串之间转换，就可以使用.NET 类库中提供的一些方法。Object 类实现了一个 ToString()方法，该方法在所有的.NET 预定义类型中都进行了重写，并返回对象的字符串表示：

```
int i = 10;
string s = i.ToString();
```

同样，如果需要分析一个字符串，以检索一个数字或布尔值，就可以使用所有预定义值类型都支持的 Parse()方法：

```
string s = "100";
int i = int.Parse(s);
Console.WriteLine(i + 50); // Add 50 to prove it is really an int
```

注意，如果不能转换字符串(例如，要把字符串 Hello 转换为一个整数)，Parse()方法就会抛出一个异常。第 10 章将介绍异常。除了使用 Parse()方法，也可以使用 TryParse()，该方法在遇到错误时不会抛出异常，在成功时会返回 true。

5.3.2 装箱和拆箱

第 2 章介绍了所有类型，包括简单的预定义类型(如 int 和 char)和复杂类型(如从 object 类型派生的类和结构)。这意味着可以像处理对象那样处理字面值：

```
string s = 10.ToString();
```

但是，C#数据类型可以分为在栈上分配内存的值类型和在托管堆上分配内存的引用类型。如果 int 只是栈上一个 4 字节的值，该如何在它上面调用方法？

C#的实现方式是通过一个神奇的方式，即装箱(boxing)。装箱和拆箱(unboxing)可以把值类型转换为引用类型，并把引用类型转换回值类型。在介绍类型强制转换的小节介绍这些操作，因为它们其实就是在进行类型强制转换：即把值强制转换为 object 类型。装箱用于描述把一个值类型转换为引用类型。运行库会为该对象在堆上创建一个临时的引用类型“箱子”。

该转换可以隐式地进行，如上面的例子所述。还可以显式地进行转换：

```
int myIntNumber = 20;
object myObject = myIntNumber;
```

拆箱用于描述相反的过程，其中以前装箱的值类型强制转换回值类型。这里使用术语“强制转换”，是因为这种转换是显式进行的。其语法类似于前面的显式类型转换：

```
int myIntNumber = 20;
object myObject = myIntNumber; // Box the int
int mySecondNumber = (int)myObject; // Unbox it back into an int
```

只能对以前装箱的变量进行拆箱。当 myObject 不是装箱的 int 类型时，如果执行最后一行代码，就会在运行期间抛出一个运行时异常。

需要注意，在拆箱时必须非常小心，确保目标值的类型与被装箱的值相同。即使结果类型有足够的空间存储被拆箱的值的所有字节，仍会抛出 InvalidCastException。通过从原类型强制转换为新类型，可以避免这个问题，如下所示：

```
int myIntNumber = 42;
object myObject = (object)myIntNumber;
long myLongNumber = (long)(int)myObject;
```

5.4 运算符重载

使用运算符代替方法调用时，代码的可读性更好。比较下面两行将两个向量相加的代码：

```
vect3 = vect1 + vect2;
vect3 = vect1.Add(vect2);
```

对于预定义的数字类型，可以使用+、-、/、*和%运算符。+运算符还可以用来连接字符串。这些运算符不只可以用于预定义类型；对于自定义类型，只要使用这些运算符是合理的，就也可以把它们用于自定义类型。想想看，把+运算符用于两个 Person 对象能做什么？

可以重载表 5-2 中的运算符：

表 5-2

运算符	说明
+x, −x, !x, ~x, ++, −−, true, false	这些是可以重载的一元运算符
x + y, x−y, x * y, x / y, x % y, x & y, x | y, x ^ y, x << y, x >> y, x == y, x != y, x < y, x > y, x <= y, x >= y	这些是可以重载的二元运算符
a[i], a?[i]	通过运算符重载无法重载元素访问功能，但可以创建一个索引器，本章后面将介绍相关内容
(T)x	除了使用运算符重载，也可以使用类型强制转换来创建用户定义的转换，本章后面也将介绍这方面的内容

注意：

你可能不明白为什么要重载 true 和 false 运算符。条件逻辑运算符&&和||是不能被直接重载的。为了创建这些运算符的自定义实现，可以重载 true、false、&和|运算符。

同样不能显式重载复合赋值运算符+=和−=。如果重载了二元运算符，则会隐式重载对应的复合赋值运算符。

一些运算符需要成对重载。如果重载了==，就必须也重载!=。如果重载了<，就必须也重载>。如果重载了<=，就必须也重载>=。

5.4.1　运算符的工作方式

为了理解运算符是如何重载的，可以考虑一下在编译器遇到运算符时会发生什么情况。用加法运算符(+)作为例子，假定编译器处理下面的代码：

```
int x = 1;
int y = 2;
long z = x + y;
```

编译器知道它需要把两个整数加起来，并把结果赋予一个 long 型变量。表达式 x + y 只是一种非常直观和方便的语法，用于调用一个方法把数字加在一起。该方法接收 两个参数 x 和 y，并返回它们的和。所以编译器完成的任务与任何方法调用一样，会根据参数类型查找最匹配的+运算符重载(本例中是带两个整数参数的+运算符重载)。与一般的重载方法一样，期望的返回类型不会影响编译器选择调用方法的哪个版本。在本例中调用的重载方法接收两个 int 参数，返回一个 int 值，这个返回值随后会转换为 long 类型。如果相加的两个 int 值不能保存到一个 int 中，就可能发生溢出，尽管代码声明要把这个结果写入 long 类型的变量中。

下面的代码让编译器使用+运算符的另一个重载版本：

```
double d1 = 4.0;
double d2 = d1 + x;
```

在这个示例中，参数是一个 double 类型的数据和一个 int 类型的数据，但+运算符没有接受这种参数组合的重载形式，所以编译器认为，最匹配的+运算符重载是把两个 double 数据作为其参数的版本，并隐式地把 int 强制转换为 double。把两个 double 数据加在一起与把两个整数加在一起完全不同，浮点数存储为一个尾数和一个指数。把它们加在一起要按位移动一个 double 数据的尾数，从而使两个指数有相同的值，然后把尾数加起来，移动所得到尾数的位，调整其指数，保证答案有尽可能高的精度。

现在，看看如果编译器遇到下面的代码会发生什么：

```
Vector vect1, vect2, vect3;
// initialize vect1 and vect2
vect3 = vect1 + vect2;
vect1 = vect1 * 2;
```

其中，Vector 是结构，稍后再定义它。编译器知道它需要把两个 Vector 实例加起来，即 vect1 和 vect2。它会查找+运算符的重载，该重载版本把两个 Vector 实例作为参数。

如果编译器找到这样的重载版本，它就调用该运算符的实现代码。如果找不到，编译器就要查看有没有可用作最佳匹配的其他+运算符重载，例如，某个运算符重载对应的两个参数是其他数据类型，但可以隐式地转换为 Vector 实例。如果编译器找不到合适的运算符重载，就会产生一个编译错误，就像找不到其他方法调用的合适重载版本一样。

5.4.2 Vector 类型的运算符重载

本节将开发一个结构 Vector 来说明运算符重载，这个 Vector 结构表示一个三维数学矢量。三维矢量是 3 个(double)数字的集合，说明物体的移动速度。使用变量 X、Y 和 Z 表示数字，X 表示物体向东移动多远，Y 表示物体向北移动多远，Z 表示物体向上移动多远。把这 3 个数字组合起来，就得到总移动量。

矢量可以与其他矢量或数字相加或相乘。顺便说一下，在这种语境中，我们还使用术语“标量”，它是表示简单数字的数学用语——在 C#中就是一个 double 数据。相加的作用很明显。如果先移动(3.0, 3.0, 1.0)矢量对应的距离，再移动(2.0, –4.0, –4.0)矢量对应的距离，总移动量就是把这两个矢量加起来。矢量的相加指把每个对应的组成元素分别相加，因此得到(5.0, –1.0, –3.0)。此时，数学表达式总是写成 c=a+b，其中 a 和 b 是矢量，c 是结果矢量。我们想要通过同样的方式使用 Vector 结构。

注意：
这个例子将作为一个结构而不是类来开发，但这并不重要。运算符重载用于结构、类和记录时，其工作方式是一样的。

下面是 Vector 的定义，其中包含只读公有字段、构造函数和重写的 ToString()方法，以便轻松地查看 Vector 的内容，最后是运算符重载(代码文件 OperatorOverloadingSample/Vector.cs)：

```
readonly struct Vector
{
  public Vector(double x, double y, double z) => (X, Y, Z) = (x, y, z);

  public Vector(Vector v) => (X, Y, Z) = (v.X, v.Y, v.Z);

  public readonly double X;
  public readonly double Y;
  public readonly double Z;
  public override string ToString() => $"( {X}, {Y}, {Z} )";
}
```

这里提供了两个构造函数，通过传递每个元素的值或者提供另一个复制其值的 Vector 来指定矢量的初始值。第二个构造函数带一个 Vector 参数，通常称为复制构造函数，因为它们允许通过复制另一个实例来初始化一个类或结构实例。

下面是 Vector 结构的有趣部分——为+运算符提供支持的运算符重载：

```
public static Vector operator +(Vector left, Vector right) =>
  new Vector(left.X + right.X, left.Y + right.Y, left.Z + right.Z);
```

运算符重载的声明方式与静态方法基本相同，但 operator 关键字告诉编译器，它实际上是一个自定义的运算符重载，后面是相关运算符的实际符号，在本例中就是+。返回类型是在使用这个运算符时获得的类型。在本例中，把两个矢量加起来会得到另一个矢量，所以返回类型也是 Vector。对于这个特定的+运算符重载，返回类型与包含的类一样，但并不一定是这种情况，在本示例中稍后将看到。两个参数就是要操作的对象。对于二元运算符(带两个参数)，如+和–运算符，第一个参数是运算符左边的值，第二个参数是运算符右边的值。

这个运算符的实现代码返回一个新的矢量，该矢量用 left 和 right 变量的 X、Y 和 Z 字段初始化。

C#要求所有的运算符重载都声明为 public 和 static，这表示它们与其类或结构相关联，而不是与某个特定实例相关联，所以运算符重载的代码体不能访问非静态类成员，也不能访问 this 标识符。这些操作是可行的，因为参数提供了运算符执行其任务需要知道的所有输入数据。

下面需要编写一些简单的代码来测试 Vector 结构(代码文件 OperatorOverloadingSample/Program.cs)：

```
Vector vect1, vect2, vect3;
vect1 = new(3.0, 3.0, 1.0);
vect2 = new(2.0, -4.0, -4.0);
vect3 = vect1 + vect2;
Console.WriteLine($"vect1 = {vect1}");
Console.WriteLine($"vect2 = {vect2}");
Console.WriteLine($"vect3 = {vect3}");
```

编译并运行这些代码，结果如下：

```
vect1 = ( 3, 3, 1 )
vect2 = ( 2, -4, -4)
vect3 = ( 5, -1, -3)
```

实现+运算符后，也就能使用复合赋值运算符+=。下面把 vect2 加到 vect3 现有的值上：

```
vect3 += vect2;
Console.WriteLine($"vect3 = {vect3}");
```

编译并运行代码后，将得到下面的结果：

```
vect3 = ( 7, -5, -7)
```

矢量除了可以相加外，还可以相乘、相减和比较它们的值。这些运算符的实现方式与+运算符相同。需要注意将矢量与一个 double 值相乘的运算。在下面的 3 个运算符重载中，分别将矢量乘以矢量，将矢量乘以 double 值，以及将 double 值乘以矢量。根据左侧和右侧的值，需要实现不同的运算符，但可以重用运算符的实现。矢量在左侧、double 值在右侧的运算符重载就重用了调换参数位置的运算符重载(代码文件 OperatorOverloadingSample/Vector.cs)：

```
public static Vector operator *(Vector left, Vector right) =>
  new Vector(left.X * right.X, left.Y * right.Y, left.Z * right.Z);

public static Vector operator *(double left, Vector right) =>
  new Vector(left * right.X, left * right.Y, left * right.Z);
```

```
public static Vector operator *(Vector left, double right) =>
  right * left;
```

下面的代码片段使用了这些运算符。代码中使用的int数字被转换为double值，因为这样最能够匹配运算符重载：

```
Console.WriteLine($"2 * vect3 = {2 * vect3}");
Console.WriteLine($"vect3 += vect2 gives {vect3 += vect2}");
Console.WriteLine($"vect3 = vect1 * 2 gives {vect3 = vect1 * 2}");
Console.WriteLine($"vect1 * vect3 = {vect1 * vect3}");
```

注意：

运算符重载有一个重要的限制。运算符重载是使用静态成员定义的，所以不能把静态成员添加到接口契约中。在将来的C#版本中，这一点可能发生改变。在C# 8中，接口已经得到增强，支持默认接口方法。有更多的改进正在被讨论。

如果需要为泛型实现运算符重载，则可以为类创建约束。类型也可以是抽象类和泛型。对于泛型，可以实现运算符重载。

5.5 比较对象的相等性

C# 9以及记录让比较对象的相等性简单了许多。记录已经有内置的功能可用于比较该类型的值。接下来将介绍记录实现的比较功能(可以重写的方法)，以及需要为类和结构做些什么来比较相等性。

为了比较引用，object类定义了静态方法ReferenceEquals()。它不是比较值，而是比较变量是否引用了堆上的同一个对象。这种功能对类和记录是相同的。如果两个变量引用了堆上的同一个对象，则比较这两个变量将返回true。如果两个变量引用堆上的不同对象，则该方法将返回false，即使两个对象的内容是相同的。使用这个方法比较两个引用结构的变量时，将创建新的对象来引用值类型(称为装箱)，所以总是会返回false。当采用这种方式比较结构时，编译器将给出警告。

Object类的Equals()方法的默认实现只是调用object.ReferenceEquals()。如果需要比较值的相等性，则可以使用记录类型的内置功能，或者为类创建一个自定义实现。要比较两个引用类型的值，需要考虑记录自动实现了什么功能，以及在比较类的相等性时可以实现什么。

- object类型定义了可被重写的虚方法bool Equals(object?)。
- IEquatable<T>接口定义了可被实现的泛型方法bool Equals(T? object)。
- 运算符==和!=可被重写。
- 记录还实现了EqualityContract，在进行比较时，它不只用于比较值，还比较类型的契约是否相同。

为了比较引用，Book类使用bool Equals(Book? other)方法实现了IEquatable<Book>接口。该方法比较Title和Publisher属性。与记录类型相似，Book类指定了EqualityContract属性，从而也比较类的类型。这样一来，将Title和Publisher属性与另外一个类型的对象进行比较总是返回false。代码中只为这个方法实现了相等性比较。重写的基类的Equals()方法调用了此方法，以及运算符==和!=的实现。实现相等性还要求重写基类的GetHashCode()方法(代码文件EqualitySample/Book.cs)：

```
class Book : IEquatable<Book>
{
  public Book(string title, string publisher)
  {
```

```
    Title = title;
    Publisher = publisher;
  }
  public string Title { get; }
  public string Publisher { get; }

  protected virtual Type EqualityContract { get; } = typeof(Book);

  public override string ToString() => Title;

  public override bool Equals(object? obj) =>
    this == obj as Book;

  public override int GetHashCode() =>
    Title.GetHashCode() ^ Publisher.GetHashCode();

  public virtual bool Equals(Book? other) =>
    this == other;

  public static bool operator ==(Book? left, Book? right) =>
    left?.Title == right?.Title && left?.Publisher == right?.Publisher &&
    left?.EqualityContract == right?.EqualityContract;

  public static bool operator !=(Book? left, Book? right) =>
    !(left == right);
}
```

注意：
在重载比较运算符时，不要只调用从System.Object继承的Equals()方法的实例版本。如果这么做，再计算(objA == objB)，那么当objA是null的时候，就会发生异常，因为.NET运行库会试图计算null.Equals(objB)。反过来实现(重写Equals()来调用比较运算符)应该是安全的。

注意：
为了实现相等性比较，需要做一些工作。对于记录类型，编译器做了这些工作。如果在记录内使用记录，可以直接使用所有相等性功能。但是，如果将类用作记录的成员，则只能比较引用，除非你自己实现了相等性比较。

在Program.cs中，创建了两个具有相同内容的Book对象。因为堆上有两个不同的对象，所以object.ReferenceEquals()返回false。接下来，使用了IEquatable<Book>接口的Equals()方法、重载的object Equals()和==运算符进行比较，它们都返回true，因为它们实现了值比较(代码文件EqualitySample/Program.cs)：

```
Book book1 = new("Professional C#", "Wrox Press");
Book book2 = new("Professional C#", "Wrox Press");

if (!object.ReferenceEquals(book1, book2))
{
  Console.WriteLine("Not the same reference");
}

if (book1.Equals(book2))
```

```
{
  Console.WriteLine("The same object using the generic Equals method");
}

object book3 = book2;
if (book1.Equals(book3))
{
  Console.WriteLine("The same object using the overridden Equals method");
}

if (book1 == book2)
{
  Console.WriteLine("The same book using the == operator");
}
```

注意：

结构类型适用与类相似的功能，但有一些重要的区别。记住，不能对值类型使用 object.ReferenceEquals()。另外一个区别是，object.Equals()方法已被重写，用于比较值。要实现更多相等性功能，与上面为 Book 类所编写的代码类似，需要实现 IEquality<T>接口，并重写==和!=运算符。

5.6 实现自定义的索引器

自定义索引器不能使用运算符重载语法来实现，但是它们可以用与属性非常相似的语法来实现。

在下面的代码片段中，创建了一个数组，然后使用索引器访问数组元素。第二行代码使用索引器来访问第二个元素，并给它传递 42。第三行使用索引器来访问第三个元素，并将该元素的值传递给变量 x。

```
int[] arr1 = {1, 2, 3};
arr1[1] = 42;
int x = arr1[2];
```

注意：

数组在第 6 章阐述。

要创建自定义索引器，首先创建一个 Person 记录，其中包含 FirstName、LastName 和 Birthday(代码文件 CustomIndexerSample/Person.cs)：

```
public record Person(string FirstName, string LastName, DateTime Birthday)
{
  public override string ToString() => $"{FirstName} {LastName}";
}
```

类 PersonCollection 定义了一个包含 Person 元素的私有数组字段，以及一个可以传递许多 Person 对象的构造函数(代码文件 CustomIndexerSample/PersonCollection.cs)：

```
public class PersonCollection
{
  private Person[] _people;

  public PersonCollection(params Person[] people) =>
    _people = people.ToArray();
}
```

为了允许使用索引器语法访问 PersonCollection 并返回 Person 对象，可以创建一个索引器。索引器看起来非常类似于属性，因为它也包含 get 和 set 访问器。两者的不同之处是名称。指定索引器要使用 this 关键字。this 关键字后面的方括号指定索引使用的类型。数组提供 int 类型的索引器，所以这里使用 int 类型直接把信息传递给被包含的数组_people。get 和 set 访问器的使用非常类似于属性。检索值时调用 get 访问器，在右边传递 Person 对象时调用 set 访问器。

```
public Person this[int index]
{
  get => _people[index];
  set => _people[index] = value;
}
```

对于索引器，可以使用任何类型作为索引类型。如下面的代码所示，其中把 DateTime 结构作为索引类型。这个索引器用来返回有指定生日的每个人。因为多个人员可以有相同的生日，所以不是返回一个 Person 对象，而是用接口 IEnumerable<Person>返回一个 Person 对象列表。索引器的实现中使用了 Where()方法，并传递了一个 lambda 表达式作为其实参。Where()方法在名称空间 System.Linq 中定义：

```
public IEnumerable<Person> this[DateTime birthDay]
{
  get => _people.Where(p => p.Birthday == birthDay);
}
```

使用 DateTime 类型的索引器检索 Person 对象，但不允许设置 Person 对象，因为它只提供了 get 访问器，而没有提供 set 访问器。这有一种简写方式，即使用表达式体的成员创建相同的代码(属性也可使用该语法)：

```
public IEnumerable<Person> this[DateTime birthDay] =>
  _people.Where(p => p.Birthday == birthDay);
```

示例应用程序的顶级语句创建了一个包含 4 个 Person 对象的 PersonCollection 对象。在第一个 WriteLine()方法中，使用索引器的 get 访问器和 int 参数访问第三个元素。在 foreach 循环中，使用带有 DateTime 参数的索引器传递指定的日期(代码文件 CustomIndexerSample/Program.cs)：

```
Person p1 = new("Ayrton", "Senna", new DateTime(1960, 3, 21));
Person p2 = new("Ronnie", "Peterson", new DateTime(1944, 2, 14));
Person p3 = new("Jochen", "Rindt", new DateTime(1942, 4, 18));
Person p4 = new("Francois", "Cevert", new DateTime(1944, 2, 25));
PersonCollection coll = new(p1, p2, p3, p4);
Console.WriteLine(coll[2]);
foreach (var r in coll[new DateTime(1960, 3, 21)])
{
  Console.WriteLine(r);
}
Console.ReadLine();
```

运行程序，第一个 WriteLine()方法把 Jochen Rindt 写到控制台。foreach 循环的结果是 Ayrton Senna，因为他的生日是第二个索引器中指定的日期。

5.7 用户定义的转换

本章前面介绍了如何在预定义的数据类型之间转换数值，这通过类型强制转换过程来完成。C#允许进行两种不同类型的强制转换：隐式强制转换和显式强制转换。本节将讨论这两种类型的强制转换。

显式强制转换要在代码中显式地标记强制转换，即应该在圆括号中写出目标数据类型：

```
int i = 3;
long l = i; // implicit
short s = (short)i; // explicit
```

对于预定义的数据类型，当类型强制转换可能失败或丢失某些数据时，需要显式强制转换。例如：

- 把 int 转换为 short 时，short 可能不够大，不能包含对应 int 的数值。
- 把有符号的数据类型转换为无符号的数据类型时，如果有符号的变量包含一个负值，就会得到不正确的结果。
- 把浮点数转换为整数数据类型时，数字的小数部分会丢失。
- 把可空类型转换为非可空类型时，null 值会导致异常。

此时应在代码中进行显式强制转换，告诉编译器你知道存在丢失数据的危险，这样编译器会假定你在编写代码时已经考虑到这种可能性。

C#允许定义自己的数据类型(结构和类)，这意味着需要某些工具支持在自定义的数据类型之间进行类型强制转换。方法是把类型强制转换运算符定义为相关类的一个成员运算符。类型强制转换运算符必须标记为 implicit 或 explicit，以说明希望如何使用它。我们应遵循与预定义的类型强制转换相同的指导原则，即如果知道无论在源变量中存储什么值，类型强制转换总是安全的，就可以把它定义为 implicit。反过来，如果某些数值的转换可能会出错，如丢失数据或抛出异常，就应把数据类型转换定义为 explicit。

> **注意：**
> 如果源数据值会使类型强制转换失败，或者可能会抛出异常，就应把任何自定义类型强制转换定义为显式强制转换。

定义类型强制转换的语法类似于本章前面介绍的重载运算符。这并不是偶然现象，类型强制转换在某种情况下可以看为一种运算符，其作用是从源类型转换为目标类型。为了说明这种语法，选取下一节介绍的结构 Currency 中的一段示例代码：

```
public static implicit operator float (Currency value)
{
  // processing
}
```

运算符的返回类型定义了类型强制转换操作的目标类型，它有一个参数，即要转换的源对象。这里定义的类型强制转换可以隐式地把 Currency 型的值转换为 float 型。注意，如果数据类型转换声明为隐式，编译器就允许隐式或显式地使用这个转换。如果数据类型转换声明为显式，编译器就只允许显式地使用它。与其他运算符重载一样，类型强制转换必须同时声明为 public 和 static。

5.7.1 实现用户定义的类型强制转换

本节将在示例 CastingSample 中介绍隐式和显式的用户定义类型强制转换用法。在这个示例中，定义一个结构 Currency，它包含一个正的 USD($)金额。C#为此提供了 decimal 类型，但如果要进行比较复杂的财务处理，仍可以编写自己的结构和类来表示相应的金额，在这样的类上实现特定的方法。

> **注意：**
> 类型强制转换的语法对于结构和类是一样的。本示例定义了一个结构，但把 Currency 声明为类也是可行的。

首先，Currency 结构的定义如下所示(代码文件 CastingSample/Currency.cs)：

```
public readonly struct Currency
{
  public readonly uint Dollars;
  public readonly ushort Cents;
  public Currency(uint dollars, ushort cents) => (Dollars, Cents) = (dollars, cents);

  public override string ToString() => $"${Dollars}.{Cents,-2:00}";
}
```

Dollars 和 Cents 字段使用无符号的数据类型，可以确保 Currency 实例只能包含正值。采用这样的限制是为了在后面说明显式强制转换的一些要点。可以使用这样的一个类型来存储公司员工的薪水信息。需要注意，员工的薪水不能是负值！

下面先假定要把 Currency 实例转换为 float 值，其中 float 值的整数部分表示美元。换言之，应编写下面的代码：

```
Currency balance = new(10, 50);
float f = balance; // We want f to be set to 10.5
```

为此，需要定义一种类型强制转换。给 Currency 的定义添加下述代码：

```
public static implicit operator float (Currency value) =>
  value.Dollars + (value.Cents/100.0f);
```

这种类型强制转换是隐式的。在本例中这是一种合理的选择，因为在 Currency 的定义中，可以存储在 Currency 中的值也都可以存储在 float 数据中。在这种强制转换中，不会出现任何错误。

> **注意：**
> 这里有一点不准确：实际上，当把 uint 转换为 float 时，精确度会降低，但 Microsoft 认为这种错误并不重要，因此把从 uint 到 float 的类型强制转换都当作隐式转换。

但是，如果把 float 型转换为 Currency 型，就不能保证转换肯定成功了。float 型可以存储负值，而 Currency 实例不能，且 float 型存储数值的数量级要比 Currency 型的(uint)Dollar 字段大得多。所以，如果 float 型包含一个不合适的值，把它转换为 Currency 型就会得到意想不到的结果。因此，从 float 型转换到 Currency 型就应定义为显式转换。下面是我们的第一次尝试，这次不会得到正确的结果，但了解其原因会有助于我们的理解：

```
public static explicit operator Currency (float value)
{
  uint dollars = (uint)value;
  ushort cents = (ushort)((value-dollars)*100);
  return new Currency(dollars, cents);
}
```

下面的代码现在可以成功编译：

```
float amount = 45.63f;
Currency amount2 = (Currency)amount;
```

但是，下面的代码会生成一个编译错误，因为它试图隐式地使用一个显式的类型强制转换：

```
float amount = 45.63f;
Currency amount2 = amount; // wrong
```

把类型强制转换声明为显式，就是警告开发人员要小心，因为可能会丢失数据。但这不是我们希望的 Currency 结构的行为方式。下面编写一个测试程序，并运行该示例。其中有一个 Main()方法，它实例化一个Currency结构，并试图进行几次转换。在这段代码的开头，以两种不同的方式计算balance的值，因为要使用它们来说明后面的内容(代码文件 CastingSample/Program.cs)：

```
try
{
  Currency balance = new(50,35);
  Console.WriteLine(balance);
  Console.WriteLine($"balance is {balance}"); // implicitly invokes ToString
  float balance2 = balance;
  Console.WriteLine($"After converting to float, = {balance2}");
  balance = (Currency) balance2;
  Console.WriteLine($"After converting back to Currency, = {balance}");
  Console.WriteLine("Now attempt to convert out of range value of " +
    "-$50.50 to a Currency:");

  checked
  {
    balance = (Currency) (-50.50);
    Console.WriteLine($"Result is {balance}");
  }
}
catch(Exception e)
{
  Console.WriteLine($"Exception occurred: {e.Message}");
}
```

注意，所有的代码都放在一个 try 块中，以捕获在类型强制转换过程中发生的任何异常。在 checked 块中还添加了把超出范围的值转换为 Currency 的测试代码，以试图捕获负值。运行这段代码，得到如下所示的结果：

```
50.35
Balance is $50.35
After converting to float, = 50.35
After converting back to Currency, = $50.34
Now attempt to convert out of range value of -$ 50.50 to a Currency:
Result is $4294967246.00
```

这个结果表示代码并没有像我们希望的那样工作。首先，从 float 型转换回 Currency 型得到一个错误的结果$50.34，而不是$50.35。其次，在试图转换明显超出范围的值时，没有生成异常。

第一个问题是由舍入错误引起的。如果类型强制转换用于把 float 值转换为 uint 值，计算机就会截去多余的数字，而不是执行四舍五入。计算机以二进制而非十进制方式存储数字，小数部分 0.35 不能用二进制小数来精确表示(就像 1/3 这样的分数不能精确地表示为十进制小数，它应等于循环小数

0.3333)。所以，计算机最后存储了一个略小于 0.35 的值，它可以用二进制格式精确地表示。把该数字乘以 100，就会得到一个小于 35 的数字，它被截断为 34 美分。显然在本例中，这种由截断引起的错误是很严重的，避免该错误的方式是确保在数字转换过程中执行智能的四舍五入操作。

幸运的是，Microsoft 编写了一个类 System.Convert 来完成该任务。System.Convert 对象包含大量的静态方法来完成各种数字转换，我们需要使用的是 Convert.ToUInt16()。注意，在使用 System.Convert 类的方法时会造成额外的性能损失，所以只应在需要时使用它们。

下面看看为什么没有抛出期望的溢出异常。此处的问题是溢出异常实际发生的位置根本不在 Main()例程中——它是在强制转换运算符的代码中发生的，该代码在 Main()方法中调用，而且没有标记为 checked。

其解决方法是确保类型强制转换本身也在 checked 上下文中进行。进行了这两处修改后，修订的转换代码如下所示。

```
public static explicit operator Currency (float value)
{
  checked
  {
    uint dollars = (uint)value;
    ushort cents = Convert.ToUInt16((value-dollars)*100);
    return new Currency(dollars, cents);
  }
}
```

注意，在以上代码中使用了 Convert.ToUInt16()计算数字的美分部分，但没有使用它计算数字的美元部分。在计算美元值时不需要使用 System.Convert，因为在此我们希望截去 float 值。

注意：
System.Convert 类的方法还执行它们自己的溢出检查。因此对于本例的情况，不需要把对 Convert.ToUInt16()的调用放在 checked 上下文中。但把 value 显式地强制转换为美元值仍需要 checked 上下文。

这里没有给出这个新的 checked 强制转换的结果，因为在本节后面还要对 CastingSample 示例进行一些修改。

注意：
如果定义了一种使用非常频繁的类型强制转换，其性能也非常好，就可以不进行任何错误检查。如果对用户定义的类型强制转换和缺少的错误检查进行了清晰的说明，这也是一种合理的解决方案。

1. 类之间的类型强制转换

Currency 示例仅涉及与 float(一种预定义的数据类型)来回转换的类。但类型转换不一定会涉及任何简单的数据类型。定义不同结构或类的实例之间的类型强制转换是完全合法的，但有两点限制：

- 如果某个类派生自另一个类，就不能定义这两个类之间的类型强制转换(稍后将看到，这些类型的强制转换已经存在)。
- 类型强制转换必须在源数据类型或目标数据类型的内部定义。

为说明这些要求，假定有如图 5-1 所示的类层次结构。

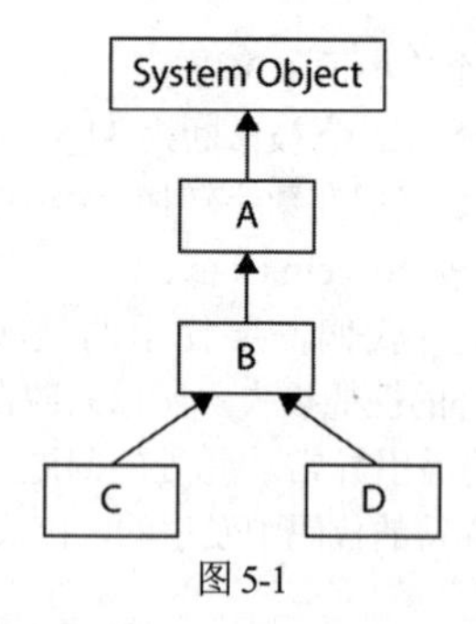

图 5-1

换言之，类 C 和 D 间接派生于 A。在这种情况下，在 A、B、C 或 D 之间唯一合法的用户定义类型强制转换就是类 C 和 D 之间的转换，因为这些类并没有互相派生。对应的代码如下所示(假定希望类型强制转换是显式的，这是在用户定义的类之间定义类型强制转换的通常情况)：

```
public static explicit operator D(C value)
{
  //...
}

public static explicit operator C(D value)
{
  //...
}
```

对于这些类型强制转换，可以选择放置定义的地方——在 C 的类定义内部，或者在 D 的类定义内部，但不能在其他地方定义。C#要求把类型强制转换的定义放在源类(或结构)或目标类(或结构)的内部。这一要求的副作用是，除非可以编辑其中至少一个类的源代码，否则不能定义两个类之间的类型强制转换。这个要求是合理的，因为这样可以防止第三方把类型强制转换引入你的类中。

一旦在一个类的内部定义了类型强制转换，就不能在另一个类中定义相同的类型强制转换。显然，对于每一种转换只能有一种类型强制转换，否则编译器就不知道该选择哪个类型强制转换。

2. 基类和派生类之间的类型强制转换

要了解这些类型强制转换是如何工作的，首先看看源和目标数据类型都是引用类型的情况。考虑两个类 MyBase 和 MyDerived，其中 MyDerived 直接或间接派生自 MyBase。

首先是从 MyDerived 到 MyBase 的转换，代码如下(假定提供了构造函数)：

```
MyDerived derivedObject = new MyDerived();
MyBase baseCopy = derivedObject;
```

在本例中，是从 MyDerived 隐式地强制转换为 MyBase。这是可行的，因为对类型 MyBase 的任何引用都可以引用 MyBase 类的对象或派生自 MyBase 的对象。在面向对象编程中，派生类的实例实际上是基类的实例，但加入了一些额外的信息。在基类上定义的所有函数和字段也都在派生类上得到定义。

或者编写如下的代码：

```
MyBase derivedObject = new MyDerived();
MyBase baseObject = new MyBase();
MyDerived derivedCopy1 = (MyDerived) derivedObject; // OK
MyDerived derivedCopy2 = (MyDerived) baseObject; // Throws exception
```

上面的代码是合法的 C#代码(至少从语法的角度看是合法的)，它说明了把基类强制转换为派生类。但是，在执行时最后一条语句会抛出一个异常。在进行类型强制转换时，会检查被引用的对象。因为基类引用原则上可以引用一个派生类的实例，所以这个对象可能是要强制转换的派生类的一个实例。如果是这样，强制转换就会成功，派生的引用设置为引用这个对象。但如果该对象不是派生类(或者派生于这个类的其他类)的一个实例，强制转换就会失败，并抛出一个异常。

注意，编译器提供的基类和派生类之间的强制转换，实际上并没有对对象进行任何数据转换。如果要进行的转换是合法的，它们也仅是把新引用设置为对对象的引用。这些强制转换在本质上与用户定义的强制转换不同。例如，在前面的 CastingSample 示例中，我们定义了 Currency 结构和 float 数之间的强制转换。在 float 型到 Currency 型的强制转换中，实际上实例化了一个新的 Currency 结构，并用要求的值初始化它。在基类和派生类之间的预定义强制转换则不是这样。如果要把 MyBase 实例转换为真实的 MyDerived 对象，该对象的值根据 MyBase 实例的内容来确定，就不能使用类型强制转换语法。最合适的选项通常是定义一个派生类的构造函数，它以基类的实例作为参数，让这个构造函数完成相关的初始化：

```
class DerivedClass: BaseClass
{
  public DerivedClass(BaseClass base)
  {
    // initialize object from the Base instance
  }
  // ...
```

3. 装箱和拆箱类型强制转换

前面主要讨论了基类和派生类之间的类型强制转换，其中，基类和派生类都是引用类型。类似的原则也适用于强制转换值类型，尽管在转换值类型时，不可能仅仅复制引用，还必须复制一些数据。

当然，不能从结构或基本值类型中派生。所以基本结构和派生结构之间的强制转换总是基本类型或结构与 System.Object 之间的转换(理论上可以在结构和 System.ValueType 之间进行强制转换，但一般很少这么做)。

从结构(或基本类型)到 object 的强制转换总是一种隐式的强制转换，因为这种强制转换是从派生类型到基类型的转换，即装箱过程。例如，使用 Currency 结构：

```
Currency balance = new(40,0);
object baseCopy = balance;
```

在执行上述隐式的强制转换时，balance的内容被复制到堆上，放在一个装箱的对象中，并且 baseCopy 对象引用被设置为该对象。在后台实际发生的情况是：在最初定义 Currency 结构时，.NET 隐式地提供另一个(隐藏的)类，即装箱的 Currency 类，它包含与 Currency 结构相同的所有字段，但它是一个引用类型，存储在堆上。无论定义的这个值类型是一个结构，还是一个枚举，定义它时都存在类似的装箱引用类型，对应于所有的基本值类型，如 int、double 和 uint 等。不能也不必在源代码中直接通过编程访问某些装箱类，但在把一个值类型强制转换为 object 型时，它们是在后台工作的对象。在隐式地把 Currency 转换为 object 时，会实例化一个装箱的 Currency 实例，并用 Currency 结构中的所有数据进行初始化。在上面的代码中，baseCopy 对象引用的就是这个已装箱的 Currency 实例。通过这种方式，就可以实现从派生类型到基类型的强制转换，并且值类型的语法与引用类型的语法一样。

强制转换的另一种方式称为拆箱。与基引用类型和派生引用类型之间的强制转换一样，这是一种显式的强制转换，因为如果要强制转换的对象不是正确的类型，就会抛出一个异常：

```
object derivedObject = new Currency(40,0);
object baseObject = new object();
Currency derivedCopy1 = (Currency)derivedObject; // OK
Currency derivedCopy2 = (Currency)baseObject; // Exception thrown
```

上述代码的工作方式与前面关于引用类型的代码一样。把 derivedObject 强制转换为 Currency 能够成功执行，因为 derivedObject 实际上引用的是装箱 Currency 实例——强制转换的过程是把已装箱的 Currency 对象的字段复制到一个新的 Currency 结构中。第二种强制转换会失败，因为 baseObject 没有引用已装箱的 Currency 对象。

在使用装箱和拆箱时，这两个过程都把数据复制到新装箱或拆箱的对象上，理解这一点非常重要。通过这种方式，对装箱对象的操作就不会影响原始值类型的内容。

5.7.2 多重类型强制转换

在定义类型强制转换时必须考虑的一个问题是，如果在进行要求的数据类型转换时没有可用的直接强制转换方式，C#编译器就会寻找一种转换方式，把几种强制转换合并起来。例如，在 Currency 结构中，假定编译器遇到下面几行代码：

```
Currency balance = new(10,50);
long amount = (long)balance;
double amountD = balance;
```

首先初始化一个 Currency 实例，再把它转换为 long 型。现在的问题是没有定义这样的强制转换。但是，这段代码仍可以编译成功。因为编译器知道我们已经定义一个从 Currency 到 float 的隐式强制转换，而且它知道如何显式地从 float 强制转换为 long。所以它会把这行代码编译为中间语言(IL)代码，IL 代码首先把 balance 转换为 float 型，再把结果转换为 long 型。把 balance 转换为 double 型时，在上述代码的最后一行中也执行了同样的操作。因为从 Currency 到 float 的强制转换和从 float 到 double 的预定义强制转换都是隐式的，所以可以在编写代码时把这种转换当作一种隐式转换。如果要显式地指定强制转换过程，则可以编写如下代码：

```
Currency balance = new(10,50);
long amount = (long)(float)balance;
double amountD = (double)(float)balance;
```

但是在大多数情况下，这个操作毫无必要，会使代码变得比较复杂。相比之下，下面的代码会产生一个编译错误：

```
Currency balance = new(10,50);
long amount = balance;
```

原因是编译器可以找到的最佳匹配转换仍是首先转换为 float 型，再转换为 long 型。但需要显式地指定从 float 型到 long 型的转换。

并非所有这些转换都会带来太多的麻烦。毕竟转换的规则非常直观，主要是为了防止在开发人员不知情的情况下丢失数据。但是，在定义类型强制转换时如果不小心，编译器就有可能选择一条导致无法得到期望结果的路径。例如，假定编写 Currency 结构的其他小组成员要把一个 uint 数据转换为 Currency 型，其中该 uint 数据中包含了美分的总数(是美分而非美元，因为我们不希望丢失美元的小数部分)。为此应编写如下代码来实现强制转换：

```
// Do not do this!
public static implicit operator Currency(uint value) =>
  new Currency(value/100u, (ushort)(value%100));
```

注意，在这段代码中，第一个 100 后面的 u 可以确保把 value/100u 解释为一个 uint 值。如果写成 value/100，编译器就会把它解释为一个 int 型的值，而不是 uint 型的值。

在这段代码中清楚地标注了“Do not do it(不要这么做)”。下面说明其原因。看看下面的代码段，它把包含值 350 的一个 uint 数据转换为一个 Currency，再转换回 uint 型。那么在执行完这段代码后，bal2 中又将包含什么？

```
uint bal = 350;
Currency balance = bal;
uint bal2 = (uint)balance;
```

答案不是 350，而是 3！而且这是符合逻辑的。我们把 350 隐式地转换为 Currency，得到的结果是 balance.Dollars=3 和 balance.Cents=50。然后编译器进行通常的操作，为转换回 uint 型指定最佳路径。balance 最终会被隐式地转换为 float 型(其值为 3.5)，然后显式地转换为 uint 型，其值为 3。解决这个问题的一种方法是创建用户定义的强制类型转换来转换为 uint。

当然，在其他示例中，转换为另一种数据类型后，再转换回来有时会丢失数据。例如，把包含 5.8 的 float 数值转换为 int 数值，再转换回 float 数值，会丢失数字中的小数部分，得到 5，但原则上，丢失数字的小数部分和一个整数被大于 100 的数整除的情况略有区别。Currency 现在变成一种相当危险的类，因为它会对整数进行一些奇怪的操作。

问题是，在转换过程中如何解释整数存在冲突。从 Currency 型到 float 型的强制转换会把整数 1 解释为 1 美元，但从 uint 型到 Currency 型的强制转换会把这个整数解释为 1 美分，这是糟糕设计的一个示例。如果希望类易于使用，就应确保所有的强制转换都按一种互相兼容的方式执行，即这些转换直观上应得到相同的结果。在本例中，显然要重新编写从 uint 型到 Currency 型的强制转换，把整数值 1 解释为 1 美元：

```
public static implicit operator Currency (uint value) =>
  new Currency(value, 0);
```

你可能会觉得这种新的转换方式根本不必要。但实际上，这种转换方式可能非常有用。没有这种强制转换，编译器在执行从 uint 型到 Currency 型的转换时，就只能通过 float 型来进行。在本例中，直接转换的效率要高得多，所以进行这种额外的强制转换会提高性能，但需要确保它的结果与通过 float 型进行转换得到的结果相同。在其他情况下，也可以为不同的预定义数据类型分别定义强制转换，让更多的转换隐式地执行，而不是显式地执行，但本例不是这样。

测试这种强制转换是否兼容，应确定无论使用什么转换路径，它是否都能得到相同的结果(不过在从 float 型到 int 型的转换过程中可能会丢失精度)。Currency 类就是一个很好的示例。看看下面的代码：

```
Currency balance = new(50, 35);
ulong bal = (ulong) balance;
```

目前，编译器只能采用一种方式来完成这个转换：把 Currency 型隐式地转换为 float 型，再显式地转换为 ulong 型。从 float 型到 ulong 型的转换需要显式转换，本例就显式指定了这个转换，所以编译能够成功进行。

但假定要添加另一种强制转换，从 Currency 型隐式地转换为 uint 型，就需要修改 Currency 结构，添加从 uint 型到 Currency 型的强制转换和从 Currency 型到 uint 型的强制转换（代码文件 CastingSample/Currency.cs)：

```
public static implicit operator Currency(uint value) =>
```

```
    new Currency(value, 0);
  public static implicit operator uint(Currency value) => value.Dollars;
```

现在，编译器从 Currency 型转换到 ulong 型可以使用另一条路径：先从 Currency 型隐式地转换为 uint 型，再隐式地转换为 ulong 型。在实际操作中，编译器会采用哪条路径？ C#有一些严格的规则(本书不详细讨论这些规则，有兴趣的读者可参阅 MSDN 文档)，告诉编译器如何确定哪条是最佳路径。但最好自己设计类型强制转换，让所有的转换路径都得到相同的结果(但可能存在精度损失)，此时编译器选择哪条路径就不重要了(在本例中，编译器会选择 Currency→uint→ulong 路径，而不是 Currency→float→ulong 路径)。

为了测试把 Currency 强制转换为 uint 的过程，给 Main()方法添加如下代码(代码文件 UserDefinedConversion/Program.cs)：

```
try
{
  Currency balance = new(50,35);
  Console.WriteLine(balance);
  Console.WriteLine($"balance is {balance}");
  uint balance3 = (uint) balance;
  Console.WriteLine($"Converting to uint gives {balance3}");
}
catch (Exception ex)
{
  Console.WriteLine($"Exception occurred: {ex.Message}");
}
```

运行这个示例，得到如下所示的结果：

```
50
balance is $50.35
Converting to uint gives 50
```

这个结果显示了到 uint 型的转换是成功的，但正如预期，在转换过程中丢失了 Currency 的美分部分。

但是，这个输出结果也说明了进行强制转换时最后一个要注意的潜在问题：结果的第一行没有正确显示余额，显示了 50，而不是$50.35。

这是为什么？问题是在把类型强制转换和方法重载合并起来时，会出现另一个不希望的错误源。WriteLine()语句使用格式字符串隐式地调用 Currency.ToString()方法，以确保 Currency 显示为一个字符串。

但是，第 1 行的 WriteLine()方法只把原始 Currency 结构传递给 WriteLine()。目前 WriteLine()有许多重载版本，但它们的参数都不是 Currency 结构。所以编译器会到处搜索，看看它能把 Currency 强制转换为什么类型，以便与 WriteLine()的一个重载方法匹配。如上所示，WriteLine()的一个重载方法可以快速而高效地显示 uint 型，且其参数是一个 uint 值，因此把 Currency 隐式地强制转换为 uint 型。

实际上，WriteLine()有另一个重载方法，它的参数是一个 float 值，结果显示该 float 的值。如果仔细看看前面示例(不存在到 uint 的强制转换)的结果，就会发现该结果的第 1 行就是使用这个重载方法把 Currency 显示为 float 型。在该示例中，没有从 Currency 到 uint 型的直接强制转换，所以编译器选择 Currency→float 作为可用于 WriteLine()重载方法的首选强制转换方式。但 Currency 中有了到 uint 型的直接强制转换后，编译器选择了该路径。

结论是：如果方法调用有多个重载版本，并要给该方法传送参数，而该参数的数据类型不精确匹配任何重载版本，就会迫使编译器确定使用哪些强制转换方式进行数据转换，还要决定使用哪个重载版本(并进行相应的数据转换)。当然，编译器总是按逻辑和严格的规则来工作，但结果可能并不是我们所期望的。如果存在任何疑问，最好指定显式地使用哪种强制转换。

5.8　小结

本章介绍了 C#提供的标准运算符，描述了对象的相等性机制，讨论了编译器如何将一种标准数据类型转换为另一种标准数据类型。本章还阐述了如何使用运算符重载在自己的数据类型上实现自定义运算符。最后，讨论了运算符重载的一种特殊类型，即类型强制转换运算符，它允许用户指定如何将自定义类型的实例转换为其他数据类型。

第 6 章将介绍数组，其中索引运算符有很重要的作用。

第6章 数 组

本章要点

- 简单数组
- 多维数组
- 锯齿数组
- Array 类
- 作为参数的数组
- 枚举
- Span
- 索引和范围
- 数组池
- 位数组

本章源代码：

通过扫描封底二维码下载本书源代码。本章源代码可以在代码文件的 1_CS/Arrays 目录中找到。

本章代码分为以下几个主要的示例文件：

- SimpleArrays
- SortingSample
- YieldSample
- SpanSample
- IndicesAndRanges
- ArrayPoolSample
- BitArraySample

所有项目都启用了可空引用类型。

6.1 相同类型的多个对象

如果需要使用相同类型的多个对象，就可以使用集合(参见第 8 章)和数组。C#用特殊的记号声明、初始化和使用数组。Array 类在后台发挥作用，它为数组中元素的排序和过滤提供了几个方法。使用枚举器，可以迭代数组中的所有元素。

> **注意：**
> 如果需要使用不同类型的多个对象，可以通过类、结构、记录和元组使用它们。第 3 章介绍了这些类型。

6.2 简单数组

如果需要使用同一类型的多个对象，就可以使用数组。数组是一种数据结构，它可以包含同一类型的多个元素。

6.2.1 数组的声明和初始化

在声明数组时，应先定义数组中元素的类型，其后是一对空方括号和一个变量名。例如，下面声明了一个包含整型元素的数组：

```
int[] myArray;
```

声明了数组后，就必须为数组分配内存，以保存数组的所有元素。数组是引用类型，所以必须给它分配堆上的内存。为此，应使用 new 运算符，指定数组中元素的类型和数量来初始化数组的变量。下面指定了数组的大小。

```
myArray = new int[4];
```

在声明和初始化数组后，变量 myArray 就引用了 4 个整型值，它们位于托管堆上，如图 6-1 所示。

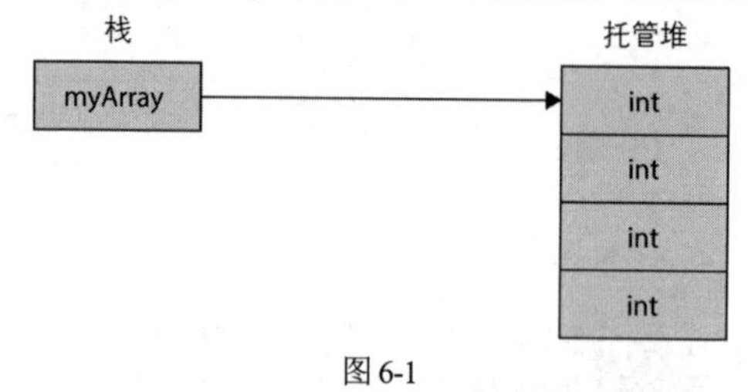

图 6-1

> **注意：**
> 在指定了数组的大小后，如果不复制数组中的所有元素，就不能重新设置数组的大小。如果事先不知道数组中应包含多少个元素，就可以使用集合(参见第 8 章)。

除了在两条语句中声明和初始化数组外，还可以在一条语句中声明和初始化数组：

```
int[] myArray = new int[4];
```

还可以使用数组初始化器为数组的每个元素赋值。下面的代码示例声明了内容相同的几个数组，但需要编写的代码量更少。编译器能够自行统计数组中元素的个数，所以第二行代码能够将数组大小留空。编译器还能够将初始化列表中定义的值映射到左侧使用的类型，所以也可以不在初始化列表的左侧使用 new 运算符。编译器生成的代码总是相同的：

```
int[] myArray1 = new int[4] {4, 7, 11, 2};
int[] myArray2 = new int[] {4, 7, 11, 2};
int[] myArray3 = {4, 7, 11, 2};
```

6.2.2 访问数组元素

在声明和初始化数组后，就可以使用索引器访问其中的元素了。数组只支持有整型参数的索引器。

通过索引器传递元素编号，就可以访问数组。索引器总是以 0 开头，表示第一个元素。可以传递给索引器的最大值是元素个数减 1，因为索引从 0 开始。在下面的例子中，数组 myArray 用 4 个整型值声明和初始化。用索引器对应的值 0、1、2 和 3 就可以访问该数组中的元素。

```
int[] myArray = new int[] {4, 7, 11, 2};
int v1 = myArray[0]; // read first element
int v2 = myArray[1]; // read second element
myArray[3] = 44; // change fourth element
```

> **注意：**
> 如果使用错误的索引器值(大于数组的长度)，就会抛出 IndexOutOfRangeException 类型的异常。

如果不知道数组中的元素个数，则可以使用 Length 属性，如下面的 for 语句所示：

```
for (int i = 0; i < myArray.Length; i++)
{
  Console.WriteLine(myArray[i]);
}
```

除了使用 for 语句迭代数组中的所有元素之外，还可以使用 foreach 语句：

```
foreach (var val in myArray)
{
  Console.WriteLine(val);
}
```

> **注意：**
> foreach 语句利用了本章后面讨论的 IEnumerable 和 IEnumerator 接口，从第一个索引遍历数组，直到最后一个索引。

6.2.3 使用引用类型

除了能声明预定义类型的数组，还可以声明自定义类型的数组。下面用 Person 记录来说明，这里使用位置记录语法来声明只能在初始化时设置的属性 Firstname 和 Lastname(代码文件 SimpleArrays/Person.cs)：

```
public record Person(string FirstName, string LastName);
```

声明一个包含两个 Person 元素的数组与声明一个 int 数组类似：

```
Person[] myPersons = new Person[2];
```

但是必须注意，如果数组中的元素是引用类型，就必须为每个数组元素分配内存。如果使用了数组中未分配内存的元素，则会抛出 NullReferenceException 类型的异常。

> **注意：**
> 第 10 章介绍了错误和异常的详细内容。

使用从 0 开始的索引器，可以为数组的每个元素分配内存。创建第二个对象时，使用了 C# 9 的目标类型的 new 表达式作为类型(代码文件 SimpleArrays/Program.cs)：

```
myPersons[0] = new Person("Ayrton", "Senna");
myPersons[1] = new("Michael", "Schumacher");
```

图 6-2 显示了 Person 数组中的对象在托管堆中的情况。myPersons 是存储在栈上的一个变量，该变量引用了存储在托管堆上的 Person 元素对应的数组。这个数组有足够容纳两个引用的空间。数组中的每一项都引用了一个 Person 对象，而这些 Person 对象也存储在托管堆上。

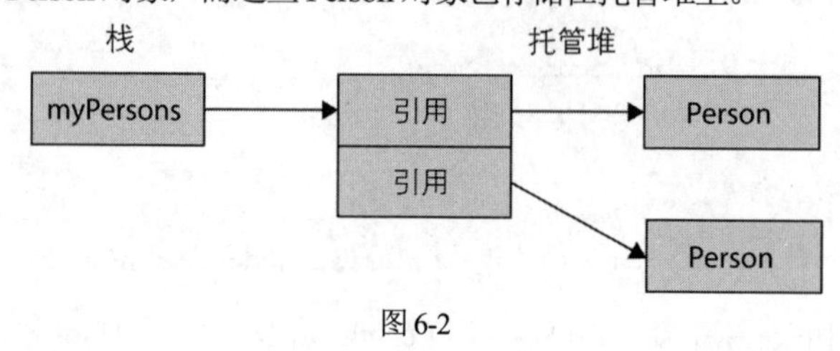

图 6-2

与 int 类型一样，也可以对自定义类型使用数组初始化器：

```
Person[] myPersons2 =
{
  new("Ayrton", "Senna"),
  new("Michael", "Schumacher")
};
```

6.3 多维数组

一般数组(也称为一维数组)用一个整数来索引。多维数组用两个或多个整数来索引。

图 6-3 是二维数组的数学表示法，该数组有 3 行 3 列。第 1 行的值是 1、2 和 3，第 3 行的值是 7、8 和 9。

$$a = \begin{bmatrix} 1, 2, 3 \\ 4, 5, 6 \\ 7, 8, 9 \end{bmatrix}$$

图 6-3

在 C#中声明这个二维数组，需要在方括号中加上一个逗号。数组在初始化时应指定每一维的大小(也称为阶)。接着，就可以使用两个整数作为索引器来访问数组中的元素(代码文件 SimpleArrays/Program.cs)：

```
int[,] twodim = new int[3, 3];
twodim[0, 0] = 1;
twodim[0, 1] = 2;
twodim[0, 2] = 3;
twodim[1, 0] = 4;
twodim[1, 1] = 5;
twodim[1, 2] = 6;
twodim[2, 0] = 7;
twodim[2, 1] = 8;
twodim[2, 2] = 9;
```

注意：
声明数组后，就不能修改其阶数了。

如果事先知道元素的值，就可以使用数组索引器来初始化二维数组。在初始化数组时，使用一个外层的花括号，每一行用包含在外层花括号中的内层花括号进行初始化。

```
int[,] twodim = {
  {1, 2, 3},
  {4, 5, 6},
  {7, 8, 9}
};
```

注意：
使用数组初始化器时，必须初始化数组的每个元素，不能把某些值的初始化放在以后完成。

在方括号中使用两个逗号，就可以声明一个三维数组。要初始化三维数组，可以将二维数组的初始化器放在花括号内，彼此之间用逗号隔开：

```
int[,,] threedim = {
  { { 1, 2 }, { 3, 4 } },
  { { 5, 6 }, { 7, 8 } },
  { { 9, 10 }, { 11, 12 } }
};
Console.WriteLine(threedim[0, 1, 1]);
```

通过使用 foreach 循环，可以迭代多维数组中的所有元素。

6.4　锯齿数组

二维数组的大小对应于一个矩形，如对应的元素个数为 3×3。而锯齿数组的大小设置比较灵活，在锯齿数组中，每一行都可以有不同的大小。

图 6-4 比较了有 3×3 个元素的二维数组和锯齿数组。图 6-4 中的锯齿数组有 3 行，第 1 行有两个元素，第 2 行有 6 个元素，第 3 行有 3 个元素。

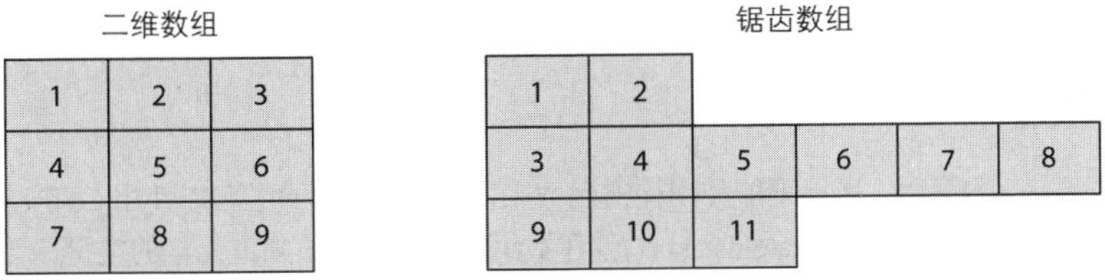

二维数组
1 2 3
4 5 6
7 8 9

锯齿数组
1 2
3 4 5 6 7 8
9 10 11

图 6-4

在声明锯齿数组时，要依次放置左右括号。在初始化锯齿数组时，下面的代码片段使用了数组初始化器。第一个数组由数组元素初始化，每个数组元素又由自己的数组初始化器初始化(代码文件 SimpleArrays/Program.cs)：

```
int[][] jagged =
{
  new[] { 1, 2 },
  new[] { 3, 4, 5, 6, 7, 8 },
  new[] { 9, 10, 11 }
};
```

迭代锯齿数组中所有元素的代码可以放在嵌套的 for 循环中。在外层的 for 循环中迭代每一行，在内层的 for 循环中迭代一行中的每个元素：

```
for (int row = 0; row < jagged.Length; row++)
{
  for (int element = 0; element < jagged[row].Length; element++)
  {
    Console.WriteLine($"row: {row}, element: {element}, " +
    $"value: {jagged[row][element]}");
  }
}
```

该迭代结果显示了所有的行和每一行中的各个元素：

```
row: 0, element: 0, value: 1
row: 0, element: 1, value: 2
row: 1, element: 0, value: 3
row: 1, element: 1, value: 4
row: 1, element: 2, value: 5
row: 1, element: 3, value: 6
row: 1, element: 4, value: 7
row: 1, element: 5, value: 8
row: 2, element: 0, value: 9
row: 2, element: 1, value: 10
row: 2, element: 2, value: 11
```

6.5 Array 类

用方括号声明数组是 C#中使用 Array 类的表示法。在后台使用 C#语法，会创建一个派生自抽象基类 Array 的新类。这样，就可以使用 Array 类为每个 C#数组定义的方法和属性了。例如，前面就使用了 Length 属性，或者使用 foreach 语句迭代数组。其实这是使用了 Array 类中的 GetEnumerator()方法。

Array 类实现的其他属性有 LongLength 和 Rank。如果数组包含的元素个数超出了整数的取值范围，就可以使用 LongLength 属性来获得元素个数。使用 Rank 属性可以获得数组的维数。

下面通过了解不同的功能来看看 Array 类的其他成员。

6.5.1 创建数组

Array 类是一个抽象类，所以不能使用构造函数来创建数组。但除了可以使用 C#语法创建数组实例之外，还可以使用静态方法 CreateInstance()创建数组。如果事先不知道元素的类型，该静态方法就非常有用，因为类型可以作为 Type 对象传递给 CreateInstance()方法。

下面的例子说明了如何创建类型为 int、大小为 5 的数组。CreateInstance()方法的第 1 个参数应是元素的类型，第 2 个参数定义数组的大小。可以用 SetValue()方法设置对应元素的值，用 GetValue()方法读取对应元素的值(代码文件 SimpleArrays/Program.cs)：

```
Array intArray1 = Array.CreateInstance(typeof(int), 5);
for (int i = 0; i < 5; i++)
{
  intArray1.SetValue(3 * i, i);
}
```

```
for (int i = 0; i < 5; i++)
{
  Console.WriteLine(intArray1.GetValue(i));
}
```

还可以将已创建的数组强制转换成声明为int[]的数组：

```
int[] intArray2 = (int[])intArray1;
```

CreateInstance()方法有许多重载版本，可以创建多维数组和不基于0的数组。下面的例子创建了一个包含2×3个元素的二维数组。第一维基于1，第二维基于10：

```
int[] lengths = { 2, 3 };
int[] lowerBounds = { 1, 10 };
Array racers = Array.CreateInstance(typeof(Person), lengths, lowerBounds);
```

SetValue()方法设置数组的元素，其参数是每一维的索引：

```
racers.SetValue(new Person("Alain", "Prost"), 1, 10);
racers.SetValue(new Person("Emerson", "Fittipaldi", 1, 11);
racers.SetValue(new Person("Ayrton", "Senna"), 1, 12);
racers.SetValue(new Person("Michael", "Schumacher"), 2, 10);
racers.SetValue(new Person("Fernando", "Alonso"), 2, 11);
racers.SetValue(new Person("Jenson", "Button"), 2, 12);
```

尽管数组不是基于0，但可以用一般的C#表示法把它赋值给一个变量。只需要注意不要超出边界即可：

```
Person[,] racers2 = (Person[,])racers;
Person first = racers2[1, 10];
Person last = racers2[2, 12];
```

6.5.2 复制数组

因为数组是引用类型，所以将一个数组变量赋值给另一个数组变量，就会得到两个引用同一数组的变量。为了复制数组，数组实现了ICloneable接口。这个接口定义的Clone()方法会创建数组的浅表副本。

如果数组的元素是值类型，以下代码片段就会复制所有值，如图6-5所示：

```
int[] intArray1 = {1, 2};
int[] intArray2 = (int[])intArray1.Clone();
```

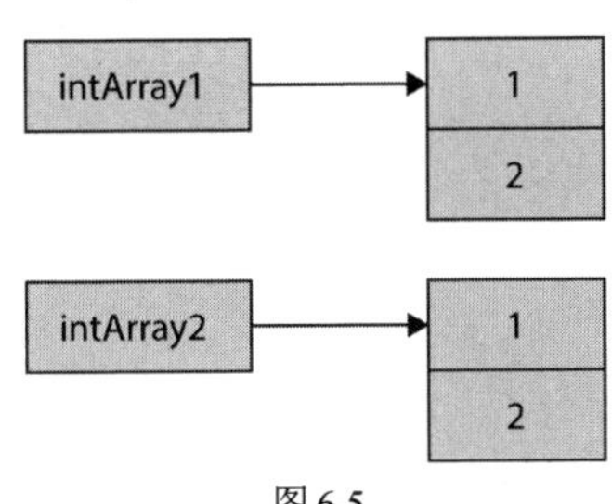

图6-5

如果数组包含引用类型，则不复制元素，而只复制引用。图6-6显示了变量beatles和beatlesClone，其中beatlesClone通过调用beatles的Clone()方法来创建。beatles和beatlesClone引用的Person对象是相同的。如果修改 beatlesClone 中一个元素的属性，就会改变 beatles 中的对应对象(代码文件 SimpleArray/Program.cs)。

```
Person[] beatles = {
  new("John", "Lennon"),
  new("Paul", "McCartney")
};
Person[] beatlesClone = (Person[])beatles.Clone();
```

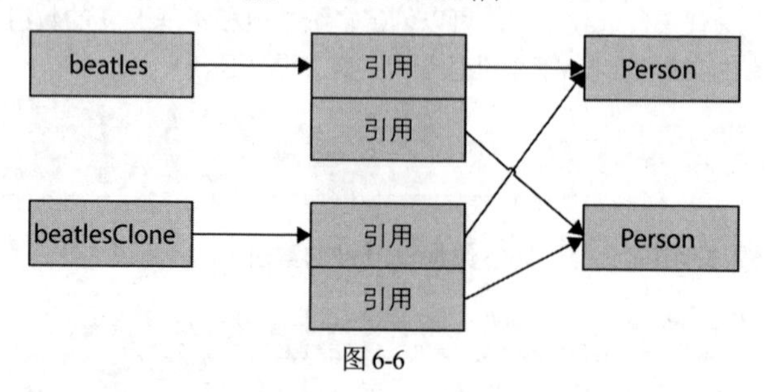

图 6-6

除了使用 Clone()方法之外，还可以使用 Array.Copy()方法创建浅表副本。但 Clone()方法和 Copy()方法有一个重要区别：Clone()方法会创建一个新数组，而 Copy()方法必须传递阶数相同且有足够元素的已有数组。

> **注意：**
> 如果需要包含引用类型的数组的深层副本，就必须迭代数组并创建新对象。

6.5.3 排序

Array 类使用 Quicksort 算法对数组中的元素进行排序。Sort()方法需要数组中的元素实现 IComparable 接口。由于简单类型(如 System.String 和 System.Int32)实现了 IComparable 接口，所以可以对包含这些类型的元素排序。

在示例程序中，数组 names 包含 string 类型的元素，这个数组可以排序(代码文件 SortingSample/Program.cs)。

```
string[] names = {
  "Lady Gaga",
  "Shakira",
  "Beyonce",
  "Ava Max"
};
Array.Sort(names);
foreach (var name in names)
{
  Console.WriteLine(name);
}
```

该应用程序的输出是排好序的数组：

```
Ava Max
Beyonce
Lady Gaga
Shakira
```

如果对数组使用自定义类，就必须实现 IComparable 接口。这个接口只定义了一个方法 CompareTo()，如果要比较的对象相等，该方法就返回 0。如果该实例应排在参数对象的前面，该方法就返回小于 0 的值。如果该实例应排在参数对象的后面，该方法就返回大于 0 的值。

修改 Person 记录，使之实现 IComparable<Person>接口。先使用 String 类中的 Compare()方法对 LastName 的值进行比较。如果 LastName 的值相同，就比较 FirstName(代码文件 SortingSample/Person.cs)：

```
public record Person(string FirstName, string LastName) : IComparable<Person>
{
  public int CompareTo(Person? other)
  {
    if (other == null) return 1;
    int result = string.Compare(this.LastName, other.LastName);
    if (result == 0)
    {
      result = string.Compare(this.FirstName, other.FirstName);
    }
    return result;
  }
//...
```

现在可以按照姓氏对 Person 对象对应的数组排序(代码文件 SortingSample/Program.cs)：

```
Person[] persons = {
  new("Damon", "Hill"),
  new("Niki", "Lauda"),
  new("Ayrton", "Senna"),
  new("Graham", "Hill")
};

Array.Sort(persons);
foreach (var p in persons)
{
  Console.WriteLine(p);
}
```

对 Person 对象使用 Array.Sort()，会得到按姓氏排序的姓名：

```
Damon Hill
Graham Hill
Niki Lauda
Ayrton Senna
```

如果Person对象的排序方式应该与Person类内的实现不同，则比较器类型可以实现IComparer<T>接口。该接口定义了方法 Compare()，它定义了要比较的两个参数。其返回值与 IComparable 接口的 CompareTo()方法类似。

在示例点中，类 PersonComparer 实现了 IComparer<Person>接口，可以按照 FirstName 或 LastName 对 Person 对象排序。枚举 PersonCompareType 定义了可用于 PersonComparer 的排序选项：FirstName 和 LastName。排序方式由 PersonComparer 类的构造函数定义，在该构造函数中设置了一个 PersonCompareType 值。实现 Compare()方法时用一个 switch 语句指定是按 FirstName 还是 LastName 排序(代码文件 SortingSample/PersonComparer.cs)。

```
public enum PersonCompareType
{
```

```
    FirstName,
    LastName
  }

  public class PersonComparer : IComparer<Person>
  {
    private PersonCompareType _compareType;
    public PersonComparer(PersonCompareType compareType) =>
      _compareType = compareType;

    public int Compare(Person? x, Person? y)
    {
      if (x is null && y is null) return 0;
      if (x is null) return 1;
      if (y is null) return -1;

      return _compareType switch
      {
        PersonCompareType.FirstName => x.FirstName.CompareTo(y.FirstName),
        PersonCompareType.LastName => x.LastName.CompareTo(y.LastName),
        _ => throw new ArgumentException("unexpected compare type")
      };
    }
  }
```

现在，可以将一个 PersonComparer 对象传递给 Array.Sort()方法的第 2 个参数。下面按名字对 persons 数组排序(代码文件 SortingSample/Program.cs)：

```
Array.Sort(persons, new PersonComparer(PersonCompareType.FirstName));
foreach (var p in persons)
{
  Console.WriteLine(p);
}
```

persons 数组现在按名字排序：

```
Ayrton Senna
Damon Hill
Graham Hill
Niki Lauda
```

注意：

Array 类还提供了 Sort()方法，它需要将一个委托作为参数。对于这个参数，可以传递方法来比较两个对象，而不需要依赖 IComparable 或 IComparer 接口。第 7 章将介绍如何使用委托。

6.6 数组作为参数

数组可以作为参数传递给方法，也可以从方法返回。要返回一个数组，只需要把数组声明为返回类型，如下面的方法 GetPersons()所示：

```
static Person[] GetPersons() =>
  new Person[] {
    new Person("Damon", "Hill"),
```

```
    new Person("Niki", "Lauda"),
    new Person("Ayrton", "Senna"),
    new Person("Graham", "Hill")
  };
```

要把数组传递给方法，应把数组声明为参数，如下面的 DisplayPersons()方法所示：

```
static void DisplayPersons(Person[] persons)
{
  //...
}
```

6.7 枚举器

使用 foreach 语句可以迭代集合(参见第 8 章)中的元素，而不需要知道集合中的元素个数。foreach 语句使用了一个枚举器。图 6-7 显示了调用 foreach 方法的客户端和集合之间的关系。数组或集合通过 GetEumerator()方法实现 IEumerable 接口。GetEumerator()方法返回一个实现 IEumerator 接口的枚举。接着，foreach 语句就可以使用 IEnumerator 接口迭代集合了。

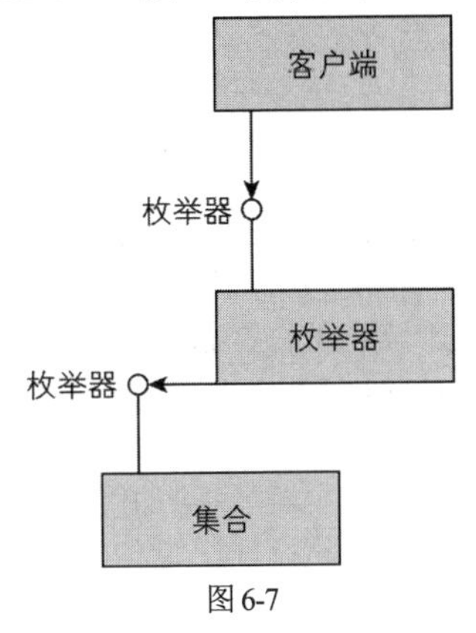

图 6-7

> **注意：**
> GetEnumerator()方法在 IEnumerable 接口内定义。foreach 语句并不需要在集合类中实现这个接口。有一个名为 GetEnumerator()的方法，能够返回实现了 IEnumerator 接口的对象就足够了。

6.7.1 IEnumerator 接口

foreach 语句使用 IEnumerator 接口的方法和属性，迭代集合中的所有元素。为此，IEnumerator 定义了 Current 属性，来返回光标所在的元素，该接口的 MoveNext()方法移动到集合的下一个元素上。如果有这个元素，该方法就返回 true。如果集合不再有更多的元素，该方法就返回 false。

这个接口的泛型版本 IEnumerator<T>派生自接口 IDisposable，因此定义了 Dispose()方法，来清理给枚举器分配的资源。

> **注意：**
> IEnumerator 接口还定义了 Reset()方法，以与 COM 交互操作。许多.NET 枚举器通过抛出 NotSupportedException 类型的异常，来实现这个方法。

6.7.2 foreach 语句

C#的 foreach 语句不会解析为 IL 代码中的 foreach 语句。C#编译器会把 foreach 语句转换为 IEnumerator 接口的方法和属性。下面是一条简单的 foreach 语句，它迭代 persons 数组中的所有元素，并逐个显示它们：

```
foreach (var p in persons)
{
  Console.WriteLine(p);
}
```

foreach 语句会解析为下面的代码片段。首先，调用 GetEnumerator()方法，获得数组的一个枚举器。在 while 循环中，只要 MoveNext()返回 true，就用 Current 属性访问数组中的元素：

```
IEnumerator<Person> enumerator = persons.GetEnumerator();
while (enumerator.MoveNext())
{
  Person p = enumerator.Current;
  Console.WriteLine(p);
}
```

6.7.3 yield 语句

借助于 foreach 语句，很容易使用 IEumerable 和 IEnumerator 接口，因为编译器会转换代码来使用这些接口的成员。为创建实现这些接口的类，编译器提供了 yield 语句。使用 yield return 和 yield break 时，编译器会生成一个状态机，以迭代实现了这些接口的成员的一个集合。yield return 返回集合的一个元素，并移动到下一个元素；yield break 停止迭代。当方法完成时，迭代也会自动停止，所以只有在需要提前停止迭代时才使用 yield break。

下面的例子是用 yield return 语句实现一个简单集合的代码。HelloCollection 类包含 GetEnumerator()方法。该方法的实现代码包含两条 yield return 语句，它们分别返回字符串 Hello 和 World(代码文件 YieldSample/Program.cs)。

```
class HelloCollection
{
  public IEnumerator<string> GetEnumerator()
  {
    yield return "Hello";
    yield return "World";
  }
}
```

注意：

包含 yield 语句的方法或属性也称为迭代块。迭代块必须声明为返回 IEnumerator 或 IEnumerable 接口，或者这些接口的泛型版本。这个块可以包含多条 yield return 语句或 yield break 语句，但不能包含 return 语句。

现在可以用 foreach 语句迭代集合了：

```
public void HelloWorld()
{
```

```
    HelloCollection helloCollection = new();
    foreach (string s in helloCollection)
    {
      Console.WriteLine(s);
    }
  }
```

注意：

yield 语句会生成一个枚举器，而不仅仅生成一个包含项的列表。这个枚举器使用 foreach 语句调用。从 foreach 中依次访问每一项时，就会访问枚举器。这样就可以迭代大量的数据，而不需要一次把所有的数据都读入内存。

迭代集合的不同方式

在下面这个比 Hello World 示例略大但更真实的示例中，可以使用 yield return 语句，以不同方式迭代集合。MusicTitles 类可以用默认方式通过 GetEnumerator()方法迭代标题，用 Reverse()方法逆序迭代标题，用 Subset()方法迭代子集(代码文件 YieldSample/MusicTitles.cs)：

```
public class MusicTitles
{
  string[] names = {"Tubular Bells", "Hergest Ridge", "Ommadawn", "Platinum"};

  public IEnumerator<string> GetEnumerator()
  {
    for (int i = 0; i < 4; i++)
    {
      yield return names[i];
    }
  }

  public IEnumerable<string> Reverse()
  {
    for (int i = 3; i >= 0; i--)
    {
      yield return names[i];
    }
  }

  public IEnumerable<string> Subset(int index, int length)
  {
    for (int i = index; i < index + length; i++)
    {
      yield return names[i];
    }
  }
}
```

注意：

类支持的默认迭代是定义为返回 IEnumerator 的 GetEnumerator()方法。命名的迭代返回 IEnumerable。

迭代字符串数组的客户端代码先使用 GetEnumerator()方法，该方法不必在代码中编写，因为这是 foreach 语句默认使用的方法。然后逆序迭代标题，最后将索引和要迭代的项数传递给 Subset()方法，来迭代子集(代码文件 YieldSample/Program.cs)：

```
MusicTitles titles = new();
foreach (var title in titles)
{
  Console.WriteLine(title);
}
Console.WriteLine();

Console.WriteLine("reverse");
foreach (var title in titles.Reverse())
{
  Console.WriteLine(title);
}
Console.WriteLine();

Console.WriteLine("subset");
foreach (var title in titles.Subset(2, 2))
{
  Console.WriteLine(title);
}
```

6.8 对数组使用 Span

为了快速访问托管或非托管的连续内存，可以使用 Span<T>结构。一个可以使用 Span<T>的例子是数组，Span<T> 结构在后台保存连续的内存。另一个使用 Span<T>的例子是长字符串。

使用 Span<T>，可以直接访问数组元素。数组的元素没有复制，但是可以直接使用它们，这比复制要快。

在下面的代码片段中，首先创建并初始化一个简单的 int 数组。调用构造函数，并将数组传递给 Span<int>，以创建一个 Span<int>对象。Span<T>类型提供了一个索引器，因此可以使用这个索引器访问 Span<T>的元素。这里，第二个元素的值改为 11。由于数组 arr1 是在 span 中引用的，因此通过改变 Span<T>元素来改变数组的第二个元素。最后，从这个方法返回该 span，因为顶级语句会把它传递给后面的方法(代码文件 SpanSample/Program.cs)：

```
Span<int> IntroSpans()
{
  int[] arr1 = { 1, 4, 5, 11, 13, 18 };
  Span<int> span1 = new(arr1);
  span1[1] = 11;
  Console.WriteLine($"arr1[1] is changed via span1[1]: {arr1[1]}");
  return span1;
}
```

6.8.1 创建切片

Span<T>的一个强大特性是，可以使用它访问数组的部分或切片。使用切片时，不会复制数组元素，它们是从 span 中直接访问的。

下面的代码片段展示了创建切片的两种方法。第一种方法是，使用一个构造函数重载版本传递应使用的数组的开头和长度。使用变量 span3 引用这个新创建的 Span<int>，它只能从第四个元素开始，访问数组 arr2 的 3 个元素。构造函数还有另一个重载版本，它可以仅传递切片的开头。在这个重载版本中，会提取数组的剩余部分，一直到数组的末尾。调用 Slice()方法，也可以从 Span<T>对象创建一个切片。它有类似的重载版本。通过变量 span4，使用之前创建的 span1 创建一个包含 4 个元素的切片，且从 span1 的第 3 个元素开始(代码文件 SpanSample/Program.cs)：

```
private static Span<int> CreateSlices(Span<int> span1)
{
  Console.WriteLine(nameof(CreateSlices));
  int[] arr2 = { 3, 5, 7, 9, 11, 13, 15 };
  Span<int> span2 = new(arr2);
  Span<int> span3 = new(arr2, start: 3, length: 3);
  Span<int> span4 = span1.Slice(start: 2, length: 4);

  DisplaySpan("content of span3", span3);
  DisplaySpan("content of span4", span4);
  Console.WriteLine();
  return span2;
}
```

DisplaySpan()方法用于显示 span 的内容。下面代码片段中的方法利用了 ReadOnlySpan。如果不需要更改 span 引用的内容，就可以使用这个 span 类型，就像 DisplaySpan()方法一样。ReadOnlySpan<T>在本章后面将详细讨论：

```
private static void DisplaySpan(string title, ReadOnlySpan<int> span)
{
  Console.WriteLine(title);
  for (int i = 0; i < span.Length; i++)
  {
    Console.Write($"{span[i]}.");
  }
  Console.WriteLine();
}
```

运行应用程序，显示 span3 和 span4 的内容，它们是 arr2 和 arr1 的子集。

```
content of span3
9.11.13.
content of span4
6.8.10.12.
```

注意：

Span<T>是安全的，不会越界。如果在创建的 span 超出包含的数组长度，就会抛出 ArgumentOutOfRangeException 类型的异常。阅读第 10 章，了解关于异常处理的更多信息。

6.8.2 使用 Span 改变值

前面介绍了如何使用 Span <T>类型的索引器，直接更改由 span 引用的数组元素。下面的代码片段显示了更多的选项。

可以调用 Clear()方法，该方法用 0 填充包含 int 类型的 span；可以调用 Fill()方法，用传递给 Fill()方法的值来填充 span；可以将一个 Span<T>复制到另一个 Span<T>。在 CopyTo()方法中，如果目标 span 不够大，就会抛出 ArgumentException 类型的异常。可以使用 TryCopyTo()方法来避免这个结果。如果目标 span 不够大，此方法不会抛出异常；而是返回 false，因为复制没有成功 (代码文件

SpanSample/Program.cs)：

```
private static void ChangeValues(Span<int> span1, Span<int> span2)
{
  Console.WriteLine(nameof(ChangeValues));
  Span<int> span4 = span1.Slice(start: 4);
  span4.Clear();
  DisplaySpan("content of span1", span1);
  Span<int> span5 = span2.Slice(start: 3, length: 3);
  span5.Fill(42);
  DisplaySpan("content of span2", span2);
  span5.CopyTo(span1);
  DisplaySpan("content of span1", span1);
  if (!span1.TryCopyTo(span4))
  {
    Console.WriteLine("Couldn't copy span1 to span4 because span4 is " +
      "too small");
    Console.WriteLine($"length of span4: {span4.Length}, length of " +
      $"span1: {span1.Length}");
  }
  Console.WriteLine();
}
```

运行应用程序时，可以看到 span1 的内容，其中的最后两个数使用 span4 清除，还可以看到 span2 的内容，其中有三个元素用 span5 来填充值 42，也可以看到 span1 的内容，其中前三个数字从 span5 中复制。从 span1 复制到 span4 不成功，因为 span4 的长度只有 4，而 span1 的长度是 6：

```
content of span1
2.11.6.8.0.0.
content of span2
3.5.7.42.42.42.15.
content of span1
42.42.42.8.0.0.
Couldn't copy span1 to span4 because span4 is too small
length of span4: 2, length of span1: 6
```

6.8.3 只读的 Span

如果只需要对数组片段进行读访问，就可以使用 ReadOnlySpan<T>，如前面的 DisplaySpan()方法所示。对于 ReadOnlySpan<T>，索引器是只读的，并且这种类型没有提供 Clear ()和 Fill()方法。但是，可以调用 CopyTo()方法，将 ReadOnlySpan<T>的内容复制到 Span<T>。

下面的代码片段使用 ReadOnlySpan<T>的构造函数从一个数组创建了 readOnlySpan1，readOnlySpan2 和 readOnlySpan3 是由 Span<int>和 int[]的直接赋值创建的。隐式强制转换运算符可用于 ReadOnlySpan<T>(代码文件 SpanSample/Program.cs)：

```
void ReadonlySpan(Span<int> span1)
{
  Console.WriteLine(nameof(ReadonlySpan));
  int[] arr = span1.ToArray();
  ReadOnlySpan<int> readOnlySpan1 = new(arr);
  DisplaySpan("readOnlySpan1", readOnlySpan1);

  ReadOnlySpan<int> readOnlySpan2 = span1;
  DisplaySpan("readOnlySpan2", readOnlySpan2);
```

```
    ReadOnlySpan<int> readOnlySpan3 = arr;
    DisplaySpan("readOnlySpan3", readOnlySpan3);
    Console.WriteLine();
}
```

注意：
第 5 章介绍了如何实现隐式类型强制转换运算符。第 13 章将介绍关于 span 的更多内容。

注意：
本书的先前版本演示了 ArraySegment<T>的用法，尽管 ArraySegment<T>仍然可用，但它有一些缺点，可以使用更灵活的 Span<T>作为替换。如果已经使用了 ArraySegment<T>，可以保留代码并与 span 交互。Span<T>的构造函数也允许传递 ArraySegment<T>来创建 Span<T>实例。

6.9 索引和范围

从 C# 8 开始，C#中包含了基于 Index 和 Range 类型的索引和范围，以及范围和 hat 运算符。使用 hat 运算符可以从尾端访问元素。

6.9.1 索引和 hat 运算符

首先创建下面的数组，它包含 9 个整数值(代码文件 IndicesAndRanges/Program.cs)：

```
int[] data = { 1, 2, 3, 4, 5, 6, 7, 8, 9 };
```

访问数组的第一个元素和最后一个元素的传统方式是使用 Array 类实现的索引器，传入代表第 n 个元素的整数值。0 代表第一个元素，数组长度减去 1 代表最后一个元素：

```
int first1 = data[0];
int last1 = data[data.Length - 1];
Console.WriteLine($"first: {first1}, last: {last1}");
```

使用 hat 运算符(^)时，可以使用^1 访问最后一个元素，也就不再需要使用基于长度的计算：

```
int last2 = data[^1];
Console.WriteLine(last2);
```

在后台，使用了 Index 结构类型。由于实现了从 int 到 Index 的隐式类型强制转换，所以可以将 int 值赋值给 Index 类型。使用此运算符时，编译器会创建一个 Index，并将 IsFromEnd 属性初始化为 true。将 Index 传递给索引器时，编译器会将其值转换为 int。如果 Index 从尾端开始，则使用 Length 或 Count 属性进行计算(取决于什么属性可用)：

```
Index firstIndex = 0;
Index lastIndex = ^1;
int first3 = data[firstIndex];
int last3 = data[lastIndex];
Console.WriteLine($"first: {first3}, last: {last3}");
```

6.9.2 范围

为了访问数组的一个范围，可以使用底层 Range 类型支持的范围运算符(..)。在示例代码中，实现了 ShowRange()方法，将数组的值显示为一个字符串(代码文件 IndicesAndRanges/Program.cs)：

```
void ShowRange(string title, int[] data)
{
  Console.WriteLine(title);
  Console.WriteLine(string.Join(" ", data));
  Console.WriteLine();
}
```

通过在调用这个方法时使用范围运算符传入不同的值，可以看到范围的各种形式。范围是通过..运算符来定义的，其左侧和右侧可以指定 Index。如果忽略..运算符左侧的 Index，则范围从首端开始。如果忽略..右侧的 Index，则范围一直到尾端结束。如果对数组使用..运算符，但在左右两侧都不指定 Index，将返回整个数组。

左侧的 Index 指定的值包含在范围内，右侧的 Index 指定的值不包含在范围内。对于范围的尾端，需要指定想要访问的最后一个元素的下一个元素。前面在使用 Index 类型时，看到了^1 引用集合的最后一个值。在范围的右侧使用 Index 时，必须使用^0 来指定最后一个元素的下一个元素(记住，范围运算符的右侧不包含在范围内)。

在下面的代码示例中，通过使用..指定了一个完整的范围，使用 0..3 指定了前 3 个元素，使用 3..6 指定了第 4 个到第 6 个元素，最后通过从尾端开始统计，使用^3..^0 指定了最后 3 个元素：

```
ShowRange("full range", data[..]);
ShowRange("first three", data[0..3]);
ShowRange("fourth to sixth", data[3..6]);
ShowRange("last three", data[^3..^0]);
```

在后台，使用了 Range 结构类型，可以把范围赋值给 Range 类型的变量：

```
Range fullRange = ..;
Range firstThree = 0..3;
Range fourthToSixth = 3..6;
Range lastThree = ^3..^0;
```

Range 类型定义了一个传递两个 Index 值作为开始和结束位置的构造函数，返回 Index 的 End 和 Start 属性，以及一个 GetOffsetAndLength()方法，它返回由范围的偏移和长度构成的元组。

6.9.3　高效地修改数组内容

使用数组的范围时，数组元素将被复制。修改范围内的值时，数组的原值不会发生变化。但是，如“对数组使用 Span”小节所述，Span 允许直接访问数组的切片。Span 类型也支持索引和范围，所以通过访问 Span 类型的范围，可以修改数组的内容。

下面的代码片段访问数组的一个切片，然后修改该切片的第一个元素。数组的原值没有改变，因为这里发生了复制。在其后的代码行中，使用 AsSpan()方法创建了一个 Span 来访问数组。这个 Span 使用了范围运算符，这会调用 Span 的 Slice()方法。修改这个切片的值时，将使用该切片的索引器直接访问并修改数组(代码文件 IndicesAndRanges/Program.cs)：

```
var slice1 = data[3..5];
slice1[0] = 42;
Console.WriteLine($"value in array didn't change: {data[3]}, " +
  $"value from slice: {slice1[0]}");
var sliceToSpan = data.AsSpan()[3..5];
sliceToSpan[0] = 42;
Console.WriteLine($"value in array: {data[3]}, value from slice: {sliceToSpan[0]}");
```

6.9.4 自定义集合的索引和范围

要让自定义集合支持索引和范围，并不需要做太多工作。为了支持 hat 运算符，MyCollection 类实现了索引器和 Length 属性。为了支持范围，可以创建一个接受 Range 类型作为参数的方法，或者更简单的方法是创建一个名为 Slice()的方法，使它有两个 int 参数，并返回需要的类型。编译器会转换范围来计算 start 和 length(代码文件 IndicesAndRanges/MyCollection.cs)：

```
using System;
using System.Linq;

public class MyCollection
{
  private int[] _array = Enumerable.Range(1, 100).ToArray();

  public int Length => _array.Length;

  public int this[int index]
  {
    get => _array[index];
    set => _array[index] = value;
  }

  public int[] Slice(int start, int length)
  {
    var slice = new int[length];
    Array.Copy(_array, start, slice, 0, length);
    return slice;
  }
}
```

集合被初始化。通过上面实现的几行代码，可以在索引器中使用 hat 运算符，再加上范围运算符，编译器会转换代码来调用 Slice()方法(代码文件 IndicesAndRanges/Program.cs)：

```
MyCollection coll = new();
int n = coll[^20];
Console.WriteLine($"Item from the collection: {n}");
ShowRange("Using custom collection", coll[45..^40]);
```

6.10 数组池

如果一个应用程序创建和销毁了许多数组，就需要垃圾收集器工作了。为了减少垃圾收集器的工作，可以通过 ArrayPool 类(包含在 System.Buffers 名称空间中)使用数组池。ArrayPool 管理一个数组池。数组可以从这里租借，并返回到池中。内存在 ArrayPool 中管理。

6.10.1 创建数组池

通过调用静态 Create()方法，可以创建 ArrayPool<T>。为了提高效率，数组池在多个桶中为大小类似的数组管理内存。使用 Create()方法，可以在需要另一个桶之前，定义桶中的最大数组长度和数组的数量：

```
ArrayPool<int> customPool = ArrayPool<int>.Create(
```

```
    maxArrayLength: 40000, maxArraysPerBucket: 10);
```

maxArrayLength 的默认值是 1024 * 1024 字节，maxArraysPerBucket 的默认值是 50。数组池使用多个桶，以便在使用多个数组时更快地访问数组。只要还没有到达数组的最大数量，大小类似的数组就可以尽可能保存在同一个桶中。

还可以通过访问 ArrayPool<T>类的 Shared 属性，来使用预定义的共享池：

```
ArrayPool<int> sharedPool = ArrayPool<int>.Shared;
```

6.10.2 从池中租用内存

调用 Rent()方法可以请求池中的内存。Rent()方法接受应请求的最小数组长度。如果池中已经有内存，则返回该内存。如果内存不可用，就给池分配内存，然后返回。在下面的代码片段中，在 for 循环中请求一个包含 1024、2048、3096 等元素的数组(代码文件 ArrayPoolSample/Program.cs)：

```
private static void UseSharedPool()
{
  for (int i = 0; i < 10; i++)
  {
    int arrayLength = (i + 1) << 10;
    int[] arr = ArrayPool<int>.Shared.Rent(arrayLength);
    Console.WriteLine($"requested an array of {arrayLength} " +
      $"and received {arr.Length}");
    //...
  }
}
```

Rent()方法返回一个数组，其中至少包含所请求的元素个数。返回的数组可能有更多的可用内存。共享池中的数组至少有 16 个元素。托管数组的元素计数总是成倍增加，例如，16、32、64、128、256、512、1024、2048、4096、8192 个元素等。

运行应用程序时，如果请求的数组大小不符合池管理的数组，就返回较大的数组：

```
requested an array of 1024 and received 1024
requested an array of 2048 and received 2048
requested an array of 3072 and received 4096
requested an array of 4096 and received 4096
requested an array of 5120 and received 8192
requested an array of 6144 and received 8192
requested an array of 7168 and received 8192
requested an array of 8192 and received 8192
requested an array of 9216 and received 16384
requested an array of 10240 and received 16384
```

6.10.3 将内存返回给池

不再需要数组时，可以将其返回到池中。数组返回后，可以稍后再用另一个 Rent 来重用它。

调用数组池的 Return()方法并将数组传递给 Return()方法，将数组返回到池中。使用一个可选参数，可以指定在返回池之前是否清除该数组。如果不清除它，下一个从池中租用数组的人可以读取数据。清除数据可以避免这一点，但是需要更多的 CPU 时间(代码文件 ArrayPoolSample/Program.cs)：

```
ArrayPool<int>.Shared.Return(arr, clearArray: true);
```

> **注意：**
> 第13章讨论了垃圾收集器以及如何获取内存地址的信息。

6.11 BitArray

如果需要使用位数组，可以使用BitArray类型(它包含在System.Collections名称空间中)。BitArray是一个引用类型，它包含一个int数组，其中每32位使用一个新整数。BitArray定义了Count和Length属性，一个索引器，一个根据传递的参数设置所有位的SetAll()方法，一个翻转位的Not()方法，以及用于二进制AND、OR和异或的And()、Or()和Xor()方法。

> **注意：**
> 第5章中介绍了按位运算符，它可以用于数字类型(如byte、short、int和long)。BitArray类具有类似的功能，但是可以用于和C#类型不同数量的位。

在下面的代码示例中，扩展方法GetBitsFormat()遍历BitArray，根据位的设置情况，将1或0写入一个StringBuilder。为了获得更好的可读性，每4位添加了一个分隔符(代码文件BitArraySample/BitArrayExtensions.cs)：

```
public static class BitArrayExtensions
{
  public static string GetBitsFormat(this BitArray bits)
  {
    StringBuilder sb = new();
    for (int i = bits.Length - 1; i >= 0; i--)
    {
      sb.Append(bits[i] ? 1 : 0);
      if (i != 0 && i % 4 == 0)
      {
        sb.Append("_");
      }
    }
    return sb.ToString();
  }
}
```

下面演示BitArray类的示例创建了一个包含9位的数组，其索引是0~8。SetAll()方法把这9位都设置为true。接着Set()方法把对应于1的位设置为false。除了Set()方法之外，还可以使用索引器，例如，下面使用了第5个和第7个索引(代码文件BitArraySample/Program.cs)：

```
BitArray bits1 = new(9);
bits1.SetAll(true);
bits1.Set(1, false);
bits1[5] = false;
bits1[7] = false;
Console.Write("initialized: ");
Console.WriteLine(bits1.GetBitsFormat());
Console.WriteLine();
```

这是初始化位的显示结果：

```
initialized: 1_0101_1101
```

Not()方法会对 BitArray 的位取反：

```
Console.WriteLine($"NOT {bits1.FormatString()}");
bits1.Not();
Console.WriteLine($" = {bits1.FormatString()}");
Console.WriteLine();
```

Not()方法的结果是对所有的位取反。如果某位是 true，则执行 Not()方法的结果就是 false，反之亦然。

```
NOT 1_0101_1101
  = 0_1010_0010
```

这里创建了一个新的 BitArray 类。在构造函数中，因为使用变量 bits1 初始化数组，所以新数组与旧数组有相同的值。接着把第 0、1 和 4 位的值设置为不同的值。在使用 Or()方法之前，显示位数组 bits1 和 bits2。Or()方法将改变 bits1 的值：

```
BitArray bits2 = new(bits1);
bits2[0] = true;
bits2[1] = false;
bits2[4] = true;
Console.WriteLine($"   {bits1.FormatString()}");
Console.WriteLine($"OR {bits2.FormatString()}");
bits1.Or(bits2);
Console.WriteLine($"=  {bits1.FormatString()}");
Console.WriteLine();
```

使用 Or()方法时，从两个输入数组中提取设置位。结果是，如果某位在第一个或第二个数组中设置为 true，该位在执行 Or()方法后就是 true：

```
   0_1010_0010
OR 0_1011_0001
=  0_1011_0011
```

下面将 And()方法用于位数组 bits1 和 bits2：

```
Console.WriteLine($"    {bits2.FormatString()}");
Console.WriteLine($"AND {bits1.FormatString()}");
bits2.And(bits1);
Console.WriteLine($"=   {bits2.FormatString()}");
Console.WriteLine();
```

And()方法只把在两个输入数组中都设置为 true 的位设置为 true：

```
    0_1011_0001
AND 0_1011_0011
=   0_1011_0001
```

最后，使用 Xor()方法进行异或操作：

```
Console.WriteLine($"    {bits1.FormatString()} ");
Console.WriteLine($"XOR {bits2.FormatString()}");
bits1.Xor(bits2);
Console.WriteLine($"=   {bits1.FormatString()}");
Console.ReadLine();
```

使用 Xor()方法，只有在一个(不能是两个)输入数组的位设置为 1 的情况下，结果位才是 1。

```
    0_1011_0011
XOR 0_1011_0001
=   0_0000_0010
```

6.12 小结

本章介绍了创建和使用简单数组、多维数组和锯齿数组的 C#表示法。C#数组在后台使用 Array 类，这样就可以用数组变量调用这个类的属性和方法。

我们还探讨了如何使用 IComparable 和 IComparer 接口给数组中的元素排序，描述了如何创建和使用枚举器、IEnumerable 和 IEnumerator 接口，以及 yield 语句。

还介绍了如何通过 Span<T>类型高效地访问数组切片，以及 C#中的范围和索引。

本章最后的几个小节介绍了如何通过 ArrayPool 高效地使用数组，以及如何使用 BitArray 类型处理位数组。

第 7 章介绍 C#的更多重要功能：委托、lambda 和事件。

第7章 委托、lambda 表达式和事件

本章要点

- 委托
- lambda 表达式
- 闭包
- 事件

本章源代码：

通过扫描封底二维码下载本书源代码。本章源代码可以在代码文件的 1_CS/Delegates 目录中找到。

本章代码分为以下几个主要的示例文件：

- SimpleDelegates
- MulticastDelegates
- LambdaExpressions
- EventsSample

所有项目都启用了可空引用。

7.1 引用方法

委托是寻址方法的.NET 版本，是一个或多个方法的面向对象的、类型安全的指针。lambda 表达式与委托直接相关。当参数是委托类型时，就可以使用 lambda 表达式实现委托引用的方法。

本章介绍委托和 lambda 表达式的基础知识，说明如何通过 lambda 表达式实现委托方法调用，并阐述.NET 如何将委托用作实现事件的方式。

注意：

C# 9 引入了“函数指针”的概念，这是托管或原生方法的直接指针，没有委托的开销。第 13 章将介绍函数指针。

7.2 委托

第 4 章介绍了如何使用接口作为一种契约。如果方法的参数是接口类型，则在该方法的实现中，可以使用该接口的任何成员，但不依赖于该接口的具体实现。实际上，可以独立于方法实现来创建接口的实现。类似，可以将方法声明为接受委托类型的参数。接受委托参数的方法可以调用该委托引用的方法。与接口类似，可以独立于调用委托的方法，创建委托引用的方法的实现。

通过使用一些示例进行说明，将委托传递给方法的概念就变得更加清晰了：

- 任务——使用任务可以定义一个执行序列，该执行序列应该与主任务中正在运行的代码并行运行。通过调用 Task 的 Run()方法，并通过委托传入一个方法的地址，就可以在该任务中调用这个方法。第 11 章将介绍任务。
- LINQ——LINQ 是通过使用扩展方法实现的，这些扩展方法接受一个委托作为参数。通过委托可以传递功能，例如如何定义两个值的比较。第 9 章将详细讨论 LINQ。
- 事件——使用事件时，将触发事件的发布者和监听事件的订阅者分隔开。发布者和订阅者之间被解耦。它们之间的共同点是委托的契约。本章后面将详细讨论事件。

7.2.1 声明委托

在 C#中使用一个类时，分两个阶段操作。首先，需要定义这个类，即告诉编译器这个类由什么字段和方法组成。然后(除非只使用静态方法)，实例化该类的一个对象。使用委托时，也需要经过这两个步骤。首先必须声明要使用的委托。声明委托意味着告诉编译器，这种类型的委托表示哪种类型的方法。然后，必须创建该委托的一个或多个实例。委托类型在底层是一个类，但委托的特殊语法将细节隐藏了起来。

声明委托的语法如下：

```
delegate void IntMethodInvoker(int x);
```

在这个示例中，声明了一个委托 IntMethodInvoker，并指定该委托的每个实例都可以包含这样一个方法的引用：该方法带有一个 int 参数，并返回 void。理解委托的一个要点是，它们是类型安全的。在定义委托时，必须给出它所表示的方法的签名和返回类型等全部细节。

> **注意：**
> 理解委托的一种好方式是把委托视为给方法的签名和返回类型指定名称。

假定要定义一个委托 TwoLongsOp，该委托表示的方法有两个 long 型参数，返回类型为 double。可以编写如下代码：

```
delegate double TwoLongsOp(long first, long second);
```

或者要定义一个委托，它表示的方法不带参数，返回一个 string 型的值，可以编写如下代码(代码文件 GetAStringDemo/Program.cs)：

```
//...
delegate string GetAString();
```

其语法类似于方法的定义，但没有方法主体，且定义的前面要加上关键字 delegate。因为定义委托基本上是定义一个新类，所以可以在能够定义类的任何地方定义委托。也就是说，可以在另一个类的内部定义委托，也可以在任何类的外部定义，还可以在名称空间中把委托定义为顶层对象。根据定义的可见性和委托的作用域，可以把应用于类的访问修饰符应用于委托的定义，以指定其可见性：

```
public delegate string GetAString();
```

> **注意：**
> 委托实现为派生自基类 System.MulticastDelegate 的类，System.MulticastDelegate 又派生自基类 System.Delegate。C#编译器能识别这个类，使用委托语法隐藏该类的操作的细节。

定义好委托后，就可以创建它的一个实例，从而用该实例存储特定方法的细节。

7.2.2　使用委托

下面的代码段说明了如何使用委托。这是一种相当冗长的方式来在 int 值上调用 ToString()方法(代码文件 GetAStringDemo/Program.cs)：

```
int x = 40;
GetAString firstStringMethod = new GetAString(x.ToString);
Console.WriteLine($"String is {firstStringMethod()}");
//...
```

在这段代码中，实例化类型为 GetAString 的委托，并对它进行初始化，使其引用整型变量 x 的 ToString()方法。委托总是使用接受一个参数的构造函数，这个参数是一个方法的地址。这个方法必须匹配最初定义委托时的签名和返回类型。因为 ToString()是一个实例方法(不是静态方法)，所以需要在参数中提供实例。

下一行代码调用这个委托来显示字符串。在任何代码中，提供委托实例的名称并在后面的圆括号中包含参数，与调用该委托封装的方法效果相同。

实际上，给委托实例提供圆括号与调用委托类的 Invoke()方法完全相同。因为 firstStringMethod 是委托类型的一个变量，所以 C#编译器会用 firstStringMethod.Invoke()代替 firstStringMethod()。

```
firstStringMethod();
firstStringMethod.Invoke();
```

为了减少输入量，在需要委托实例的每个位置可以只传递地址的名称。这称为委托推断。只要编译器可以把委托实例解析为特定的类型，这个 C#特性就是有效的。下面的示例用 GetAString 委托的一个新实例初始化 GetAString 类型的 firstStringMethod 变量：

```
GetAString firstStringMethod = new GetAString(x.ToString);
```

只要用变量 x 将方法名传递给变量 firstStringMethod，就可以编写出作用相同的代码：

```
GetAString firstStringMethod = x.ToString;
```

C#编译器创建的代码是一样的。编译器检测到 firstStringMethod 需要委托类型，因此它创建 GetAString 委托类型的一个实例，并将对象 x 的方法的地址传递给构造函数。

> **注意：**
> 不能在方法名称的后面添加圆括号，如 x.ToString()，然后将其传递给委托变量，因为这么做是在调用方法。调用 ToString()方法会返回一个不能赋值给委托变量的字符串对象。只能把方法的地址赋值给委托变量。

委托推断可以在需要委托实例的任何地方使用。委托推断也可以用于事件，因为事件基于委托(参见本章后面的内容)。

委托的一个特征是它们是类型安全的，可以确保被调用的方法的签名是正确的。但有趣的是，它们不关心在什么类型的对象上调用该方法，甚至不考虑该方法是静态方法还是实例方法。

注意：

给定委托的实例可以引用任何类型的任何对象上的实例方法或静态方法，只要方法的签名匹配委托的签名即可。

为了说明这一点，扩展上面的代码片段，让它使用 firstStringMethod 委托在另一个对象上调用其他两个方法，其中一个是实例方法，另一个是静态方法。为此，定义了一个 Currency 结构。Currency 结构有自己的 ToString()重载方法和一个与 GetCurrencyUnit()签名相同的静态方法。这样，就可以用同一个委托变量调用这些方法(代码文件 GetAStringDemo/Currency.cs)：

```
struct Currency
{
  public uint Dollars;
  public ushort Cents;
  public Currency(uint dollars, ushort cents)
  {
    Dollars = dollars;
    Cents = cents;
  }

  public override string ToString() => $"${Dollars}.{Cents,2:00}";

  public static string GetCurrencyUnit() => "Dollar";

  public static explicit operator Currency (float value)
  {
    checked
    {
      uint dollars = (uint)value;
      ushort cents = (ushort)((value - dollars) * 100);
      return new Currency(dollars, cents);
    }
  }

  public static implicit operator float (Currency value) =>
    value.Dollars + (value.Cents / 100.0f);

  public static implicit operator Currency (uint value) =>
    new Currency(value, 0);

  public static implicit operator uint (Currency value) =>
    value.Dollars;
}
```

下面可以使用 GetAString 实例，代码如下所示(代码文件 GetAStringDemo/Program.cs)：

```
private delegate string GetAString();

//...
var balance = new Currency(34, 50);
```

```
// firstStringMethod references an instance method
firstStringMethod = balance.ToString;
Console.WriteLine($"String is {firstStringMethod()}");

// firstStringMethod references a static method
firstStringMethod = new GetAString(Currency.GetCurrencyUnit);
Console.WriteLine($"String is {firstStringMethod()}");
```

这段代码说明了如何通过委托来调用方法，然后重新指定委托，使其引用类的不同实例上的不同方法(甚至是静态方法)，或者不同类型的类的实例上的方法，只要每个方法的签名匹配委托定义即可。

运行此应用程序，会得到委托引用的不同方法的输出结果：

```
String is 40
String is $34.50
String is Dollar
```

了解了委托的基础知识后，我们来介绍委托的一种实际用法：将委托传递给方法。

7.2.3　将委托传递给方法

在这个示例中，定义一个类 MathOperations，它有两个静态方法，对 double 类型的值执行两种操作。然后使用委托来调用这些方法。MathOperations 类如下所示(代码文件 SimpleDelegates/MathOperations)：

```
public static class MathOperations
{
  public static double MultiplyByTwo(double value) => value * 2;
  public static double Square(double value) => value * value;
}
```

下面调用这些方法(代码文件 SimpleDelegates/Program.cs)：

```
using System;

DoubleOp[] operations =
{
  MathOperations.MultiplyByTwo,
  MathOperations.Square
};

for (int i=0; i < operations.Length; i++)
{
  Console.WriteLine($"Using operations[{i}]");
  ProcessAndDisplayNumber(operations[i], 2.0);
  ProcessAndDisplayNumber(operations[i], 7.94);
  ProcessAndDisplayNumber(operations[i], 1.414);
  Console.WriteLine();
}

void ProcessAndDisplayNumber(DoubleOp action, double value)
{
  double result = action(value);
  Console.WriteLine($"Value is {value}, result of operation is {result}");
}

delegate double DoubleOp(double x);
```

在这段代码中，实例化了一个 DoubleOp 委托的数组(记住，一旦定义了委托类，就可以实例化它的实例，就像可以实例化一般的类那样，所以把一些委托的实例放在数组中是可行的)。该数组的每个元素都初始化为引用 MathOperations 类实现的不同操作。遍历这个数组，把每个操作应用到 3 个不同的值上。这说明了使用委托的一种方式——把方法组合到一个数组中来使用，这样就可以在循环中调用不同的方法了。

这段代码的关键是把每个委托实际传递给 ProcessAndDisplayNumber()方法的那些代码行，例如：

```
ProcessAndDisplayNumber(operations[i], 2.0);
```

代码中传递了委托名，但不带任何参数。假定 operations[i]是一个委托，在语法上，下列表达是成立的：

- operations[i]表示这个委托。换言之，就是委托表示的方法。
- operations[i](2.0)表示实际上调用这个方法，参数值放在圆括号中。

ProcessAndDisplayNumber()方法定义为把一个委托作为其第一个参数：

```
void ProcessAndDisplayNumber(DoubleOp action, double value)
```

然后，在这个方法的实现中，调用：

```
double result = action(value);
```

这实际上是调用 action 委托实例封装的方法，其返回结果存储在 result 中。运行这个示例，得到如下所示的结果：

```
Using operations[0]:
Value is 2, result of operation is 4
Value is 7.94, result of operation is 15.88
Value is 1.414, result of operation is 2.828

Using operations[1]:
Value is 2, result of operation is 4
Value is 7.94, result of operation is 63.043600000000005
Value is 1.414, result of operation is 1.9993959999999997
```

注意：

对于上面看到的结果，你可能有存在疑惑的地方，认为一些乘法运算应该得到不同的结果，但如果对乘法运算的结果进行四舍五入，就会得到上面显示的结果。出现这种结果是由 double 值的存储方式决定的。对于某些数据，例如财务数据，这种结果可能不够好。此时应该使用 decimal 类型。

7.2.4 Action<T>和 Func<T>委托

除了为每个参数和返回类型定义一个新委托类型之外，还可以使用 Action<T>和 Func<T>委托。泛型 Action<T>委托表示引用一个 void 返回类型的方法。这个委托类存在不同的变体，可以传递至多 16 种不同的参数类型。没有泛型参数的 Action 类可调用没有参数的方法。Action<in T>调用带一个参数的方法，Action<in T1, in T2>调用带两个参数的方法，Action<in T1, in T2, in T3, in T4, in T5, in T6, in T7, in T8>调用带 8 个参数的方法。

Func<T>委托可以以类似的方式使用。Func<T>允许调用带返回类型的方法。与 Action<T>类似，Func<T>也定义了不同的变体，至多也可以传递 16 个参数类型和一个返回类型。Func<out TResult>委托类型可以调用带返回类型且无参数的方法，Func<in T, out TResult>调用带一个参数的方法，

Func<in T1, in T2, in T3, in T4, out TResult>调用带4个参数的方法。

上一节中的示例声明了一个委托，其参数是double类型，返回类型是double：

```
delegate double DoubleOp(double x);
```

除了声明自定义委托DoubleOp之外，还可以使用Func<in T, out TResult>委托。可以声明一个该委托类型的变量，或者声明该委托类型的数组，如下所示：

```
Func<double, double>[] operations =
{
  MathOperations.MultiplyByTwo,
  MathOperations.Square
};
```

并将该委托作为ProcessAndDisplayNumber()方法的参数：

```
static void ProcessAndDisplayNumber(Func<double, double> action,
  double value)
{
  double result = action(value);
  Console.WriteLine($"Value is {value}, result of operation is {result}");
}
```

7.2.5 多播委托

前面使用的每个委托都只封装了一个方法调用。调用委托相当于调用该方法。如果要调用多个方法，就需要多次显式调用这个委托。但是，委托也可以封装多个方法。这种委托称为多播委托。如果调用多播委托，就会按顺序连续调用每个方法。为此，委托的签名就必须返回void，否则就只能得到委托调用的最后一个方法的结果。

可以使用返回类型为void的Action<double>委托(代码文件MulticastDelegates/Program.cs)：

```
Action<double> operations = MathOperations.MultiplyByTwo;
operations += MathOperations.Square;
```

在前面的示例中，因为要存储对两个方法的引用，所以实例化了一个委托数组。而这里只是在同一个多播委托中添加两个操作。多播委托可以识别运算符“+”、“+=”和“-=”。另外，还可以扩展上述代码中的最后两行，如下面的代码片段所示：

```
Action<double> operation1 = MathOperations.MultiplyByTwo;
Action<double> operation2 = MathOperations.Square;
Action<double> operations = operation1 + operation2;
```

在示例项目MulticastDelegates中，把SimpleDelegate示例中的MathOperations类型的方法改为返回void，并把结果显示到控制台(代码文件MulticastDelegates/MathOperations.cs)：

```
public static class MathOperations
{
  public static void MultiplyByTwo(double value) =>
    Console.WriteLine($"Multiplying by 2: {value} gives {value * 2}");

  public static void Square(double value) =>
    Console.WriteLine($"Squaring: {value} gives {value * value}");
}
```

为了适应这个改变，也必须重写 ProcessAndDisplayNumber()方法(代码文件 MulticastDelegates/Program.cs)：

```
static void ProcessAndDisplayNumber(Action<double> action, double value)
{
  Console.WriteLine($"ProcessAndDisplayNumber called with value = {value}");
  action(value);
  Console.WriteLine();
}
```

下面测试多播委托，其代码如下：

```
Action<double> operations = MathOperations.MultiplyByTwo;
operations += MathOperations.Square;
ProcessAndDisplayNumber(operations, 2.0);
ProcessAndDisplayNumber(operations, 7.94);
ProcessAndDisplayNumber(operations, 1.414);
```

现在，每次调用 ProcessAndDisplayNumber()方法时，都会显示一条消息，说明它已经被调用。然后，下面的语句会按顺序调用 action 委托实例中的每个方法：

```
action(value);
```

运行这段代码，得到如下所示的结果：

```
ProcessAndDisplayNumber called with value = 2
Multiplying by 2: 2 gives 4
Squaring: 2 gives 4

ProcessAndDisplayNumber called with value = 7.94
Multiplying by 2: 7.94 gives 15.88
Squaring: 7.94 gives 63.043600000000005

ProcessAndDisplayNumber called with value = 1.414
Multiplying by 2: 1.414 gives 2.828
Squaring: 1.414 gives 1.9993959999999997
```

如果正在使用多播委托，就应知道对同一个委托，调用其方法链的顺序并未正式定义。因此应避免编写依赖于以特定顺序调用方法的代码。

通过一个委托调用多个方法还可能导致一个更严重的问题。多播委托包含一个逐个调用的委托集合。如果通过委托调用的其中一个方法抛出一个异常，整个迭代就会停止。下面是 MulticastIteration 示例，其中定义了一个简单的委托 Action。这个委托用于调用 One()和 Two()方法，这两个方法满足委托的参数和返回类型要求。注意 One()方法抛出了一个异常(代码文件 MulticastDelegatesUsingInvocationList/Program.cs)：

```
static void One()
{
  Console.WriteLine("One");
  throw new Exception("Error in One");
}

static void Two()
{
  Console.WriteLine("Two");
}
```

在顶级语句中，创建了委托 d1，它引用方法 One()；接着把 Two()方法的地址添加到同一个委托中。调用 d1 委托，就可以调用这两个方法。在 try/catch 块中捕获异常：

```
Action d1 = One;
d1 += Two;
try
{
  d1();
}
catch (Exception)
{
  Console.WriteLine("Exception caught");
}
```

委托只调用了第一个方法。因为第一个方法抛出了一个异常，所以委托的迭代会停止，不再调用 Two()方法。由于方法的调用顺序是未定义的，所以结果可能会有所不同。

```
One
Exception Caught
```

注意：
错误和异常的介绍详见第 10 章。

在这种情况下，为了避免这个问题，应自己迭代方法列表。Delegate 类定义了 GetInvocationList()方法，它返回一个 Delegate 对象数组。现在可以使用这些委托调用与它们直接关联的方法，捕获异常，并继续下一次迭代(代码文件 MulticastDelegatesUsingInvocationList/Program.cs)：

```
Action d1 = One;
d1 += Two;
Delegate[] delegates = d1.GetInvocationList();
foreach (Action d in delegates)
{
  try
  {
    d();
  }
  catch (Exception)
  {
    Console.WriteLine("Exception caught");
  }
}
```

修改了代码后，运行应用程序，会看到在捕获了异常后将继续迭代下一个方法。

```
One
Exception caught
Two
```

7.2.6　匿名方法

到目前为止，要想使委托工作，方法必须已经存在(即委托通过其将调用方法的相同签名定义)。但还有另外一种使用委托的方式：通过匿名方法。匿名方法是用作委托的参数的一段代码。

用匿名方法定义委托的语法与前面的定义并没有区别。但在实例化委托时，就会出现区别。下面是一个非常简单的控制台应用程序，它说明了如何使用匿名方法(代码文件 AnonymousMethods/

Program.cs)：

```
string mid = ", middle part,";
Func<string, string> anonDel = delegate(string param)
{
  param += mid;
  param += " and this was added to the string.";
  return param;
};
Console.WriteLine(anonDel("Start of string"));
```

Func<string, string>委托接收一个字符串参数，返回一个字符串。anonDel是这一委托类型的变量。以上示例中，没有把方法名赋值给这个变量，而是使用一段简单的代码，以delegate为前缀，后跟一个字符串参数。

可以看出，该代码块使用方法级的字符串变量mid，该变量是在匿名方法的外部定义的，并将其加到传入的参数上。接着代码返回该字符串值。在调用委托时，把一个字符串作为参数传递，将返回的字符串输出到控制台上。

使用匿名方法的优点是，减少了要编写的代码，且不必定义仅由委托使用的方法。在为事件定义委托时，这一点非常明显(本章后面探讨事件)。这有助于降低代码的复杂性，尤其是在定义了好几个事件时，代码会显得比较简单。使用匿名方法时，代码执行速度并没有加快。编译器仍定义了一个方法，只是该方法有一个自动指定的名称，我们不需要知道这个名称。

在使用匿名方法时，必须遵循两条规则。在匿名方法中不能使用跳转语句(break、goto或continue)跳到该匿名方法的外部，反之亦然：匿名方法外部的跳转语句不能跳到该匿名方法的内部。

如果需要用匿名方法多次编写同一个功能，就不应使用匿名方法。此时与复制代码相比，编写一个命名方法比较好，因为该方法只需要编写一次，以后可通过名称引用它。

注意：

匿名方法的语法在C# 2中引入。在新的程序中，并不需要这个语法，因为lambda表达式(参见下一节)提供了相同的功能，还提供了其他功能。但是，在已有的源代码中，许多地方都使用了匿名方法，所以最好了解它。

从C# 3开始，可以使用lambda表达式。

7.3 lambda表达式

使用lambda表达式的一个场合是把代码赋值给参数。只要有委托参数类型的地方，就可以使用lambda表达式。前面使用匿名方法的例子可以改为使用lambda表达式，如下所示：

```
string mid = ", middle part,";
Func<string, string> lambda = param =>
{
  param += mid;
  param += " and this was added to the string.";
  return param;
};
Console.WriteLine(lambda("Start of string"));
```

lambda运算符“=>”的左边列出了需要的参数，而其右边定义了赋值给lambda变量的方法的实现代码。

7.3.1　参数

lambda 表达式有几种定义参数的方式。如果只有一个参数，只写出参数名就足够了。下面的 lambda 表达式使用了参数 s。因为委托类型定义了一个 string 参数，所以 s 的类型就是 string。实现代码返回一个格式化后的字符串，在调用该委托时，就把“change uppercase TEST”字符串最终写入控制台(代码文件 LambdaExpressions/Program.cs)：

```
Func<string, string> oneParam = s => $"change uppercase {s.ToUpper()}";
Console.WriteLine(oneParam("test"));
```

如果委托使用多个参数，就把这些参数名放在圆括号中。这里参数 x 和 y 的类型是 double，由 Func<double, double, double>委托定义：

```
Func<double, double, double> twoParams = (x, y) => x * y;
Console.WriteLine(twoParams(3, 2));
```

为了方便起见，可以在圆括号中给变量名添加参数类型。如果编译器不能匹配重载后的版本，那么使用参数类型可以帮助找到匹配的委托：

```
Func<double, double, double> twoParamsWithTypes =
  (double x, double y) => x * y;
Console.WriteLine(twoParamsWithTypes(4, 2));
```

7.3.2　多行代码

如果 lambda 表达式只有一条语句，在方法块内就不需要花括号和 return 语句，因为编译器会添加一条隐式的 return 语句：

```
Func<double, double> square = x => x * x;
```

也可以添加花括号、return 语句和分号，不过不使用它们时，代码通常更加容易阅读：

```
Func<double, double> square = x =>
{
  return x * x;
};
```

但是，如果在 lambda 表达式的实现代码中需要多条语句，就必须添加花括号和 return 语句：

```
Func<string, string> lambda = param =>
{
  param += mid;
  param += " and this was added to the string.";
  return param;
};
```

7.3.3　闭包

在 lambda 表达式中，可以访问 lambda 表达式块外部的变量，这称为闭包。闭包是非常好用的功能，但如果使用不当，也会非常危险。

在下面的示例中，Func<int, int>类型的 lambda 表达式需要一个 int 参数，返回一个 int 值。该 lambda 表达式的参数用变量 x 定义。实现代码还访问了 lambda 表达式外部的变量 someVal。只要不假设在调用 f 时，lambda 表达式会创建一个以后使用的新方法，这似乎没有什么问题。看看下面这个代码块，调用 f 的返回值应是 x 加 5 的结果，但实情似乎不一定是这样(代码文件 LambdaExpressions/Program.cs)：

```
int someVal = 5;
Func<int, int> f = x => x + someVal;
```

假定以后要修改变量 someVal，于是调用 lambda 表达式时，会使用 someVal 的新值。调用 f(3)的结果是 10：

```
someVal = 7;
Console.WriteLine(f(3));
```

同样，在 lambda 表达式中修改闭包变量的值时，可以在 lambda 表达式外部访问已改动的值。

现在我们也许会奇怪，为什么在 lambda 表达式的内部能够访问 lambda 表达式外部的变量？为了理解这一点，看看编译器在定义 lambda 表达式时做了什么。对于 lambda 表达式 x => x + someVal，编译器会创建一个匿名类，它有一个构造函数来传递外部变量。该构造函数依赖于访问的外部变量的个数。对于这个简单的例子，构造函数接受一个 int 值。匿名类包含一个匿名方法，其实现代码、参数和返回类型由 lambda 表达式定义：

```
public class AnonymousClass
{
  private int _someVal;
  public AnonymousClass(int someVal) => _someVal = someVal;

  public int AnonymousMethod(int x) => x + _someVal;
}
```

如果需要返回 lambda 表达式作用域外部的值，将使用引用类型。

使用 lambda 表达式并调用该方法，会创建匿名类的一个实例，并传递调用该方法时变量的值。

> **注意：**
> 如果在多个线程中使用闭包，就可能遇到并发冲突。最好仅为闭包使用不可变的类型，这样可以确保不改变值，也不需要同步。

> **注意：**
> lambda 表达式可以用于类型为委托的任意地方。类型是 Expression 或 Expression<T>时，也可以使用 lambda 表达式，此时编译器会创建一个表达式树。该功能的介绍详见第 9 章。

7.4 事件

事件基于委托，为委托提供了一种发布/订阅机制。在.NET 架构内到处都能看到事件。在 Windows 应用程序中，Button 类提供了 Click 事件。这类事件就是委托。触发 Click 事件时调用的处理程序方法需要得到定义，而其参数由委托类型定义。

注意：

请参见 Microsoft 文档中关于事件设计的指导原则：https://docs.microsoft.com/en-us/dotnet/standard/design-guidelines/event。

在本节的示例代码中，事件用于连接 CarDealer 类和 Consumer 类。CarDealer 类提供了一个新车到达时触发的事件。Consumer 类订阅该事件，以获得新车到达的通知。

7.4.1　事件发布程序

我们从 CarDealer 类开始介绍，它基于事件提供一个订阅。CarDealer 类用 event 关键字定义了类型为 EventHandler<CarInfoEventArgs>的 NewCarCreated 事件。在 CreateANewCar()方法中，通过调用 RaiseNewCarCreated()方法触发 NewCarCreated 事件。这个方法的实现确认委托是否为空，如果不为空，就触发事件(代码文件 EventsSample/CarDealer.cs)：

```
public class CarInfoEventArgs: EventArgs
{
  public CarInfoEventArgs(string car) => Car = car;
  public string Car { get; }
}

public class CarDealer
{
  public event EventHandler<CarInfoEventArgs>? NewCarCreated;
  public void CreateANewCar(string car)
  {
    Console.WriteLine($"CarDealer, new car {car}");
    RaiseNewCarCreated(car);
  }

  private void RaiseNewCarCreated(string car) =>
    NewCarCreated?.Invoke(this, new CarInfoEventArgs(car));
}
```

(注意：原版书代码中的 NewCarInfo 应该是 NewCarCreated)

CarDealer 类提供了 EventHandler<CarInfoEventArgs>类型的 NewCarCreated 事件。作为一个约定，事件一般使用带两个参数的方法，其中第一个参数是一个对象，包含事件的发送者，第二个参数提供了事件的相关信息。第二个参数随不同的事件类型而改变：

```
public delegate void NewCarCreatedHandler(object sender, CarInfoEventArgs e);
```

或者可以像示例代码中那样使用泛型 EventHandler。对于 EventHandler<TEventArgs>，第一个参数必须是 object 类型，第二个参数是 T 类型。EventHandler<TEventArgs>还定义了一个关于 T 的约束，它必须派生自基类 EventArgs，就像 CarInfoEventArgs 那样。

```
public event EventHandler<CarInfoEventArgs> NewCarInfo;
```

委托 EventHandler<TEventArgs>的定义如下：

```
public delegate void EventHandler<TEventArgs>(object sender, TEventArgs e)
  where TEventArgs: EventArgs
```

在一行上定义事件是 C#的简化记法。编译器会创建一个 EventHandler<CarInfoEventArgs>委托类型的变量，并添加方法，以便从委托中订阅和取消订阅。该简化记法的较长形式如下所示。这非常类似于自动属性和完整属性之间的关系。对于事件，使用 add 和 remove 关键字添加和删除委托的处理程序：

```
private EventHandler<CarInfoEventArgs>? _newCarCreated;
public event EventHandler<CarInfoEventArgs>? NewCarCreated
{
  add => _newCarCreated += value;
  remove => _newCarCreated -= value;
}
```

注意：

如果不仅需要添加和删除事件处理程序，还需要做更多工作，那么定义事件的长记法就很有用，例如，需要为多个线程访问添加同步操作。UWP、WPF 和 WinUI 控件使用长记法给事件添加冒泡和隧道功能。

CarDealer 类通过调用委托的 Invoke()方法触发事件，这会调用订阅了事件的所有处理程序。注意，与之前的多播委托一样，方法的调用顺序无法保证。为了更多地控制处理程序的调用，可以使用 Delegate 类的 GetInvocationList()方法，访问委托列表中的每一项，并独立地调用每个方法，如上所示。

```
NewCarCreated?.Invoke(this, new CarInfoEventArgs(car));
```

触发事件只需要一行代码。在 C# 6 版本之前，触发事件会更复杂：在触发事件之前，需要检查委托是否为空(即没有订阅者)，这应该通过线程安全的方式实现。现在，使用“?.”运算符即可检查是否为空。

7.4.2 事件侦听器

Consumer 类用作事件侦听器。这个类订阅了 CarDealer 类的事件，并定义了 NewCarIsHere()方法，该方法满足 EventHandler<CarInfoEventArgs>委托的要求，该委托的参数类型是 object 和 CarInfoEventArgs(代码文件 EventsSample/Consumer.cs)：

```
public record Consumer(string Name)
{
  public void NewCarIsHere(object? sender, CarInfoEventArgs e) =>
    Console.WriteLine($"{Name}: car {e.Car} is new");
}
```

现在需要连接事件发布程序和订阅器。为此使用 CarDealer 类的 NewCarCreated 事件，通过“+=”创建一个订阅。消费者 Sebastian 订阅了事件，当创建了汽车 Williams 之后，消费者 Max 也订阅了事件。创建了 Aston Martin 汽车之后，Sebastian 通过“-=”取消了订阅(代码文件 EventsSample/Program.cs)。

```
CarDealer dealer = new();
Consumer sebastian = new("Sebastian");
dealer.NewCarInfo += sebastian.NewCarIsHere;
dealer.NewCar("Williams");

Consumer max = new("Max");
dealer.NewCarInfo += max.NewCarIsHere;
dealer.NewCar("Aston Martin");
dealer.NewCarInfo -= sebastian.NewCarIsHere;
```

```
dealer.NewCar("Ferrari");
```

运行应用程序，一辆 Williams 汽车到达，Sebastian 得到了通知。因为之后 Max 也注册了该订阅，所以 Sebastian 和 Max 都获得了新款 Aston Martin 汽车的通知。接着 Sebastian 取消了订阅，所以只有 Max 获得了 Ferrari 汽车的通知：

```
CarDealer, new car Williams
Sebastian: car Williams is new
CarDealer, new car Aston Martin
Sebastian: car Aston Martin is new
Max: car Aston Martin is new
CarDealer, new car Ferrari
Max: car Ferrari is new
```

7.5 小结

本章介绍了委托、lambda 表达式和事件的基础知识，解释了如何声明委托，如何给委托列表添加方法，如何实现通过委托和 lambda 表达式调用的方法，并讨论了声明事件处理程序来响应事件的过程，以及如何创建自定义事件，使用引发事件的模式。

在设计大型应用程序时，使用委托和事件可以减少依赖性和各层的耦合，并能开发出具有更高重用性的组件。

lambda 表达式是基于委托的 C#语言特性，通过它们可以减少需要编写的代码量。

第 8 章将介绍如何使用不同的集合。

第8章 集 合

本章要点

- 理解集合接口和类型
- 使用列表、队列和栈
- 使用链表和有序列表
- 使用字典和集
- 评估性能
- 使用不可变集合

本章源代码：

通过扫描封底二维码下载本书源代码。本章源代码可以在代码文件的 1_CS/Collections 目录中找到。

本章代码分为以下几个主要的示例文件：

- ListSamples
- QueueSample
- LinkedListSample
- SortedListSample
- DictionarySample
- SetSample
- ImmutableCollectionsSample

所有项目都启用了可空类型。

8.1 概述

第 6 章介绍了数组和 Array 类实现的接口。数组的大小是固定的。如果元素个数是动态的，就应使用集合类而不是数组。

List<T>是与数组相当的集合类。还有其他类型的集合：队列、栈、链表、字典和集。其他集合类提供的访问集合元素的 API 可能稍有不同，它们在内存中存储元素的内部结构也有区别。本章将介绍所有的集合类和它们的区别，包括性能差异。

8.2 集合接口和类型

大多数集合类都可在 System.Collections 和 System.Collections.Generic 名称空间中找到。泛型集合类位于 System.Collections.Generic 名称空间中；专用于特定类型的集合类位于 System.Collections.Specialized 名称空间中。线程安全的集合类位于 System.Collections.Concurrent 名称空间中。不可变的集合类在 System.Collections.Immutable 名称空间中。

当然，组合集合类还有其他方式。集合可以根据集合类实现的接口组合为列表、集合和字典。

注意：
接口 IEnumerable 和 IEnumerator 的内容详见第 6 章。

集合和列表实现的最重要的接口如表 8-1 所示。

表 8-1

接口	说明
IEnumerable<T>	如果将 foreach 语句用于集合，就需要 IEnumerable 接口。这个接口定义了方法 GetEnumerator()，它返回一个实现了 IEnumerator 接口的枚举
ICollection<T>	ICollection<T>接口由泛型集合类实现。使用这个接口可以获得集合中的元素个数(Count 属性)，把集合复制到数组中(CopyTo()方法)，还可以从集合中添加和删除元素(Add()、Remove()、Clear())
IList<T>	IList<T>接口用于可通过位置访问其中的元素列表，这个接口定义了一个索引器，可以在集合的指定位置插入或删除某些项(Insert()和 RemoveAt()方法)。IList<T>接口派生自 ICollection<T>接口
ISet<T>	ISet<T>接口由集实现。集允许合并不同的集，获得两个集的交集，检查两个集是否重叠。ISet<T>接口派生自 ICollection<T>接口
IDictionary<TKey, TValue>	IDictionary<TKey,TValue>接口由包含键和值的泛型集合类实现。使用这个接口可以访问所有的键和值，使用 TKey 类型的索引器可以访问某些项，还可以添加或删除某些项
ILookup<TKey, TValue>	ILookup<TKey，TValue>接口类似于 IDictionary<TKey,TValue>接口，实现该接口的集合有键和值，且一个键可以包含多个值
IComparer<T>	接口 IComparer<T>由比较器实现，通过 Compare()方法给集合中的元素排序
IEqualityComparer<T>	接口 IEqualityComparer<T>由比较器实现，该比较器可用于字典中的键。使用这个接口，可以对对象进行相等性比较

8.3 列表

.NET 为动态列表提供了泛型类 List<T>。这个类实现了 IList、ICollection、IEnumerable、IList<T>、ICollection<T>和 IEnumerable<T>接口。

接下来的例子将 Racer 记录的成员用作要添加到集合中的元素，以表示一级方程式的一位赛车手。这个类型有 5 个属性：Id、Firstname、Lastname、Country 和 Wins 的次数，这些属性是通过位置记录构造函数指定的。还有一个重载的构造函数允许在初始化对象时仅指定 4 个值。重写 ToString()方法是为了返回赛车手的姓名。Racer 记录也实现了泛型接口 IComparable<T>，为 Racer 类中的元素排序，还实现了 IFormattable 接口，以允许传入自定义的格式字符串(代码文件 ListSamples/Racer.cs)。

```
public record Racer(int ID, string FirstName, string LastName, string Country,
  int Wins) : IComparable<Racer>, IFormattable
{
  public Racer(int id, string firstName, string lastName, string country)
    : this(id, firstName, lastName, country, Wins: 0)
  { }

  public override string ToString() => $"{FirstName} {LastName}";

  public string ToString(string? format, IFormatProvider? formatProvider) =>
    format?.ToUpper() switch
    {
      null => ToString(),
      "N" => ToString(),
      "F" => FirstName,
      "L" => LastName,
      "W" => $"{ToString()}, Wins: {Wins}",
      "C" => Country,
      "A" => $"{ToString()}, Country: {Country}, Wins: {Wins}",
      _ => throw new FormatException(string.Format(formatProvider,
        "Format {0} is not supported", format))
    };

  public string? ToString(string format) => ToString(format, null);

  public int CompareTo(Racer? other)
  {
    int compare = LastName?.CompareTo(other?.LastName) ?? -1;
    if (compare == 0)
    {
      return FirstName?.CompareTo(other?.FirstName) ?? -1;
    }
    return compare;
  }
}
```

8.3.1 创建列表

调用默认的构造函数，就可以创建列表对象。在泛型类 List<T>中，必须在声明中为列表的值指定类型。下面的代码说明了如何声明一个包含 int 的 List<T>泛型类和一个包含 Racer 元素的列表。ArrayList 是一个非泛型列表，它可以将任意 Object 类型作为其元素。

```
List<int> intList = new();
List<Racer> racers = new();
```

使用默认的构造函数创建一个空列表。元素添加到列表中后，列表的容量就会扩大为可接纳 4 个元素。如果添加了第 5 个元素，列表的大小就重新设置为包含 8 个元素。如果 8 个元素还不够，列表的大小就重新设置为包含 16 个元素。每次都会将列表的容量重新设置为原来的 2 倍。

如果列表的容量改变了，整个集合就要重新分配到一个新的内存块中。在 List<T>泛型类的实现代码中，使用了一个 T 类型的数组。通过重新分配内存，创建一个新数组，Array.Copy()方法将旧数组中的元素复制到新数组中。为节省时间，如果事先知道列表中元素的个数，就可以用构造函数定义其容量。下面创建了一个容量为 10 个元素的集合。如果该容量不足以容纳要添加的元素，就把集合的大小重新设置为包含 20 个元素，再重新设置为 40 个元素，以此类推，每次都是原来的 2 倍。

```
List<int> intList = new(10);
```

使用 Capacity 属性可以获取和设置集合的容量。

```
intList.Capacity = 20;
```

容量与集合中元素的个数不同。集合中的元素个数可以用 Count 属性读取。当然，容量总是大于或等于元素个数。只要不把元素添加到列表中，元素个数就是 0。

```
Console.WriteLine(intList.Count);
```

如果已经将元素添加到列表中，且不希望添加更多的元素，就可以调用 TrimExcess()方法，去除不需要的容量。但是，因为重新定位需要时间，所以如果元素个数超过了容量的 90%，TrimExcess()方法将无法生效。

```
intList.TrimExcess();
```

8.3.2 集合初始化器

还可以使用集合初始化器给集合赋值。集合初始化器的语法类似于数组初始化器(参见第 6 章)。使用集合初始化器，可以在初始化集合时，在花括号中给集合赋值：

```
List<int> intList = new() {1, 2};
List<string> stringList = new() { "one", "two" };
```

注意：

集合初始化器没有反映在已编译的程序集的 IL 代码中。编译器会把集合初始化器转换成对初始化列表中的每一项调用 Add()方法。

8.3.3 添加元素

使用 Add()方法可以给列表添加元素，如下所示。实例化的泛型类型定义了 Add()方法的参数类型：

```
List<int> intList = new();
intList.Add(1);
intList.Add(2);
List<string> stringList = new();
stringList.Add("one");
stringList.Add("two");
```

把 racers 变量定义为 List<Racer>类型。使用 new 运算符创建相同类型的一个新对象。因为类 List<T>用具体类 Racer 来实例化，所以现在只有 Racer 对象可以用 Add()方法添加。在下面的示例代码中，创建了 5 个一级方程式赛车手，并把它们添加到集合中。前 3 个用集合初始化器添加，后两个通过显式调用 Add()方法来添加(代码文件 ListSamples/Program.cs)。

```
Racer graham = new(7, "Graham", "Hill", "UK", 14);
Racer emerson = new(13, "Emerson", "Fittipaldi", "Brazil", 14);
Racer mario = new(16, "Mario", "Andretti", "USA", 12);
List<Racer> racers = new(20) {graham, emerson, mario};
```

```
racers.Add(new Racer(24, "Michael", "Schumacher", "Germany", 91));
racers.Add(new Racer(27, "Mika", "Hakkinen", "Finland", 20));
```

使用 List<T>类的 AddRange()方法，可以一次向集合中添加多个元素。因为 AddRange()方法的参数是 IEnumerable<T>类型的对象，所以也可以传递一个数组，如下所示(代码文件 ListSamples/Program.cs)：

```
racers.AddRange(new Racer[] {
  new(14, "Niki", "Lauda", "Austria", 25),
  new(21, "Alain", "Prost", "France", 51)});
```

注意：
集合初始化器只能在声明集合时使用。AddRange()方法则可以在初始化集合后调用。如果在创建集合后动态获取数据，就需要调用 AddRange()。

如果在实例化列表时知道集合的元素个数，就可以将实现 IEnumerable<T>类型的任意对象传递给类的构造函数。这非常类似于 AddRange()方法(代码文件 ListSamples/Program.cs)：

```
List<Racer> racers = new(
  new Racer[] {
    new (12, "Jochen", "Rindt", "Austria", 6),
    new (22, "Ayrton", "Senna", "Brazil", 41) });
```

8.3.4 插入元素

使用 Insert()方法可以在指定位置插入元素(代码文件 ListSamples/Program.cs)：

```
racers.Insert(3, new Racer(6, "Phil", "Hill", "USA", 3));
```

方法 InsertRange()提供了插入大量元素的功能，类似于前面的 AddRange()方法。

如果设置的索引大于集合中的元素个数，就抛出 ArgumentOutOfRangeException 类型的异常。

8.3.5 访问元素

实现了 IList 和 IList<T>接口的所有类都提供了索引器，所以可以使用索引器，通过传递元素号来访问元素。第一个元素可以用索引值 0 来访问。例如，指定 racers[3]，可以访问列表中的第 4 个元素：

```
Racer r1 = racers[3];
```

可以使用 Count 属性确定元素个数，再使用 for 循环遍历集合中的每个元素，并使用索引器访问每一项(代码文件 ListSamples/Program.cs)：

```
for (int i = 0; i < racers.Count; i++)
{
  Console.WriteLine(racers[i]);
}
```

因为 List<T>集合类实现了 IEnumerable 接口，所以也可以使用 foreach 语句遍历集合中的元素(代码文件 ListSamples/Program.cs)。

```
foreach (var r in racers)
{
```

```
  Console.WriteLine(r);
}
```

> **注意：**
> 编译器解析 foreach 语句时，利用了 IEnumerable 和 IEnumerator 接口，参见第 6 章。

8.3.6 删除元素

删除元素时，可以利用索引，也可以传递要删除的元素。下面的代码使用 RemoveAt()方法，删除第 4 个元素：

```
racers.RemoveAt(3);
```

除了使用 RemoveAt()方法，也可以直接将 Racer 对象传送给 Remove()方法，来删除这个元素。使用 RemoveAt()方法按索引删除比较快。Remove()方法先在集合中搜索，用 IndexOf()方法获取元素的索引，再使用该索引删除元素。IndexOf()方法先检查元素类型是否实现了 IEquatable<T>接口。如果是，就调用这个接口的 Equals()方法，确定集合中的元素是否等于传递给 Equals()方法的元素。如果没有实现这个接口，就使用 Object 类的 Equals()方法比较这些元素。Object 类中 Equals()方法的默认实现代码对值类型进行按位比较，对引用类型只比较其引用。

> **注意：**
> 第 5 章介绍了如何重写 Equals()方法。

这里从集合中删除了变量 graham 引用的赛车手(代码文件 ListSamples/Program.cs)。

```
if (!racers.Remove(graham))
{
  Console.WriteLine("object not found in collection");
}
```

RemoveRange()方法可以从集合中删除许多元素。它的第一个参数指定了开始删除的元素索引，第二个参数指定了要删除的元素个数。

```
int index = 3;
int count = 5;
racers.RemoveRange(index, count);
```

要从集合中删除有指定特性的所有元素，可以使用 RemoveAll()方法。这个方法在搜索元素时使用下面将讨论的 Predicate<T>参数。要删除集合中的所有元素，可以使用 ICollection<T>接口定义的 Clear()方法。

8.3.7 搜索

有不同的方式在集合中搜索元素，可以获得要查找的元素的索引，或者搜索元素本身。可以使用的方法有 IndexOf()、LastIndexOf()、FindIndex()、FindLastIndex()、Find()和 FindLast()。如果只检查元素是否存在，List<T>类提供了 Exists()方法。

IndexOf()方法需要将一个对象作为参数，如果在集合中找到该元素，这个方法就返回该元素的索引；如果没有找到该元素，就返回-1。IndexOf()方法使用 IEquatable<T>接口来比较元素(代码文件 ListSamples/Program.cs)。

```
int index1 = racers.IndexOf(mario);
```

使用 IndexOf()方法，还可以指定不需要搜索整个集合，但必须指定从哪个索引开始搜索以及比较时要迭代的元素个数。要从列表尾端搜索索引，可以使用 LastIndexOf()方法。

除了使用 IndexOf()方法搜索指定的元素之外，还可以搜索有某个特性的元素，该特性可以用 FindIndex()方法来定义。FindIndex()方法需要一个 Predicate 类型的参数：

```
public int FindIndex(Predicate<T> match);
```

Predicate<T>类型是一个委托，该委托返回一个布尔值，并且需要把类型 T 作为参数。如果 Predicate<T>委托返回 true，就表示有一个匹配元素，并且找到了相应的元素。如果它返回 false，就表示没有找到元素，搜索将继续。

```
public delegate bool Predicate<T>(T obj);
```

在 List<T>类中，把 Racer 对象作为类型 T，所以可以将一个方法(该方法将类型 Racer 定义为一个参数且返回一个布尔值)的地址传递给 FindIndex()方法。查找指定国家的第一个赛车手时，可以使用一个 lambda 表达式，使其将一个 Racer 座位参数，并返回一个布尔值，就像委托指定的那样。下面的代码使用一个 lambda 表达式定义了实现代码，来搜索 Country 属性设置为 Finland 的元素。

```
int index2 = racers.FindIndex(r => r.Country == "Finland");
```

与 IndexOf()方法类似，使用 FindIndex()方法也可以指定搜索开始的索引和要遍历的元素个数。想要从集合中的最后一个元素开始向前搜索某个索引，可以使用 FindLastIndex()方法。

FindIndex()方法返回所查找元素的索引。除了获得索引之外，还可以直接获得集合中的元素。Find()方法需要一个 Predicate<T>类型的参数，这与 FindIndex()方法类似。下面的 Find()方法搜索列表中 FirstName 属性设置为 Niki 的第一个赛车手。当然，也可以实现 FindLast()方法，查找与 Predicate<T>类型匹配的最后一项。

```
Racer racer = racers.Find(r => r.FirstName == "Niki");
```

要获得与 Predicate<T>类型匹配的所有项，而不是一项，可以使用 FindAll()方法。FindAll()方法使用的 Predicate<T>委托与 Find()和 FindIndex()方法相同。FindAll()方法在找到第一项后，不会停止搜索，而是继续迭代集合中的每一项，并返回 Predicate<T>类型是 true 的所有项。

这里调用了 FindAll()方法，返回 Wins 属性设置为大于 20 的整数的所有 racer 项。从 bigWinners 列表中引用所有赢得超过 20 场比赛的赛车手。

```
List<Racer> bigWinners = racers.FindAll(r => r.Wins > 20);
```

用 foreach 语句遍历 bigWinners 变量，结果如下：

```
foreach (Racer r in bigWinners)
{
  Console.WriteLine($"{r:A}");
}
Michael Schumacher, Germany Wins: 91
Niki Lauda, Austria Wins: 25
Alain Prost, France Wins: 51
```

这个结果没有排序，这是下一步要做的工作。

8.3.8 排序

List<T>类可以使用 Sort()方法对元素排序。Sort()方法使用快速排序算法，比较所有的元素，直到整个列表排好序为止。Sort()方法有几个重载的方法。可以传递给它的参数有 Comparison<T>类型的委托和实现了 IComparer<T>接口的对象。只有集合中的元素实现了 IComparable 接口，才能使用不带参数的 Sort()方法。

Racer 类实现了 IComparable<T>接口，可以按姓氏对赛车手排序：

```
racers.Sort();
```

如果需要按照元素类型不默认支持的方式排序，就应使用其他技术，例如，传递一个实现了 IComparer<T>接口的对象。

RacerComparer 类为 Racer 类型实现了接口 IComparer<T>。这个类允许按名字、姓氏、国籍或获胜次数排序。排序的种类用内部枚举类型 CompareType 定义。CompareType 枚举类型用 RacerComparer 类的构造函数设置。IComparer<Racer>接口定义了排序所需的 Compare()方法。在这个方法的实现代码中，使用了 string 和 int 类型的 Compare()和 CompareTo()方法(代码文件 ListSamples/RacerComparer.cs)。

```
public class RacerComparer : IComparer<Racer>
{
  public enum CompareType
  {
    FirstName,
    LastName,
    Country,
    Wins
  }

  private CompareType _compareType;
  public RacerComparer(CompareType compareType) =>
    _compareType = compareType;

  public int Compare(Racer? x, Racer? y)
  {
    if (x is null && y is null) return 0;
    if (x is null) return -1;
    if (y is null) return 1;

    int CompareCountry(Racer x, Racer y)
    {
      int result = string.Compare(x.Country, y.Country);
      if (result == 0)
      {
        result = string.Compare(x.LastName, y.LastName);
      }
      return result;
    }

    return _compareType switch
    {
      CompareType.FirstName => string.Compare(x.FirstName, y.FirstName),
      CompareType.LastName => string.Compare(x.LastName, y.LastName),
      CompareType.Country => CompareCountry(x, y),
```

```
        CompareType.Wins => x.Wins.CompareTo(y.Wins),
        _ => throw new ArgumentException("Invalid Compare Type")
      };
    }
  }
```

注意：

如果传递给 Compare 方法的两个元素的顺序相同，该方法则返回 0。如果返回值小于 0，说明第一个参数小于第二个参数；如果返回值大于 0，则第一个参数大于第二个参数。传递 null 作为参数时，Compare 方法并不会抛出 NullReferenceException 或 ArgumentNullException 异常。相反，因为 null 的位置在其他任何元素之前，所以如果第一个参数为 null，该方法返回-1，如果第二个参数为 null，则返回+1。如果两个参数都是 null，则返回 0。

现在，可以对 RacerComparer 类的一个实例使用 Sort()方法。传递枚举 RacerComparer.CompareType.Country，按属性 Country 对集合排序：

```
racers.Sort(new RacerComparer(RacerComparer.CompareType.Country));
```

排序的另一种方式是使用重载的 Sort()方法，该方法需要一个 Comparison<T>委托。Comparison<T>是一个方法的委托，该方法有两个 T 类型的参数，返回类型为 int。如果参数值相等，该方法就必须返回 0。如果第一个参数比第二个小，它就必须返回一个小于 0 的值；否则，必须返回一个大于 0 的值。

```
public delegate int Comparison<T>(T x, T y);
```

现在可以把一个 lambda 表达式传递给 Sort()方法，按获胜次数排序。两个参数的类型是 Racer，在其实现代码中，使用 int 类型的 CompareTo()方法比较 Wins 属性。在实现代码中，因为以逆序方式使用 r2 和 r1，所以获胜次数以降序方式排序。调用方法之后，完整的赛车手列表就按赛车手的获胜次数排序。

```
racers.Sort((r1, r2) => r2.Wins.CompareTo(r1.Wins));
```

也可以调用 Reverse()方法，逆转整个集合的顺序。

8.3.9 只读集合

创建集合后，它们就是可读写的，否则就不能给它们填充值了。但是，在填充完集合后，可以创建只读集合。List<T>集合的 AsReadOnly()方法返回 ReadOnlyCollection<T>类型的对象。ReadOnlyCollection<T>类实现的接口与 List<T>集合相同，但所有修改集合的方法和属性都抛出 NotSupportedException 异常。除了 List<T>的接口之外，ReadOnlyCollection<T>还实现了 IReadOnlyCollection<T>和 IReadOnlyList<T>接口。使用这些接口的成员，集合不能修改。

8.3.10 队列

队列是其元素以先进先出(FirstIn, FirstOut, FIFO)的方式来处理的集合。先放入队列中的元素会先读取。队列的例子有，在机场排的队列、人力资源部中等待处理求职信的队列和打印队列中等待处理的打印任务，以及按轮询方式等待 CPU 处理的线程。另外，还常常有元素根据其优先级来处理的队列。例如，在机场的队列中，商务舱乘客的处理要优先于经济舱的乘客。这里可以使用多个队列，一个队列对应一个优先级。在机场，这很常见，因为商务舱乘客和经济舱乘客有不同的登记队列。打印队列和线程也是这样。可以为一组队列建立一个数组，数组中的一项代表一个优先级。在每个数组项中都有一个队列，且这些队列按照 FIFO 的方式进行处理。

注意：
本章的后面将使用链表来定义优先级列表。

队列使用 Queue<T>类实现。在内部，Queue<T>类使用 T 类型的数组，这类似于 List<T>类型。它实现ICollection和IEnumerable<T>接口，但没有实现ICollection<T>接口，因为这个接口定义的Add()和 Remove()方法不能用于队列。

由于 Queue<T>类没有实现 IList<T>接口，所以不能用索引器访问队列。队列只允许在队列中添加元素，该元素会放在队列的尾部(使用 Enqueue()方法)，从队列的头部获取元素(使用 Dequeue()方法)。

图 8-1 显示了队列的元素。Enqueue()方法在队列的一端添加元素，Dequeue()方法在队列的另一端读取和删除元素。再次调用 Dequeue()方法，会删除队列中的下一项。

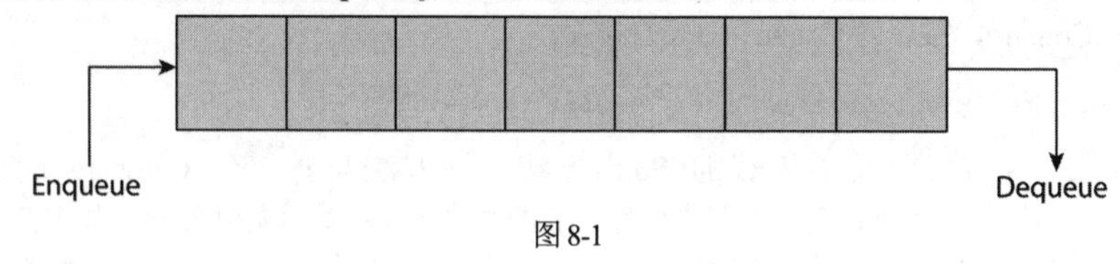

图 8-1

Queue<T>类的重要方法如表 8-2 所示。

表 8-2

Queue<T>类的重要成员	说明
Count	Count 属性返回队列中的元素个数
Enqueue	Enqueue()方法在队列一端添加一个元素
Dequeue	Dequeue()方法在队列的头部读取和删除元素。如果在调用 Dequeue()方法时，队列中不再有元素，就抛出一个 InvalidOperationException 类型的异常
Peek	Peek()方法从队列的头部读取一个元素，但不删除它
TrimExcess	TrimExcess()方法重新设置队列的容量。Dequeue()方法从队列中删除元素，但它不会重新设置队列的容量。要从队列的头部去除空元素，应使用 TrimExcess()方法

在创建队列时，可以使用与 List<T>类型类似的构造函数。虽然默认的构造函数会创建一个空队列，但也可以使用构造函数指定容量。使用构造函数的重载版本，还可以将实现了 IEnumerable<T>接口的其他集合复制到队列中。

下面的文档管理应用程序示例说明了 Queue<T>类的用法。示例中使用一个任务将文档添加到队列中，用另一个任务从队列中读取文档，并处理它们。

注意：
为了让队列示例更加有趣，这里使用了不同的任务来处理队列。一个任务在队列中写消息，另一个任务从队列中读消息。读写操作发生在随机的延迟时间之后，你可以观察队列如何增长和缩小。这里只是简单地使用了任务，不过你可能需要先阅读第 11 章来了解任务，然后再深入了解下面的示例代码。

存储在队列中的项是 Document 类型。Document 记录定义了标题和内容(代码文件

QueueSample/Document.cs)：

```
public record Document(string Title, string Content);
```

DocumentManager 类是 Queue<T>类外面的一层。DocumentManager 类定义了如何处理文档：用 AddDocument()方法将文档添加到队列中，用 GetDocument()方法从队列中获得文档。

在 AddDocument()方法中，用 Enqueue()方法把文档添加到队列的尾部。在 GetDocument()方法中，用 Dequeue()方法从队列中读取第一个文档。因为多个线程可以同时访问 DocumentManager 类，所以用 lock 语句锁定对队列的访问。AddDocument()方法返回了队列中的项数，以便能够监控队列的大小。

IsDocumentAvailable 是一个只读的布尔属性，如果队列中还有文档，它就返回 true，否则返回 false(代码文件 QueueSample/DocumentManager.cs)。

```
public class DocumentManager
{
  private readonly object _syncQueue = new object();
  private readonly Queue<Document> _documentQueue = new();

  public int AddDocument(Document doc)
  {
    lock (_syncQueue)
    {
      _documentQueue.Enqueue(doc);
      return _documentQueue.Count;
    }
  }

  public Document GetDocument()
  {
    Document doc = null;
    lock (_syncQueue)
    {
      doc = _documentQueue.Dequeue();
    }
    return doc;
  }
  public bool IsDocumentAvailable => _documentQueue.Count > 0;
}
```

ProcessDocuments 类在一个单独的任务中处理队列中的文档。唯一能从外部访问的方法是 StartAsync()。在 StartAsync()方法中，实例化了一个新任务。创建一个 ProcessDocuments 对象，来启动任务，定义 RunAsync()方法作为任务的启动方法。对于 Task.Run()方法，可以传递一个 Action 委托。这里在任务中调用了 ProcessDocuments 类的 RunAsync()实例方法。

ProcessDocuments 类的 RunAsync()方法定义了一个 do...while 循环。在这个循环中，使用属性 IsDocumentAvailable 确定队列中是否还有文档。如果队列中还有文档，就从 DocumentManager 类中提取文档并处理。如果任务等待的时间超过了 5 秒钟，就停止等待。本例中的处理仅是把信息写入控制台。在真正的应用程序中，文档可以写入文件、数据库，或通过网络发送(代码文件 QueueSample/ProcessDocuments.cs)。

```
public class ProcessDocuments
{
  public static Task StartAsync(DocumentManager dm) =>
    Task.Run(new ProcessDocuments(dm).RunAsync);
```

```
  protected ProcessDocuments(DocumentManager dm) =>
    _documentManager = dm ?? throw new ArgumentNullException(nameof(dm));

  private readonly DocumentManager _documentManager;

  protected async Task RunAsync()
  {
    Random random = new();
    Stopwatch stopwatch = new();
    stopwatch.Start();
    bool stop = false;
    do
    {
      if (stopwatch.Elapsed >= TimeSpan.FromSeconds(5))
      {
        stop = true;
      }
      if (_documentManager.IsDocumentAvailable)
      {
        stopwatch.Restart();
        Document doc = _documentManager.GetDocument();
        Console.WriteLine($"Processing document {doc.Title}");
      }
      // wait a random time before processing the next document
      await Task.Delay(random.Next(20));
    } while (!stop) ;
    Console.WriteLine("stopped reading documents");
  }
}
```

在应用程序的开始位置实例化一个 DocumentManager 对象，启动文档处理任务。接着创建 1000 个文档，并添加到 DocumentManager 对象中(代码文件 QueueSample/Program.cs)：

```
DocumentManager dm = new();

Task processDocuments = ProcessDocuments.StartAsync(dm);
// Create documents and add them to the DocumentManager
Random random = new();
for (int i = 0; i < 1000; i++)
{
  var doc = new Document($"Doc {i}", "content");
  int queueSize = dm.AddDocument(doc);
  Console.WriteLine($"Added document {doc.Title}, queue size: {queueSize}");
  await Task.Delay(random.Next(20));
}
Console.WriteLine($"finished adding documents");
await processDocuments;
Console.WriteLine("bye!");
```

在启动应用程序时，会在队列中添加和删除文档，输出如下所示：

```
Added document Doc 318, queue size: 6
Added document Doc 319, queue size: 7
Processing document Doc 313
Added document Doc 320, queue size: 7
Processing document Doc 314
```

```
Processing document Doc 315
Added document Doc 321, queue size: 7
Processing document Doc 316
```

使用示例应用程序中描述的任务的真实程序可以处理用 Web 服务接收到的文档。

8.4 栈

栈是与队列非常类似的另一个容器，只是要使用不同的方法访问栈。最后添加到栈中的元素会最先读取。栈是一个后进先出(Last In, First Out, LIFO)的容器。

图 8-2 表示一个栈，用 Push()方法在栈中添加元素，用 Pop()方法获取最近添加的元素。

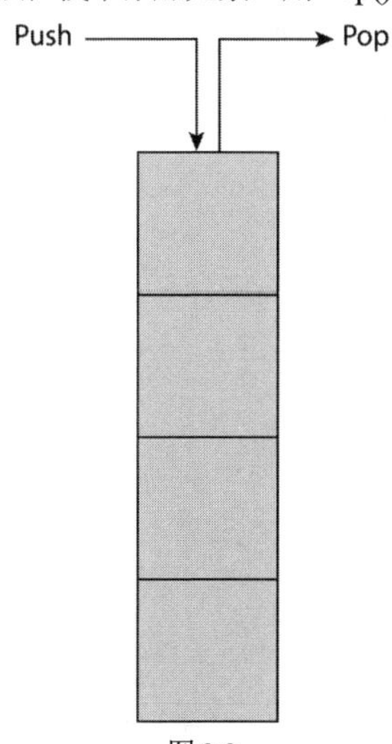

图 8-2

与 Queue<T>类相似，Stack<T>类实现 IEnumerable<T>和 ICollection 接口。

Stack<T>类的重要成员如表 8-3 所示。

表 8-3

Stack<T>类的重要成员	说明
Count	返回栈中的元素个数
Push	在栈顶添加一个元素
Pop	从栈顶删除一个元素，并返回该元素。如果栈是空的，就抛出 InvalidOperationException 异常
Peek	返回栈顶的元素，但不删除它
Contains	确定某个元素是否在栈中，如果是，就返回 true

在下面的例子中，使用 Push()方法把 3 个元素添加到栈中。在 foreach()方法中，使用 IEnumerable 接口迭代所有的元素。栈的枚举器不会删除元素，它只会逐个返回元素(代码文件 StackSample/Program.cs)。

```
Stack<char> alphabet = new();
```

```
alphabet.Push('A');
alphabet.Push('B');
alphabet.Push('C');
foreach (char item in alphabet)
{
  Console.Write(item);
}
Console.WriteLine();
```

因为元素的读取顺序是从最后一个添加到栈中的元素开始到第一个元素，所以得到的结果如下：

```
CBA
```

用枚举器读取元素不会改变元素的状态。使用 Pop()方法会从栈中读取元素，然后删除它们。这样，就可以使用 while 循环迭代集合，检查 Count 属性，确定栈中是否还有元素：

```
Stack<char> alphabet = new();
alphabet.Push('A');
alphabet.Push('B');
alphabet.Push('C');
Console.Write("First iteration: ");
foreach (char item in alphabet)
{
  Console.Write(item);
}
Console.WriteLine();
Console.Write("Second iteration: ");
while (alphabet.Count > 0)
{
  Console.Write(alphabet.Pop());
}
Console.WriteLine();
```

结果是两个 CBA，每次迭代对应一个 CBA。在第二次迭代后，栈变空，因为第二次迭代使用了 Pop()方法：

```
First iteration: CBA
Second iteration: CBA
```

8.5 链表

LinkedList<T>是一个双向链表，其元素指向它前面和后面的元素，如图 8-3 所示。这样一来，通过移动到下一个元素可以正向遍历整个链表，通过移动到前一个元素可以反向遍历整个链表。

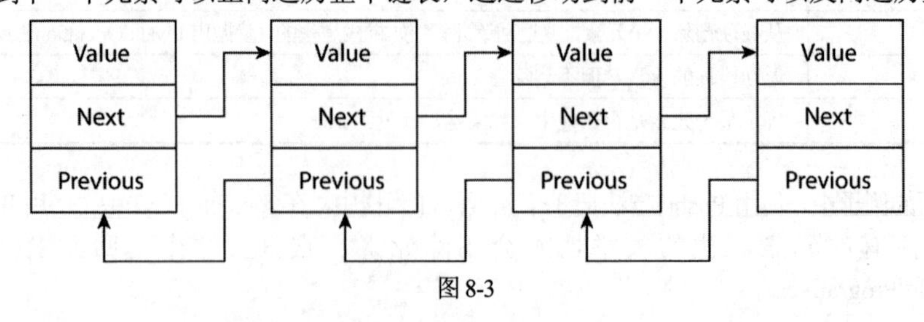

图 8-3

链表的优点是，使用链表可以非常快速地将元素插入列表的中间位置。在插入一个元素时，只需要修改上一个元素的Next引用和下一个元素的Previous引用，使它们引用所插入的元素。在List<T>类中，插入一个元素时，需要移动该元素后面的所有元素。

当然，链表也有缺点。链表的元素只能一个接一个地访问，这需要较长的时间来查找位于链表中间或尾部的元素。

链表不能在列表中仅存储元素。存储元素时，链表还必须存储每个元素的下一个元素和上一个元素的信息。这就是LinkedList<T>包含LinkedListNode<T>类型的元素的原因。使用LinkedListNode<T>类，可以获得列表中的下一个元素和上一个元素。LinkedListNode<T>定义了属性List、Next、Previous和Value。List属性返回与节点相关的LinkedList<T>对象，Next和Previous属性用于遍历链表，访问当前节点之后和之前的节点。Value返回与节点相关的元素，其类型是T。

LinkedList<T>类定义的成员可以访问链表中的第一个和最后一个元素(First和Last)、在指定位置插入元素(AddAfter()、AddBefore()、AddFirst()和 AddLast()方法)，删除指定位置的元素(Remove()、RemoveFirst()和 RemoveLast()方法)、从链表的开头(Find()方法)或结尾(FindLast()方法)开始搜索元素。

示例应用程序定义了一个 Document 记录，并将其放到一个链表中(代码文件LinkedListSample/Program.cs)：

```
record Document(int Id, string Text);
```

下面的代码片段创建了一个LinkedList对象，并使用AddFirst()方法将第一个元素添加到链表的开头。AddFirst方法返回一个LinkedListNode对象，AddAfter()方法使用该对象把一个ID为2的文档添加到第一个对象的后面。接着使用AddLast()方法把ID为3的文档添加到链表最后(此时它位于ID为2的文档的后面)。通过使用AddBefore()方法，把ID为4的文档添加到最后一个文档的前面。填充链表后，使用foreach语句迭代它：

```
LinkedList<Document> list = new();
LinkedListNode<Document> first = list.AddFirst(new Document(1, "first"));
list.AddAfter(first, new Document(2, "after first"));
LinkedListNode<Document> last = list.AddLast(new Document(3, "Last"));
Document doc4 = new(4, "before last");
list.AddBefore(last, doc4);

foreach (var item in list)
{
  Console.WriteLine(item);
}
```

除了使用foreach语句，还可以访问每个LinkedListNode的Next属性，来轻松地迭代集合的所有元素：

```
void IterateUsingNext(LinkedListNode<Document> start)
{
  if (start.Value is null) return;
  LinkedListNode<Document>? current = start;
  do
  {
    Console.WriteLine(current.Value);
    current = current.Next;
  } while (current is not null);
}
```

下面在顶级语句中调用 IterateUsingNext()，并传入第一个对象：

```
if (list.First is not null)
{
  IterateUsingNext(list.First);
}
```

运行应用程序后，将看到文档被迭代两次。下面显示了一次迭代：

```
Document { Id = 1, Text = first }
Document { Id = 2, Text = after first }
Document { Id = 4, Text = before last }
Document { Id = 3, Text = Last }
```

使用 Remove()方法并传入 Document 对象时，需要 Remove()方法迭代集合，直到找到并删除该 Document：

```
list.Remove(doc4);
Console.WriteLine("after removal");
foreach (var item in list)
{
  Console.WriteLine(item);
}
```

在本章后面的“性能”小节中，将给出一个介绍大 O 表示法的表格。借助该表格，可以比较不同集合类在执行不同操作时的性能，从而帮助你决定使用哪种集合类型。

8.6 有序列表

如果需要基于键对所需集合排序，就可以使用 SortedList<TKey, TValue>类。这个类按照键给元素排序。这个集合中的值和键都可以使用任意类型。

下面的例子创建了一个有序列表，其中键和值都是 string 类型。默认的构造函数创建了一个空列表，再用 Add()方法添加两本书。使用重载的构造函数，可以定义列表的容量，传递实现了 IComparer<TKey>接口的对象，该接口用于给列表中的元素排序。

Add()方法的第一个参数是键(书名)，第二个参数是值(ISBN 号)。除了使用 Add()方法之外，还可以使用索引器将元素添加到列表中。索引器需要把键作为索引参数。如果键已存在，Add()方法就抛出一个 ArgumentException 类型的异常。如果索引器使用相同的键，就用新值替代旧值(代码文件 SortedListSample/Program.cs)。

```
SortedList<string, string> books = new();
books.Add("Front-end Development with ASP.NET Core", "978-1-119-18140-8");
books.Add("Beginning C# 7 Programming", "978-1-119-45866-1");

books["Enterprise Services"] = "978-0321246738";
books["Professional C# 7 and .NET Core 2.1"] = "978-1-119-44926-3";
```

注意：

SortedList<TKey, TValue>类只允许每个键有一个对应的值，如果需要每个键对应多个值，就可以使用 Lookup<TKey, TElement>类。

可以使用 foreach 语句遍历该列表。枚举器返回的元素是 KeyValuePair<TKey, TValue>类型，其中包含了键和值。键可以用 Key 属性访问，值可以用 Value 属性访问。

```
foreach (KeyValuePair<string, string> book in books)
{
  Console.WriteLine($"{book.Key}, {book.Value}");
}
```

迭代语句会按键的顺序显示书名和 ISBN 号：

```
Beginning C# 7 Programming, 978-1-119-45866-1
Enterprise Services, 978-0321246738
Front-end Development with ASP.NET Core, 978-1-119-18140-8
Professional C# 7 and .NET Core 2.1, 978-1-119-44926-3
```

也可以使用 Values 和 Keys 属性访问值和键。因为 Values 属性返回 IList<TValue>，Keys 属性返回 IList<TKey>，所以可以通过 foreach 语句使用这些属性：

```
foreach (string isbn in books.Values)
{
  Console.WriteLine(isbn);
}
foreach (string title in books.Keys)
{
  Console.WriteLine(title);
}
```

第一个循环显示值，第二个循环显示键：

```
978-1-119-45866-1
978-0321246738
978-1-119-18140-8
978-1-119-44926-3
Beginning C# 7 Programming
Enterprise Services
Front-end Development with ASP.NET Core
Professional C# 7 and .NET Core 2.1
```

如果尝试使用索引器访问一个元素，但所传递的键不存在，就会抛出一个 KeyNotFoundException 类型的异常。为了避免这个异常，可以使用 ContainsKey()方法，如果所传递的键存在于集合中，这个方法就返回 true，也可以调用 TryGetValue()方法，该方法会尝试获得指定键的值，如果指定键对应的值不存在，它不会抛出异常。

```
string title = "Professional C# 10";
if (!books.TryGetValue(title, out string isbn))
{
  Console.WriteLine($"{title} not found");
}
else
{
  Console.WriteLine($"{title} found: {isbn}");
}
```

8.7 字典

字典表示一种非常复杂的数据结构，这种数据结构允许按照某个键来访问元素。字典也称为映射或散列表。字典的主要特性是能根据键快速查找值，也可以自由地添加和删除元素，这有点像 List<T> 类，但没有在内存中移动后续元素的性能开销。

图 8-4 是字典的一个简化表示。其中员工 ID(如 B4711)是添加到字典中的键。键会转换为一个散列。利用散列创建一个数字，它将索引和值关联起来，且索引包含一个到值的链接。该图做了简化处理，因为一个索引项可以关联多个值，索引可以存储在一个散列表中。

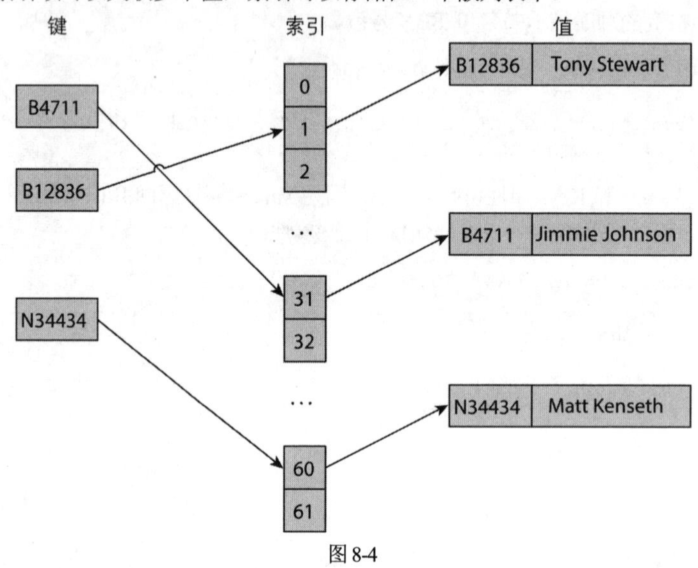

图 8-4

.NET Framework 提供了几个字典类。可以使用的最主要的类是 Dictionary<TKey, TValue>。

8.7.1 字典初始化器

C# 提供了一个语法，能够使用字典初始化器在声明时初始化字典。带有 int 键和 string 值的字典可以初始化如下：

```
Dictionary<int, string> dict = new()
{
  [3] = "three",
  [7] = "seven"
};
```

这里把两个元素添加到字典中。第一个元素的键是 3，字符串值是 three；第二个元素的键是 7，字符串值是 seven。这个初始化语法易于阅读，是本章前面介绍的集合初始化器语法的一种调整形式。

8.7.2 键的类型

用作字典中键的类型必须重写 Object 类的 GetHashCode()方法。只要字典类需要确定元素的位置，它就要调用 GetHashCode()方法。GetHashCode()方法返回的 int 由字典用于计算在对应位置放置元素的索引。这里不介绍这个算法，我们只需要知道，它引入了素数，所以字典的容量是一个素数。

GetHashCode()方法的实现代码必须满足如下要求：

- 相同的对象应总是返回相同的值。
- 不同的对象可以返回相同的值。

- 它不能抛出异常。
- 它应至少使用一个实例字段。
- 散列代码在对象的生存期中不应该发生变化。

除了 GetHashCode()方法的实现代码必须满足的要求之外，最好还满足如下要求：

- 它应执行得比较快，计算的开销不大。
- 散列代码值应平均分布在 int 可以存储的整个数字范围上。

> **注意：**
> 字典的性能取决于 GetHashCode()方法的实现代码。

为什么要使散列代码值平均分布在整数的取值范围内？如果两个键返回的散列代码值会得到相同的索引，字典类就必须寻找最近的可用空闲位置来存储第二个数据项，这需要进行一定量的搜索，以便以后检索这一项。显然这会降低性能，如果在排序时许多键都有相同的索引，这类冲突就更可能出现。根据 Microsoft 的算法的工作方式，当计算出来的散列代码值平均分布在 int.MinValue 和 int.MaxValue 之间时，这种风险会降低到最小。

除了实现 GetHashCode()方法之外，键类型还必须实现 IEquatable<T>.Equals()方法，或重写 Object 类的 Equals()方法。因为不同的键对象可能返回相同的散列代码，所以字典使用 Equals()方法来比较键。字典检查两个键 A 和 B 是否相等，并调用 A.Equals(B)方法。这表示必须确保下述条件总是成立：

如果 A.Equals(B)方法返回 true，则 A.GetHashCode()和 B.GetHashCode()方法总是返回相同的散列代码。

这似乎有点奇怪，但它非常重要。如果设计出某种重写这些方法的方式，使上面的条件并不总是成立，那么把这个类的实例用作键的字典就不能正常工作，而是会发生有趣的事情。例如，把一个对象放在字典中后，就再也检索不到它，或者试图检索某项，却返回了错误的项。

> **注意：**
> 如果为 Equals()方法提供了重写版本，但没有提供 GetHashCode()方法的重写版本，C#编译器就会显示一个编译警告。

对于 System.Object，这个条件为 true，因为 Equals()方法只是比较引用，GetHashCode()方法实际上返回一个完全基于对象地址的散列代码。这说明，如果散列表基于一个键，而该键没有重写这些方法，这个散列表就能正常工作。但是，这么做的问题是，只有对象完全相同，键才被认为是相等的。也就是说，把一个对象放在字典中时，必须将它与该键的引用关联起来。也不能在以后用相同的值实例化另一个键对象。如果没有重写 Equals()方法和 GetHashCode()方法，在字典中使用类型时就不太方便。

另外，System.String 实现了 IEquatable 接口，并重载了 GetHashCode()方法。Equals()方法提供了值的比较，GetHashCode()方法根据字符串的值返回一个散列代码。因此，在字典中把字符串用作键非常方便。

数字类型(如 Int32)也实现 IEquatable 接口，并重载 GetHashCode()方法。但是这些类型返回的散列代码只映射到值上。如果希望用作键的数字本身没有分布在可能的整数值范围内，把整数用作键就不能满足键值的平均分布规则，因此不能获得最佳的性能。所以 Int32 并不适合在字典中使用。

C# 9 中的记录是类，但提供了值语义。因此，它也实现了 IEquatable 接口，并重写了 GetHashCode()方法。

如果需要使用的键类型没有实现 IEquatable 接口，也没有根据存储在字典中的键值重写

GetHashCode()方法，就可以创建一个实现 IEqualityComparer<T>接口的比较器。IEqualityComparer<T>接口定义了 GetHashCode()和 Equals()方法，并将传递的对象作为参数，因此可以提供与对象类型不同的实现方式。Dictionary<TKey, TValue>构造函数的一个重载版本允许传递一个实现了 IEqualityComparer <T>接口的对象。如果把这个对象赋值给字典，该类就能够用于生成散列代码并比较键。

8.7.3 字典示例

本节的字典示例程序建立了一个员工字典，该字典用 EmployeeId 对象来索引，存储在字典中的每个数据项都是一个 Employee 对象，该对象存储员工的详细数据。

实现 EmployeeId 结构是为了定义在字典中使用的键，该结构的成员是表示员工的一个前缀字符和一个数字。这两个变量都是只读的，只能在构造函数中初始化，这是为了保证字典中的键不会改变。该结构的 GetHashCode()的默认实现使用所有字段来生成散列代码。使用只读变量时，可以保证它们不会改变。在构造函数中填充字段。重载 ToString()方法是为了获得员工 ID 的字符串表示。与键类型的要求一样，EmployeeId 结构也要实现 IEquatable 接口，并重载 GetHashCode()方法(代码文件 DictionarySample/EmployeeId.cs)。

```
public class EmployeeIdException : Exception
{
  public EmployeeIdException(string message) : base(message) { }
}

public struct EmployeeId : IEquatable<EmployeeId>
{
  private readonly char _prefix;
  private readonly int _number;
  public EmployeeId(string id)
  {
    if (id == null) throw new ArgumentNullException(nameof(id));
    _prefix = (id.ToUpper())[0];
    int last = id.Length > 7 ? 7 : id.Length;
    try
    {
      _number = int.Parse(id[1..last]);
    }
    catch (FormatException)
    {
      throw new EmployeeIdException("Invalid EmployeeId format");
    }
  }
  public override string ToString() => _prefix.ToString() +
    $"{_number,6:000000}";

  public override int GetHashCode() => (_number ^ _number << 16) * 0x15051505;

  public bool Equals(EmployeeId other) =>
    _prefix == other._prefix && _number == other._number;

  public override bool Equals(object obj) => Equals((EmployeeId)obj);

  public static bool operator ==(EmployeeId left, EmployeeId right) =>
    left.Equals(right);
```

```
  public static bool operator !=(EmployeeId left, EmployeeId right) =>
    !(left == right);
}
```

由 IEquatable<T>接口定义的 Equals()方法比较两个 EmployeeId 对象的值，如果这两个值相同，它就返回 true。除了实现 IEquatable<T>接口中的 Equals()方法之外，还可以重写 Object 类中的 Equals()方法。

```
public bool Equals(EmployeeId other) =>
  _prefix == other._prefix && _number == other._number;
```

由于数字是可变的，因此员工可以取 1～190 000 中的一个值。这个范围并没有填满整数取值范围。GetHashCode()方法使用的算法将数字向左移动 16 位，再与原来的数字进行异或操作，最后将结果乘以十六进制数 15051505。散列代码在整数取值区域上的分布相当均匀：

```
public override int GetHashCode() => (number ^ number << 16) * 0x1505_1505;
```

Employee 类型是一个简单的记录，它使用私有字段来表示员工的姓名、薪水和 ID。构造函数初始化所有值，ToString()方法返回一个实例的字符串表示。ToString()方法的实现代码使用格式化字符串创建字符串表示，以提高性能(代码文件 DictionarySample/Employee.cs)。

```
public record Employee
{
  private readonly string _name;
  private readonly decimal _salary;
  private readonly EmployeeId _id;
  public Employee(EmployeeId id, string name, decimal salary)
  {
    _id = id;
    _name = name;
    _salary = salary;
  }

  public override string ToString() =>
    $"{_id.ToString()}: {_name, -20}{_salary,12:C}";
}
```

在 Program.cs 文件中，创建一个新的 Dictionary<TKey, TValue>实例，其中键是 EmployeeId 类型，值是 Employee 类型。构造函数指定了 31 个元素的容量。注意，容量一般是素数，但如果指定了一个不是素数的值，也不需要担心。Dictionary<TKey, TValue>类会使用传递给构造函数的整数后面紧接着的一个素数来指定容量。创建员工对象和 ID 后，就使用新的字典初始化语法把它们添加到新建的字典中。当然，也可以调用字典的 Add()方法添加对象(代码文件 DictionarySample/Program.cs)：

```
EmployeeId idKyle = new("J18");
Employee kyle = new Employee(idKyle, "Kyle Bush", 138_000.00m );

EmployeeId idMartin = new("J19");
Employee martin = new(idMartin, "Martin Truex Jr", 73_000.00m);

EmployeeId idKevin = new("S4");
Employee kevin = new(idKevin, "Kevin Harvick", 116_000.00m);

EmployeeId idDenny = new EmployeeId("J11");
Employee denny = new Employee(idDenny, "Denny Hamlin", 127_000.00m);
```

```
EmployeeId idJoey = new("T22");
Employee joey = new(idJoey, "Joey Logano", 96_000.00m);

EmployeeId idKyleL = new ("C42");
Employee kyleL = new (idKyleL, "Kyle Larson", 80_000.00m);

Dictionary<EmployeeId, Employee> employees = new(31)
{
  [idKyle] = kyle,
  [idMartin] = martin,
  [idKevin] = kevin,
  [idDenny] = denny,
[idJoey] = joey,
};

foreach (var employee in employees.Values)
{
  Console.WriteLine(employee);
}
//...
```

将数据项添加到字典中后，在 while 循环中读取字典中的员工。用户将输入一个员工号，把该号码存储在变量 userInput 中。用户输入 X 即可退出应用程序。如果输入的键在字典中，就使用 Dictionary<TKey, TValue>类的 TryGetValue()方法检查它。如果找到了该键，TryGetValue()方法就返回 true；否则返回 false。如果找到了与键关联的值，该值就存储在 employee 变量中，并把该值写入控制台。

注意：

也可以使用 Dictionary<TKey, TValue>类的索引器替代 TryGetValue()方法，来访问存储在字典中的值。但是，如果没有找到键，索引器会抛出一个 KeyNotFoundException 类型的异常。

```
while (true)
{
  Console.Write("Enter employee id (X to exit)> ");
  string? userInput = Console.ReadLine();
  userInput = userInput?.ToUpper();
  if (userInput == null || userInput == "X") break;

  try
  {
    EmployeeId id = new(userInput);
    if (!employees.TryGetValue(id, out Employee? employee))
    {
      Console.WriteLine($"Employee with id {id} does not exist");
    }
    else
    {
      Console.WriteLine(employee);
    }
  }
  catch (EmployeeIdException ex)
  {
    Console.WriteLine(ex.Message);
  }
}
```

运行应用程序，得到如下输出：

```
J000018: Kyle Bush        $138.000,00
J000019: Martin Truex Jr   $73.000,00
S000004: Kevin Harvick    $116.000,00
J000011: Denny Hamlin     $127.000,00
T000022: Joey Logano       $96.000,00
Enter employee id (X to exit)> T22
T000022: Joey Logano       $96.000,00
Enter employee id (X to exit)> J18
J000018: Kyle Bush        $138.000,00
Enter employee id (X to exit)> X
```

8.7.4 Lookup类

Dictionary<TKey, TValue>类支持每个键关联一个值。Lookup<TKey, TElement>类非常类似于Dictionary<TKey, TValue>类，但把键映射到一个值集合上。这个类在System.Linq名称空间内定义。

Lookup<TKey, TElement>类不能像一般的字典那样创建，必须调用ToLookup()方法，该方法返回一个Lookup<TKey, TElement>对象。ToLookup()方法是一个扩展方法，它可以用于实现IEnumerable<T>接口的所有类。在下面的例子中，填充了一个Racer对象列表。因为List<T>类实现了IEnumerable<T>接口，所以可以在赛车手列表上调用ToLookup()方法。这个方法需要一个Func<TSource, TKey>类型的委托，Func<TSource, TKey>类型定义了键的选择器。这里使用lambda表达式r => r.Country，根据国家来选择赛车手。foreach循环只使用索引器访问来自澳大利亚的赛车手(代码文件LookupSample/Program.cs)。

```
List<Racer> racers = new();
racers.Add(new Racer(26, "Jacques", "Villeneuve", "Canada", 11));
racers.Add(new Racer(18, "Alan", "Jones", "Australia", 12));
racers.Add(new Racer(11, "Jackie", "Stewart", "United Kingdom", 27));
racers.Add(new Racer(15, "James", "Hunt", "United Kingdom", 10));
racers.Add(new Racer(5, "Jack", "Brabham", "Australia", 14));

var lookupRacers = racers.ToLookup(r => r.Country);

foreach (Racer r in lookupRacers["Australia"])
{
  Console.WriteLine(r);
}
```

注意：
扩展方法详见第9章，lambda表达式参见第7章。

结果显示了来自澳大利亚的赛车手：

```
Alan Jones
Jack Brabham
```

8.7.5 有序字典

SortedDictionary<TKey, TValue>是一个二叉搜索树，其中的元素根据键排序。该键类型必须实现IComparable<TKey>接口。如果键的类型不能排序，则还可以创建一个实现了IComparer <TKey>接口的比较器，将比较器用作有序字典的构造函数的一个参数。

前面提到了 SortedList<TKey, TValue>。SortedDictionary<TKey, TValue>和 SortedList<TKey, TValue>的功能类似，但因为 SortedList <TKey, TValue>实现为一个基于数组的列表，而 SortedDictionary<TKey, TValue>类实现为一个树，所以它们有不同的特征。

- SortedList<TKey, TValue>使用的内存比 SortedDictionary<TKey, TValue>少。
- SortedDictionary<TKey, TValue>的元素插入和删除操作比较快。
- 在用已排好序的数据填充集合时，若不需要修改容量，则 SortedList<TKey, TValue>比较快。

注意：

SortedList 使用的内存比 SortedDictionary 少，但 SortedDictionary 在插入和删除未排序的数据时比较快。

8.8 集

包含不重复元素的集合称为“集(set)”。.NET Core 包含两个集(HashSet<T>和 SortedSet<T>)，它们都实现 ISet<T>接口。HashSet<T>集包含不重复元素的无序散列表，SortedSet<T>集包含不重复元素的有序列表。

ISet<T>接口提供的方法可以创建合集、交集，或者给出一个集是另一个集的超集或子集的信息。

在下面的示例代码中，创建了 3 个字符串类型的新集，并用一级方程式汽车填充它们。HashSet<T>集实现 ICollection<T>接口。但是在该类中，Add()方法是显式实现的，还提供了另一个 Add()方法，如下面的代码片段所示。Add()方法的区别是返回类型，它返回一个布尔值，说明是否添加了元素。如果该元素已经在集中，就不添加它，并返回 false(代码文件 SetSample/Program.cs)。

```
HashSet<string> companyTeams = new()
{ "Ferrari", "McLaren", "Mercedes" };

HashSet<string> traditionalTeams = new() { "Ferrari", "McLaren" };

HashSet<string> privateTeams = new()
{ "Red Bull", "Toro Rosso", "Force India", "Sauber" };

if (privateTeams.Add("Williams"))
{
  Console.WriteLine("Williams added");
}

if (!companyTeams.Add("McLaren"))
{
  Console.WriteLine("McLaren was already in this set");
}
```

将两个 Add()方法的输出写到控制台上：

```
Williams added
McLaren was already in this set
```

IsSubsetOf()和 IsSupersetOf()方法将集与实现了 IEnumerable<T>接口的集合相比较，并返回一个布尔结果。这里，IsSubsetOf()方法验证 traditionalTeams 集合中的每个元素是否都包含在 companyTeams 集合方法中(即本例目标)，IsSupersetOf()方法验证 traditionalTeams 集合是否有 companyTeams 集合没有的额外元素。

```
if (traditionalTeams.IsSubsetOf(companyTeams))
{
  Console.WriteLine("traditionalTeams is subset of companyTeams");
}
if (companyTeams.IsSupersetOf(traditionalTeams))
{
  Console.WriteLine("companyTeams is a superset of traditionalTeams");
}
```

这个验证的结果如下：

```
traditionalTeams is a subset of companyTeams
companyTeams is a superset of traditionalTeams
```

Williams 也是一个传统队，因此将这个队添加到 traditionalTeams 集合中：

```
traditionalTeams.Add("Williams");
if (privateTeams.Overlaps(traditionalTeams))
{
  Console.WriteLine("At least one team is the same with traditional " +
    "and private teams");
}
```

因为有一个重叠，所以结果如下：

```
At least one team is the same with traditional and private teams.
```

调用 UnionWith()方法，把引用新 SortedSet<string>的变量 allTeams 填充为 companyTeams、privateTeams 和 traditionalTeams 的合集：

```
SortedSet<string> allTeams = new(companyTeams);
allTeams.UnionWith(privateTeams);
allTeams.UnionWith(traditionalTeams);
Console.WriteLine();
Console.WriteLine("all teams");
foreach (var team in allTeams)
{
  Console.WriteLine(team);
}
```

这里返回所有队，但每个队都只列出一次，因为集只包含唯一值。因为容器是 SortedSet<string>，所以结果是有序的：

```
Ferrari
Force India
Lotus
McLaren
Mercedes
Red Bull
Sauber
Toro Rosso
Williams
```

ExceptWith()方法从 allTeams 集中删除所有私有队：

```
allTeams.ExceptWith(privateTeams);
Console.WriteLine();
Console.WriteLine("no private team left");
```

```
foreach (var team in allTeams)
{
  Console.WriteLine(team);
}
```

集合中的剩余元素不包含私有队：

```
Ferrari
McLaren
Mercedes
```

8.9 性能

许多集合类都提供了相同的功能，例如，SortedList 类与 SortedDictionary 类的功能几乎完全相同，但是，其性能往往有很大区别。一个集合使用的内存少，另一个集合的元素检索速度快。在 Microsoft 的文档中通常给出了集合的方法的性能提示，并以大 O 表示法给出了方法所需的操作时间：

- O(1)：O(1)表示无论集合中有多少数据项，这个操作需要的时间都不变。例如，ArrayList 类的 Add()方法就具有 O(1)行为。无论列表中有多少个元素，在列表末尾添加一个新元素的时间都相同。Count 属性会给出元素个数，所以很容易找到列表末尾。
- O(log n)：O(log n)表示操作需要的时间随集合中元素的增加而增加，但每个元素需要增加的时间不是线性的，而是呈对数曲线。在集合中执行插入操作时，SortedDictionary<TKey,TValue>集合类具有 O(log n)行为，而 SortedList<TKey,TValue>集合类具有 O(n)行为。这里 SortedDictionary<TKey,TValue>集合类要快得多，因为它在树型结构中插入元素的效率比列表高得多。
- O(n)：O(n)表示对于集合执行一个操作需要的时间在最坏情况时是 N。如果需要重新给集合分配内存，ArrayList 类的 Add()方法就是一个 O(n)操作。改变容量需要复制列表，且复制的时间随元素的增加而线性增加。

表 8-4 列出了集合类及其执行不同操作的性能，例如，添加、插入和删除元素。使用这个表可以选择性能最佳的集合类。左列是集合类，Add 列给出了在集合中添加元素所需的时间。List<T>和 HashSet<T>类把 Add 方法定义为在集合中添加元素。其他集合类用不同的方法把元素添加到集合中。例如，Stack<T>类定义了 Push()方法，Queue<T>类定义了 Enqueue()方法。这些信息也列在表中。

如果单元格中有多个大 O 值，表示若集合需要重置大小，该操作就需要一定的时间。例如，在 List<T>类中，添加元素的时间是 O(1)。如果集合的容量不够大，需要重置大小，则重置大小需要的时间长度就是 O(n)。集合越大，重置大小操作的时间就越长。最好避免重置集合的大小，而应把集合的容量设置为一个可以包含所有元素的值。

如果表单元格的内容是 n/a(代表 not applicable)，就表示这个操作不能应用于这种集合类型。

表 8-4

集合	Add	Insert	Remove	Item	Sort	Find
List<T>	O(1)；如果集合必须重置大小，就是 O(n)	O(n)	O(n)	O(1)	O(n log n)，最坏的情况是 O (n ^ 2)	O(n)

(续表)

集合	Add	Insert	Remove	Item	Sort	Find
Stack<T>	Push()，O(1)；如果栈必须重置大小，就是O(n)	n/a	Pop(), O(1)	n/a	n/a	n/a
Queue<T>	Enqueue()，O(1)；如果队列必须重置大小，就是O(n)	n/a	Dequeue(), O(1)	n/a	n/a	n/a
HashSet<T>	O(1)；如果集必须重置大小，就是O(n)	Add ()，O(1)或O(n)	O(1)	n/a	n/a	n/a
SortedSet<T>	O(1)；如果集必须重置大小，就是O(n)	Add O(1)或O(n)	O(1)	n/a	n/a	n/a
LinkedList<T>	AddLast(), O(1)	AddAfter(), O(1)	O(1)	n/a	n/a	O(n)
Dictionary <TKey, TValue>	O(1)或O(n)	n/a	O(1)	O(1)	n/a	n/a
SortedDictionary <TKey, TValue>	O(log n)	n/a	O(log n)	O(log n)	n/a	n/a
SortedList <TKey, TValue>	无序数据为O(n)；如果必须重置大小，就是O(n)；到列表的尾部，就是O(log n)	n/a	O(n)	读/写是O(log n)；如果键在列表中，就是O(log n)；如果键不在列表中，就是O(n)	n/a	n/a

8.10 不变的集合

如果对象的自身状态可以改变，就很难在多个同时运行的任务中使用，因为这些集合必须同步。如果对象的自身状态不能改变，就很容易在多个线程中使用。不能改变的对象称为不变的对象；不能改变的集合称为不变的集合。

> **注意：**
> 使用多个任务和线程，以及用异步方法编程的主题详见第11章和第17章。

比较本章前面讨论的只读集合与不可变的集合，它们有一个很大的差别：只读集合利用可变集合的接口。使用这个接口，不能改变集合。然而，如果有人仍然引用可变的集合，它就仍然可以改变。但对于不可变的集合，没有人可以改变这个集合。

我们首先使用 ImmutableArray 类创建一个简单的不变字符串数组。ImmutableArray 类在 System.Collections.Immutable 名称空间中定义。可以用静态的 Create()方法创建该数组，如下所示。Create()方法被重载，这个方法的其他变体允许传送任意数量的元素。注意，这里使用两种不同的类型：具有静态 Create()方法的非泛型类 ImmutableArray 类和 Create()方法返回的泛型 ImmutableArray 结构。在下面的代码中(代码文件 ImmutableCollectionSample/Program.cs)，创建了一个空数组：

```
ImmutableArray<string> a1 = ImmutableArray.Create<string>();
```

空数组没有什么用。ImmutableArray<T>类型提供了添加元素的Add()方法。但是，与其他集合类相反，Add()方法不会改变不变集合本身，而是返回一个新的不变集合。因此在调用Add()方法之后，a1仍是一个空集合，a2是包含一个元素的不变集合。Add()方法返回新的不变集合：

```
ImmutableArray<string> a2 = a1.Add("Williams");
```

之后，就可以流式使用这个API，一个接一个地调用Add()方法。变量a3现在引用一个不变集合，集合中包含4个元素：

```
ImmutableArray<string> a3 =
  a2.Add("Ferrari").Add("Mercedes").Add("Red Bull Racing");
```

在使用不变数组的每个阶段，都没有复制完整的集合。相反，不变类型使用了共享状态，仅在需要时复制集合。

但是，先填充集合，再将它变成不变的数组会更高效。需要执行一些处理时，可以再次使用可变的集合。此时可以使用不变集合提供的构建器类。

为了说明其操作，先创建一个Account记录，将此记录放在集合中。这种类型本身是不可变的，不能使用只读自动属性来改变(代码文件ImmutableCollectionSample/Account.cs)：

```
public record Account(string Name, decimal Amount);
```

接着创建List<Account>集合，并用示例账户填充(代码文件ImmutableCollectionSample/Program.cs)：

```
List<Account> accounts = new()
{
  new("Scrooge McDuck", 667377678765m),
  new("Donald Duck", -200m),
  new("Ludwig von Drake", 20000m)
};
```

有了账户集合，可以使用ToImmutableList()扩展方法创建一个不变的集合。只要打开名称空间System.Collections.Immutable，就可以使用这个扩展方法：

```
ImmutableList<Account> immutableAccounts = accounts.ToImmutableList();
```

变量immutableAccounts可以像其他集合那样枚举，但不能改变。

```
foreach (var account in immutableAccounts)
{
  Console.WriteLine($"{account.Name} {account.Amount}");
}
```

可以使用由ImmutableList<T>定义的ForEach()方法来迭代不变列表，而不使用foreach语句。这个方法需要一个Action< T >委托作为参数，因此可以为其分配lambda表达式：

```
immutableAccounts.ForEach(a => Console.WriteLine($"{a.Name} {a.Amount}"));
```

想要处理这些集合，可以使用Contains()、FindAll()、FindLast()、IndexOf()等方法。这些方法类似于本章前面讨论的其他集合类中的方法，因此这里不对它们进行详细介绍。

如果需要更改不变集合的内容，集合提供了Add()、AddRange()、Remove()、RemoveAt()、RemoveRange()、Replace()以及Sort()方法。这些方法非常不同于普通的集合类，因为用于调用方法的不可变集合永远不会改变，但是这些方法将返回一个新的不可变集合。

8.10.1 使用构建器和不变的集合

使用前述的 Add()、Remove()和 Replace()方法，很容易从现有的集合中创建新的不变集合。然而，如果需要进行多个修改，如在新集合中添加和删除许多元素，这些方法就不是非常高效。为了通过进行更多的修改来创建新的不变集合，可以创建一个构建器。

下面继续前面的示例代码，对集合中的账户对象进行多个更改。为此，可以调用 ToBuilder()方法创建一个构建器。该方法返回一个可以改变的集合。在示例代码中，移除金额大于 0 的所有账户。原来的不变集合没有改变。用构建器进行的改变完成后，调用 Builder 的 ToImmutable()方法，创建一个新的不可变集合。下面使用这个集合输出所有透支账户(代码文件 ImmutableCollectionSample/Program.cs):

```
ImmutableList<Account>.Builder builder = immutableAccounts.ToBuilder();
for (int i = builder.Count -1; i >= 0; i--)
{
  Account a = builder[i];
  if (a.Amount > 0)
  {
    builder.Remove(a);
  }
}
ImmutableList<Account> overdrawnAccounts = builder.ToImmutable();
overdrawnAccounts.ForEach(a => Console.WriteLine(
  $"overdrawn: {a.Name} {a.Amount}"));
```

除了使用 Remove()方法删除元素之外，Builder 类型还提供了方法 Add()、AddRange()、Insert()、RemoveAt()、RemoveAll()、Reverse()以及 Sort()，来改变可变的集合。完成可变的操作后，调用 ToImmutable()，将再次得到不变的集合。

8.10.2 不变集合类型和接口

除了 ImmutableArray 和 ImmutableList 之外，NuGet 包 System.Collections.Immutable 还提供了一些不变的集合类型，如表 8-5 所示。

表 8-5

不变的类型	说明
ImmutableArray<T>	ImmutableArray <T>是一个结构，它在内部使用数组类型，但不允许更改底层类型。这个结构实现了接口 IImmutableList < T >
ImmutableList<T>	ImmutableList < T >在内部使用一个二叉树来映射对象，以实现接口 IImmutableList < T >
ImmutableQueue<T>	IImmutableQueue < T >实现了接口 IImmutableQueue < T >，允许用 Enqueue()、Dequeue()和 Peek()以先进先出的方式访问元素
ImmutableStack<T>	ImmutableStack<T>实现了接口 IImmutableStack<T>，允许用 Push()、Pop()和 Peek()以先进后出的方式访问元素
ImmutableDictionary<TKey,TValue>	ImmutableDictionary < TKey, TValue >是一个不可变的集合，其无序的键/值对元素实现了接口 IImmutableDictionary < TKey, TValue >
ImmutableSortedDictionary<TKey, TValue>	ImmutableSortedDictionary < TKey, TValue >是一个不可变的集合，其有序的键值对元素实现了接口 IImmutableDictionary < TKey, TValue >

(续表)

不变的类型	说明
ImmutableHashSet<T>	ImmutableHashSet <T>是一个不可变的无序散列集，实现了接口 IImmutableSet <T>。该接口提供了本章前面讨论的功能
ImmutableSortedSet<T>	ImmutableSortedSet <T>是一个不可变的有序集，实现了接口 IImmutableSet <T>

与正常的集合类一样，不变的集合也实现了接口，例如，IImmutableQueue<T>、IImmutableList<T>以及 IImmutableStack<T>。这些不变接口的最大区别是所有改变集合的方法都返回一个新的集合。

8.10.3 使用 LINQ 和不变的数组

为了使用 LINQ 和不变的数组，类 ImmutableArrayExtensions 定义了 LINQ 方法的优化版本，例如，Where()、Aggregate()、All()、First()、Last()、Select()和 SelectMany()。要使用优化的版本，只需要直接使用 ImmutableArray 类型，打开 System.Linq 名称空间。

使用 ImmutableArrayExtensions 类型定义的 Where()方法，扩展了 ImmutableArray<T>类型，如下所示：

```
public static IEnumerable<T> Where<T>(
  this ImmutableArray<T> immutableArray, Func<T, bool> predicate);
```

正常的 LINQ 扩展方法扩展了 IEnumerable <T>。因为 ImmutableArray <T>是一个更好的匹配，所以使用优化版本调用 LINQ 方法。

8.11 小结

本章介绍了如何处理不同类型的泛型集合。数组的大小是固定的，但可以使用列表作为动态增长的集合。队列以先进先出的方式访问元素，栈以后进先出的方式访问元素。链表可以快速地插入和删除元素，但搜索操作比较慢。通过键和值可以使用字典，进行较快的搜索和插入操作。集用于唯一项，可以是无序的(HashSet<T>)，也可以是有序的(SortedSet<T>)。

第 9 章将介绍如何使用 LINQ 语法来操作数组和集合。

第9章 LINQ

本章要点

- 用列表在对象上执行传统查询
- 扩展方法
- LINQ 查询操作符
- 并行 LINQ
- 表达式树

本章源代码：

通过扫描封底二维码下载本书源代码。本章源代码可以在代码文件的 1_CS/LINQ 目录中找到。

本章代码分为以下几个主要的示例文件：

- LINQIntro
- EnumerableSample
- ParallelLINQ
- ExpressionTrees

所有示例项目都启用了可空引用类型。

9.1 LINQ 概述

LINQ(Language Integrated Query，语言集成查询)在 C#编程语言中集成了查询语法，可以用相同的语法访问不同的数据源。LINQ 提供了不同数据源的抽象层，所以可以使用相同的语法。

本章介绍 LINQ 的核心原理和 C#中支持 C# LINQ Query 的语言扩展。

> **注意：**
> 关于在数据库中使用 LINQ 的内容可查阅第 21 章。

在介绍 LINQ 的特性之前，本节先介绍一个简单的 LINQ 查询。C#提供了转换为方法调用的集成查询语言。本节会说明这个转换的过程，以便用户使用 LINQ 的全部功能。

9.1.1 列表和实体

本章的 LINQ 查询在一个包含 1950—2020 年一级方程式锦标赛的集合上进行。这些数据需要使用.NET 5.0 库中的类和列表来准备。

对于实体，定义记录类型 Racer(如下面的代码片段所示)。Racer 定义了几个属性和一个重载的 ToString()方法，该方法以字符串格式显示赛车手。这个类实现了 IFormattable 接口，以支持格式字符串的不同变体，这个类还实现了 IComparable<Racer>接口，它根据 LastName 为一组赛车手排序。为了执行更高级的查询，Racer 类不仅包含单值属性，如 FirstName、LastName、Wins、Country 和 Starts，还包含集合属性，如 Cars 和 Years。Years 属性列出了赛车手获得冠军的年份，一些赛车手曾多次获得冠军。Cars 属性用于列出赛车手在获得冠军的年份中使用的所有车型(代码文件 DataLib/Racer.cs)。

```
public record Racer(string FirstName, string LastName, string Country,
  int Starts, int Wins, IEnumerable<int> Years, IEnumerable<string> Cars) :
  IComparable<Racer>, IFormattable
{
  public Racer(string FirstName, string LastName, string Country,
    int Starts, int Wins)
    : this(FirstName, LastName, Country, Starts, Wins, new int[] { },
      new string[] { })
  { }

  public override string ToString() => $"{FirstName} {LastName}";

  public int CompareTo(Racer? other) => LastName.CompareTo(other?.LastName);

  public string ToString(string format) => ToString(format, null);

  public string ToString(string? format, IFormatProvider? formatProvider) =>
    format switch
    {
      null => ToString(),
      "N" => ToString(),
      "F" => FirstName,
      "L" => LastName,
      "C" => Country,
      "S" => Starts.ToString(),
      "W" => Wins.ToString(),
      "A" => $"{FirstName} {LastName}, country: {Country}, starts: {Starts},
        wins: {Wins}",
      _ => throw new FormatException($"Format {format} not supported")
    };
}
```

注意：

在一级方程式系列赛事中，每个日历年有车手锦标赛和车队锦标赛两种比赛。在车手锦标赛中，最佳车手成为世界冠军。在车队锦标赛中，最佳车队成为世界冠军。详细信息请参见网址 9-1，其中列出了当前排名，以及向前回溯到 1950 年的存档。

第二个实体类是 Team。这个类仅包含车队冠军的名字和获得冠军的年份的数组(代码文件 DataLib/Team.cs)：

```
public record Team
{
  public Team(string name, params int[] years)
  {
    Name = name;
    Years = years != null ? new List<int>(years) : new List<int>();
  }
  public string Name { get; }
  public IEnumerable<int> Years { get; }
}
```

Formula1 类在 GetChampions()方法中返回一组赛车手。InitializeRacers()方法在这个列表填充了1950—2020 年之间的所有一级方程式冠军(代码文件 DataLib/Formula1.cs)。

```
public static class Formula1
{
  private static List<Racer> s_racers;
  public static IList<Racer> GetChampions() => s_racers ??= InitalizeRacers();

  private static List<Racer> InitializeRacers => new()
  {
    new ("Nino", "Farina", "Italy", 33, 5, new int[] { 1950 },
      new string[] { "Alfa Romeo" }),
    new ("Alberto", "Ascari", "Italy", 32, 10, new int[] { 1952, 1953 },
      new string[] { "Ferrari" }),
    new ("Juan Manuel", "Fangio", "Argentina", 51, 24,
      new int[] { 1951, 1954, 1955, 1956, 1957 },
      new string[] { "Alfa Romeo", "Maserati", "Mercedes", "Ferrari" }),
    new ("Mike", "Hawthorn", "UK", 45, 3, new int[] { 1958 },
      new string[] { "Ferrari" }),
    new ("Phil", "Hill", "USA", 48, 3, new int[] { 1961 },
      new string[] { "Ferrari" }),
    new ("John", "Surtees", "UK", 111, 6, new int[] { 1964 },
      new string[] { "Ferrari" }),
    new ("Jim", "Clark", "UK", 72, 25, new int[] { 1963, 1965 },
      new string[] { "Lotus" }),
    //...
  };
  //...
}
```

对于后面在多个列表中执行的查询，GetConstructorChampions()方法返回所有的车队冠军的列表。车队冠军是从 1958 年开始设立的。

```
private static List<Team> s_teams;
public static IList<Team> GetConstructorChampions() => s_teams ??= new()
{
  new ("Vanwall", 1958),
  new ("Cooper", 1959, 1960),
  new ("Ferrari", 1961, 1964, 1975, 1976, 1977, 1979, 1982, 1983, 1999,
     2000, 2001, 2002, 2003, 2004, 2007, 2008),
  new ("BRM", 1962),
  new ("Lotus", 1963, 1965, 1968, 1970, 1972, 1973, 1978),
  new ("Brabham", 1966, 1967),
  new ("Matra", 1969),
  new ("Tyrrell", 1971),
```

```
  new ("McLaren", 1974, 1984, 1985, 1988, 1989, 1990, 1991, 1998),
  new ("Williams", 1980, 1981, 1986, 1987, 1992, 1993, 1994, 1996, 1997),
  new ("Benetton", 1995),
  new ("Renault", 2005, 2006),
  new ("Brawn GP", 2009),
  new ("Red Bull Racing", 2010, 2011, 2012, 2013),
  new ("Mercedes", 2014, 2015, 2016, 2017, 2018, 2019, 2020)
};
```

9.1.2 LINQ 查询

在以前创建的库中，使用这些准备好的列表和对象，进行 LINQ 查询，例如，查询来自巴西的所有世界冠军，并按照夺冠次数排序。为此可以使用 List<T>类的方法，如 FindAll()和 Sort()方法。而使用 LINQ 的语法非常简单(代码文件 LINQIntro/Program.cs)：

```
static void LinqQuery()
{
  var query = from r in Formula1.GetChampions()
              where r.Country == "Brazil"
              orderby r.Wins descending
              select r;
  foreach (Racer r in query)
  {
    Console.WriteLine($"{r:A}");
  }
}
```

这个查询的结果显示了来自巴西的所有世界冠军，且按夺冠次数排序：

```
Ayrton Senna, country: Brazil, starts: 161, wins: 41
Nelson Piquet, country: Brazil, starts: 204, wins: 23
Emerson Fittipaldi, country: Brazil, starts: 143, wins: 14
```

表达式

```
from r in Formula1.GetChampions()
where r.Country == "Brazil"
orderby r.Wins descending
select r;
```

是一个 LINQ 查询。子句 from、where、orderby、descending 和 select 都是这个查询中预定义的关键字。

查询表达式必须以 from 子句开头，以 select 或 group 子句结束。在这两个子句之间，可以使用 where、orderby、join、let 和其他 from 子句。

注意：

变量 query 只指定了 LINQ 查询。该查询不是通过这个赋值语句执行的，只要使用 foreach 循环访问查询，该查询就会执行。稍后的“推迟查询的执行”小节将进行详细介绍。

9.1.3 扩展方法

编译器会将 LINQ 查询转换为方法调用，并在运行时调用扩展方法。LINQ 为 IEnumerable<T>接口提供了各种扩展方法，以便用户在实现了该接口的任意集合上使用 LINQ 查询。扩展方法在静态类中声明，定义为一个静态方法，其中第一个参数定义了它扩展的类型。

注意：
第 3 章讨论了扩展方法。

定义 LINQ 扩展方法的一个类是 System.Linq 名称空间中的 Enumerable。只需要导入这个名称空间，就可以打开这个类的扩展方法的作用域。下面列出了 Where()扩展方法的实现代码。Where()扩展方法的第一个参数包含了 this 关键字，其类型是 IEnumerable<T>。这样，Where()方法就可以用于实现 IEnumerable<T>的每个类型。例如，数组和 List<T>类实现了 IEnumerable<T>接口。第二个参数是一个 Func<T,bool>委托，它引用了一个返回布尔值、参数类型为 T 的方法。这个谓词在实现代码中调用，检查 IEnumerable<T>源中的项是否应放在目标集合中。如果委托引用了该方法，yield return 语句就将源中的项返回给目标。

```
public static IEnumerable<TSource> Where<TSource>(
  this IEnumerable<TSource> source,
  Func<TSource, bool> predicate)
{
  foreach (TSource item in source)
  {
    if (predicate(item))
      yield return item;
  }
}
```

因为 Where()作为一个泛型方法实现，所以它可以用于包含在集合中的任意类型。实现了 IEnumerable<T>接口的任意集合都支持它。

现在就可以使用 Enumerable 类中的扩展方法 Where()、OrderByDescending()和 Select()。这些方法都返回 IEnumerable<TSource>，所以可以使用前面的结果依次调用这些方法。通过扩展方法的参数，使用定义了委托参数的实现代码的匿名方法(代码文件 LINQIntro/Program.cs)。

```
static void ExtensionMethods()
{
  List<Racer> champions = new(Formula1.GetChampions());
  var brazilChampions =
    champions.Where(r => r.Country == "Brazil")
      .OrderByDescending(r => r.Wins)
      .Select(r => r);

  foreach (Racer r in brazilChampions)
  {
    Console.WriteLine($"{r:A}");
  }
}
```

9.1.4　推迟查询的执行

在运行期间，查询并不会在定义的地方立即运行，而仅在迭代数据项时才会运行查询。这是因为，前面介绍的扩展方法使用了 yield return 语句来返回谓词为 true 的元素。因为使用了 yield return 语句，所以编译器会创建一个枚举器，在访问枚举中的项后立即返回它们。

这是一个非常有趣也非常重要的结果。在下面的例子中，将创建 string 元素的一个集合，并用名字填充它。接着定义一个查询，从集合中找出以字母 J 开头的所有名字。集合也应是排好序的。在定义查询时，不会进行迭代。相反，迭代在 foreach 语句中进行，在其中迭代所有的项。集合中只有一个元素 Juan 满足 where 表达式的要求，即以字母 J 开头。迭代完成后，将 Juan 写入控制台。之后在集合中添加 4 个新名字，再次进行迭代(代码文件 LINQIntro/Program.cs)。

```
void DeferredQuery()
{
  List<string> names = new() { "Nino", "Alberto", "Juan", "Mike", "Phil" };
  var namesWithJ = from n in names
                   where n.StartsWith("J")
                   orderby n
                   select n;

  Console.WriteLine("First iteration");
  foreach (string name in namesWithJ)
  {
    Console.WriteLine(name);
  }
  Console.WriteLine();

  names.Add("John");
  names.Add("Jim");
  names.Add("Jack");
  names.Add("Denny");
  Console.WriteLine("Second iteration");
  foreach (string name in namesWithJ)
  {
    Console.WriteLine(name);
  }
}
```

由于迭代在查询定义时不会进行，而是在执行每个 foreach 语句时进行，所以应用程序的输出发生了变化：

```
First iteration
Juan
Second iteration
Jack
Jim
John
Juan
```

当然，还必须注意，每次在迭代中使用查询时，都会调用扩展方法。大多数情况下，这是非常有效的，因为我们可以检测出源数据中的变化。但在一些情况下，这是不可行的。调用扩展方法 ToArray()、ToList()等可以改变这个操作。在示例中，ToList 遍历集合，返回一个实现了 IList<string> 的集合。之后对返回的列表遍历两次，在两次迭代之间，数据源得到了新名字。

```
List<string> names = new() { "Nino", "Alberto", "Juan", "Mike", "Phil" };
var namesWithJ = (from n in names
                  where n.StartsWith("J")
                  orderby n
                  select n).ToList();

Console.WriteLine("First iteration");
foreach (string name in namesWithJ)
{
  Console.WriteLine(name);
}
```

```
Console.WriteLine();

names.Add("John");
names.Add("Jim");
names.Add("Jack");
names.Add("Denny");

Console.WriteLine("Second iteration");
foreach (string name in namesWithJ)
{
  Console.WriteLine(name);
}
```

在结果中可以看到，在两次迭代之间输出保持不变，但集合中的值改变了：

```
First iteration
Juan
Second iteration
Juan
```

9.2 标准的查询操作符

Where、OrderByDescending 和 Select 只是 LINQ 定义的几个查询操作符。LINQ 查询为最常用的操作符定义了一个声明语法。Enumerable 类还提供了其他许多查询操作符。

表 9-1 列出了 Enumerable 类定义的标准查询操作符。

表 9-1

标准查询操作符	说明
Where OfType<TResult>	筛选操作符定义了返回元素的条件。在 Where 查询操作符中可以使用谓词，例如，lambda 表达式定义的谓词，来返回布尔值。OfType<TResult>根据类型筛选元素，只返回 TResult 类型的元素
Select SelectMany	投射操作符用于把对象转换为另一个类型的新对象。Select 和 SelectMany 定义了根据选择器函数选择结果值的投射
OrderBy ThenBy OrderByDescending ThenByDescending Reverse	排序操作符改变所返回的元素的顺序。OrderBy 按升序排序，OrderByDescending 按降序排序。如果第一次排序的结果很类似，就可以使用 ThenBy 和 ThenByDescending 操作符进行第二次排序。Reverse 反转集合中元素的顺序
Join GroupJoin	连接操作符用于合并不直接相关的集合。使用 Join 操作符，可以根据键选择器函数连接两个集合，这类似于 SQL 中的 JOIN。GroupJoin 操作符连接两个集合，组合其结果
GroupBy ToLookup	组合操作符把数据放在组中。GroupBy 操作符组合有公共键的元素。ToLookup 通过创建一个一对多字典，来组合元素
Any All Contains	如果元素序列满足指定的条件，限定符操作符就返回布尔值。Any、All 和 Contains 都是限定符操作符。Any 确定集合中是否有满足谓词函数的元素；All 确定集合中的所有元素是否都满足谓词函数；Contains 检查某个元素是否在集合中

(续表)

标准查询操作符	说明
Take Skip TakeWhile SkipWhile	分区操作符返回集合的一个子集。Take、Skip、TakeWhile 和 SkipWhile 都是分区操作符。使用它们可以得到部分结果。使用 Take 必须指定要从集合中提取的元素个数；Skip 跳过指定的元素个数，提取其他元素；TakeWhile 提取条件为真的元素，SkipWhile 跳过条件为真的元素
Distinct Union Intersect Except Zip	集合操作符返回一个集。Distinct 从集合中删除重复的元素。除了 Distinct 之外，其他集合操作符都需要两个集合。Union 返回出现在其中一个集合中的唯一元素。Intersect 返回两个集合中都有的元素。Except 返回只出现在一个集合中的元素。Zip 把两个集合合并为一个
First FirstOrDefault Last LastOrDefault ElementAt ElementAtOrDefault Single SingleOrDefault	这些元素操作符仅返回一个元素。First 返回第一个满足条件的元素。FirstOrDefault 类似于 First，但如果没有找到满足条件的元素，就返回类型的默认值。Last 返回最后一个满足条件的元素。ElementAt 指定了要返回的元素的位置。Single 只返回一个满足条件的元素。如果有多个元素都满足条件，就抛出一个异常。所有的 *XX*OrDefault 方法都类似于以相同前缀开头的方法，但如果没有找到该元素，它们就返回类型的默认值
Count Sum Min Max Average Aggregate	聚合操作符计算集合的一个值。利用这些聚合操作符，可以计算所有值的总和、所有元素的个数、值最大和最小的元素，以及平均值等
ToArray AsEnumerable ToList ToDictionary Cast<TResult>	这些转换操作符将集合转换为数组：IEnumerable、IList、IDictionary 等。Cast 方法把集合的每个元素类型转换为泛型参数类型
Empty Range Repeat	这些生成操作符返回一个新集合。使用 Empty 时集合是空的；Range 返回一系列数字；Repeat 返回一个始终重复一个值的集合

下面是使用这些操作符的一些例子。

9.2.1 筛选

下面介绍一些查询的示例。这个带有下载代码的示例应用程序允许为上述每个不同特性传递命令行参数。在 Visual Studio 的 Properties 页面的 Debug 部分，可以根据需要配置命令行参数，以运行应用程序的不同部分。在安装的 SDK 的命令行中，可以使用.NET CLI 以如下方式调用命令：

```
> dotnet run -- filter simplefilter
```

该命令将参数 filter simplefilter 传递给应用程序。

使用 where 子句可以合并多个表达式。例如，找出赢得至少 15 场比赛的巴西和奥地利赛车手。传递给 where 子句的表达式的结果类型应是布尔类型(代码文件 EnumerableSample/FilterSamples.cs)：

```
public static void SimpleFilter()
{
  var racers = from r in Formula1.GetChampions()
               where r.Wins > 15 &&
               (r.Country == "Brazil" || r.Country == "Austria")
               select r;

  foreach (var r in racers)
  {
    Console.WriteLine($"{r:A}");
  }
}
```

用这个 LINQ 查询(filter simplefilter)启动程序，会返回 Niki Lauda、Nelson Piquet 和 Ayrton Senna，如下：

```
Niki Lauda, country: Austria, Starts: 173, Wins: 25
Nelson Piquet, country: Brazil, Starts: 204, Wins: 23
Ayrton Senna, country: Brazil, Starts: 161, Wins: 41
```

并不是所有的查询都可以用 LINQ 查询语法完成，也不是所有的扩展方法都映射到 LINQ 查询子句上。高级查询需要使用扩展方法。为了更好地理解使用扩展方法的复杂查询，最好看看简单的查询是如何映射的。下面的代码使用 Where()扩展方法来代替 LINQ 查询。Select()扩展方法返回的对象与 Where()方法返回的对象相同，所以这里不需要使用它(代码文件 EnumerableSample/FilterSamples.cs)：

```
public static void FilterWithMethods()
{
  var racers = Formula1.GetChampions()
    .Where(r => r.Wins > 15 &&
      (r.Country == "Brazil" || r.Country == "Austria"));
  //...
}
```

9.2.2 用索引筛选

不能使用 LINQ 查询的一个例子是 Where()方法的重载。在 Where()方法的重载中，可以传递第二个参数——索引。索引是筛选器返回的每个结果的计数器。可以在表达式中使用这个索引，执行基于索引的计算。下面的代码由 Where()扩展方法调用，它使用索引返回姓氏以 A 开头、索引为偶数的赛车手(代码文件 EnumerableSample/FilterSamples.cs)：

```
public static void FilteringWithIndex()
{
  var racers = Formula1.GetChampions()
    .Where((r, index) => r.LastName.StartsWith("A") && index % 2 != 0);
  foreach (var r in racers)
  {
    Console.WriteLine($"{r:A}");
  }
}
```

姓氏以 A 开头的所有赛车手有 Alberto Ascari、Mario Andretti 和 Fernando Alonso。因为 Mario Andretti 的索引是奇数，所以他不在结果中：

```
Alberto Ascari, Italy; starts: 32, wins: 13
Fernando Alonso, Spain; starts: 314, wins: 32
```

9.2.3 类型筛选

为了进行基于类型的筛选，可以使用 OfType()扩展方法。这里数组数据包含 string 和 int 对象。使用 OfType()扩展方法，把 string 类传送给泛型参数，就能从集合中仅返回字符串(代码文件 EnumerableSample/FilterSamples.cs)：

```
public static void TypeFilter()
{
  object[] data = { "one", 2, 3, "four", "five", 6 };
  var query = data.OfType<string>();

  foreach (var s in query)
  {
    Console.WriteLine(s);
  }
}
```

运行这段代码，就会显示字符串 one、four 和 five。

```
one
four
five
```

9.2.4 复合的 from 子句

如果需要根据对象的一个成员进行筛选，而该成员本身是一个系列，就可以使用复合的 from 子句。Racer 类定义了一个属性 Cars，其中 Cars 是一个字符串数组。要筛选驾驶法拉利的所有冠军，可以使用如下所示的 LINQ 查询。第一个 from 子句访问从 Formula1.GetChampions()方法返回的 Racer 对象，第二个 from 子句访问 Racer 类的 Cars 属性，以返回所有 string 类型的赛车。接着在 where 子句中使用这些赛车筛选驾驶法拉利的所有冠军(代码文件 EnumerableSample/CompoundFromSamples.cs)。

```
public static void CompoundFrom()
{
  var ferrariDrivers = from r in Formula1.GetChampions()
                       from c in r.Cars
                       where c == "Ferrari"
                       orderby r.LastName
                       select r.FirstName + " " + r.LastName;
  //...
}
```

这个查询的结果显示了驾驶法拉利的所有一级方程式冠军：

```
Alberto Ascari
Juan Manuel Fangio
Mike Hawthorn
Phil Hill
Niki Lauda
Kimi Räikkönen
```

```
Jody Scheckter
Michael Schumacher
John Surtees
```

C#编译器把复合的from子句和LINQ查询转换为SelectMany()扩展方法。SelectMany()方法可用于迭代序列的序列。示例中SelectMany()方法的重载版本如下所示：

```
public static IEnumerable<TResult> SelectMany<TSource, TCollection, TResult> (
  this IEnumerable<TSource> source,
  Func<TSource,
  IEnumerable<TCollection>> collectionSelector,
  Func<TSource, TCollection, TResult> resultSelector);
```

第一个参数是隐式参数，它从GetChampions()方法中接收Racer对象序列。第二个参数是collectionSelector委托，其中定义了内部序列。在lambda表达式r => r.Cars中，应返回赛车集合。第三个参数是一个委托，现在为每个赛车调用该委托，接收Racer和Car对象。lambda表达式创建了一个匿名类型，它有Racer和Car属性。这个SelectMany()方法的结果是摊平了赛车手和赛车的层次结构，为每辆赛车返回匿名类型的一个新对象集合。

这个新集合传递给Where()方法，筛选出驾驶法拉利的赛车手。最后，调用OrderBy()和Select()方法(代码文件EnumerableSample/CompoundFromSamples.cs)：

```
public static void CompoundFromWithMethods()
{
  var ferrariDrivers = Formula1.GetChampions()
    .SelectMany(r => r.Cars, (r, c) => new { Racer = r, Car = c })
    .Where(r => r.Car == "Ferrari")
    .OrderBy(r => r.Racer.LastName)
    .Select(r => $"{r.Racer.FirstName} {r.Racer.LastName}");
  //...
}
```

把SelectMany()泛型方法解析为这里使用的类型，所解析的类型如下所示。在这个例子中，数据源是Racer类型，所筛选的集合是一个string数组，当然，所返回的匿名类型的名称是未知的，这里显示为TResult：

```
public static IEnumerable<TResult> SelectMany<Racer, string, TResult> (
  this IEnumerable<Racer> source,
  Func<Racer, IEnumerable<string>> collectionSelector,
  Func<Racer, string, TResult> resultSelector);
```

因为查询仅从LINQ查询转换为扩展方法，所以结果与前面的相同。

9.2.5 排序

要对序列排序，前面使用了orderby子句。下面复习一下前面使用的例子，但这里使用orderby descending子句。其中赛车手按照赢得比赛的次数进行降序排序，赢得比赛的次数用关键字选择器指定(代码文件EnumerableSample/SortingSamples.cs)：

```
public static void SortDescending()
{
  var racers = from r in Formula1.GetChampions()
               where r.Country == "Brazil"
               orderby r.Wins descending
               select r;
```

```
  //...
}
```

orderby 子句解析为 OrderBy()方法，orderby descending 子句解析为 OrderByDescending()方法：

```
public static void SortDescendingWithMethods()
{
  var racers = Formula1.GetChampions()
    .Where(r => r.Country == "Brazil")
    .OrderByDescending(r => r.Wins)
    .Select(r => r);
  //...
}
```

OrderBy()和 OrderByDescending()方法返回 IOrderedEnumerable<TSource>。这个接口派生自 IEnumerable<TSource>接口，但包含一个额外的方法 CreateOrderedEnumerable<TSource>()。这个方法用于进一步为序列排序。如果根据键选择器来排序，其中有两项相同，就可以使用 ThenBy()和 ThenByDescending ()方法继续排序。这两个方法需要 IOrderedEnumerable<TSource>接口才能工作，但也返回这个接口。所以，可以添加任意多个 ThenBy()和 ThenByDescending()方法，对集合排序。

使用 LINQ 查询时，只需要把所有用于排序的不同键(用逗号分隔开)添加到 orderby 子句中。在下例中，所有的赛车手先按照国家排序，再按照姓氏排序，最后按照名字排序。添加到 LINQ 查询结果中的 Take()扩展方法用于返回前 10 个结果：

```
public static void SortMultiple()
{
  var racers = (from r in Formula1.GetChampions()
                orderby r.Country, r.LastName, r.FirstName
                select r).Take(10);
  //...
}
```

排序后的结果如下：

```
Argentina: Fangio, Juan Manuel
Australia: Brabham, Jack
Australia: Jones, Alan
Austria: Lauda, Niki
Austria: Rindt, Jochen
Brazil: Fittipaldi, Emerson
Brazil: Piquet, Nelson
Brazil: Senna, Ayrton
Canada: Villeneuve, Jacques
Finland: Hakkinen, Mika
```

使用 OrderBy()和 ThenBy()扩展方法可以执行相同的操作：

```
public static void SortMultipleWithMethods()
{
  var racers = Formula1.GetChampions()
    .OrderBy(r => r.Country)
    .ThenBy(r => r.LastName)
    .ThenBy(r => r.FirstName)
    .Take(10);
  //...
}
```

9.2.6 分组

要根据一个键值对查询结果分组，可以使用 group 子句。现在要把一级方程式冠军按照国家分组，并列出一个国家的冠军数。子句 group r by r.Country into g 根据 Country 属性组合所有的赛车手，并定义一个新的标识符 g，它以后用于访问分组的结果信息。在下面的示例中，group 子句的结果根据应用到分组结果上的扩展方法 Count()来排序，如果冠军数相同，就根据“国家”键来排序，因为分组所使用的键是国家。where 子句根据至少有两项的分组来筛选结果，select 子句创建一个带 Country 和 Count 属性的匿名类型(代码文件 EnumerableSample/GroupSamples.cs)。

```
public static void Grouping()
{
var countries = from r in Formula1.GetChampions()
                group r by r.Country into g
                orderby g.Count() descending, g.Key
                where g.Count() >= 2
                select new
                {
                  Country = g.Key,
                  Count = g.Count()
                };

  foreach (var item in countries)
  {
    Console.WriteLine($"{item.Country, -10} {item.Count}");
  }
}
```

结果显示了带 Country 和 Count 属性的对象集合：

```
UK 10
Brazil 3
Finland 3
Germany 3
Australia 2
Austria 2
Italy 2
USA 2
```

要用扩展方法执行相同的操作，应把 groupby 子句解析为 GroupBy()方法。在 GroupBy()方法的声明中，注意它返回实现了 IGrouping 接口的枚举对象。IGrouping 接口定义了 Key 属性，所以在定义了对这个方法的调用后，可以访问分组的键：

```
public static IEnumerable<IGrouping<TKey, TSource>> GroupBy<TSource, TKey>(
  this IEnumerable<TSource> source, Func<TSource, TKey> keySelector);
```

把子句 group r by r.Country into g 解析为 GroupBy(r => r.Country)，返回分组序列。分组序列首先用 OrderByDescending()方法排序，再用 ThenBy()方法排序。接着调用 Where()和 Select()方法(代码文件 EnumerableSample/GroupSamples.cs)。

```
public static void GroupingWithMethods()
{
  var countries = Formula1.GetChampions()
    .GroupBy(r => r.Country)
    .OrderByDescending(g => g.Count())
```

```
      .ThenBy(g => g.Key)
      .Where(g => g.Count() >= 2)
      .Select(g => new
      {
        Country = g.Key,
        Count = g.Count()
      });
  //...
}
```

9.2.7 LINQ 查询中的变量

在为分组编写的 LINQ 查询中，调用了多次 Count()方法。使用 let 子句可以改变这种方式。let 允许在 LINQ 查询中定义变量(代码文件 EnumerableSample/GroupSamples.cs)：

```
public static void GroupingWithVariables()
{
  var countries = from r in Formula1.GetChampions()
                  group r by r.Country into g
                  let count = g.Count()
                  orderby count descending, g.Key
                  where count >= 2
                  select new
                  {
                    Country = g.Key,
                    Count = count
                  };
  //...
}
```

注意：

为什么在 LINQ 查询中多次调用 Count()方法不是一个好主意？因为缓存方法的结果总是比多次调用方法更快。对于 Count()扩展方法基于 IEnumerable 接口的实现，也应该考虑如何实现这个方法。使用 IEnumerable 接口的成员，可以迭代所有元素，并统计列表中的元素个数。列表越长，需要的时间就越长。

使用方法语法，Count()方法也被多次调用。为了定义传递给下一个方法的额外数据(由 let 子句执行操作)，可以使用 Select()方法来创建匿名类型。这里创建了一个具有 Group 和 Count 属性的匿名类型。带有这些属性的一组项传递给 OrderByDescending 方法，基于匿名类型的 Count 属性排序：

```
public static void GroupingWithAnonymousTypes()
{
  var countries = Formula1.GetChampions()
    .GroupBy(r => r.Country)
    .Select(g => new { Group = g, Count = g.Count() })
    .OrderByDescending(g => g.Count)
    .ThenBy(g => g.Group.Key)
    .Where(g => g.Count >= 2)
    .Select(g => new
    {
      Country = g.Group.Key,
      Count = g.Count
    });
```

```
  //...
}
```

应考虑根据 let 子句或 Select()方法创建的临时对象的数量，例如，查询大列表时，创建的大量对象需要在之后进行垃圾收集，这可能对性能产生巨大影响。

9.2.8 对嵌套的对象分组

如果分组的对象应包含嵌套的序列，就可以改变 select 子句创建的匿名类型。在下面的例子中，所返回的国家不仅应包含国家名和赛车手数量这两个属性，还应包含赛车手的名字序列。这个序列用一个赋值给 Racers 属性的 from/in 内部子句指定，内部的 from 子句使用分组标识符 g 获得该分组中的所有赛车手，用姓氏对它们排序，再根据姓名创建一个新字符串(代码文件 EnumerableSample/GroupSamples.cs)：

```
public static void GroupingAndNestedObjects()
{
  var countries = from r in Formula1.GetChampions()
                  group r by r.Country into g
                  let count = g.Count()
                  orderby count descending, g.Key
                  where count >= 2
                  select new
                  {
                    Country = g.Key,
                    Count = count,
                    Racers = from r1 in g
                             orderby r1.LastName
                             select r1.FirstName + " " + r1.LastName
                  };
  foreach (var item in countries)
  {
    Console.WriteLine($"{item.Country, -10} {item.Count}");
    foreach (var name in item.Racers)
    {
      Console.Write($"{name}; ");
    }
    Console.WriteLine();
  }
}
```

使用扩展方法，通过 IGrouping 类型的 group 变量 g 创建内部 Racer 对象，其中 Key 属性是分组的键(本例中的国家)，可以使用 Group 属性访问组的项：

```
public static void GroupingAndNestedObjectsWithMethods()
{
  var countries = Formula1.GetChampions()
    .GroupBy(r => r.Country)
    .Select(g => new
    {
      Group = g,
      Key = g.Key,
      Count = g.Count()
    })
    .OrderByDescending(g => g.Count)
    .ThenBy(g => g.Key)
```

```
        .Where(g => g.Count >= 2)
        .Select(g => new
        {
          Country = g.Key,
          Count = g.Count,
          Racers = g.Group.OrderBy(r => r.LastName)
            .Select(r => r.FirstName + " " + r.LastName)
        });
      //...
    }
```

结果应列出所选国家的所有冠军：

```
UK        10
Jenson Button; Jim Clark; Lewis Hamilton; Mike Hawthorn; Graham Hill;
Damon Hill; James Hunt; Nigel Mansell; Jackie Stewart; John Surtees;
Brazil     3
Emerson Fittipaldi; Nelson Piquet; Ayrton Senna;
Finland    3
Mika Hakkinen; Kimi Raikkonen; Keke Rosberg;
Germany    3
Nico Rosberg; Michael Schumacher; Sebastian Vettel;
Australia  2
Jack Brabham; Alan Jones;
Austria    2
Niki Lauda; Jochen Rindt;
Italy      2
Alberto Ascari; Nino Farina;
USA        2
Mario Andretti; Phil Hill;
```

9.2.9 内连接

使用 join 子句可以根据特定的条件合并两个数据源，但之前要获得两个要连接的列表。在一级方程式比赛中，有赛车手冠军和车队冠军。赛车手从 GetChampions()方法中返回，车队从 GetConstructorChampions()方法中返回。现在要获得一个年份列表，列出每年的赛车手冠军和车队冠军。

为此，先定义两个查询，用于查询赛车手和车队(代码文件 EnumerableSample/JoinSamples.cs)：

```
public static void InnerJoin()
{
  var racers = from r in Formula1.GetChampions()
               from y in r.Years
               select new
               {
                 Year = y,
                 Name = r.FirstName + " " + r.LastName
               };

var teams = from t in Formula1.GetConstructorChampions()
            from y in t.Years
            select new
            {
              Year = y,
              Name = t.Name
```

```
            };
  //...
}
```

有了这两个查询，再通过 join 子句，根据赛车手获得冠军的年份和车队获得冠军的年份进行连接。select 子句定义了一个新的匿名类型，它包含 Year、Racer 和 Team 属性。

```
var racersAndTeams = (from r in racers
                      join t in teams on r.Year equals t.Year
                      select new
                      {
                        r.Year,
                        Champion = r.Name,
                        Constructor = t.Name
                      }).Take(10);
Console.WriteLine("Year World Champion\t\t Constructor Title");

foreach (var item in racersAndTeams)
{
  Console.WriteLine($"{item.Year}: {item.Champion,-20} {item.Constructor}");
}
```

当然，也可以把它们合并为一个 LINQ 查询，全凭个人喜好：

```
var racersAndTeams =
  (from r in
   from r1 in Formula1.GetChampions()
   from yr in r1.Years
   select new
   {
     Year = yr,
     Name = r1.FirstName + " " + r1.LastName
   }
   join t in
     from t1 in Formula1.GetConstructorChampions()
     from yt in t1.Years
     select new
   {
     Year = yt,
     Name = t1.Name
   }
on r.Year equals t.Year
orderby t.Year
select new
{
  Year = r.Year,
  Racer = r.Name,
  Team = t.Name
}).Take(10);
```

使用扩展方法可以连接赛车手和车队，具体操作是调用 Join()方法，通过第一个参数传递车队，把它们与赛车手连接起来，指定外部和内部集合的键选择器，并通过最后一个参数定义结果选择器(代码文件 EnumerableSample/JoinSamples.cs)：

```
static void InnerJoinWithMethods()
{
  var racers = Formula1.GetChampions()
```

```
      .SelectMany(r => r.Years, (r1, year) =>
      new
      {
        Year = year,
        Name = $"{r1.FirstName} {r1.LastName}"
      });

    var teams = Formula1.GetConstructorChampions()
      .SelectMany(t => t.Years, (t, year) =>
      new
      {
        Year = year,
        Name = t.Name
      });

    var racersAndTeams = racers.Join(
      teams,
      r => r.Year,
      t => t.Year,
      (r, t) =>
        new
        {
          Year = r.Year,
          Champion = r.Name,
          Constructor = t.Name
        }).OrderBy(item => item.Year).Take(10);
  //...
}
```

结果显示了前 10 年中，同时具有赛车手冠军和车队冠军的匿名类型中的数据：

```
Year  World Champion  Constructor Title
1958: Mike Hawthorn   Vanwall
1959: Jack Brabham    Cooper
1960: Jack Brabham    Cooper
1961: Phil Hill       Ferrari
1962: Graham Hill     BRM
1963: Jim Clark       Lotus
1964: John Surtees    Ferrari
1965: Jim Clark       Lotus
1966: Jack Brabham    Brabham
1967: Denny Hulme     Brabham
```

图 9-1 是通过内部连接结合的两个集合的图形表示。使用内部连接，结果与两个集合匹配。

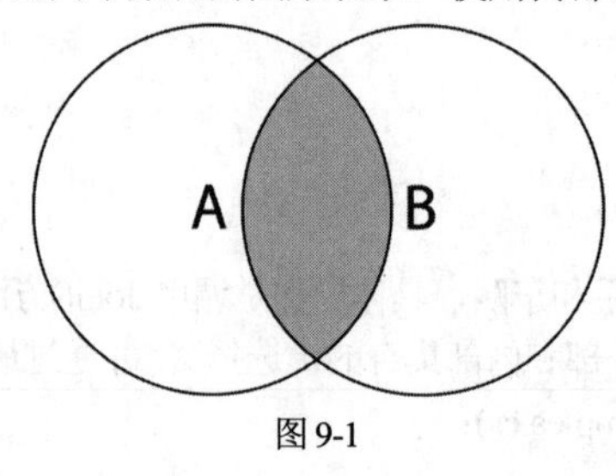

图 9-1

9.2.10 左外连接

上一个连接示例的输出从 1958 年开始，因为从这一年开始，才同时有了赛车手冠军和车队冠军。赛车手冠军出现得更早一些，是在 1950 年。使用内连接时，只有找到了匹配的记录才返回结果。为了在结果中包含所有的年份，可以使用左外连接。左外连接返回左边序列中的全部元素，即使它们在右边的序列中并没有匹配的元素。

下面修改前面的 LINQ 查询，使用左外连接。左外连接用 join 子句和 DefaultIfEmpty 方法定义。如果查询的左侧(赛车手)没有匹配的车队冠军，就使用 DefaultIfEmpty 方法定义其右侧的默认值(代码文件 EnumerableSample/JoinSamples.cs)：

```
public static void LeftOuterJoin()
{
  //...
  var racersAndTeams =
    (from r in racers
     join t in teams on r.Year equals t.Year into rt
     from t in rt.DefaultIfEmpty()
     orderby r.Year
     select new
     {
       Year = r.Year,
       Champion = r.Name,
       Constructor = t == null ? "no constructor championship" : t.Name
     }).Take(10);
  //...
}
```

通过扩展方法执行相同的查询时，使用 GroupJoin()方法。前三个参数与 Join()和 GroupJoin()相似。但 GroupJoin()的结果是不同的。Join()方法返回一个平铺列表，而 GroupJoin()返回一个列表，其中第一个列表中包含的每个匹配项都包含第二个列表中的一个匹配列表。使用下面的 SelectMany()方法，列表再次被铺平。如果没有匹配的车队，则 Constructors 属性赋予类型的默认值，对类而言，默认值都为空。创建匿名类型时，如果车队为空，Constructors 属性将赋予字符串“no constructor championship”(代码文件 EnumerableSample/JoinSamples.cs)：

```
public static void LeftOuterJoinWithMethods()
{
  //...
  var racersAndTeams =
    racers.GroupJoin(
      teams,
      r => r.Year,
      t => t.Year,
      (r, ts) => new
      {
        Year = r.Year,
        Champion = r.Name,
        Constructors = ts
      })
      .SelectMany(
        rt => rt.Constructors.DefaultIfEmpty(),
        (r, t) => new
        {
```

```
        Year = r.Year,
        Champion = r.Champion,
        Constructor = t?.Name ?? "no constructor championship"
      });
  //...
}
```

注意：
GroupJoin()方法的其他用法详见下一节。

用这个查询运行应用程序，得到的输出将从 1950 年开始，如下所示：

```
Year  Champion             Constructor Title
1950: Nino Farina          no constructor championship
1951: Juan Manuel Fangio   no constructor championship
1952: Alberto Ascari       no constructor championship
1953: Alberto Ascari       no constructor championship
1954: Juan Manuel Fangio   no constructor championship
1955: Juan Manuel Fangio   no constructor championship
1956: Juan Manuel Fangio   no constructor championship
1957: Juan Manuel Fangio   no constructor championship
1958: Mike Hawthorn        Vanwall
1959: Jack Brabham         Cooper
```

图 9-2 是使用左外连接的两个集合的图形表示。使用左外连接，结果不仅包含集合 A 和集合 B 匹配的元素，还包括左集合 A。

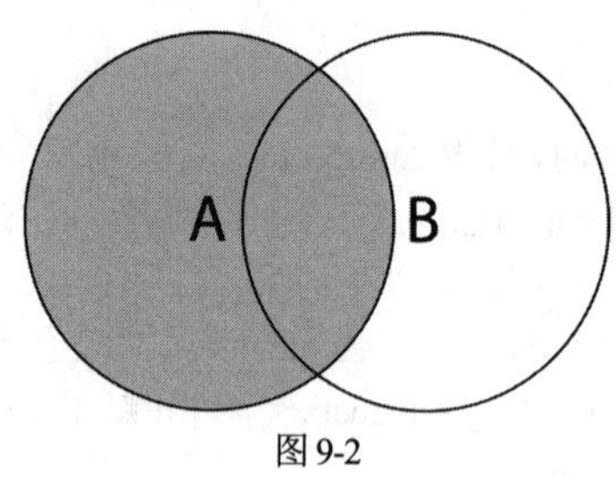

图 9-2

9.2.11 组连接

左外连接使用了组连接和into子句。它有一部分语法与组连接相同，只不过组连接不使用DefaultIfEmpty方法。

使用组连接时，可以连接两个独立的序列，对于其中一个序列中的某个元素，另一个序列中存在一个对应的项列表。

下面的示例使用了两个独立的序列。一个是前面例子中已经看过的冠军列表。另一个是一个Championship 类型的集合。下面的代码段显示了 Championship 类型。该类包含冠军年份以及该年份中获得第一名、第二名和第三名的赛车手，对应的属性分别为 Year、First、Second 和 Third(代码文件 DataLib/Championship.cs)：

```
public record Championship(int Year, string First, string Second,
  string Third);
```

GetChampionships 方法返回了冠军集合，如下面的代码段所示(代码文件 DataLib/Formula1.cs)：

```
private static List<Championship> s_championships;
public static IEnumerable<Championship> GetChampionships() =>
  s_championships ??= new()
  {
    new (1950, "Nino Farina", "Juan Manuel Fangio", "Luigi Fagioli"),
    new (1951, "Juan Manuel Fangio", "Alberto Ascari", "Froilan Gonzalez"),
    //...
  };
```

冠军列表应与每个冠军年份中获得前三名的赛车手构成的列表组合起来，然后显示每一年的结果。

因为冠军列表中的每一项都包含3个赛车手，所以首先需要把这个列表摊平。一种方式是使用复合的 from 子句。由于没有集合可用于单个项目的属性，而是需要将三个属性(First、Second 和 Third)合并、摊平，因此创建了一个新的 List<T>，其中填充了这些属性的信息。对于新建的对象，可以使用自定义类和匿名类型，如前所述。这次将创建一个元组。元组包含不同类型的成员，可以使用带括号的元组字面量创建，如下面的代码片段所示。这里，元组的一个摊平列表包含年份、冠军的位置、赛车手的名字和姓氏信息(代码文件 EnumerableSample/JoinSamples.cs)：

```
static void GroupJoin()
{
  var racers = from cs in Formula1.GetChampionships()
               from r in new List<
                 (int Year, int Position, string FirstName, string LastName)>()
               {
                 (cs.Year, Position: 1, FirstName: cs.First.FirstName(),
                  LastName: cs.First.LastName()),
                 (cs.Year, Position: 2, FirstName: cs.Second.FirstName(),
                  LastName: cs.Second.LastName()),
                 (cs.Year, Position: 3, FirstName: cs.Third.FirstName(),
                  LastName: cs.Third.LastName())
               }
               select r;
  //...
}
```

扩展方法 FirstName 和 LastName 使用空格字符拆分字符串(代码文件 EnumerableSample/StringExtensions.cs)：

```
public static class StringExtensions
{
  public static string FirstName(this string name) =>
    name.Substring(0, name.LastIndexOf(' '));

  public static string LastName(this string name) =>
    name.Substring(name.LastIndexOf(' ') + 1);
}
```

现在就可以使用 join 子句连接两个列表中的赛车手。Formula1.GetChampions 返回一个 Racers 列表，racers 变量返回包含年份、比赛结果和赛车手姓名的元组的列表。仅使用姓氏比较两个集合中的项是不够的。有时列表中可能同时包含了一个赛车手和他的父亲(如 Damon Hill 和 Graham Hill)，所以必须同时使用 FirstName 和 LastName 进行比较，可以通过为两个列表创建一个新的元组类型实现。通过使用 into 子句，第二个集合中的结果被添加到变量 yearResults 中。对于第一个集合中的每一个赛车手，都创建了一个 yearResults，它包含了在第二个集合中匹配名和姓的结果。最后，用 LINQ 查询创建了一个包含所需信息的新元组类型(代码文件 EnumerableSample/JoinSamples.cs)：

```
static void GroupJoin()
{
  //...
  var q = (from r in Formula1.GetChampions()
           join r2 in racers on
           (
             r.FirstName,
             r.LastName
           )
           equals
           (
             r2.FirstName,
             r2.LastName
           )
           into yearResults
           select
           (
             r.FirstName,
             r.LastName,
             r.Wins,
             r.Starts,
             Results: yearResults
           ));

  foreach (var r in q)
  {
    Console.WriteLine($"{r.FirstName} {r.LastName}");
    foreach (var results in r.Results)
    {
      Console.WriteLine($"\t{results.Year} {results.Position}");
    }
  }
}
```

下面显示了 foreach 循环得到的最终结果。Jenson Button 3 次进入前三：2004 年是第三名，2009 年是第一名，2011 年是第一名。Sebastian Vettel 4 次获得世界冠军，3 次获得第二名，2015 年获得第三名。Nico Rosberg 获得 2016 年世界冠军，2 次获得第二名：

```
Jenson Button
        2004 3
        2009 1
        2011 2
Sebastian Vettel
        2009 2
        2010 1
        2011 1
        2012 1
        2013 1
        2015 3
        2017 2
        2018 2
Nico Rosberg
        2014 2
        2015 2
        2016 1
```

使用 GroupJoin 和扩展方法，语法可能看起来更容易理解。首先，使用 SelectMany 方法完成复合的 from 子句。这一部分没有太大的不同，并且再次使用了元组。调用 GroupJoin 方法时，传递赛车手作为第一个参数，把冠军与摊平的赛车手列表连接起来，用第二个和第三个参数来匹配两个集合。第四个参数接收第一个集合和第二个集合的赛车手。结果包含位置和年份，被写入 Results 元组成员(代码文件 EnumerableSample/Program.cs)：

```
static void GroupJoinWithMethods()
{
  var racers = Formula1.GetChampionships()
    .SelectMany(cs => new List<(int Year, int Position, string FirstName,
      string LastName)>
    {
      (cs.Year, Position: 1, FirstName: cs.First.FirstName(),
       LastName: cs.First.LastName()),
      (cs.Year, Position: 2, FirstName: cs.Second.FirstName(),
       LastName: cs.Second.LastName()),
      (cs.Year, Position: 3, FirstName: cs.Third.FirstName(),
       LastName: cs.Third.LastName())
    });

  var q = Formula1.GetChampions()
    .GroupJoin(racers,
      r1 => (r1.FirstName, r1.LastName),
      r2 => (r2.FirstName, r2.LastName),
      (r1, r2s) => (r1.FirstName, r1.LastName, r1.Wins, r1.Starts,
       Results: r2s));
  //...
}
```

9.2.12 集操作

扩展方法 Distinct()、Union()、Intersect()和 Except()都是集操作。下面创建一个驾驶法拉利的一级方程式冠军序列和驾驶迈凯伦的一级方程式冠军序列，然后确定是否有驾驶法拉利和迈凯伦的冠军。当然，这里可以使用 Intersect()扩展方法。

首先获得所有驾驶法拉利的冠军。这只是一个简单的 LINQ 查询，其中使用复合的 from 子句访问 Cars 属性，该属性返回一个字符串对象序列。

```
var ferrariDrivers = from r in Formula1.GetChampions()
                     from c in r.Cars
                     where c == "Ferrari"
                     orderby r.LastName
                     select r;
```

现在建立另一个基本相同的查询，仅改变 where 子句的参数，以获得所有驾驶迈凯伦的冠军。最好不要再次编写相同的查询，而可以创建一个方法，向它传递参数 car。如果在其他地方不需要该方法，就可以创建一个局部函数。racersByCar 是一个局部函数的名称，它实现为包含 LINQ 查询的 lambda 表达式。局部函数 racersByCar()在方法 SetOperations()的作用域内定义，因此只能在此方法中调用它。LINQ Intersect()扩展方法用于获取所有使用法拉利和迈凯伦赢得总冠军的赛车手(代码文件 EnumerableSample/LinqSamples.cs)：

```
static void SetOperations()
{
```

```
IEnumerable<Racer> racersByCar(string car) =>
  from r in Formula1.GetChampions()
  from c in r.Cars
  where c == car
  orderby r.LastName
  select r;

Console.WriteLine("World champion with Ferrari and McLaren");
foreach (var racer in racersByCar("Ferrari").Intersect(racersByCar("McLaren")))
{
  Console.WriteLine(racer);
}
}
```

结果只有一个赛车手 Niki Lauda：

```
World champion with Ferrari and McLaren
Niki Lauda
```

注意：

集操作通过调用实体类的 GetHashCode()和 Equals()方法来比较对象。对于自定义比较，还可以传递一个实现了 IEqualityComparer<T>接口的对象。在这里的示例中，GetChampions()方法总是返回相同的对象，因此默认的比较操作是有效的。如果不是这种情况，可以重载集方法来自定义比较操作。

9.2.13 合并

Zip()方法允许用一个谓词函数把两个相关的序列合并为一个。

首先，创建两个相关的序列，它们使用相同的筛选(国家为意大利)和排序方法。对于合并，这很重要，因为第一个集合中的第一项会与第二个集合中的第一项合并，第一个集合中的第二项会与第二个集合中的第二项合并，以此类推。如果两个序列的项数不同，Zip()方法就在到达较小集合的末尾时停止。

第一个集合中的元素有一个 Name 属性，第二个集合中的元素有 LastName 和 Starts 两个属性。

在 racerNames 集合上使用 Zip()方法，需要把第二个集合(racerNamesAndStarts)作为第一个参数。第二个参数的类型是 Func<TFirst, TSecond, TResult>。这个参数实现为一个 lambda 表达式，它通过参数 first 接收第一个集合的元素，通过参数 second 接收第二个集合的元素。其实现代码创建并返回一个字符串，该字符串包含第一个集合中元素的 Name 属性和第二个集合中元素的 Starts 属性(代码文件 EnumerableSample/LinqSamples.cs)：

```
static void ZipOperation()
{
  var racerNames = from r in Formula1.GetChampions()
                   where r.Country == "Italy"
                   orderby r.Wins descending
                   select new
                   {
                     Name = r.FirstName + " " + r.LastName
                   };

  var racerNamesAndStarts = from r in Formula1.GetChampions()
                            where r.Country == "Italy"
                            orderby r.Wins descending
                            select new
```

```
                        {
                          r.LastName,
                          r.Starts
                        };

    var racers = racerNames.Zip(racerNamesAndStarts,
                (first, second) => first.Name + ", starts: " + second.Starts);

    foreach (var r in racers)
    {
      Console.WriteLine(r);
    }
  }
```

这个合并的结果是:

```
Alberto Ascari, starts: 32
Nino Farina, starts: 33
```

9.2.14 分区

扩展方法 Take()和 Skip()等的分区操作可用于分页,例如,在第一个页面上只显示 5 个赛车手,在下一个页面上显示接下来的 5 个赛车手等。

在下面的 LINQ 查询中,把扩展方法 Skip()和 Take()添加到查询的最后。Skip()方法先忽略根据页面大小和实际页数计算出的项数,再使用 Take()方法根据页面大小提取一定数量的项(代码文件 EnumerableSample/LinqSamples.cs):

```
public static void Partitioning()
{
  int pageSize = 5;
  int numberPages = (int)Math.Ceiling(Formula1.GetChampions().Count() /
    (double)pageSize);

  for (int page = 0; page < numberPages; page++)
  {
    Console.WriteLine($"Page {page}");

    var racers = (from r in Formula1.GetChampions()
                  orderby r.LastName, r.FirstName
                  select r.FirstName + " " + r.LastName)
                  .Skip(page * pageSize).Take(pageSize);

    foreach (var name in racers)
    {
      Console.WriteLine(name);
    }
    Console.WriteLine();
  }
}
```

下面给出了前 3 页的输出结果:

```
Page 0
Fernando Alonso
Mario Andretti
Alberto Ascari
```

```
Jack Brabham
Jenson Button

Page 1
Jim Clark
Juan Manuel Fangio
Nino Farina
Emerson Fittipaldi
Mika Hakkinen

Page 2
Lewis Hamilton
Mike Hawthorn
Damon Hill
Graham Hill
Phil Hill
```

分页在 Windows 或 Web 应用程序中非常有用，可以只向用户显示一部分数据。

注意：

这个分页机制的一个要点是，因为查询会在每个页面上执行，所以改变底层的数据会影响结果(例如访问了数据库)。在继续执行分页操作时，会显示新对象。根据不同的情况，分页可能会对应用程序有利。如果这个操作是不需要的，就可以不对原来的数据源分页，而是使用映射到原始数据上的缓存。

使用 TakeWhile()和 SkipWhile()扩展方法，还可以传递一个谓词，并根据谓词的结果提取或跳过某些项。

9.2.15 聚合操作符

聚合操作符(如 Count、Sum、Min、Max、Average 和 Aggregate 操作符)不返回一个序列，而返回一个值。

Count()扩展方法返回集合中的项数。下面的 Count()方法应用于 Racer 的 Years 属性，来筛选获得冠军次数超过 3 次的赛车手。因为同一个查询中需要使用同一个计数超过一次，所以使用 let 子句定义了一个变量 numberYears(代码文件 EnumerableSample/LinqSamples.cs)：

```
static void AggregateCount()
{
  var query = from r in Formula1.GetChampions()
              let numberYears = r.Years.Count()
              where numberYears >= 3
              orderby numberYears descending, r.LastName
              select new
              {
                Name = r.FirstName + " " + r.LastName,
                TimesChampion = numberYears
              };
  foreach (var r in query)
  {
    Console.WriteLine($"{r.Name} {r.TimesChampion}");
  }
}
```

结果如下：

```
Michael Schumacher 7
Lewis Hamilton 6
Juan Manuel Fangio 5
Alain Prost 4
Sebastian Vettel 4
Jack Brabham 3
Niki Lauda 3
Nelson Piquet 3
Ayrton Senna 3
Jackie Stewart 3
```

Sum()方法汇总序列中的所有数字，返回这些数字的和。下面的 Sum()方法用于计算一个国家赢得比赛的总次数。首先根据国家对赛车手分组，再在新创建的匿名类型中，把 Wins 属性赋予某个国家赢得比赛的总次数(代码文件 EnumerableSample/Program.cs)：

```
static void AggregateSum()
{
  var countries = (from c in
                   from r in Formula1.GetChampions()
                   group r by r.Country into c
                   select new
                   {
                     Country = c.Key,
                     Wins = (from r1 in c
                             select r1.Wins).Sum()
                   }
                   orderby c.Wins descending, c.Country
                   select c).Take(5);

  foreach (var country in countries)
  {
    Console.WriteLine($"{country.Country} {country.Wins}");
  }
}
```

根据获得一级方程式冠军的次数，最成功的国家是：

```
UK 245
Germany 168
Brazil 78
France 51
Finland 46
```

方法 Min()、Max()、Average()和 Aggregate()的使用方式与 Count()和 Sum()相同。Min()方法返回集合中的最小值，Max()方法返回集合中的最大值，Average()方法计算集合中的平均值。对于 Aggregate()方法，可以传递一个 lambda 表达式，该表达式对所有的值进行聚合。

9.2.16 转换操作符

本章前面提到，查询操作会被推迟到访问数据项时再执行。在迭代中使用查询时，查询会执行。而使用转换操作符会立即执行查询，并把查询结果放在数组、列表或字典中。

在下面的例子中，调用 ToList()扩展方法，立即执行查询，得到的结果放在 List<T>中(代码文件 EnumerableSample/LinqSamples.cs)：

```
static void ToList()
{
  List<Racer> racers = (from r in Formula1.GetChampions()
                        where r.Starts > 220
                        orderby r.Starts descending
                        select r).ToList();
  foreach (var racer in racers)
  {
    Console.WriteLine($"{racer} {racer:S}");
  }
}
```

查询结果显示，Kimi Bäikkönen 是第一：

```
Kimi Räikkönen 323
Fernando Alonso 314
Jenson Button 306
Michael Schumacher 287
Lewis Hamilton 260
Sebastian Vettel 250
```

把返回的对象放在列表中并不总是这么简单。例如，对于集合类中从赛车到赛车手的快速访问，可以使用 Lookup<TKey, TElement>。

> **注意：**
> Dictionary<TKey, TValue>类只支持一个键对应一个值。在 System.Linq 名称空间的类 Lookup<TKey, TElement>类中，一个键可以对应多个值。这些类详见第 8 章。

在下面的示例中，使用复合的 from 查询摊平赛车手和赛车序列，创建带有 Car 和 Racer 属性的匿名类型。在返回的 Lookup 对象中，键的类型应是表示汽车的 string，值的类型应是 Racer。为了进行这个选择，可以给 ToLookup()方法的一个重载版本传递一个键和一个元素选择器。键选择器引用 Car 属性，元素选择器引用 Racer 属性：

```
public static void ToLookup()
{
  var racers = (from r in Formula1.GetChampions()
                from c in r.Cars
                select new
                {
                  Car = c,
                  Racer = r
                }).ToLookup(cr => cr.Car, cr => cr.Racer);
  foreach (var williamsRacer in racers["Williams"])
  {
    Console.WriteLine(williamsRacer);
  }
}
```

用 Lookup 类的索引器访问的所有“Williams”冠军，结果如下：

```
Alan Jones
Keke Rosberg
Nelson Piquet
Nigel Mansell
Alain Prost
```

```
Damon Hill
Jacques Villeneuve
```

如果需要在非类型化的集合上(如 ArrayList)使用 LINQ 查询，就可以使用 Cast()方法。在下面的例子中，基于 Object 类型的 ArrayList 集合用 Racer 对象填充。为定义强类型化的查询，可使用 Cast()方法：

```
public static void ConvertWithCast()
{
  var list = new System.Collections.ArrayList(Formula1.GetChampions()
    as System.Collections.ICollection);

  var query = from r in list.Cast<Racer>()
              where r.Country == "USA"
              orderby r.Wins descending
              select r;

  foreach (var racer in query)
  {
    Console.WriteLine($"{racer:A}");
  }
}
```

结果仅包含来自美国的一级方程式冠军：

```
Mario Andretti, country: USA, starts: 128, wins: 12
Phil Hill, country: USA, starts: 48, wins: 3
```

9.2.17 生成操作符

生成操作符 Range()、Empty()和 Repeat()不是扩展方法，而是返回序列的正常静态方法。在 LINQ to Objects 中，这些方法在 Enumerable 类中提供。

有时需要填充一个范围的数字，此时就应使用 Range()方法。这个方法以第一个参数作为起始值，以第二个参数作为要填充的项数：

```
static void GenerateRange()
{
  var values = Enumerable.Range(1, 20);
  foreach (var item in values)
  {
    Console.Write($"{item} ", item);
  }
  Console.WriteLine();
}
```

结果如下所示：

```
1 2 3 4 5 6 7 8 9 10 11 12 13 14 15 16 17 18 19 20
```

注意：

Range()方法不返回填充了所定义值的集合，这个方法与其他方法一样，也推迟执行查询。它返回一个 RangeEnumerator，其中只有一条 yield return 语句，用来递增值。

可以把该结果与其他扩展方法合并起来，获得另一个结果，例如，使用 Select()扩展方法：

```
var values = Enumerable.Range(1, 20).Select(n => n * 3);
```

Empty()方法返回一个不返回值的迭代器，它可以用于需要一个集合的参数，使用该方法可以给参数传递空集合。

Repeat()方法返回一个迭代器，该迭代器将同一个值重复特定的次数。

9.3 并行 LINQ

System.Linq 名称空间中包含的类 ParallelEnumerable 可以将查询做的工作拆分到在多个处理器上同时运行的多个线程中。尽管 Enumerable 类给 IEnumerable<T>接口定义了扩展方法，但 ParallelEnumerable 类的大多数扩展方法是 ParallelQuery<TSource>类的扩展。一个重要的例外是 AsParallel()方法，它扩展了 IEnumerable<TSource>接口，返回 ParallelQuery<TSource>类，所以正常的集合类可以以并行方式查询。

9.3.1 并行查询

为了说明 PLINQ (Parallel LINQ，并行 LINQ)，需要一个大型集合。对于可以放在 CPU 的缓存中的小集合，并行 LINQ 看不出效果。在下面的代码中，用随机值填充一个大型的 int 集合(代码文件 ParallelLinqSample/Program.cs)：

```
static IEnumerable<int> SampleData()
{
  const int arraySize = 500_00_000;
  var r = new Random();
  return Enumerable.Range(0, arraySize).Select(x => r.Next(140)).ToList();
}
```

现在可以使用 LINQ 查询筛选数据，进行一些计算，获取所筛选数据的平均数。该查询用 where 子句定义了一个筛选器，仅汇总对应值的自然对数小于 4 的项，接着调用聚合函数 Average()方法。与前面的 LINQ 查询的唯一区别是，这次调用了 AsParallel()方法。

```
static void LinqQuery(IEnumerable<int> data)
{
  var res = (from x in data.AsParallel()
             where Math.Log(x) < 4
             select x).Average();
  //...
}
```

与前面的 LINQ 查询一样，编译器会修改语法，以调用 AsParallel()、Where()、Select()和 Average()方法。AsParallel()方法用 ParallelEnumerable 类定义，以扩展 IEnumerable<T>接口，所以可以对简单的数组调用它。AsParallel()方法返回 ParallelQuery<TSource>。返回的类型决定了编译器选择的 Where()方法是 ParallelEnumerable.Where()，而不是 Enumerable.Where()。

在下面的代码中，Select()和 Average()方法也来自 ParallelEnumerable 类。与 Enumerable 类的实现代码相反，对于 ParallelEnumerable 类，查询是分区的，以便多个线程可以同时处理该查询。集合可以分为多个部分，其中每个部分由不同的线程处理，以筛选其余项。完成分区的工作后，就需要合并，获得所有部分的总和。

```
static void ExtensionMethods(IEnumerable<int> data)
{
```

```
    var res = data.AsParallel()
      .Where(x => Math.Log(x) < 4)
      .Select(x => x).Average();
    //...
  }
```

运行以上代码时，可以启动任务管理器，这样就可以看出系统的所有 CPU 都在忙碌。如果删除 AsParallel()方法，就不可能使用多个 CPU。当然，如果系统上没有多个 CPU，就无法看到并行版本带来的改进。笔者的系统上有 8 个逻辑处理器，在使用 AsParallel()时该方法的运行时间是 0.351 秒，在没有使用 AsParallel()时的运行时间是 1.23 秒。

注意：

可以使用 WithExecutionMode()和 WithDegreeOfParallelism()等扩展方法，甚至自定义的分区器，来自定义并行查询。使用 WithExecutionMode()方法时，可以传递一个 ParallelExecutionMode 值，它可以是 Default 值或 ForceParallelism 值。默认情况下，并行 LINQ 会避免高开销的并行处理。使用 WithDegreeOfParallelism()方法时，可以传递一个整数值，用来指定应该并行运行的最大任务数。如果查询不应该使用全部 CPU 核心，这个方法就很有用。.NET 包含特殊的分区器，可基于集合类型(如数组和泛型列表类型)使用。针对不同的需求，或者特殊的、使用其他布局的集合类型，这些集合类型采用其他方式使用数据的分区。此时，可以编写自定义的分区器，使其派生自 System.Collections.Generic 名称空间中的泛型基类 OrderablePartitioner 或 Partitioner。

9.3.2 取消

.NET 提供了一种标准方式，来取消长时间运行的任务，这也适用于并行 LINQ。用于取消的类在 System.Threading 名称空间中定义。

要取消长时间运行的查询，可以给查询添加 WithCancellation()方法，并传递一个 CancellationToken 令牌作为参数。CancellationToken 令牌从 CancellationTokenSource 实例创建。该查询在单独的线程中运行，在该线程中，捕获一个 OperationCanceledException 类型的异常。如果取消了查询，就将触发这个异常。在主线程中，调用 CancellationTokenSource 的 Cancel()方法可以取消任务(代码文件 ParallelLinqSample/Program.cs)。

```
public static void UseCancellation(IEnumerable<int> data)
{
  CancellationTokenSource cts = new();

  Task.Run(() =>
  {
    try
    {
      var res = (from x in data.AsParallel().WithCancellation(cts.Token)
                 where Math.Log(x) < 4
                 select x).Average();

      Console.WriteLine($"Query finished, sum: {res}");
    }
    catch (OperationCanceledException ex)
    {
      Console.WriteLine(ex.Message);
    }
```

```
  });
  Console.WriteLine("Query started");
  Console.Write("Cancel? ");
  string input = Console.ReadLine();
  if (input.ToLower().Equals("y"))
  {
    cts.Cancel();
  }
}
```

注意：
关于取消和 CancellationToken 令牌的内容详见第 17 章。

9.4 表达式树

在 LINQ to Objects 中，扩展方法需要将一个委托类型作为参数，这样就可以将 lambda 表达式赋值给参数。lambda 表达式也可以赋值给 Expression<T>类型的参数。C#编译器根据类型给 lambda 表达式定义不同的行为。如果类型是 Expression<T>，编译器就从 lambda 表达式中创建一个表达式树，并存储在程序集中。这样，就可以在运行期间分析表达式树，并进行优化，以便于查询数据源。

考虑下面的查询：

```
var brazilRacers = from r in Formula1.GetChampions()
                   where r.Country == "Brazil"
                   orderby r.Wins descending
                   select r;
```

这个查询表达式使用了扩展方法 Where()、OrderByDescending()和 Select()。Enumerable 类定义了 Where()扩展方法，并将委托类型 Func<T,bool>作为参数谓词。

```
public static IEnumerable<TSource> Where<TSource>(
  this IEnumerable<TSource> source, Func<TSource, bool> predicate);
```

这样，就把 lambda 表达式赋值给谓词。这里 lambda 表达式类似于前面介绍的匿名方法。

```
Func<Racer, bool> predicate = r => r.Country == "Brazil";
```

Enumerable 类不是唯一一个定义了扩展方法 Where()的类。Queryable<T>类也定义了 Where()扩展方法。这个类对 Where()扩展方法的定义是不同的：

```
public static IQueryable<TSource> Where<TSource>(
  this IQueryable<TSource> source,
  Expression<Func<TSource, bool>> predicate);
```

其中，把 lambda 表达式赋值给类型 Expression<T>(位于 System.Linq.Expressions 名称空间中)，该类型的操作是不同的：

```
Expression<Func<Racer, bool>> predicate = r => r.Country == "Brazil";
```

除了使用委托之外，编译器还会把表达式树放在程序集中。表达式树可以在运行期间读取。表达式树从派生自抽象基类 Expression 的类中构建。Expression 类与 Expression<T>不同。继承自 Expression 类的表达式类有 BinaryExpression、ConstantExpression、InvocationExpression、LambdaExpression、NewExpression、NewArrayExpression、TernaryExpression 以及 UnaryExpression

等。编译器会从lambda表达式中创建表达式树。

例如，lambda 表达式 r.Country == "Brazil"使用了 ParameterExpression、MemberExpression、ConstantExpression和MethodCallExpression来创建一个表达式树，并将该树存储在程序集中。之后在运行期间使用这个树，创建一个用于底层数据源的优化查询。

在示例应用程序中，DisplayTree()方法在控制台上图形化地显示表达式树。其中传递了一个Expression对象，并根据表达式的类型，把表达式的一些信息写到控制台上。根据表达式的类型，递归地调用DisplayTree()方法(代码文件ExpressionTreeSample/Program.cs)。

```
static void DisplayTree(int indent, string message,
  Expression expression)
{
  string output = $"{string.Empty.PadLeft(indent, '>')} {message}" +
    $"! NodeType: {expression.NodeType}; Expr: {expression}";

  indent++;

  switch (expression.NodeType)
  {
    case ExpressionType.Lambda:
      Console.WriteLine(output);
      LambdaExpression lambdaExpr = (LambdaExpression)expression;
      foreach (var parameter in lambdaExpr.Parameters)
      {
        DisplayTree(indent, "Parameter", parameter);
      }
      DisplayTree(indent, "Body", lambdaExpr.Body);
      break;
    case ExpressionType.Constant:
      ConstantExpression constExpr = (ConstantExpression)expression;
      Console.WriteLine($"{output} Const Value: {constExpr.Value}");
      break;
    case ExpressionType.Parameter:
      ParameterExpression paramExpr = (ParameterExpression)expression;
      Console.WriteLine($"{output} Param Type: {paramExpr.Type.Name}");
      break;
    case ExpressionType.Equal:
    case ExpressionType.AndAlso:
    case ExpressionType.GreaterThan:
      BinaryExpression binExpr = (BinaryExpression)expression;
      if (binExpr.Method != null)
      {
        Console.WriteLine($"{output} Method: {binExpr.Method.Name}");
      }
      else
      {
        Console.WriteLine(output);
      }
      DisplayTree(indent, "Left", binExpr.Left);
      DisplayTree(indent, "Right", binExpr.Right);
      break;
    case ExpressionType.MemberAccess:
      MemberExpression memberExpr = (MemberExpression)expression;
      Console.WriteLine($"{output} Member Name: {memberExpr.Member.Name}, " +
        " Type: {memberExpr.Expression}");
```

```
        DisplayTree(indent, "Member Expr", memberExpr.Expression);
        break;
      default:
        Console.WriteLine();
        Console.WriteLine($"{expression.NodeType} {expression.Type.Name}");
        break;
    }
  }
```

注意：

在方法 DisplayTree()中，没有处理所有的表达式类型，只处理了在下一个示例表达式中使用的类型。

前面已经介绍了用于显示表达式树的表达式。这是一个 lambda 表达式，它有一个 Racer 参数，表达式体提取赢得比赛次数超过 6 次的巴西赛车手。这个表达式被传递给 DisplayTree()方法来查看表达式树：

```
Expression<Func<Racer, bool>> expression =
  r => r.Country == "Brazil" && r.Wins > 6;

DisplayTree(0, "Lambda", expression);
```

下面看看结果。lambda 表达式包含一个 Parameter 和一个 AndAlso 节点类型。AndAlso 节点类型的左边是一个 Equal 节点类型，右边是一个 GreaterThan 节点类型。Equal 节点类型的左边是 MemberAccess 节点类型，右边是 Constant 节点类型。

```
Lambda! NodeType: Lambda; Expr: r => ((r.Country == "Brazil") AndAlso (r.Wins > 6))
> Parameter! NodeType: Parameter; Expr: r Param Type: Racer
> Body! NodeType: AndAlso; Expr: ((r.Country == "Brazil") AndAlso (r.Wins > 6))
>> Left! NodeType: Equal; Expr: (r.Country == "Brazil") Method: op_Equality
>>> Left! NodeType: MemberAccess; Expr: r.Country Member Name: Country, Type: String
>>>> Member Expr! NodeType: Parameter; Expr: r Param Type: Racer
>>> Right! NodeType: Constant; Expr: "Brazil" Const Value: Brazil
>> Right! NodeType: GreaterThan; Expr: (r.Wins > 6)
>>> Left! NodeType: MemberAccess; Expr: r.Wins Member Name: Wins, Type: Int32
>>>> Member Expr! NodeType: Parameter; Expr: r Param Type: Racer
>>> Right! NodeType: Constant; Expr: 6 Const Value: 6
```

使用 Expression<T>类型的一个例子是 Entity Framework Core (EF Core)。EF Core 提供程序将 LINQ 表达式树转换为 SQL 语句。

9.5 LINQ 提供程序

.NET 包含几个 LINQ 提供程序。LINQ 提供程序为特定的数据源实现了标准的查询操作符。LINQ 提供程序也许会实现比 LINQ 定义的扩展方法更多的扩展方法，但至少要实现标准操作符。LINQ to XML 实现了一些专门用于 XML 的方法，例如，System.Xml.Linq 名称空间中的 Extensions 类定义的 Elements()、Descendants()和 Ancestors()方法。

LINQ 提供程序的实现方案是根据名称空间和第一个参数的类型来选择的。实现扩展方法的类的名称空间必须被打开，否则扩展类就不在作用域内。在 LINQ to Objects 中定义的 Where()方法的参数和在 LINQ to Entities 中定义的 Where()方法的参数不同。

LINQ to Objects 中的 Where()方法用 Enumerable 类定义：

```
public static IEnumerable<TSource> Where<TSource>(
this IEnumerable<TSource> source, Func<TSource, bool> predicate);
```

在 System.Linq 名称空间中，还有另一个类实现了操作符 Where。这个实现代码由 LINQ to Entities 使用。这些实现代码在 Queryable 类中可以找到：

```
public static IQueryable<TSource> Where<TSource>(
  this IQueryable<TSource> source,
  Expression<Func<TSource, bool>> predicate);
```

这两个类都在 System.Linq 名称空间的 System.Core 程序集中实现。那么，编译器如何选择使用哪个方法？表达式类型有什么用途？无论是用 Func<TSource, bool>参数传递，还是用 Expression<Func<TSource, bool>>参数传递，lambda 表达式都相同，只是编译器的行为不同，它根据 source 参数来选择。编译器根据其参数选择最匹配的方法。Entity Framework Core 的属性是 DbSet<TEntity>类型。DbSet<TEntity>实现了 IQueryable<TEntity>接口，因此 Entity Framework Core 使用 Queryable 类的 Where()方法。

9.6 小结

本章讨论了 LINQ 查询和查询所基于的语言结构，如扩展方法和 lambda 表达式，还列出了各种 LINQ 查询操作符，它们不仅用于筛选数据源，给数据源排序，还用于执行分区、分组、转换、连接等操作。

使用并行 LINQ 可以轻松地并行化运行时间较长的查询。

本章的另一个重要的概念是表达式树。表达式树允许程序在编译期间构建树，将其存储到程序集中，然后在运行期间进行优化。第 21 章将详细介绍表达式树的优点。

第 10 章将介绍错误处理，解释 try、catch 和 throw 关键字。

第10章 错误和异常

本章要点

- 异常类
- 使用 try…catch…finally 捕获异常
- 过滤异常
- 创建用户定义的异常
- 获取调用者的信息

本章源代码：

通过扫描封底二维码下载本书源代码。本章源代码可以在代码文件的 1_CS/ErrorsAndExceptions 目录中找到。

本章代码分为以下几个主要的示例文件：

- SimpleExceptions
- ExceptionFilters
- RethrowExceptions
- SolicitColdCall
- CallerInformation

所有示例项目都启用了可空引用类型。

10.1 处理错误

错误的出现并不总是编写应用程序的人的原因，有时应用程序会因为应用程序的最终用户的操作或运行代码的环境而发生错误。无论如何，我们都应预测应用程序中出现的错误，并相应地进行编码。

.NET 改进了处理错误的方式。C#处理错误的机制可以为每种错误提供自定义处理方式，并把识别错误的代码与处理错误的代码分离开来。

程序应该能处理可能出现的任何错误。例如，在一些复杂的代码处理过程中，代码没有读取文件的许可，或者在发送网络请求时，网络可能会中断。在这种异常情况下，方法只返回相应的错误代码通常是不够的——可能方法调用嵌套了 15 级或者 20 级，此时，程序需要经过所有的 15 或 20 级方法调用来完全退出任务，并采取相应的应对措施。C#语言提供了处理这种情形的最佳工具，称为异常处理机制。

本章介绍了在多种不同的场景中捕获和抛出异常的方式。讨论不同名称空间中定义的异常类型及其层次结构，并学习如何创建自定义异常类型。还将介绍捕获异常的不同方式，例如，捕获特定类型的异常或者捕获基类的异常。本章还会介绍如何处理嵌套的 try 块，以及如何以这种方式捕获异常。对于无论如何都要调用的代码——即使发生了异常或者代码带错运行也要调用，可以使用本章介绍的 try/finally 块。

学习完本章后，你将很好地掌握 C#应用程序中的高级异常处理技术。

10.2 预定义的异常类

在 C#中，当出现某个特殊的异常错误条件时，就会创建(或抛出)一个异常对象。这个对象包含有助于跟踪问题的信息。我们可以创建自己的异常类(详见后面的内容)，但.NET 提供了许多预定义的异常类。在 Microsoft 文档中派生自 Exception 基类的类列表中，可以找到所有.NET 异常，列表的网址如下：https://docs.microsoft.com/dotnet/api/system.exception。这是一个庞大的列表，但只显示了直接从 Exception 派生的异常。点击其他任何基类时，例如 https://docs.microsoft.com/en-us/dotnet/api/system.systemexception，会看到另外一个庞大的列表，其中包含从 SystemException 派生的异常类。

下面对一些非常重要的异常类型进行了解释：

- 在方法中接受实参时，应该检查实参是否包含期望的值。如果包含的值不是期望的值，可以抛出 ArgumentException，或者从该异常类派生的一个异常，如 ArgumentNullException 和 ArgumentOutOfRangeException。
- 当不支持一个方法时，会抛出 NotSupportedException，例如类实现了接口，但没有实现该接口的所有成员时，就会发生这种情况。你不能调用抛出此异常的方法，所以不应该处理这个异常。在开发时，这个异常提供了可用于修改代码的有用信息。
- 当为栈分配的内存满了之后，运行库会抛出 StackOverflowException。如果某个方法连续递归地调用自身，就可能发生栈溢出。这通常是一种致命错误，导致应用程序除了终止之外什么也不能做(在这种情况下，甚至 finally 块都无法执行)。试着自己处理这样的错误通常没有意义，相反，应该让应用程序政策正常退出。
- 在 checked 上下文中执行算术运算后，如果得到的值超出了变量类型的取值范围，就会抛出 OverflowException。记住，使用 checked 关键字可以创建 checked 上下文。在 checked 上下文中，如果试图将包含-40 的 int 值强制转换为 uint 类型，就会抛出 OverflowException。第 5 章介绍了如何创建 checked 上下文。
- 对于文件 I/O 导致的异常，定义了 IOException 基类。FileLoadException、FileNotFoundException、EndOfStreamException 和 DriveNotFoundException 是派生自这个基类的异常的一些例子。
- 通常，如果没有按正确的顺序调用类的方法，例如缺少初始化调用，就会抛出 InvalidOperationException。
- 在任务取消或者超时的时候，会抛出 TaskCanceledException。

注意：

请阅读 Microsoft 文档中关于你调用的方法的说明。每个可能抛出异常的方法在其文档的“Exceptions”部分会说明它可能抛出什么异常。例如，HttpClient 类的 GetStreamAsync()方法的文档(https://docs.microsoft.com/en-us/dotnet/api/system.net.http.httpclient.getstreamasync)列出了 ArgumentNullException、

HttpRequestException 和 TaskCanceledException。

注意：

在查看异常类型的层次结构时，你可能会想知道 SystemException 和 ApplicationException 基类的用途是什么。在.NET 最初的设计中，计划将 SystemException 作为运行库抛出的所有异常的基类，将 ApplicationException 作为应用程序定义的所有异常的基类。但事实上，ApplicationException 很少被用作具体异常的基类。如今，可以让自定义异常直接派生自 Exception 基类。

10.3 捕获异常

.NET 提供了大量的预定义基类异常对象，本节介绍如何在代码中使用它们捕获错误情况。为了在C#代码中处理可能的错误情况，一般要把程序的相关部分分成 3 种不同类型的代码块：

- try 块包含的代码组成了程序的正常操作部分，但这部分程序可能遇到某些严重的错误。
- catch 块包含的代码处理各种错误情况，这些错误是执行 try 块中的代码时遇到的。这个块还可以用于记录错误。
- finally 块包含的代码清理资源或执行通常要在 try 块或 catch 块末尾执行的其他操作。无论是否抛出异常，都会执行 finally 块，理解这一点非常重要。因为 finally 块包含了总应执行的清理代码，如果在 finally 块中放置了 return 语句，编译器就会标记一个错误。例如，使用 finally 块时，可以关闭在 try 块中打开的连接。finally 块是完全可选的。如果不需要清理代码(如删除对象或关闭已打开的对象)，就不需要包含此块。

注意：

finally 块是编写清理代码的一种好方法。无论如何离开 try/catch 块，都会执行 finally 块。也就是说，无论是在 try 块中成功返回，还是在抛出异常的情况下，都会执行 finally 块。

下面的步骤说明了这些块是如何协同工作捕获错误情况的：

(1) 执行的程序流进入 try 块。

(2) 如果在 try 块中没有错误发生，就会正常执行操作。当程序流到达 try 块末尾后，如果存在一个 finally 块，程序流就会自动进入 finally 块，进入第(5)步。但如果在 try 块中发生错误，程序流就会跳转到 catch 块，进入第(3)步。

(3) 在 catch 块中处理错误。

(4) 在 catch 块执行完后，如果存在一个 finally 块，程序流就会自动进入 finally 块。

(5) 执行 finally 块(如果存在)。

用于完成这些任务的 C#语法如下所示：

```
try
{
  // code for normal execution
}
catch
{
  // error handling
}
finally
{
  // clean up
}
```

实际上，上面的代码还有几种变体：

- 可以省略 finally 块，因为它是可选的。
- 可以提供任意多个 catch 块，处理不同类型的错误，但不应包含过多的 catch 块。
- 可以为 catch 块定义过滤器，仅在过滤器匹配时才捕获异常。
- 可以省略 catch 块。此时，该语法不是标识异常，而是一种确保程序流在离开 try 块后执行 finally 块中的代码的方式。如果在 try 块中有几个出口点，这很有用。如果没有编写 catch 块，就必须有 finally 块。不能只使用 try 块。如果没有 catch 或 finally，try 块还有什么用？

这看起来很不错，但还有一个问题没有得到解答。如果运行 try 块中的代码，那么程序流如何在错误发生时切换到 catch 块？如果检测到一个错误，代码就执行一定的操作，称为“抛出一个异常”，换言之，它实例化一个异常对象类，并抛出这个异常：

```
throw new OverflowException();
```

这里实例化了 OverflowException 类的一个异常对象。只要应用程序在 try 块中遇到一条 throw 语句，就会立即查找与这个 try 块对应的 catch 块。如果有多个与 try 块对应的 catch 块，应用程序就会查找与 catch 块对应的异常类，确定正确的 catch 块。例如，当抛出一个 OverflowException 异常对象时，执行的程序流就会跳转到下面的 catch 块：

```
catch (OverflowException ex)
{
  // exception handling here
}
```

换言之，应用程序查找的 catch 块应表示同一个类(或基类)中匹配的异常类实例。

有了这些额外的信息，就可以使用多个 catch 块扩展刚才介绍的 try 块。为了讨论方便，假定可能在 try 块中发生两个严重错误：溢出和数组超出范围。假定代码包含两个布尔变量 Overflow 和 OutOfBounds，它们分别表示这两种错误情况是否存在。我们知道，存在表示溢出的预定义溢出异常类 OverflowException；同样，存在预定义的 IndexOutOfRangeException 异常类，用于处理超出范围的数组。

现在，try 块如下所示：

```
try
{
  // code for normal execution
  if (Overflow == true)
  {
    throw new OverflowException();
  }
  // more processing
  if (OutOfBounds == true)
  {
    throw new IndexOutOfRangeException();
  }
  // otherwise continue normal execution
}
catch (OverflowException ex)
{
  // error handling for the overflow error condition
}
catch (IndexOutOfRangeException ex)
{
```

```
  // error handling for the index out of range error condition
}
finally
{
  // clean up
}
```

这样编码是因为 throw 语句可以嵌套在 try 块的几个方法调用中，甚至在程序流进入其他方法时，也会继续执行同一个 try 块。如果应用程序遇到一条 throw 语句，就会立即退出栈上所有的方法调用，查找 try 块的结尾和合适的 catch 块的开头，此时，中间方法调用中的所有局部变量都会超出作用域。try...catch 结构最适合于本节开头描述的场合：错误发生在一个方法调用中，而该方法调用可能嵌套了 15 或 20 级，使用该结构后，这些处理操作会立即停止。

从上面的论述可以看出，try 块在控制执行的程序流上有重要的作用。但是，异常是用于处理异常情况的，这是其名称的由来。不应该用异常来控制退出 do...while 循环的时间。

10.3.1　异常和性能

异常处理具有性能影响。在常见的情况下，不应该使用异常处理错误。例如，将字符串转换为数字时，可以使用 int 类型的 Parse()方法。如果传递给此方法的字符串不能转换为数字，则此方法抛出 FormatException 异常；如果可以转换为数字，但该数字不能放在 int 类型中，则抛出 OverflowException 异常：

```
void NumberDemo1(string n)
{
  if (n is null) throw new ArgumentNullException(nameof(n));
  try
  {
    int i = int.Parse(n);
    Console.WriteLine($"converted: {i}");
  }
  catch (FormatException ex)
  {
    Console.WriteLine(ex.Message);
  }
  catch (OverflowException ex)
  {
    Console.WriteLine(ex.Message);
  }
}
```

如果 NumberDemo1()方法通常只用于在字符串中传递数字，且往往不接收数字以外的内容，那么可以按以上代码编写该方法。但是，如果在程序流的正常情况下，期望的字符串不能转换时，可以使用 TryParse()方法。如果字符串不能转换为数字，此方法不会抛出异常。相反，如果解析成功，TryParse()返回 true；如果解析失败，则返回 false：

```
void NumberDemo2(string n)
{
  if (n is null) throw new ArgumentNullException(nameof(n));
  if (int.TryParse(n, out int result))
  {
    Console.WriteLine($"converted {result}");
  }
```

```
    else
    {
      Console.WriteLine("not a number");
    }
  }
```

10.3.2 实现多个 catch 块

要了解 try...catch...finally 块是如何工作的，最简单的方式是用两个示例来说明。第一个示例是 SimpleExceptions。它多次要求用户输入一个数字，然后显示这个数字。为了便于解释这个示例，假定该数字必须在 0 到 5 之间，否则程序就不能对该数字进行正确的处理。因此，如果用户输入超出范围的数字，程序就抛出一个异常。程序会继续要求用户输入更多数字，直到用户不再输入任何内容，按回车键为止。

注意：

这段代码没有说明何时使用异常处理，但是它显示了使用异常处理的好方法。顾名思义，异常用于处理异常情况。用户经常输入一些常规的东西，所以这种情况不会真正发生。正常情况下，程序会通过即时检查，处理不正确的用户输入，如果有问题，就要求用户重新输入。但是，在一个要求几分钟内读懂的小示例中生成异常是比较困难的，所以此处编造了这个不太理想的示例来演示异常的工作方式。后面将使用更真实的示例。

SimpleExceptions 的代码如下所示(代码文件 SimpleExceptions/Program.cs)：

```
while (true)
{
  try
  {
    Console.Write("Input a number between 0 and 5 " +
      "(or just hit return to exit)> ");
    string? userInput = Console.ReadLine();

    if (string.IsNullOrEmpty(userInput))
    {
      break;
    }

    int index = Convert.ToInt32(userInput);

    if (index < 0 || index > 5)
    {
      throw new IndexOutOfRangeException($"You typed in {userInput}");
    }
    Console.WriteLine($"Your number was {index}");
  }
  catch (IndexOutOfRangeException ex)
  {
    Console.WriteLine("Exception: " +
      $"Number should be between 0 and 5. {ex.Message}");
  }
  catch (Exception ex)
  {
    Console.WriteLine($"An exception was thrown. Exception type: {ex.GetType().Name} " +
```

```
        $"Message: {ex.Message}");
    }
    finally
    {
      Console.WriteLine("Thank you\n");
    }
  }
```

这段代码的核心是一个 while 循环，它连续使用 ReadLine()方法以请求用户输入。ReadLine()方法返回一个字符串，所以程序首先要用 System.Convert.ToInt32()方法把它转换为 int 型。System.Convert 类包含执行数据转换的各种有用方法，并提供了 int.Parse()方法的一个替代方法。一般情况下，System.Convert 类包含执行各种类型转换的方法，C#编译器把 int 解析为 System.Int32 基类的实例。

注意：

值得注意的是，传递给 catch 块的参数只能用于该 catch 块。这就是在上面的代码中，能在后续的 catch 块中使用相同的参数名 ex 的原因。

在上面的代码中，我们也检查了一个空字符串，因为该空字符串是退出 while 循环的条件。注意这里用 break 语句退出 try 块和 while 循环是有效的。当然，当程序流退出 try 块时，会执行 finally 块中的 Console.WriteLine()语句。尽管这里仅显示一句问候，但一般在这里可以关闭文件句柄，调用各种对象的 Dispose()方法，以执行清理工作。一旦应用程序退出了 finally 块，它就会继续执行下一条语句，如果没有 finally 块，该语句也会执行。在本例中，我们返回到 while 循环的开头，再次进入 try 块(除非执行 while 循环中 break 语句的结果是进入 finally 块，此时会退出 while 循环)。

下面看看异常情况：

```
if (index < 0 || index > 5)
{
  throw new IndexOutOfRangeException($"You typed in {userInput}");
}
```

在抛出一个异常时，需要选择要抛出的异常类型。可以使用 System.Exception 异常类，但这个类是一个基类，最好不要把这个类的实例当作一个异常抛出，因为它没有包含关于错误的任何信息。而.NET 包含了许多派生自 System.Exception 异常类的其他异常类，每个类都对应于一种特定类型的异常情况，也可以定义自己的异常类。在抛出一个匹配特定错误情况的类的实例时，应提供尽可能多的异常信息。在前面的例子中，System.IndexOutOfRangeException 异常类是最佳选择。IndexOutOfRangeException 异常类有几个重载的构造函数，我们选择的重载，其参数是一个描述错误的字符串。另外，也可以选择派生自己的自定义异常对象，它描述该应用程序环境中的错误情况。

假定用户这次输入了一个不在 0～5 范围内的数字，if 语句就会检测到一个错误，并实例化和抛出一个 IndexOutOfRangeException 异常对象。应用程序会立即退出 try 块，并查找处理 IndexOutOfRangeException 异常的 catch 块。它遇到的第一个 catch 块如下所示：

```
catch (IndexOutOfRangeException ex)
{
  Console.WriteLine($"Exception: Number should be between 0 and 5." +
    $"{ex.Message}");
}
```

由于这个 catch 块带合适类的一个参数，因此它会接收异常实例，并被执行。在本例中，是显示错误信息和 Exception.Message 属性(它对应于传递给 IndexOutofRangeException 的构造函数的字符串)。执行了这个 catch 块后，控制权就切换到 finally 块，就好像没有发生过任何异常。

注意，本示例还提供了另一个 catch 块：

```
catch (Exception ex)
{
  Console.WriteLine($"An exception was thrown. Message was: {ex.Message}");
}
```

如果没有在前面的catch块中捕获到这类异常，则这个catch块也能处理IndexOutOfRangeException异常。基类的一个引用也可以指向派生自它的类的所有实例，所有的异常都派生自 Exception 类。这个 catch 块没有执行，因为应用程序只执行它在可用的 catch 块列表中找到的第一个合适的 catch 块。当抛出 IndexOutOfRangeException 类型的异常时，这个 catch 块不执行。它捕获派生自 Exception 基类的其他异常。请注意，在 try 块中对方法(Console.ReadLine()、Console.Write()和 Convert.ToInt32())的三个单独调用，可能会抛出其他异常。

如果输入的内容不是数字，而是字母或单词。如 a 或 hello，则 Convert.ToInt32()方法就会抛出 System.FormatException 类的一个异常，表示传递给 ToInt32()方法的字符串对应的格式不能转换为 int。此时，应用程序会跟踪这个方法调用，查找可以处理该异常的处理程序。第一个 catch 块带一个 IndexOutOfRangeException 异常，无法处理这种异常。应用程序接着查看第二个 catch 块，显然它可以处理这类异常，因为 FormatException 异常类派生于 Exception 异常类，所以把 FormatException 异常类的实例作为参数传递给它。

该示例的这种结构是非常典型的多 catch 块结构。最先编写的 catch 块用于处理非常特殊的错误情况，接着是比较一般的块，它们可以处理任何错误，我们没有为它们编写特定的错误处理程序。实际上，catch 块的顺序很重要，如果以相反的顺序编写这两个块，代码就不会编译，因为第二个 catch 块是不会执行的(Exception catch 块会捕获所有异常)。因此，最上面的 catch 块应用于最特殊的异常情况，最后是最一般的 catch 块。

前面分析了该示例的代码，现在运行该代码。下面的输出说明了不同的输入会得到不同的结果，并说明抛出了 IndexOutOfRangeException 异常和 FormatException 异常：

```
Input a number between 0 and 5 (or just hit return to exit)> 4
Your number was 4
Thank you
Input a number between 0 and 5 (or just hit return to exit)> 0
Your number was 0
Thank you
Input a number between 0 and 5 (or just hit return to exit)> 10
Exception: Number should be between 0 and 5. You typed in 10
Thank you
Input a number between 0 and 5 (or just hit return to exit)> hello
An exception was thrown. Exception type: FormatException, Message: Input string was not in
a correct format.
Thank you
Input a number between 0 and 5 (or just hit return to exit)>
Thank you
```

10.3.3 捕获其他代码中的异常

上面的示例说明了两个异常的处理。一个是 IndexOutOfRangeException 异常，它由我们自己的代码抛出，另一个是 FormatException 异常，它由一个基类抛出。如果检测到错误，或者某个方法因传递的参数有误而被错误调用，库中的代码就常常会抛出一个异常。但库中的代码很少捕获这样的异常，应由客户端代码来决定如何处理这些问题。

在调试时，异常通常从基类库中抛出，调试的过程在某种程度上是确定异常抛出的原因，并消除导致错误发生的缘由。主要目标是确保代码在发布后，异常只发生在非常少见的情况下，如果可能，应在代码中以适当的方式处理它。

10.3.4 System.Exception 属性

本示例只使用了异常对象的一个 Message 属性。在 System.Exception 异常类中还有许多其他属性，如表 10-1 所示。

表 10-1

属性	说明
Data	这个属性可以给异常添加键/值语句，以提供关于异常的额外信息
HelpLink	链接到一个帮助文件上，以提供关于该异常的更多信息
HResult	分配给异常的一个数值
InnerException	如果此异常是在 catch 块中抛出的，它就会包含把代码发送到 catch 块中的异常对象
Message	描述错误情况的文本
Source	导致异常的应用程序名或对象名
StackTrace	栈上方法调用的详细信息，它有助于跟踪抛出异常的方法
TargetSite	.NET 反射对象，描述了抛出异常的方法

在这些属性中，如果可以进行栈跟踪，则 StackTrace 的属性值由.NET 运行库自动提供。Source 属性总是由.NET 运行库填充为抛出异常的程序集的名称(但也可以在代码中修改该属性，提供更具体的信息)，Data、Message、HelpLink 和 InnerException 属性必须在抛出异常的代码中填充，方法是在抛出异常前设置这些属性。例如，抛出异常的代码如下所示：

```
if (ErrorCondition)
{
  ClassMyException myException = new("Help!!!!");
  myException.Source = "My Application Name";
  myException.HelpLink = "MyHelpFile.txt";
  myException.Data["ErrorDate"] = DateTime.Now;
  myException.Data.Add("AdditionalInfo", "Contact Bill from the Blue Team");
  throw myException;
}
```

其中，ClassMyException 是抛出的异常类的名称。注意所有异常类的名称通常以 Exception 结尾。传递给构造函数的字符串设置了 Message 属性。另外，Data 属性可以用两种方式设置。

10.3.5 异常过滤器

.NET 通过异常层次结构提供了许多不同的异常类型，其最初的计划是，一旦需要以不同的方式处理错误，就使用一种不同的异常类型。但是，.NET 中使用了许多技术，让这种设想不符合现实场景。例如，使用 Windows Runtime 常常导致 COM 异常，而你会想要根据 COMException 的错误代码，以不同方式处理异常。为了应对这种情况，从 C# 6 开始就支持异常过滤器。catch 块仅在过滤器返回 true 时执行。捕获不同的异常类型时，可以有行为不同的 catch 块。在某些情况下，catch 块基于异常的内容执行不同的操作。例如，在执行网络调用时，许多不同的场景都会导致网络异常。例如，如果服务器不可用，或提供的数据不符合期望，以不同的方式应对这些错误是好事。一些异常可以用不同的方式恢复，而在另外一些异常中，用户可能需要一些信息。

下面的代码示例抛出类型 MyCustomException 的异常，设置这个异常的 ErrorCode 属性(代码文件 ExceptionFilters/Program.cs)：

```
public static void ThrowWithErrorCode(int code)
{
  throw new MyCustomException("Error in Foo") { ErrorCode = code };
}
```

在下面的示例中，try 块和两个 catch 块保护方法调用。第一个 catch 块使用 when 关键字过滤出 ErrorCode 属性等于 405 的异常。when 子句的表达式需要返回一个布尔值。如果结果是 true，这个 catch 块就处理异常；如果是 false，就寻找其他 catch 块。给 ThrowWithErrorCode()方法传递 405，过滤器就返回 true，第一个 catch 块处理异常。传递另一个值，过滤器就返回 false，第二个 catch 块处理异常。使用过滤器，可以使用多个处理程序来处理相同的异常类型。

当然也可以删除第二个 catch 块，此时就不处理该情形下出现的异常。

```
try
{
  ThrowWithErrorCode(405);
}
catch (MyCustomException ex) when (ex.ErrorCode == 405)
{
  Console.WriteLine($"Exception caught with filter {ex.Message} " +
    $"and {ex.ErrorCode}");
}
catch (MyCustomException ex)
{
  Console.WriteLine($"Exception caught {ex.Message} and {ex.ErrorCode}");
}
```

10.3.6　重新抛出异常

捕获异常时，重新抛出异常也是非常普遍的。再次抛出异常时，可以改变异常的类型。这样，就可以给调用程序提供所发生的更多信息。原始异常可能没有上下文的足够信息。还可以记录异常信息，并给调用程序提供不同的信息。例如，对于运行应用程序的用户，异常信息并没有真正的帮助。阅读日志文件的系统管理员可以做出相应的反应。

重新抛出异常的一个问题是，调用程序往往需要通过以前的异常找出其发生的原因和地点。根据异常的抛出方式，堆栈跟踪信息可能会丢失。为了看到重新抛出异常的不同选项，示例程序 RethrowExceptions 显示了不同的选项。

对于此示例，创建了两个自定义的异常类型。第一个是 MyCustomException，除了基类 Exception 的成员之外，定义了属性 ErrorCode，第二个是 AnotherCustomException，支持传递一个内部异常(代码文件 RethrowExceptions/MyCustomException.cs)：

```
public class MyCustomException : Exception
{
```

```
    public MyCustomException(string message)
      : base(message) { }

    public int ErrorCode { get; set; }
  }

  public class AnotherCustomException : Exception
  {
    public AnotherCustomException(string message, Exception innerException)
      : base(message, innerException) { }
  }
```

HandleAll() 方法调用 HandleAndThrowAgain、HandleAndThrowWithInnerException、HandleAndRethrow()和 HandleWithFilter()方法，捕获抛出的异常，把异常消息和堆栈跟踪写到控制台。为了更好地从堆栈跟踪中找到所引用的行号，使用预处理器指令#line，重新编号。通过上述操作，采用委托 m 调用的方法在第 114 行(代码文件 RethrowExceptions/Program.cs)：

```
#line 100
public static void HandleAll()
{
  Action[] methods =
  {
    HandleAndThrowAgain,
    HandleAndThrowWithInnerException,
    HandleAndRethrow,
    HandleWithFilter
  };

  foreach (var m in methods)
  {
    try
    {
      m(); // line 114
    }
    catch (Exception ex)
    {
      Console.WriteLine(ex.Message);
      Console.WriteLine(ex.StackTrace);
      if (ex.InnerException != null)
      {
        Console.WriteLine($"\tInner Exception{ex.InnerException.Message}");
        Console.WriteLine(ex.InnerException.StackTrace);
      }
      Console.WriteLine();
    }
  }
}
```

ThrowAnException 方法用于抛出第一个异常。这个异常在 8002 行抛出。在开发期间，该方法有助于了解异常在哪里抛出：

```
#line 8000
public static void ThrowAnException(string message)
{
  throw new MyCustomException(message); // line 8002
}
```

1. 简单地重新抛出异常

方法 HandleAndThrowAgain 仅将异常记录到控制台，并使用 throw ex 再次抛出它：

```
#line 4000
public static void HandleAndThrowAgain()
{
  try
  {
    ThrowAnException("test 1");
  }
  catch (Exception ex)
  {
    Console.WriteLine($"Log exception {ex.Message} and throw again");
    throw ex; // you shouldn't do that -- line 4009
  }
}
```

运行应用程序，简化的输出显示了堆栈跟踪(没有名称空间和代码文件的完整路径)：

```
Log exception test 1 and throw again
test 1
at Program.HandleAndThrowAgain() in Program.cs:line 4009
at Program.HandleAll() in Program.cs:line 114
```

堆栈跟踪显示了在 HandleAll 方法中调用 m()方法，进而调用 HandleAndThrowAgain()方法。最初抛出异常的信息完全丢失在最后一个 catch 的调用堆栈中，因此很难找到错误的初始原因。通常不使用 throw 传递异常对象以抛出同一个异常。对于这种情况，C#编译器会给出这样一条警告：CA2200: re-throwing caught exception changes stack information。

2. 改变异常

一个有用的设想是改变异常的类型，并添加错误信息。这在 HandleAndThrowWithInnerException()方法中完成。记录错误之后，抛出一个新的异常类型 AnotherCustomException，传递 ex 作为内部异常：

```
#line 3000
public static void HandleAndThrowWithInnerException()
{
  try
  {
    ThrowAnException("test 2"); // line 3004
  }
  catch (Exception ex)
  {
    Console.WriteLine($"Log exception {ex.Message} and throw again");
    throw new AnotherCustomException("throw with inner exception", ex); // 3009
  }
}
```

检查外部异常的堆栈跟踪，会看到行号 3009 和 114，与前面相似。然而，内部异常给出了错误的最初原因。它给出调用了错误方法的行号(3004)和抛出最初(内部)异常的行号(8002)：

```
Log exception test 2 and throw again
throw with inner exception
at Program.HandleAndThrowWithInnerException() in Program.cs:line 3009
```

```
at Program.HandleAll() in Program.cs:line 114
Inner Exception throw with inner exception
at Program.ThrowAnException(String message) in Program.cs:line 8002
at Program.HandleAndThrowWithInnerException() in Program.cs:line 3004
```

这样不会丢失信息。

注意：
试图找到错误的原因时，看看内部异常是否存在。这往往会提供有用的信息。

注意：
捕获异常时，最好在重新抛出时改变异常。例如，捕获 SqlException 异常，可以导致抛出与业务相关的异常，如 InvalidIsbnException 异常。

3. 重新抛出异常

如果不应该改变异常的类型，就可以使用 throw 语句重新抛出相同的异常。使用 throw 但不传递异常对象，会抛出 catch 块的当前异常，并保留异常信息：

```
#line 2000
public static void HandleAndRethrow()
{
  try
  {
    ThrowAnException("test 3");
  }
  catch (Exception ex)
  {
    Console.WriteLine($"Log exception {ex.Message} and rethrow");
    throw; // line 2009
  }
}
```

有了这些代码，堆栈信息就不会丢失。异常最初是在第 8002 行抛出，在第 2009 行重新抛出。第 114 行包含调用 HandleAndRethrow()的委托 m：

```
Log exception test 3 and rethrow
test 3
at Program.ThrowAnException(String message) in Program.cs:line 8002
at Program.HandleAndRethrow() in Program.cs:line 2009
at Program.HandleAll() in Program.cs:line 114
```

4. 使用过滤器添加功能

使用 throw 语句重新抛出异常时，调用堆栈包含抛出的地址。使用异常过滤器，可以不改变调用堆栈。现在添加 when 关键字，传递过滤器方法。这个过滤器方法 Filter()记录消息，总是返回 false。这就是为什么 catch 块永远不会被调用：

```
#line 1000
public void HandleWithFilter()
{
  try
  {
    ThrowAnException("test 4"); // line 1004
```

```
    }
    catch (Exception ex) when(Filter(ex))
    {
      Console.WriteLine("block never invoked");
    }
  }
  #line 1500
  public bool Filter(Exception ex)
  {
    Console.WriteLine($"just log {ex.Message}");
    return false;
  }
```

现在看看堆栈跟踪，异常起源于HandleAll()方法的第114行，它调用HandleWithFilter()，第1004行包含ThrowAnException()的调用，第8002行抛出了异常：

```
just log test 4
test 4
at Program.ThrowAnException(String message) in Program.cs:line 8002
at Program.HandleWithFilter() in Program.cs:line 1004
at RethrowExceptions.Program.HandleAll() in Program.cs:line 114
```

注意：

异常过滤器的主要用法是基于异常的值过滤异常。异常过滤器也可以用于其他效果，比如写入日志信息，但不改变调用堆栈。然而，异常过滤器应该快速运行，所以应该只做简单的检查，避免副作用。日志记录是一种可以接受的例外。

10.3.7 没有处理异常时发生的情况

有时抛出了一个异常后，代码中没有catch块能处理这类异常。前面的SimpleExceptions示例就展示了这种情况。例如，假定忽略FormatException异常和通用的catch块，则只有捕获IndexOutOfRangeException异常的块。此时，如果抛出一个FormatException异常，会发生什么情况呢？

答案是，.NET运行库会捕获它。本节后面将介绍如何嵌套try块——实际上在本示例中，就有一个在后台处理的嵌套的try块。.NET运行库把整个程序放在另一个更大的try块中，且对于每个.NET程序都这么做。这个try块有一个catch处理程序，它可以捕获任何类型的异常。如果出现代码没有处理的异常，程序流就会退出程序，由.NET运行库中的catch块捕获它。但是，这可能不是你想看到的结果，因为代码的执行会立即终止，并给用户显示一个对话框，说明代码没有处理异常，并给出.NET运行库能检索到的关于异常的详细信息。至少异常会被捕获。

一般情况下，如果编写一个可执行程序，就应捕获尽可能多的异常，并以合理的方式处理它们。如果编写一个库，最好捕获可以用有效方式处理的异常，或者在上下文中添加额外的信息，抛出其他异常类型，如上一节所示。假定调用代码可以处理它遇到的任何错误。

10.4 用户定义的异常类

上一节创建了一个用户定义的异常。下面介绍有关异常的第二个示例，这个示例称为SolicitColdCall，它包含两个嵌套的try块，说明了如何定义自定义异常类，再从try块中抛出另一个异常。

这个示例假定一家销售公司希望有更多的客户。该公司的销售部门打算给一些人打电话，希望他们成为自己的客户。用销售行业的行话来讲，就是“陌生电话”(cold-calling)。为此，应有一个文本文件存储这些陌生人的姓名，且该文件有良好的格式，其中第一行包含文件中的人数，后面的行包含这些人的姓名。换言之，正确的格式如下所示。

```
4
George Washington
Benedict Arnold
John Adams
Thomas Jefferson
```

这个示例的目的是在屏幕上显示这些人的姓名(由销售人员读取)，因此文件中只有姓名，但没有电话号码。

程序要求用户输入文件的名称，然后读取文件，并显示其中的人名。这听起来是一个很简单的任务，但也可能出现两个错误，需要退出整个过程：

- 用户可能输入不存在的文件名。这作为 FileNotFound 异常来捕获。
- 文件的格式可能不正确，这里可能有两个问题。首先，文件的第一行不是整数。第二，文件中可能没有第一行指定的那么多人名。这两种情况都需要在一个自定义异常中处理，我们专门为此编写了 ColdCallFileFormatException 异常。

还会有其他问题，虽然不至于退出整个过程，但需要删除某个人名，继续处理文件中的下一个人名(因此这需要在内层的 try 块中处理)。一些人是商业间谍，为销售公司的竞争对手工作，显然，我们不希望不小心打电话给他们，让这些人知道我们要做的工作。为简单起见，假设姓名以 B 开头的那些人是商业间谍。这些人应在第一次准备数据文件时从文件中删除，但为防止有商业间谍混入，需要检查文件中的每个姓名，如果检测到一个商业间谍，就应抛出一个 SalesSpyFoundException 异常，当然，这是另一个自定义异常对象。

最后，编写一个类 ColdCallFileReader 来实现这个示例，该类维护与 cold-call 文件的连接，并从中检索数据。我们将以非常安全的方式编写这个类，如果其方法调用不正确，就会抛出异常。例如，如果在文件打开前，调用了读取文件的方法，就会抛出一个异常。为此，我们编写了另一个异常类 UnexpectedException。

10.4.1 捕获用户定义的异常

首先是 SolicitColdCall 示例的顶级语句，它捕获用户定义的异常。注意，下面要调用 System.IO 名称空间和 System 名称空间中的文件处理类(代码文件 SolicitColdCall/Program.cs)。

```
Console.Write("Please type in the name of the file " +
  "containing the names of the people to be cold called > ");
string? fileName = Console.ReadLine();
if (fileName != null)
{
  ColdCallFileReaderLoop1(fileName);
  Console.WriteLine();
}
Console.ReadLine();

void ColdCallFileReaderLoop1(string fileName)
{
  ColdCallFileReader peopleToRing = new();
  try
  {
```

```
        peopleToRing.Open(fileName);
        for (int i = 0; i < peopleToRing.NPeopleToRing; i++)
        {
          peopleToRing.ProcessNextPerson();
        }
        Console.WriteLine("All callers processed correctly");
      }
      catch(FileNotFoundException)
      {
        Console.WriteLine($"The file {fileName} does not exist");
      }
      catch(ColdCallFileFormatException ex)
      {
        Console.WriteLine($"The file {fileName} appears to have been corrupted");
        Console.WriteLine($"Details of problem are: {ex.Message}");
        if (ex.InnerException != null)
        {
          Console.WriteLine($"Inner exception was: {ex.InnerException.Message}");
        }
      }
      catch(Exception ex)
      {
        Console.WriteLine($"Exception occurred:\n{ex.Message}");
      }
      finally
      {
        peopleToRing.Dispose();
      }
    }
```

这段代码基本上只是一个循环，用来处理文件中的人名。开始时，先让用户输入文件名，再实例化ColdCallFileReader类的一个对象，这个类稍后定义，正是这个类负责处理文件中数据的读取。注意，应在第一个try块的外部读取文件，因为这里实例化的变量需要在后面的catch 块和finally块中使用，如果在try块中声明它们，它们在try块的闭合花括号处就超出了作用域，这会导致编译错误。

在 try 块中打开文件(使用 ColdCallFileReader.Open()方法)，并循环处理其中的所有人名。ColdCallFileReader.ProcessNextPerson()方法会读取并显示文件中的下一个人名，而 ColdCallFileReader.NPeopleToRing 属性则说明文件中应有多少个人名(通过读取文件的第一行来获得)。代码中有 3 个 catch 块，其中两个分别用于处理 FileNotFoundException 和 ColdCallFileFormatException 异常，第 3 个则用于处理任何其他.NET 异常。

注意：

在示例应用程序中，在 try 块的外部实例化了 ColdCallFileReader 类型的一个对象。最好创建不会失败、并且不会需要太长处理时间的构造函数。如果使用了这种类型，就可以创建一个外层的 try/catch 块，或者在 try 块的外部声明变量，并在 try 块的内部实例化它。

在 FileNotFoundException 异常中，我们会为它显示一条消息，注意在这个 catch 块中，根本不会使用异常实例，原因是这个 catch 块用于说明应用程序的用户友好性。异常对象一般会包含技术信息，这些技术信息对开发人员很有用，但对于最终用户来说则没有什么用，所以本例将创建一条更简单的消息。

对于 ColdCallFileFormatException 异常的处理程序，则执行相反的操作，说明了如何获得更完整的技术信息，包括内层异常的细节(如果存在内层异常)。

最后，如果捕获到其他一般异常，就显示一条用户友好消息，而不是让这些异常由.NET 运行库处理。

finally 块将清理资源。在本例中，这是指关闭已打开的任何文件。ColdCallFileReader.Dispose()方法完成了这个任务。

注意：

C#提供了一个 using 语句，编译器自己会在使用该语句的地方创建一个 try/finally 块，并在 finally 块中调用 Dispose 方法。实现了 IDispose 接口的对象就可以使用 using 语句。第 13 章详细介绍了 using 语句。

10.4.2 抛出用户定义的异常

下面看看处理文件读取，并(可能)抛出用户定义的异常的类 ColdCallFileReader 的定义。因为这个类维护一个外部文件连接，所以需要确保它根据第 13 章有关释放对象的规则，正确地释放它。这个类派生自 IDisposable 类。

首先声明一些私有字段(代码文件 SolicitColdCall/ColdCallFileReader.cs)：

```
public class ColdCallFileReader: IDisposable
{
  private FileStream? _fileStream;
  private StreamReader? _streamReader;
  private uint _nPeopleToRing;
  private bool _isDisposed = false;
  private bool _isOpen = false;
```

FileStream 和 StreamReader 都在 System.IO 名称空间中，它们都是用于读取文件的基类。FileStream 基类主要用于连接文件，StreamReader 基类则专门用于读取文本文件，并实现 Readline()方法，该方法读取文件中的一行文本。第 18 章在深入讨论文件处理时将讨论 StreamReader 基类。

_isDisposed 字段表示是否调用了 Dispose()方法，我们选择实现 ColdCallFileReader 异常，这样，一旦调用了 Dispose()方法，就不能重新打开文件连接，重新使用对象了。_isOpen 字段也用于错误检查，在本例中，该字段检查 StreamReader 基类是否连接到打开的文件上。

打开文件和读取第一行的过程由 Open()方法处理，该过程将告诉我们文件中有多少个人名：

```
public void Open(string fileName)
{
  if (_isDisposed)
  {
    throw new ObjectDisposedException(nameof(ColdCallFileReader));
  }

  _fileStream = new(fileName, FileMode.Open);
  _streamReader = new(_fileStream);

  try
  {
    string? firstLine = _streamReader.ReadLine();
    if (firstLine != null)
    {
      _nPeopleToRing = uint.Parse(firstLine);
      _isOpen = true;
    }
```

```
    }
    catch (FormatException ex)
    {
      throw new ColdCallFileFormatException(
        $"First line isn't an integer {ex}");
    }
  }
```

与 ColdCallFileReader 异常类的所有其他方法一样，该方法首先检查在删除对象后，客户端代码是否不正确地调用了它，如果是，就抛出一个预定义的 ObjectDisposedException 异常对象。Open()方法也会检查_isDisposed 字段，看看是否已调用 Dispose()方法。因为调用 Dispose()方法会告诉调用者现在已经处理完对象，所以，如果已经调用了 Dispose()方法，就说明试图打开新文件连接是错误的。

接着，这个方法包含一个 try/catch 块，其目的是捕获因为文件的第一行没有包含一个整数而抛出的任何错误。如果方法 uint.Parse()不能成功解析第一行，就可能抛出一个 FormatException 异常，捕获该异常并转换为一个更有意义的异常，表示 cold-call 文件的格式有问题。注意 System.FormatException 异常表示与基本数据类型相关的格式问题，而不是与文件有关，所以在本例中它不是传递回主调例程的一个特别有用的异常。新抛出的异常会被最外层的 try 块捕获。因为这里不需要清理资源，所以不需要 finally 块。另外还可能发生其他一些异常，例如调用 ReadLine()方法时发生 IOException，但这里没有捕获它们，而是把它们转发给下一个 try 块。

如果一切正常，就把_isOpen 字段设置为 true，表示现在有一个有效的文件连接，可以从中读取数据。

ProcessNextPerson()方法也包含一个内层 try 块：

```
public void ProcessNextPerson()
{
  if (_isDisposed)
  {
    throw new ObjectDisposedException(nameof(ColdCallFileReader));
  }

  if (!_isOpen)
  {
    throw new UnexpectedException(
      "Attempted to access coldcall file that is not open");
  }

  try
  {
    string? name = _streamReader?.ReadLine();
    if (name is null)
    {
      throw new ColdCallFileFormatException("Not enough names");
    }
    if (name[0] is 'B')
    {
      throw new SalesSpyFoundException(name);
    }
    Console.WriteLine(name);
  }
  catch(SalesSpyFoundException ex)
  {
    Console.WriteLine(ex.Message);
```

```
    }
    finally
    {
    }
}
```

在 ProcessNextPerson()方法中读取文件时可能存在两个问题(假定实际上有一个打开的文件连接，ProcessNextPerson()方法会先进行检查)。处理的第一个异常是 ReadLine()方法返回了 null。如果 ReadLine()方法读取的位置超过了文件末尾，就会返回 null。因为该文件在文件开头包含人名个数，所以实际人名的个数比声明的个数少的时候会抛出 ColdCallFileFormatException。之后，外层异常处理程序会捕获这个异常，导致程序停止执行。

第二个异常发生在访问人名的时候。如果发现这个人是一名商业间谍，就抛出一个 SalesSpyFoundException。因为在该方法中捕获异常，而该方法会用在循环内，所以程序流会继续在程序的 Main()方法中执行，处理文件中的下一个人名。

同样，这里不需要 finally 块，因为没有要清理的资源，但这次要放置一个空的 finally 块，表示在这里可以完成用户希望完成的任务。

这个示例就要完成了。ColdCallFileReader 异常类还有另外两个成员：NPeopleToRing 属性返回文件中应有的人数，Dispose()方法可以关闭已打开的文件。注意，Disposc()方法在被调用过的时候会立即返回——这是实现该方法的推荐方式。它还检查在关闭前是否有要关闭的文件流。这个例子说明了防御编码技术：

```
public uint NPeopleToRing
{
  get
  {
    if (_isDisposed)
    {
      throw new ObjectDisposedException("peopleToRing");
    }
    if (!_isOpen)
    {
      throw new UnexpectedException(
        "Attempted to access cold-call file that is not open");
    }
    return _nPeopleToRing;
  }
}

public void Dispose()
{
  if (_isDisposed)
  {
    return;
  }
  _isDisposed = true;
  _isOpen = false;

  _streamReader?.Dispose();
  _streamReader = null;
}
```

10.4.3 定义用户定义的异常类

最后，需要定义 3 个异常类。定义自己的异常非常简单，因为几乎不需要添加任何额外的方法。只需要实现构造函数，确保基类的构造函数正确调用即可。下面是实现 SalesSpyFoundException 异常类的完整代码(代码文件 SolicitColdCall/SalesSpyFoundException.cs)：

```
public class SalesSpyFoundException: Exception
{
  public SalesSpyFoundException(string spyName)
    : base($"Sales spy found, with name {spyName}") { }

  public SalesSpyFoundException(string spyName, Exception innerException)
    : base($"Sales spy found with name {spyName}", innerException) {  }
}
```

注意，这个类派生自 Exception 异常类，正是我们期望的自定义异常。实际上，在实际使用时，可能会添加一个派生自 Exception 类的中间类，例如，ColdCallFileException 异常类，再从这个中间类派生出自己的两个异常类。这确保处理代码可以很好地控制哪个异常处理程序处理哪个异常。但为了简化示例，就不这么操作了。

在 SalesSpyFoundException 异常类中，处理的内容要多一些。假定传送给它的构造函数的信息仅是找到的间谍名，从而把这个字符串转换为含义更明确的错误信息。我们还提供了两个构造函数，其中一个构造函数的参数只是一条消息，另一个构造函数的参数是一个内层异常。在定义自己的异常类时，应至少把这两个构造函数都包括进来(尽管本例中并不会实际使用 SalesSpyFoundException 异常类的第 2 个构造函数)。

对于 ColdCallFileFormatException 异常类，规则是一样的，但不必对消息进行任何处理(代码文件 SolicitColdCall/ColdCallFileFormatException.cs)：

```
public class ColdCallFileFormatException: Exception
{
  public ColdCallFileFormatException(string message)
    : base(message) {}

  public ColdCallFileFormatException(string message, Exception innerException)
    : base(message, innerException) {}
}
```

最后是 UnexpectedException 异常类，它看起来与 ColdCallFileFormatException 异常类一样(代码文件 SolicitColdCall/UnexpectedException.cs)：

```
public class UnexpectedException: Exception
{
  public UnexpectedException(string message)
    : base(message) { }

  public UnexpectedException(string message, Exception innerException)
    : base(message, innerException) { }
}
```

下面准备测试该程序。首先，使用 people.txt 文件，其内容已经在前面列出了。

```
4
George Washington
```

```
Benedict Arnold
John Adams
Thomas Jefferson
```

文件中有4个名字(与文件中第一行给出的数字匹配)，包括一个间谍。接着，使用下面的people2.txt文件，它有一个明显的格式错误：

```
49
George Washington
Benedict Arnold
John Adams
Thomas Jefferson
```

最后，尝试执行该例子，但指定一个不存在的文件名people3.txt，对这3个文件名运行程序3次，得到的结果如下：

```
SolicitColdCall
Please type in the name of the file containing the names of the people to be cold
called > people.txt
George Washington
Sales spy found, with name Benedict Arnold
John Adams
Thomas Jefferson
All callers processed correctly

SolicitColdCall
Please type in the name of the file containing the names of the people to be cold
called > people2.txt
George Washington
Sales spy found, with name Benedict Arnold
John Adams
Thomas Jefferson
The file people2.txt appears to have been corrupted.
Details of the problem are: Not enough names

SolicitColdCall
Please type in the name of the file containing the names of the people to be cold
called > people3.txt
The file people3.txt does not exist.
```

这个应用程序说明了处理程序中可能存在的许多不同形式的错误和异常。

10.5 调用者信息

在处理错误时，获得错误发生位置的信息常常是有帮助的。本章前面介绍的#line 预处理器指令用于改变代码的行号，获得调用堆栈的更好信息。方法可以通过可选参数获得调用者的信息。在代码中可以使用一些特性来获得行号、文件名和成员名信息，包括 CallerLineNumber、CallerFilePath 和 CallerMemberName，它们定义在 System.Runtime.CompilerServices 名称空间中。C#编译器直接支持它们，并设置它们的值。

下面代码片段中的 Log()方法演示了这些特性的用法。这段代码将信息写入控制台中(代码文件CallerInformation/Program.cs)：

```
public void Log([CallerLineNumber] int line = -1,
```

```
    [CallerFilePath] string path = default,
    [CallerMemberName] string name = default)
  {
    Console.WriteLine($"Line {line}");
    Console.WriteLine(path);
    Console.WriteLine(name);
    Console.WriteLine();
  }
```

下面在几种不同的场景中调用该方法。在下面的Main()方法中，分别使用Program类的一个实例，在属性的set访问器以及在一个lambda表达式中调用Log()方法。这里没有为该方法提供参数值，所以编译器会为其填入值：

```
public static void Main()
{
  Program p = new();
  p.Log();
  p.SomeProperty = 33;
  Action a1 = () => p.Log();
  a1();
}

private int _someProperty;
public int SomeProperty
{
  get => _someProperty;
  set
  {
    Log();
    _someProperty = value;
  }
}
```

运行此程序的结果如下所示。在调用Log()方法的地方，可以看到行号、文件名和调用者的成员名。对于Main()方法中调用的Log()方法，成员名为Main。对于属性SomeProperty的set访问器中调用的Log()方法，成员名为SomeProperty。lambda表达式中的Log()方法没有显示生成的方法名，而是显示了调用该lambda表达式的方法的名称(Main)，这更加有用。

```
Line 9
C:\ProCSharp\ErrorsAndExceptions\CallerInformation\Program.cs
Main

Line 21
C:\ProCSharp\ErrorsAndExceptions\CallerInformation\Program.cs
SomeProperty

Line 11
C:\ProCSharp\ErrorsAndExceptions\CallerInformation\Program.cs
Main
```

在构造函数中使用Log()方法时，调用者成员名显示为ctor。在析构函数中，调用者成员名为Finalize，因为它是生成的方法的名称。

注意：
析构函数和终结器参见第 13 章。

注意：
CallerMemberName 属性的一个很好的用途是用于 INotifyPropertyChanged 接口的实现。该接口要求在方法的实现中传递属性的名称。在第 30 章可以看到这个接口的实现。

10.6 小结

本章介绍了 C#通过异常处理错误情况的多种机制，我们不仅可以输出代码中的一般错误代码，还可以用指定的方式处理最特殊的错误情况。有时一些错误情况是通过.NET 本身提供的，有时则需要编写自己的错误情况，如本章的例子所示。在这两种情况下，都可以采用许多方式来保护应用程序的工作流，避免出现不必要和危险的错误。

第 16 章将详细讨论如何记录错误。

第 11 章将学习异步编程的重要关键字 async 和 await。

第11章 任务和异步编程

本章要点

- 异步编程的重要性
- 在基于任务的异步模式中使用 async 和 await 关键字
- 创建和使用任务
- 异步编程的基础
- 异步方法的错误处理
- 取消异步方法
- 异步流
- Windows 应用程序的异步编程

本章源代码：

通过扫描封底二维码下载本书源代码。本章源代码可以在代码文件的 1_CS/Tasks 目录中找到。

本章代码分为以下几个主要的示例文件：

- TaskBasedAsyncPattern
- TaskFoundations
- ErrorHandling
- AsyncStreams
- AsyncDesktopWindowsApp

所有示例项目都启用了可空引用类型。

11.1 异步编程的重要性

如果应用程序没有立即响应用户的请求，用户会感到不满。几十年来使用应用程序的经验告诉我们，在滚动列表时会存在延迟，所以我们在使用鼠标滚动列表时已经习惯了这种行为。但是，在触控 UI 中，常常不能接受这种延迟。提供触控 UI 的应用程序需要立即响应请求，否则用户会尝试再次执行操作，这一次可能会更加用力地触摸屏幕。

由于在旧版本的.NET 中，很难实现异步编程，所以在本应该使用异步编程的地方，并不一定使用了异步编程。有个版本的 Visual Studio 常常会阻塞 UI 线程。在该版本中，打开包含几百个项目的解决方案时，你就可以离开计算机去喝咖啡了。Visual Studio 2017 提供了轻量级解决方案加载特性，只在需要时加载项目，并优先加载选中的项目。从 Visual Studio 2015 开始，不再把 NuGet 包管理器实现为模态对话框。新的 NuGet 包管理器能够异步加载包的信息，让你能够在此期间做其他工作。这些只是 Visual Studio 内置的与异步编程相关的一些重要修改的示例。

.NET 中的许多 API 都提供了同步和异步版本。因为原来 API 的同步版本更容易使用，所以常常在不适合使用它们的地方也使用了它们。在 Windows Runtime (WinRT)中，如果预期 API 调用的时间可能超过 40 毫秒，则只提供异步版本。从 C# 5.0 开始，异步编程与同步编程一样容易，所以使用异步 API 不再有障碍，不过异步 API 当然存在一些陷阱，本章会讨论它们。

C# 8 介绍了异步流，让连续使用异步结果变得很容易。本章也会介绍该主题。

注意：

.NET 为异步编程提供了不同的模式。.NET 1.0 定义了异步模式。这种模式提供了 BeginXX()和 EndXX()方法。System.Net 名称空间中的 WebRequest 类是一个例子，它提供了 BeginGetResponse()和 EndGetResponse()方法。这种模式基于 IAsyncResult 接口和 AsyncCallback 委托。在 Windows 应用程序的实现代码中使用这种模式时，必须在收到结果后切换到用户界面(UI)线程。

.NET 2.0 引入了基于事件的异步模式。在这种模式中，使用事件来接收异步结果，所调用的方法有一个 Async 后缀。WebClient 类(它是 WebRequest 的一个抽象)是一个例子，它提供了 DownloadStringAsync()方法和对应的事件 DownloadStringCompleted。在创建了同步上下文的 Windows 应用程序中使用这种模式时，不需要手动切换到 UI 线程。事件会完成这项工作。

在新应用程序中，可以忽略上述模式提供的方法。C# 5 引入了基于任务的异步模式。这种模式基于.NET 4 的任务并行库(task parallel library，TPL)特性。在这种模式中，异步方法返回一个 Task(或其他提供了 GetAwaiter()方法的类型)，你可以使用 await 关键字来等待结果。这种模式的方法通常也包含 Async 后缀。HttpClient 类是发出网络请求的一个现代的类，它实现了这种模式，提供了 GetAsync()方法。

WebClient 和 WebRequest 类也都提供了这种新模式。为了避免与旧模式发生命名冲突，WebClient 在方法名的后面添加了 Task，如 DownloadStringTaskAsync()。

在新的客户端中，只需要忽略 Begin/End 方法和事件，以及为了支持遗留的应用程序而提供这种功能的类中的基于异步模式的事件即可。

11.2 基于任务的异步模式

我们首先来看基于任务的异步模式的一种实现。HttpClient 类(第 19 章将详细介绍)实现了这种模式。该类的几乎所有方法的名称都带有 Async 后缀，并返回一个 Task。下面是 GetAsync()方法的一个重载版本的声明：

```
public Task<HttpResponseMessage> GetAsync(Uri? requestUri);
```

除了 System 名称空间外，示例应用程序还使用了这些名称空间：

```
System.Net.Http
System.Threading.Tasks
```

在示例应用程序中，可以传入一个命令行实参来启动应用程序。如果没有设置命令行实参，应用程序会要求用户输入一个网站的链接。在实例化 HttpClient 后，会调用 GetAsync()方法。由于使用了 await 关键字，调用线程不会被阻塞，但是只有完成了从 GetAsync()方法返回的 Task(Task 的状态为

RunToCompletion)，才会填充结果变量 response。使用 async 关键字时，不需要像旧版本的异步模式那样指定事件处理程序，或者传递在完成时执行的委托。HttpResponseMessage 有一个 IsSuccessStatusCode 属性，用于验证服务的响应是否成功。在成功返回时，使用 ReadAsStringAsync()方法来获取内容。这个方法返回的 Task<string>也可以是 await。一旦结果可用，就把字符串 HTML 的前 200 个字符写入控制台(代码文件 TaskBasedAsyncPattern/Program.cs)：

```
using System;
using System.Net.Http;
using System.Threading.Tasks;

string uri = (args.Length >= 1) ? args[0] : string.Empty;
if (string.IsNullOrEmpty(uri))
{
  Console.Write("enter an URL (e.g. https://csharp.christiannagel.com): ");
  uri = Console.ReadLine() ?? throw new InvalidOperationException();
}
using HttpClient httpClient = new();
try
{
  using HttpResponseMessage response = await httpClient.GetAsync(new Uri(uri));
  if (response.IsSuccessStatusCode)
  {
    string html = await response.Content.ReadAsStringAsync();
    Console.WriteLine(html[..200]);
  }
  else
  {
    Console.WriteLine($"Status code: {response.StatusCode}");
  }
}
catch (UriFormatException ex)
{
  Console.WriteLine($"Error parsing the Uri {ex.Message}");
}
catch (HttpRequestException ex)
{
  Console.WriteLine($"HTTP request exception: {ex.Message}");
}
catch (TaskCanceledException ex)
{
  Console.WriteLine($"Task canceled: {ex.Message}");
}
```

注意：

HttpClient 和 HttpResponseMessage 使用的 using 声明在变量作用域的最后调用 Dispose()方法。第 13 章将详细介绍相关内容。

要使用.NET CLI 运行程序并传入命令行实参，需要使用两个短横线将用于应用程序的命令行实参与用于.NET CLI 的命令行实参区分开，采用这样的方式启动应用程序：

```
> dotnet run -- https://csharp.christiannagel.com
```

使用顶级语句时，会自动创建 args 变量。在顶级语句中使用 await 时，生成的 Main()方法具有 async

作用域。如果在自定义的Main()方法中使用await，就需要把Main()方法声明为返回Task：

```
public class Program
{
  static async Task Main(string[] args)
  {
    //...
  }
}
```

11.3 任务

async和await关键字只是编译器功能。编译器会用Task类创建代码，而你也可以自己编写这些代码。本节介绍Task类，以及编译器用async和await关键字能做什么，如何采用简单的方式创建异步方法，如何并行调用多个异步方法，以及如何使用async和await关键字修改类，以实现异步模式。

除了System名称空间之外，示例应用程序还使用了如下名称空间：

```
System.Collections.Generic
System.IO
System.Linq
System.Net
System.Runtime.CompilerServices
System.Threading
System.Threading.Tasks
```

注意：

这个可下载的示例应用程序使用了命令行参数，因此可以轻松地验证每个场景。例如，使用.NET CLI，可以通过命令：dotnet run -- -async传递async命令行参数。使用Visual Studio，还可以在*Debug Project Settings*中配置应用程序的参数。

为了更好地理解发生了什么，创建TraceThreadAndTask方法，将线程和任务信息写入控制台。Task.CurrentId返回任务的标识符，Thread.CurrentThread.ManagedThreadId返回当前线程的标识符(代码文件TaskFoundations/Program.cs)：

```
public static void TraceThreadAndTask(string info)
{
  string taskInfo = Task.CurrentId == null ? "no task" : "task " +
    Task.CurrentId;

  Console.WriteLine($"{info} in thread {Thread.CurrentThread.ManagedThreadId} " +
    $"and {taskInfo}");
}
```

11.3.1 创建任务

下面从同步方法Greeting开始，该方法等待一段时间后，返回一个字符串(代码文件TaskFoundations/Program.cs)：

```
static string Greeting(string name)
{
```

```
  TraceThreadAndTask($"running {nameof(Greeting)}");
  Task.Delay(3000).Wait();
  return $"Hello, {name}";
}
```

定义方法 GreetingAsync 来创建该方法的异步版本。基于任务的异步模式指定，在异步方法名后加上 Async 后缀，并返回一个任务。异步方法 GreetingAsync 和同步方法 Greeting 具有相同的输入参数，但是它返回的是 Task<string>。Task<string>定义了一个返回字符串的任务。一个比较简单的做法是用 Task.Run 方法返回一个任务，该方法创建并启动一个新任务。泛型版本的 Task.Run<string>()创建一个返回字符串的任务。由于编译器已经知道实现的返回类型(Greeting 返回字符串)，因此还可以使用 Task.Run()来简化实现代码：

```
static Task<string> GreetingAsync(string name) =>
  Task.Run(() =>
  {
    TraceThreadAndTask($"running {nameof(GreetingAsync)}");
    return Greeting(name);
  });
```

11.3.2 调用异步方法

可以使用 await 关键字来调用返回任务的异步方法 GreetingAsync()。使用 await 关键字需要用 async 修饰符声明方法。在 GreetingAsync()方法完成前，该方法内的其他代码不会继续执行。但是，启动 CallerWithAsync()方法的线程可以被重用，该线程没有被阻塞(代码文件 TaskFoundations/Program.cs)：

```
private async static void CallerWithAsync()
{
  TraceThreadAndTask($"started {nameof(CallerWithAsync)}");
  string result = await GreetingAsync("Stephanie");
  Console.WriteLine(result);
  TraceThreadAndTask($"ended {nameof(CallerWithAsync)}");
}
```

运行应用程序时，可以看到第一个输出中没有任务。GreetingAsync()方法在一个任务中运行，这个任务使用的线程与调用者不同。然后，同步 Greeting()方法在此任务中运行。当 Greeting()方法返回时，GreetingAsync()方法返回，在 await 之后，作用域返回到 CallerWithAsync()方法中。现在，CallerWithAsync()方法在不同的线程中运行，且已经没有任务了。尽管这个方法是从线程 1 开始的，但是在 await 后使用了线程 4。await 确保在任务完成后继续执行，但现在它使用了另一个线程。这种行为在控制台应用程序和具有同步上下文的应用程序(本章稍后的“异步与 Windows 应用程序”小节将进行介绍)之间是不同的：

```
started CallerWithAsync in thread 1 and no task
running GreetingAsync in thread 4 and task 1
running Greeting in thread 4 and task 1
Hello, Stephanie
ended CallerWithAsync in thread 4 and no task
```

注意：

async 修饰符可以用于返回 void 的方法，或者用于返回一个提供 GetAwaiter()方法的对象。.NET 提供 Task 和 ValueTask 类型。通过 Windows 运行库，还可以使用 IAsyncOperation。应该避免给 void

方法使用 async 修饰符，本章后面的“错误处理”小节将进行详细介绍。

接下来的小节会介绍是什么驱动了 await 关键字，在后台使用了延续任务。

11.3.3 使用 Awaiter

可以对任何提供 GetAwaiter()方法并返回 awaiter 的对象使用 async 关键字。awaiter 通过 OnCompleted()方法实现 INotifyCompletion 接口。此方法在任务完成时调用。下面的代码片段不是在任务中使用 await，而是使用任务的 GetAwaiter()方法。Task 类的 GetAwaiter()返回一个 TaskAwaiter。使用 OnCompleted() 方法，分配一个在任务完成时调用的局部函数(代码文件 TaskFoundations/Program.cs)：

```
private static void CallerWithAwaiter()
{
  TraceThreadAndTask($"starting {nameof(CallerWithAwaiter)}");
  TaskAwaiter<string> awaiter = GreetingAsync("Matthias").GetAwaiter();
  awaiter.OnCompleted(OnCompleteAwaiter);

  void OnCompleteAwaiter()
  {
    Console.WriteLine(awaiter.GetResult());
    TraceThreadAndTask($"ended {nameof(CallerWithAwaiter)}");
  }
}
```

运行应用程序时，结果类似于使用 await 关键字的情形：

```
starting CallerWithAwaiter in thread 1 and no task
running GreetingAsync in thread 4 and task 1
running Greeting in thread 4 and task 1
Hello, Matthias
ended CallerWithAwaiter in thread 4 and no task
```

编译器把 await 关键字后的所有代码放进 OnCompleted()方法的代码块中，以转换 await 关键字。

11.3.4 延续任务

还可以使用 Task 对象的特性来处理任务的延续。GreetingAsync()方法返回一个 Task<string>对象。该 Task<string>对象包含任务创建的信息，并将信息保存到任务完成。Task 类的 ContinueWith()方法定义了任务完成后就调用的代码。赋值给 ContinueWith()方法的委托接收已完成的任务作为参数，使用 Result 属性可以访问任务返回的结果(代码文件 TaskFoundations/Program.cs)：

```
private static void CallerWithContinuationTask()
{
  TraceThreadAndTask("started CallerWithContinuationTask");

  var t1 = GreetingAsync("Stephanie");

  t1.ContinueWith(t =>
  {
    string result = t.Result;
    Console.WriteLine(result);

    TraceThreadAndTask("ended CallerWithContinuationTask");
```

```
    });
  }
```

11.3.5　同步上下文

如果验证方法中使用的线程，会发现 CallerWithAsync()方法、CallerWithAwaiter()方法和 CallerWithContinuationTask()方法，在方法的不同生命阶段使用了不同的线程。一个线程用于调用 GreetingAsync()方法，另外一个线程执行 await 关键字后面的代码，或者继续执行 ContinueWith()方法内的代码块。

使用一个控制台应用程序，通常不会有什么问题。但是，必须保证在所有应该完成的后台任务完成之前，至少有一个前台线程仍然在运行。示例应用程序调用 Console.ReadLine()来保证主线程一直在运行，直到按下返回键。

为了执行某些动作，有些应用程序会绑定到指定的线程上(例如，在 WPF、UWP 或 WinUI 应用程序中，只有 UI 线程才能访问 UI 元素)，这将会是一个问题。

如果使用async和await关键字，当await完成之后，不需要进行任何特别处理，就能访问UI线程。默认情况下，生成的代码会把线程转换到拥有同步上下文的线程中。WPF应用程序设置了DispatcherSynchronizationContext属性，Windows Forms应用程序设置了WindowsFormsSynchronizationContext属性。Windows应用程序使用WinRTSynchronizationContext。如果调用异步方法的线程分配给了同步上下文，await完成之后将继续执行。默认情况下，使用了同步上下文。如果不使用相同的同步上下文，则必须调用 Task 方法 ConfigureAwait (continueOnCapturedContext:false)。例如，一个Windows应用程序，其await后面的代码没有用到任何的UI元素，在这种情况下，避免切换到同步上下文会执行得更快。

11.3.6　使用多个异步方法

在一个异步方法中，可以调用一个或多个异步方法。如何编写代码，取决于一个异步方法的结果是否依赖于另一个异步方法。

1. 按顺序调用异步方法

使用 await 关键字可以调用每个异步方法。在有些情况下，如果一个异步方法依赖另一个异步方法的结果，await 关键字就非常有用。在下面的代码片段中，为每次调用 GreetingAsync()都使用了 await(代码文件 TaskFoundations/Program.cs)：

```
private async static void MultipleAsyncMethods()
{
  string s1 = await GreetingAsync("Stephanie");
  string s2 = await GreetingAsync("Matthias");
  Console.WriteLine($"Finished both methods.{Environment.NewLine} " +
    $"Result 1: {s1}{Environment.NewLine} Result 2: {s2}");
}
```

2. 使用组合器

如果异步方法不依赖于其他异步方法，则每个异步方法都不使用 await，而是把每个异步方法的返回结果赋值给 Task 变量，将运行得更快。GreetingAsync()方法返回 Task<string>。借助组合器，这些方法现在可以并行运行了。一个组合器可以接受多个同一类型的参数，并返回同一类型的值。多个同一类型的参数被组合成一个参数来传递。Task组合器接受多个Task对象作为参数，并返回一个Task。

示例代码调用 Task.WhenAll()组合器方法，它可以等待，直到两个任务都完成(代码文件 TaskFoundations/Program.cs)。

```
private async static void MultipleAsyncMethodsWithCombinators1()
{
  Task<string> t1 = GreetingAsync("Stephanie");
  Task<string> t2 = GreetingAsync("Matthias");
  await Task.WhenAll(t1, t2);
  Console.WriteLine($"Finished both methods.{Environment.NewLine} " +
    $"Result 1: {t1.Result}{Environment.NewLine} Result 2: {t2.Result}");
}
```

Task 类定义了 WhenAll()和 WhenAny()组合器。从 WhenAll()方法返回的 Task，在所有传入方法的任务都完成后才会返回 Task。从 WhenAny()方法返回的 Task，在其中一个传入方法的任务完成后就会返回 Task。

Task 类型的 WhenAll()方法定义了几个重载版本。如果所有的任务返回相同的类型，那么该类型的数组可用于 await 返回的结果。GreetingAsync()方法返回一个 Task<string>，等待返回的结果是一个字符串形式。因此，Task.WhenAll()可用于返回一个字符串数组：

```
private async static void MultipleAsyncMethodsWithCombinators2()
{
  Task<string> t1 = GreetingAsync("Stephanie");
  Task<string> t2 = GreetingAsync("Matthias");
  string[] result = await Task.WhenAll(t1, t2);
  Console.WriteLine($"Finished both methods.{Environment.NewLine} " +
    $"Result 1: {result[0]}{Environment.NewLine} Result 2: {result[1]}");
}
```

当只有等待的所有任务都完成后某个任务才能继续时，WhenAll()方法非常有用。当调用任务在等待完成的任何任务完成就能执行操作时，可以使用 WhenAny()方法，它可以使用任务的结果继续。

11.3.7 使用 ValueTasks

在 C# 7 之前，使用 await 关键字时必须要有需要等待的 Task。从 C# 7 开始，可以使用任何实现了 GetAwaiter()方法的类。一种可用于 await 的新类型是 ValueTask。与 Task 类相反，ValueTask 是一个结构。这具有性能优势，因为 ValueTask 在堆上没有对象。

与异步方法调用相比，Task 对象的实际开销是多少？需要异步调用的方法通常比堆上的对象有更多的开销。大多数时候，堆上 Task 对象的开销是可以忽略的，但并不总是这样。例如，某方法可以有一个路径，其中数据是从一个具有异步 API 的服务中检索出来的。通过这种数据检索，数据就写入到本地缓存中。第二次调用该方法时，可以以快速的方式检索数据，而不需要创建 Task 对象。

示例方法 GreetingValueTaskAsync()正是这样做的。如果该名称已存在于字典中，则结果返回为 ValueTask。如果名称不在字典中，将调用 GreetingAsync()方法，该方法返回一个 Task。该 Task 将需要等待。收到的结果将在 ValueTask 中返回(代码文件 TaskFoundations/Program.cs)：

```
private readonly static Dictionary<string, string> names = new Dictionary<string, string>();

static async ValueTask<string> GreetingValueTaskAsync(string name)
{
  if (names.TryGetValue(name, out string result))
  {
```

```
        return result;
    }
    else
    {
        result = await GreetingAsync(name);
        names.Add(name, result);
        return result;
    }
}
```

UseValueTask()方法使用相同的名称调用 GreetingValueTaskAsync()方法两次。第一次使用 GreetingAsync()方法检索数据；第二次，数据在字典中找到并从那里返回：

```
private static async void UseValueTask()
{
    string result = await GreetingValueTaskAsync("Katharina");
    Console.WriteLine(result);
    string result2 = await GreetingValueTaskAsync("Katharina");
    Console.WriteLine(result2);
}
```

如果方法不使用 async 修饰符，而需要返回 ValueTask，就可以通过传递结果或者传递 Task 对象，使用构造函数创建 ValueTask 对象：

```
static ValueTask<string> GreetingValueTask2Async(string name)
{
    if (names.TryGetValue(name, out string result))
    {
        return new ValueTask<string>(result);
    }
    else
    {
        Task<string> t1 =  GreetingAsync(name);

        TaskAwaiter<string> awaiter = t1.GetAwaiter();
        awaiter.OnCompleted(OnCompletion);
        return new ValueTask<string>(t1);

        void OnCompletion()
        {
            names.Add(name, awaiter.GetResult());
        }
    }
}
```

11.4 错误处理

第 10 章详细介绍了错误和异常处理。但是，在使用异步方法时，应该了解一些特殊的错误处理方式。

除了 System 名称空间外，ErrorHandling 示例的代码还使用了 System.Threading.Tasks 名称空间。从一个简单的方法开始介绍，该方法在延迟后抛出一个异常(代码文件 ErrorHandling/Program.cs)：

```
static async Task ThrowAfter(int ms, string message)
{
```

```
    await Task.Delay(ms);
    throw new Exception(message);
  }
```

如果调用异步方法，并且没有等待，则可以将异步方法放在try/catch块中，就不会捕获异常。这是因为DontHandle方法在ThrowAfter抛出异常之前，已经执行完毕。需要等待ThrowAfter方法，如下一节的示例所示。注意这个代码片段不会捕获异常：

```
private static void DontHandle()
{
  try
  {
    ThrowAfter(200, "first");
    // exception is not caught because this method is finished
    // before the exception is thrown
  }
  catch (Exception ex)
  {
    Console.WriteLine(ex.Message);
  }
}
```

警告：

返回void的异步方法不会等待，这是因为从async void方法抛出的异常无法捕获。因此，异步方法最好返回一个Task类型。处理程序方法或重写的基类方法不受此规则限制，因为我们无法修改它们的返回类型。如果需要使用async void方法，最好在该方法中直接处理异常，否则将无法处理它们。

11.4.1 异步方法的异常处理

异步方法异常的一个较好处理方式是使用await关键字，将其放在try/catch语句中，如以下代码块所示。异步调用ThrowAfter()方法后，HandleOneError()方法就会释放线程，但它会在任务完成时保持任务的引用。在这种情况下，在2s后，抛出异常时，会调用匹配的catch块内的代码(代码文件ErrorHandling/Program.cs)。

```
private static async void HandleOnError()
{
  try
  {
    await ThrowAfter(2000, "first");
  }
  catch (Exception ex)
  {
    Console.WriteLine($"handled {ex.Message}");
  }
}
```

11.4.2 多个异步方法的异常处理

如果调用两个异步方法，每个都会抛出异常，该如何处理呢？在下面的示例中，第一个ThrowAfter()方法被调用，2s后抛出异常(含消息first)。该方法结束后，另一个ThrowAfter()方法也被调用，1s后也抛出异常。但事实并非如此，因为对第一个ThrowAfter()方法的调用已经抛出了异常，

try 块内的代码没有继续调用第二个 ThrowAfter()方法，而是在 catch 块内对第一个异常进行处理(代码文件 ErrorHandling/Program.cs)。

```
private static async void StartTwoTasks()
{
  try
  {
    await ThrowAfter(2000, "first");
    await ThrowAfter(1000, "second"); // the second call is not invoked
    // because the first method throws
    // an exception
  }
  catch (Exception ex)
  {
    Console.WriteLine($"handled {ex.Message}");
  }
}
```

现在，并行调用这两个 ThrowAfter()方法。第一个 ThrowAfter()方法 2s 后抛出异常，第二个 ThrowAfter()方法在 1s 后抛出异常。使用 Task.WhenAll()，不管任务是否抛出异常，都会等到两个任务完成。因此，等待 2s 后，Task.WhenAll()结束，异常被 catch 语句捕获到。但是，只能看见传递给 WhenAll()方法的第一个任务的异常信息。不是先抛出异常的任务(第二个任务)，而是列表中的第一个任务：

```
private async static void StartTwoTasksParallel()
{
  try
  {
    Task t1 = ThrowAfter(2000, "first");
    Task t2 = ThrowAfter(1000, "second");
    await Task.WhenAll(t1, t2);
  }
  catch (Exception ex)
  {
    // just display the exception information of the first task
    // that is awaited within WhenAll
    Console.WriteLine($"handled {ex.Message}");
  }
}
```

有一种方式可以获取所有任务的异常信息，就是在 try 块外声明任务变量 t1 和 t2，使它们可以在 catch 块内访问。在这里，可以使用 IsFaulted 属性检查任务的状态，以确认它们是否为错误状态。若出现异常，IsFaulted 属性会返回 true。可以使用 Task 类的 Exception.InnerException 访问异常信息本身。另一种能够更好地获取所有任务的异常信息的方式如下所述。

11.4.3 使用 AggregateException 信息

为了得到所有失败任务的异常信息，可以将 Task.WhenAll()返回的结果写到一个 Task 变量中。这个任务会一直等到所有任务都结束。否则，仍然可能错过抛出的异常。上一小节中，catch 语句只检索到第一个任务的异常。但现在可以访问外部任务的 Exception 属性了。这个 Exception 属性的类型是 AggregateException。这个异常类型定义了 InnerExceptions 属性(不只是 InnerException)，它包含了等待中的所有异常的列表。现在，可以轻松遍历所有异常(代码文件 ErrorHandling/Program.cs)。

```
private static async void ShowAggregatedException()
{
  Task taskResult = null;
  try
  {
    Task t1 = ThrowAfter(2000, "first");
    Task t2 = ThrowAfter(1000, "second");
    await (taskResult = Task.WhenAll(t1, t2));
  }
  catch (Exception ex)
  {
    Console.WriteLine($"handled {ex.Message}");
    foreach (var ex1 in taskResult.Exception.InnerExceptions)
    {
      Console.WriteLine($"inner exception {ex1.Message}");
    }
  }
}
```

11.5 取消异步方法

.NET 包含一个取消框架，以支持取消异步方法。该框架的核心是 System.Threading 名称空间中的 CancellationTokenSource 创建的 CancellationToken。为了允许清理资源，不应该取消任务。为了演示如何取消异步方法，下面让 RunTaskAsync()方法接受一个 CancellationToken 作为参数。在该方法的实现代码中，检查取消令牌以判断是否请求了取消执行。如果是，该任务就能够清理资源，并通过调用 CancellationToken 的 ThrowIfCancellationRequested()方法来退出。如果不需要清理资源，则可以立即调用 ThrowIfCancellationRequested()，如果请求取消执行，该方法会抛出 OperationCanceledException 异常(代码文件 TaskCancellation/Program.cs)：

```
Task RunTaskAsync(CancellationToken cancellationToken) =>
  Task.Run(async () =>
  {
    while (true)
    {
      Console.Write(".");
      await Task.Delay(100);
      if (cancellationToken.IsCancellationRequested)
      {
        // do some cleanup
        Console.WriteLine("resource cleanup and good bye!");
        cancellationToken.ThrowIfCancellationRequested();
      }
    }
  });
```

Task.Delay() 方法的一个重载版本允许传入 CancellationToken。该版本也抛出 OperationCanceledException。如果使用这个重载的 Task.Delay()方法，并需要在代码中做一些资源清理工作，就需要捕获 OperationCanceledException 来进行清理，并重新抛出异常。

启动 RunTaskAsync()方法时，创建了一个 CancellationTokenSource。这里为其构造函数传递一个 TimeSpan，使其能够在指定时间后取消它关联的令牌。如果应该让其他某个任务来执行取消操作，就可以让该任务调用 CancellationTokenSource 的 Cancel()方法。当取消时，try/catch 块会捕获前面提到的 OperationCanceledException。

```
CancellationTokenSource cancellation = new(TimeSpan.FromSeconds(5));

try
{
  await RunTaskAsync(cancellation.Token);
}
catch (OperationCanceledException ex)
{
  Console.WriteLine(ex.Message);
}
```

11.6　异步流

从 C# 8 开始支持异步流，这是一种很有用的增强。不是只从一个异步方法获取结果，而是可以获取一个异步结果的流。异步流基于 IAsyncDisposable、IAsyncEnumerable 和 IAsyncEnumerator 接口，以及 foreach 语句和 yield 语句的新实现。IAsyncDisposable 接口定义了 DisposeAsync()方法，用于异步清理资源。IAsyncEnumerable 接口对应于同步的 IEnumerable 接口，定义了 GetAsyncEnumerator()方法。IAsyncEnumerator 接口对应于同步的 IEnumerator 接口，定义了 MoveNextAsync()方法和 Current 属性。foreach 语句更新了 await foreach 语句，以迭代异步流。yield 语句得到了修改，支持返回 IAsyncEnumerable 和 IAsyncEnumerator。

> **注意：**
> 第 6 章介绍了 foreach 语句和 yield 语句如何使用同步迭代器接口。

为了演示异步流，使用类 ADevice 来代表一个虚拟设备，它在异步流中返回随机的传感器数据。使用 SensorData 记录来定义传感器数据。该设备会返回传感器数据，直到取消操作。将 EnumeratorCancellation 特性添加到 CancellationToken 中，允许通过后面展示的扩展方法取消操作。在无限循环实现中，使用 yield return 语句来为 IAsyncEnumerable 接口返回流值(代码文件 AsyncStreams/Program.cs)：

```
public record SensorData(int Value1, int Value2);

public class ADevice
{
  private Random _random = new();
  public async IAsyncEnumerable<SensorData> GetSensorData(
    [EnumeratorCancellation] CancellationToken = default)
  {
    while(true)
    {
      await Task.Delay(250, cancellationToken);
      yield return new SensorData(_random.Next(20), _random.Next(20));
    }
  }
}
```

借助 yield return 语句定义了一个返回异步流的方法后，我们在 await foreach 语句中使用它。下面的代码片段迭代异步流，并使用 WithCancellation()方法来传递取消令牌，以便在 5 秒钟后停止流：

```
using System;
using System.Threading;
using System.Threading.Tasks;

CancellationTokenSource cancellation = new(TimeSpan.FromSeconds(5));

var aDevice = new ADevice();
try
{
  await foreach (var data in aDevice.GetSensorData().WithCancellation(cancellation.Token))
  {
    Console.WriteLine($"{data.Value1} {data.Value2}");
  }
}
catch (OperationCanceledException ex)
{
  Console.WriteLine(ex.Message);
}
```

注意：
关于如何使用异步流在网络中异步传输数据的更多信息，请阅读第 25 章和第 28 章。

11.7 异步与 Windows 应用程序

把 async 关键字用于 Windows 应用程序的方式与本章前面的用法相同。但需要注意，在 UI 线程中调用 await 之后，当异步方法返回时，将默认返回到 UI 线程中。这便于在异步方法完成后更新 UI 元素。

注意：
本章的 Windows 应用程序的示例代码使用了新的 WinUI 技术来创建 Windows 应用程序。因为这种技术很新，所以请查看代码示例目录中提供的 readme 文件，了解运行这个应用程序需要什么配置。使用 WPF 或 UWP 并没有太大区别，很容易修改代码来使用那些技术。

我们来使用 Visual Studio 创建一个 WinUI 桌面应用程序。这个应用程序包含 5 个按钮和一个 TextBlock 元素，来演示不同的场景(代码文件 AsyncWindowsApps/MainWindow.xaml)：

```
<StackPanel>
  <Button Content="Start Async" Click="OnStartAsync" Margin="4"/>
  <Button Content="Start Async with ConfigureAwait" Click="OnStartAsyncConfigureAwait"
    Margin="4"/>
  <Button Content="Start Async with Thread Switch"
    Click="OnStartAsyncWithThreadSwitch" Margin="4"/>
  <Button Content="Use IAsyncOperation" Click="OnIAsyncOperation" Margin="4"/>
  <Button Content="Deadlock" Click="OnStartDeadlock" Margin="4"/>
  <TextBlock x:Name="text1" Margin="4"/>
</StackPanel>
```

注意：
WinUI 应用程序在第 29 章到第 32 章详细介绍。

在 OnStartAsync()方法中，将 UI 线程的线程 ID 写入了 TextBlock 元素。接下来调用异步方法 Task.Delay()，它不阻塞 UI 线程。在此方法完成后，线程 ID 将再次写入 TextBlock(代码文件 AsyncWindowsDesktopApp/MainWindow.xaml.cs)：

```
private async void OnStartAsync(object sender, RoutedEventArgs e)
{
  text1.Text = $"UI thread: {GetThread()}";
  await Task.Delay(1000);
  text1.Text += $"\n after await: {GetThread()}";
}
```

为了访问线程 ID，WinUI 现在可以使用 Thread 类。在较早的 UWP 版本中，需要使用 Environment.CurrentManagedThreadId：

```
private string GetThread() => $"thread: {Thread.CurrentThread.ManagedThreadId}";
```

运行应用程序时，可以在文本元素中看到类似的输出。与控制台应用程序相反，Windows 应用程序定义了一个同步上下文，在等待之后，可以看到与以前相同的线程。这允许直接访问 UI 元素：

```
UI thread: thread 1
after await: thread 1
```

11.7.1 配置 await

如果不需要访问 UI 元素，就可以配置 await，以避免使用同步上下文。下面的代码片段演示了配置，并说明为什么不应该从后台线程上访问 UI 元素。

使用 OnStartAsyncConfigureAwait()方法，在将 UI 线程的 ID 写入文本输入后，调用局部函数 AsyncFunction()。在这个局部函数中，启动线程是在调用异步方法 Task.Delay()之前写入的。使用此方法返回的任务，将调用 ConfigureAwait()。在这个方法中，任务的配置是通过传递设置为 false 的 continueOnCapturedContext 参数来完成的。通过这种上下文配置，会发现等待之后的线程不再是 UI 线程。可以使用不同的线程将结果写入 result 变量。如 try 块所示，千万不要从非 UI 线程中访问 UI 元素。得到的异常包含 HRESULT 值，如 when 子句所示。这个异常在 catch 中捕获，且结果返回给调用者。对于调用者，也调用了 ConfigureAwait()，但是这次，continueOnCapturedContext 设置为 true。在这里，在 await 之前和之后，方法都在 UI 线程中运行(代码文件 AsyncWindowsDesktopApp/MainWindow.xaml.cs)：

```
private async void OnStartAsyncConfigureAwait(object sender, RoutedEventArgs e)
{
  text1.Text = $"UI thread: {GetThread()}";

  string s = await AsyncFunction().ConfigureAwait(
    continueOnCapturedContext: true);

  // after await, with continueOnCapturedContext true we are back in the UI thread
  text1.Text += $"\n{s}\nafter await: {GetThread()}";

  async Task<string> AsyncFunction()
  {
```

```
    string result = $"\nasync function: {GetThread()}\n";
    await Task.Delay(1000).ConfigureAwait(continueOnCapturedContext: false);
    result += $"\nasync function after await : {GetThread()};";

    try
    {
      text1.Text = "this is a call from the wrong thread";
      return "not reached";
    }
    catch (Exception ex) when (ex.HResult == -2147417842)
    {
      result += $"exception: {ex.Message}";
      return result;
      // we know it's the wrong thread
      // don't access UI elements from the previous try block
    }
  }
}
```

注意：
异常处理和过滤在第 10 章中解释。

运行应用程序时，可以看到如下输出。在等待后的异步局部函数中，使用了另一个线程。不会写出文本 not reached，因为抛出了异常：

```
UI thread: thread 1
async function: thread 1
async function after await: thread 5; exception: The application called an interface
that was marshalled for a different thread.
after await: thread 1
```

警告：
在本书后面的 WinUI 章节中，使用了数据绑定，而不是直接访问 UI 元素的属性。但是，在 WinUI 中，也不能在非 UI 线程中编写绑定到 UI 元素的属性。

11.7.2 切换到 UI 线程

在某些情况下，使用后台线程访问 UI 元素并不容易。这时，可以使用从 DispatcherQueue 属性返回的 DispatcherQueue 对象切换到 UI 线程。DispatcherQueue 属性在 DependencyObject 类中定义。DependencyObject 是 UI 元素的基类。调用 DispatcherQueue 对象的 TryEnqueue()方法会在 UI 线程中再次运行传递进来的 lambda 表达式(代码文件 AsyncWindowsDesktopApp/MainWindow.xaml.cs)：

```
private async void OnStartAsyncWithThreadSwitch(object sender, RoutedEventArgs e)
{
  text1.Text = $"UI thread: {GetThread()}";

  string s = await AsyncFunction();

  text1.Text += $"\nafter await: {GetThread()}";

  async Task<string> AsyncFunction()
  {
```

```
    string result = $"\nasync function: {GetThread()}\n";
    await Task.Delay(1000).ConfigureAwait(continueOnCapturedContext: false);
    result += $"\nasync function after await : {GetThread()}";

    text1.DispatcherQueue.TryEnqueue(() =>
    {
      text1.Text +=
        $"\nasync function switch back to the UI thread: {GetThread()}";
    }
    return result;
  }
}
```

运行应用程序时，可以看到在使用 TryEnqueue()时总是使用的 UI 线程。

```
UI Thread: thread 1
async function switch back to the UI thread: thread 1
async function: thread 1
async function after await: thread 4
after await: thread 1
```

11.7.3　使用 IAsyncOperation

异步方法由 Windows 运行库定义，不返回 Task 或 ValueTask。Task 和 ValueTask 不是 Windows 运行库的一部分。相反，这些方法返回一个实现接口 IAsyncOperation 的对象， IAsyncOperation 并没有定义 await 关键字需要的方法 GetAwaiter()。但是使用 await 关键字时，IAsyncOperation 会自动转换为 Task。还可以使用 AsTask()扩展方法将 IAsyncOperation 对象转换为 Task。

在示例应用程序的方法 OnIAsyncOperation()中，调用 MessageDialog 的 ShowAsync()方法。该方法返回一个 IAsyncOperation，可以简单地使用 await 关键字获取结果(代码文件 AsyncDesktopWindowsApp/MainWindow.xaml.cs)：

```
private async void OnIAsyncOperation(object sender, RoutedEventArgs e)
{
  MessageDialog dlg = new("Select One, Two, Or Three", "Sample");

  dlg.Commands.Add(new UICommand("One", null, 1));
  dlg.Commands.Add(new UICommand("Two", null, 2));
  dlg.Commands.Add(new UICommand("Three", null, 3));

  IUICommand command = await dlg.ShowAsync();

  text1.Text = $"Command {command.Id} with the label {command.Label} invoked";
}
```

11.7.4　避免阻塞情况

在 Task 上一起使用 Wait() 和 async 关键字是很危险的。在使用同步上下文的应用程序中，这很容易导致死锁。

在方法 OnStartDeadlock()中，调用局部函数 DelayAsync()。DelayAsync()等待 Task.Delay()的完成，之后在前台线程中继续执行。但是，调用者在 DelayAsync()返回的任务上调用了 Wait()方法。Wait()方法将阻塞调用线程，直到任务完成。在这种情况下，Wait()是从前台线程上调用的，因此 Wait()会阻塞前台线程。Task.Delay()上的 Wait()将永远无法完成，因为前台线程不可用。这是一个经典的死锁场景(代码文件 AsyncWindowsDesktopApp/MainWindow.xaml.cs)：

```
private void OnStartDeadlock(object sender, RoutedEventArgs e)
{
  DelayAsync().Wait();
}

private async Task DelayAsync()
{
  await Task.Delay(1000);
}
```

警告：
避免在使用同步上下文的应用程序中同时使用 Wait()和 await。

11.8 小结

本章介绍了 async 和 await 关键字。通过几个示例，介绍了基于任务的异步模式，比.NET 早期版本中的异步模式和基于事件的异步模式更具优势。

本章还讨论了在 Task 类的辅助下，创建异步方法是非常容易的。同时，解释了如何使用 async 和 await 关键字等待这些方法，而不会阻塞线程。还介绍了异步方法的错误处理和取消操作，以及 C#中如何支持异步流。你还了解到，要想并行调用异步方法，可以使用 Task.WhenAll()。

若想了解更多关于并行编程、线程和任务的详细信息，请参考第 17 章。

第 12 章将继续关注 C#和.NET 的核心功能，详细介绍反射、元数据和源代码生成器。

第12章

反射、元数据和源代码生成器

本章要点

- 使用自定义特性
- 在运行期间使用反射检查元数据
- 使用动态类型
- 用 ExpandoObject 创建动态对象
- 使用源代码生成器编译代码

本章源代码：

通过扫描封底二维码下载本书源代码。本章源代码可以在代码文件的 1_CS/ReflectionAndSourceGenerators 目录中找到。

本章代码分为以下几个主要的示例文件：

- LookupWhatsNew
- TypeView
- VectorClass
- WhatsNewAttributes
- Dynamic
- DynamicFileReader
- CodeGenerationSample

所有示例项目都启用了可空引用类型。

12.1 在运行期间检查代码和动态编程

本章讨论自定义特性、反射和动态编程，以及如何在构建应用程序的过程中使用 C# 9 的源代码生成器生成源代码。自定义特性允许把自定义元数据与程序元素关联起来。这些元数据是在编译过程中创建的，并嵌入到程序集中。反射是一个通用术语，它描述了在运行过程中检查和处理程序元素的功能。例如，反射允许完成以下任务：

- 枚举类型的成员
- 实例化新对象

- 执行对象的成员
- 查找类型的信息
- 查找程序集的信息
- 检查应用于某种类型的自定义特性
- 创建和编译新程序集

这个列表列出了许多功能，包括.NET 提供的一些最强大、最复杂的功能。但本章不可能介绍反射的所有功能，仅在此讨论最常用的功能。

为了说明自定义特性和反射，我们将开发一个示例，说明公司如何定期升级软件，并自动记录升级的信息。在这个示例中，要定义几个自定义特性，表示程序元素最后修改的日期，以及发生了什么变化。然后使用反射开发一个应用程序，它在程序集中查找这些特性，自动显示软件自某个给定日期以来升级的所有信息。

本章要讨论的另一个示例是一个应用程序，该程序从数据库中读取信息或把信息写入数据库，并使用自定义特性，把类和属性标记为对应的数据库表和列，然后在运行期间从程序集中读取这些特性，使程序可以自动从数据库的相应位置检索或写入数据，不需要为每个表或每一列编写特定的逻辑。

本章的第二部分是动态编程，C#自从第 4 版添加了 dynamic 类型后，动态编程就成为 C#的一部分。尽管 C#仍是一种静态的类型化语言，但增加动态编程的能力允许在 C#中调用脚本函数。

本章介绍 dynamic 类型及其使用规则，并讨论 DynamicObject 的实现方式和使用方式。另外，还将介绍 DynamicObject 的实现方式，即 ExpandoObject。

本章的第三部分介绍 C# 9 的一种增强：源代码生成器。在构建过程中，可以使用源代码生成器生成代码。可以使用源代码生成器增强自己编写的代码，也可以使用其他数据源来创建 C#源代码。本章将介绍源代码生成器如何检查特性。这可以生成在编译期间可用的代码，而不必在运行期间使用反射。

12.2 自定义特性

前面介绍了如何在程序的各个数据项上定义特性。这些特性都是 Microsoft 定义好的，作为.NET 类库的一部分，许多特性都得到了 C#编译器的支持。对于这些特殊的特性，编译器可以以特殊的方式定制编译过程，例如，可以根据 StructLayout 特性中的信息在内存中布置结构。

.NET 也允许用户定义自己的特性。默认情况下，自定义特性不会影响编译过程，因为编译器不能识别它们(后面在介绍源代码生成器的时候将看到，自定义特性也可以对编译过程产生影响)。这些特性在应用于程序元素时，可以在编译好的程序集中用作元数据。

这些元数据在文档说明中非常有用。但是，使自定义特性如此强大的原因在于，通过使用反射，代码可以读取这些元数据，使用它们在运行期间做出决策。也就是说，自定义特性可以直接影响代码运行的方式。例如，自定义特性可以用于支持对自定义许可类进行声明性的代码访问安全检查，把信息与程序元素关联起来(程序元素由测试工具使用)，或者在开发可扩展的架构时，允许加载插件或模块。

12.2.1 编写自定义特性

为了理解编写自定义特性的方式，应了解一下在编译器遇到代码中某个应用了自定义特性的元素时，该如何处理。以数据库为例，假定有一个 C#属性声明，如下所示。

```
[FieldName("SocialSecurityNumber")]
public string SocialSecurityNumber
{
  get {
    //...
```

当C#编译器发现这个属性应用了一个FieldName特性时，首先会把字符串Attribute追加到这个名称的后面，形成一个组合名称FieldNameAttribute，然后在其搜索路径的所有名称空间(即在using语句中提及的名称空间)中搜索有指定名称的类。但要注意，如果用一个特性标记数据项，而该特性的名称以字符串Attribute结尾，编译器就不会把该字符串加到组合名称中，而是不修改该特性名。因此，上面的代码等价于：

```
[FieldNameAttribute("SocialSecurityNumber")]
public string SocialSecurityNumber
{
  get {
    //...
```

编译器会找到含有该名称的类，且这个类直接或间接派生自System.Attribute。编译器还认为这个类包含控制特性用法的信息。特别是，特性类需要指定：

- 特性可以应用到哪些类型的程序元素上(类、结构、属性和方法等)
- 它是否可以多次应用到同一个程序元素上
- 特性在应用到类或接口上时，是否由派生类和接口继承
- 这个特性有哪些必选和可选参数

如果编译器找不到对应的特性类，或者找到一个特性类，但使用特性的方式与特性类中的信息不匹配，编译器就会产生一个编译错误。例如，如果特性类指定该特性只能应用于类，但我们把它应用到结构定义上，就会产生一个编译错误。

继续上面的示例，假定定义了一个FieldName特性：

```
[AttributeUsage(AttributeTargets.Property,
  AllowMultiple=false, Inherited=false)]
public class FieldNameAttribute: Attribute
{
  private string _name;
  public FieldNameAttribute(string name) => _name = name;
}
```

下面几节讨论这个定义中的每个元素。

1. 指定AttributeUsage特性

要注意的第一个问题是特性(attribute)类本身使用System.AttributeUsage特性来标记。这是Microsoft定义的一个特性，C#编译器为它提供了特殊的支持。AttributeUsage主要用于标识自定义特性可以应用到哪些类型的程序元素上。这些信息由它的第一个参数给出，该参数是必选的，其类型是枚举类型AttributeTargets。在上面的示例中，指定FieldName特性只能应用到属性上，这是因为在前面的代码片段中它被应用到属性上。AttributeTargets枚举类型定义了可以把特性应用到哪些地方，包括程序集、类、构造函数、字段、事件、方法、接口、结构、返回值等。

注意在把特性应用到程序元素上时，应把特性放在元素前面的方括号中。但是，在上面的列表中，有两个值不对应于任何程序元素：Assembly和Module。特性可以应用到整个程序集或模块中，而不是应用到代码中的一个元素上，在这种情况下，这个特性可以放在源代码的任何地方，但需要用关键

字 assembly 或 module 作为前缀：

```
[assembly:SomeAssemblyAttribute(Parameters)]
[module:SomeAssemblyAttribute(Parameters)]
```

在指定自定义特性的有效目标元素时，可以使用按位 OR 运算符把这些值组合起来。例如，如果指定 FieldName 特性可以同时应用到属性和字段上，可以编写下面的代码：

```
[AttributeUsage(AttributeTargets.Property | AttributeTargets.Field,
  AllowMultiple=false, Inherited=false)]
public class FieldNameAttribute: Attribute
```

也可以使用 AttributeTargets.All 指定自定义特性可以应用到所有类型的程序元素上。AttributeUsage 特性还包含另外两个参数：AllowMultiple 和 Inherited。它们用不同的语法来指定：<ParameterName>=<ParameterValue>，而不是只给出这些参数的值。这些参数是可选的，根据需要，可以忽略它们。

AllowMultiple 参数表示一个特性是否可以多次应用到同一项上，这里把它设置为 false，表示如果编译器遇到下述代码，就会产生一个错误：

```
[FieldName("SocialSecurityNumber")]
[FieldName("NationalInsuranceNumber")]
public string SocialSecurityNumber
{
  //...
```

如果把 Inherited 参数设置为 true，就表示应用到类或接口上的特性也可以自动应用到所有派生的类或接口上。如果特性应用到方法或属性上，它就可以自动应用到该方法或属性等的重写版本上。

2. 指定特性参数

下面介绍如何指定自定义特性接受的参数。在编译器遇到下述语句时：

```
[FieldName("SocialSecurityNumber")]
public string SocialSecurityNumber
{
  //...
```

编译器会检查传递给特性的参数(在本例中，是一个字符串)，并查找该特性中带这些参数的构造函数。如果编译器找到一个这样的构造函数，编译器就会把指定的元数据传递给程序集。如果编译器找不到，就生成一个编译错误。如后面所述，反射会从程序集中读取元数据(特性)，并实例化它们表示的特性类。因此，编译器需要确保存在这样的构造函数，才能在运行期间实例化指定的特性。

在本例中，仅为 FieldNameAttribute 类提供一个构造函数，而这个构造函数有一个字符串参数。因此，在把 FieldName 特性应用到一个属性上时，必须为它提供一个字符串作为参数，如上面的代码所示。

想要选择为特性提供的参数类型，可以提供构造函数的不同重载方法，但通常仅提供一个构造函数，使用属性来定义任何其他可选参数，下面将介绍可选参数。

3. 指定特性的可选参数

如 AttributeUsage 特性所示，可以使用另一种语法，把可选参数添加到特性中。这种语法指定可选参数的名称和值，它通过特性类中的公共属性或字段起作用。例如，假定修改 SocialSecurityNumber 属性的定义，如下所示：

```
[FieldName("SocialSecurityNumber", Comment="This is the primary key field")]
public string SocialSecurityNumber { get; set; }
{
  //...
```

在本例中，编译器识别第二个参数的语法<ParameterName>=<ParameterValue>，并且不会把这个参数传递给 FieldNameAttribute 类的构造函数，而是查找一个有该名称的公共属性或字段(最好不要使用公共字段，所以一般情况下要使用属性)，编译器可以用这个属性设置第二个参数的值。如果希望上面的代码工作，就必须给 FieldNameAttribute 类添加一段代码：

```
[AttributeUsage(AttributeTargets.Property,
  AllowMultiple=false, Inherited=false)]
public class FieldNameAttribute : Attribute
{
  public string Comment { get; set; }
  private string _fieldName;
  public FieldNameAttribute(string fieldName)
  {
    _fieldName = fieldName;
  }
  //...
}
```

12.2.2 自定义特性示例：WhatsNewAttributes

本节开始编写前面描述过的示例 WhatsNewAttributes，该示例提供了一个特性，表示最后一次修改程序元素的时间。这个示例比前面所有的示例都复杂，因为它包含 3 个不同的项目：

- WhatsNewAttributes——这个库包含特性类 LastModifiedAttribute 和 SupportsWhatsNewAttribute 的定义。
- VectorClass——这个库使用自定义特性。这些自定义特性被用来标注类型和成员。
- LookUpWhatsNew——这个可执行文件使用反射读取特性。

1. WhatsNewAttributes 库

首先从核心的 WhatsNewAttributes .NET 库开始。其源代码包含在 WhatsNewAttributes.cs 文件中，该文件位于本章示例代码中 WhatsNewAttributes 解决方案的 WhatsNewAttributes 项目中。

WhatsNewAttributes.cs 文件定义了两个特性类：LastModifiedAttribute 和 SupportsWhatsNewAttribute。LastModifiedAttribute 特性可以用于标记最后一次修改数据项的时间，它有两个必选参数(这两个参数传递给构造函数)：修改的日期和包含描述修改信息的字符串。它还有一个可选参数 issues (表示存在一个公共属性)，可以用来描述该数据项的任何重要问题。

在现实应用中，可能会想把这个特性应用到任何地方。为了使代码比较简单，这里仅允许将它应用于类、方法和构造函数，并允许它多次应用到同一项上(AllowMultiple=true)，因为某一项可能被多次修改，每次修改都需要用一个不同的特性实例来标记。

SupportsWhatsNew 是一个较小的类，它表示不带任何参数的特性。这个特性是一个程序集的特性，它用于把程序集标记为通过 LastModifiedAttribute 维护的文档。这样，以后查看这个程序集的程序会知道，它读取的程序集是我们使用自动文档过程生成的那个程序集。这部分示例的完整源代码如下所示(代码文件 ReflectionSamlpes/WhatsNewAttributes/WhatsNewAttributes.cs)：

```
[AttributeUsage(AttributeTargets.Class | AttributeTargets.Method |
```

```
  AttributeTargets.Constructor | AttributeTargets.Property, AllowMultiple=true,
  Inherited=false)]
public class LastModifiedAttribute: Attribute
{
  private readonly DateTime _dateModified;
  private readonly string _changes;
  public LastModifiedAttribute(string dateModified, string changes)
  {
    _dateModified = DateTime.Parse(dateModified);
    _changes = changes;
  }

  public DateTime DateModified => _dateModified;

  public string Changes => _changes;

  public string Issues { get; set; }
}

[AttributeUsage(AttributeTargets.Assembly)]
public class SupportsWhatsNewAttribute: Attribute
{
}
```

根据前面的讨论，这段代码应该相当清晰。不过请注意，属性 DateModified 和 Changes 是只读的。使用表达式语法，编译器会创建 get 访问器。不需要 set 访问器，因为必须在构造函数中把这些参数设置为必选参数。需要 get 访问器，以便读取这些特性的值。

2. VectorClass 库

VectorClass .NET 库引用了 WhatsNewAttributes 库，添加 using 指令后，全局程序集特性标记程序集，以支持 WhatsNew 特性(代码文件 ReflectionSamples/VectorClass/Vector.cs):

```
[assembly: SupportsWhatsNew]
```

下面是 Vector 类的代码。给类添加了一些 LastModified 特性，以标记更改：

```
[LastModified("2020/12/19", "updated for C# 9 and .NET 5")]
[LastModified("2017/7/19", "updated for C# 7 and .NET Core 2")]
[LastModified("2015/6/6", "updated for C# 6 and .NET Core")]
[LastModified("2010/12/14", "IEnumerable interface implemented: " +
  "Vector can be treated as a collection")]
[LastModified("2010/2/10", "IFormattable interface implemented " +
  "Vector accepts N and VE format specifiers")]
public class Vector : IFormattable, IEnumerable<double>
{
  [LastModified("2020/12/19", "changed to use deconstruction syntax")]
  public Vector(double x, double y, double z) => (X, Y, Z) = (x, y, z);

  [LastModified("2017/7/19", "Reduced the number of code lines")]
  public Vector(Vector vector)
    : this (vector.X, vector.Y, vector.Z { }

  public double X { get; }
  public double Y { get; }
  public double Z { get; }
```

```
  //...
}
```

还标记了被包含的 VectorEnumerator 类：

```
[LastModified("2015/6/6",
  "Changed to implement the generic interface IEnumerator<T>")]
[LastModified("2010/2/14",
  "Class created as part of collection support for Vector")]
private class VectorEnumerator : IEnumerator<double>
{
```

该库的版本号在 csproj 项目文件中定义(项目文件 VectorClass/VectorClass.csproj)：

```
<PropertyGroup>
  <TargetFramework>net5.0</TargetFramework>
  <Nullable>enable</Nullable>
  <Version>5.2.0</Version>
</PropertyGroup>
```

上面是这个示例的代码。目前还不能运行它，因为我们只有两个库。在描述了反射的工作原理后，将介绍这个示例的最后一部分，从中可以查看和显示这些特性。

12.3 使用反射

本节先介绍 System.Type 类，通过这个类可以访问关于任何数据类型的信息。然后简要介绍 System.Reflection.Assembly 类，它可以用于访问给定程序集的相关信息，或者把这个程序集加载到程序中。最后把本节的代码和上一节的代码结合起来，完成 WhatsNewAttributes 示例。

12.3.1 System.Type 类

到目前为止，使用 Type 类只是为了存储类型的引用，例如：

```
Type t = typeof(double);
```

我们以前把 Type 看作一个类，但它实际上是一个抽象的基类。只要实例化了一个 Type 对象，实际上就实例化了 Type 的一个派生类。Type 类有一个对应于每种数据类型的派生类，不过一般来说，这些派生类只是提供了 Type 的各种方法和属性的不同重载，使它们返回对应数据类型的正确数据，一般不添加新的方法或属性。通常，有 3 种常用方式获取指向任何给定类型的 Type 引用：

- 使用 C#的 typeof 运算符，如上述代码所示。这个运算符的参数是类型的名称(但不放在引号中)。
- 使用 GetType()方法，所有的类都会从 System.Object 继承这个方法。

```
double d = 10;
Type t = d.GetType();
```

在一个变量上调用 GetType()方法，而不是把类型的名称作为其参数。但要注意，返回的 Type 对象仍只与该数据类型相关：它不包含与该类型的实例相关的任何信息。如果引用了一个对象，但不能确保该对象实际上是哪个类的实例，GetType()方法就很有用。

- 还可以调用 Type 类的静态方法 GetType()：

```
Type t = Type.GetType("System.Double");
```

Type 是许多反射功能的入口。它实现许多方法和属性，这里不可能列出所有的方法和属性，仅主要介绍如何使用这个类。注意，可用的属性都是只读的：可以使用 Type 确定数据的类型，但不能使用它修改该类型！

1. Type 的属性

由 Type 实现的属性可以分为下述三类。首先，许多属性都可以获取包含与类相关的各种名称的字符串，如表 12-1 所示。

表 12-1

属性	返回值
Name	数据类型名
FullName	数据类型的完全限定名(包括名称空间名)
Namespace	在其中定义数据类型的名称空间名

其次，属性还可以进一步获取 Type 对象的引用，这些引用表示相关的类，如表 12-2 所示。

表 12-2

属性	返回对应的 Type 引用
BaseType	该 Type 的直接基本类型
UnderlyingSystemType	该 Type 在.NET 运行库中映射到的类型(某些.NET 基类实际上映射到由 IL 识别的特定预定义类型)。这个成员只能在完整的框架中使用

有许多布尔特性表示这种类型是一个类，还是一个枚举等。这些特性包括 IsAbstract、IsArray、IsClass、IsEnum、IsInterface、IsPointer、IsPrimitive(一种预定义的基元数据类型)、IsPublic、IsSealed 以及 IsValueType。例如，下面的示例使用了一种基元数据类型：

```
Type intType = typeof(int);
Console.WriteLine(intType.IsAbstract); // writes false
Console.WriteLine(intType.IsClass); // writes false
Console.WriteLine(intType.IsEnum); // writes false
Console.WriteLine(intType.IsPrimitive); // writes true
Console.WriteLine(intType.IsValueType); // writes true
```

下面的示例使用了 Vector 类：

```
Type vecType = typeof(Vector);
Console.WriteLine(vecType.IsAbstract); // writes false
Console.WriteLine(vecType.IsClass); // writes true
Console.WriteLine(vecType.IsEnum); // writes false
Console.WriteLine(vecType.IsPrimitive); // writes false
Console.WriteLine(vecType.IsValueType); // writes false
```

也可以获取对定义类型的程序集的引用，该引用作为 System.Reflection.Assembly 类的实例的一个引用返回，稍后将对其进行检查：

```
Type t = typeof (Vector);
Assembly? containingAssembly = Assembly.GetAssembly(t);
```

2. 方法

System.Type 的大多数方法都用于获取对应数据类型的成员信息：构造函数、属性、方法和事件等。它有许多方法，但它们都有相同的模式。例如，有两个方法可以获取数据类型的方法的细节信息：GetMethod()和 GetMethods()。GetMethod()方法返回 System.Reflection.MethodInfo 对象的一个引用，其中包含方法的细节信息。GetMethods()方法返回这种引用的一个数组。其区别是 GetMethods()方法返回所有有关方法的细节信息；而 GetMethod()方法返回一个具有指定参数列表的方法的细节信息。这两个方法都有重载方法，重载方法有一个附加的参数，即 BindingFlags 枚举值，该值表示应返回哪些成员，例如，返回公有成员、实例成员和静态成员等。如果添加了 BindingFlags 值，就需要包含 Instance 或 Static 中的一个值，以及 Private 或 Public 中的一个值，否则无法获得任何信息。

例如，GetMethods()方法的最简单的一个重载方法不带参数，返回数据类型的所有公共方法的信息：

```
Type t = typeof(double);
foreach (MethodInfo nextMethod in t.GetMethods())
{
  Console.WriteLine(nextMethod.Name);
}
```

Type 的成员方法如表 12-3 所示，这些方法都遵循同一个模式。注意名称为复数形式的方法返回一个数组。

表 12-3

返回的对象类型	方法
ConstructorInfo	GetConstructor, GetConstructors
EventInfo	GetEvent, GetEvents
FieldInfo	GetField, GetFields
MemberInfo	GetMember, GetMembers, GetDefaultMembers
MethodInfo	GetMethod, GetMethods
PropertyInfo	GetProperty, GetProperties

GetMember()和 GetMembers()方法返回数据类型的任何成员或所有成员的详细信息，不管这些成员是构造函数、属性和方法等。

12.3.2　TypeView 示例

下面用一个短小的示例 TypeView 来说明 Type 类的一些功能，这个示例可以用来列出数据类型的成员。本例主要说明 TypeView 如何用于 double 型，也可以修改该示例中的一行代码，使其可用于其他的数据类型。

运行应用程序，将结果输出到控制台上，如下：

```
Analysis of type Double
Type Name: Double
Full Name: System.Double
Namespace: System
Base Type: ValueType

public methods
```

```
IsFinite IsInfinity IsNaN IsNegative IsNegativeInfinity IsNormal IsPositiveInfinity
IsSubnormal CompareTo Equals op_Equality op_Inequality op_LessThan op_GreaterThan
op_LessThanOrEqual op_GreaterThanOrEqual GetHashCode ToString TryFormat Parse TryParse
GetTypeCode GetType

public fields
MinValue MaxValue Epsilon NegativeInfinity PositiveInfinity NaN
```

控制台显示了数据类型的名称、全名和名称空间，以及底层类型的名称。然后，它迭代该数据类型的所有公有实例成员，显示所声明类型的每个成员、成员的类型(方法、字段等)以及成员的名称。声明类型是实际声明类型成员的类的名称(例如，如果在 System.Double 中定义或重载它，该声明类型就是 System.Double；如果成员继承自某个基类，该声明类型就是相关基类的名称)。

TypeView 不会显示方法的签名，因为我们是通过 MemberInfo 对象获取所有公有实例成员的详细信息，参数的相关信息不能通过 MemberInfo 对象来获得。为了获取该信息，需要引用 MethodInfo 和其他更特殊的对象，即需要分别获取每一种类型的成员的详细信息。

除了 System 名称空间外，TypeView 的示例代码还使用如下名称空间：System.Collections.Generic、System.Linq、System.Reflection 和 System.Text。

TypeView 会显示所有公有实例成员的详细信息，但 double 类型仅定义了字段和方法。主程序由顶级语句定义。它使用一个名为 OutputText 的 StringBuilder 实例来生成要显示的文本。

使用 typeof 语句获取了一个 Type 对象，然后将它传递给 AnalyzeType()方法。最后，将输出写入控制台(代码文件 ReflectionSamples/TypeView/Program.cs)：

```
StringBuilder OutputText = new();

// modify this line to retrieve details of any other data type
Type t = typeof(double);
AnalyzeType(t);
Console.WriteLine($"Analysis of type {t.Name}");
Console.WriteLine(OutputText.ToString());
Console.ReadLine();
```

实现 AnalyzeType()方法，仅需要调用 Type 对象的各种属性和方法，就可以获得我们需要的类型名称的相关信息。不必调用 GetConstructors()、GetMethods()等方法，仅调用 GetMembers()方法，就可以返回该类型的所有成员。ShowMembers()局部函数使用 LINQ 来选择成员的 Name 属性(所有成员类型都有这个属性)，并使用 Distinct()方法删除重载的成员。AddToOutput()是一个辅助方法，用于将文本写入 StringBuilder：

```
void AnalyzeType(Type t)
{
  TypeInfo typeInfo = t.GetTypeInfo();
  AddToOutput($"Type Name: {t.Name}");
  AddToOutput($"Full Name: {t.FullName}");
  AddToOutput($"Namespace: {t.Namespace}");
   Type? tBase = typeInfo.BaseType;

  if (tBase != null)
  {
    AddToOutput($"Base Type: {tBase.Name}");
  }

  ShowMembers("constructors", t.GetConstructors());
  ShowMembers("methods", t.GetMethods());
```

```
  ShowMembers("properties", t.GetProperties());
  ShowMembers("fields", t.GetFields());
  ShowMembers("events", t.GetEvents());

  void ShowMembers(string title, IList<MemberInfo> members)
  {
    if (members.Count == 0) return;
    AddToOutput($"\npublic {title}:");
    var names = members.Select(m => m.Name).Distinct();
    AddToOutput(string.Join(" ", names));
  }

  void AddToOutput(string Text) =>
    OutputText.Append($"{Text}{Environment.NewLine}");
}
```

12.3.3 Assembly 类

Assembly 类在 System.Reflection 名称空间中定义，它允许访问给定程序集的元数据，它也包含可以加载和执行程序集(假定该程序集是可执行的)的方法。与 Type 类一样，Assembly 类包含非常多的方法和属性，这里不可能逐一论述。下面仅介绍完成 WhatsNewAttributes 示例所需要的方法和属性。

要分析当前程序集的代码，可以调用 Assembly.GetExecutingAssembly()方法。对于其他程序集中定义的代码，需要把相应的程序集加载到正在运行的进程中。为此，可以使用静态成员 Assembly.Load()或 Assembly.LoadFrom()。这两个方法的区别是，Load()方法的参数是程序集的名称，运行库会在多个位置搜索该程序集，试图找到该程序集，这些位置包括本地目录和全局程序集缓存；而 LoadFrom()方法的参数是程序集的完整路径名，它不会在其他位置搜索该程序集：

```
Assembly assembly1 = Assembly.Load("SomeAssembly");
Assembly assembly2 = Assembly.LoadFrom
  (@"C:\My Projects\Software\SomeOtherAssembly");
```

这两个方法都有许多其他重载版本，它们提供了其他安全信息。加载了一个程序集后，就可以使用它的各种属性进行查询，例如，查找它的全名：

```
string name = assembly1.FullName;
```

1. 获取在程序集中定义的类型的详细信息

Assembly 类的一个功能是，它可以获得在相应程序集中定义的所有类型的详细信息，只要调用 Assembly.GetTypes()方法，它就会返回一个包含所有类型的详细信息的 System.Type 引用数组，然后就可以按照上一节的方式处理这些 Type 引用：

```
Type[] types = theAssembly.GetTypes();
foreach(Type definedType in types)
{
  DoSomethingWith(definedType);
}
```

2. 获取自定义特性的详细信息

用于查找在程序集或类型中定义了什么自定义特性的方法取决于与该特性相关的对象类型。如果要确定程序集从整体上关联了什么自定义特性，就需要调用 Attribute 类的一个静态方法

GetCustomAttributes()，向它传递程序集的引用：

```
Attribute[] definedAttributes = Attribute.GetCustomAttributes(assembly1);
// assembly1 is an Assembly object
```

注意：

你可能想知道，在定义自定义特性时，为什么必须费尽周折为它们编写类。自定义特性确实与对象一样，加载了程序集后，就可以读取这些特性对象，查看它们的属性，调用它们的方法。

GetCustomAttributes()方法用于获取程序集的特性，它有几个重载方法。如果在调用它时，除了程序集的引用外，没有指定其他参数，该方法就会返回为这个程序集定义的所有自定义特性。也可以通过指定第二个参数来调用它，第二个参数是表示感兴趣的特性类的一个 Type 对象，在这种情况下，GetCustomAttributes()方法就返回一个数组，该数组包含指定类型的所有特性。

注意，所有特性都作为一般的 Attribute 引用来获取。如果要调用为自定义特性定义的任何方法或属性，就需要把这些引用显式转换为相关的自定义特性类。调用 Assembly.GetCustomAttributes()的另一个重载方法，可以获得与给定数据类型相关的自定义特性的详细信息。这次传递的是一个 Type 引用，它描述了要获取的任何相关特性的类型。另一方面，如果要获得与方法、构造函数和字段等相关的特性，就需要调用 GetCustomAttributes()方法，该方法是 MethodInfo、ConstructorInfo 和 FieldInfo 等类的一个成员。

如果只需要给定类型的一个特性，就可以调用 GetCustomAttribute()方法，它返回一个 Attribute 对象。在 WhatsNewAttributes 示例中使用 GetCustomAttribute()方法是为了确定程序集中是否有 SupportsWhatsNew 特性。为此，调用 GetCustomAttribute()方法，传递对 WhatsNewAttributes 程序集的一个引用和 SupportsWhatsNewAttribute 特性的类型。如果有这个特性，就返回一个 Attribute 实例。如果在程序集中没有定义任何实例，就返回 null。如果找到两个或多个实例，GetCustomAttribute()方法就抛出一个 System.Reflection.AmbiguousMatchException 异常。该调用如下所示：

```
Attribute supportsAttribute =
  Attribute.GetCustomAttributes(assembly1, typeof(SupportsWhatsNewAttribute));
```

12.3.4 完成 WhatsNewAttributes 示例

现在已经有足够的知识来完成 WhatsNewAttributes 示例了。本节将为该示例中的最后一个程序集 LookupWhatsNew 编写源代码，这部分应用程序是一个控制台应用程序，它需要引用其他两个程序集 WhatsNewAttributes 和 VectorClass。

Program 类包含主程序入口点和其他方法。我们定义的所有方法都在这个类中，它还有两个静态字段：outputText 和 backDateTo。outputText 字段包含在准备阶段创建的文本，这个文本要写到控制台中，backDateTo 字段存储了选择的日期——自从该日期以来进行的所有修改都要显示出来。一般情况下，需要显示一个对话框，以让用户选择这个日期，但我们不在此编码实现这一功能，以免转移读者的注意力。因此，把 backDateTo 字段硬编码为日期 2019 年 2 月 1 日。在下载这段代码后，很容易修改这个日期(代码文件 ReflectionSamples/LookupWhatsNew/Program.cs)：

```
StringBuilder outputText = new(1000);
DateTime backDateTo = new(2019, 2, 1);

Assembly theAssembly = Assembly.Load(new AssemblyName("VectorClass"));
Attribute? supportsAttribute = theAssembly.GetCustomAttribute(
```

```
  typeof(SupportsWhatsNewAttribute));

AddToOutput($"Assembly: {theAssembly.FullName}");
if (supportsAttribute is null)
{
  Console.WriteLine("This assembly does not support WhatsNew attributes");
  return;
}
else
{
  AddToOutput("Defined Types:");
}

IEnumerable<Type> types = theAssembly.ExportedTypes;
foreach(Type definedType in types)
{
  DisplayTypeInfo(definedType);
}

Console.WriteLine($"What's New since {backDateTo:D}");
Console.WriteLine(outputText.ToString());
Console.ReadLine();

//...
```

顶级语句首先加载 VectorClass 程序集。如果该程序集没有用 SupportsWhatsNew 特性进行标注，程序就退出。假设一切顺利，就使用 Assembly.ExportedTypes 属性获得一个集合，其中包括在该程序集中定义的所有类型，然后在这个集合中遍历它们。对每种类型调用一个方法——DisplayTypeInfo()，它给 outputText 字段添加相关的文本，包括 LastModifiedAttribute 类的任何实例的详细信息。最后，在控制台显示完整文本。DisplayTypeInfo() 方法如下所示(代码文件 ReflectionSamples/LookupWhatsNew/Program.cs)：

```
void DisplayTypeInfo(Type type)
{
  // make sure we only pick out classes
  if (!type.GetTypeInfo().IsClass)
  {
    return;
  }

  AddToOutput($"{Environment.NewLine}class {type.Name}");

  IEnumerable<LastModifiedAttribute> lastModifiedAttributes =
    type.GetTypeInfo().GetCustomAttributes()
    .OfType<LastModifiedAttribute>()
    .Where(a => a.DateModified >= backDateTo).ToArray();

  if (lastModifiedAttributes.Count() == 0)
  {
    AddToOutput($"\tNo changes to the class {type.Name}" +
      $"{Environment.NewLine}");
  }
  else
  {
    foreach (LastModifiedAttribute attribute in lastModifiedAttributes)
```

```
      {
        WriteAttributeInfo(attribute);
      }
    }

    AddToOutput("changes to methods of this class:");

    foreach (MethodInfo method in
      type.GetTypeInfo().DeclaredMembers.OfType<MethodInfo>())
    {
      IEnumerable<LastModifiedAttribute> attributesToMethods =
        method.GetCustomAttributes().OfType<LastModifiedAttribute>()
          .Where(a => a.DateModified >= backDateTo).ToArray();

      if (attributesToMethods.Count() > 0)
      {
        AddToOutput($"{method.ReturnType} {method.Name}()");
        foreach (Attribute attribute in attributesToMethods)
        {
          WriteAttributeInfo(attribute);
        }
      }
    }
  }
```

注意，在这个方法中，首先应检查所传递的 Type 引用是否表示一个类。因为，为了简化代码，指定了 LastModified 特性只能应用于类或成员方法，如果该引用不是类(它可能是一个类、委托或枚举)，那么进行任何处理都是浪费时间。

接着使用 type.GetTypeInfo().GetCustomAttributes() 方法确定这个类是否有相关的 LastModifiedAttribute 实例。如果有，就使用辅助方法 WriteAttributeInfo()把它们的详细信息添加到输出文本中。

最后，使用 TypeInfo 类型的 DeclaredMembers 属性遍历这种数据类型的所有成员方法，然后对每个方法进行相同的处理(类似于对类执行的操作)：检查每个方法是否有相关的 LastModifiedAttribute 实例，如果有，就用 WriteAttributeInfo()方法显示它们。

下面的代码显示了 WriteAttributeInfo()方法，它负责确定为给定的 LastModifiedAttribute 实例显示什么文本。注意，因为这个方法的参数是一个 Attribute 引用，所以需要先把该引用强制转换为 LastModifiedAttribute 引用。之后，就可以使用最初为这个特性定义的属性获取其参数。在把该特性添加到要显示的文本中之前，应检查特性的日期是否是近期的(代码文件 ReflectionSamples/LookupWhatsNew/Program.cs)：

```
void WriteAttributeInfo(Attribute attribute)
{
  if (attribute is LastModifiedAttribute lastModifiedAttribute)
  {
    AddToOutput($"\tmodified: {lastModifiedAttribute.DateModified:D}: " +
      $"{lastModifiedAttribute.Changes}");

    if (lastModifiedAttribute.Issues != null)
    {
      AddToOutput($"\tOutstanding issues: {lastModifiedAttribute.Issues}");
    }
  }
```

```
}
```

最后，是辅助方法 AddToOutput ()：

```
static void AddToOutput(string text) =>
  outputText.Append($"{Environment.NewLine}{text}");
```

运行这段代码，得到如下结果：

```
What's New since Friday, February 1, 2019

Assembly: VectorClass, Version=5.2.0.0, Culture=neutral, PublicKeyToken=null
Defined Types:

class Vector
      modified: Sunday, February 28, 2021: changed the LastModified dates
      modified: Saturday, December 19, 2020: updated for C# 9 and .NET 5
changes to methods of this class:
System.Boolean Equals()
      modified: Sunday, February 28, 2021: changed for nullability
System.String ToString()
      modified: Saturday, December 19, 2020: changed to use switch expression
      modified: Saturday, December 19, 2020: changed with nullability annotations
```

注意，在列出 VectorClass 程序集中定义的类型时实际上选择了两个类：Vector 类和内嵌的 VectorEnumerator 类。还要注意，这段代码把 backDateTo 日期硬编码为 2019/2/1，实际上选择的是日期为 2020/12/19 和 2021/2/28 的特性，而不是日期更早的特性。

12.4 为反射使用动态语言扩展

前面一直使用反射来读取元数据。还可以使用反射从编译时还不清楚的类型中动态创建实例。下一个示例显示了创建 Calculator 类的一个实例，而编译器在编译时不知道这种类型。程序集 CalculatorLib 是动态加载的，没有添加引用。在运行期间，实例化 Calculator 对象，调用方法。知道如何使用 ReflectionAPI 后，使用 C#中的 dynamic 关键字可以完成相同的操作。

12.4.1 创建 Calculator 库

要加载的库是一个简单的.NET 库，包含 Calculator 类型与 Add()和 Subtract()方法的实现代码。因为这些方法是很简单的，所以它们使用表达式语法实现(代码文件 DynamicSamlpes/CalculatorLib/Calculator.cs)：

```
public class Calculator
{
  public double Add(double x, double y) => x + y;
  public double Subtract(double x, double y) => x - y;
}
```

编译库后，将生成的 DLL 复制到文件夹 c:/addins。客户端应用程序不会添加这个库的固定依赖，而是会动态加载该文件。使用.NET CLI 时，可以用--output 选项来指定输出路径：

```
> dotnet build --output c:/addins.
```

12.4.2 动态实例化类型

为了使用反射动态创建 Calculator 实例，应创建一个控制台项目，命名为 ClientApp。

常量 CalculatorTypeName 定义了 Calculator 类型的名称，包括名称空间。启动应用程序时，需要一个命令行参数指定库的路径，然后调用 UsingReflection()和 UsingReflectionWithDynamic()方法这两个变体进行反射(代码文件 DynamicSamples/ClientApp/Program.cs)：

```
const string CalculatorTypeName = "CalculatorLib.Calculator";

if (args.Length != 1)
{
  ShowUsage();
  return;
}
UsingReflection(args[0]);
UsingReflectionWithDynamic(args[0]);

void ShowUsage()
{
  Console.WriteLine($"Usage: {nameof(ClientApp)} path");
  Console.WriteLine();
  Console.WriteLine("Copy CalculatorLib.dll to an addin directory");
  Console.WriteLine("and pass the absolute path of this directory " +
    "when starting the application to load the library");
}
```

在使用反射调用方法之前，需要实例化 Calculator 类型。GetCalculator()方法使用 Assembly 类的方法 LoadFile()动态加载程序集，并使用 CreateInstance()方法创建一个 Calculator 类型的实例：

```
object? GetCalculator(string addinPath)
{
  Assembly assembly = Assembly.LoadFile(addinPath);
  return assembly.CreateInstance(CalculatorTypeName);
}
```

ClientApp 的示例代码使用了以下名称空间：System.Reflection 和 Microsoft.CSharp.RuntimeBinder。

12.4.3 用 Reflection API 调用成员

接下来，使用 Reflection API 调用 Calculator 实例的方法 Add()。首先，使用辅助方法 GetCalculator()获取 Calculator 实例。如果想添加对 CalculatorLib 的引用，可以使用 new Calculator 创建一个实例。但这并不是那么容易。

使用反射调用方法的优点是，类型不需要在编译期间可用。只要把库复制到指定的目录中，就可以在稍后添加它。为了使用反射调用成员，利用 GetType()方法检索实例的 Type 对象——该方法是基类 Object 的方法。通过扩展方法 GetMethod()访问 MethodInfo 对象的 Add()方法。MethodInfo 定义了 Invoke()方法，使用任意数量的参数调用该方法。Invoke()方法的第一个参数需要调用成员的类型的实例。第二个参数是 object[]类型，传递调用所需的所有参数。这里传递 x 和 y 变量的值(代码文件 DynamicSamples/ClientApp/Program.cs)：

```
void UsingReflection(string addinPath)
{
  double x = 3;
```

```
    double y = 4;
    object calc = GetCalculator(addinPath)
      ?? throw new InvalidOperationException("GetCalculator returned null");

    object? result = calc.GetType().GetMethod("Add")
      ?.Invoke(calc, new object[] { x, y })
      ?? throw new InvalidOperationException("Add method not found");
    Console.WriteLine($"the result of {x} and {y} is {result}");
  }
```

运行该程序，调用calculator，结果写入控制台。要使用Reflection API来获取类型、获取方法、调用Invoke()方法以及通过传递对象数组来传递实参，还需要做一些工作。下一节看看如何使用dynamic关键字完成这些工作。

12.4.4 使用动态类型调用成员

使用反射和dynamic关键字，从GetCalculator()方法返回的对象赋值给一个dynamic类型的变量。该方法本身没有改变，仍返回一个对象。结果返回给一个dynamic类型的变量。现在，调用Add()方法，给它传递两个double值(代码文件DynamicSamples/ClientApp/Program.cs)：

```
void UsingReflectionWithDynamic(string addinPath)
{
  double x = 3;
  double y = 4;
  dynamic calc = GetCalculator(addinPath)
    ?? throw new InvalidOperationException("GetCalculator returned null");
  double result = calc.Add(x, y);
  Console.WriteLine($"the result of {x} and {y} is {result}");

  //...
}
```

语法很简单，看起来像是用强类型访问方式调用一个方法。然而，由于没有智能感知功能，也没有在编译时进行检查，所以很容易出现拼写错误。调用Multiply()方法时，编译器运行得很好。只需要记住，你只是定义了calculator的Add()和Subtract()方法。

```
try
{
  result = calc.Multiply(x, y);
}
catch (RuntimeBinderException ex)
{
  Console.WriteLine(ex);
}
```

运行应用程序，调用Multiply()方法，就会得到一个RuntimeBinderException异常：

```
Microsoft.CSharp.RuntimeBinder.RuntimeBinderException: 'CalculatorLib.Calculator'
   does not contain a definition for 'Multiply'
   at CallSite.Target(Closure , CallSite , Object , Double , Double )
   at System.Dynamic.UpdateDelegates.UpdateAndExecute3[T0,T1,T2,TRet](CallSite
   site, T0 arg0, T1 arg1, T2 arg2)
   at ClientApp.Program.UsingReflectionWithDynamic(String addinPath) in...
```

与以强类型方式访问对象相比，使用dynamic类型也需要更多的开销。因此，这个关键字只用于某些特定的情形，如反射。调用 Type 的 InvokeMember()方法没有进行编译器检查，而是向成员名字传递了一个字符串。使用 dynamic 类型的语法很简单，与在类似的场景中使用 Reflection API 相比，有很大的优势。

dynamic 类型还可以用于 COM 集成和脚本环境，将在详细讨论 dynamic 关键字后探讨这些用法。

12.5 ExpandoObject

如果要创建自己的动态对象，该怎么办？此时，可以实现 IDynamicMetaObjectProvider 接口。基类DynamicObject 已经实现了这个接口。该类定义了可以重写的虚方法。例如，可以重写 TrySetMember()方法来设置属性，重写 TryInvokeMember()方法来调用方法。更简单的选项是使用 ExpandoObject 类。该类实现了 IDynamicMetaObjectProvider 接口，可以直接使用，并不需要派生它。事实上，不能派生 ExpandoObject，因为这个类被声明为 sealed。

可以创建 dynamic 类型的变量，将 ExpandoObject 赋值给它。使用这个 dynamic 变量设置的所有属性和调用的所有方法都会被添加到 ExpandoObject 的一个字典中，准备被调用。

在下面的代码片段中，实例化了一个 ExpandoObject，并把它赋值给一个 dynamic 类型的变量。因为是动态变量，所以编译器不会验证你调用的成员，例如设置属性(FirstName 和 LastName)，或者将委托赋值给名称 GetNextDay，这会让该名称成为一个有 DateTime 参数并返回一个字符串的方法。还可以创建一个更深的层次结构。这里创建了 Friends 属性，为其赋值一个 Person 对象列表(代码文件 DynamicSamples/DynamicSample/Program.cs)：

```
void UseExpando()
{
  dynamic expObj = new ExpandoObject();
  expObj.FirstName = "Daffy";
  expObj.LastName = "Duck";
  Console.WriteLine($"{expObj.FirstName} {expObj.LastName}");

  expObj.GetNextDay = new Func<DateTime, string>(day => day.AddDays(1).ToString("d"));

  Console.WriteLine($"next day: {expObj.GetNextDay(new DateTime(2021, 1, 3))}");

  expObj.Friends = new List<Person>();
  expObj.Friends.Add(new Person() { FirstName = "Bob", LastName = "Jones" });
  expObj.Friends.Add(new Person() { FirstName = "Robert", LastName = "Jones" });
  expObj.Friends.Add(new Person() { FirstName = "Bobby", LastName = "Jones" });

  foreach (dynamic friend in expObj.Friends)
  {
    Console.WriteLine($"{friend.FirstName} {friend.LastName}");
  }
}
```

下面是使用 dynamic 类型和 ExpandoObject 的另一个例子。假设需求是开发一个通用的逗号分隔值(CSV)文件的解析工具。在下一次执行前，不知道文件中将包含什么数据，只知道值之间是用逗号分隔的，并且第一行包含字段名。

首先，打开文件并读入数据流。这可以用一个简单的辅助方法完成(代码文件 DynamicSamples/DynamicFileReader/DynamicFileHelper.cs)：

```
public static class DynamicFileHelper
```

```
{
  //...
  private static StreamReader? OpenFile(string fileName)
  {
    if (File.Exists(fileName))
    {
      return new StreamReader(fileName);
    }
    return null;
  }
}
```

这段代码将打开文件，并创建一个新的 StreamReader 来读取文件内容。

接下来要获取字段名。方法很简单：读取文件的第一行，使用 Split()方法创建字段名的一个字符串数组。

```
string[] headerLine = reader.ReadLine()?.Split(',').Select(s => Trim()).ToArray();
```

接下来的部分很有趣：读入文件的下一行，就像处理字段名那样创建一个字符串数组，然后创建动态对象。具体代码如下所示(代码文件 DynamicSamples/DynamicFileReader/DynamicFileHelper.cs)：

```
public static class DynamicFileHelper
{
  public static IEnumerable<dynamic> ParseFile(string fileName)
  {
    List<dynamic> retList = new();
    using StreamReader? reader = OpenFile(fileName);
    if (reader != null)
    {
      string[] headerLine = reader.ReadLine()?.Split(',').Select(
        s => s.Trim()).ToArray()
        ?? throw new InvalidOperationException("reader.ReadLine returned null");
      while (reader.Peek() > 0)
      {
        string[] dataLine = reader.ReadLine()?.Split(',')
          ?? throw new InvalidOperationException("reader.Readline returned null");
        dynamic dynamicEntity = new ExpandoObject();
        for (int i = 0; i < headerLine.Length; i++)
        {
          ((IDictionary<string, object>)dynamicEntity).Add(headerLine[i], dataLine[i]);
        }
        retList.Add(dynamicEntity);
      }
    }
    return retList;
  }
  //...
}
```

有了字段名和数据元素的字符串数组后，创建一个新的 ExpandoObject，在其中添加数据。注意，代码中将 ExpandoObject 强制转换为 Dictionary 对象。用字段名作为键，数据作为值。然后，把这个新对象添加到所创建的 retList 对象中，返回给调用该方法的代码。

这样做的好处是，有了一段可以处理传递给它的任何数据的代码。这里唯一的要求是，需要确保第一行是字段名，并且所有的值是用逗号分隔的。可以把这个概念扩展到其他文件类型，甚至 DataReader。

本书配套下载文件中提供的 EmployeeList.txt 文件包含下面的 CSV 数据：

```
FirstName, LastName, City, State
Mario Andretti, Nazareth, Pennsylvania
Carlos, Reutemann, Santa Fe, Argentine
Sebastian, Vettel, Thurgovia, Switzerland
```

Program.cs 中的如下代码读取 EmployeeList.txt 文件(代码文件 DynamicSamples/DynamicFileReader/Program.cs)：

```
var employeeList = DynamicFileHelper.ParseFile("EmployeeList.txt");
foreach (var employee in employeeList)
{
  Console.WriteLine($"{employee.FirstName} {employee.LastName} lives in " +
    $"{employee.City}, {employee.State}.");
}
Console.ReadLine();
```

将产生如下结果，并将结果输出到控制台：

```
Mario Andretti lives in Nazareth, Pennsylvania.
Carlos Reutemann lives in Santa Fe, Argentine.
Sebastian Vettel lives in Thurgovia, Switzerland.
```

12.6 源代码生成器

C# 9 提供了一个很好的扩展：源代码生成器。这不是对 C#语法的增强，而是对编译过程的增强。在编译过程中，可以生成 C#源代码，并把它们添加到项目中。

本章介绍了如何使用特性为源代码添加元数据。一些特性是编译器知道的，一些特性是开发工具(如 Visual Studio)使用的，一些特性是在运行期间读取的，例如从库读取。本章介绍了如何使用反射动态读取信息。

但是，使用反射有一些缺点。反射在运行期间需要额外的开销，并且在编译期间剪裁代码的时候存在问题。反射是在运行期间完成的，而编译器可能会剪裁动态调用需要的方法和类。当使用程序集剪裁的时候，可能需要配置反射使用的方法和类，使它们不会被剪裁。

> **注意：**
> 第 1 章介绍了如何配置应用程序的剪裁。

除了在运行期间使用反射，还可以使用源代码生成器，它可以在编译期间读取特性，并根据这些特性生成代码，这些代码也会在构建应用程序期间被编译，从而降低对反射的需求。

特性并不是源代码生成器的唯一代码来源。源代码生成器还可以使用其他来源生成代码，如 JSON 或其他文件。

12.6.1 Hello, World 源代码生成器

首先介绍源代码生成器的基础。我们将创建一个简单的生成器，它创建了 HelloWorld 类和 Hello() 方法。这个方法将在.NET 控制台应用程序中调用。

为了实现源代码生成器，需要创建一个.NET 库。要让源代码生成器能够在 Visual Studio 2019 中使用，它需要是一个.NET Standard 2.0 库。还需要添加 NuGet 包 Microsoft.CodeAnalysis。为了让后面

的示例能够使用 C#编译器，还需要添加 Microsoft.CodeAnalysis.CSharp.Workspaces 包。本例使用了 Microsoft.CodeAnalysis、Microsoft.CodeAnalysis.Text、System.Collections.Generic 和 System.Text 名称空间。

源代码生成器类需要实现 ISourceGenerator 接口，并应用 Generator 特性(代码文件 SourceGenerator/CodeGenerationSample/HelloWorldGenerator.cs)：

```
[Generator]
public class HelloWorldGenerator : ISourceGenerator
{
  //...
}
```

ISourceGenerator 接口定义了 Initialize()和 Execute()方法。在启动代码生成之前，先调用 Initialize()方法。然后，Execute()完成生成器的主要工作。在第一个示例中，不需要实现 Initialize()方法：

```
public void Initialize(GeneratorInitializationContext context)
{
  // No initialization required
}
```

在 Execute()方法的实现中，使用一个字符串来初始化 StringBuilder，该字符串包含源代码的开始部分：名称空间 CodeGenerationSample、类 HelloWorld 和 Hello()方法。这些方法、类和名称空间现在还没有关闭，因为在 Hello()方法中，还会添加使用 GeneratorExecutionContext 参数的代码：

```
public void Execute(GeneratorExecutionContext context)
{
  StringBuilder sourceBuilder = new(@"
using System;
namespace CodeGenerationSample
{
  public static class HelloWorld
  {
    public static void Hello()
    {
      Console.WriteLine(""Hello from generated code!"");
     Console.WriteLine(""The following source files existed in the compilation:"");
");
  //...
```

GeneratorExecutionContext 用于在编译过程中访问语法树。这里可以访问使用了源代码生成器的代码，以便进行修改或者扩展。在第一个源代码生成器中，将编译的源文件的文件路径写入控制台：

```
public void Execute(GeneratorExecutionContext context)
{
  //...
  IEnumerable<SyntaxTree> syntaxTrees = context.Compilation.SyntaxTrees;

  foreach (SyntaxTree tree in syntaxTrees)
  {
    sourceBuilder.AppendLine($@"Console.WriteLine(@""source file:
{tree.FilePath}"");");
  }

  sourceBuilder.Append(@"
    }
```

```
    }
  }");

    context.AddSource("helloWorld", SourceText.From(sourceBuilder.ToString(),
      Encoding.UTF8));
  }
```

要在项目中使用源代码生成器，需要添加 Analyzer 元素并引用这个库(项目配置文件 SourceGenerator/SampleApp/SampleApp.csproj)：

```
<Project Sdk="Microsoft.NET.Sdk">

  <PropertyGroup>
    <OutputType>Exe</OutputType>
    <TargetFramework>net5.0</TargetFramework>
    <Nullable>enable</Nullable>
  </PropertyGroup>

  <ItemGroup>
    <Analyzer Include="c:\sourcegenerators\CodeGenerationSample.dll" />
  </ItemGroup>

</Project>
```

之后，就可以添加代码来调用 HelloWrold 类的静态 Hello()方法(代码文件 SampleApp/Program.cs)：

```
using System;
using SampleApp;

CodeGenerationSample.HelloWorld.Hello();
```

运行应用程序将显示 hello 消息，以及源代码生成器在构建过程中使用的源代码文件。下面显示的目录名称与你的系统上的目录名称可能不同：

```
Hello from generated code!
The following source files existed in the compilation:
source file: C:\SampleApp\HelloControl.cs
source file: C:\SampleApp\Program.cs
source file:
C:\SampleApp\obj\Debug\net5.0\.NETCoreApp,Version=v5.0.AssemblyAttributes.cs
source file:
C:\CodeGenerationSample\SampleApp\obj\Debug\net5.0\SampleApp.AssemblyInfo.cs
```

12.6.2 使用分部方法的源代码生成器

接下来介绍一种更加高级的场景：在源代码生成器中使用分部方法。在 C# 9 中，增强了分部方法的语法。回忆一下，对类使用 partial 修饰符将允许把该类拆分到多个文件中。编译器会把多个文件中具有相同名称的分部类合并成一个类。在 C# 9 之前，必须使用返回类型 void 声明分部方法。分部方法不需要有任何实现。代码生成器常常创建分部方法，生成的代码会调用它们。在你实现的部分，就可以定义由生成的代码调用的分部方法的实现。在 C# 9 中，分部方法可以返回类型。这个分部方法需要有一个私有访问修饰符以及一个实现。

第 5 章提到，为类类型实现相等性判断需要一些样板代码：重写 object.Equals()方法，实现 IEquality<T>接口，以及实现==和!=运算符。使用代码生成器时，Book 类应用了 ImplementEquatable

特性，并实现了分部方法 IsTheSame()来比较值(代码文件 SourceGenerator/SampleApp/Book.cs)：

```
using CodeGenerationSample;

namespace SampleApp
{
  [ImplementEquatable]
  public partial class Book
  {
    public Book(string title, string publisher)
    {
      Title = title;
      Publisher = publisher;
    }
    public string Title { get; }
    public string Publisher { get; }

    private static partial bool IsTheSame(Book? left, Book? right) =>
      left?.Title == right?.Title && left?.Publisher == right?.Publisher;

    public override int GetHashCode() =>
      Title.GetHashCode() ^ Publisher.GetHashCode();
  }
}
```

Book 类使用的 ImplementEquatable 特性是源代码生成器生成的源代码的一部分。成员字段 attributeText 包含该特性的完整内容。将注入以下代码(代码文件 SourceGenerator/CodeGenerationSample/EquatableGenerator.cs)：

```
private const string attributeText = @"
using System;
namespace CodeGenerationSample
{
  [AttributeUsage(AttributeTargets.Class, Inherited = false, AllowMultiple = false)]
  sealed class ImplementEquatableAttribute : Attribute
  {
    public ImplementEquatableAttribute() { }
  }
}
";
```

新的源代码生成器 EquatableGenerator 实现了 Initialize()方法，为语法通知注册了 SyntaxReceiver 类型。RegisterForSyntaxNotifications()是 GeneratorInitializationContext 的一个方法，它需要把 SyntaxReceiverCreator 委托作为参数。这个委托指定了一个需要返回实现了 ISyntaxReceiver 接口的对象：

```
[Generator]
public class EquatableGenerator : ISourceGenerator
{
  public void Initialize(GeneratorInitializationContext context)
  {
    context.RegisterForSyntaxNotifications(() => new SyntaxReceiver());
  }
  //...
}
```

SyntaxReceiver 类通过实现 OnVisitSyntaxNode()方法实现了这个接口。当编译器检查用户的源代码时，会为每个语法节点调用这个方法。如果语法节点是至少有一个特性的类，就把它添加到 CandidateClasses 集合中。这些类可能用相等性检查的实现代码进行扩展，如下所示：

```
internal class SyntaxReceiver : ISyntaxReceiver
{
  public List<ClassDeclarationSyntax> CandidateClasses { get; } = new();

  public void OnVisitSyntaxNode(SyntaxNode syntaxNode)
  {
    if (syntaxNode is ClassDeclarationSyntax classDeclarationSyntax
      && classDeclarationSyntax.AttributeLists.Count > 0)
    {
      CandidateClasses.Add(classDeclarationSyntax);
    }
  }
}
```

在 Execute()方法的实现中，从 attributeText 变量获取特性的源代码，然后使用 AddSource()方法将其传递给 GeneratorExecutionContext。为了获取语法树和符号来与用户的源代码进行比较，获取了这个特性的编译：

```
public void Execute(GeneratorExecutionContext context)
{
  context.AddSource("ImplementEquatableAttribute", SourceText.From(attributeText,
    Encoding.UTF8));

  if (!(context.SyntaxReceiver is SyntaxReceiver syntaxReceiver))
    return;

  CSharpParseOptions? options = (context.Compilation as CSharpCompilation)?.
    SyntaxTrees[0].Options as CSharpParseOptions;
  Compilation compilation = context.Compilation.AddSyntaxTrees(
    CSharpSyntaxTree.ParseText(SourceText.From(attributeText, Encoding.UTF8), options));

  INamedTypeSymbol? attributeSymbol = compilation.GetTypeByMetadataName(
    "CodeGenerationSample.ImplementEquatableAttribute");
  //...
}
```

接下来，检查 SyntaxReceiver 中存储的每个候选类是否应用了 ImplementEquatableAttribute。如果某个类应用了这个特性，就把类型符号添加到 typedSymbols 集合中。在迭代候选类后，迭代剩下的候选类来添加它们的源代码。源代码来源于辅助方法 GetClassSource()：

```
public void Execute(GeneratorExecutionContext context)
{
  //...

  List<ITypeSymbol> typeSymbols = new();
  foreach (ClassDeclarationSyntax @class in syntaxReceiver.CandidateClasses)
  {
    SemanticModel model = compilation.GetSemanticModel(@class.SyntaxTree);

    INamedTypeSymbol? typeSymbol = model.GetDeclaredSymbol(@class);
    if (typeSymbol!.GetAttributes().Any(attr =>
```

```
        attr.AttributeClass!.Equals(attributeSymbol, SymbolEqualityComparer.Default)))
      {
        typeSymbols.Add(typeSymbol);
      }
    }

    foreach (INamedTypeSymbol typeSymbol in typeSymbols)
    {
      string classSource = GetClassSource(typeSymbol);
      context.AddSource(typeSymbol.Name, SourceText.From(classSource, Encoding.UTF8));
    }
  }
```

辅助方法 GetClassSources()接受 ITypesSymbol 作为参数，以便在生成的代码中使用名称空间的名称和类的名称。它返回 IEquatable 接口和运算符重载的实现：

```
private string GetClassSource(ITypeSymbol typeSymbol)
{
  string namespaceName = typeSymbol.ContainingNamespace.ToDisplayString();

  StringBuilder source = new($@"
using System;

namespace {namespaceName}
{{
  public partial class {typeSymbol.Name} : IEquatable<{typeSymbol.Name}>
  {{
    private static partial bool IsTheSame(
      {typeSymbol.Name}? left, {typeSymbol.Name}? right);

    public override bool Equals(object? obj) => this == obj as {typeSymbol.Name};

    public bool Equals({typeSymbol.Name}? other) => this == other;

    public static bool operator==({typeSymbol.Name}? left, {typeSymbol.Name}?
right)
      => IsTheSame(left, right);

    public static bool operator!=({typeSymbol.Name}? left, {typeSymbol.Name}?
right)
      => !(left == right);

  }}
}}
");
  return source.ToString();
}
```

在源代码生成器中，现在可以实例化两个 Book 对象，并使用==运算符比较它们(代码文件 SourceGenerator/SampleApp/Program.cs)：

```
Book b1 = new("Professional C#", "Wrox Press");
Book b2 = new("Professional C#", "Wrox Press");
if (b1 == b2)
{
  Console.WriteLine("the same book");
}
```

现在，不必在每次需要比较相等性的时候都实现相等性运算符和 IEquatable 接口，而是可以使用代码生成器。代码生成器还有其他许多适用的场景，例如可以从 CSV 文件创建类，并自动实现 INotifyPropertyChanged 等接口。

未来版本的.NET 将减少运行期间使用的反射代码。ASP.NET Core 在应用程序启动时动态查找控制器。这增加了启动时间。如果使用生成代码的方式，就不需要在运行期间执行此操作，从而加快应用程序的启动速度。

注意：

本章只是介绍了源代码生成器的特殊特性。你可能想更加详细地了解如何访问语法树的不同部分。源代码生成器基于.NET 编译平台(Roslyn)。仅介绍这部分内容就可以写一整本书。请查看 Microsoft 关于.NET 编译平台 SDK 的文档：https://docs.microsoft.com/dotnet/csharp/roslyn-sdk/。

12.7 小结

本章介绍了 Type 和 Assembly 类，它们是访问反射所提供的扩展功能的主要入口点。

另外，本章还探讨了反射的一个常用方面：检查自定义特性，它比其他方面更常用。介绍了如何定义和应用自己的自定义特性，以及如何在运行期间检索自定义特性的信息。

本章的第二个关注点是 C# 9 提供的一种新特性：源代码生成器。使用源代码生成器时，可以从不同的源创建源代码，这些代码将与用户的源代码组合起来。源代码生成器也可以访问用户的源代码的语法树，并作出相应的修改。使用 dotnet build 会触发源代码生成器。

下一章将详细介绍如何使用 IDisposable 接口释放原生资源，并使用不安全的 C#代码。

第13章 托管和非托管内存

本章要点

- 运行期间在栈和堆上分配空间
- 垃圾收集
- 使用析构函数和 System.IDisposable 接口释放非托管的资源
- C#中使用指针的语法
- 使用 Span 类型
- 使用平台调用，访问 Windows 和 Linx 上的本机 API

本章源代码：

通过扫描封底二维码下载本书源代码。本章源代码可以在代码文件的 1_CS/Memory 目录中找到。

本章代码分为以下几个主要的示例文件：

- PointerPlayground
- PointerPlayground2
- QuickArray
- SpanSample
- PlatformInvokeSample

所有项目都启用了可空引用类型。

13.1 内存

变量存储在栈中。它们引用的数据可以位于栈(结构)或堆(类)上。结构也可以装箱，这样对象就会在堆上创建。垃圾收集器(GC)需要从托管堆中释放不再需要的非托管对象。使用本机 API，可以在本机堆上分配内存。垃圾收集器不负责在本机堆上分配的内存。必须自己释放这些内存。关于内存，有很多东西需要考虑。

使用托管环境时，很容易被误导，注意不到内存管理，因为垃圾收集器会处理它。很多工作都由 GC 完成，因此，了解它是如何工作的，什么是大小对象堆，以及什么数据类型存储在栈上是非常有益的。此外，垃圾收集器处理托管的资源，那么非托管资源怎样处理呢？它们需要由开发人员释放。

程序可能是完全托管的程序，但是.NET 运行库和类库定义的类型呢？例如，文件类型(参见第 18 章)包装了一个本地文件句柄。这个文件句柄需要释放。为了尽早释放这个句柄，最好了解 IDisposable 接口、using 语句和 using 声明，参见本章的内容。

其他方面也很重要。尽管一些语言结构更易于创建不可变的类型，但可变对象也有优势。string 类是自.NET 1.0 以来一直可用的不可变类型。现在我们经常需要处理大的字符串。在操作字符串时，GC 需要清理许多对象。若能直接访问字符串的内存并进行更改，将使程序可变，并在不同的场景中具有更好的性能。Span 类型使之成为可能。对于数组，还介绍了 ArrayPool 类，该类也可以减少 GC 的工作量。

本章介绍内存管理和内存访问的各个方面。如果能很好地理解内存管理和 C#提供的指针功能，也就能很好地集成 C#代码和遗留代码，并能在非常注重性能的系统中高效地处理内存。本章介绍了为返回类型和局部变量使用 ref 关键字的方法。这个特性减少了对使用不安全代码和 C#中指针的需要。本章还讨论了使用 Span 类型访问不同类型内存的更多细节，例如托管堆、本机堆和堆栈。

13.2 后台内存管理

C#编程的一个优点是程序员不需要担心具体的内存管理，垃圾收集器会自动处理所有的内存清理工作。用户可以得到像 C++语言那样的效率，而不需要考虑像在 C++中那样内存管理工作的复杂性。虽然不必手动管理内存，但仍需要理解后台发生的事情。理解程序在后台如何管理内存有助于提高应用程序的速度和性能。本节要介绍给变量分配内存时在计算机的内存中发生的情况。

注意：
许多主题的相关内容本节中不做详细介绍。应把这一节看作是一般过程的简化向导，而不是实现的确切说明。

13.2.1 值数据类型

Windows 使用一个虚拟寻址系统，该系统把程序可用的内存地址映射到硬件内存中的实际地址上，这些任务完全由 Windows 在后台管理。其实际结果是，32 位应用程序的每个进程都可以使用 4GB 的内存——无论计算机上实际有多少物理内存(对于 64 位处理器上的 64 位应用程序，这个数字会更大)。这个内存实际上包含了程序的所有部分，包括可执行代码、代码加载的所有 DLL，以及程序运行时使用的所有变量的内容。这个 4GB 的内存称为虚拟地址空间，或虚拟内存。为了方便起见，本章将它简称为内存。

注意：
默认情况下，.NET 应用程序是作为可移植应用程序构建的。只要在系统上安装了.NET 运行库，可移植的应用程序就可以在 Windows 和 Linux 的 32 位和 64 位环境上运行。并不是所有的 API 都可以在所有平台上使用，尤其是在使用本机 API 时。为此，可以按照第 1 章的解释，为.NET 应用程序指定专门的平台。

4GB 中的每个存储单元都是从 0 开始往上排序的。要访问存储在内存的某个空间中的一个值，就需要提供表示该存储单元的数字。在任何编译的高级语言中，编译器负责把人们可以理解的变量名转换为处理器可以理解的内存地址。

在处理器的虚拟内存中，有一个区域称为栈。栈存储不是对象成员的值数据类型。另外，在调用一个方法时，也使用栈存储传递给方法的所有参数的副本。为了理解栈的工作原理，需要理解 C#中变量作用域的重要性。如果变量 a 在变量 b 之前进入作用域，b 就会首先超出作用域。考虑下面的代码：

```
{
 int a;
 // do something
 {
  int b;
  // do something else
 }
}
```

首先声明变量 a。接着在内部代码块中声明 b。然后内部代码块终止，b 就超出作用域，最后 a 超出作用域。所以 b 的生存期完全包含在 a 的生存期中。在释放变量时，其顺序总是与给它们分配内存的顺序相反，这就是栈的工作方式。

还要注意，b 在另一个代码块中(通过另一对嵌套的花括号来定义)。因此，它包含在另一个作用域中。这称为块作用域或结构作用域。

我们不知道栈具体在地址空间的什么地方，这些信息在进行C#开发时是不需要知道的。栈指针(操作系统维护的一个变量)表示栈中下一个空闲存储单元的地址。程序第一次开始运行时，栈指针指向为栈保留的内存块末尾。栈实际上是向下填充的，即从高内存地址向低内存地址填充。当数据入栈后，栈指针就会随之调整，始终指向下一个空闲存储单元，这种情况如图 13-1 所示。在该图中，显示了栈指针 800000(十六进制的 0xC3500)，下一个空闲存储单元是地址 799999。

下面的代码会告诉编译器需要一些存储空间以存储一个整数和一个双精度浮点数，这些存储单元分别称为 nRacingCars 和 engineSize。声明每个变量的代码行表示开始请求访问这个变量，闭合花括号标识这两个变量超出作用域的地方。

```
{
 int nRacingCars = 10;
 double engineSize = 3000.0;
 // do calculations;
}
```

假定使用如图 13-1 所示的栈。nRacingCars 变量进入作用域，赋值为 10，这个值放在存储单元 799996~799999 上，这 4 个字节就在栈指针所指空间的下面。有 4 个字节是因为存储 int 要使用 4 个字节。为了容纳该 int，应从栈指针对应的值中减去 4，所以它现在指向位置 799996，即下一个空闲单元(799995)。

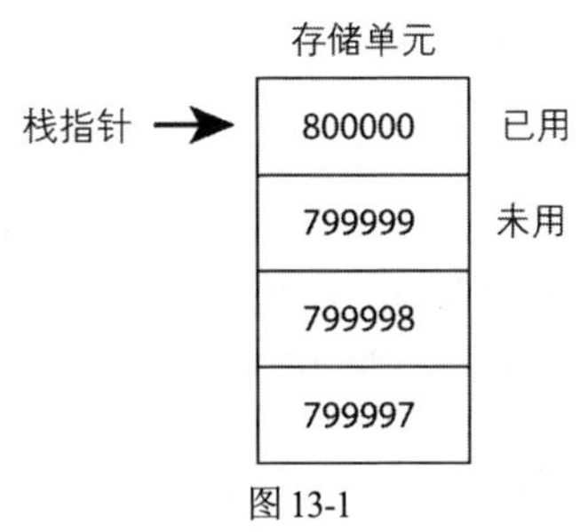

图 13-1

下一行代码声明变量 engineSize(这是一个 double 型变量)，把它初始化为 3000.0。一个 double 型要占用 8 个字节，所以值 3000.0 放在栈中的存储单元 799988~799995 上，栈指针对应的值减去 8，再次指向栈上的下一个空闲单元。

当 engineSize 超出作用域时，运行库就知道不再需要这个变量了。因为变量的生存期总是嵌套的，当 engineSize 在作用域中时，无论发生什么情况，都可以保证栈指针总是会指向存储 engineSize 的空间。为了从栈中删除这个变量，应给栈指针对应的值递增 8，现在它指向紧接着 engineSize 末尾的空间，此处就是放置闭合花括号的地方。当 nRacingCars 也超出作用域时，栈指针对应的值就再次递增 4。从栈中删除 engineSize 和 nRacingCars 之后，此时如果在作用域中又放入另一个变量，从 799999 开始的存储单元就会被覆盖，这些空间以前是存储 nRacingCars 的。

如果编译器遇到 int i，j 这样的代码行，则这两个变量进入作用域的顺序是不确定的。两个变量同时声明，也同时超出作用域。此时，变量以什么顺序从内存中删除就不重要了。编译器在内部会确保先放在内存中的那个变量后删除，这样就能保证该规则不会与变量的生存期冲突。

13.2.2 引用数据类型

尽管栈有非常高的性能，但它还没有灵活到可以用于所有的变量。变量的生存期必须嵌套，在许多情况下，这种要求都过于苛刻。通常我们希望使用一个方法分配内存，来存储一些数据，并在方法退出后的很长一段时间内数据仍是可用的。只要是用 new 运算符来请求分配存储空间，就存在这种可能性——对于所有的引用类型而言都是如此。此时就要使用托管堆。

如果读者以前编写过需要管理低级内存的 C++代码，就会很熟悉堆。托管堆和 C++使用的堆不同，它在垃圾收集器的控制下工作，与传统的堆相比有很显著的优势。

托管堆(简称为堆)是处理器的可用内存中的另一个内存区域。要了解堆的工作原理和如何为引用数据类型分配内存，可以看看下面的代码：

```
void DoWork()
{
  Customer? arabel;
  arabel = new();
  Customer otherCustomer2 = new EnhancedCustomer();
}
```

在这段代码中，假定存在两个类 Customer 和 EnhancedCustomer。EnhancedCustomer 类扩展了 Customer 类。

首先，声明一个 Customer 引用 arabel，在栈上给这个引用分配存储空间，但这仅是一个引用，而不是实际的 Customer 对象。arabel 引用占用 4 个字节的空间，足够包含 Customer 对象的存储地址(需要 4 个字节把 0～4GB 之间的内存地址表示为一个无符号整数值)。

然后看下一行代码：

```
arabel = new Customer();
```

这行代码完成了以下操作：首先，它分配堆上的内存，以存储 Customer 对象(一个真正的对象，不只是一个地址)。然后把变量 arabel 的值设置为分配给新 Customer 对象的内存地址(它还调用合适的 Customer()构造函数初始化类实例中的字段，但此处我们不必担心这部分)。

Customer 实例没有放在栈中，而是放在堆中。在这个例子中，现在还不知道一个 Customer 对象占用多少字节，但为了讨论方便，假定是 32 个字节。这 32 个字节包含了 Customer 的实例字段，和.NET 用于识别和管理其类实例的一些信息。

为了在堆上找到存储新 Customer 对象的存储位置，.NET 运行库在堆中搜索，选取第一个未使用且包含 32 个字节的连续块。为了讨论方便，假定其地址是 200000，arabel 引用占用栈中的 799996~799999 位置。这表示在实例化 arabel 对象前，内存的内容应如图 13-2 所示。

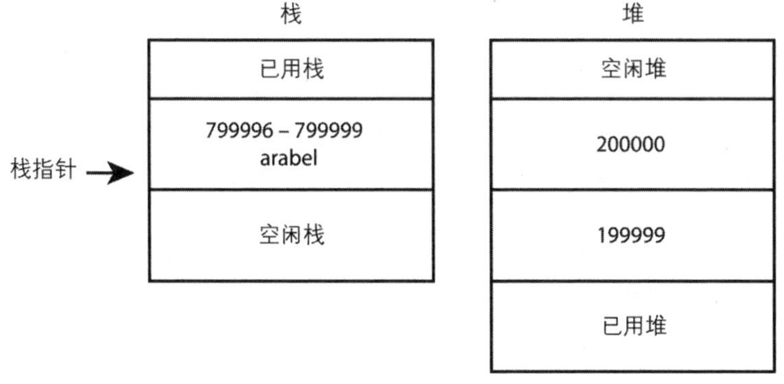

图 13-2

给 Customer 对象分配空间后，内存的内容应如图 13-3 所示。注意，与栈不同，堆中的内存是向上分配的，所以空闲空间在已用空间的上面。

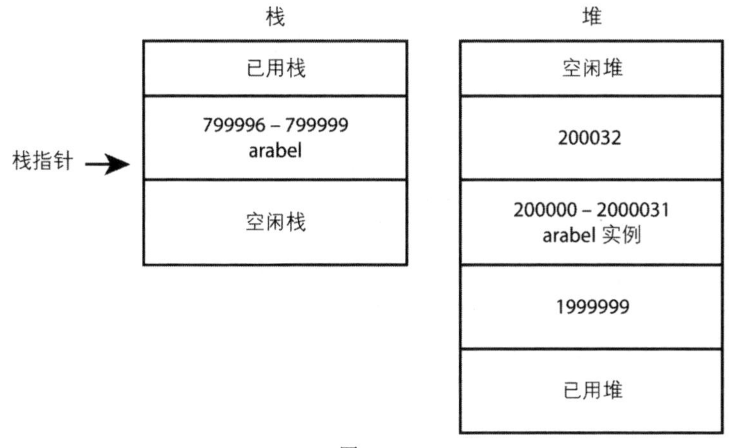

图 13-3

下一行代码声明了一个 Customer 引用，并实例化一个 Customer 对象。在这个例子中，用一行代码在栈上为 otherCustomer2 引用分配空间，同时在堆上为 otherCustomer2 对象分配空间：

```
Customer otherCustomer2 = new EnhancedCustomer();
```

该行把栈上的 4 个字节分配给 otherCustomer2 引用，并将它存储在 799992~799995 位置上，而 otherCustomer2 对象在堆上从 200032 开始向上分配空间。

从这个例子可以看出，建立引用变量的过程要比建立值变量的过程更复杂，且不能避免性能的系统开销。实际上，我们对这个过程进行了过分的简化，因为.NET 运行库需要保存堆的状态信息，在堆中添加新数据时，这些信息也需要更新。尽管有这些性能开销，但仍有一种机制，在给变量分配内存时，不会受到栈的限制。把一个引用变量的值赋予另一个相同类型的变量，就有两个变量引用内存中的同一对象了。当一个引用变量超出作用域时，它会从栈中删除，如上一节所述。但引用对象的数据仍保留在堆中，一直到程序终止，或垃圾收集器删除它为止，而只有在该数据不再被任何变量引用时，它才会被删除。

这就是引用数据类型的强大之处，在 C#代码中广泛使用了这个特性。使用这种特性，我们可以对数据的生存期进行非常强大的控制，因为只要保持对数据的引用，该数据就肯定存在于堆上。

13.2.3 垃圾收集

由上面的讨论和图 13-3 和图 13-4 可以看出，托管堆的工作方式非常类似于栈，对象会在内存中一个挨一个地放置，这样就很容易使用指向下一个空闲存储单元的堆指针来确定下一个对象的位置。在堆上添加更多的对象时，也容易调整。但这比较复杂，因为基于堆的对象的生存期与引用它们的基于栈的变量的作用域不匹配。

在垃圾收集器运行时，它会从堆中删除不再引用的所有对象。垃圾收集器在引用的根表中找到所有引用的对象，接着在引用的对象树中查找。在完成删除操作后，堆会立即把对象分散开来，与已经释放的内存混合在一起，如图 13-4 所示。

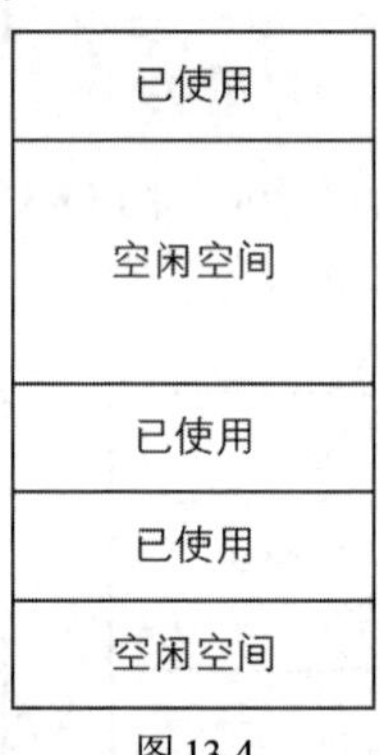

图 13-4

如果托管的堆保持这样，在其上给新对象分配内存就成为一个很难处理的过程。运行库必须搜索整个堆，才能找到足够大的内存块来存储每个新对象。但是，垃圾收集器不会让堆处于这种状态。只要它释放了所有能释放的对象，就会把其他对象移动回堆的端部，再次形成一个连续的内存块。因此，堆可以继续像栈那样确定在什么地方存储新对象。当然，在移动对象时，这些对象的所有引用都需要用正确的新地址来更新，但垃圾收集器也会处理更新问题。

垃圾收集器的这个压缩操作是托管的堆与非托管的堆的区别所在。使用托管的堆，就只需要读取堆指针的值，而不需要遍历地址的链表，来查找一个地方放置新数据。

注意：

一般情况下，垃圾收集器在.NET 运行库确定需要进行垃圾收集时运行。可以调用 System.GC.Collect()方法，强迫垃圾收集器在代码的某个地方运行。System.GC 类是一个表示垃圾收集器的.NET 类，Collect()方法启动一个垃圾收集过程。

通常，不应该在代码中调用 GC.Collect()方法，因为剩下的对象在下一代移动得更快(稍后将进行介绍)。但是可以在测试过程中运行这个方法。这样就可以看到本应该收集的对象未被收集而导致的内存泄漏。在其他场景中，还可以看到本来预期仍然存在对象引用的时候，对象被垃圾收集器收集。需要注意的是，代码在调试和发布版本中的行为可能存在区别。在发布版本中，会进行更多优化。

创建对象时，会把这些对象放在托管堆上。堆的第一部分称为第 0 代。创建新对象时，会把它们移动到堆的这个部分中。因此，这里驻留了最新的对象。

在通过垃圾收集过程进行第一次对象收集之前，对象会继续放在这个部分。在清理之后仍保留的对象会被压缩，然后移动到堆的下一个部分或堆的第 1 代对应的部分。

此时，第 0 代对应的部分为空，所有的新对象都再次放在这一部分上。在垃圾收集过程中遗留下来的旧对象放在第 1 代对应的部分上。老对象的这种移动会再次发生，接着重复下一次收集过程。这意味着，第 1 代中在垃圾收集过程中遗留下来的对象会移动到堆的第 2 代，位于第 0 代的对象会移动到第 1 代，第 0 代仍用于放置新对象。

注意：

在给对象分配内存空间时，如果超出了第 0 代对应的部分的容量，或者调用了 GC.Collect()方法，就会进行垃圾收集。

这个过程极大地提高了应用程序的性能。一般而言，最新的对象通常是可以收集的，而且也可能会收集大量比较新的对象。如果这些对象在堆中的位置是相邻的，垃圾收集过程就会更快。另外，相关的对象相邻放置也会使程序执行得更快。

在.NET 中，垃圾收集提高性能的另一个领域是该框架处理堆上较大对象的方式。在.NET 中，较大对象有自己的托管堆，称为大对象堆。使用大于 85 000 个字节的对象时，它们就会放在这个特殊的堆上，而不是主堆上。.NET 应用程序不知道两者的区别，因为这是自动完成的。其原因是在堆上压缩大对象比较昂贵，因此驻留在大对象堆上的对象不执行压缩过程。

为了进一步改进垃圾收集过程，第 2 代和大对象堆上的收集现在放在后台线程上进行。这表示，应用程序线程仅会因第 0 代和第 1 代的收集而阻塞，减少了总暂停时间，对于大型服务器应用程序尤其如此。服务器和工作站默认打开这个功能。

有助于提高应用程序性能的另一个优化是垃圾收集的平衡，它专用于服务器的垃圾收集。服务器一般有一个线程池，执行大致相同的工作。内存分配在所有线程上都是类似的。对于服务器，每个逻辑服务器都有一个垃圾收集堆。因此其中一个堆用尽了内存，触发了垃圾收集过程时，所有其他堆也可能会得益于垃圾的收集。如果一个线程使用的内存远远多于其他线程，导致垃圾收集，其他线程可能不需要垃圾收集，这就不是很高效。垃圾收集过程会平衡小对象堆和大对象堆。进行这个平衡过程，可以减少不必要的收集。

为了利用包含大量内存的硬件，GC 类添加了 GCSettings.LatencyMode 属性。把这个属性设置为 GCLatencyMode 枚举的一个值，可以控制垃圾收集器进行收集的方式。表 13-1 列出了 GCLatencyMode 可用的值。

表 13-1

成员	说明
Batch	禁用并发设置，以影响响应性为代价，把垃圾收集设置为最大吞吐量。这会重写配置设置
Interactive	工作站的默认行为。它使用垃圾收集并发设置，平衡吞吐量和响应性
LowLatency	保守的垃圾收集。只有系统存在内存压力时，才进行完整的收集。只应用于较短时间，执行特定的操作
SustainedLowLatency	只有系统存在内存压力时，才进行完整的内存块收集
NoGCRegion	对于 GCSettings，这是一个只读属性。可以在代码块中调用 GC.TryStartNoGCRegion 和 EndNoGCRegion 来设置它。调用 TryStartNoGCRegion，定义需要可用的、GC 试图访问的内存大小。成功调用 TryStartNoGCRegion 后，指定不应运行垃圾收集器，直到调用 EndNoGCRegion 为止

LowLatency 或 NoGCRegion 设置使用的时间应为最小值，分配的内存量应尽可能小。如果不小心，就可能出现溢出内存错误。

13.3 强引用和弱引用

垃圾收集器不能收集仍在引用的对象的内存，因为这是一个强引用。它可以收集不在根表中直接或间接引用的托管内存。然而，有时开发人员可能会忘记释放引用。没有取消订阅事件的时候，很容易发生内存泄漏。

注意：

如果对象相互引用，但没有在根表中引用，例如，对象A引用B，B引用C，C引用A，则GC可以销毁所有这些对象。

在应用程序代码内实例化一个类或结构时，只要有代码引用它，就会形成强引用。例如，如果有一个类 MyClass，并创建了一个变量 myClassVariable 来引用该类的对象，那么只要 myClassVariable 在作用域内，就存在对 MyClass 对象的强引用，如下所示：

```
MyClass? myClassVariable = new();
```

这意味着垃圾收集器不会清理 MyClass 对象使用的内存。一般而言这是好事，因为可能需要访问 MyClass 对象。可以创建一个缓存对象，并引用其他几个对象，如下：

```
MyCache myCache = new();
myCache.Add(myClassVariable);
```

现在使用完 myClassVariable 了。它可以超出作用域，或指定为 null：

```
myClassVariable = null;
```

如果垃圾收集器现在运行，就不能释放 myClassVariable 引用的内存，因为该对象仍在缓存对象中引用。这样的引用可以很容易忘记，使用 WeakReference 可以避免这种情况。

弱引用允许创建和使用对象，但如果垃圾收集器碰巧在运行，就会收集对象并释放内存。由于存在潜在的 bug 和性能问题，一般不会使用弱引用，但是在特定的情况下使用弱引用是很合理的。弱引用对小对象没有意义，因为弱引用有自己的开销，这个开销可能比小对象更大。

弱引用是使用 WeakReference 类创建的。使用构造函数，可以传递强引用。示例代码创建了一个 DataObject，并传递构造函数返回的引用。在使用 WeakReference 时，可以试着访问 Target 属性。如果 Target 属性返回的值不是 null，该对象就仍然可用。将它赋值给变量 strongReference 时，就会再次创建该对象的强引用，且它不能被垃圾收集：

```
// Instantiate a weak reference to the DataObject object
WeakReference myWeakReference = new(new DataObject());
DataObject? strongReference = myWeakReference.Target as DataObject;
if (strongReference is not null)
{
  // use the strongReference
}
else
{
  // reference not available
}
```

注意：

WeakReference 类定义了 IsAlive 属性。在创建强引用之前访问这个属性没什么用。在访问 IsAlive 属性和使用 Target 属性之间，对象可能被垃圾收集。在访问 Target 属性后，总是有必要检查 null。IsAlive 属性的一种实际用途是，目前不需要强引用，你只是想检查对象是否仍然存活(例如在类中设置一个标志或者执行其他清理工作)。

13.4 处理非托管的资源

垃圾收集器的出现意味着，通常不需要担心不再需要的对象，只要让这些对象的所有引用都超出作用域，并允许垃圾收集器在需要时释放内存即可。但是，垃圾收集器不知道如何释放非托管的资源(例如，文件句柄、网络连接和数据库连接)。托管类在封装对非托管资源的直接或间接引用时，需要制定专门的规则，确保非托管的资源在收集类的一个实例时释放。

在定义一个类时，可以使用两种机制来自动释放非托管的资源。这些机制常常放在一起实现，因为每种机制都为问题提供了略为不同的解决方法。这两种机制是：

- 声明一个析构函数(或终结器)，作为类的成员
- 在类中实现 System.IDisposable 接口

下面依次讨论这两种机制，然后介绍如何同时实现它们，以获得最佳的效果。

13.4.1 析构函数或终结器

前面介绍了构造函数可以指定必须在创建类的实例时进行的某些操作。相反，在垃圾收集器销毁对象之前，也可以调用析构函数。由于这个操作，析构函数初看起来似乎是放置释放非托管资源、执行一般清理操作的代码的最佳地方。但是，事情并不是如此简单。

注意：

在讨论 C#中的析构函数时，在底层的.NET 体系结构中，这些函数称为终结器(finalizer)。在 C#中定义析构函数时，编译器发送给程序集的实际上是 Finalize()方法。它不会影响源代码，但如果需要查看生成的 IL 代码，就应知道这个事实。

C++开发人员应很熟悉析构函数的语法。它看起来类似于一个方法，与包含的类同名，但有一个前缀波形符(~)。它没有返回类型，不带参数，没有访问修饰符。下面是一个例子：

```
class MyClass
{
  ~MyClass()
  {
    // Finalizer implementation
  }
}
```

C#编译器在编译析构函数时，它会隐式地把析构函数的代码编译为等价于重写 Finalize()方法的代码，从而确保执行父类的 Finalize()方法。下面列出的 C#代码等价于编译器为~MyClass()析构函数生成的 IL：

```
protected override void Finalize()
{
  try
```

```
  {
    // Finalizer implementation
  }
  finally
  {
    base.Finalize();
  }
}
```

如上所示，在~MyClass()析构函数中实现的代码封装在 Finalize()方法的一个 try 块中。对父类的 Finalize()方法的调用放在 finally 块中，确保该调用的执行。第 10 章讨论了 try 块和 finally 块。

有经验的 C++开发人员大量使用了析构函数，有时不仅用于清理资源，还提供调试信息或执行其他任务。C#析构函数要比 C++析构函数的使用少得多。与 C++析构函数相比，C#析构函数的问题是它们的不确定性。在销毁 C++对象时，其析构函数会立即运行。但由于使用 C#时垃圾收集器的工作方式，无法确定 C#对象的析构函数何时执行。终结器运行的时候，析构函数会运行。垃圾收集会启动终结器。所以，不能在析构函数中放置需要在某一时刻运行的代码，也不应寄望于析构函数会以特定顺序对不同类的实例调用。如果对象占用了宝贵而重要的资源，应尽快释放这些资源，此时就不能等待垃圾收集器来释放了。

另一个问题是，C#析构函数的实现会延迟对象最终从内存中删除的时间。没有析构函数的对象会在垃圾收集器的一次处理中从内存中删除，但有析构函数的对象需要两次处理才能销毁：第一次调用析构函数时，没有删除对象，第二次调用才真正删除对象。另外，运行库使用一个线程来执行所有对象的 Finalize()方法。如果频繁使用析构函数，而且使用它们执行长时间的清理任务，对性能的影响就会非常显著。

13.4.2 IDisposable 和 IAsyncDisposable 接口

在 C#中，推荐使用 IDisposable 或 IAsyncDisposable 接口替代析构函数。这些接口定义了一种模式(具有语言级的支持)，该模式为释放非托管的资源提供了确定的机制，并避免产生析构函数固有的与垃圾收集器相关的问题。IDisposable 接口声明了一个 Dispose()方法，它不带参数，返回 void。MyClass 类的 Dispose()方法的实现代码如下：

```
class MyClass: IDisposable
{
  public void Dispose()
  {
    // implementation
  }
}
```

IAsyncDisposable 接口定义了 DisposeAsync()方法，该方法返回 ValueTask。

Dispose()方法的实现代码应该显式地释放由对象直接使用的所有非托管资源，并在所有实现 IDisposable 接口的封装对象上调用 Dispose()方法。通过这种方式，Dispose()方法为何时释放非托管资源提供了精确的控制。

假定有一个 ResourceGobbler 类，它需要使用某些外部资源，且实现 IDisposable 接口。如果要实例化这个类的实例，使用它，然后释放它，就可以使用下面的代码：

```
ResourceGobbler theInstance = new();
// do your processing
theInstance.Dispose();
```

但是，如果在处理过程中出现异常，这段代码就没有释放 theInstance 使用的资源，所以应使用 try 块(第 10 章详细介绍了 try 块)，编写下面的代码：

```
ResourceGobbler? theInstance = null;
try
{
  theInstance = new();
  // do your processing
}
finally
{
  theInstance?.Dispose();
}
```

13.4.3 using 语句和 using 声明

使用 try/finally，即使在处理过程中出现了异常，也可以确保总是在 theInstance 上调用 Dispose()方法，总是释放 theInstance 使用的任意资源。但是，如果总重复这样的结构，代码就很容易被混淆。C#提供了一种语法，可以确保在实现 IDisposable 或 IAsyncDisposable 接口的对象的引用超出作用域时，在该对象上自动调用 Dispose()或 DisposeAsync()方法。该语法使用了 using 关键字来完成此工作。下面的代码生成与上面的 try 块等价的 IL 代码：

```
using (ResourceGobbler theInstance = new())
{
  // do your processing
}
```

> **注意：**
> 要对对象使用 using 语句或 using 声明，该对象的类必须实现 IDisposable 或 IAsyncDisposable 接口。但有一个例外：因为仅保存值的类型(ref struct)不能实现任何接口，所以对于 ref struct，只需要实现 Dispose()方法，就能够对该类型使用 using 语句或 using 声明。

using 语句后接一对圆括号，括号中是引用变量的声明和实例化，该语句使变量的作用域限定在随后的语句块中。另外，在变量超出作用域时，即使出现异常，也会自动调用其 Dispose()方法。

从 C# 8 开始，可以使用一种更短的形式来释放资源：using 声明。使用 using 声明时，不需要编写圆括号，也不需要使用花括号。编译器仍然会创建包含 try/finally 的代码来调用 Dispose()或 DisposeAsync()方法。当变量超出作用域的时候，就会释放资源。通常，当方法结束的时候，变量就超出作用域。因为大部分方法都很短，所以通常应该在方法末尾释放资源。使用 using 声明时，减少了由于使用许多花括号而造成的代码缩进。使用 using 声明时，也可以添加花括号来调用前面的 Dispose()方法。

```
using ResourceGobbler theInstance = new();
// do your processing
```

using 语句和 using 声明还有另外一个区别。使用 using 声明时，总是需要有一个变量。using 语句则可以用在方法的 return 语句中，如果调用成员时不需要有变量，就不是必须声明一个变量。

> **注意：**
> using 关键字在 C#中有多个用法。using 指令用于导入名称空间。using 语句和 using 声明用于实现 IDisposable 接口的对象，并在 using 作用域的末尾调用 Dispose()方法。

注意：

有几个类同时有 Close()和 Dispose()方法。如果需要经常关闭资源(如文件和数据库)，就同时实现 Close()和 Dispose()方法。此时 Close()方法仅用于调用 Dispose()方法。这种方法在类的使用上比较清晰，还支持 using 语句。新的类型只实现了 Dispose()方法，因为我们已经习惯了它。

13.4.4 实现 IDisposable 接口和析构函数

前面的小节讨论了自定义类所使用的释放非托管资源的两种方式：

- 利用运行库强制执行的析构函数，但析构函数的执行是不确定的，而且，由于垃圾收集器的工作方式，它会给运行库增加不可接受的系统开销。
- IDisposable 接口提供了一种机制，该机制允许类的用户控制释放资源的时间，但需要确保调用 Dispose()方法。

如果要创建终结器，就应该实现 IDisposable 接口。假定大多数程序员都能正确调用 Dispose()方法，同时把实现析构函数作为一种安全机制，以防没有调用 Dispose()方法。下面是一个双重实现的例子：

```
public class ResourceHolder: IDisposable
{
  private bool _isDisposed = false;
  public void Dispose()
  {
    Dispose(true);
    GC.SuppressFinalize(this);
  }

  protected virtual void Dispose(bool disposing)
  {
    if (!_isDisposed)
    {
      if (disposing)
      {
        // Cleanup managed objects by calling their
        // Dispose() methods.
      }
      // Cleanup unmanaged objects
      _isDisposed = true;
    }
  }
  ~ResourceHolder()
  {
    Dispose(false);
  }
  public void SomeMethod()
  {
    // Ensure object not already disposed before execution of any method
    if(_isDisposed)
    {
      throw new ObjectDisposedException(nameof(ResourceHolder));
    }
    // method implementation...
  }
}
```

从上述代码可以看出，Dispose()方法有第二个 protected 重载方法，它带一个布尔参数，这是真正完成清理工作的方法。Dispose(bool)方法由析构函数和 IDisposable.Dispose(bool)方法调用。这种方式的重点是确保所有的清理代码都放在一个地方。

传递给 Dispose(bool) 方法的参数表示 Dispose(bool) 方法是由析构函数调用，还是由 IDisposable.Dispose()方法调用。Dispose(bool)方法不应从代码的其他地方调用，其原因是：

- 如果使用者调用 IDisposable.Dispose()方法，该使用者就指定应清理所有与该对象相关的资源，包括托管和非托管的资源。
- 如果调用了析构函数，原则上所有的资源仍需要清理。但是在这种情况下，析构函数由垃圾收集器调用，而且用户不应试图访问其他托管的对象，因为我们不再能确定它们的状态了。在这种情况下，最好清理已知的非托管资源，希望任何引用的托管对象拥有析构函数以执行自己的清理过程。

_isDisposed 成员变量表示对象是否已被清理，并确保不试图多次清理成员变量。它还允许在执行实例方法之前测试对象是否已清理，如 SomeMethod()方法所示。这个简单的方法不是线程安全的，需要调用者确保在同一时刻只有一个线程调用该方法。要求使用者进行同步是一个合理的假定，在整个.NET 类库中(例如，在 Collection 类中)反复使用了这个假定。第 17 章将讨论线程和同步。

最后，IDisposable.Dispose()方法包含一个对 System.GC.SuppressFinalize()方法的调用。GC 类表示垃圾收集器，SuppressFinalize()方法则告诉垃圾收集器有一个类不再需要调用其析构函数了。因为 Dispose()方法已经完成了所有需要的清理工作，所以析构函数不需要做任何工作。调用 SuppressFinalize()方法就意味着垃圾收集器认为这个对象根本没有析构函数。

13.4.5　IDisposable 和终结器的规则

学习了终结器和 IDisposable 接口后，就初步了解了 Dispose 模式和使用这些构造的规则，因为释放资源是托管代码的一个重要方面。下面总结如下规则：

- 如果类定义了实现 IDisposable 的成员，该类也应该实现 IDisposable。
- 实现 IDisposable 并不意味着也应该实现一个终结器。终结器会带来额外的开销，因为它需要创建一个对象，释放该对象的内存，需要 GC 的额外处理。只在需要时才应该实现终结器，例如，发布本机资源。要释放本机资源，就需要终结器。
- 如果实现了终结器，也应该实现 IDisposable 接口。这样，本机资源可以早些释放，而不仅是在 GC 找出被占用的资源时，才释放资源。
- 在终结器的实现代码中，不能访问已终结的对象。无法保证终结器的执行顺序。
- 如果所使用的一个对象实现了 IDisposable 接口，则在不再需要对象时调用 Dispose()方法。想要在方法中使用这个对象，using 语句或 using 声明比较方便。如果对象是类的一个成员，应让类也实现 IDisposable。

13.5　不安全的代码

如前所述，C#非常擅长于对开发人员隐藏大部分基本内存管理，因为它使用了垃圾收集器和引用。但是，有时需要直接访问内存。例如，由于性能问题，要在外部(非.NET 环境)的 DLL 中访问一个函数，该函数需要把一个指针当作参数来传递(许多 Windows API 函数或 Linux 原生函数就是这样)。本节将论述 C#直接访问内存的内容的功能。

13.5.1 用指针直接访问内存

下面把指针当作一个新论题来介绍，而实际上，指针并不是新东西。因为在代码中可以自由使用引用，而引用就是一个类型安全的指针。前面已经介绍了表示对象和数组的变量实际上存储相应数据(被引用者)的内存地址。指针只是一个以与引用相同的方式存储地址的变量。其区别是C#不允许直接访问在引用变量中包含的地址。有了引用后，从语法上看，变量就像是存储了被引用者的实际内容。

C#引用可以使C#语言易于使用，防止用户无意中执行某些破坏内存中内容的操作。另一方面，使用指针，就可以访问实际的内存地址，执行新类型的操作。例如，给地址加上4个字节，就可以查看甚至修改存储在新地址中的数据。

下面是使用指针的两个主要原因：

- 向后兼容性——尽管.NET运行库提供了许多工具，但仍可以调用原生的Windows和Linux API函数。对于某些操作，这可能是完成任务的唯一方式。这些API函数一般都是用C++或C语言编写的，通常要求把指针作为其参数。但在许多情况下，还可以使用DllImport声明，以避免使用指针，例如，使用System.IntPtr类。.NET自己的许多特性也使用原生API。
- 性能——在一些情况下，速度是最重要的，而指针可以提供最优性能。假定用户知道自己在做什么，就可以确保以最高效的方式访问或处理数据。但是，注意在代码的其他区域中，不使用指针，也可以对性能进行必要的改进。可以使用代码性能分析器，查找代码中的瓶颈。Visual Studio中就包含一个代码性能分析器。

但是，这种低级的内存访问也是有代价的。使用指针的语法比引用类型的语法更复杂。而且，指针使用起来比较困难，需要非常高的编程技巧和很强的能力，仔细考虑代码所完成的逻辑操作，才能成功地使用指针。如果不仔细，使用指针就很容易在程序中引入细微的、难以查找的错误。例如，很容易重写其他变量，导致栈溢出，或访问某些没有存储变量的内存区域，甚至重写.NET运行库所需要的代码信息，使程序崩溃。

尽管有这些问题，但指针在编写高效的代码时是一种非常强大和灵活的工具。

注意：

这里强烈建议不要轻易使用指针，否则代码可能会难以编写和调试，而且无法通过CLR施加的内存类型安全检查。调用原生API是必须使用指针的一个例子。

13.5.2 用unsafe关键字编写不安全的代码

因为使用指针会带来相关的风险，所以C#只允许在特别标记的代码块中使用指针。标记代码所用的关键字是unsafe。下面的代码把一个方法标记为unsafe：

```
unsafe int GetSomeNumber()
{
  // code that can use pointers
}
```

任何方法都可以标记为unsafe，无论该方法是否应用了其他修饰符(例如，静态方法、虚方法等)。在这种方法中，unsafe修饰符还会应用到方法的参数上，允许把指针用作参数。还可以把整个类或结构标记为unsafe，这表示假设所有的成员都是不安全的：

```
unsafe class MyClass
{
  // any method in this class can now use pointers
```

```
}
```

同样，可以把成员标记为 unsafe：

```
class MyClass
{
  unsafe int* pX; // declaration of a pointer field in a class
}
```

也可以把方法中的一块代码标记为 unsafe：

```
void MyMethod()
{
  // code that doesn't use pointers
  unsafe
  {
    // unsafe code that uses pointers here
  }
  // more 'safe' code that doesn't use pointers
}
```

但要注意，不能把局部变量本身标记为 unsafe。如果要使用不安全的局部变量，就需要在不安全的方法或语句块中声明和使用它。在使用指针前还有一步要完成。C#编译器会拒绝不安全的代码，除非告诉编译器代码包含不安全的代码块。可以通过设置 csproj 项目文件的 AllowUnsafeBlocks 来配置不安全的代码，如下所示：

```
<PropertyGroup>
  <AllowUnsafeBlocks>True</AllowUnsafeBlocks>
</PropertyGroup>
```

13.5.3 指针的语法

把代码块标记为 unsafe 后，就可以使用下面的语法声明指针：

```
int* pWidth, pHeight;
double* pResult;
byte*[] pFlags;
```

这段代码声明了 4 个变量，其中 pWidth 和 pHeight 是整数指针，pResult 是 double 型指针，pFlags 是字节型的数组指针。我们常常在指针变量名的前面使用前缀 p 来表示这些变量是指针。在变量声明中，符号*表示声明一个指针，换言之，就是存储特定类型的变量的地址。

声明了指针类型的变量后，就可以用与一般变量相同的方式使用它们，但首先需要学习另外两个运算符：

- &表示“取地址”，把一个值数据类型转换为指针，例如，将 int 转换为*int。这个运算符称为寻址运算符。
- *表示“获取地址的内容”，把一个指针转换为值数据类型(例如，将*float 转换为 float)。这个运算符称为“间接寻址运算符”(有时称为“解引用运算符”)。

从这些定义中可以看出，&和*的作用是相反的。

注意：

符号&和*也表示按位 AND(&)和乘法(*)运算符，为什么还可以以这种方式使用它们？答案是，在实际使用时它们是不会被混淆的，用户和编译器总是知道在什么情况下这两个符号有什么含义，因为按照指针的定义，这些符号总是以一元运算符的形式出现，即只作用于一个变量，并在代码中出现该变量的前面。另一方面，按位 AND 和乘法运算符是二元运算符，它们需要两个操作数。

下面的代码说明了如何使用这些运算符：

```
int x = 10;
int* pX, pY;
pX = &x;
pY = pX;
*pY = 20;
```

首先声明一个整数 x，其值是 10。接着声明两个整数指针 pX 和 pY。把 pX 设置为指向 x(换言之，把 pX 的内容设置为 x 的地址)。然后把 pX 的值赋予 pY，所以 pY 也指向 x。最后，在语句*pY = 20 中，把值 20 赋予 pY 指向的地址包含的内容。这样做实际上是把 x 的内容改为 20，因为 pY 指向 x。注意在这里，变量 pY 和 x 之间没有任何关系，只是此时 pY 碰巧指向存储 x 的存储单元而已。

要进一步理解这个过程，可以假定 x 存储在栈的存储单元 0x12F8C4～0x12F8C7 中(十进制就是 1243332～1243335，即有 4 个存储单元，因为一个 int 占用 4 个字节)。因为栈向下分配内存，所以变量 pX 存储在 0x12F8C0～0x12F8C3 的位置上，pY 存储在 0x12F8BC～0x12F8BF 的位置上。注意，pX 和 pY 也分别占用 4 个字节。这不是因为一个 int 占用 4 个字节，而是因为在 32 位处理器上，需要用 4 个字节存储一个地址。利用这些地址，在执行完上述代码后，栈应如图 13-5 所示。

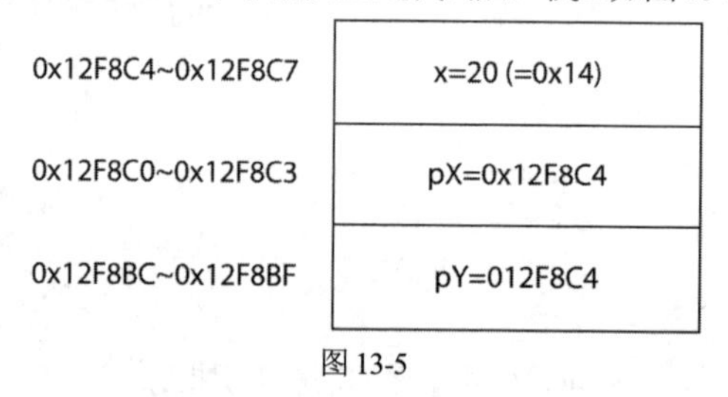

图 13-5

注意：

本例中使用 int 说明该过程，其中 int 存储在 32 位处理器中栈的连续空间上，但并不是所有的数据类型都会存储在连续的空间中，原因是 32 位处理器最擅长于在 4 个字节的内存块中检索数据。这种计算机上的内存会分解为 4 个字节的块，在 Windows 上，每个块有时称为 DWORD，这是 32 位无符号 int 数在.NET 出现之前的名字。这是从内存中获取 DWORD 的最高效的方式，因为跨越 DWORD 边界存储数据通常会降低硬件的性能。因此，.NET 运行库通常会给某些数据类型填充一些空间，使它们占用的内存是 4 的倍数。例如，short 数据占用两个字节，但如果把一个 short 放在栈中，栈指针仍会向下移动 4 个字节，而不是两个字节，这样，下一个存储在栈中的变量就仍从 DWORD 的边界开始存储。

可以声明任意一种值类型的指针，即任何预定义的类型 uint、int 和 byte 等，也包括结构。但是不能声明类或数组的指针，因为这么做会使垃圾收集器出现问题。为了正常工作，垃圾收集器需要知道在堆上创建了什么类的实例，它们在什么地方。但如果代码开始使用指针处理类，就很容易破坏堆中.NET 运行库为垃圾收集器维护的与类相关的信息。在这里，垃圾收集器可以访问的任何数据类型称为托管类型，而指针只能声明为非托管类型，因为垃圾收集器不能处理它们。

13.5.4 将指针强制转换为整数类型

由于指针实际上存储了一个表示地址的整数，因此任何指针中的地址都可以和任何整数类型之间相互转换。指针到整数类型的转换必须是显式指定的，不允许隐式转换。例如，可以编写下面的代码：

```
int x = 10;
int* pX, pY;
pX = &x;
pY = pX;
*pY = 20;
ulong y = (ulong)pX;
int* pD = (int*)y;
```

把指针 pX 中包含的地址强制转换为一个 ulong，存储在变量 y 中。接着把 y 强制转换回一个 int*，存储在新变量 pD 中。因此 pD 也指向 x 的值。

把指针的值强制转换为整数类型的主要目的是显示它。插值字符串和 Console.Write()方法没有接受指针的重载方法，但它们可以接受和显示已经被强制转换为整数类型的指针值：

```
WriteLine($"Address is {pX}"); // wrong -- will give a compilation error
WriteLine($"Address is {(ulong)pX}"); // OK
```

可以把一个指针强制转换为任何整数类型，但是，因为在 32 位系统上，一个地址占用 4 个字节，把指针强制转换为除了 uint、long 或 ulong 之外的数据类型，几乎肯定会导致溢出错误(int 也可能导致这个问题，因为它的取值范围是-20 亿~20 亿，而地址的取值范围是 0~40 亿)。如果创建 64 位应用程序，就需要把指针强制转换为 ulong 类型。

还要注意，checked 关键字不能用于涉及指针的转换。对于这种转换，即使在设置 checked 的情况下，发生溢出时也不会抛出异常。.NET 运行库假定，如果使用指针，就知道自己要做什么，且不担心可能出现的溢出。

13.5.5 指针类型之间的强制转换

也可以在指向不同类型的指针之间进行显式的转换。例如：

```
byte aByte = 8;
byte* pByte= &aByte;
double* pDouble = (double*)pByte;
```

这是一段合法的代码，但如果要执行这段代码，就要小心了。在上面的示例中，如果要查找指针 pDouble 指向的 double 值，就会查找包含 1 个 byte(aByte)的内存，和一些其他内存，并把它当作包含一个 double 值的内存区域来对待——这不会得到一个有意义的值。但是，可以在类型之间转换，实现 C union 类型的等价形式，或者把其他类型的指针强制转换为 sbyte 的指针，来检查内存的单个字节。

13.5.6 void 指针

如果要维护一个指针，但不希望指定它指向的数据类型，就可以把指针声明为 void：

```
int x = 10;
int* pointerToInt = &x;
void* pointerToVoid;
pointerToVoid = (void*)pointerToInt;
```

void 指针的主要用途是调用需要 void*参数的 API 函数。在 C#语言中，使用 void 指针的情况并不是很多。特殊情况下，如果试图使用*运算符解引用 void 指针，编译器就会标记一个错误。可以将 void*强制转换为其他指针类型，然后用在其他场景中。

13.5.7 指针算术的运算

可以给指针加减整数。编译器很智能，知道如何执行这个操作。例如，假定有一个 int 指针，要在其值上加 1。编译器会假定我们要查找 int 后面的存储单元，因此会给该值加上 4 个字节，即加上一个 int 占用的字节数。如果这是一个 double 指针，加 1 就表示在指针的值上加 8 个字节，即一个 double 占用的字节数。只有指针指向 byte 或 sbyte(都是 1 个字节)时，才会给该指针的值加上 1。

可以对指针使用运算符+、-、+=、-=、++和--，这些运算符右边的变量必须是 long 或 ulong 类型。

> **注意：**
> 不允许对 void 指针执行算术运算。需要将 void 指针强制转换为其他指针类型，然后才可以执行算术运算。

例如，假定有如下定义：

```
uint u = 3;
byte b = 8;
double d = 10.0;
uint* pUint= &u; // size of a uint is 4
byte* pByte = &b; // size of a byte is 1
double* pDouble = &d; // size of a double is 8
```

假定这些指针指向的地址是：

- pUint: 1243332
- pByte: 1243328
- pDouble: 1243320

执行这段代码后：

```
++pUint; // adds (1*4) = 4 bytes to pUint
pByte -= 3; // subtracts (3*1) = 3 bytes from pByte
double* pDouble2 = pDouble + 4; // pDouble2 = pDouble + 32 bytes (4*8 bytes)
```

现在指针应包含的内容是：

- pUint: 1243336
- pByte: 1243325
- pDouble2: 1243352

> **注意：**
> 一般，给类型为 T 的指针加上数值 X，其中指针的值为 P，则得到的结果是 P+ X*(sizeof(T))。如果给定类型的连续值存储在连续的存储单元中，指针加法就允许在存储单元之间移动指针。但如果类型是 byte 或 char，其总字节数不是 4 的倍数，连续值就无法默认地存储在连续的存储单元中。

如果两个指针都指向相同的数据类型，则也可以把一个指针从另一个指针中减去。此时，结果是一个 long，其值是指针值的差被该数据类型所占用的字节数整除的结果：

```
double* pD1 = (double*)1243324; // note that it is perfectly valid to
// initialize a pointer like this.
```

```
double* pD2 = (double*)1243300;
long L = pD1-pD2; // gives the result 3 (=24/sizeof(double))
```

13.5.8 sizeof运算符

这一节将介绍如何确定各种数据类型的大小。如果需要在代码中使用某种类型的大小，就可以使用sizeof运算符，它的参数是数据类型的名称，返回该类型占用的字节数。例如：

```
int x = sizeof(double);
```

这将设置x的值为8。

使用sizeof的优点是不必在代码中硬编码数据类型的大小，使代码的移植性更强。byte(或sbyte)的大小为1个字节，short的大小为2个字节，int的大小为4个字节，long的大小为8个字节。也可以对自己定义的结构使用sizeof，但此时得到的结果取决于结构中的字段类型。不能对类使用sizeof。

13.5.9 结构指针：指针成员访问运算符

结构指针的工作方式与预定义值类型的指针的工作方式完全相同。但是有一个条件：结构不能包含任何引用类型，这是因为前面介绍的一个限制，即指针不能指向任何引用类型。为了避免这种情况，如果创建一个指针，它指向包含任何引用类型的任何结构，编译器就会标记一个错误。

假设定义了如下结构：

```
struct MyStruct
{
  public long X;
  public float F;
}
```

就可以给它定义一个指针：

```
MyStruct* pStruct;
```

然后对其进行初始化：

```
MyStruct myStruct = new();
pStruct = &myStruct;
```

也可以通过指针访问结构的成员值：

```
(*pStruct).X = 4;
(*pStruct).F = 3.4f;
```

但是，这个语法有点复杂。因此，C#定义了另一个运算符，用一种比较简单的语法，通过指针访问结构的成员，它称为指针成员访问运算符，其符号是一个短划线，后跟一个大于号，它看起来像一个箭头：->。

> **注意：**
> C++开发人员能识别指针成员访问运算符，因为C++使用这个符号完成相同的任务。

使用这个指针成员访问运算符，上述代码可以重写为：

```
pStruct->X = 4;
pStruct->F = 3.4f;
```

也可以直接把合适类型的指针设置为指向结构中的一个字段：

```
long* pL = &(myStruct.X);
float* pF = &(myStruct.F);
```

或者

```
long* pL = &(pStruct->X);
float* pF = &(pStruct->F);
```

13.5.10 类成员的指针

前面说过，不能创建指向类的指针，这是因为垃圾收集器不维护关于指针的任何信息，只维护关于引用的信息，因此创建指向类的指针会使垃圾收集器不能正常工作。

但是，大多数类都包含值类型的成员，可以为这些值类型成员创建指针，但这需要一种特殊的语法。例如，假定把上面示例中的结构重写为类：

```
class MyClass
{
  public long X;
  public float F;
}
```

然后就可以为它的字段 X 和 F 创建指针了，方法与前面一样。但这么做会产生一个编译错误：

```
MyClass myObject = new();
long* pL = &(myObject.X); // wrong -- compilation error
float* pF = &(myObject.F); // wrong -- compilation error
```

尽管 X 和 F 都是非托管类型，但它们嵌入在一个对象中，这个对象存储在堆上。在垃圾收集的过程中，垃圾收集器会把 MyObject 移动到内存的一个新单元上，这样，pL 和 pF 就会指向错误的存储地址。由于存在这个问题，因此编译器不允许以这种方式把托管类型的成员的地址分配给指针。

解决这个问题的方法是使用 fixed 关键字，它会告诉垃圾收集器，可能有引用某些对象的成员的指针，所以这些对象不能移动。如果要声明一个指针，则使用 fixed 的语法，如下所示：

```
MyClass myObject = new();
fixed (long* pObject = &(myObject.X))
{
  // do something
}
```

在关键字 fixed 后面的圆括号中，定义和初始化指针变量。这个指针变量(在本例中是 pObject)的作用域是花括号标识的 fixed 块。这样，垃圾收集器就知道，在执行 fixed 块中的代码时，不能移动 myObject 对象。

如果要声明多个这样的指针，就可以在同一个代码块前放置多条 fixed 语句：

```
MyClass myObject = new();
fixed (long* pX = &(myObject.X))
fixed (float* pF = &(myObject.F))
{
  // do something
}
```

如果要在不同的阶段固定几个指针，就可以嵌套整个 fixed 块：

```
MyClass myObject = new();
fixed (long* pX = &(myObject.X))
{
  // do something with pX
  fixed (float* pF = &(myObject.F))
  {
    // do something else with pF
  }
}
```

如果这些变量的类型相同，就可以在同一个 fixed 块中初始化多个变量：

```
MyClass myObject = new();
MyClass myObject2 = new();
fixed (long* pX = &(myObject.X), pX2 = &(myObject2.X))
{
  //...
}
```

在上述情况中，是否声明不同的指针，让它们指向相同或不同对象中的字段，或者指向与类实例无关的静态字段，这一点并不重要。

13.5.11 指针示例：PointerPlayground

为了理解指针，最好编写一个使用指针的程序，再使用调试器。下面给出一个使用指针的示例：PointerPlayground。该示例执行一些简单的指针操作，显示结果，还允许查看内存中发生的情况，并确定变量存储在什么地方(代码文件 PointerPlayground/Program.cs)：

```
unsafe static void Main()
{
  int a = 10;
  short b = -1;
  byte c = 4;
  float d = 1.5F;
  int* pa = &a;
  short* pb = &b;
  byte* pc = &c;
  float* pd = &d;

  Console.WriteLine($"Address of a is 0x{(ulong)&a:X}, " +
    $"size is {sizeof(int)}, value is {a}");
  Console.WriteLine($"Address of b is 0x{(ulong)&b:X}, " +
    $"size is {sizeof(short)}, value is {b}");
  Console.WriteLine($"Address of c is 0x{(ulong)&c:X}, " +
    $"size is {sizeof(byte)}, value is {c}");
  Console.WriteLine($"Address of d is 0x{(ulong)&d:X}, " +
    $"size is {sizeof(float)}, value is {d}");
  Console.WriteLine($"Address of pa=&a is 0x{(ulong)&pa:X}, " +
    $"size is {sizeof(int*)}, value is 0x{(ulong)pa:X}");
  Console.WriteLine($"Address of pb=&b is 0x{(ulong)&pb:X}, " +
    $"size is {sizeof(short*)}, value is 0x{(ulong)pb:X}");
  Console.WriteLine($"Address of pc=&c is 0x{(ulong)&pc:X}, " +
    $"size is {sizeof(byte*)}, value is 0x{(ulong)pc:X}");
  Console.WriteLine($"Address of pd=&d is 0x{(ulong)&pd:X}, " +
    $"size is {sizeof(float*)}, value is 0x{(ulong)pd:X}");
```

```
    *pa = 20;
    Console.WriteLine($"After setting *pa, a = {a}");
    Console.WriteLine($"*pa = {*pa}");

    pd = (float*)pa;
    Console.WriteLine($"a treated as a float = {*pd}");

    Console.ReadLine();
  }
```

这段代码声明了 4 个值变量：int a、short b、byte c 和 float d，还声明了这些值的 4 个指针：pa、pb、pc 和 pd。

然后显示这些变量的值，以及它们的大小和地址。注意，在获取 pa、pb、pc 和 pd 的地址时，我们查看的是指针的指针，即值的地址的地址！还要注意，与显示地址的常见方式一致，在 WriteLine() 命令中使用{0:X}格式说明符，确保该内存地址以十六进制格式显示。

最后，使用指针 pa 把 a 的值改为 20，然后执行一些指针类型强制转换，看看如果把 a 的内容当作 float 类型会发生什么，它们使用相同的字节数，但采用不同的内存表示。

编译并运行这段代码，得到下面的结果：

```
Address of a is 0x565DD7E53C, size is 4, value is 10
Address of b is 0x565DD7E538, size is 2, value is -1
Address of c is 0x565DD7E534, size is 1, value is 4
Address of d is 0x565DD7E530, size is 4, value is 1.5
Address of pa=&a is 0x565DD7E528, size is 8, value is 0x565DD7E53C
Address of pb=&b is 0x565DD7E520, size is 8, value is 0x565DD7E538, diff -4
Address of pc=&c is 0x565DD7E518, size is 8, value is 0x565DD7E534, diff -4
Address of pd=&d is 0x565DD7E510, size is 8, value is 0x565DD7E530, diff -4
After setting *pa, a = 20
*pa = 20
a treated as a float = 2.8E-44
```

注意：
用新的.NET 运行库运行应用程序时，每次运行应用程序都会显示不同的地址。

检查这些结果，可以证实“后台内存管理”一节描述的栈操作，即栈向下给变量分配内存。注意，这还证实了栈中的内存块总是按照 4 或 8 个字节的倍数进行分配。例如，b 是一个 short 数(其大小为 2 字节)，其地址是 0x565DD7E538(十六进制)，表示为该变量分配的存储单元是 0x565DD7E538~0x565DD7E53B。如果.NET 运行库严格地逐个排列变量，则 b 应只占用两个存储单元，即 0x565DD7E538 和 0x565DD7E539。

下一个示例 PointerPlayground2 介绍指针的算术，以及结构和类成员的指针。开始时，定义一个结构 CurrencyStruct，它把货币值表示为美元和美分，再定义一个等价的类 CurrencyClass(代码文件 PointerPlayground2/Currency.cs)：

```
internal struct CurrencyStruct
{
  public CurrencyStruct(long dollars, byte cents)
    => (Dollars, Cents) = (dollars, cents);

  public readonly long Dollars;
  public readonly byte Cents;
  public override string ToString() => $"$ {Dollars}.{Cents}";
}
```

```
internal class CurrencyClass
{
  public CurrencyClass(long dollars, byte cents)
    => (Dollars, Cents) = (dollars, cents);

  public readonly long Dollars = 0;
  public readonly byte Cents = 0;
  public override string ToString() => $"$ {Dollars}.{Cents}";
}
```

定义好结构和类后，就可以对它们应用指针了。下面是新示例的代码。这段代码比较长，我们将对此做详细讲解。首先显示 CurrencyStruct 结构的字节数，创建它的两个实例和一些指针，然后使用 pAmount 指针初始化一个 CurrencyStruct 结构 amount1 的成员，显示变量的地址(代码文件 PointerPlayground2/Program.cs)：

```
unsafe static void Main()
{
  Console.WriteLine($"Size of CurrencyStruct struct is " +
    $"{sizeof(CurrencyStruct)}");
  CurrencyStruct amount1 = new(10, 10), amount2 = new(20, 20);
  CurrencyStruct* pAmount = &amount1;
  long* pDollars = &(pAmount->Dollars);
  byte* pCents = &(pAmount->Cents);


  Console.WriteLine($"Address of amount1 is 0x{(ulong)&amount1:X}");
  Console.WriteLine($"Address of amount2 is 0x{(ulong)&amount2:X}");
  Console.WriteLine($"Address of pAmount is 0x{(ulong)&pAmount:X}");
  Console.WriteLine($"Value of pAmount is 0x{(ulong)pAmount:X}");
  Console.WriteLine($"Address of pDollars is 0x{(ulong)&pDollars:X}");
  Console.WriteLine($"Value of pDollars is 0x{(ulong)pDollars:X}");
  Console.WriteLine($"Address of pCents is 0x{(ulong)&pCents:X}");
  Console.WriteLine($"Value of pCents is 0x{(ulong)pCents:X}");

  // because Dollars are declared readonly in CurrencyStruct, you cannot change it
  // with a variable of type CurrencyStruct
  // pAmount->Dollars = 20;
  // but you can change it via a pointer referencing the memory address!
  *pDollars = 100;
  Console.WriteLine($"amount1 contains {amount1}");
  //...
}
```

现在根据栈的工作方式，执行一些指针操作。因为变量是按顺序声明的，所以 amount2 存储在 amount1 后面的地址中。sizeof(CurrencyStruct)运算符返回 16(见后文的屏幕输出)，所以 CurrencyStruct 结构占用的字节数是 4 的倍数。在递减了指针后，它就指向 amount2：

```
--pAmount; // this should get it to point to amount2
Console.WriteLine($"amount2 has address 0x{(ulong)pAmount:X} " +
  $"and contains {*pAmount}");
```

先前了解的关于栈的知识，让你知道递减 pAmount 的效果是什么。开始执行指针运算后，你会发现自己能够访问编译器通常不允许访问的各种变量和内存位置，所以指针运算才被称为“不安全”的操作。

接下来在 pCents 指针上进行指针运算。pCents 指针目前指向 amount1.Cents，但此处的目的是使用指针算术让它指向 amount2.Cents，而不是直接告诉编译器我们要做什么。为此，需要从 pCents 指针所包含的地址中减去 sizeof(Currency)。下面的 WriteLine()方法显示包含新地址的 pCents 的值，以及 pCents 引用的值，即 amount2 的 Cents 的值：

```
// do some clever casting to get pCents to point to cents
// inside amount2
CurrencyStruct* pTempCurrency = (CurrencyStruct*)pCents;
pCents = (byte*)( --pTempCurrency);
Console.WriteLine("Value of pCents is now 0x{(ulong)pCents:X}");
Console.WriteLine($"The value where pCents points to: {*pCents}");
```

最后，使用 fixed 关键字创建一些指向类实例中字段的指针，使用这些指针设置这个实例的值。注意，这也是我们第一次查看存储在堆中(而不是栈中)的项的地址：

```
Console.WriteLine("\nNow with classes");
// now try it out with classes
CurrencyClass amount3 = new(30, 0);
fixed(long* pDollars2 = &(amount3.Dollars))
fixed(byte* pCents2 = &(amount3.Cents))
{
  Console.WriteLine($"amount3.Dollars has address 0x{(ulong)pDollars2:X}");
  Console.WriteLine($"amount3.Cents has address 0x{(ulong)pCents2:X}");
  *pDollars2 = -100;
  Console.WriteLine($"amount3 contains {amount3}");
}
```

编译并运行这段代码，得到如下所示的结果：

```
Size of CurrencyStruct struct is 16
Address of amount1 is 0x5E5657E2F0
Address of amount2 is 0x5E5657E2E0
Address of pAmount is 0x5E5657E2D8
Value of pAmount is 0x5E5657E2F0
Address of pDollars is 0x5E5657E2D0
Value of pDollars is 0x5E5657E2F0
Address of pCents is 0x5E5657E2C8
Value of pCents is 0x5E5657E2F8
amount1 contains $ 100.10
pAmount contains the new address 5E5657E2E0 and references this value $ 20.20
Value of pCents is now 0x5E5657E2E8
The value where pCents points to: 20

Now with classes
amount3.Dollars has address 0x1AF3BFFF988
amount3.Cents has address 0x1AF3BFFF990
amount3 contains $ -100.0
```

注意，CurrencyStruct 结构的字节数是 16，考虑到其字段的大小(一个 long 加上一个 byte 应该是 9 个字节)，这比预期的字节数要大一些。

13.5.12 函数指针

函数指针是 C# 9 的一个新特性。前面介绍了委托，它们是类型安全的方法指针。但是，委托是类，并且包含了一个方法列表，所以有其开销。使用函数指针时，只使用内存地址来以一种类型安全的方式引用方法。其类型安全性类似于委托的类型安全性，而且这里也会使用 delegate 关键字，只是会与一个星号结合使用：delegate*。

下面的 Calc()方法声明了一个 delegate* managed<int, int, int>类型的方法。与 Func 委托类似，尖括号用于指定参数类型和返回类型。传递给 Calc()方法的方法需要有两个 int 参数，并返回一个 int 值。managed 修饰符指定了这个方法需要是一个.NET 方法。managed 修饰符是可选的，可以去掉它，代码的行为并不会改变(代码文件 PointerPlayground2/FunctionPointerSample.cs)：

```
public static void Calc(delegate* managed<int, int, int> func)
{
  int result = func(42, 11);
  Console.WriteLine($"function pointer result: {result}");
}
```

managed 修饰符是可选的，但在声明为托管函数或者原生函数的函数指针时，必须使用 unmanaged 修饰符。使用 unmanaged 修饰符时，还可以指定调用约定，如 StdCall。调用约定指定了原生函数如何处理参数，把参数放到栈上的顺序，或者是不是把它们放到栈上。这里指定的约定需要匹配原生方法的实现。

```
public static void CalcUnmanaged(delegate* unmanaged[Stdcall]<int, int, int> func)
{
  int result = func(42, 11);
  Console.WriteLine($"function pointer result: {result}");
}
```

因为函数指针是内存指针，可能被误用，所以需要在使用 unsafe 关键字的类中声明它们。

注意：
关于如何使用 P/Invoke 调用未托管方法的信息，请阅读本章后面的“平台调用”小节。

创建了 Calc()方法后，可以声明一个支持其参数和返回类型需求的托管方法，例如下面定义的 Add()方法：

```
static int Add(int x, int y) => x + y;
```

然后调用 Calc()方法，使用&运算符传入 Add()方法的地址：

```
FunctionPointerSample.Calc(&Add);
```

13.5.13 使用指针优化性能

前面的所有示例演示了使用指针可以完成的各种任务，但处理内存的方式只有感兴趣的人们才希望了解实际上发生了什么事，并不能帮助人们编写出更好的代码！本节将应用我们对指针的理解，用一个示例来说明使用指针可以大大提高性能。

1. 创建基于栈的数组

本节将探讨指针的一个主要应用领域：在栈中创建高性能、低系统开销的数组。第 2 章介绍了 C#如何支持数组的处理。第 6 章详细介绍了数组。C#很容易使用一维数组和矩形或锯齿形多维数组，但有一个缺点：这些数组实际上都是对象，它们是 System.Array 的实例。因此数组存储在堆上，这会增加系统开销。有时，我们希望创建一个使用时间比较短的高性能数组，不希望有引用对象的系统开销。使用指针可以做到这一点，但指针只对于一维数组比较简单。

为了创建一个高性能的数组，需要使用另一个关键字：stackalloc。stackalloc 命令指示.NET 运行库在栈上分配一定量的内存。在调用 stackalloc 命令时，需要为它提供两条信息：

- 要存储的数据类型
- 需要存储的数据项数

例如，要分配足够的内存，以存储 10 个 decimal 数据项，可以编写下面的代码：

```
decimal* pDecimals = stackalloc decimal[10];
```

注意，这条命令只分配栈内存。它不会试图把内存初始化为任何默认值，这正好符合我们的目的。因为要创建一个高性能的数组，给它不必要地初始化相应值会降低性能。程序可以在需要的时候再初始化内存。

记住，与堆不同，存储在栈上的变量会在方法完成后释放。这对于在栈上分配的数组也成立，所以使用 stackalloc 分配内存时，不需要自己释放内存。

同样，要存储 20 个 double 数据项，可以编写下面的代码：

```
double* pDoubles = stackalloc double[20];
```

虽然这行代码用一个常量来指定要存储的变量的个数，但也可以是在运行时计算的数量。所以可以把上面的示例写为：

```
int size;
size = 20; // or some other value calculated at runtime
double* pDoubles = stackalloc double[size];
```

从这些代码片段中可以看出，stackalloc 的语法有点不寻常。它的后面紧跟要存储的数据类型名(该数据类型必须是一个值类型)，并在后面的方括号中放置需要的项数。分配的字节数是项数乘以 sizeof(数据类型)。在这里，使用方括号表示这是一个数组。如果给 20 个 double 数分配存储单元，就得到了一个有 20 个元素的 double 数组。最简单的数组类型是逐个存储元素的内存块，如图 13-6 所示。

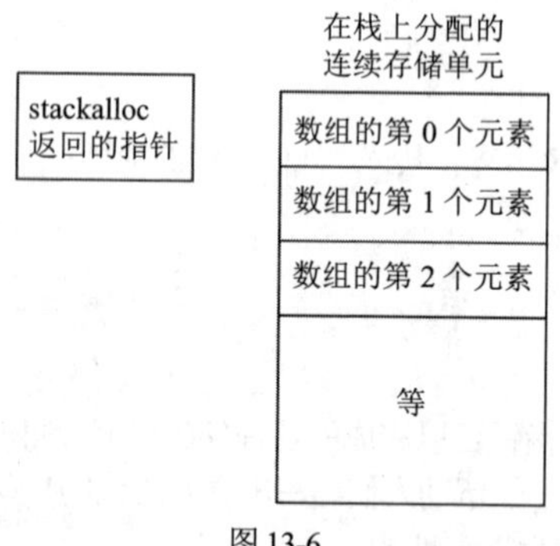

图 13-6

在图 13-6 中，显示了 stackalloc 返回的指针，stackalloc 总是返回分配数据类型的指针，它指向新分配内存块的顶部。要使用这个内存块，可以解引用返回的指针。例如，给 20 个 double 数分配内存后，把第一个元素(数组的元素 0)设置为 3.0，可以编写下面的代码：

```
double* pDoubles = stackalloc double[20];
*pDoubles = 3.0;
```

要访问数组的下一个元素，可以使用指针算术。如前所述，如果给一个指针加 1，就会增加它指向的数据类型的字节数的值。在本例中，将把指针指向已分配的内存块中的下一个空闲存储单元。因此可以把数组的第二个元素(元素编号为1)设置为8.4：

```
double* pDoubles = stackalloc double[20];
*pDoubles = 3.0;
*(pDoubles + 1) = 8.4;
```

同样，可以用表达式*(pDoubles+X)访问数组中下标为X的元素。

这样，就得到一种访问数组中元素的方式，但对于一般目的，使用这种语法过于复杂。C#为此定义了另一种语法，即使用方括号。对指针应用方括号时，C#为方括号提供了一种非常精确的含义。如果变量p是任意指针类型，X是一个整数，表达式p[X]就被编译器解释为*(p+X)，这适用于所有的指针，不仅仅是用stackalloc初始化的指针。利用这个简洁的表示法，就可以用一种非常方便的语法访问数组。实际上，访问基于栈的一维数组所使用的语法与访问由System.Array类表示的基于堆的数组完全相同：

```
double* pDoubles = stackalloc double [20];
pDoubles[0] = 3.0; // pDoubles[0] is the same as *pDoubles
pDoubles[1] = 8.4; // pDoubles[1] is the same as *(pDoubles+1)
```

注意：

把数组的语法应用于指针并不是新东西。自从开发出C和C++语言以来，它就是这两种语言的基础部分。实际上，C++开发人员会把这里用stackalloc获得的、基于栈的数组完全等同于传统的基于栈的C和C++数组。这种语法和指针与数组的链接方式是C语言在20世纪70年代后期流行起来的原因之一，也是指针的使用成为C和C++中一种流行的编程技巧的主要原因。

尽管高性能的数组可以用与一般C#数组相同的方式访问，但需要注意，在C#中，下面的代码会抛出一个异常：

```
double[] myDoubleArray = new double[20];
myDoubleArray[50] = 3.0;
```

抛出异常的原因是：使用越界的下标来访问数组，使用的下标是50，而数组允许的最大下标是19。但是，如果使用stackalloc声明了一个等价的数组，就没有封装在该数组中的对象来执行边界检查，因此下面的代码不会抛出异常：

```
double* pDoubles = stackalloc double[20];
pDoubles[50] = 3.0;
```

在这段代码中，我们分配了足够的内存来存储20个double类型的数。接着使用pDoubles变量来引用远远超出为double值分配的内存区域的内存。谁也不知道这个地址存储了什么数据。最好情况是使用了某个当前未使用的内存，但所重写的存储单元也有可能是在栈上用于存储其他变量，甚至是正在执行的方法的返回地址。因此，使用指针获得高性能的同时，也会付出一些代价：需要确保自己知道在做什么，否则就会遇到非常古怪的运行错误。

2. QuickArray示例

下面用一个stackalloc示例QuickArray来结束关于指针的讨论。在这个示例中，程序仅要求用户提供为数组分配的元素数。然后代码使用stackalloc给long型数组分配一定的存储单元。这个数组的元素是从0开始的整数的平方，结果显示在控制台上(代码文件QuickArray/Program.cs)：

```
class Program
```

```
{
  unsafe public static void Main()
  {
    string? userInput;
    int size;
    do
    {
      Console.Write($"How big an array do you want? {Environment.NewLine}>");
      userInput = Console.ReadLine();
    } while (!int.TryParse(userInput, out size));

    long* pArray = stackalloc long[size];
    for (int i = 0; i < size; i++)
    {
      pArray[i] = i * i;
    }

    for (int i = 0; i < size; i++)
    {
      Console.WriteLine($"Element {i} = {*(pArray + i)}");
    }

    Console.ReadLine();
  }
}
```

运行这个示例，得到如下所示的结果：

```
How big an array do you want?
> 15
Element 0 = 0
Element 1 = 1
Element 2 = 4
Element 3 = 9
Element 4 = 16
Element 5 = 25
Element 6 = 36
Element 7 = 49
Element 8 = 64
Element 9 = 81
Element 10 = 100
Element 11 = 121
Element 12 = 144
Element 13 = 169
Element 14 = 196
```

13.6 Span<T>

第 3 章介绍了创建引用类型(类)和值类型(结构)。类的实例存储在托管堆上。结构的值可以存储在栈上，或者当使用装箱时，可以存储在托管堆上。现在我们有了另一种类型：一种只能在栈上存储其值的类型，而不会在堆上存储，有时称为类 ref 类型。这种类型不会发生装箱。这样的类型用 ref struct 关键字声明。使用 ref struct 提供了一些额外的行为和限制。限制如下：

- 它们不能添加为数组项。

- 它们不能用作泛型类型参数。
- 它们不能装箱。
- 它们不能是静态字段。
- 它们只能是类 ref 类型的实例字段。

在本节中，Span<T>和 ReadOnlySpan<T>是类似于 ref 的类型。这些类型已经在讨论数组扩展方法的第 6 章中介绍了。这里介绍的附加特性引用托管堆、堆栈和本机堆上的数据。

13.6.1 Span 引用托管堆

在第 6 章中了解到，Span 可以引用托管堆上的内存。在下面的代码片段中，创建了一个数组，并使用扩展方法 AsSpan 创建了一个新的 Span，它引用托管堆上数组的内存。创建在变量 span1 中引用的 Span 之后，创建 Span 的一个切片，其中用值 42 填充。下面的代码中的注释说明了使用 Span 类型的 Slice()方法的语法。范围运算符用于实现相同的功能。下一个 Console.WriteLine()将 span1 的值写入控制台(代码文件 SpanSample/Program.cs)：

```
void SpanOnTheHeap()
{
  Console.WriteLine(nameof(SpanOnTheHeap));
  Span<int> span1 = (new int[] { 1, 5, 11, 71, 22, 19, 21, 33 }).AsSpan();
  // span1.Slice(start: 4, length: 3).Fill(42);
  span1[4..7].Fill(42);

  Console.WriteLine(string.Join(", ", span1.ToArray()));

  Console.WriteLine();
}
```

运行应用程序时，可以看到在 span 的切片中，用 42 填充的 span1 的输出：

```
SpanOnTheHeap
1, 5, 11, 71, 42, 42, 42, 33
```

13.6.2 Span 引用栈

Span 可以用来引用栈上的内存。引用栈上的单个变量并不像引用一个内存块那样有趣；这就是下面的代码片段使用 stackalloc 关键字的原因。stackalloc 返回一个 long*，它要求将方法 SpanOnTheStack()声明为 unsafe，而 Span 类型的构造函数允许传递一个指针和表示该指针大小的附加参数。接下来，变量 span1 与索引器一起使用，以填充每个项(代码文件 SpanSample/Program.cs)：

```
unsafe void SpanOnTheStack()
{
  Console.WriteLine(nameof(SpanOnTheStack));

  long* lp = stackalloc long[20];
  Span<long> span1 = new(lp, 20);

  for (int i = 0; i < 20; i++)
  {
    span1[i] = i;
  }

  Console.WriteLine(string.Join(", ", span1.ToArray()));
```

```
  Console.WriteLine();
}
```

运行该程序时，以下输出显示了在栈上初始化数据的Span：

```
SpanOnTheStack
0, 1, 2, 3, 4, 5, 6, 7, 8, 9, 10, 11, 12, 13, 14, 15, 16, 17, 18, 19
```

13.6.3 Span引用本机堆

Span的一个重要特征是它们也可以引用本机堆上的内存。本机堆上的内存通常是从本机API分配的。在下面的代码片段中，Marshal类的AllocHGlobal()方法用于在本机堆上分配100个字节。该类在System.Runtime.InteropServices名称空间中定义。Marshal类返回一个IntPtr类型的指针。为了直接访问int*，调用了IntPtr的ToPointer()方法。这是Span类的构造函数所需要的指针。在此内存中写入int值，应注意需要多少字节。int包含32位，将字节数除以4，并移动两位，得到内存中能够保存的int值个数。在此之后，通过调用Span的Fill()方法来填充本机内存。在for循环中，从Span中引用的每个项都写到控制台(代码文件SpanSample/Program.cs)：

```
unsafe void SpanOnNativeMemory()
{
  Console.WriteLine(nameof(SpanOnNativeMemory));
  const int nbytes = 100;
  IntPtr p = Marshal.AllocHGlobal(nbytes);
  try
  {
    int* p2 = (int*)p.ToPointer();
    Span<int> span = new(p2, nbytes >> 2);
    span.Fill(42);

    int max = nbytes >> 2;
    for (int i = 0; i < max; i++)
    {
      Console.Write($"{span[i]} ");
    }
    Console.WriteLine();
  }
  finally
  {
    Marshal.FreeHGlobal(p);
  }
  Console.WriteLine();
}
```

运行应用程序时，存储在本机堆中的值将写入控制台：

```
SpanOnNativeMemory
42 42 42 42 42 42 42 42 42 42 42 42 42 42 42 42 42 42 42 42 42 42 42 42 42
```

> **注意：**
> 使用Span访问本机内存和栈，需要使用不安全的代码，因为需要通过传递一个指针来创建Span和分配内存。在初始化之后，使用Span，就不再需要不安全的代码。分配本机内存(如Marshal类的AllocHGlobal()方法进行分配)后，必须要使用FreeHGlobal()释放这些内存。

13.6.4 Span 扩展方法

对于 Span 类型，定义了扩展方法，以便更轻松地使用这种类型。下面的代码片段演示了 Overlaps()、Reverse()和 IndexOf()方法的使用。使用 Overlaps()方法，检查用于调用此扩展方法的 span 是否与该参数传递的 span 重叠。Reverse()方法反转了 span 的内容。IndexOf()方法返回用参数传递的 span 的索引(代码文件 SpanSample/Program.cs)：

```
void SpanExtensions()
{
  Console.WriteLine(nameof(SpanExtensions));
  Span<int> span1 = (new int[] { 1, 5, 11, 71, 22, 19, 21, 33 }).AsSpan();
  Span<int> span2 = span1[3..7];

  bool overlaps = span1.Overlaps(span2);
  Console.WriteLine($"span1 overlaps span2: {overlaps}");
  span1.Reverse();
  Console.WriteLine($"span1 reversed: {string.Join(", ", span1.ToArray())}");
  Console.WriteLine($"span2 (a slice) after reversing span1: " +
    $"{string.Join(", ", span2.ToArray())}");
  int index = span1.IndexOf(span2);
  Console.WriteLine($"index of span2 in span1: {index}");
  Console.WriteLine();
}
```

运行这个程序，产生如下输出：

```
SpanExtensions
span1 overlaps span2: True
span1 reversed: 33, 21, 19, 22, 71, 11, 5, 1
span2 (a slice) after reversing span1: 22, 71, 11, 5
index of span2 in span1: 3
```

为 Span 类型定义的其他扩展方法是 StartsWith()，用于检查一个 Span 是否以另一个 Span 的序列开始，SequenceEqual()用于比较两个 Span 的序列，SequenceCompareTo()用于对序列排序，LastIndexOf()返回从 Span 末尾处开始的第一个匹配索引。

13.7 平台调用

并不是 Windows 或 Linux API 调用的所有特性都可用于.NET。旧的 Windows API 调用是这样，新功能也是这样。也许开发人员编写了一些 DLL 来导出非托管的方法，现在也想在 C#中使用它们。

要重用一个本机库，可以使用平台调用(P/Invoke)。有了 P/Invoke，CLR 会加载库，其中包含应调用的函数，并编组参数。

要使用非托管函数，首先必须确定导出的函数的名称及其参数。示例中使用了 CreateHardLink() Windows API 函数来创建现有文件的硬链接，使用 Linux 的 link() API 函数完成相同的工作。使用这些 API 调用时，可以用几个文件名引用相同的文件，只要文件名在同一个硬盘上即可。这些 API 调用不能用于.NET，因此必须使用平台调用。

对于 Windows API，网址 13-1 提供了关于将 Windows API 映射到.NET 的有用信息。这个网站列出了许多 Windows API，以及如何在.NET 中表示它们。对于 Linux，通过使用 man 命令访问的手册页面中描述了 API。man link 显示 link 命令的文档，man 2 link 打开该文档的第二节以显示系统调用。

借助手册页面中的这些信息，将 API 映射到.NET 类型不太困难。

> **注意：**
>
> 为在.NET 中使用 Windows API，Microsoft 发起了 win32metadata 项目(https://github.com/microsoft/win32metadata)，在撰写本书时，该项目还处于其早期阶段。这个项目使用 C#源代码生成器来自动生成 DllImport 声明，你只需要在文本文件中写出想要调用的 API 方法即可。要使用这些定义，只需要在项目中添加一个名为 NativeMethods.txt 的文本文件，添加想要调用的 API(例如 CreateHardLink())，添加 NuGet 包 Microsoft.Windows.CsWin32，并导入名称空间 Microsoft.Windows.Sdk。
>
> 第 12 章详细介绍了源代码生成器。

13.7.1 调用本机 Windows API

为了调用本机函数，必须定义一个参数数量相同的 C#外部方法，并且非托管方法定义的参数类型必须能够映射到托管代码中的类型。

在 C++中，Windows API 调用 CreateHardLink()有如下定义：

```
BOOL CreateHardLink(
  LPCTSTR lpFileName,
  LPCTSTR lpExistingFileName,
  LPSECURITY_ATTRIBUTES lpSecurityAttributes);
```

这个定义必须映射到.NET 数据类型上。非托管代码的返回类型是 BOOL，它映射到 bool 数据类型。LPCTSTR 定义了一个指向 const 字符串的 long 指针。Windows API 使用 Hungarian 命名约定为数据类型。LP 是一个 long 指针，C 是一个常量，STR 是以 null 结尾的字符串。T 把类型标志为泛型类型，根据编译器设置为 32 位还是 64 位，该类型解析为 LPCSTR(ANSI 字符串)或 LPWSTR(宽 Unicode 字符串)。C 字符串映射到.NET 类型 String。LPSECURITY_ATTRIBUTES 是一个 long 指针，指向 SECURITY_ATTRIBUTES 类型的结构。可以使用一个结构来创建 SECURITY_ATTRIBUTES 的.NET 表示：

```
struct SECURITY_ATTRIBUTES
{
  uint nLength;
  unsafe void *lpSecurityDescriptor;
  bool bInheritHandle;
}
```

但是，因为可以把 NULL 传递给这个参数，所以把这种类型映射到原生 int 类型 nint 是可行的。

CreateHardLink()方法的 C#声明必须用 extern 修饰符标记，因为在 C#代码中，这个方法没有实现代码。相反，该方法的实现代码在 DLL kernel32.dll 中，它用特性[DllImport]引用。.NET 声明 CreateHardLink()的返回类型是 bool，本机方法 CreateHardLink()返回一个布尔值，所以需要一些额外的澄清。因为 C++有不同的 Boolean 数据类型(例如，本机 bool 和 Windows 定义的 BOOL 有不同的值)，所以特性[MarshalAs]指定.NET 类型 bool 应该映射为哪个本机类型(代码文件 PInvokeSampleLib/Windows/WindowsNativeMethods.cs)：

```
[DllImport("kernel32.dll", SetLastError = true,
  EntryPoint = "CreateHardLinkW", CharSet = CharSet.Unicode)]
[return: MarshalAs(UnmanagedType.Bool)]
private static extern bool CreateHardLink(
  [In, MarshalAs(UnmanagedType.LPWStr)] string newFileName,
```

```
[In, MarshalAs(UnmanagedType.LPWStr)] string existingFileName,
nint securityAttributes);
```

可以用[DllImport]特性指定的设置在表 13-2 中列出。DllImportAttribute 类在 System.Runtime.InteropServices 名称空间中定义。

表 13-2

DllImport 属性或字段	说明
EntryPoint	可以给函数的 C#声明指定与非托管库不同的名称。非托管库中方法的名称在 EntryPoint 字段中定义
CallingConvention	根据编译器或用来编译非托管函数的编译器设置，可以使用不同的调用约定。调用约定定义了如何处理参数，以及把它们放在栈的什么地方。可以设置一个枚举值来定义调用约定。Windows API 在 Windows 操作系统上通常使用 StdCall 调用约定，在 Windows CE 上使用 Cdecl 调用约定。对于 Windows API，可以把值设置为 CallingConvention.Winapi
CharSet	字符串参数可以是 ANSI 或 Unicode。通过 CharSet 设置，可以定义字符串的管理方式。用 CharSet 枚举定义的值有 Ansi、Unicode 和 Auto.CharSet。Auto 在 Windows NT 平台上使用 Unicode，在微软的旧操作系统上使用 ANSI
SetLastError	如果非托管函数使用 Windows API SetLastError()设置一个错误，就可以把 SetLastError 字段设置为 true。这样，以后就可以使用 Marshal. GetLastWin32Error()读取错误号。在.NET 6 中，计划提供一些新的 API。GetLastWin32Error()可用于 Windows 和 Linux，但由于它采用了这个名称，所以可能你无法看出它在 Linux 上可用。由于.NET 的平台独立性，计划采用新的 API 名称

为了使用 Windows API CreateHardLink()，在 WindowsNativeMethods 类中，使用 private 访问修饰符来声明带有 DllImport 特性的外部方法声明。在同一个类中，使用 internal 访问修饰符声明了一个同名(CreateHardLink)、但具有不同实现的方法。在声明了该类的库中可以使用这个方法。.NET 实现调用局部方法，检查使用 Marshal.GetLastWin32Error()获取的错误号，并在发生错误时抛出异常。为了根据这个错误号创建错误消息，使用 System.ComponentModel 名称空间中的 Win32Exception 类。这个类通过构造函数接受错误号，并返回一个本地化的错误消息。如果出错，就抛出 IOException 类型的异常，它有一个类型为 Win32Exception 的内部异常。WindowsNativeMethods 类应用了 SupportedOSPlatform 特性，以告诉使用这个类的程序员，它只能在 Windows 平台上使用(代码文件 PInvokeSampleLib/Windows/WindowsNativeMethods.cs)：

```
using System;
using System.IO;
using System.Runtime.InteropServices;
using System.Runtime.Versioning;

namespace PInvokeSample
{
  [SupportedOSPlatform("Windows")]
  internal static class WindowsNativeMethods
  {
    [DllImport("kernel32.dll", SetLastError = true,
     EntryPoint = "CreateHardLinkW", CharSet = CharSet.Unicode)]
    [return: MarshalAs(UnmanagedType.Bool)]
    private static extern bool CreateHardLink(
```

```
        [In, MarshalAs(UnmanagedType.LPWStr)] string newFileName,
        [In, MarshalAs(UnmanagedType.LPWStr)] string existingFileName,
        nint securityAttributes);

      internal static void CreateHardLink(string oldFileName,
                                          string newFileName)
      {
        if (!CreateHardLink(newFileName, oldFileName, IntPtr.Zero))
        {
          int errorCode = Marshal.GetLastWin32Error();
          throw new IOException($"CreateHardLink error: {errorCode}", errorCode);
        }
      }
    }
  }
```

13.7.2 调用 Linux 本机 API

为调用 Linux 操作系统上运行的 link()方法，定义了具有相同签名和返回类型的 CreateHardLink()方法。该方法的 Linux 版本在 LinuxNativeMethods 类中定义。CreateHardLink()方法被实现为调用 Link()方法。Link()方法用 extern 修饰符声明，并应用了 DllImport 特性。本机方法在共享库 libc 中实现，该共享库的名称被传入 DllImport 的构造函数。发生错误时，link()方法不返回值 0。在这里，Marshal.GetLastWin32Error()方法返回错误号。LinkErrors 枚举定义了可能发生的错误代码，其对应的错误消息在一个字典中定义(代码文件 PInvokeSampleLib/Linux/LinuxNativeMethods.cs)：

```
using System.Collections.Generic;
using System.IO;
using System.Runtime.InteropServices;
using System.Runtime.Versioning;
using static PInvokeSample.LinuxNativeMethods.LinkErrors;

namespace PInvokeSample
{
  [SupportedOSPlatform("Linux")]
  internal static class LinuxNativeMethods
  {
    internal enum LinkErrors
    {
      EPERM = 1,
      ENOENT = 2,
      EIO = 5,
      EACCES = 13,
      EEXIST = 17,
      EXDEV = 18,
      ENOSPC = 28,
      EROFS = 30,
      EMLINK = 31
    }

    private static Dictionary<LinkErrors, string> _errorMessages = new()
    {
      { EPERM, "On GNU/Linux and GNU/Hurd systems and some others, you cannot " +
        "make links to directories.Many systems allow only privileged users to
do so." },
      { ENOENT, "The file named by oldname doesn't exist. You can't make a link " +
```

```
        "to a file that doesn't exist." },
      { EIO, "A hardware error occurred while trying to read or write to the " +
        "filesystem." },
      //...
    };
    [DllImport("libc",
      EntryPoint = "Link",
      CallingConvention = CallingConvention.Cdecl,
      SetLastError = true)]
    private static extern int Link(string oldpath, string newpath);

    internal static void CreateHardLink(string oldFileName, string newFileName)
    {
      int result = link(newFileName, oldFileName);
      if (result != 0)
        {
          int errorCode = Marshal.GetLastWin32Error();
          if (!_errorMessages.TryGetValue((LinkErrors)errorCode,
            out string? errorText))
          {
            errorText = "No error message defined";
          }
          throw new IOException(errorText, errorCode);
        }
      }
    }
  }
}
```

PInvokeSampleLib 库只提供了一个公有类：FileUtility。该类中的 CreateHardLink()方法的实现代码使用 OperatingSystem 类，检查应用程序运行在什么操作系统上。取决于得到的结果，将参数 oldFileName 和 newFileName 传递给对应的方法。与本机方法相比，文件名参数被颠倒了。这类似于其他.NET 类中的方法，例如 File.Copy()方法，也类似于 Linux 的 link API(代码文件 PInvokeSampleLib/FileUtility.cs)：

```
public static class FileUtility
{
  public static void CreateHardLink(string oldFileName,
                                     string newFileName)
  {
    if (OperatingSystem.IsWindows())
    {
      WindowsNativeMethods.CreateHardLink(oldFileName, newFileName);
    }
    else if (OperatingSystem.IsLinux())
    {
      LinuxNativeMethods.CreateHardLink(oldFileName, newFileName);
    }
    else
    {
      throw new PlatformNotSupportedException();
    }
  }
}
```

13.7.3 使用库调用本机 API

现在就可以使用这个类来轻松地创建硬链接。如果程序的第一个实参传递的文件不存在，就会得到一个异常，显示消息“The system cannot find the file specified”。如果文件存在，就得到一个引用原始文件的新文件名。通过修改一个文件中的文本，很容易验证这一点。修改的内容也会出现在另一个文件中(代码文件 PInvokeSample/Program.cs)：

```
if (args.Length != 2)
{
  Console.WriteLine("usage: PInvokeSample existingfilename newfilename");
  return;
}
try
{
  FileUtility.CreateHardLink(args[0], args[1]);
}
catch (IOException ex)
{
  Console.WriteLine(ex.Message);
}
```

为了在 Linux 环境中运行这个应用程序，可以使用 Windows Subsystem for Linux，并使用 Windows 终端来运行这个应用程序。在应用程序的 Linux 版本中，如果指定了不存在的源文件，将显示下面的错误消息：

```
The file named by oldname doesn't exist. You can't make a link to a file
that doesn't exist.
```

13.8 小结

要想成为真正优秀的 C#程序员，必须牢固掌握内存分配和垃圾收集的工作原理。本章描述了 CLR 管理以及在堆和栈上分配内存的方式，讨论了如何编写正确地释放非托管资源的类，并介绍如何在 C#中使用指针，这些都是很难理解的高级主题，初学者常常不能正确实现。至少本章有助于理解如何使用 IDisposable 接口和 using 声明释放资源。

本章还介绍了如何编写代码来调用 Windows 和 Linux 平台的本机方法。许多.NET API 的背后都是本机 API，所以不需要你自己编写使用 extern 声明的方法。但是，仍然有许多.NET 没有提供支持的函数，此时就可以通过本章讨论的技术来调用它们。可能你有一些 C++库很难移植到.NET 中，但现在你可以简单地调用它们的方法。

本书的第 I 部分到此结束。第 14 章将介绍如何创建库和 NuGet 包。

第II部分

库

第14章 库、程序集、包和NuGet

本章要点

- 库、程序集和包之间的差异
- 创建库
- 使用.NET 标准
- 创建 NuGet 包
- 使用 NuGet 包支持多个平台
- 初始化库

本章源代码：

通过扫描封底二维码下载本书源代码。本章源代码可以在代码文件的 2_Libs/Libraries 目录中找到。

本章代码分为以下几个主要的示例文件：

- UsingLibs
- CreateNuGet

所有项目都启用了可空引用类型。

14.1 库的地狱

库可以在多个应用程序中重用代码。在 Windows 中，库有很长的历史，而架构原则通过更新的技术走向了不同的方向。在.NET 之前，动态链接库(Dynamic Link Library，DLL)可以在不同的应用程序之间共享。这些 DLL 已安装在共享目录中。这些库在同一个系统上不能有多个版本，但它们应该是向上兼容的。当然，情况并非总是如此。此外，应用程序的安装也存在一些问题，例如没有关注指导方针，用旧版本替代了共享库。这就是 DLL 地狱。

.NET 试图用程序集解决这个问题。程序集是可以共享的库。除了正常的 DLL 之外，程序集还包含可扩展的元数据，以及关于库和版本号的信息，并且可以在全局程序集缓存中并排安装多个版本。微软试图解决版本问题，但这又增加了一层复杂性。

假设在应用程序 X 中使用库 A 和库 B(参见图 14-1)。应用程序 X 引用库 A 的 1.1 版本和库 B 的 1.0 版本。问题是库 B 也引用了库 A，但是它引用了库 A 的另一个版本，即 1.0 版本。一个进程只能加载库的一个版本。那么，在进程中加载哪个版本的库 A？如果库 B 在库 A 之前使用，那么版本 1.0 就会胜出。当应用程序 X 需要使用库 A 时，就会产生一个大问题。

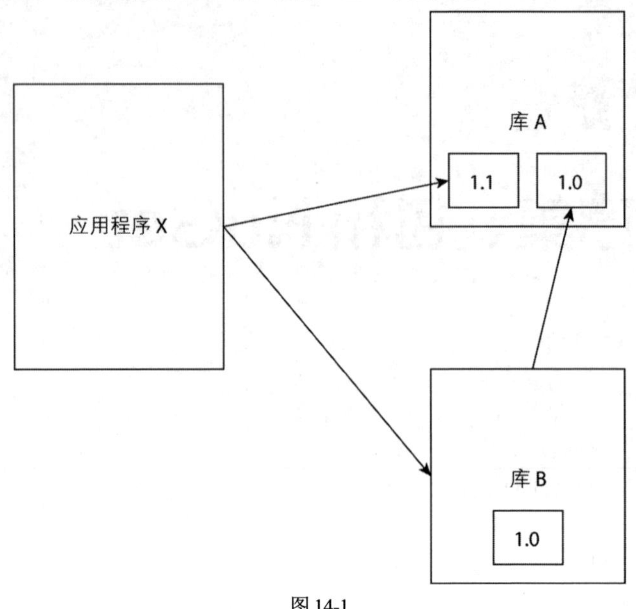

图 14-1

为了避免这个问题，可以配置程序集重定向，为应用程序 X 定义一个程序集重定向，以便加载库 A 的版本 1.1，然后库 B 需要使用库 A 的版本 1.1。如果库 A 是向上兼容的，这就不应该有问题。

当然，兼容性并不总是存在的，问题可能更复杂。组件的发布者可以创建一个发布者策略来定义库本身的重定向。这个重定向可以由应用程序重写。这里面有很多复杂的东西，导致了程序集的地狱。

注意：

在新的.NET 中，并没有像.NET Framework 那样的程序集全局共享。全局程序集缓存(Global Assembly Cache，GAC)已不再使用。

NuGet 包在库中添加了另一个抽象层。NuGet 包可以包含一个或多个程序集的多个版本，以及其他内容，例如程序集重定向的自动配置。

不需要等待新的.NET Framework 版本，而可以通过 NuGet 包添加功能，这样可以更快地更新包。NuGet 包是一款很棒的交付工具。一些库，例如 Entity Framework，已切换到 NuGet 上，以实现比.NET Framework 更快的更新。

然而，NuGet 也存在一些问题。有时候，在项目中添加 NuGet 包会失败。NuGet 包可能与项目不兼容。当添加包成功时，包可能会在项目中进行一些不正确的配置，例如错误的绑定重定向。这就导致了“NuGet 包的地狱”。DLL 的问题转移到不同的抽象层，并且确实是不同的。在 NuGet 的新版本和升级版本中，微软尝试解决 NuGet 的问题，也在许多方面取得了成功。

.NET Core 体系结构中的方向也发生了变化。对于.NET Core，包的粒度更细。例如，在.NET Framework 中，Console 类位于 mscorlib 程序集中，这是每个.NET Framework 应用程序都需要的程序集。当然，并不是每个.NET 应用程序都需要 Console 类。在.NET Core 中有一个单独的包 System.Console，其中包含 Console 类和一些相关类。其目标是使更新更容易，并选择真正需要的包。在.NET Core 1.0 的一些 Beta 版本中，项目文件包含了大量的包，这并没有使开发变得更容易。在.NET

Core 1.0 发布之前，微软引入了元包(或称为引用包)。元包不包括代码，而包括其他包的列表。目标框架的名称(如 net5.0)定义了包和 API 的列表，应用程序不需要添加 NuGet 包就能使用它们。

本章将介绍程序集和 NuGet 包的细节，解释如何使用.NET 标准库共享代码，并解释与 Windows 运行库组件的不同之处。

14.2 程序集

程序集是包含额外元数据的库或可执行文件。使用新的.NET，包含 Main()方法的应用程序会创建为具有文件扩展名.dll 的库。这个 DLL 需要一个宿主进程来加载这个库，为此可以使用 dotnet run，或者在运行库环境中使用 dotnet。使用.NET 创建独立的应用程序时，会为每个平台创建不同的可执行文件来加载库。

下面看看一个简单的"Hello, World!" 控制台应用程序，它使用如下命令在目录 ConsoleApp 中创建：

```
> dotnet new console -o ConsoleApp
```

在构建应用程序之后，可以在 bin/debug/net5.0 目录中找到 DLL。net5.0 目录依赖于 csproj 项目文件中列出的目标框架。

注意：

通常使用 dotnet 启动器(dotnet ConsoleApp.dll)来启动应用程序。在 Windows 系统上，可以找到 ConsoleApp.exe 文件。这是 Windows 独有的文件，也可以用来启动应用程序。它就是用来加载二进制文件的启动器。在 Linux 系统上，有一个类似的启动器，它是专门针对 Linux 的文件，没有 exe 文件扩展名。

要阅读程序集，可以使用下面的命令安装.NET 工具 IL Disassembler (ildasm)：

```
> dotnet tool install dotnet-ildasm -g
```

安装这个工具后，它可以显示程序集的元数据和 IL 代码。为了更方便阅读其结果，可以使用-o 选项把它的输出写入一个文本文件。

```
> dotnet ildasm ConsoleApp.dll -o output.txt
```

在输出中，可以找到.assembly "ConsoleApp"节，它显示了 AssemblyCompany、AssemblyConfiguration、AssemblyFileVersion、AssemblyInformationalVersion、AssemblyProduct 和 AssemblyTitle 特性的特性值。

注意：

如果你安装了.NET Framework SDK，就可以找到 ildasm 的一个旧版本，它提供图形化输出。对于新的.NET 库，仍然可以使用这个旧版本的 ildasm，因为.NET Framework 和.NET 库的元数据信息仍然是相同的。

通过使用 Visual Studio 的 Project Properties 的 Package 条目，可以配置描述了应用程序的程序集元数据，另外也可以直接编辑项目文件(项目文件 ConsoleApp/ConsoleApp.csproj)：

```
<Project Sdk="Microsoft.NET.Sdk">

  <PropertyGroup>
    <OutputType>Exe</OutputType>
```

```
    <TargetFramework>net5.0</TargetFramework>
    <Nullable>enable</Nullable>
    <Version>5.0</Version>
    <AssemblyVersion>5.0</AssemblyVersion>
    <FileVersion>5.0</FileVersion>

    <Authors>Christian Nagel</Authors>
    <Company>CN innovation</Company>
    <Product>Sample App</Product>
    <Description>Sample App for Professional C#</Description>
    <Copyright>Copyright (c) CN innovation</Copyright>
    <PackageProjectUrl>
    https://github.com/ProfessionalCSharp
    </PackageProjectUrl>
    <RepositoryUrl>
      https://github.com/ProfessionalCSharp/ProfessionalCSharp2021
    </RepositoryUrl>
    <RepositoryType>git</RepositoryType>
    <PackageTags>Wrox Press, Sample, Libraries</PackageTags>

  </PropertyGroup>

</Project>
```

14.3 创建和使用库

为了在多个项目中使用相同的代码，可以创建库。使用.NET CLI 时，可以创建通用的类库、WPF 类库、Windows Forms 类库和 Razor 类库。第 26 章将介绍 Razor 类库。使用 dotnet new classlib 创建类库的时候，默认为.NET 5 及更高版本创建库，但你也可以选择其他目标框架。为了做出正确的选择，必须问一个问题："这个库应该与什么应用程序类型和框架版本共享？"还有另外一个问题："我想使用这个库中的什么 API？"为了回答这两个问题，理解.NET 的一部分历史很有帮助。

如果创建一个.NET Framework 类库，就只能在.NET Framework 应用程序中使用它。当 Silverlight(借助插件运行在浏览器中的.NET 应用程序)出现后，在 Silverlight 和 WPF 应用程序之间共享代码成为一个有趣的问题。相比完整的.NET Framework，Silverlight(代号 WPF-E、WPF Everywhere)提供了有限的功能。Microsoft 定义了 Portable Class Library，用于和这些技术共享代码。后来，Xamarin 允许为 Android 和 iOS 创建移动应用程序，它也使用了这个库类型。取决于你选择的平台和版本，可以使用不同的 API。选择的平台越多、版本越高，可用的 API 就越少。随着越来越多的平台出现，API 定义的复杂度提高了，在可移植库中使用可移植库的复杂度也提高了。

.NET 标准是可移植库的替代产品，它为 API 提供了更加简单的定义。每个.NET 标准版本都在添加 API，但不会删除 API。

从.NET 5.0 开始，不再进一步开发.NET 标准。从现在开始，你可以创建.NET 5.0 库，它们可以在.NET 及以上的版本中使用。因此，.NET 6 和.NET 7 应用程序能够使用.NET 5 的库。如果你只需要创建新的应用程序，则可以跳过下一节(该节介绍.NET 标准)。但是，在将来的许多年间，你很可能仍然需要支持或者扩展.NET Framework、UWP、Xamarin 和其他应用程序类型，对于这种情况，.NET 标准仍然很重要。

14.3.1　.NET 标准

.NET 标准对可用的 API 进行了线性定义，这与可用于可移植库的 API 的矩阵定义不同。.NET 标准的每个版本都添加了 API，而从未删除已有的 API。

.NET 标准的版本越高，可以使用的 API 越多。然而，.NET 标准并没有实现 API，它只是定义了需要由.NET 平台实现的 API。这可以与接口和具体类相比较。接口为需要由类实现的成员定义了协定。类似，在.NET 标准中，.NET 标准指定了哪些 API 需要可用，支持特定版本的.NET 平台需要实现这些 API。

在 https://github.com/dotnet/standard/tree/master/docs/versions 中可以找到哪些 API 可用于哪个标准版本，以及标准之间的差异。

.NET 标准的每个版本都将 API 添加到标准中：

- .NET Standard 1.1 在.NET Standard 1.0 中添加了 2414 个 API。
- 版本 1.2 只添加了 46 个 API。
- 在 1.3 版本中，添加了 3314 个 API。
- 1.4 版本只添加了 18 个加密 API。
- 1.5 版本主要增强了反射支持，增加了 242 个 API。
- 1.6 版本增加了更多的加密 API 和增强的正则表达式，共额外添加了 146 个 API。
- 2.0 版本添加了 19507 个 API。
- 2.1 版本添加的增强要求更新运行库，例如支持默认接口方法。

在.NET Standard 2.0 中，微软进行了大量的投资，使其更容易将旧应用程序迁移到.NET Core。在这个新标准中，添加了 19507 个 API。并非所有这些 API 都是新的。有些已经在.NET Framework 4.6.1 中实现了。例如，像 DataSet、DataTable 之类的旧 API 现在可用于.NET 标准。这是为了便于将旧应用程序迁移到新的.NET 中。.NET Core 需要大量的投资，因为.NET Core 2.0 实现了.NET Standard 2.0。

哪些 API 不在标准中？特定于平台的 API 不是.NET 标准的一部分。例如，Windows Presentation Foundation (WPF)和 Windows Forms 定义了特定于 Windows 的 API，而这些 API 不会成为标准。但是，可以创建 WPF 和 Windows Forms 应用程序，并在其中使用.NET 标准库。不能创建包含 WPF 或 Windows Forms 控件的.NET 标准库。

下面讨论更多关于.NET 标准平台支持的细节。Microsoft 文档(https://docs.microsoft.com/en-us/dotnet/standard/net-standard)列出了哪个.NET 标准支持哪个平台版本的详细信息。如果需要支持.NET Framework 4.7.2 或更高版本(链接的脚注中还说明了.NET Framework 4.6.1 的一些问题)，可以使用.NET Standard 2.0，但不能使用 2.1。如果需要支持.NET Framework 4.6，就只能使用.NET Standard 1.3。对于 Windows 10 的 10.0.16299 及更高版本，可以使用.NET Standard 2.0。Mono 平台的 6.4 版本支持.NET Standard 2.1。.NET Core 3.0 及更高版本也支持.NET Standard 2.1。

注意：
要支持尽可能多的平台，需要选择较低的.NET 标准版本。要获得更多的 API，请选择更高.NET 标准版本。

14.3.2　创建.NET 标准库

要创建.NET 标准库，可以通过如下命令使用.NET Core CLI 工具。

```
> dotnet new classlib -o SampleLib
```

默认情况下，如果安装了.NET 5，这个命令会创建一个.NET 5库。通过提供--framework选项并添加netstandard2.1或netstandard2.0，可以创建指定版本的.NET标准库。之后可以在项目文件中修改版本号。

创建的项目文件包含一个TargetFramework元素，并将其指定为net5.0。为了支持可空引用类型，需要包含Nullable配置(项目文件UsingLibs/SampleLib/SampleLib.csproj)：

```
<Project Sdk="Microsoft.NET.Sdk">
  <PropertyGroup>
    <TargetFramework>net5.0</TargetFramework>
    <Nullable>enable</Nullable>
  </PropertyGroup>
</Project>
```

通过更改TargetFramework元素的值，可以更改库的目标框架的版本。本章后面将增强这个配置，使一个库支持多个框架。

14.3.3 解决方案文件

使用多个项目(例如，一个控制台应用程序和一个库)时，使用解决方案文件是很有帮助的。在.NET Core CLI工具的新版本中，可以在命令行中使用解决方案，也可以在Visual Studio中使用它们。例如，下面的命令

```
> dotnet new sln
```

在当前目录中创建一个解决方案文件。这个解决方案采用目录的名称，但你可以传递--name选项来指定一个不同的名称。

使用dotnet sln add命令，可以向解决方案文件中添加项目：

```
> dotnet sln add SampleLib/SampleLib.csproj
```

项目文件添加到解决方案文件中，如下面的代码片段所示(解决方案文件UsingLibs\UsingLibs.sln)：

```
Microsoft Visual Studio Solution File, Format Version 12.00
# Visual Studio 15
VisualStudioVersion = 15.0.26124.0
MinimumVisualStudioVersion = 15.0.26124.0
Project("{FAE04EC0-301F-11D3-BF4B-00C04F79EFBC}")= "SampleLib",
  "SampleLib\SampleLib.csproj", "{665E314C-584E-4B43-A14D-7C34BC4D75CD}"
EndProject
Project("{FAE04EC0-301F-11D3-BF4B-00C04F79EFBC}")= "ConsoleApp",
  "ConsoleApp\ConsoleApp.csproj", "{6709A473-93B4-4568-90F3-3A5F1D125D45}"
EndProject
Global
# ...
```

使用Visual Studio时，可以在Solution Explorer中选择解决方案，来添加新项目。从上下文菜单中选择Add，然后选择Existing Project来添加现有项目。

14.3.4 引用项目

使用dotnet add reference命令可以引用一个库。只需要将当前目录定位在应该添加库的项目的目录中：

```
> dotnet add reference ..\SampleLib\SampleLib.csproj
```

在 csproj 文件中使用 ProjectReference 元素来添加引用(项目文件 UsingLibs/ConsoleApp/ConsoleApp.csproj):

```
<Project Sdk="Microsoft.NET.Sdk">

  <ItemGroup>
    <ProjectReference Include="..\SampleLib\SampleLib.csproj" />
  </ItemGroup>

  <PropertyGroup>
    <OutputType>Exe</OutputType>
    <TargetFramework>5.0</TargetFramework>
    <Nullable>enable</Nullable>
  </PropertyGroup>

</Project>
```

在 Visual Studio 中使用 Solution Explorer，可以选择 Dependencies 节点，然后从 Project 菜单中选择 Add Project Reference 命令，从而向其他项目添加项目。

14.3.5 引用 NuGet 包

如果库已经打包在 NuGet 包中，则可以直接使用命令 dotnet add package 来引用 NuGet 包。

```
> dotnet add package Microsoft.EntityFrameworkCore
```

该命令没有像以前那样添加一个 ProjectReference，而是添加了一个 PackageReference。

```
<Project Sdk="Microsoft.NET.Sdk">
  <ItemGroup>
    <ProjectReference Include="..\SampleLib\SampleLib.csproj" />
  </ItemGroup>
  <ItemGroup>
    <PackageReference Include="Microsoft.EntityFrameworkCore" Version="5.0.4" />
  </ItemGroup>
  <PropertyGroup>
    <OutputType>Exe</OutputType>
    <TargetFramework>net5.0</TargetFramework>
  </PropertyGroup>

</Project>
```

为了请求包的特定版本，可以使用.NET CLI 命令指定--version 选项。在 Visual Studio 中，可以使用 NuGet 包管理器(参见图 14-2)找到包，并选择包的一个特定版本。使用此工具，还可以获得项目的细节、与项目的链接和许可信息。

注意：

在网址 14-1 上，并不是所有的包都对应用程序有用。应该检查许可信息，以确保许可证符合项目需求。另外，应该检查包的作者。如果它是一个开源的包，那么它背后的社区有多活跃？

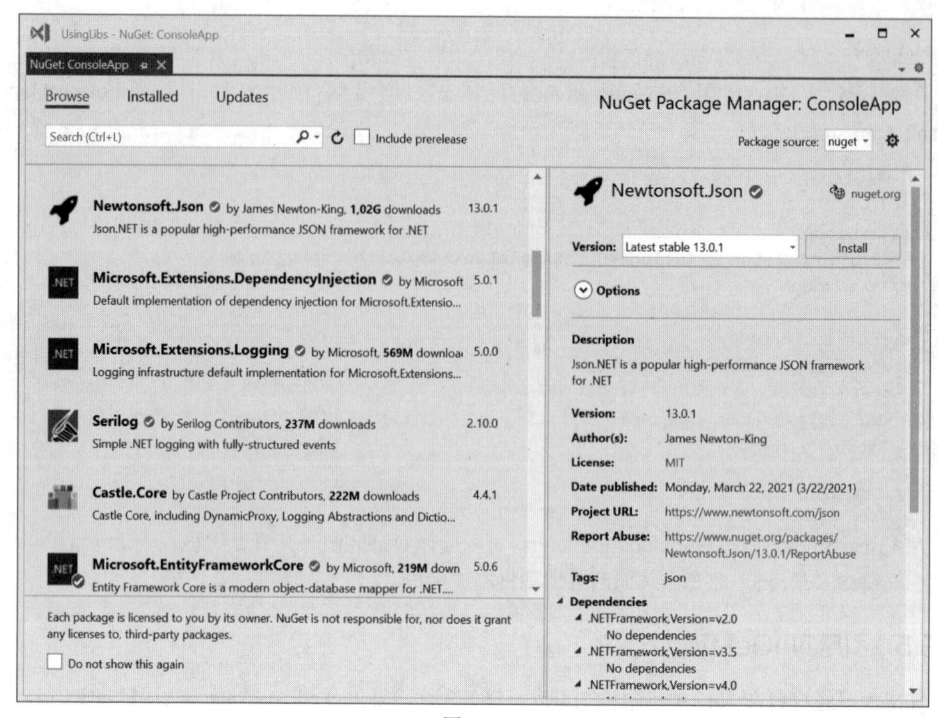

图 14-2

14.3.6　NuGet 的来源

包从哪里来？网址 14-1 是微软和第三方上传.NET 包的公共服务器。首次从 NuGet 服务器上下载包之后，包将存储在用户配置文件中。因此，用相同的包创建另一个项目会快得多。

在 Windows 上，用户配置文件中包的目录是%userprofile%\.nuget\packages。也可以使用其他临时目录。要获取关于这些目录的所有信息，最好安装 NuGet 命令行实用程序，它可以从网址 14-2 下载。

要查看全局包、HTTP 缓存和临时包的文件夹，可以使用 nuget locals：

```
> nuget locals all -list
```

在一些公司中，只允许使用经过批准并存储在本地 NuGet 服务器中的包。NuGet 服务器的默认配置在%appdata%/nuget 目录的文件 NuGet.Config 中。

默认配置类似于下面的 NuGet.Config 文件。包从网址 14-3 加载。

```
<?xml version="1.0" encoding="utf-8"?>
<configuration>
  <packageSources>
    <add key="nuget.org" value="https://api.nuget.org/v3/index.json"
       protocolVersion="3" />
  </packageSources>
</configuration>
```

可以通过添加和删除包源来更改默认值。除了修改默认配置，还可以为项目创建一个 NuGet 配置文件：

```
> dotnet new nugetconfig
```

微软并没有在主 NuGet 服务器上的日常构建中存储包。为了使用.NET Core NuGet 包的日常构建，需要配置其他 NuGet 服务器。例如，要使用.NET 6 的每日源，可以添加.NET 6 源。下面的命令还在本地目录中添加一个源：

```
> dotnet nuget add source -n dotnet6
  https://dnceng.pkgs.visualstudio.com/public/_packaging/dotnet6/nuget/v3/index.json
> dotnet nuget add source -n local c:\mypackages
```

下面的 NuGet 文件在 NuGet 服务器和.NET 6 源的基础上，又添加了一个本地目录：

```
<?xml version="1.0" encoding="utf-8"?>
<configuration>
  <packageSources>
    <clear />
    <add key="nuget" value="https://api.nuget.org/v3/index.json" />
    <add key="local packages" value="C:\mypackages" />
    <add key="dotnet6" value=
      "https://dnceng.pkgs.visualstudio.com/public/_packaging/dotnet6/nuget/v3/
    index.json"
    />
  </packageSources>
</configuration>
```

14.4　创建 NuGet 包

创建了库和引用这个库的应用程序后，是时候创建自己的 NuGet 包了。使用.NET Core CLI 工具和 Visual Studio，可以轻松创建 NuGet 包。

14.4.1　NuGet 包和命令行

关于 NuGet 包的元数据信息可以添加到项目文件 csproj 中，如前面的“程序集”小节所示。要从命令行上创建 NuGet 包，可以使用 dotnet pack 命令(在项目目录中使用)：

```
> dotnet pack --configuration Release
```

记住要设置配置。默认情况下会构建 Debug 配置。成功打包后，NuGet 包就放在目录 bin/Release 或相关目录中，这取决于所选择的扩展名为.nupkg 的配置文件。.nupkg 文件是一个 zip 文件，包含带有附加元数据的二进制文件。可以将该文件重命名为 zip 文件，以查看其内容。

包文件包含版本号。该版本号来自项目文件的 Version 值。

可以将生成的 NuGet 包复制到系统的文件夹或网络共享中，使其可用于团队。下面的命令将包复制到使用包名的子文件夹中：

```
> nuget add bin\Release\SampleLib.5.0.1.nupkg -s c:\MyPackages
```

要使用文件夹 c:\MyPackages，可以将 NuGet.config 文件改为包含这个包源，如“NuGet 包的来源”小节所示。也可以使用 dotnet add package 命令直接引用文件夹：

```
> dotnet add package SampleLib --source c:/MyPackages
```

默认情况下，在添加包的项目中，会引用该包的最新发布版。使用--version 选项可以精确指定添加哪个版本。

要创建预发布包，只需要在版本号后面加上一个后缀，如 5.0.1-alpha、5.0.1-alpha.2、5.0.1-beta、5.0.1-beta.2、5.0.1-preview3、5.0.1-rc1。字母顺序与预发布包的最新版本顺序相反，所以 beta 比 alpha 更新，rc 比 preview 更新。不带后缀的版本号被认为是发布版，所以是更新的版本。要在项目中添加预发布版本的包，需要在 dotnet add package 命令中添加--prerelease 选项。

14.4.2 支持多个平台

相比.NET Standard 2.0，.NET 5 包含了多得多的包和 API。如果想为.NET 5+的客户端提供新功能，但仍然支持使用.NET Standard 2.0 的客户端，就可以创建一个 NuGet 包，在其中包含支持不同版本的多个二进制文件。

为了支持多个框架，可以在项目文件中把 TargetFramework 元素改为 TargetFrameworks，在其中列出想要为它们创建二进制文件的目标框架的名称。

> **注意：**
> https://docs.microsoft.com/dotnet/standard/frameworks 列出了目标框架名称的列表。

下面的示例添加了目标框架名称 net5.0 和 netstandard2.0。通过使用条件设置，在 DefineConstants 元素中定义了常量。可以把这些常量用在预处理器指令中，在不同的框架中创建不同的代码。LangVersion 元素指定了 C#的版本。如果没有使用该元素，则将对不同的框架使用默认的 C#版本。对于.NET 5，使用 C# 9；对于.NET Standard 2.0，使用 C# 7.3。将 C#包版本改为 9.0 并不意味着能够在.NET Standard 2.0 中使用它的所有特性。例如，不能使用默认接口成员，它只能用于在使用定义的常量 DOTNET50 时编写条件 C#代码(项目文件 CreateNuGet/SampleLib/SampleLib.csproj)：

```
<Project Sdk="Microsoft.NET.Sdk">
  <PropertyGroup>
    <TargetFrameworks>net5.0;netstandard2.0</TargetFrameworks>
    <Nullable>enable</Nullable>
    <LangVersion>9.0</LangVersion>
  </PropertyGroup>

  <PropertyGroup Condition="'$(TargetFramework)'=='netstandard2.0'">
    <DefineConstants>NETSTANDARD_20</DefineConstants>
  </PropertyGroup>

  <PropertyGroup Condition="'$(TargetFramework)'=='net5.0'">
    <DefineConstants>DOTNET50</DefineConstants>
  </PropertyGroup>

  <ItemGroup Condition="'$(TargetFramework)' == 'netstandard2.0'">
    <PackageReference Include="System.Text.Json" Version="5.0.1" />
  </ItemGroup>
</Project>
```

项目文件中还包含对 NuGet 包 System.Text.Json 的条件引用。目标框架名称 net5.0 中已经引用了这个包。它不是.NET Standard 2.0 的一部分。因为这个包也支持.NET Standard 2.0，所以在为.NET Standard 2.0 构建库时，也可以把它添加到项目中。通过使用--framework 选项指定目标框架名称，可以添加条件包引用。下面的命令添加了前面的代码片段显示的包引用：

```
> dotnet add package --framework netstandard2.0 System.Text.Json
```

在下面的C#代码中，使用了预处理器指令来区分.NET Standard 2.0和.NET 5.0代码。取决于构建的代码，Show()方法将返回不同的值。现在，定义在System.Text.Json名称空间中的JsonSerializer在两个.NET版本中都可以使用。它本身是.NET 5的一部分，而对于.NET Standard 2.0，我们把这个库添加到了项目中(代码文件CreateNuGet/SampleLib/Demo.cs)：

```
using System.Text.Json;
namespace SampleLib
{
  public class Demo
  {
#if NETSTANDARD20
    private static string s_info = ".NET Standard 2.0";
#elif NET50
    private static string s_info = ".NET 5.0";
#else
    private static string s_info = "Unknown";
#endif

    public static string Show() => s_info;

    public string GetJson(Book book) =>
      JsonSerializer.Serialize(book);
  }
}
```

通过这种设置，可以使用多个目标框架构建应用程序，并为每个目标框架创建一个DLL。通过设置--framework选项，也可以只为指定的目标框架构建一个库。创建NuGet包时，会创建一个包含所有库的包。

创建.NET Core控制台应用程序时，也可以为多个目标框架构建应用程序。与之前的库一样，对于控制台应用程序，可以配置多个目标框架。控制台应用程序将针对.NET 5.0和.NET Core 3.1构建(项目文件CreateNuGet/ConsoleApp/ConsoleApp.csproj)：

```
<TargetFrameworks>net5.0; netcoreapp3.1</TargetFrameworks>
```

不能使用.NET Standard 2.0目标框架名称构建应用程序。记住，.NET Standard不包含API的实现。如果你使用的是.NET Core 3.1，那么.NET Standard 2.1也没有问题。

对于示例应用程序，需要相同的包，但是需要选择包中的不同程序集。这是根据项目自动完成的，而包只需要添加到项目中。这里显示了控制台应用程序的完整项目文件(项目文件CreateNuGet/DotnetCaller/DotnetCaller.csproj)：

```
<Project Sdk="Microsoft.NET.Sdk">
  <PropertyGroup>
    <OutputType>Exe</OutputType>
    <LangVersion>9.0</LangVersion>
    <Nullable>enable</Nullable>
    <TargetFrameworks>netcoreapp2.0;net47</TargetFrameworks>
  </PropertyGroup>
  <ItemGroup>
    <PackageReference Include="SampleLib" Version="5.0.1" />
  </ItemGroup>
</Project>
```

对于控制台应用程序，由于语言版本被设置为9.0，所以能够在.NET Core 3.1中使用顶级语句和目标类型的new表达式。在我们使用的两个框架中，控制台应用程序的实现不需要有区别：

```
using System;
using SampleLib;

Console.WriteLine(Demo.Show());
Book b = new() { Title = "Professional C#", Publisher = "Wrox Press"};
string json = Demo.GetJson(b);
Console.WriteLine(json);
```

构建控制台应用程序，会创建多个二进制文件，其中包含对不同库的引用。运行该应用程序，并将--framework设置为两个不同的选项，将显示不同的结果。下面的版本：

```
> dotnet run --framework dotnetcoreapp3.1
```

输出如下：

```
.NET Standard 2.0
{"Title":"Professional C#","Publisher":"Wrox Press"}
```

若运行.NET 5.0版本：

```
> dotnet run --framework net5.0
```

则输出如下：

```
.NET 5.0
{"Title":"Professional C#","Publisher":"Wrox Press"}
```

注意：

从上文中能够看出，可以在一个文件夹中安装和使用NuGet包。对于小型场景，这么做就足够了。对于应该发布给公众使用的包，可以把它们发布到https://www.nuget.org服务器上。如果不想维护自己的NuGet服务器，那么对于不应该对公众开放的包(或者还没有准备好发布给公众使用的包)，可以使用GitHub Packages或者Azure Artifacts的Azure DevOps服务。要在GitHub Packages中使用NuGet包，请阅读https://docs.github.com/en/free-pro-team@latest/packages/guides/configuring-dotnetcli-for-use-with-github-packages。关于如何使用Azure Artifacts，请阅读这篇Azure Artifacts文档：https://docs.microsoft.com/azure/devops/artifacts/。

14.4.3 NuGet包与Visual Studio

Visual Studio 2019允许创建包。在Solution Explorer中选择项目时，可以打开上下文菜单并选择Pack，来创建NuGet包。在Package设置的项目属性中，还可以选择在每次构建时创建一个NuGet包。如果不打算在每次构建时分发包，那么这可能是多余的。但是，对于这个设置，应该配置包元数据、程序集和包版本(参见图14-3)。

要在Visual Studio中使用包，可以在Solution Explorer中选择Dependencies，打开上下文菜单，选择Manage NuGet Packages。这将打开NuGet Package Manager，并在其中选择包源(如果通过单击Settings图标来配置该包，则可以从本地文件夹中选择包)。可以浏览可用的包，查看安装在项目中的包，并检查包的更新是否可用。

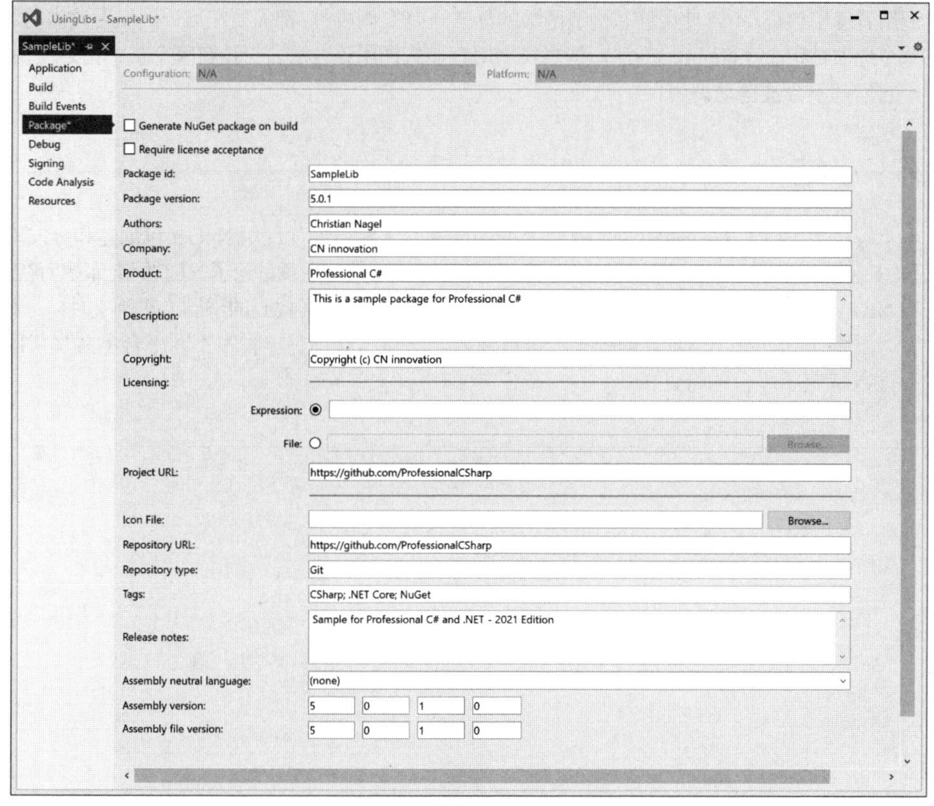

图 14-3

14.5 模块初始化器

如果需要在使用一个库的任何类之前调用该库的初始化代码，可以使用 C#的一个新特性：模块初始化器。使用模块初始化器时，调用者不需要调用任何初始化方法，因为在使用该类的任何类型之前，会自动调用初始化方法。模块初始化器需要是一个静态方法，它没有参数，返回 void，使用 public 或 internal 访问修饰符，还需要应用 ModuleInitializer 特性。该特性在 System.Runtime.CompilerServices 名称空间中定义，只能在.NET 5+中使用(代码文件 UsingLibs/SampleLib/Demo.cs)：

```
public class Demo
{
  //...
#if NET50
  [ModuleInitializer]
  internal static void Initializer()
  {
    Console.WriteLine("Module Initializer");
  }
#endif
}
```

如果不使用.NET 5，就可以创建一个静态构造函数。但是，静态构造函数的运行时开销更大，且需要调用者使用该类。不管使用静态构造函数的静态还是实例成员，都需要在第一次使用该类前调用。另外一个选项是定义 Initialize()方法，但需要调用者显式调用该方法。无论在哪个类中指定模块初始化器，它们都不会被自动调用。

14.6 小结

本章解释了 DLL、程序集和 NuGet 包之间的区别，了解了如何使用 NuGet 包创建和分发库。

.NET 标准定义了一个在不同的.NET 平台上实现的 API 集。本章讨论了.NET 标准库如何在.NET 5.0 和.NET Core3.1 中使用，以及如何为不同的平台创建包含不同代码的不同二进制文件。

下一章将详细讨论一个重要的模式：依赖注入。该章将介绍另一种在不同平台上共享代码的方法：注入特定于平台的特性。

第15章 依赖注入和配置

本章要点

- 理解依赖注入
- 使用宿主类配置 DI 容器
- 管理服务的生命周期
- 释放服务
- 使用选项和配置来初始化服务
- 处理.NET 应用程序的配置
- 使用用户秘密
- 使用 Azure App Configuration

本章源代码：

通过扫描封底二维码下载本书源代码。本章源代码可以在代码文件的 2_Libs/DependencyInjectionAndConfiguration 目录中找到。

本章代码分为以下几个主要的示例文件：

- WithDIContainer
- WithHost
- ServicesLifetime
- DIWithOptions
- DIWithConfiguration
- ConfigurationSample
- AzureAppConfigWebApp

所有项目都启用了可空引用类型。

15.1 依赖注入的概念

更短的开发周期需要单元测试和更好的可更新性。更改部分代码不应该导致意外位置出现错误。创建更模块化的、减少依赖项的应用程序有助于防止这种错误。

依赖注入(Dependency Injection，DI)是一种模式，让对象接收它依赖的对象，而不是自己创建它依赖的对象。这可以降低依赖性，因为接收方不需要知道它收到的对象的细节，而只需要知道一个协定(通常是一个 C#接口)。

第 4 章介绍了依赖注入。本章使用 Microsoft.Extensions.DependencyInjection 来增强依赖注入，从而在应用程序的一个中央位置管理依赖项。本章首先在一个小应用程序中使用 ServiceCollection 类来创建依赖注入容器，后面将把它改为自己创建 DI 容器的 Host 类，还介绍了 DI 容器的各种功能。本章的第二部分介绍了.NET 应用程序的配置，这是 Host 类的另外一个功能。

15.2 使用.NET DI 容器

在依赖注入容器中，可以在应用程序中有一个位置，在其中定义什么协定映射到哪个特定的实现上，还可以指定是应该将服务作为一个单例来使用，还是应该在每次使用时创建一个新实例。

在接下来的几个示例中，我们将把一个欢迎服务(在 IGreetingService 接口中定义，在 GreetingService 类中实现)注入到 HomeController 类中。该接口定义了 Greet()方法(代码文件 DI/WithDIContainer/IGreetingService.cs)：

```
public interface IGreetingService
{
  string Greet(string name);
}
```

GreetingService 类实现了这个协定(代码文件 DepencencyInjectionSamples/WithDIContainer/GreetingService.cs)：

```
public class GreetingService : IGreetingService
{
  public string Greet(string name) => $"Hello, {name}";
}
```

最后，使用构造函数注入在 HomeController 类中注入了 IGreetingService 接口(代码文件 DepencencyInjectionSamples/WithDIContainer/HomeController.cs)：

```
public class HomeController
{
  private readonly IGreetingService _greetingService;
  public HomeController(IGreetingService greetingService) =>
    _greetingService = greetingService;

  public string Hello(string name) =>
    _greetingService.Greet(name).ToUpper();
}
```

在 Program 类中，定义了 GetServiceProvider()方法。在这里，实例化一个新的 ServiceCollection 对象。在添加了 NuGet 包 Microsoft.Extensions.DependencyInjection 之后，ServiceCollection 就在名称空间 Microsoft.Extensions.DependencyInjection 中定义。AddSingleton()和 AddTransient()扩展方法用来注册 DI 容器需要知道的类型。在示例应用程序中，GreetingService 和 HomeController 都在容器中注册，这允许从容器中检索 HomeController。

当请求 IGreetingService 接口时，会实例化 GreetingService 类。HomeController 本身没有定义接口。本例中，当请求 HomeController 时，会实例化 HomeController。

在 GreetingService 的生存期，每当请求 IGreetingService 的时候，就返回同一个实例。这和

HomeController 是不同的。对于 HomeController，每次请求检索 HomeController 时，都会创建一个新的实例。使用 AddSingleton 和 AddTransient 方法为 DI 容器指定了这些信息。本章后面将介绍这些服务的生存期。调用方法 BuildServiceProvider()会返回一个 ServiceProvider 对象，该对象可以用来访问已注册的服务(代码文件 DI/WithDIContainer/Program.cs)：

```
static ServiceProvider GetServiceProvider()
{
  ServiceCollection = new();
  services.AddSingleton<IGreetingService, GreetingService>();
  services.AddTransient<HomeController>();
  return services.BuildServiceProvider();
}
```

注意：

如果多次将相同的接口协定添加到服务集合中，最后一个增加的接口协定就会从容器中获得接口。如果需要一些其他功能，比如使用 ASP.NET Core 或 Entity Framework Core 实现的服务，就很容易用不同的实现替换协定。

另一方面，对于 ServiceCollection 类，还可以删除服务，并为特定的协定检索所有服务的列表。

接下来，修改 Main()方法来调用 RegisterService()方法，以便在 DI 容器中注册，然后调用 ServiceProvider 的 GetRequiredService()方法，来获取对 HomeController 实例的引用(代码文件 DI/WithDIContainer/Program.cs)：

```
using ServiceProvider container = GetServiceProvider();
var controller = container.GetRequiredService<HomeController>();
string result = controller.Hello("Stephanie");
Console.WriteLine(result);
```

注意：

在 ServiceProvider 类中，存在 GetService()和 GetRequiredService()的不同重载。在 ServiceProvider 类中直接实现的方法是带有 Type 参数的 GetService()。泛型方法 GetService<t>是一个扩展方法，它采用泛型类型参数，并将其传递给 GetService()方法。

如果该服务在容器中不可用，则 GetService()返回 null。扩展方法 GetRequiredService()检查到 null 结果，如果未找到服务，就抛出一个 InvalidOperationException 异常。如果服务提供程序实现了接口 ISupportsRequiredService，扩展方法 GetRequiredService()将调用提供程序的 GetRequiredService()。.NET Core 的容器没有实现这个接口，但是一些第三方的容器实现了。

我们来看看启动应用程序的时候，不同的部分如何连接起来。启动应用程序时，在 GetRequiredService()方法的请求下，DI 容器将创建 HomeController 类的实例。HomeController 构造函数需要一个实现 IGreetingService 的对象。这个接口也在容器中注册。对于 IGreetingService，需要返回 GreetingService 对象。GreetingService 类有一个默认构造函数，因此容器可以创建一个实例，并将该实例传递给 HomeController 的构造函数。这个实例与控制器变量一起使用，与以前一样用来调用 Hello()方法。

如果不是每个依赖项都在 DI 容器中注册，会发生什么？在这种情况下，会删除将 IGreetingService 映射到 GreetingService 的注册，并且容器会抛出 InvalidOperationException 异常。在示例应用程序中，将显示此错误消息：在尝试激活 WithDIContainer.HomeController 时无法解析 WithDIContainer.IGreetingService 类型的服务。

15.3　使用 Host 类

NuGet 包 Microsoft.Extensions.Hosting 中的 Host 类提供了对依赖注入容器的支持。该类不只能够创建依赖注入容器，还提供了日志和配置功能，这是几乎所有应用程序都会用到的功能。

> **注意：**
> 本章的“.NET 应用程序的配置”小节将介绍如何使用 Host 类进行配置。第 16 章将介绍日志功能。

修改前面的示例应用程序，使其使用 Host 类。在示例应用程序中，不需要修改 HomeController、GreetingService 和 IGreetingService 类型。使用 Host 类时，通过在 Program.cs 文件中使用顶级语句，可以简化代码。我们不必创建新的 ServiceCollection，因为现在这成为了 Host 类的 CreateDefaultBuilder()方法的工作。CreateDefaultBuilder()方法配置依赖注入、日志和配置的默认值。在该方法的实现中，会创建一个新的 ServiceCollection，并注册一些常用的接口。为了配置更多服务，CreateDefaultBuilder()返回一个 IHostBuilder，所以可以调用 ConfigureServices()方法来注册更多服务。ConfigureServices()方法的一个重载定义了 ServiceCollection 参数，可用来配置服务，前面的 GetServiceProvider()方法已经展示了这种用法(代码文件 DepencencyInjectionSamples/WithHost/Program.cs)：

```
using var host = Host.CreateDefaultBuilder(args)
  .ConfigureServices(services =>
  {
    services.AddSingleton<IGreetingService, GreetingService>();
    services.AddTransient<HomeController>();
  }).Build();

var controller = host.Services.GetRequiredService<HomeController>();
string result = controller.Hello("Matthias");
Console.WriteLine(result);
```

> **注意：**
> 你可能认为，使用 Host 类需要添加额外的源代码，所以不值得使用这种特性。但是，CreateDefaultBuilder()方法还注册了一些常用的服务，并为日志和配置配置了一些默认值。本章稍后和第 16 章将讨论这些主题。

15.4　服务的生存期

将服务注册为单例总是返回相同的实例，将服务注册为瞬态，每次注入服务时都会返回一个新对象。还有更多的选择，需要结合不同的问题考虑。下面的示例将显示生存期的特性和问题。该示例还用服务实现了 IDisposable 接口，因此可以看到容器如何释放服务的实例。

为了方便地区分不同的实例，每个实例化的服务都指定了一个不同的号码。这个号码是由共享服务创建的。这个共享服务定义了一个简单的接口 INumberService，返回一个号码(代码文件 DI/ServicesLifetime/INumberService.cs)：

```
public interface INumberService
{
  int GetNumber();
```

```
}
```

INumberService 的实现总是在 GetNumber()方法中返回一个新号码。该服务注册为一个单例，其号码在其他服务之间共享(代码文件 DI/ServicesLifetime/NumberService.cs)。

```
public class NumberService : INumberService
{
  private int _number = 0;
  public int GetNumber() => Interlocked.Increment(ref _number);
}
```

注意：
Interlocked.Increment 类提供了线程安全的递增。第 16 章将介绍 Interlocked 类。

下面要介绍的其他服务由接口协定 IServiceA、IServiceB、IServiceC 等使用相应的方法 A、B、C 定义。下面的代码片段显示了 IServiceA 的协定(代码文件 DI/ServicesLifetime/IServiceA.cs)：

```
public interface IServiceA
{
  void A();
}
```

在 ServiceA 的实现中，构造函数需要注入 INumberService。通过这个服务，检索号码，将其赋值给私有字段_n。在构造函数、方法 A()以及实现 Dispose()方法中，写入控制台输出，因此可以看到对象的生存期信息。示例还指定了 ConfigurationA 类，用于把配置数据传递给该服务，配置数据将显示到控制台，从而展示如何通过 DI 容器配置服务(例如临时或单例) (代码文件 DI/ServicesLifetime/ServiceA.cs)：

```
public class ConfigurationA
{
  public string? Mode { get; set; }
}

public sealed class ServiceA : IServiceA, IDisposable
{
  private readonly int _n;
  private readonly string? _mode;
  public ServiceA(INumberService numberService,
    IOptions<ConfigurationA> options)
  {
    _mode = options.Value.Mode;
    _n = numberService.GetNumber();
    Console.WriteLine($"ctor {nameof(ServiceA)}, {_n}");
  }

  public void A() => Console.WriteLine($"{nameof(A)}, {_n}, mode: {_mode}");
  public void Dispose() =>
    Console.WriteLine($"disposing {nameof(ServiceA)}, {_n}");
}
```

注意：

第 13 章详细解释了 IDiposable 接口。本章稍后的“使用选项初始化服务”小节将介绍 IOptions 接口。

其他服务类(ServiceB 和 ServiceC)的实现类似于 ServiceA。

除了服务之外，还实现了控制器 ControllerX。ControllerX 要求构造函数注入三个服务：IServiceA、IServiceB 和 INumberService。在方法 M 中，调用了两个注入的服务。同时，将构造函数和 Dispose 信息写入控制台(代码文件 DI/ServicesLifetime/ControllerX.cs)：

```
public sealed class ControllerX : IDisposable
{
  private readonly IServiceA _serviceA;
  private readonly IServiceB _serviceB;
  private readonly int _n;
  private int _countm = 0;
  public ControllerX(IServiceA serviceA, IServiceB serviceB,
    INumberService numberService)
  {
    _n = numberService.GetNumber();
    Console.WriteLine($"ctor {nameof(ControllerX)}, {_n}");
    _serviceA = serviceA;
    _serviceB = serviceB;
  }

  public void M()
  {
    Console.WriteLine($"invoked {nameof(M)} for the {++_countm}. time");
    _serviceA.A();
    _serviceB.B();
  }

  public void Dispose() =>
    Console.WriteLine($"disposing {nameof(ControllerX)}, {_n}");
}
```

15.4.1 使用单例和临时服务

下面注册单例和临时服务。这里注册了服务 ServiceA、ServiceB、NumberService 和控制器类 ControllerX。NumberService 需要注册为拥有共享状态的单例。ServiceA 也注册为单例。ServiceB 和 ControllerX 则注册为临时服务(代码文件 DI/ServicesLifetime/Program.cs)：

```
private static void SingletonAndTransient()
{
  Console.WriteLine(nameof(SingletonAndTransient));

  using var host = Host.CreateDefaultBuilder()
    .ConfigureServices(services =>
  {
    services.Configure<ConfigurationA>(config => config.Mode = "singleton");
    services.AddSingleton<IServiceA, ServiceA>();
    services.Configure<ConfigurationB>(config => config.Mode = "transient");

    services.AddTransient<IServiceB, ServiceB>();
```

```
    services.AddTransient<ControllerX>();
    services.AddSingleton<INumberService, NumberService>();
  }).Build();
  //...
}
```

AddSingleton()和 AddTransient()都是扩展方法，更便于用 Microsoft.Extensions.DependencyInjection 框架注册服务。除了使用这些有用的方法之外，还可以使用 Add()方法注册服务(它本身由方便的扩展方法调用)。Add()方法需要一个包含服务类型、实现类型和服务种类的 ServiceDescriptor。服务的种类使用 ServiceLifetime 枚举类型指定。ServiceLifetime 定义了值 Singleton、Transient 和 Scoped。

```
services.Add(new ServiceDescriptor(typeof(ControllerX),
  typeof(ControllerX), ServiceLifetime.Transient));
```

注意：

ServiceCollection 类的 Add()方法是为接口 IServiceCollection 显式实现的，只能在使用接口 IServiceCollection 时才能看到该方法，使用 ServiceCollection 类型的变量时看不到它。第 4 章中介绍了显式接口的实现。

调用 GetRequiredService()方法来获得两次 ControllerX，并调用方法 M()，之后当变量在该方法末尾超出作用域时释放 Host 实例(代码文件 DI/ServicesLifetime/Program.cs)：

```
private static void SingletonAndTransient()
{
  //...
  Console.WriteLine($"requesting {nameof(ControllerX)}");

  ControllerX x = host.Services.GetRequiredService<ControllerX>();
  x.M();
  x.M();

  Console.WriteLine($"requesting {nameof(ControllerX)}");

  ControllerX x2 = host.Services.GetRequiredService<ControllerX>();
  x2.M();

  Console.WriteLine();
}
```

为了运行应用程序，在应用程序中使用了 NuGet 包 System.CommandLine.DragonFruit。该库基于 System.CommandLine，提供了一种简单的方法来向 Main()方法传递实参。Main()方法接受一个存储在变量 mode 中的字符串，所以可以通过传递--mode singletonandtransient 来启动应用程序：

```
static void Main(string mode)
{
  switch (mode)
  {
    case "singletonandtransient":
      SingletonAndTransient();
      break;
    case "scoped":
      UsingScoped();
      break;
    case "custom":
```

```
            CustomFactories();
            break;
          default:
            Usage();
            break;
        }
      }
    }
```

运行应用程序时，可以看到，请求 ControllerX 时，实例化 ServiceA 和 ServiceB。每次调用 GetNumber()方法时，NumberService 都会返回一个新的数字。当第二次请求 ControllerX 时，不仅新创建了 ControllerX，还创建了 ServiceB，因为这些类型在容器中被注册为临时的类型。对于 ServiceB，相同的实例会像以前一样使用，不会创建新的实例：

```
SingletonAndTransient
requesting ControllerX
ctor ServiceA, 1
ctor ServiceB, 2
ctor ControllerX, 3
invoked M for the 1. time
A, 1, mode: singleton
B, 2, mode: transient
invoked M for the 2. time
A, 1, mode: singleton
B, 2, mode: transient
requesting ControllerX
ctor ServiceB, 4
ctor ControllerX, 5
invoked M for the 1. time
A, 1, mode: singleton
B, 4, mode: transient

disposing ControllerX, 5
disposing ServiceB, 4
disposing ControllerX, 3
disposing ServiceB, 2
disposing ServiceA, 1
```

15.4.2 使用 Scoped 服务

服务也可以在一个作用域内注册。这是介于 transient 和 singleton 之间的服务。对于 singleton，只创建一个实例。每次从容器中请求服务时，transient 都会创建一个新实例。对于 scoped，总是从相同的作用域中返回相同的实例，但是从不同的作用域中会返回不同的实例。作用域默认用 ASP.NET Core Web 应用程序定义。这里，作用域是一个 HTTP Web 请求。对于 scoped 服务，如果对容器的请求来自同一个 HTTP 请求，则返回相同的实例。而对于不同的 HTTP 请求，会返回其他实例。这允许在 HTTP 请求中轻松共享状态。

对于非 ASP.NET Core Web 应用程序，需要自己创建作用域，以获得 scoped 服务的优势。

下面开始使用局部函数 RegisterServices()注册服务， ServiceA 注册为 scoped 服务，ServiceB 注册为 singleton, ServiceC 注册为 transient(代码文件 DI/ServicesLifetime/Program.cs)：

```
private static void UsingScoped()
{
```

```
  Console.WriteLine(nameof(UsingScoped));

  using var host = Host.CreateDefaultBuilder()
    .ConfigureServices(services =>
    {
      services.AddSingleton<INumberService, NumberService>();
      services.Configure<ConfigurationA>(config => config.Mode = "scoped");
      services.AddScoped<IServiceA, ServiceA>();
      services.Configure<ConfigurationB>(
        config => config.Mode = "singleton");
      services.AddSingleton<IServiceB, ServiceB>();
      services.Configure<ConfigurationC>(
        config => config.Mode = "transient");
      services.AddTransient<IServiceC, ServiceC>();
    }).Build();
  //...
}
```

调用 ServiceProvider 的 CreateScope()方法可以创建一个作用域。这将返回实现接口 IServiceScope 的作用域对象，在其中可以访问属于这个作用域的 ServiceProvider，可以在容器中请求服务。在下面的代码片段中，ServiceA 和 ServiceC 被请求两次，而 ServiceB 只请求一次。然后，调用方法 A、B 和 C：

```
private static void UsingScoped()
{
  //...
  // the using statement is used here to end scope1 early
  using (IServiceScope scope1 = host.Services.CreateScope())
  {
    IServiceA a1 = scope1.ServiceProvider.GetRequiredService<IServiceA>();
    a1.A();
    IServiceA a2 = scope1.ServiceProvider.GetRequiredService<IServiceA>();
    a2.A();
    IServiceB b1 = scope1.ServiceProvider.GetRequiredService<IServiceB>();
    b1.B();
    IServiceC c1 = scope1.ServiceProvider.GetRequiredService<IServiceC>();
    c1.C();
    IServiceC c2 = scope1.ServiceProvider.GetRequiredService<IServiceC>();
    c2.C();
  }
  Console.WriteLine("end of scope1");
  //...
}
```

释放第一个作用域后，就创建另一个作用域。有了第二个作用域，就再次请求同样的服务 ServiceA、ServiceB 和 ServiceC，并调用方法 A、B、C：

```
private static void UsingScoped()
{
  //...
  using (IServiceScope scope2 = host.Services.CreateScope())
  {
    IServiceA a3 = scope2.ServiceProvider.GetRequiredService<IServiceA>();
    a3.A();
    IServiceB b2 = scope2.ServiceProvider.GetRequiredService<IServiceB>();
    b2.B();
```

```
    IServiceC c3 = scope2.ServiceProvider.GetRequiredService<IServiceC>();
    c3.C();
  }
  Console.WriteLine("end of scope2");
  Console.WriteLine();
}
```

运行应用程序时，可以看到，为实例创建了服务，调用了方法，并自动释放它们。因为 ServiceA 注册为 scoped 时，在相同的作用域内使用相同的实例。ServiceC 注册为 transient,，因此在这里，为每个对容器的请求创建一个实例。在作用域的末尾，transient 和 scoped 服务会自动释放，但是没有释放 ServiceB，因为 ServiceB 注册为 singleton，需要在作用域的末尾也是存活的：

```
UsingScoped
ctor ServiceA, 1
A, 1, mode: scoped
A, 1, mode: scoped
ctor ServiceB, 2
B, 2, mode: singleton
ctor ServiceC, 3
C, 3, mode: transient
ctor ServiceC, 4
C, 4, mode: transient
disposing ServiceC, 4
disposing ServiceC, 3
disposing ServiceA, 1
end of scope1
```

在第二个作用域的开头，再次实例化 ServiceA 和 ServiceB。请求 ServiceB 时，将返回先前创建的相同对象。在作用域的结尾，再次释放 ServiceA 和 ServiceC。ServiceB 在释放根提供程序后释放：

```
ctor ServiceA, 5
A, 5, mode: scoped
B, 2, mode: singleton
ctor ServiceC, 6
C, 6, mode: transient
disposing ServiceC, 6
disposing ServiceA, 5
end of scope2

disposing ServiceB, 2
```

注意：

不需要在服务上调用 Dispose()方法来释放它们。使用实现 IDisposable 接口的服务，容器会调用 Dispose()方法。当释放作用域时，将释放 transient 服务和 scoped 服务。在释放根提供程序时，将释放 singleton 服务。

服务实例按照创建的相反顺序来释放。当一个服务需要注入另一个服务时，这一点很重要。例如，ServiceA 要求注入 ServiceB。因此，首先创建 ServiceB，然后创建 ServiceA。在释放时，首先释放 ServiceA，并且在释放过程中仍然可以访问 ServiceB 中的方法。

警告：

在某些场景中，等到作用域末尾再释放临时服务可能太晚。在使用完临时服务后，可以直接释放它们。但是，可能会忘记释放，或者服务注册发生了改变。而且，由于服务容器实现中保存临时服务的引用(以便可以在作用域末尾释放它们)，所以垃圾收集器无法释放已注册的临时服务使用的内存。一种好的做法是将可释放的服务注册为请求作用域或单例。还要记住，在非 ASP.NET Core 应用程序中，需要手动创建作用域。

15.4.3 使用自定义工厂

除了使用预定义方法注册 transient、scoped 和 singleton 服务之外，还可以创建自定义工厂或将现有实例传递给容器。下面的代码片段展示了如何实现这一点。

可以使用 AddSingleton()方法的重载版本，将先前创建的实例传递给容器。这里，在 RegisterServices()方法中，首先创建一个 NumberService 对象，然后将其传递给 AddSingleton()方法。使用 GetService()方法，或者在构造函数中注入它，与前面的代码没有什么不同。只需要注意，在本例中，容器不负责调用 Dispose()方法。对于创建并传递到容器的对象需要释放，应由开发人员释放这些对象。

还可以使用工厂方法来创建实例，而不是从容器中创建服务。如果服务需要自定义的初始化或定义不受 DI 容器支持的构造函数，这是一个有用的选项。可以通过 IServiceProvider 参数传递委托，并将服务实例返回到 AddSingleton()、AddScoped()和 AddTransient()方法。使用示例代码，名为 CreateServiceBFactory()的局部函数返回 ServiceB 对象。如果服务实现的构造函数需要其他服务，则可以使用传递进来的 IServiceProvider 实例检索这些服务(代码文件 DI/ServicesLifetime/Program.cs):

```
private static void CustomFactories()
{
  IServiceB CreateServiceBFactory(IServiceProvider provider) =>
    new ServiceB(provider.GetRequiredService<INumberService>(),
      provider.GetRequiredService<IOptions<ConfigurationB>>());

  Console.WriteLine(nameof(CustomFactories));

  using var host = Host.CreateDefaultBuilder()
    .ConfigureServices(services =>
    {
      NumberService = new();

      services.AddSingleton<INumberService>(numberService);  // add existing
      services.Configure<ConfigurationB>(config => config.Mode = "factory");
      // use a factory
      services.AddTransient<IServiceB>(CreateServiceBFactory);
      services.Configure<ConfigurationA>(
        config => config.Mode = "singleton");
      services.AddSingleton<IServiceA, ServiceA>();
    }).Build();

  IServiceA a1 = host.Services.GetRequiredService<IServiceA>();
  IServiceA a2 = host.Services.GetRequiredService<IServiceA>();
  IServiceB b1 = host.Services.GetRequiredService<IServiceB>();
  IServiceB b2 = host.Services.GetRequiredService<IServiceB>();
  Console.WriteLine();
}
```

15.5 使用选项初始化服务

如前所述，一个服务可以注入另一个服务中。这也可以用来使用选项初始化服务。不能使用没有在 DI 容器中注册的类型来定义构造函数，因为容器将不知道如何初始化。服务是必要的，但是，想要传递服务的选项，还可以使用已经可用于.NET 的服务。

示例代码使用之前使用的 GreetingService()进行修改，以传递选项。服务所需的配置值由类 GreetingServiceOptions 定义。样例代码需要一个带有 From 属性的 String 参数(代码文件 DI/DIWithOptions/GreetingServiceOptions.cs)：

```
public class GreetingServiceOptions
{
  public string? From { get; set; }
}
```

可以指定带有 IOptions<T>参数的构造函数，来传递服务的选项。前面定义的类 GreetingServiceOptions 是用于 IOptions 的泛型类型。传递给构造函数的值用于初始化字段_from(代码文件 DI/DIWithOptions/GreetingService.cs)：

```
public class GreetingService : IGreetingService
{
  public GreetingService(IOptions<GreetingServiceOptions> options) =>
    _from = options.Value.From;

  private readonly string? _from;

  public string Greet(string name) => $"Hello, {name}! Greetings from {_from}";
}
```

为了便于使用 DI 容器注册服务，定义了扩展方法 AddGreetingService()。该方法扩展了 IServiceCollection 接口，并允许通过委托传递 GreetingServiceOptions。在实现代码中，Configure()方法用于通过 IOptions 接口指定配置。Configure()方法是 NuGet 包 Microsoft.Extensions.Options 中 IServiceCollection 的扩展方法(代码文件 DI/DIWithOptions/GreetingServiceExtensions.cs)：

```
public static class GreetingServiceExtensions
{
  public static IServiceCollection AddGreetingService(
    this IServiceCollection collection,
    Action<GreetingServiceOptions> setupAction)
  {
    if (collection == null)
      throw new ArgumentNullException(nameof(collection));
    if (setupAction == null)
      throw new ArgumentNullException(nameof(setupAction));

    collection.Configure(setupAction);
    return collection.AddTransient<IGreetingService, GreetingService>();
  }
}
```

通过构造函数注入使用 GreetingService 的 HomeController 不需要任何更改(代码文件 DI/DIWithOptions/HomeController.cs)：

```
public class HomeController
```

```
{
  private readonly IGreetingService _greetingService;
  public HomeController(IGreetingService greetingService)
  {
    _greetingService = greetingService;
  }
  public string Hello(string name) => _greetingService.Greet(name);
}
```

现在可以使用辅助方法 AddGreetingService()注册服务。GreetingService 的配置是通过传递所需选项来完成的。还需要一个实现 IOptions 接口的服务。对于这个接口，CreateDefaultBuilder()方法已经添加了一个服务实现。如果没有使用 Host 类，则需要调用 AddOptions()方法在 DI 容器中注册一个实现(代码文件 DI/DIWithOptions/Program.cs)：

```
using var host = Host.CreateDefaultBuilder()
  .ConfigureServices(services =>
  {
    // services.AddOptions(); // already added from host
    services.AddGreetingService(options =>
    {
      options.From = "Christian";
    });
    services.AddSingleton<IGreetingService, GreetingService>();
    services.AddTransient<HomeController>();
  }).Build();
```

该服务现在可以像以前一样使用。HomeController 从容器中检索，在使用 IGreetingService 的 HomeController 中通过构造函数注入：

```
var controller = host.Services.GetRequiredService<HomeController>();
string result = controller.Hello("Katharina");
Console.WriteLine(result);
```

运行应用程序，现在可以使用以下选项：

```
Hello, Katharina! Greetings from Christian
```

> **注意：**
> 可以使用派生自 IOptions 的接口，如 IOptionsSnapshot，在更新配置的时候动态更新设置。本章后面将介绍如何使用 Azure App Configuration 实现这种行为。

15.6 使用配置文件

需要使用配置文件来配置服务时，也可以使用前面所示的选项。然而，有一种更直接的方法：可以使用.NET 配置特性和对选项的扩展。在下面的示例中，服务保持不变，仍然使用在构造函数中注入的 IOptions<GreetingServiceOptions>。现在，使用文件 appsettings.json 来提供选项值。From 键定义的值映射到 GreetingServiceOptions 类中的 From 属性(配置文件 DI/DIWithConfiguration/appsettings.json)：

```
{
  "GreetingService": {
    "From": "Matthias"
```

```
    }
  }
```

要把配置文件复制到可执行文件所在的目录，可以通过在项目文件中添加 CopyToOutputDirectory 元素完成(项目文件 DI/DIWithConfiguration/DIWithConfiguration.csproj)：

```
<ItemGroup>
  <None Update="appsettings.json">
    <CopyToOutputDirectory>PreserveNewest</CopyToOutputDirectory>
  </None>
</ItemGroup>
```

下面的新扩展方法可以帮助注册 GreetingService 类的选项，它定义了一个 IConfiguration 参数。在该方法的实现中，使用了 Configure()的重载方法，并向其直接传入一个实现了 IConfiguration 的对象(代码文件 DI/DIWithConfiguration/GreetingServiceExtensions.cs)：

```
public static class GreetingServiceExtensions
{
  public static IServiceCollection AddGreetingService(
    this IServiceCollection services, IConfiguration config)
  {
    if (services == null) throw new ArgumentNullException(nameof(services));
    if (config == null) throw new ArgumentNullException(nameof(config));

    services.Configure<GreetingServiceOptions>(config);
    return services.AddTransient<IGreetingService, GreetingService>();
  }
}
```

为在服务中注入 IConfiguration 接口，CreateDefaultBuilder()方法在 DI 容器中配置了此接口。为了在配置其他服务的时候访问这个接口，ConfigureServices()方法定义了一个重载，它除了提供 IServiceCollection 之外，还提供了 HttpBuilderContext。使用 HttpBuilderContext 的 Configuration 属性会返回 IConfiguration 接口，该接口允许获取已配置的值。在配置文件中，为了配置服务，定义了名为 GreetingService 的节。调用 GetSection()方法会返回一个 IConfigurationSection。IConfigurationSection 派生自 IConfiguration，所以返回的值可以传递给 AddGreetingService()扩展方法(代码文件 DI/DIWithConfiguration/Program.cs)：

```
using var host = Host.CreateDefaultBuilder()
  .ConfigureServices((context, services) =>
  {
    var configuration = context.Configuration;
    services.AddGreetingService(
      configuration.GetSection("GreetingService"));
    services.AddSingleton<IGreetingService, GreetingService>();
    services.AddTransient<HomeController>();
  }).Build();

var controller = host.Services.GetRequiredService<HomeController>();
string result = controller.Hello("Katharina");
Console.WriteLine(result);
```

运行应用程序将显示下面的结果：

```
Hello, Katharina! Greetings from Matthias
```

这个示例应用程序从 appsettings.json 获取配置。Host 类的 CreateDefaultBuilder()方法默认情况下会配置此文件名。该方法还能够配置更多配置源，它们也是可以修改的，如下一节所述。

15.7 .NET 应用程序的配置

上一节介绍了如何使用 IConfiguration 接口和配置文件 appsettings.json，为 DI 容器中注入的服务提供配置值。本节将看到，.NET 提供了一种灵活的机制，可用来配置来自不同来源的配置值。

15.7.1 使用 IConfiguration

示例应用程序使用了 appsettings.json 中的配置，为一个键指定了配置值，还指定了一个包含键的节，一个名为 ConnectionStrings 的节，以及一个名为 SomeTypedConfig 的节，SomeTypedConfig 节中还包含一个内层的节(配置文件 ConfigurationSample/appsettings.json)：

```
{
  "Key1": "value for Key1",
  "Section1": {
    "Key2": "value from appsettings.json"
  },
  "ConnectionStrings": {
    "BooksConnection": "this is the connection string to a database"
  },
  "SomeTypedConfig": {
    "Key3": "value for key 3",
    "Key4": "value for key 4",
    "InnerConfig": {
      "Key5": "value for key 5"
    }
  }
}
```

在 ConfigurationSampleService 的构造函数中注入一个实现了 IConfiguration 的对象(代码文件 ConfigurationSample/ConfigurationSampleService.cs)：

```
public class ConfigurationSampleService
{
  private readonly IConfiguration _configuration;

  public ConfigurationSampleService(IConfiguration configuration)
  {
    _configuration = configuration;
  }
  //...
}
```

为了获取配置值，可以使用不同的选项。使用 GetValue()方法时，可以传入一个键来获取值。也可以使用一个传递键的索引器。如果使用了包含内层值的节，例如名为 Section1 的节，就可以使用 GetSection()方法来获取该节，之后可以使用索引器来获取内层值。GetSection()返回 IConfigurationSection，后者派生自 IConfiguration。对于名为 ConnectionStrings 的节，可以使用扩展方法 GetConnectionString()并传入该节内的一个键来获取连接字符串。GetConnectionString()只是一个方便使用连接字符串的扩展方法(代码文件 ConfigurationSample/ConfigurationSampleService.cs)：

```
public void ShowConfiguration()
{
  string value1 = _configuration.GetValue<string>("Key1");
  Console.WriteLine(value1);
  string value1b = _configuration["Key1"];
  Console.WriteLine(value1b);
  string value2 = _configuration.GetSection("Section1")["Key2"];
  Console.WriteLine(value2);
  string connectionString =
    _configuration.GetConnectionString("BooksConnection");
  Console.WriteLine(connectionString);
  Console.WriteLine();
}
```

15.7.2 读取强类型的值

对于.NET 配置，可以在需要填写配置值的地方使用类(代码文件 ConfigurationSample/StronglyTypedConfig.cs)：

```
public class InnerConfig
{
  public string? Key5 { get; set; }
}

public class StronglyTypedConfig
{
  public string? Key3 { get; set; }
  public string? Key4 { get; set; }
  public InnerConfig? InnerConfig { get; set; }

  public override string ToString() =>
    $"values: {Key3} {Key4} {InnerConfig?.Key5}";
}
```

为绑定配置源的值，可以使用扩展方法 Get()，该方法试着将匹配的键填充到泛型值类型的属性中。将 BinderOption 值 BindNonPublicProperties 设置为 true，还会设置只读的值，而不只是读写属性(代码文件 ConfigurationSample/ConfigurationSampleService.cs)：

```
public void ShowTypedConfiguration()
{
  Console.WriteLine(nameof(ShowTypedConfiguration));
  var section = _configuration.GetSection("SomeTypedConfig");
  var typedConfig = section.Get<StronglyTypedConfig>(
    binder => binder.BindNonPublicProperties = true);
  Console.WriteLine(typedConfig);
  Console.WriteLine();
}
```

15.7.3 配置源

使用 Host 类的 CreateDefaultBuilder()方法时，可以使用下面的配置源：

- appsettings.json
- appsettings.{environment-name}.json

- 环境变量
- 命令行实参
- 开发模式下的用户秘密

这个顺序很重要，因为列表中靠后出现的每个源会覆盖之前的源。配置源完全是可定制的。NuGet 包中提供了其他配置提供程序，如从 XML 或 INI 文件读取配置值的提供程序。

下面的代码示例演示了如何添加另外一个 JSON 提供程序来访问 customconfigurationfile.json 文件。你可以把任何配置数据(如所有数据库连接字符串)拆分到其他配置文件中。扩展方法 AddJsonFile()引用了这个文件。在调用 AddJsonFile()之前调用的 SetBasePath()方法定义了搜索文件的目录。将 optional 参数设置为 true 后，当文件不存在时不会抛出异常(代码文件 ConfigurationSamples/Program.cs)：

```
using var host = Host.CreateDefaultBuilder(args)
  .ConfigureAppConfiguration(config =>
  {
    config.SetBasePath(Directory.GetCurrentDirectory());
    config.AddJsonFile("customconfigurationfile.json", optional: true);
  }).ConfigureServices(services =>
  {
    services.AddTransient<ConfigurationSampleService>();
    services.AddTransient<EnvironmentSampleService>();
  }).Build();
```

当使用环境变量和命令行实参设置配置值时，分号表示不同的节。下面的语句调用应用程序，并覆盖了 Key1 和 Section1 节中的 Key2：

```
> dotnet run -- Key1="val1" Section1:Key2="val2"
```

注意：

如果在应用程序运行期间，JSON 配置文件动态改变，并且应该从应用程序获取新值，则必须将 AddJsonFile()方法的 reloadOnChange 实参设置为 true。这样一来，就会附加一个文件监视器，它会收到变化的通知，从而更新配置值。第 18 章将介绍如何创建自己的文件监视器。

15.7.4 生产和开发设置

为了区分开发、生产和准备环境的设置，使用了环境变量 DOTNET_ENVIRONMENT。配置源列表中的第二项是 appsettings.{environment-name}.json。应该在 appsettings.Production.json、appsettings.Staging.json 和 appsettings.Development.json 文件中为生产环境、准备环境和开发环境配置不同的值。

为了在运行应用程序时轻松配置环境变量，可以在项目的 Properties 文件夹中配置启动设置，并指定 DOTNET_ENVIRONMENT 环境变量(配置文件 ConfigurationSample/Properties/ launchsettings.json)：

```
{
  "profiles": {
    "ConfigurationSample": {
      "commandName": "Project",
      "environmentVariables": {
        "DOTNET_Environment": "Development"
      }
    }
  }
}
```

为检查环境，可以在服务中注入 IHostEnvironment。使用这个接口时，EnvironmentName 属性提供了环境的名称。扩展方法 IsDevelopment()、IsStaging()和 IsProduction()可用于验证应用程序是否运行在特定环境中(代码文件 ConfigurationSample/EnvironmentSampleService.cs)：

```
public class EnvironmentSampleService
{
  private readonly IHostEnvironment _hostEnvironment;

  public EnvironmentSampleService(IHostEnvironment hostEnvironment)
  {
    _hostEnvironment = hostEnvironment;
  }

  public void ShowHostEnvironment()
  {
    Console.WriteLine(_hostEnvironment.EnvironmentName);
    if (_hostEnvironment.IsDevelopment())
    {
      Console.WriteLine("it's a development environment");
    }
  }
}
```

注意：

可以创建自定义环境来区分使用 DI 容器中注入的模拟本地服务的环境，这通过不再访问身份验证服务或其他服务，提高了调试速度。为此，可以创建扩展方法来验证自定义环境的名称。实现代码只需要检查 EnvironmentName 属性的值。

15.7.5 用户秘密

不应该在源代码存储库中存储的配置文件中保存秘密。总有人扫描开源代码存储库，看其中是否有可以使用的密码和密钥。私有源代码存储库也不是保存秘密的好地方。在开发期间，可以使用秘密。使用用户秘密，可以将配置存储到用户的配置文件中。只有能够访问用户配置文件的用户才能够访问这些配置值。在生产环境中，需要使用一种不同的环境。取决于具体的环境，可以把秘密存储到环境变量中，或者采用一种更好的方法，把它们存储到 Azure Key Vault 这样的服务中。

为了处理用户秘密，可以使用 dotnet 工具 user-secrets。例如，下面的命令：

```
> dotnet user-secrets init
```

添加了一个配置，在项目文件中指定了一个 UserSecretsId，例如：

```
<UserSecretsId>7695182a-e84c-44c0-8644-4a531200ecff</UserSecretsId>
```

ID 本身不是秘密。ID 可以是一个简单的字符串。默认情况下，会创建一个 GUID。所有使用了用户秘密的应用程序在用户配置文件中存储秘密。使用 GUID 可以帮助区分不同应用程序的秘密。如果想要从多个应用程序访问相同的秘密配置，则在这些应用程序中使用相同的用户秘密 ID。

为了从应用程序中访问用户秘密，需要添加 NuGet 包 Microsoft.Extensions.Configuration.UserSecrets。如果应用程序运行在开发环境中，Host 类的 CreateDefaultBuilder()方法会配置用户秘密，并在项目文件中指定一个用户秘密 ID。如果在其他场景中需要使用用户秘密，则可以在 ConfigureAppConfiguration()方法中添加提供程序并调用 AddUserSecrets()。

要通过命令行设置用户秘密，可以使用 set 命令：

```
> dotnet user-secrets set Section1:Key2 "a secret"
```

要显示应用程序的所有秘密，可以使用 list 命令：

```
> dotnet user-secrets list
```

15.8　Azure App Configuration

将 ASP.NET Core Web 应用程序发布到 Azure App Service 时，可以获取 JSON 配置文件中的配置值，添加到 Azure App Service 的配置中。这是一个实用的选项，但是，在许多场景中，更好的选项是使用 Azure App Configuration。解决方案常常涉及到有一部分相同配置的多个服务。Azure App Configuration 允许在一个集中的位置提供配置，该解决方案内的所有应用程序都可以使用这些配置。它还提供了其他一些特性，例如为准备环境和生产环境使用不同的配置值，以及根据不同的场景打开或关闭功能。

为了在应用程序中使用 Azure App Configuration，需要配置另外一个配置提供程序。

在解决方案中，开发中的配置和生产中的配置不仅需要不同的配置值，而且需要不同的环境。当为运行在 Microsoft Azure 中的应用程序使用配置时，可以使用 Azure App Service 定义的一个标识来访问 Azure App Configuration。这个选项在开发环境中可能是不可用的。

处理这个问题有不同的选项。你已经知道，.NET 配置很灵活。在开发期间，可以在本地使用所有配置，并在用户秘密中存储敏感信息。

在某个时刻，你会想要测试和调试在本地运行的应用程序，但应用程序访问了存储在 Microsoft Azure 中的配置。最好获得不同的 Azure 订阅来区分开发环境和生产环境。如果使用了 Visual Studio Professional 或 Visual Studio Enterprise，则每个月会获得一定的免费额度，可以用在 Azure 资源上。你可以使用 Visual Studio 订阅的 Azure 开发环境。

15.8.1　创建 Azure App Configuration

在 Bash 环境中使用 Azure Shell 时，可以使用下面的 Azure CLI 命令来创建一个资源组和应用配置。这里配置了示例应用程序使用的一些键和值。修改资源组名称(rg)和最适合你的位置(loc)的值：

```
rg=rg-procsharp
loc=westeurope
conf=ProCSharpConfig$Random
key1=AppConfigurationSample:Settings:Config1
val1="configuration value for key 1"
devval1="development value for key 1"
stagingval1="staging value for key 1"
prodval1="production value for key 1"
sentinelKey=AppConfigurationSample:Settings:Sentinel
sentinelValue=1

az group create --location $loc --name $rg
az appconfig create --location $loc --name $conf --resource-group $rg
az appconfig kv set -n $conf -key $key1 --value "$val1" --yes
az appconfig kv set -n $conf --key $key1 --label Development --value "$devval1" --yes
az appconfig kv set -n $conf --key $key1 --label Staging --value "$stagingval1" --yes
az appconfig kv set -n $conf --key $key1 --label Production --value "$prodval1" --yes
az appconfig kv set -n $conf --key $sentinelKey --value $sentinelValue --yes
```

注意：
可以使用门户网址 15-1)、Azure CLI、PowerShell 以及 Azure SDK 来创建和配置 Azure 资源。第 1 章介绍了创建 Microsoft Azure 资源的不同方式。可以在门户中打开 Azure Shell，或者打开 https://shell.azure.com。对于示例应用程序，还要阅读本章示例的 readme 文件，其中包含一个用于创建 Azure 资源的 Bash 脚本。

15.8.2 在开发环境中使用 Azure App Configuration

我们来探讨一个使用 Azure App Configuration 的示例应用程序。使用 Azure App Service 很容易部署一个 ASP.NET Core Web 应用程序。在这个示例应用程序中，将看到本地运行的 Web 应用程序如何访问 Azure App Configuration，以及当把它部署到 Azure App Service 后它如何访问配置。使用 dotnet new web 可以创建一个空 Web 应用程序。为了在 ASP.NET Core 应用程序中使用 Azure App Configuration，添加了 NuGet 包 Microsoft.Azure.AppConfiguration.AspNetCore。该包依赖于 Microsoft.Extensions.Configuration.AzureAppConfiguration，对于.NET 应用程序来说，这就足够了。该 ASP.NET Core 包为动态配置添加了中间件功能，如下一节所示。

注意：
第 24 章将详细介绍 ASP.NET Core Web 应用程序的基础知识。

为了访问 Azure App Configuration，需要使用连接字符串或端点。连接字符串包含一个秘密。你可以不使用包含秘密的连接字符串，而是使用你的 App Configuration 资源的端点，以及在运行应用程序时允许访问 Azure 资源的一个账户。如果使用包含秘密的连接字符串，则在开发环境中，把用户秘密保存到连接字符串中。在示例应用程序中使用了一个账户，这允许在生产环境中使用相同的代码。

使用 az appconfig show 可以显示 Azure App Configuration 资源的端点：

```
> az appconfig show --name $conf --query endpoint
```

使用键 AppConfigEndpoint 把这个端点添加到了 appsettings.json 中。因为不包含秘密，所以可以将它包含到源代码存储库中。

为了使用特权用户运行 Web 应用程序，添加环境变量 AZURE_USERNAME，并将其设置为你的 Azure 用户名。为了在启动应用程序时自动完成这些操作，修改 Properties 文件夹中的 launchsettings.json 文件：

```
{
  "profiles": {
    "AzureAppConfigWebApp": {
      "commandName": "Project",
      "dotnetRunMessages": "true",
      "launchBrowser": true,
      "applicationUrl": "https://localhost:5001;http://localhost:5000",
      "environmentVariables": {
        "ASPNETCORE_ENVIRONMENT": "Development",
        "AZURE_USERNAME": "add your username here, e.g. name@outlook.com"
      }
    }
  }
}
```

接下来，将 Azure App Configuration 提供程序添加到 Host 类的配置中。在 Web 应用程序中，可以使用 IWebHostBuilder 的 ConfigureAppConfiguration()方法来代替之前使用的 IHostBuilder 的 ConfigureAppConfiguration() 方法。区别在于，在 IWebHostBuilder 版本中，可以访问 WebHostBuilderContext 而不是 HostBuilderContext，从而能够获得更多选项。AddAzureAppConfiguration()方法的一个重载需要包含秘密的连接字符串。为了使用账户，需要在重载方法中传入 AzureAppConfigurationOptions。有了 options 变量后，可以使用 Connect()方法来传递从配置获得的端点，以及 DefaultAzureCredential 的一个实例(代码文件 AzureAppConfigWebApp/Program.cs)：

```
public static IHostBuilder CreateHostBuilder(string[] args) =>
  Host.CreateDefaultBuilder(args)
    .ConfigureWebHostDefaults(webBuilder =>
    {
      webBuilder.ConfigureAppConfiguration((context, config) =>
      {
        // configuration is already needed from within setting up config
        var settings = config.Build();
        config.AddAzureAppConfiguration(options =>
        {
          DefaultAzureCredential credential = new();
          var endpoint = settings["AppConfigEndpoint"];

          options.Connect(new Uri(endpoint), credential);
        });
      });
      webBuilder.UseStartup<Startup>();
    });
```

注意：

DefaultAzureCredential 类有不同的方式登录 Microsoft Azure。首先，它试着使用 EnvironmentalCredential。该凭据类使用了环境变量 ACCOUNT_USERNAME，可以在 launchsettings.json 文件中配置它。如果失败，它会使用 ManagedIdentityCredential。在 Azure 中运行应用程序时，可以配置 App Service 来使用一个托管身份运行，该托管身份用于访问 Azure App Configuration。接下来会使用 SharedTokenCacheCredential。它使用本地令牌缓存。再接下来会使用 VisualStudioCredential。可以使用 Tools | Options | Azure Service Authentication 来配置这些凭据。再接下来是 VisualStudioCodeCredential 和 AzureCliCredential (Azure CLI 使用的凭据)。InteractiveBrowserCredential (通过浏览器以交互方式登录)是尝试成功登录时最后尝试的选项，但只有当 DefaultAzureCredential 构造函数的 includeInteractiveCredentials 参数被设置为 true 时，才会尝试这种选项。

为了注入配置的值，定义了IndexAppSettings类。它将用于填充键AppConfigurationSample:Settings:Config1 的值(代码文件 AzureAppConfigWebApp/IndexAppSettings.cs)：

```
public class IndexAppSettings
{
  public string? Config1 { get; set; }
}
```

在 Index Razor 页面的代码隐藏文件中，注入了 IOptionsSnapshot 来访问配置值并填充 Config1 属性(代码文件 AzureAppConfigWebApp/Pages/Index.cshtml.cs)：

```
public class IndexModel : PageModel
{
  private readonly ILogger<IndexModel> _logger;

  public IndexModel(IOptionsSnapshot<IndexAppSettings> options,
                    ILogger<IndexModel> logger)
  {
    _logger = logger;
    Config1 = options.Value.Config1 ?? "no value";
  }

  public string Config1 { get; }
  //...
}
```

注意：

本章前面的"使用选项初始化服务"小节解释了 IOptions 接口。IOptionsSnapshot 派生自 IOptions，允许动态修改配置值，如下一节所示。

在 Index Razor 页面中，通过访问 Config1 属性显示了配置值(代码文件 AzureAppConfigWebApp/Pages/Index.cshtml)：

```
<p>configuration value: @Model.Config1</p>
```

15.8.3 动态配置

为了避免在配置值改变时重启应用程序，可以将配置设置为在哨兵值改变后重新读取配置值。一旦应用程序的其他任何配置获得了新值，就需要把这个哨兵值设置为一个新值。

想要在哨兵值改变时刷新所有的值，可以使用 AddAzureAppConfiguration()扩展方法的一个重载版本来传入一个动作委托。在 lambda 表达式实现中，现在将 Azure App Configuration 的连接字符串传递给动作委托的 Connect()方法，所以也能够调用 ConfigureRefresh()方法了。传入一个使用 AzureAppConfigurationRefreshOptions 参数的 lambda 表达式后，可以注册一个配置值，根据传递给 SetCacheExpiration()方法的设置来刷新它。默认情况下，每 30 秒刷新注册的值。为了减少调用 Azure App Configuration，这里将刷新频率改为每 5 分钟刷新一次。获取值并修改值以后，refreshAll 参数决定了也会获取其他所有配置值(代码文件 AzureAppConfigWebApp/Program.cs)：

```
webBuilder.ConfigureAppConfiguration((context, config) =>
{
  // configuration is already needed from within setting up config
  var settings = config.Build();
  config.AddAzureAppConfiguration(options =>
  {
    DefaultAzureCredential credential = new();
    var endpoint = settings["AppConfigEndpoint"];
    options.Connect(new Uri(endpoint), credential)
      .ConfigureRefresh(refresh =>
      {
        refresh.Register(
```

```
        "AppConfigurationSample:Settings:Sentinel",
         refreshAll: true)
        .SetCacheExpiration(TimeSpan.FromMinutes(5));
    })
});
```

需要配置 ASP.NET Core 中间件来检查哨兵值是否改变，从而能够在每个请求中动态刷新配置值。为了配置中间件，需要配置 Startup 类，在 ConfigureServices()方法中调用 AddAzureAppConfiguration()方法，在 Configure()方法中调用 UseAzureAppConfiguration()方法。

为进行测试，可以减小缓存过期时间，并在应用程序运行期间修改 AppConfigurationSample:Settings:Config1 的值以及哨兵值。

15.8.4 使用 Azure App Configuration 的生产和准备设置

在.NET 配置中看到，不同的环境名称对应不同的值(参见“生产和开发设置”小节)。使用 Azure App Configuration 时，可以通过该服务提供的“标签”来实现相同的处理。在为该服务定义配置值时，使用了名为 Production、Staging 和 Development 的标签。这些标签用于映射到不同的托管环境。

取决于环境的名称，可以使用标签过滤器来过滤配置。下面的第一个 Select()方法没有使用标签过滤器，所以会获取所有配置值。第二个 Select()方法会根据环境重写配置值。这样一来，只有当值不同的时候，才需要为特定环境添加值(代码文件 AzureAppConfigWebApp/Program.cs)：

```
config.AddAzureAppConfiguration(options =>
{
  DefaultAzureCredential credential = new();
  var endpoint = settings["AppConfigEndpoint"];
  options.Connect(new Uri(endpoint), credential)
    .Select(KeyFilter.Any, LabelFilter.Null)
    .Select(KeyFilter.Any, context.HostingEnvironment.EnvironmentName)
    .ConfigureRefresh(refresh =>
    {
      refresh.Register("AppConfigurationSample:Settings:Sentinel",
        refreshAll: true)
        .SetCacheExpiration(TimeSpan.FromMinutes(5));
    }));
```

15.8.5 特性标志

特性标志是 Azure App Configuration 的另外一种功能。使用特性标志时，可以在特定的时间或者针对用户的子集启用或禁用不同的部分。例如，在对所有用户推出新特性之前，可以只让一组早期用户使用这种新特性(如预览特性)。还可以让新特性具有不同的用户界面选项，使这种特性对不同的用户群可用。可以使用遥测信息了解不同的用户如何找到并使用这个新特性。分析这些信息有助于知道哪个版本最成功。

Azure App Configuration 基于用户百分比、特定时间窗口和用户组提供了内置的特性标志。还可以实现以自定义的特性过滤器，使其实现 Microsoft.FeatureManagement 名称空间中的 IFeatureFilter 接口。

为了使用之前定义的 Azure App Configuration 创建特性 FeatureX，可以使用下面的 Azure CLI 命令：

```
> az appconfig feature set --feature FeatureX -n $conf
```

下面的命令显示了特性的配置：

```
> az appconfig feature show --feature FeatureX -n $conf
```

其结果如下所示：

```
{
  "conditions": {
    "client_filters": [
      {
        "name": "Microsoft.Percentage",
        "parameters": {
          "Value": 50
        }
      }
    ]
  },
  "description": "",
  "key": "FeatureX",
  "label": null,
  "lastModified": "2020--11--08T16:18:22+00:00",
  "locked": false,
  "state": "conditional"
}
```

为了在ASP.NET Core中使用特性标志，需要在项目中添加NuGet包Microsoft.FeatureManagement.AspNetCore。示例应用程序关联了一个百分比过滤器。使用百分比过滤器时，可以配置一个百分比，百分比过滤器对于该百分比将返回 true。需要配置 DI 容器来添加特性管理的实现，以及定义应该使用的过滤器类型(代码文件 AzureAppConfigWebApp/Startup.cs)：

```
services.AddFeatureManagement().AddFeatureFilter<PercentageFilter>();
```

在 Razor 页面 FeatureSample 的代码隐藏文件中，将 IFeatureManager 注入到了构造函数中。传递了 FeatureX 的 IsEnableAsync()方法返回 true 或 false。对于当前配置，50%的请求返回 true，可以使用此特性(代码文件 AzureAppConfigWebApp/FeatureSample.cshtml.cs)：

```
public class FeatureSampleModel : PageModel
{
  private readonly IFeatureManager _featureManager;
  public FeatureSampleModel(IFeatureManager featureManager)
  {
    _featureManager = featureManager;
  }

  public string? FeatureXText { get; private set; }

  public async Task OnGetAsync()
  {
    bool featureX = await _featureManager.IsEnabledAsync("FeatureX");
    string featureText = featureX ? "is" : "is not";
    FeatureXText = $"FeatureX {featureText} available";
  }
}
```

注意：

对于非 Web 应用程序，要在.NET 应用程序中使用特性，添加 Microsoft.FeatureManagement 包就足够了。Microsoft.FeatureManagement.AspNetCore 为中间件添加了类，为控制器添加了特性，还添加了 Tag Helper。第 26 章将介绍 Tag Helper。

15.8.6 使用 Azure Key Vault

要在 Microsoft Azure 中配置秘密，Azure Key Vault 提供了更多安全特性。在云中，可以使用 Hardware Security Modules (HSM)，这是用来保护和管理密钥的物理环境。使用 Azure Key Vault 时，还有一个特定的安全角色用于监控谁访问了哪些密钥。

要创建 Azure Key Vault，可以通过前面指定的 rg 和 loc 变量来使用 Azure CLI：

```
> az keyvault create --resource-group $rg --location $loc
--enable-rbac-authorization --name procsharpkeyvault
```

为了访问密钥保管库，可以在.NET 配置中使用 Azure Key Vault 提供程序。另外一种选项是配置 Azure App Configuration 来访问 Azure Key Vault。这样一来，应用程序可以通过 Azure App Configuration 获取所有设置。这就简化了设置工作。在后台，应用程序直接访问 Azure Key Vault，所以需要在 Azure Key Vault 中配置应用程序使用的标识的访问权限，以便应用程序能够读取秘密值。

使用 AzureAppConfigurationOptions 的流式 API 时，会调用 ConfigureKeyVault()来配置 Key Vault 的凭据。需要使用 Key Vault 引用配置，将 Key Vault 与 Azure App Configuration 连接起来(代码文件 AzureAppConfigWebAppSample/Program.cs)：

```
webBuilder.ConfigureAppConfiguration((context, config) =>
{
  // configuration is already needed from within setting up config
  var settings = config.Build();
  config.AddAzureAppConfiguration(options =>
  {
    DefaultAzureCredential credential = new();
    var endpoint = settings["AppConfigEndpoint"];
    options.Connect(new Uri(endpoint), credential)
      .ConfigureRefresh(refresh =>
      {
         refresh.Register(
           "AppConfigurationSample:Settings:Sentinel",
             refreshAll: true)
           .SetCacheExpiration(TimeSpan.FromMinutes(5));
      })
      .ConfigureKeyVault(kv =>
      {
        kv.SetCredential(credential);
      });
  });
```

之后就可以从 Azure Key Vault 中获取配置值。

注意：

第 24 章将讨论如何把 Web 应用程序部署到 Azuer App Service，以及如何配置托管身份。

15.9 小结

本章介绍了 Host 类的各种特性，其中最重要的可能是该类托管的依赖注入容器。你看到了临时、请求作用域和单例服务，以及 DI 容器如何管理服务的生存期。

在本书的一些章节中，依赖注入起到了重要的作用。第 21 章展示了如何使用依赖注入与 Entity Framework Core 以及如何取代内置功能。第 23 章探讨了依赖注入如何帮助创建单元测试。Web 应用程序(第 24 章~第 28 章)的项目模板内置了依赖注入。第 30 章介绍了如何在 Windows 应用程序中使用 DI 容器和 Host 类。

本章的第二部分介绍了从不同源读取配置值的灵活选项。除了环境变量、命令行、JSON 文件和用户秘密外，还看到了如何从 Azure App Configuration 读取应用程序的设置。应用程序读取配置值不需要进行修改。如果需要添加更多配置源，则只需要修改 Host 类的设置。

第 16 章将介绍 Host 类中使用日志的特性。为了看到应用程序在做些什么，还实现了遥测和指标信息。

第16章 诊断和指标

本章要点

- 使用 ILogger 接口
- 配置日志提供程序
- 在.NET 日志中使用 OpenTelemetry
- 添加指标计数器
- 使用.NET CLI 监控指标
- 使用 Visual Studio App Center 分析遥测数据
- 使用 Application Insights

本章源代码：

通过扫描封底二维码下载本书源代码。本章源代码可以在代码文件的 2_Libs/LoggingAndMetrics 目录中找到。

本章代码分为以下几个主要的示例文件：

- LoggingSample
- OpenTelemetrySample
- MetricsSample
- WindowsAppAnalytics
- WebAppWithAppInsights

所有示例项目都启用了可空引用类型。

16.1 诊断概述

随着应用程序的发布周期变得越来越短，了解应用程序在生产环境中运行时的行为变得越来越重要。会发生什么异常？用户使用了什么功能？用户找到应用程序的新功能了吗？他们在页面上停留多长时间?为了回答这些问题，需要应用程序的实时信息。

获得应用程序的信息时，需要区分日志、跟踪、收集指标数据和分析用户行为。对于日志，错误信息记录到集中的位置上。这些信息由系统管理员用于查找应用程序的问题。

跟踪有助于找出哪个方法调用了什么方法。这些信息对于开发过程有帮助，应用程序在生产环境下运行时，应关闭它。分布式跟踪有助于理解服务之间如何交互，从而定位到失败的位置和导致性能问题的原因。对于.NET，这个技术可通过名称空间 System.Diagnostics 中的类用于日志和跟踪。分析提供了用户的信息：他们在什么地方，使用的操作系统版本是什么，使用了应用程序中的什么功能等。这有助于根据位置、硬件或操作系统，确定应用程序是否有什么问题。它还有助于理解用户当前的操作。例如，通这种方式可能有助于知道用户是否很难找到应用程序的某个新功能。

本章介绍如何获得正在运行的应用程序的实时信息，找出应用程序在生产过程中出现某些问题的原因，或者监视需要的资源，以确保适应较高的用户负载。这就是名称空间 System.Diagnostics.Tracing 的作用。这个名称空间提供了使用 Event Tracing for Windows (ETW)进行跟踪的类。

当然，在应用程序中处理错误的一种方式是抛出异常。然而，应用程序有可能不抛出异常，但仍不像期望的那样运行。应用程序可能在大多数系统上都运行良好，只在几个系统上出问题。在实时系统上，可以启动跟踪收集器，改变日志行为，获得应用程序运行状况的详细实时信息。这可以用 ETW 功能来实现。

如果应用程序出了问题，就需要通知系统管理员。事件查看器是一个常用的工具，并不是只有系统管理员才需要使用它，软件开发人员也需要它。使用事件查看器可以交互地监视应用程序的问题，通过添加订阅功能来了解发生的特定事件。ETW 允许写入应用程序的相关信息。

Application Insights 是一个 Microsoft Azure 云服务，可以监视云中的应用程序。只需要几行代码，就可以得到如何使用应用程序或服务的详细信息。

Visual Studio App Center 允许监控 Windows 和 Xamarin 应用程序。注册了该应用程序后，只需要几行代码就可以接收到应用程序的有用信息。

OpenTelemetry(https://opentelemetry.io)是以厂商中立的方式观察和创建遥测数据的新标准。如果使用不同的技术创建微服务，OpenTelemetry 就很重要。使用 OpenTelemetry 时，可以收集和分析使用不同技术开发的多个服务所产生的日志、指标和分布式跟踪信息。

本章将解释这些功能，并演示如何为应用程序使用它们。

本章使用.NET CLI 工具 dotnet trace 和 dotnet 计数器来分析跟踪和指标信息。项目中定义了这些工具，所以只需要在命令提示中还原项目的本地工具。在把项目目录设置为当前目录后，使用下面的命令即可：

```
> dotnet tool restore
```

除了在项目中安装工具，也可以把它们全局安装到你的用户配置文件中。要全局安装工具，只需运行下面的.NET CLI 命令：

```
> dotnet tool install dotnet-trace -g
> dotnet tool install dotnet-counters -g
```

要查看安装的.NET CLI 工具，可以运行下面的命令：

```
> dotnet tool list -g
```

注意：

本章构建的示例应用程序使用了 HttpClient 类，所以你不只会添加自己的日志和指标信息，还会看到这个类提供了哪些日志和指标信息。第 19 章将详细介绍如何使用 HttpClient 类和 HTTP 客户端工厂。

16.2　日志

多年来，.NET 中有几种不同的日志记录和跟踪工具，还有许多不同的第三方日志记录程序。尝试将一个应用程序从一种日志记录技术更改为另一种日志记录技术不是一件容易的事情，因为 ILogger API 的使用分布在整个源代码中。可以使用接口，使日志记录独立于任何日志记录技术。

从.NET Core 1.0 开始，.NET 就在名称空间 Microsoft.Extensions.Logging 中定义了泛型 ILogger 接口。这个接口定义了 Log()方法。Log()方法定义了参数，来指定 LogLevel(枚举值)、事件 ID(使用结构 EventId)、泛型状态信息、记录异常信息的 Exception 类型，以及用字符串确定输出格式的格式化程序：

```
void Log<TState>(LogLevel logLevel, EventId eventId, TState state,
  Exception, Func<TState, Exception, string> formatter);
```

除了 Log()方法之外，ILogger 接口还定义了 IsEnabled()方法，以基于 LogLevel 检查日志记录是否启用，该接口也定义了方法 BeginScope()，为日志记录返回可释放的作用域。ILogger 接口中的成员实际上是日志记录所需的全部。Log()方法有许多需要填充的参数。为了简化日志记录，在 LoggerExtensions 类中定义了 ILogger 接口的扩展方法。扩展方法，例如 LogDebug()、LogTrace()、LogInformation()、LogWarning()、LogError()、LogCritical()和 BeginScope()都有几个重载版本，允许传递更少的参数。

LogLevel 枚举定义了如下日志级别：

- Trace(级别 0)：可以写敏感信息。不应该在生产系统中启用。
- Debug(级别 1)：仅对调试有用的信息。保留这些信息并没有长期价值。
- Information(级别 2)：应用程序的一般流程，有长期价值。
- Warning(级别 3)：应用程序中发生的异常或意外事件，但应用程序不会停止执行。
- Error(级别 4)：当前活动发生了错误，但不是应用程序范围的问题。
- Critical(级别 5)：应用程序或系统发生了无法恢复的问题。

下面利用依赖注入，在 NetworkService 类中注入 ILogger 接口作为一个泛型参数，注入 ILogger 接口。泛型参数定义了日志记录器的类别。在泛型参数中，类别是由类名组成的，包括名称空间。除了 ILogger 接口，还注入了 HttpClient，以便发出网络调用，查看这个类提供的日志信息(代码文件 LoggingSample/NetworkService.cs)：

```
class NetworkService
{
  private readonly ILogger _logger;
  private readonly HttpClient _httpClient;
  public NetworkService(
    HttpClient,
    ILogger<NetworkService> logger)
  {
    _httpClient = httpClient;
    _logger = logger;
    _logger.LogTrace("ILogger injected into {0}", nameof(NetworkService));
  }
  //...
}
```

在“过滤”小节中，说明了如何使用类别名来过滤日志。

注意：

除了注入 ILogger 接口，还可以注入 ILoggerFactory，从工厂创建一个日志记录程序。如果有一个服务类层次结构，想要在基类中注入日志记录程序，但使用派生类的名称创建类别名称，那么这样做就极为有用。

本章后面的“过滤”小节中将介绍如何使用类别名称过滤日志。

ILogger 接口可以简单地用于调用扩展方法，如 LogInformation()或 LogTrace()：

```
__logger.LogTrace("RunAsync started");
```

扩展方法提供重载版本，来传递额外的参数、异常信息和事件 ID。为了使用事件 ID，应用程序定义了一个事件 ID 列表(代码文件 LoggingSample/LoggingEvents.cs)：

```
class LoggingEvents
{
  public static EventId Injection { get; } =
    new EventId(2000, nameof(Injection));
  public static EventId Networking { get; } =
    new EventId(2002, nameof(Networking));
}
```

接下来，使用 LogInformation()和 LogError()扩展方法显示 NetworkRequestSampleAsync()方法的启动、结束时间以及抛出异常时的错误信息(代码文件 LoggingSample/NetworkService.cs)：

```
class NetworkService
{
  //...

  public async Task NetworkRequestSampleAsync(Uri requestUri)
  {
    try
    {
      _logger.LogInformation(LoggingEvents.Networking,
        "NetworkRequestSampleAsync started with uri {0}",
        requestUri.AbsoluteUri);

      string result = await _httpClient.GetStringAsync(requestUri);
      Console.WriteLine($"{result[..50]}");
      _logger.LogInformation(LoggingEvents.Networking,
        "NetworkRequestSampleAsync completed, received {length} characters",
        result.Length);
    }
    catch (HttpRequestException ex)
    {
      _logger.LogError(LoggingEvents.Networking, ex,
        "Error in NetworkRequestSampleAsync, error message: {message}, " +
        "HResult: {error}", ex.Message, ex.HResult);
    }
  }
}
```

注意：

将消息传递给 LogXX 方法时，可以提供任何数量的对象，并将其放入格式消息字符串中。此格式字符串使用位置参数传入后面的对象，但不使用位置数字(像 String.Format()方法那样)或插值字符串。虽然没有为字符串使用$前缀，但可以在花括号占位符内使用字符串关键字。之后就可以使用这些关键字在日志信息中进行快速搜索，例如在使用 Azure Table Storage 存储日志信息时，就可以这样搜索。

除了之前定义的 NetWorkService 类，Runner 类还注入了 ILogger 接口，写入调试和错误消息(代码文件 LoggingSample/NetworkService.cs):

```
class Runner
{
  private readonly ILogger _logger;
  private readonly NetworkService _networkService;
  public Runner(NetworkService networkService, ILogger<Runner> logger)
  {
    _networkService = networkService;
    _logger = logger;
  }

  public async Task RunAsync()
  {
    _logger.LogDebug("RunAsync started");
    bool exit = false;
    do
    {
      Console.Write("Please enter a URI or enter to exit: ");
      string? url = Console.ReadLine();
      if (string.IsNullOrEmpty(url))
      {
        exit = true;
      }
      else
      {
        try
        {
          Uri uri = new(url);
          await _networkService.NetworkRequestSampleAsync(uri);
        }
        catch (UriFormatException ex)
        {
          _logger.LogError(ex, ex.Message);
        }
      }
    } while (!exit);
  }
}
```

接下来，需要配置日志提供程序，以使日志信息可用。

16.2.1 配置提供程序

第 15 章讨论的 Host 类不只预配置了 DI 容器和配置提供程序，还预配置了日志记录。使用 Host 类的 CreateDefaultBuilder()方法可以配置下面的日志记录程序:

- Console：这个提供程序将日志信息写入控制台。

- Debug：这个提供程序将日志信息写入 System.Diagnostics.Debug 类。使用 Visual Studio 时，这些信息会显示到 Output 窗口。在 Linux 系统上，取决于具体的发行版，调试日志消息可能写入/var/log/messages 或/var/log/syslog。
- EventSource：这个提供程序使用名称 Microsoft-Extensions-Logging 写日志。在 Windows 上则使用 Event Tracing for Windows (ETW)。
- EventLog：这个提供程序仅在 Windows 系统上配置，它写入 Windows EventLog。这是唯一被配置为写警告和更加严重的消息的提供程序，它不使用默认日志配置。不应该使用 Windows EventLog 记录冗长的消息。

除了配置的提供程序，CreateDefaultBuilder()还使用名为 Logging 的配置节的配置。

对于多数应用程序，使用 CreateDefaultBuilder()的默认配置就足够了，并且可以根据需要添加更多提供程序。示例应用程序没有使用默认日志配置，以便让你能够更好地理解能够配置什么以及如何配置它们。

使用 IHostBuilder 的扩展方法 ConfigureLogging()可以自定义日志配置。对于这个方法，会使用它的有两个参数的重载版本。在下面的代码中，第一个参数是 HostBuilderContext。使用这个上下文，是因为我们扩展了示例代码来访问应用程序配置。第二个参数的类型是 ILoggingBuilder。有了它，就可以使用不同提供程序的扩展方法来自定义日志记录。首先，通过调用 ClearProviders()方法删除 CreateDefaultBuilder()方法配置的提供程序。然后，添加控制台、调试、事件源和事件日志(如果运行在 Windows 上)的日志提供程序(代码文件 LoggingSample/Program.cs)：

```
using var host = Host.CreateDefaultBuilder(args)
  .ConfigureLogging((context, logging) =>
{
  logging.ClearProviders();

  bool isWindows = RuntimeInformation.IsOSPlatform(OSPlatform.Windows);

  logging.AddConsole();
  logging.AddDebug();
  logging.AddEventSourceLogger();

  if (isWindows)
  {
    logging.AddEventLog(); // EventLogLoggerProvider
  }

  //...
})
.ConfigureServices(services =>
{
  services.AddHttpClient<NetworkService>(client =>
  {
  }).AddTypedClient<NetworkService>();
  services.AddScoped<Runner>();
}).Build();
```

注意：
第 15 章详细介绍了 Host 类的 ConfigureServices()方法。

无论是否成功运行应用程序，都可以在控制台看到下面的输出：

```
Please enter a URI or enter to exit: https://csharp.christiannagel.com
info: LoggingSample.NetworkService[2002]
      NetworkRequestSampleAsync started with uri
https://csharp.christiannagel.com/
info: System.Net.Http.HttpClient.NetworkService.LogicalHandler[100]
      Start processing HTTP request GET https://csharp.christiannagel.com/
info: System.Net.Http.HttpClient.NetworkService.ClientHandler[100]
      Sending HTTP request GET https://csharp.christiannagel.com/
info: System.Net.Http.HttpClient.NetworkService.ClientHandler[101]
      Received HTTP response headers after 692.1021ms -200
info: System.Net.Http.HttpClient.NetworkService.LogicalHandler[101]
      End processing HTTP request after 707.6875ms -200
<!DOCTYPE html>
<html lang="en">
<head>
<meta char
LoggingSample.NetworkService[2002]
      NetworkRequestSampleAsync completed, received 97126 character
Please enter a URI or enter to exit: info:
```

日志输出和其他控制台输出的顺序不一定正确，因为日志记录是异步写入和刷新的，以便提高性能，降低日志记录的开销。

传递无效的主机名会得到如下所示的错误信息，包括调用栈，因为异常对象被传递给了 LogError()方法：

```
fail: LoggingSample.Runner[0]
      Invalid URI: The format of the URI could not be determined.
      System.UriFormatException: Invalid URI: The format of the URI could not be
determined.
         at System.Uri.CreateThis(String uri, Boolean dontEscape, UriKind uriKind)
         at System.Uri..ctor(String uriString)
         at LoggingSample.Runner.RunAsync() in
C:\github\ProfessionalCSharp2021\02_Libs\
LoggingMetricsAndTelemetry\LoggingSample\LoggingSample\Runner.cs:line 35
Please enter a URI or enter to exit:
```

16.2.2 过滤

不需要在任何时候都查看所有日志消息。应用程序在生产环境中运行时，需要注意错误和关键信息。调试应用程序时，可能会改变配置，为特定的跟踪源显示跟踪消息，了解应用程序中的所有事情。可以为日志记录需求定义过滤器。

过滤可以基于日志记录器提供程序和日志类别。

下面的代码片段为 EventLogLoggerProvider 和类别名定义了一个过滤器，以仅过滤日志级别为 Warning 和更高级别的错误(代码文件 LoggingSample/Program.cs)：

```
bool isWindows = RuntimeInformation.IsOSPlatform(OSPlatform.Windows);
if (isWindows)
{
  logging.AddFilter<EventLogLoggerProvider>(level =>
    level >= LogLevel.Warning);
}
```

16.2.3 配置日志记录

可以使用.NET 配置来配置过滤和日志记录。默认情况下，使用 Host 类的 CreateDefaultBuilder()方法的时候，会从 appsettings.json、appsettings.{environmentname}.json、环境变量和命令行实参获取配置，所以可以使用命令行实参覆盖 JSON 文件中的配置。关于不同配置提供程序以及如何添加自定义配置提供程序的更多信息，请阅读第 15 章。

为了访问日志提供程序的配置，使用了有 ILoggingBuilder 参数的 AddConfiguration()扩展方法。从 Logging 节中获取了配置值(代码文件 LoggingSample/Program.cs)：

```
logging.AddConfiguration(hostingContext.Configuration.GetSection("Logging"));
```

把 LogLevel 条目添加到 Logging 节时，可以配置默认日志级别。默认情况下，Default 键指定记录 Information 消息及更高级别的消息。以 Microsoft 开头的所有日志组是个例外。这里指定记录 Warning 及更高级别的消息。Microsoft.Hosting.Lifetime 是另一个例外，记录 Information 及更高级别的消息：

```
"Logging": {
  "LogLevel": {
    "Default": "Information",
    "Microsoft": "Warning",
    "Microsoft.Hosting.Lifetime": "Information"
  }
}
```

可以为提供程序指定不同的配置值。对于 Console 提供程序(匹配简单的控制台)，下面将 LoggingSample 日志类别的 LogLevel 配置为其他值：

```
{
  "Logging": {
    "Console": {
      "LogLevel": {
        "Default": "Information",
        "LoggingSample.NetworkService": "Warning",
        "LoggingSample.Runner": "Warning"
      }
    },
    "LogLevel": {
      "Default": "Warning",
      "Microsoft": "Information",
      "LoggingSample.NetworkService": "Warning"
    }
  }
}
```

16.2.4 使用 OpenTelemetry 进行日志记录和跟踪

要使用 OpenTelemetry 标准记录消息，需要通过调用 ILoggerBuilder 扩展方法 AddOpenTelemetry()(NuGet 包 OpenTelemetry)来添加一个不同的日志提供程序，并将一个导出器传递给该方法的选项。下面的代码片段将 NuGet 包 OpenTelemetry.Exporter.Console 中的 Console Exporter 添加到了 Open Telemetry 日志中(代码文件 OpenTelemetrySample/Program.cs)：

```
.ConfigureLogging((hostingContext, logging) =>
```

```
{
  logging.ClearProviders();
  logging.AddFilter(level => level >= LogLevel.Trace);
  logging.AddOpenTelemetry(options => options.AddConsoleExporter());
  //...
})
```

对日志配置做了这个小小的修改后，使用 ILogger 接口的方法定义的日志输出将采用 OpenTelemetry 格式显示。当使用其他导出器(如 Jaeger 或 Prometheus)把日志信息发送给开源或商用后端时，OpenTelemetry 的实用性就将突显出来。对此，只需要配置其他导出器，例如，对于 Jaeger 需要使用 NuGet 包 OpenTelemetry.Exporter.Jaeger。

日志输出为TraceId和SpanID显示了空值。使用分布式跟踪时，这些值很重要。对于OpenTelemetry 的 tracer 和 span 时，.NET 中使用的术语和类是 ActivitySource 和 Activity。下面的代码片段在 Runner 类中创建了一个 ActivitySource 作为静态内部成员，用于为示例应用程序创建活动(或 span)。指定一个 ActivitySource 并在库或子组件中共享，将会起到很大作用。ActivitySource 允许基于传递给构造函数的名称启用或禁用分布式跟踪(代码文件 OpenTelemetrySample/Runner.cs)：

```
class Runner
{
  internal readonly static ActivitySource ActivitySource =
    new("LoggingSample.DistributedTracing");
  //...
}
```

使用这个 ActivitySource 可以创建嵌套活动。在下面的代码片段中，在 RunAsync()方法中创建了一个名为 Run 的活动。不需要把这个活动传递给日志方法。相反，StartActivity()方法会设置静态属性 Activity.Current，后面的所有日志方法会使用它来显示 ID(以及内层方法中嵌套的日志，例如 NetworkService 类中的日志调用)。这里在 do/while 循环中启动了嵌套日志(代码文件 OpenTelemetrySample/Runner.cs)：

```
public async Task RunAsync()
{
  using var activity = ActivitySource.StartActivity("Run");
  _logger.LogDebug("RunAsync started");
  bool exit = false;
  do
  {
    Console.Write("Please enter a URI or enter to exit: ");
    string? url = Console.ReadLine();
    using var urlActivity = ActivitySource.StartActivity(
      "Starting URL Request");
    if (string.IsNullOrEmpty(url))
    {
      exit = true;
    }
    else
    {
      try
      {
        Uri uri = new(url);
        await _networkSevice.NetworkRequestSampleAsync(uri);
      }
      catch (UriFormatException ex)
```

```
      {
        _logger.LogError(ex, ex.Message);
      }
    }
  } while (!exit);
}
```

如果创建库，可以在使用 Activity 和 ActivitySource 类时不引用 OpenTelemetry 库中的任何 NuGet 包。库应该独立于应用程序收集日志信息的方式。

不指定从活动源收集信息时，ActivitySource.StartActivity()方法返回 null。在下面的代码片段中，使用 OpenTelemetry SDK 来进行配置，收集分布式跟踪信息。配置了 tracer 提供程序生成器(如前所述，OpenTelemetry 中的 tracer 就是 ActivitySource)来从传递给 AddSource()方法的源名称收集分布式跟踪信息。这个名称需要与传递给 ActivitySource 构造函数的名称相同。这段代码需要添加 NuGet 包 OpenTelemetry 和 OpenTelemetry.Exporter.Console。要记录来自 ASP.NET Core 的跟踪信息，可以添加名称为 Microsoft.AspNetCore 的源。日志将被写入控制台导出器(代码文件 OpenTelemetrySample/Program.cs)：

```
using var tracerProvider = Sdk.CreateTracerProviderBuilder()
  .SetResourceBuilder(ResourceBuilder.CreateDefault()
    .AddService("OpenTelemetrySample"))
  .AddSource("LoggingSample.DistributedTracing")
  .AddConsoleExporter()
  .Build();
```

记住，控制台导出器在开发和测试期间很有用。其他导出器(如 Jaeger 和 Prometheus)可以在生产环境中提供帮助。

16.2.5 更多日志提供程序

在 NuGet 服务器上还有更多日志提供程序。可以添加 Serilog.Extensions.Logging 来轻松写入文件。NuGet 包 Microsoft.Extensions.Logging.AzureAppServices 提供了 Azure App Services 中托管的 Web 应用程序的日志记录功能，可以使用 Azure App Service 的诊断日志，包括日志实时流。使用 NuGet 包 Microsoft.Extensions.Logging.ApplicationInsights 时，可以将 ILogger 事件转发给 Application Insights。本章稍后的“Application Insights”小节将介绍 Application Insights。

16.3 指标

通过指标可以测量收集到的值的实际计数，以分析应用程序存在的问题。你可以实时监控、收集一段时间内的指标信息以及将信息写入文件。

.NET 运行库提供的指标信息可以显示 CPU 使用率、堆大小、不同 GC 代的对象数量和内存大小、加载的程序集等。EF Core 和 ASP.NET Core 托管库等也提供了指标数据。

为了读取指标信息，可以在进程内或进程外访问它们。在进程内，可以使用 EventListener 类接收应用程序内的指标信息。在进程外，可以使用平台特定的工具，例如 Windows 系统上的 Event Tracing for Windows (ETW)或者 Linux 系统上的 Linux Trace Toolkit Next Generation (LLTng)。另外还有平台独立的解决方案，它们不提供来自操作系统的事件，而是提供来自.NET 运行库和你的应用程序的所有.NET 提供的事件，并且不要求管理员权限。

在.NET 中，要在进程外接收指标信息，可以使用 NuGet 包 Microsoft.Diagnostics.NETCore.Client

的 EventPipe 类。本章将使用.NET CLI 和计数器工具，后者本身就使用了 EventPipe 类。你不需要自己实现一个监控工具。

16.3.1 EventSource 类

为了能够查看指标信息，使用指标增强了提供日志信息的示例应用程序。想要提供指标信息，需要创建一个类，让它派生自 System.Diagnostics.Tracing 名称空间中的 EventSource 类。

MetricsSampleSources 派生自基类 EventSource，并应用了 EventSource 特性。该特性提供了一个名称，允许把这个类作为 ETW 的事件源。只允许实例化一次，因此定义了一个公有静态字段 readonly Log 和一个私有构造函数(代码文件 MetricsSample/MetricsSampleSource.cs)：

```
[EventSource(Name = "Wrox.ProCSharp.MetricsSample")]
internal class MetricsSampleSource : EventSource
{
  public static readonly MetricsSampleSource Log = new();
  private MetricsSampleSource()
    : base("Wrox.ProCSharp.MetricsSample") { }
  //...
}
```

16.3.2 指标计数器

在名称空间 System.Diagnostics.Tracing 中，定义了 4 种不同的计数器类型：EventCounter、IncrementingEventCounter、PollingCounter 和 IncrementingPollingCounter，它们都派生自基类 DiagnosticsCounter。两个 XXEventCounter 类型使用起来最简单。你不需要声明一个变量来存储计数器，只需要写入或者递增指标值。使用 EventCounter 类型时，通过调用方法 WriteMetric()来写指标信息。IncrementingEventCounter 类定义了 Increment()方法，可以指定一个在递增时使用的值。使用 XXEventCounter 类型时，取决于使用的刷新率，值会被重置。例如，假设客户端应用程序每秒刷新一次。使用 IncrementingEventCounter 会显示在上一秒递增的值。如果刷新率是 30 秒，则显示过去 30 秒中递增的值。

如果需要更多控制，例如显示自应用程序启动后统计的计数器值，则可以使用 XXPollingCounter 类型。如果要显示的值是从其他源(例如 GC 类)获取的，则也需要使用轮询计数器。例如，对于 System.Runtime 计数，为了显示第 0 代对象的内存大小，PollingCounter 使用 GC.GetGenerationSize(0)来获取该值：

```
_gen0SizeCounter ??= new PollingCounter("gen-0-size", this,
  () => GC.GetGenerationSize(0))
  {
    DisplayName = "Gen 0 Size",
    DisplayUnits = "B"
};
```

> **注意：**
> 从以下网址可以查看.NET 运行库的事件源的实现：https://github.com/dotnet/coreclr/blob/master/src/System.Private.CoreLib/src/System/Diagnostics/Eventing/RuntimeEventSource.cs。

在示例应用程序中，提供了下面的指标信息：

- 基于指定时间间隔的请求数
- 基于指定时间间隔的错误数
- 收到 HTTP 请求需要的时间

在 MetricsSampleSource 类中，为了只在进行监控时创建计数器类型，重写了 OnEventCommand 命令()。当启用、禁用和更新事件源的时候，就会调用这个方法。如果打开了监控，就会实例化 DiagnosticCounter 派生类型：两个 IncrementingEventCounter 和一个 PollingCounter。使用 PollingCounter 声明了一个在轮询值时访问的变量。这些事件类型共同的地方是在构造函数中指定了名称和 EventSource 实例。对于每个 DiagnosticCounter 的派生类型，都可以设置 DisplayName 和 DisplayUnits 属性。在 PollingCounter 的构造函数中，需要传递一个返回 double 的委托。由于多个线程可能同时访问计数器，所以需要让代码是线程安全的，这就是为什么代码中使用了 System.Threading 名称空间中的 Interlocked 类。对于 XXEventCounter 类型，DisplayRateTimeScale 指定了获取值的频率。例如，如果指定 10 秒，则即使显示值的刷新时间间隔被设置为 1 秒，也只会在 10 秒后获取值(代码文件 MetricsSample/MetricsSampleSource.cs)：

```
internal class MetricsSampleSource : EventSource
{
  //...
  private IncrementingEventCounter? _totalRequestsCounter;
  private IncrementingEventCounter? _errorCounter;
  private long _requestDuration;
  private PollingCounter? _requestDurationCounter;

  protected override void OnEventCommand(EventCommandEventArgs command)
  {
    if (command.Command == EventCommand.Enable)
    {
      _totalRequestsCounter ??= new IncrementingEventCounter("requests", this)
      {
        DisplayName = "Total requests",
        DisplayUnits = "Count",
        DisplayRateTimeScale = TimeSpan.FromSeconds(1)
      };
      _errorCounter ??= new IncrementingEventCounter("errors", this)
      {
        DisplayName = "Errors",
        DisplayUnits = "Count",
        DisplayRateTimeScale = TimeSpan.FromSeconds(1)
      };
      _requestDurationCounter ??= new PollingCounter(
        "request-duration", this, () => Interlocked.Read(ref _requestDuration))
      {
        DisplayName = "Request duration",
        DisplayUnits = "ms"
      };
    }
  }
  //...
}
```

现在只需要设置计数器。第一个计数器在 RequestStart()方法中设置。IncrementingEventCounter _totalRequestsCounter 则是使用 Increment()方法递增的。为了测量请求用的时间，在该方法中创建、启动并返回一个新的 Stopwatch(名称空间为 System.Diagnostics)。通过检查基类的 IsEnabled()方法，只在启用了监控时才执行这些操作：

```
public Stopwatch? RequestStart()
{
  if (IsEnabled())
  {
    _totalRequestsCounter?.Increment();
    return Stopwatch.StartNew();
  }
  else
  {
    return default;
  }
}
```

RequestStop()方法定义了一个参数来接收前面创建的 StopWatch，并使用 ElapsedMilliseconds 设置底层字段_requestDuration。PollingCounter 使用这个字段来显示流逝的时间。使用非递增的计数器时，将直接设置计数。分析计数的工具可以基于设置的值来计算平均值：

```
public void RequestStop(Stopwatch? stopwatch)
{
  if (stopwatch?.IsRunning == true)
  {
    stopwatch.Stop();
    Interlocked.Exchange(ref _requestDuration, stopwatch.ElapsedMilliseconds);
  }
}
```

注意：
当为请求经过的时间使用 EventCounter 时，如果使用了 1 秒的刷新频率，则当前一秒没有设置值的时候，计数会显示 0。使用 PollingCounter 时，能够更好地控制显示的值。为每个请求设置值时，显示的值总是上一个请求使用的时间。

还可以实现 Error()方法来递增_errorCounter：

```
public void Error()
{
  if (IsEnabled())
  {
    _errorCounter?.Increment();
  }
}
```

16.3.3 使用 MetricsSampleSource

接下来，更新 NetworkService 类来调用 MetricsSample 类的成员。在下面的代码片段中，删除了前面的日志记录方法，来让代码变得更加清晰，不过在可下载的源代码中仍然包含它们。在请求开始时，调用了返回 StopWatch 的 RequestStart()方法。这个秒表会作为实参传递给 RequestStop()方法。在发生 HttpRequestException 的时候，会调用 Error()方法来递增错误计数。为了在每种情况下都停止秒表，将代码封装到了一个 try/finally 块中。记住，如果没有打开监控，则调用 RequestStart()方法不会统计指标，返回的 StopWatch 将是 null(代码文件 MetricsSample/NetworkService.cs)：

```
public async Task NetworkRequestSampleAsync(Uri requestUri)
{
  var stopWatch = MetricsSampleSource.Log.RequestStart();
  try
  {
    string result = await _httpClient.GetStringAsync(requestUri);
    MetricsSampleSource.Log.RequestStop(stopWatch);
    Console.WriteLine($"{result[..50]}");
  }
  catch (HttpRequestException ex)
  {
    MetricsSampleSource.Log.Error();
  }
  finally
  {
    MetricsSampleSource.Log.RequestStop(stopWatch);
  }
}
```

16.3.4 使用.NET CLI 监控指标

创建了指标信息后，我们来看看使用 dotnet counters 能够访问的信息。

要查看.NET 提供的所有计数器，可以使用下面的命令：

```
dotnet counters list --runtime-version 5.0
```

.NET 5 版本的 dotnet counters 默认情况下列出.NET Core 3.1 (LTS 版本)中提供的计数器。.NET 5 提供了更多的指标类别，要显示它们，需要为--runtime-version 传递 5.0。增加的指标类别包括 System.Runtime、Microsoft.AspNetCore.Hosting、Microsoft-AspNetCore-Server-Kestrel 和 System.Net.Http。

要监控应用程序中的计数器，首先启动应用程序，然后使用 ps 子命令获得运行中的应用程序的进程 ID：

```
dotnet counters ps
```

这个命令显示了可被监控的、正在运行中的.NET 应用程序。

为了使用应用程序提供的计数器监控运行中的应用程序，需要使用 monitor 子命令，并通过-p 选项传递进程 ID，后跟应该监控的类别名称。默认情况下只监控类别 System.Runtime，需要添加所有其他想要显示的类别：

```
dotnet counters monitor -p 2711 Wrox.ProCSharp.MetricsSample
```

注意，只有当激活计数时，才会显示指定的类别，所以在开始监控时，可能不会看到 Wrox.ProCSharp.MetricsSample 类别。要使用不同的刷新时间间隔，例如在 5 秒钟后看到更新，需要使用选项--refresh-interval 5。图 16-1 显示了对运行中的应用程序使用 dotnet counters 的输出。

除了实时监控应用程序，也可以创建一个文件来记录所有计数。为此，需要在命令的开头使用 dotnet counters collect。除了子命令 monitor 可用的选项，还可以使用--format 选项来选择创建一个 CSV 或 JSON 文件，以及使用--name 选项指定生成文件的名称。

```
[System.Runtime]
    % Time in GC since last GC (%)                                  0
    Allocation Rate (B / 1 sec)                               212.064
    CPU Usage (%)                                                   0
    Exception Count (Count / 1 sec)                                 0
    GC Fragmentation (%)                                          NaN
    GC Heap Size (MB)                                               4
    Gen 0 GC Count (Count / 1 sec)                                  0
    Gen 0 Size (B)                                                  0
    Gen 1 GC Count (Count / 1 sec)                                  0
    Gen 1 Size (B)                                                  0
    Gen 2 GC Count (Count / 1 sec)                                  0
    Gen 2 Size (B)                                                  0
    IL Bytes Jitted (B)                                       166.750
    LOH Size (B)                                                    0
    Monitor Lock Contention Count (Count / 1 sec)                   0
    Number of Active Timers                                         2
    Number of Assemblies Loaded                                    70
    Number of Methods Jitted                                    2.192
    POH (Pinned Object Heap) Size (B)                               0
    ThreadPool Completed Work Item Count (Count / 1 sec)           12
    ThreadPool Queue Length                                         0
    ThreadPool Thread Count                                         4
    Working Set (MB)                                               48
[Wrox.ProCSharp.MetricsSample]
    Errors (Count / 1 sec)                                          0
    Request duration (ms)                                         523
    Total requests (Count / 1 sec)                                  0
```

图 16-1

16.4 使用 Visual Studio App Center 进行分析

Visual Studio App Center (见网址 16-1)是微软开发 Windows 和移动应用程序、向 beta 测试人员分发应用程序、测试应用程序、扩展带有推送通知的应用程序以及获得应用程序的用户分析的入口。

可以得到用户关于应用程序问题的报告，例如，可以找出异常，也可以找到用户在应用程序中正在使用的特性。假设给应用程序添加一个新特性，用户会找到激活该特性的按钮吗？

注意：

这里有一些特性示例，用户很难在微软自己的产品中找到它们。Xbox 是第一个为用户界面提供大磁贴的设备。搜索特性在磁贴的下面。虽然这个按钮直接显示在用户面前，但用户看不到它。现在，微软把搜索功能移动到磁贴内，使得用户可以找到它。

另一个例子是 Windows Phone 上的物理搜索按钮。这个按钮用于应用程序内的搜索。用户抱怨电子邮件内没有搜索的选项，因为他们不认为这个物理按钮可以搜索电子邮件。微软对此功能进行了改进。在新版本中，物理搜索按钮只用于在网上搜索内容，邮件应用程序有自己的搜索按钮。

Windows 8 有一个相似的搜索问题：用户没有使用功能区中的搜索功能，在应用程序内搜索。Windows 8.1 改变了在功能区中使用搜索功能的设置，现在应用程序包含自己的搜索框。在 Windows 10 中还有一个自动建议框，有助于在应用程序内进行搜索。

要启用 app 分析，首先需要注册 Visual Studio App Center。不要担心成本过高，因为崩溃报告和分析是免费的。接下来，需要创建一个应用程序，并从 Web 门户中复制 App Secret。然后可以用 Visual Studio 创建一个新的 Blank App (WinUI Desktop)。要启用分析，给项目添加 NuGet 包 Microsoft.AppCenter、Microsoft.AppCenter.Analytics 和 Microsoft.AppCenter.Crashes。

只需要使用几个 API 调用，就可以发现用户的问题。在 App 类的构造函数中，添加 AppCenter.Start()，并添加先前复制的 App Secret。要启用 Analytics，需要将 Analytics 对象的类型作为第二个参数传递给 Start()方法(代码文件 WindowsAppAnalytics/App.xaml.cs)：

```
public App()
{
  this.InitializeComponent();
  this.Suspending += OnSuspending;

  AppCenter.Start("84df09c4-d560-4c46-a44f-a5524c3abb7f",
    typeof(Analytics), typeof(Crashes));
}
```

注意：
请记住在 Visual Studio App Center 的应用程序配置中，把 App Secret 添加到 App 构造函数中。

现在运行应用程序，就会看到用户信息，用户启动应用程序的时间、位置以及来自用户的设备。

要从用户获得更多信息，需要创建对 Analytics.TrackEvent 的调用。应用程序中所有可能的事件都定义在类 EventNames 中(代码文件 WindowsAppAnalytics/EventNames.cs)：

```
public class EventNames
{
  public const string ButtonClicked = nameof(ButtonClicked);
  public const string PageNavigation = nameof(PageNavigation);
  public const string CreateMenu = nameof(CreateMenu);
}
```

示例应用程序包含一些控件，用于启用/禁用分析、输入一些文本并单击按钮(见图 16-2)。激活 MainWindow 时，将收集事件。TrackEvent()方法需要事件名的字符串，该字符串取自 EventNames 类。TrackEvent()方法的第二个参数是可选的。在这里，可以传递字符串的一个字典来跟踪其他信息。在示例代码中，当打开窗口时，PageNavigation 事件包含关于导航到的页面类型的信息(代码文件 WindowsAppAnalytics/MainWindow.xaml.cs)：

```
public MainWindow()
{
  this.InitializeComponent();
  Analytics.TrackEvent(EventNames.PageNavigation,
    new Dictionary<string, string> { ["Page"] = nameof(MainWindow) });
}
```

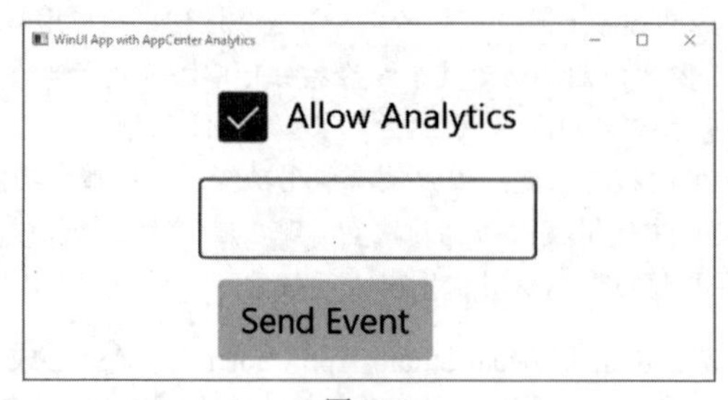

图 16-2

通过单击按钮，TrackEvent()可以跟踪 ButtonClick 事件，包括用户在 TextBox 控件中输入的信息：

```
private void OnButtonClick(object sender, RoutedEventArgs e)
{
  Analytics.TrackEvent(ButtonClicked,
```

```
    new Dictionary<string, string> { ["State"] = textState.Text });
}
```

用户在应用程序中漫游时，可能不允许收集信息，因此可以创建一个用户可以用来启用和禁用该功能的设置。如果设置了 Analytics.SetEnabledAsync(false)，那么 Analytics API 将不再报告数据：

```
private async void OnAnalyticsChanged(object sender, RoutedEventArgs e)
{
  if (sender is CheckBox checkbox)
  {
    bool isChecked = checkbox?.IsChecked ?? true;
    await Analytics.SetEnabledAsync(isChecked);
  }
}
```

Visual Studio App Center 在分析方面有一些限制，如下所示：

- 每天只能有最多 200 个不同的自定义事件。
- 事件只能有 20 个属性(其他属性会被丢弃)。
- 事件名限制在 256 个字符以内。
- 属性的键和值在超过 128 个字符后会被截断。

运行应用程序，并监视 Visual Studio App Center 门户时，可以看到发生的事件和受影响的用户数量(参见图 16-3)。单击事件时，可以看到各个用户的事件计数、每个会话的事件、传递的字典属性的详细信息以及日志流。

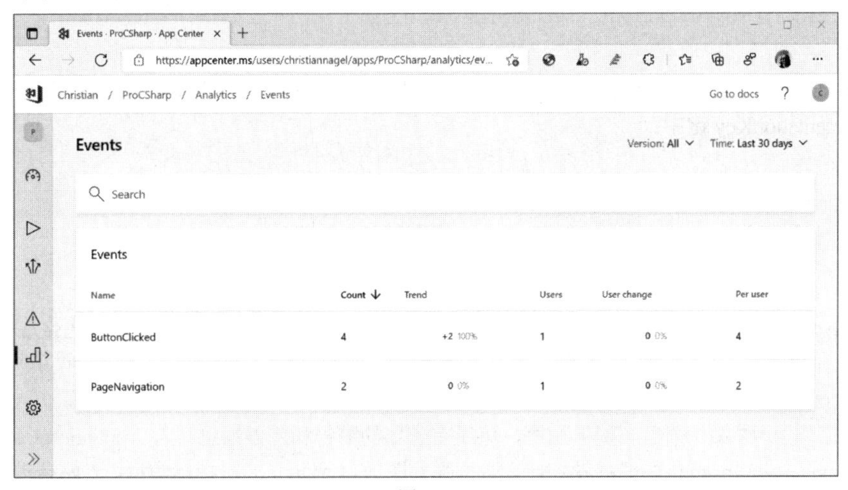

图 16-3

除了这些信息之外，Visual Studio App Center Analytics 还提供了以下信息：

- 活跃用户的数量
- 每个用户每天的会话
- 会话持续时间
- 使用量最大的设备
- 使用的 OS 版本
- 语言

16.5 Application Insights

Visual Studio App Center Analytics 信息基于 Azure Application Insights。在你的 Web 或服务应用程序中，可以直接使用 Application Insights。

本章的示例 Web 应用程序由一个 ASP.NET Core Razor Web 应用程序构成，它访问了 SQL Server 数据库。第 26 章将介绍如何创建 Razor 页面，以及如何把 Web 应用程序和数据库部署到 Microsoft Azure。

为了在 Application Insights 中使用诊断和遥测信息，需要在项目中添加 NuGet 包 Microsoft.ApplicationInsights.AspNetCore。如果只是想把日志信息写入 Application Insights，则添加 NuGet 包 Microsoft.Extensions.Logging.ApplicationInsights 就足够了。在代码中，只需要使用 DI 容器的配置来调用 AddApplicationInsightsTelemetry()方法，从而启用遥测信息(代码文件 WebAppWithAppInsights/Startup.cs)：

```
public void ConfigureServices(IServiceCollection services)
{
  services.AddRazorPages();
  services.AddDbContext<BooksContext>(options =>
  {
    options.UseSqlServer(Configuration.GetConnectionString(
      "BooksConnection"));
  });
  services.AddApplicationInsightsTelemetry();
}
```

由于在该方法中没有指定任何参数，所以需要把检测密钥添加到配置中的 ApplicationInsights 节的 InstrumentationKey 键中：

```
{
  "ApplicationInsights": {
    "InstrumentationKey": "add your instrumentation key"
  }
}
```

AddApplicationInsightsTelemetry()方法有一些重载版本，允许传入检测密钥或者包含连接字符串的选项。在一些 Azure 地区，必须使用连接字符串，而不能只使用密钥。如果不希望收集所有数据，则也可以在配置中关闭一些 Application Insights 选项。默认情况下，在 DI 容器中添加 Application Insights 时，也会添加一个日志提供程序，将所有容器的警告和错误消息写入 Appliation Insights。

在 Application Insights 中能够看到什么数据呢？图 16-4 显示了实时指标信息：入站请求、持续时间、失败率、CPU 和内存使用情况以及调用的页面的遥测信息。图 16-5 显示了应用程序映射图，从中可以看到应用程序使用的不同 Azure 资源。示例应用程序使用了 Azure SQL 数据库。应用程序映射图显示了调用资源的次数、持续时间和错误计数。对于错误，可以轻松地看到错误的公共属性。Application Insights 利用人工智能来学习应用程序的标准行为和时间，从而提供关于异常情况的信息。你可以指定以不同方式收到异常通知。如需添加不会自动检测的信息，可以将 Telemetry 注入 Razor 页面、控制器或服务，通过调用 TrackEvent()方法报告额外的信息。

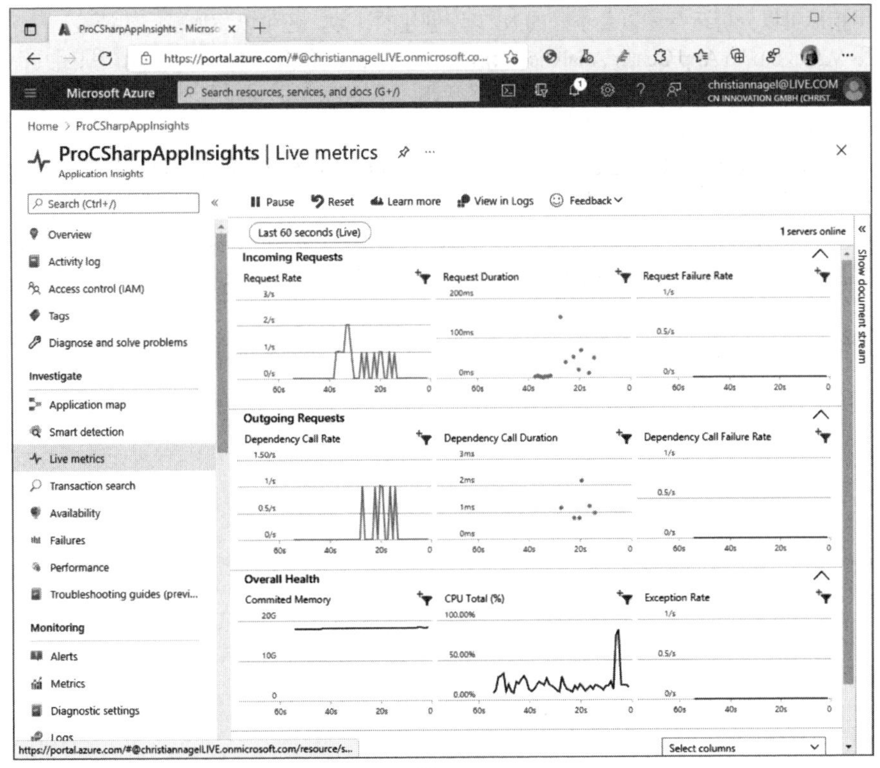

图 16-4

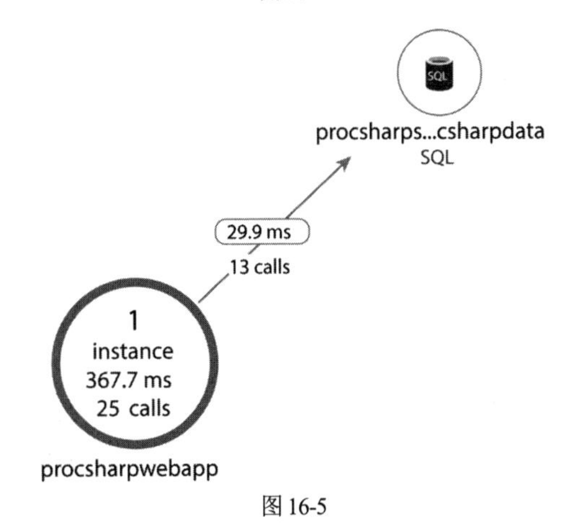

图 16-5

16.6　小结

本章介绍了跟踪和日志功能，它们有助于找出应用程序中的问题。应尽早规划，把这些功能内置于应用程序中，这可以避免以后的许多故障排除问题。

使用跟踪功能，可以写调试信息，以便于分析应用程序，还可以写异常和警告，以便于在生产环境中运行应用程序。通过日志类别和日志提供程序，还能够灵活地定义不同的日志配置。

使用指标可以分析运行库以及不同的.NET 库创建的计数，还可以添加自己的计数。

使用 Visual Studio App Center Analytics 云服务时，有很多开箱即用的特性可用。只用几行代码，就可以很容易地获得用户的信息。如果添加更多代码，可以找到用户是否因为找不到使用应用程序的一些特性而没有使用它们。

Application Insights 对于 Azure 资源来说是一个很有帮助的服务，但本地环境也可以使用它来收集和分析应用程序的信息，并快速找到问题所在。

第 17 章将详细介绍如何使用 Task 类和 Parallel 类进行并行编程，以及帮助使用操作系统的多个核心的同步对象。还会讨论使用多个任务时可能遇到的问题。

C#高级编程

(第 12 版)

(下册)

[奥] 克里斯琴·内格尔(Christian Nagel)　著
李　铭　译

清華大學出版社
北　京

北京市版权局著作权合同登记号图字：01-2022-0421

图书在版编目(CIP)数据

C#高级编程：第12版 / (奥) 克里斯琴 • 内格尔(Chrisitian Nagel) 著；李铭译. —北京：清华大学出版社，2022.10 (2024.4重印)

(开源.NET 生态软件开发)

书名原文：Professional C# and .NET 2021 Edition

ISBN 978-7-302-61877-5

Ⅰ. ①C… Ⅱ. ①克… ②李… Ⅲ. ①C 语言—程序设计 Ⅳ. ①TP312.8

中国版本图书馆 CIP 数据核字(2022)第 173381 号

责任编辑：王 军
装帧设计：孔祥峰
责任校对：马遥遥
责任印制：宋 林

出版发行：清华大学出版社

网　　址：https://www.tup.com.cn，https://www.wqxuetang.com
地　　址：北京清华大学学研大厦 A 座　　**邮　　编：**100084
社 总 机：010-83470000　　**邮　　购：**010-62786544
投稿与读者服务：010-62776969，c-service@tup.tsinghua.edu.cn
质 量 反 馈：010-62772015，zhiliang@tup.tsinghua.edu.cn

印 装 者：大厂回族自治县彩虹印刷有限公司
经　　销：全国新华书店
开　　本：170mm×240mm　　**印　　张：**58　　**字　　数：**1637 千字
版　　次：2022 年 10 月第 1 版　　**印　　次：**2024 年 4 月第 2 次印刷
定　　价：198.00 元

产品编号：095365-01

第17章 并行编程

本章要点

- 多线程概述
- 使用 Parallel 类
- 使用任务
- 使用取消架构
- 使用通道的发布/订阅
- 使用计时器
- 理解线程问题
- 使用 lock 关键字
- 用监视器同步
- 用互斥同步
- 使用 Semaphore
- 使用 ManualResetEvent、AutoResetEvent 和 CountdownEvent
- 使用 Barrier
- 用 ReaderWriterLockSlim 管理读取器和写入器

本章源代码：

通过扫描封底二维码下载本书源代码。本章源代码可以在代码文件的 2_Libs/Parallel 目录中找到。

本章代码分为以下几个主要的示例文件：

- Parallel
- Task
- Cancellation
- ChannelSample
- Timer
- WinAppTimer
- ThreadingIssues
- SynchronizationSamples

- BarrierSample
- ReaderWriterLockSample
- LockAcrossAwait

本章的示例使用了 System.Threading、System.Threading.Tasks 和 System.Linq 名称空间。所有项目都启用了可空引用类型。

17.1 概述

使用多线程有几个原因。假设从应用程序进行网络调用需要一定的时间。我们不希望用户界面在此期间停止响应，让用户一直等待，直到从服务器返回响应。用户可以同时执行其他一些操作，或者甚至取消发送给服务器的请求。这些都可以使用线程来实现。

对于所有需要等待的操作，例如，因为文件、数据库或网络访问都需要一定的时间，此时就可以启动一个新线程，同时完成其他任务。即使是处理密集型的任务，线程也是有帮助的。一个进程的多个线程可以同时运行在不同的 CPU 上，或多核 CPU 的不同内核上。

还必须注意运行多线程时的一些问题。它们可以同时运行，但如果线程访问相同的数据，就很容易出问题。为了避免出问题，必须实现同步机制。

.NET 提供了线程的一个抽象机制：任务。任务允许建立任务之间的关系，例如，第一个任务完成时，应该继续下一个任务。也可以建立一个层次结构，其中包含多个任务。

除了使用任务之外，还可以使用 Parallel 类实现并行活动。需要区分数据并行(在不同的任务之间同时处理一些数据)和任务并行性(同时执行不同的功能)。

在创建并行程序时，有很多不同的选择。应该使用适合场景的最简单选项。本章首先介绍 Parallel 类，它提供了非常简单的并行性。如果这就是需要的类，使用这个类即可。如果需要更多的控制，比如需要管理任务之间的关系，或定义返回任务的方法，就要使用 Task 类。

本章还包括数据流库，如果需要基于操作的编程通过管道传送数据，这可能是最简单的一个库了。

如果需要更多地控制并行性，如设置优先级，就需要使用 Thread 类。

> **注意：**
> 通过关键字 async 和 await 来使用异步方法参见第 11 章。Parallel LINQ 提供了任务并行性的一种变体，详见第 9 章。

创建一个并行执行多个任务的程序，可能导致争用条件和死锁。需要了解同步技术。

要避免同步问题，最好不要在线程之间共享数据。当然，这并不总是可行的。如果需要共享数据，就必须使用同步技术，确保一次只有一个线程访问和改变共享状态。如果不注意同步，就会出现争用条件和死锁。这造成的一个主要问题是错误会不时地发生，并且在发布版本和调试版本中具有不同的行为。如果 CPU 核心比较多，错误数量就会增加。这些错误通常很难找到。所以最好从一开始就注意同步。“线程问题”小节将给出争用条件和死锁的示例。

使用多个任务是很容易的，只要它们不访问相同的变量。在某种程度上可以避免这种情况，但有时，一些数据需要共享。共享数据时，需要应用同步技术。线程访问相同的数据，而没有进行同步，此时立即出现问题是比较幸运的。但很少会出现这种情况。本章讨论了争用条件和死锁，以及如何应用同步机制来避免它们。

.NET 提供了同步的几个选项。同步对象可以用在一个进程中或跨进程中。可以使用它们来同步一个任务或多个任务来访问一个资源或许多资源。同步对象也可以用来通知任务某个操作完成。本章介绍所有这些同步对象。

> **注意：**
> 尽可能使用不可变的数据结构可能部分地避免同步问题。在不可变的数据结构中，数据只能初始化，以后就不能更改了。所以这些类型不需要同步。

了解了多线程和任务的基础知识之后，下面从 Parallel 类开始介绍，这是一种简单的给应用程序添加并行性的方式。

17.2 Parallel 类

Parallel 类是对线程的一个很好的抽象。该类位于 System.Threading.Tasks 名称空间中，提供了数据和任务并行性。

Parallel 类定义了并行的 for 和 foreach 的静态方法。对于 C#的 for 和 foreach 语句而言，循环从一个线程中运行。Parallel 类使用多个任务，因此使用多个线程来完成这个作业。

Parallel.For()和 Parallel.ForEach()方法在每次迭代中调用相同的代码，而 Parallel.Invoke()方法允许同时调用不同的方法。Parallel.Invoke()用于任务并行性，而 Parallel.ForEach()用于数据并行性。

17.2.1 使用 Parallel.For()方法循环

Parallel.For()方法类似于 C#的 for 循环语句，也是多次执行一个任务。使用 Parallel.For()方法，可以并行运行迭代。迭代的顺序没有定义。

> **注意：**
> 这个示例使用命令行参数。为了了解不同的特性，应在启动示例应用程序时传递不同的参数，如下所示，或检查顶级语句。在 Visual Studio 中，可以在项目属性的 Debug 选项中传递命令行参数。使用 dotnet 命令行时，为传递命令行参数-p，可以启动命令 dotnet run -- -p。

有关线程和任务的信息，下面的 Log()方法把线程和任务标识符写到控制台(代码文件 ParallelSamples/ParallelSamples/Program.cs)：

```
public static void Log(string prefix) =>
  Console.WriteLine($"{prefix}, task: {Task.CurrentId}, " +
    $"thread: {Thread.CurrentThread.ManagedThreadId}");
```

在 Parallel.For()方法中，前两个参数定义了循环的开头和结束。示例从 0 迭代到 9。第 3 个参数是一个 Action<int>委托。整数参数是循环的迭代次数，该参数被传递给委托引用的方法。Parallel.For()方法的返回类型是 ParallelLoopResult 结构，它提供了循环是否结束的信息。

```
public static void ParallelFor()
{
  ParallelLoopResult result =
    Parallel.For(0, 10, i =>
    {
      Log($"S {i}");
      Task.Delay(10).Wait();
      Log($"E {i}");
    });
```

```
  Console.WriteLine($"Is completed: {result.IsCompleted}");
}
```

在 Parallel.For()的方法体中，把索引、任务标识符和线程标识符写入控制台中。从输出可以看出，顺序是不能保证的。如果再次运行这个程序，可能看到不同的结果。程序这次的运行顺序是 1-7-2-0-3 等，有 10 个任务和 10 个线程。任务不一定映射到一个线程上。线程也可以被不同的任务重用。

```
S 1 task: 1, thread: 4
S 7 task: 8, thread: 10
S 2 task: 2, thread: 5
S 0 task: 3, thread: 1
S 3 task: 4, thread: 6
S 4 task: 5, thread: 7
S 5 task: 6, thread: 9
S 6 task: 7, thread: 8
S 8 task: 9, thread: 11
E 1 task: 1, thread: 4
E 6 task: 7, thread: 8
E 3 task: 4, thread: 6
E 8 task: 9, thread: 11
E 0 task: 3, thread: 1
E 5 task: 6, thread: 9
E 4 task: 5, thread: 7
E 2 task: 2, thread: 5
S 9 task: 10, thread: 12
E 7 task: 8, thread: 10
E 9 task: 10, thread: 12
Is completed: True
```

并行体内的延迟会等待 10 毫秒，以便有更好的机会来创建新线程。如果删除这行代码，就会使用更少的线程和任务。

在结果中还可以看到，循环的每个 endlog 使用与 startlog 相同的线程和任务。使用 Task.Delay() 和 Wait()方法会阻塞当前线程，直到延迟结束。

修改前面的示例，使用 await 关键字和 Task.Delay()方法(代码文件 ParallelSamples/ParallelSamples/Program.cs)：

```
public static void ParallelForWithAsync()
{
  ParallelLoopResult result =
    Parallel.For(0, 10, async i =>
    {
      Log($"S {i}");
      await Task.Delay(10);
      Log($"E {i}");
    });
  Console.WriteLine($"is completed: {result.IsCompleted}");
}
```

其结果如以下控制台输出所示。在输出中可以看到，调用 Thread.Delay()方法后，线程发生了变化。例如，循环迭代 1 在延迟前的线程 ID 为 4，在延迟后的线程 ID 为 7。在输出中还可以看到，任务不再存在，只有线程了，而且这里重用了前面的线程。另一个重要的方面是，Parallel 类的 For()方法并没有等待延迟，而是直接完成。Parallel 类只等待它创建的任务，而不等待其他后台活动。在延迟后，也有可能完全看不到方法的输出，出现这种情况的原因是主线程(是一个前台线程)结束，所有的后台线程被终止。

```
S 3 task: 1, thread: 6
S 1 task: 6, thread: 4
S 2 task: 8, thread: 5
S 0 task: 4, thread: 1
S 7 task: 5, thread: 11
S 8 task: 2, thread: 10
S 4 task: 7, thread: 8
S 6 task: 9, thread: 9
S 5 task: 3, thread: 7
S 9 task: 1, thread: 6
Is completed: True
E 5 task: , thread: 11
E 8 task: , thread: 7
E 1 task: , thread: 7
E 4 task: , thread: 8
E 0 task: , thread: 6
E 6 task: , thread: 5
E 2 task: , thread: 10
E 9 task: , thread: 4
E 7 task: , thread: 11
E 3 task: , thread: 9
```

注意：

从这里可以看到，虽然使用.NET 和 C#的异步功能十分方便，但是知道后台发生了什么仍然很重要，而且必须留意一些问题。

17.2.2 提前中断 Parallel.For()

可以提前中断 Parallel.For()方法，而不是完成所有迭代。For()方法的一个重载版本接受 Action<int, ParallelLoopState>类型的第 3 个参数。使用这些参数定义一个方法，就可以调用 ParallelLoopState 的 Break()或 Stop()方法，以改变循环的结果。

注意，迭代的顺序没有定义(代码文件 ParallelSamples/ParallelSamples/Program.cs)。

```
public static void StopParallelForEarly()
{
  ParallelLoopResult result =
    Parallel.For(10, 40, (int i, ParallelLoopState pls) =>
    {
      Log($"S {i}");
      if (i > 12)
      {
        pls.Break();
        Log($"break now... {i}");
      }
      Task.Delay(10).Wait();
      Log($"E {i}");
    });
  Console.WriteLine($"Is completed: {result.IsCompleted}");
  Console.WriteLine($"lowest break iteration: {result.LowestBreakIteration}");
}
```

应用程序的这次运行说明，迭代在值大于 12 时中断，但其他任务可以同时运行，有其他值的任务也可以运行。在中断前开始的所有任务都可以继续运行，直到结束。利用 LowestBreakIteration 属性，可以忽略其他不需要的任务的结果。

```
S 10 task: 1, thread: 1
S 22 task: 5, thread: 8
S 34 task: 9, thread: 11
break now 34 task: 9, thread: 11
S 13 task: 2, thread: 4
break now 13 task: 2, thread: 4
S 28 task: 7, thread: 9
break now 28 task: 7, thread: 9
S 16 task: 3, thread: 5
break now 16 task: 3, thread: 5
S 19 task: 4, thread: 6
break now 19 task: 4, thread: 6
S 31 task: 8, thread: 10
break now 31 task: 8, thread: 10
S 25 task: 6, thread: 7
break now 25 task: 6, thread: 7
break now 22 task: 5, thread: 8
E 28 task: 7, thread: 9
S 11 task: 10, thread: 12
E 10 task: 1, thread: 1
S 12 task: 1, thread: 1
E 31 task: 8, thread: 10
E 13 task: 2, thread: 4
E 34 task: 9, thread: 11
E 25 task: 6, thread: 7
E 19 task: 4, thread: 6
E 16 task: 3, thread: 5
E 22 task: 5, thread: 8
E 11 task: 10, thread: 12
E 12 task: 1, thread: 1
Is completed: False
lowest break iteration: 13
```

17.2.3 Parallel.For()方法的初始化

Parallel.For()方法使用几个线程来执行循环。如果需要对每个线程进行初始化，就可以使用 Parallel.For<TLocal>()方法。除了 from 和 to 对应的值之外，For()方法的泛型版本还接受 3 个委托参数。第一个参数的类型是 Func<TLocal>。因为这里的例子对于 TLocal 使用字符串，所以该方法需要定义为 Func<string>，即返回 string 的方法。这个方法仅对用于执行迭代的每个线程调用一次。

第二个委托参数为循环体定义了委托。在示例中，该参数的类型是 Func<int, ParallelLoopState, string , string>。其中第一个参数是循环迭代，第二个参数 ParallelLoopState 允许停止循环，如前所述。循环体方法通过第 3 个参数接收从 init()方法返回的值，循环体方法还需要返回一个值，其类型是用泛型 For 参数定义的。

For()方法的最后一个参数指定一个委托 Action<TLocal>。在该示例中，接收一个字符串。这个方法仅对于每个线程调用一次，这是一个线程退出方法(代码文件 ParallelSamples/ParallelSamples/Program.cs)。

```
public static void ParallelForWithInit()
{
```

```
Parallel.For<string>(0, 10, () =>
{
  // invoked once for each thread
  Log($"init thread");
  return $"t{Thread.CurrentThread.ManagedThreadId}";
},
(i, pls, str1) =>
{
  // invoked for each member
  Log($"body i {i} str1 {str1}");
  Task.Delay(10).Wait();
  return $"i {i}";
},
(str1) =>
{
  // final action on each thread
  Log($"finally {str1}");
});
}
```

使用-pfi 选项运行应用程序时将看到，为每个线程只调用一次 init()方法。循环体从初始化中接收第一个字符串，并用相同的线程将这个字符串传递到下一个迭代体。最后，为每个线程调用一次最后一个动作，从每个体中接收最后的结果。

通过这个功能，这个方法完美地累加了大量数据集合的结果。

17.2.4　使用 Parallel.ForEach()方法循环

Parallel.ForEach()方法遍历实现了 IEnumerable 的集合，其方式类似于 foreach 语句，但以异步方式遍历。这里也没有确定遍历顺序(代码文件 ParallelSamples/ParallelSamples/Program.cs)。

```
public static void ParallelForEach()
{
  string[] data = {"zero", "one", "two", "three", "four", "five",
  "six", "seven", "eight", "nine", "ten", "eleven", "twelve"};
  ParallelLoopResult result =
    Parallel.ForEach<string>(data, s =>
    {
      Console.WriteLine(s);
    });
}
```

如果需要中断循环，可以使用 ForEach()方法的重载版本和 ParallelLoopState 参数，其方式与前面的 For()方法相同。ForEach()方法的一个重载版本也可以用于访问索引器，从而获得迭代次数，如下所示：

```
Parallel.ForEach<string>(data, (s, pls, l) =>
{
  Console.WriteLine($"{s} {l}");
});
```

17.2.5　通过 Parallel.Invoke()方法调用多个方法

如果多个任务将并行运行，就可以使用 Parallel.Invoke()方法，它提供了任务并行性模式。

Parallel.Invoke()方法允许传递一个 Action 委托的数组，在其中可以指定将运行的方法。示例代码传递了要并行调用的 Foo()和 Bar()方法(代码文件 ParallelSamples/Program.cs)：

```
public static void ParallelInvoke()
{
  Parallel.Invoke(Foo, Bar, Foo, Bar, Foo, Bar);
}

public static void Foo() =>
  Console.WriteLine("foo");

public static void Bar() =>
  Console.WriteLine("bar");
```

多次运行应用程序并调用 Parallel.Invoke()方法将看到，调用的顺序并不总是相同的。

Parallel 类使用起来十分方便，而且既可以用于任务，又可以用于数据并行性。如果需要更细致的控制，并且不想等到 Parallel 类结束后再开始动作，就可以使用 Task 类。当然，结合使用 Task 类和 Parallel 类也是可以的。

17.3 任务

为了更好地控制并行操作，可以使用 System.Threading.Tasks 名称空间中的 Task 类。任务表示将完成的某个工作单元。这个工作单元可以在单独的线程中运行，也可以以同步方式启动一个任务，这需要等待主调线程。使用任务不仅可以获得一个抽象层，还可以对底层线程进行很多控制。

在安排需要完成的工作时，任务提供了非常大的灵活性。例如，可以定义连续的工作——在一个任务完成后该执行什么工作。这可以根据任务成功与否来区分。另外，还可以在层次结构中安排任务。例如，父任务可以创建新的子任务。这可以创建一种依赖关系，这样，取消父任务，也会取消其子任务。

17.3.1 启动任务

要启动任务，可以使用 TaskFactory 类或 Task 类的构造函数和 Start()方法。Task 类的构造函数在创建任务上提供的灵活性较大。

在启动任务时，会创建 Task 类的一个实例，利用 Action 或 Action<object>委托(不带参数或带一个 object 参数)，可以指定将运行的代码。下面定义的方法 TaskMethod()带一个参数。在实现代码中，调用 Log()方法，把任务的 ID 和线程的 ID 写入控制台中，并且如果线程来自一个线程池，或者线程是一个后台线程，也要写入相关信息。把多条消息写入控制台的操作是使用 lock 关键字和 s_logLock 同步对象进行同步的(在同步时，可以使用任何引用类型的对象)。这样，就可以并行调用 Log()，而且多次写入控制台的操作也不会彼此交叉。否则，title 可能由一个任务写入，而线程信息由另一个任务写入(代码文件 ParallelSamples/TaskSamples/Program.cs)：

```
public static void TaskMethod(object? o)
{
  Log(o?.ToString() ?? string.Empty);
}

private static readonly object s_logLock = new();
public static void Log(string title)
{
```

```
    lock (s_logLock)
    {
      Console.WriteLine(title);
      Console.WriteLine($"Task id: {Task.CurrentId?.ToString() ?? "no task"}, " +
        $"thread: {Thread.CurrentThread.ManagedThreadId}");
      Console.WriteLine($"is pooled thread: " +
        $"{Thread.CurrentThread.IsThreadPoolThread}");
      Console.WriteLine($"is background thread: " +
        $"{Thread.CurrentThread.IsBackground}");
      Console.WriteLine();
    }
  }
```

接下来的几小节描述了启动新任务的不同方法。

1. 使用线程池的任务

在本节中，可以看到启动使用了线程池中线程的任务的不同方式。线程池提供了一个后台线程的池。线程池独自管理线程，根据需要增加或减少线程池中的线程数。线程池中的线程用于实现一些操作，之后仍然返回线程池中。

创建任务的第一种方式是使用实例化的 TaskFactory 类，在其中把 TaskMethod()方法传递给 StartNew()方法，就会立即启动任务。第二种方式是使用 Task 类的静态属性 Factory 来访问 TaskFactory，并调用 StartNew()方法，该方式与第一种方式很类似，也使用了工厂，但是对工厂创建的控制则没有那么全面。第三种方式是使用 Task 类的构造函数。实例化 Task 对象时，任务不会立即运行，而是指定 Created 状态。接着调用 Task 类的 Start()方法，来启动任务。第四种方式调用 Task 类的 Run()方法，立即启动任务。Run()方法没有可以传递 Action<object>委托的重载版本，但是通过传递 Action 类型的 lambda 表达式并在其实现中使用参数，可以模拟这种行为(代码文件 ParallelSamples/TaskSamples/Program.cs)。

```
public void TasksUsingThreadPool()
{
  TaskFactory tf = new();
  Task t1 = tf.StartNew(TaskMethod, "using a task factory");
  Task t2 = Task.Factory.StartNew(TaskMethod, "factory via a task");
  Task t3 = new(TaskMethod, "using a task constructor and Start");
  t3.Start();
  Task t4 = Task.Run(() => TaskMethod("using the Run method"));
}
```

这些版本返回的输出如下所示。它们都创建一个新任务，并使用线程池中的一个线程。每次运行时，输出可能发生变化：

```
using a task factory
Task id: 1, thread: 4
is pooled thread: True
is background thread: True

factory via a task
Task id: 2, thread: 3
is pooled thread: True
is background thread: True

using a task constructor and Start
Task id: 3, thread: 5
```

```
is pooled thread: True
is background thread: True

using the Run method
Task id: 4, thread: 7
is pooled thread: True
is background thread: True
```

使用 Task 构造函数和 TaskFactory 的 StartNew()方法时，可以传递 TaskCreationOptions 枚举中的值。利用这个创建选项，可以改变任务的行为，如接下来的小节所示。

2. 同步任务

任务不一定要使用线程池中的线程，也可以使用其他线程。任务也可以同步运行，以相同的线程作为主调线程。下面的代码片段使用了 Task 类的 RunSynchronously()方法(代码文件 ParallelSamples/TaskSamples/Program.cs)：

```
private static void RunSynchronousTask()
{
  TaskMethod("just the main thread");
  Task t1 = new(TaskMethod, "run sync");
  t1.RunSynchronously();
}
```

这里，TaskMethod()方法首先在主线程上直接调用，然后在新创建的 Task 上调用。从如下所示的控制台输出中可以看到，主线程没有任务 ID，也不是线程池中的线程。调用 RunSynchronously()方法时，会使用相同的线程作为主调线程，但是如果以前没有创建任务，就会创建一个任务：

```
just the main thread
Task id: no task, thread: 1
is pooled thread: False
is background thread: False

run sync
Task id: 1, thread: 1
is pooled thread: False
is background thread: False
```

3. 使用单独线程的任务

如果任务的代码将长时间运行，就应该使用 TaskCreationOptions.LongRunning 告诉任务调度器创建一个新线程，而不是使用线程池中的线程。此时，线程可以不由线程池管理。当线程来自线程池时，任务调度器可以决定等待已经运行的任务完成，然后使用这个线程，而不是在线程池中创建一个新线程。对于长时间运行的线程，任务调度器会立即知道等待它们完成没有意义。下面的代码片段创建了一个长时间运行的任务(代码文件 ParallelSamples/TaskSamples/Program.cs)：

```
private static void LongRunningTask()
{
  Task t1 = new(TaskMethod, "long running", TaskCreationOptions.LongRunning);
  t1.Start();
}
```

实际上，使用 TaskCreationOptions.LongRunning 选项时，不会使用线程池中的线程，而是创建一个新线程：

```
long running
Task id: 1, thread: 4
is pooled thread: False
is background thread: True
```

17.3.2　任务的结果

当任务结束时，它可以把一些有用的状态信息写到线程安全共享对象中，也可以使用返回某个结果的任务。这种任务也称为 future，因为它在将来返回一个结果。早期版本的 Task Parallel Library(TPL)的类名也称为 Future，现在它是 Task 类的一个泛型版本。使用这个类时，可以定义任务返回的结果的类型。

由任务调用返回结果的方法可以声明为任何返回类型。下面的示例方法 TaskWithResult()利用一个元组返回两个 int 值。该方法的输入可以是 void 或 object 类型，如下所示(代码文件 ParallelSamples/TaskSamples/Program.cs):

```
public static (int Result, int Remainder) TaskWithResult(object division)
{
  (int x, int y) = ((int x, int y))division;
  int result = x / y;
  int remainder = x % y;
  Console.WriteLine("task creates a result...");
  return (result, remainder);
}
```

> **注意：**
> 元组允许把多个值组合为一个，参见第 3 章。

当定义一个调用 TaskWithResult()方法的任务时，要使用泛型类 Task<TResult>。泛型参数定义了返回类型。通过构造函数，把这个方法传递给 Func 委托，第二个参数定义了输入值。因为这个任务在 object 参数中需要两个输入值，所以还创建了一个元组。接着启动该任务。Task 实例 t1 的 Result 属性会阻塞，一直等到该任务完成。任务完成后，Result 属性将包含任务的结果。

```
public static void TaskWithResultDemo()
{
  Task<(int Result, int Remainder)> t1 = new(TaskWithResult, (8, 3));
  t1.Start();
  Console.WriteLine(t1.Result);
  t1.Wait();
  Console.WriteLine($"result from task: {t1.Result.Result} " +
    $"{t1.Result.Remainder}");
}
```

17.3.3　连续的任务

通过任务，可以指定在任务完成后，应开始运行另一个特定任务，例如，一个新任务使用前一个任务的结果，如果前一个任务失败了，这个任务就应执行一些清理工作。

任务处理程序不带参数，或者带一个对象参数，而连续处理程序有一个 Task 类型的参数，这里可以访问起始任务的相关信息(代码文件 ParallelSamples/TaskSamples/Program.cs):

```
private static void DoOnFirst()
{
```

```
    Console.WriteLine($"doing some task {Task.CurrentId}");
    Task.Delay(3000).Wait();
  }
  private static void DoOnSecond(Task t)
  {
    Console.WriteLine($"task {t.Id} finished");
    Console.WriteLine($"this task id {Task.CurrentId}");
    Console.WriteLine("do some cleanup");
    Task.Delay(3000).Wait();
  }
```

连续任务通过在任务上调用 ContinueWith()方法来定义。也可以使用 TaskFactory 类来定义。t1.OnContinueWith(DoOnSecond)方法表示，调用 DoOnSecond()方法的新任务应在任务 t1 结束时立即启动。在一个任务结束时，可以启动多个任务。连续任务也可以有另一个连续任务，如下面的例子所示(代码文件 ParallelSamples/TaskSamples/Program.cs)：

```
public static void ContinuationTasks()
{
  Task t1 = new(DoOnFirst);
  Task t2 = t1.ContinueWith(DoOnSecond);
  Task t3 = t1.ContinueWith(DoOnSecond);
  Task t4 = t2.ContinueWith(DoOnSecond);
  t1.Start();
}
```

无论前一个任务是如何结束的，连续任务总是在前一个任务结束时启动。使用 TaskContinuationOptions 枚举中的值可以指定，连续任务只有在起始任务成功(或失败)结束时启动。一些可能的值是 OnlyOnFaulted、NotOnFaulted、OnlyOnCanceled、NotOnCanceled 以及 OnlyOnRanToCompletion。

```
Task t5 = t1.ContinueWith(DoOnError, TaskContinuationOptions.OnlyOnFaulted);
```

17.3.4 任务层次结构

利用任务连续性，可以在一个任务结束后启动另一个任务。任务也可以构成层次结构。一个任务启动一个新任务时，就启动了一个父/子层次结构。

下面的代码片段在父任务内部新建一个任务对象并启动任务。创建子任务的代码与创建父任务的代码相同，唯一的区别是这个任务从另一个任务内部创建(代码文件 ParallelSamples/TaskSamples/Program.cs)：

```
public static void ParentAndChild()
{
  Task parent = new(ParentTask);
  parent.Start();
  Task.Delay(2000).Wait();
  Console.WriteLine(parent.Status);
  Task.Delay(4000).Wait();
  Console.WriteLine(parent.Status);
}
private static void ParentTask()
{
  Console.WriteLine($"task id {Task.CurrentId}");
  Task child = new(ChildTask);
  child.Start();
```

```
    Task.Delay(1000).Wait();
    Console.WriteLine("parent started child");
  }
  private static void ChildTask()
  {
    Console.WriteLine("child");
    Task.Delay(5000).Wait();
    Console.WriteLine("child finished");
  }
```

如果父任务在子任务之前结束，父任务的状态就显示为 WaitingForChildrenToComplete。所有的子任务都结束时，父任务的状态将变成 RanToCompletion。当然，如果父任务用 TaskCreationOption DetachedFromParent 创建任务时，以上讨论无效。

取消父任务，也会取消子任务。稍后将讨论取消架构。

17.3.5 从方法中返回任务

返回任务和结果的方法声明为返回 Task< T >，例如，方法返回一个任务和字符串集合：

```
public Task<IEnumerable<string>> TaskMethodAsync()
{
}
```

创建访问网络或数据的方法通常采用异步方式实现，从而返回一个任务。这样，就可以使用任务来获取结果(例如使用 async 关键字，参见第 11 章)。如果有同步路径，或者需要实现一个用同步代码定义的接口，就不需要为了结果的值创建一个任务。Task 类使用方法 FromResult()创建已完成任务的结果，该任务用状态 RanToCompletion 表示完成：

```
return Task.FromResult<IEnumerable<string>>(
new List<string>() { "one", "two" });
```

17.3.6 等待任务

也许读者看到过 Task 类的 WhenAll()和 WaitAll()方法，想知道它们之间的区别。这两个方法都等待传递给它们的所有任务的完成。WaitAll()方法阻塞调用任务，直到等待的所有任务完成为止。WhenAll()方法返回一个任务，从而允许使用 async 关键字等待结果，因此不会阻塞等待的任务。

在等待的所有任务都完成后，WhenAll()和 WaitAll()方法才完成，而使用 WhenAny()和 WaitAny()方法，可以等待任务列表中的一个任务完成。类似于 WhenAll()和 WaitAll()方法，WaitAny()方法会阻塞调用任务，而 WhenAny()返回可以等待的任务。

前面几个示例已经使用了 Task.Delay()方法。可以指定这个方法返回的任务完成前要等待的毫秒数。

如果释放 CPU，从而允许其他任务运行，就可以调用 Task.Yield()方法。如果没有其他的任务等待运行，调用 Task.Yield()的任务就立即继续执行。否则，需要等到再次为调用任务调度 CPU 才继续执行。

17.3.7 ValueTask

方法有时是异步运行的，但并不总是这样，Task 类可能有一些不需要的开销。.NET 现在提供了 ValueTask，它是一个结构，相对于 Task 类，这样 ValueTask 就没有堆中对象的开销了。通常调用异步方法，例如对 API 服务器或数据库进行调用，与需要完成工作的时间相比，Task 类型的开销可以忽略。然而，在某些情况下，不能忽略开销，例如，方法被调用数千次时，很少真正需要通过网络进行调用。在这个场景中，ValueTask 变得非常方便。

下面看一个例子。方法 GetTheRealData()模拟通常需要很长时间的方法，在网络或数据库上访问数据。在这里，使用 Enumerable 类生成示例数据。在获取时间和数据后，结果以元组的形式返回。该方法返回我们常用的 Task(代码文件 ParallelSamples/ValueTaskSample/Program.cs)：

```
public static Task<(IEnumerable<string> data, DateTime retrievedTime)>
  GetTheRealData() =>
    Task.FromResult(
      (Enumerable.Range(0, 10)
        .Select(x => $"item {x}").AsEnumerable(), DateTime.Now));
```

有趣的部分在方法 GetSomeData()中。这个方法声明为返回一个 ValueTask。在实现中，首先检查缓存的数据是否不超过 5 秒。如果缓存的数据没有变旧，就直接返回缓存的数据，并传递给 ValueTask 构造函数。这并不需要后台线程，数据可以直接返回。如果缓存较旧，则调用 GetTheRealData()方法。这个方法需要一个真正的任务，并且可能会出现一些延迟(代码文件 ParallelSamples/ValueTaskSample/Program.cs)：

```
private static DateTime _retrieved;
private static IEnumerable<string> _cachedData;
public static async ValueTask<IEnumerable<string>> GetSomeDataAsync()
{
  if (_retrieved >= DateTime.Now.AddSeconds(-5))
  {
    Console.WriteLine("data from the cache");
    return await new ValueTask<IEnumerable<string>>(_cachedData);
  }
  Console.WriteLine("data from the service");
  (_cachedData, _retrieved) = await GetTheRealData();
  return _cachedData;
}
```

注意：

ValueTask 的构造函数要为返回的数据接受类型 TResult 或 Task<TResult>，来提供从异步运行的方法中返回的 Task。

Main()方法包括一个循环，多次调用 GetSomeDataAsync()方法，并在每次迭代后有一点延迟(代码文件 ParallelSamples/ValueTaskSample/Program.cs)：

```
static async Task Main(string[] args)
{
  for (int i = 0; i < 20; i++)
  {
    IEnumerable<string> data = await GetSomeDataAsync();
    await Task.Delay(1000);
  }
  Console.ReadLine();
}
```

运行应用程序时，可以看到数据从缓存中返回，并且在缓存失效之后，在再次使用缓存之前访问服务。

```
data from the service
data from the cache
data from the cache
data from the cache
data from the cache
data from the service
data from the cache
data from the cache
data from the cache
data from the cache
data from the service
data from the cache
...
```

注意：

与 ValueTask 相比，你可能还没有遇到过不能忽略任务开销的场景。但是，在.NET 中拥有这个核心功能，是第 11 章介绍的异步流的基础。

17.4 取消架构

.NET 包含一个取消架构，允许以标准方式取消长时间运行的任务。每个阻塞调用都应支持这种机制。当然目前并不是所有阻塞调用都实现了这个新技术，但越来越多的阻塞调用都支持它。已经提供了这种机制的技术有任务、并发集合类、并行 LINQ 和几种同步机制。

取消架构基于协作行为，它不是强制的。长时间运行的任务会检查它是否被取消，并相应地返回控制权。

支持取消的方法接受一个 CancellationToken 参数。这个类定义了 IsCancellationRequested 属性，其中长时间运行的操作可以检查它是否应终止。长时间运行的操作检查取消的其他方式有：取消标记时，使用标记的 WaitHandle 属性，或者使用 Register()方法。Register()方法接受 Action 和 ICancelableOperation 类型的参数。Action 委托引用的方法在取消标记时调用。这类似于 ICancelableOperation，其中实现这个接口的对象的 Cancel()方法在执行取消操作时调用。

17.4.1 Parallel.For()方法的取消

本节以一个使用 Parallel.For()方法的简单例子开始。Parallel 类提供了 For()方法的重载版本，在重载版本中，可以传递 ParallelOptions 类型的参数。使用 ParallelOptions 类型，可以传递一个 CancellationToken 参数。CancellationToken 参数通过创建 CancellationTokenSource 来生成。由于 CancellationTokenSource 实现了 ICancelableOperation 接口，因此可以用 CancellationToken 注册，并允许使用 Cancel()方法取消操作。本例没有直接调用 Cancel()方法，而是使用了重载的构造函数，在 500 毫秒后取消标记。

在 For()循环的实现代码内部，Parallel 类验证 CancellationToken 的结果，并取消操作。一旦取消操作，For()方法就抛出一个 OperationCanceledException 类型的异常，这是本例捕获的异常。使用 CancellationToken 可以注册取消操作时的信息。为此，需要调用 Register()方法，并传递一个在取消操作时调用的委托(代码文件 ParallelSamples/CancellationSamples/Program.cs)。

```
public static void CancelParallelFor()
{
  CancellationTokenSource cts = new(millisecondsDelay: 500);
  cts.Token.Register(() => Console.WriteLine("*** cancellation activated"));
  try
```

```
    {
      ParallelLoopResult result =
        Parallel.For(0, 100, new ParallelOptions
        {
          CancellationToken = cts.Token,
        },
        x =>
        {
          Console.WriteLine($"loop {x} started");
          int sum = 0;
          for (int i = 0; i < 100; i++)
          {
            Task.Delay(2).Wait();
            sum += i;
          }
          Console.WriteLine($"loop {x} finished");
        });
    }
    catch (OperationCanceledException ex)
    {
      Console.WriteLine(ex.Message);
    }
  }
```

运行应用程序，会得到类似如下的结果，第 0、50、25、75 和 1 次迭代都启动了。该程序在一个有 4 个内核 CPU 的系统上运行。通过取消操作，所有其他的迭代操作都在启动之前就取消了。启动的迭代操作允许完成，因为取消操作总是以协作方式进行，以避免在取消迭代操作的中间泄漏资源。

```
loop 36 started
loop 12 started
loop 72 started
loop 24 started
loop 48 started
loop 60 started
loop 0 started
loop 84 started
loop 96 started
*** cancellation activated
loop 12 finished
loop 60 finished
loop 36 finished
loop 72 finished
loop 96 finished
loop 84 finished
loop 24 finished
loop 48 finished
loop 0 finished
The operation was canceled.
```

17.4.2 任务的取消

同样的取消模式也可用于任务。首先，新建一个 CancellationTokenSource。如果仅需要一个取消标记，就可以通过访问 Task.Factory.CancellationToken 以使用默认的取消标记。接着，与前面的代码类似，在 500 毫秒后取消任务。在循环中执行主要工作的任务通过 TaskFactory 对象接受取消标记。在构造函数中，将取消标记赋予 TaskFactory。任务将使用这个取消标记来检查 CancellationToken 的 IsCancellationRequested 属性，以确定是否请求了取消(代码文件 ParallelSamples/CancellationSamples/Program.cs)。

```
public void CancelTask()
{
  CancellationTokenSource cts = new(millisecondsDelay: 500);
  cts.Token.Register(() => Console.WriteLine("*** task canceled"));
  Task t1 = Task.Run(() =>
  {
    Console.WriteLine("in task");
    for (int i = 0; i < 20; i++)
    {
      Task.Delay(100).Wait();
      CancellationToken token = cts.Token;
      if (token.IsCancellationRequested)
      {
        Console.WriteLine("cancelling was requested, " +
          "cancelling from within the task");
        token.ThrowIfCancellationRequested();
        break;
      }
      Console.WriteLine("in loop");
    }
    Console.WriteLine("task finished without cancellation");
  }, cts.Token);

  try
  {
    t1.Wait();
  }
  catch (AggregateException ex)
  {
    Console.WriteLine($"exception: {ex.GetType().Name}, {ex.Message}");
    foreach (var innerException in ex.InnerExcepstions)
    {
      Console.WriteLine($"inner exception: {ex.InnerException.GetType()}," +
        $"{ex.InnerException.Message}");
    }
  }
}
```

运行应用程序，可以看到任务启动后，运行了几个循环，并获得了取消请求。之后取消任务，并抛出 TaskCanceledException 异常，它是从方法调用 ThrowIfCancellationRequested()中启动的。调用者等待任务时，会捕获 AggregateException 异常，它包含内部异常 TaskCanceledException。例如，如果在一个也被取消的任务中运行 Parallel.For()方法，这就可以用于取消的层次结构。任务的最终状态是 Canceled。

```
in task
in loop
in loop
in loop
in loop
*** task canceled
cancelling was requested, cancelling from within the task
```

```
exception: AggregateException, One or more errors occurred. (A task was canceled.)
inner exception: System.Threading.Tasks.TaskCanceledException, A task was canceled.
```

17.5 通道

在许多应用程序中，都有生产者/消费者场景。一个任务生成数据，另一个任务消费并处理数据。第 11 章模拟了一个设备，让该模拟设备传输传感器数据，并使用异步流来消费这些数据。本章将看到，C#用 await foreach 增强了 foreach 语句，并扩展了 yield 语句来支持 IAsyncEnumerable<T> 和 IAsyncEnumerator<T>。

在生产者/消费者场景中，根据你处理的数据，可能有不同的需求。是否必须快速处理数据？如果数据速度不够快，是否可以忽略数据，还是必须处理每个数据项？如果数据已经很旧，并且可以获得新数据，是否应该忽略旧数据？缓冲区的最优大小是多少？缓冲区的大小应该动态改变吗？

你不需要创建自己的实现，因为 System.Threading.Channels 对于处理这种场景提供了很大的灵活性。通道(channel)存储生产者写入的数据，并允许使用消费者读取数据。该库提供了无界通道(根据需要动态增长，直到没有更多内存可用)和有界通道(具有固定大小)。

17.5.1 创建有界和无界通道

我们先来看一个示例应用程序，之后再介绍通道提供的一些功能。在通道中读写的示例数据是一个记录(代码文件 ParallelSamples/ChannelSample/Program.cs)：

```
public record SomeData(string Text, int Number);
```

通过调用 Channel 类的静态方法 CreateUnbounded()，可以创建无界通道。该方法返回一个派生自抽象泛型类 Channel<T>的类。也可以通过 UnboundedChannelOptions 来传递设置，指定是否只使用一个写入器或读取器。取决于指定的设置，会使用在线程安全性方面有所区别的不同实现。需要注意的是，如果将两个值都设置为 true，就不能并发读写。创建方法返回的 Channel<T>类定义了 Reader 和 Writer 属性，可以用来读写通道(代码文件 ParallelSamples/ChannelSample/Program.cs)：

```
Channel<SomeData> channel = Channel.CreateUnbounded<SomeData>(
  new UnboundedChannelOptions() { SingleReader = false, SingleWriter = true, });

Console.WriteLine("Using the unbounded channel");

var t1 = ChannelSample.WriteSomeDataAsync(channel.Writer);
var t2 = ChannelSample.ReadSomeDataAsync(channel.Reader);

await Task.WhenAll(t1, t2);
```

创建有界通道时，通过在构造函数中指定容量，可以指定通道应该保存的数据项数。另外，可以使用 BoundedChannelOptions 来指定选项。与无界通道类似，对于有界通道，可以指定是否只使用一个读取器或写入器。另外一个选项是 FullMode 属性，可以为它指定 BoundedChannelFullMode 枚举值，如下所示：

```
Channel<SomeData> channel = Channel.CreateBounded<SomeData>(
  new BoundedChannelOptions(capacity: 10)
  {
    FullMode = BoundedChannelFullMode.Wait,
    SingleWriter = true
  });
```

如果通道已满，但仍然向该通道写入数据，会发生什么？当然，无界通道不会满，它会动态增长，直到应用程序没有足够的内存可用。对于有界通道，情况则不同。可以使用 TryWrite()方法和 WriteAsync()方法向通道写入数据。TryWrite()方法根据写入是否已成功而返回 true 或 false。使用默认设置时，如果通道已满，TryWrite()方法会写入失败。WriteAsync()方法会等待数据被读入，并且有足够的容量时再写入数据。BoundedChannelFullMode 的默认设置是 Wait。

取决于处理的数据，可能你会选择其他选项。例如，如果生产者写入的新值让旧数据变得不再有意义，你可能决定删除还没有读取的最旧的数据。此时，可以使用 DropOldest 枚举值。也可以删除最新的数据(DropNewest)或刚刚写入的数据(DropWrite)。在所有这些场景中，TryWrite()都能够成功(不过刚刚写入的数据可能被删除)，而 WriteAsync()会成功得更快。

17.5.2 写入通道

在示例应用程序中，WriteSomeDataAsync()方法接受 ChannelWriter 作为参数，并在 for 循环中使用 WriteAsync()方法将数据写入通道。Complete()方法告诉通道，不会再写入数据了。为了让示例代码感觉更加自然，在循环中每次进行写入前，使用了随机的延迟时间(最高 50 毫秒)(代码文件 ParallelSamples/ChannelSample/ChannelSample.cs)：

```
public static Task WriteSomeDataAsync(ChannelWriter<SomeData> writer) =>
  Task.Run(async () =>
  {
    for (int i = 0; i < 100; i++)
    {
      Random r = new();
      SomeData data = new($"text {i}", i);
      await Task.Delay(r.Next(50));
      await writer.WriteAsync(data);
      Console.WriteLine($"Written {data.Text}");
    }
    writer.Complete();
    Console.WriteLine("Writing completed");
  });
```

在 WriteSomeDataWithTryWriteAsync()方法的实现中，使用 TryWrite()方法向通道写入数据。在这个方法中，需要检查写入是否成功。记住，在有界通道中，如果通道已满，并使用了 BoundedChannelFullMode.Wait，TryWrite()方法将无法添加新项，并会返回 false：

```
public static Task WriteSomeDataWithTryWriteAsync(ChannelWriter<SomeData> writer) =>
  Task.Run(async () =>
  {
    for (int i = 0; i < 100; i++)
  {
    Random r = new();
    SomeData data = new($"text {i}", i);
    await Task.Delay(r.Next(50));
    if (!writer.TryWrite(data))
    {
      Console.WriteLine($"could not write {data.Number}, channel full");
    }
    else
    {
      Console.WriteLine($"Written {data.Text}");
```

```
    }
  }
  writer.Complete();
  Console.WriteLine("Writing completed");
});
```

17.5.3 从通道读取数据

在读取器的实现中，创建了一个单独的任务来从通道读取数据。ReadAsync()方法会等待，直到有数据可被获取。在读取数据前，使用了延迟。读取数据的延迟比写入队列的延迟随机高一点，这样就能够看到容量会慢慢填满，数据项将被删除(代码文件 ParallelSamples/ChannelSample/ChannelSample.cs)：

```
public static Task ReadSomeDataAsync(ChannelReader<SomeData> reader) =>
  Task.Run(async () =>
  {
    try
    {
      Console.WriteLine("Start reading...");
      Random r = new();
      while (true)
      {
        await Task.Delay(r.Next(80));
        var data = await reader.ReadAsync();
        Console.WriteLine($"read: {data.Text}, available items: {reader.Count}");
      }
    }
    catch (ChannelClosedException)
    {
      Console.WriteLine("channel closed");
    }
  });
```

17.5.4 通道的异步流

第 13 章介绍了异步流，这个 C#特性也可以用于通道。ChannelReader 的 ReadAllAsync()方法返回 IAsyncEnumerable<T>，它允许使用 await foreach 语句来异步迭代所有数据项(代码文件 ParallelSamples/ChannelSample/ChannelSample.cs)：

```
public static Task ReadSomeDataUsingAsyncStreams(ChannelReader<SomeData> reader) =>
  Task.Run(async () =>
  {
    try
    {
      Console.WriteLine("Start reading...");
      Random r = new();
      await foreach (var data in reader.ReadAllAsync())
      {
        await Task.Delay(r.Next(80));
        Console.WriteLine($"read: {data.Text} available items: {reader.Count}");
      }
    }
    catch (ChannelClosedException)
```

```
    {
      Console.WriteLine("channel closed");
    }
  });
```

17.6 Timer类

使用计时器，可以重复调用方法。本节介绍两个计时器：System.Threading 名称空间中的 Timer 类和用于基于 XAML 应用程序的 DispatcherTimer。

17.6.1 使用Timer类

使用 System.Threading.Timer 类，可以把要调用的方法作为构造函数的第一个参数传递。这个方法必须满足 TimeCallback 委托的要求，该委托定义一个 void 返回类型和一个 object 参数。通过构造函数的第二个参数，可以传递任意对象，用回调方法中的 object 参数接收对应的对象。例如，可以传递 Event 对象，向调用者发送信号。第 3 个参数指定第一次调用回调方法时的时间段。最后一个参数指定回调的重复时间间隔。如果计时器应只触发一次，就把第 4 个参数设置为值-1。

如果创建 Timer 对象后应改变时间间隔，就可以用 Change()方法传递新值(代码文件 ParallelSamples/TimersSample/Program.cs)：

```
private static void ThreadingTimer()
{
  void TimeAction(object? o) =>
    Console.WriteLine($"System.Threading.Timer {DateTime.Now:T}");

  using Timer t1 = new(
    TimeAction,
    null,
    dueTime: TimeSpan.FromSeconds(2),
    period: TimeSpan.FromSeconds(3))
  {
    Task.Delay(15000).Wait();
  }
}
```

17.6.2 WinUI DispatcherTimer

Microsoft.UI.Xaml 名称空间(用于 WinUI 应用程序)中的 DispatcherTimer 是一个基于 XAML 的应用程序的计时器，其中的事件处理程序在 UI 线程中调用，因此可以直接访问用户界面元素。

演示 DispatcherTimer 的示例应用程序是一个 Windows 应用程序，显示了切换每一秒的时钟指针。下面的 XAML 代码定义的命令允许开始和停止时钟(代码文件 ParallelSamples/WindowsAppTimer/MainWindow.xaml)：

```
<CommandBar IsOpen="True">
  <AppBarButton Icon="Play" Click="{x:Bind OnStartTimer}" Label="Play" />
  <AppBarButton Icon="Stop" Click="{x:Bind OnStopTimer}" Label="Stop" />
</CommandBar>
<Page.TopAppBar>
```

时钟的指针使用形状 Line 定义。要旋转该指针，可以使用绑定到 TimerAngle 属性的

RotateTransform 元素：

```
<Canvas Width="300" Height="300" Grid.Row="1">
  <Ellipse Width="10" Height="10" Fill="Red" Canvas.Left="145" Canvas.Top="145" />
    <Line Canvas.Left="150" Canvas.Top="150" Fill="Green" StrokeThickness="3"
      Stroke="Blue" X1="0" Y1="0" X2="120" Y2="0" >
      <Line.RenderTransform>
        <RotateTransform CenterX="0" CenterY="0" Angle="{x:Bind TimerAngle, Mode=OneWay}"
            x:Name="rotate" />
      </Line.RenderTransform>
    </Line>
</Canvas>
```

注意：

WinUI 应用程序和 INotifyPropertyChanged 参见第 29 章。XAML 形状参见第 31 章。

DispatcherTimer 对象在 MainWindow 类中创建。在构造函数中，将处理程序方法 OnTick()分配给 Tick 事件，Interval 指定为 1 秒。在 OnTimer()方法中启动计时器，该方法在用户单击 CommandBar 中的 Play 按钮时调用。当触发 tick 事件时，在 OnTick()方法中将更新 TimerAngle 属性。该属性将触发 INotifyPropertyChanged 接口定义的 PropertyChanged 事件，将更新反映到用户界面上(代码文件 ParallelSamples/WindowsAppTimer/MainPage.xaml.cs)：

```
public sealed partial class MainWindow : Window, INotifyPropertyChanged
{
  private DispatcherTimer _timer = new();

  public event PropertyChangedEventHandler? PropertyChanged;

  public MainWindow()
  {
    this.Title = "WinUI Dispatcher Timer App";
    this.InitializeComponent();
    _timer.Tick += OnTick;
    _timer.Interval = TimeSpan.FromSeconds(1);
  }

  private void OnStartTimer() => _timer.Start();

  private double _timerAngle;
  public double TimerAngle
  {
    get => _timerAngle;
    set
    {
      if (!EqualityComparer<double>.Default.Equals(_timerAngle, value))
      {
        _timerAngle = value;
        PropertyChanged?.Invoke(this, new PropertyChangedEventArgs(nameof(TimerAngle)));
      }
    }
  }

  private void OnTick(object? sender, object e) =>
    TimerAngle = (TimerAngle + 6) % 360;
```

```
    private void OnStopTimer() => _timer.Stop();
}
```

运行应用程序，就会显示时钟，如图 17-1 所示。

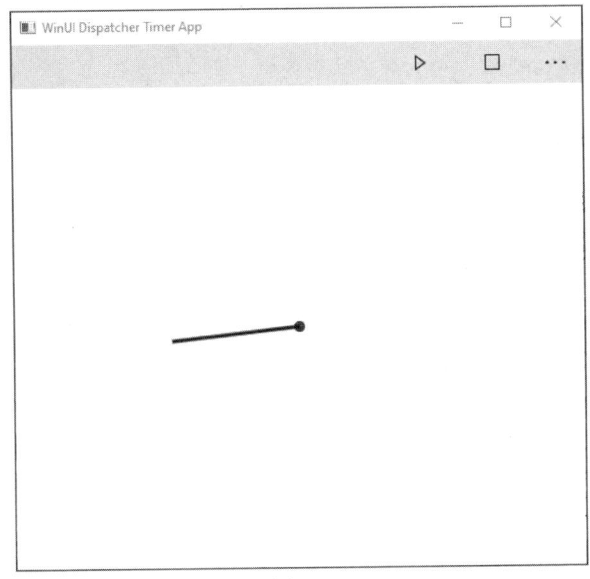

图 17-1

17.7　线程问题

用多个线程编程并不容易。在启动访问相同数据的多个线程时，会间歇性地遇到难以发现的问题。如果使用任务、并行 LINQ 或 Parallel 类，也会遇到这些问题。为了避免这些问题，必须特别注意同步问题和多个线程可能发生的其他问题。下面探讨与线程相关的问题：争用条件和死锁。

争用条件会导致应用程序的结果不一致，因而是无效的结果，但这个问题只是时不时发生。当两个线程彼此阻塞，没有哪个线程能够继续执行时，就会发生死锁。

可以使用命令行参数启动 ThreadingIssues 示例应用程序，来模拟争用条件或死锁。

17.7.1　争用条件

如果两个或多个线程访问相同的对象，并且对共享状态的访问没有同步，就会出现争用条件。为了说明争用条件，下面的例子定义一个 StateObject 类，它包含一个 int 字段和一个 ChangeState()方法。在 ChangeState()方法的实现代码中，验证状态变量是否包含 5。如果它包含，就递增其值。下一条语句是 Trace.Assert，它立刻验证状态变量现在是包含 6。

在给包含 5 的变量递增了 1 后，可能认为该变量的值就是 6。但事实不一定是这样。例如，如果一个线程刚刚执行完 if (_state == 5)语句，它就被其他线程抢占，调度器运行另一个线程。第二个线程现在进入 if 体，因为_state 的值仍是 5，所以将它递增到 6。第一个线程现在再次被调度，在下一条语句中，_state 递增到 7。这时就发生了争用条件，并显示断言消息(代码文件 SynchronizationSamples/ThreadingIssues/StateObject.cs)。

```
public class StateObject
{
  private int _state = 5;
  public void ChangeState(int loop)
  {
    if (_state == 5)
    {
      _state++;
      if (_state != 6)
      {
        Console.WriteLine($"Race condition occurred after {loop} loops");
        Trace.Fail("race condition");
      }
    }
    _state = 5;
  }
}
```

下面通过给任务定义一个方法来验证这一点。SampleTask 类的 RaceCondition()方法将一个 StateObject 类作为其参数。在一个无限 while 循环中，调用 ChangeState()方法。变量 i 仅用于显示断言消息中的循环次数(代码文件 SynchronizationSamples/ThreadingIssues/TaskWithRaceCondition.cs):

```
public class TaskWithRaceCondition
{
  public void RaceCondition(object o)
  {
    if (o is not StateObject state)
      throw new ArgumentException("o must be a StateObject");
    else
    {
      Console.WriteLine("starting RaceCondition -when does the issue occur?");
      int i = 0;
      while (true)
      {
        if (!state.ChangeState(i++))
        {
          i = 0;
        }
      }
    }
  }
}
```

在 RaceConditions()方法中，新建了一个 StateObject 对象，它由所有任务共享。通过使用传递给 Task 的 Run()方法的 lambda 表达式调用 RaceCondition()方法来创建 Task 对象。然后，主线程等待用户输入。但是，因为可能出现争用，所以程序很有可能在读取用户输入前就挂起(代码文件 SynchronizationSamples/ThreadingIssues/Program.cs):

```
public void RaceConditions()
{
  StateObject state = new();
  for (int i = 0; i < 2; i++)
  {
    Task.Run(() => new TaskWithRaceCondition().RaceCondition(state));
  }
}
```

启动程序，就会出现争用条件。多久以后出现第一个争用条件要取决于系统以及将程序构建为发布版本还是调试版本。如果构建为发布版本，该问题的出现次数就会比较多，因为代码被优化了。如果系统中有多个 CPU 或使用双核/四核 CPU，其中多个线程可以同时运行，则该问题也会比单核 CPU 的出现次数多。在单核 CPU 中，因为线程调度是抢占式的，也会出现该问题，只是没有那么频繁。

在我的系统上运行程序时，显示在 18205 个循环后出现错误；在另一次运行程序时，显示在 67411 个循环后出现错误。多次启动应用程序，总是会得到不同的结果。

要避免该问题，可以锁定共享的对象。这可以在线程中完成：用下面的 lock 语句锁定在线程中共享的 state 变量。只有一个线程能在锁定块中处理共享的 state 对象。由于这个对象在所有的线程之间共享，因此，如果一个线程锁定了 state，另一个线程就必须等待该锁定的解除。一旦接受锁定，线程就拥有该锁定，直到该锁定块的末尾才解除锁定。如果改变 state 变量引用的对象的每个线程都使用一个锁定，就不会出现争用条件。

```
public class TaskWithRaceConditions
{
  public void RaceCondition(object o)
  {
    if (o is not StateObject state)
      throw new ArgumentException("o must be a StateObject");
    else
    {
      int i = 0;
      while (true)
      {
        lock (state) // no race condition with this lock
        {
          state.ChangeState(i++);
        }
      }
    }
  }
}
```

注意：
在下载的示例代码中，需要取消 lock 语句的注释，才能解决争用条件的问题。

在使用共享对象时，除了进行锁定之外，还可以将共享对象设置为线程安全的对象。在下面的代码中，ChangeState()方法包含一条 lock 语句。由于不能锁定 state 变量本身(只有引用类型才能用于锁定)，因此定义一个 object 类型的变量_sync，将它用于 lock 语句。如果每次_state 的值更改时，都使用同一个同步对象来锁定，就不会出现争用条件。

```
public class StateObject
{
  private int _state = 5;
  private object _sync = new();
  public void ChangeState(int loop)
  {
    lock (_sync)
    {
      if (_state == 5)
      {
        _state++;
```

```
        if (_state != 6)
        {
          Console.WriteLine($"Race condition occurred after {loop} loops");
          Trace.Fail($"race condition at {loop}");
        }
      }
      _state = 5;
    }
  }
}
```

17.7.2 死锁

过多的锁定也会有麻烦。在死锁中，至少有两个线程被挂起，并等待对方解除锁定。由于两个线程都在等待对方，就出现了死锁，线程将无限等待下去。

为了说明死锁，下面实例化 StateObject 类型的两个对象，并把它们传递给 SampleTask 类的构造函数。创建两个任务，其中一个任务运行 Deadlock1()方法，另一个任务运行 Deadlock2()方法(代码文件 SynchronizationSamples/ThreadingIssues/Program.cs)：

```
StateObject state1 = new();
StateObject state2 = new();
new Task(new SampleTask(state1, state2).Deadlock1).Start();
new Task(new SampleTask(state1, state2).Deadlock2).Start();
```

Deadlock1()和 Deadlock2()方法现在改变两个对象_s1 和_s2 的状态，所以生成了两个锁。Deadlock1()方法先锁定_s1，接着锁定_s2。Deadlock2()方法先锁定_s2，再锁定_s1。现在，有可能 Deadlock1()方法中_s1 的锁定会被解除。接着，出现一次线程切换，Deadlock2()方法开始运行，并锁定_s2。第二个线程现在等待_s1 锁定的解除。因为它需要等待，所以线程调度器再次调度第一个线程，但第一个线程在等待_s2 锁定的解除。这两个线程现在都在等待，只要锁定块没有结束，就不会解除锁定。这是一个典型的死锁(代码文件 SynchronizationSamples/ThreadingIssues/TaskWithDeadlock.cs)。

```
public class TaskWithDeadlock
{
  public SampleTask(StateObject s1, StateObject s2) = (_s1, _s2) = (s1, s2);
  private readonly StateObject _s1;
  private readonly StateObject _s2;

  public void Deadlock1()
  {
    int i = 0;
    while (true)
    {
      lock (_s1)
      {
        lock (_s2)
        {
          _s1.ChangeState(i);
          _s2.ChangeState(i++);
          Console.WriteLine($"still running, {i}");
        }
      }
    }
  }
```

```
public void Deadlock2()
{
  int i = 0;
  while (true)
  {
    lock (_s2)
    {
      lock (_s1)
      {
        _s1.ChangeState(i);
        _s2.ChangeState(i++);
        Console.WriteLine($"still running, {i}");
      }
    }
  }
}
}
```

结果是，程序运行了许多次循环，不久就没有响应了。“仍在运行”的消息仅写入控制台中几次。同样，死锁问题的发生频率也取决于系统配置，每次运行的结果都不同。

死锁问题并不总是像这样那么明显。一个线程锁定了_s1，接着锁定_s2；另一个线程锁定了_s2，接着锁定_s1。在本例中只需要改变锁定顺序，这两个线程就会以相同的顺序进行锁定。但是，在较大的应用程序中，锁定可能隐藏在方法的深处，例如线程 1 锁定_s1 和_s2，线程 2 锁定_s2 和_s3，线程 3 锁定_s3 和_s1。

为了避免死锁问题，可以减少锁对象的数量(如使用一个锁对象来同步对状态_s1 和_s2 的访问)，可以在应用程序的体系架构中，从一开始就设计好锁定顺序，也可以为锁定定义超时时间。如何定义超时时间详见下一节的内容。

17.8 Interlocked 类

除了在简单的场景中使用 lock 关键字，还有一种更快的选项。Interlocked 类用于使变量的简单语句原子化。i++不是线程安全的，它的操作包括从内存中获取一个值，给该值递增 1，再将它存储回内存。这些操作都可能会被线程调度器打断。Interlocked 类提供了以线程安全的方式递增、递减、交换和读取值的方法。

与其他同步技术相比，使用 Interlocked 类会快得多。但是，它只能用于简单的同步问题。

例如，不是像下面这样在 lock 语句中执行递增操作：

```
public int State
{
  get
  {
    lock (this)
    {
      return ++_state;
    }
  }
}
```

而使用较快的 Interlocked.Increment()方法：

```
public int State
{
  get => Interlocked.Increment(ref _state);
}
```

17.9 Monitor 类

lock 语句由 C#编译器解析为使用 Monitor 类。下面的 lock 语句：

```
lock (obj)
{
  // synchronized region for obj
}
```

被解析为调用 Enter()方法，该方法会一直等待，直到线程锁定对象为止。一次只有一个线程能锁定对象。只要解除了锁定，线程就可以进入同步阶段。Monitor 类的 Exit()方法解除了锁定。编译器把 Exit()方法放在 try 块的 finally 处理程序中，所以如果抛出了异常，也会解除该锁定。

```
Monitor.Enter(obj);
try
{
  // synchronized region for obj
}
finally
{
  Monitor.Exit(obj);
}
```

注意：
try/finally 块详见第 10 章。

与 C#的 lock 语句相比，Monitor 类的主要优点是：可以添加一个等待被锁定的超时值。这样就不会无限期地等待被锁定，而可以像下面的例子那样使用 TryEnter()方法，其中给它传递一个超时值，指定等待被锁定的最长时间。如果 obj 被锁定，TryEnter()方法就把布尔型的引用参数设置为 true，并同步地访问由对象 obj 锁定的状态。如果另一个线程锁定 obj 的时间超过了 500 毫秒，TryEnter()方法就把变量_lockTaken 设置为 false，线程不再等待，而是用于执行其他操作。也许在以后，该线程会尝试再次获得锁定。

```
bool _lockTaken = false;
Monitor.TryEnter(_obj, 500, ref _lockTaken);
if (_lockTaken)
{
  try
  {
    // acquired the lock
    // synchronized region for obj
  }
  finally
  {
    Monitor.Exit(obj);
  }
```

```
    }
    else
    {
      // didn't get the lock, do something else
    }
```

17.10 SpinLock 结构

如果基于对象的锁定对象(Monitor)的系统开销由于垃圾收集而过高，就可以使用 SpinLock 结构。Spinlock 的设计思想是，切换上下文的开销过高，对于锁定时间短的情况，使用 CPU 周期(spin)进行等待是速度更快的选项。在这种体系结构中，如果有大量的锁定(例如，列表中的每个节点都有一个锁定)，且锁定的时间总是非常短，SpinLock 结构就很有用。应避免使用多个 SpinLock 结构，也不要调用任何可能阻塞的内容。

除了体系结构上的区别之外，SpinLock 结构的用法非常类似于 Monitor 类。使用 Enter()或 TryEnter()方法获得锁定，使用 Exit()方法释放锁定。SpinLock 结构还提供了属性 IsHeld 和 IsHeldByCurrentThread，用来说明它当前是否是锁定的。

> **注意：**
> 传递 SpinLock 实例时要小心。因为 SpinLock 定义为结构，把一个变量赋予另一个变量会创建一个副本。总是通过引用传递 SpinLock 实例。

17.11 WaitHandle 类

WaitHandle 是一个抽象基类，用于等待一个信号的设置。可以等待不同的信号，因为 WaitHandle 是一个基类，可以从中派生一些类。

使用 WaitHandle 基类可以等待一个信号的出现(WaitOne()方法)、等待必须发出信号的多个对象(WaitAll()方法)，或者等待多个对象中的一个(WaitAny()方法)。WaitAll()和 WaitAny()是 WaitHandle 类的静态方法，接收一个 WaitHandle 参数数组。

WaitHandle 基类有一个 SafeWaitHandle 属性，其中可以将一个本机句柄赋予一个操作系统资源，并等待该句柄。例如，可以指定一个 SafeFileHandle 等待文件 I/O 操作的完成。

因为 Mutex、EventWaitHandle 和 Semaphore 类派生自 WaitHandle 基类，所以可以在等待时使用它们。

17.12 Mutex 类

Mutex(mutual exclusion，互斥)是提供跨多个进程同步访问的一个类。它非常类似于 Monitor 类，因为它们都只有一个线程能拥有锁定。只有一个线程能获得互斥锁定，访问受互斥保护的同步代码区域。

在 Mutex 类的构造函数中，可以指定互斥是否最初应由主调线程拥有，定义互斥的名称，获得互斥是否已存在的信息。在下面的示例代码中，第 3 个参数定义为输出参数，接收一个表示互斥是否为新建的布尔值。如果返回的值是 false，就表示互斥已经定义。互斥可以在另一个进程中定义，因为操作系统能够识别有名称的互斥，它由不同的进程共享。如果没有给互斥指定名称，互斥就是未命名的，不在不同的进程之间共享。

```
using Mutex mutex = new(false, "ProCSharpMutex", out bool createdNew);
```

要打开已有的互斥，还可以使用 Mutex.OpenExisting()方法，它不需要用构造函数创建互斥时需要的相同.NET 权限。

由于 Mutex 类派生自基类 WaitHandle，因此可以利用 WaitOne()方法获得互斥锁定，在该过程中成为该互斥的拥有者。通过调用 ReleaseMutex()方法，即可释放互斥。

```
if (mutex.WaitOne())
{
  try
  {
    // synchronized region
  }
  finally
  {
    mutex.ReleaseMutex();
  }
}
else
{
  // some problem happened while waiting
}
```

由于系统能识别有名称的互斥，因此可以使用它禁止应用程序启动两次。在下面的控制台应用程序中，调用了 Mutex 对象的构造函数。接着，验证名称为 SingletonAppMutex 的互斥是否存在。如果存在，就应用程序退出(代码文件 SynchronizationSamples/SingletonUsingMutex/Program.cs)。

```
Mutex mutex = new(false, "SingletonAppMutex", out bool mutexCreated);
if (!mutexCreated)
{
  Console.WriteLine("You can only start one instance of the application.");
  await Task.Delay(3000);
  Console.WriteLine("Exiting.");
  return;
}
Console.WriteLine("Application running");
Console.WriteLine("Press return to exit");
Console.ReadLine();
```

17.13 Semaphore 类

信号量非常类似于互斥，其区别是，信号量可以同时由多个线程使用。信号量是一种计数的互斥锁定。使用信号量，可以定义允许同时访问受信号量锁定保护的资源的线程个数。如果需要限制可以访问可用资源的线程数，信号量就很有用。例如，如果系统有 3 个物理 I/O 端口可用，就允许 3 个线程同时访问 I/O 端口，但第 4 个线程需要等待前 3 个线程中的一个释放资源。

.NET 为信号量功能提供了两个类：Semaphore 和 SemaphoreSlim。Semaphore 类可以命名，使用系统范围内的资源，允许在不同进程之间同步。SemaphoreSlim 类是为缩短等待时间进行了优化的轻型版本。

在下面的示例应用程序中，创建了 6 个任务和一个计数为 3 的信号量。在 Semaphore 类的构造函数中，定义了锁定个数的计数，它可以用信号量(第二个参数)来获得，还定义了最初释放的锁定数(第一个参数)。如果第一个参数的值小于第二个参数，它们的差就是已经分配线程的计数值。与互斥一样，也可以给信号量指定名称，使之在不同的进程之间共享。这里创建的SemaphoreSlim对象只能在这个进程中使用。在创建了SemaphoreSlim对象之后，启动6个任务，它们都等待相同的信号量(代码文件SynchronizationSamples/SemaphoreSample/Program.cs)。

```
int taskCount = 6;
int semaphoreCount = 3;
using SemaphoreSlim semaphore = new(semaphoreCount, semaphoreCount);
Task[] tasks = new Task[taskCount];
for (int i = 0; i < taskCount; i++)
{
  tasks[i] = Task.Run(() => TaskMain(semaphore));
}
Task.WaitAll(tasks);
Console.WriteLine("All tasks finished");
  //...
```

在任务的主方法TaskMain()中，任务利用Wait()方法锁定信号量。信号量的计数是3，所以有3个任务可以获得锁定。第4个任务必须等待，这里还定义了最长的等待时间为600毫秒。如果在该等待时间过后未能获得锁定，任务就把一条消息写入控制台，在循环中继续等待。只要获得了锁定，线程就把一条消息写入控制台，睡眠一段时间，然后解除锁定。在解除锁定时，在任何情况下都一定要解除资源的锁定，这一点很重要。这就是在finally处理程序中调用SemaphoreSlim类的Release()方法的原因(代码文件SynchronizationSamples/SemaphoreSample/Program.cs)。

```
// ...
void TaskMain(SemaphoreSlim semaphore)
{
  bool isCompleted = false;
  while (!isCompleted)
  {
    if (semaphore.Wait(600))
    {
      try
      {
        Console.WriteLine($"Task {Task.CurrentId} locks the semaphore");
        Task.Delay(2000).Wait();
      }
      finally
      {
        Console.WriteLine($"Task {Task.CurrentId} releases the semaphore");
        semaphore.Release();
        isCompleted = true;
      }
    }
    else
    {
      Console.WriteLine($"Timeout for task {Task.CurrentId}; wait again");
    }
  }
}
```

运行应用程序，可以看到有3个线程很快被锁定。ID为4、5和6的线程需要等待。该等待会重复进行，直到其中一个被锁定的线程解除了信号量。

```
Task 3 locks the semaphore
Task 1 locks the semaphore
Task 2 locks the semaphore
Timeout for task 4; wait again
Timeout for task 5; wait again
Timeout for task 6; wait again
Timeout for task 4; wait again
Timeout for task 6; wait again
Timeout for task 4; wait again
Timeout for task 5; wait again
Timeout for task 6; wait again
Task 3 releases the semaphore
Task 1 releases the semaphore
Task 2 releases the semaphore
Task 4 locks the semaphore
Task 5 locks the semaphore
Task 6 locks the semaphore
Task 5 releases the semaphore
Task 6 releases the semaphore
Task 4 releases the semaphore
All tasks finished
```

17.14 Events 类

与互斥和信号量对象一样，事件也是一个系统范围内的资源同步方法。为了从托管代码中使用系统事件，.NET 在 System.Threading 名称空间中提供了 ManualResetEvent、AutoResetEvent、ManualResetEventSlim 和 CountdownEvent 类。

注意：

第 7 章介绍了 C#中的 event 关键字，它与 System.Threading 名称空间中的 Events 类没有关系。event 关键字基于委托，而 Events 类是.NET 封装器，用于系统范围内的本机事件资源的同步。

可以使用事件通知其他任务：这里有一些数据，并完成了一些操作等。事件可以发信号，也可以不发信号。使用前面介绍的 WaitHandle 类，任务可以等待处于发信号状态的事件。

调用 Set()方法，即可向 ManualResetEventSlim 发信号。调用 Reset()方法，可以使之返回不发信号的状态。如果多个线程等待向一个事件发信号，并调用了 Set()方法，就释放所有等待的线程。另外，如果一个线程刚刚调用了 WaitOne()方法，但事件已经发出信号，等待的线程将继续等待。

也通过调用 Set()方法向 AutoResetEvent 发信号。也可以使用 Reset()方法使之返回不发信号的状态。但是，如果一个线程在等待自动重置的事件发信号，当第一个线程的等待状态结束时，该事件会自动变为不发信号的状态。这样，如果多个线程在等待向事件发信号，就只有一个线程结束其等待状态，它不是等待时间最长的线程，而是优先级最高的线程。

为了说明 ManualResetEventSlim 类的事件，下面的 Calculator 类定义了 Calculation()方法，这是任务的入口点。在这个方法中，该任务接收用于计算的输入数据，将结果写入 Result 属性。只要完成了计算(在随机的一段时间过后)，就调用 ManualResetEventSlim 类的 Set()方法，向事件发信号(代码文件 SynchronizationSamples/EventSample/Calculator.cs)。

```
public class Calculator
{
  private ManualResetEventSlim _mEvent;
```

```
    public int Result { get; private set; }
    public Calculator(ManualResetEventSlim ev) => _mEvent = ev;
    public void Calculation(int x, int y)
    {
      Console.WriteLine($"Task {Task.CurrentId} starts calculation");
      Task.Delay(new Random().Next(3000)).Wait();
      Result = x + y;
      // signal the event-completed!
      Console.WriteLine($"Task {Task.CurrentId} is ready");
      _mEvent.Set();
    }
  }
```

程序的顶级语句定义了包含4个ManualResetEventSlim对象的数组和包含4个Calculator对象的数组。每个Calculator在构造函数中用一个ManualResetEventSlim对象初始化，这样每个任务在完成时都有自己的事件对象来发信号。现在使用 Task 类，让不同的任务执行计算任务(代码文件SynchronizationSamples/EventSample/Program.cs)。

```
const int taskCount = 4;
ManualResetEventSlim[] mEvents = new ManualResetEventSlim[taskCount];co
WaitHandle[] waitHandles = new WaitHandle[taskCount];
Calculator[] calcs = new Calculator[taskCount];

for (int i = 0; i < taskCount; i++)
{
  int i1 = i;
  mEvents[i] = new(false);
  waitHandles[i] = mEvents[i].WaitHandle;
  calcs[i] = new(mEvents[i]);
  Task.Run(() => calcs[i1].Calculation(i1 + 1, i1 + 3));
}
//...
```

WaitHandle 类现在用于等待数组中的任意一个事件。WaitAny()方法等待向任意一个事件发信号。与 ManualResetEvent 对象不同，ManualResetEventSlim 对象不派生自 WaitHandle 类。因此有一个WaitHandle对象的集合，它在ManualResetEventSlim类的WaitHandle属性中填充。从WaitAny()方法返回的index值匹配传递给WaitAny()方法的WaitHandle数组的索引，以提供发信号的事件的相关信息，使用该索引可以从这个事件中读取结果。

```
for (int i = 0; i < taskCount; i++)
{
  int index = WaitHandle.WaitAny(waitHandles);
  if (index == WaitHandle.WaitTimeout)
  {
    Console.WriteLine("Timeout!!");
  }
  else
  {
    mEvents[index].Reset();
    Console.WriteLine($"finished task for {index}, result:
    {calcs[index].Result}");
  }
}
```

启动应用程序时，可以看到任务在进行计算并设置事件，以通知主线程，它可以读取结果了。在任意时间，依据是调试版本还是发布版本，以及硬件的不同，会看到执行调用的任务有不同的顺序和不同的数量。

```
Task 4 starts calculation
Task 1 starts calculation
Task 3 starts calculation
Task 2 starts calculation
Task 3 is ready
finished task for 3, result: 10
Task 4 is ready
finished task for 1, result: 6
Task 1 is ready
Task 2 is ready
finished task for 0, result: 4
finished task for 2, result: 8
```

在一个类似的场景中，为了把一些工作分支到多个任务中，并在以后合并结果，可以使用新的 CountdownEvent 类。不需要为每个任务创建一个单独的事件对象，只需要创建一个事件对象。CountdownEvent 类为所有设置了事件的任务定义一个初始数字，在到达该计数后，就向 CountdownEvent 类发信号。

修改 Calculator 类，以使用 CountdownEvent 类替代 ManualResetEvent 类。不使用 Set()方法设置信号，而使用 CountdownEvent 类定义 Signal()方法(代码文件 SynchronizationSamples/EventSampleWithCountdownEvent/Calculator.cs)。

```
public class Calculator
{
  private CountdownEvent _cEvent;
  public int Result { get; private set; }

  public Calculator(CountdownEvent ev) => _cEvent = ev;

  public void Calculation(int x, int y)
  {
    Console.WriteLine($"Task {Task.CurrentId} starts calculation");
    Task.Delay(new Random().Next(3000)).Wait();
    Result = x + y;
    // signal the event-completed!
    Console.WriteLine($"Task {Task.CurrentId} is ready");
    _cEvent.Signal();
  }
}
```

现在可以简化顶级语句，使它只需要等待一个事件。如果不像前面那样单独处理结果，这个新版本就很不错。

```
const int taskCount = 4;
CountdownEvent cEvent = new(taskCount);
Calculator[] calcs = new Calculator[taskCount];
for (int i = 0; i < taskCount; i++)
{
  calcs[i] = new(cEvent);
  int i1 = i;
  Task.Run(() => calcs[i1].Calculation, Tuple.Create(i1 + 1, i1 + 3));
```

```
}
cEvent.Wait();

Console.WriteLine("all finished");
for (int i = 0; i < taskCount; i++)
{
  Console.WriteLine($"task for {i}, result: {calcs[i].Result}");
}
```

17.15 Barrier 类

对于同步，Barrier 类非常适用于其中工作有多个任务分支且以后还需要合并工作的情况。Barrier 类用于需要同步的参与者。激活一个任务时，就可以动态地添加其他参与者，例如，从父任务中创建子任务。参与者在继续之前，可以等待所有其他参与者完成其工作。

BarrierSample 有点复杂，但它展示了 Barrier 类型的功能。下面的应用程序使用多个包含 2 000 000 个随机字符串的集合。使用多个任务遍历该集合，并统计以 a、b、c 等开头的字符串个数。工作不仅分布在不同的任务之间，也放在一个任务中。毕竟所有的任务都迭代字符串的第一个集合，汇总结果，之后任务会继续处理下一个集合。

FillData()方法创建一个集合，并用随机字符串填充它(代码文件 BarrierSample/Program.cs)：

```
public static IEnumerable<string> FillData(int size)
{
  Random r = new();
  return Enumerable.Range(0, size).Select(x => GetString(r));
}

private static string GetString(Random r)
{
  StringBuilder sb = new(6);
  for (int i = 0; i < 6; i++)
  {
    sb.Append((char)(r.Next(26) + 97));
  }
  return sb.ToString();
}
```

LogBarrierInformation()方法是一个辅助方法，用来显示 Barrier 的信息：

```
private static void LogBarrierInformation(string info, Barrier barrier)
{
  Console.WriteLine($"Task {Task.CurrentId}: {info}. " +
    $"{barrier.ParticipantCount} current and " +
    $"{barrier.ParticipantsRemaining} remaining participants, " +
    $"phase {barrier.CurrentPhaseNumber}");
}
```

CalculationInTask()方法定义了任务执行的作业。通过参数，第 3 个参数引用 Barrier 实例。用于计算的数据是数组 IList<string>。最后一个参数是 int 锯齿数组，用于在任务执行过程中写出结果。

任务把处理放在一个循环中。每一次循环中，都处理 IList<string>[ ]的数组元素。每个循环完成后,任务通过调用 SignalAndWait()方法，发出做好了准备的信号，并等待，直到所有的其他任务也准备好处理为止。这个循环会继续执行，直到任务完全完成。接着，任务就会使用 RemoveParticipant()

方法从 Barrier 中删除它自己(代码文件 SynchronizationSamples/BarrierSample/Program.cs):

```
private static void CalculationInTask(int jobNumber, int partitionSize,
Barrier, IList<string>[] coll, int loops, int[][] results)
{
  LogBarrierInformation("CalculationInTask started", barrier);
  for (int i = 0; i < loops; i++)
  {
    List<string> data = new(coll[i]);
    int start = jobNumber * partitionSize;
    int end = start + partitionSize;
    Console.WriteLine($"Task {Task.CurrentId} in loop {i}: partition " +
      $"from {start} to {end}");

    for (int j = start; j < end; j++)
    {
      char c = data[j][0];
      results[i][c - 97]++;
    }
    Console.WriteLine($"Calculation completed from task {Task.CurrentId} " +
      $"in loop {i}. {results[i][0]} times a, {results[i][25]} times z");

    LogBarrierInformation("sending signal and wait for all", barrier);
    barrier.SignalAndWait();
    LogBarrierInformation("waiting completed", barrier);
  }
  barrier.RemoveParticipant();
  LogBarrierInformation("finished task, removed participant", barrier);
}
```

在 Main()方法中创建一个 Barrier 实例。在构造函数中，可以指定参与者的数量。在该示例中，这个数量是 3(numberTasks + 1)，因为该示例创建了两个任务，Main()方法本身也是一个参与者。使用 Task.Run()创建两个任务，把遍历集合的任务分为两个部分。启动该任务后，使用 SignalAndWait()方法，Main()方法在完成时发出信号，并等待所有其他参与者或者发出完成的信号，或者从 Barrier 类中删除它们。一旦所有的参与者都准备好，就提取任务的结果，并使用 Zip()扩展方法把它们合并起来。接着进行下一次迭代，等待任务的下一个结果(代码文件 SynchronizationSamples/BarrierSample/Program.cs):

```
static void Main()
{
  const int numberTasks = 2;
  const int partitionSize = 1_000_000;
  const int loops = 5;
  Dictionary<int, int[][]> taskResults = new Dictionary<int, int[][]>();
  List<string> data = new List<string>[loops];
  for (int i = 0; i < loops; i++)
  {
    data[i] = new List(FillData(partitionSize * numberTasks);
  }
  using Barrier barrier = new(numberTasks + 1);
  LogBarrierInformation("initial participants in barrier", barrier);
  for (int i = 0; i < numberTasks; i++)
  {
    barrier.AddParticipant();
    int jobNumber = i;
```

```
    taskResults.Add(i, new int[loops][]);
    for (int loop = 0; loop < loops; loop++)
    {
      taskResult[i, loop] = new int[26];
    }
    Console.WriteLine("Main - starting
    task job {jobNumber}");
    Task.Run(() => CalculationInTask(jobNumber, partitionSize,
    barrier, data, loops, taskResults[jobNumber]));
  }

  for (int loop = 0; loop < 5; loop++)
  {
    LogBarrierInformation("main task, start signaling and wait", barrier);
    barrier.SignalAndWait();
    LogBarrierInformation("main task waiting completed", barrier);
    int[][] resultCollection1 = taskResults[0];
    int[][] resultCollection2 = taskResults[1];
    var resultCollection = resultCollection1[loop].Zip(
      resultCollection2[loop], (c1, c2) => c1 + c2);
    char ch = 'a';
    int sum = 0;
    foreach (var x in resultCollection)
    {
      Console.WriteLine($"{ch++}, count: {x}");
      sum += x;
    }
    LogBarrierInformation($"main task finished loop {loop}, sum: {sum}",
      barrier);
  }

  Console.WriteLine("finished all iterations");
  Console.ReadLine();
}
```

注意：
锯齿数组参见第6章，Zip()扩展方法参见第13章。

运行应用程序，输出如下所示。在输出中可以看到，每个AddParticipant()调用都会增加参与者的数量和剩下的参与者数量。只要一个参与者调用SignalAndWait()，剩下的参与者数就会递减。当剩下的参与者数量达到0时，所有参与者的等待就结束，开始下一个阶段：

```
Task : initial participants in barrier. 1 current and 1 remaining participants,
phase 0
Main -starting task job 0
Main -starting task job 1
Task : main task, start signaling and wait. 3 current and 3 remaining participants,
phase 0
Task 1: CalculationInTask started. 3 current and 2 remaining participants, phase 0
Task 2: CalculationInTask started. 3 current and 2 remaining participants, phase 0
Task 2 in loop 0: partition from 1000000 to 2000000
Task 1 in loop 0: partition from 0 to 1000000
Calculation completed from task 2 in loop 0. 38361 times a, 38581 times z
Task 2: sending signal and wait for all. 3 current and 2 remaining participants,
phase 0
Calculation completed from task 1 in loop 0. 38657 times a, 38643 times z
```

```
Task 1: sending signal and wait for all. 3 current and 1 remaining participants,
phase 0
Task 1: waiting completed. 3 current and 3 remaining participants, phase 1
Task : main task waiting completed. 3 current and 3 remaining participants, phase 1
```

17.16　ReaderWriterLockSlim 类

为了使锁定机制允许锁定多个读取器，但只有一个写入器访问某个资源，可以使用ReaderWriterLockSlim 类。这个类提供了一个锁定功能，如果没有写入器锁定资源，就允许多个读取器访问资源，但只能有一个写入器锁定该资源。

ReaderWriterLockSlim 类有阻塞或不阻塞的方法来获取读取锁，如阻塞的 EnterReadLock()和不阻塞的 TryEnterReadLock()方法，还可以使用阻塞的 EnterWriteLock()和不阻塞的 TryEnterWriteLock()方法获得写入锁定。如果任务先读取资源，之后写入资源，它就可以使用 EnterUpgradableReadLock()或TryEnterUpgradableReadLock()方法获得可升级的读取锁定。有了这个锁定，就可以获得写入锁定，而不需要释放读取锁定。

这个类的几个属性提供了当前锁定的相关信息，如 CurrentReadCount、WaitingReadCount、WaitingUpgradableReadCount 和 WaitingWriteCount。

下面的示例程序创建了一个包含 6 项的集合和一个 ReaderWriterLockSlim()对象。ReaderMethod()方法获得一个读取锁定，读取列表中的所有项，并把它们写到控制台中。WriterMethod()方法试图获得一个写入锁定，以改变集合的所有值。在 Main()方法中，启动 6 个任务，以调用 ReaderMethod()或 WriterMethod()方法(代码文件 SynchronizationSamples/ReaderWriterLockSample/ReaderWriter.cs)。

```
sealed class ReaderWriter : IDisposable
{
  private List<int> _items = new() { 0, 1, 2, 3, 4, 5 };
  private ReaderWriterLockSlim _rwl = new();

  public void ReaderMethod(object? reader)
  {
    try
    {
      _rwl.EnterReadLock();

      for (int i = 0; i < _items.Count; i++)
      {
        Console.WriteLine($"reader {reader}, loop: {i}, item: {_items[i]}");
        Task.Delay(40).Wait();
      }
    }
    finally
    {
      _rwl.ExitReadLock();
    }
  }

  public void WriterMethod(object? writer)
  {
    try
    {
      while (!_rwl.TryEnterWriteLock(50))
      {
```

```
        Console.WriteLine($"Writer {writer} waiting for the write lock");
        Console.WriteLine($"current reader count: {_rwl.CurrentReadCount}");
      }
      Console.WriteLine($"Writer {writer} acquired the lock");
      for (int i = 0; i < _items.Count; i++)
      {
        _items[i]++;
        Task.Delay(50).Wait();
      }
      Console.WriteLine($"Writer {writer} finished");
    }
    finally
    {
      _rwl.ExitWriteLock();
    }
  }

  private void Dispose(bool disposing)
  {
    if (!disposedValue)
    {
      if (disposing)
      {
        _rwl.Dispose();
      }
      disposedValue = true;
    }
  }

  void IDisposable.Dispose()
  {
    Dispose(disposing: true);
    GC.SuppressFinalize(this);
  }
}
```

在顶级语句中，创建了6个长时间运行的任务：两个并发写入器和4个并发读取器。为了让第一个写入器有机会在其他读取器之前启动，在启动其他任务前添加了一点延迟(代码文件SynchronizationSamples/ReaderWriterLockSample/Program.cs)：

```
using ReaderWriter rw = new();
TaskFactory taskFactory = new(TaskCreationOptions.LongRunning,
  TaskContinuationOptions.None);
Task[] tasks = new Task[6];
tasks[0] = taskFactory.StartNew(rw.WriterMethod, 1);
await Task.Delay(5);
tasks[1] = taskFactory.StartNew(rw.ReaderMethod, 1);
tasks[2] = taskFactory.StartNew(rw.ReaderMethod, 2);
tasks[3] = taskFactory.StartNew(rw.WriterMethod, 2);
tasks[4] = taskFactory.StartNew(rw.ReaderMethod, 3);
tasks[5] = taskFactory.StartNew(rw.ReaderMethod, 4);

Task.WaitAll(tasks);
```

运行这个应用程序，可以看到第一个写入器先获得锁定。第二个写入器和所有的读取器需要等待。接着，第二个写入器获得锁定，完成后，读取器可以开始工作。多次运行应用程序会显示不同的结果，但任意时间总是只有一个写入器或者多个读取器在运行：

```
Writer 1 acquired the lock
Starting writer 2
Starting reader 2
Starting reader 3
Starting reader 1
Starting reader 4
Writer 2 waiting for the write lock, current readers: 0
Writer 2 waiting for the write lock, current readers: 0
Writer 2 waiting for the write lock, current readers: 0
Writer 2 waiting for the write lock, current readers: 0
Writer 2 waiting for the write lock, current readers: 0
Writer 1 finished
Writer 2 acquired the lock
Writer 2 finished
reader 3, loop: 0, item: 2
reader 1, loop: 0, item: 2
reader 2, loop: 0, item: 2
...
```

注意：

System.Collections.Immutable 名称空间中定义了一组不可变集合，使用它们时不需要进行锁定。第 8 章介绍了这些集合类型。System.Collections.Concurrent 名称空间中定义了其他一些线程安全的集合。BlockingCollection 提供了 Add()和 TryAdd()方法来添加项。Add()方法会阻塞，而 TryAdd()方法根据是否能够添加项而返回 true 或 false。从集合中获取项时，Take()方法会阻塞，而 TryTake()则返回 true 或 false，代表是否从集合中成功地获取了项。在生产者/消费者场景中，可以使用 BlockingCollection 类。如“通道”小节所述，通道为生产者/消费者场景提供了一种更加现代的方法。

17.17 lock 和 await

如果试图在 lock 块中使用 async 关键字时使用 lock 关键字，会发生这个编译错误：cannot await in the body of a lock statement。原因是在 async 完成之后，该方法可能会在一个不同的线程中运行，而不是在 async 关键字之前。lock 关键字需要同一个线程中获取锁和释放锁。

下面的代码块会导致编译错误：

```
static async Task IncorrectLockAsync()
{
  lock (s_syncLock)
  {
    Console.WriteLine($"{nameof(IncorrectLockAsync)} started");
    await Task.Delay(500); // compiler error: cannot await in the body
      // of a lock statement
    Console.WriteLine($"{nameof(IncorrectLockAsync)} ending");
  }
}
```

如何解决这个问题？Monitor 无法解决，因为 Monitor 需要从它获取锁的同一线程中释放锁。lock 关键字基于 Monitor。

虽然 Mutex 对象可以用于不同进程之间的同步，但它有相同的问题：它为线程授予了一个锁。从不同的线程中释放锁是不可能的。可以使用 Semaphore 或 SemaphoreSlim 类取代。Semaphore 可以从不同的线程中释放信号量。

下面的代码片段使用 SemaphoreSlim 对象上的 WaitAsync()等待获得一个信号量。SemaphoreSlim 对象初始化为计数 1，因此对信号量的等待只授予一次。在 finally 代码块中，通过调用 Release()方法释放信号量(代码文件 SynchronizationSamples/LockAcrossAwait/Program.cs)：

```
private static SemaphoreSlim s_asyncLock = new(1);
static async Task LockWithSemaphore(string title)
{
  Console.WriteLine($"{title} waiting for lock");
  await s_asyncLock.WaitAsync();
  try
  {
    Console.WriteLine($"{title} {nameof(LockWithSemaphore)} started");
    await Task.Delay(500);
    Console.WriteLine($"{title} {nameof(LockWithSemaphore)} ending");
  }
  finally
  {
    s_asyncLock.Release();
  }
}
```

下面尝试在多个任务中同时调用此方法。该方法 RunUseSemaphoreAsync()启动 6 个任务，并发地调用 LockWithSemaphore()方法：

```
static async Task RunUseSemaphoreAsync()
{
  Console.WriteLine(nameof(RunUseSemaphoreAsync));
  string[] messages = { "one", "two", "three", "four", "five", "six" };
  Task[] tasks = new Task[messages.Length];

  for (int i = 0; i < messages.Length; i++)
  {
    string message = messages[i];

    tasks[i] = Task.Run(async () =>
    {
      await LockWithSemaphore(message);
    });
  }

  await Task.WhenAll(tasks);
  Console.WriteLine();
}
```

运行该程序，可以看到多个任务同时启动，但是在信号量被锁定后，所有其他任务都需要等待信号量再次释放：

```
RunLockWithAwaitAsync
two waiting for lock
two LockWithSemaphore started
three waiting for lock
five waiting for lock
```

```
four waiting for lock
six waiting for lock
one waiting for lock
two LockWithSemaphore ending
three LockWithSemaphore started
three LockWithSemaphore ending
five LockWithSemaphore started
five LockWithSemaphore ending
four LockWithSemaphore started
four LockWithSemaphore ending
six LockWithSemaphore started
six LockWithSemaphore ending
one LockWithSemaphore started
one LockWithSemaphore ending
```

为了更容易地使用锁，可以创建一个实现 IDisposable 接口的类来管理资源。对于这个类，可以使用 using 语句，就像使用 lock 语句来锁定和释放信号量一样。

下面的代码片段实现了 AsyncSemaphore 类，该类在构造函数中分配一个 SemaphoreSlim，在 AsyncSemaphore 上调用 WaitAsync()方法时，返回实现接口 IDisposable 的内部类 SemaphoreReleaser。调用 Dispose()方法时，释放信号量(代码文件 SynchronizationSamples/LockAcrossAwait/AsyncSemaphore.cs)：

```
public sealed class AsyncSemaphore
{
  private class SemaphoreReleaser : IDisposable
  {
    private SemaphoreSlim _semaphore;

    public SemaphoreReleaser(SemaphoreSlim semaphore) =>
      _semaphore = semaphore;

    public void Dispose() => _semaphore.Release();
  }

  private SemaphoreSlim _semaphore;
  public AsyncSemaphore() =>
    _semaphore = new SemaphoreSlim(1);

    public async Task<IDisposable> WaitAsync()
  {
    await _semaphore.WaitAsync();
    return new SemaphoreReleaser(_semaphore) as IDisposable;
  }
}
```

从前面所示的 LockWithSemaphore()方法中更改实现，现在可以使用 using 语句锁定信号量。记住，using 语句创建一个 catch/finally 块，在 finally 块中调用 Dispose()方法(代码文件 SynchronizationSamples/LockAcrossAwait/Program.cs)：

```
private static AsyncSemaphore s_asyncSemaphore = new AsyncSemaphore();
static async Task UseAsyncSemaphore(string title)
{
  using (await s_asyncSemaphore.WaitAsync())
  {
    Console.WriteLine($"{title} {nameof(LockWithSemaphore)} started");
    await Task.Delay(500);
```

```
    Console.WriteLine($"{title} {nameof(LockWithSemaphore)} ending");
  }
}
```

使用类似于 LockWithSemaphore()方法的 UseAsyncSemaphore()方法会执行相同的行为。不过，类只编写一次，等待过程中的锁定就会变得更简单。

17.18　小结

本章介绍了如何通过 System.Threading.Tasks 名称空间编写多任务应用程序。在应用程序中使用多线程要仔细规划。太多的线程会导致资源问题，线程不足又会使应用程序执行缓慢，执行效果也不好。使用任务可以获得线程的抽象。这个抽象有助于避免创建过多的线程，因为线程是在池中重用的。

我们探讨了创建多个任务的各种方法，如 Parallel 类。通过使用 Parallel.Invoke()、Parallel.ForEach()和 Parallel.For()，可以实现任务和数据的并行性。还介绍了如何使用 Task 类来获得对并行编程的全面控制。任务可以在主调线程中异步运行，使用线程池中的线程，以及创建独立的新线程。任务还提供了一个层次结构模型，允许创建子任务，并且提供了一种取消完整层次结构的方法。

取消架构提供了一种标准机制，不同的类可以以相同的方法使用它来提前取消某个任务。

本章讨论了几个可用于.NET 的同步对象，以及适合使用同步对象的场合。简单的同步可以通过 lock 关键字完成。在后台，Monitor 类型允许设置超时，而 lock 关键字不允许。对于在进程之间进行同步，Mutex 对象提供了类似的功能。Semaphore 对象表示带有计数的同步对象，该计数是允许并发运行的任务数量。为了通知其他任务已准备好，讨论了不同类型的事件对象，比如 AutoResetEvent、ManualResetEvent 和 CountdownEvent。拥有多个读取器和一个写入器的简单方法由 ReaderWriterLock 提供。Barrier 类型提供了一个更复杂的场景，其中可以同时运行多个任务，直到达到一个同步点为止。一旦所有任务达到这一点，它们就可以继续同时满足于下一个同步点。

System.Threading.Channels 名称空间通过有界通道和无界通道，为处理发布/订阅通信提供了一种新的、灵活的选项。

下面是有关线程的几条规则：

- 尽力使同步要求最低。同步很复杂，且会阻塞线程。如果尝试避免共享状态，就可以避免同步。当然，这不总是可行。
- 类的静态成员应是线程安全的。通常，.NET 中的类满足这个要求。
- 实例状态不需要是线程安全的。为了得到最佳性能，最好在类的外部使用同步功能，且不对类的每个成员使用同步功能。.NET 类的实例成员一般不是线程安全的。在 Microsoft API 文档中，对于.NET 的每个类在“线程安全性”部分中可以找到相应的归档信息。

第 18 章介绍另一个.NET 核心主题：文件和流。

第18章 文件和流

本章要点

- 介绍目录结构
- 移动、复制、删除文件和文件夹
- 读写文本文件
- 使用流读写文件
- 使用读取器和写入器读写文件
- 压缩文件
- 监控文件的变化
- 使用 JSON 序列化
- 使用 Windows Runtime 流

本章源代码：

通过扫描封底二维码下载本书源代码。本章源代码可以在代码文件的 2_Libs/FilesAndStreams 目录中找到。

本章代码分为以下几个主要的示例文件：

- FilesAndFolders
- StreamSamples
- ReaderWriterSamples
- CompressFileSample
- FileMonitor
- JsonSample
- WindowsAppEditor

本章的示例主要使用了 System.IO、System.IO.Compression、System.Text 和 System.Text.Json 名称空间。对于 Windows 应用示例，Windows.Storage 和 Windows.Storage.Stream 是重要的名称空间。所有项目都启用了可空引用类型。

18.1　概述

当读写文件和目录时，可以使用简单的API，也可以使用先进的API来提供更多的功能。只需要使用能够满足自己目的的最简单的API就可以。还必须区分.NET类和Windows Runtime提供的功能。在通用Windows平台(UWP)Windows应用程序中，不能在任何目录中访问文件系统，只能访问特定的目录，或者可以让用户选择文件。本章涵盖了所有这些内容，包括使用简单的API读写文件并使用流获得更多的功能；利用.NET类型和Windows Runtime提供的类型，混合这两种技术以利用.NET功能和Windows Runtime。

使用流，也可以压缩数据，并且利用内存映射的文件和管道在不同的任务间共享数据。

18.2　管理文件系统

首先介绍System.IO名称空间中的简单API。其中最重要的类用于浏览文件系统和执行操作，如移动、复制和删除文件：

- FileSystemInfo——这是表示任何文件系统对象(如FileInfo和DirectoryInfo)的基类。
- FileInfo和File——这些类表示文件系统上的文件。
- DirectoryInfo和Directory——这些类表示文件系统上的文件夹。
- Path——这个类包含的静态成员可以用于处理路径名。
- DriveInfo——它的属性和方法提供了指定驱动器的信息。

注意：

目录或文件夹两个术语经常可以互换。目录是文件系统对象的经典术语。目录包含文件和其他目录。文件夹起源于苹果的Lisa，是一个GUI对象。它通常与映射到目录的图标相关联。

注意，上面的列表有两个用于表示文件夹的类，和两个用于表示文件的类。使用哪个类主要依赖于访问该文件夹或文件的次数：

- Directory类和File类只包含静态方法，不能被实例化。只要调用一个成员方法，提供合适文件系统对象的路径，就可以使用这些类。如果只对文件夹或文件执行一个操作，使用这些类就很有效，因为这样可以省去创建.NET对象的系统开销。
- DirectoryInfo类和FileInfo类实现与Directory类和File类大致相同的公共方法，并拥有一些公共属性和构造函数，但它们都是有状态的，并且这些类的成员都不是静态的。需要实例化这些类，并把每个实例与特定的文件夹或文件关联起来。如果使用同一个对象执行多个操作，使用这些类就比较有效。这是因为在构造时，它们将读取合适文件系统对象的身份验证和其他信息，无论对每个对象(类实例)调用了多少方法，都不需要再次读取这些信息。比较而言，在调用每个方法时，相应的无状态类需要再次检查文件或文件夹的详细内容。

下面的示例是一个控制台应用程序，它接受命令行实参，从而允许在启动应用程序时指定不同的功能。可以查看下载的源代码来了解可用的实参，或者在启动应用程序时不传递实参，从而查看有哪些选项可用。

18.2.1　检查驱动器信息

在处理文件和目录之前，先检查驱动器信息。这使用DriveInfo类实现。DriveInfo类可以扫描系统，提供可用驱动器的列表，还可以进一步提供任何驱动器的大量细节。

下面的代码片段调用静态方法 DriveInfo.GetDrives()。这个方法返回一个 DriveInfo 对象的数组。通过这个数组，可以访问每个驱动器，写入驱动器的名称、类型和格式信息，它还显示大小信息(代码文件 FilesAndFolders/Program.cs)：

```
void ShowDrives()
{
  DriveInfo[] drives = DriveInfo.GetDrives();
  foreach (DriveInfo drive in drives)
  {
    if (drive.IsReady)
    {
      Console.WriteLine($"Drive name: {drive.Name}");
      Console.WriteLine($"Format: {drive.DriveFormat}");
      Console.WriteLine($"Type: {drive.DriveType}");
      Console.WriteLine($"Root directory: {drive.RootDirectory}");
      Console.WriteLine($"Volume label: {drive.VolumeLabel}");
      Console.WriteLine($"Free space: {drive.TotalFreeSpace}");
      Console.WriteLine($"Available space: {drive.AvailableFreeSpace}");
      Console.WriteLine($"Total size: {drive.TotalSize}");
      Console.WriteLine();
    }
  }
}
```

在只有固态硬盘(solid-state disk，SSD)的 Windows 系统上，运行这个程序，得到如下信息：

```
Drive name: C:\
Format: NTFS
Type: Fixed
Root directory: C:\
Volume label: Lokal Disk
Free space: 483677138944
Available space: 483677138944
Total size: 1022985498624
```

在相同系统的 Windows Subsystem for Linux (WSL-2)和 Ubuntu 操作系统上运行相同的应用程序时，可以看到 Fixed 和 Ram 类型。Fixed 类型使用 ext3 和 v9fs 格式，使用 Ram 类型可以看到 cgroupfs、cgroup2fs、devpts、proc、sysfs、temp、tmpfs 和 binfmt_misc 格式。在基于 Unix 的系统上，文件 API 还提供了更多功能，包括进程和控制组(cgroups)的资源限制的信息。

18.2.2 使用 Path 类

为了访问文件和目录，需要定义文件和目录的名称，包括父文件夹。使用字符串连接操作符合并多个文件夹和文件时，很容易遗漏分隔符或使用太多的字符。为此，Path 类可以提供帮助，因为这个类会添加缺少的分隔符，它还在基于 Windows 和基于 Unix 的系统上处理不同的平台需求。

Path 类提供了一些静态方法，可以更容易地对路径名执行操作。例如，假定要显示文件夹 D:\Projects 中 ReadMe.txt 文件的完整路径名，可以用下述代码查找文件的路径：

```
Console.WriteLine(Path.Combine(@"D:\Projects", "ReadMe.txt"));
```

Path.Combine()是这个类最常用的一个方法，Path 类还实现了其他方法，这些方法提供路径的信息，或者以要求的格式显示信息。

使用公共字段 VolumeSeparatorChar、DirectorySeparatorChar、AltDirectorySeparatorChar 和 PathSeparator，

可以得到特定于平台的字符，用于分隔开驱动器、文件夹和文件，以及分隔开多个路径。在 Windows 中，这些字符是冒号(:)、反斜线(\)、正斜线(/)；在 Linux 上，卷和目录使用的特殊字符是正斜线(/)。

Path 类也帮助访问特定于用户的临时文件夹(GetTempPath())，创建临时文件名(GetTempFileName())和随机文件名(GetRandomFileName())。注意，方法 GetTempFileName()包括文件夹，而 GetRandomFileName()只返回文件名，不包括任何文件夹。

Environment 类包含的 SpecialFolder 枚举定义了一组特殊的文件夹，例如 Personal、MyDocuments、Recent、MyMusic、MyVideos、ApplicationData、LocalApplicationData、MyPictures 等。下面的代码片段没有使用硬编码的路径，而是迭代所有枚举值，显示特殊文件夹的路径。如果系统采用不同的方式配置，就应该使用这个 API，以保持独立。但是，需要注意的是，根据使用的操作系统不同，有几个特殊的文件夹可能不会被填充。下面的代码片段迭代所有已定义的特殊文件夹，并显示它们的路径(代码文件 FilesAndFolders/Program.cs)：

```
void ShowSpecialFolders()
{
  foreach (var specialFolder in Enum.GetNames(typeof(Environment.SpecialFolder)))
  {
    Environment.SpecialFolder folder =
    Enum.Parse<Environment.SpecialFolder>(specialFolder);

    string path = Environment.GetFolderPath(folder);
    Console.WriteLine($"{specialFolder}: {path}");
  }
}
```

下面显示了在 WSL-2 子系统上运行应用程序的部分输出：

```
MyDocuments: /home/christian
Personal: /home/christian
LocalApplicationData: /home/christian/.local/share
CommonApplicationData: /usr/share
UserProfile: /home/christian
```

18.2.3 创建文件和文件夹

下面开始使用 File、FileInfo、Directory 和 DirectoryInfo 类。首先，调用 File 类的 WriteAllText()方法来创建一个文件，在其中写入字符串"Hello World! "。一切都在一个 API 调用中完成(代码文件 FilesAndFolders/Program.cs)：

```
void CreateFile(string file)
{
  try
  {
    string path = Path.Combine(Environment.GetFolderPath(
      Environment.SpecialFolder.Personal), file);
    File.WriteAllText(path, "Hello, World!");
    Console.WriteLine($"created file {path}");
  }
  catch (ArgumentException)
  {
    Console.WriteLine("Invalid characters in the filename?");
  }
  catch (IOException ex)
```

```
    {
      Console.WriteLine(ex.Message);
    }
  }
```

要复制文件，可以使用 File 类的 Copy()方法或 FileInfo 类的 CopyTo()方法：

```
FileInfo file = new(fileName1);
file.CopyTo(fileName2);
File.Copy(fileName1, fileName2);
```

使用 FileInfo 的示例方法时，需要编写两行代码，而使用 File 的静态方法时，只需要一行代码。如果需要对文件执行其他操作，则 FileInfo 类更快。如果只需要对文件执行这一个操作，则可以使用静态方法减少需要编写的代码。

给构造函数传递包含对应文件系统对象的路径的字符串，就可以实例化 FileInfo 或 DirectoryInfo 类。刚才展示了处理文件的过程，处理文件夹的代码如下：

```
DirectoryInfo myFolder = new(directory);
```

如果路径代表的对象不存在，那么构建时不抛出异常，而是在第一次调用某个方法，实际需要相应的文件系统对象时抛出该异常。检查 Exists 属性，可以确定对象是否存在，是否具有适当的类型，这个功能由两个类实现：

```
FileInfo test = new(fileName);
Console.WriteLine(test.Exists);
```

请注意，这个属性要返回 true，相应的文件系统对象必须具备适当的类型。换句话说，如果实例化 FileInfo 对象时提供了文件夹的路径，或者实例化 DirectoryInfo 对象时提供了文件的路径，Exists 的值就是 false。如果有可能，这些对象的大部分属性和方法都返回一个值——它们不一定会仅因为调用了类型错误的对象就抛出异常，除非要求它们执行不可能的操作。例如，前面的代码片段可能会首先显示 false(因为 C:\Windows 是一个文件夹)，但它还显示创建文件夹的时间，因为文件夹带有该信息。然而，如果想使用 FileInfo.Open()方法打开文件夹，就好像打开文件那样，就会得到一个异常。

使用 FileInfo 和 DirectoryInfo 类的 MoveTo()和 Delete()方法，可以移动、删除文件或文件夹。File 和 Directory 类上的等效方法是 Move()和 Delete()。FileInfo 和 File 类也分别实现了方法 CopyTo()和 Copy()。但是，没有复制完整文件夹的方法，必须复制文件夹层次结构中的每个文件和文件夹。

所有这些方法的用法都非常直观。Microsoft 文档中有详细的描述。

18.2.4 访问和修改文件属性

下面获取有关文件的一些信息。可以使用 File 和 FileInfo 类来访问文件信息。File 类定义了静态方法，而 FileInfo 类提供了实例方法。以下代码片段展示了如何使用 FileInfo 检索多个信息。如果使用 File 类，访问速度将变慢，因为每个访问都需要进行检查，以确定用户是否允许得到这个信息。而使用 FileInfo 类，则只有调用构造函数时才进行检查。

示例代码创建了一个新的 FileInfo 对象，并在控制台上写入属性 Name、DirectoryName、IsReadOnly、Extension、Length、CreationTime、LastAccessTime 和 Attributes 的结果(代码文件 FilesAndFolders/Program.cs)：

```
void FileInformation(string file)
{
  FileInfo fileInfo = new(file);
```

```
    if (!fileInfo.Exists)
    {
      Console.WriteLine("File not found.");
    }
    Console.WriteLine($"Name: {fileInfo.Name}");
    Console.WriteLine($"Directory: {fileInfo.DirectoryName}");
    Console.WriteLine($"Read only: {fileInfo.IsReadOnly}");
    Console.WriteLine($"Extension: {fileInfo.Extension}");
    Console.WriteLine($"Length: {fileInfo.Length}");
    Console.WriteLine($"Creation time: {fileInfo.CreationTime:F}");
    Console.WriteLine($"Access time: {fileInfo.LastAccessTime:F}");
    Console.WriteLine($"File attributes: {fileInfo.Attributes}");
}
```

下面的命令在命令行传递文件名./Program.cs 作为实参：

```
> dotnet run -- fileinfo --file ./Program.cs
```

在我的机器上，输出如下：

```
Name: Program.cs
Directory: C:\FilesAndStreams\\FilesAndFolders
Read only: False
Extension: .cs
Length: 6773
Creation time: Friday, April 2, 2021 8:53:38 PM
Access time: Tuesday, April 6, 2021 9:47:07 PM
File attributes: Archive
```

不能设置 FileInfo 类中的一些属性，它们只定义了 get 访问器。不能设置文件名、文件扩展名和文件的长度。可以设置创建时间和最后一次访问的时间。方法 ChangeFileProperties()向控制台写入文件的创建时间，以后把创建时间改为 2035 年的一个日期。

```
void ChangeFileProperties(string file)
{
  FileInfo = new(file);
  if (!fileInfo.Exists)
  {
    Console.WriteLine($"File {file} does not exist");
    return;
  }
  Console.WriteLine($"creation time: {fileInfo.CreationTime:F}");
  fileInfo.CreationTime = new DateTime(2035, 12, 24, 15, 0, 0);
  Console.WriteLine($"creation time: {fileInfo.CreationTime:F}");
}
```

运行程序，显示文件的初始创建时间以及修改后的创建时间。可以用这项技术在将来创建文件(至少可以指定创建时间)。

```
creation time: Sunday, December 20, 2015 9:41:49 AM
creation time: Wednesday, December 24, 2025 3:00:00 PM
```

在 Windows 上，要想使用命令行查看文件的创建时间，可以使用 dir /T:C。

注意：

Linux上的创建时间存在一些问题，.NET源代码的SetCreationTime()方法的注释部分进行了解释："Unix 提供了 API 来更新上次访问时间(atime)和上次修改时间(mtime)，但没有 API 来更新 CreationTime。一些平台(如Linux)不存储创建时间。在那些平台上，将最早的上次状态改变时间(ctime)与上次修改时间(mtime)合成为创建时间。我们会更新 LastWriteTime(mtime)。这会触发 FileSystemWatcher NotifyFilters.CreationTime 的元数据修改。更新 mtime 会导致 ctime 被设置为当前时间。因此，在不存储 CreationTime 的平台上，GetCreationTime()会返回上一次设置的值(前提是该值不是未来的时间)。"

注意：

初看起来，能够手动修改这些属性可能很奇怪，但是它非常有用。例如，如果程序只需要读取文件、将其删除，再用新内容创建一个新文件，就可以有效地修改文件，并通过修改创建日期来匹配旧文件的原始创建日期。

18.2.5 使用File执行读写操作

通过File.ReadAllText()和File.WriteAllText()，引入了一种使用字符串读写文件的方法。除了使用一个字符串之外，还可以给文件的每一行使用一个字符串，如下所示。ReadAllLines()方法返回一个字符串数组。ReadLines()返回IEnumerable<string>，它允许遍历所有的行，在读取完整的文件之前就开始循环读取文件内容(代码文件FilesAndFolders/Program.cs)：

```
void ReadLineByLine(string file)
{
  IEnumerable<string> lines = File.ReadLines(file);
  int i = 1;
  foreach (var line in lines)
  {
    Console.WriteLine($"{i++}. {line}");
  }
}
```

要写入字符串集合，可以使用方法File.WriteAllLines()。该方法接受一个文件名和IEnumerable<string>类型作为参数。要向现有文件追加字符串，可以使用File.AppendAllLines()：

```
void WriteAFile()
{
  string fileName = Path.Combine(Environment.GetFolderPath(
    Environment.SpecialFolder.Personal), "movies.txt");
  string[] movies =
  {
    "Snow White And The Seven Dwarfs",
    "Gone With The Wind",
    "Casablanca",
    "The Bridge On The River Kwai",
    "Some Like It Hot"
  };

  File.WriteAllLines(fileName, movies);

  string[] moreMovies =
```

```
    {
      "Psycho",
      "Easy Rider",
      "Pulp Fiction",
      "Star Wars",
      "The Matrix"
    };
    File.AppendAllLines(fileName, moreMovies);
  }
```

18.3 枚举文件

处理多个文件时，可以使用 Directory 类。Directory 定义了 GetFiles()方法，它返回一个包含目录中所有文件的字符串数组。GetDirectories()方法返回一个包含所有目录的字符串数组。

所有这些方法都定义了重载方法，允许传送搜索模式和 SearchOption 枚举的一个值。SearchOption 通过使用 AllDirectories 或 TopDirectoryOnly 值，可以遍历所有子目录，或留在顶级目录中。这个方法允许传递简单的表达式，其中使用*表示任意字符，使用?表示单个字符。

遍历很大的目录(或子目录)时，GetFiles()和 GetDirectories()方法在返回结果之前需要完整的结果。另一种方式是使用方法 EnumerateDirectories()和 EnumerateFiles()。这些方法为搜索模式和选项提供相同的参数，但是它们使用 IEnumerable<string>立即开始返回结果。

下面是一个例子：在一个目录及其所有子目录中，删除所有以 Copy 结尾的文件，以防存在另一个具有相同名称和大小的文件。在 Windows 上，为了模拟这个操作，可以在键盘上按 Ctrl +A，选择文件夹中的所有文件，在键盘上按下 Ctrl + C，进行复制，再在鼠标仍位于该文件夹中时，在键盘上按下 Ctrl + V，粘贴文件。新文件会使用 Copy 作为后缀。

DeleteDuplicateFiles()方法迭代作为第一个参数传递的目录中的所有文件，使用选项 SearchOption.AllDirectories 遍历所有子目录。在 foreach 语句中，所迭代的当前文件与上一次迭代的文件做比较。如果文件名相同，只有 Copy 后缀不同，文件的大小也一样，就调用 FileInfo.Delete()删除复制的文件(代码文件 FilesAndFolders/Program.cs)：

```
void DeleteDuplicateFiles(string directory, bool checkOnly = true)
{
  IEnumerable<string> fileNames = Directory.EnumerateFiles(directory, "*",
    SearchOption.AllDirectories);
  string previousFileName = string.Empty;
  foreach (string fileName in fileNames)
  {
    string previousName = Path.GetFileNameWithoutExtension(previousFileName);
    int ix = previousFileName.LastIndexOf(" -Copy");
    if (!string.IsNullOrEmpty(previousFileName) &&
      previousName.EndsWith(" -Copy") &&
      fileName.StartsWith(previousFileName[..ix]))
    {
      FileInfo copiedFile = new(previousFileName);
      FileInfo originalFile = new(fileName);
      if (copiedFile.Length == originalFile.Length)
      {
        Console.WriteLine($"delete {copiedFile.FullName}");
        if (!checkOnly)
        {
```

```
            copiedFile.Delete();
          }
        }
      }
      previousFileName = fileName;
    }
  }
```

18.4 使用流

现在，处理文件有更强大的选项：流。流的概念已经存在很长时间了。流是一个用于传输数据的对象，数据可以向两个方向传输：

- 如果数据从外部源传输到程序中，这就是读取流。
- 如果数据从程序传输到外部源中，这就是写入流。

外部源常常是一个文件，但也不完全都是文件。它还可能是：

- 使用一些网络协议读写网络上的数据，其目的是选择数据，或从另一个计算机上发送数据。
- 读写到管道上，这允许一个程序与本地系统上的另外一个程序进行通信。
- 把数据读写到一个内存区域上。

一些流只允许写入，一些流只允许读取，一些流允许随机存取。随机存取允许在流中随机定位游标，例如，从流的开头开始读取，之后移动到流的末尾，再从流的一个中间位置继续读取。

在这些示例中，微软公司提供了一个.NET 类 System.IO.MemoryStream 对象来读写内存，而 System.Net.Sockets.NetworkStream 对象处理网络数据。Stream 类对外部数据源不做任何假定，外部数据源可以是文件流、内存流、网络流或任意数据源。

一些流也可以链接起来。例如，可以使用 DeflateStream 压缩数据。这个流可以写入 FileStream、MemoryStream 或 NetworkStream。CryptoStream 可以加密数据。也可以链接 DeflateStream 和 CryptoStream，再写入 FileStream。

> **注意：**
> 第 20 章解释了如何使用 CryptoStream。

使用流时，外部源甚至可以是代码中的一个变量。这听起来很荒谬，但使用流在变量之间传输数据的技术是一个非常有用的技巧，可以在数据类型之间转换数据。C 语言使用类似的函数 sprintf()在整型和字符串之间转换数据类型，或者格式化字符串。

使用一个独立的对象来传输数据，比使用 FileInfo 或 DirectoryInfo 类更好，因为把传输数据的概念与特定数据源分离开来，可以更容易地交换数据源。流对象本身包含许多通用代码，可以在外部数据源和代码中的变量之间移动数据，把这些代码与特定数据源的概念分离开来，就更容易实现不同环境下代码的重用。

虽然直接读写流不是那么容易，但可以使用读取器和写入器。这是另一个关注点分离。读取器和写入器可以读写流。例如， StringReader 和 StringWriter 类，与本章后面用于读写文本文件的两个类 StreamReader 和 StreamWriter 一样，都是同一继承树的一部分，这些类几乎一定在后台共享许多代码。在 System.IO 名称空间中，与流相关的类的层次结构如图 18-1 所示。

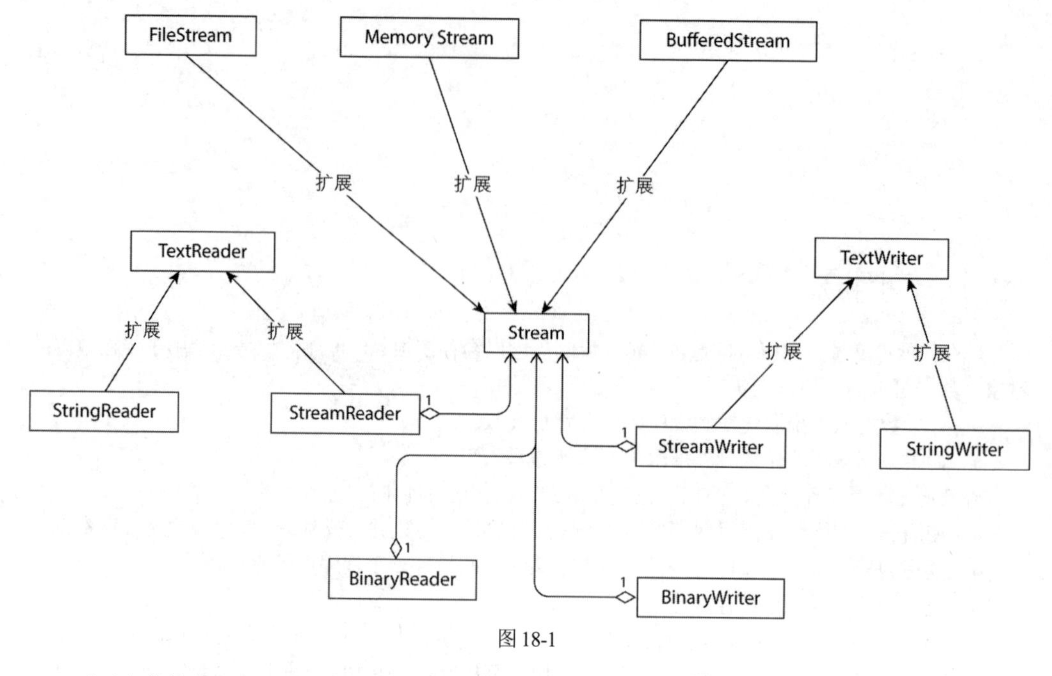

图 18-1

对于文件的读写，最常用的类如下：

- FileStream(文件流)——这个类主要用于在二进制文件中读写二进制数据。
- StreamReader(流读取器)和 StreamWriter(流写入器)——这两个类专门用于读写文本格式的流产品 API。
- BinaryReader 和 BinaryWriter——这两个类专门用于读写二进制格式的流产品 API。

使用这些类和直接使用底层的流对象之间的区别是，基本流是按照字节来工作的。例如，在保存某个文档时，需要把类型为 long 的变量的内容写入一个二进制文件中，每个 long 型变量都占用 8 个字节，如果使用一般的二进制流，就必须显式地写入内存的 8 个字节中。

在 C#代码中，必须执行一些按位操作，从 long 值中提取这 8 个字节。使用 BinaryWriter 实例，可以把整个操作封装在 BinaryWriter.Write()方法的一个重载方法中，该方法的参数是 long 型，它把 8 个字节写入流中(如果流指向一个文件，就写入该文件)。对应的 BinaryReader.Read()方法则从流中提取 8 个字节，恢复 long 的值。

18.4.1 使用文件流

下面对流进行编程，以读写文件。FileStream 实例用于读写文件中的数据。要构造 FileStream 实例，需要以下 4 条信息：

- 要访问的文件。
- 表示如何打开文件的模式——例如，新建一个文件或打开一个现有的文件。如果打开一个现有的文件，写入操作是覆盖文件原来的内容，还是追加到文件的末尾？
- 表示访问文件的方式——是只读、只写还是读写？
- 共享访问——表示是否独占访问文件。如果允许其他流同时访问文件，则这些流是只读、只写还是读写文件？

第一条信息通常用一个包含文件的完整路径名的字符串来表示，本章只考虑需要该字符串的那些构造函数。除了这些构造函数外，一些其他的构造函数用本地 Windows 句柄来处理文件。其余 3 条信息分别由 3 个.NET 枚举 FileMode、FileAccess 和 FileShare 来表示，这些枚举的值很容易理解，如表 18-1 所示。

表 18-1

枚举	值
FileMode	Append、Create、CreateNew、Open、OpenOrCreate 或 Truncate
FileAccess	Read、ReadWrite 或 Write
FileShare	Delete、Inheritable、None、Read、ReadWrite 或 Write

注意，对于 FileMode，如果要求的模式与文件的现有状态不一致，就会抛出一个异常。如果文件不存在，Append、Open 和 Truncate 就会抛出一个异常；如果文件存在，CreateNew 就会抛出一个异常。Create 和 OpenOrCreate 可以处理这两种情况，但 Create 会删除任何现有的文件，新建一个空文件。因为 FileAccess 和 FileShare 枚举是按位标志，所以这些值可以通过 C#的按位 OR 运算符“|”合并起来使用。

1. 创建 FileStream

FileStream 有很多构造函数。下面的示例使用带 4 个参数的构造函数(代码文件 StreamSamples/Program.cs)：

- 文件名
- FileMode 枚举值 Open，打开一个已存在的文件
- FileAccess 枚举值 Read，读取文件
- FileShare 枚举值 Read，允许其他程序读取文件，但同时不修改文件

```
void ReadFileUsingFileStream(string fileName)
{
  const int bufferSize = 4096;
  using FileStream stream = new(fileName, FileMode.Open, FileAccess.Read, FileShare
    .Read);
  ShowStreamInformation(stream);
  //...
}
```

除了使用 FileStream 类的构造函数来创建 FileStream 对象之外，还可以直接使用 File 类的 OpenRead()方法创建 FileStream。OpenRead()方法打开一个文件(类似于 FileMode.Open())，返回一个可以读取的流(FileAccess.Read)，也允许其他进程执行读取访问(FileShare.Read)：

```
using FileStream stream = File.OpenRead(fileName);
```

2. 获取流信息

Stream 类定义了属性 CanRead、CanWrite、CanSeek 和 CanTimeout，可以读取这些属性，得到能够通过流处理的信息。为了读写流，超时值 ReadTimeout 和 WriteTimeout 指定超时，以毫秒为单位。设置这些值在网络场景中是很重要的，因为这样可以确保当读写流失败时，用户不需要等待太长时间。Position 属性返回游标在流中的当前位置。每次从流中读取一些数据，位置就移动到下一个将读取的字节上。示例代码把流的信息写到控制台上(代码文件 StreamSamples/Program.cs)：

```
void ShowStreamInformation(Stream stream)
```

```
{
  Console.WriteLine($"stream can read: {stream.CanRead}, " +
    $"can write: {stream.CanWrite}, can seek: {stream.CanSeek}, " +
    $"can timeout: {stream.CanTimeout}");
  Console.WriteLine($"length: {stream.Length}, position: {stream.Position}");
  if (stream.CanTimeout)
  {
    Console.WriteLine($"read timeout: {stream.ReadTimeout} " +
      $"write timeout: {stream.WriteTimeout} ");
  }
}
```

对已打开的文件流运行这个程序，会得到下面的输出。位置目前为 0，因为尚未开始读取：

```
stream can read: True, can write: False, can seek: True, can timeout: False
length: 1113, position: 0
```

3. 分析文本文件的编码

对于文本文件，下一步是读取流中的第一个字节——序言。序言提供了文件如何编码的信息(使用的文本格式)。这也称为字节顺序标记(Byte Order Mark，BOM)。

读取流时，利用 ReadByte()可以从流中只读取一个字节，使用 Read()方法可以填充一个字节数组。使用 GetEncoding()方法创建了一个包含 5 字节的数组，使用 Read()方法填充字节数组。第二个和第三个参数指定字节数组中的偏移量和可用于填充的字节数。Read()方法返回读取的字节数，流可能小于缓冲区。如果没有更多的字符可用于读取，Read()方法就返回 0。

示例代码分析流的第一个字符，返回检测到的编码，并把流定位在编码字符后的位置(代码文件 StreamSamples/Program.cs)：

```
Encoding GetEncoding(Stream stream)
{
  if (!stream.CanSeek) throw new ArgumentException(
    "require a stream that can seek");

  Encoding = Encoding.ASCII;
  byte[] bom = new byte[5];
  int nRead = stream.Read(bom, offset: 0, count: 5);
  if (bom[0] == 0xff && bom[1] == 0xfe && bom[2] == 0 && bom[3] == 0)
  {
    Console.WriteLine("UTF-32");
    stream.Seek(4, SeekOrigin.Begin);
    return Encoding.UTF32;
  }
  else if (bom[0] == 0xff && bom[1] == 0xfe)
  {
    Console.WriteLine("UTF-16, little endian");
    stream.Seek(2, SeekOrigin.Begin);
    return Encoding.Unicode;
  }
  else if (bom[0] == 0xfe && bom[1] == 0xff)
  {
    Console.WriteLine("UTF-16, big endian");
    stream.Seek(2, SeekOrigin.Begin);
    return Encoding.BigEndianUnicode;
  }
```

```
    else if (bom[0] == 0xef && bom[1] == 0xbb && bom[2] == 0xbf)
    {
      Console.WriteLine("UTF-8");
      stream.Seek(3, SeekOrigin.Begin);
      return Encoding.UTF8;
    }
    stream.Seek(0, SeekOrigin.Begin);
    return encoding;
}
```

文件以 FF 和 FE 字符开头。这些字节的顺序提供了如何存储文档的信息。两字节的 Unicode 可以用小或大端字节顺序法存储(小端和大端描述了字节在内存中的顺序)。FF 紧随在 FE 之后，表示使用小端字节序，而 FE 后跟 FF，就表示使用大端字节序。这个字节顺序可以追溯到 IBM 的大型机，它使用大端字节序给字节排序，Digital Equipment 的 PDP11 系统使用小端字节序。通过网络与采用不同字节顺序的计算机通信时，需要改变一端的字节顺序。现在，英特尔 CPU 体系结构使用小端字节序，ARM 架构允许在小端和大端字节顺序之间切换。

这些编码的其他区别是什么？在 ASCII 中，每一个字符有 7 位就足够了。ASCII 最初基于英语字母表，提供了小写字母、大写字母和控制字符。扩展的 ASCII 使用 8 位，允许切换到特定于语言的字符。切换并不容易，因为它需要关注代码映射，也没有为一些亚洲语言提供足够的字符。UTF-16(Unicode 文本格式)解决了这个问题，它为每一个字符使用 16 位。由于对于以前的字形，UTF-16 还不够，所以 UTF-32 为每一个字符使用 32 位。虽然 Windows NT 3.1 将默认文本编码从以前 ASCII 的微软扩展切换为 UTF-16，但是现在最常用的文本格式是 UTF-8。在 Web 上，UTF-8 是自 2007 年以来最常用的文本格式(它取代了 ASCII，后者是以前最常见的字符编码)。UTF-8 使用可变长度的字符定义。一个字符定义为使用 1 到 6 个字节。使用 0xEF、0xBB、0xBF 字符序列在文件的开头探测 UTF-8。

18.4.2 读取流

打开文件并创建流后，使用 Read()方法读取文件。重复此过程，直到该方法返回 0 为止。使用在前面定义的 GetEncoding()方法中创建的 Encoder，创建一个字符串。不要忘记使用 Dispose()方法关闭流。如果可能，使用 using 语句(如本代码示例所示)自动销毁流(代码文件 StreamSamples/Program.cs)：

```
void ReadUsingFileStream(string fileName)
{
  const int BUFFERSIZE = 4096;
  using FileStream stream = new(fileName, FileMode.Open, FileAccess.Read, FileShare
.Read);

  ShowStreamInformation(stream);
  Encoding encoding = GetEncoding(stream);

  var buffer = new byte[BUFFERSIZE].AsSpan();

  bool completed = false;
  do
  {
    int nread = stream.Read(buffer);
    if (nread == 0) completed = true;
    if (nread < buffer.Length)
    {
      buffer[nread..].Clear();
```

```
    }

    string s = encoding.GetString(buffer[..nread]);
    Console.WriteLine($"read {nread} bytes");
    Console.WriteLine(s);
  } while (!completed);
}
```

18.4.3 写入流

把一个简单的字符串写入文本文件，就演示了如何写入流。为了创建一个可以写入的流，可以使用 File.OpenWrite()方法。这次通过 Path 的成员创建一个临时文件名。GetTempPath()返回用户的 temp 文件夹的路径，GetRandomFileName()返回一个随机的文件名，最后使用 ChangeExtension()方法修改随机文件名的扩展名 (代码文件 StreamSamples/Program.cs)：

```
void WriteTextFile()
{
  string tempFileName = Path.Combine(Path.GetTempPath(), Path.GetRandomFileName());
  string tempTextFileName = Path.ChangeExtension(tempFileName, "txt");
  using FileStream stream = File.OpenWrite(tempTextFileName);
  //...
```

写入 UTF-8 文件时，需要把序言写入文件。为此，可以使用 WriteByte()方法，给流发送 3 个字节的 UTF-8 序言：

```
stream.WriteByte(0xef);
stream.WriteByte(0xbb);
stream.WriteByte(0xbf);
```

还有一个替代方案，可以不需要记住指定编码的字节，因为 Encoding 类中已经有这些信息了。GetPreamble()方法返回一个字节数组，其中包含文件的序言。这个字节数组使用 Stream 类的 Write()方法写入：

```
var preamble = Encoding.UTF8.GetPreamble().AsSpan();
stream.Write(preamble);
```

现在可以写入文件的内容。Write()方法需要写入字节数组，所以需要转换字符串。将字符串转换为 UTF-8 的字节数组，可以使用 Encoding.UTF8.GetBytes()完成这个工作，之后写入字节数组：

```
string hello = "Hello, World!";
var buffer = Encoding.UTF8.GetBytes(hello).AsSpan();
stream.Write(buffer);
Console.WriteLine($"file {stream.Name} written");
```

可以使用编辑器打开临时文件，它会使用正确的编码。

18.4.4 复制流

现在复制文件内容，把读写流合并起来。在下一个代码片段中，用 File.OpenRead()打开可读的流，用 File. OpenWrite()打开可写的流。使用 Stream.Read()方法读取缓冲区，用 Stream.Write()方法写入缓冲区。Stream 的 Read()和 Write()方法的重载版本可以使用 Span<byte>，这允许创建切片来引用相同的内存，因此，相比使用字节数组的重载，这种重载不要求必须传递开始位置和大小作为实参(代码文件 StreamSamples/Program.cs)：

```
void CopyUsingStreams(string inputFile, string outputFile)
{
  const int BUFFERSIZE = 4096;
  using var inputStream = File.OpenRead(inputFile);
  using var outputStream = File.OpenWrite(outputFile);
  var buffer = new byte[BUFFERSIZE].AsSpan();
  bool completed = false;
  do
  {
    int nRead = inputStream.Read(buffer);
    if (nRead == 0) completed = true;
    outputStream.Write(buffer[..nRead]);
  } while (!completed);
}
```

注意：
第13章详细介绍了Span类型。

想要复制流，不需要编写读写流的代码，而可以使用Stream类的CopyTo()方法，如下所示(代码文件StreamSamples/Program.cs)：

```
void CopyUsingStreams2(string inputFile, string outputFile)
{
  using var inputStream = File.OpenRead(inputFile);
  using var outputStream = File.OpenWrite(outputFile);
  inputStream.CopyTo(outputStream);
}
```

18.4.5 随机访问流

随机访问流的一个优势是，可以快速访问文件(甚至可以访问大文件)中的特定位置。

为了了解随机访问动作，下面的代码片段创建了一个大文件。这个代码片段创建的文件sampledata.data包含了长度相同的记录，包括一个数字、一个20个字符串长的字符串和一个随机的日期。传递给方法的记录数通过Enumerable.Range()方法(在System.Linq名称空间中定义)创建。Select()方法创建了一个元组，其中包含Number、Text 和Date字段。除了这些记录外，还创建一个带“#”前缀和后缀的字符串，串中每个值的长度都固定，每个值之间用“;”作为分隔符。WriteAsync()方法将记录写入流。除了同步方法，File和Stream API还提供了异步方法。这个示例使用了异步API(代码文件StreamSamples/Program.cs)：

```
string SampleDataFilePath = Path.Combine(Environment.GetFolderPath(
  Environment.SpecialFolder.ApplicationData), "samplefile.data");

public static async Task CreateSampleFileAsync(int count)
{
  FileStream stream = File.Create(SampleDataFilePath);
  using StreamWriter writer = new(stream);
  Random r = new();
  var records = Enumerable.Range(1, count).Select(x =>
  (
    Number: x,
    Text: $"Sample text {r.Next(200)}",
    Date: new DateTime(Math.Abs((long)((r.NextDouble() * 2 - 1) *
      DateTime.MaxValue.Ticks)))
```

```
    ));
    Console.WriteLine("Start writing records...");
    foreach (var rec in records)
    {
      string date = rec.Date.ToString("d", CultureInfo.InvariantCulture);
      string s =
        $"#{rec.Number,8};{rec.Text,-20};{date}#{Environment.NewLine}";
      await writer.WriteAsync(s);
    }
    Console.WriteLine($"Created the file {SampleDataFilePath}");
  }
```

注意：

File 和 Stream API 不只提供了同步 API，还提供了实现了基于 Task 的异步模式(第 11 章介绍了相关内容)的 API。这就允许调用线程处理其他功能，而不必等待 I/O。

注意：

第 13 章提到，每个实现 IDisposable 的对象都应该销毁。在前面的代码片段中，FileStream 似乎并没有销毁。然而事实并非如此。StreamWriter 销毁时，StreamWriter 会控制所使用的资源，并销毁流。为了使流打开的时间比 StreamWriter 更长，可以用 StreamWriter 的构造函数配置它。在这种情况下，需要显式地销毁流。

现在把游标定位到流中的一个随机位置，读取不同的记录。用户需要输入应该访问的记录号。流中应该访问的字节基于记录号和记录的大小。现在 Stream 类的 Seek()方法允许定位流中的游标。第二个参数指定位置是流的开头、流的末尾或是当前位置(代码文件 StreamSamples/Program.cs)：

```
async Task RandomAccessSampleAsync()
{
  const int RECORDSIZE = 44;
  try
  {
    using FileStream stream = File.OpenRead(SampleDataFilePath);
    var buffer = new byte[RECORDSIZE].AsMemory();

    do
    {
      try
      {
        Console.Write("record number (or 'bye' to end): ");
        string line = Console.ReadLine() ?? throw new InvalidOperationException();
        if (string.Equals(line, "bye", StringComparison.CurrentCultureIgnoreCase))
          break;

        if (int.TryParse(line, out int record))
        {
          stream.Seek((record - 1) * RECORDSIZE, SeekOrigin.Begin);
          int read = await stream.ReadAsync(buffer);
          string s = Encoding.UTF8.GetString(buffer.Span[0..read]);
          Console.WriteLine($"record: {s}");
        }
      }
      catch (Exception ex)
```

```
        {
          Console.WriteLine(ex.Message);
        }
      } while (true);
      Console.WriteLine("finished");
    }
    catch (FileNotFoundException)
    {
      Console.WriteLine("Create the sample file using the option -sample first");
    }
  }
```

注意：

Stream 类的同步 Read()方法的重载版本可以使用 Span<byte>作为参数，相反，ReadAsync()方法提供了一个使用 Memory<byte>的重载版本。Span<T>是一种 ref struct 类型，所以只能在栈中存储。这种行为不适合异步方法，所以对于异步重载版本，才提供了 Memory<byte>类型。

利用这些代码，可以尝试创建一个包含 150 万条记录或更多的文件。使用记事本打开这个大小的文件会比较慢，但是使用随机访问会非常快。根据系统、CPU 和磁盘类型，可以使用更高或更低的值来测试。

注意：

如果应该访问的记录的大小不固定，仍可以为大文件使用随机访问。解决这一问题的方法之一是把写入记录的位置放在文件的开头。另一个选择是读取记录所在的更大的块，在其中可以找到记录标识符和记录分隔符。

18.4.6 使用缓存的流

从性能原因上看，在读写文件时，输出结果会被缓存。如果程序要求读取文件流中下面的两个字节，该流会把请求传递给操作系统，则操作系统不会连接文件系统，再定位文件，并从磁盘中读取文件，且仅读取两个字节，而是在一次读取过程中，检索文件中的一个大块，把该块保存在一个内存区域，即缓冲区上。以后对流中数据的请求就会从该缓冲区中读取，直到读取完该缓冲区为止。此时，操作系统会从文件中再获取另一个数据块。

写入文件的方式与此相同。对于文件，操作系统会自动完成读写操作，但需要编写一个流类，从其他没有缓存的设备中读取数据。如果是这样，就应从 BufferedStream 创建一个类，它实现一个缓冲区，并把应缓存的流传递给构造函数。但注意，BufferedStream 并不用于应用程序频繁切换读数据和写数据的情形。

18.5 使用读取器和写入器

使用 FileStream 类读写文本文件，需要使用字节缓冲区，处理前一节描述的编码。还有一个更简单的方法：使用读取器和写入器。可以使用 StreamReader 和 StreamWriter 类读写 FileStream，不需要处理字节数组和编码，因此比较轻松。

这是因为这些类工作的级别比较高，特别适合读写文本。它们实现的方法可以根据流的内容，自动检测出停止读取文本较方便的位置。特别是：

- 这些类实现的方法(StreamReader.ReadLine()和 StreamWriter.WriteLine())可以一次读写一行文本。在读取文件时，流会自动确定下一个回车符的位置，并在该处停止读取。在写入文件时，流会自动把回车符和换行符追加到文本的末尾。TextWriter 基类的 NewLine 属性允许自定义换行符。
- 使用 StreamReader 和 StreamWriter 类，就不需要担心文件中使用的编码方式。

18.5.1 StreamReader 类

我们将前面的示例转换为使用 StreamReader 读取文件。它现在看起来容易得多。StreamReader 的构造函数接收 FileStream。使用 EndOfStream 属性可以检查文件的末尾，使用 ReadLine()方法读取文本行(代码文件 ReaderWriterSamples/Program.cs)：

```
void ReadFileUsingReader(string fileName)
{
  FileStream stream = new(fileName, FileMode.Open, FileAccess.Read, FileShare.Read);
  using StreamReader reader = new(stream);

  while (!reader.EndOfStream)
  {
    string? line = reader.ReadLine();
    Console.WriteLine(line);
  }
}
```

通过这种方法，不再需要处理字节数组和编码。然而需要注意，StreamReader 默认使用 UTF-8 编码。指定另一个构造函数，可以让 StreamReader 使用文件中序言定义的编码：

```
StreamReader reader = new(stream, detectEncodingFromByteOrderMarks: true);
```

也可以显式地指定编码：

```
StreamReader reader = new(stream, Encoding.Unicode);
```

其他构造函数允许设置要使用的缓冲区，默认为 1024 个字节。此外，还可以指定关闭读取器时不应该关闭底层流。默认情况下，关闭读取器时(使用 Dispose()或 Close()方法)，会关闭底层流。

可以使用 File 类的 OpenText()方法(或使用 StreamReader 的构造函数)创建 StreamReader，而不是显示实例化一个新的 StreamReader：

```
var reader = File.OpenText(fileName);
```

对于读取文件的代码片段，该文件使用 ReadLine()方法逐行读取。StreamReader 还允许在流中使用 ReadToEnd()从光标的位置读取完整的文件：

```
string content = reader.ReadToEnd();
```

StreamReader 还允许把内容读入一个字符数组。这类似于 Stream 类的 Read()方法，但它不读入字节数组，而是读入 char 数组。记住，char 类型使用两个字节。这适合于 16 位 Unicode，但不适合于 UTF-8，因为 16 位 Unicode 中一个字符的长度可以是 1 至 6 个字节：

```
int nChars = 100;
char[] charArray = new char[nChars];
int nCharsRead = reader.Read(charArray, 0, nChars);
```

18.5.2 StreamWriter 类

StreamWriter 的工作方式与 StreamReader 相同，只是 StreamWriter 仅用于写入文件(或写入另一个流)。下面的代码片段传递 FileStream，创建了一个 StreamWriter，然后把传入的字符串数组写入流(代码文件 ReaderWriterSamples/Program.cs)：

```
void WriteFileUsingWriter(string fileName, string[] lines)
{
  var outputStream = File.OpenWrite(fileName);
  using StreamWriter writer = new(outputStream, Encoding.UTF8);
  foreach (var line in lines)
  {
    writer.WriteLine(line);
  }
}
```

记住，StreamWriter 默认使用 UTF-8 格式写入文本内容。只有在构造函数中传递编码，才会写序言。另外，与 StreamReader 的构造函数类似，StreamWriter 允许指定缓冲区的大小，以及关闭写入器时是否不应该关闭底层流。

> **注意：**
> 当通过使用 File.OpenWrite()或者将文件名传递给 StreamWriter 的构造函数，从而打开现有文件时，需要注意不同的行为：File.OpenWrite()会将流的当前位置设置为文件的开始位置，而使用 StreamWriter 构造函数会将当前位置设置为文件的末尾。

StreamWriter 的 Write()方法定义了 19 个重载版本，允许传递字符串和一些.NET 数据类型。请记住，使用传递.NET 数据类型的方法，会使传递的内容变为具有指定编码的字符串。要以二进制格式写入数据类型，可以使用下面介绍的 BinaryWriter。

18.5.3 读写二进制文件

读写二进制文件的一种选择是直接使用流类型，在这种情况下，最好使用字节数组执行读写操作。另一个选择是使用为这个场景定义的读取器和写入器：BinaryReader 和 BinaryWriter。使用它们的方式类似于使用 StreamReader 和 StreamWriter，但 BinaryReader 和 BinaryWriter 不使用任何编码。文件使用二进制格式而不是文本格式写入。

与 Stream 类型不同，BinaryWriter 为 Write()方法定义了 20 个重载版本。重载版本接受不同的类型，如下面的代码片段所示，它写入 double、int、long 和 string(代码文件 ReaderWriterSamples/Program.cs)：

```
public static void WriteFileUsingBinaryWriter(string binFile)
{
  var outputStream = File.Create(binFile);
  using var writer = new BinaryWriter(outputStream);
  double d = 47.47;
  int i = 42;
  long l = 987654321;
  string s = "sample";
  writer.Write(d);
  writer.Write(i);
  writer.Write(l);
```

```
    writer.Write(s);
  }
```

为了再次读取文件，可以使用 BinaryReader。这个类定义的方法会读取所有不同的类型，如 ReadDouble()、ReadInt32()、ReadInt64()和 ReadString()，如下所示：

```
public static void ReadFileUsingBinaryReader(string binFile)
{
  var inputStream = File.Open(binFile, FileMode.Open);
  using BinaryReader reader = new(inputStream))
  double d = reader.ReadDouble();
  int i = reader.ReadInt32();
  long l = reader.ReadInt64();
  string s = reader.ReadString();
  Console.WriteLine($"d: {d}, i: {i}, l: {l}, s: {s}");
}
```

读取文件的顺序必须完全匹配写入的顺序。创建自己的二进制格式时，需要知道存储的内容和方式，并用相应的方式读取。旧的微软 Word 文档使用二进制文件格式，而新的 docx 文件扩展名是包含 XML 文件的 ZIP 文件。如何读写压缩文件详见下一节。

18.6 压缩文件

.NET 包括使用不同的算法压缩和解压缩流的类型。可以使用 DeflateStream、GZipStream 和 BrotliStream 压缩和解压缩流，使用 ZipArchive 类创建和读取 ZIP 文件。

DeflateStream 和 GZipStream 使用相同的压缩算法(事实上，GZipStream 在后台使用 DeflateStream)，但 GZipStream 增加了循环冗余校验，来检测数据的损坏情况。Brotli 是谷歌开发的比较新的开源压缩算法。Brotli 的速度类似于抑制算法，但它提供了更好的压缩。与大多数其他压缩算法不同的是，它给常用的单词使用一个字典，来进行更好的压缩。目前大多数现代浏览器都支持这种算法。

使用 ZIP 文件的优点是可以将文件压缩到存档(使用 ZipArchive)，并且可以使用 Windows 资源管理器直接打开该存档，它自从 1998 年开始就安装到 Windows 系统中。不能使用 Windows 资源管理器打开 gzip 存档文件，打开 gzip 需要第三方工具。

注意：

DeflateStream 和 GZipStream 使用的算法是抑制算法。该算法由 RFC 1951 定义(网址 18-1)。这个算法通常被认为不受专利的限制，因此得到广泛使用。

Brotli 可以在 GitHub 上的 https://github.com/google/brotli 获得，它由 RFC 7932 (网址 18-2)定义。Brotli 在压缩文本文件时的效果很好。试着使用抑制算法和 Brotli 算法压缩一个大文本文件，可以看到明显的区别。

18.6.1 使用压缩流

如前所述，流的一个特性是可以将它们链接起来。为了压缩流，只需要创建 DeflateStream，并向构造函数传递另一个流(在这个例子中，是写入文件的 outputStream)，使用 CompressionMode. Compress 表示压缩。使用 Write()方法或其他功能写入这个流，如以下代码片段所示的 CopyTo()方法，就是文件压缩所需的所有操作(代码文件 CompressFileSample/Program.cs)：

```
void CompressFile(string fileName, string compressedFileName)
```

```
{
  using FileStream inputStream = File.OpenRead(fileName);
  FileStream outputStream = File.OpenWrite(compressedFileName);
  using DeflateStream compressStream = new(outputStream, CompressionMode.Compress);
  inputStream.CopyTo(compressStream);
}
```

为了再次把通过 DeflateStream 压缩的文件解压缩，下面的代码片段使用 FileStream 打开文件，并创建 DeflateStream 对象，把 CompressionMode.Decompress 传入文件流，表示解压缩。Stream.CopyTo() 方法把解压缩的流复制到 MemoryStream 中。然后，这个代码片段利用 StreamReader 读取 MemoryStream 中的数据，把输出写到控制台。StreamReader 配置为打开所分配的 MemoryStream (使用 leaveOpen 参数)，所以 MemoryStream 在关闭读取器后也可以使用：

```
void DecompressFile(string fileName)
{
  FileStream inputStream = File.OpenRead(fileName);
  using MemoryStream outputStream = new();
  using DeflateStream compressStream = new(inputStream, CompressionMode.Decompress);
  compressStream.CopyTo(outputStream);
  outputStream.Seek(0, SeekOrigin.Begin);
  using StreamReader reader = new(outputStream, Encoding.UTF8,
    detectEncodingFromByteOrderMarks: true, bufferSize: 4096,
    leaveOpen: true);
  string result = reader.ReadToEnd();
  Console.WriteLine(result);
  // because of leaveOpen set, you can use the outputStream after
  // the StreamReader is closed, and the StreamReader is closed on its own
}
```

18.6.2 使用 Brotli

使用 BrotliStream，通过 Brotli 进行压缩就像使用 DeflateStream 一样。只需要实例化 BrotliStream 类(代码文件 CompressFileSample/Program.cs)：

```
void CompressFileWithBrotli(string fileName, string compressedFileName)
{
  using FileStream inputStream = File.OpenRead(fileName);
  FileStream outputStream = File.OpenWrite(compressedFileName);
  using BrotliStream compressStream = new(outputStream, CompressionMode.Compress);
  inputStream.CopyTo(compressStream);
}
```

使用 BrotliStream 进行相应的解压工作：

```
void DecompressFileWithBrotli(string fileName)
{
  FileStream inputStream = File.OpenRead(fileName);
  using MemoryStream outputStream = new();
  using BrotliStream compressStream = new(inputStream, CompressionMode.Decompress);
  compressStream.CopyTo(outputStream);
  outputStream.Seek(0, SeekOrigin.Begin);
  using StreamReader reader = new(outputStream, Encoding.UTF8,
    detectEncodingFromByteOrderMarks: true, bufferSize: 4096,
    leaveOpen: true);
  string result = reader.ReadToEnd();
```

```
    Console.WriteLine(result);
  }
```

18.6.3 压缩文件

今天，ZIP 文件格式是许多不同文件类型的标准。Word 文档(docx)以及 NuGet 包都存储为 ZIP 文件。在.NET 中，很容易创建 ZIP 归档文件。

要创建 ZIP 归档文件，可以创建一个 ZipArchive 对象。ZipArchive 包含多个 ZipArchiveEntry 对象。ZipArchive 类不是一个流，但是它使用流进行读写(类似于前面讨论的读取器和写入器)。下面的代码片段创建一个 ZipArchive，将压缩内容写入用 File.OpenWrite()打开的文件流中。添加到 ZIP 归档文件中的内容由所传递的目录定义。Directory. EnumerateFiles()枚举了目录中的所有文件，为每个文件创建一个 ZipArchiveEntry 对象。调用 Open()方法创建一个 Stream 对象。使用要读取的 Stream 的 CopyTo()方法，压缩文件，写入 ZipArchiveEntry (代码文件 CompressFileSample/Program.cs):

```
void CreateZipFile(string sourceDirectory, string zipFile)
{
  FileStream zipStream = File.Create(zipFile);
  using ZipArchive archive = new(zipStream, ZipArchiveMode.Create);

  IEnumerable<string> files = Directory.EnumerateFiles(
    sourceDirectory, "*", SearchOption.TopDirectoryOnly);
  foreach (var file in files)
  {
    ZipArchiveEntry entry = archive.CreateEntry(Path.GetFileName(file));
    using FileStream inputStream = File.OpenRead(file);
    using Stream outputStream = entry.Open();
    inputStream.CopyTo(outputStream);
  }
}
```

除了使用流从 ZIP 归档中提取数据，还可以使用 ExtractToFile()方法。

18.7 观察文件的更改

使用 FileSystemWatcher 可以监视文件的更改。事件在创建、重命名、删除和更改文件时触发。这可用于需要对文件的变更做出反应的场合，例如，使用服务器上传文件时，或文件缓存在内存中而缓存需要在文件更改时失效时。

因为 FileSystemWatcher 易于使用，所以下面直接开始一个示例。

示例代码在 WatchFiles()方法中开始观察文件。使用 FileSystemWatcher 的构造函数时，可以提供应该观察的目录。还可以提供一个过滤器，只过滤出与过滤表达式匹配的特定文件。当设置属性 IncludeSubdirectories 时，可以定义是否应该只观察指定目录中的文件，或者是否还应该观察子目录中的文件。对于 Created、Changed、Deleted 和 Renamed 事件，提供事件处理程序。所有这些事件的类型都是 FileSystemEventHandler，只有 Renamed 事件的类型是 RenamedEventHandler。RenamedEventHandler 派生自 FileSystemEventHandler，提供了事件的附加信息(代码文件 FileMonitor/Program.cs):

```
FileSystemWatcher? _watcher;

if (args == null || args.Length != 1)
{
```

```
    Console.WriteLine("Enter the directory to watch markdown files: " +
      "FileMonitor [directory]");
    return;
}

WatchFiles(args[0], "*.md");
Console.WriteLine("Press enter to stop watching");
Console.ReadLine();
UnWatchFiles();

void WatchFiles(string path, string filter)
{
  _watcher = new(path, filter)
  {
    IncludeSubdirectories = true
  };
  _watcher.Created += OnFileChanged;
  _watcher.Changed += OnFileChanged;
  _watcher.Deleted += OnFileChanged;
  _watcher.Renamed += OnFileRenamed;
  _watcher.EnableRaisingEvents = true;
  Console.WriteLine("watching file changes...");
}
```

因文件变更而接收到的信息是 FileSystemEventArgs 类型。它包含了变更文件的名字，这种变更是一个 WatcherChangeTypes 类型的枚举：

```
void OnFileChanged(object sender, FileSystemEventArgs e) =>
  Console.WriteLine($"file {e.Name} {e.ChangeType}");
```

重命名文件时，通过 RenamedEventArgs 参数收到其他信息。这个类型派生自 FileSystemEventArgs，它定义了文件原始名称的额外信息：

```
void OnFileRenamed(object sender, RenamedEventArgs e) =>
  Console.WriteLine($"file {e.OldName} {e.ChangeType} to {e.Name}");
```

指定要观察的文件夹和*.md 作为过滤器，启动应用程序，创建文件 sample1.md，添加内容，把它重命名为 sample2. md，最后删除它，输出如下。

```
watching file changes...
Press enter to stop watching
file sample1.md Created
file sample1.md Changed
file sample1.md Renamed to sample2.md
```

18.8 JSON 序列化

序列化和反序列化.NET 对象有多种方式。.NET 基础类库(base class library，BCL)中内置了二进制(也称为运行时序列化)、XML 和 JSON 序列化。

序列化所有字段的二进制序列化存在版本问题。如果私有字段(可能在基类中)发生改变，则使用库的新版本时，反序列化使用旧版本写入的内容可能会失败。Microsoft 不建议为内置功能使用二进制序列化。

注意：

除了版本问题，BinaryFormatter(用于二进制序列化)使用起来也很危险，不建议把它用于数据处理。对于不信任的输入，Deserialize()方法同样不安全。这一点也适用于 SoapFormatter、NetDataContractSerializer、LosFormatter 和 ObjecctStateFormatter。更多细节请访问 https://docs.microsoft.com/en-us/dotnet/standard/serialization/binaryformatter-security-guide。

要把对象序列化为 XML，可以使用 System.Xml.Serialization 名称空间中的类。使用 XmlSerializer 可以把.NET 对象序列化为 XML，并使用特性来影响 XML 结果的输出。LINQ to XML(System.Xml.Linq)提供了一种简单的方式来创建 XML 元素。Windows Communication Foundation (WCF)和 SOAP 基于 XML。Microsoft Office 文件是包含 XML 的 ZIP 文件。.NET 项目文件和在 WinUI 中创建用户界面的 XAML 文件基于 XML。在过去几年中，处理 XML 的.NET 类没有得到更新，所以不支持新的特性，例如 C#名义记录。

如今，JSON 序列化更加重要。大部分 REST 服务使用 JSON 在客户端和服务器之间传输数据。第 25 章将介绍如何使用 REST 实现服务。

注意：

虽然 JSON 对于新格式更加重要，但 XML 仍然有许多应用。例如，Office 文件是包含 XML 的 ZIP 压缩文件，.NET 项目文件使用 XML，WinUI 中的用户界面基于 XAML，而 XAML 基于 XML。

如今，JSON 序列化的应用更加广泛。不久之前，许多 Microsoft 项目模板使用 Newtonsoft.Json 库来进行 JOSN 序列化。如今，.NET 团队创建了一个新库 System.Text.Json。这个库更快，并且需要的对象分配次数更少，因为它基于使用 Span 类型的新技术。Newtonsoft.Json 的开发者 James Newton-King 现在就职于 Microsoft。

JSON 序列化的示例应用程序是一个控制台应用程序，它使用了 System.Text.Json 和 System.Text.Json.Serialization 中的不同的选项。

注意：

第 25 章和第 28 章将介绍其他序列化选项。在第 25 章，gRPC 服务对协议缓冲区(Protocol Buffers, Protobuf)使用序列化。SignalR 默认使用 JSON，但很容易通过配置，使其使用二进制格式 MessagePack 进行序列化。

18.8.1 JSON 序列化

为了使用 JSON 格式序列化.NET 对象，定义了记录 Card、Category 和 Item，使它们包含 Title、Text 和 Price 属性。菜单卡(类型为 Card)包含一个 Category 对象列表，Category 包含一个 Item 对象的列表(代码文件 JsonSample/Program.cs)：

```
public record Item(string Title, string Text, decimal Price);
public record Category(string Title)
{
   public IList<Item> Items { get; init; } = new List<Item>();
}
public record Card(string Title)
{
   public IList<Category> Categories { get; init; } = new List<Category>();
}
```

在 Program.cs 中，创建了一个包含 2 个列表和 3 个菜单项的 Card，然后通过调用 SerializeJson()方法来把它序列化：

```
Category appetizers = new("Appetizers");
appetizers.Items.Add(new Item("Dungeness Crab Cocktail", "Classic cocktail sauce",
27M));
appetizers.Items.Add(new Item("Almond Crusted Scallops",
  "Almonds, Parmesan, chive beurre blanc", 19M));

Category dinner = new("Dinner");
dinner.Items.Add(new Item("Grilled King Salmon", "Lemon chive beurre blanc", 49M));

Card = new("The Restaurant");
card.Categories.Add(appetizers);
card.Categories.Add(dinner);

string json = SerializeJson(card);
DeserializeJson(json);
```

调用 JsonSerializer 类的 Serialize()方法可以创建传入对象的 JSON 表示。或者，可以传入 JsonSerializeOptions 配置来配置序列化：

```
string SerializeJson(Card card)
{
  Console.WriteLine(nameof(SerializeJson));
  JsonSerializerOptions options = new()
  {
    WriteIndented = true,
    PropertyNamingPolicy = JsonNamingPolicy.CamelCase,
    DictionaryKeyPolicy = JsonNamingPolicy.CamelCase,
    AllowTrailingCommas = true,
    // ReferenceHandler = ReferenceHandler.Preserve
  };
  string json = JsonSerializer.Serialize(card, options);
  Console.WriteLine(json);
  Console.WriteLine();
  return json;
}
```

运行应用程序时，因为使用 JsonNamingPolicy.CamelCase 配置了 PropertyNamingPolicy，所以与属性名不同，键是使用驼峰表示法显示的：

```
{
  "title": "The Restaurant",
  "categories": [
    {
      "title": "Appetizers",
      "items": [
        {
          "title": "Dungeon Crab Cocktail",
          "text": "Classic cocktail sauce",
          "price": 27
        },
        {
          "title": "Almond Crusted Scallops",
          "text": "Almonds, Parmesan, chive beurre blanc",
```

```
          "price": 19
        }
      ]
    },
    {
      "title": "Dinner",
      "items": [
        {
          "title": "Grilled King Salmon",
          "text": "Lemon chive buerre blanc",
          "price": 49
        }
      ]
    }
  ]
}
```

想要影响 JSON 序列化，除了提供选项，还可以为要序列化的模型应用特性。使用 JsonIgnoreAttribute 可以指定该成员不应该被序列化。使用该特性时，还可以指定一个条件，例如，只有当值是 null 时才忽略它(JsonIgnoreCondition.WhenWritingDefault)。JsonNumberHandlingAttribute 允许指定将数字序列化为 JSON 数字(不带引号)，或者指定数字应该带有引号。使用 JsonConverterAttribute 可以指定对类型或属性使用自定义转换器类。如果需要序列化包含循环引用的对象图，其中的对象引用已经被序列化的其他对象，.NET 5 之前的 JsonSerializer 无法处理这种场景。从.NET 5 开始，可以将 ReferenceHandler 设置配置为 ReferenceHandler.Preserve。这个设置为每个序列化的 JSON 对象创建标识符，这样一来，序列化器知道哪些对象已经被序列化，从而就可以使用 ID 来引用这些对象。只有当对象树存在这种要求时，才使用该设置。许多 JSON 序列化器不能处理这种结果。下面显示了使用这种设置的结果：

```
{
  "$id": "1",
  "title": "The Restaurant",
  "categories": {
    "$id": "2",
    "$values": [
      {
        "$id": "3",
        "title": "Appetizers",
        "items": {
          "$id": "4",
          "$values": [
            {
              "$id": "5",
              "title": "Dungeon Crab Cocktail",
              "text": "Classic cocktail sauce",
              "price": 27
            },
//...
```

18.8.2 JSON 反序列化

在 DeserializeJson()方法的实现中，调用了 JsonSerializer.Deserialize()来从 JSON 字符串获得对象树(代码文件 JsonSample/Program.cs)：

```
void DeserializeJson(string json)
{
   Console.WriteLine(nameof(DeserializeJson));
   JsonSerializerOptions options = new()
   {
     PropertyNameCaseInsensitive = true
   };
   Card? card = JsonSerializer.Deserialize<Card>(json, options);
   if (card is null)
   {
      Console.WriteLine("no card deserialized");
      return;
   }
   Console.WriteLine($"{card.Title}");
   foreach (var category in card.Categories)
   {
      Console.WriteLine($"\t{category.Title}");
      foreach (var item in category.Items)
      {
         Console.WriteLine($"\t\t{item.Title}");
      }
   }
   Console.WriteLine();
}
```

18.8.3 使用 JsonDocument

JsonDocument 类可以用来访问 JSON 文档的文档对象模型(document object model，DOM)。静态方法 JsonDocument.Parse()返回一个 JsonDocument 对象。使用该对象可以访问 JSON 元素和数组。使用 JsonDocument 实例 document.RootElement 可以访问根元素，并返回类型 JsonElement。该类型提供了许多返回特定.NET 类型的方法(前提是数据可被转换)，例如 GetBoolean()、GetByte()、GetDateTime()、GetGuid()、GetInt32()。使用 GetProperty()返回另外一个 JsonElement。前面创建的 JSON 文档包含名称"categories"，其中内含一个菜单项数组。使用 GetProperty("categories")时，可以通过 EnumerateArray()方法枚举该数组。对于每个数组元素，返回一个 JsonElement。要访问元素的不同名称和值，可以使用 EnumerateObject(代码文件 JsonSample/Program.cs)：

```
void UseDom(string json)
{
  Console.WriteLine(nameof(UseDom));

  using JsonDocument document = JsonDocument.Parse(json);
  JsonElement titleElement = document.RootElement.GetProperty("title");
  Console.WriteLine(titleElement);
  foreach (JsonElement category in document.RootElement
    .GetProperty("categories").EnumerateArray())
  {
    foreach (JsonElement item in category.GetProperty("items").EnumerateArray())
    {
      foreach (JsonProperty property in item.EnumerateObject())
      {
        Console.WriteLine($"{property.Name} {property.Value}");
      }
      Console.WriteLine($"{item.GetProperty("title")}");
```

```
        }
      }
    }
```

18.8.4 JSON 读取器

使用 Utf8JsonReader 可以快速读取 JSON 文档并访问其所有令牌。通过调用 Read()方法，可以逐个访问令牌。下面的代码片段在 while 循环中使用了 Read()方法。只要还没有到达流的末尾，该方法就返回 true。在当前迭代中使用读取器时，可以使用 GetString()、GetInt32()和 GetDateTime()等方法访问值，还可以使用 GetComment()访问 JSON 注释。为了查看读取了什么令牌，可以使用 TokenType 属性。对于前面生成的 JSON，如果令牌类型是属性名称(JsonTokenType.PropertyName)，并且属性的名称是“title”(使用 GetString()方法获取)，则下一次 Read()迭代中可用的下一个令牌是 JsonTokenType.String。该令牌的 GetString()返回标题值(代码文件 JsonSample/Program.cs)：

```
void UseReader(string json)
{
  bool isNextPrice = false;
  bool isNextTitle = false;
  string? title = default;
  byte[] data = Encoding.UTF8.GetBytes(json);
  Utf8JsonReader reader = new(data);
  while (reader.Read())
  {
    if (reader.TokenType == JsonTokenType.PropertyName && reader.GetString() == "title")
    {
      isNextTitle = true;
    }
    if (reader.TokenType == JsonTokenType.String && isNextTitle)
    {
      title = reader.GetString();
      isNextTitle = false;
    }
    if (reader.TokenType == JsonTokenType.PropertyName && reader.GetString() == "price")
    {
      isNextPrice = true;
    }
    if (reader.TokenType == JsonTokenType.Number && isNextPrice &&
      reader.TryGetDecimal(out decimal price))
    {
      Console.WriteLine($"{title}, price: {price:C}");
      isNextPrice = false;
    }
  }
  Console.WriteLine();
}
```

18.8.5 JSON 写入器

与使用 Utf8JsonReader 读取令牌类似，可以使用 Utf8Writer 写入令牌。下面的代码片段创建了一个 JSON 文档，它包含一个 Book 对象的数组，Book 对象又包含 Title 和 Subtitle 属性(代码文件 JsonSample/Program.cs)：

```
void UseWriter()
{
  using MemoryStream stream = new();

  JsonWriterOptions options = new()
  {
    Indented = true
  };
  using (Utf8JsonWriter writer = new(stream, options))
  {
    writer.WriteStartArray();
      writer.WriteStartObject();
        writer.WriteStartObject("Book");
          writer.WriteString("Title", "Professional C# and .NET");
          writer.WriteString("Subtitle", "2021 Edition");
        writer.WriteEndObject();
      writer.WriteEndObject();
      writer.WriteStartObject();
        writer.WriteStartObject("Book");
          writer.WriteString("Title", "Professional C# 7 and .NET Core 2");
          writer.WriteString("Subtitle", "2018 Edition");
        writer.WriteEndObject();
      writer.WriteEndObject();
    writer.WriteEndArray();
  }
  string json = Encoding.UTF8.GetString(stream.ToArray());
  Console.WriteLine(json);
  Console.WriteLine();
}
```

上面的代码片段生成的JSON如下所示：

```
[
  {
    "Book": {
      "Title": "Professional C# and .NET",
      "Subtitle": "2021 Edition"
    }
  },
  {
    "Book": {
      "Title": "Professional C# 7 and .NET Core 2",
      "Subtitle": "2018 Edition"
    }
  }
]
```

18.9 通过Windows运行库使用文件和流

通过Windows运行库，可以使用原生类型实现流。尽管它们用原生代码实现，但看起来类似于.NET类型。然而，它们是有区别的：对于流，Windows运行库在名称空间Windows.Storage.Streams中实现自己的类型。其中包含FileInputStream、FileOutputStream和RandomAccessStreams等类。所有这些类都基于接口，例如IInputStream、IOutputStream和IRandomAccessStream。Windows运行库也有读取器和写入器的概念。Windows运行库的读取器和写入器类型是DataReader和DataWriter。

下面看看 Windows 运行库与前面的.NET 流有什么不同，以及.NET 流和类型如何映射到这些原生类型上。

注意：

因为 WinUI 框架还处在早期阶段，所以一定要下载源代码示例中的 readme 文件，以了解如何构建和启动 WinUI 应用程序，以及示例应用程序的细节。

18.9.1 Windows App 编辑器

下面使用 WinUI Blank App Visual Studio 模板创建一个编辑器。

为了添加打开和保存文件 AppBarButton 的命令，在窗口中添加了元素(代码文件 WinUIAppEditor/MainWindow.xaml)：

```
<CommandBar IsOpen="True" Grid.Row="1" >
  <AppBarButton Icon="OpenFile" Label="Open" Click="{x:Bind OnOpen}" />
  <AppBarButton Icon="Save" Label="Save" Click="{x:Bind OnSave}" />
</CommandBar>
```

添加到 Grid 中的 TextBox 接收文件的内容：

```
<Grid Background="{ThemeResource ApplicationPageBackgroundThemeBrush}">
  <TextBox x:Name="text1" HorizontalTextAlignment="Left" AcceptsReturn="True" />
</Grid>
```

OnOpen 事件处理程序首先启动对话框，用户可以在其中选择文件。记住，前面使用了 OpenFileDialog。在 Windows 应用程序中，可以使用选择器。要打开文件，FileOpenPicker 是首选的类型。可以配置此选择器，为用户定义适当的开始位置。将 SuggestedStartLocation 设置为 PickerLocationId. DocumentsLibrary，打开用户的文档文件夹。PickerLocationId 是定义各种特殊文件夹的枚举。

接下来，FileTypeFilter 集合指定应该为用户列出的文件类型。最后，方法 PickSingleFileAsync()返回用户选择的文件。为了让用户选择多个文件，可以使用方法 PickMultipleFilesAsync()。这个方法返回一个 StorageFile。StorageFile 是在 Windows.Storage 名称空间中定义的。这个类相当于 FileInfo 类，用于打开、创建、复制、移动和删除文件(代码文件 WindowsAppEditor/MainWindow.xaml.cs)：

```
public async void OnOpen()
{
  try
  {
    FileOpenPicker picker = new()
    {
      ViewMode = PickerViewMode.Thumbnail,
      SuggestedStartLocation = PickerLocationId.DocumentsLibrary
    };
    picker.FileTypeFilter.Add(".txt");
    picker.FileTypeFilter.Add(".md");

    StorageFile file = await picker.PickSingleFileAsync();
    //...
```

现在，使用方法 OpenReadAsync()打开文件。这个方法返回一个实现了接口 IRandomAccessStream-WithContentType 的流，IRandomAccessStreamWithContentType 派生于接口 IRandomAccessStream、

IInputStream、IOuputStream、IContentProvider和IDisposable。IRandomAccessStream允许使用Seek()方法随机访问流，提供了流大小的信息。IInputStream定义了读取流的方法ReadAsync()。IOutputStream正好相反，它定义了WriteAsync()和FlushAsync()方法。IContentTypeProvider定义了属性ContentType，提供文件内容的信息。还记得文本文件的编码吗？现在可以调用ReadAsync()方法，读取流的内容。然而，Windows运行库也有前面讨论的读取器和写入器概念。DataReader通过构造函数接受IInputStream。DataReader类型定义的方法可以读取基本数据类型，如ReadInt16()、ReadInt32()和ReadDateTime()。使用ReadBytes()可以读取字节数组，使用ReadString()可以读取字符串。ReadString()方法需要给出要读取的字符数。将字符串赋给TextBox控件的Text属性，来显示内容：

```
//...
  if (file != null)
  {
    IRandomAccessStreamWithContentType stream = await file.OpenReadAsync();
    using DataReader reader = new(stream);
    await reader.LoadAsync((uint)stream.Size);
    text1.Text = reader.ReadString((uint)stream.Size);
  }
}
catch (Exception ex)
{
  MessageDialog dlg = new(ex.Message, "Error");
  await dlg.ShowAsync();
}
```

注意：

与.NET基础类库的读取器和写入器类似，DataReader和DataWriter管理通过构造函数传递的流。在销毁读取器和写入器时，流也会销毁。在.NET类中，为了使底层流打开更长时间，可以在构造函数中设置leaveOpen参数。对于Windows运行库类型，可以调用方法DetachStream()，把读取器和写入器与流分离开。

保存文档时，调用OnSave()方法。首先，FileSavePicker用于允许用户选择文档，与FileOpenPicker类似。接下来，使用OpenTransactedWriteAsync打开文件。NTFS文件系统支持事务，这些都不直接包含在基础类库中，但可用于Windows运行库。OpenTransactedWriteAsync返回一个实现了接口IStorageStreamTransaction的StorageStreamTransaction对象。这个对象本身并不是流(它的名称可能有些误导性)，但是它包含了一个可以用Stream属性引用的流。这个属性返回一个IRandomAccessStream流。与创建DataReader类似，可以创建一个DataWriter，写入基本数据类型，包括字符串，如这个例子所示。StoreAsync()方法最后把缓冲区的内容写到流中。销毁写入器之前，需要调用CommitAsync()方法来提交事务：

```
public async void OnSave()
{
  try
  {
    FileSavePicker picker = new()
    {
      SuggestedStartLocation = PickerLocationId.DocumentsLibrary,
      SuggestedFileName = "New Document"
    };
    picker.FileTypeChoices.Add("Plain Text", new List<string>() { ".txt" });
    StorageFile file = await picker.PickSaveFileAsync();
```

```
    if (file != null)
    {
      using StorageStreamTransaction tx = await file.OpenTransactedWriteAsync();
      IRandomAccessStream stream = tx.Stream;
      stream.Seek(0);
      using DataWriter writer = new(stream);
      writer.WriteString(text1.Text);
      tx.Stream.Size = await writer.StoreAsync();
      await tx.CommitAsync();
    }
  }
  catch (Exception ex)
  {
    MessageDialog dlg = new(ex.Message, "Error");
    await dlg.ShowAsync();
  }
}
```

DataWriter 不会将定义 Unicode 文件种类的序言添加到流中。需要明确执行此操作，如本章前面所述。DataWriter 只通过设置 UnicodeEncoding 和 ByteOrder 属性来处理文件的编码。默认设置是 UnicodeEncoding.Utf8 和 ByteOrder.BigEndian。除了使用 DataWriter 之外，还可以利用 StreamReader 和 StreamWriter 以及.NET Stream 类的功能，见下一节。

18.9.2 把 Windows Runtime 类型映射为.NET 类型

下面开始读取文件。为了把 Windows Runtime 流转换为.NET 流以用于读取，可以使用扩展方法 AsStreamForRead()。这个方法在程序集 System.Runtime.WindowsRuntime 的 System.IO 名称空间中定义(名称空间必须打开)。这个方法创建了一个新的 Stream 对象，来管理 IInputStream。现在，可以使用它作为正常的.NET 流，如前所述。例如，可以给它传递一个 StreamReader，并使用这个读取器访问文件(代码文件 WindowsAppEditor/MainWindow.xaml.cs)：

```
public async void OnOpenDotnet()
{
  try
  {
    FileOpenPicker picker = new()
    {
      ViewMode = PickerViewMode.Thumbnail,
      SuggestedStartLocation = PickerLocationId.DocumentsLibrary
    };
    picker.FileTypeFilter.Add(".txt");
    picker.FileTypeFilter.Add(".md");

    StorageFile file = await picker.PickSingleFileAsync();
    if (file != null)
    {
      IRandomAccessStreamWithContentType wrtStream =
        await file.OpenReadAsync();
      Stream stream = wrtStream.AsStreamForRead();
      using StreamReader reader = new(stream);
      text1.Text = await reader.ReadToEndAsync();
    }
  }
  catch (Exception ex)
```

```
    {
      MessageDialog dlg = new(ex.Message, "Error");
      await dlg.ShowAsync();
    }
  }
```

所有的 Windows Runtime 流类型都很容易转换为.NET 流，反之亦然。表 18-2 列出了所需的方法：

表 18-2

转换前	转换后	所需方法
IRandomAccessStream	Stream	AsStream
IInputStream	Stream	AsStreamForRead
IOutputStream	Stream	AsStreamForWrite
Stream	IInputStream	AsInputStream
Stream	IOutputStream	AsOutputStream
Stream	IRandomAccessStream	AsRandomAccessStream

现在将更改保存到文件中。用于写入的流通过扩展方法 AsStreamForWrite()转换。现在，这个流可以使用 StreamWriter 类写入。以下代码片段把 UFT- 8 编码的序言也写入文件：

```
public async void OnSaveDotnet()
{
  try
  {
    FileSavePicker picker = new()
    {
      SuggestedStartLocation = PickerLocationId.DocumentsLibrary,
      SuggestedFileName = "New Document"
    };
    picker.FileTypeChoices.Add("Plain Text", new List<string>() { ".txt" });
    StorageFile file = await picker.PickSaveFileAsync();
    if (file != null)
    {
      StorageStreamTransaction tx = await file.OpenTransactedWriteAsync();
      using var writer = new StreamWriter(tx.Stream.AsStreamForWrite());
      byte[] preamble = Encoding.UTF8.GetPreamble();
      await stream.WriteAsync(preamble, 0, preamble.Length);
      await writer.WriteAsync(text1.Text);
      await writer.FlushAsync();
      tx.Stream.Size = (ulong)stream.Length;
      await tx.CommitAsync();
    }
  }
  catch (Exception ex)
  {
    MessageDialog dlg = new(ex.Message, "Error");
    await dlg.ShowAsync();
  }
}
```

18.10 小结

本章介绍了如何在 C#代码中使用.NET 类的静态和实例方法来访问文件系统。对于文件系统，使用 API 来复制、移动、创建、删除文件和文件夹；使用流来读写二进制文件和文本文件。

本章学习了如何使用抑制算法和 Brotli 算法来压缩文件，还创建了 ZIP 文件。在更改文件时，使用 FileSystemWatcher 获取信息。

在介绍新的 System.Text.Json 名称空间和新的、性能更好的 JSON 序列化器时，我们看到了如何轻松地在.NET 对象和 JSON 之间进行序列化和反序列化。还看到了处理 JSON 文件的其他选项，例如使用 JsonDocument 访问 DOM，以及使用 Utf8JsonReader 和 Utf8JsonWriter 直接访问 JSON 的令牌。

最后，讨论了如何把.NET 流映射到 Windows Runtime 流，以在 Windows 应用程序中利用.NET 特性。

第 19 章将介绍在网络中发送流，并将使用 System.IO.Pipelines 在网络上进行高效通信。

第19章 网 络

本章要点

- 操作 IP 地址，执行 DNS 查询
- 使用套接字编程
- 创建 TCP 和 UDP 客户端和服务器
- 使用 HttpClient
- 使用 HttpClient 工厂

本章源代码：

通过扫描封底二维码下载本书源代码。本章源代码可以在代码文件的 2_Libs/Networking 目录中找到。

本章代码分为以下几个主要的示例文件：

- Utilities
- Dns
- SocketServer
- SocketClient
- TcpServer
- TcpClientSample
- UdpReceiver
- UdpSender
- HttpServerSample
- HttpClientSample

本章的示例使用了 System.Net、System.Net.Sockets、System.Net.Http 和 System.IO.Pipelines 名称空间。使用的主要的 NuGet 包有 Microsoft.Extensions.Http 和 Microsoft.Extensions.Hosting。所有项目都启用了可空引用类型。

19.1 概述

本章将采取非常实用的网络方法，结合示例讨论相关理论和相应的网络概念。本章并不是计算机

网络的指南，但会介绍如何使用.NET 进行网络通信。

本章介绍了如何使用网络协议创建客户端和服务器。从实用工具类开始介绍，例如 IPAddress、IPHostEntry 和 Dns，然后深入介绍套接字编程。这里使用套接字来展示通过 UDP 和 TCP 进行通信的能力。

学习了网络编程的基础知识后，将介绍更高层级的 API，展示如何使用 UdpClient 和 TcpClient 类。这些类为 Socket 类提供了一个抽象层，你无法通过该抽象层对套接字进行全面控制，但可以更加轻松地使用 TCP 和 UDP 通信。

之后介绍另外一个抽象层：HTTP 协议，这是 Internet 上使用最广泛的协议。HttpClient 类为创建 HTTP 请求提供了一种现代的异步方法。我们将使用 HttpClientFactory 类来管理 HttpClient 对象。

在网络环境下，我们最感兴趣的两个名称空间是 System.Net 和 System.Net.Sockets。System.Net 名称空间通常与较高层的操作有关，例如下载和上传文件，使用 HTTP 和其他协议进行 Web 请求等；而 System.Net.Sockets 名称空间包含的类通常与较低层的操作有关。如果要直接使用套接字或 TCP/IP 之类的协议，这个名称空间中的类就非常有用。这些类中的方法与 Windows 套接字(Winsock)API 函数(派生自 Berkeley 套接字接口)非常类似。本章介绍的一些对象位于 System.IO 名称空间中。

19.2 使用实用工具类

在Internet上，服务器和客户端都由IP地址或主机名(也称作DNS名称)标识。通常，主机名是在Web浏览器的窗口中输入的友好名称，如www.wrox.com等。另一方面，IP地址是计算机用于互相识别的标识符，它实际上是用于确保Web请求和响应到达相应计算机的地址。一台计算机甚至可以有多个IP地址。

IP 地址一般是一个 32 位或 128 位的值，这取决于使用的是 IPv4 还是 IPv6。例如 192.168.1.100 就是一个 32 位的 IP 地址。目前有许多计算机和其他设备在竞争 Internet 上的一个地点，所以人们开发了 IPv6。IPv6 至多可以提供 3×10^{28} 个不同的地址。.NET 允许应用程序同时使用 IPv4 和 IPv6。

为了使这些主机名发挥作用，首先必须发送一个网络请求，把主机名翻译成 IP 地址，翻译工作由一个或几个 DNS 服务器完成。DNS 服务器中保存的一个表把主机名映射为它知道的所有计算机的 IP 地址。对于 DNS 服务器无法识别的主机名，它存储了其他 DNS 服务器的地址来进行查找。本地计算机至少要知道一个 DNS 服务器。网络管理员在设置计算机时配置该信息。

在发送请求之前，计算机首先应要求 DNS 服务器指出与输入的主机名相对应的 IP 地址。找到正确的 IP 地址后，计算机就可以定位请求，并通过网络发送它。所有这些工作一般都在用户浏览 Web 时在后台进行。

.NET 提供了许多能够帮助寻找 IP 地址和主机信息的类。

19.2.1 URI

Uri 和 UriBuilder 是 System 名称空间中的两个类。Uri 类表示一个 URI，而 UriBuilder 类使得使用 URI 的不同部分创建 URI 变得很容易。

注意：

Web 技术中使用了统一资源定位符(uniform resource locator，URL)和统一资源标识符(uniform resource identifier，URI)。URL 引用一个 Web 地址，它是在 RFC 1738(见网址 19-1)中定义的。URI 是 URL 的超集，可用于标识任何东西，它是由资源描述框架(Resource Description Framework，RDF)定义的，请参见网址 19-2。

下面的代码片段演示了Uri类的特性。构造函数可以传递相对和绝对URL。这个类定义了几个只读属性，来访问URL的各个部分，例如模式、主机名、端口号、查询字符串和URL的各个片段(代码文件Utilities/Program.cs)：

```
void UriSample(string uri)
{
  Uri page = new(uri);
  Console.WriteLine($"scheme: {page.Scheme}");
  Console.WriteLine($"host: {page.Host}, type: {page.HostNameType}, " +
    $"idn host: {page.IdnHost}");
  Console.WriteLine($"port: {page.Port}");
  Console.WriteLine($"path: {page.AbsolutePath}");
  Console.WriteLine($"query: {page.Query}");

  foreach (var segment in page.Segments)
  {
    Console.WriteLine($"segment: {segment}");
  }
}
```

使用命令donet run -- uri --uri运行应用程序，传递下面的URL和包含一个路径和查询字符串的字符串：https://www.amazon.com/Professional-NET-Core-Christian-Nagel/dp/1119449278/ref=sr_1_1?dchild=1&keywords=Professional+C%23，将得到下面的输出：

```
scheme: https
host: www.amazon.com, type: Dns, idn host: www.amazon.com
port: 443
path: /Professional-NET-Core-Christian-Nagel/dp/1119449278/ref=sr_1_1
query: ?dchild=1&keywords=Professional+C%23
segment: /
segment: Professional-NET-Core-Christian-Nagel/
segment: dp/
segment: 1119449278/
segment: ref=sr_1_1
```

与Uri类不同，UriBuilder定义了读写属性，如下面的代码片段所示。可以创建一个UriBuilder实例，指定这些属性，并得到一个从Uri属性返回的URL：

```
void BuildUri()
{
  UriBuilder builder = new();
  builder.Scheme = "https";
  builder.Host = "www.cninnovation.com";
  builder.Port = 80;
  builder.Path = "training/MVC";
  Uri uri = builder.Uri;
  Console.WriteLine(uri);
}
```

除了使用UriBuilder的属性之外，这个类还提供了构造函数的几个重载版本，也可以传递URL的各个部分。

19.2.2 IPAddress

IPAddress类代表IP地址。使用GetAddressBytes属性可以把地址本身作为字节数组，并使用ToString()

方法将 IPAddress 转换为用小数点隔开的十进制格式。此外，IPAddress 类也实现静态的 Parse()和 TryParse 方法，这两个方法的作用与 ToString()方法正好相反，把小数点隔开的十进制字符串转换为 IPAddress。代码示例中访问 AddressFamily 属性，并将一个 IPv4 地址转换成 IPv6，反之亦然(代码文件 Utilities/Program.cs)：

```
void IPAddressSample(string ipAddressString)
{
  if (!IPAddress.TryParse(ipAddressString, out IPAddress? address))
  {
    Console.WriteLine($"cannot parse {ipAddressString}");
    return;
  }
  byte[] bytes = address.GetAddressBytes();
  for (int i = 0; i < bytes.Length; i++)
  {
    Console.WriteLine($"byte {i}: {bytes[i]:X}");
  }
  Console.WriteLine($"family: {address.AddressFamily}, " +
    $"map to ipv6: {address.MapToIPv6()}, map to ipv4: {address.MapToIPv4()}");
// ...
```

给方法传递地址 65.52.128.33，输出结果如下：

```
byte 0: 41
byte 1: 34
byte 2: 80
byte 3: 21
family: InterNetwork, map to ipv6: ::ffff:65.52.128.33, map to ipv4: 65.52.128.3
3
```

IPAddress 类也定义了静态属性，来创建特殊的地址，如 loopback、broadcast 和 anycast：

```
void IPAddressSample(string ipAddressString)
{
  //...
  Console.WriteLine($"IPv4 loopback address: {IPAddress.Loopback}");
  Console.WriteLine($"IPv6 loopback address: {IPAddress.IPv6Loopback}");
  Console.WriteLine($"IPv4 broadcast address: {IPAddress.Broadcast}");
  Console.WriteLine($"IPv4 any address: {IPAddress.Any}");
  Console.WriteLine($"IPv6 any address: {IPAddress.IPv6Any}");
}
```

通过 loopback 地址，可以绕过网络硬件。这个 IP 地址代表主机名 localhost。

broadcast 地址在本地网络中寻址每个节点。这类地址不能用于 IPv6，因为这个概念不用于互联网协议的较新版本。最初定义 IPv4 后，给 IPv6 添加了多播。通过多播，可以寻址一组节点，而不是所有节点。在 IPv6 中，多播完全取代广播。本章后面使用 UDP 时，会在代码示例中演示广播和多播。

通过 anycast，也使用一对多路由，但数据流只传送到网络上最近的节点。这对负载平衡很有用。对于 IPv4，Border Gateway Protocol (BGP)路由协议用来发现网络中的最短路径；对于 IPv6，这个功能是内置的。

运行应用程序时，可以看到下面的 IPv4 和 IPv6 地址：

```
IPv4 loopback address: 127.0.0.1
IPv6 loopback address: ::1
IPv4 broadcast address: 255.255.255.255
```

```
IPv4 any address: 0.0.0.0
IPv6 any address: ::
```

19.2.3 IPHostEntry

IPHostEntry类封装与某台特定的主机相关的信息。通过这个类的HostName属性(这个属性返回一个字符串)，可以使用主机名，并通过AddressList属性返回一个IPAddress对象数组。下一个示例使用IPHostEntry类。

19.2.4 DNS

Dns类能够与默认的DNS服务器进行通信，以检索IP地址。示例应用程序以控制台应用程序的形式实现，要求用户输入主机名(也可以添加一个IP地址)，通过Dns.GetHostEntryAsync()得到一个IPHostEntry。在IPHostEntry中，使用AddressList属性访问地址列表。主机的所有地址以及AddressFamily都写入控制台(代码文件DnsLookup/Program.cs)：

```
do
{
  Console.Write("Hostname:\t");
  string? hostname = Console.ReadLine();
  if (hostname is null ||
    hostname.Equals("exit", StringComparison.CurrentCultureIgnoreCase))
  {
    Console.WriteLine("bye!");
    return;
  }
  await OnLookupAsync(hostname);
  Console.WriteLine();
} while (true);
async Task OnLookupAsync(string hostname)
{
  try
  {
    IPHostEntry ipHost = await Dns.GetHostEntryAsync(hostname);
    Console.WriteLine($"Hostname: {ipHost.HostName}");
    foreach (IPAddress address in ipHost.AddressList)
    {
      Console.WriteLine($"Address Family: {address.AddressFamily}");
      Console.WriteLine($"Address: {address}");
    }
  }
  catch (SocketException ex)
  {
    Console.WriteLine(ex.Message);
  }
}
```

运行应用程序，并输入几个主机名，得到如下输出。对于主机名www.wiley.com，可以看到这个主机名定义了多个IP地址。根据你所在的地区，portal.azure.com会返回不同的主机名和IP地址。

```
Hostname: www.cninnovation.com
Hostname: www.cninnovation.com
```

```
Address Family: InterNetwork, address: 65.52.128.33

Hostname: www.wiley.com
Hostname: 1x6jqndp2gdqp.cloudfront.net
Address Family: InterNetwork, address: 13.32.2.108
Address Family: InterNetwork, address: 194.232.104.139
Address Family: InterNetwork, address: 13.32.2.25
Address Family: InterNetwork, address: 13.32.2.54
Address Family: InterNetwork, address: 13.32.2.51

Hostname: portal.azure.com
Hostname: portal-prod-germanywestcentral-02.germanywestcentral.cloudapp.azure.com
Address Family: InterNetwork, address: 51.116.144.197

Hostname: exit
bye!
```

注意：

Dns 类是比较有限的，例如不能指定使用非默认的 DNS 服务器。此外，IPHostEntry 的 Aliases 属性不在 GetHostEntryAsync()方法中填充。它只在过时的方法 Resolve()中填充，且这个方法也不能完全地填充这个属性。要充分利用 DNS 查找功能，最好使用第三方库。

接下来介绍如何通过 Socket 类使用底层 API。

19.2.5 配置套接字

无论使用什么网络 API，它们都基于套接字。要配置套接字，可以使用 ServicePoint。通过调用 ServicePointManager 类的 FindServicePoint()静态方法并传入一个 URI，可以获得 ServicePoint 实例。使用这种方式，可以专门为这个地址配置套接字。

要配置所有套接字，那么无论使用什么连接，都可以使用 ServicePointManager 类的静态方法，例如调用它的 SetTcpKeepAlive()方法。该方法设置套接字的 keep-alive 标志，以便在丢失连接时得到通知，以及在没有活动时保持连接打开。对于 TCP keep-alive，将向期望收到确认(acknowledge，ACK)消息的地方发送探测包。示例代码启用了 keep-alive 标志，每秒发送一条消息(KeepAliveInterval)，并将超时时间设置为 60 秒(keepAliveTime)。默认的超时时间是两个小时，时间间隔是 1 秒：

```
ServicePointManager.SetTcpKeepAlive(
  enabled: true, keepAliveTime: 600000, keepAliveInterval: 1000);
```

使用 ServicePointManager 还可以指定下面的设置：

- DefaultConnectionLimit 指定了应用程序允许的最大并发连接数。对于非 ASP.NET Core 应用程序，默认值是 2，所以常常需要提高这个限值。
- EnableDnsRoundRobin 启用了 DNS 轮询。默认情况下，如果可以使用多个 IP 地址访问 DNS 名称(如 19.2.4 节所述)，则总是使用第一个 IP 地址。如果设置为 true，则在 DNS 查找中一个个使用 IP 地址。
- Nagle 算法用来减少发送许多小包的情况。只有当缓冲区满了的时候，才会发送包。如果缓冲区未满，则只有当包的接收者已经确认了到目前为止发送的所有包的时候，才会发送包。如果需要更快的响应，例如当用户输入了一些应该立即发送的数据的时候，可以将 UseNagleAlgorithm 设置为 false，从而关闭该算法。

- 如果定义了自定义实现来检查证书，则可以定义 RemoteCertificateValidationCallback 委托类型的方法，并使用 ServerCertificateValidationCallback 属性设置它。

19.3 使用套接字

HTTP 协议基于 TCP(有一个例外：未来的 HTTP/3 协议基于 QUIC 协议，这是对 UDP 的增强)，因此 HttpXX 类在 TcpXX 类上提供了一个抽象层，而 TcpXX 类提供了更多的控制。使用 Socket 类，甚至可以获得比 TcpXX 或 UdpXX 类更多的控制。通过套接字，可以使用不同的协议，不仅是基于 TCP 或 UDP 的协议，还可以是因特网控制信息协议(Internet Control Message Protocol，ICMP)、因特网数据报协议(Internet Datagram Protocol，IDP)和 PARC Universal Packet Protocol (PUP)。也可以创建自己的协议。更重要的是，可以更多地控制基于 TCP 或 UDP 的协议。

19.3.1 使用套接字的 TCP Echo 示例

首先用一个服务器侦听传入的请求，并将收到的数据返回给客户端。这个应用程序基于 RFC 862(见网址 19-3)定义的 TCP Echo 协议。

这个示例应用程序使用 Microsoft.Extensions.Hosting 包中定义的 Host 类，以便能够使用预配置的依赖注入容器、日志和配置选项。可以在配置文件 appsettings.json 中提供应用程序的配置值，并通过在命令行传递参数来覆盖配置值。这个示例还使用了 Host 类支持的日志记录功能。从本章的示例可以看到，网络类会生成一些日志输出。在应用程序的配置文件中也可以配置日志记录级别。

注意：
第 15 章介绍了 Host 类和使用.NET 配置的相关信息，第 16 章介绍了关于日志记录的更多信息。

在应用程序配置文件 appsettings.json 中，配置了日志记录级别以及套接字服务器的端口号和超时时间(代码文件 SocketServer/appsettings.json)：

```
{
  "Logging": {
    "Console": {
      "LogLevel": {
        "Default": "Trace",
        "EchoServer": "Trace"
      }
    },
    "LogLevel": {
      "Default": "Trace",
      "Microsoft": "Information",
      "EchoServer": "Warning"
    }
  },
  "Echoserver": {
    "Port": "8200",
    "Timeout": "5000"
  }
}
```

在顶级语句中，配置了依赖注入(DI)容器，并使用该容器定义了 EchoService 类。该类包含应用程序的主要代码，使用了 Socket 类。对该类的配置取自 EchoServer 节，通过 DI 容器传递，然后在

EchoService 类的构造函数中访问。配置了 Host 类后，通过调用 EchoService 类的 StartListenerAsync() 方法来启动套接字侦听器。另外，给 Console 类的 CancelKeyPress 事件进行赋值，以响应用户取消操作的情况，并通过 CancellationToken 发送取消请求(代码文件 SocketServer/Program.cs)：

```
using var host = Host.CreateDefaultBuilder(args)
  .ConfigureServices((context, services) =>
  {
    var settings = context.Configuration;
    services.Configure<EchoServiceOptions>(settings.GetSection("Echoserver"));
    services.AddTransient<EchoServer>();
  })
  .Build();

var logger = host.Services.GetRequiredService<ILoggerFactory>()
  .CreateLogger("EchoServer");

CancellationTokenSource cancellationTokenSource = new();

Console.CancelKeyPress += (sender, e) =>
{
    logger.LogInformation("cancellation initiated by the user");
    cancellationTokenSource.Cancel();
};

var service = host.Services.GetRequiredService<EchoServer>();
await service.StartListenerAsync(cancellationTokenSource.Token);

Console.ReadLine();
```

注意：
第 11 章介绍了取消令牌。

根据应用程序设置中配置的值，将端口号和超时值赋给 EchoServer 类的字段(代码文件 SocketServer/EchoServer.cs)：

```
record EchoServiceOptions
{
  public int Port { get; init; }
  public int Timeout { get; init; }
}

class EchoServer
{
  private readonly int _port;
  private readonly ILogger _logger;
  private readonly int _timeout;
  public EchoServer(IOptions<EchoServiceOptions> options, ILogger<EchoServer> logger)
  {
    _port = options.Value.Port;
    _timeout = options.Value.Timeout;
    _logger = logger;
  }
  //...
}
```

19.3.2 创建侦听器

在 StartListenerAsync()方法中，创建了一个新的 Socket 对象。在 Socket 类的构造函数中，可以指定通信类型。地址系列(AddressFamily)是一个大型枚举，提供了许多不同的网络。例如 DECnet(Digital Equipment 在 1975 年发布它，主要用作 PDP-11 系统之间的网络通信)；Banyan VINES(用于连接客户机)；当然还有用于 IPv4 的 InternetWork 和用于 IPv6 的 InternetWorkV6。如前所述，可以为许多网络协议使用套接字。第二个参数 SocketType 指定套接字的类型。例如用于 TCP 的 Stream、用于 UDP 的 Dgram 或用于原始套接字的 Raw。第三个参数是用于 ProtocolType 的枚举。例如 IP、Ucmp、Udp、IPv6 和 Raw。所选的设置需要匹配。例如，使用 TCP 与 IPv4，地址系列就必须是 InterNetwork、套接字类型 Stream、协议类型 Tcp。要使用 IPv4 创建一个 UDP 通信，地址系列就需要设置为 InterNetwork、套接字类型 Dgram、协议类型 Udp。

从构造函数返回的侦听器套接字绑定到 IP 地址和端口号上。在示例代码中，侦听器绑定到所有本地 IPv4 地址上，端口号用参数指定。调用 Listen()方法，启动套接字的侦听模式。套接字现在可以接受传入的连接请求。用 Listen()方法指定参数，定义了服务器的缓冲区队列的大小——在处理连接之前，可以同时连接多少客户端(代码文件 SocketServer/EchoServer.cs)：

```
public async Task StartListenerAsync(CancellationToken cancellationToken = default)
{
  try
  {
    using Socket listener = new(AddressFamily.InterNetwork,
                                SocketType.Stream,
                                ProtocolType.Tcp);
    listener.ReceiveTimeout = _timeout;
    listener.SendTimeout = _timeout;

    listener.Bind(new IPEndPoint(IPAddress.Any, _port));
    listener.Listen(backlog: 15);

    _logger.LogTrace("EchoListener started on port {0}", _port);
    //...
  }
```

等待客户端连接在 Socket 类的方法 AcceptAsync()中进行。一旦客户端成功连接，这个方法就继续执行 await 后面的语句。客户端连接后，需要再次调用这个方法，来满足其他客户端的请求，所以在 while 循环中调用此方法。为了进行侦听，启动一个单独的任务，该任务可以在调用线程中取消。在方法 ProcessClientJobAsync()中执行使用套接字读写的任务。这个方法接收绑定到客户端的 Socket 实例，进行读写(代码文件 SocketServer/EchoServer.cs)：

```
public async Task StartListenerAsync(CancellationToken = default)
{
    //...
    while (true)
    {
      if (cancellationToken.IsCancellationRequested)
      {
        cancellationToken.ThrowIfCancellationRequested();
        break;
      }
      var socket = await listener.AcceptAsync();
```

```
        if (!socket.Connected)
        {
          _logger.LogWarning("Client not connected after accept");
          break;
        }

        _logger.LogInformation("client connected, local {0}, remote {1}",
        socket.LocalEndPoint, socket.RemoteEndPoint);

        Task _ = ProcessClientJobAsync(socket);
      }
    }
    catch (SocketException ex)
    {
      _logger.LogError(ex, ex.Message);
    }
    catch (Exception ex)
    {
      _logger.LogError(ex, ex.Message);
      throw;
    }
  }
```

19.3.3 使用管道进行通信

为了与客户端进行通信，可以使用 Socket 类的接收和发送方法，并使用一个内存缓冲区来处理字节。NetworkStream 是另外一个可以用于套接字的 API。该类派生自 Stream 基类，允许读写网络，在第 18 章中有所介绍。还可以使用第 18 章介绍的读取器和写入器。使用这些选项时，需要管理内存缓冲区的大小，但高效地管理内存缓冲区是很复杂的，如果发送和接收的数据的大小是动态变化的，就更加复杂了。如果收到的数据超出了缓冲区的容量，就需要调整缓冲区的大小，并重复读取和合并数据的操作。

NuGet 包 System.IO.Pipelines 让这个工作变得简单了许多。你不需要自己分配缓冲区，使用 System.IO.Pipelines 名称空间中的 PipeReader 和 PipeWriter 就可以完成这项工作。在下面的 ProcessClientJobAsync()方法的实现中，创建了 PipeReader 和 PipeWriter 对象来把 NetworkStream 传递给 Create()方法。在调用 PipeReader 的 ReadAsync()方法之前，不需要创建内存缓冲区。ReadAsync()方法返回一个 ReadResult。该结构包含对分配的缓冲区的引用(Buffer 属性)。该缓冲区的类型是 ReadOnlySequence<byte>。管道使用的缓冲区可以是多个内存段的一个列表。ReadOnlySequence<T>包含一个迭代器，允许程序遍历内存段。在下面的代码片段中，当检查过序列不是只有一个内存段(IsSingleSegment 属性)之后，使用 foreach 语句迭代内存段。如果使用键盘输入要发送给服务器的数据，通常只会看到一个段。当传递文件的内容时，可能会看到多个段。对于单个段，可以使用 ReadOnlySpan<byte>的 FirstSpan 属性访问其内容。对于 echo 服务，使用 PipeWriter 的 WriteAsync()方法将读取的内容编码，然后返回给调用者。在继续读取 PipeReader 之前，需要调用 AdvancedTo()方法来提前读取器的位置。该方法需要用到 ReadOnlySequence<T>的 GetPosition()方法返回的 SequencePosition(代码文件 SocketServer/EchoServer.cs)：

```
private async Task ProcessClientJobAsync(Socket socket,
  CancellationToken cancellationToken = default)
{
  try
  {
```

```
using NetworkStream stream = new(socket, ownsSocket: true);

PipeReader reader = PipeReader.Create(stream);
PipeWriter writer = PipeWriter.Create(stream);

bool completed = false;
do
{
  ReadResult result = await reader.ReadAsync(cancellationToken);

  if (result.Buffer.Length == 0)
  {
    completed = true;
    _logger.LogInformation("received empty buffer, client closed");
  }
  ReadOnlySequence<byte> buffer = result.Buffer;
  if (buffer.IsSingleSegment)
  {
    string data = Encoding.UTF8.GetString(buffer.FirstSpan);
    _logger.LogTrace("received data {0} from the client {1}",
      data, socket.RemoteEndPoint);

    // send the data back
    await writer.WriteAsync(buffer.First, cancellationToken);
  }
  else
  {
    int segmentNumber = 0;
    foreach (var item in buffer)
    {
      segmentNumber++;
      string data = Encoding.UTF8.GetString(item.Span);
      _logger.LogTrace("received data {0} from the client {1} in the {2}. segment",
        data, socket.RemoteEndPoint, segmentNumber);

      // send the data back
      await writer.WriteAsync(item, cancellationToken);
    }
  }
  SequencePosition nextPosition = result.Buffer.GetPosition(
    result.Buffer.Length);
  reader.AdvanceTo(nextPosition);

} while (!completed);
}
catch (SocketException ex)
{
  _logger.LogError(ex, ex.Message);
}
catch (IOException ex) when ((ex.InnerException is
  SocketException socketException)
  && (socketException.ErrorCode is 10054))
{
  logger.LogInformation("client {0} closed the connection",
    socket.RemoteEndPoint);
}
```

```
    catch (Exception ex)
    {
      _logger.LogError(ex, "ex.Message with client {0}", socket.RemoteEndPoint);
      throw;
    }
    _logger.LogTrace("Closed stream and client socket {0}", socket.RemoteEndPoint);
  }
```

注意：
第 13 章详细介绍了 Span<T>类型。

19.3.4 实现接收器

接收方应用程序 SocketClient 也实现为一个控制台应用程序。与服务器相似，顶级语句中的启动代码也使用 Host 类来读取配置值。对于客户端，使用配置文件或命令行实参来填充 EchoClientOptions 类的属性(代码文件 SocketClient/EchoClient.cs)：

```
reccord EchoClientOptions
{
  public string? Hostname { get; init; }
  public int ServerPort { get; init; }
}

class EchoClient
{
  private readonly string _hostname;
  private readonly int _serverPort;
  private readonly ILogger _logger;
  public EchoClient(IOptions<EchoClientOptions> options, ILogger<EchoClient> logger)
  {
    _hostname = options.Value.Hostname ?? "localhost";
    _serverPort = options.Value.ServerPort;
    _logger = logger;
  }
  //...
}
```

SendAndReceiveAsync()方法使用 DNS 名称解析，从主机名中获得 IPHostEntry。这个 IPHostEntry 用来得到主机的 IPv4 地址。创建 Socket 实例后(其方式与为服务器创建代码相同)，ConnectAsync()方法使用该地址连接到服务器。使用 TCP 时，在发送数据之前，需要先打开一个连接。之后，将 Console 类的标准输入和标准输出重定向到与套接字关联的 NetworkStream。在控制台输入的所有数据都会被发送给 echo 服务器(代码文件 SocketClient/EchoClient.cs)：

```
public async Task SendAndReceiveAsync(CancellationToken cancellationToken)
{
  try
  {
    var addresses = await Dns.GetHostAddressesAsync(_hostname);
    IPAddress ipAddress = addresses.Where(
      address => address.AddressFamily == AddressFamily.InterNetwork).First();
    if (ipAddress is null)
    {
      _logger.LogWarning("no IPv4 address");
```

```
        return;
      }

      Socket clientSocket = new(AddressFamily.InterNetwork, SocketType.Stream,
        ProtocolType.Tcp);
      await clientSocket.ConnectAsync(ipAddress, _serverPort, cancellationToken);

      _logger.LogInformation("client connected to echo service");
      using NetworkStream stream = new(clientSocket, ownsSocket: true);

      Console.WriteLine("enter text that is streamed to the server and returned");
      // send the input to the network stream
      Stream consoleInput = Console.OpenStandardInput();
      Task sender = consoleInput.CopyToAsync(stream, cancellationToken);

      // receive the output from the network stream
      Stream consoleOutput = Console.OpenStandardOutput();
      Task receiver = stream.CopyToAsync(consoleOutput, cancellationToken);

      await Task.WhenAll(sender, receiver);
      _logger.LogInformation("sender and receiver completed");
    }
    catch (SocketException ex)
    {
      _logger.LogError(ex, ex.Message);
    }
    catch (OperationCanceledException ex)
    {
      _logger.LogInformation(ex.Message);
    }
  }
  }
```

注意：

如果改变地址列表的过滤方式，得到一个 IPv6 地址，而不是 IPv4 地址，则还需要改变 Socket 调用，为 IPv6 地址系列创建一个套接字。

运行客户端和服务器的时候，可以看到 TCP 上的通信。

19.4 使用TCP类

HTTP/1.1 和 2.0 协议基于传输控制协议(Transmission Control Protocol，TCP)。要使用 TCP，客户端首先需要打开一个到服务器的连接，才能发送命令。前面的示例中使用 Socket 类型打开一个 TCP 连接，就是这一操作。使用 Socket 类时，必须指定地址系列、套接字类型和协议。如本节所述，TCP 类把这些细节抽象了出来。

TCP 类为连接和发送两个端点之间的数据提供了简单的方法。端点是 IP 地址和端口号的组合。已有的协议很好地定义了端口号，例如，HTTP 使用端口 80，而 SMTP 使用端口 25。Internet 地址编码分配机构(Internet Assigned Numbers Authority，IANA)把端口号赋予这些已知的服务。除非实现某个已知的服务，否则应选择大于 1024 的端口号。

TCP 流量构成了目前 Internet 上的主要流量。TCP 通常是首选的协议，因为它提供了有保证的传输、错误校正和缓冲。TcpClient 类封装了 TCP 连接，提供了许多属性来控制连接，包括缓冲、缓冲区的大小和超时。通过 GetStream()方法请求 NetworkStream 对象可以实现读写功能。

19.4.1 创建 TCP 侦听器

示例应用程序基于 RFC 865(见网址 19-4)定义的 Quote of the Day (QOTD)规范。QOTD 服务可以用 TCP 或 UDP 协议实现。使用 TCP 时，一旦客户端建立连接，服务器就返回一个随机的引言，它不应该超过 512 个字节。发送了引言后，服务器应该关闭连接。

与 Socket 类的示例应用程序一样，将 Host 类用于配置和日志功能。

QuoteServer 类包含从文件读取引言的代码，并在客户端建立连接后返回一个随机的引言。在构造函数中，设置了端口号和包含引言的文件名。在 InitializeAsync()方法中，读取引言文件来填充_quotes 字段引用的数组(代码文件 TcpServer/QuotesServer.cs)：

```
public class QuotesServerOptions
{
  public string? QuotesFile { get; set; }
  public int Port { get; set; }
}

public class QuotesServer
{
  private readonly int _port;
  private readonly ILogger _logger;
  private readonly string _quotesPath;
  private string[]? _quotes;
  private Random _random = new();

  public QuotesServer(IOptions<QuotesServerOptions> options, ILogger<QuotesServer> logger)
  {
    _port = options.Value.Port;
    _quotesPath = options.Value.QuotesFile ?? "quotes.txt";
    _logger = logger;
  }

  public async Task InitializeAsync(CancellationToken cancellationToken = default)
  => _quotes = await File.ReadAllLinesAsync(_quotesPath, cancellationToken);

  //...
}
```

使用 TcpListener 类创建 TCP 协议的侦听器时，不需要指定地址系列、套接字类型和协议类型，因为这个类支持的协议定义了这些配置。你只需要指定 IP 地址和端口号。调用了 Start()方法后，套接字就准备好接受连接。Start()方法的一个重载允许传入缓冲区队列的大小，类似于在套接字示例中为 Listen()方法传入缓冲区队列的大小。如果需要完全控制 TcpListener 类使用的套接字，则可以访问 Server 属性以及所有 Socket 成员。调用 AcceptTcpClientAsync()方法在客户端应用程序打开连接后会返回一个 TcpClient 对象。TcpClient 类定义了 Client 属性，用于访问底层的 Socket 类型。通过调用 SendQuoteAsync()方法，按照 RFC 的规定发送引用并关闭连接(代码文件 TcpServer/QuotesServer.cs)：

```
public async Task RunServerAsync(CancellationToken cancellationToken = default)
{
```

```
  TcpListener listener = new(IPAddress.Any, _port);
  _logger.LogInformation("Quotes listener started on port {0}", _port);
  listener.Start();

  while (true)
  {
    cancellationToken.ThrowIfCancellationRequested();
    using TcpClient client = await listener.AcceptTcpClientAsync();
    _logger.LogInformation("Client connected with address and port: {0}",
    client.Client.RemoteEndPoint);
    var _ = SendQuoteAsync(client, cancellationToken);
  }
}
```

在 SendQuoteAsync()方法中，使用了 TcpClient 类的属性来修改底层套接字的设置。LingerState 定义了套接字逗留行为，在关闭套接字后，让套接字逗留构造函数的第二个参数指定的秒数，使其能够完成处理。将 NoDelay 属性设置为 true 将关闭 Nagle 算法。记住，使用 Nagle 算法时，如果缓冲区未满，并且接收方没有确认未处理的包，就不会发送消息。对于 QOTD 服务，这里修改默认行为并没有效果，因为在发送一条消息后，连接就关闭了。调用 TcpClient 的 GetStream()方法会返回一个 NetworkStream，它允许发送和接收消息。GetStream()方法创建的 NetworkStream 的 ownsSocket 标志被设置为 true。释放流(由 using 声明完成)的操作也会关闭套接字。WriteAsync()方法将引言发送给客户端(代码文件 TcpServer/QuotesServer.cs)：

```
private async Task SendQuoteAsync(TcpClient client,
  CancellationToken cancellationToken = default)
{
  try
  {
    client.LingerState = new LingerOption(true, 10);
    client.NoDelay = true;

    using var stream = client.GetStream(); // returns a stream that owns the socket
    var quote = GetRandomQuote();
    var buffer = Encoding.UTF8.GetBytes(quote).AsMemory();
    await stream.WriteAsync(buffer, cancellationToken);
  }
  catch (IOException ex)
  {
    _logger.LogError(ex, ex.Message);
  }
  catch (SocketException ex)
  {
    _logger.LogError(ex, ex.Message);
  }
}

private string GetRandomQuote()
{
  if (_quotes is null) throw new InvalidOperationException(
    $"Invoke InitializeAsync before calling {nameof(GetRandomQuote)}");
  return _quotes[_random.Next(_quotes.Length)];
}
```

19.4.2　创建 TCP 客户端

通过客户端应用程序 TcpClientSample 来实现一个客户端应用程序。为了创建到服务器的 TCP 连接，创建了 TcpClient 类的一个新的实例。调用 ConnectAsync()方法时，需要指定服务器的名称和端口号。在成功连接后，使用 NetworkStream 的 ReadAsync()方法读取服务器的内容(代码文件 TcpClientSample/QuotesClient.cs)：

```
public async Task SendAndReceiveAsync(CancellationToken cancellationToken = default)
{
  try
  {
    Memory<byte> buffer = new byte[4096].AsMemory();
    string? line;
    bool repeat = true;
    while (repeat)
    {
      Console.WriteLine(@"Press enter to read a quote, ""bye"" to exit");
      line = Console.ReadLine();
      if (line?.Equals("bye", StringComparison.CurrentCultureIgnoreCase) == true)
      {
        repeat = false;
      }
      else
      {
        TcpClient client = new();
        await client.ConnectAsync(_hostname, _serverPort, cancellationToken);
        using var stream = client.GetStream();
        int bytesRead = await stream.ReadAsync(buffer, cancellationToken);
        string quote = Encoding.UTF8.GetString(buffer.Span[..bytesRead]);
        buffer.Span[..bytesRead].Clear();
        Console.WriteLine(quote);
        Console.WriteLine();
      }
    };
  }
  catch (SocketException ex)
  {
    _logger.LogError(ex, ex.Message);
  }
  Console.WriteLine("so long, and thanks for all the fish");
}
```

运行服务器和客户端时，将看到服务器返回的引言：

```
Press enter to read a quote, "bye" to exit

"Nuclear-powered vacuum cleaners will probably be a reality within ten years.",
Alex Lewyt, Lewyt vacuum company, 1955

Press enter to read a quote, "bye" to exit

"Television won't be able to hold on to any market it captures after the first
six months.
People will soon get tired of staring at a plywood box every night.", Darryl Zanuck,
20th Century Fox, 1946
```

```
Press enter to read a quote, "bye" to exit
```

在服务器上，可以在控制台看到日志输出，其中包含客户端使用的端口号：

```
info: QuotesServer[0]
      Quotes listener started on port 1700
info: QuotesServer[0]
      Client connected with address and port: 127.0.0.1:52788
info: QuotesServer[0]
      Client connected with address and port: 127.0.0.1:52789
```

注意：

QOTD 客户端的典型实现只是打开一个连接，接收并打印引言，然后结束。在示例应用程序的实现中，可以获取一个又一个引言。因为服务器在每次发送引言后会关闭连接，所以每个请求会创建一个新的套接字。

本章后面将会讲到，使用 HttpClient 工厂时，更好的做法是将同一个套接字用于多个请求。操作系统的底层套接字会在释放前保持打开 20 秒。使用命令 netstat -a 可以监控套接字的状态。

创建一个不关闭连接的 QOTD 服务器，使其保持与相同的套接字通信，会与现有的客户端和服务器不兼容。

19.5 使用 UDP

本节要介绍的另一个协议是 UDP(用户数据报协议)。UDP 是一个几乎没有开销的简单协议。在使用 TCP 发送和接收数据之前，需要建立连接。而这对于 UDP 是没有必要的。使用 UDP 只需要开始发送或接收。当然，这意味着 UDP 开销低于 TCP，但也更不可靠。当使用 UDP 发送数据时，接收这些数据时就不会得到信息。UDP 经常用于速度和性能需求大于可靠性要求的情形，例如视频流。UDP 还可以把消息广播到一组节点。相反，TCP 提供了许多功能来确保数据的传输，它还提供了错误校正以及当数据丢失或数据包损坏时重新传输的功能。最后，TCP 可缓冲传入和传出的数据，还保证在传输过程中，在把数据包传送给应用程序之前重组杂乱的一系列数据包。即使有一些额外的开销，TCP 仍是在 Internet 上使用最广泛的协议，因为它有非常高的可靠性。

为了演示 UDP，创建两个控制台应用程序项目，显示 UDP 的各种特性：直接将数据发送到主机，在本地网络上把数据广播到所有主机上，把数据多播到属于同一个组的一组节点上。

19.5.1 建立 UDP 接收器

从接收应用程序开始。可下载的示例应用程序使用命令行实参，可以使用 appsettings.json 配置端口号和可选的组地址，也可以使用命令行实参覆盖该配置。对于接收器，可以配置端口号、可选的组地址，以及是否应该使用广播的一个布尔标志(代码文件 UdpReceiver/Receiver.cs)：

```
public record ReceiverOptions
{
  public int Port { get; init; }
  public bool UseBroadcast { get; init; } = false;
  public string? GroupAddress { get; init; }
}
```

```
public class Receiver
{
  private readonly ILogger _logger;
  private readonly int _port;
  private readonly string? _groupAddress;
  private readonly bool _useBroadcast;
  public Receiver(IOptions<ReceiverOptions> options, ILogger<Receiver> logger)
  {
    _port = options.Value.Port;
    _groupAddress = options.Value.GroupAddress;
    _useBroadcast = options.Value.UseBroadcast;
    _logger = logger;
  }
  //...
}
```

RunAsync()方法使用从 ReceiverOptions 记录收到的端口号创建 UdpClient 对象。ReceiverAsync()方法等待一部分数据到达。通过 UdpReceiveResult 的 Buffer 属性可以访问这些数据。把数据编码为字符串后，写入控制台，继续循环，等待下一个要接收的数据(代码文件 UdpReceiver/Receiver.cs)：

```
public async Task RunAsync()
{
  using UdpClient client = new(_port);
  client.EnableBroadcast = _useBroadcast;

  if (_groupAddress != null)
  {
    client.JoinMulticastGroup(IPAddress.Parse(_groupAddress));
      _logger.LogInformation("joining the multicast group {0}",
    IPAddress.Parse(_groupAddress));
  }

  bool completed = false;
  do
  {
    _logger.LogInformation("Waiting to receive data");
    UdpReceiveResult result = await client.ReceiveAsync();
    byte[] datagram = result.Buffer;
    string dataReceived = Encoding.UTF8.GetString(datagram);
    _logger.LogInformation("Received {0} from {1}", dataReceived, result.RemoteEndPoint);
    if (dataReceived.Equals("bye", StringComparison.CurrentCultureIgnoreCase))
    {
      completed = true;
    }
  } while (!completed);
  _logger.LogInformation("Receiver closing");

  if (_groupAddress != null)
  {
    client.DropMulticastGroup(IPAddress.Parse(_groupAddress));
  }
}
```

启动应用程序时，等待发送方发送数据。如果收到字符串“bye”，接收器会结束循环。目前忽略多播组，在创建发送器后再加以讨论。

19.5.2 创建 UDP 发送器

UDP 发送器应用程序也允许通过命令行选项进行配置。它比接收应用程序有更多的选项。除了使用 Port 元素指定端口号之外，还可以设置 UseBroadcast 选项，将消息广播给本地子网中的所有节点，并使用 Group-Address 设置将消息发送给在多播组中注册的所有节点。IPv6 设置允许使用 IPv6 协议代替 IPv4 协议。

发送数据时，需要一个 IPEndPoint。根据程序参数，以不同的方式创建它。对于广播，IPv4 定义了从 IPAddress.Broadcast 返回的地址 255.255.255.255。没有用于广播的 IPv6 地址，因为 IPv6 不支持广播。IPv6 用多播替代广播。多播也添加到 IPv4 中。

传递主机名时，主机名使用 DNS 查找功能和 Dns 类来解析。GetHostEntryAsync()方法返回一个 IPHostEntry，其中 IPAddress 可以从 AddressList 属性中检索。根据使用的是 IPv4 还是 IPv6，从这个列表中提取不同的 IPAddress。根据网络环境，只有一个地址类型是有效的。如果把组地址传递给方法，就使用 IPAddress.Parse()解析地址(代码文件 UdpSender/Sender.cs)：

```
private async Task<IPEndPoint?> GetReceiverIPEndPointAsync()
{
  IPEndPoint? endpoint = null;
  try
  {
    if (_useBroadcast)
    {
      endpoint = new IPEndPoint(IPAddress.Broadcast, _port);
    }
    else if (_hostName != null)
    {
      IPHostEntry hostEntry = await Dns.GetHostEntryAsync(_hostName);
      IPAddress? address = null;
      if (_useIpv6)
      {
        address = hostEntry.AddressList.Where(
        a => a.AddressFamily == AddressFamily.InterNetworkV6).FirstOrDefault();
      }
      else
      {
        address = hostEntry.AddressList.Where(
        a => a.AddressFamily == AddressFamily.InterNetwork).FirstOrDefault();
      }

      if (address == null)
      {
        Func<string> ipversion = () => _useIpv6 ? "IPv6" : "IPv4";
        _logger.LogWarning($"no {ipversion()} address for {_hostName}");
        return null;
      }
      endpoint = new IPEndPoint(address, _port);
    }
    else if (_groupAddress != null)
    {
      endpoint = new IPEndPoint(IPAddress.Parse(_groupAddress), _port);
    }
    else
    {
```

```
      throw new InvalidOperationException($"{nameof(_hostName)}, " +
      $"{nameof(_useBroadcast)}, or {nameof(_groupAddress)} must be set");
    }
  }
  catch (SocketException ex)
  {
    _logger.LogError(ex, ex.Message);
  }
  return endpoint;
}
```

现在，讨论关于 UDP 发送器最重要的部分。在创建一个 UdpClient 实例，并将字符串转换为字节数组后，就使用 SendAsync()方法发送数据。请注意，接收器不需要侦听，发送器也不需要连接。UDP 是很简单的。然而，如果发送器把数据发送到未知的地方，即无人接收数据，则不会得到任何错误消息(代码文件 UdpSender/Sender.cs):

```
public async Task RunAsync()
{
  IPEndPoint? endpoint = await GetReceiverIPEndPointAsync();
  if (endpoint is null) return;

  try
  {
    string localhost = Dns.GetHostName();
    using UdpClient client = new();
    client.EnableBroadcast = _useBroadcast;
    if (_groupAddress != null)
    {
      client.JoinMulticastGroup(IPAddress.Parse(_groupAddress));
    }

    bool completed = false;
    do
    {
      Console.WriteLine(@$"{Environment.NewLine}Enter a message or ""bye"" to exit");
      string? input = Console.ReadLine();
      if (input is null) continue;
      Console.WriteLine();
      completed = input.Equals("bye", StringComparison.CurrentCultureIgnoreCase);

      byte[] datagram = Encoding.UTF8.GetBytes(input);
      int sent = await client.SendAsync(datagram, datagram.Length, endpoint);
      _logger.LogInformation("Sent datagram using local EP {0} to {1}"
        client.Client.LocalEndPoint, endpoint);
    } while (!completed);

    if (_groupAddress != null)
    {
      client.DropMulticastGroup(IPAddress.Parse(_groupAddress));
    }
  }
  catch (SocketException ex)
  {
    _logger.LogError(ex, ex.Message);
  }
}
```

现在可以启动接收器和发送器。对于发送器，可以看到如下所示的输出。当接收器没有运行的时候，发送器也成功地发送了数据：

```
Enter a message or "bye" to exit
message 1
info: Sender[0]
      Sent datagram using local EP 0.0.0.0:54446 to 127.0.0.1:8600

Enter a message or "bye" to exit
message 2

Enter a message or "bye" to exit
info: Sender[0]
      Sent datagram using local EP 0.0.0.0:54446 to 127.0.0.1:8600
```

接收器显示了收到的数据，以及消息来自哪个端口和地址：

```
info: Receiver[0]
      Waiting to receive data
info: Receiver[0]
      Received message 1 from 127.0.0.1:54446
info: Receiver[0]
      Waiting to receive data
info: Receiver[0]
      Received message 2 from 127.0.0.1:54446
```

不需要修改配置文件，就可以在启动接收器时传递一个不同的端口号：

```
> dotnet run -- UdpReceiver:Port=5400
```

可以使用同样的方式为发送器传递一个不同的端口号：

```
> dotnet run -- UdpSender:ReceiverPort=5400
```

可以在发送器中输入数据，发送到接收器。如果停止接收器，也可以继续发送，而不会检测到任何错误。也可以尝试使用主机名而不是 localhost，并在另一个系统上运行接收器。

对于发送器，可以设置 UdpSender:UseBraodcast=true 选项，向同一个网络中侦听指定端口的所有节点发送一个广播：

```
> dotnet run -- UdpSender:ReceiverPort=5400 UdpSender:UseBroadcast=true
```

在发送器的输出中，可以看到消息被发送到了 IPv4 广播地址：

```
info: Sender[0]
      Sent datagram using local EP 0.0.0.0:50695 to 255.255.255.255:5400
```

请注意，广播不能跨越大多数路由器，因此不能在互联网上使用广播。这种情况和多播不同，参见下面的讨论。

19.5.3 使用多播

广播不跨越路由器，但多播可以跨越。多播用于将消息发送到一组系统上——所有节点都属于同一个组。在 IPv4 中，为使用多播保留了特定的 IP 地址。地址是从 224.0.0.0 到 239.255.255.253。其中许多地址都保留给具体的协议，例如用于路由器，但 239.0.0.0/8 可以私下在组织中使用。这非常类似于 IPv6，它为不同的路由协议保留了著名的 IPv6 多播地址。地址 f::/16 是组织中的本地地址，地址

ffxe::/16 有全局作用域，可以在公共互联网上路由。

对于使用多播的发送器或接收器，必须通过调用 UdpClient 的 JoinMulticastGroup()方法来加入一个多播组：

```
client.JoinMulticastGroup(IPAddress.Parse(groupAddress));
```

为了再次退出该组，可以调用方法 DropMulticastGroup()：

```
client.DropMulticastGroup(IPAddress.Parse(groupAddress));
```

如果在启动接收器和发送器时设置了 GroupAddress，则可以把消息发送给具有相同 IP 地址和端口号的组中：

```
> dotnet run -- UdpSender:ReceiverPort=5400 UdpSender:GroupAddress=230.0.0.1
> dotnet run -- UdpReceiver:Port=5400 UdpReceiver:GroupAddress=230.0.0.1
```

和广播一样，可以启动多个接收器和多个发送器。取决于网络的质量和网络负载，接收器将接收来自每个接收器的几乎所有消息。

19.6 使用 Web 服务器

在 Windows 上使用 Internet Information Services(IIS)，在 Linux 上使用 Apache 或 NGINX，是使用 Web 服务器的好选择。Kestrel 服务器是.NET 中可用的一个轻量级选项。该服务器由 ASP.NET Core 团队开发，可以在 Windows 和 Linux 上使用。在 ASP.NET Core 中使用 IIS 和 Apache 或 NGINX 的时候，后台会使用 Kestrel。IIS 会把请求转发给 Kestrel 服务器。

要创建一个使用 Kestrel 服务器的应用程序，可以使用下面的.NET CLI 命令创建一个空 Web 应用程序：dotnet new web。

不同于简单的控制台应用程序，这个项目类型会引用 Microsoft.NET.Sdk.Web SDK。使用这种设置时，不只有更多的构建工具可用于 Web 开发，而且还会隐式包含对 Microsoft.AspNetCore.App 的引用(配置文件 HttpServerSample/HttpServerSample.csproj)：

```
<Project Sdk="Microsoft.NET.Sdk.Web">

  <PropertyGroup>
    <TargetFramework>net5.0</TargetFramework>
    <Nullable>enable</Nullable>
  </PropertyGroup>

</Project>
```

生成的 Program.cs 文件包含 Main()方法，并使用 Host 类来配置依赖注入容器、日志和配置。除了简单控制台应用程序中使用过的代码，这里还使用了 Microsoft.AspNetCore 包中定义的扩展方法 ConfigureWebHostDefaults()。还使用 UseStartup()方法的泛型参数定义了包含启动方法的类型(代码文件 HttpServerSample/Program.cs)：

```
public class Program
{
  public static void Main(string[] args)
  {
    CreateHostBuilder(args).Build().Run();
  }
```

```
    public static IHostBuilder CreateHostBuilder(string[] args) =>
      Host.CreateDefaultBuilder(args)
        .ConfigureWebHostDefaults(webBuilder =>
        {
          webBuilder.UseStartup<Startup>();
        });
}
```

在简单的控制台应用程序中，使用依赖注入容器在 ConfigureServices()扩展方法中配置了服务。对于 Web 应用程序，在 Startup 类的 ConfigureServices()方法中配置服务。另外，还会在 Startup 类的 Configure()方法中配置中间件。

19.6.1 配置 Kestrel

ConfigureWebHostDefaults()方法的 IWebHostBuilder 接口参数允许配置托管服务器和 HTTP 以及 HTTP/2 选项。ConfigureKestrel()扩展方法允许设置 KestrelServerOptions，例如对 HTTP 协议的限制。KestrelServerLimits 允许指定超时值、头和体的最大大小、最大并发连接数、升级到 WebSockets 的最大连接数以及 HTTP/2 和 HTTP/3 限制。HTTP/2 的一个优势是，多个并发流能够使用相同的连接。使用 Http2Limits 类型的 MaxStreamsPerConnection 设置，可以限制最大并发流数。默认设置是 100。

在下面的代码片段中，将 Kestrel 服务器配置为使用端口 5020 和 5021，在每个响应中返回 HTTP 服务器头，允许压缩 HTTP 头，并指定一些限制(代码文件 HttpServerSample/Program.cs)：

```
public static IHostBuilder CreateHostBuilder(string[] args) =>
  Host.CreateDefaultBuilder(args)
    .ConfigureWebHostDefaults(webBuilder =>
    {
      webBuilder.UseStartup<Startup>()
        .ConfigureKestrel(kestrelOptions =>
        {
          kestrelOptions.AddServerHeader = true;
          kestrelOptions.AllowResponseHeaderCompression = true;
          kestrelOptions.Limits.Http2.MaxStreamsPerConnection = 10;
          kestrelOptions.Limits.MaxConcurrentConnections = 20;
        })
        .UseUrls("http://localhost:5020", "https://localhost:5021");
    });
```

注意：

在.NET 5 中，Kestrel 默认被配置为支持 HTTP/1.1 和 HTTP/2。要定义特定版本，需要在 ConfigureKestrel()中调用一个 ListenXXX 方法，例如 ListenLocalhost()。使用 Protocols 属性可以指定一个 HttpProtocols 枚举值。

注意：

Kestrel 服务器不支持 Windows 身份验证。Kestrel 服务器支持通过 OAuth 2.0 和 OpenID Connect 进行身份验证。如果需要在自己的环境中使用 Windows 身份验证，则可以使用 IIS 和 Http.sys Web 服务器。使用 IWebBuilder 时，可以调用 UseHttpSys()，这会修改配置来使用 Http.sys。这种方法只能在 Windows 上使用。

19.6.2 Startup

在 Startup 类中，配置依赖注入容器和中间件。在 ConfigureServices()方法中，注册了自定义服务类 GenerateHtml 和 Formula1。GenerateHtml 类用于返回 HTML 代码。当收到 HTTP 请求时，应用程序将返回一个包含 HTTP 头信息的响应。Formula1 类用来通过 API 向客户端返回 JSON 格式的一级方程式冠军(代码文件 HttpServerSample/Startup.cs)：

```
public class Startup
{
  public void ConfigureServices(IServiceCollection services)
  {
    services.AddScoped<GenerateHtml>();
    services.AddSingleton<Formula1>();
  }
  //...
}
```

Startup 类的 Configure()方法配置中间件。UseEndPoints()方法配置了服务器的端点。MapGet()方法映射 HTTP GET 请求。第一次调用 MapGet()映射到链接/api/racers，通过 WriterAsJsonAsync()方法返回 JSON 信息。使用 Configure()方法注入的 Formula1 类定义了 GetChampions()方法，它返回一级方程式冠军的一个列表。第二次调用 MapGet()映射到根路径，调用注入的 GenerateHtml 类的 GetHtmlContent()方法。该方法接收一个 HttpRequest 作为参数，返回显示了请求的 HTML 信息(代码文件 HttpServerSample/Startup.cs)：

```
public class Startup
{
  public void Configure(IApplicationBuilder app, IWebHostEnvironment env,
    GenerateHtml generateHtml, Formula1 formula1)
  {
    if (env.IsDevelopment())
    {
      app.UseDeveloperExceptionPage();
    }
    app.UseRouting();

    app.UseEndpoints(endpoints =>
    {
      endpoints.MapGet("/api/racers", async context =>
      {
        await context.Response.WriteAsJsonAsync(formula1.GetChampions());
      });
      endpoints.MapGet("/", async context =>
      {
        string content = generateHtml.GetHtmlContent(context.Request);
        context.Response.ContentType = "text/html";
        await context.Response.WriteAsync(Encoding.UTF8.GetString(content));
      });
    });
  }
  //...
}
```

注意：
第 24 章将介绍 ASP.NET Core，到时候会详细介绍中间件。

> **注意：**
> WriteAsJsonAsync()方法在 Microsoft.AspNetCore.Http.Extensions NuGet 包中实现，允许创建简单的 REST API。它使用了第 18 章介绍的 JSON 序列化器。第 25 章将详细介绍 REST API。

19.6.3 HTTP 头

示例代码返回了使用 GetHtmlContent()方法获取的一个 HTML 文件。该方法使用了 htmlFormat 格式字符串，并在 head 和 body 部分使用了两个占位符。GetHtmlContent()方法使用 string.Format()方法填充占位符。为了填充 HTML body，使用了两个辅助方法，GetHeaderInfo()从请求中获取了头信息，GetRequestInfo 获取了 Request 对象的所有属性值(代码文件 HttpServerSample/GenerateHtml.cs)：

```
private static string s_htmlFormat =
  "<!DOCTYPE html><html><head><title>{0}</title></head>" +
    "<body>{1}</body></html>";

public string GetHtmlContent(HttpRequest request)
{
  string title = "Sample Listener using Kestrel";

  string content = $"<h1>Hello from the server</h1>" +
    $"<h2>Header Info</h2>" +
    $"{string.Join(' ', GetHeaderInfo(request.Headers))}" +
    $"<h2>Request Object Information</h2>" +
    $"{string.Join(' ', GetRequestInfo(request))}";

  return string.Format(s_htmlFormat, title, content);
}
```

GetHeaderInfo()方法从 IHeaderDictionary 获取键和值，返回包含每个键和值的一个 div 元素(代码文件 HttpServerSample/GenerateHtml.cs)：

```
private IEnumerable<string> GetHeaderInfo(IHeaderDictionary headers)
{
  List<(string Key, string Value)> values = new();
  var keys = headers.Keys;
  foreach (var key in keys)
  {
    if (headers.TryGetValue(key, out var value))
    {
      values.Add((key, value));
    }
  }
  return values.Select(v => $"<div>{v.Key}: {v.Value}</div>");
}
```

GetRequestInfo()方法使用反射来获取 Request 类型的所有属性，返回属性的名称及值(代码文件 HttpServerSample/GenerateHtml.cs)：

```
private IEnumerable<string> GetRequestInfo(HttpRequest request)
{
  var properties = request.GetType().GetProperties();
  List<(string Key, string Value)> values = new();
  foreach (var property in properties)
  {
```

```
      try
      {
        string? value = property.GetValue(request)?.ToString();
        if (value != null)
        {
          values.Add((property.Name, value));
        }
      }
      catch (TargetInvocationException ex)
      {
        _logger.LogInformation("{0}: {1}", property.Name, ex.Message);
        if (ex.InnerException != null)
        {
          _logger.LogInformation("\t{0}", ex.InnerException.Message);
        }
      }
    }
    return values.Select(v => $"<div>{v.Key}: {v.Value}</div>");
  }
```

注意：

GetHeaderInfo()和 GetRequestInfo()方法使用了表达式体成员函数、LINQ 和反射。第 3 章介绍了表达式体成员函数，第 9 章介绍了 LINQ，第 12 章介绍了反射。

运行服务器，并使用浏览器(如 Microsoft Edge)来访问服务器(如使用 https://localhost:5021/等 URL 进行访问)，将得到如图 19-1 所示的输出。图 19-2 显示了/api/racers 的输出，这是一级方程式冠军的一个列表。

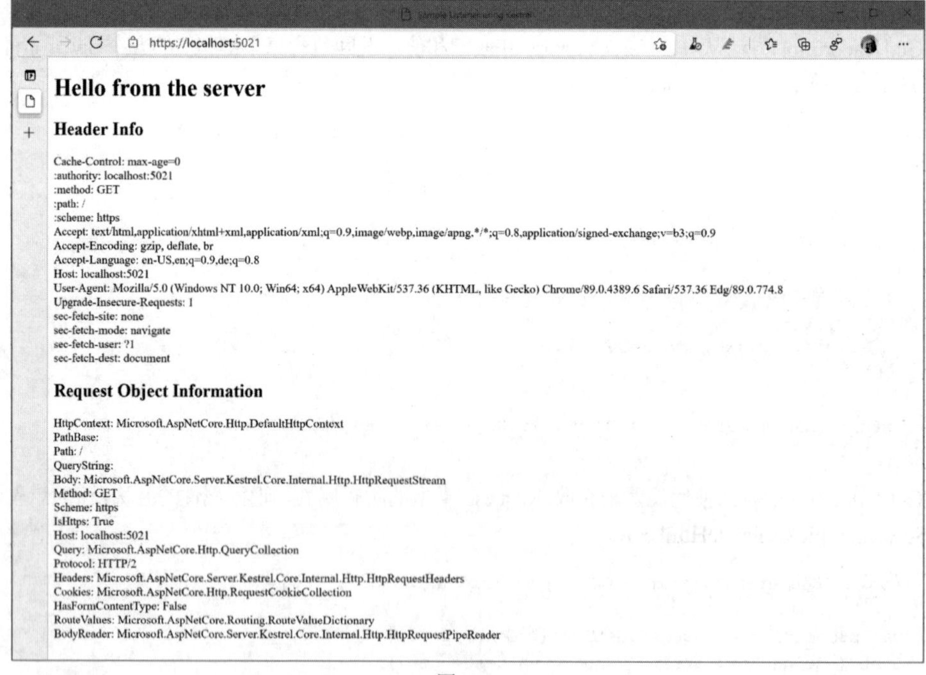

图 19-1

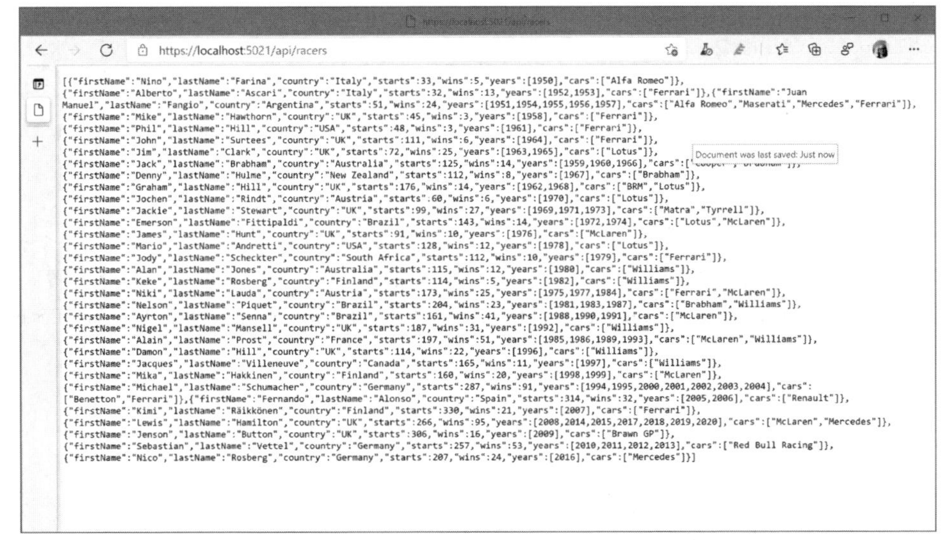

图 19-2

19.7 HttpClient 类

接下来讨论客户端，以使用 HttpClient 类发出 HTTP 请求。它在 System.Net.Http 名称空间中定义。System.Net.Http 名称空间中的类有助于使用 Web 服务。

HttpClient 类派生于 HttpMessageInvoker 类，这个基类实现了 SendAsync()方法。SendAsync()方法是 HttpClient 类的主干。本节后面将会介绍，这个方法有几个派生。顾名思义，SendAsync()方法调用是异步的。

示例应用程序使用了 NuGet 包 Microsoft.Extensions.Http 中的 HttpClient 工厂。通过容器配置调用了泛型方法 AddHttpClient()。其泛型参数的类型是 HttpClientSample，在其中注入了 HttpClient 对象。可以使用 AddHttpClient()方法的委托参数配置 HttpClient。这里指定了 BaseAddress 属性(代码文件 HttpClientSample/Program.cs)：

```
IHostBuilder GetHostBuilder() =>
  Host.CreateDefaultBuilder()
  .ConfigureServices((context, services) =>
  {
    var httpClientSettings = context.Configuration.GetSection("HttpClient");
    services.Configure<HttpClientSamplesOptions>(httpClientSettings);
    services.AddHttpClient<HttpClientSamples>(httpClient =>
    {
      httpClient.BaseAddress = new Uri(httpClientSettings["Url"]);
    });
  //...
});
```

DI 容器读取的配置文件包含前面配置的服务器的 URL。运行客户端应用程序的时候，确保这个服务器也在运行。也可以将配置文件中的链接改为指向其他任何可用的服务器，看看它们返回什么(配置文件 HttpClientSample/appsettings.json)：

```
{
  "HttpClient": {
    "Url": "https://localhost:5021",
    "InvalidUrl": "https://localhost1:5021"
  },
  "RateLimit": {
    "LimitCalls": 5
  }
}
```

在 HttpClientSamples 类的构造函数中，注入了 HttpClient，并且通过依赖注入容器的配置，注入了来自配置文件的 HttpClientSamplesOptions 配置(代码文件 HttpClientSample/HttpClientSamples.cs)：

```
public record HttpClientSamplesOptions
{
    public string? Url { get; init; }
    public string? InvalidUrl { get; init; }
}

public class HttpClientSamples
{
  private readonly ILogger _logger;
  private readonly HttpClient _httpClient;
  private readonly string _url;
  private readonly string _invalidUrl;

  public HttpClientSamples(
    IOptions<HttpClientSamplesOptions> options,
    HttpClient httpClient,
    ILogger<HttpClientSamples> logger)
  {
    _url = options.Value.Url ?? "https://localhost:5020";
    _invalidUrl = options.Value.InvalidUrl ?? "https://localhost1:5020";
    _httpClient = httpClient;
    _logger = logger;
  }
  //...
}
```

警告：

HttpClient 类实现了 IDisposable 接口。一般来说，实现 IDisposable 的对象应该在使用后销毁。HttpClient 类也是如此。但是，HttpClient 的 Dispose()方法不会立即释放相关的套接字，而是在超时后释放。这个超时可能需要 20 秒。有了这个超时，使用许多 HttpClient 对象实例可能导致程序耗尽套接字。解决方案是：构建 HttpClient 类，以进行重用。可以对许多请求使用这个类，而不是每次都创建一个新实例。使用 HttpClient 工厂时，就不需要创建并销毁 HttpClient 实例。

19.7.1 发出异步的 Get 请求

调用 GetAsync()方法会向服务器发出 HTTP GET 请求。因为 HttpClientSamples 类中注入的 HttpClient 类的配置已经指定了 BaseAddress，所以只需要向 GetAsync()方法传递相对地址。

对 GetAsync()的调用返回一个 HttpResponseMessage 对象。HttpResponseMessage 类表示包含头、状态和内容的响应。检查响应的 IsSuccessfulStatusCode 属性，可以确定请求是否成功。如果调用成功，就使用 ReadAsStringAsync()方法把返回的内容检索为一个字符串(代码文件 HttpClientSample/HttpClientSamples.cs)：

```
public async Task SimpleGetRequestAsync()
{
  HttpResponseMessage response = await _httpClient.GetAsync("/");
  if (response.IsSuccessStatusCode)
  {
    Console.WriteLine($"Response Status Code: {(int)response.StatusCode} " +
      $"{response.ReasonPhrase}");
    string responseBodyAsText = await (response.Content?.ReadAsStringAsync()
      ?? Task.FromResult(string.Empty));
    Console.WriteLine($"Received payload of {responseBodyAsText.Length} characters");
    Console.WriteLine();
    Console.WriteLine(responseBodyAsText[0..50]);
  }
}
```

用命令行参数 simple 执行这段代码，产生以下输出，包括来自 System.Net.Http.HttpClient 的日志输出：

```
info: System.Net.Http.HttpClient.HttpClientSamples.LogicalHandler[100]
      Start processing HTTP request GET https://localhost:5021/
info: System.Net.Http.HttpClient.HttpClientSamples.ClientHandler[100]
      Sending HTTP request GET https://localhost:5021/
info: System.Net.Http.HttpClient.HttpClientSamples.ClientHandler[101]
      Received HTTP response headers after 312.8412ms -200
info: System.Net.Http.HttpClient.HttpClientSamples.LogicalHandler[101]
      End processing HTTP request after 328.6248ms -200
Response Status Code: 200 OK
Received payload of 1008 characters

<!DOCTYPE html><html><head><title>Sample Listener
```

注意：
检查是否成功时，不要检查 StatusCode 属性并将其与 200 或 HttpStatusCode.OK 进行比较。200 不是唯一的成功状态码，所有 2xx 状态码都表示成功。相反，应该使用 IsSuccessStatusCode 属性，它返回一个布尔值来表示调用是否成功。如果调用失败，也可以抛出一个异常，如下一节所述。

19.7.2 抛出异常

如果调用 HttpClient 类的 GetAsync()方法失败，默认情况下不产生异常。调用 HttpResponseMessage 的 EnsureSuccessStatusCode()方法，很容易改变这一点。该方法检查 IsSuccessStatusCode 是否为 false，如果不是，则抛出一个异常(代码文件 HttpClientSample/HttpClientSamples.cs)：

```
public async Task ThrowExceptionAsync()
{
  try
  {
    HttpResponseMessage response = await _httpClient.GetAsync(_invalidUrl);
    response.EnsureSuccessStatusCode();

    Console.WriteLine($"Response Status Code: {(int)response.StatusCode} " +
      $"{response.ReasonPhrase}");
```

```
    string responseBodyAsText = await (response.Content?.ReadAsStringAsync()
      ?? Task.FromResult(string.Empty));
    Console.WriteLine($"Received payload of {responseBodyAsText.Length} characters");
    Console.WriteLine();
    Console.WriteLine(responseBodyAsText[..50]);
  }
  catch (HttpRequestException ex)
  {
    _logger.LogError(ex, ex.Message);
  }
}
```

19.7.3 创建 HttpRequestMessage

GetAsync()方法对服务器发出 HTTP GET 请求。使用 PostAsync()方法可以创建 POST 请求，使用 PutAsync()方法可以创建 PUT 请求。第 25 章将介绍如何使用 HttpClient 调用 REST 服务。这些方法都是扩展方法，它们调用了 SendAsync()方法，并传入 HttpRequestMessage，如下面的代码片段所示。使用 HttpRequestMessage 的时候，有更多选项，例如，使用 HEAD 和 TRACE 这样的其他 HTTP 方法(代码文件 HttpClientSample/HttpClientSamples.cs 中的 UseHttpRequestMessageAsync()方法)：

```
HttpRequestMessage request = new(HttpMethod.Get, "/");
HttpResponseMessage response = await _httpClient.SendAsync(request);
```

注意：

HttpRequestMessage 指定了一个版本属性，可以通过传递 new Version("2.0")来发出 HTTP/2.0 请求。使用 HttpClient 类时，可以设置 DefaultRequestVersion 属性，也可以通过 HttpClient 工厂进行配置。通过设置 DefaultVersionPolicy，可以指定使用精确指定的版本(RequestVersionExact)，或者通过可用的版本(RequestVersionOrHigher 或 RequestVersionOrLower)来与服务器通信。

HTTP/1.0 在 1996 年定义，几年后发布了 1.1 版本。在 1.0 中，当服务器返回数据后，总是会关闭连接；在 1.1 中，添加了一个 keep-alive 头，允许客户端指定让连接继续打开，因为客户端可能发出更多请求，从而不只是收到 HTML 代码，还收到 CSS 和 JavaScript 文件以及图片。在 1999 年定义了 HTTP/1.1 之后，又经过了 16 年，到了 2015 年才定义了 HTTP/2。

HTTP/2 有什么优势呢？HTTP/2 允许在同一个连接上发出多个并发请求，压缩头信息，让客户端定义哪个资源更重要，让服务器通过推送将资源发送给客户端。所有现代浏览器都支持 HTTP/2，但服务器推送是一个例外。因为不经常使用服务器推送，并且在使用的时候，通常把超出必要的数据推送给客户端，所以目前有计划在基于 Chromium 的浏览器中移除此功能。

HTTP/3 目前是一个草稿版本(见网址 19-5)，但 Windows、.NET 和 Kestrel 服务器正在做大量工作来支持这个协议。HTTP/3 基于 QUIC 传输协议，而不是 TCP。QUIC 最初的含义是 QUICK UDP Internet Connections(参见网址 19-6)。QUIC 解决了 TCP 的一些问题，从而有助于实现更快的连接和多路复用。请阅读上面链接中的论文来获取更多信息。关于 ASP.NET Core 中对 HTTP/3 的支持的状态，请访问 https://github.com/dotnet/aspnetcore/issues/15271。

19.7.4 传递头

HttpRequestMessage 类有一个 Headers 属性，可以用来指定要发送给服务器的 HTTP 头。这也可以使用 HttpClient 类直接完成。

需要HTTP头的一个例子是指定可接受的返回格式，这样服务器可以决定返回特定格式的数据。ASP.NET Core 5.0 Web API默认返回JSON数据。你可以按照第25章的介绍，添加XML序列化器。然后就可以要求服务器返回XML。这可以通过将Accept头设置为“application/xml”实现。

除了使用HttpRequestMessage的Headers属性以外，设置HTTP头的一种通用的方式是使用HttpClient类的DefaultRequestHeaders属性：

```
_httpClient.DefaultRequestHeaders.Add("Accept", "application/xml, */*");
```

除了在向服务器发出请求之前设置这个属性，也可以在DI容器的HttpClient配置中配置头。

要传递多个Accept值，可以使用Add()方法的重载来传递多个可接受的格式：

```
_httpClient.DefaultRequestHeaders.Add("Accept", new[] { "application/xml", "*/*" });
```

因为HTTP Accept头很常用，所以HttpClient类还定义了一个Accept属性，用于传递所有Accept头(代码文件HttpClientSample/HttpClientSamples.cs中的AddHttpHeadersAsync()方法)：

```
_httpClient.DefaultRequestHeaders.Accept.Add(
  new MediaTypeWithQualityHeaderValue("application/xml"));
_httpClient.DefaultRequestHeaders.Accept.Add(
  new MediaTypeWithQualityHeaderValue("*/*"));
```

可下载的代码示例中定义了ShowHeaders()方法，用于在控制台显示发送给服务器和从服务器收到的全部头(代码文件HttpClientSample/Utilities.cs)：

```
static class Utilities
{
  public static void ShowHeaders(string title, HttpHeaders headers)
  {
    Console.WriteLine(title);
    foreach (var header in headers)
    {
      string value = string.Join(" ", header.Value);
      Console.WriteLine($"Header: {header.Key} Value: {value}");
    }
    Console.WriteLine();
  }
}
```

AddHttpHeadersAsync()方法调用了该方法(代码文件HttpClientSample/HttpClientSamples.cs)：

```
public async Task AddHttpHeadersAsync()
{
  try
  {
    _httpClient.DefaultRequestHeaders.Accept.Add(
      new MediaTypeWithQualityHeaderValue("application/xml"));
    _httpClient.DefaultRequestHeaders.Accept.Add(
      new MediaTypeWithQualityHeaderValue("*/*"));
    Utilities.ShowHeaders("Request Headers:", _httpClient.DefaultRequestHeaders);

    HttpResponseMessage response = await _httpClient.GetAsync("/");
    response.EnsureSuccessStatusCode();

    Utilities.ShowHeaders("Response Headers:", response.Headers);
    Console.WriteLine();
  }
```

```
    catch (HttpRequestException ex)
    {
      Console.WriteLine($"{ex.Message}");
    }
  }
```

当使用 headers 实参运行应用程序的时候，可以看到发送和接收的头。前面创建的 Kestrel 服务器打开了该设置，以返回服务器的头：

```
Request Headers:
Header: Accept Value: application/xml
Response Headers:
Header: Date Value: Mon, 01 Feb 2021 19:23:30 GMT
Header: Server Value: Kestrel
Header: Transfer-Encoding Value: chunked
```

19.7.5 访问内容

先前的代码片段展示了如何访问 Content 属性，获取一个字符串。响应中的 Content 属性返回一个 HttpContent 对象。为了获得 HttpContent 对象中的数据，需要使用所提供的一个方法。在例子中，使用了 ReadAsStringAsync()方法。它返回内容的字符串表示。顾名思义，这是一个异步调用。除了使用 async 关键字之外，也可以使用 Result 属性。调用 Result 属性会阻塞该调用，直到 ReadAsStringAsync()方法执行完毕，然后继续执行下面的代码。

其他从 HttpContent 对象中获得数据的方法有 ReadAsByteArrayAsync()(返回数据的字节数组)和 ReadAsStreamAsync()(返回一个流)。也可以使用 LoadIntoBufferAsync()把内容加载到内存缓冲区中。

注意：
第 18 章介绍了流。第 25 章介绍了如何使用 HttpClient 类接收流。对于接收大内容，应该首选流而不是字符串。因为大字符串存储在大对象堆中，这可能导致内存问题。

19.7.6 用 HttpMessageHandler 自定义请求

HttpClient 类可以把 HttpMessageHandler 作为其构造函数的参数，这样就可以自定义请求。可以传递派生自 Delegating-Handler 的类的实例。有多种方式可以影响请求，以进行监控、调用其他服务等。第 27 章将介绍一种 ASP.NET 技术，使你能够在浏览器中运行的 WebAssembly(WASM)中运行.NET 代码。在 Blazor WASM 中，可以直接在浏览器中使用 HttpClient 类调用其他服务。但是，浏览器限制了你能够做的操作，而且没有浏览器将无法发出网络请求。使用 Blazor WASM 的时候，你仍然可以使用 HttpClient 类。这是使用 HttpMessageHandler 完成的，后者又使用了浏览器的 Fetch API 来发出请求。

在下面的代码片段中，定义了一个 LimitCallsHandler 来用于 HttpClient 工厂。AddHttpClient()方法返回一个 IHttpClientBuilder，它可以用来使用流式 API 配置该工厂。传递给扩展方法 AddHttpMessageHandler()的泛型参数定义了应该用于 HttpMessageHandler 的类。SetHandlerLifetime()方法用于指定该处理程序的生存期(代码文件 HttpClientSample/Program.cs)：

```
services.Configure<LimitCallsHandlerOptions>(
  context.Configuration.GetSection("RateLimit"));
services.AddTransient<LimitCallsHandler>();
services.AddHttpClient<HttpClientSampleWithMessageHandler>(httpClient =>
{
```

```
  httpClient.BaseAddress = new Uri(httpClientSettings["Url"]);
}).AddHttpMessageHandler<LimitCallsHandler>()
  .SetHandlerLifetime(Timeout.InfiniteTimeSpan);

private HttpClient _httpClientWithMessageHandler;
public HttpClient HttpClientWithMessageHandler =>
_httpClientWithMessageHandler ?? (_httpClientWithMessageHandler =
  new HttpClient(new SampleMessageHandler("error")));
```

该处理程序类型 LimitCallsHandler 的目的是限制已配置的 HttpClient 的调用数量。通过从配置文件获取的 LimitCalls 属性来指定允许的调用数量。HttpClient 调用了重写的 SendAsync()方法。在其实现中，只要还没有到达限值，就会调用基类的 SendAsync()方法。到达限值后，会返回 HTTP 状态码 TooManyRequests(429)。这样一来，就从客户端处理程序而不是仅从服务器返回错误(代码文件 HttpClientSample/LimitCallsHandler.cs)：

```
public record LimitCallsHandlerOptions
{
  public int LimitCalls { get; init; }
}

public class LimitCallsHandler : DelegatingHandler
{
  private readonly ILogger _logger;
  private readonly int _limitCount;
  private int _numberCalls = 0;
  public LimitCallsHandler(IOptions<RateLimitHandlerOptions> options,
    ILogger<LimitCallsHandler> logger)
  {
    _limitCount = options.Value.LimitCalls;
    _logger = logger;
  }

  protected override Task<HttpResponseMessage> SendAsync(HttpRequestMessage request,
    CancellationToken cancellationToken)
  {
    if (_numberCalls >= _limitCount)
    {
      _logger.LogInformation("limit reached, returning too many requests");
      return Task.FromResult(new HttpResponseMessage(HttpStatusCode.TooManyRequests));
    }
    Interlocked.Increment(ref _numberCalls);
    _logger.LogTrace("SendAsync from within LimitCallsHandler");
    return base.SendAsync(request, cancellationToken);
  }
}
```

在示例应用程序的 HttpClientSampleWithMessageHandler 类中，注入了使用 LimitCallsHandler 的 HttpClient。多次调用 UseMessageHandlerAsync()时，可以看到处理程序的限制起到了作用，显示了 429 错误(代码文件 HttpClientSample/Program.cs)：

```
var service = host.Services.GetRequiredService<HttpClientSampleWithMessageHandler>();
for (int i = 0; i < 10; i++)
{
  await service.UseMessageHandlerAsync();
}
```

19.8 HttpClient 工厂

在 HttpClientSample 应用程序中，已经看到了 HttpClient 工厂的应用，并使用 DI 容器配置了该工厂。它保存上一节讨论的 HttpMessageHandler 处理程序对象的缓存，处理程序对象连接到操作系统(OS)的原生套接字对象。随着通信需要更多的套接字，该工厂会创建更多的处理程序对象。如果有一段时间不使用，工厂就会释放它们。处理程序对象的默认生存期是两分钟。如果两分钟没有使用它们，它们就被会释放。调用 SetHandlerLifetime()方法可以改变这些对象的生存期，如下一节所述。

19.8.1 类型化的客户端

使用泛型版本的 AddHttpClient()方法会添加一个类型化的客户端。类型化的客户端是一个类，它将 HttpClient 作为构造函数的参数，在使用工厂时，通常类型化的客户端是更好的选择。我们使用的该方法的重载版本有一个 Action<HttpClient>参数，允许配置 HttpClient，例如指定 BaseAddress 属性，如下所示(代码文件 HttpClientSample/Program.cs)：

```
IHostBuilder GetHostBuilder() =>
  Host.CreateDefaultBuilder()
    .ConfigureServices((context, services) =>
    {
      var httpClientSettings = context.Configuration.GetSection("HttpClient");
      services.Configure<HttpClientSamplesOptions>(httpClientSettings);
      services.AddHttpClient<HttpClientSamples>(httpClient =>
      {
        httpClient.BaseAddress = new Uri(httpClientSettings["Url"]);
      });
      services.Configure<LimitCallsHandlerOptions>(
      context.Configuration.GetSection("RateLimit"));
      services.AddTransient<LimitCallsHandler>();
      services.AddHttpClient<HttpClientSampleWithMessageHandler>(httpClient =>
      {
        httpClient.BaseAddress = new Uri(httpClientSettings["Url"]);
      }).AddHttpMessageHandler<LimitCallsHandler>()
        .SetHandlerLifetime(Timeout.InfiniteTimeSpan);
    });
```

除了在 AddHttpClient()方法中使用泛型参数注册类型化的客户端，也可以调用 AddTypedClient()方法，并通过泛型参数提供类型。这样一来，就可以使用相同的 HttpClient 配置添加多个类型。

19.8.2 命名的客户端

使用类型化的客户端是使用 HttpClient 工厂的一种方式。还可以为配置的 HTTP 客户端定义一个名称，并使用这个名称访问池中的 HTTP 客户端。

为了指定命名的客户端，AddHttpClient()方法提供了几个重载版本。在下面的示例代码中，使用名称 racersClient 指定了一个命名的客户端。这一次，对于 HttpClient 对象的配置，使用了 ConfigureHttpClient()方法，而不是传递一个委托作为 AddHttpClient()方法的实参。对于命名的客户端，还可以选择通过实参提供配置。因为在配置 HTTP 客户端的时候，没有在 DI 容器中注册应该使用命名的客户端的类型，所以也需要注册这个类型。在示例应用程序中，使用命名的客户端的类型是 NamedClientSample(代码文件 HttpClientSample/Program.cs)：

```
services.AddHttpClient("racersClient")
  .ConfigureHttpClient(httpClient =>
  {
    httpClient.BaseAddress = new Uri(httpClientSettings["Url"]);
  });
services.AddTransient<NamedClientSample>();
```

要获得一个命名的客户端实例，可以在需要该实例的类的构造函数中注入IHttpClientFactory。通过调用CreateClient()方法来传递名称，会从池中返回一个对象。然后，可以采用与前面相同的方式使用这个预先配置的客户端(代码文件HttpClientSample/NamedClientSample.cs)：

```
class NamedClientSample
{
  private readonly ILogger _logger;
  private readonly HttpClient _httpClient;
  private readonly string _url;

  public NamedClientSample(
    IOptions<HttpClientSamplesOptions> options,
    IHttpClientFactory httpClientFactory,
    ILogger<HttpClientSamples> logger)
  {
    _logger = logger;
    _url = options.Value.InvalidUrl ?? "localhost:5052";
    _httpClient = httpClientFactory.CreateClient("racersClient");
  }
  //...
}
```

19.8.3 弹性HTTP请求

通过网络访问服务器的时候，许多部分可能会发生故障。向服务器发送服务器无法处理的无效数据无法通过重发请求解决。但是，有许多错误可能只是暂时的。可能无法访问DNS服务器来解析服务器的名称；在切换网络的时候，无线网络可能暂时不可用；路由器可能存在问题，但过一会就能够解决；一些API服务对你在一秒钟内能够发送的调用数量可能施加了限制。

对于许多暂时性错误，过一段时间后重试调用，可能问题就已经悄悄解决了。并不需要创建循环来重复调用，并指定最大重试次数和不同的延迟时间，因为有其他的选项可用，且这些方式并不会改变调用服务的主功能的逻辑。使用HttpClient工厂时，只需要添加另外一个NuGet包：Microsoft.Extensions.Http.Polly。Microsoft.Extensions.Http.Polly依赖于Polly库。Polly是一个弹性的、处理暂时性错误的.NET库(https://github.com/App-vNext/Polly)，提供了可以用在许多场景中的重试、断路器、超时和退路功能。要把它用于HttpClient，可以基于HTTP状态码配置重试策略，如下面的代码片段所示。在这里，GetRetryPolicy()返回的策略在间隔2、4、8、16和32秒后重试调用，最多重试5次(代码文件HttpClientSample/Program.cs)：

```
IAsyncPolicy<HttpResponseMessage> GetRetryPolicy()
  => HttpPolicyExtensions
    .HandleTransientHttpError()
    .OrResult(message => message.StatusCode == HttpStatusCode.TooManyRequests)
    .WaitAndRetryAsync(5, retryAttempt
      => TimeSpan.FromSeconds(Math.Pow(2, retryAttempt)));
```

该方法返回 IAsyncPolicy，可以把它作为 AddPolicyHandler()方法的实参进行调用。该方法配置了 AddHttpClient()方法指定的类型化客户端的策略(代码文件 HttpClientSample/Program.cs)：

```
services.AddHttpClient<FaultHandlingSample>(httpClient =>
{
  httpClient.BaseAddress = new Uri(httpClientSettings["InvalidUrl"]);
}).AddPolicyHandler(GetRetryPolicy())
```

在 AddTransientHttpErrorPolicy()方法中，定义了一个方法来处理预定义的暂时性错误。只需要指定不同的时间间隔，就可以让这个方法来处理网络故障、HTTP 5xx 状态码和 HTTP 408 状态码(代码文件 HttpClientSample/Program.cs)：

```
services.AddHttpClient<FaultHandlingSample>(httpClient =>
{
  httpClient.BaseAddress = new Uri(httpClientSettings["InvalidUrl"]);
}).AddTransientHttpErrorPolicy(
  policy => policy.WaitAndRetryAsync(
    new[] { TimeSpan.FromSeconds(1), TimeSpan.FromSeconds(3), TimeSpan.
FromSeconds(5) }));
```

有了这些代码后，不需要修改注入的 HttpClient 对象的代码，就能够处理暂时性错误。只有在重试后，才会调用你的异常处理程序。当然，启用日志会显示重试过程。因为在重试后，错误仍然存在，所以最后一次重试后抛出了异常：

```
info: System.Net.Http.HttpClient.FaultHandlingSample.LogicalHandler[100]
      Start processing HTTP request GET https://localhost1:5021/
info: System.Net.Http.HttpClient.FaultHandlingSample.ClientHandler[100]
      Sending HTTP request GET https://localhost1:5021/
info: System.Net.Http.HttpClient.FaultHandlingSample.ClientHandler[100]
      Sending HTTP request GET https://localhost1:5021/
info: System.Net.Http.HttpClient.FaultHandlingSample.ClientHandler[100]
      Sending HTTP request GET https://localhost1:5021/
info: System.Net.Http.HttpClient.FaultHandlingSample.ClientHandler[100]
      Sending HTTP request GET https://localhost1:5021/
fail: HttpClientSamples[0]
      No such host is known. (localhost1:5021)
```

19.9 小结

本章介绍了 System.Net 名称空间中用于网络通信的.NET 类。从中可了解到，某些.NET 基类可处理在网络和 Internet 上打开的客户端连接，如何给服务器发送请求和从服务器接收响应

作为经验规则，在使用 System.Net 名称空间中的类编程时，应尽可能一直使用最具体的类。例如，使用 TCPClient 类代替 Socket 类，可以把代码与许多低级套接字细节分离开来。更进一步，HttpClient 类是利用 HTTP 协议的一种简单方式。使用 HttpClient 工厂时，不需要实例化和释放 HttpClient 对象。本章还介绍了如何使用 Polly 来处理暂时性错误(可以在应用程序的一个集中位置配置它们)。

本书更多地讨论网络，而不是本章提到的核心网络功能。第25章将介绍如何使用ASP.NET Core和Azure Functions创建REST API，以及使用gRPC来基于HTTP/2进行二进制通信。第28章将介绍使用SignalR进行实时通信，从服务器返回信息给客户端，这个过程基于WebSockets。另外还介绍了数据的异步流传输。WebSockets是一种通信协议，允许将实时信息返回给客户端。

下一章讨论安全性，说明CryptoStream如何用于加密流，无论流是用于文件还是联网。还将介绍身份验证特性，这在使用网络API时是一个很重要的部分。

第20章 安全性

本章要点

- 身份验证和授权
- 创建和验证签名
- 实现安全的数据交换
- 签名和散列
- Web 安全性

本章源代码：

通过扫描封底二维码下载本书源代码。本章源代码可以在代码文件的 2_Libs/Security 目录中找到。

本章代码分为以下几个主要的示例文件：

- IdentitySample
- WebAppWithADSample
- X509CertificateSample
- SigningDemo
- SecureTransfer
- ASPNETCoreMVCSecurity

本章的示例主要使用了 System.Security.Cryptography 名称空间。所有项目都启用了可空引用类型。

20.1 安全性的重要方面

为了确保应用程序的安全，安全性有几个重要方面需要考虑。一是应用程序的用户，访问应用程序的是一个真正的用户，还是伪装成用户的某个人？如何确定这个用户是可以信任的？如本章所述，确保应用程序安全的用户方面是一个两阶段过程：用户首先需要进行身份验证，再进行授权，以验证该用户是否可以使用需要的资源。

对于在网络上存储或发送的数据呢？例如，有人可以通过网络嗅探器访问这些数据吗？这里，数据的加密很重要。如果使用 HTTPS(如今，所有的网站都使用 HTTPS)，则需要使用密钥来加密数据。只需要在服务器上安装包含公钥和私钥的证书即可。如果使用 Microsoft Azure，则会在传输数据的过程中进行加密，还会对数据进行静态加密(在存储数据时加密)。对于许多服务，可以提供自己的加密密钥；如果不能提供自己的加密密钥，则可以在 Azure 中创建一个。

本章将讨论.NET 中有助于管理安全性的一些特性，其中包括.NET 如何避开恶意代码、如何管理安全性策略，以及如何通过编程访问安全子系统等。

本章还会讨论保护 Web 应用程序时需要注意的问题。

20.2　验证用户信息

安全性的两个基本支柱是身份验证和授权。身份验证是标识用户的过程，之后会进行授权，以验证识别出的用户是否可以访问特定资源。本节将介绍如何获取用户的信息，以及如何获取令牌，该令牌可用于验证调用 REST 服务的用户的身份。

示例应用程序使用了 Azure Active Directory。如果你有 Azure 订阅，则也有一个 Azure Active Directory。可以使用 Azure 订阅的默认 Azure Active Directory 来运行第一个示例应用程序。也可以创建一个新的 Azure Active Directory，或者对示例应用程序稍做修改，使其访问本地目录服务。

20.2.1　使用 Microsoft 标识平台

通过使用标识，可以标识运行应用程序的用户。近年来，标识系统变得复杂了。几年前，我们只需要处理 Windows 用户、使用本地 Active Directory 的用户、或者 Windows 系统上的本地用户。如今的情况则要复杂许多。我们需要处理来自 Azure Active Directory 的用户(也包括 Office 365 的用户)，移动设备用户的标识，以及由 Microsoft、Facebook、Google、Twitter 和其他提供商验证账户的用户。

为了使编程变得更加容易，Microsoft 创建了 Microsoft 标识平台。在这个平台上，有 Office 365 和 Microsoft Azure 中使用 Microsoft Azure Active Directory (AD)的用户。通过使用 Azure AD 企业到企业(business-to-business，B2B)功能，使用 Azure AD 的不同组织之间可以共享资源。Azure AD 企业到消费者(business-to-consumer，B2C)是 Azure AD 的扩展，用户可以在其中进行注册，从而在 AD 中创建一个新账户，并通过其他使用 Microsoft、Gmail、Facebook 或 Twitter 账户(或者使用 OAuth 或 OpenID Connect 的其他任何账户)的提供商来管理自己的密码。

用户、资源和策略是 Microsoft 标识系统的重要方面。用户想要访问资源，如你的 Web 应用程序，或者使用一个访问你的 API 的应用程序。策略指定了如何允许用户访问资源。因为用户使用不同的设备从不同的网络访问资源，所以策略变得非常复杂。Microsoft 标识支持复杂的、动态的策略。例如，如果用户在受信任的公司网络上使用公司的笔记本电脑访问资源，或者该用户使用一台不同的设备、在另外一个网络中访问相同的资源，可以有不同的策略。

要验证用户的身份，可以使用 OpenID Connect 身份验证协议。OpenID Connect 扩展了 OAuth 2.0 授权协议。从身份验证服务器获取了 ID 令牌后，可以使用该令牌来请求一个访问令牌。有了这个访问令牌，用户就可以访问授权服务器保护的资源。

20.2.2　使用 Microsoft.Identity.Client

我们来创建一个简单的控制台应用程序，使用 Azure AD 验证用户的身份，并显示关于用户的信息。这个应用程序引用 NuGet 包 Microsoft.Extensions.Hosting 和 Microsoft.Identity.Client。在创建应用程序前，需要在 Azure AD 中进行注册。配置应用程序注册前，需要定义名称、账户类型和重定向 URI。对于客户端应用程序，可以配置链接 http://localhost，并需要在客户端配置中指定相同的链接。在应用程序配置中，还可以配置应用程序使用的 API 权限(如果用户授予了权限)。默认情况下，指定的 API

权限是 User.Read，该权限允许应用程序代表用户登录，并读取用户的概要文件。还会授予 email、offline_access、openid 和 profile 名称的 Openid 权限。

可以添加额外的权限，例如使用 Microsoft Graph 和使用自己的 API 的权限(第 25 章将介绍如何为自己的服务创建和使用 API 权限)。在注册应用程序时，需要复制应用程序(客户端)ID 和目录(租户)ID。使用 Azure CLI 时，通过使用--display-name 实参传递应用程序的名称，并在返回的应用程序数组中查询 appId 元素，可以找到应用程序的 ID，如下所示：

```
> az app list --display-name ProCSharpIdentityApp --query [].appId
```

使用 az account 可以显示租户 ID，如下所示：

```
> az account show --query tenantId
```

可以使用命令行和项目的当前目录，配置用户秘密 TenantId 和 ClientId。使用这种设置时，从运行在开发环境的应用程序中读取配置：

```
> dotnet user-secrets init
> dotnet user-secrets set TenantId <enter-your-tenant-id>
> dotnet user-secrets set ClientId <enter-your-client-id>
```

注意：
第 15 章介绍了配置、用户秘密和依赖注入。

在下面的示例应用程序中，使用依赖注入容器配置了 Runner 类。为了使用 DI 容器自动配置用户秘密，将环境变量 DOTNET_ENVIRONMENT 设置为 Development。因为使用 CreateDefaultBuilder()方法配置依赖注入容器，所以可以在 Runner 类的构造函数中注入 IConfiguration 和 ILogger 接口。客户端 ID 和租户 ID 是从配置中获取的。Runner 类的 Init()方法使用 PublicClientApplicationBuilder()来创建 PublicClientApplication，后者可用来登录以及获取 ID 和访问令牌。将客户端 ID 传递给 Create()方法，然后将租户 ID 传递给 WithAuthority()方法。

为了使用 Azure Active Directory，使用 AzureCloudInstance.AzurePublic 指定了云实例。对于美国政府、Azure 中国和 Azure 德国，需要指定不同的枚举值。需要使用在注册应用时指定的重定向 URI 来配置 WithRedirectUri()方法。

为了帮助识别问题和理解正在进行的通信，Microsoft 标识平台提供了丰富的日志信息，可以使用 WithLogging()方法启用它们(代码文件 IdentitySample/Runner.cs)：

```
using Microsoft.Extensions.Configuration;
using Microsoft.Extensions.Logging;
using System;
using System.Linq;
using System.Threading.Tasks;
using Id = Microsoft.Identity.Client;

//...

class Runner
{
  private readonly string _clientId;
  private readonly string _tenantId;
  private Id.IPublicClientApplication? _clientApp;
  private readonly ILogger _logger;
```

```
public Runner(IConfiguration configuration, ILogger<Runner> logger)
{
  _clientId = configuration["ClientId"]
    ?? throw new InvalidOperationException("Configure a ClientId");
  _tenantId = configuration["TenantId"]
    ?? throw new InvalidOperationException("Configure a TenantId");
  _logger = logger;
}

public void Init()
{
  void LogCallback(Id.LogLevel level, string message, bool containsPii)
    => _logger.Log(level.ToLogLevel(), message);

  _clientApp = Id.PublicClientApplicationBuilder
    .Create(_clientId)
    .WithLogging(LogCallback, logLevel: Id.LogLevel.Verbose)
    .WithAuthority(Id.AzureCloudInstance.AzurePublic, _tenantId)
    .WithRedirectUri("http://localhost")
    .Build();
}
//...
}
```

为了在 Microsoft 标识平台中看到日志信息，可以使用 WithLogging()方法指定一个回调方法。对于每条日志输出，都会调用该方法。Microsoft 标识平台有自己的日志实现和 LogLevel 枚举定义，与 Microsoft .NET 日志不同。如果查看 Microsoft.Extensions.Logging.LogLevel 枚举和 Microsoft.Identity.Client.LogLevel 枚举使用的数字，会发现它们的顺序是相反的。为了避免在使用这两种类型时造成定义冲突，示例应用程序定义了一个别名 ID 来引用 Microsoft.Identity.Client。在下面的代码片段中显示的扩展方法 ToLogLevel()中，将 Microsoft.Identity.Client 中的日志级别转换为 Microsoft.Extensionss.Logging 中的日志级别。因为这两种枚举类型使用不同的值，所以使用了一个简单的 switch 表达式来进行转换。这个扩展方法在前面显示的 LogCallback()方法中调用(代码文件 IdentitySample/Runner.cs)：

```
internal static class IdentityLogLevelExtensions
{
  public static LogLevel ToLogLevel(this Id.LogLevel logLevel)
    => logLevel switch
    {
      Id.LogLevel.Error => LogLevel.Error,
      Id.LogLevel.Warning => LogLevel.Warning,
      Id.LogLevel.Info => LogLevel.Information,
      Id.LogLevel.Verbose => LogLevel.Trace,
      _ => throw new InvalidOperationException("unexpected log level")
    };
}
```

在下面显示的 LoginAsync()方法中，首先调用 GetAccountAsync()方法进行检查，看是否已经缓存了账户。如果是，可以使用 AcquireTokenSilent()悄悄进行身份验证，并不需要要求用户提供登录信息。如果这种静默身份验证没有返回令牌，则调用 AcquireTokenInteractive()方法，通过交互式登录方式来进行登录。通过一个字符串数组来指定应用程序需要的范围(也会在应用程序注册时配置)，并将其传递给 AquireTokenXX 方法(代码文件 IdentitySample/Runner.cs)：

```
public async Task LoginAsync()
{
  if (_clientApp is null) throw new InvalidOperationException(
    "Invoke Init before calling this method");

  try
  {
    string[] scopes = { "user.read" };
    var accounts = await _clientApp.GetAccountsAsync();
    var firstAccount = accounts.FirstOrDefault();
    if (firstAccount is not null)
    {
      Id.AuthenticationResult result =
        await _clientApp.AcquireTokenSilent(scopes, firstAccount)
          .ExecuteAsync();
      ShowAuthenticationResult(result);
    }
    else
    {
      Id.AuthenticationResult result = await _clientApp.AcquireTokenInteractive(scopes)
        .ExecuteAsync();
      ShowAuthenticationResult(result);
    }
  }
  catch (Exception ex)
  {
    _logger.LogError(ex, ex.Message);
    throw;
  }
}
```

除了提供AquireTokenSilent()和AquireTokenInteractive()，PublicClientApplication还提供了其他登录机制。AquireTokenByUsernamePassword()实现了用户名/密码登录。还可以使用AquireTokenByIntegratedWindowsAuthentication()，把这个类用于Windows身份验证。另外一种选项是使用AquireTokenWithDeviceCode()，通过设备代码登录。该方法可用于在没有浏览器的设备上登录。调用这个方法时，将返回一个设备代码。用户在有浏览器的设备上输入这个代码，当用户成功输入后，就被授予该设备的访问权限。

使用一个调用就可以同时获取ID令牌和访问令牌。ShowAuthenticationResult()方法使用AuthenticationResult，显示了令牌和账户信息(代码文件IdentitySample/Runner.cs)：

```
private void ShowAuthenticationResult(Id.AuthenticationResult result)
{
  Console.WriteLine($"Id token: {result.IdToken[..20]}");
  Console.WriteLine($"Access token: {result.AccessToken[..20]}");
  Console.WriteLine($"Username: {result.Account.Username}");
  Console.WriteLine($"Environment: {result.Account.Environment}");
  Console.WriteLine($"Account Id: {result.Account.HomeAccountId}");
  foreach (var scope in result.Scopes)
  {
    Console.WriteLine($"scope: {scope}");
  }
}
```

20.2.3　在Web应用程序中使用身份验证和授权

了解了如何在控制台应用程序中验证用户的身份后，我们来讨论.NET对Web应用程序的支持。

> **注意：**
> 本节使用ASP.NET Core(第24章介绍)和ASP.NET Core Razor页面(第26章介绍)。

创建ASP.NET Core应用程序时，可以使用一个模板来创建身份验证需要的代码。如果在dotnet new命令中，使用--auth选项来指定SingleOrg，则会创建使用Microsoft Azure Active Directory登录的代码：

```
> dotnet new webapp --auth SingleOrg -o WebAppWithADSample
```

在这个模板中，使用AddAuthentication()方法来配置DI容器。AddAuthentication()返回身份验证生成器，该生成器用于调用AddMicrosoftIdentityWeb()方法来为Web应用程序配置Microsoft标识平台。

从配置设置的AzureAd节中获取配置值。之后，AddAuthorization()方法配置授权。后面会修改这个方法的实现，定义用户在访问具体页面时的要求。在AddMvcOptions()方法后面的MVC生成器AddMicrosoftIdentityUI()中，使用了Microsoft标识平台中用于登录的用户界面(代码文件WebAppWithADSample/Startup.cs)：

```
public void ConfigureServices(IServiceCollection services)
{
  services.AddAuthentication(OpenIdConnectDefaults.AuthenticationScheme)
    .AddMicrosoftIdentityWebApp(Configuration.GetSection("AzureAd"));

  services.AddAuthorization(options =>
  {
    options.FallbackPolicy = options.DefaultPolicy;
  });
  services.AddRazorPages()
    .AddMvcOptions(options => {})
    .AddMicrosoftIdentityUI();
}
```

使用AzureAd节指定的配置被添加到appsettings.json配置文件中。可以在这个文件中添加域、租户ID和客户端ID。这一次，因为是Web应用程序，所以当使用默认端口在Kestrel服务器上本地运行这个应用程序时，需要在注册该应用程序的时候指定下面的重定向URI：https://localhost:5001/signin-oidc。要在不同的URL上运行这个应用程序，需要相应地调整这个URI(代码文件WebAppWithADSample/appsettings.json)：

```
{
  "AzureAd": {
    "Instance": "https://login.microsoftonline.com/",
    "Domain": "qualified.domain.name",
    "TenantId": "22222222-2222-2222-2222-222222222222",
    "ClientId": "11111111-1111-1111-11111111111111111",
    "CallbackPath": "/signin-oidc"
  }
}
```

在配置中间件时，调用UseAuthentication()和UseAuthorization()来支持身份验证和授权(代码文件

WebAppWithADSample/Startup.cs)：

```
public void Configure(IApplicationBuilder app, IWebHostEnvironment env)
{
  if (env.IsDevelopment())
  {
    app.UseDeveloperExceptionPage();
  }
  else
  {
    app.UseExceptionHandler("/Error");
    app.UseHsts();
  }

  app.UseHttpsRedirection();
  app.UseStaticFiles();

  app.UseRouting();

  app.UseAuthentication();
  app.UseAuthorization();

  app.UseEndpoints(endpoints =>
  {
    endpoints.MapRazorPages();
    endpoints.MapControllers();
  });
}
```

配置默认策略后，必须使用身份验证。如果没有使用这个策略，则可以把 Authorize 特性应用到类和方法上，例如 Razor 页面的类、MVC 控制器或者 MVC 动作方法。要重写授权要求，可以应用 AllowAnonymous 特性。在下面的代码片段中，将 Authorize 特性应用到了 Razor 页面 UserInfo 的代码隐藏文件。因为用户经过授权，所以可以访问用户信息。当指向该页面的 HTTP GET 请求导致调用 OnGet()方法时，就会访问用户信息，将令牌中包含的用户名和声明赋值给 UserName 和 ClaimsInformation 属性。ClaimsInformation 属性包含一个泛型的元组 List(代码文件 WebAppWithADSample/Pages/UserInfo.cshtml.cs)：

```
[Authorize]
public class UserInfoModel : PageModel
{
  public void OnGet()
  {
    UserName = User.Identity?.Name;

    foreach (var claim in User.Claims)
    {
      ClaimsInformation.Add((claim.Type,
        claim.Subject?.Name ?? string.Empty, claim.Value));
    }
  }

  public string? UserName { get; private set; }

  public List<(string Type, string Subject, string Value)> ClaimsInformation { get; } =
```

```
    new List<(string, string, string)>();
}
```

使用 Razor 语法，在用户界面中显示了 UserName 和 ClaimsInformation 属性的值(代码文件 WebAppWithADSample/Pages/UserInfo.cshtml.cs)：

```
@page
@model WebAppWithADSample.Pages.UserInfoModel
@{
}

<h2>User: @Model.UserName</h2>

<table>
  @foreach (var claimsInfo in Model.ClaimsInformation)
  {
  <tr>
    <td>@claimsInfo.Type</td>
    <td>@claimsInfo.Subject</td>
    <td>@claimsInfo.Value</td>
  </tr>
  }
</table>
```

在 Startup 类调用的 AddAuthorization()方法中，可以创建策略来定义要求，例如要求用户属于 Azure AD 中定义的特定角色(RequireRole()方法)，或者特定的声明在令牌中可用(RequireClaim()方法)(代码文件 WebAppWithADSample/Startup.cs)：

```
services.AddAuthorization(options =>
{
  options.AddPolicy("Developers", policy =>
  {
    policy.RequireRole("DevGroup");
  });
  options.AddPolicy("Employees", policy =>
  {
    policy.RequireClaim("EmployeeNumber");
  });
  options.FallbackPolicy = options.DefaultPolicy;
});
```

使用 Authorize 特性设置了 Policy 后，将会检查策略的要求：

```
[Authorize(Policy="Developers")]
```

如果策略不成功，用户会收到访问被拒绝的消息。

了解了用户标识、令牌和声明的信息后，我们来讨论另外一个与安全性相关的主题：加密数据。

20.3 加密数据

机密数据应得到保护，从而使未授权的用户不能读取它们。这对于在网络中发送的数据或存储的数据都有效。可以用对称或不对称密钥来加密这些数据。

通过对称密钥，可以使用同一个密钥进行加密和解密。在而不对称的加密中，加密和解密使用不同的密钥：公钥/私钥。如果使用一个公钥进行加密，就应使用对应的私钥进行解密，而不是使用公钥解密。同样，如果使用一个私钥加密，就应使用对应的公钥解密，而不是使用私钥解密。不可能从私钥中计算出公钥，也不可能从公钥中计算出私钥。

公钥/私钥总是成对创建。公钥可以由任何人使用，它甚至可以放在Web站点上，但私钥必须安全地加锁。为了说明加密过程，下面看看使用公钥和私钥的例子。

如果Alice给Bob发了一封电子邮件，如图20-1所示，并且Alice希望能保证除了Bob外，其他人都不能阅读该邮件，那么她将使用Bob 的公钥。邮件是使用Bob 的公钥加密的。Bob 打开该邮件，并使用他秘密存储的私钥解密。这种方式可以保证除了Bob外，其他人都不能阅读Alice的邮件。

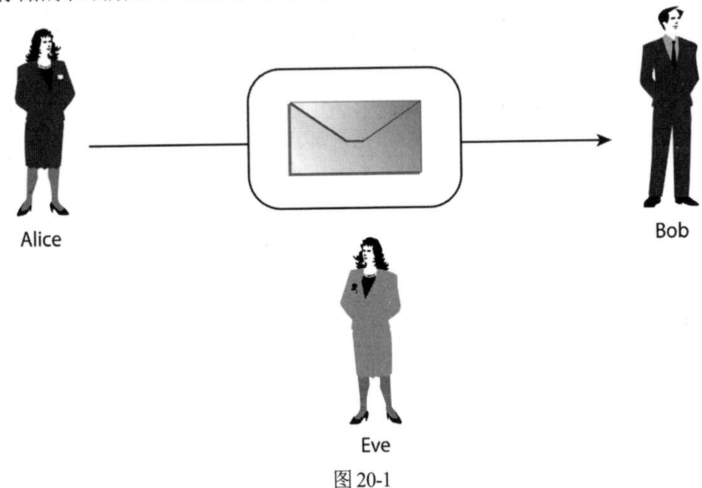

图20-1

但这还有一个问题：Bob 不能确保邮件是Alice 发送来的。Eve 可以使用Bob 的公钥加密发送给Bob 的邮件并假装是Alice。

我们使用公钥/私钥把这条规则扩展一下。下面再次从Alice给Bob发送电子邮件开始。在Alice 使用 Bob 的公钥加密邮件之前，她添加了自己的签名和邮件内容的散列值，再使用自己的私钥加密这些信息。然后使用Bob 的公钥加密邮件。这样就保证除Bob外，其他人都不能阅读该邮件。在Bob 解密邮件时，他检测到一个加密的签名。这个签名可以使用Alice 的公钥来解密。而Bob 可以访问Alice的公钥，因为这个密钥是公钥。在解密了签名后，Bob 就可以确定是Alice 发送了电子邮件。

使用对称密钥的加密和解密算法比使用非对称密钥的算法快得多。对称密钥的问题是密钥必须以安全的方式互换。在网络通信中，一种方式是先使用非对称的密钥进行密钥互换，再使用对称密钥加密通过网络发送的数据。

表20-1将.NET类实现的算法分成了不同的类别，并解释了不同算法的用法和问题。散列算法的目标是从任意长度的二进制字符串中创建一个长度固定的散列值。这些算法和数字签名一起用于保证数据的完整性。如果再次散列相同的二进制字符串，会返回相同的散列结果。即使只是对二进制字符串做了一点点修改，得到的散列结果也绝不可能相同。对称密钥算法使用相同的密钥进行数据的加密和解密。非对称算法则使用一个密钥对：一个密钥用于加密，另一个密钥用于解密。

表 20-1

类别	算法	说明
散列	MD5	MD5(Message Digest Algorithm 5，消息摘要算法 5)由 RSA 实验室开发。该算法只应该用于遗留应用程序，在普通的计算机上，只需要不到 1 秒的时间就可以破解掉
	HMAC	HMAC(Hash-based Message Authentication Code，基于散列的消息验证代码)将散列函数用于秘密的加密密钥，允许验证数据的完整性和消息的真实性
	RIPEMD	RIPEMD(RIPE Message Digest，RIPE 消息摘要)由 EU 的 RACE Integrity Primitives Evaluation (RIPE)项目开发。现在认为最初的 RIPEMD-128 是不安全的。在 RIPEMD 系列中，RIPEMD-160 是最常用的算法，使用了 160 位的散列结果。RIPEMD-265 和 RIPEMD-512 也有对应的规范。它们提供了相同的安全性，但散列值更大。比特币使用了 RIPEMD-160
	SHA	SHA(Secure Hash Algorithm，安全散列算法) 由美国国家安全局(NSA)设计。SHA-1 使用 160 位的散列长度，在抵御暴力攻击方面比 MD5(使用 128 位)强大，但由于存在安全性问题，从 2017 年之后，HTTPS 在浏览器中不再支持 SHA1。Microsoft 在 2020 年的 Windows 更新中停用了 SHA-1 代码签名。Git 针对磁盘和 DRAM 损坏使用 SHA-1 进行数据完整性检查。 其他 SHA 算法在其名称中包含了散列长度。SHA512 是这些算法中最强大的，其散列长度为 512 位，它也是最慢的
对称	DES	现在认为 DES(Data Encryption Standard，数据加密标准)是不安全的，因为它只使用 56 位的密钥长度，可以在不超过 24 小时的时间内破解
	Triple-DES	Triple-DES 是 DES 的继承者，其密钥长度是 168 位，但它提供的有效安全性只有 112 位。它使用三次 DES 迭代
	Rijndael AES	如今，AES(Advanced Encryption Standard，高级加密标准)是最常用的对称算法。它的密钥长度是 128、192 或 256 位。Rijandel 是 AES 的前身。AES 是美国政府采用的加密标准
非对称	RSA	RSA(Rivest，Shamir，Adleman)是第一个用于签名和加密的算法。这个算法广泛用于电子商务协议
	DSA	DSA(Digital Signature Algorithm，数字签名算法)是用于数字签名的一个美国联邦政府标准，在 Federal Information Processing Standards Publication(FIPS)PUB 186 中定义。在撰写本书时可用的草案版本指出，将不再批准使用 DSA 进行新的数字签名。DSA 基于模幂运算和离散对数问题
	ECDSA	ECDSA(Elliptic Curve DSA，椭圆曲线数字签名算法)使用基于椭圆曲线而不是对数。这些算法比较安全，且使用较短的密钥长度。例如，DSA 的密钥长度为 1024 位，其安全性类似于 ECDSA 的 160 位。因此，ECDSA 比较快
	ECDH	ECDH(Elliptic Curve Diffie-Hellman)算法与 ECDSA 类似，也基于椭圆曲线。该算法用于以安全的方式在不安全的信道中交换私钥

对于这些算法，.NET 中提供了许多类来实现。.NET 在 System.Security.Cryptography 名称空间中包含了用于加密的类。.NET 的实现访问 OS 系统库。对于所有 OS 提供商，保护加密库的安全都是高优先级的任务。当更新 OS 的时候，因为.NET 类调用 OS 的库，所以.NET 应用程序会使用更新后的实现。但是，这种依赖也意味着.NET 应用程序只能使用 OS 支持的特性。详细信息请访问

https://docs.microsoft.com/dotnet/standard/security/cross-platform-cryptography。

为了更好地在庞大的类列表中找到自己需要的类，我们来介绍.NET 加密类使用的对象继承。根据上表中介绍的算法类别，最重要的抽象基类是 HashAlgorithm、SymmetricAlgorithm 和 AsymmetricAlgorithm。

从这些基类派生出了另外一个抽象基类的列表，它们称为算法类。例如，Aes、RSA 和 ECDiffieHellman 类是代表具体算法的基类。AES 是一种对称算法，所以 Aes 类派生自基类 SymmetricAlgorithm。RAS 和 Elliptic Curve Diffie-Hellman (ECDH)是非对称算法，所以 RSA 和 ECDiffieHellman 类派生自基类 AsymmetricAlgorithm。所有这些类也都是抽象类。另外一层类则提供了具体的算法实现。ECDiffieHellmanCng 和 ECDiffieHellmanOpenSsl 派生自 ECDiffieHellman。带有 Cng 前缀或后缀的类使用下一代加密技术(Cryptography Next Generation，CNG) Window API。带有 OpenSsl 后缀的类基于 Linux 平台上可用的 OpenSSL 库。

为了创建平台独立的应用程序，可以使用抽象基类的 Create()方法。返回的实现基于运行程序的平台。为了利用平台特定的功能，需要使用平台特定的类。本章的示例应用程序是平台独立的。

下面的小节用例子说明如何通过编程使用这些算法。

20.3.1 获得 X.509 证书

对于创建公钥/私钥对，有不同的选项。可以使用 CngKey 类的 Create()方法。这个类只能在 Windows 上使用。如果在平台独立的应用程序中使用这个类，编译器将给出警告。在 Linux(包括 WLS-2)上，可以使用 ssh-keygen 和 openssl 实用工具。在生产环境中，可能会使用认证服务来创建包含公钥和私钥的证书。在 Microsoft Azure 中，可以使用 Azure Key Vault 管理(和创建)证书。第 15 章介绍了这个 Azure 服务。本章将从证书的角度介绍它。要在自己的订阅中使用 Azure CLI 创建一个新的 Azure Key Vault 实例和证书，可以查看代码示例中包含的 readme 文件。下载文件中还包含可以在 Bash shell 中启动的脚本。

这个示例应用程序使用 NuGet 包 Azure.Security.KeyVault.Certificates 来获取证书：

- 使用 Azure.Security.KeyVault.Secrets 来获取证书的私钥。
- 引用相同的名称空间，使用 Azure.Identity 来进行 Microsoft Azure 身份验证。
- 使用常用的包 Microsoft.Extensions.Hosting。

用于证书类 X509Certificate2 的.NET 库名称空间是 System.Security.Cryptography.X509Certificates。X.509 是一个标准，定义了公钥证书的格式。X.509 证书用于电子签名和 TLS/SSL，这是 HTTPS 的基础。

如下面的代码片段所示，示例应用程序定义了 KeyVaultService 类， 它使用 Azure Key Vault API 与 Azure Key Vault 进行通信。Azure Key Vault API 使用.NET 事件溯源来进行日志记录(第 16 章介绍了相关内容)，以提供指标信息。为通过 ILogger 提供程序看到这些信息，调用 AzureEventSourceListener()方法注册事件日志提供程序，并修改了日志级别的值。通过 VaultUri 设置(可以在 appsettings.json 文件或者用户秘密中指定)来获取 Azure Key Vault 的链接，也可以在启动应用程序的时候使用命令行参数来传递这个链接(代码文件 X509CertificateSample/KeyVaultService.cs)：

```
static class EventLevelExtensions
{
  public static LogLevel ToLogLevel(this EventLevel eventLevel)
    => eventLevel switch
    {
      EventLevel.Critical => LogLevel.Critical,
      EventLevel.Error => LogLevel.Error,
```

```
        EventLevel.Warning => LogLevel.Warning,
        EventLevel.Informational => LogLevel.Information,
        EventLevel.Verbose => LogLevel.Trace,
        EventLevel.LogAlways => LogLevel.Critical,
        _ => throw new InvalidOperationException("Update for a new event level")
      };
    }
  class KeyVaultService : IDisposable
  {
    private readonly string _vaultUri;
    private readonly ILogger _logger;
    private readonly DefaultAzureCredential _credential = new();
    private readonly AzureEventSourceListener _azureEventSourceListener;
    public KeyVaultService(IConfiguration configuration, ILogger<KeyVaultService> logger)
    {
      _vaultUri = configuration["VaultUri"];
      _logger = logger;
      _azureEventSourceListener = new AzureEventSourceListener((eventArgs, message)
        => _logger.Log(eventArgs.Level.ToLogLevel(), message), EventLevel.Verbose);
    }

    public void Dispose()
      => _azureEventSourceListener.Dispose();
    //...
}
```

对于使用 Azure Key Vault 进行身份验证，源代码使用了 DefaultAzureCredential 类。这个类尝试使用不同的账户来连接 Microsoft Azure。DefaultAzureCredential 类使用了一个 VisualStudioCredential 类，它使用 AZURE_USERNAME 环境变量指定的账户。如下面的代码片段所示，将这个变量设置为能够从密钥保管库中读取证书和秘密的账户，以便在本地环境中运行应用程序。

```
{
  "profiles": {
    "X509CertificateSample": {
      "commandName": "Project",
      "commandLineArgs": "KeyVaultUri={enter your Azure Key Vault URI",
      "environmentVariables": {
        "DOTNET_ENVIRONMENT": "Development",
        "AZURE_USERNAME": "{enter your azure username}"
      }
    }
  }
}
```

在下面的代码片段中，使用 CertificateClient 类从 Azure.Security.KeyVault.Certificates 名称空间获取证书。通过在 GetCertificateAsync()方法中传递证书的名称，可以获取证书(但不包括私钥)。Response 的 Value 属性包含 KeyVaultCertificateWithPolicy 对象。Cer 属性返回公钥。为了返回包含公钥和私钥的 X509Certificate2 对象，通过调用 GetSecretAsync()方法并传入秘密的名称和版本来获取私钥。名称和版本取自 KeyVaultCertificateWithPolicy 的 SecretId 属性的 URI 部分(代码文件 X509CertificateSample/KeyVaultService.cs)：

```
public async Task<X509Certificate2> GetCertificateAsync(string name)
{
  CertificateClientOptions options = new();
```

```
    options.Diagnostics.IsLoggingEnabled = true;
    options.Diagnostics.IsDistributedTracingEnabled = true;
    options.Diagnostics.IsLoggingContentEnabled = true;

    CertificateClient certClient = new(new Uri(_vaultUri), _credential, options);
    Response<KeyVaultCertificateWithPolicy> response =
      await certClient.GetCertificateAsync(name);
    byte[] publicKeyBytes = response.Value.Cer;
    Uri secretId = response.Value.SecretId;
    string secretName = secretId.Segments[2].Trim('/');
    string version = secretId.Segments[3].TrimEnd('/');

    SecretClient secretClient = new(new Uri(_vaultUri), _credential);
    Response<KeyVaultSecret> responseSecret =
      await secretClient.GetSecretAsync(secretName, version);
    KeyVaultSecret secret = responseSecret.Value;
    byte[] privateKeyBytes = Convert.FromBase64String(secret.Value);
    X509Certificate2 cert = new(privateKeyBytes);
    return cert;
  }
```

我们来看应用程序的顶级语句。当配置了DI容器后，获取KeyVaultService。使用该服务来获取名称为AliceCert的凭据，并在控制台显示证书主题、密钥交换算法和有效日期等值(代码文件X509CertificateSample/Program.cs)：

```
using var host = Host
  .CreateDefaultBuilder(args)
  .ConfigureServices(services =>
  {
    services.AddSingleton<KeyVaultService>();
  }).Build();

var service = host.Services.GetRequiredService<KeyVaultService>();
using var certificate = await service.GetCertificateAsync("AliceCert");

ShowCertificate(certificate);

void ShowCertificate(X509Certificate2 certificate)
{
  Console.WriteLine($"Subject: {certificate.Subject}");
  Console.WriteLine($"Not before: {certificate.NotBefore:D}");
  Console.WriteLine($"Not after: {certificate.NotAfter:D}");
  Console.WriteLine($"Has private key: {certificate.HasPrivateKey}");
  Console.WriteLine($"Key algorithm: {certificate.PublicKey.Key.KeyExchangeAlgorithm}");
  Console.WriteLine($"Key size: {certificate.PublicKey.Key.KeySize}");
}
```

运行应用程序时，可以看到与Azure Key Vault的日志通信，以及关于获取到的证书的信息。

.NET 6将添加方法，将X509Certificate2类中的密钥用于EC Diffie-Hellman类型。接下来的小节中的示例通过代码创建公钥/私钥对，但当.NET 6发布后，请查看本章可下载的readme文件，其中应该会包含使用.NET 6的示例。

20.3.2 创建和验证签名

了解了如何使用证书创建公钥/私钥对后，我们来看看如何使用ECDSA算法验证签名。在下面的示例中，Alice 创建了一个签名，该签名用 Alice 的私钥加密，可以使用 Alice 的公钥验证。如果验证成功，就保证了该签名来自 Alice，因为只有她有私钥。下面的代码片段使用 AliceRunner 来创建签名，使用 BobRunner 来验证签名(代码文件 SigningDemo/Program.cs)：

```
using Microsoft.Extensions.DependencyInjection;
using Microsoft.Extensions.Hosting;

using var host = Host.CreateDefaultBuilder(args)
  .ConfigureServices(services =>
  {
    services.AddTransient<AliceRunner>();
    services.AddTransient<BobRunner>();
  })
  .Build();

var alice = host.Services.GetRequiredService<AliceRunner>();
var bob = host.Services.GetRequiredService<BobRunner>();
var keyAlice = alice.GetPublicKey();
var aliceData = alice.GetDocumentAndSignature();
bob.VerifySignature(aliceData.Data, aliceData.Sign, keyAlice);
```

我们来看看 AliceRunner 类的主要功能。其构造函数使用 ECDsa.Create()，返回了实现 ECDSA 算法的类的实例。GetPublicKey()方法中使用的 ExportSubjectPublicKeyInfo()方法返回其他人可以使用的公钥。在 GetDocumentsAndSignature()方法中，Alice 创建了一个字符串和一个签名。通过调用 SignData()方法来创建签名。该方法使用了私钥进行签名，它的第二个参数定义了用于签名的算法的名称。这里使用了 SHA512。GetDocumentsAndSignature()方法返回了文档和签名(代码文件 SigningDemo/AliceRunner.cs)：

```
class AliceRunner : IDisposable
{
  private readonly ILogger _logger;
  private ECDsa _signAlgorithm;
  public AliceRunner(ILogger<AliceRunner> logger)
  {
    _logger = logger;
    _signAlgorithm = ECDsa.Create();
    _logger.LogInformation($"Using this ECDsa class: {_signAlgorithm.GetType().Name}");
  }

  public void Dispose() => _signAlgorithm.Dispose();

  public byte[] GetPublicKey() => _signAlgorithm.ExportSubjectPublicKeyInfo();

  public (byte[] Data, byte[] Sign) GetDocumentAndSignature()
  {
    byte[] aliceData = Encoding.UTF8.GetBytes("I'm Alice");
    byte[] aliceDataSignature =
      _signAlgorithm.SignData(aliceData, HashAlgorithmName.SHA512);
    return (aliceData, aliceDataSignature);
  }
}
```

注意：

可以给 ECDsa.Create()方法传递参数来指定使用什么算法创建曲线。ECCurve 结构定义了可以传递的 NamedCurves(如 brainpoolP320r1、nistP521)，但也可以为 ECCurve 指定自己的配置值来创建椭圆曲线。

Bob 现在需要验证签名。为此，使用与 Alice 相同的参数创建 ECDS 算法的一个实例。ECDsa 类的 VerifyData()方法接收数据、签名和散列算法作为参数。使用的算法必须与 Alice 在创建签名时使用的算法相同。需要使用 ImportSubjectPublicKeyInfo()方法导入 Alice 的公钥。VerifyData()使用这个公钥来判断签名是否来自 Alice。如果成功，则保证数据没有被篡改，签名是使用与收到的公钥成对的私钥创建的(代码文件 SigningDemo/BobRunner.cs)：

```
class BobRunner : IDisposable
{
  private readonly ILogger _logger;
  private ECDsa _signAlgorithm;
  public BobRunner(ILogger<AliceRunner> logger)
  {
    _logger = logger;
    _signAlgorithm = ECDsa.Create();
  }

  public void Dispose() => _signAlgorithm.Dispose();

  public byte[] GetPublicKey() => _signAlgorithm.ExportSubjectPublicKeyInfo();

  public void VerifySignature(byte[] data, byte[] signature, byte[] pubKey)
  {
    _signAlgorithm.ImportSubjectPublicKeyInfo(pubKey.AsSpan(), out int bytesRead);
    bool success = _signAlgorithm.VerifyData(data, signature, HashAlgorithmName.SHA512);

    _logger.LogInformation($"Signature is ok: {success}");
  }
}
```

运行应用程序时，将看到成功的结果。在调试时，可以修改数据数组的值，此时将会看到，如果篡改数据，VerifyData()将不会返回成功的结果。

20.3.3 实现安全的数据交换

下一个例子帮助解释公钥/私钥的原则，在两个团体之间交换机密数据，用对称密钥通信。它使用 EC Diffie-Hellman 算法在两个团体之间交换机密数据。这个算法允许仅使用公钥和私钥来交换机密数据，在两个团体之间交换公钥。

下面的顶级语句显示了应用程序的主要流程。通过使用 AliceRunner 和 BobRunner 类，获取了 Alice 和 Bob 的公钥。然后，Alice 创建了一条秘密消息，并使用 Bob 的公钥来进行加密。Bob 使用 Alice 的公钥来读取加密的消息(代码文件 SecureTransfer/Program.cs)：

```
using var host = Host
  .CreateDefaultBuilder(args)
  .ConfigureServices(services =>
  {
    services.AddTransient<AliceRunner>();
    services.AddTransient<BobRunner>();
```

```
    })
    .Build();
  var alice = host.Services.GetRequiredService<AliceRunner>();
  var bob = host.Services.GetRequiredService<BobRunner>();
  var keyAlice = alice.GetPublicKey();
  var keyBob = bob.GetPublicKey();
  var message = await alice.GetSecretMessageAsync(keyBob);
  await bob.ReadMessageAsync(message.Iv, message.EncryptedData, keyAlice);
```

在 AliceRunner 类的构造函数中，使用 ECDiffieHellman 算法的 Create()静态方法来创建一个实例。取决于应用程序运行在什么平台上，可能会创建 ECDiffieHellmanOpenSsl 或 ECDiffieHellmanCng 实例。使用返回的实例的 PublicKey 属性来获取公钥。这里不像 ECDsa 类那样使用字节数组，而是返回了 ECDiffieHellmanPublicKey 的一个实例。ECDiffieHellmanPublicKey 是一个抽象基类，这里也会返回由平台决定的具体类(代码文件 SecureTransfer/AliceRunner.cs)：

```
class AliceRunner : IDisposable
{
  private readonly ILogger _logger;
  private ECDiffieHellman _algorithm;
  public AliceRunner(ILogger<AliceRunner> logger)
  {
    _logger = logger;
    _algorithm = ECDiffieHellman.Create();
    _logger.LogInformation(
      $"Using this ECDiffieHellman class: {_algorithm.GetType().Name}");
  }

  public void Dispose() => _algorithm.Dispose();

  public ECDiffieHellmanPublicKey GetPublicKey() => _algorithm.PublicKey;
  //...
}
```

Alice 的 ECDiffieHellman 实例包含 Alice 的公钥和私钥。要加密发送给 Bob 的消息，使用了 Bob 的公钥来创建对称密钥。DeriveKeyMaterial()方法使用 Bob 的公钥来创建对称密钥。返回的对称密钥用于 AES 对称算法来加密数据。Aes 类需要密钥和一个初始化向量(initialization vector，IV)。IV 由 GenerateIV()方法动态生成。通过 EC Diffie-Hellman 算法交换对称密钥，但还必须交换 IV。从安全性的角度看，在网络上传输 IV 时不进行加密是没有问题的，但必须保护密钥的交换。IV 包含在 GetSecretMessageAsync()方法返回的元组中，该元组中还包含加密的消息。使用 Aes 对象时，通过调用 GetEncryptor()方法创建了一个加密器。该加密器用于 CryptoStream。该 CryptoStream 被配置为写入 MemoryStream。刷新 CryptoStream 后，可以使用 MemoryStream 把写入的数据转换为一个字节数组(代码文件 SecureTransfer/AliceRunner.cs)：

```
public async Task<(byte[] Iv, byte[] EncryptedData)> GetSecretMessageAsync(
  ECDiffieHellmanPublicKey otherPublicKey)
{
  string message = "secret message from Alice";
  _logger.LogInformation($"Alice sends message {message}");

  byte[] plainData = Encoding.UTF8.GetBytes(message);

  byte[] symmKey = _algorithm.DeriveKeyMaterial(otherPublicKey);
  _logger.LogInformation($"Alice creates this symmetric key with " +
```

```
  $"Bobs public key information: {Convert.ToBase64String(symmKey)}");
 using Aes aes = Aes.Create();
 _logger.LogInformation($"Using this Aes class: {aes.GetType().Name}");
 aes.Key = symmKey;
 aes.GenerateIV();
 using ICryptoTransform encryptor = aes.CreateEncryptor();
 using MemoryStream ms = new();
 using (CryptoStream cs = new(ms, encryptor, CryptoStreamMode.Write))
 {
  await cs.WriteAsync(plainData.AsMemory());
 } // need to close the CryptoStream before using the MemoryStream
 byte[] encryptedData = ms.ToArray();
 _logger.LogInformation($"Alice: message is encrypted: " +
  $"{Convert.ToBase64String(encryptedData)}");
 var returnData = (aes.IV, encrye ptedData);
 aes.Clear();
 return returnData;
}
```

注意：
第18章介绍了流。

构造函数和GetPublicKey()方法与AliceRunner类相似，所以在此不重复展示Bob的部分。下面的代码片段中的ReadMessageAsyn()方法使用了Bob的公钥和私钥(它们是在创建ECDiffieHellman实例时创建的)，并使用Alice的公钥来创建用于通信的对称密钥，同样，这调用了DeriveKeyMaterial()方法。现在，虽然没有与Alice交换对称密钥值，但创建了与Alice相同的对称密钥值，这是EC Diffie-Hellman算法的一种属性。将这个密钥赋值给Aes实例的Key属性。这里必须把Alice创建的IV赋值给IV属性。然后，调用CreateDecryptor()方法创建一个解密器，用于解密消息。该解密器被用于CryptoStream类。代码类似于Alice加密消息的代码，但现在消息被解密出来(代码文件SecureTransfer/BobRunner.cs)：

```
public async Task ReadMessageAsync(byte[] iv, byte[] encryptedData,
 ECDiffieHellmanPublicKey otherPublicKey)
{
 _logger.LogInformation("Bob receives encrypted data");
 byte[] symmKey = _algorithm.DeriveKeyMaterial(otherPublicKey);
 _logger.LogInformation($"Bob creates this symmetric key with " +
  $"Alice public key information: {Convert.ToBase64String(symmKey)}");

 Aes aes = Aes.Create();
 aes.Key = symmKey;
 aes.IV = iv;
 using ICryptoTransform decryptor = aes.CreateDecryptor();
 using MemoryStream ms = new();
 using (CryptoStream cs = new(ms, decryptor, CryptoStreamMode.Write))
 {
  await cs.WriteAsync(encryptedData.AsMemory());
 } // close the cryptostream before using the memorystream
 byte[] rawData = ms.ToArray();
 _logger.LogInformation($"Bob decrypts message to: {Encoding.UTF8.GetString(rawData)}");
 aes.Clear();
}
```

运行应用程序，将得到如下所示的输出。Alice 加密了消息，然后 Bob 通过安全交换的对称密钥解密了消息。

```
info: AliceRunner[0]
      Using this ECDiffieHellman class: ECDiffieHellmanCng
info: AliceRunner[0]
      Alice sends message secret message from Alice
info: AliceRunner[0]
      Alice creates this symmetric key with Bobs public key information:
JAj1V/xZaaFQriVGsKWzBwWk0WpGSltC8O8ja6vqxX4=
info: AliceRunner[0]
      Using this Aes class: AesImplementation
info: AliceRunner[0]
      Alice: message is encrypted: ItD+jtDRlSyEIyNnT1BHMNXoRQG3xZzpClakd6Zy/js=
info: BobRunner[0]
      Bob receives encrypted data
info: BobRunn]
      Bob creates this symmetric key with Alice public key information:
JAj1V/xZaaFQriVGsKWzBwWk0WpGSltC8O8ja6vqxX4=
info: BobRunner[0]
      Bob decrypts message to: secret message from Alice
```

20.4 确保 Web 安全

对于允许用户输入的 Web 应用程序，有一些需要注意的特定安全问题。用户输入是不可信的。使用 JavaScript 或内置 HTML5 特性在客户端验证输入数据只是为了方便用户。可以显示错误，而不向服务器发出额外的网络请求。但是，客户端是不能信任的。因为用户(黑客)可以拦截 HTTP 请求，发出不同的请求，绕过 HTML5 和 JavaScript 验证。

本节讨论 Web 应用程序的常见问题，以及需要注意的避免这些问题的内容。示例应用程序基于 ASP.NET Core MVC 模板，可以使用 dotnet new mvc 或 Visual Studio 来创建这个应用程序的基础代码。

20.4.1 编码

千万不要相信用户输入。将用户信息写入数据库，并将这些信息显示在网站上，是遭到黑客攻击的典型原因。例如，社区网站在主页上显示了最近的 5 个新用户。其中一个新用户设法向用户名添加了一个脚本，该脚本重定向到一个恶意网站上。因为用户信息显示给每个访问该站点的用户，所以每个用户都被重定向。

下一个例子说明了模拟和避免这种行为是多么容易。在下面的代码片段中，/echo URL 映射到一个应答，该应答返回用户输入，并赋值给 x 参数，然后使用 context.Response.WriteAsync()发送响应(代码文件 ASPNETCoreMVCSecurity/Startup.cs)：

```
endpoints.Map("/echo", async context =>
{
  string data = context.Request.Query["x"];
  await context.Response.WriteAsync(data);
});
```

现在传递请求：

```
http://localhost:5001/echo?x=I'm a nice user
```

字符串 I'm a nice user 返回到浏览器。这并不是那么糟糕，但是用户可能会尝试攻击系统。例如，用户可以输入如下 HTML 代码：

```
http://localhost:5001/echo?x=<h1>Is this wanted?</h1>
```

结果显示，输入字符串用 HTML H1 标记格式化。用户可以通过输入 JavaScript 代码做更多的坏事：

```
localhost:5001/echo?x=<script>alert("this is bad");</script>
```

在大多数浏览器中，会出现一个弹出窗口，显示用户输入的文本。

如果试图在输入中检查<script>元素，并在有该元素的时候不返回任何东西来避免这个问题，就可能会失败。除了使用<script >元素之外，用户也可以在尖括号中加入 Unicode 数字来得到相同的结果。下面对用户输入进行编码，使其不被浏览器解释。

可以从名称空间 System.Text.Encodings.Web 使用 HTMLEncoder 类来编码用户输入：

```
endpoints.Map("/echoenc", async context =>
{
  string data = context.Request.Query["x"];
  await context.Response.WriteAsync(HtmlEncoder.Default.Encode(data));
});
```

使用 HtmlEncoder 类时，用户可以通过 http://localhost:5001/echoenc?x=<h1>this gets converted</h1>输入<h1>元素。因此，在浏览器中显示<h1>this gets converted</h1>。<字符被编码为<，因此显示为文本。完整的编码字符串为：

```
&lt;h1&gt;this gets converted&lt;/h1&gt;
```

类似地，脚本元素会被转换，不会以脚本的形式在浏览器中运行。

> **注意：**
>
> 可以使用 HtmlEncoder 类来允许特定的输入通过检查——例如，可能允许用户添加<b>元素。可以使用 HtmlEncoder.Create()方法通过已接受的输入创建编码器。现在的首选方法是允许用户使用 Markdown 并将 Markdown 转换为 HTML，进行一些格式化。关于 Markdown 的介绍可以在网址 20-1 上阅读。

到目前为止，示例代码已经使用了 ASP.NET Core 功能。直接从 ASP.NET Core MVC 控制器或视图内部返回一个字符串时，编码是默认进行的。需要进行额外的投资，以避免对这里的结果进行编码。

使用 ASP.NET Core 控制器只返回一个字符串，会得到一个编码的字符串(代码文件 ASPNETCoreMVCSecurity/Controllers/HomeController.cs)：

```
public string Echo(string x) => x;
```

要发送未编码的字符串，可以使用 Controller 基类的 Content()方法，并指定内容返回为 text/html：

```
public IActionResult EchoUnencoded(string x) => Content(x, "text/html");
```

下面在视图中进一步使用 Razor 代码。这里，EchoWithView()方法使用 ViewBag.SampleData 把用户的输入数据传递给视图(代码文件 ASPNETCoreMVCSecurity/Controllers/HomeController.cs)：

```
public IActionResult EchoWithView(string x)
{
  ViewBag.SampleData = x;
```

```
  return View();
}
```

在视图中，使用 Razor 表达式@data 传递输入数据时，编码是默认进行的。data 是一个局部变量，传递过来的 ViewBag 信息被赋值给这个变量。为了不使用编码，使用 Html 辅助类的 Raw()方法(代码文件 ASPNETCoreMVCSecurity/Views/Home/EchoWithView.cshtml)：

```
@{
  string data = ViewBag.SampleData;
}
<div>
  this is encoded
</div>
<div>@data</div>

<br/>
<div>
  This is not encoded
</div>
<div>
  @Html.Raw(@data)
</div>
```

> **注意：**
> 当显式向客户端发送未编码数据时，需要确保输入是可信的——例如，HTML 是由 Markdown 转换而来，而不是直接返回用户输入。

> **注意：**
> 在使用用户输入作为 URL 字符串时，可以使用 UrlEncoder 类，这类似于使用用户输入作为 HTML 内容时使用 HtmlEncoder 类的方式。

20.4.2　防范 SQL 注入

Web 应用程序的另一个常见问题是 SQL 注入。与 HTML 编码一样，使用内置的功能很容易避免这个问题。

下面的代码片段创建了一个 SQL 字符串，该字符串直接在 SqlSample 控制器方法中分配输入参数。有了它，用户就可以输入;SELECT * FROM Users，所有这些信息都显示给用户：

```
public IActionResult SqlSample(string id)
{
  string connectionString = GetConnectionString();
  SqlConnection sqlConnection = new(connectionString);
  SqlCommand command = sqlConnection.CreateCommand();
  // don't do this -string concatenation for SQL commands!
  command.CommandText = "SELECT * FROM Customers WHERE City = " + id;
  sqlConnection.Open();
  using (SqlDataReader reader =
    command.ExecuteReader(System.Data.CommandBehavior.CloseConnection))
  {
    StringBuilder sb = new();
    while (reader.Read())
    {
```

```
      for (int i = 0; i < reader.FieldCount; i++)
      {
        sb.Append(reader[i]);
      }
      sb.AppendLine();
    }
    ViewBag.Data = sb.ToString();
  }
  return View();
}
```

千万不要对 SQL 语句使用字符串连接。相反，使用参数或隐式地使用 Entity Framework Core 参数可以轻松地避免这个问题。

> **注意：**
> Entity Framework Core 的更多介绍请参见第 21 章。

20.4.3 防范跨站点请求伪造

跨站点请求伪造(Cross-Site Request Forgery，XSRF)是一种攻击，指恶意网站试图在用户不知情的情况下模拟用户并输入数据。

在下一个示例中，用户在表单中输入图书信息。Book 是一个包含 Title 和 Publisher 属性的简单模型类。在 HomeController 中，EditBook()方法返回一个视图(代码文件 ASPNETCoreMVCSecurity/Controllers/HomeController.cs)：

```
public IActionResult EditBook() => View();
```

视图定义了简单的输入数据，用户可以在其中输入 Title 和 Publisher 信息，并通过 HTTP POST 请求将这些信息传递给服务器(代码文件 ASPNETCoreMVCSecurity/Views/EditBook.cshtml)：

```
@{
    ViewData["Title"] = "EditBook";
}
<h2>Edit Book</h2>

<form asp-controller="Home" asp-action="EditBook" method="post">
  <label for="title">Title:</label>
  <input type="text" id="title" name="title" />
  <br />
  <label for="publisher">Publisher:</label>
  <input type="text" id="publisher" name="publisher" />
  <br />
  <input type="submit" value="Submit" />
</form>
```

使用 HTTP POST 请求，将调用下面的 EditBook()方法，来显示带有输入用户数据的视图(代码文件 ASPNETCoreMVCSecurity/Controllers/HomeController.cs)：

```
[HttpPost]
public IActionResult EditBook(Book book) => View("EditBookResult", book);
```

打开 URL http://localhost:5001/Home/EditBook，运行应用程序时，可以输入图书信息，单击 submit 按钮，从控制器中接收信息，图书信息显示在视图结果中。

与此同时，恶意网站只需要使用相同的链接，以自己的形式提交数据。检查以下代码片段，其中的表单元素引用了与以前相同的URL。此表单托管于另一个网站 https://localhost:5002/dothis.html。这只是一个不同的端口，但也可以是不同的域名。用户不需要在表单中输入任何内容(输入元素是隐藏的，因此不会显示给用户)。用户只需要单击 submit 按钮，不需要知道后台发生了什么不同的事情(代码文件 HackingSite/wwwroot/dothis.html)：

```
<h1>Click this for a win!</h1>

<!-- form has a redirect to the website being hacked -->
<form action="http://localhost:24897/Home/EditBook" method="post">
  <input type="hidden" value="bad book title" name="title"/>
  <input type="hidden" value="bad publisher" name="publisher"/>
  <input type="submit" value="Click Now!"/>
</form>
```

单击这个链接时，恶意数据会以用户的名义传送到网站。如果用户通过 Book 网站进行了身份验证，并且没有注销，数据就以用户的名义提交，并且很可能在不同的送货地址下了一些订单。

为了避免这种行为，ASP.NET Core 提供了反伪造令牌。这样的令牌需要从用户应该使用的表单中创建，以输入有效数据，并在接收数据时进行验证。

编辑图书表单现在通过 HTML 辅助方法 AntiForgeryToken()改为包含该令牌(代码文件 ASPNETCoreMVCSecurity/Views/EditBookSecure.cshtml)：

```
<form asp-controller="Home" asp-action="EditBookSecure" method="post">
  @Html.AntiForgeryToken()

  <label for="title">Title:</label>
  <input type="text" id="title" name="title" />
  <br />
  <label for="publisher">Publisher:</label>
  <input type="text" id="publisher" name="publisher "/>
  <br />
  <input type="submit" value="Submit "/>
</form>
```

运行应用程序时，可以看到一个隐藏表单字段，其中包含自动生成的令牌。当检索数据时，使用 ValidateAntiForgeryToken 特性对令牌进行验证(代码文件 ASPNETCoreMVCSecurity/Controllers/HomeController.cs)：

```
[HttpPost]
[ValidateAntiForgeryToken]
public IActionResult EditBookSecure(Book book) => View("EditBookResult", book);
```

现在运行恶意网站时，将返回响应，不接受无效数据。

注意：

开放式 Web 应用程序安全项目(Open Web Application Security Project，OWASP)基金会一直在分析 Web 应用程序面临的安全风险，并发布了 OWASP 前 10 大风险排名(见网址 20-2)。可以在 GitHub 操作(OWASP ZAP Full Scan)中使用 OWASP Zed Attack Proxy (ZAP)来分析 Web 应用程序和服务器，以自动扫描问题。想要扫描源代码分析工具的安全性，可以在网址 20-3 查看可用工具的列表。

20.5 小结

本章讨论了与.NET应用程序相关的几个安全性方面。如今，标识用户的方式有很多种，Microsoft的标识平台提供了易于使用的选项。对于Web应用程序，我们介绍了如何使用ASP.NET Core内置的功能来针对Azure Active Directory验证和授权用户。

本章介绍了加密方法，说明了数据的签名和加密，以安全的方式交换密钥。.NET提供了对称加密算法和非对称加密算法，以及散列和签名。本章还介绍了如何使用Azure Key Vault创建X.509证书。

使用访问控制列表还可以读取和修改对操作系统资源(如文件)的访问权限。ACL的编程方式与安全管道、注册表键、Active Directory项以及许多其他操作系统资源的编程方式相同。

在许多情况下，可以在较高的抽象级别上处理安全性。例如，使用HTTPS访问Web服务器，在后台交换加密密钥。File类提供了Encrypt()方法轻松地加密文件。知道这个功能如何发挥作用也很重要。

对于Web应用程序，讨论了因为信任用户输入而导致各种攻击所带来的常见问题，包括跨站点的请求伪造，也探讨了如何使用编码来避免各种问题，以及如何使用反伪造请求令牌来避免XSRF。

关于安全性的更多特性，第25章将介绍如何验证访问REST服务的用户和客户端应用程序，第26章将介绍如何验证和授权访问本地数据库的用户。

第21章介绍如何读写数据库中的数据，这个过程也应该是受保护的。

20.5 小结

第21章 Entity Framework Core

本章要点

- Entity Framework Core 简介
- 使用约定、注释和流式 API
- 使用查询、已编译的查询和全局查询过滤器
- 通过约定、注释和流式 API 定义关系
- 在每个层次结构中使用表、表分割和拥有的实体
- 对象跟踪
- 更新对象和对象树
- 用更新处理冲突
- 使用事务
- 使用.NET CLI 工具进行迁移

本章源代码：

通过扫描封底二维码下载本书源代码。本章源代码可以在代码文件的 2_Libs/EFCore 目录中找到。

本章代码分为以下几个主要的示例文件：

- Intro
- Models
- ScaffoldSample
- MigrationsSample
- Queries
- Relations
- LoadingRelatedData
- Tracking
- ConflictHandling-LastWins
- ConflictHandling-FirstWins
- Cosmos

本章的示例使用了 Microsoft.EntityFrameworkCore、Microsoft.EntityFrameworkCore.SqlServer 和

Microsoft.Extensions.Hosting NuGet 包。所有示例项目都启用了可空引用类型。

21.1 Entity Framework 简介

直接使用 ADO.NET 的时候，可以通过读取器(如 SqlDataReader 或 SqliteDataReader)来使用数据库中的数据手动填充对象。通过 Entity Framework Core (EF Core)，可以直接获得关系数据存储与类和类层次结构的映射，所以不需要自己编写 SQL 语句。使用 EF Core 可以创建一个上下文，将数据库表映射到模型类型，创建自定义类的新实例，以及更新现有实例，从而在数据库中添加记录和更新记录。EF Core 提供了一个抽象层，使访问数据库的许多工作变得简单了许多。

21.1.1 数据库提供程序

通过 EF Core，可以使用任何有可用的 EF Core 提供程序的数据库。Microsoft 文档中包含一个可用提供程序的列表：https://docs.microsoft.com/ef/core/providers/。

本章主要使用 Microsoft SQL Server。安装 Visual Studio 的时候，会安装 Microsoft SQL Server LocalDB。如果使用的是 Linux 环境，可以安装 SQL Server 的 Linux 版本。要使用 Microsoft SQL Server 的 Linux 版本，最简单的方式是运行一个 Docker 镜像。关于如何拉取和配置 Docker 镜像，从而在 Linux 容器中运行 SQL Server 的说明，请访问 https://hub.docker.com/_/microsoft-mssql-server。如果使用的是 Windows 环境，并且安装了 Docker for Windows，则也可以使用 Docker 镜像。启动 Docker 镜像后，需要使用连接字符串来访问正在运行的服务器。

对于代码示例，也可以使用 Azure SQL 数据库。只需要确保使用一个小数据库(对于本章的示例足够用了)，而不要选择基于 Core 的定价模型，而且需要使用数据库事务单元(database transaction unit，DTU)。对于小数据库，使用 DTU 会便宜得多。

21.1.2 创建 Azure SQL 数据库

要在 Microsoft Azure 中创建 SQL 数据库，可以使用 Azure CLI。可以在 Azure 门户(https://portal.azure.com)中，单击 Cloud Shell 按钮，并选择 Bash shell，直接使用 Azure CLI。也可以将 Azure CLI 安装到本地系统。请访问 https://docs.microsoft.com/cli/azure/install-azure-cli 来查看关于下载和安装的说明。

创建数据库，以使用下载代码中提供的 Bash 脚本，也可以按照下面的脚本片段，使用 Azure CLI 创建数据库：

(1) 首先定义变量。对于这些变量，选择最适合你所在地区的 Azure 区域。

(2) 使用 az group create 命令创建一个资源组。数据库服务器和数据库将添加到此资源组中。

(3) 使用 az sql server create 创建一个新的数据库服务器。需要使用 az sql server firewall-rule create 来启用防火墙，以允许访问此服务器。使用 IP 地址 0.0.0.0 允许 Azure 服务访问。对于变量 clientip，需要添加用来访问 Azure 服务的 IP 地址。设置 clientip 变量的时候需要指定这个地址。

(4) 最后，使用 az sql db create 来创建 Azure SQL 数据库。将--service-objective 设置为 Basic，创建一个最大 5GB、且使用基于数据传输单元的便宜选项的数据库。如果使用这个 Azure 服务，则需要在示例应用程序中配置该数据库的连接字符串。

在可下载的源代码中，提供了一个可以从 Azure shell 运行的 Bash 脚本，只需要确保输入你的客户端的 IP 地址，使用最接近你所在地区的 Azure 区域，以及修改密码。命令使用了 \ 行延续字符，这在 Azure shell 和 Windows Subsystem for Linux 中都是有效的。使用 Windows 命令提示时，可将 ^ 作为行延续字符。下面的代码使用了 \ 字符(代码文件 createazuresql.sh)：

```
#! /bin/bash

# Prepare variables
rg=rg-procsharp
loc=westeurope
servername=procsharpserver$RANDOM
databasename=procsharp
clientip=enter your client--ip address

az group create --location $loc --name $rg
az sql server create --name $servername --resource-group $rg --location $loc \
--admin-user myadminuser --admin-password myadminpassword
az sql server firewall-rule create -g $rg -s $servername -n azurerule \
--start-ip-address 0.0.0.0 --end-ip-address 0.0.0.0
az sql server firewall-rule create -g $rg -s $servername -n clientiprule \
--start-ip-address $clientip --end-ip-address $clientp
az sql db create -g $rg -s $servername -n $databasename --service-objective Basic
```

为了最终删除这里创建的所有资源，可以删除资源组及其关联的所有资源：

```
> az group delete --name $rg
```

EF Core 还支持 NOSQL 数据库，而不只是关系数据库。这是与.NET Framework 中的 Entity Framework 的一个重要区别。本章最后一节将使用 Azure Cosmos DB，看看它与关系数据库的异同。

21.1.3 创建模型

访问 Books 数据库的 Intro 示例应用程序是一个.NET 控制台应用程序。EF Core 5 支持使用记录，但在更新时存在一些限制。为了了解在什么场景中能够使用记录、在什么场景中使用类(至少在.NET 5 中是这样)，可以使用记录或类构建示例应用程序。如果在项目配置文件中定义了 USERECORDS 常量，编译将使用记录，否则将使用类。

在这个应用程序中，Book 类型包含三个属性。BookId 属性映射到表的主键，Title 属性映射到 Title 列，Publisher 属性映射到 Publisher 列。对两个属性应用了 StringLength 特性，以创建 SQL Server 列类型 nvarchar(n)。应用程序使用了可空引用类型，在 EF Core 中，这用于约定。Publisher 属性的类型是“string?”，在把它映射到数据库时，这意味着它不是必要的，因而允许其值为 null。Title 属性不可为空，所以是一个必要的列。创建记录类型时，使用位置记录可以减少需要输入的代码行数。主构造函数的成员创建只在初始化时设置的设置器。要为这些属性应用特性，需要使用 property 关键字来应用 StringLength 特性。要把特性应用到具有自动属性的字段，需要使用 field 关键字。这个类指定了包含 3 个参数的构造函数，最后一个参数是可选的。Book 类为所有成员实现了自动属性。在类版本中，可以在创建对象后修改属性的值(代码文件 Intro/Book.cs)：

```
using System.ComponentModel.DataAnnotations;

#if USERECORDS

public record Book(
  [property: StringLength(50)] string Title,
  [property: StringLength(30)] string? Publisher = default,
  int BookId = 0);
```

```
#else

public class Book
{
  public Book(string title, string? publisher = default, int bookId = default)
  {
    Title = title;
    Publisher = publisher;
    BookId = bookId;
  }
  [StringLength(50)]
  public string Title { get; set; }
  [StringLength(30)]
  public string? Publisher { get; set; }
  public int BookId { get; set; }
}

#endif
```

21.1.4 创建上下文

通过创建 BooksContext 类，实现了 Book 表与数据库的关系。这个类派生自基类 DbContext，如下面的代码片段所示。BooksContext 类定义了 DbSet<Book>类型的 Books 属性。这个类型允许创建查询，添加 Book 实例，把图书数据存储在数据库中。构造函数指定了 DbContextOptions 类型的参数。当使用依赖注入容器配置上下文的时候，会使用这个构造函数。如本章后面的“在 DI 提供程序中配置上下文”小节所述，需要在容器配置中指定数据库的连接字符串(代码文件 Intro/BooksContext.cs)：

```
public class BooksContext : DbContext
{
  public BooksContext(DbContextOptions<BooksContext> options)
    : base(options) { }

  public DbSet<Book> Books => Set<Book>();
}
```

注意：
创建 DbContext 构造函数来用于依赖注入时，除了指定 DbContextOptions 参数，还可以指定在 DI 容器中注册的参数。

注意：
在许多示例中(包含本书以前版本中的示例)，对 DbSet 类型的属性使用了读写属性。读写属性是从基类 DbContext 赋值的。现在，因为我们启用了可空引用类型，所以因为这个类的构造函数中没有初始化属性，编译器会给出一个警告。对于可空引用类型，最好的方法是调用基类的 Set()泛型方法来初始化这个属性，并且使用只读属性。

如果没有使用依赖注入，则可以使用无参数构造函数(或者默认构造函数)、而不是带有 DbOptions 的构造函数来创建一个派生自 DbContext 的类，并重写 OnConfiguring()方法来指定数据库连接字符串：

```
public class BooksContext: DbContext
{
```

```
    public BooksContext() { }

    private const string ConnectionString =
      @"server=(localdb)\MSSQLLocalDb;database=ProCSharpBooks;" +
      @"trusted_connection=true";

    public DbSet<Book> Books => Set<Book>();

    protected override void OnConfiguring(DbContextOptionsBuilder optionsBuilder)
    {
      optionsBuilder.UseSqlServer(ConnectionString);
    }
  }
```

本书的示例应用程序都使用DI容器。在前面的章节中已经看到了DI容器的优势，在接下来的章节中仍会继续看到DI容器的应用。

21.1.5 约定、注释和流式API

EF Core使用了三个概念来定义模型：约定、注释和流式API。按照约定，有些事情会自动发生，但要注意，约定基于EF Core提供程序。例如，对于SQL Server，如果属性的类型是int或Guid，名称为Id或{ClassName}Id，那么该属性映射到主键。.NET string类型映射到nvarchar(max)数据库类型。可空性定义也定义了映射，如上一节所述。

可以使用注释重写约定——指定特性。前面的例子使用StringLength特性将Title属性映射到类型为nvarchar(50)的列。使用Table特性可以定义从类型名到对应的表的映射，使用Column特性可以定义从属性名到列的映射。

还有一个将.NET类型映射到表名的约定。在EF Core中，DbSet类型的属性名用作默认的表名。下一节将介绍如何创建上下文。并非对于每个注释都存在约定。要指定不可空(必要的)列，需要使用Required特性。在.NET 5之前，不存在不可空引用类型的约定。注释比约定更强大，可以做得更多。

除了使用注释，还可以使用流式API，这意味着配置是通过代码完成的，而不是使用特性完成的。在流式API中，可以使用方法的返回值来调用下一个方法。用于EF Core的流式API比注释更强大。本章后面的“创建模型”小节将会展示流式API。

21.1.6 使用DI提供程序配置上下文

使用第15章第一次介绍的Host类来创建和配置DI容器，如下面的代码片段所示(代码文件Intro/Program.cs)：

```
using var host = Host.CreateDefaultBuilder(args)
  .ConfigureServices((context, services) =>
  {
    var connectionString = context.Configuration.GetConnectionString
      ("BooksConnection");
    services.AddDbContext<BooksContext>(options =>
    {
      options.UseSqlServer(connectionString);
    });
    services.AddScoped<Runner>();
  })
  .Build();
```

通过配置设置来获取连接支持。这里使用连接字符串来引用一个 localdb 数据库。如果使用其他数据库，则需要指定对应的连接字符串(配置文件 Intro/appsettings.json)：

```
{
  "ConnectionStrings": {
    "BooksConnection":
      "server=(localdb)\\mssqllocaldb;database=ProCSharpBooks;trusted_connection=true"
  }
}
```

把 DbContext 注入了 Runner 类的构造函数(代码文件 Intro/Runner.cs)：

```
public class Runner
{
  private readonly BooksContext _booksContext;
  public Runner(BooksContext booksContext)
  {
    _booksContext = booksContext;
  }
  //...
}
```

配置了 Host 类后，从 DI 容器创建一个新的作用域，以返回一个具有此作用域的 Runner 实例。然后，使用 Runner 类来调用各种方法，通过 BooksContext 来显示不同的场景(代码文件 Intro/Program.cs)：

```
using var scope = host.Services.CreateScope();
var runner = scope.ServiceProvider.GetRequiredService<Runner>();

await runner.CreateTheDatabaseAsync();
await runner.AddBookAsync("Professional C# and .NET", "Wrox Press");
await runner.AddBooksAsync();
await runner.ReadBooksAsync();
await runner.QueryBooksAsync();
await runner.DeleteBooksAsync();
await runner.DeleteDatabaseAsync();
```

21.1.7 创建数据库

前面定义了模型和上下文。现在还可以以编程方式创建数据库。使用 DbContext 的 Database 属性时，会返回一个 DatabaseFacade。可以使用它创建和删除数据库，并直接发送 SQL 语句给数据库。调用 EnsureCreatedAsync()方法，确保创建了数据库。如果数据库已经存在，此方法将返回 false。如果数据库不存在，则根据上下文和模型的定义创建数据库，并返回 true(代码文件 Intro/Program.cs)：

```
public async Task CreateTheDatabaseAsync()
{
  bool created = await _booksContext.Database.EnsureCreatedAsync();
  string creationInfo = created ? "created" : "exists";
  Console.WriteLine($"database {creationInfo}");
}
```

运行这个程序时，如果之前已经创建了这个数据库，那么字符串 database exists 就会写入控制台。如果之前没有创建数据库，就创建数据库，然后写入字符串 database created。

如果使用 Azure SQL 数据库，则需要在启动应用程序之前创建数据库。在这里调用

EnsureCreatedAsync()会使用 Azure SQL 数据库创建模式。

> **注意：**
> 当数据库模式发生变化时，使用 Database.EnsureCreatedAsync()方法创建数据库并不会提供任何支持。另外一种选项是使用迁移创建数据库。使用迁移时，可以将数据库模式升级或降级到任何指定的版本。这可以通过代码完成，也可以通过创建 SQL 脚本完成。本章后面将介绍这种特性。

21.1.8　删除数据库

数据库的删除与它的创建非常类似。只需要调用 DatabaseFacade 的方法 EnsureDeletedAsync()：

```
public async Task DeleteDatabaseAsync()
{
  Console.Write("Delete the database? (y|n) ");
  string? input = Console.ReadLine();
  if (input?.ToLower() == "y")
  {
    bool deleted = await _booksContext.Database.EnsureDeletedAsync();
    string deletionInfo = deleted ? "deleted" : "not deleted";
    Console.WriteLine($"database {deletionInfo}");
  }
}
```

确保不删除不应该删除的数据库。注意所使用的连接字符串。

21.1.9　写入数据库

创建了数据库和 Books 表后，就可以用数据填充表了。创建 AddBookAsync()方法，把 Book 对象添加到数据库中。AddBookAsync()方法仅把 Book 对象添加到上下文中，其状态为 added，而不写入数据库。调用 SaveChangesAsync()方法时才会把 Book 对象写入数据库。写入该对象后，就可以从 book 变量获取 BookId。EF Core 修改了这个变量，因为在数据库中，这是一个自增的键。使用记录时，这段代码也可以工作，因为仅在初始化时设置的属性是后台属性，具有 get/set 访问器，而 set 访问器被标注为只在初始化时使用(代码文件 Intro/Program.cs)：

```
public async Task AddBookAsync(string title, string publisher)
{
  Book book = new(title, publisher);
  await _booksContext.Books.AddAsync(book);
  int records = await _booksContext.SaveChangesAsync();
  Console.WriteLine($"{records} record added with {book.BookId}");

  Console.WriteLine();
}
```

想要添加一组图书，可以使用 AddRange()方法：

```
public async Task AddBooksAsync()
{
  Book b1 = new("Professional C# 7 and .NET Core 2", "Wrox Press");
  Book b2 = new("Professional C# 6 and .NET Core 1.0", "Wrox Press");
  Book b3 = new("Professional C# 5 and .NET 4.5.1", "Wrox Press");
  Book b4 = new("Essential Algorithms", "Wiley");
  await _booksContext.Books.AddRangeAsync(b1, b2, b3, b4);
```

```
  int records = await _booksContext.SaveChangesAsync();
  Console.WriteLine($"{records} records added");

  Console.WriteLine();
}
```

注意：

要查看数据库的模式和数据，在 Visual Studio 中可以使用 SQL Server Object Explorer。对于 Windows、macOS 和 Linux 上的跨平台解决方案，可以使用 Azure Data Studio。访问可下载代码的 readme 文件中提供的链接可了解相关的安装说明。

21.1.10 读取数据库

要在 C#代码中读取数据，只需要调用 BooksContext，访问 Books 属性。使用 ToListAsync()方法会从任务返回一个列表，从而避免阻塞调用线程(代码文件 Intro/Program.cs)：

```
public async Task ReadBooksAsync(CancellationToken token = default)
{
  string query = _booksContext.Books.ToQueryString();
  Console.WriteLine(query);
  List<Book> books = await _booksContext.Books.ToListAsync(token);
  foreach (var b in books)
  {
    Console.WriteLine($"{b.Title} {b.Publisher}");
  }

  Console.WriteLine();
}
```

要查看提供程序生成的查询，一种简单的方式是调用 ToQueryString()方法：

```
SELECT [b].[BookId], [b].[Publisher], [b].[Title]
FROM [Books] AS [b]
```

Entity Framework 提供了一个 LINQ 提供程序。使用它可以创建 LINQ 查询来访问数据库。在示例应用程序中，使用了方法语法，如下所示：

```
public async Task QueryBooksAsync(CancellationToken token = default)
{
  await _booksContext.Books
    .Where(b => b.Publisher == "Wrox Press")
    .ForEachAsync(b =>
    {
      Console.WriteLine($"{b.Title} {b.Publisher}");
    }, token);

  Console.WriteLine();
}
```

发送到数据库的如下所示：

```
SELECT [b].[BookId], [b].[Publisher], [b].[Title]
FROM [Books] AS [b]
WHERE [b].[Publisher] = N'Wrox Press'
```

注意：
LINQ参见第9章。

21.1.11 更新类

到目前为止，使用EF Core的语法对于类和记录是相同的。但对于更新，情况发生了变化。使用Book类的时候，可以根据需要修改这些对象的属性，并调用SaveChangesAsync()。在下面的代码片段中，修改了Title属性。SaveChangesAsync()方法验证对象已被修改，已被设为处于修改状态，并最终使用一条SQL UPDATE语句将其更新到数据库中。在下面的代码片段中，从数据库中获取了键值为1的对象来进行更新(代码文件Intro/Runner.cs)：

```
public async Task UpdateBoookAsync()
{
  Book? book = await _booksContext.Books.FindAsync(1);
  if (book != null)
  {
    book.Title = "Professional C# and .NET - 2021 Edition";
    int records = await _booksContext.SaveChangesAsync();
    Console.WriteLine($"{records} record updated");
  }
  Console.WriteLine();
}
```

21.1.12 更新记录

使用EF Core 5时，更新C#记录与更新类不同。对于记录，使用with表达式来克隆现有记录并更新其值。如果使用Update()方法(它将状态改为已修改)将这个对象添加到上下文中，但上下文中已经跟踪了一个具有相同ID的对象，就会抛出InvalidOperationException类型的异常。通过将EntityEntry的State属性设置为EntityState.Detached，解除现有对象与上下文的关联，可以解决这个问题。这样一来，就可以使用Update()方法将新创建的对象添加到上下文中，并将其状态设置为已修改(代码文件Intro/Runner.cs)：

```
public async Task UpdateBookAsync()
{
  Book? book = await _booksContext.Books.FindAsync(1);

  if (book != null)
  {
    // detach the existing object from the context which allows to
    // attach it with the Update method
    _booksContext.Entry(book).State = EntityState.Detached;
    Book bookUpdate = book with { Title = "Professional C# and .NET - 2021 Edition" };
    _booksContext.Update(bookUpdate);
    int records = await _booksContext.SaveChangesAsync();
    Console.WriteLine($"{records} record updated");
  }
  Console.WriteLine();
}
```

> **注意：**
> 本章后面的“保存数据”小节中将更详细地介绍在上下文中添加和解除对象的更多信息，以及这种操作为什么对于更新很重要，和不把对象添加到上下文中时如何查询对象。
> 在.NET 5 之后，EF Core 的更新行为可能发生改变。使用代理可能会影响记录的 with 表达式的行为，让更新记录与更新类具有相似的体验。请查看本书在 GitHub 存储库中提供的源代码，从而获得代码更新和更多的信息。

21.1.13　删除记录

最后，清理数据库，删除所有记录。为此，可以检索所有记录，并调用 Remove()或 RemoveRange()方法，把上下文中对象的状态设置为 deleted。现在调用 SaveChangesAsync()方法，从数据库中删除记录，并为每一个对象调用 SQL Delete 语句(代码文件 Intro/Runner.cs)：

```
public async Task DeleteBooksAsync()
{
  List<Book> books = await _booksContext.Books.ToListAsync();
  _booksContext.Books.RemoveRange(books);
  int records = await _booksContext.SaveChangesAsync();
  Console.WriteLine($"{records} records deleted");

  Console.WriteLine();
}
```

> **注意：**
> 对象-关系映射工具，如 EF Core，并不适用于所有场景。使用示例代码删除所有对象不那么高效。使用单个 SQL 语句可以删除所有记录，而不必为每一条要删除的记录向数据库发送一个 DELETE 语句。EF Core 在这种场景中并没有那么糟糕，因为它并不是将语句一条又一条地发送给数据库，而是将多个语句合并为一个批处理语句。但更好的方法是只发送一个 SQL 语句，这可以使用 context.Database.ExecuteSqlInterpolated()和 context.Database.ExecuteSqlRaw()实现。

了解了如何添加、查询、更新和删除记录，本章后面将介绍后台的功能，讨论使用 Entity Framework 的高级场景。

21.1.14　日志和指标

前面已经介绍了 ToQueryString()方法，它返回提供程序创建的一个查询字符串，从而能够查看发送给数据库的 SQL 查询。EF Core 还提供了更多信息。通过调用 DbContextOptionsBuilder 的 LogTo()方法，为其提供一个接受字符串参数的方法，可以决定将日志消息写到什么地方。可以提供 Console.WriteLine()方法的地址，将日志写入控制台。由于在 AddDbContext()方法中配置 DI 容器，所以可以在该方法中访问 DbContextOptionsBuilder，或者如果不使用 DI，则可以在重写 DbContext 的 OnConfiguring()方法时访问 DbContextOptionsBuilder。

配置了 DI 时，EF Core 使用基于 ILogger 和 ILoggerFactory 接口的日志记录，如第 16 章所述。除了数据库的连接字符串，还可以在配置文件 appsettings.json 中配置源为 Microsoft.EntityFramework 的日志提供程序 Console 及其日志级别。

```
{
  "Logging": {
    "Console": {
      "LogLevel": {
        "Microsoft.EntityFramework": "Debug"
      }
    }
  },
  "ConnectionStrings": {
    "BooksConnection":
      "server=(localdb)\\mssqllocaldb;database=ProCSharpBooks;trusted_connection=true"
  }
}
```

Debug 会提供详细的日志输出，包括创建和释放的对象。要查看发送给数据库的 SQL 语句，只需要打开 Information 级别。关于日志记录的更多信息，请阅读第 16 章。

创建复杂的 LINQ 语句时，通常不太容易在日志中找到生成的 SQL 查询。为了方便找出你创建的与生成的 SQL 配的查询，可以调用 IQueryable 的扩展方法 TagWith()。在 TagWith()方法中指定的字符串将显示为输出日志中的注释，与执行的 SQL 语句关联起来。

EF Core 5.0 经过更新，不只记录日志信息，还允许查看性能计数。要查看计数，首先需要获得应用程序的进程 ID。这可以使用 dotnet counters ps 实现。获得进程 ID 后，使用 dotnet counters，指定计数器类别 Microsoft.EntityFrameworkCore，并通过-p 选项传递进程 ID：

```
> dotnet counters monitor Microsoft.EntityFrameworkCore -p 23480
```

EF Core 将显示活动的 DbContext 的个数，执行策略和并发失败的失败计数，执行的查询数，命中缓存的查询数，以及 SaveChangesAsync()的计数。

21.2　创建模型

本章的前几个示例映射到一个表。现在来介绍一个更加复杂的示例，涉及到表之间的关系。本节将创建一个带关系的模型，并使用模型定义的更多特性，例如使用流式 API、使用自包含的类型配置、将数据库列映射到字段以及使用影子属性。

21.2.1　创建关系

下面开始创建模型。示例项目使用 MenuCard 和 MenuItem 类型定义了一对多关系。MenuCard 包含 MenuItem 对象的列表。这个关系由 ICollection<MenuItem>类型的 MenuItems 属性定义(代码文件 Models/MenuCard.cs)：

```
public class MenuCard
{
  public MenuCard(string title, int menuCardId = default)
    => (Title, MenuCardId) = (title, menuCardId);

  public int MenuCardId { get; set; }
  public string Title { get; set; }
  public ICollection<MenuItem> MenuItems { get; } = new List<MenuItem>();
  public override string ToString() => Title;
}
```

也可以在另一个方向上访问关系，MenuItem 可以使用 MenuCard 属性访问 MenuCard。要创建 MenuItem 和 MenuCard 之间的必要关系(MenuItem 必须与一个 MenuCard 关联)，将该属性声明为不可空。但是，EF Core 不支持在构造函数中提供这种关系。为了解决这个问题，将与 MenuCard 属性关联的字段声明为不可空。在构造函数中，没有初始化这个字段。访问 MenuCard 属性的 get 访问器时，如果该字段仍然为空，将抛出一个 InvalidOperationException。在从数据库获取 MenuItem 时，EF Core 需要填充这个关系。当通过代码创建 MenuItem 时，可以使用属性初始化器来初始化 MenuCard 属性(代码文件 Models/MenuItem.cs)：

```
public class MenuItem
{
  public MenuItem(string text, int menuItemId = default) =>
    (Text, MenuItemId) = (text, menuItemId);

  public int MenuItemId { get; set; }
  public string Text { get; set; }
  public decimal? Price { get; set; }
  private MenuCard? _menuCard;
  public MenuCard MenuCard
  {
    get => _menuCard ?? throw new InvalidOperationException(
      $"{nameof(MenuCard)} not initialized");
    init => _menuCard = value;
  }
  public override string ToString() => Text;
}
```

到数据库的映射是通过 MenusContext 类实现的。这个类的定义类似于前面的上下文类型；它只包含两个属性，映射两个对象类型：MenusItems 和 MenuCards 属性(代码文件 MenusSamples/MenusContext.cs)：

```
public class MenusContext: DbContext
{
  private const string ConnectionString = @"server=(localdb)\MSSQLLocalDb;" +
    "Database=MenuCards;Trusted_Connection=True";

  public DbSet<MenuItem> MenuItems { get; set; }
  public DbSet<MenuCard> MenuCards { get; set; }

  protected override void OnConfiguring(DbContextOptionsBuilder optionsBuilder)
  {
    base.OnConfiguring(optionsBuilder);
    optionsBuilder.UseSqlServer(ConnectionString);
  }
}
```

在创建代码中修改一些部分是有益的。例如，Text 和 Title 列的大小可以减小 NVARCHAR(MAX) 中的值。另外，SQL Server 定义了 Money 类型，它可用于 Price 列，模式名称可以从 dbo 修改为其他值。Entity Framework 提供了两个选项——数据注释和流式 API——用于在代码中进行这些修改，如下面所述。

21.2.2 使用流式 API 来映射定义

在前面的示例代码中，使用了约定和注释来指定模型类型到数据库表的映射。使用流式 API 时，通过重写派生自DbContext的类的OnModelCreating()方法，可以使用更多选项。在下面的代码示例中，将数据库定义的模式从默认的dbo改为mc，以调用ModelBuilder类的HasDefaultSchema()方法。使用ModelBuilder API的泛型方法Entity()来指定MenuItem类的模式。ToTable()方法将MenuItem类映射到MenuItems表。

```
protected override void OnModelCreating(ModelBuilder modelBuilder)
{
  modelBuilder.HasDefaultSchema("mc");
  modelBuilder.Entity<MenuItem>().ToTable("MenuItems").HasKey(m => m.MenuItemId);
  modelBuilder.Entity<MenuItem>().Property(m => m.MenuItemId).ValueGeneratedOnAdd();
  modelBuilder.Entity<MenuItem>().Property(m => m.Text).HasMaxLength(50);
  modelBuilder.Entity<MenuItem>().Property(m => m.Price).HasColumnType("Money");

  modelBuilder.Entity<MenuItem>().HasOne(m => m.MenuCard)
    .WithMany(c => c.MenuItems)
    .HasForeignKey("MenuCardId");

  //...
}
```

注意：

流式API为配置注释提供了更多选项，而注释提供了比约定更多的选项。可以把所有这些选项组合起来使用。注释会覆盖约定，而流式API会覆盖注释。

在能够选择选项的场景中，应该选择什么选项？很多时候，这只是一种个人倾向问题。一些开发人员只要能够使用注释进行配置，就使用注释；其他开发人员可能总是使用流式API。但优先选择某种选项，也有其他一些很好的理由。例如，在共享库中可以使用实体类型，可以使用相同的类来访问数据库，通过API传递数据，以及在客户端应用程序中使用相同的类型。创建具有清晰定义的用途的微服务时，最好减少需要编写的代码量。此时，可以使用相同的注释将属性映射到数据库，以及在客户端和对API验证用户输入，例如使用StringLength特性验证字符串长度。在这种情况下，避免使用特定于数据库提供程序的注释是一种好的做法。我们不想让客户端应用程序依赖于无法访问的EF Core库，或者无法访问其特定版本的EF Core库。如果使用另外一种应用程序体系结构，需要在网络上发送专门的数据传输对象(data transfer object，DTO)，并且在客户端使用不同的类型(例如，客户端应用程序需要使用一种不同的技术，如Angular)，那么可以根据自己的倾向选择一种映射选项的变体。

21.2.3 使用自包含类型的配置

如果需要指定几个不同的实体类型，OnModelCreating()方法的实现可能会变得很长。为了创建易于理解的映射，可以为每个数据类创建配置类。实体类型配置类实现了泛型接口IEntityTypeConfiguration。

在示例应用程序中，类ColumnNames定义了一个强类型的列名列表，用于配置映射，如下面的代码片段所示。在使用这些列名时没有使用字符串，智能感知能够自动完成你编写的代码，而且编译器会针对误拼给出警告(代码文件Models/ColumnNames.cs)：

```
internal class ColumnNames
{
  public const string LastUpdated = nameof(LastUpdated);
  public const string IsDeleted = nameof(IsDeleted);
  public const string MenuCardId = nameof(MenuCardId);
```

```
  public const string RestaurantId = nameof(RestaurantId);
}
```

为了避免在指定常量时拼写类名，使用 using static ColumnNames 来导入类成员的名称。

MenuCardConfiguration 类实现了 IEntityTypeConfiguration 接口的 Configure()方法，并指定了这个类到 MenuCards 表的映射，Title 属性的约束，以及与 MenuItem 类的关系。HasMany()方法指定，一个 MenuCard 引用 MenuItems 属性指定的 MenuItem 对象列表。要从 MenuItem 回到 MenuCard，需要使用 WithOne()方法。MenuItem 类的 MenuCard 属性引用一个 MenuCard(代码文件 Models/MenuCardConfiguration.cs)：

```
using Microsoft.EntityFrameworkCore;
using Microsoft.EntityFrameworkCore.Metadata.Builders;
using System;
using static ColumnNames;

internal class MenuCardConfiguration : IEntityTypeConfiguration<MenuCard>
{
  public void Configure(EntityTypeBuilder<MenuCard> builder)
  {
    builder.ToTable("MenuCards")
      .HasKey(c => c.MenuCardId);

    builder.Property(c => c.MenuCardId)
      .ValueGeneratedOnAdd();
    builder.Property(c => c.Title)
      .HasMaxLength(50);
    builder.HasMany(c => c.MenuItems)
      .WithOne(m => m.MenuCard);

    //...
  }
}
```

MenuItem 类也用一个配置类来进行配置。decimal 类型的 Price 属性映射到 SQL Server 数据库类型 Money。使用注释时，可以使用 DbType 特性来指定数据库类型。这个实现的另外一个值得注意的地方是，它使用了 HasForeignKey()方法使用外键 MenuCardId 将关系映射到 MenuCard。因为 MenuCard 类没有 MenuCardId 属性，所以不能使用 lambda 表达式来访问这个属性，而是需要使用一个字符串。所使用的字符串在 ColumnNames 中定义。有了该字符串后，创建了一个影子属性。本章后面的“使用影子属性”小节将讨论影子属性(代码文件 Models/MenuItemConfiguration.cs)：

```
internal class MenuItemConfiguration : IEntityTypeConfiguration<MenuItem>
{
  public void Configure(EntityTypeBuilder<Menu> builder)
  {
    builder.ToTable("MenuItems")
      .HasKey(m => m.MenuItemId);
    builder.Property(m => m.MenuItemId)
      .ValueGeneratedOnAdd();
    builder.Property(m => m.Text)
      .HasMaxLength(50);
    builder.Property(m => m.Price)
      .HasColumnType("Money");

    builder.HasOne(m => m.MenuCard)
```

```
      .WithMany(c => c.MenuItems)
      .HasForeignKey(MenuCardId);

    //...
  }
}
```

要使用派生自 DbContext 的类的 OnModelCreating()方法激活配置类，需要调用 ApplyConfiguration()方法(代码文件 Models/MenusContext.cs)：

```
protected override void OnModelCreating(ModelBuilder modelBuilder)
{
  modelBuilder.HasDefaultSchema("mc")
    .ApplyConfiguration(new MenuCardConfiguration())
    .ApplyConfiguration(new MenuConfiguration());

  //...
}
```

21.2.4 映射到字段

EF Core 不仅允许将表列映射到属性，还允许映射到私有字段。因此可以创建只读属性，使用在类之外无法访问的私有字段。

看看下面代码的代码片段中的 Restaurant 类。该类包含一个私有字段_id，它只能在类内访问。Name 是访问_name 字段的一个只读属性(代码文件 Models/Restaurant.cs)：

```
public class Restaurant
{
  public Restaurant(string name, int id = default) => (_name, _id) = (name, id);

  private int _id = default;
  private string _name;
  public string Name => _name;

  public override string ToString() => $"{Name}, {_id}";
}
```

现在可以使用 HasField()方法配置 Name 属性，将其映射到对应的字段上。_bookId 没有对应的属性，所以使用了 Property()方法的重载，通过名称字符串来配置它。HasColumnName()方法将字段映射到数据库中的 Id 列(代码文件 BooksSample/BooksContext.cs)：

```
internal class RestaurantConfiguration : IEntityTypeConfiguration<Restaurant>
{
  public void Configure(EntityTypeBuilder<Restaurant> builder)
  {
    builder.Property<int>("_id")
      .HasColumnName("Id")
      .IsRequired()
      .UsePropertyAccessMode(PropertyAccessMode.Field);

    builder.Property(r => r.Name)
      .HasField("_name")
      .UsePropertyAccessMode(PropertyAccessMode.FieldDuringConstruction)
      .HasMaxLength(30);
```

```
        builder.HasKey("_id");
      }
    }
```

21.2.5 使用影子属性

EF Core 不仅允许将数据库列映射到私有字段，还可以定义一个在模型中根本不显示的映射。可以使用影子属性，这些属性可以用上下文中的实体来检索，但不能用于模型。

下面的代码片段在 MenuConfiguration 中定义了影子属性 IsDeleted、LastUpdated、RestaurantId 和 MenuCardId。这些属性都没有在模型类型中定义，只有当使用 EF Core 上下文时，它们才可用。MenuCardId 影子属性是自动创建的，因为 HasForeignKey()方法将它指定为外键(代码文件 Models/MenuConfiguration.cs)：

```
internal class MenuConfiguration : IEntityTypeConfiguration<Menu>
{
  public void Configure(EntityTypeBuilder<Menu> builder)
  {
    //...

    builder.HasOne(m => m.MenuCard)
      .WithMany(c => c.MenuItems)
      .HasForeignKey(MenuCardId);

    // shadow properties
    builder.Property<bool>(IsDeleted);
    builder.Property<DateTime>(LastUpdated);
    builder.Property<Guid>(RestaurantId);
    // builder.Property<int>(MenuCardId); // created because of HasForeignKey
  }
}
```

影子属性 LastUpdated 用于编写实体最后更新的实际时间。IsDeleted 属性用于定义删除实体的状态，而不是真正删除它。有时，不删除用户请求的数据，而把它标记为已删除是很有用的。这允许执行撤销来恢复实体，并提供历史信息。

注意：

根据欧盟制定的《通用数据保护条例》(General Data Protection Regulation，GDPR) (https://en.wikipedia.org/wiki/General_Data_Protection_Regulation)，需要谨慎将数据标记为已删除，但当数据与私人数据相关时，不应将其删除。

要自动更新影子属性 LastUpdated，需要重写 SaveChangesAsync()方法。如果使用同步的 SaveChanges()方法向数据库写入更改，那么也需要重写此方法。在实现代码中，将检查实体的实际状态。如果状态是 Added、Modified 或 Deleted，则使用当前时间更新影子属性。要管理影子属性 IsDeleted，删除的实体改为 Modified 状态，IsDeleted 影子属性设置为 true。影子属性在允许访问它的模型中没有属性；相反，可以使用 EntityEntry 的 CurrentValues 索引器(代码文件 Models/MenusContext.cs)：

```
public override Task<int> SaveChangesAsync(CancellationToken cancellationToken = default)
{
  ChangeTracker.DetectChanges();

  foreach (var item in ChangeTracker.Entries<MenuItem>()
```

```
      .Where(e => e.State == EntityState.Added
      || e.State == EntityState.Modified
      || e.State == EntityState.Deleted))
    {
      item.CurrentValues[LastUpdated] = DateTime.Now;

      if (item.State == EntityState.Deleted)
      {
        item.State = EntityState.Modified;
        item.CurrentValues[IsDeleted] = true;
      }
    }
    return base.SaveChangesAsync(cancellationToken);
  }
```

注意：
示例代码使用的更改跟踪器参见“对象跟踪”一节。

注意：
有了 IsDeleted 属性，在使用正常查询时，最好不返回 IsDeleted 属性设置为 true 的实体。而可以使用 EF Core 的全局查询过滤器来实现这一点，该特性将在后面的小节中讨论。

为了显示已删除的实体，定义了 DeleteMenuItemAsync()方法，该方法使用传递给该方法的 ID 来删除实体。在这里，通过传递实体对象来调用 Remove()方法，并调用 SaveChangesAsync()(代码文件 Models/Runner.cs)：

```
public async Task DeleteMenuItemAsync(int id)
{
  MenuItem? menuItem = await _menusContext.MenuItems.FindAsync(id);
  if (menuItem is null) return;

  _menusContext.Remove(menuItem);
  int records = await _menusContext.SaveChangesAsync();
  Console.WriteLine($"{records} deleted");
}
```

在幕后，由于对 SaveChangesAsync()方法的更改而设置了 IsDeleted 影子属性。要验证这一点，可以使用方法 EF.Property()，通过传递 IsDeleted 字符串，来访问影子属性。所有带有此标志的 Book 实体都显示在 QueryDeletedMenusAsync()方法中：

```
public async Task QueryDeletedMenuItemsAsync()
{
  IEnumerable<MenuItem> deletedMenuItems =
    await _menusContext.MenuItems
      .Where(b => EF.Property<bool>(b, IsDeleted))
      .ToListAsync();

  foreach (var menuItem in deletedMenuItems)
  {
    Console.WriteLine($"deleted: {menuItem}");
  }
}
```

注意：

EF 是 Microsoft.EntityFrameworkCore 名称空间中的一个静态类，在 EF 类型不可用时，它提供了有用的静态方法。本节介绍了可以用于访问影子状态的 Property()方法。在本章后面，EF 类与编译的查询和 EF.Functions 一起使用。

21.3 在数据库中搭建模型

除了从模型中创建数据库之外(前面在调用 EnsureCreatedAsync()方法时看到了这种做法)，也可以从数据库中创建模型。为此，创建一个控制台应用程序，在引用的包中添加 NuGet 包 Microsoft.EntityFrameworkCore.Design，并在项目中添加 dotnet-ef 工具(除非已经把它注册到了全局工具中)。要访问 Microsoft SQL Server，还需要添加 Microsoft.EntityFrameworkCore.SqlServer 包(项目文件 ScaffoldSample/ScaffoldSample.csproj)：

```
<Project Sdk="Microsoft.NET.Sdk">

  <PropertyGroup>
    <OutputType>Exe</OutputType>
    <TargetFramework>net5.0</TargetFramework>
  </PropertyGroup>

  <ItemGroup>
    <PackageReference Include="Microsoft.EntityFrameworkCore.Design" Version="5.0.5">
      <PrivateAssets>all</PrivateAssets>
      <IncludeAssets>
        runtime; build; native; contentfiles; analyzers; buildtransitive
      </IncludeAssets>
    </PackageReference>
    <PackageReference Include="Microsoft.EntityFrameworkCore.SqlServer" Version="5.0.5"/>
  </ItemGroup>

</Project>
```

安装了工具后，就可以启动 dotnet ef 命令，指定数据库的连接字符串和 EF Core 提供程序的名称：

```
> dotnet ef dbcontext scaffold
"server=(localdb)\MSSQLLocalDb;database=MenuCards;
trusted_connection=true" "Microsoft.EntityFrameworkCore.SqlServer"
```

dbcontext 命令允许列出项目中的 DbContext 对象，以及创建 DBContext 对象。scaffold 命令创建 DbContext 派生类以及模型类。dotnet ef dbcontext scaffold 命令需要两个参数：数据库的连接字符串和应该使用的提供程序。前面的语句显示，在 SQL Server (localdb) \ MSSQLLocalDb 上访问数据库 ProCSharpMenus。使用的提供程序是 Microsoft.EntityFrameworkCore.SqlServer。这个 NuGet 包需要添加到项目中。

在运行了这个命令之后，可以看到生成的 DbContext 派生类以及模型类型。模型的配置默认使用流式 API 来完成。然而，可以改为使用数据注释，提供--data-annotations 选项。EF Core 5.0 设计包依赖于 Humanizer 库(见网址 21-1)，并支持在搭建模型时进行复数处理。例如，如果表名为 People，生成的类的名称为 Person。可以使用--no-pluralize 选项禁用复数处理。也可以影响生成的上下文类名、要映射的表以及输出目录。使用选项--help 可以查看不同的可用选项。

21.4　迁移

到目前为止，我们使用了 EnsureCreatedAsync()方法来创建数据库，这对于小型应用程序来说很好。但是，如果想在创建数据库后修改数据库模式，那么在使用 EnsureCreatedAsync()方法时，需要删除并重新创建数据库。还有另外一个选项：使用 EF Core 迁移创建数据库。使用 EF Core 迁移时，可以通过代码来更新数据库模式。为了支持持续集成(continuous integration，CI)和持续交付(continuous delivery，CD)，EF Core 通过迁移支持基础设施即代码的概念(https://docs.microsoft.com/azure/devops/learn/what-is-infrastructure-ascode)，这为始终支持重复部署提供了一个出色的选项。你只需要考虑谁有权限更新数据库模式。通常，不会是在生产环境中运行的应用程序，从安全的角度看，允许正在运行的应用程序修改模式是很糟糕的做法。相反，应该让一个不同的应用程序来控制这个过程。也可以创建 SQL 脚本来更新数据库模式。

21.4.1　实现 IDesignTimeDbContextFactory

示例应用程序在名为 BooksLib 的库中使用了前面的 Book 和 BooksContext 类。我们使用一个依赖于这个库的控制台应用程序来执行迁移。该控制台应用程序还依赖于 NuGet 包 Microsoft.EntityFrameworkCore.Design。

现在，.NET CLI 工具需要创建 DbContext 派生类。可以实现 3 种不同的选项来支持迁移工具：

- 使用 DbContext 派生类的默认构造函数，并重写 OnConfiguring()方法。
- 在基于 Web 的项目中通过 Program 类和 CreateWebHostBuilder()方法来使用 DI。
- 创建一个工厂类来返回上下文的实例。

这里对控制台应用程序使用了 DI 容器，所以实现了第三种选项。工厂类需要实现泛型接口 IDesignTimeDbContextFactory，并从方法 CreateDbContext()返回一个上下文。

在下面的代码示例中，BooksContextFactory 类实现了 IDesignTimeDbContextFactory 接口。CreateDbContext()方法接收为创建迁移而传递给 dotnet CLI 的命令行参数。将通过参数接收的连接字符串传递给 DbContextOptionsBuilder 来创建选项，然后将选项作为参数传递给 BooksContext 的构造函数(代码文件 MigrationsApp/BooksContextFactory.cs)：

```
using BooksLib;
using Microsoft.EntityFrameworkCore;
using Microsoft.EntityFrameworkCore.Design;
using System;

public class BooksContextFactory : IDesignTimeDbContextFactory<BooksContext>
{
  public BooksContext CreateDbContext(string[] args)
  {
    if (args.Length < 1)
    {
      Console.WriteLine($"please supply a connection string");
      Environment.Exit(-1);
      return null!;
    }
    else
    {
      string connectionString = args[0];
      DbContextOptionsBuilder<BooksContext> optionsBuilder = new();
      optionsBuilder.UseSqlServer(connectionString);
```

```
            return new BooksContext(optionsBuilder.Options);
        }
    }
}
```

注意：

如果在.NET 5 之前使用过 CreateDbContext()，会知道当时不会把命令行参数传递给该方法。对于那种情况，需要以不同的方式提供连接字符串。在.NET 5 中，修复了这个问题，所以可以为该方法提供你需要的各种选项。

21.4.2 创建迁移

有了这些，就可以创建一个初始迁移。使用以下命令创建名为 InitBooks 的初始迁移(当前目录必须是库的目录)。使用选项--startup-project 引用的启动项目包含工厂代码，其中包括到服务器的连接字符串：

```
> dotnet ef migrations add InitBooks --startup-project ../MigrationApp/MigrationApp.csproj
-- server=(localdb)\mssqllocaldb;database=ProCSharpBooks;trusted_connection=true
```

如果项目包含多个 EF Core 上下文，就需要提供附加选项--context，并提供 DB 上下文类的名称。

运行此命令，会创建一个带有快照的 Migrations 文件夹，以基于模型创建完整的数据库模式(代码文件 BooksLib/Migration/BooksContextModelSnapshot.cs)：

```
[DbContext(typeof(BooksContext))]
partial class BooksContextModelSnapshot : ModelSnapshot
{
  protected override void BuildModel(ModelBuilder modelBuilder)
  {
#pragma warning disable 612, 618
    modelBuilder
      .HasAnnotation("Relational:MaxIdentifierLength", 128)
      .HasAnnotation("ProductVersion", "5.0.3")
      .HasAnnotation("SqlServer:ValueGenerationStrategy",
        SqlServerValueGenerationStrategy.IdentityColumn);

    modelBuilder.Entity("BooksLib.Book", b =>
    {
      b.Property<int>("BookId")
        .ValueGeneratedOnAdd()
        .HasColumnType("int")
        .HasAnnotation("SqlServer:ValueGenerationStrategy",
          SqlServerValueGenerationStrategy.IdentityColumn);

      b.Property<string>("Publisher")
        .HasMaxLength(30)
        .HasColumnType("nvarchar(30)");

      b.Property<string>("Title")
        .IsRequired()
        .HasMaxLength(50)
        .HasColumnType("nvarchar(50)");
```

```
      b.HasKey("BookId");

      b.ToTable("Books");
    });
#pragma warning restore 612, 618
  }
}
```

对于每次迁移，都会创建一个从基类 Migration 派生的迁移类。这个基类定义了 Up()和 Down()方法，以允许将迁移应用到这个迁移版本中，或者后退一级(代码文件 BooksLib/<version>_InitBooks.cs)：

```
public partial class InitBooks : Migration
{
  protected override void Up(MigrationBuilder migrationBuilder)
  {
    migrationBuilder.CreateTable(
      name: "Books",
      columns: table => new
      {
        BookId = table.Column<int>(type: "int", nullable: false)
          .Annotation("SqlServer:Identity", "1, 1"),
        Title = table.Column<string>(type: "nvarchar(50)", maxLength: 50,
          nullable: false),
        Publisher = table.Column<string>(type: "nvarchar(30)", maxLength: 30,
          nullable: true)
      },
      constraints: table =>
      {
        table.PrimaryKey("PK_Books", x => x.BookId);
      });
  }

  protected override void Down(MigrationBuilder migrationBuilder)
  {
    migrationBuilder.DropTable(
      name: "Books");
  }
}
```

在对模型进行更改之后，例如向 Book 类添加一个可选的 Isbn 属性(代码文件 BooksLib/Book.cs)：

```
public class Book
{
  public Book(string title, string? publisher = default, int bookId = default)
  {
    Title = title;
    Publisher = publisher;
    BookId = bookId;
  }
  [StringLength(50)]
  public string Title { get; set; }
  [StringLength(30)]
  public string? Publisher { get; set; }
  public int BookId { get; set; }
  [StringLength(20)]
  public string? Isbn { get; set; }
}
```

就需要一个新迁移：

```
> dotnet ef migrations add AddIsbn --startup-project ../MigrationApp/MigrationApp.csproj
-- server=(localdb)\mssqllocaldb;database=ProCSharpBooks;trusted_connection=true
```

使用新的迁移，将更新快照类，以显示当前状态，并添加新的Migration类型，以使用Up()和Down()方法添加和删除Isbn列(代码文件BooksLib/<version>_AddIsbn.cs)：

```
public partial class AddIsbn : Migration
{
  protected override void Up(MigrationBuilder migrationBuilder)
  {
    migrationBuilder.AddColumn<string>(
      name: "Isbn",
      table: "Books",
      type: "nvarchar(20)",
      maxLength: 20,
      nullable: true);
  }

  protected override void Down(MigrationBuilder migrationBuilder)
  {
    migrationBuilder.DropColumn(
      name: "Isbn",
      table: "Books");
  }
}
```

注意：

迁移是完全可自定义的。你可以调整代码来满足自己的需要。使用迁移可能会丢失数据。例如，使用迁移时，可能会减少属性的字符串长度。但由于在上个版本中忘记限制属性，其SQL数据类型可能是nvarchar(max)。如果将它限制为nvarchar(50)，就可能丢失一些数据。创建这种迁移时，会收到警告，指出可能丢失数据。是否会真正丢失数据，取决于数据库中存储的数据。你可能知道，字符串的长度从不会超过50个字符，但生产数据库也是这样吗？你可以自定义迁移，在执行迁移前先检查数据的长度，并在启动迁移前通知管理员执行一些操作。无论如何，除非只是在进行测试，否则在执行迁移前，应该先备份数据库。

注意：

对于所做的每一个更改，都可以创建另一个迁移。新的迁移只定义了从旧版本到新版本所需的更改。如果客户的数据库需要从任何早期版本更新，那么在迁移数据库时将调用必要的迁移。

在开发过程中，可能会出现许多生产中不需要的迁移。只需要为可能在客户站点上运行的所有版本保留迁移。要从开发时删除迁移，可以调用dotnet ef migrations remove来删除最新的迁移代码。然后添加新的较大迁移，其中包含自上次迁移以来的所有更改。

21.4.3 以编程方式应用迁移

配置好迁移后，可以直接在应用程序中启动数据库的迁移过程。为此，控制台应用程序配置为使用依赖注入容器来检索DB上下文，然后调用Database属性的MigrateAsync()方法(代码文件MigrationsApp/Program.cs)：

```
using BooksLib;
using Microsoft.EntityFrameworkCore;
using Microsoft.Extensions.Configuration;
using Microsoft.Extensions.DependencyInjection;
using Microsoft.Extensions.Hosting;

using var host = Host.CreateDefaultBuilder(args)
  .ConfigureServices((context, services) =>
  {
    var connectionString = context.Configuration.GetConnectionString("BooksConnection");
    services.AddDbContext<BooksContext>();
  })
  .Build();

using var scope = host.Services.CreateScope();
var context = scope.ServiceProvider.GetRequiredService<BooksContext>();
await context.Database.MigrateAsync();
```

如果数据库还不存在，那么 Migrate ()方法将使用模型定义的模式创建数据库以及一个__EFMigrationsHistory 表，该表列出了已应用到数据库的所有迁移。不能像前面那样使用 EnsureCreated 方法来创建数据库，因为该方法不向数据库应用迁移信息。

使用现有的数据库，数据库将更新到迁移的当前版本。通过编程，可以使用 GetMigrations()方法在应用程序中获得所有可用的迁移。要查看所有应用的迁移，可以使用 GetAppliedMigrations()方法。对于数据库中丢失的所有迁移，请使用 GetPendingMigrations()方法。

21.4.4 应用迁移的其他方法

除了以编程方式应用迁移之外，还可以使用命令行来应用迁移：

```
> dotnet ef database update --startup-project ../MigrationsConsoleApp
```

该命令将最新的迁移应用到数据库。还可以向该命令提供迁移的名称，以便将数据库放到迁移的特定版本中。

如果数据库管理员需要对数据库进行完全控制，且不允许进行编程更改，不允许使用.NET Core CLI 命令行之类的工具进行任何更改，就可以创建一个 SQL 脚本，并将其提交或自己使用。

下面的命令行创建 SQL 脚本 migrationsscript.sql，其中包括从最初创建的数据库到最近的迁移。还可以为脚本中应该应用的迁移范围提供特定的 from/to 值：

```
> dotnet ef migrations script --output migrationsscript.sql
--startup-project ..\MigrationsConsoleApp
```

21.5 使用查询

前面定义了模型，并讨论了迁移和搭建模型，下面了解查询的更多细节。本节讨论：

- 基本查询
- 异步流
- 原始 SQL 查询
- 编译过的查询有更好的性能
- 全局查询过滤器

- EF.Functions

21.5.1　基本查询

如前所述，访问 DbSet 的上下文属性将返回指定表的所有实体的列表。下面来看更多的查询，以及将 SQL 发送到服务器后得到的结果。

访问 Books 属性，会从数据库中检索所有 Book 记录(代码文件 BooksSample/QuerySamples.cs)：

```
private async Task QueryAllBooksAsync()
{
  Console.WriteLine(nameof(QueryAllBooksAsync));
  using (var context = new BooksContext())
  {
    List<Book> books = await context.Books.ToListAsync();
    foreach (var b in books)
    {
      Console.WriteLine(b);
    }
  }
  Console.WriteLine();
}
```

可以使用 FindAsync()方法查询具有特定键的对象。如果没有找到记录，该方法就返回 null(代码文件 Queries/Runner.cs)：

```
public async Task FindByKeyAsync(int id)
{
  Console.WriteLine(nameof(FindByKeyAsync));
  MenuItem? menuItem = await _menusContext.MenuItems.FindAsync(id);
  Console.WriteLine(menuItem);
  Console.WriteLine();
}
```

这就得到了一个带有 TOP(1)和 WHERE 子句的 SELECT SQL 语句：

```
SELECT TOP(1) [m].[MenuItemId], [m].[IsDeleted], [m].[LastUpdated], [m].[MenuCardId],
            [m].[Price], [m].[RestaurantId], [m].[Text]
FROM [mc].[MenuItems] AS [m]
WHERE [m].[MenuItemId] = @__p_0
```

在 FindAsync()方法之外，还可以使用 SingleAsync()或 SingleOrDefaultAsync()方法。SingleAsync()和 SingleOrDefaultAsync()的区别在于，SingleAsync()在没有找到记录时抛出异常，而 SingleOrDefaultAsync()会在没有找到记录时返回 null。这些方法还在找到多个记录时抛出一个异常。

下面的代码片段使用 SingleOrDefaultAsync()方法来请求只出现一次的菜单项文本(代码文件 Queries/Runner.cs)：

```
MenuItem? menuItem = await _menusContext.MenuItems
  .TagWith("SingleOrDefault")
  .SingleOrDefaultAsync(m => m.Text == text);
```

生成的 SQL 语句要求 TOP(2)记录，它允许在找到两个记录时抛出异常：

```
SELECT TOP(2) [m].[MenuItemId], [m].[IsDeleted], [m].[LastUpdated], [m].[MenuCardId],
  [m].[Price], [m].[RestaurantId], [m].[Text]
FROM [mc].[MenuItems] AS [m]
```

```
WHERE [m].[Text] = @__title_0
```

如果多个记录满足条件，FirstOrDefaultAsync()方法不会抛出异常，而只会选择第一个结果。如果没有找到记录，就返回 null(代码文件 Queries/Runner.cs)：

```
MenuItem? menuItem = await _menusContext.MenuItems
  .TagWith("FirstOrDefault")
  .FirstOrDefaultAsync(m => m.Text == title);
```

对于 FirstOrDefaultAsync()，需要使用 SELECT TOP(1)：

```
SELECT TOP(1) [m].[MenuItemId], [m].[IsDeleted], [m].[LastUpdated], [m].[MenuCardId],
  [m].[Price], [m].[RestaurantId], [m].[Text]
FROM [mc].[MenuItems] AS [m]
WHERE [m].[Text] = @__title_0
```

Where()方法返回满足条件的全部对象，它允许基于条件进行简单的过滤。还可以在 Where 表达式中使用 Contains()方法或 StartsWith()方法(代码文件 Queries/Runner.cs)：

```
var menuItems = await _menusContext.MenuItems
  .Where(m => m.Text.Contains("menu"))
  .TagWith("Where")
  .ToListAsync();
```

生成的 SQL 语句使用了一个简单的 WHERE 子句，并为 Contains()方法使用 LIKE 子句：

```
SELECT [m].[MenuItemId], [m].[IsDeleted], [m].[LastUpdated], [m].[MenuCardId],
  [m].[Price], [m].[RestaurantId], [m].[Text]
FROM [mc].[MenuItems] AS [m]
WHERE [m].[Text] LIKE N'%menu%'
```

使用 Skip()和 Take()方法，可以实现分页功能，跳过一些记录，只选择特定数量的记录。通过多次调用这些方法，可以逐页获取记录(代码文件 Queries/Runner.cs)：

```
var menuItems = await _menusContext.MenuItems
  .OrderBy(m => m.MenuItemId)
  .Skip(skip)
  .Take(take)
  .TagWith("SkipAndTake")
  .ToListAsync();
```

下面的 SQL 代码显示了上面的代码如何转换为 ORDER BY 和 OFFSET/FETCH 子句：

```
SELECT [m].[MenuItemId], [m].[IsDeleted], [m].[LastUpdated], [m].[MenuCardId],
  [m].[Price], [m].[RestaurantId], [m].[Text]
FROM [mc].[MenuItems] AS [m]
ORDER BY [m].[MenuItemId]
OFFSET @__p_0 ROWS FETCH NEXT @__p_1 ROWS ONLY
```

注意：

在第 9 章中详细介绍了更多的 LINQ 方法和 LINQ 子句，也可以在 EF Core 中使用它们。请记住，LINQ to Objects 和 LINQ to EF Core 的实现是不同的。在 LINQ to EF Core 中，使用表达式树可以在运行时使用完整的 LINQ 表达式创建 SQL 查询。在 LINQ to Objects 中，大多数 LINQ 查询都是在 Enumerable 类中定义的。带有表达式树的 LINQ 在 Queryable 类中实现，对 EF Core(如异步变体)的许多增强在 EntityFrameworkQueryableExtensions 类中实现。有关表达式树的更多信息，请参见第 9 章。

21.5.2　异步流

EF Core 还支持异步流。DbSet 的 AsAsyncEnumerable()方法返回 IAsyncEnumerable，这允许使用 await foreach 来迭代结果(代码文件 Queries/Runner.cs)：

```
public async Task GetAllMenusUsingAsyncStream()
{
  IAsyncEnumerable<MenuItem> menuItems = _menusContext.MenuItems.AsAsyncEnumerable();
  await foreach (var menuItem in menuItems)
  {
    Console.WriteLine(menuItem);
  }
}
```

虽然这只会一次向数据库服务器发送一条 SQL 语句，但并非所有对象都会立即物化并在上下文中跟踪。使用 IAsyncEnumerable 的调用者使用 await foreach 来定义如何物化对象。根据结果的大小和对象的大小，返回结果的速度可能更快，并且只在物化对象时需要内存。

21.5.3　原始 SQL 查询

EF Core 还允许定义原始 SQL 查询，原始 SQL 查询返回实体对象并跟踪这些对象。只需要调用 DbSet 对象的 FromSqlInterpolated()方法，如下面的代码片段所示(代码文件 Queries/Runner.cs)：

```
var menuItems = await _menusContext.MenuItems
  .FromSqlInterpolated(
    $"SELECT * FROM MenuItems WHERE LIKE '{term}%'")
  .TagWith("RawSQL")
  .ToListAsync();
```

分配给 RawSql()方法的 SQL 查询需要返回作为模型一部分的实体类型，需要返回模型所有属性的数据。

赋值给 FromSqlInterpolated()方法的 SQL 字符串看起来像是能够在定义字符串时进行 SQL 注入，然而，由于实参类型是 FormattableString，字符串内的表达式被用来创建 SQL 语句的参数。关于 FormattableString 的更多信息，请阅读第 2 章。

如果传递一个普通的字符串，FromSqlInterpolated()方法会抛出一个异常。要传递一个普通的字符串，可以使用 FromSqlRaw()。该方法支持在 SQL 语句中使用命名参数。可以在 params 数组中传递 SqlParameter 类型的参数。不要使用字符串连接来创建 SQL 语句。

21.5.4　已编译查询

对于需要反复执行的查询，或者需要更快启动的查询，可以在 EF.CompileQuery()方法中使用已编译查询，来准备查询的编译过程。此方法提供了不同的泛型重载，可以在其中传递不同数量的参数。该方法的第一个泛型参数指定了一个派生自 DbContext 的类。查询独立于上下文编译，可以在每次调用预编译的查询时传递不同的 DbContext 实例。对于其他泛型参数，可以指定查询需要的参数和返回类型。

在下面的代码片段中，使用一个扩展方法扩展 MenusContext 类，并创建一个已编译查询，它接受一个字符串参数，并返回 MenuItem 对象的一个列表。编译发生在第一次调用该方法时。

创建已编译的查询时，需要的第一个参数是派生自 DbContext 的一个类，在下面的代码中是 MenusContext。扩展方法 MenusByText()扩展了 MenusContext，因此，将这个参数用作已编译查询的

第一个参数(代码文件 Queries/CompiledQueryExtensions.cs):

```
using Microsoft.EntityFrameworkCore;
using System;
using System.Collections.Generic;
using System.Linq;

static class CompiledQueryExtensions
{
  private static Func<MenusContext, string, IEnumerable<MenuItem>>? s_menuItemsByText;

  private static Func<MenusContext, string, IEnumerable<MenuItem>>
    CompileMenusByTextQuery()
      => EF.CompileQuery((MenusContext context, string text)
        => context.MenuItems.Where(m => m.Text == text));

  public static IEnumerable<MenuItem> MenuItemsByText(this MenusContext menusContext,
    string text)
  {
    if (s_menuItemsByText is null)
    {
      s_menuItemsByText = CompileMenusByTextQuery();
    }
    return s_menuItemsByText(menusContext, text);
  }
  //...
}
```

下面的代码片段使用_menusContext 来调用 MenusByText()扩展方法:

```
var menuItems = _menusContext.MenusByText("menu 26");
foreach (var menuItem in menuItems)
{
  Console.WriteLine(menuItem);
}
```

通过使用 EF.CompileAsyncQuery()方法，已编译查询支持返回异步流。该方法返回 IAsyncEnumerable<T>(代码文件 Queries/CompiledQueryExtensions.cs):

```
static class CompiledQueryExtensions
{
  //...
  private static Func<MenusContext, string, IAsyncEnumerable<MenuItem>>?
    s_menusByTextAsync;
  private static Func<MenusContext, string, IAsyncEnumerable<Menu>>
    CompileMenuItemsByTextAsyncQuery()
      => EF.CompileAsyncQuery((MenusContext context, string text)
        => context.MenuItems.Where(m => m.Text == text));

  public static IAsyncEnumerable<Menu> MenuItemsByTextAsync(
    this MenusContext menusContext, string text)
  {
    if (s_menuItemsByTextAsync is null)
    {
      s_menuItemsByTextAsync = CompileMenuItemsByTextAsyncQuery();
    }
    return s_menuItemsByTextAsync(menusContext, text);
```

```
    }
}
```

可以对它使用 await foreach(代码文件 Queries/Runner.cs)：

```
await foreach (var menuItem in _menusContext.MenuItemsByTextAsync("menu 26"))
{
  Console.WriteLine(menuItem);
}
```

21.5.5 全局查询过滤器

本章的前面介绍了使用 IsDeleted 列的影子状态。不需要为每个查询定义 WHERE 子句，以避免返回 IsDeleted 为真的记录；相反，可以在创建模式时定义全局查询过滤器。这是下一个代码片段所做的——全局检查 IsDeleted。因为 IsDeleted 并没有映射到模型，而只是通过影子状态来检查，所以可以使用 EF.Property 检索值(代码文件 Queries/BooksContext.cs)：

```
protected override void OnModelCreating(ModelBuilder modelBuilder)
{
  base.OnModelCreating(modelBuilder);

  modelBuilder.Entity<Book>().HasQueryFilter(
    b => !EF.Property<bool>(b, IsDeleted));
  //...
}
```

在定义了这个查询过滤器之后，在该上下文使用的每个查询中都添加了对 IsDeleted 的 WHERE 检查。

注意：

全局查询过滤器也适用于多租户需求。可以为特定的 tenant ID 筛选上下文的所有查询。在构建上下文时，只需要传递租户 ID。使用依赖注入，需要指定一个用构造函数注入的服务，其中，可以在查询过滤器中检索租户 ID。

注意：

通常应该应用全局查询过滤器。对于不想激活全局查询过滤器的查询，则对该查询应用 IgnoreQueryFilters()方法。

21.5.6 EF.Functions

EF Core 允许自定义扩展方法可以由提供程序实现。为此，EF 类定义了 DbFunctions 类型的 Functions 属性，它可以使用扩展方法进行扩展。SQL Server 提供程序为日期计算提供了方法，如 DateDiffDay()、DateDiffHour()、DateDiffMicrosecond()、DateDiffMillisecond()、DateFromParts()等。

Like()方法是 EF Core 的一部分，用于关系数据库提供程序。下面的代码片段使用 EF.Functions.Like()，并提供包含参数 textSegment 的表达式，增强了 Where()方法的查询。参数 textSegment 嵌入在两个%字符内(代码文件 Queries/Runner.cs)：

```
public async Task UseEFCunctions(string textSegment)
{
  Console.WriteLine(nameof(UseEFCunctions));
```

```
    string likeExpression = $"%{textSegment}%";

    var menuItems = await _menusContext.MenuItems
      .Where(m => EF.Functions.Like(m.Text, likeExpression))
      .ToListAsync();
    foreach (var menuItem in menuItems)
    {
      Console.WriteLine(menuItem);
    }
    Console.WriteLine();
}
```

运行应用程序时，包含 EF.Functions.Like()的 Where()方法转换为带有 LIKE 的 SQL 子句 WHERE：

```
SELECT [m].[MenuItemId], [m].[IsDeleted], [m].[LastUpdated], [m].[MenuCardId],
  [m].[Price], [m].[RestaurantId], [m].[Text]
FROM [mc].[MenuItems] AS [m]
WHERE [m].[Text] LIKE @__likeExpression_1
```

21.6 加载相关数据

将一个关系配置为数据库中必须存在的关系，并不一定意味着它在对象模型中也是必须存在的。为了填充相关数据，在加载关系时需要知道这一点。下面列出了可用的加载选项：

- 预先加载
- 显式加载
- 延迟加载

示例应用程序实现了数据类 Book、Chapter、Person 和 Address。Book 包含一个 Chapters 属性和 Person 类型的一个 Author 属性，而 Chapter 属性又包含一个 Chapter 的列表。Author 类包含一个 Address 属性，该属性引用一个 Address 对象。在这个示例中，每个类使用了单独的表。在本章后面的“拥有的实体”小节的示例中，将看到如何创建共享表的对象。

21.6.1 预先加载相关数据

当执行查询时，可以通过调用 Include()方法并指定关系，来立即加载相关数据。下面的代码片段定义了一个查询来检索图书，并使用 Include()方法来包含相关的作者。Author 属性使用的 Person 类包含另一个对 Address 的引用。这里还使用了 ThenInclude()方法来包含地址。通过使用 Include()方法来访问 Book 类型的 Chapters 属性，包含了章的列表(代码文件 LoadedRelatedData/Runner.cs)：

```
public async Task EagerLoadingAsync()
{
  var books = await _booksContext.Books
    .Where(b => b.Publisher == "pub1")
    .Include(b => b.Author)
    .ThenInclude(a => a!.Address)
    .Include(b => b.Chapters)
    .ToListAsync();
  foreach (var book in books)
  {
    Console.WriteLine($"{book.Title} {book.Author?.FirstName} " +
      $"{book.Author?.Address?.Country}");
  }
```

```
}
```

使用包含 Include()和 ThenInclude()的这个查询生成的 SQL 语句将不同的表连接起来：

```
SELECT [b].[BookId], [b].[AuthorId], [b].[Publisher], [b].[Title], [p].[PersonId],
  [p].[AddressId], [p].[FirstName], [p].[LastName], [a].[AddressId], [a].[City],
  [a].[Country], [c].[ChapterId], [c].[BookId], [c].[Title]
FROM [Books] AS [b]
INNER JOIN [People] AS [p] ON [b].[AuthorId] = [p].[PersonId]
INNER JOIN [Addresses] AS [a] ON [p].[AddressId] = [a].[AddressId]
LEFT JOIN [Chapters] AS [c] ON [b].[BookId] = [c].[BookId]
WHERE [b].[Publisher] = N'One'
ORDER BY [b].[BookId], [p].[PersonId], [a].[AddressId], [c].[ChapterId]
```

注意：

在 EF Core 5 中，可以不将几个连接组合起来，而是通过启用拆分查询来创建多个查询。为了配置拆分查询，可以在 DI 配置中使用 SQL Server 选项来调用 UseQuerySplittingBehavior()方法，或者对查询使用 AsSplitQuery()扩展方法。使用拆分查询时，仍然通过一对一关系来进行连接，但对于一对多关系(而不是连接)，将把多个 SELECT 方法发送给服务器，根据查询的复杂度，可以提高性能。

21.6.2 使用带过滤条件的 Include()的预先加载

EF Core 5 允许对 Include()方法进行过滤，从而不加载所有相关数据。要对 Include()方法使用过滤，可以在 lambda 实现中指定一个 Where()方法来引用集合，如下面的代码片段所示(代码文件 LoadedRelatedData/Runner.cs)：

```
var books = await _booksContext.Books
  .Where(b => b.Publisher == "pub2")
  .Include(b => b.Author)
  .ThenInclude(a => a!.Address)
  .Include(b => b.Chapters!.Where(c => c.ChapterId > 5))
  .ToListAsync();
```

运行这段代码时，将把这个查询转换为在 JOIN 中使用 SELECT 的 SQL 查询：

```
SELECT [b].[BookId], [b].[AuthorId], [b].[Publisher], [b].[Title], [p].[PersonId],
  [p].[AddressId], [p].[FirstName], [p].[LastName], [a].[AddressId], [a].[City],
  [a].[Country], [t].[ChapterId], [t].[BookId], [t].[Title]
FROM [Books] AS [b]
INNER JOIN [People] AS [p] ON [b].[AuthorId] = [p].[PersonId]
INNER JOIN [Addresses] AS [a] ON [p].[AddressId] = [a].[AddressId]
LEFT JOIN (
  SELECT [c].[ChapterId], [c].[BookId], [c].[Title]
  FROM [Chapters] AS [c]
  WHERE [c].[ChapterId] > 5
) AS [t] ON [b].[BookId] = [t].[BookId]
WHERE [b].[Publisher] = N'One'
ORDER BY [b].[BookId], [p].[PersonId], [a].[AddressId], [t].[ChapterId]
```

21.6.3 显式加载相关数据

可以创建一个查询，只加载 Books 表中的 Book 对象，保留所有关系为空，而不是定义一个查询来加载所有需要的相关数据，有需要的时候，可以通过显式加载相关数据来发出查询。

请看下面的代码片段。查询请求指定出版社出版的所有图书。如果试图在启动查询之后访问所得图书的 Chapters 和 Author 属性，那么这些属性的值为 null(相关的实体还没有加载到上下文中)。关系不是隐式加载的。EF Core 使用上下文的 Entry()方法来支持显式加载，该方法通过传递一个实体来返回 EntityEntry 对象。EntityEntry 类定义了允许显式加载关系的 Collection()和 Reference()方法。对于一对多关系，可以使用 Collection()方法来指定集合，而一对一关系需要 Reference()方法来指定关系。使用 LoadAsync()方法进行显式加载(代码文件 LoadingRelatedData/Runner.cs)：

```
public async Task ExplicitLoadingAsync()
{
  var books = await _booksContext.Books
    .Where(b => b.Publisher == "pub1")
    .ToListAsync();

  foreach (var book in books)
  {
    Console.WriteLine(book.Title);
    var bookEntry = _booksContext.Entry(book);
    await bookEntry.Reference(b => b.Author).LoadAsync();
    Console.WriteLine($"{book.Author?.FirstName} {book.Author?.LastName}");

    await _booksContext.Entry(book.Author).Reference(a => a!.Address).LoadAsync();
    Console.WriteLine($"{book.Author!.Address!.Country}");

    await bookEntry.Collection(b => b.Chapters).LoadAsync();

    foreach (var chapter in book.Chapters)
    {
      Console.WriteLine(chapter.Title);
    }
  }
}
```

实现 LoadAsync()方法的 NavigationEntry 类也实现了 IsLoaded 属性，可以在其中检查关系是否已经加载。在调用 LoadAsync()方法之前，不需要检查加载的关系；该方法自己会使用 IsLoaded 属性进行检查，不会再对 SQL Server 发出第二次请求。

当对图书的查询运行应用程序时，下面的 SELECT 语句将在 SQL Server 上执行。此查询仅访问 Books 表：

```
SELECT [b].[BookId], [b].[AuthorId], [b].[Publisher], [b].[Title]
FROM [Books] AS [b]
WHERE [b].[Publisher] = N'pub1'
```

使用以下 LoadAsync()方法检索图书的作者时，SELECT 语句基于 PersonId 检索作者：

```
SELECT [p].[PersonId], [p].[AddressId], [p].[FirstName], [p].[LastName]
FROM [People] AS [p]
WHERE [p].[PersonId] = @__p_0
```

物化 Person 对象后，使用 AddressId 检索 Addresses 表中的值：

```
SELECT [a].[AddressId], [a].[City], [a].[Country]
FROM [Addresses] AS [a]
WHERE [a].[AddressId] = @__p_0
```

第四个查询使用 BookId 从 Chapters 表中检索章的信息：

```
SELECT [c].[ChapterId], [c].[BookId], [c].[Title]
FROM [Chapters] AS [c]
WHERE [c].[BookId] = @__p_0
```

对于每本图书，将所有这些查询重复发送给数据库。因为一些图书的作者相同，所以不需要为每本图书查询作者和地址。

> **注意：**
> 在显式加载中，需要考虑对数据库服务器发出的请求数。如果提前知道自己需要什么数据，则考虑使用预先加载。对于显式加载，需要使用 DbContext。如果将一个对象树从 API 服务器发送到客户端，客户端通常不能访问 DbContext，所以不向 API 服务器发送请求是无法加载相关数据的。第 25 章将介绍服务编程。

21.6.4 延迟加载

除了使用显式加载来加载相关数据，还可以使用简单的编程选项来访问数据对象的属性，使用这种选项时，关系将神奇地加载进来。这种选项比显式加载的选项更加容易编程，但查询的数量是相同的。还有另外一些要求：需要引用 NuGet 包 Microsoft.EntityFrameworkCore.Proxies，以及需要在 DI 容器中配置代理。使用 options 参数调用 UseLazyLoadingProxies()方法。可以通过修改参数来启用或关闭延迟加载(代码文件 LoadingRelatedData/Program.cs)：

```
using var host = Host.CreateDefaultBuilder(args)
  .ConfigureServices((context, services) =>
  {
    var connectionString = context.Configuration.GetConnectionString("BooksConnection");
    services.AddDbContext<BooksContext>(options =>
    {
      options.UseLazyLoadingProxies(true);
      options.UseSqlServer(connectionString);
    });
    services.AddScoped<Runner>();
  })
  .Build();
```

使用延迟加载时，对实体类型有一些要求。实体类型不能是 sealed，并且需要使用 virtual 来声明关系用到的所有属性。代理创建一个派生自你的实体类的类，并重写 virtual 方法。在重写方法的实现中，使用了与显式加载相同的功能，只不过不需要你自己这么做(代码文件 LoadingRelatedData/Book.cs)：

```
public class Book
{
  public Book(string title, string? publisher = default, int bookId = default)
  {
    Title = title;
    Publisher = publisher;
    BookId = bookId;
  }
  [StringLength(50)]
  public string Title { get; set; }
  [StringLength(30)]
  public string? Publisher { get; set; }
  public int BookId { get; set; }
```

```
  // set accessor required for lazy loading
  public virtual ICollection<Chapter> Chapters { get; protected set; }
    = new HashSet<Chapter>();

  public int AuthorId { get; set; }
  [ForeignKey(nameof(AuthorId))]
  public virtual Person? Author { get; set; }
}
```

现在进行查询就简单了许多。在下面的示例代码中，只是对 Books 表发出了一个查询，而并没有包含预先或显式加载定义，之后使用了 Chapters 和 Author 属性。当第一次访问属性时，会对数据库服务器发出更多查询来填充这些属性(代码文件 LoadingRelatedData/Runner.cs)：

```
public async Task LazyLoadingAsync()
{
  Console.WriteLine(nameof(LazyLoadingAsync));
  var books = await _booksContext.Books
    .Where(b => b.Publisher == "pub1")
    .ToListAsync();

  foreach (var book in books)
  {
    Console.WriteLine(book.Title);
    Console.WriteLine($"{book.Author?.FirstName} {book.Author?.LastName}");

    Console.WriteLine($"{book.Author!.Address!.Country}");
    foreach (var chapter in book.Chapters)
    {
      Console.WriteLine(chapter.Title);
    }
  }
  Console.WriteLine();
}
```

注意：

虽然延迟加载看起来是最简单的选项，但它通过访问简单的属性来处理查询，这需要时间。另外，DbContext 必须可用，否则属性将为空。

21.7 使用关系

在前面的示例中，我们介绍了一对一和一对多关系。在 EF Core 5.0 中，还可以指定多对多关系。本节还介绍表拆分、拥有的实体和每个层次结构一张表。

21.7.1 多对多关系

EF Core 5.0 新增的一个特性是支持多对多关系。在下面的代码片段中，Book 类定义了 ICollection<Person>类型的 Authors 属性。一本书可能由多个作者撰写(代码文件 Relationships/Book.cs)：

```
public class Book
{
  public Book(string title, string? publisher = default, int bookId = default)
```

```
{
  Title = title;
  Publisher = publisher;
  BookId = bookId;
}
[StringLength(50)]
public string Title { get; set; }
[StringLength(30)]
public string? Publisher { get; set; }
public int BookId { get; set; }
public DateTime? ReleaseDate { get; set; }

public ICollection<Person> Authors = new HashSet<Person>();
}
```

在关系的另一端，Person 类的 WrittenBooks 属性定义了一个 Book 对象的集合(代码文件 Relationships/Person.cs)：

```
public class Person
{
  public Person(string firstName, string lastName, int personId = 0)
  {
    FirstName = firstName;
    LastName = lastName;
    PersonId = personId;
  }

  public int PersonId { get; private set; }

  public string FirstName { get; set; }
  public string LastName { get; set; }

  public ICollection<Book> WrittenBooks = new HashSet<Book>();

  //...
}
```

如果使用 get 和 set 访问器来写 WrittenBooks 和 Authors 属性(不需要将 set 访问器声明为 public)，则将使用约定定义关系。如果没有 set 访问器，需要使用流式 API 来指定关系。为了给关系提供数据，在任何情况下都需要使用流式 API。在数据库中，多对多关系需要一个中间表，其中包含来自两个相关表的键。在版本 5 之前，EF Core 不直接支持多对多关系，需要定义两个一对多关系，并使用另外一个类来映射到中间表。现在，会自动创建两个相关表之间的映射类型。该映射类型使用一个属性包实体类型，该实体类型使用 Dictionary<string, object>类型定义来映射键。

在下面的代码片段中，使用 HasMany()和 WithMany()定义了 Person 类的 WrittenBooks 属性和 Book 类的 Authors 属性之间的映射。为使用数据填充自动使用的属性包实体类型，使用了 UsingEntity()方法。UsingEntity()方法可用于重命名列和表名，以及指定一个自定义类，而不是使用属性包。在代码示例中，使用了从 GetBooksAuthors()返回的数据作为初始数据来填充表(代码文件 Relationships/BooksContext.cs)：

```
public class BooksContext : DbContext
{
  public BooksContext(DbContextOptions<BooksContext> options)
    : base(options) { }
```

```
protected override void OnModelCreating(ModelBuilder modelBuilder)
{
  modelBuilder.HasDefaultSchema("books");

  modelBuilder.ApplyConfiguration<Person>(new PersonConfiguration());

  InitData data = new();
  modelBuilder.Entity<Book>()
    .HasMany(b => b.Authors)
    .WithMany(a => a.WrittenBooks)
    .UsingEntity(ba => ba.HasData(data.GetBooksAuthors()));

  modelBuilder.Entity<Person>().HasData(data.GetAuthors());
  modelBuilder.Entity<Book>().HasData(data.GetBooks());
 }

 public DbSet<Book> Books => Set<Book>();
 public DbSet<Person> People => Set<Person>();
}
```

GetBooksAuthors()方法返回一个对象数组，使用匿名类型来填充属性包。匿名类型的属性名是使用关系一端的属性名和关系另一端的键名生成的。Person.WrittenBooks 加上 Book.BookId，得到了匿名类型的属性名 WrittenBooksBookId。类似的，Book.Authors 加上 Person.PersonId，得到了 AuthorsPersonId(代码文件 Relationships/InitData.cs)：

```
public object[] GetBooksAuthors()
  => new object[]
  {
    new { WrittenBooksBookId = 1, AuthorsPersonId = 1 },
    new { WrittenBooksBookId = 1, AuthorsPersonId = 2 },
    new { WrittenBooksBookId = 2, AuthorsPersonId = 1 },
    //...
  };
```

有了这些映射，并在数据库中填充了数据后(示例应用程序使用迁移来创建和填充数据库)，可以访问 Book 类的 Authors 属性来访问图书作者的信息。在下面的代码片段中，使用了预先加载来填充作者。当然，也可以使用前面讨论的显式或延迟加载(代码文件 Relationships/BooksContext.cs)：

```
public async Task GetBooksForAuthorAsync()
{
  var books = await _booksContext.Books
    .Where(b => b.Title.StartsWith("Professional C#"))
    .Include(b => b.Authors)
    .ToListAsync();
  foreach (var b in books)
  {
    Console.WriteLine(b.Title);
    foreach (var a in b.Authors)
    {
      Console.Write($"{a.FirstName} {a.LastName}");
    }
    Console.WriteLine();
  }
}
```

21.7.2　表的拆分

有时候，数据库列的数量会随着时间增长，而你并不需要每次访问全部列。不将所有的属性放到一个实体类中是一个好主意。通过表的拆分，可以将数据库表拆分为多个实体类型。使用表拆分特性，属于同一个表的每个类都需要一个一对一关系，并定义自己的主键。但是，因为它们共享同一个表，所以也共享相同的主键。

下面是一个 MenuItem 类的示例，它表示关于午餐菜单的信息，MenuDetails 包含厨房用的信息。MenuItem 类为菜单定义了一些属性，包括 Details 属性。Details 属性将关系映射到 MenuDetails 类(代码文件 Relationships/Menus.cs)：

```
public class MenuItem
{
  public MenuItem(string title, int menuItemId = 0)
  {
    Title = title;
    MenuItemId = menuItemId;
  }
  public int MenuItemId { get; set; }
  public string Title { get; set; }
  public string? Subtitle { get; set; }
  public decimal Price { get; set; }
  public MenuDetails? Details { get; set; }
}
```

MenuDetails 类看起来会映射到它自己的表(带有主键)，并映射到具有 MenuItem 属性的 MenuItem 类(代码文件 Relationships/Menus.cs)：

```
public class MenuDetails
{
  public int MenuDetailsId { get; set; }
  public string? KitchenInfo { get; set; }
  public int MenusSold { get; set; }
  public MenuItem? MenuItem { get; set; }
}
```

在上下文中，MenuItems 和 MenuDetails 是两个 DbSet 属性。在 OnModelCreating()方法中，MenuItem 类使用 HasOne()和 WithOne()配置为与 MenuDetails 的一对一关系。前面已经讨论过这些 API。现在，应该注意 ToTable()方法的调用。MenuItem 和 MenuDetails 都映射到相同的表 MenuItems。这就造成了表拆分的差异(代码文件 Relationships/MenusContext.cs)：

```
public class MenusContext : DbContext
{
  public MenusContext(DbContextOptions<MenusContext> options)
    : base(options) { }

  protected override void OnModelCreating(ModelBuilder modelBuilder)
  {
    modelBuilder.HasDefaultSchema("ms");

    modelBuilder.Entity<MenuItem>()
      .HasOne<MenuDetails>(m => m.Details!)
      .WithOne(d => d.Menu!)
      .HasForeignKey<MenuDetails>(d => d.MenuDetailsId);
```

```
    modelBuilder.Entity<MenuItem>().ToTable("MenuItems");
    modelBuilder.Entity<MenuDetails>().ToTable("MenuItems");
  }

  public DbSet<MenuItem> MenuItems => Set<Menu>();
  public DbSet<MenuDetails> MenuDetails => Set<MenuDetails>();
}
```

注意：

EF Core 5 部分支持可空引用类型。当注释了实体类型时，使用约定来映射到可空列。许多 EF Core API 都带注释，但并非全部 API 都带(在撰写本书时如此)。对关系使用表达式时，可空引用会导致编译器警告。EF Core 团队针对处理这种问题给出了一个指导原则，但该指导原则有两个相反的选项。第一个选项是使关系属性(MenuItem 类的 MenuDetails)不可为空，即使它本身可以为空。如果只在 EF Core 中使用实体类型，这不会造成问题。但是，如果会传递实体类型或者以其他方式创建实体类型，就可能造成问题，例如在关系未被填充时导致 NullReferenceException。第二个选项是将引用声明为可空(示例代码就采用了这种做法)，并为 HasOne()和 WithOne()方法的参数使用 null 包容运算符“!”，以去除编译器警告。在将来的 EF Core 版本中，计划进行一些增强，包括注释全部 EF Core API。

验证表是如何在数据库中生成时，可以通过下面的 SQL 语句看到，MenuItems 表包含 MenuItem 和 MenuDetails 类的列，以及只用于 MenuItem 类的主键：

```
CREATE TABLE [dbo].[MenuItems](
  [MenuItemId] [int] IDENTITY(1,1) NOT NULL,
  [Price] [decimal](18, 2) NOT NULL,
  [Subtitle] [nvarchar](max) NULL,
  [Title] [nvarchar](max) NULL,
  [KitchenInfo] [nvarchar](max) NULL,
  [MenusSold] [int] NOT NULL,
CONSTRAINT [PK_MenuItems] PRIMARY KEY CLUSTERED
(
  [MenuItemId] ASC
)WITH (PAD_INDEX = OFF, STATISTICS_NORECOMPUTE = OFF, IGNORE_DUP_KEY = OFF,
  ALLOW_ROW_LOCKS = ON, ALLOW_PAGE_LOCKS = ON) ON [PRIMARY]
) ON [PRIMARY] TEXTIMAGE_ON [PRIMARY]
GO
```

21.7.3　拥有的实体

将表拆分为多个实体类型的另一种方法是使用所谓的“拥有的实体”特性。拥有的实体不需要主键，它们可以是在正常实体中拥有的类型。拥有实体的实体类可以使用表拆分特性映射到单个表，也可以映射到不同的表。当使用不同的表时，它们共享相同的主键。

下面看一个例子，它展示了这两种场景：使用拥有的实体，其部分数据映射到相同的表，部分数据映射到另外一个表。

下面的代码片段显示了主要的实体类型 Person。这是带主键 PersonId 的拥有实体的所有者。该类型包含两个地址：PrivateAddress 和 BusinessAddress(代码文件 Relations/Books/Person.cs)：

```
public class Person
{
  public int PersonId { get; set; }
  public string Name { get; set; }
```

```
  public Address PrivateAddress { get; set; }
  public Address? BusinessAddress { get; set; }
}
```

Address 是一个拥有的实体，该类型没有它自己的主键。该类型有两个字符串属性，以及一个类型为 Location 的关系 Location。Location 是另一个拥有的实体(代码文件 Relations/Books/Address.cs)：

```
public class Address
{
  public string? LineOne { get; set; }
  public string? LineTwo { get; set; }
  public Location? Location { get; set; }
}
```

Location 只包含 Country 和 City 属性，作为一个拥有的实体，它也没有定义键(代码文件 Relations/Books/Location.cs)：

```
public class Location
{
  public string? Country { get; set; }
  public string? City { get; set; }
}
```

最有趣的部分现在出现在上下文中，其中在 PersonConfiguration 类中定义了拥有的实体，如下面的代码示例所示。为 Person 类定制模型时，OwnsOne()的第一次调用指定 Person 实体拥有从 BusinessAddress 属性(这是一种 Address 类型)引用的实体。默认情况下，列名基于属性名和属性的类型，并在它们之间使用下画线分隔符。为了改变这种默认行为，可以使用 HasColumnName()方法来配置列名。Location 类的属性也被 People 表拥有，因为使用 BusinessAddress 的 builder 调用了另外一个 OwnsOne()方法。对于 Person 的 PrivateAddress 属性，在调用 OwnsOne()之前，映射了 PrivateAddresses 表。这里没有在 People 表中存储私人地址值，而是使用了另外一个表(代码文件 Relationships/Books/PersonConfiguration.cs)：

```
internal class PersonConfiguration : IEntityTypeConfiguration<Person>
{
  public void Configure(EntityTypeBuilder<Person> builder)
  {
    builder.OwnsOne(p => p.BusinessAddress, builder =>
    {
      builder.Property(a => a!.LineOne).HasColumnName("AddressLineOne");
      builder.Property(a => a!.LineTwo).HasColumnName("AddressLineTwo");
      builder.OwnsOne(a => a!.Location, locationBuilder =>
      {
        locationBuilder.Property(l => l!.City).HasColumnName("BusinessCity");
        locationBuilder.Property(l => l!.Country).HasColumnName("BusinessCountry");
      });
    });

    builder.OwnsOne(p => p.PrivateAddress)
      .ToTable("PrivateAddresses")
      .OwnsOne(a => a!.Location, builder =>
      {
        builder.Property(a => a!.City).HasColumnName("City");
        builder.Property(a => a!.Country).HasColumnName("Country");
      });
  }
```

```
}
```

创建数据库时，People 表包含来自拥有的实体类型的列：

```
CREATE TABLE [dbo].[People](
  [PersonId] [int] IDENTITY(1,1) NOT NULL,
  [Name] [nvarchar](max) NULL,
  [CompanyAddress_LineOne] [nvarchar](max) NULL,
  [CompanyAddress_LineTwo] [nvarchar](max) NULL,
  [BusinessCity] [nvarchar](max) NULL,
  [BusinessCountry] [nvarchar](max) NULL,
CONSTRAINT [PK_People] PRIMARY KEY CLUSTERED
(
  [PersonId] ASC
)WITH (PAD_INDEX = OFF, STATISTICS_NORECOMPUTE = OFF, IGNORE_DUP_KEY = OFF,
  ALLOW_ROW_LOCKS = ON, ALLOW_PAGE_LOCKS = ON) ON [PRIMARY]
) ON [PRIMARY] TEXTIMAGE_ON [PRIMARY]
GO
```

创建第二个表(PrivateAddresses)是由于 PrivateAddress 属性上的 ToTable()映射。此表的键值与 People 表相同(PersonId)：

```
CREATE TABLE [dbo].[Addr](
  [PersonId] [int] NOT NULL,
  [LineOne] [nvarchar](max) NULL,
  [LineTwo] [nvarchar](max) NULL,
  [Location_City] [nvarchar](max) NULL,
  [Location_Country] [nvarchar](max) NULL,
CONSTRAINT [PK_Addr] PRIMARY KEY CLUSTERED
(
  [PersonId] ASC
)WITH (PAD_INDEX = OFF, STATISTICS_NORECOMPUTE = OFF, IGNORE_DUP_KEY = OFF,
  ALLOW_ROW_LOCKS = ON, ALLOW_PAGE_LOCKS = ON) ON [PRIMARY]
) ON [PRIMARY] TEXTIMAGE_ON [PRIMARY]
GO
```

21.7.4 每个层次结构一张表

EF Core 还支持每个层次结构一张表(Table Per Hierarchy，TPH)的关系类型。使用这种关系，形成层次结构的多个模型类用于映射到单个表。这种关系可以使用约定和流式 API 来指定。

下面开始使用约定和形成层次结构的类型 Payment、CashPayment 和 CreditcardPayment。Payment 是一个基类；CashPayment 和 CreditcardPayment 均派生于它。

在实现代码中，Payment 类使用 PaymentId 属性定义了主键，还定义了必要的 Name 和 Amount 属性。Amount 属性映射到数据库中的一个列类型 Money(代码文件 Relations/Bank/Payments.cs)：

```
public abstract class Payment
{
  public Payment(string name, decimal amount, int paymentId = 0)
  {
    Name = name;
    Amount = amount;
    PaymentId = paymentId;
  }
  public int PaymentId { get; set; }
  [StringLength(20)]
```

```
  public string Name { get; set; }
  [Column(TypeName = "Money")]
  public decimal Amount { get; set; }
}
```

CreditcardPayment 类派生自 Payment，还添加了 CreditcardNumber 属性(代码文件 Relations/Bank/Payments.cs)：

```
public class CreditcardPayment : Payment
{
  public CreditcardPayment(string name, decimal amount, int paymentId = 0)
    : base(name, amount, paymentId) { }
  public string? CreditcardNumber { get; set; }
}
```

最后，CashPayment 类派生自 Payment，但不声明任何其他成员(代码文件 Relations/Bank/Payments.cs)：

```
public class CashPayment : Payment
{
  public CashPayment(string name, decimal amount, int paymentId = 0)
    : base(name, amount, paymentId) { }
}
```

EF Core 的上下文类 BankContext 为类定义了 DbSet 属性来映射到 Payments 表。这里使用了流式 API 来定义 TPH 映射。HasDiscriminator()方法指定了用于区分返回的派生类型的列名。HasValue()方法要求 CashPayment 类在 Type 列中的值为 cash，对 CreditcardPayment 类的映射是通过 creditcard 值实现的(代码文件 Relations/Bank/BankContext.cs)：

```
public class BankContext : DbContext
{
    public BankContext(DbContextOptions<BankContext> options)
        : base(options) {}

    public DbSet<Payment> Payments => Set<Payment>();

    protected override void OnModelCreating(ModelBuilder modelBuilder)
    {
        modelBuilder.HasDefaultSchema("bank");

        modelBuilder.Entity<Payment>()
            .HasDiscriminator<string>("Type")
            .HasValue<CashPayment>("cash")
            .HasValue<CreditcardPayment>("creditcard");

        modelBuilder.Entity<Payment>()
            .Property(p => p.Amount)
            .HasColumnType("Money");
    }
}
```

注意：

TPH 映射的示例应用程序使用了流式 API。使用约定时，基类不能是抽象基类，并且需要为层次结构的每个类定义 DBSet 属性。按照约定，将鉴别器列命名为 Discriminator。

创建的示例数据定义了两个 CashPayment 和一个 CreditcardPayment 支付(代码文件 Relations/Bank/BankRunner.cs)：

```
public async Task AddSampleDataAsync()
{
  _bankContext.Payments.Add(new CashPayment("Donald", 0.5M));
  _bankContext.Payments.Add(new CashPayment("Scrooge", 20000M));
  _bankContext.Payments.Add(new CreditcardPayment("Gus Goose", 300M)
  {
    CreditcardNumber = "987654321"
  });
  await _bankContext.SaveChangesAsync();
}
```

当运行应用程序来创建数据库时，只创建了一个表 Payments。这个表定义了一个 Type 列，将记录从表映射到相应的模型类型。

要只查询层次结构中的特定类型，可以使用 OfType()扩展方法。在下面的代码片段中，可以看到一个查询，该查询只返回 CreditcardPayment 类型的支付(代码文件 TPHWithConventions/Program.cs)：

```
public async Task QuerySampleAsync()
{
  var creditcardPayments = await _bankContext.Payments
    .OfType<CreditcardPayment>()
    .ToListAsync();
  foreach (var payment in creditcardPayments)
  {
    Console.WriteLine($"{payment.Name}, {payment.Amount}");
  }
}
```

使用 OfType()方法，EF Core 创建一个带有 WHERE 子句的查询，该子句只区分值为 CreditcardPayment 的记录：

```
SELECT [p].[PaymentId], [p].[Amount], [p].[Discriminator], [p].[Name],
  [p].[CreditcardNumber]
FROM [Payments] AS [p]
WHERE [p].[Discriminator] = N'CreditcardPayment'
```

21.8　保存数据

在使用模型和关系创建数据库之后，可以对其进行写入。“EF Core 简介”小节展示了如何添加、更新和删除记录，但是现在来深入了解这个过程。

在示例应用程序中，这一次使用 IDbContextFactory 来创建 DbContext。这允许上下文的生存期更短，并要求显式释放上下文。这允许更好地模拟 Web 应用程序和服务中有多个上下文对象的场景，在这种场景中，每个 HTTP 请求使用不同的上下文实例。下面的代码片段使用了 EF Core 5.0 中新增的 AddDbContextFactory()方法(代码文件 Tracking/Program.cs)：

```
using var host = Host.CreateDefaultBuilder(args)
  .ConfigureServices((context, services) =>
  {
    var connectionString = context.Configuration.GetConnectionString("MenusConnection");
    services.AddDbContextFactory<MenusContext>(options =>
    {
```

```
      options.UseSqlServer(connectionString);
    });

    services.AddScoped<Runner>();
  }).Build();
```

在 Runner 类中注入了 IDbContextFactory。然后，可以使用_menusContextFactory 变量来创建新的 DbContext(代码文件 Tracking/Runner.cs)：

```
private readonly IDbContextFactory<MenusContext> _menusContextFactory;
  public Runner(IDbContextFactory<MenusContext> menusContextFactory)
  => _menusContextFactory = menusContextFactory;
```

21.8.1 用关系添加对象

下面的代码片段写入一个关系：MenuCard 包含 MenuItem 对象。其中，实例化 MenuCard 和 MenuItem 对象，再指定双向关联。对于 MenuItem，将 MenuCard 属性分配给 MenuCard，对于 MenuCard，用 MenuItem 对象填充 MenuItems 属性。调用 MenuCards 属性的方法 Add()，把 MenuCard 实例添加到上下文中。将对象添加到上下文时，默认情况下所有对象都添加到树中，并添加状态。不仅保存 MenuCard，还保存 MenuItem 对象。在上下文中调用 SaveChangesAsync()，会创建 4 个记录(代码文件 Tracking/Runner.cs)：

```
public async Task AddRecordsAsync()
{
  Console.WriteLine(nameof(AddRecordsAsync));
  using var context = _menusContextFactory.CreateDbContext();
  MenuCard soupCard = new("Soups");

  MenuItem[] soups = new[]
  {
    new MenuItem("Consommé Célestine (with shredded pancake)")
    {
      Price = 4.8m,
      MenuCard = soupCard
    },
    new MenuItem("Baked Potato Soup")
    {
      Price = 4.8m,
      MenuCard = soupCard
    },
    new MenuItem("Cheddar Broccoli Soup")
    {
      Price = 4.8m,
      MenuCard = soupCard
    }
  };

  foreach (var soup in soups)
  {
    soupCard.MenuItems.Add(soup);
  }

  context.MenuCards.Add(soupCard);
```

```
    ShowState(context);
    int records = await context.SaveChangesAsync();
    Console.WriteLine($"{records} added");
    Console.WriteLine();
  }
```

给上下文添加 4 个对象后调用的方法 ShowState()显示了所有与上下文相关的对象的状态。DbContext 类有一个相关的 ChangeTracker，使用 ChangeTracker 属性可以访问它。ChangeTracker 的 Entries()方法返回变更跟踪器了解的所有对象。在 foreach 循环中，每个对象包括其状态都写入控制台(代码文件 Tracking/Runner.cs)：

```
private void ShowState(MenusContext context)
{
  foreach (EntityEntry entry in context.ChangeTracker.Entries())
  {
    Console.WriteLine($"type: {entry.Entity.GetType().Name}, " +
      $"state: {entry.State}, {entry.Entity}");
  }
  Console.WriteLine();
}
```

运行应用程序，查看 4 个对象的 Added 状态：

```
type: MenuCard, state: Added, Soups
type: MenuItem, state: Added, Consommé Célestine (with shredded pancake)
type: MenuItem, state: Added, Baked Potato Soup
type: MenuItem, state: Added, Cheddar Broccoli Soup
```

因为这个状态，SaveChangesAsync()方法创建 SQL Insert 语句，把每个对象写到数据库。

21.8.2 对象的跟踪

如前所述，上下文知道添加的对象。然而，上下文也需要了解变更。要了解变更，每个检索的对象就需要它在上下文中的状态。为了查看这个状态，下面创建两个不同的查询，但返回相同的对象。下面的代码片段定义了两个不同的查询，每个查询都用菜单返回相同的对象，因为它们都存储在数据库中。事实上，只有一个对象会物化，因为在第二个查询的结果中，返回的记录具有的主键值与从上下文中引用的对象相同。由于验证到变量 m1 和 m2 的引用相同，所以会返回相同的对象(代码文件 Tracking/Runner.cs)：

```
public async Task ObjectTrackingAsync()
{
  using var context = _menusContextFactory.CreateDbContext();
  Console.WriteLine(nameof(ObjectTrackingAsync));
  var m1 = await (from m in context.MenuItems
              where m.Text.StartsWith("Con")
              select m).FirstOrDefaultAsync();
  var m2 = await (from m in context.MenuItems
              where m.Text.Contains("(")
              select m).FirstOrDefaultAsync();
  if (object.ReferenceEquals(m1, m2))
  {
    Console.WriteLine("the same object");
  }
  else
```

```
    {
      Console.WriteLine("not the same");
    }
    ShowState(context);

    Console.WriteLine();
  }
```

第一个 LINQ 查询得到一个带 LIKE 比较的 SQL SELECT 语句，来比较以 Con 开头的字符串：

```
SELECT TOP(1) [m].[MenuItemId], [m].[MenuCardId], [m].[Price], [m].[RestaurantId],
  [m].[Text]
FROM [mc].[MenuItems] AS [m]
WHERE [m].[Text] LIKE N'Con%'
```

在第二个 LINQ 查询中，也需要查询数据库。其中 LIKE 用于比较文本中间的“(”：

```
SELECT TOP(1) [m].[MenuItemId], [m].[MenuCardId], [m].[Price], [m].[RestaurantId],
  [m].[Text]
FROM [mc].[MenuItems] AS [m]
WHERE [m].[Text] LIKE N'%(%'
```

运行应用程序时，同一对象写入控制台，只有一个对象用 ChangeTracker 保存。状态是 Unchanged：

```
the same object
type: MenuItem, state: Unchanged, Consommé Célestine (with shredded pancake)
```

为了不跟踪在数据库中运行查询的对象，可以通过 DbSet 调用 AsNoTracking()方法：

```
var m1 = await (from m in context.MenuItems.AsNoTracking()
         where m.Text.StartsWith("Con")
         select m).FirstOrDefaultAsync();
```

有了这样的配置，给数据库建立两个查询，物化两个对象，状态信息是空的。

除了配置查询的跟踪行为，还可以通过设置变更跟踪器的 QueryTrackingBehavior 属性来配置默认跟踪行为，也可以使用 DI 配置的选项的 UseTrackingBehavior()来进行配置。

> **注意：**
> 当上下文只用于读取记录时，可以使用 NoTracking 配置，但无法修改。这减少了上下文的开销，因为不保存状态信息。

21.8.3　更新对象

跟踪对象时，对象可以轻松地更新，如下面的代码片段所示。首先，检索 MenuItem 对象。使用这个被跟踪的对象，修改价格，再把变更写入数据库。在所有的变更之间，将状态信息写入控制台(代码文件 Tracking/Runner.cs)：

```
public async Task UpdateRecordsAsync()
{
  using var context = _menusContextFactory.CreateDbContext();
  MenuItem menuItem = await context.MenuItems
    .Skip(1)
    .FirstOrDefaultAsync();

  ShowState(context);
  menuItem.Price += 0.2m;
```

```
    ShowState(context);
    int records = await context.SaveChangesAsync();
    Console.WriteLine($"{records} updated");
    ShowState(context);
  }
```

运行应用程序时，可以看到，加载记录后，对象的状态是 Unchanged，修改属性值后，对象的状态是 Modified，保存完成后，对象的状态是 Unchanged：

```
type: MenuItem, state: Unchanged, Baked Potato Soup
type: MenuItem, state: Modified, Baked Potato Soup
1 updated
type: MenuItem, state: Unchanged, Baked Potato Soup
```

访问变更跟踪器中的条目时，默认情况下会自动检测到变更。要配置这个，应设置 ChangeTracker 的 AutoDetectChangesEnabled 属性。为了手动检查是否发生变更，调用 DetectChanges()方法。调用 SaveChangesAsync()后，状态改回 Unchanged。调用 AcceptAllChanges()方法可以手动完成这个操作。

21.8.4　更新未跟踪的对象

DbContext 的生存期通常非常短。使用 EF Core 与 ASP.NET Core 时，对于一个 HTTP 请求，创建一个对象上下文来检索对象。从客户端接收一个更新时，对象必须再在服务器上创建。这个对象没有与对象的上下文相关联。为了在数据库中更新它，对象需要与 DB 上下文相关联，修改状态，创建 INSERT、UPDATE 或 DELETE 语句。

这样的情景用下一个代码片段模拟。局部函数 GetMenuItemAsync()返回一个脱离上下文的 MenuItem 对象，上下文在该局部函数的最后销毁。GetMenuItemAsync()方法由 UpdateRecordUntrackedAsync()方法调用。这个方法修改不与任何上下文相关的 MenuItem 对象。改变后，MenuItem 对象传递到局部函数 UpdateMenuAsync()，在一个新的上下文中将其保存到数据库。为了将这个方法标记为已修改，Update()方法将对象关联到上下文，并将状态修改设置为 Modified。除了使用 Update()方法，还可以使用 Attach()方法，并通过 EntityEntry 对象的 State 属性来设置状态，如下面注释掉的代码所示(代码文件 Tracking/Runner.cs)：

```
public async Task UpdateRecordUntrackedAsync()
{
  Task<MenuItem> GetMenuItemAsync()
  {
    using var context = _menusContextFactory.CreateDbContext();
    return context.MenuItems
      .Skip(2)
      .FirstOrDefaultAsync();
  }

  async Task UpdateMenuAsync(MenuItem menuItem)
  {
    using var context = _menusContextFactory.CreateDbContext();
    ShowState(context);
    // EntityEntry<MenuItem> entry = context.MenuItems.Attach(m);
    // entry.State = EntityState.Modified;
    context.MenuItems.Update(menuItem);
    ShowState(context);
    await context.SaveChangesAsync();
  }
```

```
    var menuItem = await GetMenuItemsAsync();
    menuItem.Price += 0.7m;

    await UpdateMenuItemAsync(menuItem);
  }
```

通过 UpdateRecordTrackedAsync()方法运行应用程序时，可以看到状态为 Modified。对象起初没有被关联，但是因为显式地更新了状态，所以可以看到 Modified 状态：

```
type: MenuItem, state: Modified, Cheddar Broccoli Soup
```

21.9 冲突的处理

如果多个用户修改同一个记录，然后保存状态，会发生什么？最后谁的变更会保存下来?

如果访问同一个数据库的多个用户处理不同的记录，就没有冲突。所有用户都可以保存他们的数据，而不干扰其他用户编辑的数据。但是，如果多个用户处理同一记录，就需要考虑如何解决冲突。有不同的方法来处理冲突。最简单的一个方法是最后一个用户获胜。最后保存数据的用户覆盖以前用户执行的变更。

EF Core 还提供了一种方式，使第一个保存数据的用户获胜。采用这一选项，保存记录时，需要验证最初读取的数据是否仍在数据库中。如果是，就继续保存数据，因为读写操作之间没有发生变化。然而，如果数据发生了变化，就需要解决冲突。

下面看看这些不同的选项。

21.9.1 最后一个更改获胜

默认情况是，最后一个保存的更改获胜。为了查看对数据库的多个访问，使用新的示例项目 ConflictHandling-LastWins 来扩展包含 BooksContext 的 Intro 示例项目。

为了简单地模拟两个用户，通过两个不同的 Runner 实例创建了两个 DI 作用域。Runner 对象在构造函数中注入 BooksContext。因为每个 Runner 运行在一个不同的 DI 作用域中，所以对于每个 Runner，会创建两个不同的 BooksContext 对象。第一个用户调用 PrepareUpdateAsync()，从数据库中检索一个 Book 记录。第二个用户也调用 PrepareUpdateAsync()，从数据库中检索相同的记录。之后，两个用户都调用 UpdateAsync()方法，将更新后的 Book 对象写入数据库。当写完所有记录后，从数据库中读取 Book 对象，并宣布获胜者(代码文件 ConflictHandling-LastWins/Program.cs)：

```
using var user1Scope = host.Services.CreateScope();
using var user2Scope = host.Services.CreateScope();
var user1Runner = user1Scope.ServiceProvider.GetRequiredService<Runner>();
var user2Runner = user2Scope.ServiceProvider.GetRequiredService<Runner>();
int bookId = await user1Runner.PrepareUpdateAsync("user1");
await user2Runner.PrepareUpdateAsync("user2");
await user1Runner.UpdateAsync();
await user2Runner.UpdateAsync();

using var checkScope = host.Services.CreateScope();
var runner = checkScope.ServiceProvider.GetRequiredService<Runner>();
string updatedTitle = await runner.GetUpdatedTitleAsyc(bookId);
Console.Write("this is the winner: ");
Console.WriteLine(updatedTitle);
```

对于第一个和第二个用户，PrepareUpdateAsync()方法的行为不同。对于第一个用户，没有为该方法提供 id 实参，所以从数据库中检索最后一条记录，将其设置为选择的图书，并返回 id。第二个用户使用该 id 来从数据库检索相同的记录，并将其写入自己的_selectedBook 字段中保存的实例上(代码文件 ConflictHandling-LastWins/Runner.cs)：

```
public async Task<int> PrepareUpdateAsync(string user, int id = 0)
{
  _user = user;
  if (id is 0)
  {
    _selectedBook = await _booksContext.Books.OrderBy(b => b.BookId).LastAsync();
    return _selectedBook.BookId;
  }
  _selectedBook = await _booksContext.Books.FindAsync(id);
  return id;
}
```

UpdateAsync()方法修改选择的图书，并使用 BooksContext 来保存修改。记住，这个方法会调用两次，分别为两个模拟的用户调用一次(代码文件 ConflictHandling-LastWins/Runner.cs)：

```
public async Task UpdateAsync()
{
  if (_selectedBook is null) throw new InvalidOperationException(
    "_selectedBook not set. Invoke PrepareUpdateAsync before UpdateAsync");
  _selectedBook.Title = $"Book updated from {_user}";
  int records = await _booksContext.SaveChangesAsync();
  if (records == 1)
  {
    Console.WriteLine($"Book {_selectedBook.BookId} updated from {_user}");
  }
}
```

两个用户做完更新后，使用 FindAsync()方法来从数据库检索图书。这解决了哪个更新最后成功的问题(代码文件 ConflictHandling-LastWins/Runner.cs)：

```
public async Task<string> GetUpdatedTitleAsync(int id)
{
  var book = await _booksContext.Books.FindAsync(id);
  return $"{book.Title} with id {book.BookId}";
}
private static void CheckUpdate(int id)
{
  using (var context = new BooksContext())
  {
    Book book = context.Books.Find(id);
    Console.WriteLine($"updated: {book.Title}");
  }
}
```

运行应用程序时，会发生什么？第一个更新会成功，第二个更新也会成功。更新一条记录时，不验证读取记录后是否发生变化，这个示例应用程序就是这样设计的。第二个更新会覆盖第一个更新的数据，如应用程序的输出所示：

```
database created
Book 100 updated from user1
```

```
Book 100 updated from user2
this is the winner: Book updated from user2 with id 100
```

21.9.2 第一个更改获胜

上面的示例展示了更新记录时的默认行为，即最后一次更新获胜。如果需要不同的行为，如第一个用户的更改保存到记录中，就需要做一些改变。示例项目 ConflictHandling-FirstWins 像以前一样使用 Book 和 BooksContext 对象，但它处理第一个更改获胜的场景。

为了解决冲突，需要指定属性，如果在读取和更新之间发生了变化，就应使用并发性令牌验证该属性。基于指定的属性，修改 SQL UPDATE 语句，不仅验证主键，还验证用并发性令牌标记的所有属性。给实体类型添加许多并发性令牌，会在 UPDATE 语句中创建一个巨大的 WHERE 子句，这不是非常有效。相反，可以添加一个属性，在 SQL Server 中每次创建或更新记录时更新它。可以定义一个 byte[ ]类型的属性，并使用 Timestamp 特性标记它。通过检查该属性来判断是否发生了更改，如果在把记录读取到上下文中到尝试保存记录之间，记录发生了更改，那么更新将会失败。如果不想让这个属性成为类的成员，可以使用影子属性。

在下面的代码片段中，指定了 byte[ ]类型的影子属性 Timestamp，它映射到 SQL Server 数据类型 timestamp。使用 SQL Server 时，这就足以进行自动更新。

IsRowVersion()告诉 EF Core，使用数据库中的当前值验证从数据库检索的原始值。如果在进行更新时，值不再相等，则说明其他操作更新了该记录，新的更新将会失败(代码文件 ConflictHandling-FirstWins/BooksContext.cs)：

```
protected override void OnModelCreating(ModelBuilder modelBuilder)
{
  var sampleBooks = GetSampleBooks();
  modelBuilder.Entity<Book>().HasData(sampleBooks);

  // shadow property
  modelBuilder.Entity<Book>().Property<byte[]>("Timestamp")
    .HasColumnType("timestamp")
    .IsRowVersion();
}
```

IsRowVersion()方法将 ValueGeneratedOnAddOrUpdate()和 IsConcurrencyToken 组合了起来。使用 IsConcurrencyToken 标记的属性的原始值和当前值将被验证，ValueGeneratedOnAddOrUpdate()告诉 EF Core，值在数据库中通过添加或更新语句得到了更新。

检查冲突处理的过程类似于之前的操作。用户 1 和用户 2 都调用 PrepareUpdateAsync()方法，改变了书名，并调用 UpdateAsync()方法修改数据库。

这里不重复顶级语句的调用和 PrepareUpdateAsync()方法，因为它们的实现方式与前面的示例相同。UpdateAsync()方法则截然不同。该方法现在需要检查 DbUpdateConcurrencyException 类型的异常，因为当另外一个用户更新了记录时，可能发生这种异常。创建了所有 UPDATE 语句后，通过调用 SaveChangesAsync()方法，可以创建 WHERE 子句来检查所有并发令牌。因为时间戳上设置了并发令牌，如果任何用户修改了其他任何列，UPDATE 将会失败。在 DbUpdateConcurrencyException 的处理程序中，显示了关于失败记录的信息(代码文件 ConflictHandling-FirstWins/Runner.cs)：

```
public async Task UpdateAsync()
{
  if (_selectedBook is null || _user is null)
    throw new InvalidOperationException(
```

```
    "_selectedBook not set. Invoke PrepareUpdateAsync before UpdateAsync");

  try
  {
    _selectedBook.Title = $"Book updated from {_user}";
    int records = await _booksContext.SaveChangesAsync();
    if (records == 1)
    {
      Console.WriteLine($"Book {_selectedBook.BookId} updated from {_user}");
    }
  }
  catch (DbUpdateConcurrencyException ex)
  {
    Console.WriteLine($"{_user}: update failed with {_selectedBook.Title}");
    Console.WriteLine($"error: {ex.Message}");
    foreach (var entry in ex.Entries)
    {
      if (entry.Entity is Book b)
      {
        PropertyEntry pe = entry.Property("TimeStamp");
        Console.WriteLine($"{b.Title} {BitConverter.ToString((byte[])pe.CurrentValue)}");
        ShowChanges(_selectedBook.BookId, _booksContext.Entry(_selectedBook));
      }
    }
  }
}
```

使用与上下文关联的对象时，可以使用 PropertyEntry 对象访问原始值和当前值。使用 OriginalValue 属性可以访问从数据库读取对象时检索的原始值，使用 CurrentValue 属性可以访问当前值。使用 EntityEntry 的 Property()方法可以访问 PropertyEntry 对象，如 ShowChanges()和 ShowChange()方法所示(代码文件 ConflictHandling-FirstWins/Runner.cs)：

```
private void ShowChanges(int id, EntityEntry entity)
{
  static void ShowChange(PropertyEntry propertyEntry, int id) =>
    Console.WriteLine($"id: {id}, current: {propertyEntry.CurrentValue}, " +
      $"original: {propertyEntry.OriginalValue}, " +
      $"modified: {propertyEntry.IsModified}");

  ShowChange(entity.Property("Title"), id);
  ShowChange(entity.Property("Publisher"), id);
}
```

当运行应用程序时，可以看到如下输出。时间戳值和图书 ID 在每次运行时都不同。第一个用户把书的原标题 sample book 更新为新标题 user 1 wins。IsModified 属性给 Title 属性返回 true，但给 Publisher 属性返回 false。因为只有标题改变了。原来的时间戳以 1.1.209 结尾；更新到数据库中后，时间戳改为 1.17.114。与此同时，用户 2 打开相同的记录，该书的时间戳仍然是 1.1.209。用户 2 更新该书，但这里更新失败了，因为该书的时间戳不匹配数据库中的时间戳。这里会抛出一个 DbUpdateConcurrencyException 异常。在异常处理程序中，异常的原因写入控制台，如程序的输出所示：

```
Book 100 updated from user1
user2: update failed with Book updated from user2
error: Database operation expected to affect 1 row(s) but actually affected 0 row(s).
```

```
Data may have been modified or deleted since entities were loaded.
See http://go.microsoft.com/fwlink/?LinkId=527962 for information on understanding
and handling optimistic concurrency exceptions.
Book updated from user2 00-00-00-00-00-00-08-35
id: 100, current: Book updated from user2, original: title 100, modified: True
id: 100, current: sample, original: sample, modified: False
this is the winner: Book updated from user1 with id 100
```

当使用并发性令牌和处理 DbConcurrencyException 时，可以根据需要处理并发冲突。例如，可以自动解决并发问题。如果改变了不同的属性，可以检索更改的记录并合并更改。如果改变的属性是一个数字，要执行一些计算，例如点系统，就可以在两个更新中递增或递减值，如果达到极限，就抛出一个异常。也可以给用户提供数据库中目前的信息，询问他要进行什么修改，要求用户解决并发性问题。只是不要要求用户做太多工作。用户可能只是想摆脱这个很少显示的对话框，这意味着他可能会单击 OK 或 Cancel，而不阅读其内容。对于罕见的冲突，也可以编写日志，通知系统管理员，需要解决一个问题。

21.10 使用事务

每次访问数据库时，都涉及事务。可以隐式地使用事务或根据需要使用配置显式地创建它们。此节使用的示例项目以两种方式展示事务。这里，MenuItem、MenuCard 和 MenuContext 类的用法与前面的 Tracking 项目相同。

21.10.1 使用隐式的事务

SaveChangesAsync()方法的调用会自动解析为一个事务。如果需要进行的一部分变更失败，例如，因为数据库约束失败，就回滚所有已经完成的更改。下面的代码片段演示了这一点。其中，第一个 MenuItem(m1)用有效的数据创建。对现有 MenuCard 的引用是通过提供 MenuCardId 完成的。更新成功后，MenuItem m1 的 MenuCard 属性自动填充。然而，所创建的第二个 MenuItem，即 mInvalid，因为提供的 MenuCardId 在数据库中不存在，所以引用了无效的菜单卡。因为 MenuCard 和 MenuItem 之间定义了外键关系，所以添加这个对象会失败(代码文件 Transactions/Runtime.cs)：

```
public async Task AddTwoRecordsWithOneTxAsync()
{
  Console.WriteLine(nameof(AddTwoRecordsWithOneTxAsync));
  try
  {
    using var context = _menusContextFactory.CreateDbContext();
    var card = context.MenuCards.OrderBy(mc => mc.MenuCardId).First();
    MenuItem m1 = new("added")
    {
      MenuCardId = card.MenuCardId,
      Price = 99.99m
    };

    var notExistingCard = Guid.NewGuid();
    MenuItem mInvalid = new("invalid")
    {
      MenuCardId = notExistingCard,
      Price = 999.99m
    };
```

```
        context.MenuItems.AddRange(m1, mInvalid);
        int records = await context.SaveChangesAsync();
        Console.WriteLine($"{records} records added");
      }
      catch (DbUpdateException ex)
      {
        Console.WriteLine($"{ex.Message}");
        Console.WriteLine($"{ex.InnerException?.Message}");
      }
      Console.WriteLine();
    }
```

在运行应用程序并调用 AddTwoRecordsWithOneTxAsync()方法之后，可以验证数据库的内容，确定没有添加记录。异常消息以及内部异常的消息给出了细节：

```
An exception occurred in the database while saving changes for context type 'MenusContext'.
Microsoft.EntityFrameworkCore.DbUpdateException: An error occurred while updating
the entries. See the inner exception for details.
---> Microsoft.Data.SqlClient.SqlException (0x80131904): The INSERT statement
conflicted with the FOREIGN KEY constraint "FK_MenuItems_MenuCards_MenuCardId".
The conflict occurred in database "ProCSharpTransactions", table "mc.MenuCards",
column 'MenuCardId'.
     The statement has been terminated.
```

如果第一条记录写入数据库应该是成功的，即使第二条记录写入失败，那么依旧需要多次调用 SaveChangesAsync()方法。

21.10.2 创建显式的事务

除了使用隐式创建的事务之外，也可以显式地创建它们。其优势是如果一些业务逻辑失败，也可以选择回滚，还可以在一个事务中结合多个 SaveChangesAsync()调用。为了开始一个与 DbContext 派生类相关的事务，需要调用 Database 属性返回的 DatabaseFacade 类的 BeginTransactionAsync()方法。返回的事务实现了 IDbContextTransaction 接口。与 DbContext 相关的 SQL 语句通过事务建立起来。为了提交或回滚，必须显式地调用 Commit()或 Rollback()方法。在示例代码中，当达到 DbContext 作用域的末尾时，调用 Commit()，在发生异常的情况下调用 Rollback()(代码文件 Transactions/Runner.cs):

```
public async Task TwoSaveChangesWithOneTxAsync()
{
  Console.WriteLine(nameof(TwoSaveChangesWithOneTxAsync));
  using var context = _menusContextFactory.CreateDbContext();
  using var tx = await context.Database.BeginTransactionAsync();
  try
  {
    var card = context.MenuCards.First();
    MenuItem m1 = new("added with explicit tx")
    {
      MenuCardId = card.MenuCardId,
      Price = 99.99m
    };
    context.MenuItems.Add(m1);
    int records = await context.SaveChangesAsync();
    Console.WriteLine($"{records} records added");

    var notExistingCard = Guid.NewGuid();
```

```
    MenuItem mInvalid = new("invalid")
    {
      MenuCardId = notExistingCard,
      Price = 999.99m
    };
    context.MenuItems.Add(mInvalid);
    records = await context.SaveChangesAsync();

    Console.WriteLine($"{records} records added");
    tx.Commit();
  }
  catch (DbUpdateException ex)
  {
    Console.WriteLine($"{ex.Message}");
    Console.WriteLine($"{ex.InnerException?.Message}");
    Console.WriteLine("rolling back...");
    tx?.Rollback();
  }
  Console.WriteLine();
}
```

当运行应用程序时可以看到，没有添加记录，但多次调用了 SaveChangesAsync()方法。SaveChangesAsync()的第一次返回列出了要添加的一个记录，但基于后面的 Rollback()，删除了这个记录。根据隔离级别的设置，回滚完成之前，更新的记录只能在事务内可见，但在事务外部不可见。

21.10.3 使用环境事务

使用 System.Transactions 名称空间中的环境事务是处理事务的一种简单的选项。环境事务是设置给 Transaction.Current 属性的事务。支持环境事务的每个资源通过向事务登记来加入事务。使用 SQL Server 的 ADO.NET 和 EF Core 支持环境事务，并自动向该事务登记。向该事务登记的每个资源都可能使它失败。如果每个资源都设置了“快乐位”，即该资源的事务结果是成功的，事务范围也是成功的，则事务就会完成。如果登记的任何资源没有标记成功，则在范围完成时，事务将回滚。

通过创建一个新的 TransactionScope，可以创建一个环境事务。取决于使用的参数，这会将 Transaction.Current 属性设置为一个事务。使用 TransactionScopeOption 枚举类型时，可以指定 Required、RequresNew 和 Suppress：

- Required 指定事务是必要的。如果已经设置了一个事务，则使用该事务。如果没有事务可用，就创建一个新事务。
- RequiresNew 创建一个新的事务，它独立于已经活跃的事务。
- 使用 Suppress 选项时，可以指定这个作用域不应该有事务。

在下面的代码片段中，由于使用了 TransactionScopeOption.Required，当变量作用域活跃时，将存在一个新的事务。第二个实参 TransactionScopeAsyncFlowOption.Enabled 指定了事务将在不同线程间流动，在异步方法中必须使用该选项。否则，需要在同一个线程中启动和完成事务，但在没有同步上下文的情况下使用异步方法时，做不到这一点。当释放根事务范围时(在示例代码中，scope 变量代表根范围，因为它是第一个创建的环境事务)，将完成事务的结果。在 AmbientTransactionsAsync()方法的末尾将释放 scope 变量。范围自身必须设置“快乐位”，这是通过调用 TransactionScope 的 Complete()方法来完成的。在 try 代码块的末尾调用该方法。如果抛出了任何异常，就丢弃异常，无论数据库事务是否会成功。可以使用成功的数据库操作，但不调用 Complete()方法来测试这一点。为查看事务的结果，触发了 TransactionCompleted 事件。在这个处理程序中，将事务的状态写入控制台(代码文件

Transactions/Runner.cs)：

```
public async Task AmbientTransactionsAsync()
{
  Console.WriteLine(nameof(AmbientTransactionsAsync));

  using var scope = new TransactionScope(TransactionScopeOption.Required,
    TransactionScopeAsyncFlowOption.Enabled);

  if (Transaction.Current is null) throw new InvalidOperationException(
    "no ambient transaction available");
  Transaction.Current.TransactionCompleted += (sender, e) =>
  {
    var ti = e.Transaction?.TransactionInformation;
    Console.WriteLine($"transaction completed with status: " +
      $"{ti?.Status}, identifier: {ti?.LocalIdentifier}");
  };

  using var context = _menusContextFactory.CreateDbContext();
  try
  {
    var card = context.MenuCards.First();
    MenuItem m1 = new("added with explicit tx")
    {
      MenuCardId = card.MenuCardId,
      Price = 99.99m
    };
    context.MenuItems.Add(m1);
    int records = await context.SaveChangesAsync();
    Console.WriteLine($"{records} records added");

    var notExistingCard = Guid.NewGuid();
    MenuItem mInvalid = new("invalid")
    {
      MenuCardId = notExistingCard,
      Price = 999.99m
    };
    context.MenuItems.Add(mInvalid);
    records = await context.SaveChangesAsync();

    Console.WriteLine($"{records} records added");
    scope.Complete();
  }
  catch (DbUpdateException ex)
  {
    Console.WriteLine($"{ex.Message}");
    Console.WriteLine($"{ex.InnerException?.Message}");
  }
  Console.WriteLine();
}
```

21.11 使用Azure Cosmos DB

Azure Cosmos DB(https://azure.microsoft.com/services/cosmos-db/)是Microsoft提供的一个NoSQL

数据库产品，允许存储各种类型的数据。可以使用 Azure Cosmos DB 来存储键值、列族、文档和图数据，也可以使用不同的 API 来访问数据：SQL、Cassandra、MongoDB 和 Gremlin。但是，使用的 API 取决于存储的数据。例如，Gremlin 仅用于图数据。EF Core 只支持使用 SQL 的基于文档的存储。

无论使用什么 API 或什么类型的数据，Azure Cosmos DB 都提供了一个可调整的吞吐量保证，使用一个多主分发模型来并发写数据(例如在美国和亚洲并发写数据)。对于小型生产负载，提供了一个免费定价层。

要使用示例应用程序，需要创建一个 SQL 版本的 Azure Cosmos DB。可以使用 Microsoft Azure 的免费产品，或者安装一个本地模拟器(https://docs.microsoft.com/azure/cosmos-db/local-emulator)。

虽然可以使用 EF Core 来访问 NoSQL 数据库，不需要学习一个新的 API，但这里存在一些重要的区别。例如，NoSQL 数据库中不存在彼此之间有关系的表，而可以把文档分组到容器中。在容器内，可以存储大量不同的文档类型，因为并没有限制容器只能使用包含特定对象类型的特定模式。

创建数据库时，Azure 会分配计算资源和存储资源，它们被称为物理分区。在物理分区中，使用了逻辑分区。逻辑分区被限制为 20GB。可以使用的逻辑分区数是没有限制的。如果存储空间需要超过 20GB，则需要把数据分散到多个逻辑分区中。事务不能跨越逻辑分区。使用文档时，最好一个分区内只有一个查询。这提高了性能，降低了成本。如果查询跨越多个分区，就需要更多 RU。通过使用分区键，可以指定如何把数据分散到多个逻辑分区中。更多信息请参考 https://docs.microsoft.com/azure/cosmos-db/partitioning-overview。

接下来，我们来调整前面的示例，在 Azure Cosmos DB 中存储要使用的菜单卡和菜单。

要使用 EF Core 的 Azure Cosmos DB 提供程序，需要添加 NuGet 包 Microsoft.EntityFrameworkCore.Cosmos。要在本地运行示例应用程序，需要在用户秘密中提供 Azure Cosmos DB 数据库的连接字符串，如下所示：

```
{
  "ConnectionStrings": {
    "MenusConnection":
      "AccountEndpoint=... add the connection string to your Azure Cosmos account"
  }
}
```

为激活用户秘密，还需要将 DOTNET_ENVIRONMENT 环境变量设置为 Development，从而启用开发环境。在设置了该环境变量时，Host 类的 CreateDefaultBuilder()方法会配置用户秘密(配置文件 Cosmos/Properties/launchSettings.json)：

```
{
  "profiles": {
    "Cosmos": {
      "commandName": "Project",
      "environmentVariables": {
        "DOTNET_ENVIRONMENT": "Development"
      }
    }
  }
}
```

注意：
第 15 章详细介绍了配置，以及如何使用 Microsoft Azure App Configuration 来配置秘密。

现在可以配置 DI 容器的需求。从.NET 配置中获取 Azure Cosmos DB 账户的连接字符串。另外还从配置中获取了饭店的标识符。该标识符将用作分区键。假设多个饭店在同一个数据库中存储他们的菜单卡。饭店标识符是分区键的一个不错的选项(代码文件 Cosmos/Program.cs):

```
using var host = Host.CreateDefaultBuilder(args)
  .ConfigureServices((context, services) =>
  {
    var connectionString = context.Configuration.GetConnectionString("MenusConnection");
    var restaurantSettings = context.Configuration.GetSection("RestaurantConfiguration");

    services.Configure<RestaurantConfiguration>(restaurantSettings);
    services.AddDbContext<MenusContext>(options =>
    {
      options.UseCosmos(connectionString, "ProCSharpMenus1");
    });
    services.AddScoped<Runner>();
  })
  .Build();
```

MenuCard 类看起来类似于前面指定的 MenuCard 类。这里还定义了 RestaurantId。分区键需要是一个字符串(代码文件 Cosmos/MenuCard.cs):

```
public class MenuCard
{
  public MenuCard(string title, string restaurantId, Guid menuCardId = default)
    => (Title, RestaurantId, MenuCardId) = (title, restaurantId, menuCardId);

  public Guid MenuCardId { get; set; }
  public string Title { get; set; }
  public ICollection<MenuItem> MenuItems { get; internal set; } = new HashSet<MenuItem>();
  public string RestaurantId { get; set; }
  public bool IsActive { get; set; } = true;
  public override string ToString() => Title;
}
```

这里使用的 MenuItem 类也可以用于关系数据库(代码文件 Cosmos/MenuItem.cs):

```
public class MenuItem
{
  public MenuItem(string text, Guid menuItemId = default) =>
  (Text, MenuItemId) = (text, menuItemId);

  public Guid MenuItemId { get; set; }
  public string Text { get; set; }
  public decimal? Price { get; set; }
  public override string ToString() => Text;
}
```

为了存储文档，现在需要思考如何在 Azure Cosmos DB 中存储菜单卡和菜单。本章前面介绍了拥有的实体。可以使用 OwnsOne()方法，将 Location 和 Address 类型的属性添加到 People 表的列中。在基于文档的存储中，这一点更为重要。也可以在一个对象中存储一个对象列表，文档中存储了 JSON 数据的一个层次结构。因为菜单卡通常是读取菜单和修改菜单的单位，所以可以使用 OwnsMany()方法将 MenuItem 对象与 MenuCard 合并起来。

MenusContext 的配置现在在模型中有一些具体的 Azuer Cosmos DB 配置。使用 OwnsMany()方法时，包含了MenuItem对象。使用HasDefaultContainer()方法定义了默认的容器名。回忆一下，在关系数据库中，指定了数据库模式的名称。使用 HasPartitionKey()方法定义了分区键(代码文件Cosmos/MenusContext.cs):

```
internal class MenusContext : DbContext
{
  public MenusContext(DbContextOptions<MenusContext> options)
    : base(options) {}

  public DbSet<MenuCard> MenuCards => Set<MenuCard>();

  protected override void OnModelCreating(ModelBuilder modelBuilder)
  {
    modelBuilder.HasDefaultContainer("menucards");

    modelBuilder.Entity<MenuCard>().OwnsMany(c => c.MenuItems);
    modelBuilder.Entity<MenuCard>().HasKey(c => c.MenuCardId);

    modelBuilder.Entity<MenuCard>().HasPartitionKey(c => c.RestaurantId);
  }
}
```

有了这些代码后，就可以像你熟悉的方式那样创建数据库，并添加、修改和删除对象。使用EnsureCreatedAsync()方法来创建数据库。AddMenuCardAsync()方法创建了一个包含多个菜单项的菜单卡，将其添加到上下文中并进行保存(代码文件 Cosmos/Runner.cs):

```
public async Task CreateDatabaseAsync()
{
  await _menusContext.Database.EnsureCreatedAsync();
}

public async Task AddMenuCardAsync()
{
  Console.WriteLine(nameof(AddMenuCardAsync));
  MenuCard soupCard = new("Soups", _restaurantId);

  MenuItem[] soups = new MenuItem[]
  {
    new("Consommé Célestine (with shredded pancake)")
    {
      Price = 4.8m
    },
    new("Baked Potato Soup")
    {
      Price = 4.8m
    },
    new("Cheddar Broccoli Soup")
    {
      Price = 4.8m
    }
  };

  foreach (var soup in soups)
  {
    soupCard.MenuItems.Add(soup);
  }
```

```
    _menusContext.MenuCards.Add(soupCard);

    int records = await _menusContext.SaveChangesAsync();
    Console.WriteLine($"{records} added");
    Console.WriteLine();
  }
```

在 Azure Cosmos DB 的存储资源管理器中，可以看到提供程序和数据库添加的额外数据。添加了一个 Discriminator，其中包含使用的类的名称。记住，一个容器可以存储不同的类型。鉴别器被用在查询中。如果对象模型中没有提供鉴别器，将自动创建一个影子属性。在 Cosmos DB 中，还会创建一个由类型和键值组成的标识符。时间戳和实体标记(entity tag，ETag)可用于处理冲突，通过影子属性可以访问它们。由于使用了 OwnsMany()模型定义，所以会在菜单卡中存储菜单项：


```
{
  "MenuCardId": "bbe03556--4211-4694-ab73-6ba4af524d40",
  "Discriminator": "MenuCard",
  "IsActive": true,
  "RestaurantId": "FDCD4390-48AD-42F1-AC6A-596F56731795",
  "Title": "Soups",
  "id": "MenuCard|bbe03556-4211-4694-ab73-6ba4af524d40",
  "MenuItems": [
    {
      "MenuItemId": "bc6dabc3-6825-41a1-b45e-6c55a3ab0ada",
      "Price": 4.8,
      "Text": "Consommé Célestine (with shredded pancake)"
    },
    {
      "MenuItemId": "b46b5cca-1b40-4fdf-9fca-84bbf8461f7e",
      "Price": 4.8,
      "Text": "Baked Potato Soup"
    },
    {
      "MenuItemId": "6083da30-c405-4bb8-8f57-8f5c32b496da",
      "Price": 4.8,
      "Text": "Cheddar Broccoli Soup"
    }
  ],
  "_rid": "S+t-ALEbVnkBAAAAAAAAAA==",
  "_self": "dbs/S+t-AA==/colls/S+t-ALEbVnk=/docs/S+t-ALEbVnkBAAAAAAAAAA==/",
  "_etag": "\"af009326-0000-0d00-0000-6039f6180000\"",
  "_attachments": "attachments/",
  "_ts": 1614411288
}
```


ShowCardsAsync()方法创建一个查询来检索标题为 Soups 的活跃文档，并在查询中包含分区键(代码文件 Cosmos/Runner.cs)：

```
public async Task ShowCardsAsync()
{
  var cards = await _menusContext.MenuCards
    .Where(c => c.IsActive)
    .Where(c => c.Title == "Soups")
    .WithPartitionKey(_restaurantId)
    .ToListAsync();
  foreach (var card in cards)
```

```
  {
    Console.WriteLine(card.Title);
    foreach (var menuItem in card.MenuItems)
    {
      Console.WriteLine(menuItem.Text);
    }
  }
}
```

生成的查询添加了鉴别器：

```
SELECT c
  FROM root c
  WHERE (((c["Discriminator"] = "MenuCard") AND c["IsActive"]) AND (c["Title"] = "Soups"))
```

可以看到，在 EF Core 中使用 NoSQL 数据库和关系数据库存在相似之处，也存在重要的区别。还有另外两个区别需要注意：不能创建复杂的查询来访问 Azure Cosmos DB，且这个 EF Core 提供程序不支持聚合运算符。计数是一个高开销的操作。为了允许对 NoSQL 数据库中的数据进行分页，许多应用程序只提供了上一页/下一页按钮，但没有提供有多少页可用的详细信息(至少没有提供精确的值)。

21.12 小结

本章介绍了 EF Core 的丰富特性，学习了 DbContext 如何了解检索和更新的实体，以及如何将变更写入数据库，还讨论了迁移如何在 C#代码中用于创建和更改数据库模式。至于模式的定义，本章论述了如何使用数据注释进行数据库映射，流式 API 提供了比注释和约定更多的功能。

本章阐述了多个用户处理同一记录时应对冲突的可能性，以及隐式或显式地使用事务，进行更多的事务控制。

本章论述了 EF Core 的出色的功能，例如已编译的查询、全局查询过滤器、表的拆分、拥有的实体、多对多关系，以及如何在 EF Core 中使用 NoSQL 数据库。

下一章介绍.NET 的全球化和本地化，包括使用区域特定的日期、时间和数字格式，以及为不同语言定义不同文本的资源。

第22章 本地化

本章要点

- 数字和日期的格式化
- 为本地化内容使用资源
- 本地化 ASP.NET Core Web 应用程序
- 本地化 WinUI 应用程序

本章源代码：

通过扫描封底二维码下载本书源代码。本章源代码可以在代码文件的 2_Libs/Localization 目录中找到。

本章代码分为以下几个主要的示例文件：

- NumberAndDateFormatting
- SortingDemo
- CreateResource
- WinUICultureDemo
- ResourcesDemo
- ASPNETCoreLocalization
- WinUILocalization

本章的示例主要使用了 System.Globalization 和 System.Resources 名称空间。所有项目都启用了可空引用类型。

22.1 全球市场

价值 1.25 亿美元的 NASA 火星气候探测器在 1999 年 9 月 23 日失踪了，其原因是一个工程组为一个关键的航空器操作使用了米制单位，而另一个工程组以英寸为单位。当编写的应用程序要在世界各国发布时，必须考虑不同的区域性和区域。

不同的区域性在日历、数字和日期格式上各不相同。按照字母 A～Z 给字符串排序也可能会导致不同的结果，因为存在不同的文化差异。要使应用程序可应用于全球市场，就必须对应用程序进行全球化和本地化。

本章将介绍.NET 应用程序的全球化和本地化。全球化(globalization)用于国际化的应用程序：使应用程序可以在国际市场上销售。采用全球化策略，应用程序应根据区域性、不同的日历等支持不同的数字和日期格式。本地化(localization)用于为特定的区域性翻译应用程序。而字符串的翻译可以使用资源，如.NET 资源或 WPF 资源字典。

.NET 支持全球化和本地化。要使应用程序全球化，可以使用 System.Globalization 名称空间中的类；要使应用程序本地化，可以使用 System.Resources 名称空间支持的资源。

22.2 System.Globalization 名称空间

System.Globalization 名称空间包含了所有的区域性和区域类，以支持不同的日期格式、不同的数字格式，甚至由 GregorianCalendar 类、HebrewCalendar 类和 JapaneseCalendar 类等表示的不同日历。使用这些类可以根据不同的地区显示不同的表示法。

本节讨论使用 System.Globalization 名称空间时要考虑的如下问题：

- Unicode 问题
- 区域性和区域
- 显示所有区域性及其特征的例子
- 排序

22.2.1 Unicode 问题

因为一个 Unicode 字符有 16 位，所以共有 65 536 个 Unicode 字符。这对于当前在信息技术中使用的所有语言够用吗？例如，汉语就需要 80 000 多个字符。但是，Unicode 可以解决这个问题。使用 Unicode 必须区分基本字符和组合字符。可以给一个基本字符添加若干个组合字符，组成一个可显示的字符或一个文本元素。

例如，冰岛语的字符 Ogonek 可以使用基本字符 0x006F(拉丁小写字母 o)、组合字符 0x0328(组合 Ogonek)和 0x0304(组合 Macron)组合而成，如图 22-1 所示。组合字符定义的范围是 0x0300~0x0345，对于美国和欧洲市场，预定义字符有助于处理特殊的字符。字符 Ogonek 也可以用预定义字符 0x01ED 来定义。

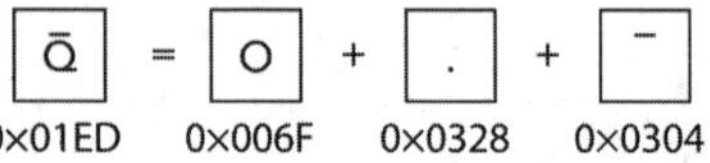

Ǭ = o + ˛ + ¯

0x01ED　0x006F　0x0328　0x0304

图 22-1

对于亚洲市场，仅汉语就需要 80 000 多个字符，但没有这么多的预定义字符。在亚洲语言中，总是要处理组合字符。其问题在于获取显示字符或文本元素的正确数字，得到基本字符而不是组合字符。System.Globalization 名称空间提供的 StringInfo 类可以用于处理这个问题。

表 22-1 列出了 StringInfo 类的静态方法，这些方法有助于处理组合字符。

表 22-1

方法	说明
GetNextTextElement( )	返回指定字符串的第一个文本元素(基本字符和所有的组合字符)
GetTextElementEnumerator( )	返回一个允许迭代字符串中所有文本元素的 TextElementEnumerator 对象
ParseCombiningCharacters( )	返回一个引用字符串中所有基本字符的整型数组

注意：

一个显示字符可以包含多个 Unicode 字符。要解决这个问题，如果编写的应用程序要在国际市场销售，就不应使用数据类型 char，而应使用 string。string 可以包含由基本字符和组合字符组成的文本元素，而 char 不具备该作用。

22.2.2 区域性和区域

世界分为多个区域性和区域，应用程序必须知道这些区域性和区域的差异。区域性是基于用户的语言和文化习惯的一组首选项。RFC 4646(http://www.ietf.org/rfc/rfc4646.txt)定义了区域性的名称，这些名称根据语言和国家或区域的不同在世界各地使用。例如，en-AU、en-CA、en-GB 和 en-US 分别用于表示澳大利亚、加拿大、英国和美国的英语。

在 System.Globalization 名称空间中，最重要的类是 CultureInfo。这个类表示区域性，定义了日历、数字和日期的格式，以及和区域性一起使用的排序字符串。

RegionInfo 类表示区域设置(如货币)，说明该区域是否使用米制系统。在某些区域中，可以使用多种语言。例如，西班牙区域就有 Basque(eu-ES)、Catalan(ca-ES)、Spanish(es-ES)和 Galician(gl-ES)区域性。一个区域可以有多种语言，同样，一种语言也可以在多个区域使用；例如，墨西哥、西班牙、危地马拉、阿根廷和秘鲁等都使用西班牙语。

本章的后面将介绍一个示例应用程序，以说明区域性和区域的这些特征。

1. 特定、中立和不变的区域性

在.NET 中使用区域性，必须区分 3 种类型：特定、中立和不变的区域性。特定的区域性与真正存在的区域性相关，这种区域性用 RFC 4646 定义。特定的区域性可以映射到中立的区域性。例如，de 是特定区域性 de-AT、de-DE、de-CH 等的中立区域性。de 是德语(Deutsch)的简写，AT、DE 和 CH 分别是奥地利(Austria)、德国(Germany)和瑞士(Switzerland)等国家的简写。

在翻译应用程序时，通常不需要为每个区域进行翻译，因为奥地利和德国等国使用的德语没有太大的区别。所以可以使用中立的区域性来本地化应用程序，而不需要使用特定的区域性。

不变的区域性独立于真正的区域性。在文件中存储格式化的数字或日期，或通过网络把它们发送到服务器上时，最好使用独立于任何用户设置的区域性。

图 22-2 显示了区域性类型的相互关系。

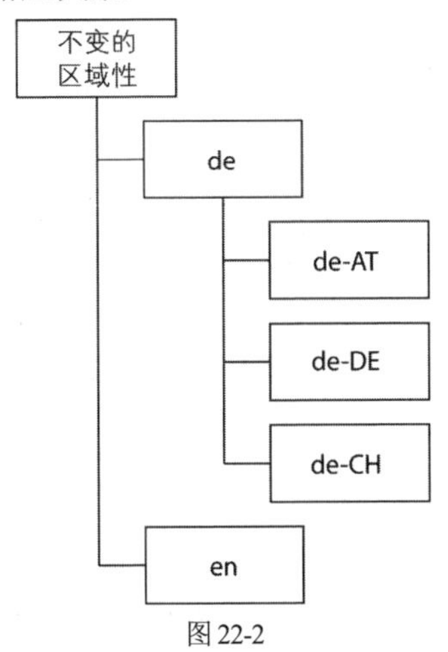

图 22-2

2. CurrentCulture 和 CurrentUICulture

设置区域性时，必须区分用户界面的区域性和数字及日期格式的区域性。区域性与线程相关，通过这两种区域性类型，就可以把两种区域性设置应用于线程。CultureInfo 类提供了静态属性 CurrentCulture 和 CurrentUICulture。CurrentCulture 属性用于设置与格式化和排序选项一起使用的区域性，而 CurrentUICulture 属性用于设置用户界面的语言。

在 Windows 上，配置的区域性被用作正在运行的线程的默认区域性。在 Linux 上，区域性信息来自 ICU 库(http://site.icu-project.org/)，Linux 发行版中安装了该库。需要注意，并不是所有 Linux 发行版都提供了该库。例如，Alpine Linux 的一个优点是非常小，它默认不安装 ICU。为了处理这种问题，.NET 实现了全局不变模式。使用这种模式时(在 Alpine Linux 上启用了该模式)，所有区域性的行为类似于不变区域性。可以使用项目文件中的配置来启用不变模式：

```
<ItemGroup>
  <RuntimeHostConfigurationOption Include="System.Globalization.Invariant" Value="true"/>
</ItemGroup>
```

或者可以通过将环境变量 DOTNET_SYSTEM_GLOBALIZATION_INVARIANT 设置为 true，来启用不变模式。

在很多时候，不需要改变当前的区域性，可以直接使用用户配置的区域性。当需要修改区域性的时候，很容易通过代码将两个区域性改为西班牙语区域性(这只是一个例子)，如下面的代码片段所示(使用了名称空间 System.Globalization)：

```
CultureInfo ci = new("es-ES");
CultureInfo.CurrentCulture = ci;
CultureInfo.CurrentUICulture = ci;
```

前面已学习了区域性的设置，下面讨论 CurrentCulture 设置对数字和日期格式化的影响。

3. 数字格式化

System 名称空间中的数字结构 Int16、Int32 和 Int64 等都有一个重载的 ToString()方法。这个方法可以根据区域设置创建不同的数字表示法。对于 Int32 结构，ToString()方法的重载版本允许传递一个格式字符串和一个实现了 IFormatProvider 的对象。

该字符串指定表示法的格式，而这个格式可以是标准数字格式化字符串或者图形数字格式化字符串。对于标准数字格式化，字符串是预定义的，其中 C 表示货币符号，D 表示输出为小数，E 表示输出用科学记数法表示，F 表示定点输出，G 表示一般输出，N 表示输出为数字，X 表示输出为十六进制数。对于图形数字格式化字符串，可以指定位数、节和组分隔符、百分号等。图形数字格式字符串###，###表示：两个三位数块被一个组分隔符分开。

IFormatProvider 接口由 NumberFormatInfo、DateTimeFormatInfo 和 CultureInfo 类实现。这个接口定义了 GetFormat()方法，它返回一个格式对象。

NumberFormatInfo 类可以为数字定义自定义格式。使用 NumberFormatInfo 类的默认构造函数，可以创建独立于区域性的对象或不变的对象。使用这个类的属性，可以改变所有格式化选项，如正号、百分号、数字组分隔符和货币符号等。从静态属性 InvariantInfo 返回一个与区域性无关的只读 NumberFormatInfo 对象。NumberFormatInfo 对象的格式化值取决于当前线程的 CultureInfo 类，该对象从静态属性 CurrentInfo 返回。

下一个示例使用一个控制台应用程序项目。在这段代码中，第一个示例显示了在当前线程的区域性格式(这里是 U.S. English，是操作系统的设置)中所显示的数字。第二个示例使用了带有

IFormatProvider 参数的 ToString()方法。CultureInfo 类实现 IFormatProvider 接口，所以创建一个使用法国区域性的 CultureInfo 对象。第 3 个示例改变了当前的区域性。使用 CultureInfo 实例的 CurrentCulture 属性，把区域性改为德国(代码文件 NumberAndDateFormatting\Program.cs)：

```
void NumberFormatDemo()
{
  int val = 1234567890;

  // culture of the current thread
  string output = val.ToString("N");
  Console.WriteLine($"Current thread culture: {CultureInfo.CurrentCulture}: {output}");

  // use IFormatProvider
  output = val.ToString("N", new CultureInfo("fr-FR"));
  Console.WriteLine($"IFormatProvider with fr-FR culture {output}");

  // change the culture of the thread
  CultureInfo.CurrentCulture = new("de-DE");
  output = val.ToString("N");
  Console.WriteLine($"Changed culture of the thread to de-DE: {output}");
}
```

可以把这个结果与前面列举的美国、法国和德国区域性的结果进行比较。

```
Current thread culture: en-US:1,234,567,890.00
IFormatProvider with fr-FR culture 1 234 567 890,000
Changed culture of the thread to de-DE: 1.234.567.890,000
```

4. 日期格式化

对于日期，也提供了与数字相同的支持。

使用 ToString()方法的字符串参数，可以指定预定义格式字符或自定义格式字符串，把日期转换为字符串。DateTimeFormatInfo 类指定了可能的值。DateTimeFormatInfo 类指定的格式字符串的大小写有不同的含义。例如，D 表示长日期格式，d 表示短日期格式，ddd 表示一星期中某一天的缩写，dddd 表示一星期中某一天的全称，yyyy 表示年份，T 表示长时间格式，t 表示短时间格式。使用 IFormatProvider 参数可以指定区域性。使用不带 IFormatProvider 参数的重载方法，表示所使用的是当前的区域性(代码文件 NumberAndDateFormatting/Program.cs)：

```
void DateFormatDemo()
{
  DateTime d = new(2024, 09, 17);

  // current culture
  string output = d.ToString("D");
  Console.WriteLine($"Current thread culture: {CultureInfo.CurrentCulture}: {output}");

  // use IFormatProvider
  output = d.ToString("D", new CultureInfo("fr-FR"));
  Console.WriteLine($"IFormatProvider with fr-FR culture: {output}");

  CultureInfo.CurrentCulture = new("es-ES");
  output = d.ToString("D");
  Console.WriteLine($"Changed culture of the thread {CultureInfo.CurrentCulture}:"+
    $"{output}");
}
```

这个示例程序的结果说明了使用线程的当前区域性的 ToLongDateString()方法，其中给 ToString()方法传递一个 CultureInfo 实例，则显示其法国版本；把线程的 CurrentCulture 属性改为 es-ES，则显示其西班牙版本，如下所示：

```
Current thread culture: de-DE: Dienstag, 17. September 2024
IFormatProvider with fr-FR culture: mardi 17 septembre 2024
Changed culture of the thread es-ES: martes, 17 de septiembre de 2024
```

22.2.3 使用区域性

为了全面介绍区域性，下面使用一个 WinUI 应用程序示例，该应用程序列出所有的区域性，描述区域性属性的不同特征。在 UI 的左边，树视图用于显示所有的区域性。右边是一个用户控件，显示了所选区域性和区域的相关信息。

在应用程序的初始化阶段，所有可用的区域性都添加到应用程序左边的 TreeView 控件中。这个初始化工作在 SetupCultures()方法中进行，该方法在 CulturesViewModel 类的构造函数中调用(代码文件 WinUICultureDemo/CulturesViewModel.cs)：

```
public CulturesViewModel() => SetupCultures();
```

对于在用户界面上显示的数据，创建自定义类 CultureData。这个类可以绑定到 TreeView 控件上，因为它的 SubCultures 属性包含一列 CultureData。因此 TreeView 控件可以遍历这个树状结构。CultureData 不包含子区域性，而包含数字、日期和时间的 CultureInfo 类型以及示例值。数字以适用于特定区域性的数字格式返回一个字符串，日期和时间也以特定区域性的格式返回字符串。CultureData 包含一个 RegionInfo 类来显示区域。对于一些中立区域性(例如 English)，创建 RegionInfo 会抛出一个异常，因为某些区域有特定的区域性。但是，对于其他中立区域性(例如 German)，可以成功创建 RegionInfo，并映射到默认的区域上。这里抛出的异常应这样处理(代码文件 WinUICultureDemo/CultureData.cs)：

```
public record CultureData(CultureInfo CultureInfo)
{
  public IList<CultureData> SubCultures { get; } = new List<CultureData>();
  double numberSample = 9876543.21;
  public string NumberSample => numberSample.ToString("N", CultureInfo);
  public string DateSample => DateTime.Today.ToString("D", CultureInfo);
  public string TimeSample => DateTime.Now.ToString("T", CultureInfo);

  private RegionInfo? _regionInfo;
  public RegionInfo? RegionInfo
  {
    get
    {
      try
      {
        return _regionInfo ??= new RegionInfo(CultureInfo.Name);
      }
      catch (ArgumentException)
      {
        // with some neutral cultures regions are not available
        return null;
      }
      return ri;
```

```
      }
    }
  }
```

在 SetupCultures()方法中，通过静态方法 CultureInfo.GetCultures()获取所有区域性。给这个方法传递 CultureTypes.AllCultures，将返回所有可用区域性的未排序数组。该数组按区域性名称来排序。有了排好序的区域性，就可以创建一个 CultureData 对象的集合，并分配 CultureInfo 和 SubCultures 属性。之后，创建一个字典，以快速访问区域性名称。

对于 UI 中应该显示的数据，创建一个 CultureData 对象列表，在执行完 foreach 语句后，该列表将包含树状视图中的所有根区域性。可以验证根区域性，以确定它们是否把不变的区域性作为其父区域性。不变的区域性把 LCID(Locale Identifier)设置为 0x7f，每个区域性都有自己的唯一标识符，可用于快速验证。在代码段中，根区域性在 if 语句块中添加到 rootCultures 集合中。如果一个区域性把不变的区域性作为其父区域性，它就是根区域性。

如果区域性没有父区域性，它就会添加到树的根节点上。要查找父区域性，必须把所有区域性保存到一个字典中(关于字典的更多信息，请参考第 8 章)。如果所迭代的区域性不是根区域性，它就添加到父区域性的 SubCultures 集合中。使用字典可以快速找到父区域性。在最后一步中，把根区域性赋予 RootCultures 属性，使根区域性可用于 UI(代码文件 WinUICultureDemo/CulturesViewModel.cs)：

```
private void SetupCultures()
{
  var cultureDataDict = CultureInfo.GetCultures(CultureTypes.AllCultures)
    .OrderBy(c => c.Name)
    .Select(c => new CultureData(c))
    .ToDictionary(c => c.CultureInfo.Name);

  List<CultureData> rootCultures = new();
  foreach (var cd in cultureDataDict.Values)
  {
    if (cd.CultureInfo.Parent.LCID == 0x7f) // check for invariant culture
    {
      rootCultures.Add(cd);
    }
    else // add to parent culture
    {
      if (cultureDataDict.TryGetValue(cd.CultureInfo.Parent.Name,
      out CultureData? parentCultureData))
      {
        parentCultureData.SubCultures.Add(cd);
        continue;
      }

      // with the latest culture updates, some cultures don't have the
      // direct parent name in the list, take the next parent
      string parent = cd.CultureInfo.Parent.Name;
      int index = parent.IndexOf("-");
      if (index < 0)
      {
        // just add this culture to the root cultures
        rootCultures.Add(cd);
        continue;
      }
      string grandParent = parent[..index];
      if (cultureDataDict.TryGetValue(grandParent,
```

```
        out CultureData? grandParentCultureData))
        {
          grandParentCultureData.SubCultures.Add(cd);
        }
        else // parent also not found to the root cultures, add it directly
        {
          rootCultures.Add(cd);
        }
      }
    }

    foreach (var rootCulture in rootCultures.OrderBy(cd => cd.CultureInfo.EnglishName))
    {
      RootCultures.Add(rootCulture);
    }
  }
  public IList<CultureData> RootCultures { get; } = new List<CultureData>();
```

现在看看显示内容的 XAML 代码。一个 TreeView 用于显示所有的区域性。对于在 TreeView 内部显示的项，使用项模板。这个模板使用一个 TextBlock，该 TextBlock 绑定到 CultureInfo 类的 EnglishName 属性上。(代码文件 WinUICultureDemo/MainWindow.xaml)：

```
<TreeView x:Name="treeView1"
  Style="{StaticResource TreeViewStyle1}"
  ItemInvoked="{x:Bind OnSelectionChanged, Mode=OneTime}"
  SelectionMode="Single">
</TreeView>
```

在隐藏代码文件中，通过访问视图模型中的CultureData对象来初始化TreeView。使用CultureData对象，为TreeView创建TreeNode对象。TreeNode类定义了一个Data属性，在这个属性中，分配CultureData对象。TreeNode的Add()方法允许添加子对象。通过递归调用局部函数AddSubNodes()来添加子对象(代码文件WinUICultureDemo/MainWindow.xaml.cs)：

```
private void OnActivated(object sender, WindowActivatedEventArgs args)
{
  void AddSubNodes(TreeViewNode parent)
  {
    if (parent.Content is CultureData cd && cd.SubCultures is not null)
    {
      foreach (var culture in cd.SubCultures)
      {
        TreeViewNode node = new()
        {
          Content = culture
        };
        parent.Children.Add(node);

        foreach (var subCulture in culture.SubCultures)
        {
          AddSubNodes(node);
        }
      }
    }
  }

  var rootNodes = ViewModel.RootCultures.Select(cd => new TreeViewNode
```

```
    {
      Content = cd
    });
    foreach (var node in rootNodes)
    {
      treeView1.RootNodes.Add(node);
      AddSubNodes(node);
    }
  }
```

在用户选择树中的一个节点时，就会调用 TreeView 类的 SelectedItemChanged 事件的处理程序。在下面的代码段中，这个处理程序在 OnSelectionChanged()方法中实现。在这个实现代码中，通过实现，把关联 ViewModel 的 SelectedCulture 属性设置为所选的 CultureData 对象(代码文件 WinUICultureDemo/MainWindow.xaml.cs)：

```
private void OnSelectionChanged(TreeView sender, TreeViewItemInvokedEventArgs args)
{
  if (args.InvokedItem is TreeViewNode node && node.Content is CultureData cd)
  {
    ViewModel.SelectedCulture = cd;
  }
}
```

为了显示所选项的值，使用了几个 TextBlock 控件，它们绑定到 CultureData 类的 CultureInfo 属性上，从而绑定到从 CultureInfo 返回的 CultureInfo 类型的属性上，例如 Name、IsNeutralCulture、EnglishName 和 NativeName 等。要把从 IsNeutralCulture 属性返回的布尔值转换为 Visiblility 枚举值，并显示日历名称，应使用转换器(XAML 文件 WinUICultureDemo/CultureDetailUC.xaml)：

```
<TextBlock Grid.Row="0" Grid.Column="0" Text="Culture Name:"/>
<TextBlock Grid.Row="0" Grid.Column="1"
  Text="{x:Bind CultureData.CultureInfo.Name, Mode=OneWay}"
  Width="100"/>
<TextBlock Grid.Row="0" Grid.Column="2" Text="Neutral Culture"
  Visibility="{x:Bind CultureData.CultureInfo.IsNeutralCulture, Mode=OneWay}"/>

<TextBlock Grid.Row="1" Grid.Column="0" Text="English Name:"/>
<TextBlock Grid.Row="1" Grid.Column="1" Grid.ColumnSpan="2"
  Text="{x:Bind CultureData.CultureInfo.EnglishName, Mode=OneWay}"/>

<TextBlock Grid.Row="2" Grid.Column="0" Text="Native Name:"/>
<TextBlock Grid.Row="2" Grid.Column="1" Grid.ColumnSpan="2"
  Text="{x:Bind CultureData.CultureInfo.NativeName}"/>

<TextBlock Grid.Row="3" Grid.Column="0" Text="Default Calendar:"/>
<TextBlock Grid.Row="3" Grid.Column="1" Grid.ColumnSpan="2"
  Text="{x:Bind CultureData.CultureInfo.Calendar, Mode=OneWay
  Converter={StaticResource calendarConverter}}"/>

<TextBlock Grid.Row="4" Grid.Column="0" Text="Optional Calendars:"/>
<ListBox Grid.Row="4" Grid.Column="1" Grid.ColumnSpan="2"
  ItemsSource="{x:Bind CultureData.CultureInfo.OptionalCalendars}">
  <ListBox.ItemTemplate>
    <DataTemplate>
      <TextBlock Text="{Binding
        Converter={StaticResource calendarConverter}}"/>
```

```
    </DataTemplate>
  </ListBox.ItemTemplate>
</ListBox>
```

要显示日历文本，可使用实现了 IValueConverter 的对象。下面是 CalendarTypeToCalendarInformationConverter 类中 Convert()方法的实现代码，该实现代码使用类名和日历类型名称，为日历返回一个有用的值(代码文件 WinUICultureDemo/Converters/CalendarTypeToCalendarInformationConverter.cs)：

```
public object? Convert(object? value, Type targetType, object? parameter,
  string? language)
{
  if (value is Calendar cal)
  {
    StringBuilder calText = new(50);
    calText.Append(cal.ToString());
    calText.Remove(0, 21);
    calText.Replace("Calendar", "");
    if (cal is GregorianCalendar gregCal)
    {
      calText.Append($" {gregCal.CalendarType}");
    }
    return calText.ToString();
  }
  else
  {
    return null;
  }
}
```

CultureData 类包含的属性可以为数字、日期和时间格式显示示例信息，这些属性用下面的 TextBlock 元素绑定(XAML 文件 WinUICultureDemo/CultureDetailUC.xaml)：

```
<TextBlock Grid.Row="0" Grid.Column="0" Text="Number"/>
<TextBlock Grid.Row="0" Grid.Column="1"
  Text="{x:Bind CultureData.NumberSample, Mode=OneWay}"/>
<TextBlock Grid.Row="1" Grid.Column="0" Text="Full Date"/>
<TextBlock Grid.Row="1" Grid.Column="1"
  Text="{x:Bind CultureData.DateSample, Mode=OneWay}"/>
<TextBlock Grid.Row="2" Grid.Column="0" Text="Time"/>
<TextBlock Grid.Row="2" Grid.Column="1"
  Text="{x:Bind CultureData.TimeSample, Mode=OneWay}"/>
```

区域的信息用 XAML 代码的最后一部分显示。如果 RegionInfo 不可用，就隐藏整个区域。TextBlock 元素绑定了 RegionInfo 类型的 DisplayName、CurrencySymbol、ISOCurrencySymbol 和 IsMetric 属性：

```
<Grid Grid.Row="6" Grid.Column="0" Grid.ColumnSpan="3"
  Visibility="{x:Bind CultureData.RegionInfo, Mode=OneWay,
  Converter={StaticResource NullConverter}}">
  <!--...-->
  <TextBlock Grid.Row="0" Grid.Column="0" Text="Region Information"
    Style="{StaticResource SubheaderTextBlockStyle"/>
  <TextBlock Grid.Row="0" Grid.Column="1" Grid.ColumnSpan="2"
    Text="{x:Bind CultureData.RegionInfo.DisplayName, Mode=OneWay}"/>
```

```
    <TextBlock Grid.Row="1" Grid.Column="0" Text="Currency"/>
    <TextBlock Grid.Row="1" Grid.Column="1"
      Text="{x:Bind CultureData.RegionInfo.CurrencySymbol, Mode=OneWay}"/>

    <TextBlock Grid.Row="1" Grid.Column="2"
      Text="{x:Bind CultureData.RegionInfo.ISOCurrencySymbol, Mode=OneWay}"/>

    <TextBlock Grid.Row="2" Grid.Column="1" Text="Is Metric"
      Visibility="{x:Bind CultureData.RegionInfo.IsMetric, Mode=OneWay}"/>
  </Grid>
```

启动应用程序，在树型视图中就会看到所有可用的区域性，选择一个区域性后，就会列出该区域性的特征，如图22-3所示。

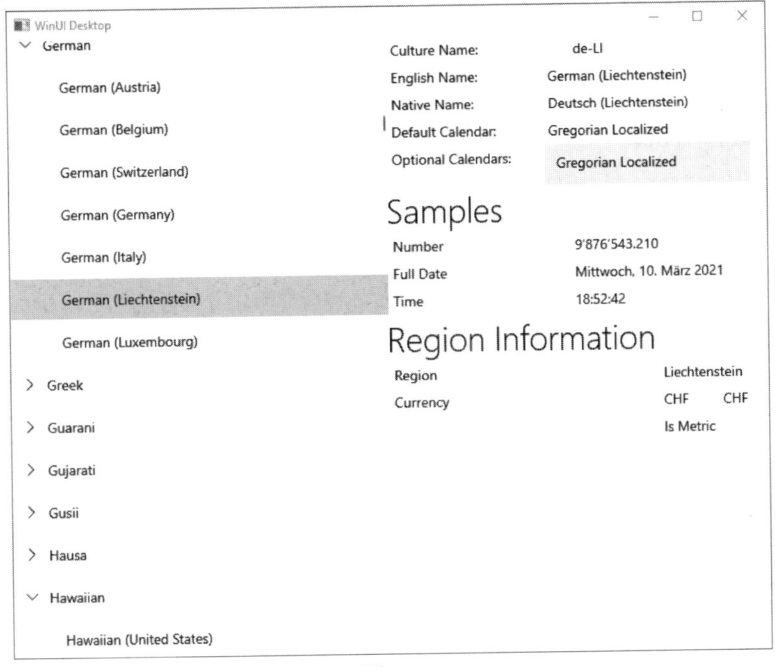

图22-3

22.2.4 排序

排序字符串取决于区域性。在芬兰语中，一些带重音符号的元音排在Z的后面，而在其他许多国家中，带重音符号的元音直接排在不带重音符号的元音后面。在亚洲语言中，排序规则基于语音、偏旁部首的顺序和笔画数。在应用程序中，可能需要针对用户排序，或者独立于用户排序，以便在服务器上得到排序后的结果。

默认情况下，.NET中的排序是区域性特定的，但可以指定进行区域性不变的排序。

在示例应用程序中，基于特定的区域性和不变的区域性来排序字符串。

下面的DisplayNames()方法用于在控制台上显示数组或集合中的所有元素(代码文件SortingDemo/Program.cs)：

```
void DisplayNames(string title, IEnumerable<string> names)
{
```

```
    Console.WriteLine(title);
    Console.WriteLine(string.Join("-", names));
    Console.WriteLine();
  }
```

在 Main()方法中，在创建了包含欧盟国家(使用了本国语言表示国名)的数组后，就把 CultureInfo.CurrentCulture 属性设置为 Finnish 区域性，这样，下面的 Array.Sort()方法就使用芬兰语的排列顺序。调用 DisplayNames()方法在控制台上显示所有的国家名：

```
string[] countries = { "Österreich", "België", "България", "Hrvatska", "Česko",
  "Danmark", "Eesti", "Suomi", "France", "Deutschland", "Ελλάδα",
  "Magyarország", "Ireland", "Italia", "Latvija", "Lietuva", "Lëtzebuerg",
  "Malta", "Nederland", "Polska", "Portugal", "România", "Slovensko",
  "Slovenija", "España", "Sverige" };

CultureInfo.CurrentCulture = new CultureInfo("fi-FI");

Array.Sort(countries);
DisplayNames("Sorted using the Finnish culture", countries);
```

在以芬兰语排列顺序第一次显示国家名后，数组将再次排序。如果希望排序独立于用户的区域性，就可以使用不变的区域性。在要将已排序的数组发送到服务器上或存储到某个地方时，就可以采用这种方式。

为此，给 Array.Sort()方法传递第二个参数。Sort()方法希望第二个参数是实现 IComparer 接口的一个对象。System.Collections 名称空间中的 Comparer 类实现 IComparer 接口。Comparer. DefaultInvariant 返回一个 Comparer 对象，该对象使用不变的区域性比较数组值，以进行独立于区域性的排序。

```
// sort using the invariant culture

Array.Sort(countries, Comparer.DefaultInvariant);
DisplayNames("Sorted using the invariant culture", countries);
```

这个程序的输出显示了用 Finnish 区域性进行排序的结果和独立于区域性的排序结果。使用 Finnish 区域性进行排序时，Österreich 排在 Sverige 的后面。在使用不变的区域性的排序方式时，Österreich 排在 derland 的后面。

```
Sorted using the Finnish culture
België-Česko-Danmark-Deutschland-Eesti-España-France-Hrvatska-Ireland-Italia-Latvija-
Lëtzebuerg-Lietuva-Magyarország-Malta-Nederland-Polska-Portugal-România-Slovenija-
Slovensko-Suomi-Sverige-Österreich-Ελλάδα-България

Sorted using the invariant culture
België-Česko-Danmark-Deutschland-Eesti-España-France-Hrvatska-Ireland-Italia-Latvija-
Lëtzebuerg-Lietuva-Magyarország-Malta-Nederland-Österreich-Polska-Portugal-România-
Slovenija-Slovensko-Suomi-Sverige-Ελλάδα-България
```

注意：

如果对集合进行的排序应独立于区域性，该集合就必须用不变的区域性进行排序。在把排序结果发送给服务器或存储在文件中时，这种方式尤其有效。为了给用户显示排序的集合，最好以用户的区域性给它排序。

除了依赖区域设置的格式化和测量系统之外，文本和颜色也可能因区域性的不同而有所变化。此时就需要使用资源。

22.3 资源

像图片或字符串表这样的资源可以放在资源文件或程序集中。在本地化应用程序时，这种资源非常有用，.NET 对本地化资源的搜索提供了内置支持。卫星程序集是只包含本地化资源的程序集。在应用程序中，可以为该应用程序支持的所有不同的语言添加多个卫星程序集。

资源文件可以是简单的基于文本的文件(只支持为资源使用字符串)、二进制文件或 XML 文件。XML 资源文件通常具有.resx 文件扩展名。在 WinUI 和 UWP 应用程序中，对相同的 XML 语法使用.resw 文件扩展名。

在说明如何使用资源本地化应用程序之前，先讨论如何创建和读取资源，而不需要考虑语言因素。

22.3.1 资源读取器和写入器

ResourceWriter(来自 System.Resources 名称空间)允许创建二进制资源文件。写入器的构造函数需要一个使用 File 类创建的 Stream。利用 AddResource()方法添加资源(代码文件 CreateResource/Program.cs):

```
private const string ResourceFile = "Demo.resources";
public static void CreateResource()
{
  FileStream stream = File.OpenWrite(ResourceFile);
  using var writer = new ResourceWriter(stream);
  writer.AddResource("Title", "Professional C#");
  writer.AddResource("Author", "Christian Nagel");
  writer.AddResource("Publisher", "Wrox Press");
}
```

要读取二进制资源文件的资源，可以使用 ResourceReader。读取器的 GetEnumerator()方法返回一个 IDictionaryEnumerator，在以下 foreach 语句中使用它访问资源的键和值:

```
public static void ReadResource()
{
  FileStream stream = File.OpenRead(ResourceFile);
  using (var reader = new ResourceReader(stream))
  {
    foreach (DictionaryEntry resource in reader)
    {
      Console.WriteLine($"{resource.Key} {resource.Value}");
    }
  }
}
```

运行应用程序，返回写入二进制资源文件的键和值。要创建基于 XML 的.resx 文件，可以使用 System.Resources 名称空间中的 ResXResourceWriter 类。在撰写本书时，该类在 System.Windows.Forms 程序集中定义。UWP 应用程序中的.resw 文件也基于 System.Winows.Forms。Windows 平台上的.NET Framework SDK 包含用于转换资源文件的工具(resgen)。为了解决这里的一些问题，msbuild 支持在所有平台上处理资源文件。

22.3.2 通过ResourceManager使用资源文件

在项目文件的默认 SDK 定义中，资源文件嵌入程序集。可以对其进行自定义，例如，在项目文件中把带有 Remove 属性的 EmbeddedResource 元素添加到 ItemGroup 中，就可以从程序集中删除资源，如下所示：

```
<ItemGroup>
  <EmbeddedResource Remove="Resources\Messages.de.resx"/>
</ItemGroup>
```

示例应用程序使用了嵌入的资源。要了解资源文件如何使用 ResourceManager 类加载，创建一个控制台应用程序，命名为 ResourcesDemo。

创建一个 Resources 文件夹，在其中添加 Messages.resx 文件。Messages.resx 文件填充了美国英语内容的键和值，例如键 GoodMorning 和值 Good Morning! 是默认的语言。可以添加其他语言资源文件和命名约定，把区域性添加到资源文件中，例如，Messages.de.resx 表示德语。由于地区语言不同(例如瑞士的语言)而做的翻译内容可以添加到 Messages.de-CH.resx 中。“Good Morning”翻译为德语“Guten Morgen”，翻译为瑞士德语“Guata Morga”。

文件的 XML 内容包含 data 元素，该元素包含 name 特性和 value 子元素(XML 文件 ResourcesDemo/Resources/Messages.resx)：

```
<data name="GoodMorning" xml:space="preserve">
  <value>Good Morning!</value>
</data>
```

使用.NET SDK 在项目中添加 XML 资源文件时，默认情况下使用嵌入式资源来构建资源文件。这会把资源添加到程序集中。对于这些文件的本地化版本，在构建后，可以找到对应于不同语言(如 de 和 de-CH)的子目录。这些子目录包含卫星程序集。卫星程序集是只包含二进制资源、不包含代码的程序集。取决于用户的区域性设置，将从卫星程序集获取资源。

要访问嵌入式资源，使用 System.Resources 名称空间中的 ResourceManager 类。实例化 ResourceManager 时，一个重载的构造函数需要资源的名称和程序集。应用程序的名称空间是 ResourcesDemo；资源文件在 Resources 文件夹中，它定义了子名称空间 Resources，其名称是 Messages.resx。它定义了名称 ResourcesDemo.Resources.Messages。可以使用 Program 类型的 GetTypeInfo()方法检索资源的程序集，它定义了一个 Assembly 属性。使用当前程序集中的资源时，还可以使用 Assembly.GetExecutingAssembly()来检索当前程序集。用 resources 实例，GetString()方法返回从资源文件传递的键的值。给第二个参数传递一个区域性，例如 de-CH，就在 de-CH 卫星程序集中查找资源。如果没有找到，就提取中性语言 de，在 de 资源文件中查找资源。如果没有找到，就在没有指定区域性的默认资源文件中查找，返回值(代码文件 ResourcesDemo/Program.cs)：

```
ResourceManager resources = new("ResourcesDemo.Resources.Messages",
  typeof(Program).GetTypeInfo().Assembly);
string goodMorning = resources.GetString("GoodMorning", new CultureInfo("de-CH));
Console.WriteLine(goodMorning);
```

ResourceManager 构造函数的另一个重载版本只需要类的类型。这个 ResourceManager 查找 Program.resx 资源文件：

```
ResourceManager programResources = new(typeof(Program));
Console.WriteLine(programResources.GetString("Resource1"));
```

22.4 使用ASP.NET Core本地化

本地化ASP.NET Core Web应用程序时，可以使用CultureInfo类和本章前面讨论的资源，但有一些额外的问题需要解决。设置完整应用程序的区域性不能满足一般需求，因为用户来自不同的区域。所以有必要给到服务器的每个请求设置区域性。

> **注意：**
> 使用本地化与ASP.NET Core，需要了解本章讨论的区域性和资源，以及如何创建ASP.NET Core应用程序。如果以前没有使用.NET创建ASP.NET Core Web应用程序，就应该阅读第24章，再继续学习本章的这部分内容。

如何知道用户的区域性呢？可以选择不同的方式。浏览器在每个请求的HTTP标题中发送首选语言，浏览器中的这个信息可以来自浏览器设置，或浏览器本身会检查安装的语言。另一个选项是定义URL参数，或为不同的语言使用不同的域名。可以在一些场景中使用不同的域名，例如为网站www.cninnovation.com使用英文版本，为www.cninnovation.de使用德语版本为www.cninnovation.ch提供德语、法语和意大利语版本。这里，URL参数，如www.cninnovation.com/culture=de，会有所帮助。使用www.cninnovation.com/de的工作方式类似于定义特定路由的URL参数。另一个选择是允许用户选择语言，定义一个cookie，来记住这个选项。

ASP.NET Core支持所有这些场景。

22.4.1 注册本地化服务

为了开始注册操作，创建一个新的支持Razor页面的ASP.NET Core Web应用程序。使用.NET CLI时，可以使用dotnet new webapp来创建这样的一个应用程序。这个ASP.NET Core示例还需要用到Microsoft.AspNetCore.Localization、Microsoft.Extensions.Localization和System.ComponentModel名称空间。

在Startup类中，需要调用AddLocalization()扩展方法来注册本地化的服务(代码文件ASPNETCoreLocalization/Startup.cs)：

```
public void ConfigureServices(IServiceCollection services)
{
  services.AddLocalization(options => options.ResourcesPath =
    "Resources");
  //...
  services.AddRazorPages();
}
```

AddLocalization()方法为接口IStringLocalizerFactory和IStringLocalizer注册服务。在注册代码中，类型ResourceManagerStringLocalizerFactory注册为单例，StringLocalizer注册短暂的生存期。类ResourceManagerStringLocalizerFactory是ResourceManagerStringLocalizer的一个工厂。这个类利用前面的ResourceManager类，从资源文件中检索字符串。

22.4.2 配置中间件

在依赖注入容器中配置了本地化后，可以通过中间件来配置本地化了。对于每次HTTP请求都会调用中间件功能，这些功能是在Startup类的Configure()方法中配置的。UseRequestLocalization()方法定义了一个重载版本，在其中可以传递 RequestLocalizationOptions。设置 RequestLocalizationOptions 属性允许定制应该支持的区域性并设置默认的区域性。这里，DefaultRequestCulture 被设置为 en-US。类 RequestCulture 只是一个小包装，其中包含了用于格式化的区域性(它可以通过 Culture 属性来访问)和使用资源的区域性(UICulture 属性)。示例代码为 SupportedCultures 和 SupportedUICultures 接受 en-US、en、de-AT 和 de 区域性(代码文件 ASPNETCoreLocalization/Startup.cs)：

```
public void Configure(IApplicationBuilder app, IWebHostEnvironment env)
{
  //...

  CultureInfo[] supportedCultures = { new("en-US"), new("en"), new("de-AT"),
    new("de") };

  RequestLocalizationOptions localizationOptions = new()
  {
    DefaultRequestCulture = new RequestCulture(new CultureInfo("en-US")),
    SupportedCultures = supportedCultures,
    SupportedUICultures = supportedCultures
  };

  app.UseRequestLocalization(localizationOptions);

  app.UseHttpsRedirection();
  app.UseStaticFiles();

  app.UseRouting();

  app.UseAuthorization();

  app.UseEndpoints(endpoints =>
  {
    endpoints.MapRazorPages();
  });
}
```

有了 RequestLocalizationOptions 设置，就可以通过调用 AddInitialRequestCultureProvider()方法并提供派生自基类 RequestCultureProvider 的类来配置 RequestCultureProviders。默认情况下配置 3 个提供程序：QueryStringRequestCultureProvider、CookieRequestCultureProvider 和 AcceptLanguageHeaderRequestCultureProvider，它们很可能能够满足你的需求。

22.4.3 ASP.NET Core 区域性提供程序

下面详细讨论这些区域性提供程序。QueryStringRequestCultureProvider 使用查询字符串检索区域性。默认情况下，查询参数 culture 和 ui-culture 用于这个区域性提供程序，如下面的 URL 所示：https://localhost:5001/?culture=de&ui-culture=en-US。

还可以通过设置 QueryStringRequestCultureProvider 的 QueryStringKey 和 UIQueryStringKey 属性来更改查询参数。

CookieRequestCultureProvider 定义了名为 ASPNET_CULTURE 的 cookie (可以使用 CookieName 属性设置)。检索这个 cookie 的值，来设置区域性。为了创建一个 cookie，并将其发送到客户端，可以使用静态方法 MakeCookieValue，从 RequestCulture 中创建 cookie，并将其发送到客户端。CookieRequestCultureProvider 使用静态方法 ParseCookieValue()获得 RequestCulture。

设置区域性的第三个选项是，可以使用浏览器发送的 HTTP 头信息。发送的 HTTP 头如下所示：

```
Accept-Language: en-us, de-at;q=0.8, it;q=0.7
```

AcceptLanguageHeaderRequestCultureProvider 使用这些信息来设置区域性。使用至多三个语言值，其顺序由 quality 值定义，找到与支持的区域性匹配的第一个值。

22.4.4 在 ASP.NET Core 中使用区域性

在一个新的 Razor 页面中(可以使用 dotnet new page 或使用 Visual Studio 创建)，访问并使用请求的区域性来设置日期格式。当前线程上将自动设置请求的区域性，但为了在 ASP.NET Core 中获取更多信息，可以使用 IRequestCultureFeature 接口来访问请求的区域性。实现了该接口的 RequestCultureFeature 使用匹配该区域性设置的第一个区域性提供程序。如果 URL 定义了一个查询字符串，且该查询字符串匹配区域性参数，则使用 QueryStringRequestCultureProvider 来返回请求的区域性。如果 URL 不匹配，但收到了一个名为 ASPNET_CULTURE 的 cookie，则使用 CookieRequestCultureProvider；否则，使用 AcceptLanguageHeaderRequestCultureProvider。在下面的代码片段中，使用区域性信息来为 RequestCulture 属性赋值。然后，将今天的日期写入 Today 属性(代码文件 ASPNETCoreLocalization/Pages/RequestCulture.cshtml.cs)：

```
public class RequestCultureModel : PageModel
{
  public void OnGet()
  {
    var features = HttpContext.Features.ToList();
    var feature = HttpContext.Features.Get<IRequestCultureFeature>();
    RequestCulture requestCulture = feature.RequestCulture;
    RequestCulture = requestCulture.UICulture.ToString();
    Today = DateTime.Today.ToLongDateString();
  }
  public string? RequestCulture { get; private set; }
  public string? Today { get; private set; }
}
```

在页面的 HTML 和 Razor 代码中，访问 RequestCulture 和 Today 属性，把它们显示给用户(代码文件 ASPNETCoreLocalization/Pages/RequestCulture.cshtml)：

```
@page
@model ASPNETCoreLocalization.Pages.RequestCultureModel

<h1>Show Request Culture</h1>
<div>@Model.RequestCulture</div>
<div>@Model.Today</div>
```

运行应用程序时，可以传递区域性并查看结果，如图 22-4 所示。当传递 URL 请求不支持的区域性时，会看到默认区域性的输出。

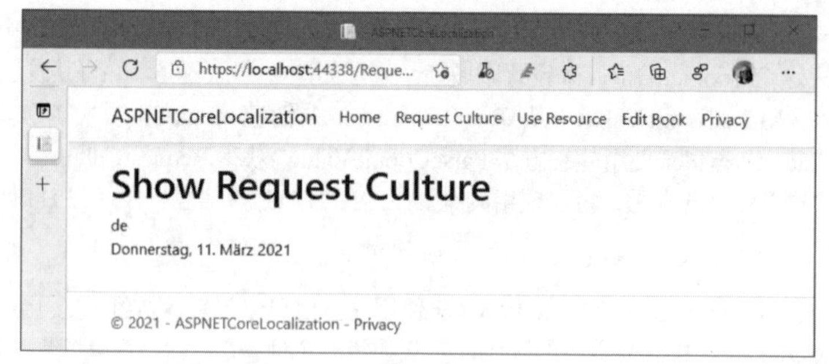

图 22-4

22.4.5 在 ASP.NET Core 中使用资源

接下来为 ASP.NET Core 应用程序添加资源文件。示例项目添加了 Resources 文件夹并在其中添加了文件 Startup.resx。另外，还创建了 Pages 和 Models 子文件夹。在 Pages 子文件夹中，包含页面的资源文件，如 UseResourceModel.resx，还包括它们的本地化版本，其文件扩展名为 resx.de 和 resx.de-AT。Models 子文件夹中包含资源文件 Book.resx 和 Book.resx.de。在 Startup 类中调用 AddLocalization()方法来配置 DI 容器时，使用 LocalizationOptions 类的 ResourcePath 属性定义了包含资源的文件夹的名称。

在 Razor 页面 UseResource 的代码隐藏文件中，使用两个不同的泛型参数注入了 IStringLocalizer。UseResourceModel 参数用于只有页面需要、并且从对应的资源文件获取的资源；Startup 参数用于共享资源。对于共享资源，可以使用任何共享的类。使用 IStringLocalizer 时，可以使用索引器和 GetString()方法(都在示例代码中用到)来访问语言特定的资源值(代码文件 ASPNETCoreLocalization/Pages/UseResource.cshtml.cs)：

```
public class UseResourceModel : PageModel
{
  private readonly IStringLocalizer _localizer;
  private readonly IStringLocalizer _sharedLocalizer;
  public UseResourceModel(IStringLocalizer<UseResourceModel> localizer,
    IStringLocalizer<Startup> sharedLocalizer)
  {
    _localizer = localizer;
    _sharedLocalizer = sharedLocalizer;
  }
  public void OnGet()
  {
    var feature = HttpContext.Features.Get<IRequestCultureFeature>();
    RequestCulture requestCulture = feature.RequestCulture;
    Message1 = _localizer["Message1"];
    Message2 = _localizer.GetString("Message2",
      feature.RequestCulture.Culture, feature.RequestCulture.UICulture);
    Message3 = _sharedLocalizer.GetString("SharedText");
  }
  public string? Message1 { get; private set; }
  public string? Message2 { get; private set; }
  public string? Message3 { get; private set; }
}
```

Message1 的资源是一个简单的字符串；Message2 的资源用字符串格式占位符定义：

```
Using culture {0} and UI culture {1}
```

> **注意：**
> 在资源中使用格式化的字符串，就不能使用带插值字符串的语法。占位符中与插值字符串一起使用的变量或表达式不能用于资源。

给 URL 请求添加?culture=de-AT(它使用了 QueryStringRequestCultureProvider)，输出如图 22-5 所示。

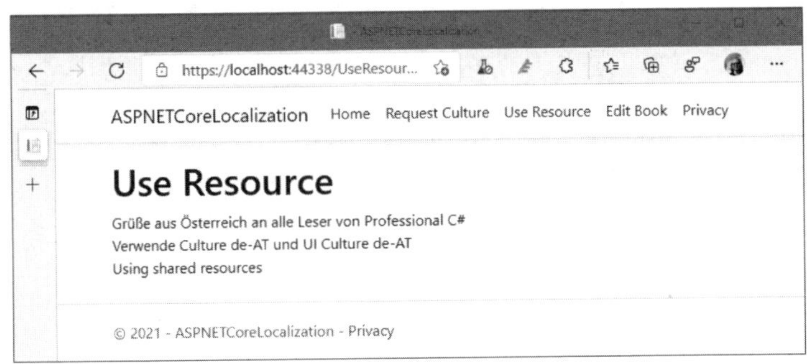

图 22-5

22.4.6 使用数据注释进行本地化

另一种使用 ASP.NET Core 检索资源值的方法是通过应用注释实现的。要了解注释的运用，可以在 Models 目录中定义 Book 记录类型。这个类型把 DisplayName 特性添加到属性 Title 和 Publisher 中(代码文件 ASPNETCoreLocalization/Models/Book.cs)：

```
using System.ComponentModel;

namespace ASPNETCoreLocalization.Models
{
  public record Book(
    [property: DisplayName("BookTitle")] string Title,
    [property: DisplayName("Publisher")] string Publisher);
}
```

资源文件 Book.resx 及其本地化版本包含 BookTitle 和 Publisher 键的资源值(DisplayName 特性指定的值)。在 EditBook Razor 页面的代码隐藏文件中，创建了一个新的 Book 实例并设置了 Book 属性(代码文件 ASPNETCoreLocalization/Pages/EditBook.cshtml.cs)：

```
public class EditBookModel : PageModel
{
  public void OnGet()
  {
    Book = new Book("Professional C#", "Wrox Press");
  }

  public Book? Book { get; set; }
}
```

Razor 页面使用 HTML 帮助方法 EditorFor()为所有 Book 属性显示编辑字段(代码文件 ASPNETCoreLocalization/Pagesd/EditBook.cshtml)：

```
@page
@model ASPNETCoreLocalization.Pages.EditBookModel

@Html.EditorFor(model => model.Book)
```

运行应用程序并访问/EditBook?culture=de-at 链接时，会从控制台和视图检索资源，如图 22-6 所示。仅为英语(Book.resx)和德语(Book.de.resx)定义资源，返回了通过传入奥地利区域性 de-at 来使用德语区域性定义的值。

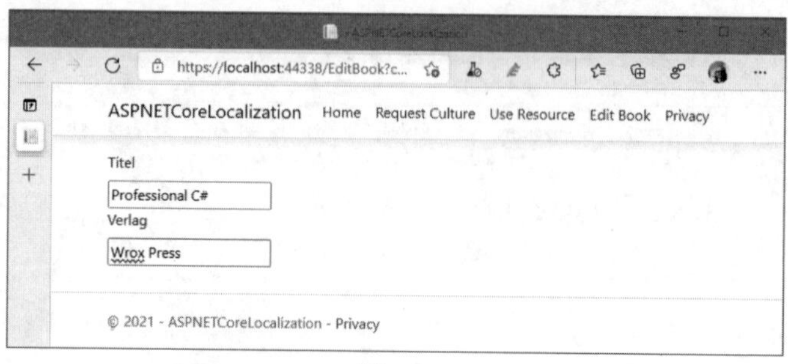

图 22-6

注意：
不要忘记在 Startup 类中调用 AddDataAnnotationsLocalization()方法，以便为本地化启用注释。

22.5 本地化 WinUI

WinUI 的本地化基于前面学习的概念，但也有一些区别。作为 Project Reunion 的一部分，通过 MRT Core 来管理资源。MRT Core 是 Windows 资源管理系统的现代版本。

区域性、区域和资源的概念是相同的，但因为 Windows 应用程序可以用 C#和 XAML 或者 C++和 XAML 来编写(许多 Windows 内置的应用程序就是用 C++和 XAML 编写的，例如 Windows 计算器)，所以这些概念必须可用于所有的语言。与以前版本的 UWP 应用程序不同，为了管理资源，MRC Core 独立于 Windows 10 版本。MRT 提供了许多功能，并不只是支持本地化资源。除了基于语言选择资源，，还可以基于主题、设备系列、比例、布局方向和对比度需要等使用不同的资源。

资源的名称空间包含在 Microsoft.ApplicationModel.Resources 名称空间中。我们接下来用一个实例来说明 WinUI Windows 应用程序的本地化。使用 Visual Studio 的 Blank App, Packaged (WinUI in Desktop)项目模板创建一个小应用程序。在页面上添加两个 TextBlock 控件和一个 TextBox 控件。

在 App 类的 OnLaunched()方法中，创建了一个新的 ResourceLoader 和一个 ResourceManager，并把它们传递给 MainWindow 类的构造函数。如果需要在应用程序中访问字符串，需要使用 ResourceLoader。对于更加复杂的场景，则需要使用 ResourceManager。示例应用程序演示了这两种类型的用法(代码文件 WinUILocalization/App.xaml.cs)：

```
protected override void OnLaunched(Microsoft.UI.Xaml.LaunchActivatedEventArgs args)
{
  ResourceLoader resourceLoader = new();
  ResourceManager resourceManager = new();
  m_window = new MainWindow(resourceLoader, resourceManager);
  m_window.Activate();
}
```

在实现代码中，使用了 ResourceLoader 的默认构造函数。使用默认构造函数时，会查找名为 Resources 的资源。其他构造函数允许传递文件名和资源映射。本节后面在介绍如何使用 ResourceManager 时将讨论资源映射。对于 ResourceManager 的构造函数，也可以传递资源名。默认情况下，ResourceManager 使用根资源。

添加到项目文件中的资源文件需要把构建动作设置为 PRIResource。在项目文件中，使用 PRIResource 元素可以指定这种构建动作(项目文件 WinUILocalization/WinUILocalization.csproj)：

```
<ItemGroup>
  <PRIResource Include="Resources.lang-de-de.resw"/>
  <PRIResource Include="Resources.resw"/>
</ItemGroup>
```

22.5.1 使用 MRT ResourceLoader

使用 ResourceLoader 很简单，只需将 ResourceLoader 传递给 MainWindow 的构造函数(代码文件 WinUILocalization/MainWindow.xaml.cs)：

```
private readonly ResourceLoader _resourceLoader;
private readonly ResourceManager _resourceManager;
private readonly ResourceContext _resourceContext;
public MainWindow(ResourceLoader resourceLoader, ResourceManager resourceManager)
{
  _resourceLoader = resourceLoader;
  _resourceManager = resourceManager;
  //...
  this.InitializeComponent();
}
```

在 OnGetResource()方法中，使用当前区域性和今天的日期来填充 textDate 字段的 Text 属性。_resourceLoader 变量从 Resources.resw 文件获取 Hello 键的资源(代码文件 WinUILocalization/MainWindow.xaml.cs)：

```
private void OnGetResource(object sender, RoutedEventArgs e)
{
  textDate.Text = DateTime.Today.ToString("D");
  textHello.Text = _resourceLoader.GetString("Hello");
}
```

22.5.2 使用 MRT ResourceManager

ResourceManager 类提供了更多功能。要访问资源，首先使用 MainResourceMap 属性获取 ResourceMap。资源映射是资源的一个集合，例如特定语言的资源或者来自一个应用程序包的资源。使用 ResourceMap 类时，可以获得资源计数(ResourceCount 属性)、按索引访问资源(GetValueByIndex())或者按值访问资源(GetValue()或 TryGetValue())。如果没有找到资源，TryGetValue()方法返回 null。如果找到了资源，TryGetValue()返回一个 ResourceCandidate 对象。通过该类可以访问二进制资源(ValueAsBytes)或字符串资源(ValueAsString)。还可以使用 ResourceCandidate 类来了解资源来自什么地方：字符串、文件路径或者程序集内嵌入的数据。在下面的代码片段中，使用 TryGetValue()来访问 Resources 文件中的 GoodMorning 资源(代码文件 WinUILocalization/MainWindow.xaml.cs)：

```
private void OnUseResourceManager(object sender, RoutedEventArgs e)
```

```
{
  ResourceMap map = _resourceManager.MainResourceMap;
  ResourceCandidate candidate = map.TryGetValue("Resources/GoodMorning");
  textGoodMorning.Text = candidate.ValueAsString;
}
```

22.5.3 使用 ResourceContext 修改资源

使用 ResourceManager 时，可以创建一个 ResourceContext，它允许查找本地化的资源或者基于设备系列或布局的资源。如下面的代码片段所示，通过调用 ResourceManager 的 CreateResourceContext()方法来创建资源上下文。QualifierValues 属性返回一个字典。在这里，可以定义用来搜索资源的限定符的名称和值。要指定语言，需要为键值 language(或 lang)设置语言。在示例代码中，为德语资源将上下文设置为 de。可以使用的其他键值的示例包括 devicefamily、layoutdirection、scale 和 theme(代码文件 WinUILocalization/MainWindow.xaml.cs)：

```
public MainWindow(ResourceLoader resourceLoader, ResourceManager resourceManager)
{
  _resourceLoader = resourceLoader;
  _resourceManager = resourceManager;
  _resourceContext = _resourceManager.CreateResourceContext();
  _resourceContext.QualifierValues["language"] = "de";

  this.InitializeComponent();
}
```

要使用本地化的资源，可以将资源上下文传递给 ResourceMap 的 TryGetValue()方法：

```
private void OnUseContext(object sender, RoutedEventArgs e)
{
  ResourceMap map = _resourceManager.MainResourceMap;
  ResourceCandidate candidate = map.TryGetValue(
    "Resources/GoodEvening", _resourceContext);
  textGoodEvening.Text = candidate.ValueAsString;
}
```

运行应用程序时，可以看到获取的资源，如图 22-7 所示。

图 22-7

22.6 小结

本章讨论了.NET 应用程序的全球化和本地化。对于应用程序的全球化，我们讨论了 System.Globalization 名称空间，它用于格式化依赖于区域性的数字和日期。此外，说明了在默认情况下，字符串的排序取决于区域性，且使用了不变的区域性进行独立于区域性的排序。

应用程序的本地化使用资源来实现。资源可以放在文件或卫星程序集中。本地化所使用的类位于 System.Resources 名称空间中。

我们还学习了如何本地化 ASP.NET Core 应用程序，使用 ASP.NET Core 特殊的功能以及使用 WinUI 和 MRT 本地化应用程序。

下一章介绍测试，我们将学习如何使用 xUnit 创建单元测试，以及使用模拟库。

第23章 测试

本章要点

- 使用 xUnit.net 进行单元测试
- 判断代码覆盖率
- 使用模拟库
- 使用 ASP.NET Core 执行集成测试

本章源代码：

通过扫描封底二维码下载本书源代码。本章源代码可以在代码文件的 2_Libs/Tests 目录中找到。

本章代码分为如下主要示例：

- UnitTestingSample
- MockingSample
- ASPNETCoreSample

所有项目都启用了可空引用类型。

23.1 概述

应用程序开发正在变得敏捷。使用瀑布过程模型来分析需求时，设计完成应用程序架构，实现它，但在准备好解决方案时发现所建立的应用程序没有满足用户的需求，这种情形并不少见。软件开发变得敏捷，发布周期更短，最终用户在开发早期就参与进来。对于 Windows 10 而言，数以百万计的 Windows 内部人士给早期的构建版本提供反馈，每隔几个月甚至几周就更新一次。在 Windows 10 的 Beta 程序中，Windows 内部人士曾经在一周内收到 Windows 10 的 3 个构建版本。Windows 10 是一个巨大的程序，但微软设法在很大程度上改变开发方式。同样，如果参与.NET Core 开源项目，每晚都会收到 NuGet 包的构建版本。如果喜欢冒险，甚至可以写一本关于未来技术的书。

如此快速和持续的改变——每晚都创建构建版本——等不及内部人士或最终用户发现所有问题。如果 Windows 10 每隔几分钟就崩溃一次，Windows 10 内部人士显然不会满意。修改方法的实现代码的频率是多少，才能发现似乎不相关的代码不再起作用了？为了试图避免这样的问题，可以试图不改变方法，而是创建一个新的方法，复制原来的代码，并进行必要的修改，但这将极难维护。在一个地方修复方法后，太容易忘记修改其他方法中重复的代码。

为了避免这样的问题，可以给方法创建测试程序，使测试程序自动运行。使用 Visual Studio Enterprise 时，甚至可以使用 Live Unit Testing 运行测试，当你在编辑器中键入的同时会运行测试。后面在签入源代码后也应该运行测试。通过持续集成(CI)管道，可以每晚运行负载和安全性测试，以便能够利用晚间不需要的 CPU 能力。

从一开始就创建测试程序，会在开始时增加项目的成本，但随着项目的继续进行和维护期间，创建测试程序的优势将降低了项目的整体成本。

本章关注于创建单元测试，也会解释如何在 ASP.NET Core Web 应用程序中创建集成测试。你还将看到如何对基于 XAML 的应用程序创建 UI 测试，以及如何对 Web 应用程序执行负载测试。

单元测试应该验证应用程序中可测试的最小部分的功能，例如方法。传入不同的输入值时，单元测试应该检查方法的所有可能路径。

23.2 单元测试

编写单元测试有助于代码维护。例如，在更新代码时，想要确信更新不会破坏其他代码。创建自动单元测试可以帮助确保修改代码后，所有功能得以保留。

.NET CLI 对创建和运行单元测试提供了内置支持。dotnet new mstest 使用 MSTest(见网址 23-1)创建了一个单元测试项目。dotnet new nunit 使用 NUnit(见网址 23-2)创建单元测试。dotnet new xunit 使用 xUnit.net(见网址 23-3)创建一个单元测试项目。

由于.NET 和 ASP.NET Core 团队使用了 xUnit.net，所以本书中也将使用 xUnit.net 来构建测试项目。但是，如果你想使用一个不同的框架，那么调整这里的代码应该并不困难。对于其他单元测试框架，需要使用不同的特性来指定测试，使用不同的方法来进行断言，但功能大体上是相同的。

23.2.1 创建单元测试

下面的示例测试类库 UnitTestingSamples 中一个简单的方法。这是一个.NET 5 类库。类 DeepThought 包含 TheAnswerToTheUltimateQuestionOfLifeTheUniverseAndEverything()方法，该方法返回 42 作为结果(代码文件 UnitTestingSamples/DeepThought.cs)：

```
public class DeepThought
{
  public int TheAnswerOfTheUltimateQuestionOfLifeTheUniverseAndEverything() => 42;
}
```

为了确保没有人改变返回错误结果的方法，创建一个单元测试。要使用 xUnit 创建单元测试，可以使用 dotnet 命令：

```
> dotnet new xunit
```

也可以使用 Visual Studio 中的 xUnit Test Project 项目模板。

开始创建第一个测试之前，最好考虑一下测试和测试项目的命名。当然，可以使用任何名称，但.NET Core 团队提供了较好的命名规则，参阅：

```
https://github.com/dotnet/aspnetcore/wiki/
Engineering-guidelines#unit-tests-and-functional-tests
```

下面是规则汇总：

- 测试项目的名称是在项目名后加上 Tests，例如，对于项目 UnitTestingSamples，测试项目的名称是 UnitTestingSamples.Tests。
- 测试类名与被测试的类名相同，后跟 Test，例如，UnitTestingSamples.DeepThought 的测试类是 UnitTestingSamples.DeepThoughtTest。
- 单元测试方法名采用描述性的名称，例如，名称 AddOrUpdateBookAsync_ThrowsForNull 表示，一个单元测试调用 AddOrUpdateBookAsync()方法，检查传递 null 时它是否抛出异常。

xUnit.net 测试项目包含对 NuGet 包 Microsoft.NET.Test.Sdk、xunit、xunit.runner.visualstudio 和 coverlet.collector 的引用。coverlet.collector 用于分析代码覆盖率，即单元测试所能够覆盖的源代码行数的百分比。

使用 xUnit.net 时，需要使用 Fact 特性来标记测试方法。测试方法的实现代码会创建 DeepThought 的一个实例，并调用要测试的方法 TheAnswerToTheUltimateQuestionOfLifeTheUniverseAndEverything()。返回值使用 Assert.AreEqual()与 42 进行比较。如果 Assert.AreEqual()失败，测试就失败(代码文件 UnitTestingSamples.UnitTestingSamples.Tests/DeepThoughtTest.cs)：

```
public class DeepThoughtTest
{
  [Fact]
  public void ResultOfTheAnswerToTheUltimateQuestionOfLifeTheUniverseAndEverything()
  {
    // arrange
    int expected = 42;
    DeepThought dt = new();

    // act
    int actual =
      dt.TheAnswerToTheUltimateQuestionOfLifeTheUniverseAndEverything();

    // assert
    Assert.Equal(expected, actual);
  }
}
```

单元测试由 3 个 A 定义：Arrange、Act 和 Assert。首先，一切都安排(Arrange)好了，单元测试可以开始了。在安排阶段，在第一个测试中，给变量 expected 分配调用要测试的方法时预期的值，调用 DeepThought 类的一个实例。现在准备好测试功能了。在行动(Act)阶段，调用方法。在完成行动阶段后，需要验证结果是否与预期相同。这在断言(Assert)阶段使用 Assert 类的方法来完成。

Assert 类是 xUnit.net 框架的 Xunit 名称空间的一部分。这个类提供了一些可用于单元测试的静态方法。这里有许多不同的选项可用来检查结果是否有效。Assert.True()要求表达式返回 true 才能成功。Assert.False()与其相反，表达式需要返回 false 才能成功。对于 Assert.InRange()，结果必须在指定的范围内。Assert.Null()和 Assert.NotNull()用于检查结果是否返回 null。使用 Assert.Contains()、Assert.DoesNotContain()和 Assert.All()可以检查集合的结果。

23.2.2 运行单元测试

要运行单元测试，可以使用 Visual Studio 的 Test Explorer 或.NET CLI：

```
> dotnet test
```

在示例应用程序中，会得到成功的结果：

```
Determining projects to restore...
Restored C:\procsharp\tests\UnitTestingSamples\UnitTestingSamples.csproj (in 94 ms).
Restored C:\procsharp\tests\UnitTestingSamples\UnitTestingSamples.Tests\
UnitTestingSamples.Tests.csproj (in 482 ms).
UnitTestingSamples -> C:\procsharp\tests\UnitTestingSamples\UnitTestingSamples\bin\Debug\
net5.0\UnitTestingSamples.dll
UnitTestingSamples.Tests -> C:\procsharp\tests\UnitTestingSamples\
UnitTestingSamples.Tests\bin\Debug\net5.0\UnitTestingSamples.Tests.dll
Test run for C:\procsharp\tests\UnitTestingSamples\UnitTestingSamples.Tests\
bin\Debug\net5.0\ UnitTestingSamples.Tests.dll (.NETCoreApp,Version=v5.0)
Microsoft (R) Test Execution Command Line Tool Version 16.9.0
Copyright (c) Microsoft Corporation. All rights reserved.

Starting test execution, please wait...
A total of 1 test files matched the specified pattern.

Passed! -Failed:0, Passed: 1, Skipped: 0, Total: 1,
Duration: 4 ms -UnitTestingSamples.Tests.dll (net5.0)
```

当然，这只是一个很简单的场景，测试通常是没有这么简单的。例如，方法可以抛出异常，用其他的路径返回其他值，或者使用了不应该在单个单元中测试的代码(例如数据库访问代码或者调用的服务)。接下来介绍一个比较复杂的单元测试场景。

23.2.3 实现复杂的方法

下面的 StringSample 类定义了一个带字符串参数的构造函数、方法 GetStringDemo()和一个字段。方法 GetStringDemo()根据 first 和 second 参数使用不同的路径，并返回一个从这些参数得到的字符串(代码文件 UnitTestingSamples/StringSample.cs)：

```
public class StringSample
{
  public StringSample(string init)
  {
    if (init is null)
    throw new ArgumentNullException(nameof(init));
    _init = init;
  }
  private string _init;
  public string GetStringDemo(string first, string second)
  {
    if (first is null) throw new ArgumentNullException(nameof(first));
    if (string.IsNullOrEmpty(first))
    throw new ArgumentException("empty string is not allowed", first);
    if (second is null) throw new ArgumentNullException(nameof(second));
    if (second.Length > first.Length)
      throw new ArgumentOutOfRangeException(nameof(second),
        "must be shorter than first");

    int startIndex = first.IndexOf(second);
    if (startIndex < 0)
    {
      return $"{second} not found in {first}";
    }
```

```
      else if (startIndex < 5)
      {
        string result = first.Remove(startIndex, second.Length);
        return $"removed {second} from {first}: {result}";
      }
      else
      {
        return _init.ToUpperInvariant();
      }
    }
  }
```

注意：

为复杂的方法编写单元测试时，有时单元测试也会变得复杂起来。调试单元测试有助于理解当前执行的操作。在 Visual Studio 中调试单元测试很简单：给单元测试代码添加断点，并从 Test Explorer 的上下文菜单中选择 Debug Selected Tests。

单元测试应该测试每个可能的执行路径，并检查异常。

23.2.4 预期异常

调用 StringSample 类的构造函数并以 null 为参数调用 GetStringDemo 方法时，可以预计会发生 ArgumentNullException 异常。在测试代码中很容易测试这一点，只需要像下面的示例那样对测试方法应用 ExpectedException 特性。这样，测试方法将成功地捕捉到异常(代码文件 UnitTestingSamples.Tests/StringSampleTest.cs)：

```
[Fact]
public void GetStringDemoExceptions()
{
  StringSample sample = new(string.Empty);
  Assert.Throws<ArgumentNullException>(() => sample.GetStringDemo(null!, "a"));
  Assert.Throws<ArgumentNullException>(() => sample.GetStringDemo("a", null!));
  Assert.Throws<ArgumentException>(() =>
    sample.GetStringDemo(string.Empty, "a"));
}
```

注意：

虽然库项目启用可空引用类型，并且没有使用可空引用标注方法的参数，但仍然应该检查收到 null 值、抛出 ArgumentNullException 的情况。如果发出调用的应用程序没有使用 C# 8 或更高版本，那么在传递 null 时，编译器不会生成编译警告。较旧的编译器会忽略为可空引用类型创建的特性，从而在我们没有意料到的地方导致抛出 NullReferenceException。即使启用了可空引用类型，检查方法参数是否为 null 仍然是一种好做法。

23.2.5 测试全部代码路径

为了测试全部代码路径，可以创建多个测试，每个测试针对一条代码路径。下面的测试示例将字符串 a 和 b 传递给 GetStringDemo()方法。因为第二个字符串没有包含在第一个字符串内，所以 if 语句的第一个路径生效。结果将被相应地检查(代码文件 UnitTestingSamples.Tests/StringSampleTest.cs)：

```
[Fact]
public void GetStringDemoBNotInA()
```

```
{
  // arrange
  string expected = "b not found in a";
  StringSample sample = new(string.Empty);

  // act
  string actual = sample.GetStringDemo("a", "b");

  // assert
  Assert.Equal(expected, actual);
}
```

还可以定义一个带参数的测试方法，并使用特性传递不同的值。为此，需要对测试方法应用 Theory 特性，而不是 Fact 特性。可以使用多个定义值的 InlineData 特性来传递数据，如下面的代码片段所述。有了这些特性，测试运行器可以多次调用 GetStringDemoInlineData()方法并为每个 InlineDate 特性传递值：

```
[Theory]
[InlineData("", "a", "b", "b not found in a")]
[InlineData("", "longer string", "nger", "removed nger from longer string: lo string")]
[InlineData("init", "longer string", "string", "INIT")]
public void GetStringDemoInlineData(string init, string a, string b, string expected)
{
  StringSample sample = new(init);
  string actual = sample.GetStringDemo(a, b);
  Assert.Equal(expected, actual);
}
```

除了使用多个 InlineData 特性，还可以定义一个方法来返回要传递给测试方法的值(如下面的 GetStringSampleDate()所示)，并使用 MemberData 特性指定方法的名称。这样一来，就可以为单元测试使用任何数据源：

```
[Theory]
[MemberData(nameof(GetStringSampleData))]
public void GetStringDemoMemberData(string init, string a, string b, string expected)
{
  StringSample sample = new(init);
  string actual = sample.GetStringDemo(a, b);
  Assert.Equal(expected, actual);
}

public static IEnumerable<object[]> GetStringSampleData() =>
  new[]
  {
    new object[] { "", "a", "b", "b not found in a" },
    new object[] { "", "longer string", "nger",
      "removed nger from longer string: lo string" },
    new object[] { "init", "longer string", "string", "INIT" }
};
```

23.2.6 代码覆盖率

为了查看单元测试覆盖了哪些代码，没有覆盖哪些代码，可以在 dotnet test 命令中使用--collect

选项。这将把 NuGet 包 coverlet.collector 添加到项目中，以平台独立的方式来收集代码覆盖率信息。除了该 NuGet 包，还需要添加.NET CLI 工具 coverlet.console。要在测试项目中安装此工具，可以添加一个 tool-manifest 文件，并将 coverlet.console 添加到项目工具中(或者使用全局选项-g，将 coverlet.console 添加为你的概要文件中的全局工具)。安装的第二个工具是 dotnet-reportgenerator，它提供 Coverlet 生成的 XML 文件的图形化输出：

```
> dotnet new tool-manifest
> dotnet tool install coverlet.console
> dotnet tool install dotnet-reportgenerator-globaltool
```

安装了这两个工具后，可以使用--collect 选项运行测试，并传递字符串 XPlat Code Coverage，如下面的命令所示。使用此选项运行单元测试后，将在 TestResults 文件中生成结果。

```
> dotnet test --collect "XPlat Code Coverage"
```

要得到报告的 HTML 视图，现在可以使用报告生成器。使用-reports 选项时，可以指定包含收集到的信息的 XML 文件所在的目录。-targetdir 选项指定了包含 HTML 输出的目录的名称。使用-reportTypes 选项可以指定输出的格式：

```
> dotnet tool run reportgenerator -reports:TestResults\{GUID}\coverage.cobertura.xml
-targetdir:coveragereport -reportTypes:Html
```

打开生成的 HTML 时，可以看到如图 23-1 所示的视图。

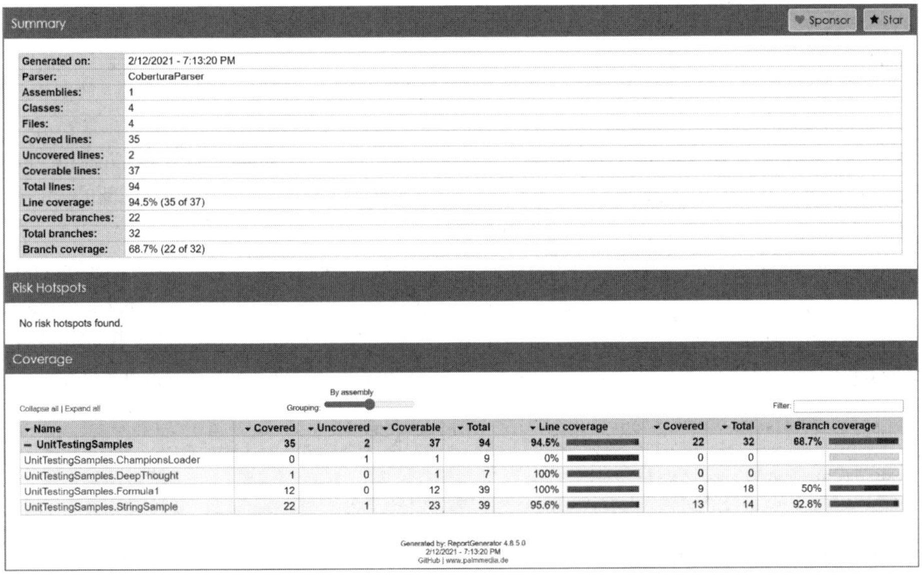

图 23-1

关于可以用于 Coverlet 的不同选项，以及如何在 Visual Studio 中使用 Coverlet 和其他收集器，请阅读 https://github.com/coverlet-coverage/coverlet 和 https://github.com/Microsoft/vstest-docs/blob/master/docs/analyze.md 提供的文档。

23.2.7 外部依赖

许多方法都依赖于不受应用程序本身控制的某些功能，例如调用 Web 服务或者访问数据库。在测试外部资源的可用性时，可能服务或数据库并不可用。更糟的是，数据库和服务可能在不同的时间返回不同的数据，这就很难与预期的数据进行比较。在单元测试中，必须排除这种情况。

下面的示例依赖于外部的某些功能。方法 ChampionsByCountry()访问一个 Web 服务器上的 XML 文件，该文件以 Firstname、Lastname、Wins 和 Country 元素的形式列出了一级方程式世界冠军。这个列表按国家筛选，并使用 Wins 元素的值按数字顺序排序。返回的数据是一个 XElement，其中包含了转换后的 XML 代码(代码文件 UnitTestingSamples/Formula1.cs)：

```
public XElement ChampionsByCountry(string country)
{
  XElement champions = XElement.Load(F1Addresses.RacersUrl);
  var q = from r in champions.Elements("Racer")
        where r.Element("Country").Value == country
        orderby int.Parse(r.Element("Wins").Value) descending
        select new XElement("Racer",
          new XAttribute("Name", r.Element("Firstname").Value + " " +
            r.Element("Lastname").Value),
          new XAttribute("Country", r.Element("Country").Value),
          new XAttribute("Wins", r.Element("Wins").Value));
        return new XElement("Racers", q.ToArray());
}
```

到 XML 文件的链接由 F1Addresses 类定义 (代码文件 UnitTestingSamples/F1Addresses.cs)：

```
public class F1Addresses
{
  public const string RacersUrl =
    "http://www.cninnovation.com/downloads/Racers.xml";
}
```

应该为 ChampionsByCountry()方法创建一个单元测试。测试不应依赖于服务器上的数据源，因为一方面，服务器可能不可用，另一方面，服务器上的数据可能随时间发生改变，返回新的冠军和其他值。正确的测试应该确保独立于服务器上的数据源，按预期方式完成筛选和排序。

创建独立于数据源的单元测试的一种方法是使用依赖注入模式，重构 ChampionsByCountry()方法的实现代码。在这里，创建一个返回 XElement 的工厂，来取代 XElement.Load()方法。IChampionsLoader 接口是在 ChampionsByCountry()方法中使用的唯一外部要求。IChampionsLoader 接口定义了方法 LoadChampions()，可以代替上述方法(代码文件 UnitTestingSamples/IChampionsLoader.cs)：

```
public interface IChampionsLoader
{
  XElement LoadChampions();
}
```

类 ChampionsLoader 使用 XElement.Load()方法实现了接口 IChampionsLoader，该方法由 ChampionsByCountry()方法预先使用(代码文件 UnitTestingSamples/ChampionsLoader.cs)：

```
public class ChampionsLoader: IChampionsLoader
{
  public XElement LoadChampions() => XElement.Load(F1Addresses.RacersUrl);
}
```

现在可以通过使用接口而不是直接使用 XElement.Load()方法来加载冠军，来更改 ChampionsByCountry()方法的实现。IChampionsLoader 传递给类 Formula1 的构造函数，然后 ChampionsByCountry()将使用这个加载器(代码文件 UnitTestingSamples/Formula1.cs)：

```
public class Formula1
{
  private readonly IChampionsLoader _loader;
  public Formula1(IChampionsLoader loader) => _loader = loader;

  public XElement ChampionsByCountry(string country)
  {
    var q = from r in _loader.LoadChampions().Elements("Racer")
            where r.Element("Country").Value == country
            orderby int.Parse(r.Element("Wins").Value) descending
            select new XElement("Racer",
              new XAttribute("Name", r.Element("Firstname").Value + " " +
                r.Element("Lastname").Value),
              new XAttribute("Country", r.Element("Country").Value),
              new XAttribute("Wins", r.Element("Wins").Value));
    return new XElement("Racers", q.ToArray());
  }
}
```

在典型的实现代码中，会把一个 ChampionsLoader 实例传递给 Formula1 构造函数，以从服务器检索赛车手。

创建单元测试时，可以实现一个自定义方法来返回一级方程式冠军样本，如方法 Formula1SampleData()所示(代码文件 UnitTestingSamples.Tests/Formula1Test.cs)：

```
internal static string Formula1SampleData()
{
  return @"
<Racers>
  <Racer>
    <Firstname>Nelson</Firstname>
    <Lastname>Piquet</Lastname>
    <Country>Brazil</Country>
    <Starts>204</Starts>
    <Wins>23</Wins>
  </Racer>
  <Racer>
    <Firstname>Ayrton</Firstname>
    <Lastname>Senna</Lastname>
    <Country>Brazil</Country>
    <Starts>161</Starts>
    <Wins>41</Wins>
    </Racer>
  <Racer>
  <Firstname>Nigel</Firstname>
    <Lastname>Mansell</Lastname>
    <Country>England</Country>
    <Starts>187</Starts>
    <Wins>31</Wins>
  </Racer>
  //... more sample data
```

方法 Formula1VerificationData() 返回符合预期结果的样本测试数据(代码文件 UnitTestingSamples.Tests/Formula1Test.cs)：

```
internal static XElement Formula1VerificationData()
```

```
{
  return XElement.Parse(@"
<Racers>
  <Racer Name=""Mika Hakkinen"" Country=""Finland"" Wins=""20""/>
  <Racer Name=""Kimi Raikkonen"" Country=""Finland"" Wins=""18""/>
</Racers>");
}
```

测试数据的加载器实现了与 ChampionsLoader 类相同的接口：IChampionsLoader。这个加载器仅使用样本数据，而不访问 Web 服务器(代码文件 UnitTestingSamples.Tests/Formula1Test.cs)：

```
public class F1TestLoader: IChampionsLoader
{
  public XElement LoadChampions() => XElement.Parse(Formula1SampleData());
}
```

现在，很容易创建一个使用样本数据的单元测试(代码文件 UnitTestingSamples.Tests/Formula1Test.cs)：

```
[Fact]
public void ChampionsByCountryFilterFinland()
{
  Formula1 f1 = new Formula1(new F1TestLoader());
  XElement actual = f1.ChampionsByCountry("Finland");
  Assert.AreEqual(Formula1VerificationData().ToString(), actual.ToString());
}
```

当然，真正的测试不应该只覆盖传递 Finland 作为一个字符串，并在测试数据中返回两个冠军这样一种情况。还应该针对其他情况编写测试，例如传递没有匹配结果的字符串，返回两个以上的冠军的情况，可能还包括数字排序顺序与字母数字排序顺序不同的情况。

注意：

要测试不使用依赖注入的方法，用测试类替代在内部使用的依赖项，可以使用 Microsoft Fakes。关于 Microsoft Fakes 的更多信息，请访问 https://docs.microsoft.com/en-us/visualstudio/test/isolating-code-under-testwith-microsoft-fakes。

23.3　使用模拟库

下面是一个更复杂的例子：在 MVVM 应用程序中，为客户端服务库创建一个单元测试。第 30 章将完整介绍这个应用程序。本章的示例代码仅包含该应用程序使用的一个库。这个服务使用依赖注入功能，注入接口 IBooksRepository 定义的存储库。用于测试 AddOrUpdateBookAsync()方法的单元测试不应该测试该库，而只测试方法中的功能。对于库，应执行另一个单元测试：下面的代码片段显示了 BooksService 类的实现(代码文件 MockingSamples/BooksLib/Services/BooksService.cs)：

```
public class BooksService: IBooksService
{
  private readonly ObservableCollection<Book> _books = new();
  private readonly IBooksRepository _booksRepository;
  public BooksService(IBooksRepository repository) =>
    _booksRepository = repository;

  public async Task LoadBooksAsync()
```

```
    {
      if (_books.Count > 0) return;
      IEnumerable<Book> books = await _booksRepository.GetItemsAsync();
      _books.Clear();
      foreach (var b in books)
      {
        _books.Add(b);
      }
    }

    public Book? GetBook(int bookId) =>
      _books.Where(b => b.BookId == bookId).SingleOrDefault();

    public async Task<Book> AddOrUpdateBookAsync(Book book)
    {
      if (book is null) throw new ArgumentNullException(nameof(book));

      Book? updated = null;
      if (book.BookId == 0)
      {
        updated = await _booksRepository.AddAsync(book);
        _books.Add(updated);
      }
      else
      {
        updated = await _booksRepository.UpdateAsync(book);
        if (updated is null) throw new InvalidOperationException();

        Book old = _books.Where(b => b.BookId == updated.BookId).Single();
        int ix = _books.IndexOf(old);
        _books.RemoveAt(ix);
        _books.Insert(ix, updated);
      }
      return updated;
    }

    public IEnumerable<Book> Books => _books;
  }
```

因为AddOrUpdateBookAsync()的单元测试不应该测试用于IBooksRepository的存储库，所以需要实现一个用于测试的存储库。为了简单起见，可以使用一个模拟库自动填充空白。Moq是一个常用的模拟库。对于单元测试项目，已添加了NuGet包Moq。

注意：
除了使用Moq框架之外，还可以用示例数据实现一个内存中的存储库。在用户界面的设计过程中，可以这么做来处理应用程序的示例数据。

使用xUnit.net时，每次运行测试都会创建测试类的一个新实例。如果多个测试需要相同的功能，就可以把这个功能移动到构造函数中。如果每次运行测试后需要释放资源，就可以实现IDisposable接口。

在BooksServiceTest类的构造函数中，实例化一个Mock对象，传递泛型参数IBooksRepository。Mock构造函数创建接口的实现代码。因为需要从存储库中得到一些非空结果来创建有用的测试，所以Setup()方法定义可以传递的参数，ReturnsAsync()方法定义了方法存根返回的结果。

使用Mock类的Object属性访问模拟对象，并传递它，以创建BooksService类的实例。有了这些设置，就可以实现单元测试(代码文件MockingSamples/BooksLib.Tests/Services/BooksServiceTest.cs)：

```
public class BooksServiceTest : IDisposable
{
  private const string TestTitle = "Test Title";
  private const string UpdatedTestTitle = "Updated Test Title";
  public const string APublisher = "A Publisher";
  private BooksService _booksService;

  private Book _newBook = new Book
  {
    BookId = 0,
    Title = TestTitle,
    Publisher = APublisher
  };

  private Book _expectedBook = new Book
  {
    BookId = 1,
    Title = TestTitle,
    Publisher = APublisher
  };
  private Book _notInRepositoryBook = new Book
  {
    BookId = 42,
    Title = TestTitle,
    Publisher = APublisher
  };
  private Book _updatedBook = new Book
  {
    BookId = 1,
    Title = UpdatedTestTitle,
    Publisher = APublisher
  };

  public BooksServiceTest()
  {
    Mock<IBooksRepository> mock = new();
    mock.Setup(repository =>
      repository.AddAsync(_newBook)).ReturnsAsync(_expectedBook);
    mock.Setup(repository =>
      repository.UpdateAsync(_notInRepositoryBook)).ReturnsAsync(null as Book);
    mock.Setup(repository =>
      repository.UpdateAsync(_updatedBook)).ReturnsAsync(_updatedBook);

    _booksService = new BooksService(mock.Object);
}
//...
```

注意：
IDisposable接口参见第13章。

实现的第一个单元测试 AddOrUpdateBookAsync_ThrowsForNull()证明，如果把 null 传递给

AddOrUpdateBookAsync()方法，就会抛出 ArgumentNullException 异常。该实现代码只需要在构造函数中实例化成员变量_booksService，而不需要模拟设置。这个代码示例还说明，单元测试方法可以实现为返回 Task 的异步方法(代码文件 MockingSamples/BooksLib.Tests/Services/BooksServiceTest.cs)：

```
[Fact]
public async Task AddOrUpdateBookAsync_ThrowsForNull()
{
  // arrange
  Book nullBook = null;
  // act and assert
  await Assert.ThrowsAsync<ArgumentNullException>(() =>
    _booksService.AddOrUpdateBookAsync(nullBook));
}
```

单元测试方法 AddOrUpdateBook_AddedBookReturnsFromRepository()给服务添加了一本新书(变量_newBook)，并期望返回_expectedBook 对象。在 AddOrUpdateBookAsync()方法的实现代码中，调用了 IBooksRepository 的 AddAsync()方法，因此，应用了以前给这个方法定义的模拟设置。这个方法的结果应是，返回的 Book 等于_expectedBook，_expectedBook 也需要添加到 BooksService 的图书集合中(代码文件 MockingSamples/BooksLib.Tests/Services/BooksServiceTest.cs)：

```
[Fact]
public async Task AddOrUpdateBook_AddedBookReturnsFromRepository()
{
  // arrange in constructor
  // act
  Book actualAdded = await _booksService.AddOrUpdateBookAsync(_newBook);

  // assert
  Assert.Equal(_expectedBook, actualAdded);
  Assert.Contains(_expectedBook, _booksService.Books);
}
```

AddOrUpdateBook_UpdateNotExistingBookThrows()单元测试证明，尝试更新服务中不存在的图书，应抛出 InvalidOperationException 异常(代码文件 MockingSamples/BooksLib.Tests/Services/BooksServiceTest.cs)：

```
[Fact]
public async Task AddOrUpdateBook_UpdateNotExistingBookThrows()
{
  // arrange in constructor
  // act and assert
  await Assert.ThrowsAsync<InvalidOperationException>(() =>
    _booksService.AddOrUpdateBookAsync(_notInRepositoryBook));
}
```

更新图书的常见情形用单元测试 AddOrUpdateBook_UpdateBook()来处理。这里需要做额外的准备，在更新前，先把图书添加到服务中(代码文件 MockingSamples/BooksLib.Tests/Services/BooksServiceTest.cs)：

```
[Fact]
public async Task AddOrUpdateBook_UpdateBook()
{
  // arrange
  await _booksService.AddOrUpdateBookAsync(_newBook);
```

```
    // act
    Book updatedBook = await _booksService.AddOrUpdateBookAsync(_updatedBook);

    // assert
    Assert.Equal(_updatedBook, updatedBook);
    Assert.Contains(_updatedBook, _booksService.Books);
  }
```

注意：
当使用 MVVM 模式与基于 XAML 的应用程序，以及使用 MVC 模式和基于 Web 的应用程序时，会降低用户界面的复杂性，减少复杂 UI 测试的需求。然而，仍有一些场景应该用 UI 测试，如浏览页面、拖曳元素等。这个时候，UI 测试就能够发挥作用。Appium 支持测试 XAML 应用程序，包括 UWP 和 Mobile MAUI 应用程序。请访问网址 23-4 来了解关于 Appium 的更多信息。通过 Visual Studio App Center(见网址 23-5)，能够轻松地在几百种不同的 Android 和 iOS 设备上对 MAUI 应用程序运行 UI 测试。关于使用 Appium 测试本书的 WinUI 应用程序的示例，可以访问网址 23-6 和网址 23-7。

23.4 ASP.NET Core 集成测试

要测试 Web 应用程序，可以创建单元测试，调用控制器、存储库和实用工具类的方法。Tag 辅助程序是简单的方法，使用该方法，测试可以由单元测试覆盖。单元测试用于测试方法中算法的功能，换句话说，就是方法内部的逻辑。

如果不只是测试小的单元，还需要测试组合起来的功能，就需要使用集成测试。在集成测试中，不只测试单个方法，还会测试组合后的功能，例如发送一个请求来打开页面，包括访问后端的功能。单元测试的数量应该比集成测试的数量多得多。Azure DevOps 团队有几千个单元测试，但只有几个集成测试。如果单元测试和集成测试能够覆盖相同的功能，则应该选择进行单元测试。

ASP.NET Core 在 NuGet 包中提供了 WebApplicationFactory 类，还提供了 Microsoft.AspNetCore.Mvc.Testing 名称空间，用来在内存中启动应用程序，进行功能性的端到端测试。

为了创建一个 ASP.NET Core 集成测试，使用空模板创建一个 ASP.NET Core Web 应用程序，命名为 ASPNETCoreSample。从生成的代码中运行应用程序，返回字符串“Hello World!”，这将使用 xUnit.net 进行集成测试。

注意：
ASP.NET Core 详见第 24～28 章。

xUnit.net 项目 ASPNETCoreSample.IntegrationTest 需要一个对 Microsoft.AspNetCore.Mvc.Testing 包的引用。这个包包含 WebApplicationFactory 类来托管和启动 Web 应用程序，并发送请求。还需要对 Web 项目 ASPNETCoreSample 进行引用。

使用 xUnit.net 时，每次运行测试都会重新实例化测试类，调用其构造函数。为了在多个测试方法间共享实例，需要使用泛型接口 IFixture 标注测试类。使用该接口定义的泛型类型为该类的所有测试方法实例化一次。在下面的代码片段中，使用了 WebApplicationFactory 类。WebApplicationFactory 的泛型参数是应用程序的入口点，它可以是 Startup 或 Program 类。这里使用了 Startup 类来实例化 Web 应用程序，以配置依赖注入容器和中间件(代码文件 ASPNETCoreSample/ASPNETCoreSample.IntegrationTest/AspNetCoreSampleTest.cs)：

```
public class ASPNETCoreSampleTest
  : IClassFixture<WebApplicationFactory<ASPNETCoreSample.Startup>>
{
  private readonly WebApplicationFactory<ASPNETCoreSample.Startup> _factory;

  public ASPNETCoreSampleTest(WebApplicationFactory<ASPNETCoreSample.Startup> factory)
    => _factory = factory;
  //...
}
```

在集成测试中，通过使用_factory 变量，创建一个由工厂配置的 HttpClient 对象。这个客户端向 Web 应用程序发出请求。该 HttpClient 被配置为遵守重定向和传递收到的 cookie。在下面的代码片段对测试类的实现中，发出了一个 HTTP GET 请求，并将响应与 Web 应用程序应该返回的“Hello World!”字符串进行比较(代码文件 ASPNETCoreSample/ASPNETCoreSample.IntegrationTest/AspNetCoreSampleTest.cs)：

```
[Fact]
public async Task ReturnHelloWorld()
{
  // arrange
  var client = _factory.CreateClient();

  // act
  var response = await client.GetAsync("/");

  // assert
  response.EnsureSuccessStatusCode();
  string responseString = await response.Content.ReadAsStringAsync();
  Assert.Equal("Hello World!", responseString);
}
```

通过使用工厂返回的 HttpClient 类，可以创建 HTTP GET、POST、PUT 等请求，并添加 HTTP 头信息。第 19 章介绍了这个类的更多信息。通过_factory.Server.CreateWebSocketClient()来使用工厂时，也可以使用 WebSocketClient 来创建 WebScoket 请求。第 28 章将介绍 WebSockets。

注意：
对于 Web 应用程序，创建性能测试和负载测试也是一种好的做法。应用程序能够伸缩吗？应用程序用一个服务器能够支持多少个用户？需要多少个服务器来支持特定数量的用户？哪个瓶颈不太容易伸缩？性能测试和负载测试能够帮助回答这些问题。如今，为创建端到端测试，人们常常使用 Selenium 或 Playwright。前面提到的 Appium 可以测试桌面和移动应用程序，它就是基于 Selenium 的。在.NET 5 发布后，ASP.NET Core 团队从 Selenium 切换到了 Playwright。关于 Selenium 的更多信息，请访问网址 23-8。Playwright 由 Microsoft 开发，其源代码可从网址 23-9 获取。关于使用 Playwright 测试本章的 Web 应用程序示例的示例和文章介绍，请访问网址 23-10 和网址 23-7。

23.5 小结

没有单元测试的源代码是不完整的。为了测试应用程序的功能，应该创建单元测试。有了单元测试，就能够安全地修改代码，而不会破坏其他部分。本章介绍了如何使用 xUnit.net 创建单元测试，以及如何测试所有不同的路径。还介绍了如何使用模拟类来获得不想测试的依赖契约的实现。

对于集成测试，本章介绍了如何将 ASP.NET Core Web 应用程序加载到内存中，以及如何在测试中使用 HTTP 客户端。

本章是本书第 II 部分的最后一章。第 III 部分将介绍如何使用 ASP.NET Core 开发 Web 应用程序和服务。在该部分，你将使用 Razor 页面、MVC 和 Blazor 开发用户界面，使用 ASP.NET Core Web API、Azure Functions、GRPC 和 SignalR 来开发服务。

第 III 部分
Web 应用程序和服务

第24章 ASP.NET Core

本章要点

- 了解 ASP.NET Core 和 Web 技术
- 使用静态内容
- 创建中间件组件
- 使用端点路由
- 处理 HTTP 请求和响应
- 使用会话管理状态
- 在 Microsoft Azure 中托管 Web 应用程序
- 创建 Docker 镜像

本章源代码：

通过扫描封底二维码下载本书源代码。本章源代码可以在代码文件的 3_Web/ASPNETCore 目录中找到。

本章代码包含的示例文件是：

- SimpleHost
- WebSampleApp

本章的示例主要使用了 Microsoft.AspNetCore 和 System.Text 名称空间(及子名称空间)。所有示例项目都启用了可空引用类型。

24.1 Web 技术

在带有.NET Framework 在 2002 年发布之后，ASP.NET Core(2016 年发布的第一个版本)彻底重写了 ASP.NET，使得这种技术不只能够在 Linux 上运行，还使用了现代模式(例如内置了依赖注入)，并提供了创建 Web 应用程序的新方式。Razor 页面提供了一种创建 HTML 页面的简单方式，页面中可以混合 C#代码，并支持依赖注入。从外部看，ASP.NET Core MVC 看起来与 ASP.NET 中的 MVC 技术相似，但在内部，发生了很大的变化。Blazor 提供了一个全栈.NET 选项。不必编写 JavaScript 代码，而可以编写 C#代码，使其在服务器(Blazor Server)或客户端的 WebAssembly(Blazor WASM)中运行。Blazor 基于 Razor 组件，而 Razor 组件扩展了 Razor 页面的功能。

本章介绍 ASP.NET Core 的基础知识。第 25 章将介绍服务，使用 ASP.NET Core 开发的 Web API 对于服务起到了重要作用。对于平台独立的二进制通信，第 25 章还介绍了 GRPC。第 26 章将介绍 ASP.NET Razor 页面和 MVC。第 27 章使用 Razor 组件扩展了 Razor 页面，并介绍了如何使用 Blazor 进行全栈.NET 开发。

在介绍 ASP.NET Core 的基础知识之前，本节讨论创建 Web 应用程序时非常重要的核心 Web 技术：HTML、CSS、JavaScript、脚本库和 WebAssembly。

24.1.1 HTML

HTML 是由 Web 浏览器解释的标记语言。它定义的元素显示各种标题、表格、列表和输入元素，如文本框和组合框。

HTML 是一种不断发展的标准，它指的是现代 Web 技术(见网址 24-1)，并且仍然在不断改进。它不只通过 HTML 元素包含 Web 页面的语义结构，还通过 CSS 包含样式，并提供了许多 JavaScript API，例如 Fetch API(见网址 24-2)和存储 API(见网址 24-3)等。

24.1.2 CSS

HTML 定义了 Web 页面的内容，CSS 定义了其外观。例如，在 HTML 的早期，列表项标记<li>定义列表元素在显示时是否应带有圆、圆盘或方框。目前，这些信息已从 HTML 中完全删除，而放在 CSS 中。

在 CSS 样式中，HTML 元素可以使用灵活的选择器来选择，还可以为这些元素定义样式。元素可以通过其 ID 或名称来选择，也可以定义 CSS 类，从 HTML 代码中引用。在 CSS 的新版本中，可以定义相当复杂的规则，来选择特定的 HTML 元素。

如今，一些 Web 项目模板使用 Bootstrap，它原本由 Twitter 开发，但现在由 GitHub 的一个小团队来维护(见网址 24-4)。Bootstrap 是 CSS 和 HTML 约定的集合，很容易调整不同的外观，并下载能够直接使用的模板。关于其文档和基本模板，请访问网址 24-5。

24.1.3 JavaScript 和 TypeScript

并不是所有的平台和浏览器都能使用.NET 代码，但几乎所有的浏览器都能理解 JavaScript。对 JavaScript 的一个常见误解是它与 Java 相关。实际上，它们只是名称相似，因为 Netscape(JavaScript 的发起者)与 Sun(Java 的发明者)达成了协议，允许在名称中使用 Java。如今，这两个公司都已经不再存在。Sun 被 Oracle 收购，现在 Oracle 持有 Java 的商标。

Java 和 JavaScript(还有 C#)有相同的根(C 编程语言)。JavaScript 是一种函数式编程语言，不是面向对象的，但它添加了面向对象功能。

JavaScript 允许从 HTML 页面访问 DOM(Document Object Model，文档对象模型)，因此可以在客户端动态改变元素。

ECMAScript 是一个标准，它定义了 JavaScript 语言的当前和未来功能。访问网址 24-6，可了解 JavaScript 语言的当前状态和未来的变化。JavaScript 每年都会增加新特性，就像 C#一样。

尽管许多浏览器不支持最新的 ECMAScript 版本，但仍然可以编写新的 ECMAScript 代码。不是编写 JavaScript 代码，而是可以使用 TypeScript。TypeScript 语法基于 ECMAScript，但是它有一些改进，如强类型代码和注解。C#和 TypeScript 有很多相似的地方。因为 TypeScript 编译器编译成 JavaScript，所以 TypeScript 可以用在需要 JavaScript 的所有地方。有关 TypeScript 的更多信息可访问网址 24-7。

24.1.4 脚本库

除了 JavaScript 编程语言之外，可能还需要脚本库。脚本库可以在客户端与 ASP.NET Core 的服务器端功能一起使用：

- jQuery(由 OpenJS 基金会支持，见网址 24-8)是一个库，它抽象出了访问 DOM 元素和响应事件时的浏览器的差异。几年前，这个库应用于几乎每个网站。但目前，有了更多的选项，jQuery 不再应用于所有地方。
- Angular(见网址 24-9)是 Google 开发的一个基于 MVC 模式的库，简化了单页面 Web 应用程序的开发和测试(与 ASP.NET MVC 不同，Angular 在客户端代码中提供了 MVC 模式)。
- React(见网址 24-10)是来自 Facebook 的一个库，当数据在后台改变时，它提供的功能能够轻松地更新用户界面。

Visual Studio 的 ASP.NET Core 模板包括 Angular 和 React 的模板。Visual Studio 2019 和 Visual Studio Code 支持智能感知和调试 JavaScript 和 TypeScript 代码。

24.1.5 WebAssembly

WebAssembly 是 HTML 技术的另外一个标准(见网址 24-11)。WebAssembly 允许编写在浏览器中运行的二进制代码，这样一来，不只是 JavaScript 代码，二进制的 WASM 代码也可以在浏览器中运行。代码仍然在浏览器的沙盒环境中运行，所以在客户端运行这种二进制代码是安全的。这种标准的目标是允许创建在浏览器中运行时需要更多 CPU 能力的应用程序，例如照片和视频编辑工具、CAD 应用程序以及虚拟现实和虚拟机(见网址 24-12)。

Microsoft 将.NET 运行库移植到了 WASM 代码。这允许在浏览器中运行.NET 程序集。Blazor 就采用了这种方式。Blazor 是一个库，可以在服务器端运行 Razor 组件，也可以在客户端的 WebAssembly 中运行 Razor 组件。第 27 章将介绍这种技术。

> **注意：**
> 本书未涉及指定 Web 应用程序的样式和编写 JavaScript 代码。关于 HTML 和样式，可以参阅 John Duckett 编著的《HTML & CSS 设计与构建网站》(John Wiley & Sons, 2011)；关于 JavaScript，可以阅读 Jeremy McPeak 和 Paul Wilton 编著的 *Beginning JavaScript，Fifth Edition*(Wrox, 2015)。

24.2 创建 ASP.NET Core Web 项目

了解了 Web 技术的一些背景知识后，我们首先创建一个简单的控制台应用程序，并通过几行代码将它转换为一个 Web 应用程序。本章的第一个 Web 应用程序示例响应 HTTP 请求，返回简单的 HTML 代码：

```
> dotnet new console -o SimpleHost
```

需要把项目文件中的 SDK 改为 Microsoft.NET.Sdk.Web，以引用 Web 应用程序需要的所有 NuGet 包(项目配置文件 SimpleHost.csproj)：

```
<Project Sdk="Microsoft.NET.Sdk.Web">

  <PropertyGroup>
    <TargetFramework>net5.0</TargetFramework>
    <Nullable>enable</Nullable>
```

```
  </PropertyGroup>

</Project>
```

在应用程序的顶级语句中，调用了 WebHost 类的 Start()方法。此方法具有 RequestDelegate 参数。RequestDelegate 是一个委托，把 HttpContext 接收为参数并返回一个 Task。可以使用 HttpContext 从客户端读取请求并发送返回的内容。使用示例代码，返回包含 HTML 字符串的响应。WaitForShutDownAsync()方法启动一个任务，并保持该任务运行，直到你使用 Ctrl+C 或 SIGTERM 来停止应用程序(代码文件 SimpleHost/Program.cs)：

```
using Microsoft.AspNetCore;
using Microsoft.AspNetCore.Hosting;
using Microsoft.AspNetCore.Http;

await WebHost.Start(async context =>
{
  await context.Response.WriteAsync("<h1>A Simple Host!</h1>");
}).WaitForShutdownAsync();
```

有了这些代码，就可以使用 dotnet run 启动应用程序，并在浏览器中输入地址 https://localhost:5001 来访问它。当向服务器请求页面时，还会在控制台看到日志输出。ASP.NET Core 托管为每个请求显示信息级别的日志输出，如下所示：

```
info: Microsoft.AspNetCore.Hosting.Diagnostics[1]
      Request starting HTTP/2 GET https://localhost:5001/ --
info: Microsoft.AspNetCore.Hosting.Diagnostics[2]
      Request finished HTTP/2 GET https://localhost:5001/ ---200--31.4379ms
```

为了在启动应用程序时看到日志输出(还会显示 Kestrel 服务器监听的端口)，可以添加一个 appsettings.json 文件，默认配置将读取这个文件(配置文件 SimpleHost/appsettings.json)：

```
{
  "Logging": {
    "Console": {
      "LogLevel": {
        "Default": "Trace"
      }
    }
  }
}
```

在这个简单的 Web 应用程序中，可以读取来自 HttpContext 的请求，并根据请求返回不同的结果。

WebHost 类使用第 15 章讨论的 Host 类。WebHost 类的 Start()方法隐式调用 Host 类的 CreateDefaultBuilder()来配置服务，添加 ASP.NET Core 的服务，以及配置 Kestrel 服务器。关于如何定义 Kestrel 服务器的自定义配置的信息，请阅读第 19 章。

也可以使用 StartWith()，通过 IApplicationBuilder 来进行进一步的配置，从而改变 WebHost 类的配置，本章后面在修改 ASP.NET Core 的中间件时将介绍 IApplicationBuilder。可以使用 WebHost 类的 Services 属性来向 DI 容器注册服务。

24.2.1 宿主服务器

在 Visual Studio 中打开项目时，会在 Properties 文件夹中创建 launchsetting.json 文件。使用 dotnet new web 创建 Web 应用程序时也会创建此文件。在这个文件中，可以指定在启动应用程序时使用的环境变量，以及 Kestrel 服务器使用的 URL。除了启动 Ketrel 服务器的 project 命令，还配置了运行 IIS Express 的一个概要文件(配置文件 SimpleHost/Properties/launchsettings.json)：

```
{
  "iisSettings": {
    "windowsAuthentication": false,
    "anonymousAuthentication": true,
    "iisExpress": {
      "applicationUrl": "http://localhost:35246",
      "sslPort": 44397
    }
  },
  "profiles": {
    "IIS Express": {
      "commandName": "IISExpress",
      "launchBrowser": true,
      "environmentVariables": {
        "ASPNETCORE_ENVIRONMENT": "Development"
      }
    },
    "SimpleHost": {
      "commandName": "Project",
      "dotnetRunMessages": "true",
      "launchBrowser": true,
      "applicationUrl": "https://localhost:5001;http://localhost:5000",
      "environmentVariables": {
        "ASPNETCORE_ENVIRONMENT": "Development"
      }
    }
  }
}
```

注意：

在 Windows 上使用 Visual Studio 时，Visual Studio 中安装了 Internet Information Services (IIS) Express。在 Visual Studio 中启动 Web 应用程序时，可以选择在 launchsettings.json 中配置的不同概要文件，从而通过 IIS Express 或者 SimpleHost 概要文件来启动应用程序。与应用程序同名的概要文件会启动 Kestrel 服务器。启动 IIS 时，会在后台使用 Kestrel。为了支持在 ASP.NET Core 中使用 IIS，安装了一个模块来将请求转发给 Kestrel 服务器。这种 IIS 内的 Kestrel 功能可以在工作进程的进程外或进程内运行。在托管 IIS 的服务器上安装 ASP.NET 运行库时，一定要安装 Hosting Bundle，它包含 IIS 模块(https://dotnet.microsoft.com/download/dotnet/5.0)。

24.2.2 启动

下面来创建一个更加强大的 Web 应用程序。使用 dotnet new web -o WebSampleApp 创建一个空 Web 应用程序时，会创建一个 Program.cs 文件，其中的 Main()方法使用了 Host 类；一个 Startup.cs 文件，其中包含 Startup 类；一个 appsettings.json 文件，用于进行配置；以及一个 launchsettings.json 文件，用于配置概要文件和环境变量。Host 类的配置与前面的章节有了变化，因为它在这里使用了 ConfigureWebHostDefaults()方法和 UseStartup()方法，如下面的代码片段所示。ConfigureWebHostDefaults()方法配置 Kestrel 服务器，并且如果应用程序运行在 Windows 平台上，还会添加 IIS 集成。它还为静态 Web 资源设置 IWebHostEnvironment，并配置一些中间件模块。UseStartup()方法的泛型参数定义了接下来在启动服务器时应该使用的类，在生成的模板中，这个类是 Startup 类(代码文件 WebSampleApp/Program.cs)：

```
public class Program
{
  public static void Main(string[] args)
  {
    CreateHostBuilder(args).Build().Run();
  }

  public static IHostBuilder CreateHostBuilder(string[] args) =>
    Host.CreateDefaultBuilder(args)
      .ConfigureWebHostDefaults(webBuilder =>
      {
        webBuilder.UseStartup<Startup>();
      });
}
```

在 Web 应用程序中，通常使用 Startup 类而不是 Host 类来配置依赖注入容器。Startup 类有两个重要的方法，ConfigureServices()和 Configure()，ASP.NET Core 运行库会动态调用它们，如下面的代码片段所示。

ConfigureServices()方法用于配置依赖注入容器(可以用类似的方式使用 Host 类的 ConfigureServices()方法)。此方法具有 IServiceCollection 属性，该属性包含 Main()方法中已注册的所有服务，并允许添加其他服务。

动态调用 Configure()方法，用于配置 ASP.NET Core 中间件。对于每个 HTTP 请求，都会调用中间件。Configure()方法通过依赖注入接收参数。模板中定义的参数是 IApplicationBuilder 类型和 IWebHostEnvironment 类型。

接口 IWebHostEnvironment 允许访问环境的名称(EnvironmentName)、内容的根路径(源代码的目录)和 Web 内容文件的根路径(子目录 wwwroot)。访问这些目录的默认提供程序是 PhysicalFileProvider。对于不同的提供程序，可以从其他数据源(例如数据库)中提供内容。在 Configure()方法的实现中，使用 IWebHostEnvironment 通过调用扩展方法 IsDevelopment()来检查当前环境是否是 Development。只有在开发环境中，才会把异常返回给调用者。由于安全问题，在生产环境中，用户看不到异常的详细信息。

IApplicationBuilder 接口用于向 HTTP 请求管道添加中间件。调用这个接口的 Use()方法时，可以构建 HTTP 请求管道，来定义响应请求时应该做什么。Use()方法是使用流式 API 实现的，它再次返回 IApplicationBuilder。这样，可以很容易地将多个中间件对象添加到管道中。有几种扩展方法可以使添加中间件更加容易，如 UseRouting()和 UseEndpoints()。本章有几个小节会添加中间件。在本章后面的“创建自定义中间件”小节中可以创建自定义中间件并将其添加到管道中：

```
public class Startup
{
  public void ConfigureServices(IServiceCollection services)
  {
  }

  public void Configure(IApplicationBuilder app, IWebHostEnvironment env)
```

```
{
  if (env.IsDevelopment())
  {
    app.UseDeveloperExceptionPage();
  }

  app.UseRouting();

  app.UseEndpoints(endpoints =>
  {
    endpoints.MapGet("/", async context =>
    {
      await context.Response.WriteAsync("Hello World!");
    });
  });
}
}
```

24.2.3 示例应用程序

示例应用程序包含一个入口页面，在该页面中，可以使用 HTML 链接轻松访问应用程序显示的所有特性：

```
endpoints.MapGet("/", async context =>
{
  string[] lines = new[]
  {
    @"<ul>",
      @"<li><a href=""/hello.html"">Static Files</a> -requires " +
        @"UseStaticFiles</li>",
      @"<li>Request and Response",
        @"<ul>",
          @"<li><a href=""/RequestAndResponse"">Request and Response</a></li>",
          @"<li><a href=""/RequestAndResponse/header"">Header</a></li>",
          @"<li><a href=""/RequestAndResponse/add?x=38&y=4"">Add</a></li>",

          //...
        @"</ul>",
      @"</li>",
    @"</ul>"
  };
  StringBuilder sb = new();
  foreach (var line in lines)
  {
    sb.Append(line);
  }
  string html = sb.ToString().HtmlDocument("Web Sample App");
  await context.Response.WriteAsync(html);
});
```

定义 HTMLExtensions 类是为了创建特定的 HTML 并减少需要编写的 HTML 代码。这个类定义扩展方法来创建 div、span 和 li 元素(代码文件 WebSampleApp/Extensions/HtmlExtensions.cs):

```
public static class HtmlExtensions
{
  public static string Div(this string value) =>
```

```
    $"<div>{value}</div>";

  public static string Span(this string value) =>
    $"<span>{value}</span>";

  public static string Div(this string key, string value) =>
    $"{key.Span()}: {value.Span()}".Div();

  public static string Li(this string value) =>
    $@"<li>{value}</li>";

  public static string Li(this string value, string url) =>
    $@"<li><a href=""{url}"">{value}</a></li>";

  public static string Ul(this string value) =>
    $"<ul>{value}</ul>";

  public static string HtmlDocument(this string content, string title)
  {
    StringBuilder sb = new();
    sb.Append("<!DOCTYPE HTML>");
    sb.Append("<head><meta charset=\"utf-8\"><title>{title}</title></head>");
    sb.Append("<body>");
    sb.Append(content);
    sb.Append("</body>");
    return sb.ToString();
  }
}
```

24.3 添加客户端内容

通常不希望只把简单的字符串发送给客户端。默认情况下，不能发送简单的 HTML 文件和其他静态内容。ASP.NET Core 会尽可能减少开销。如果没有启用，即使是静态文件也不能从服务器返回。

要在 Web 服务器上处理静态文件，可以添加扩展方法 UseStaticFiles()，以添加需要的中间件。这个中间件会检查请求是否匹配现有的文件(代码文件 WebSampleApp/Startup.cs)：

```
public void Configure(IApplicationBuilder app, IWebHostEnvironment env)
{
  /...
  app.UseStaticFiles();

  app.UseRouting();
  //...

}
```

添加静态文件的文件夹是项目内的 wwwroot 文件夹。下面将一个简单的 HTML 文件添加到 wwwroot 文件夹中，以添加静态内容(代码文件 WebSampleApp/wwwroot/hello.html)，如下所示：

```
<!DOCTYPE html>
<html>
  <head>
    <meta charset="utf-8"/>
    <title>ASP.NET Core Sample</title>
```

```
  </head>
  <body>
    <h1>Hello, ASP.NET with Static Files</h1>
  </body>
</html>
```

现在，启动服务器后，从浏览器中向 HTML 文件发出请求，如 https://localhost:5001/Hello.html。如果去掉了扩展方法 UseStaticFiles()的注释，HTML 文件就不从请求中返回。

NuGet 服务器托管了包含.NET 库的 NuGet 包。大部分 JavaScript 库可以在 Node 服务器上找到。这些库使用 Node Package Manager (NPM)、WebPack、Parcel 或其他包管理器进行打包。这里不讨论这个主题。

当使用.NET 时，可以创建使用 Angular 的 Web 应用程序，以及提供 Web API 的 ASP.NET Core 后端：

```
> dotnet new angular -o AngularSample
```

在 ClientApp 子文件夹中，可以找到一个名为 package.json 的文件，它包含 NPM 的配置。可以创建一个类似的项目，为前端使用 React Javascript 库，为后端使用 ASP.NET Core。为 JavaScript 库使用 package.json，package.json 也有类似的文件夹结构：

```
> dotnet new react -o ReactSample
```

这本身是一个独立的主题。但是，如果你不需要使用 Angular 或 React 规模的 JavaScript 库，而只想使用一些 JavaScript 和 CSS 文件，那么库管理器就够用了。使用这个工具可以从提供商那里下载 JavaScript 库，在库中选择你需要的文件，然后把它们复制到本地源代码中。

要将库管理器安装为一个全局工具，可以使用下面的命令：

```
> dotnet tool install microsoft.web.librarymanager.cli -g
```

然后，可以使用 libman 命令来获取库。要为项目初始化 libman，可以在项目目录中调用下面的命令：

```
> libman init
```

库管理器将询问你从什么地方获取 JavaScript 库。默认情况下，使用 cdnjs。这会创建如下所示的 libman.json 文件：

```
{
  "version": "1.0",
  "defaultProvider": "cdnjs",
  "libraries": []
}
```

可以使用的提供程序包括 cdnjs(见网址 24-13)、jsdlvr(见网址 24-14)、unpkg(见网址 24-15)和文件系统。unpkg 是 Node 提供的一个内容交付网络(content delivery network，CDN)服务，提供了 Node 服务器上所有的可用包。

要获得 jQuery 需要的文件，可以调用下面的命令：

```
> libman install jquery
```

在 libraries 节中，可以找到对库的引用以及将文件复制到的目标位置。需要把文件复制到 wwwroot 目录中，Web 应用程序从这个目录提供静态文件，如下所示：

```
{
  "version": "1.0",
  "defaultProvider": "cdnjs",
  "libraries": [
    {
      "library": "jquery@3.6.0",
      "destination": "wwwroot\\lib\\jquery"
    }
  ]
}
```

如果应用程序不需要完整的包内容，则可以使用 files 元素指定从包中获取什么文件，另外还可以使用 provider 元素指定从另外一个 CDN 服务获取特定的库(配置文件 WebSampleApp/libman.json)：

```
{
  "version": "1.0",
  "defaultProvider": "cdnjs",
  "libraries": [
    {
      "provider": "unpkg",
      "library": "bootstrap@4.6.0",
      "files": [ "dist/css/bootstrap.css", "dist/js/bootstrap.js" ],
      "destination": "wwwroot/lib/bootstrap"
    },
    {
      "library": "jquery@3.6.0",
      "destination": "wwwroot/lib/jquery"
    }
  ]
}
```

24.4　创建自定义中间件

调用 IApplicationBuilder 的 UseStaticFiles()扩展方法时(如上一节所示)，会实现中间件。该中间件检查请求，判断是否有物理文件可用。如果有，就返回该文件。否则，调用下一个中间件。中间件被实现为一个管道，一个中间件跟着另一个中间件。通过中间件，实现了身份验证和授权、会话管理、缓存以及更多的功能。

通过调用 Use()方法，可以实现自定义中间件功能。Use()方法被声明为具有如下的参数和返回类型：

```
IApplicationBuilder Use(Func<RequestDelegate, RequestDelegate> middleware);
```

Use()方法返回一个 IApplicationBuilder，所以可以使用流式 API 调用 Use()方法。其参数是一个委托，该委托的参数和返回类型都是 RequestDelegate。RequestDelegate 是定义了 HttpContext 参数并返回一个 Task 的委托。

在下面对 Use()方法的调用中，next 变量是 RequestDelegate 参数。该参数引用的 lambda 表达式接受 HttpContext 参数，并返回一个 Task。在 lambda 实现中，将名为 CustomHeader1 的自定义头写入 HTTP 响应，然后调用 next 变量定义的下一个中间件(代码文件 WebSampleApp/Startup.cs)：

```
public void Configure(IApplicationBuilder app, IWebHostEnvironment env)
{
  if (env.IsDevelopment())
```

```
    {
      app.UseDeveloperExceptionPage();
    }

    app.Use(next => context =>
    {
      context.Response.Headers.Add("CustomHeader1", "custom header value");
      return next(context);
    });


    app.UseStaticFiles();
    //...
  }
```

除了将中间件实现为 Use()方法的参数，还可以创建一个类，例如下面的 HeaderMiddleware 类。中间件类的构造函数通过 RequestDelegate 参数接收下一个中间件。这里需要保存下一个中间件引用，以便在完成当前中间件的功能后调用下一个中间件。使用 Invoke()方法实现中间件的功能，并通过把 HttpContext 转发给下一个中间件来调用该中间件。与上一个示例类似，下面的示例代码在 HTTP 响应中写一个自定义的 HTTP 头(代码文件 WebSampleApp/Middleware/HeaderMiddleware.cs)：

```
public class HeaderMiddleware
{
  private readonly RequestDelegate _next;

  public HeaderMiddleware(RequestDelegate next) => _next = next;

  public Task Invoke(HttpContext httpContext)
  {
    httpContext.Response.Headers.Add("CustomHeader2", "custom header value");
    return _next(httpContext);
  }
}
```

在类中实现中间件的好处是，可以在构造函数中添加更多东西，例如中间件实现中可能需要用到的其他服务，或者配置设置(如使用 IOptions 接口的配置，第 15 章介绍了 IOptions)。

为了便于注册中间件，可以为 IApplicationBuilder 定义一个扩展方法。UseHeaderMiddleware()方法通过传递 HeaderMiddleware 类作为泛型参数，调用了 UseMiddleware()方法(代码文件 WebSampleApp/Middleware/HeaderMiddleware.cs)：

```
public static class HeaderMiddlewareExtensions
{
  public static IApplicationBuilder UseHeaderMiddleware(
    this IApplicationBuilder builder) =>
    builder.UseMiddleware<HeaderMiddleware>();
}
```

添加这个中间件的方式与添加其他中间件的方式类似。因为在 UseStaticFiles()方法之后添加了中间件扩展方法 UseHeaderMiddleware()，所以对于静态文件，不会把这个头的信息返回给客户端(代码文件 WebSampleApp/Startup.cs)：

```
app.Use(next => context =>
{
  context.Response.Headers.Add("CustomHeader1", "custom header value");
```

```
    return next(context);
  });

  app.UseStaticFiles();

  app.UseHeaderMiddleware();
```

运行这个应用程序时，可以看到返回给客户端的头(需要使用浏览器的开发者工具)，并且无论使用了之前创建的哪个链接，每个页面都会显示标题，如图 24-1 所示。

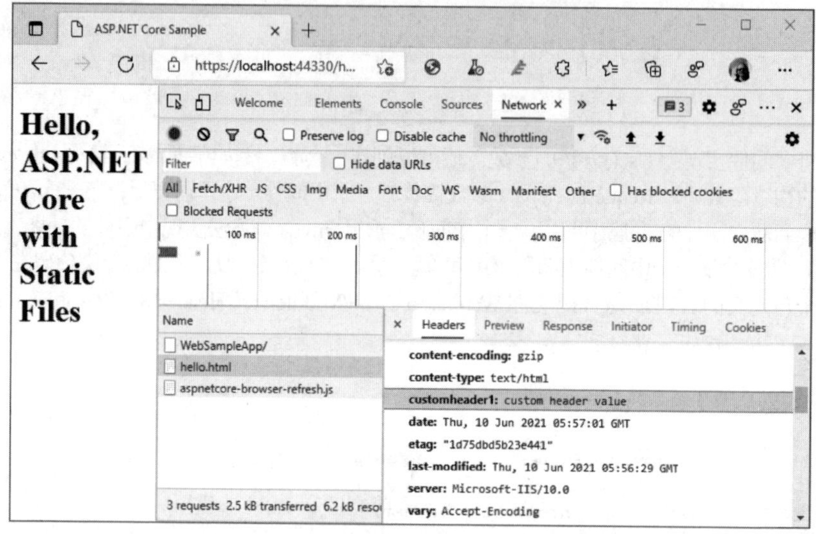

图 24-1

24.5 端点路由

端点路由定义了链接如何映射到代码。端点路由通过使用 UseRouting()方法实现为中间件。UseRouting()方法的后面需要有一个 UseEndpoints()方法来定义路由。UseRouting()使用 EndpointRoutingMiddleware 来做出路由决定；它定义了哪个路由映射到哪个实现。但是，在路由前指定的中间件可以修改请求的路由。例如，如果由于用户没有通过身份验证而拒绝请求，那么就改变这个请求的路由，如将请求路由到包含未授权信息的页面。

为了定义路由，不同的技术为接口 IEndpointRouteBuilder 提供了扩展方法。对于 Razor 页面，MapRazorPages()方法定义了路由来链接到 Pages 文件夹中的 Razor 页面，它将链接映射到 Razor 页面的名称。对于 SignalR，MapHub()方法将指定的链接映射到派生自 Hub 类的一个类。在接下来的 4 章中，你将学到不同的路由，首先是为 Web API 使用的基于特性的路由，然后将介绍使用 GRPC、Razor 页面、MVC 路由、Blazor 和 SignalR 的路由定义。本章介绍不使用这些技术的自定义路由。

24.5.1 定义路由

前面的代码示例中看到了如何使用 Map()(或 MapGet())方法定义路由。使用字符串“/”作为参数，定义了对根路径的响应。Map()是 IEndpointRouteBuilder 接口的扩展方法，该接口是 UseEndpoints()方法的参数类型。

下面调用 Map()方法，定义了/session URL 的路由。如果 URL 匹配此链接，则从 DI 容器获取

SessionSample 服务，并调用 SessionAsync()方法(代码文件 WebSampleApp/Startup.cs)：

```
endpoints.Map("/session", async context =>
{
  var service = context.RequestServices.GetRequiredService<SessionSample>();
  await service.SessionAsync(context);
});
```

下面的代码片段显示了如何对路由参数使用字符串模式。/randr/后面的 URI 片段映射到一个具有名为 action 的键的路由值。使用/randr/header 这样的 URI 时，可以使用 HttpContext 对象的 GetRouteValue()方法获取到 URI 的这个部分。因为路由参数中添加了“?”，所以 action 是可选的，后面不带 URI 片段的 URI /randr 也匹配这个路由定义。此时，action 变量将是 null。这里使用的 switch 表达式使用了元组模式匹配，同时使用了路由参数和 HTTP 方法来进行决策(代码文件 WebSampleApp/Startup.cs)：

```
endpoints.Map("/randr/{action?}", async context =>
{
  var service = context.RequestServices.GetRequiredService<RequestAndResponseSamples>();
  string? action = context.GetRouteValue("action")?.ToString();
  string method = context.Request.Method;
  string result = (action, method) switch
  {
    (null, "GET") => service.GetRequestInformation(context.Request),
    ("header", "GET") => service.GetHeaderInformation(context.Request),
    ("add", "GET") => service.QueryString(context.Request),
    ("content", "GET") => service.Content(context.Request),
    ("form", "GET" or "POST") => service.Form(context.Request),
    ("writecookie", "GET") => service.WriteCookie(context.Response),
    ("readcookie", "GET") => service.ReadCookie(context.Request),
    ("json", "GET") => service.GetJson(context.Response),
    _ => string.Empty
  };

  if (action is "json")
  {
    await context.Response.WriteAsync(result);
  }
  else
  {
    var doc = result.HtmlDocument("Request and Response Samples");
    await context.Response.WriteAsync(doc);
  }
});
```

24.5.2 路由约束

使用模式参数可以指定约束，如下面的代码片段所示。这里，/add 后面的两个必要的 URI 片段需要映射到 int 值，否则该 Map()方法无法匹配路由，并将检查后续的路由定义来寻找匹配。GetRouteValue()返回一个包含字符串值的可空对象，需要把它转换为需要的类型(代码文件 WebSampleApp/Startup.cs)：

```
endpoints.Map("/add/{x:int}/{y:int}", async context =>
{
```

```
  int x = int.Parse(context.GetRouteValue("x")?.ToString() ?? "0");
  int y = int.Parse(context.GetRouteValue("y")?.ToString() ?? "0");
  await context.Response.WriteAsync($"The result of {x} + {y} is {x + y}");
});
```

除了 int 之外，还可以传递另外几种约束，如 bool、datetime、min、max、length、minlength、range 等。请参考下面的文档来了解路由约束：https://docs.microsoft.com/en-us/aspnet/core/fundamentals/routing?view=aspnetcore-5.0#route-constraint-reference。

24.6 请求和响应

客户端通过 HTTP 协议向服务器发出 HTTP 请求。这个请求用 HTTP 响应来回答。

请求包含发送给服务器的头和(在许多情况下)请求体信息。服务器使用头信息了解客户端的需求，基于这个信息发送不同的结果。下面看看可以从客户端发送的信息。

GetRequestInformation 方法使用 HttpRequest 对象访问 Scheme、Host、Path、QueryString、Method 和 Protocol 属性(代码文件 WebSampleApp/Services/RequestAndResponseSamples.cs)：

```
public string GetRequestInformation(HttpRequest request)
{
  StringBuilder sb = new();
  sb.Append("scheme".Div(request.Scheme));
  sb.Append("host".Div(request.Host.HasValue ? request.Host.Value :
    "no host"));
  sb.Append("path".Div(request.Path));
  sb.Append("query string".Div(request.QueryString.HasValue ?
    request.QueryString.Value : "no query string"));
  sb.Append("method".Div(request.Method));
  sb.Append("protocol".Div(request.Protocol));
  return sb.ToString();
}
```

用来演示本节示例代码的所有请求将在 Startup 类中指定，并把路径/randr 传递给服务器。在 RequestDelegate 参数的实现中，从 DI 容器获取 RequestAndResponseSampmles 对象，并调用 GetRequestInformation()方法。然后把结果写入 HttpResponse 对象(代码文件 WebSampleApp/Startup.cs)：

```
endpoints.Map("/randr/{action?}", async context =>
{
  var service = context.RequestServices.GetRequiredService<RequestAndResponseSamples>();
  string? action = context.GetRouteValue("action")?.ToString();
  string method = context.Request.Method;
  string result = (action, method) switch
  {
    (null, "GET") => service.GetRequestInformation(context.Request),
    ("header", "GET") => service.GetHeaderInformation(context.Request),
    //...
  };
  await context.Response.WriteAsync(result);
});
```

启动程序，访问 https://localhost:5001/randr/，得到以下信息：

```
scheme: https
host: localhost:001
```

```
path: /randr
query string: no query string
method: GET
protocol: HTTP/2
```

添加查询字符串时，如 https://localhost:5001/randr?x=3&y=5，将显示访问属性 QueryString 的查询字符串：

```
query string: ?x=3&y=5
```

接下来的小节将实现不同的方法来显示请求头、查询字符串等。

注意：
第 20 章介绍了如何对结果进行 HTML 编码。

24.6.1 请求头

下面看看客户端在 HTTP 头中发送的信息。为了访问 HTTP 头信息，HttpRequest 对象定义了 Headers 属性。它的类型是 IHeaderDictionary，包含带有头命名的字典和一个值的字符串数组。使用这个信息，先前创建的 Div()方法用于将 div 元素写入客户端(代码文件 WebSampleApp/Services/RequestAndResponseSamples.cs)：

```
public string GetHeaderInformation(HttpRequest request)
{
  StringBuilder sb = new();
  foreach (var header in request.Headers)
  {
    sb.Append(header.Key.Div(string.Join("; ", header.Value)));
  }
  return sb.ToString();
}
```

结果取决于 HTML 版本、浏览器、操作系统和配置的语言。在 Windows 10 上的 Microsoft Edge 中，将看到下面显示的值：

```
:authority: localhost:5001
:method: GET
:path: /randr/header
:scheme: https
Accept: text/html,application/xhtml+xml,application/xml;q=0.9,image/webp,image/apng,*/*;
q=0.8,application/signed-exchange;v=b3;q=0.9
Accept-Encoding: gzip, deflate, br
Accept-Language: en-US, en;q=0.9,de;q=0.8
Cookie: color=red
Host: localhost:5001
Referer: https://localhost:5001/
User-Agent: Mozilla/5.0 (Windows NT 10.0; Win64; x64) AppleWebKit/537.36
(KHTML, like Gecko) Chrome/91.0.4435.0 Safari/537.36 Edg/91.0.825.0
Upgrade-Insecure-Requests: 1
sec-ch-ua: " Not;A Brand";v="99", "Microsoft Edge";v="91", "Chromium";v="91"
sec-ch-ua-mobile: ?0
sec-fetch-site: same-origin
sec-fetch-mode: navigate
sec-fetch-user: ?1
sec-fetch-dest: document
```

可以从这个头信息了解到什么？

在 HTTP/2 中，authority、method、path 和 scheme 头带有“:”前缀。HTTP/1.1 中使用的一些头，如 Connection 头，在 HTTP/2 中不再需要。

Accept 头定义了浏览器接受的多用途互联网邮件扩展(Multipurpose Internet Mail Extensions，MIME)格式。MIME 原本用于邮件的附件，但现在有了更加通用的用途。列表按首选格式排序。根据这些信息，可能基于客户端的需求以不同的格式返回数据。Edge 喜欢 HTML 格式，其次是 XHTML 和 XML，最后是 WEBP 和 APNG。有了这些信息，也可以定义数量。用于输出的浏览器在列表的最后都有*.*，接受返回的所有数据。

过去使用 User-Agent 头来区分返回给客户端的代码。当时使用配置文件来列出特定浏览器的能力。由于在较新的浏览器版本中，它常常失效，而且一些浏览器允许自定义这个字符串，所以已经不再使用这个头。只需检查 Edge 浏览器中把自己标记为 Mozilla、AppleWebKit、Gecko、Chrome、Safari 和 Edge 的用户代理字符串就可以确认这一点。现在不使用 User-Agent 头，而只需要在使用 JavaScript 代码时动态检查浏览器的能力。

Accept-Language 头信息显示用户配置的语言。使用这个信息，可以返回本地化信息。本地化参见第 22 章。

sec-fetch-xx 头信息属于 HTTP/2 的 fetch 元数据请求头。sec-fetch-site 用于跨域资源共享(cross-origin resource sharing，CORS)。sec-fetch-mode 定义了如何发出请求。sec-fetch-user 给出了请求是否是用户发出的请求的信息。“?1”是 true，“?0”是 false。sec-fetch-dest 向服务器定义了请求目标。对于在 HTML 代码中发起导航的情况，这个值是 document。其他值包括 script、serviceworker、audio、image 等。

前面介绍的用浏览器发送的头信息是给非常简单的网站发送的。通常情况下会有更多的细节，如 cookie、身份验证信息和自定义信息。为了查看服务器收发的所有信息，包括头信息，可以使用浏览器的开发者工具，启动一个网络会话。这样不仅会看到发送到服务器的所有请求，还会看到头、请求体、参数、cookie 和时间信息，如图 24-2 所示。

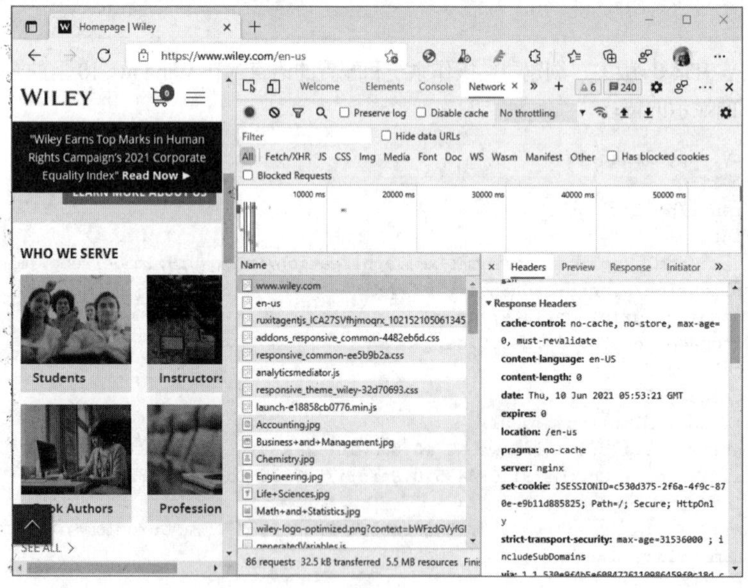

图 24-2

24.6.2 查询参数

下面的 QueryParameters()方法用于从查询字符串中获取名为 x 和 y 的参数。如果将参数解析为 int 值的操作成功，就进行计算。取决于输入的值，返回不同的 HTML 代码(代码文件 WebSampleApp/Services/RequestAndResponseSamples.cs)：

```
public string QueryString(HttpRequest request)
{
  string xtext = request.Query["x"];
  string ytext = request.Query["y"];
  if (xtext == null || ytext == null)
  {
    return "x and y must be set".Div();
  }

  if (!int.TryParse(xtext, out int x))
  {
    return $"Error parsing {xtext}".Div();
  }

  if (!int.TryParse(ytext, out int y))
  {
    return $"Error parsing {ytext}".Div();
  }
  return $"{x} + {y} = {x + y}".Div();
}
```

从查询字符串返回的 IQueryCollection 还允许使用 Keys 属性访问所有的键，它提供了一个 ContainsKey()方法来检查指定的键是否可用。

使用 URL https://localhost:5001/randr/add?x=39&y=3 在浏览器中显示这个结果：

```
39 + 3 = 42
```

24.6.3 表单数据

除了通过查询字符串把数据从用户传递给服务器之外，还可以使用表单 HTML 元素。下面这个例子使用 HTTP POST 请求替代 GET。对于 POST 请求，用户数据与请求体一起传递，而不是在查询字符串中传递。

表单数据的使用通过两个请求定义。首先，表单通过 GET 请求发送到客户端，然后用户填写表单，用 POST 请求提交数据。如下面的代码片段所示，Form()方法根据 HTTP 方法类型调用 GetForm()或 ShowForm()方法(代码文件 WebSampleApp/Services/RequestResponseSamples.cs)：

```
public string Form(HttpRequest request) =>
  request.Method switch
  {
    "GET" => GetForm(),
    "POST" => ShowForm(request),
    _ => string.Empty
  };
```

创建一个表单，其中包含输入元素 text1 和一个 Submit 按钮。单击 Submit 按钮，调用表单的 action 方法以及用 method 参数定义的 HTTP 方法：

```
private static string GetForm() =>
  "<form method=\"post\" action=\"/randr/form\">" +
  "<input type=\"text\" name=\"text1\" />" +
  "<input type=\"submit\" value=\"Submit\ "/>" +
  "</form>";
```

为了读取表单数据，HttpRequest类定义了Form属性。这个属性返回一个IFormCollection对象，其中包含发送到服务器的表单中的所有数据：

```
private string ShowForm(HttpRequest request)
{
  StringBuilder sb = new();
  if (request.HasFormContentType)
  {
    IFormCollection coll = request.Form;
    foreach (var key in coll.Keys)
    {
      sb.Append(key.Div(HtmlEncoder.Default.Encode(coll[key])));
    }
    return sb.ToString();
  }
  else return "no form".Div();
}
```

使用/randr/form链接，通过GET请求接收表单。单击Submit按钮时，表单用POST请求发送，可以查看表单数据的text1键。

24.6.4　cookie

为了在多个请求之间记住用户数据，可以使用cookie。给HttpResponse对象添加cookie会把HTTP头内的cookie从服务器发送到客户端。默认情况下，cookie是暂时的(不存储在客户端)。如果URL和cookie在同一个域中，浏览器就将其发送回服务器。可以设置Path限制浏览器何时返回cookie。在这种情况下，只有cookie来自同一个域且使用/randr路径，才返回cookie。设置Expires属性时，cookie是永久性的，因此存储在客户端。一定时间后，将删除cookie。然而，不能保证cookie在此前不被删除(代码文件WebSampleApp/Services/RequestResponseSamples.cs)：

```
public string WriteCookie(HttpResponse response)
{
  response.Cookies.Append("color", "red", new CookieOptions
  {
    Path = "/randr",
    Expires = DateTime.Now.AddDays(1)
  });
  return "cookie written".Div();
}
```

通过读取HttpRequest对象，可以再次读取cookie。Cookies属性包含浏览器返回的所有cookie：

```
public string ReadCookie(HttpRequest request)
{
  StringBuilder sb = new();
  IRequestCookieCollection cookies = request.Cookies;
  foreach (var key in cookies.Keys)
  {
```

```
        sb.Append(key.Div(cookies[key]));
      }
      return sb.ToString();
    }
```

为了测试 cookie，还可以使用浏览器的开发者工具。这些工具会显示收发的 cookie 的所有信息。

24.6.5 发送 JSON

服务器不仅返回 HTML 代码，还返回许多不同的数据格式，例如 CSS 文件、图像和视频。客户端通过响应头中的 MIME 类型，确定接收什么类型的数据。

GetJson()方法通过一个匿名对象创建 JSON 字符串，包括 Title、Publisher 和 Author 属性。为了用 JSON 序列化该对象，添加 NuGet 包 NewtonSoft.Json，导入 NewtonSoft.Json 名称空间。JSON 格式的 MIME 类型是 application/json。这通过 HttpResponse 的 ContentType 属性来设置(代码文件 WebSampleApp/Services/RequestResponseSample.cs)：

```
public string GetJson(HttpResponse response)
{
  var b = new
  {
    Title = "Professional C# and .NET -2021 Edition",
    Publisher = "Wiley",
    Author = "Christian Nagel"
  };
  string json = JsonSerializer.Serialize(b);
  response.ContentType = "application/json";
  return json;
}
```

下面是返回给客户端的数据：

```
{"Title":"Professional C# and .NET 2021","Publisher":"Wiley",
  "Author":"Christian Nagel"}
```

> **注意：**
> JSON 序列化的内容参见第 18 章。使用 REST API 发送和接收 JSON 的内容参见第 25 章。

24.7 会话状态

会话状态是使用中间件实现的一个服务。会话状态允许在服务器上暂时记忆客户端的数据。会话状态本身实现为中间件。

用户第一次从服务器请求页面时，会启动会话状态。用户在服务器上使页面保持打开时，会话会继续到超时(通常是 10 分钟)为止。用户导航到新页面时，为了仍在服务器上保持状态，可以把状态写入一个会话。超时后，会话数据会被删除。

为了识别会话，可在第一个请求上创建一个带会话标识符的临时 cookie。这个 cookie 与每个请求一起从客户端返回到服务器，在浏览器关闭后，就删除 cookie。会话标识符也可以在 URL 字符串中发送，以替代使用 cookie。

在服务器端，会话信息可以存储在本地内存中。在 Web 场中，存储在本地内存中的会话状态不会在不同的系统之间传播。采用黏性的会话配置，用户总是返回到相同的物理服务器上，所以除非服务器失败，用户的状态在服务器上都可用。如果没有把服务器配置为使用黏性会话，客户端的请求可能发送到任何服务器实例。对于这种配置，可以把会话状态存储在分布式内存或者数据库中。将会话状态存储在分布式内存中也有助于服务器进程的回收；如果只使用一个服务器进程，则回收处理会删除会话状态。

为了启用会话，需要配置中间件和 DI 容器。在 DI 容器中，需要注册中间件使用的 ISessionStore 接口。

下面的代码片段显示了 DI 容器的注册。AddSession()方法是一个扩展方法，使用实现类 DistributedSessionStore 注册了 ISessionStore。DistributedSessionStore 类需要一个在构造函数中实现了 IDistributedCache 的对象。该对象使用 AddDistributedMemoryCache()注册。对于 AddSession()方法的选项，可以配置空闲超时和 cookie 选项。cookie 用于识别会话(代码文件 WebSampleApp/Startup.cs)：

```
public void ConfigureServices(IServiceCollection services)
{
  services.AddScoped<SampleService>();
  services.AddDistributedMemoryCache();
  services.AddSession(options =>
    options.IdleTimeout = TimeSpan.FromMinutes(10));
  //...
}
```

注意：

除了使用 AddDistributedMemoryCache()来存储会话，还可以添加 NuGet 包 Microsoft.Extensions.Caching.StackExchangeRedis 并进行配置，以使用 Redis 服务器管理不同实例间的缓存。

第二个部分是通过调用 UseSession()扩展方法来配置管道中的中间件。需要在写入任何可能需要会话的响应(例如，UseHeaderMiddleware()就使用了会话)之前调用这个方法，因此在其他方法之前，调用 UseSession()方法。使用会话信息的代码映射到/Session 路径(代码文件 WebSampleApp/Startup.cs)：

```
public void Configure(IApplicationBuilder app, ILoggerFactory loggerFactory)
{
  //...
  app.UseSession();
  app.UseHeaderMiddleware();
  //...
}
```

使用 Setxxx()方法可以编写会话状态，如 SetString()和 SetInt32()。这些方法用 ISession 接口定义，ISession 接口从 HttpContext 的 Session 属性返回。使用 Getxxx()方法检索会话数据(代码文件 WebSampleApp/Services/SessionSample.cs)：

```
public class SessionSample
{
  private const string SessionVisits = nameof(SessionVisits);
  private const string SessionTimeCreated = nameof(SessionTimeCreated);
  public static async Task SessionAsync(HttpContext context)
  {
    int visits = context.Session.GetInt32(SessionVisits) ?? 0;
    string timeCreated = context.Session.GetString(SessionTimeCreated) ??
      string.Empty;
    if (string.IsNullOrEmpty(timeCreated))
    {
      timeCreated = DateTime.Now.ToString("t", CultureInfo.InvariantCulture);
```

```
      context.Session.SetString(SessionTimeCreated, timeCreated);
    }
    DateTime timeCreated2 = DateTime.Parse(timeCreated);
    context.Session.SetInt32(SessionVisits, ++visits);
    await context.Response.WriteAsync(
      $"Number of visits within this session: {visits} " +
      $"that was created at {timeCreated2:T}; " +
      $"current time: {DateTime.Now:T}");
  }
}
```

注意：

示例代码使用不变的区域性来存储创建会话的时间。向用户显示的时间使用了特定的区域性。最好使用不变的区域性把特定区域性的数据存储在服务器上。不变的区域性和如何设置区域性参见第22章。

24.8 健康检查

在生产环境中运行 Web 应用程序时，最好能够实现健康检查，这可以在监控应用程序的时候自动检测到存在的问题。基于检查结果，路由器可以重定向到不同的服务实例、应用程序可被重启，还可以触发其他的操作，如向管理员发送通知。

实现健康检查时，需要考虑不同的场景。例如，应用程序可能在响应请求时立即运行，并且当完成初始化且填充缓存时，仍处在运行状态。如果可以访问应用程序使用的每个服务，且可以访问数据库，那么应用程序处在健康状态。当应用程序部分工作，例如当无法访问不太重要的服务时，应用程序处在降级状态。如果无法访问应用程序，则应用程序处在不健康状态。

在 ASP.NET Core 中，可以使用一个简单的方法，或者实现了 IHealthCheck 接口的类来实现健康检查。在示例应用程序中，创建了 HealthSample 服务类来模拟健康和不健康的状态。通过传递 false 值来调用 SetHealth()方法，IsHealthy 和 IsReady 属性将返回 false。通过设置 true 值，IsHealthy 属性立即返回 true。IsRead 属性在延迟 10 秒后返回 true(代码文件 WebSampleApp/Services/HealthSample.cs)：

```
public class HealthSample : IDisposable
{
  private Timer? _timer;
  public void SetHealthy(bool healthy = true)
  {
    if (IsHealthy == healthy) return;

    _isReady = false;
    IsHealthy = healthy;

    if (IsHealthy)
    {
      if (_timer is not null)
      {
        _timer.Dispose();
      }
      _timer = new(o =>
      {
        _isReady = true;
```

```
      }, null, TimeSpan.FromSeconds(10), Timeout.InfiniteTimeSpan);
    }
  }

  public void Dispose() => _timer?.Dispose();

  public bool IsHealthy { get; set; } = false;

  private bool _isReady = false;
  public bool IsReady => IsHealthy && _isReady;
}
```

CustomHealthCheck 类实现了 IHealthCheck 接口。该接口定义的 CheckHealthAsync()方法需要被实现为返回一个 HealthCheckResult。HealthCheckResult 可以是 Healthy、Degraded 和 Unhealthy。在健康检测中，检查 HealthSample 的 IsHealthy 属性来返回对应的状态(代码文件 WebSampleApp/CustomHealthCheck.cs)：

```
public class CustomHealthCheck : IHealthCheck
{
  private readonly HealthSample _healthSample;
  public CustomHealthCheck(HealthSample healthSample) => _healthSample = healthSample;

  public Task<HealthCheckResult> CheckHealthAsync(HealthCheckContext context,
    CancellationToken cancellationToken = default)
  {
    if (_healthSample.IsLive) return Task.FromResult(
      HealthCheckResult.Healthy("healthy"));
    else return Task.FromResult(HealthCheckResult.Unhealthy("unhealthy"));
  }
}
```

CustomReadyCheck 以类似的方式实现，只是它检查 HealthSample 服务的 IsReady 属性。

为了激活健康检查，需要在 DI 容器中注册服务类，并为健康检查定义路由，如下面的代码片段所示。AddHealthChecks()方法注册一个从抽象基类 HealthCheckService 派生的健康检查服务类，并返回一个可用于添加多个健康检查的 IHealthChecksBuilder。使用 AddCheck()方法添加了两个健康检查类型：CustomHealthCheck 和 CustomerReadCheck。该方法的第一个参数定义了健康检查的名称，第二个参数定义了在失败时返回的健康状态，第三个参数定义的标记可以用来选择在健康链接中使用的特定健康检查(代码文件 WebSampleApp/Startup.cs)：

```
public void ConfigureServices(IServiceCollection services)
{
  //...
  services.AddSingleton<HealthSample>();
  services.AddHealthChecks()
    .AddCheck<CustomHealthCheck>("livecheck",
      HealthStatus.Unhealthy, tags: new[] { "liveness" })
    .AddCheck<CustomReadyCheck>("readycheck",
      HealthStatus.Degraded, tags: new[] { "readiness" });
}
```

除了为 AddCheck()方法的泛型参数传递一个类型，还可以为 AddCheck()和 AddCheckAsync()方法传递委托。

在配置中间件的 Configure()方法中，通过端点配置来指定健康检查的链接。在下面的代码片段中，对 MapHealthChecks()方法的第一次调用定义了一个链接，在这里测试所有指定的健康检查。MapHealthChecks()方法可以用第二个参数传递 HealthCheckOptions 选项。这里设置了 Predicate 属性，可以使用它来选择带有 liveness 标记的健康检查定义。还可以基于健康信息指定应该返回什么 HTTP 状态码。示例代码只是指定了与默认配置相同的配置：健康状态和降级状态返回“200 OK”，不健康状态返回“503 ServiceUnavailable。可以根据自己的需要调整这里的配置(代码文件 WebSampleApp/Startup.cs)：

```
app.UseEndpoints(endpoints =>
{
  endpoints.MapHealthChecks("/health/allchecks");
  endpoints.MapHealthChecks("/health/live", new HealthCheckOptions()
  {
    Predicate = reg => reg.Tags.Contains("liveness"),
    ResultStatusCodes = new Dictionary<HealthStatus, int>()
    {
      [HealthStatus.Healthy] = StatusCodes.Status200OK,
      [HealthStatus.Degraded] = StatusCodes.Status200OK,
      [HealthStatus.Unhealthy] = StatusCodes.Status503ServiceUnavailable
    }
  });
```

为了实现健康检查，ASP.NET Core 在 Microsoft.Extensions.Diagnostics.HealthChecks 名称空间中包含了功能。

下面的健康检查映射到链接/health/ready，并使用“准备就绪”健康检查。这个代码示例显示，通过设置 ResponseWriter 属性，可以完全自定义输出。该属性需要一个接收 HttpContext 和 HealthReport writer 的委托。可以使用这个 writer 来获取不同健康检查返回的每个问题，并通过 HttpContext 把这个信息返回给调用者(代码文件 WebSampleApp/Startup.cs)：

```
endpoints.MapHealthChecks("/health/ready", new HealthCheckOptions
{
  Predicate = reg => reg.Tags.Contains("readiness"),
  ResponseWriter = async (context, writer) =>
  {
    context.Response.StatusCode = writer.Status switch
    {
      HealthStatus.Healthy => StatusCodes.Status200OK,
      HealthStatus.Degraded => StatusCodes.Status503ServiceUnavailable,
      HealthStatus.Unhealthy => StatusCodes.Status503ServiceUnavailable,
      _ => StatusCodes.Status503ServiceUnavailable
    };

    if (writer.Status == HealthStatus.Healthy)
    {
      await context.Response.WriteAsync("ready");
    }
    else
    {
      await context.Response.WriteAsync(writer.Status.ToString());
      await context.Response.WriteAsync($"duration: {writer.TotalDuration}");
    }
  }
})
```

有了这个健康检查后，可以试用链接来收到健康检查信息。在可下载的代码示例中，可以使用

sethealthy/?healthy=true 链接将 HealthSample 服务类设置为健康且准备就绪，并通过传递 false 来将其设为不健康状态。

> **注意：**
> 除了为你需要的每个场景创建健康检查类型，也可以使用包含健康检查类的 NuGet 包，例如 Microsoft.Extensions.Diagnostics.HealthChecks.EntityFrameworkCore，它检查连接到 EF Core 上下文的数据库服务器的可访问性。通过 ASPNETCore.HealthChecks.*包(这些包不是 Microsoft 开发的)，可以获得 SQL Server、Redis、Application Insights、MongoDB、CosmosDB、Azure KeyVault 和其他许多场景的健康检查。更多信息请访问以下地址的 GitHub 存储库：https://github.com/xabaril/AspNetCore.Diagnostics.HealthChecks。

24.9 部署

要发布 Web 应用程序，可以在 Visual Studio Solution Explorer 中，在应用程序的上下文菜单中选择 Publish 选项。使用该选项可以直接把应用程序发布到本地 IIS 或者 Microsoft Azure App Service。使用 dotnet CLI 时，可以使用 dotnet publish 来准备文件进行发布(确保命令提示的当前目录是项目文件所在的目录)。使用-c Release 选项来准备要发布的代码。请阅读第 1 章来了解如何在发布包中包含运行库。

在 Microsoft Azure 中，可以创建包含 Windows 或 Linux 环境和一个 Web 应用程序的 Azure App Service 计划，并把.NET 应用程序发布到那里。本章可下载代码的 readme 文件中包含一个脚本和一些指令，说明了如何使用 Azure CLI 创建一个 Azure App Service 计划和一个 Web 应用程序。

创建 Docker 镜像是发布应用程序的一个好选项。使用 Docker 镜像时，可以把一个文件发布到注册表(如 hub.docker.com 或者你的私有 Azure Container Registry)，并且可以从 Azure Container Instance、Kubernetes 集群或 Azure App Service 获取镜像，并在 Docker 容器中运行该镜像。

要从应用程序创建一个 Docker 镜像，需要一个名为 Dockerfile 的文件，其中包含创建镜像的命令，还需要安装 Docker Desktop。下面的 Dockerfile 包含创建 Docker 镜像的多个阶段。每个阶段都由 FROM 命令开始。第一个 FROM 命令创建了一个基于 mcr.microsoft.com/dotnet/aspnet:5.0 镜像(这是 Microsoft 预制的、包含.NET 5 运行库的镜像，并针对生产环境进行了优化)的临时镜像。使用 Docker 命令 EXPOSE，打开了 80 和 443 端口。

下一个阶段基于不同的镜像。mcr.microsoft.com/dotnet/sdk:5.0 是包含了.NET SDK 的.NET 5.0 镜像。使用 dotnet restore 命令(从 NuGet 服务器还原所有包)和 dotnet build 命令(构建应用程序的二进制文件)来构建新创建的临时镜像。第三个 FROM 命令继续处理 build 镜像(FROM build AS publish)，并调用 dotnet publish 命令来创建发布时需要的文件。最后一个 FROM 命令使用第一个镜像的结果(FROM base AS final)，复制 publish 镜像的发布文件，并定义结果镜像的入口点。启动这个镜像时，将使用 dotnet 驱动程序来加载 WebSampleApp.dll，从而启动 Kestrel 服务器(Docker 文件 WebSampleApp/Dockerfile)：

```
FROM mcr.microsoft.com/dotnet/aspnet:5.0 AS base
WORKDIR /app
EXPOSE 80
EXPOSE 443

FROM mcr.microsoft.com/dotnet/sdk:5.0 AS build
WORKDIR /src
```

```
COPY ["WebSampleApp.csproj", "."]
RUN dotnet restore "./WebSampleApp.csproj"
COPY . .
WORKDIR "/src/."
RUN dotnet build "WebSampleApp.csproj" -c Release -o /app/build

FROM build AS publish
RUN dotnet publish "WebSampleApp.csproj" -c Release -o /app/publish

FROM base AS final
WORKDIR /app
COPY --from=publish /app/publish .
ENTRYPOINT ["dotnet", "WebSampleApp.dll"]
```

使用 Docker Desktop 时，可以将当前目录设置为 Dockerfile 所在的位置，使用 Docker CLI 构建并发布镜像。docker build 命令构建镜像(使用 docker images 可以查看镜像)，docker tag 使用容器注册表的前缀名称标记镜像，docker push 命令将镜像发布到注册表：

```
> docker build . -t WebSampleApp/v1.0
> docker tag WebSampleApp/v1.0 {linktoyourregistry}/WebSampleApp/v1.0
> docker push {linktoyourregistry}/WebSampleApp/v1.0
```

注意：

关于 Docker 的更多信息，请访问网址 24-16 和网址 24-17。另外，请查看本章可下载代码的 readme 文件，其中包含了一些指令和一个脚本，说明了如何创建 Azure Container Registry，以及如何将注册表中存储的镜像发布到 Azure App Service。

24.10 小结

本章探讨了 ASP.NET Core 和 Web 应用程序的基础。介绍了如何以 ASP.NET Core 的方式在 DI 容器中注册服务，以及如何在 Startup 类中配置和创建自定义中间件。通过使用端点路由，配置了路由来基于客户端的请求实现功能，以及返回 HTTP 响应，包括 cookie、表单数据和会话信息。

你还了解了如何实现健康检查，这在部署 Docker 镜像以及使用多个彼此交互的服务时十分有用。

第 25 章将介绍如何使用 ASP.NET Core 来处理 JSON 请求和 Web API 的响应，以及如何使用 GRPC 实现服务之间的二进制通信。

第25章 服务

本章要点

- ASP.NET Web API 概述
- 创建 Web API 控制器
- 调用 REST API 创建.NET 客户端
- 在服务中使用 Entity Framework Core
- 处理 REST 服务的授权和身份验证
- 创建 gRPC 服务和客户端
- gRPC 流
- 实现 Azure Function

本章源代码：

通过扫描封底二维码下载本书源代码。本章源代码可以在代码文件的 3_Web/Services 目录中找到。

本章代码分为以下几个主要的示例文件：

- BooksApi
- BooksData
- BooksDataAndAuthentication
- GRPC
- AzureFunctions

所有项目都启用了可空引用类型。

25.1 理解今天的服务

曾经，Windows Communication Foundation (WCF)企图提供服务需要的所有功能。WCF 允许创建返回 XML 或二进制数据的服务，通过消息队列提供了异步通信，还可以使用 UDP。它完全基于 SOAP 标准。你可以做每种操作，配置每个选项。但出现的问题是，即使看起来很简单的场景也常常变得很复杂。

如今，我们回到了有许多选项的情形。可以使用不同的技术来实现微服务。可以使用请求/响应模式或者断开连接的场景来向队列发送消息，并异步处理作业。微服务可以通过 JSON 序列化通信，或者以二进制格式发送消息。可以选择的选项有很多，本章以及后面的章节将讨论其中的许多选项：

- ASP.NET Core 中的 Web API 可以基于表述性状态转移(Representational State Transfer，REST)指导原则实现请求/响应编程模型。通常传递和返回的是 JSON 数据，但也可以传递其他数据，例如 PNG 图片或 XML 数据。
- gRPC 远程过程调用(gRPC Remoate Procedure Calls，gRPC)最初由 Google 开发，它是一种平台独立的技术，允许进行基于 HTTP/2 的二进制通信。ASP.NET Core 内置了对 gRPC 的支持。
- Azure Functions 提供了一种基于资源使用量的产品，你只需要在使用 CPU 和内存时付费。可以使用这种技术创建 REST API，但也可以创建在发生 HTTP 请求以外的事件时触发的函数。当消息到达队列时，当数据写入 Azure Cosmos DB 时，或者当把事件发布到 Azure Event Grid 时，可以启动该函数。
- SignalR 为 WebScokets 提供了一个抽象层(但在 WebSockets 不可用时也能够工作)，并提供了服务器到客户端的通信，这对于与一组客户端通信十分有用。

第 28 章将介绍 SignalR。其他技术将在本章介绍。

25.2 使用 ASP.NET Core 创建 REST 服务

REST 不是标准，而只是一个指导原则。该指导原则由 Roy Fielding 在他 2000 年的博士论文“Architectural Styles and the Design of Network-based Software Architectures(架构风格与基于网络的软件架构设计)”中定义(见网址 25-1)。REST 基于以下原则：

- 客户端-服务器体系结构
- 无状态通信，允许轻松地伸缩服务
- 可缓存数据，以便客户端能够保存数据，而不需要再次请求数据
- 使用统一的接口访问资源
- 分层系统，不允许看到发生通信的中间层之外的东西
- 按需代码(可选)，这允许下载客户端可以用于接收到的数据的代码

统一的接口是 REST 指导原则的核心，它包括可以识别的资源(如使用 URI)。另外，根据 REST 指导原则，可以使用表述(如 JSON 和 XML)进行资源处理，消息是自我描述的，并且将超媒体作为应用程序状态(hypermedia as the engine of application state，HATEOAS)是一个关键概念。对于 HATEOAS，关于如何处理资源的信息将随响应返回，例如，账户余额的存款/取款/转账/关闭的不同链接。

并不是所有服务都需要全部 REST 原则，因此，Leonard Richardson 定义了不同的 REST 级别(见网址 25-2)。只有 REST 级别 3 支持全部指导原则，包括 HATEOAS。REST 级别 2 要求服务支持不同的 HTTP 动词(例如使用 GET 读取资源，使用 POST 创建新资源)和 HTTP 返回码(例如 201 表示创建成功)。Microsoft Azure 定义了级别为 2 的 REST API，用于创建、更新和读取资源，例如资源组、存储账户、应用服务等。

首先，运行下面的命令，使用 ASP.NET Core 创建一个 Web API：

```
> dotnet new webapi -o BooksAPI
```

在.NET 5 中，这个模板创建一个新项目，并包含一个 API 来实现基于随机值的天气预报服务。在示例代码中，我们将删除天气预报服务，而实现一个创建和读取图书章节信息的服务。后面的小节将讨论如何使用数据库和授权。

25.2.1 定义模型

首先需要一个类型来表示要返回和修改的数据。为了允许在客户端和服务器使用模型，创建一个.NET 5 库 Books.Shared，使其包含 BookChapter 记录(代码文件 BooksApi/Books.Shared/BookChapter.cs)：

```
using System;

namespace Books.Models
{
  public record BookChapter(Guid Id, int Number, string Title, int PageCount);
}
```

25.2.2 创建服务

接下来，创建一个服务接口和类来提供功能。服务提供的方法由接口 IBookChapterService 定义，用于检索、添加和更新图书章节。这些方法被定义为异步方法，以允许提供不同的实现，例如调用另外一个服务的实现(代码文件 BooksApi/BooksApi/Services/IBookChapterService.cs)：

```
public interface IBookChapterService
{
  Task AddAsync(BookChapter chapter);
  Task AddRangeAsync(IEnumerable<BookChapter> chapters);
  Task<IEnumerable<BookChapter>> GetAllAsync();
  Task<BookChapter?> FindAsync(Guid id);
  Task<BookChapter?> RemoveAsync(Guid id);
  Task<BookChapter?> UpdateAsync(BookChapter chapter);
}
```

服务的实现由类 BookChapterService 定义。书的章节保存在一个集合类中。由于不同客户端请求的多个任务可以并发访问该集合，因此在图书章节中使用类型 ConcurrentDictionary。这个类是线程安全的。Add()、Remove()和 Update()方法使用集合来添加、删除和更新图书章节(代码文件 BooksApi/BooksApi/Services/BookChaptersService.cs)：

```
public class BookChapterService : IBookChapterService
{
  private readonly ConcurrentDictionary<Guid, BookChapter> _chapters = new();

  private BookChapter GetInitializedId(BookChapter chapter)
  {
    if (chapter.Id == Guid.Empty)
    {
      chapter = chapter with { Id = Guid.NewGuid() };
    }
    return chapter;
  }

  public Task AddAsync(BookChapter chapter)
  {
    chapter = GetInitializedId(chapter);
    _chapters[chapter.Id] = chapter;
    return Task.CompletedTask;
  }
```

```
public Task AddRangeAsync(IEnumerable<BookChapter> chapters)
{
  foreach (var c in chapters)
  {
    var chapter = GetInitializedId(c);
    _chapters[chapter.Id] = chapter;
  }
  return Task.CompletedTask;
}

public Task<BookChapter?> FindAsync(Guid id)
{
  _chapters.TryGetValue(id, out BookChapter? chapter);
  return Task.FromResult(chapter);
}

public Task<IEnumerable<BookChapter>> GetAllAsync() =>
  Task.FromResult<IEnumerable<BookChapter>>(_chapters.Values);

public Task<BookChapter?> RemoveAsync(Guid id)
{
  _chapters.TryRemove(id, out BookChapter? removed);
  return Task.FromResult(removed);
}

public async Task<BookChapter?> UpdateAsync(BookChapter chapter)
{
  var existingChapter = await FindAsync(chapter.Id);
  if (existingChapter is null) return null;
  _chapters[chapter.Id] = chapter;
  return chapter;
}
}
```

为了在第一次访问服务时，可以使用一些示例章节，类 SampleChapters 用章节信息填充图书章节服务(代码文件 BooksApi/BooksApi/Services/SampleChapters.cs)：

```
public class SampleChapters
{
  private readonly IBookChapterService _bookChaptersService;
  public SampleChapters(IBookChapterService bookChapterService) =>
    _bookChaptersService = bookChapterService;

  private string[] _sampleTitles = new[]
  {
    ".NET Application Architectures",
    "Core C#",
    "Classes, Structs, Tuples, and Records",
    "Object-Oriented
    Programming with C#",
    "Operators and Casts",
    "Arrays",
    "Delegates, Lambdas, and Events",
    "Collections",
    "ADO.NET and Transactions"
  };
```

```
private int[] _chapterNumbers = { 1, 2, 3, 4, 5, 6, 7, 8, 25 };

private int[] _pageCounts = { 35, 42, 33, 20, 24, 38, 20, 32, 44 };

public void CreateSampleChapters()
{
  List<BookChapter> chapters = new();
  for (int i = 0; i < 8; i++)
  {
    chapters.Add(new BookChapter(Guid.NewGuid(), _chapterNumbers[i],
      _sampleTitles[i], _pageCounts[i]));
  }
  _bookChaptersService.AddRangeAsync(chapters);
}
}
```

接下来看DI容器的配置，如下面的代码片段所示。在我们使用的ASP.NET Core Web API模板中，可以看到AddControllers()扩展方法。这个方法注册了API控制器会用到的几个服务，例如路由处理程序、管道过滤器和结果处理程序等。在这个.NET 5模板中，还调用了AddSwaggerGen()方法。该方法在NuGet包Swashbuckle.AspNetCore中定义，这个包实现了OpenAPI标准(原本名为Swagger)来为项目中的ASP服务生成描述。描述可用于自动为客户端生成代码。使用Swashbuckle会生成一个网站，可以使用该网站来测试API(关于此标准的更多信息，请访问网址25-3)。BookChapterService和SampleChapters也被注册到DI容器中，使得DI容器能够注入这两种类型。BookChapterService被声明为作为一个单例注入，所以会在不同调用间保存状态(代码文件BooksApi/BooksApi/Startup.cs):

```
public class Startup
{
  public Startup(IConfiguration configuration) => Configuration = configuration;

  public IConfiguration Configuration { get; }

  public void ConfigureServices(IServiceCollection services)
  {
    services.AddControllers();
    services.AddSwaggerGen(c =>
    {
      c.SwaggerDoc("v3", new OpenApiInfo { Title = "BooksApi", Version = "v3" });
    });

    services.AddSingleton<IBookChapterService, BookChapterService>();
    services.AddScoped<SampleChapters>();
  }
  //...
}
```

注意：

如果为API的方法添加C#注释(第2章介绍了C#注释)，那么在创建文档文件后，可以通过使用AddSwaggerGen选项调用IncludeXmlComments()，将这个文档添加到OpenAPI描述中。

中间件在Configure()方法中配置。如果应用程序运行在开发环境中，则通过调用UseSwagger()和UseSwaggerUI()方法来为OpenAPI定义和HTML页面配置中间件，可以显示OpenAPI信息。如果当应用程序在生产环境中运行时，你想让其他开发人员使用你的 API，则可以将这些方法移动到 IsDevelopment()检查的外部，在所有环境中都调用它们。只有在开发环境中，才应该在客户端显示异常(UseDeveloperExceptionPage())。使用端点路由配置时，调用 MapControllers()来允许为 API 控制器使用基于特性的路由，如下一节所示。为了填充示例章节，定义了指向/init 的路由，它使用 SampleChapters 类的实例来使用示例章节填充章节服务(代码文件 BooksApi/BooksApi/Startup.cs)：

```
public void Configure(IApplicationBuilder app, IWebHostEnvironment env)
{
  if (env.IsDevelopment())
  {
    app.UseDeveloperExceptionPage();
    app.UseSwagger();
    app.UseSwaggerUI(c => c.SwaggerEndpoint("/swagger/v3/swagger.json", "BooksApi v3"));
  }

  app.UseHttpsRedirection();

  app.UseRouting();

  app.UseAuthorization();

  app.UseEndpoints(endpoints =>
  {
    endpoints.MapControllers();

    endpoints.MapGet("/init", async context =>
    {
      var sampleChapters = context.RequestServices.GetRequiredService<SampleChapters>();
      sampleChapters.CreateSampleChapters();
      await context.Response.WriteAsync("sample chapters initialized");
    });
  });
}
```

25.2.3 创建控制器

下面的代码片段显示了 BookChaptersController 类，该类实现了一个 API 控制器。从端点路由路由的控制器是带有 Controller 后缀的一个类。或者，控制器类也可以派生自 ControllerBase 基类。ControllerBase 基类提供了一些实用的方法和属性，例如 HttpContext、Request 和 Response。如前一章所示，这些属性用于访问 HTTP 请求和响应。该基类还提供了一些可以用来直接返回结果的方法。Route 特性定义了控制器的路由。路由用 api 开头，后跟控制器的名称，也就是去掉 Controller 后缀后的控制器类名称。Producers 和 ApiController 特性对于 OpenApi 的定义有实际用途。Produces 特性说明了控制器返回的数据类型。ApiController 特性定义了 API 服务的一些典型的默认行为。例如，对于动作方法参数，不需要指定 FromBody 特性，因为现在它是默认值(代码文件 BooksApi/BooksApi/Controllers/BookChaptersController.cs)：

```
[Produces("application/json")]
[Route("api/[controller]")]
[ApiController]
public class BookChaptersController : ControllerBase
{
  private readonly IBookChapterService _chapterService;
```

```
    public BookChaptersController(IBookChapterService chapterService) =>
      _chapterService = chapterService;
    //...
}
```

注意：

ASP.NET Core API 默认情况下返回 JSON 信息。如果想返回 XML，则必须使用 AddXmlSerializerFormatter()方法和 IMvcBuilder 流式 API，在 DI 容器中添加一个 XML 序列化器。还必须添加 Produces 特性，指定控制器生成 application/xml。这个序列化器要求一个无参数构造函数，所以在这种场景中，不能使用名义记录。在客户端应用程序中，需要相应地指定 accept 头。

对 GetBookChapters()方法使用 HttpGet 特性，会将 HTTP GET 请求映射到控制器类指定的路由。注入服务的 GetAllAsync()方法返回 Task<IEnumerable<BookChapter>>，它直接从这个动作方法返回。ProducesResponseType 特性指定了动作方法返回的 HTTP 状态码。OpenAPI 描述会使用该信息(代码文件 BooksApi/BooksApi/Controllers/BookChaptersController.cs)：

```
// GET api/bookchapters
[ProducesResponseType(StatusCodes.Status200OK)]
[HttpGet]
public Task<IEnumerable<BookChapter>> GetBookChapters() =>
  _chapterService.GetAllAsync();
```

为了不返回完整的图书列表，可以为 GetBookChapters()方法指定一个参数，类似于下面的代码片段显示的 GetBookChapterById()方法。该方法基于收到的 Guid 参数，只返回一章。HttpGet 特性根据 URL 路径在路由中指定了相同的名称。动作方法指定的路由将被追加到类定义的路由。如果在服务中没有找到指定的章，就使用基类的 NotFound()方法返回 HTTP 404 状态码。成功找到时，将使用 Ok()方法返回 200 状态码。该方法被声明为返回一个 ActionResult，使得返回结果很灵活，可以是泛型参数指定的资源(BookChapter)，也可以是错误代码，如 404(代码文件 BooksApi/BooksApi/Controllers/BookChaptersController.cs)：

```
// GET api/bookchapters/guid
[ProducesResponseType(StatusCodes.Status200OK)]
[ProducesResponseType(StatusCodes.Status404NotFound)]
[HttpGet("{id}", Name = nameof(GetBookChapterById))]
public async Task<ActionResult<BookChapter>> GetBookChapterById(Guid id)
{
  BookChapter? chapter = await _chapterService.FindAsync(id);
  if (chapter is null)
  {
    return NotFound();
  }
  else
  {
    return Ok(chapter);
  }
}
```

为了添加新章，添加了 PostBookChapter()方法。该方法接受反序列化后的 HTTP 体中的 BookChapter 作为参数。如果 chapter 参数是 null，则返回 BadRequest (HTTP error 400)。添加 BookChapter 时，该方法返回 CreatedAtRoute。CreatedAtRoute 返回 HTTP 201 (Created)和序列化后的对象。返回的

头信息包含资源的链接，即 GetBookChapterById 的链接，并将 id 设置为新创建的对象的标识符(代码文件 BooksApi/BooksApi/Controllers/BookChaptersController.cs)：

```
// POST api/bookchapters
[ProducesResponseType(StatusCodes.Status400BadRequest)]
[ProducesResponseType(StatusCodes.Status201Created)]
[HttpPost]
public async Task<ActionResult> PostBookChapter(BookChapter chapter)
{
  if (chapter is null)
  {
    return BadRequest();
  }
  await _chapterService.AddAsync(chapter);
  return CreatedAtRoute(nameof(GetBookChapterById), new { id = chapter.Id }, chapter);
}
```

使用 HTTP PUT 请求更新项目。PutBookChapter()方法更新集合中的现有项。如果集合中不包含该对象，则返回 NotFound。如果找到了对象，则对其进行更新，并返回成功的 204 结果，但响应体为空(代码文件 BooksApi/BooksApi/Controllers/BookChaptersController.cs)：

```
// PUT api/bookchapters/guid
[ProducesResponseType(StatusCodes.Status400BadRequest)]
[ProducesResponseType(StatusCodes.Status404NotFound)]
[ProducesResponseType(StatusCodes.Status204NoContent)]
[HttpPut("{id}")]
public async Task<ActionResult> PutBookChapter(Guid id, BookChapter chapter)
{
  if (chapter is null || id != chapter.Id)
  {
    return BadRequest();
  }
  var existingChapter = await _chapterService.FindAsync(id);

  var c = await _chapterService.UpdateAsync(chapter);
  if (c is null)
  {
    return NotFound();
  }
  else
  {
    return NoContent();
  }
}
```

使用 HTTP DELETE 请求时，将从字典中删除图书的章(代码文件 BooksApi/BooksApi/Controllers/BookChaptersController.cs)：

```
[ProducesResponseType(StatusCodes.Status200OK)]
[HttpDelete("{id}")]
public async Task<ActionResult> Delete(Guid id)
{
  await _chapterService.RemoveAsync(id);
  return Ok();
}
```

注意：

在示例代码中，如果指定的图书章包含在字典中，则 Delete()方法删除该章，而如果字典中不包含该章，则 Delete()方法什么也不做。如果创建另外一个版本，可以返回一个 404 (未找到)状态码。Microsoft REST API 指导原则(https://github.com/Microsoft/api-guidelines/blob/master/Guidelines.md)指定，DELETE 请求是幂等的，所以在多次请求时应该返回相同的结果。在访问数据库的模板的默认实现中，如果数据不可用，会返回 404。你需要根据自己的场景来决定是同意指导原则，还是在没有找到资源时需要更多的信息。

添加了控制器和 Swagger 配置后，就可以在浏览器中执行测试了。在以下地址可以查看 OpenAPI 定义：https://localhost:5001/swagger/v3/swagger.json。以下地址显示了 Wagger 图形化 UI(参见图 25-1)：https://localhost:5001/swagger/index.html。通过这个页面，可以在浏览器中对你的 API 运行测试。

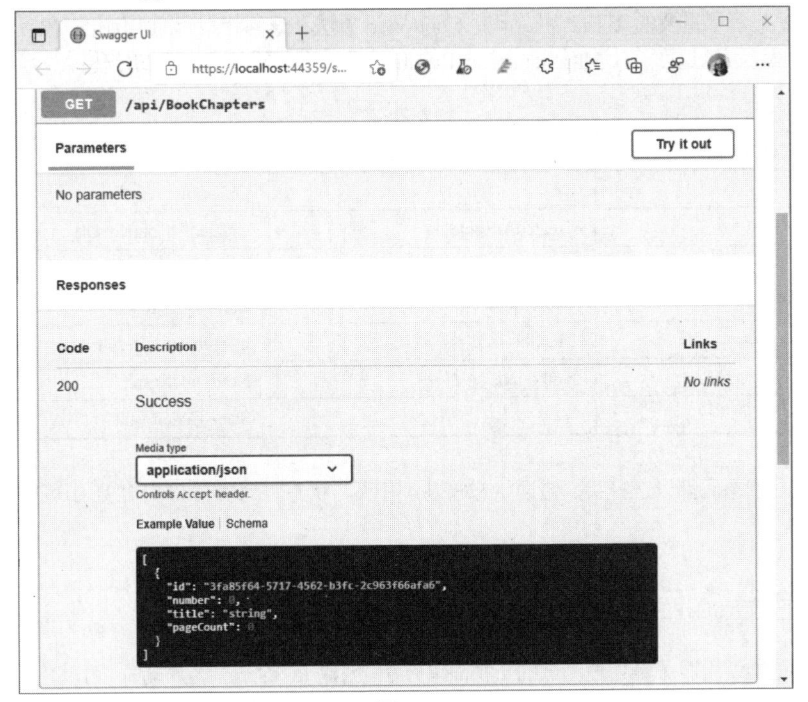

图 25-1

25.2.4　测试 REST API

如果想使用命令行接口，可以安装.NET 工具 microsoft.dotnet-httprepl(见网址 25-4)。可下载的示例应用程序将这个工具定义为一个本地工具。使用 dotnet tool restore 可以安装本地工具。运行此工具时，可以连接到正在运行的服务，并发送 get、post 和 put 命令。使用 post 命令时，可以提交一个 JSON 文件的内容，如下所示：

```
> dotnet httprepl
(Disconnected)> connect https://localhost:5001
https://localhost:5001/> get api/BookChapters/
https://localhost:5001/> get api/BookChapters/ "e89837d9-4392-450c-902b-4e34fb72344c"
https://localhost:5001/> post api/BookChapters/ -f samplechapter.json
```

25.2.5 REST 结果和状态码

表 25-1 总结了服务基于 HTTP 方法返回的结果：

表 25-1

HTTP 方法	说明	请求体	响应体
GET	返回资源	空	资源
POST	添加资源	要添加的资源	资源
PUT	更新资源	要更新的资源	无
DELETE	删除资源	空	空

表 25-2 显示了重要的 HTTP 状态码、Controller 方法和返回状态码的实例化对象。要返回任何 HTTP 状态码，可以返回一个 HttpStatusCodeResult 对象，用所需的状态码初始化：

表 25-2

HTTP 状态码	Controller 方法	类型
200 OK	Ok	OkResult
201 已创建	CreatedAtRoute	CreatedAtRouteResult
204 无内容	NoContent	NoContentResult
400 错误请求	BadRequest	BadRequestResult
401 未授权	Unauthorized	UnauthorizedResult
404 未找到	NotFound	NotFoundResult
任何 HTTP 状态码		StatusCodeResult

所有成功状态码都以 2 开头，错误状态码以 4 开头。状态码列表在 RFC 7231 中可以找到，见网址 25-5。

25.3 创建.NET 客户端

使用浏览器调用服务是处理测试的一种简单方法。创建 JavaScript 客户端时，可以使用 Fetch API，它在所有现代浏览器中都是可用的。本书中使用 HttpClient API 创建.NET 客户端，而 HttpClient 对象是使用 HttpClient 工厂创建的。关于 HttpClient 工厂的更多信息，请阅读第 19 章。这里的控制台应用程序需要的 NuGet 包包括 Microsoft.Extensions.Hosting(为了使用 Host 类)、Microsoft.Extensions.Http(为了使用 HttpClient 工厂)和 System.Net.Http.Json(为了使用.NET 5 为 JSON 序列化创建的 HttpClient 的扩展方法；第 18 章介绍了如何使用 JSON 序列化器)。

在示例应用程序中，通过 DI 容器的配置，将 HttpClient 的工厂(AddHttpClient()方法)配置为使用一个类型化客户端：BooksApiClient 类。工厂配置将 BaseAddress 属性设置为从配置中获取服务的 URL，如果在配置中没有找到这个 URL，就使用一个硬编码的字符串(代码文件 BooksApi/BookServiceClient/Program.cs)：

```
using var host = Host.CreateDefaultBuilder(args)
  .ConfigureServices((context, services) =>
  {
```

```
    var bookApiSettings = context.Configuration.GetSection("BooksService");
    services.Configure<BooksApiClientOptions>(bookApiSettings);
    services.AddHttpClient<BooksApiClient>(config =>
    {
      var baseAddress = context.Configuration.GetSection("BooksService")["BaseAddress"] ??
        "https://localhost:5001";
      config.BaseAddress = new Uri(baseAddress);
    });
  }).Build();

Console.WriteLine("Client -press return to continue");
Console.ReadLine();

using var scope = host.Services.CreateScope();
var client = scope.ServiceProvider.GetRequiredService<BooksApiClient>();
await client.ReadChaptersAsync();
await client.ReadChapterAsync();
await client.ReadNotExistingChapterAsync();
await client.AddChapterAsync();
await client.UpdateChapterAsync();
await client.RemoveChapterAsync();
```

BooksApiClient类使用BooksApiClientOptions来填充API的链接。在构造函数中注入了HttpClient类(代码文件BooksApi/BookServiceClient/BooksApiClient.cs):

```
public record BooksApiClientOptions
{
  public string? BooksApiUri { get; init; }
}

public class BooksApiClient
{
  private readonly HttpClient _httpClient;
  private readonly string _booksApiUri;
  private readonly ILogger _logger;
  private Guid? _chapterId;

  public BooksApiClient(HttpClient, IOptions<BooksApiClientOptions> options,
    ILogger<BooksApiClient> logger)
  {
    _httpClient = httpClient;
    _logger = logger;
    _booksApiUri = options.Value.BooksApiUri ?? "api/books";
  }
  //...
}
```

为了在一个位置准备所有需要的URL，使用了.NET配置来配置它们(不过，如第15章所述，可以使用命令行参数覆盖它们，也可以使用 Azure App Configuration 对其进行扩展)(配置文件BooksApi/BookServiceClient/appsettings.json):

```
{
  "BooksService": {
    "BaseAddress": "https://localhost:5001",
    "BooksApiUri": "api/BookChapters"
  },
```

```
  //...
}
```

25.3.1 发送 GET 请求

服务器控制器用 GET 请求定义了两个方法：一个方法返回所有章，另一个方法只返回一个章，但是需要在 URI 中提供该章的标识符。方法 ReadChaptersAsync()调用 HttpClient 实例的 GetFromJsonAsync()方法。该方法返回一个任务，其中包含写入到控制台的图书章节的一个数组。_firstChapterId 字段记录下来第一章的 ID，因为后面的其他方法会用到它(代码文件 BooksApi/BookServiceClient/BooksApiClient.cs)：

```
public async Task ReadChaptersAsync()
{
  Console.WriteLine(nameof(ReadChapterAsync));
  var chapters = await _httpClient.GetFromJsonAsync<IEnumerable<BookChapter>>(
   _booksApiUri);
  if (chapters is null) return;
  foreach (var chapter in chapters)
  {
    Console.WriteLine($"{chapter.Number} {chapter.Title}");
  }
  _chapterId = chapters.FirstOrDefault()?.Id;
  Console.WriteLine();
}
```

GetFromJsonAsync()方法是 System.Net.http.Json 名称空间中定义的一个扩展方法，它执行以下操作：

- 使用 HttpClient 类的 GetAsync()方法来发送 GET 请求。
- 如果请求不成功，它会使用 HttpResponseMessage 类的 EnsureSuccessStatusCode()方法来抛出一个异常。
- 使用 HttpContent 类的 ReadAsStreamAsync()方法来读取响应流。

注意：

HttpContent 类还提供了 ReadAsStringAsync()方法，用于从 HTTP 响应读取字符串。但是，该方法只应该用于少于 85 000 个字节的字符串。当从 API 服务获取数据时，可能得到很长的字符串(返回的列表有多长？)，它们被放到了大对象堆(large object heap，LOH)中。由于性能约束，垃圾收集器以不同的方式处理大对象堆。为了避免这种问题，最好使用流，因为流会使用可以重用的字节数组缓冲区。关于垃圾收集器和 LOH 的更多信息，请阅读第 13 章。

运行应用程序时，需要启动服务和客户端应用程序。记得访问 https://localhost:5001/init 链接来初始化数据。调用 ReadChaptersAsync()方法将显示状态码 200，以及章的标题(这里简化了日志输出)：

```
ReadChapterAsync
info: System.Net.Http.HttpClient.BooksApiClient.ClientHandler[100]
      Sending HTTP request GET https://localhost:5001/api/BookChapters
info: System.Net.Http.HttpClient.BooksApiClient.ClientHandler[101]
      Received HTTP response headers after 320.2596ms -200
1 .NET Applications and Tools
2 Core C#
3 Classes, Structs, Tuples, and Records
4 Object-Oriented Programming with C#
```

```
5 Operators and Casts
6 Arrays
7 Delegates, Lambdas, and Events
8 Collections
25 Services
```

ReadChapterAsync()方法使用GET请求来获取单独一章，它把一章的标识符添加到了URI字符串中(代码文件BooksApi/BookServiceClient/BooksApiClient.cs)：

```
public async Task ReadChapterAsync()
{
  Console.WriteLine(nameof(ReadChapterAsync));
  if (_firstChapterId is not null)
  {
    string uri = $"{_booksApiUri}/{_firstChapterId}";
    var chapter = await _httpClient.GetFromJsonAsync<BookChapter>(uri);
    if (chapter is not null)
    {
      Console.WriteLine($"{chapter.Number} {chapter.Title}");
    }
  }
  Console.WriteLine();
}
```

ReadChapterAsync()方法的结果如下所示：

```
ReadChapterAsync
info: System.Net.Http.HttpClient.BooksApiClient.ClientHandler[100]
      Sending HTTP request GET https://localhost:5001/api/BookChapters/
44ecb858-86c6-4602-bd9c-e1357d6b5c4e
info: System.Net.Http.HttpClient.BooksApiClient.ClientHandler[101]
      Received HTTP response headers after 72.0244ms -200
1 .NET Applications and Tools
```

如果使用不存在的章标识符发送GET请求，会发生什么？ReadNotExistingChapterAsync()方法显示了如何处理这种情况。调用GetFromJsonAsync()方法这一点与上面的代码片段相同，但是这里在URI中添加了一个不存在的标识符。回忆一下，在GetFromJsonAsync()方法的实现中，EnsureSuccessStatusCode()方法对于这种情况会抛出一个异常。捕捉HttpRequestException类型的异常的try-catch块会捕捉到这个异常。这里还使用了异常过滤器，从而只处理异常代码404(Not Found)(代码文件BooksApi/BookServiceClient/BookChapterSampleRequest.cs)：

```
public async Task ReadNotExistingChapterAsync()
{
  Console.WriteLine(nameof(ReadNotExistingChapterAsync));
  string requestIdentifier = Guid.NewGuid().ToString();
  try
  {
    string uri = $"{_booksApiUri}/{requestIdentifier}";
    var chapter = await _httpClient.GetFromJsonAsync<BookChapter>(uri);
  }
  catch (HttpRequestException ex) when (ex.Message.Contains("404"))
  {
    _logger.LogError("book chapter with identifier {0} not found", requestIdentifier);
  }
  Console.WriteLine();
}
```

注意：
第 10 章讨论了异常处理和异常过滤器的使用。

该方法的结果显示了服务返回的 NotFound 结果：

```
ReadNotExistingChapterAsync
info: System.Net.Http.HttpClient.BooksApiClient.ClientHandler[100]
      Sending HTTP request GET https://localhost:5001/api/BookChapters/
532eae52-1bed-4fc5-b8c0-ca7ec3b41eb8
info: System.Net.Http.HttpClient.BooksApiClient.ClientHandler[101]
      Received HTTP response headers after 37.3587ms -404
fail: BookServiceClient.BooksApiClient[0]
      book chapter with identifier 532eae52-1bed-4fc5-b8c0-ca7ec3b41eb8 not found
```

25.3.2 发送 POST 请求

下面使用 HTTP POST 请求，向服务发送新对象。与 GET 请求不同，在发送 POST 请求时，需要把一个资源以 application/json 格式添加到 HTTP 体中。这项工作由扩展方法 PostAsJsonAsync()来完成。当发送了 POST 请求后，在控制台显示状态码和位置。在服务控制器的实现中，使用 CreatedAtRoute()方法填充了头位置(代码文件 BooksApi/BookServiceClient/BooksApiClient.cs)：

```
public async Task AddChapterAsync()
{
  Console.WriteLine(nameof(AddChapterAsync));
  BookChapter chapter = new(Guid.NewGuid(), 25, "Services", 40);
  var response = await _httpClient.PostAsJsonAsync(_booksApiUri, chapter);
  Console.WriteLine($"status code: {response.StatusCode}");
  Console.WriteLine($"created at location: {response.Headers.Location?.AbsolutePath}");
  Console.WriteLine();
}
```

AddChapterAsync()方法的结果显示成功地创建了对象：

```
AddChapterAsync
info: System.Net.Http.HttpClient.BooksApiClient.ClientHandler[100]
      Sending HTTP request POST https://localhost:5001/api/BookChapters
info: System.Net.Http.HttpClient.BooksApiClient.ClientHandler[101]
      Received HTTP response headers after 151.0361ms -201
status code: Created
created at location: /api/BookChapters/7f0b05c1-2277-4c98-bb09-48f195480b9c
```

25.3.3 发送 PUT 请求

用于更新记录的 HTTP PUT 请求是通过使用 HttpClient 的扩展方法 PutAsJsonAsync()来发送的。PutAsJsonAsync()方法的第一个参数是服务的 URL(包括标识符)，第二个参数是更新的内容。在下面的代码片段中，将标题为“.NET Application Architectures”的章更新为一个新的标题(代码文件 BooksApi/BookServiceClient/BooksApiClient.cs)：

```
public async Task UpdateChapterAsync()
{
  Console.WriteLine(nameof(UpdateChapterAsync));

  var chapters = await _httpClient.GetFromJsonAsync<IEnumerable<BookChapter>>(
```

```
    _booksApiUri);
  if (chapters is null) return;
  var chapter = chapters.SingleOrDefault(
    c => c.Title == ".NET Application Architectures");
  if (chapter is not null)
  {
    string uri = $"{_booksApiUri}/{chapter.Id}";
    chapter = chapter with { Title = ".NET Applications and Tools" };
    var response = await _httpClient.PutAsJsonAsync(uri, chapter);
    if (response.IsSuccessStatusCode)
    {
      Console.WriteLine($"Status code: {response.StatusCode}");
      Console.WriteLine($"updated chapter {chapter.Title}");
    }
  }
  Console.WriteLine();
}
```

UpdateChapterAsync()方法的控制台输出显示了HTTP NoContent结果和更新后的章标题：

```
UpdateChapterAsync
info: System.Net.Http.HttpClient.BooksApiClient.ClientHandler[100]
      Sending HTTP request GET https://localhost:5001/api/BookChapters
info: System.Net.Http.HttpClient.BooksApiClient.ClientHandler[101]
      Received HTTP response headers after 35.1652ms -200
info: System.Net.Http.HttpClient.BooksApiClient.ClientHandler[100]
      Sending HTTP request PUT https://localhost:5001/api/BookChapters/
40cfc158-38b5-43ff-8964-57a0bbf95903
info: System.Net.Http.HttpClient.BooksApiClient.ClientHandler[101]
      Received HTTP response headers after 7421.4237ms -204
Status code: NoContent
Updated chapter .NET Applications and Tools
```

25.3.4 发送DELETE请求

使用示例客户端展示的最后一个请求是HTTP DELETE请求。当发送DELETE请求时，不需要JSON信息，而只需要传递标识符。这一次不使用扩展方法，而是直接使用HttpClient类的DeleteAsync()方法来删除资源(代码文件BooksApi/BookServiceClient/BooksApiClient.cs)：

```
public async Task RemoveChapterAsync()
{
  Console.WriteLine(nameof(RemoveChapterAsync));
  var chapters = await _httpClient.GetFromJsonAsync<IEnumerable<BookChapter>>(
    _booksApiUri);
  if (chapters == null) return;

  var chapter = chapters.SingleOrDefault(c => c.Title == "ADO.NET and Transactions");
  if (chapter != null)
  {
    string uri = $"{_booksApiUri}/{chapter.Id}";
    var response = await _httpClient.DeleteAsync(uri);
    if (response.IsSuccessStatusCode)
    {
      Console.WriteLine($"removed chapter {chapter.Title}");
    }
  }
```

```
  Console.WriteLine();
}
```

运行应用程序时，RemoveChapterAsync()方法首先显示 HTTP GET 方法的状态，因为它使用了 GET 请求来获取所有章节。在状态信息之后，显示了成功的 DELETE 请求：

```
RemoveChapterAsync
info: System.Net.Http.HttpClient.BooksApiClient.ClientHandler[100]
      Sending HTTP request GET https://localhost:5001/api/BookChapters
info: System.Net.Http.HttpClient.BooksApiClient.ClientHandler[101]
      Received HTTP response headers after 36.4147ms -200
https://localhost:5001/api/BookChapters/cefbfc7d-1b21-4851-94c0-1c4fe76d47e7
info: System.Net.Http.HttpClient.BooksApiClient.ClientHandler[100]
      Sending HTTP request DELETE https://localhost:5001/api/BookChapters/
cefbfc7d-1b21-4851-94c0-1c4fe76d47e7
info: System.Net.Http.HttpClient.BooksApiClient.ClientHandler[101]
      Received HTTP response headers after 34.8404ms -200
removed chapter ADO.NET and Transactions
```

25.4　使用 EF Core 和服务

第 21 章介绍了如何使用 Entity Framework Core (EF Core)将对象映射到关系上。Web API 控制器可以轻松使用 DbContext。在示例应用程序中，完全不需要修改控制器，而只需要创建和注册一个不同的存储库即可使用 EF Core。本节将介绍需要用到的所有步骤。

首先在一个名为 Books.Data 的新的.NET5 库中创建访问数据库的代码。为了在 EF Core 中使用 SQL Server，需要把 NuGet 包 Microsoft.EntityFrameworkCore.SqlServer 添加到包含服务的项目中。前面已经定义了 BookChapter 记录和 IBookChapterService 接口。在新的解决方案中，在共享库 Books.Shared 中定义了 BookChapter 记录，客户端和服务器都会使用它。IBookChapter 接口在 Books.Data 库中定义，只有服务器会使用它。

下面的代码片段中显示的 BooksContext 类定义了 BookChapter 记录到数据库表的映射。模型定义指定了 Title 列最多只有 120 个字符。为了让控制器不强依赖于上下文，BooksContext 类实现了 IBookChapterService 接口。与此接口之前的实现不同，现在使用 DbContext 基类的成员来把数据写入数据库(代码文件 BooksData/Books.Data/Models/BooksContext.cs)：

```
public class BooksContext : DbContext, IBookChapterService, IDisposable
{
  public BooksContext(DbContextOptions<BooksContext> options)
    : base(options)
  {
    ChangeTracker.QueryTrackingBehavior = QueryTrackingBehavior.NoTracking;
  }

  public DbSet<BookChapter> Chapters => Set<BookChapter>();

  protected override void OnModelCreating(ModelBuilder modelBuilder)
  {
    modelBuilder.Entity<BookChapter>().Property(b => b.Title).HasMaxLength(120);
  }

  public async Task AddAsync(BookChapter chapter)
  {
```

```
    await Chapters.AddAsync(chapter);
    await SaveChangesAsync();
  }

  public async Task AddRangeAsync(IEnumerable<BookChapter> chapters)
  {
    await this.Chapters.AddRangeAsync(chapters);
    await SaveChangesAsync();
  }

  public async Task<IEnumerable<BookChapter>> GetAllAsync()
  {
    var chapters = await Chapters.ToListAsync();
    return chapters;
  }

  public async Task<BookChapter?> FindAsync(Guid id)
  {
    var chapter = await Chapters.FindAsync(id);
    return chapter;
  }

  public async Task<BookChapter?> RemoveAsync(Guid id)
  {
    var chapter = await Chapters.FindAsync(id);
    Chapters.Remove(chapter);
    await SaveChangesAsync();
    return chapter;
  }

  public async Task<BookChapter?> UpdateAsync(BookChapter chapter)
  {
    Chapters.Update(chapter);
    await SaveChangesAsync();
    return chapter;
  }
}
```

需要在DI容器中添加EF Core和SQL Server来调用扩展方法AddDbContext()和UseSqlServer()。当服务(或者这里的控制器)请求IBookChapterService时，现在会返回BooksContext类的一个实例。使用AddDbContext()方法来添加BooksContext。在这个方法的选项中传递了一个连接字符串(代码文件BooksData/BooksApi/Startup.cs)：

```
public void ConfigureServices(IServiceCollection services)
{
  services.AddDbContext<IBookChapterService, BooksContext>(options =>
  {
    var connectionString = Configuration.GetConnectionString("BooksConnection");
      options.UseSqlServer(connectionString);
  });
  services.AddControllers();
  //...
}
```

在宿主应用程序的应用程序设置中定义了连接字符串(配置文件 BooksData/BooksApi/appsettings.json):

```
"ConnectionStrings": {
  "BooksConnection": "server=(localdb)\\mssqllocaldb;database=APIBooksSample;
  trusted_connection=true;"
}
```

为了创建数据库并使用示例数据初始化数据库，创建一个使用示例 EF Core 上下文类(需要引用 Books.Data 库)的控制台应用程序，并使用前面用过的 SampleChapters 类的示例实现。下面的代码片段显示了初始化应用程序的顶级语句，这里配置了 DI 容器。通过使用 BooksContext 创建了数据库，然后使用 SampleChapters 类中的章来填充数据库(代码文件 BooksData/Books.Initializer/Program.cs):

```
using Books.Data;
using Books.Services;
using Microsoft.EntityFrameworkCore;
using Microsoft.Extensions.Configuration;
using Microsoft.Extensions.DependencyInjection;
using Microsoft.Extensions.Hosting;

using var host = Host.CreateDefaultBuilder(args)
  .ConfigureServices((context, services) =>
  {
    string booksConnection = context.Configuration.GetConnectionString("BooksConnection");
    services.AddDbContext<BooksContext>(options =>
    {
      options.UseSqlServer(booksConnection);
    });

    services.AddTransient<SampleChapters>();
  })
  .Build();

using var scope = host.Services.CreateScope();
var booksContext = scope.ServiceProvider.GetRequiredService<BooksContext>();
await booksContext.Database.EnsureCreatedAsync();

var sampledata = scope.ServiceProvider.GetRequiredService<SampleChapters>();
var chapters = sampledata.GetSampleChapters();
await booksContext.Chapters.AddRangeAsync(chapters);
await booksContext.SaveChangesAsync();
```

注意:

EF Core 还允许使用迁移创建数据库。关于如何在应用程序中实现迁移的更多信息，请阅读第 21 章。

控制器的代码与前面的示例代码相同，并不需要修改。控制器类 BookChaptersController 注入了 IBookChapterService。这个示例解决方案包含一个不同的实现，但是对于控制器，满足了相同的契约，你现在可以使用数据库运行客户端和服务器。

25.5 使用 Azure AD B2C 进行身份验证和授权

在开发服务时，身份验证和授权是重要的部分。我们不会允许每个用户或每个应用程序把数据写入数据库，或者可能需要允许更多的用户读取数据。第 20 章讨论了如何使用 Azure Active Directory (AD)在 ASP.NET Core Web 应用程序中实现身份验证和授权。本章将使用 Azure Active Directory Business-to-Consumer (B2C)来保护使用 ASP.NET Core 创建的 Web API 的安全。Azure Active Directory B2C 包含 Azure Active Directory 的所有特性，但还包含一个扩展应用，允许用户在 AD 中进行注册。用户可以选择使用电子邮件和密码进行注册，也可以选择使用他们现有的 Twitter、Facebook、Google、Microsoft 账户或者其他 OpenID Connect 和 OAuth 账户进行注册。你只需要向自己想要支持的提供程序注册应用程序。

创建了 Azure Active Directory B2C 服务后，可以配置标识提供程序，如图 25-2 所示。对于你选择的每个标识提供程序，需要配置客户端 ID 和客户端秘密。使用用户特性能够从用户那里收集信息，例如姓名、电子邮件地址、城市、国家和其他值(如图 25-3 所示)。除了内置的用户特性，还可以添加自定义特性，当用户在应用程序内注册或者修改他们的资料文件时，可以要求他们提供这些特性的值。为了定义在用户注册时向他们提出什么问题，以及应该把什么信息发送给 API 服务，可以创建用户流程。针对注册和登录、编辑资料文件和重置密码，可以创建不同的用户流程。在用户流程中，定义使用的标识提供程序、要求用户提供的信息，以及把什么信息作为令牌内的声明发送给应用程序(如图 25-4 所示)。在创建用户流程后，可以修改对话框的布局，并直接在门户中进行测试(如图 25-5 所示)。

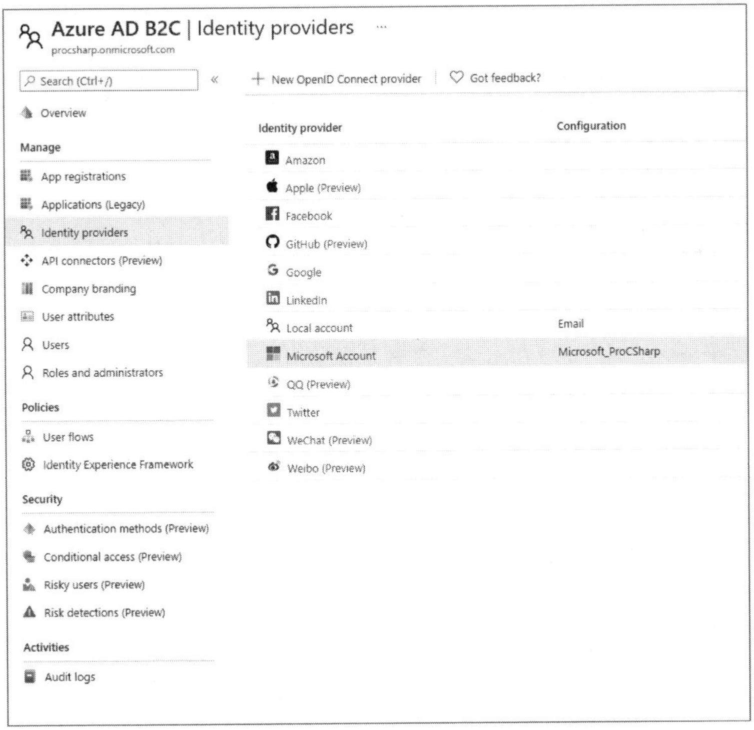

图 25-2

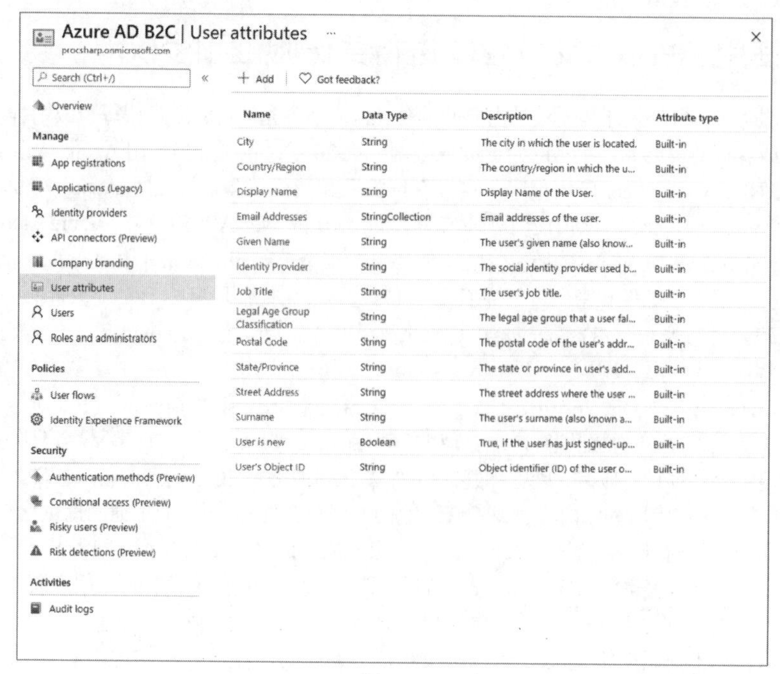

Azure AD B2C | User attributes
procsharp.onmicrosoft.com
Search (Ctrl+/)
Add
Got feedback?
Overview
Manage
App registrations
Applications (Legacy)
Identity providers
API connectors (Preview)
Company branding
User attributes
Users
Roles and administrators
Policies
User flows
Identity Experience Framework
Security
Authentication methods (Preview)
Conditional access (Preview)
Risky users (Preview)
Risk detections (Preview)
Activities
Audit logs
Name | Data Type | Description | Attribute type
City | String | The city in which the user is located. | Built-in
Country/Region | String | The country/region in which the u... | Built-in
Display Name | String | Display Name of the User. | Built-in
Email Addresses | StringCollection | Email addresses of the user. | Built-in
Given Name | String | The user's given name (also know... | Built-in
Identity Provider | String | The social identity provider used b... | Built-in
Job Title | String | The user's job title. | Built-in
Legal Age Group Classification | String | The legal age group that a user fal... | Built-in
Postal Code | String | The postal code of the user's addr... | Built-in
State/Province | String | The state or province in user's add... | Built-in
Street Address | String | The street address where the user ... | Built-in
Surname | String | The user's surname (also known a... | Built-in
User is new | Boolean | True, if the user has just signed-up... | Built-in
User's Object ID | String | Object identifier (ID) of the user o... | Built-in

图 25-3

Create - Microsoft Azure
https://portal.azure.com/#blade/Microsoft_AAD...
Microsoft Azure
Search resources, services, and docs (G+/)
Home > Azure AD B2C > Create a user flow >
Create
Sign up and sign in (Recommended)
Select a different type of user flow
Get started with your user flow with a few basic selections. D
created it.
1. Name
The unique string used to identify this user flow in requests t
B2C_1_* procsharpsusi
2. Identity providers *
Identity providers are the different types of accounts your us
you can add more in the Identity providers section for your d
Please select at least one identity provider
Local accounts
None
Email signup
Social identity providers
Microsoft_ProCSharp
3. Multifactor authentication
Enabling multifactor authentication (MFA) requires your user
more about multifactor authentication.
Type of method
Email
Create
Create
5. User attributes and token claims
User attributes are values collected on sign up. Claims are values about the user returned to the application in the token. You can create custom attributes for use in your directory.
Collect attribute
Return claim
City
Country/Region
Display Name
Email Address
Email Addresses
Given Name
Identity Provider
Identity Provider Access Token
Job Title
Legal Age Group Classification
Postal Code
RestaurantName
State/Province
Ok

图 25-4

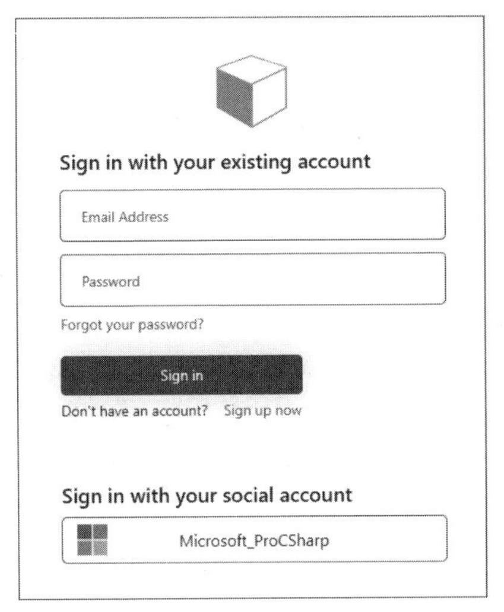

图25-5

为了允许ASP.NET Core服务接收令牌并访问AD中的声明，并且为了允许控制台应用程序验证用户，需要注册这些应用程序。向服务注册一个Web应用程序，如图25-6所示。在注册了应用程序后，就可以为API定义范围。在示例应用程序中，注册了Books.Read和Books.Write范围，以区分读取和写入图书章的操作。需要把客户端应用程序注册为一个公共客户端/原生(移动和桌面)应用程序。在客户端应用程序中，需要配置API权限，并选择前面创建的Books.Read和Books.Write权限。

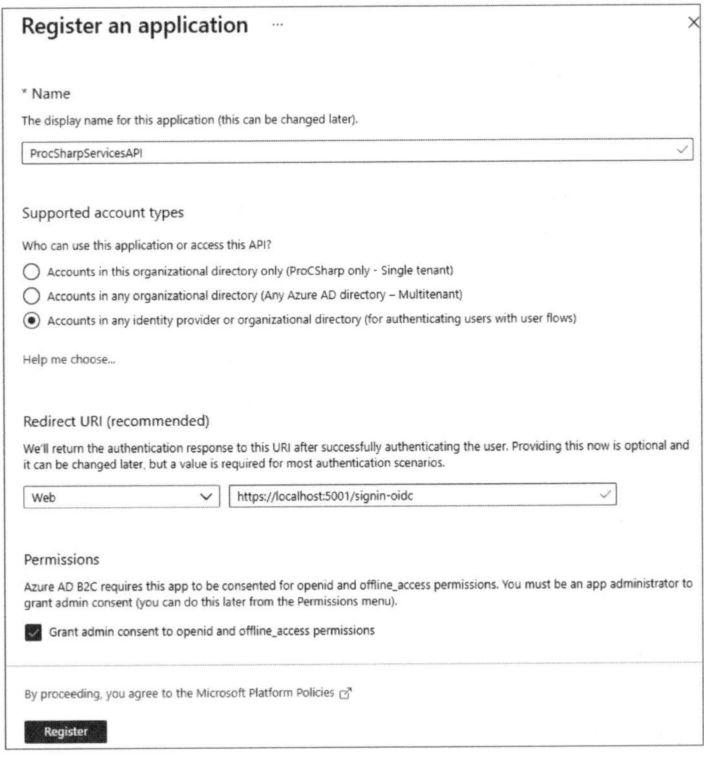

图25-6

25.5.1 创建和配置服务

使用 Azure CLI，可以创建通过 AD B2C 使用身份验证的服务。此时，可以使用几个配置选项：--client-id 用于配置客户端 ID 或应用程序 ID，--domain 用于配置 AD 域的名称，--tenant-id 用于传递 AD 租户的 ID，--susi-policy-id 用于传递流程的名称等。也可以在以后在代码中修改配置：

```
> dotnet new api --auth IndividualB2C -o BooksApi
```

修改现有的Web API服务时，需要添加这些NuGet包：Microsoft.Identity.Web、Microsoft.AspNetCore.Authentication.JwtBearer 和 Microsoft.AspNetCore.Authentication.OpenIdConnect。

在配置文件 appsettings.json 中，需要指定 AzureADB2C 节的值。这些值来自 Azure AD B2C 配置(配置文件 BookDataWithAuthentication/BooksApi/appsettings.json)：

```
"AzureAdB2C": {
  "Instance": "https://login.microsoftonline.com/tfp/",
  "ClientId": "11111111-1111-1111-11111111111111111",
  "Domain": "qualified.domain.name",
  "SignUpSignInPolicyId": ""
},
```

DI 容器需要针对身份验证做一些注册。AddAuthentication()方法注册身份验证需要的服务。为了使用持有者令牌，使用了常量 JwtBearerDefaults.AuthenticationScheme。AddAthentication()方法返回一个 AuthenticationBuilder，然后使用这个生成器的 AddMicrosoftIdentityWebApi()方法。默认情况下，这个 API 使用持有者方案。IConfigurationSection 参数配置了读取配置的节。将 subscribeToJwtBearerMiddlewareDiagnosticsEvents 参数设置为 true 会添加日志信息(代码文件 BookDataAndAuthentication/BooksApi/Startup.cs)：

```
public void ConfigureServices(IServiceCollection services)
{
  services.AddAuthentication(JwtBearerDefaults.AuthenticationScheme)
    .AddMicrosoftIdentityWebApi(Configuration.GetSection("AzureAdB2C"),
     subscribeToJwtBearerMiddlewareDiagnosticsEvents: true);

  //...
}
```

为了向客户端授权以及验证它们的身份，需要在 Configure()方法中向中间件配置添加 UseAuthorization()方法(代码文件 BookDataAndAuthentication/BooksApi/Startup.cs)：

```
public void Configure(IApplicationBuilder app, IWebHostEnvironment env)
{
  if (env.IsDevelopment())
  {
    app.UseDeveloperExceptionPage();
    app.UseSwagger();
    app.UseSwaggerUI(c => c.SwaggerEndpoint("/swagger/v1/swagger.json", "BooksApi v1"));
  }
  app.UseHttpsRedirection();

  app.UseRouting();

  app.UseAuthentication();
  app.UseAuthorization();
```

```
  app.UseEndpoints(endpoints =>
  {
    endpoints.MapControllers();
  });
}
```

需要为控制器添加Authorize特性，以禁止匿名调用。为了在代码中检查不同API调用的范围，可以调用扩展方法VerifyUserHasAcceptedScope()来检查收到的令牌在HttpContext上是否有需要的范围。如果用户没有通过身份验证，则此方法返回401(Unauthenticated)。如果用户通过了身份验证，但令牌不包含必要的范围，则返回403(Forbidden)(代码文件BookDataAndAuthentication/BooksApi/Controllers/BookChaptersController.cs)：

```
[Produces("application/json")]
[Route("api/[controller]")]
[Authorize]
[ApiController]
public class BookChaptersController : ControllerBase
{
  private readonly IBookChapterService _chapterService;
  static readonly string[] readScopesRequired = { "Books.Read" };
  static readonly string[] writeScopesRequired = { "Books.Write" };

  public BookChaptersController(IBookChapterService chapterService)
  {
    _chapterService = chapterService;
  }

  // GET api/bookchapters/guid
  [HttpGet]
  public Task<IEnumerable<BookChapter>> GetBookChapters()
  {
    HttpContext.VerifyUserHasAnyAcceptedScope(readScopesRequired);

    return _chapterService.GetAllAsync();
  }
  //...
}
```

25.5.2 在客户端应用程序中添加身份验证

在客户端应用程序中，用户需要登录，并且每次调用API服务都需要具有访问令牌头。这个客户端需要的NuGet包是Microsoft.Identity.Client。对于使用Azure AD进行身份验证，在appsettings.json文件中添加了一个AzureAdB2C配置节(配置文件BookDataWithAuthentication/BookServiceClient/appsettings.json)：

```
"AzureAdB2C": {
  "ClientId": "11111111-1111-1111-11111111111111111",
  "TenantId": "qualified.domain.name",
  "SignUpSignInPolicyId": ""
},
```

为了处理用户的身份验证，定义了ClientAuthentication类来使用PublicClientApplicationBuilder类

创建一个 IPublicClientApplication 对象。请查看可下载的代码，并阅读第 20 章，以了解关于这个类的信息。对于访问 API，这里重要的是在登录后使用获取的访问令牌。在 ClientAuthentication 类的 LoginAsync()方法中，使用 AuthenticationResult 的 AccessToken 属性来获取访问令牌。这个值被写入 _accessToken 字段。GetAccesstokenAsync()方法返回这个访问令牌值，如下面的代码片段所示。如果 _accessToken 是 null，或者 refresh 参数是 true，就会再次调用 LoginAsync()来获取访问令牌，然后从该方法返回这个令牌(代码文件 BookDataAndAuthentication/BookServiceClient/ClientAuthentication.cs)：

```
private string? _accessToken;

public async ValueTask<string> GetAccesstokenAsync(bool refresh = false)
{
  if (_accessToken is null || refresh)
  {
    await LoginAsync();
  }
  if (_accessToken is null)
  {
    throw new InvalidOperationException("No access token received!");
  }
  return _accessToken;
}
```

委托处理程序 AuthenticationMessageHandler()会使用访问令牌，如下面的代码片段所示。为了获取令牌，将 ClientAuthentication 服务注入到构造函数中。在重写方法 SendAsync()的实现中，从身份验证服务获取访问令牌，添加到请求头中。然后调用 SendAsync()方法，将请求发送给服务。如果返回未授权或者禁用结果，则刷新令牌，并重发请求(代码文件 BookDataAndAuthentication/BookServiceClient/AuthenticationMessageHandler.cs)：

```
public class AuthenticationMessageHandler : DelegatingHandler
{
  private readonly ClientAuthentication _clientAuthentication;
  public AuthenticationMessageHandler(ClientAuthentication clientAuthentication)
  {
    _clientAuthentication = clientAuthentication;
  }

  protected override async Task<HttpResponseMessage> SendAsync(HttpRequestMessage request,
    CancellationToken cancellationToken)
  {
    string token = await _clientAuthentication.GetAccesstokenAsync();
    request.Headers.Authorization = new AuthenticationHeaderValue("Bearer", token);
    var response = await base.SendAsync(request, cancellationToken);
    if (response.StatusCode is HttpStatusCode.Unauthorized or HttpStatusCode.Forbidden)
    {
      token = await _clientAuthentication.GetAccesstokenAsync(refresh: true);
      request.Headers.Authorization = new AuthenticationHeaderValue("Bearer", token);
      response = await base.SendAsync(request, cancellationToken);
    }
    return response;
  }
}
```

在 DI 容器的配置中，将 ClientAuthentication 服务注册为一个单例，并添加 AuthenticationMessageHandler()，

作为类型化客户端BooksApiClient的HttpClient工厂配置的处理程序(代码文件BookDataAndAuthentication/BookServiceClient/Program.cs)：

```
using var host = Host.CreateDefaultBuilder(args)
  .ConfigureServices((context, services) =>
  {
    var clientAuthenticationSettings = context.Configuration.GetSection("AzureAdB2C");
    services.Configure<ClientAuthenticationOptions>(clientAuthenticationSettings);
    services.AddSingleton<ClientAuthentication>();
    var bookApiSettings = context.Configuration.GetSection("BooksService");
    services.Configure<BooksApiClientOptions>(bookApiSettings);
    services.AddTransient<AuthenticationMessageHandler>();
    services.AddHttpClient<BooksApiClient>(config =>
    {
      var baseAddress = context.Configuration.GetSection("BooksService")["BaseAddress"]
        ?? "https://localhost:5001";
      config.BaseAddress = new Uri(baseAddress);
    }).AddHttpMessageHandler<AuthenticationMessageHandler>();
  }).Build();
```

有了这些代码后，就可以在启动应用程序时验证用户的身份。BooksApiClient可以采用与之前相同的实现，因为通过消息处理程序，会注入HttpClient的每次调用，以添加访问令牌。

25.6 通过gRPC实现和使用服务

从服务发送JSON时，使用JavaScript客户端的效果最好，因为从JSON树很容易创建JavaScript对象。但是，为了降低序列化需要的CPU时间以及需要的内存和网络带宽(同时降低成本)，其他选项可能更加实用。在下一个解决方案中，将使用相同的Books.Shared和Books.Data库，但是使用gRPC来实现服务和客户端。

25.6.1 创建一个gRPC项目

.NET SDK内置了对gRPC的支持。可以使用.NET CLI创建一个新的gRPC服务项目：

```
> dotnet new grpc -o GRPCService
```

gRPC项目是一个ASP.NET Core项目，只是添加了一些东西。在项目文件中，可以看到项目引用了NuGet包Grpc.AspNetCore。这个包依赖于Google.Protobuf和Grpc.Tools。Google为二进制序列化定义了协议缓冲区(Protocol buffers，Protobuf)(参见网址25-6)。.NET SDK包含一个Protobuf编译器，基于Protobuf元素引用的定义文件来创建类。通过将GrpcServices特性设置为Server，创建了服务器的一个存根。该存根接收二进制消息，调用服务的方法，并返回二进制消息给调用者(代码文件GRPC/GRPCService/GRPCService.csproj)：

```
<Project Sdk="Microsoft.NET.Sdk.Web">

  <PropertyGroup>
    <TargetFramework>net5.0</TargetFramework>
    <Nullable>enable</Nullable>
  </PropertyGroup>

  <ItemGroup>
    <None Remove="Protos\sensor.proto" />
```

```
  </ItemGroup>

  <ItemGroup>
    <Protobuf Include="Protos\sensor.proto" GrpcServices="Server" />
    <Protobuf Include="Protos\books.proto" GrpcServices="Server" />
  </ItemGroup>

  <ItemGroup>
    <PackageReference Include="Grpc.AspNetCore" Version="2.34.0" />
  </ItemGroup>

  <ItemGroup>
    <ProjectReference Include="..\Books.Data\Books.Data.csproj" />
  </ItemGroup>

</Project>
```

在由模板生成的代码中，Program.cs 文件包含的 Main()方法使用 Host 类来配置 Startup 类，这些代码与前面看过的 ASP.NET Core 项目没有区别，所以这里不再重复。在 Startup 类中，使用 AddGrpc()方法在 DI 容器中配置 gRPC 使用的服务，如下面的代码片段所示。AddGrpc()方法返回一个IGrpcServerBuilder，从而允许进一步配置 gRPC 服务。另外，EF Core 上下文的配置与之前相同(代码文件 GRPC/GRPCService/Startup.cs)：

```
public void ConfigureServices(IServiceCollection services)
{
  services.AddGrpc();
  services.AddDbContext<IBookChapterService, BooksContext>(options =>
  {
    string connectionString = _configuration.GetConnectionString("BooksConnection");
    options.UseSqlServer(connectionString);
  });
}
```

在中间件方法 Configure()中配置了端点路由后，使用 MapGrpcService()将 BooksService 和SensorService 类映射到端点(代码文件 GRPC/GRPCService/Startup.cs)：

```
app.UseEndpoints(endpoints =>
{
  endpoints.MapGrpcService<BooksService>();
  endpoints.MapGrpcService<SensorService>();

  endpoints.MapGet("/", async context =>
  {
    await context.Response.WriteAsync("Use a gRPC client!");
  });
});
```

25.6.2 使用 Protobuf 定义契约

在实现服务类之前，需要在一个.proto 文件中指定契约。在示例应用程序中，下面的代码片段中的 books.proto 定义了一个服务的契约，该服务使用数据库来读写图书的章。syntax 元素定义了 Protobuf 的版本。package 元素用于防止命名冲突。如果没有指定 csharp_namespace 选项，则包名定义了生成的 C#类的名称空间。在示例代码中，定义了 csharp_namespace，所以生成的名称空间名是

GRPCService。service 元素指定了服务提供的操作。示例代码定义了 GetBookChapters 和 AddBookChapter 操作。每个操作都需要关于发送给服务和从服务返回的消息的信息。GetBookChapters 返回使用名称 GetBookChapterResponse 定义的消息。此操作不需要向服务发送数据，所以使用了 Empty 消息。为了使 Empty 消息可用，需要导入 empty.proto 文件。

使用 message 元素定义了 GetBookChapterResponse。这个 message 元素嵌套了另外一个 message 元素：Chapter。使用 repeated 修饰符声明一个字段时，可以重复该字段任意多次(返回任意数量的图书章就是这种情况)。Chapter 消息指定了在数据库中读写图书章记录时需要的所有成员。每个字段使用的数字是用于二进制编码的唯一标签。可以使用 Protobuf 特定的数据类型，如 string、int32 等。这些类型独立于平台，映射到 C#数据类型，如 string 和 int 等(协议文件 GRPC/GRPCService/Protos/books.proto)：

```
syntax = "proto3";
package bookservice;
option csharp_namespace = "GRPCService";

import "google/protobuf/empty.proto";


// The book service definition.
service GRPCBooks {
  rpc GetBookChapters (google.protobuf.Empty) returns (GetBookChapterResponse);
  rpc AddBookChapter (AddBookChapterRequest) returns (AddBookChapterResponse);
}

message AddBookChapterRequest {
  Chapter Chapter = 1;
}

message AddBookChapterResponse {
  Chapter Chapter = 1;
}

message GetBookChapterResponse {
  repeated Chapter chapters = 1;
}

message Chapter {
  string id = 1;
  int32 number = 2;
  string title = 3;
  int32 pageCount = 4;
}
```

注意：

在使用 gRPC 进行序列化时，Protobuf 并不是唯一可用的选项。另外一个选项是 Microsoft 的 Bond 框架(https://github.com/microsoft/bond)。与为 gRPC 使用 Protobuf 类似，Bond 也提供了多平台和多语言支持。要为 gRPC 使用 Bond，可以参考以下链接的说明：https://microsoft.github.io/bond/manual/bond_over_grpc.html。虽然 Microsoft 内部经常使用 Bond，但为 gRPC 使用 Protobuf 在社区中更常用。

25.6.3 实现一个 gRPC 服务

Protobuf 编译器为定义的每个消息创建类，还为服务创建类。在使用库来访问数据库时，定义了 BookChapter 记录。在使用 gRPC 服务时，由 Protobuf 编译器创建对应的 Chapter 类。为了方便在这两种类型之间进行转换，应用程序定义了扩展方法 ToBookChapter()和 ToGRPCChapter()(代码文件 GRPC/GRPCService/Services/BooksService.cs)：

```
static class ChapterExtensions
{
  public static BookChapter ToBookChapter(this Chapter chapter) =>
    new BookChapter(
      Guid.Parse(chapter.Id),
      chapter.Number,
      chapter.Title,
      chapter.PageCount);

  public static Chapter ToGRPCChapter(this BookChapter chapter) =>
    new Chapter
    {
      Id = chapter.Id.ToString(),
      Number = chapter.Number,
      Title = chapter.Title,
      PageCount = chapter.PageCount
    };
}
```

由于 proto 文件中的 service 定义，创建了一个静态类 GRPCBooks，它包含一个抽象基类 GRPCBooks.GRPCBooksBase。外层类的名称来自服务的名称，为这个名称加上 Base 后缀作为内层类的名称。GRPCBooksBase 类定义了 GetBookChapters()和 AddBookChapter()方法，你需要重写它们，如下面的代码片段所示。在 AddBookChapter()的实现中，使用注入的 IBookChapterService 来添加一本图书(首先把它从 gRPC 类转换为记录)到数据库中。GetBookChapters()在数据库中查询全部图书章，然后转换这些章，并把它们添加到响应中(代码文件 GRPC/GRPCService/Services/BooksService.cs)：

```
public class BooksService : GRPCBooks.GRPCBooksBase
{
  private readonly IBookChapterService _bookChapterService;
  private readonly ILogger _logger;
  public BooksService(ILogger<BooksService> logger,
    IBookChapterService bookChapterService)
  {
    _logger = logger;
    _bookChapterService = bookChapterService;
  }

  public override async Task<AddBookChapterResponse> AddBookChapter(
    AddBookChapterRequest request, ServerCallContext context)
  {
    var bookChapter = request.Chapter.ToBookChapter();
    await _bookChapterService.AddAsync(bookChapter);
    AddBookChapterResponse response = new()
    {
      Chapter = bookChapter.ToGRPCChapter()
    };
```

```
    return response;
  }

  public override async Task<GetBookChapterResponse> GetBookChapters(
    Empty request, ServerCallContext context)
  {
    var bookChapters = await _bookChapterService.GetAllAsync();
    GetBookChapterResponse response = new();
    response.Chapters.AddRange(bookChapters.Select(bc => bc.ToGRPCChapter()).ToArray());
    return response;
  }
}
```

25.6.4 实现一个 gRPC 客户端

为了实现一个 gRPC 客户端应用程序，使用了一个.NET 控制台应用程序。为了添加 NuGet 包和定义来创建客户端存根，在 Visual Studio 中可以添加 gRPC 服务的连接服务，并引用 proto 文件。如果不使用 Visual Studio，则需要添加 NuGet 包 Google.Protobuf、Grpc.Net.ClientFactory 和 Grpc.Tools。要在客户端使用 Host 类，还需要添加 NuGet 包 Microsoft.Extensions.Hosting。为创建客户端代理，使用 Protobuf 元素引用服务器的 proto 文件，并将 GrpcServices 特性设置为 Client。这就创建了客户端的存根(项目文件 GRPC/GRPC.BooksClient/GRPC.BooksClient.csproj)：

```
<Project Sdk="Microsoft.NET.Sdk">
  <PropertyGroup>
    <OutputType>Exe</OutputType>
    <TargetFramework>net5.0</TargetFramework>
    <Nullable>enable</Nullable>
  </PropertyGroup>

  <ItemGroup>
    <PackageReference Include="Google.Protobuf" Version="3.15.6" />
    <PackageReference Include="Grpc.Net.ClientFactory" Version="2.36.0" />
    <PackageReference Include="Grpc.Tools" Version="2.36.4">
      <PrivateAssets>all</PrivateAssets>
      <IncludeAssets>runtime; build; native; contentfiles; analyzers;
        buildtransitive</IncludeAssets>
    </PackageReference>
    <PackageReference Include="Microsoft.Extensions.Hosting" Version="5.0.0" />
  </ItemGroup>

  <ItemGroup>
    <ProjectReference Include="..\Books.Shared\Books.Shared.csproj"/>
  </ItemGroup>

  <ItemGroup>
    <Protobuf Include="..\GRPCService\Protos\books.proto" GrpcServices="Client">
      <Link>Protos\books.proto</Link>
    </Protobuf>
  </ItemGroup>

  <ItemGroup>
    <None Update="appsettings.json">
      <CopyToOutputDirectory>PreserveNewest</CopyToOutputDirectory>
    </None>
  </ItemGroup>
```

```
</Project>
```

从 books.proto 文件创建的存根的名称是 GRPCBooks.GRPCBooksClient。NuGet 包 Grpc.Net.ClientFactory 提供了一个与 HttpClient 工厂类似的工厂。在下面的代码片段中可以看到，可以调用 AddGrpcClient()方法，并通过泛型参数传递生成的存根类。除了其他配置以外，使用 GrpcClientFactoryOptions 类型的选项，可以指定服务的 Address。GrpcChannelOptions 允许指定最大消息大小、重试次数、缓冲区大小以及在取消时是否应该抛出 OperationCanceledException(代码文件 GRPC/GRPC.BooksClient/Program.cs)：

```
using GRPCService;
using Microsoft.Extensions.DependencyInjection;
using Microsoft.Extensions.Hosting;
using System;

using var host = Host.CreateDefaultBuilder(args)
  .ConfigureServices((context, services) =>
  {
    services.AddGrpcClient<GRPCBooks.GRPCBooksClient>(options =>
    {
      string grpcServiceUri = context.Configuration["GrpcServiceUri"]
        ?? "https://localhost:5001";
      options.Address = new Uri(grpcServiceUri);
      options.ChannelOptionsActions.Add(options =>
      {
        options.ThrowOperationCanceledOnCancellation = true;
      });
    });

    services.AddSingleton<Runner>();
  })
  .Build();

Console.WriteLine("press return to start");
Console.ReadLine();

var runner = host.Services.GetRequiredService<Runner>();
await runner.RunAsync();

Console.ReadLine();
```

Runner 类使用 gRPC 客户端存根来调用服务。在其构造函数中注入了 GRPCBooks.GRPCBooksClient。在 RunAsync()方法中，调用了 AddBookChapterAsync()和 GetBookChaptersAsync()代理方法来向服务发送消息以及接收结果(代码文件 GRPC/GRPC.BooksClient/Runner.cs)：

```
public class Runner
{
  private readonly GRPCBooks.GRPCBooksClient _booksClient;
  private readonly ILogger _logger;
  public Runner(GRPCBooks.GRPCBooksClient booksClient, ILogger<Runner> logger)
  {
    _booksClient = booksClient;
    _logger = logger;
  }
```

```
  public async Task RunAsync()
  {
    CancellationTokenSource cts = new(10000); // cancel after 10 seconds

    try
    {
      BookChapter bookChapter = new(Guid.NewGuid(), 43, "A new GPRC chapter", 20);
      AddBookChapterRequest request = new()
      {
        Chapter = bookChapter.ToGRPCChapter()
      };

      var addBookResponse = await _booksClient.AddBookChapterAsync(request);
      Console.WriteLine($"added a new book");

      var getBookResponse = await _booksClient.GetBookChaptersAsync(new Empty());
      var bookChapters = getBookResponse.Chapters.Select(
        c => c.ToBookChapter()).ToArray();
      foreach (var chapter in bookChapters)
      {
        Console.WriteLine($"{chapter.Number}: {chapter.Title}");
      }
    }
    catch (Exception ex)
    {
      _logger.LogError(ex, ex.Message);
      throw;
    }
  }
}
```

25.6.5 gRPC 的流传输

gRPC 提供了异步流，如下面的示例所示。不同于请求/响应场景，数据流可以从客户端发送到服务，也可以从服务发送到客户端，还可以双向传输。

为了实现流，通过模拟一个连续向客户端发送传感器数据的设备来增强了 GRPCService。对于下面的 sensor.proto 文件，当收到一条消息来调用 GetSensorData 操作后，将把一个 SensorData 消息流返回给客户端。SensorData 消息定义了发送的数据。该消息包含两个 int32 值和一个时间戳。对于时间戳值，需要导入 google/protobuf/timestamp.proto。要把流传递给客户端，rpc 操作 GetSensorData 通过 stream 修饰符指定返回一个 SensorData 消息的流(代码文件 GRPC/GRPCSerivce/Protos/sensor.proto):

```
syntax = "proto3";
package sensing;
option csharp_namespace = "GRPCService";

import "google/protobuf/empty.proto";
import "google/protobuf/timestamp.proto";

service Sensor {
  rpc GetSensorData (google.protobuf.Empty) returns (stream SensorData);
}

message SensorData {
```

```
  google.protobuf.Timestamp timestamp = 1;
  int32 val1 = 2;
  int32 val2 = 3;
}
```

使用这个协议文件时，IServerStreamWriter<SensorData>参数声明了需要重写的方法。这里通过调用 WriteAsync()方法来发送数据流(代码文件 GRPC/GRPCService/Services/SensorService.cs)：

```
public override async Task GetSensorData(Empty request,
  IServerStreamWriter<SensorData> responseStream, ServerCallContext context)
  {
    try
    {
      Random = new();

      while (!context.CancellationToken.IsCancellationRequested)
      {
        await Task.Delay(100, context.CancellationToken);
        SensorData data = new()
        {
          Timestamp = Timestamp.FromDateTime(DateTime.UtcNow),
          Val1 = random.Next(100),
          Val2 = random.Next(100)
        };
        Console.WriteLine($"returning data {data}");
        await responseStream.WriteAsync(data);
      }
    }
    catch (TaskCanceledException ex)
    {
      _logger.LogInformation(ex.Message);
    }
  }
```

客户端应用程序的实现与前面类似，区别在于 sensor.proto 文件。声明返回流时，存根生成的方法返回一个 AsyncServerStreamingCall<SensorData>对象。该对象用于访问 ResonseStream，然后调用其 ReadAllAsync()方法。ReadAllAsync()是 IAsyncStreamReader 的扩展方法，它返回 IAsyncEnumerable。该接口可以用于 await foreach，以异步迭代流(代码文件 GRPC/GRPC.SensorClient/Runner.cs)：

```
public async Task RunAsync()
{
  CancellationTokenSource cts = new(10000); // cancel after 10 seconds

  try
  {
    using var stream = _sensorClient.GetSensorData(new Empty());

    await foreach (var data in
      stream.ResponseStream.ReadAllAsync().WithCancellation(cts.Token))
    {
      Console.WriteLine($"data {data.Val1} {data.Val2} {data.Timestamp.ToDateTime():T}");
    }
  }
  catch (TaskCanceledException ex)
  {
    _logger.LogInformation(ex.Message);
```

```
    }
}
```

注意：
第 11 章介绍了使用 IAsyncEnumerable 的流传输。

运行服务和客户端应用程序时，将把一个流返回给客户端，直到 10 秒钟后请求取消传输。

注意：
除了 gRPC，SignalR 也支持流。第 28 章将介绍 SignalR。

25.7 使用 Azure Functions

使用 ASP.NET Core 创建 REST API 时，可以在自己的 Windows 服务器或者 Linux 服务器上托管 API，也可以使用平台即服务(platform-as-a-service，PaaS)产品，在 Azure App Services 中运行 API。对于后面这种选项，可以使用 Docker 镜像，也可以直接部署应用程序。在所有这些情况中，都需要为一个虚拟机(或物理机)付费。Azure Functions 是创建 REST API 的另外一个选项。使用这种技术时，有一种基于使用情况的付费模式，只需要为调用函数时使用内存和 CPU 的秒数付费。这种基于使用情况的付费模式也称为函数即服务(functions as a service，FaaS)或者无服务器。当然，后台始终会有一个服务器，但定价模型是不同的。

Microsoft Azure 中的 Azure Functions 已经有过几次迭代。第 1 版基于.NET Framework。第 2 版和第 3 版的 Azure Functions 基于.NET Core 2.1 和 3，.NET Core 3 是.NET Core 的长期支持版本。现在，下一代 Azure Functions 已经可用。这一代 Azure Functions 可以在隔离进程模式下运行，这允许在不同于宿主环境的进程内运行函数的代码，即所谓的进程外运行。这样一来，就不依赖于宿主平台上可用的运行库，从而能够使用.NET 5。在撰写本书时，这个版本有一些限制，没有创建 Azure Function 的 Visual Studio 模板，也不能在 Azure 门户中创建函数应用。不过，可以使用 Azure CLI 和 Azure Functions Core Tools(关于如何在 Windows、macOS 和 Linux 上安装 Azure Functions Core Tools 的说明，请访问 https://docs.microsoft.com/en-us/azure/azure-functions/functions-run-local)。

Azure Functions 的示例应用程序提供了与 ASP.NET Core Web API 和 gRPC 示例相同的功能，来读取和创建图书的章，并且也使用了与前面相同的库。如果你创建独立于宿主环境的应用程序功能，则能够灵活地选择和改变使用的技术。

25.7.1 创建一个 Azure Functions 项目

为了创建 Azure Function，我们创建一个新的 Books.Function 文件夹，将当前目录设置为该文件夹，然后使用 Azure Functions 命令行接口，通过 init 动作和--worker-runtime 选项指定 dotnetIsolated：

```
> func init --worker-runtime dotnetIsolated
```

这会创建一个.NET 5 控制台应用程序，并在项目文件中引用 NuGet 包 Microsoft.Azure.Functions.Worker.Sdk 和 Microsoft.Azure.Functions.Worker，还会创建配置文件 host.json 和 local.settings.json，以及使用.NET 的 Program 类，在该类中将创建 Host 类。但是，这一次不使用 CreateDefaultBuilder()来配置服务、配置和日志，而是调用 ConfigureFunctionsWorkerDefaults()方法，如下面的代码片段所示。在示例应用程序中，引用了 Books.Shared 和 Books.Data 项目来使用现有的功能，并像前面一样，使

用 ConfigureServices()方法配置了 EF Core 的上下文。不同的地方是，从环境变量获取连接字符串，而没有使用 IConfiguration 接口(代码文件 AzureFunctions/Books.Function/ Program.cs)：

```
using Books.Data;
using Books.Services;
using Microsoft.EntityFrameworkCore;
using Microsoft.Extensions.DependencyInjection;
using Microsoft.Extensions.Hosting;
using System;

using var host = new HostBuilder()
  .ConfigureFunctionsWorkerDefaults()
  .ConfigureServices(services =>
  {
    string? connectionString = Environment.GetEnvironmentVariable("BooksConnection");
    if (connectionString is null)
      throw new InvalidOperationException("Configure the BooksConnection");

    services.AddDbContext<IBookChapterService, BooksContext>(options =>
    {
      options.UseSqlServer(connectionString);
    });
  })
  .Build();

await host.RunAsync();
```

ConfigureFunctionsWorkerDefaults()方法自定义 JSON 序列化器来忽略大小写，配置了日志来把 ILogger 与 Azure Functions 日志集成，配置了 Azure Function 绑定中间件，并添加了 gRPC 支持。

在系统上本地运行时，使用 local.settings.json 文件来获取 Azure Functions 的配置值。该文件不是 Git 存储库的一部分，不会被部署到 Microsoft Azure 中。Values 节中配置的值将赋值给 Azure Functions 宿主环境的环境变量。使用 dotnetIsolated 选项创建 Azure Function 时，指定了 dotnet-isolated 工作运行库。Azure Functions 要求有 Azure Storage 账户来存储 Azure Function 以及记录日志。为了本地运行 Azure Function，可以使用一个模拟环境代替真实的存储账户。这可以通过 UseDevelopmentStorage 设置来指定。需要添加 BooksConnection 来引用你的 SQL Server 数据库：

```
{
  "IsEncrypted": false,
  "Values": {
    "AzureWebJobsStorage": "UseDevelopmentStorage=true",
    "FUNCTIONS_WORKER_RUNTIME": "dotnet-isolated",
    "BooksConnection":
      "server=(localdb)\\mssqllocaldb;database=BooksDatabase;trusted_connection=true"
  }
}
```

像前一章介绍的那样，可以自定义 Host 类来添加自定义中间件(需要使用 ConfigureFunctionsWorkerDefaults()方法的 IFunctionsWorkerApplicationBuilder 参数)，还可以添加配置提供程序(如第 15 章介绍的 Azure App Configuration 提供程序)，以及用于 DI 注入的自定义服务。

25.7.2 添加HTTP Trigger函数

要在项目中添加函数，可以使用func new命令，并通过--template参数提供模板的名称。在示例应用程序中，HTTP请求将触发函数，所以使用了Http Trigger模板：

```
> func new --name BooksService --authlevel anonymous --template "Http Trigger"
```

生成的类被定义为一个包含静态方法的静态类。但是，可以将其修改为一个实例类来使用构造函数注入。在下面的代码片段中，在构造函数中注入了IBookChapterService(代码文件AzureFunctions/Books.Function/BooksService.cs)：

```
public class BooksService
{
  private readonly IBookChapterService _bookChapterService;
  public BooksService(IBookChapterService bookChapterService)
  {
    if (bookChapterService is null)
      throw new ArgumentNullException(nameof(bookChapterService));
    _bookChapterService = bookChapterService;
  }
  //...
}
```

Function特性声明了一个函数。GetChaptersAsync()方法的第一个参数中指定的HttpTrigger特性定义了如何调用该函数。在下面的声明中，路由chapters的HTTP GET请求会调用该函数。对于不同的触发器类型，使用不同的参数类型。对于HttpTrigger，参数类型是HttpRequestData。这个类型用于从调用者读取请求，以及发送响应。在示例实现中，使用IBookChapterService来获取章列表，使用WriteAsJsonAsync()扩展方法(在Microsoft.Azure.Functions.Worker.Http名称空间定义)将其转换为JSON，创建JSON数据，并将其写入响应体(代码文件AzureFunctions/Books.Function/BooksService.cs)：

```
[Function("GetChapters")]
public async Task<HttpResponseData> GetChaptersAsync(
  [HttpTrigger(AuthorizationLevel.Anonymous, "get", Route = "chapters")]
    HttpRequestData req,
  FunctionContext executionContext)
{
  var logger = executionContext.GetLogger("BooksService");
  logger.LogInformation("Function GetChapters invoked.");

  var response = req.CreateResponse(HttpStatusCode.OK);
  var chapters = _bookChapterService.GetAllAsync();
  await response.WriteAsJsonAsync(chapters);
  return response;
}
```

使用相同路由上的HTTP POST请求的HttpTrigger声明了AddChapterAsync()。这里使用ReadFromJsonAsync()扩展方法来读取收到的HTTP体，并借助IBookChapterService将图书章写入数据库(代码文件AzureFunctions/Books.Function/BooksService.cs)：

```
[Function("AddChapter")]
public async Task<HttpResponseData> AddChapterAsync(
  [HttpTrigger(AuthorizationLevel.Anonymous, "post", Route = "chapters")]
    HttpRequestData req,
  FunctionContext executionContext)
```

```
{
  var logger = executionContext.GetLogger("BooksService");
  logger.LogInformation("Function AddChapter invoked.");

  var chapter = await req.ReadFromJsonAsync<BookChapter>();
  if (chapter is null)
  {
    logger.LogError("invalid chapter received");
    return req.CreateResponse(HttpStatusCode.BadRequest);
  }
  var response = req.CreateResponse(HttpStatusCode.OK);
  await _bookChapterService.AddAsync(chapter);
  await response.WriteAsJsonAsync(chapter);
  return response;
}
```

要在本地系统上运行 Azure Function，至少在撰写本书时不能从 Visual Studio 中启动它，而是需要在 Azure Functions Core Tools 中启动，它提供了宿主环境：

```
> func start
```

默认情况下，Azure Function 在端口 7071 可用。用于发送 GET 和 POST 请求的 URL 是 http://localhost:7071/api/chapters。

要在 Visual Studio 中进行调试，可以使用选项--dotnet-isolated-debug 来启动函数。通过设置这个选项，工作进程会等待至调试器附加到它。

要发送 HTTP 请求，可以使用 dotnet httprepl(第 24 章进行了介绍)或者自定义前面创建的客户端应用程序。

25.8 更多 Azure 服务

除了实现 Azure Functions 来等待 HTTP 请求触发它们，还可以使用它们做更多操作。例如，还可以当消息到达 Azure Storage 账户的队列时触发，使用 Azure Service Bus 中的队列和令牌触发，当 Azure Cosmos 数据库中的数据发生改变时触发，当 Azure Event Grid 或 Azure Event 中心中发生事件时触发，或者使用计时器触发器触发。对于创建小服务，并不一定总是需要响应网络事件，例如 REST API 调用或 RPC 调用。通信也可以异步进行。

如果你的应用程序现在使用多个 API，你希望客户端只使用一个 API 层，然后基于请求把这个 API 层转发给具有正确版本的正确服务，并且想基于客户端 API 使用的订阅实现限流机制，则可以考虑使用 Azure API 管理。这个服务为这类场景提供了优秀的选项。

关于这些场景的更多示例，请访问此链接：https://github.com/ProfessionalCSharp/MoreSamples。

25.9 小结

本章使用 ASP.NET Core 描述了 Web API 的功能。这种技术提供一种简单的方式来创建可以在任何客户端(无论是 JavaScript 还是.NET 客户端)调用的 REST 服务。针对.NET 客户端，本章介绍了如何使用 HttpClient 类，通过不同的 HTTP 动词发送请求，包括使用新的 JSON 扩展方法来处理发送和接收 JSON 数据场景。

你看到了如何在没有做大量修改的情况下，使用 EF Core 来增强 API 示例，以访问数据库，以及如何为服务和客户端应用程序添加身份验证和授权。

本章还介绍了使用 gRPC 进行平台独立的通信，以及 gRPC 的流传输。

实现 REST API 的另外一种选项是使用 Azure Functions。借助于 DI 容器，可以使用 Azure Function 和前面实现的类来提供相同的功能。

第 26 章将介绍如何在 ASP.NET Core 中使用 Razor 页面和 MVC 来创建用户界面。

第26章 Razor 页面和 MVC

本章要点

- 使用 Razor 页面
- 使用 Razor 语法
- 使用 Razor 页面和 MVC 的路由
- 在库中实现 Razor 页面
- 注入服务
- 使用 HTML Helper
- 创建和使用 Tag Helper
- 创建和使用视图组件
- Razor 页面和 ASP.NET Core MVC 的区别

本章源代码：

通过扫描封底二维码下载本书源代码。本章源代码可以在代码文件的 3_Web/RazorAndMVC 目录中找到。

本章代码分为以下几个主要的示例文件：

- WebAppSample (Razor 页面 Web 应用程序)
- BooksViews (库中的 Razor 页面)
- CustomTagHelpers
- EventViews (视图组件)
- MVCSample (ASP.NET Core MVC Web 应用程序)

所有项目都启用了可空引用类型。

26.1 为 Razor 页面和 MVC 建立服务

第 24 章展示了 ASP.NET Core 的基础，介绍中间件以及依赖注入，还介绍了 HTTP 请求和响应的特性。本章为 Razor 页面和 MVC 使用依赖注入和中间件，从而减少在创建功能完整的 Web 应用程序时需要编写的代码。

基于 MVC(Model-View-Controller，模型-视图-控制器)模式(如图 26-1 所示)构建的 Web 页面把模型(代表数据的实体对象)、视图(用户界面，包括 HTML 代码)和功能(控制器)清晰地分隔开。

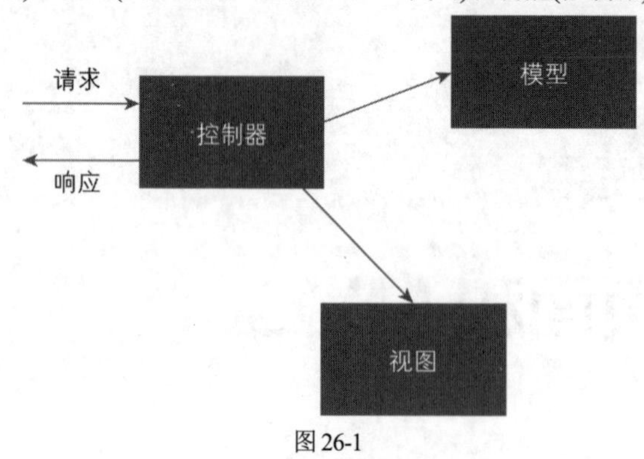

图 26-1

Razor 页面是更加简单的概念，可以在一个页面中将 HTML 代码和 C#代码混合起来，但也可以使用代码隐藏文件把它们拆分开，你可能已经通过 WPF 或 WinUI 应用程序了解了这一点。依赖注入是 Razor 页面和 MVC 都需要的一个重要概念。

26.1.1　创建 Razor 页面项目

ASP.NET Core 2.0 中引入了 Razor 页面，以去除 MVC 的复杂性。Razor 页面提供了一种更简单的方式来开始创建 Web 应用程序。如果你已经有 MVC 的使用经验，那么可以在 Razor 页面中使用 MVC 的许多特性。也可以把 MVC 项目和 Razor 页面混合起来。

使用 Visual Studio 时，可以使用项目模板 Web Application 来创建一个 Razor 页面应用程序。也可以在命令行运行下面的命令来创建示例应用程序：

```
> dotnet new webapp -o WebAppSample
```

使用这个模板时，Main()方法使用 Host 类的方式与第 24 章展示的空 Web 应用程序相同。在 Startup 类的 ConfigureServices()方法中配置 DI 容器。对于 Razor 页面，使用 AddRazorPages()来注册所有必要的服务，其中最重要的是 Razor 视图引擎和寻找以及激活页面的服务(代码文件 WebAppSample/Startup.cs)：

```
public void ConfigureServices(IServiceCollection services)
{
  services.AddRazorPages();
}
```

对于中间件的配置，默认添加了静态文件(Web 应用程序通常需要静态文件，如 CSS 文件和 JavaScript 文件)。使用端点路由时，通过调用 MapRazorPages()方法来添加 Razor 页面的路由(代码文件 WebAppSample/Startup.cs)：

```
public void Configure(IApplicationBuilder app, IWebHostEnvironment env)
{
  if (env.IsDevelopment())
  {
    app.UseDeveloperExceptionPage();
  }
  else
  {
```

```
    app.UseExceptionHandler("/Error");
    app.UseHsts();
  }

  app.UseHttpsRedirection();
  app.UseStaticFiles();

  app.UseRouting();

  app.UseAuthorization();

  app.UseEndpoints(endpoints =>
  {
    endpoints.MapRazorPages();
  });
}
```

在默认配置中，Razor 页面路由使用 Pages 文件夹及其子文件夹，并将 URL 映射到该文件夹中的.cshtml 文件。通过使用 AddRazorOptions()和 AddRazorPageOptions()方法可以覆盖这种设置。如果访问 URL /Hello，则会搜索 Pages/Hello.cshtml 页面。对于 URL /Admin/User，会搜索 Pages/Admin/User.cshtml 页面。如果没有找到这些页面，则在 Views/Shared 文件夹中继续搜索。使用 AddRazorOptions()方法设置 PageViewLocationFormats 属性时，可以改变这种行为。只需将 Pages 文件夹改为其他文件夹，就可以使用 AddRazorPagesOptions()方法来设置 RazorPagesOptions 的 RootDirectory 属性。

26.1.2　理解 Razor 语法

Razor 页面(用于 MVC 时也称为 Razor 视图，用于 Blazor 时则称为 Razor 组件)使用 Razor 语法。使用 Razor 语法可以把 HTML 和 C#代码混合在一起。Razor 使用@字符作为从 HTML 切换到 C#的过渡字符。

在这里，需要对返回值的语句和不返回值的语句做一个重要的区分。隐式 Razor 表达式可以直接使用返回的值。例如，ViewData["Title"]返回一个字符串。在下面的代码片段中，把返回的字符串直接放到了 HTML title 标签内。计算这个表达式后，Razor 会切换到 HTML，所以 title 结束元素前面的字符串只是简单的 HTML：

```
<title>@ViewData["Title"] - WebAppSample</title>
```

使用 Razor 语法时，引擎会在找到 HTML 元素时自动检测到 C#代码的结束。有些时候，无法自动检测到 C#代码的结束。此时，可以使用圆括号来解决这个问题，例如在下面的示例中，使用圆括号来标记一个变量，然后继续输入普通的文本。这是一个显式 Razor 表达式：

```
<div>@(name), Stephanie</div>
```

当调用返回 void 的方法或者指定其他不返回值的语句时，需要使用 Razor 代码块。下面的代码块定义了一个字符串变量：

```
@{
  string name = "Angela";
}
```

现在可以在隐式 Razor 表达式中使用这个变量，只需要使用过渡字符@来访问该变量即可：

```
<div>@name</div>
```

另一种开始一个 Razor 代码块的方式是使用 foreach 语句：

```
@foreach(var item in list)
{
  <li>The item name is @item.</li>
}
```

在 Razor 中，还可以使用@if、else if、else 和@switch 控制结构。使用@for、@foreach、@while 和@do while 来进行循环。

注意：

通常，Razor 会自动检测到文本内容，例如，Razor 会检测到开始尖括号或者变量的圆括号。但在一些情况中，它不能成功地检测。此时，可以显式使用@:来定义文本的开始。

除了在每个 Razor 页面中导入名称空间，还可以使用@using 在 Pages 文件夹中定义的_ViewImports.cshtml 文件中导入名称空间。要为该文件夹中定义的类型声明名称空间，可以使用@namespace(代码文件 WebAppSample/Pages/_ViewImports.cshtml)：

```
@using WebAppSample
@namespace WebAppSample.Pages
@addTagHelper *, Microsoft.AspNetCore.Mvc.TagHelpers
```

此文件中使用@addTagHelper 开始的 Tag Helper 将在后面的“使用 Tag Helper”小节进行介绍。

26.2 Razor 页面

Razor 页面以@page 指令开头，其文件扩展名为.cshtml。下面是包含 HTML 代码的一个简单的 Razor 页面：

```
@page
<h2>HTML Heading</h2>
```

可以使用 dotnet new page 命令，并通过向--name 选项传递一个名称来创建一个 Razor 页面：

```
> dotnet new page --name PageWithCodeBehind
> dotnet new page --name InlinePage --no-pagemodel
```

使用--no-pagemodel 选项，可以创建包含内联代码的 Razor 页面。此时，可以在@functions 代码块中声明 C#方法。所有内容都包含在一个文件中。如果不使用--no-pagemodel 选项，则生成一个代码隐藏文件，并在一个具有.cshtml.cs 文件扩展名的代码隐藏文件的页面模型类中声明 C#方法。默认情况下，使用代码隐藏文件，如下面的 Error 页面所示(代码文件 WebAppSample/Pages/Error.cshtml)：

```
@page
@model ErrorModel
@* ... *@
```

对于 Razor 页面，会创建一个派生自基类 Microsoft.AspNetCore.Mvc.RazorPages.Page 的类。@model 指令使用这个基类的泛型版本，并为泛型参数指定模型的类型。此时，可以使用生成类的 Model 属性来访问底层代码的数据。

在代码隐藏文件中可以看到，使用@model 指令声明的类派生自基类 PageModel(代码文件 WebAppSample/Pages/Error.cshtml.cs)：

```
public class ErrorModel : PageModel
{
  //...
}
```

除了在@functions 代码块中使用内联代码，以及在代码隐藏文件中使用派生自 PageModel 的类，还有第三个选项：可以在@functions 代码块中创建一个派生自 PageModel 的类。在这种变体中，模型声明是相同的，只不过是使用一个而不是两个文件来实现 Razor 页面。使用哪种选项只是个人喜好问题。默认情况下，Visual Studio 创建具有代码隐藏文件的 Razor 页面。下一章将创建的 Razor 组件使用内联代码。

26.2.1　布局

通常，Web 应用程序的许多页面共享一部分相同的内容，例如版权信息、logo 和主导航结构。通过使用布局页面，可以在不同的 Razor 页面之间共享 HTML 代码。

为了使用布局，Razor 页面的基类 PageModel 定义了 Layout 属性。要为 Razor 页面指定默认设置，可以使用_ViewStart.cshtml 文件。在下面的代码片段中，可以看到 Layout 属性被设为_Layout(代码文件 WebAppSample/Pages/_ViewStart.cshtml)：

```
@{
  Layout = "_Layout";
}
```

可以在特定的页面中覆盖这个设置来引用其他布局文件，也可以在其他文件夹中创建包含修改后的内容的其他_Layout.cshtml 文件。

布局页面包含 HTML 声明，html、head 和 body 元素，并且在 body 元素中还包含 header 和 footer 元素。当然，在这个文件中，也可以使用 Razor 语法。由于它具有.cshtml 文件扩展名(但没有@page 指令)，所以为布局页面使用的类是 RazorPage 类。

对于布局页面来说，调用 RenderBody()方法很重要。基类中实现了该方法，用于渲染 Razor 页面的内容。

```
<div class="container">
  <main role="main" class="pb-3">
    @RenderBody()
  </main>
</div>
```

了解了细节后，我们来总结一下这个过程的工作方式：根据路由选择一个 Razor 页面。在该 Razor 页面中，设置了 Layout 属性(在页面自身中设置，或者通过_ViewStart.cshtml 的默认设置来设置)。基于这些信息来处理页面，并渲染一个选定的布局文件。在布局文件中，@RenderBody 方法定义了在 UI 中的什么位置渲染 Razor 页面的结果。图 26-2 显示了在布局内渲染 Index 页面的结果，它显示了菜单和页脚信息。

图 26-2

26.2.2 在视图间传递数据

我们常常需要将信息从一个视图传递给另外一个视图。当然，可以创建一个在请求过程中共享状态的服务(例如在 DI 容器内注册为请求作用域)，并把该服务注入到视图中。但是，对于共享简单的数据，例如应该在 Razor 页面中设置并在布局内显示的标题，这么做太麻烦。此时，可以使用页面的 ViewData 属性。ViewData 提供了一个字典，可以使用字符串作为键，使用索引器传递和访问数据。数据可以是任何对象。

Index 页面通 Title 索引设置 ViewData(代码文件 WebAppSample/Pages/Index.cshtml)：

```
@{
  ViewData["Title"] = "Home page";
}
```

在布局中，获取 ViewData 的值，并显示在 title 元素中(代码文件 WebAppSample/Pages/Shared/_Layout.cshtml)：

```
<title>@ViewData["Title"] -WebAppSample</title>
```

除了使用 ViewData 属性，还可以使用 ViewBag 属性。ViewBag 访问相同的字典，但允许使用类似于属性的语法；

```
ViewBag.Title = "Home page";
```

这看起来更整洁，但智能感知不会提示属性的名称。ViewBag 属性的类型是 dynamic(第 12 章介绍了 dynamic 类型)，所以如果使用了不正确的字符串，编译器也不会报错。

对于只应该读取一次的信息，可以使用 TempData 属性。TempData 值只能被读取一次，在读取后就会被释放。

26.2.3 渲染节

如果想把页面内容放到布局的不同部分，就可以渲染节。为此，需要在布局页面中调用 RenderSectionAsync()方法，如下面的代码片段所示。布局中引用了对于 Web 应用程序的所有页面都有用的 JavaScript 文件。在 Scripts 节中，可以引用只对特定页面有用的其他 JavaScript 文件。如果不想让每个页面都有一个 Scripts 节，可以将 required 参数设置为 false(代码文件 WebAppSample/Pages/Shared/_Layout.cshtml)：

```
<body>
  <!-- -->
  <script src="~/lib/jquery/dist/jquery.min.js"></script>
  <script src="~/lib/bootstrap/dist/js/bootstrap.bundle.min.js"></script>
  <script src="~/js/site.js" asp-append-version="true"></script>
    @await RenderSectionAsync("Scripts", required: false)
</body>
```

在布局页面的 head 元素中，引用了名为 Keywords 的节。在 head 元素内，每个页面都可以添加 HTML 关键字 meta 的值(代码文件 WebAppSample/Pages/Shared/_Layout.cshtml)：

```
<head>
  <meta charset="utf-8"/>
  <meta name="viewport" content="width=device-width, initial-scale=1.0" />
  <title>@ViewData["Title"] -WebAppSample</title>
  @await RenderSectionAsync("Keywords", required:false)
  <link rel="stylesheet" href="~/lib/bootstrap/dist/css/bootstrap.min.css" />
  <link rel="stylesheet" href="~/css/site.css" />
</head>
```

现在，Razor 页面可以使用 Razor 指令@section 和该节的名称来提供节，如下面的代码片段所示(代码文件 WebAppSample/Pages/Index.cshtml)：

```
@section Keywords {
  <meta name="keywords" content="C#, .NET, Azure">
}
```

26.2.4　带参数的路由

Razor 页面的路由通过一个简单的约定来定义：URI 中使用 Pages 文件夹内的 Razor 页面的文件名。除了这个文件名，还可以向页面传递参数，如下面的内联 Razor 页面所示。对于依赖于发送的 HTTP 动词的 Razor 页面，指定了 OnGet()方法和 OnPost()方法。在这些方法中指定的参数会从请求映射过来。这里将 title 和 publisher 参数赋值给 Title 和 Publisher 属性，然后通过访问属性的隐式 Razor 表达式，把它们用到了 HTML 内容中(代码文件 WebAppSample/Pages/ShowBook.cshtml)：

```
@page

<div>
  <dl class="row">
    <dt class="col-sm-2">
      Title
    </dt>
    <dd class="col-sm-10">
      @Title
    </dd>
    <dt class="col-sm-2">
      Publisher
    </dt>
    <dd class="col-sm-10">
      @Publisher
    </dd>
  </dl>
</div>

@functions {
  private string? Title { get; set; }
```

```
  private string? Publisher { get; set; }
  public void OnGet(string? title, string? publisher) =>
    (Title, Publisher) = (title, publisher);
}
```

注意：

当为 HTTP GET 和 HTTP POST 请求实现方法时，有许多选项，只不过使用的方法要包含名称 OnGet 和 OnPost(如果实现中使用了异步方法，则需要包含名称 OnGetAsync 和 OnPostAsync)。指定的参数与路由定义匹配。在示例代码中，将 OnGet()方法声明为返回 void。也可以把它声明为返回其他数据类型，例如，如果只应该返回字符串，就可以让它返回 string。要随着内容一起返回特定的 HTTP 错误代码，可以声明该方法返回一个实现了 IActionResult 接口的对象。在本章后面的“模型绑定”小节中，将声明返回 IAsyncResult 的方法。

现在可以通过 URL 字符串 https://localhost:5001/ShowBook?title=ProCSharp&publisher=Wrox 传递值，在返回的 HTML 页面中将显示它们，如图 26-3 所示。

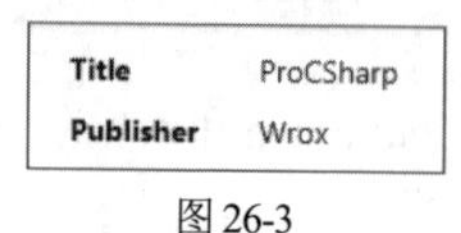

图 26-3

除了在 OnGet()方法中使用参数，还可以访问基类的 RouteData 属性来访问所有路由值。

通过使用@page 指令，可以创建自定义路由，将路由值映射到参数值上。例如，使用@page {title}指令，会将 URL https://localhost:5001/ShowBook/ABook 中的 ABook 映射到 title 变量。Calc 页面使用了@page 指令"{op}/{x}/{y}"。对于 URL https://localhost:5001/Calc/add/38/4，op 变量的值是 add，x 变量的值是 38，y 变量的值是 4。

另外，可以选择为路由定义约束。如果使用@page "{op}/{x:int}/{y:int}"指定 x 的类型是 int，则在 URL 中传递一个不能被转换为 int 的值时，这个路由将不适用，所以将继续搜索下一个匹配的路由。

下面的代码片段使用一个自定义路由，并指定了两个要求映射到 x 和 y 参数的 URL 部分需要能够转换为 int 的路由约束，以及一个指定正则表达式的约束。regex 约束要求路由的值必须匹配 add、sub、mul 和 div 中的一个，以便将其传递给 op 参数。Razor 页面 Calc 使用 CalcModel 模型和 Razor 表达式来访问 Op、X、Y 和 Result 属性(代码文件 WebAppSample/Pages/Calc.cshtml)：

```
@page "{op:regex(^[add|sub|mul|div])}/{x:int}/{y:int}"
@model WebAppSample.Pages.CalcModel

<h2>Calculation</h2>
<h4>The operation @Model.Op with @Model.X and @Model.Y results in @Model.Result</h4>
```

在代码隐藏文件中，CalcModel 类的 OnGet 方法收到 op、x 和 y 参数，根据 op 变量的值进行计算，然后将结果传递给 Result 属性(代码文件 WebAppSample/Pages/Calc.cshtml.cs)：

```
public class CalcModel : PageModel
{
  public string Op { get; set; } = string.Empty;
  public int X { get; set; }
  public int Y { get; set; }
  public int Result { get; private set; }
  public void OnGet(string op, int x, int y)
  {
    Op = op;
```

```
    X = x;
    Y = y;
    Result = Op switch
    {
      "add" => X + Y,
      "sub" => X - Y,
      "mul" => X * Y,
      "div" => X / Y,
      _ => X + Y
    };
  }
}
```

运行应用程序时，可以传递 URL(例如 Calc/add/17/25 或 Calc/mul/8/4)来查看结果，如图 26-4 所示。

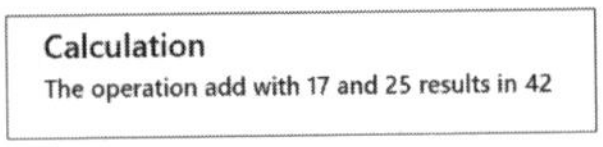

Calculation
The operation add with 17 and 25 results in 42

图 26-4

26.2.5 Razor 库和区域

我们来扩展示例解决方案，以进一步探索 Razor 页面。接下来，添加库来访问数据库。这个解决方案包含前面通过.NET 5 库 BooksModel 创建的 Web 应用程序，和一个 Razor 类库 BooksViews。BooksModel 类只包含一个 Book 记录和一个用于访问数据库的 BooksContext。关于访问数据库的更多信息，请阅读第 21 章。

通过下面的.NET CLI 命令可以创建一个 Razor 类库：

```
> dotnet new razorclasslib --support-pages-and-views -o BooksViews
```

一定要添加 support-pages-and-views 选项，以获得对 Razor 页面的支持。如果不使用此选项，则库将用来托管下一章将介绍的 Razor 组件。使用此选项将在项目文件中添加 AddRazorSupportForMvc 元素。

在 Razor 页面中使用 Razor 类库时，为了避免在命名页面时产生冲突，可以使用区域。区域允许为 URL 使用子文件夹，以减少在 Web 应用程序中使用不同分类中的页面时产生的冲突。

使用区域时，在 Areas 文件夹中为分类(如 Admin 或 Books)的名称添加一个子文件夹，然后再添加一个 Pages 子文件夹，在其中存储 Razor 页面。示例应用程序定义了 Index、Details、Create、Edit 和 Delete Razor 页面来读写 Book 对象。通过在应用程序中引用这个库，可以使用 https://localhost:5001/Books/Create 来访问 Books 区域的 Create 页面，如图 26-5 所示。

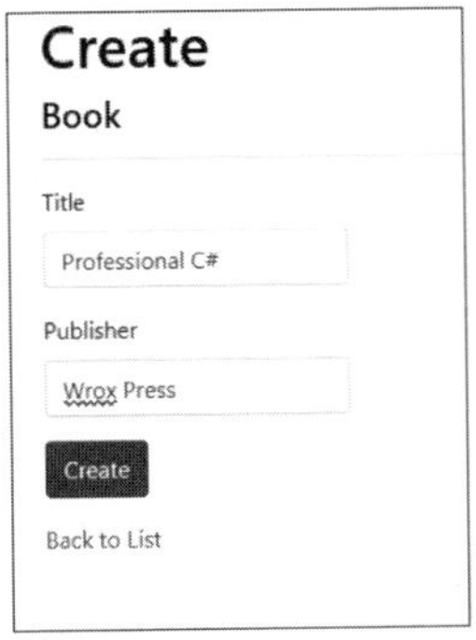

Create
Book

Title
Professional C#

Publisher
Wrox Press

Create

Back to List

图 26-5

在 Web 应用程序中使用 Razor 类库时，可以访问该库的所有页面，但通过在 Web 应用程序中创建相同的文件夹结构，并在该文件夹中添加要重写的 Razor 页面，可以重写库中的特定页面。

库中没有定义布局。通常使用 Web 应用程序定义的布局。为了使用相同的布局，需要为区域创建文件夹结构，然后添加一个_ViewStart.cshtml 文件来设置视图内的 Razor 页面的 Layout 属性(代码文件 WebAppSample/Areas/Books/_ViewStart.cshtml)：

```
@{
  Layout = "~/Pages/Shared/_Layout.cshtml";
}
```

26.2.6 注入服务

在 Razor 页面的代码隐藏文件中，可以注入服务，就像前面两章对控制器和中间件类型所做的那样。在下面的代码片段中，在 CreateModel 类的构造函数中注入了 EF Core 的上下文类 BooksContext(代码文件 BooksViews/Areas/Books/Pages/Create.cshtml.cs)：

```
public class CreateModel : PageModel
{
  private readonly BookModels.BooksContext _context;

  public CreateModel(BookModels.BooksContext context)
  {
    _context = context;
  }
  //...
}
```

除了注入 EF Core 上下文，还可以使用存储库模式，使用 EF Core 上下文的一个抽象，这有助于让应用程序独立于 EF Core 上下文，也有助于应用程序的测试，如第 25 章所述。

要在.cshtml 文件中直接注入服务，而不是在代码隐藏文件中注入，可以使用@inject 声明。第 27 章介绍的 Razor 组件使用这种类型的依赖注入。

26.2.7 返回结果

创建新的图书时，首先发出一个 HTTP GET 请求，得到一个用来填充数据的表单。当用户填充了数据后，HTTP POST 请求把图书数据包含在 HTTP 体内发送给服务器。

当客户端发送一个 GET 请求时，将调用 Create 页面的 OnGet()方法。这里只返回一个空页面。在下面的代码片段的实现中，OnGet()方法返回 IActionResult。PageModel 基类定义了一个帮助方法来返回结果。例如，NotFound()方法返回 NotFoundResult 和 HTTP 404 状态码，Unauthorized()方法返回 UnauthorizedResult 和 401 状态码。使用 StatusCode()方法可以完全控制返回的状态码。PageModel 基类的方法类似于第 25 章看到的 ControllerBase 类的方法。在本章后面的“ASP.NET Core MVC”小节将会看到，MVC 中也会使用 ControllerBase 类的方法。

在 Create 页面中，OnGet()方法调用 Page()方法来返回 Razor 页面的内容和状态码 200(代码文件 BooksView/Areas/Pages/Create.cshtml.cs)：

```
public IActionResult OnGet()
{
  return Page();
}
```

发送 GET 请求时，用户收到表单，填充数据，并通过点击提交按钮来提交表单(如下面的代码片段所示)。这将发送 HTTP POST 请求，下面将会进行介绍(代码文件 BooksView/Areas/Pages/Create.cshtml)：

```
<form method="post">
  <!--...-->
  <input type="submit" value="Create" class="btn btn-primary"/>
</form>
```

26.2.8 模型绑定

为了访问通过 POST 请求收到的数据，可以使用 BindProperty 特性。BindProperty 使用一个模型绑定器(IModelBinder 接口)来把表单数据的值赋值给应用了该特性的类型。在下面的代码片段中，Book 类型的 Book 属性应用了 BindProperty 特性。在 POST 请求调用的 OnPostAsync()方法中，使用收到的 Book 属性在 EF Core 上下文中添加一个新记录，并把新记录写入数据库。成功添加后，将向浏览器发送一个 HTTP 重定向请求，所以浏览器将继续向 Index 页面发送一个 GET 请求(代码文件 BooksView/Areas/Pages/Create.cshtml.cs)：

```
[BindProperty]
public Book? Book { get; set; }

public async Task<IActionResult> OnPostAsync()
{
  if (!ModelState.IsValid || Book is null)
  {
    return Page();
  }

  _context.Books.Add(Book);
  await _context.SaveChangesAsync();

  return RedirectToPage("./Index");
}
```

> **注意：**
> 对于模型类型，应该确保它们不会实现不应该由 Post 请求填充的属性。如果模型有这种属性，则黑客可能通过 POST 请求发起过多提交攻击来填充这些属性。为了避免这种攻击，可以创建一个视图模型类型，在其中只包含应该设置的属性，然后通过代码将模型类型赋值给视图模型类型中的值。另外一个选项是调用 TryUpdateModelAsync()方法(这是 PageModel 基类中的一个方法)而不是使用 BindProperty 特性。通过这个方法的一个参数可以显式指定应该设置的属性。

26.2.9 使用 HTML Helper

对于用户界面，除了通过 Razor 语法使用 HTML 代码和访问模型的表达式，还可以使用 HTML Helper。

在 Razor 页面中，生成的类包含 IHtmlHelper 类型的 Html 属性，或者如果使用了@model 指令，就包含泛型类型 IHtmlHelper<Model>的 Html 属性。通过定义一个扩展了 IHtmlHelper 接口的扩展方法，使其返回一个字符串，也可以创建自定义的 HTML Helper。

在下面的代码片段的 Index 页面中，使用 HTML Helper 的 DisplayNameFor()和 DisplayFor()来生成 HTML 代码。DisplayNameFor()使用一个 lambda 表达式来定义应该用来访问属性名的属性。然后将该属性的名称返回给 HTML 代码。DisplayFor()方法使用相同的表达式，但是返回属性的值。DisplayNameFor() HTML Helper 用在 HTML 表格的表头中，DisplayFor()方法用在@foreach 迭代中，显示集合的每个值(代码文件 BooksView/Areas/Pages/Index.cshtml)：

```
<table class="table">
  <thead>
    <tr>
      <th>
        @Html.DisplayNameFor(model => model.Books![0].Title)
      </th>
      <th>
        @Html.DisplayNameFor(model => model.Books![0].Publisher)
      </th>
      <th></th>
    </tr>
  </thead>
  <tbody>
@foreach (var item in Model.Books!) {
  <tr>
    <td>
      @Html.DisplayFor(modelItem => item.Title)
    </td>
    <td>
      @Html.DisplayFor(modelItem => item.Publisher)
    </td>
    <!--...-->
  </tr>
}
</tbody>
```

很多时候，显示属性的名称没什么用。如下面的代码片段所示，对于模型(或视图模型类型)，可以使用特性，例如使用 DisplayName 来指定用于显示的名称(代码文件 BooksModels/Book.cs)：

```
public record Book(
  [property: MaxLength(50)]
  [property: DisplayName("Title")]
  string Title,

  [property:MaxLength(50)]
  [property:DisplayName("Publisher")]
  string Publisher,

  int BookId = 0);
```

注意：

通过 DisplayName 特性，可以指定使用资源文件中的资源来获取要显示的名称。这允许本地化用户界面。第 22 章介绍了关于本地化的更多信息。

ASP.NET Core 包含许多 HTML Helper。其中有返回简单 HTML 元素的 Helper，如 BeginForm(一个 form 元素)、CheckBox(input type="checkbox")、TextBox(input type="text")和 DropDownList(包含 option 的 select)，也有基于模型返回完整表单的 Helper，如 EditorForModel。

26.2.10 使用 Tag Helper

在 ASP.NET MVC 的早期版本中，也就是 MVC 的.NET Framework 版本中，就提供了 HTML Helper。Tag Helper 则是 ASP.NET Core 中提供的较新的构造。不同于使用 Razor 语法来激活 HTML Helper，在使用 Tag Helper 时，可以在 Razor 页面中使用 HTML 语法。Tag Helper 仍然在服务器上使用服务器端代码解析；HTML 和 JavaScript 语法则返回给客户端。

通过向现有 HTML 元素添加特性可以实现 Tag Helper，它们也可以替换现有元素或创建新元素，如本节和下一节所示。

我们来看使用锚 Tag Helper 的一个示例。在下面的代码片段中，使用 HTML 元素 a 在 Razor 页面中创建了一个链接。在这个元素中，指定了 asp-page、asp-route-id 和 asp-area 特性。后台会生成一个 AnchorTagHelper 类，它包含 Page、Area 和 RouteValues 属性。通过使用 HtmlAttributeName 特性和“asp-page”“asp-area”和“asp-route-{value}”值来标注这些属性。通过使用 asp-前缀，可以轻松地区分这些服务器端的特性名称与 HTML 特性名称。通过 AnchorTagHelper 使用这些特性时，会返回一个指向对应 Razor 页面的 href 特性，其中包含 id 参数(代码文件 BooksView/Areas/Books/Pages/Index.cshtml)：

```
<td>
  <a asp-page="./Edit" asp-route-id="@item.BookId" asp-area="Books">Edit</a> |
  <a asp-page="./Details" asp-route-id="@item.BookId" asp-area="Books">Details</a> |
  <a asp-page="./Delete" asp-route-id="@item.BookId" asp-area="Books">Delete</a>
</td>
```

Tag Helper 的其他示例包括下面的代码片段中显示的 InputTagHelper 和 LabelTagHelper。LabelTagHelper 用于 label 元素，创建用于显示的代码(它也使用 HTML Helper 使用的注释)，InputTagHelper 用于输入元素。这两个 Helper 都将 asp-for 特性映射到 For 属性(代码文件 BooksView/Areas/Books/Pages/Create.cshtml)：

```
<label asp-for="Book!.Publisher" class="control-label"></label>
<input asp-for="Book!.Publisher" class="form-control"/>
```

并不是所有 Tag Helper 都可以通过 asp-前缀轻松检测到。EnvironmentTagHelper 使用 environment 元素。只有当为指定环境构建代码时，才会渲染 environment 元素中的内容。使用 environment 元素时，可以使用 include 和 exclude 特性来包含或者排除一个环境列表。下面的代码片段使用 environment 元素来引用最小化的 JavaScript 文件，或者有助于调试的完整的 JavaScript 文件(代码文件 WebAppSample/Pages/Shared/_Layout.cshtml)：

```
<environment include="Development">
  <script src="~/lib/jquery/dist/jquery.js"></script>
  <script src="~/lib/bootstrap/dist/js/bootstrap.js"></script>
</environment>
<environment exclude="Development">
  <script src="~/lib/jquery/dist/jquery.min.js"></script>
  <script src="~/lib/bootstrap/dist/js/bootstrap.min.js"></script>
</environment>
```

ASP.NET Core Tag Helper 在 Microsoft.AspNetCore.Mvc.TagHelpers 程序集中定义。为了允许在 Razor 页面中使用 Tag Helper，需要通过@addTagHelper 指令激活 Tag Helper。下面的@addTagHelper 指令使用*打开了 Microsoft.AspNetCore.Mvc.TagHelpers 程序集中的所有 Tag Helper(代码文件 WebAppSample/Areas/Books/_ViewImports.cshtml)：

```
@addTagHelper *, Microsoft.AspNetCore.Mvc.TagHelpers
```

除了使用*，也可以使用 Tag Helper 的完全限定的类名。在_ViewImports.cshtml 文件中指定@addTagHelper 指令将在此目录及其子目录的所有 Razor 页面中启用 Tag Helper。如果只应该为特定页面启用 Tag Helper，则在那些页面中使用该指令。

26.2.11　验证用户输入

要在客户端验证用户输入，可以使用 Tag Helper。ValidationMessageTagHelper 将错误消息附加到输入字段(使用了 asp-validation-for 特性)。这个 Helper 会创建 HTML 5 特性 data-valmsg-for。ValidationSummaryTagHelper(使用 asp-validation-summary 特性)显示整个表单的错误的汇总信息(代码文件 BooksViews/Areas/Books/Pages/Edit.cshtml)：

```
<div asp-validation-summary="ModelOnly" class="text-danger"></div>
<div class="form-group">
  <label asp-for="Book!.Title" class="control-label"></label>
  <input asp-for="Book!.Title" class="form-control"/>
  <span asp-validation-for="Book!.Title" class="text-danger"></span>
</div>
```

验证控件使用了模型注释，例如 Required 和 StringLength 特性。CreditCard、EmailAddress、Phone 和 Url 提供了更多的特性，允许对常用的数据进行输入验证。Range 特性检查输入是否在指定范围内。使用 RegularExpression 可以指定一个正则表达式来检查输入是否正确。验证 Tag Helper 基于 jQuery Validation 插件(见网址 26-1)，Web 应用程序中需要引用该库才能使用验证 Tag Helper。

虽然在客户端验证用户输入增强了可用性，并降低了网络流量，但总是需要在服务器端代码中验证输入。在服务器端代码中，检查 PageModel 类的 ModelState 属性的 IsValid 属性：ModelState.IsValid。这将验证收到并绑定的数据是否有效。这里可以使用与添加到模型(或视图模型)相同的注释。

26.2.12　创建自定义 Tag Helper

除了使用预定义的 Tag Helper 之外，也可以创建自定义的 Tag Helper。第一个自定义 Tag Helper 在 NuGet 包 Markdig 的帮助下将 Markdown 代码转换为 HTML。

> **注意：**
> Markdown 是一种可以通过文本编辑器轻松创建的标记语言。Markdown 很容易转换成 HTML。请访问网址 26-2，阅读博客文章“Using Markdown”，了解使用.NET 和 Markdown 的信息。

Tag Helper MarkdownTagHelper 在一个名为 CustomTagHelpers 的.NET 5.0 库中实现，该库引用了 NuGet 包 Markdig，并使用 FrameworkReference Microsoft.AspNetCore.App。在.NET 5 库中，这个 FrameworkReference 包含对许多 ASP.NET Core 包的引用。

下面的代码片段显示了 MarkdownTagHelper 的类声明。Tag Helper 派生自基类 TagHelper。特性 HtmlTargetElement 定义了用于指定 Tag Helper 的元素或特性名称。这个 Tag Helper 可以与 markdown 元素一起使用，也可以与在 div 元素中使用的 markdownfile 特性一起使用。如果元素需要自闭(枚举值 WithoutEndTag)，或者使用 NormalOrSelfClosing 允许结束标记或自闭，那么 TagStructure 特性允许进行配置(代码文件 CustomTagHelpers/MarkdownTagHelper.cs)：

```
[HtmlTargetElement("markdown",
  TagStructure = TagStructure.NormalOrSelfClosing)]
[HtmlTargetElement(Attributes = "markdownfile")]
public class MarkdownTagHelper : TagHelper
{
  //...
}
```

Tag Helper 可以使用依赖注入。因为 MarkdownTagHelper 需要 wwwroot 文件的目录，这个目录是从 IWebHostEnvironment 接口中返回的，所以这个接口被注入到构造函数中：

```
private readonly IWebHostEnvironment _env;
public MarkdownTagHelper(IWebHostEnvironment env) => _env = env;
```

Tag Helper 的属性在用 HtmlAttributeName 特性注释时将由基础设施自动应用。在这里，属性 MarkdownFile 从 markdownfile 特性中获取其值：

```
[HtmlAttributeName("markdownfile")]
public string? MarkdownFile { get; set; }
```

接下来了解这个 Tag Helper 的主要功能。Tag Helper 需要重写方法 Process()或 ProcessAsync()。当需要异步功能时，将使用 ProcessAsync()方法，而如果只调用同步方法，则可以使用 Process()方法。下面的代码片段重写了 ProcessAsync()方法，因为在实现中使用了异步方法 GetChildContentAsync()。通过实现，考虑 MarkdownTagHelper 的两个不同用法。一种用法是指定 markdown 元素，其内容作为元素的子元素，另一种用法是引用 Markdown 文件的 Markdownfile 特性。

如果使用了特性 markdownfile，就设置 MarkdownFile 属性，从而读取此属性指定的文件，并将内容写入 markdown 变量。文件的目录通过类型为 IHostingEnvironment 的_env 变量检索。这个接口定义了 WebRootPath 属性，该属性返回 Web 文件的根路径。

如果没有设置 MarkdownFile 属性，而是使用 markdown 元素，则读取该元素的内容。使用 TagHelperOutput 可以访问 markdown 中指定的元素内容。要检索内容，需要调用 GetChildContentAsync()方法，在这个方法返回后，需要调用 GetContent()方法，最终返回 HTML 页面中指定的内容。使用 Markdig 库的 Markdown 类，将 Markdown 内容转换为 HTML。然后将调用 SetHtmlContent()方法，将此 HTML 代码放入 TagHelperOutput 的内容中(代码文件 CustomTagHelpers/MarkdownTagHelper.cs)：

```
public override async Task ProcessAsync(TagHelperContext context,
  TagHelperOutput output)
{
  string markdown;
  if (MarkdownFile is not null)
  {
    string filename = Path.Combine(_env.WebRootPath, MarkdownFile);
    markdown = File.ReadAllText(filename);
  }
  else
  {
```

```
    markdown = (await output.GetChildContentAsync()).GetContent();
  }
  output.Content.SetHtmlContent(Markdown.ToHtml(markdown));
}
```

在创建 MarkdownTagHelper 之后，可以在 Razor 页面中使用它。首先，@addTagHelper 添加来自库 CustomTagHelpers 的所有 Tag Helper。在 HTML 代码中，使用 markdown 元素。这个元素包含一小段 Markdown 语法，包括标题 2、一个链接和一个列表(代码文件 WebAppSample/Pages/UseMarkdown.cshtml)：

```
@page
@addTagHelper *, CustomTagHelpers
<h2>Markdown Sample</h2>

<markdown>
## This is simple Markdown

[C# Blog](https://csharp.christiannagel.com)

* one
* two
* three
</markdown>
```

运行应用程序时，markdown 语法被转换为 HTML，如图 26-6 所示。

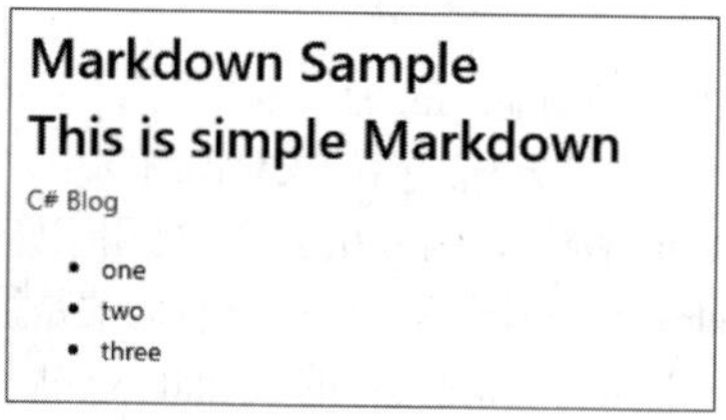

Markdown Sample
This is simple Markdown
C# Blog
- one
- two
- three

图 26-6

现在，通过创建文件 Sample.md(包含与前面所示相同的 Markdown 内容)，并引用 markdownfile 特性中的文件可以实现相同的功能(代码文件 WebAppSample/Pages/UseMarkdownAttribute.cshtml)：

```
<div markdownfile="Sample.md"></div>
```

这样，MarkdownTagHelper 的属性 MarkdownFile 就设置好了，并且能够读取 markdown 文件。

26.2.13 用 Tag Helper 创建元素

本节建立的示例自定义 Tag Helper 扩展了 HTML 元素 table，为列表中的每项显示一行，为每个属性显示一列。把数据信息的模型传递给 Tag Helper，Tag Helper 就会动态创建 table、tr、th 和 td 元素。应创建的信息使用反射来完成。类似这样的功能也可以在视图组件中实现，视图 Helper 可以与 Tag Helper 一起使用。本节详细介绍如何创建更复杂的 Tag Helper，使用 TagBuilder 类动态创建 HTML 元素。

> **注意：**
> 反射参见第 12 章。

对于本例，服务类 MenusSamplesService 实现了方法 CreateMenuItems()，以返回一个 MenuItems 对象列表(代码文件 WebAppSample/Services/MenusSampleService.cs)：

```
public class MenuSamplesService
{
  private List<MenuItem>? _menuItems;

  public IEnumerable<MenuItem> GetMenuItems() =>
    _menuItems ??= CreateMenuItems();

  private List<MenuItem> CreateMenuItems()
  {
    DateTime today = DateTime.Today;
    return Enumerable.Range(1, 10).Select(i =>
      new MenuItem(i, $"menu {i}", 14.8, today.AddDays(i))).ToList();
  }
}
```

Tag Helper 类 TableTagHelper 用 HTML table 元素激活。与前面使用 markup 元素的 Helper 相反，这个 Helper 与有效的 HTML 元素一起使用。HtmlTargetElement 指定 table 和 items 特性来应用这个 Helper，这个 items 特性用于设置 Items 属性，与 HtmlAttributeName 特性指定 Items 属性一样(代码文件 CustomTagHelpers/TableTagHelper.cs)：

```
[HtmlTargetElement("table", Attributes = ItemsAttributeName)]
public class TableTagHelper : TagHelper
{
  private const string ItemsAttributeName = "items";

  [HtmlAttributeName(ItemsAttributeName)]
  public IEnumerable<object> Items { get; set; }
```

Tag Helper 的核心是 Process()方法。本例中可以使用这个方法的同步变体，因为实现代码中没有使用异步方法。通过方法 Process()的参数，接收一个 TagHelperContext。这个上下文包含应用了 Tag Helper 的 HTML 元素和所有子元素的特性。对于使用 Tag Helper 时指定的 table 元素，行和列可能已经定义，可以合并该结果与现有的内容。在示例中，这被忽略了，只是把特性放在结果中。结果需要写入第二个参数：TagHelperOutput 对象。为了创建 HTML 代码，使用 TagBuilder 类型。TagBuilder 帮助通过特性创建 HTML 元素，它还处理元素的关闭。为了给 TagBuilder 添加特性，使用 MergeAttributes()方法。这个方法需要一个包含所有特性名称和值的字典。这个字典使用 LINQ 扩展方法 ToDictionary()创建。在 Where()方法中，提取 table 元素所有已有的特性，但 items 特性除外。items 特性用于通过 Tag Helper 定义项，但在客户端不再需要它：

```
public override void Process(TagHelperContext context, TagHelperOutput output)
{
  TagBuilder table = new("table");
  table.GenerateId(context.UniqueId, "id");
  var attributes = context.AllAttributes
    .Where(a => a.Name != ItemsAttributeName)
    .ToDictionary(a => a.Name);
  table.MergeAttributes(attributes);

  PropertyInfo[] properties = CreateHeading(table);
  //...
}
```

> **注意：**
> LINQ 参见第 9 章。

接下来，使用 CreateHeading()方法创建表中的第一行。这一行包含一个 tr 元素，作为 table 元素的子元素，它还为每个属性包含 th 元素。为了获得所有的属性名，调用 First()方法，检索集合的第一个对象。使用反射访问该实例的属性，调用 Type 对象上的 GetProperties()方法，把属性的名称写入 HTML 元素 th 的内部文本：

```
private PropertyInfo[] CreateHeading(TagBuilder table)
{
  if (Items is null) throw new InvalidOperationException("Items are empty");

  TagBuilder tr = new("tr");
  var heading = Items.First();
  PropertyInfo[] properties = heading.GetType().GetProperties();
  foreach (var prop in properties)
  {
    var th = new TagBuilder("th");
    th.InnerHtml.Append(prop.Name);
    tr.InnerHtml.AppendHtml(th);
  }
  table.InnerHtml.AppendHtml(tr);
  return properties;
}
```

Process()方法的最后一部分遍历集合的所有项，为每一项创建更多的行(tr)。对于每个属性，添加 td 元素，将属性的值写入为内部文本。最后，将所建 table 元素的内部 HTML 代码写到输出：

```
foreach (var item in Items)
{
  TagBuilder tr = new("tr");
  foreach (var prop in properties)
  {
    TagBuilder td = new("td");
    td.InnerHtml.Append(prop.GetValue(item).ToString());
    tr.InnerHtml.AppendHtml(td);
  }
  table.InnerHtml.AppendHtml(tr);
  }
  output.Content.Append(table.InnerHtml);
}
```

在创建 Tag Helper 之后，创建视图就变得非常简单。在 Razor 页面 UseTableTagHelper 的代码隐藏文件中，注入了 MenuSampleService 服务来收到菜单(代码文件 WebAppSample/Pages/UseTableTagHelper.cshtml.cs)：

```
public class UseTableTagHelperModel : PageModel
{
  public UseTableTagHelperModel(MenuSamplesService menuSampleService) => MenuItems =
menuSampleService.GetMenuItems();

  public IEnumerable<MenuItem> MenuItems { get; }
}
```

在 Razor 页面的内容中，需要通过调用 addTagHelper()来激活 Tag Helper。为了创建 TableTagHelper 的一个实例，把 items 特性添加到了 HTML table 元素中(代码文件 WebAppSample/Pages/UseTableTagHelper.cshtml)：

```
@page
@addTagHelper *, CustomTagHelpers
@model WebAppSample.Pages.UseTableTagHelperModel

<table class="table" items="@Model.MenuItems"></table>
```

运行应用程序时，表应该如图 26-7 所示。创建了 Tag Helper 后，使用起来很简单。使用 CSS 定义的所有格式仍适用，因为定义的 HTML 表的所有特性仍在生成的 HTML 输出中。

Markdown Sample

This is simple Markdown

C# Blog

- one
- two
- three

图 26-7

对于 TableTagHelper，仍然有改进的空间。它只是使用了属性的名称来显示列的标题。值使用默认的展示方式进行显示。想要改变这一点，可以实现 TableTagHelper 来访问模型的注释，以获取 DisplayName 等特性，DataType 特性指定了只应该显示 DateTime 的数据部分。

26.2.14 视图组件

ASP.NET Core 为创建可重用的视图提供了另外一个选项：视图组件。如果你的一个组件有复杂的用户界面，并且在不同的 Web 应用程序中都应该能够使用这个组件，那么可以把视图组件添加到库中。视图组件在一些地方很有用，例如动态导航菜单、登录面板或者博客中的边栏内容。

对于视图组件，在派生自 ViewComponent 的类中实现控制器功能，该类的名称需要带有 ViewComponent 后缀，或者应用 ViewComponent 特性。用户界面的定义类似于视图，但调用视图组件的方法是不同的。

示例应用程序的视图组件在 Razor 类库中实现，支持 Razor 页面和视图。下面的代码片段定义了 EventListComponent 类，它派生自 ViewComponent 基类。这个类使用了 IEventsService 契约类型，所以需要在 DI 容器中进行注册。它定义了 InvokeAsync()方法，需要在显示视图组件的页面中调用。这个方法可以有任意数量和类型的参数。除了使用异步方法实现，也可以同步地实现这个方法，使其返回 IViewComponentResult 而不是 Task<IViewComponentResult>。但是，通常异步变体的使用效果最好，例如使用它来访问数据库。用来返回 IViewComponentResult 的 View()方法在 ViewComponent 基类中定义，它返回 ViewViewComponentResult。ViewViewComponentResult 通过构造函数获取一个模型，然后 Razor 用户界面可以使用这个模型(代码文件 EventViews/ViewComponents/EventListViewComponent.cs)：

```
[ViewComponent(Name ="EventList")]
public class EventListViewComponent : ViewComponent
{
  private readonly IEventsService _eventsService;
  public EventListViewComponent (IEventsService eventsService) =>
    _eventsService = eventsService;
```

```
  public Task<IViewComponentResult> InvokeAsync(DateTime from, DateTime to) =>
    Task.FromResult<IViewComponentResult>(
      View(EventsByDateRange(from, to)));

  private IEnumerable<Event> EventsByDateRange(DateTime from, DateTime to) =>
    _eventsService.Events.Where(e => e.Date >= from && e.Date <= to);
}
```

库包含视图组件的默认外观，应用程序可以使用视图组件修改这个外观。需要把默认用户界面存储在文件夹 Views/Shared/Components/[viewcomponent]或 Pages/Shared/Components/[viewcomponent]中名为 default.cshtml(这是一个 Razor 视图)的文件中。Views 文件夹可用于 Razor 页面和 Razor 视图。“ASP.NET Core MVC”小节将讨论 Razor 视图。在使用视图组件的应用程序中，在 Web 应用程序的相同目录结构或者在文件夹 Pages/Components/[viewcomponent]中可以创建不同的外观。示例库在文件夹 Views/Shared/Components/EventList 中存储视图。default.cshtml 是一个简单的 Razor 视图(没有@page 指令)，它使用@model 指令指定了模型。通过 Razor 语法，使用 Model 属性来访问 Event 类型的数据(代码文件 EventViews/Views/Shared/Components/EventList/default.cshtml)：

```
@using EventViews.Models
@model IEnumerable<Event>
<h5>Dates with the UI from the library</h5>
<table class="table">
  <thead>
    <tr>
      <td>Date</td>
      <td>Text</td>
    </tr>
  </thead>
  <tbody>
    @foreach (var ev in Model)
    {
      <tr>
        <td>@ev.Date.ToString("d")</td>
        <td>@ev.Text</td>
      </tr>
    }
  </tbody>
</table>
```

在 Web 应用程序中，使用 Formula1Events 类实现来注册 IEventsService 接口。这个类返回一级方程式比赛日期的列表，它被注入到视图组件实现的构造函数中(代码文件 WebAppSample/Startup.cs)：

```
services.AddSingleton<IEventsService, Formula1Events>();
```

为视图组件使用 Tag Helper 使得使用视图模型变得简单。现在使用一个简单的 Razor 页面来询问用户开始和结束日期，当用户提交信息后，将显示视图组件。通过 GET 请求显示用户界面后，用户填写开始和结束日期。通过 POST 请求，日期匹配 DateSelectionViewModel 的绑定。提交 POST 请求后，将相同的页面返回给客户端，但 ShowEvents 属性的值变为 true，以显示视图组件的信息(代码文件 WebAppSample/Pages/UseViewComponent.cshtml.cs)：

```
public class UseViewComponentModel : PageModel
{
  public bool ShowEvents { get; set; } = false;
```

```
  public IActionResult OnGet() => Page();

  [BindProperty]
  public DateSelectionViewModel DateSelection { get; set; } =
    new DateSelectionViewModel();

  public IActionResult OnPost()
  {
    ShowEvents = true;
    return Page();
  }
}

public class DateSelectionViewModel
{
  public DateTime From { get; set; } = DateTime.Today;
  public DateTime To { get; set; } = DateTime.Today.AddDays(20);
}
```

Razor 页面添加了 Tag Helper 来引用实现了视图组件的库。这为视图组件启用了 Tag Helper。还使用了 label 和 input 元素来映射到 DateSelectionViewModel 的 From 和 To 属性。点击 submit 按钮时，将把 POST 请求发送到服务器(代码文件 WebAppSample/Pages/UseViewComponent.cshtml)：

```
@page
@model WebAppSample.Pages.UseViewComponentModel

@addTagHelper *, EventViews

<h2>Formula 1 Calendar</h2>
<form method="post">
  <label asp-for="DateSelection.From" class="control-label"></label>
  <input asp-for="DateSelection.From" class="form-control"/>
  <br />
  <label asp-for="DateSelection.To" class="control-label"></label>
  <input asp-for="DateSelection.To" class="form-control"/>
  <input type="submit" value="submit" />
</form>
```

Razor 页面的最后一部分是当 ShowEvents 属性返回 true 时显示的视图组件。视图组件的 Tag Helper 带有 vc 前缀，且根据视图组件的名称进行命名。Tag Helper 名称采用称为小写串式命名法(lower kebab casing)的命名约定。在包含大写字符的类名中，使用“-”连接它们，并去掉了 ViewComponent 后缀。因此，类名 EventListViewComponent 变成了 Tag Helper 名称 event-list。InvokeAsync()方法的参数名称通过 Tag Helper 的特性进行映射(代码文件 WebAppSample/Pages/UseViewComponent.cshtml)：

```
@if (Model.ShowEvents)
{
  <vc:event-listfrom="@Model.DateSelection.From" to="@Model.DateSelection.To" />
}
```

运行应用程序时，可以看到渲染后的视图组件，如图 26-8 所示。

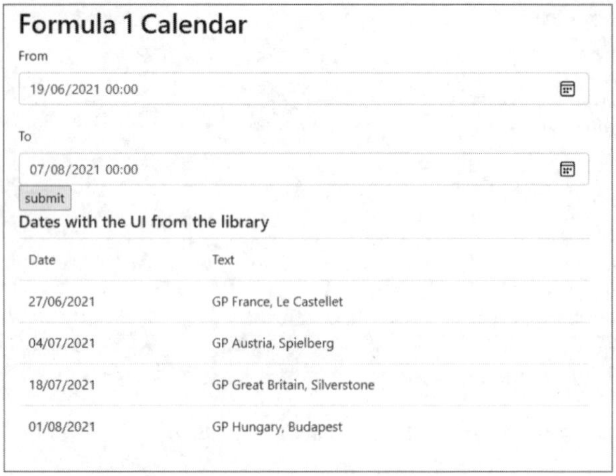

Formula 1 Calendar

From

19/06/2021 00:00

To

07/08/2021 00:00

submit

Dates with the UI from the library

Date	Text
27/06/2021	GP France, Le Castellet
04/07/2021	GP Austria, Spielberg
18/07/2021	GP Great Britain, Silverstone
01/08/2021	GP Hungary, Budapest

图 26-8

26.3 ASP.NET Core MVC

了解了 Razor 页面的知识后，是时候来看看 ASP.NET Core MVC 了。前面介绍的许多知识点对于 MVC 来说也是相同的，所以本节只关注不同的地方。在 ASP.NET Core MVC 中，可以使用 Razor 语法、HTML Helper、Tag Helper、视图组件等。MVC 添加了一个控制器，并使用 Razor 视图，而不是 Razor 页面。Razor 视图比 Razor 页面更简单。原则上，将 Razor 页面的代码移动到了控制器中。

本节将使用 ASP.NET Core MVC 创建一个示例应用程序，提供用户注册功能，并将用户信息存储到一个本地数据库中。使用下面的 dotnet CLI 命令来创建这个应用程序：

```
> dotnet new mvc --auth Individual -o MVCSample
```

注意：

Razor 页面也提供了一个允许用户注册的模板。只需要使用模板名 webapp 代替 mvc 即可。

26.3.1 启动 MVC

相比 Razor 页面的第一个变化是 DI 容器的配置。扩展方法 AddControllersWithViews()注册了控制器、视图和 Razor 引擎需要的所有服务。EF Core 上下文和默认标识的配置来自--auth 选项。ApplicationDbContext 是一个 EF Core 上下文，它定义了 DbSet 属性来存储用户信息、用户角色、用户声明和登录信息。如果需要额外的信息，可以扩展这个上下文类(代码文件 MVCSample/Startup.cs)：

```
public void ConfigureServices(IServiceCollection services)
{
  services.AddDbContext<ApplicationDbContext>(options =>
    options.UseSqlite(
      Configuration.GetConnectionString("DefaultConnection")));
  services.AddDatabaseDeveloperPageExceptionFilter();

  services.AddDefaultIdentity<IdentityUser>(options =>
    options.SignIn.RequireConfirmedAccount = true)
      .AddEntityFrameworkStores<ApplicationDbContext>();
```

```
    services.AddControllersWithViews();
  }
```

26.3.2　MVC 路由

Razor 页面的一个重要变化是 Configure()方法中通过中间件实现的端点路由配置。MapControllerRoute()方法指定了 MVC 的路由。在前一章的 Web API 中，使用了针对控制器指定的基于特性的路由。在 Razor 页面中，路由基于 Razor 页面的名称。通过使用@page 指令，可以自定义路由。在 MVC 中，有一个中央位置来指定所有路由。可以使用不同的路由名称多次调用 MapControllerRoute()，并指定不同的路由模式。术语“controller”和“action”需要作为该模式的一部分。术语“controller”引用一个控制器类的名称(不带 Controller 后缀)，“action”引用该控制器中的一个方法的名称(动作方法)。对于下面指定的模式，id 是可选的(因为对它使用了“?”)，它指定方法参数的名称。URI Books/Details/42 映射到 BooksController 类的 Details()动作方法，并传递 42 作为 id 参数。该模式指定，controller 的默认值是 Home，action 的默认值是 Index。因此，默认情况下，对于 URI /，将调用 HomeController 的 Index()方法，但不向 Index()方法传递实参。也可以使用 URI Books，这会调用 BooksController 类的 Index()方法(代码文件 MVCSample/Startup.cs)：

```
public void Configure(IApplicationBuilder app, IWebHostEnvironment env)
{
  //...
  app.UseRouting();

  app.UseAuthentication();
  app.UseAuthorization();

  app.UseEndpoints(endpoints =>
  {
    endpoints.MapControllerRoute(
      name: "default",
      pattern: "{controller=Home}/{action=Index}/{id?}");
    endpoints.MapRazorPages();
  });
}
```

与 Razor 页面类似，也可以定义路由约束，所以在 ASP.NET Core MVC 中，可以有一个只有当传递数字值才匹配的路由。

26.3.3　控制器

前一章创建了 ASP.NET Core 控制器来构建 Web API。在 ASP.NET Core MVC 中，使用相同的控制器，只不过它派生自 Controller 基类，而不是 ControllerBase 基类。Controller 类派生自 ControllerBase，但添加了 MVC 使用的功能。Controller 基类实现了方法来返回不同类型的视图，例如 View()、PartialView()和 ViewComponent()方法，以及 ViewData 和 TempData 属性。你已经使用过 Razor 页面基类的 ViewData 属性在不同视图间传递数据。也可以在控制器和视图之间传递数据。

下面的代码片段显示了 HomeController 类的实现。控制器需要位于 Controller 子目录下，且名称带有 Controller 后缀。并不是必须从 Controller 基类派生控制器。HomeController 类实现了动作方法 Index()和 Privacy()。与 Razor 页面的 OnGet()和 OnPost()方法类似，动作方法通常返回 IActionResult(但可以返回任何数据类型)。这里使用的 View()方法搜索使用特定约定的视图，并将该视图返回给调用

者(代码文件 MVCSample/Controllers/HomeController.cs):

```
public class HomeController : Controller
{
  private readonly ILogger<HomeController> _logger;

  public HomeController(ILogger<HomeController> logger)
  {
    _logger = logger;
  }

  public IActionResult Index()
  {
    return View();
  }

  public IActionResult Privacy()
  {
    return View();
  }

  [ResponseCache(Duration = 0, Location = ResponseCacheLocation.None, NoStore = true)]
  public IActionResult Error()
  {
    return View(new ErrorViewModel
    {
      RequestId = Activity.Current?.Id ?? HttpContext.TraceIdentifier
    });
  }
}
```

ASP.NET Core MVC 用来搜索视图的约定是在 Views 文件夹中寻找与控制器同名的文件夹，如 Views/Home。在这个文件夹中，如果一个视图的名称与动作方法相同，则返回该视图。如果在这个文件夹中没有找到视图，就在 Shared 文件夹中搜索视图。在 Shared 文件夹中，使用与 Razor 页面相同的回退机制。要搜索不同的视图名，可以向 View()方法传递视图的名称。除了名称之外，还可以向视图提供模型，即视图应该使用的任何数据对象。除了使用 ViewData 传递数据，还可以在模型中传递数据。

26.3.4 Razor 视图

ASP.NET Core MVC 使用的视图是 Razor 视图，如下面的代码片段中的 Private 视图所示。Razor 视图使用与 Razor 页面相同的文件扩展名和 RazorPage 基类。在下面的代码片段中，使用了 RazorPage 类的 ViewData 属性和 Title 索引来设置和获取值(代码文件 MVCSample/Views/Home/Privacy.cshtml):

```
@{
  ViewData["Title"] = "Privacy Policy";
}
<h1>@ViewData["Title"]</h1>
<p>Use this page to detail your site's privacy policy.</p>
```

Razor 视图没有代码隐藏文件。通常，Razor 视图中不需要有许多代码。主要功能包含在控制器中，甚至更好的方法是包含在注入控制器的服务中。

视图没有指定 html 元素以及 head 和 body 元素。MVC 在 Shared 文件夹的_Layout 页面中使用

RenderBody()和 RenderSection()方法，前面介绍的 Razor 页面也具有这种行为。

1. 强类型的视图

从控制器传递模型、并且在视图中使用了@model 指令的 Razor 视图被称为强类型的视图。在强类型的视图中，@model 指令定义的类型有一个 Model 属性。

在下面的代码片段中，HomeController 的 Books()方法返回一个 Book 对象列表(代码文件 MVCSample/Controllers/HomeController.cs)：

```
public IActionResult Books()
{
  IEnumerable<Book> books = Enumerable.Range(6, 12)
    .Select(i => new Book(i, $"Professional C# {i}", "Wrox Press")).ToArray();
  return View(books);
}
```

因为 Books()方法中没有指定不同的视图名称，所以将在 Views/Home 文件夹中搜索名为 Books 的视图。这个 Razor 视图应用了@model 指令，如下面的代码片段所示，所以可以通过 HTML Helper 来使用模型(代码文件 MVCSample/Views/Home/Books.cshtml)：

```
@model IEnumerable<MVCSample.Controllers.Book>
@{
  ViewData["Title"] = "Books";
}

<h1>Books</h1>

<p>
  <a asp-action="Create">Create New</a>
</p>
<table class="table">
  <thead>
    <tr>
      <th>
        @Html.DisplayNameFor(model => model.Id)
      </th>
      <th>
        @Html.DisplayNameFor(model => model.Title)
      </th>
      <th>
        @Html.DisplayNameFor(model => model.Publisher)
      </th>
    </tr>
  </thead>
  <tbody>
  @foreach (var item in Model) {
    <tr>
      <td>
        @Html.DisplayFor(modelItem => item.Id)
      </td>
      <td>
```

```
        @Html.DisplayFor(modelItem => item.Title)
      </td>
      <td>
        @Html.DisplayFor(modelItem => item.Publisher)
      </td>
    </tr>
  }
  </tbody>
</table>
```

可以看到，MVC 和 Razor 页面使用的是相同的技术。

2. 分部视图

另外一种类型的视图是分部视图。在后台，分部视图是具有相同基类的 Razor 视图，与 Razor 视图没有不同，只不过分部视图的使用方式不同。分部视图没有分配布局，因为它只是用在另外一个 Razor 视图(或 Razor 页面)中。它与 HTML 或 Tag Helper 的不同之处在于，你需要使用包含 HTML 和 Razor 语法的.cshtml 文件来实现分部视图。要使用分部视图，可以使用 HTML Helper PartialAsync 或 Tag Helper partial，如下所示：

```
<partial name="MyPartial" />
```

分部视图对于 MVC 更重要，原因在于，借助于 Controller 基类的 PartialView()方法，可以创建一个控制器动作方法来返回分部视图。这样一来，就可以从浏览器客户端发送一个 HTTP 请求来加载 HTML 片段，只更新页面的某些部分。使用分部 HTML 或 Tag Helper 时，不会调用控制器动作方法。

分部视图使用相同的基类 RazorPage，提供相同的功能。强类型的视图使用与 Razor 页面相同的@model 指令。

26.3.5 标识 UI

我们创建的示例应用程序为用户启用了身份验证和授权。启动应用程序时，可以注册新用户，看到如图 26-9 所示的对话框。还可以看到其他对话框，如登录用户的对话框或修改资料信息的对话框等。

图 26-9

这些对话框来自什么地方呢？在应用程序中，可以看到一个 Areas 文件夹，它包含 Identity 子文件夹，该子文件夹中又包含 Pages 子文件夹。Pages 文件夹中只包含一个_ViewStart.cshtml 文件：

```
@{
  Layout = "/Views/Shared/_Layout.cshtml";
}
```

标识区域的所有用户界面都来自 Razor 类库 Microsoft.AspNetCore.Identity.UI。这个库为使用的所有不同对话框定义了 Razor 页面。包含所有这些对话框的布局来自你的 Web 应用程序。

在“Razor 库和区域”小节讲到，可以重写 Razor 库的每个 Razor 页面。使用 Visual Studio 时，可以在 Solution Explorer 中选择 Add | Add New Scaffolded Item，然后选择 Identity。单击 Add 按钮时，可以看到应用程序所有可以重写的不同对话框，如图 26-10 所示。对于选择的所有页面，会在应用程序中创建 Razor 页面的一个副本，包括代码隐藏文件，可以根据需要进行修改。

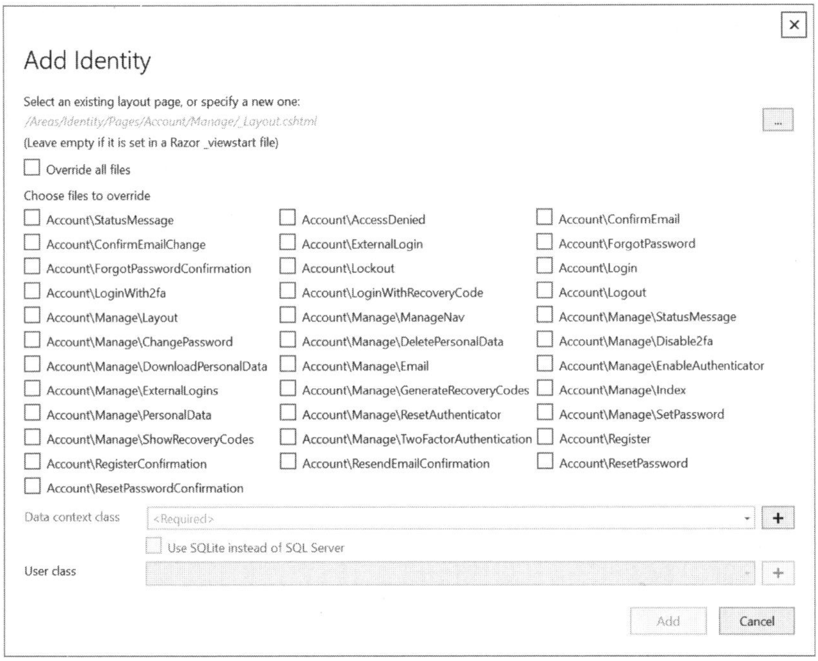

Add Identity
Select an existing layout page, or specify a new one:
/Areas/Identity/Pages/Account/Manage/_Layout.cshtml
(Leave empty if it is set in a Razor _viewstart file)
Override all files
Choose files to override
Account\StatusMessage　Account\AccessDenied　Account\ConfirmEmail
Account\ConfirmEmailChange　Account\ExternalLogin　Account\ForgotPassword
Account\ForgotPasswordConfirmation　Account\Lockout　Account\Login
Account\LoginWith2fa　Account\LoginWithRecoveryCode　Account\Logout
Account\Manage\Layout　Account\Manage\ManageNav　Account\Manage\StatusMessage
Account\Manage\ChangePassword　Account\Manage\DeletePersonalData　Account\Manage\Disable2fa
Account\Manage\DownloadPersonalData　Account\Manage\Email　Account\Manage\EnableAuthenticator
Account\Manage\ExternalLogins　Account\Manage\GenerateRecoveryCodes　Account\Manage\Index
Account\Manage\PersonalData　Account\Manage\ResetAuthenticator　Account\Manage\SetPassword
Account\Manage\ShowRecoveryCodes　Account\Manage\TwoFactorAuthentication　Account\Register
Account\RegisterConfirmation　Account\ResendEmailConfirmation　Account\ResetPassword
Account\ResetPasswordConfirmation
Data context class　<Required>
Use SQLite instead of SQL Server
User class
Add　Cancel

图 26-10

从最后一步可以看到，MVC 和 Razor 页面能够很好地结合使用。

26.4 小结

本章探讨了 ASP.NET Core 为 Razor 页面和 ASP.NET Core MVC 提供的许多特性。Razor 语法在 Razor 页面和视图中扮演着重要的角色。你可以重用和创建使用分部视图、HTML Helper、Tag Helper 和视图组件编写的 UI 组件。

本章介绍了 Razor 页面的路由及其与 ASP.NET Core MVC 路由的区别。

第 27 章将介绍使用 Razor 的一种新技术：Razor 组件。Razor 组件基于 Razor 页面的思想，但与 Razor 页面有很大的区别，因为在 Razor 组件中不能使用 Tag Helper 和 HTML Helper。通过 Razor 组件，可以使用 Blazor 技术，在客户端运行的 WebAssembly 中运行.NET 代码。

第27章 Blazor

本章要点

- 了解 Blazor Server 和 BlazorWebAssembly
- 理解 Blazor 应用程序的布局
- 在 Razor 组件之间导航
- 创建和使用 Razor 组件
- 注入服务
- 在组件之间实现事件回调
- 使用双向绑定
- 通过组件层次结构传递参数
- 创建模板化组件

本章源代码：

通过扫描封底二维码下载本书源代码。本章源代码可以在代码文件的3_Web/Blazor目录中找到。

本章代码分为以下几个主要的示例文件：

- Blazor.ServerSample
- Blazor.WASMSample
- Blazor.ComponentsSample

所有项目都启用了可空引用类型。

27.1 Blazor Server 和 Blazor Assembly

Blazor是新的创建交互式Web应用程序的ASP.NET Core技术。使用Blazor时，可以进行全栈.NET开发，却不需要编写 JavaScript 代码。在客户端和服务器，都可以使用 HTML、C#和 CSS 来构建出应用程序。

需要理解两个不同的选项：Blazor Server 和 BlazorWebAssembly。这两个选项都提供了全栈.NET开发，而且在使用这两个选项时，都会创建 Razor 组件。Razor 组件是 Razor 页面的扩展，第 26 章介绍了 Razor 页面。使用 Blazor Server 时，在服务器端运行 Razor 组件。使用 BlazorWebAssembly 时，在客户端运行 Razor 组件。为了理解这两个选项的区别以及各自的优缺点，接下来详细讨论它们。

27.1.1 Blazor Server

使用 Blazor Server(如图 27-1 所示)时，客户端总是需要连接到服务器。可以使用 Razor 组件编写服务器端 C#代码。在服务器端直接编写 HTML 和 C#代码，并通过数据绑定更新 HTML。在后台，HTML 更新被发送给客户端，Blazor 客户端 JavaScript 库(你不需要处理这个库)会更新用户界面。使用 Blazor Server 时，客户端和服务器之间的连接(线路)保持打开，并且客户端只需要运行 HTML 和 JavaScript。为了保持连接打开，以及在客户端和服务器之间进行通信，使用了 SignalR。SignalR 提供了 WebSockets 的一个抽象层。

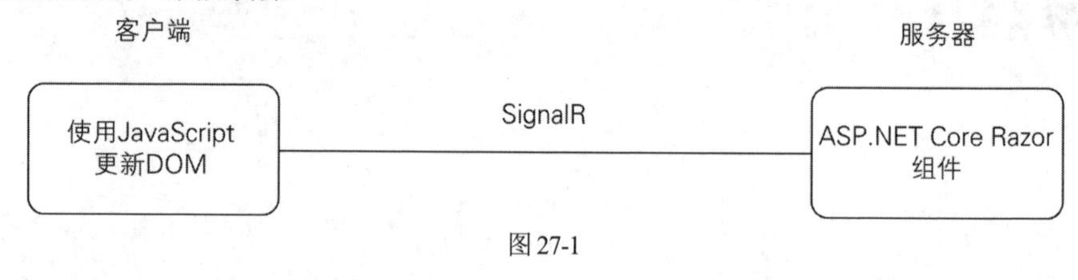

图 27-1

注意：
第 28 章将介绍 SignalR 以及如何在.NET 和 JavaScript 中直接使用 SignalR。

使用 Blazor Server 时，下载到客户端的代码量要比使用 BlazorWebAssembly 时小得多。使用 Blazor Server 时，可以使用服务器的能力(如前面的章节中讨论的功能)，并且可用的工具更加成熟。Blazor Server 的缺点是，客户端总是需要保持连接，因为它没有离线支持。这样一来，服务器和网络上都创建了更多的持续负载。有多少客户端同时连接到服务器？

27.1.2 WebAssembly

BlazorWebAssembly 基于 WebAssembly (Wasm)标准(参见网址 27-1)。Wasm 定义了可以在浏览器中运行的二进制代码。所有现代浏览器都支持 Wasm(参见网址 27-2)。但是，需要了解浏览器支持哪些 WebAssembly 特性。WebAssembly 在用新特性不断地增强，在网址 27-3 中可以了解 WebAssembly 规划的功能的路线图。

编译 Wasm 代码的代码可以使用许多编程语言编写，包括 C#、F#、C++、Rust、Go、Swift 和 Pascal。

WebAssembly 的目标是生成运行速度更快的代码(接近本机代码的性能)、能够在安全的环境(浏览器的沙盒)中运行以及能够移植。WebAssembly 可以用于创建在使用 JavaScript 时有问题的应用程序(例如视频或图片编辑以及 CAD 应用程序)，在浏览器中运行胖客户端，以及用于语言解释器和虚拟机。Microsoft 创建了一个在浏览器中运行的.NET 运行库，它运行的就是二进制的 Wasm 代码。C#编译器创建 IL 代码，这些 IL 代码可以在浏览器的.NET 运行库中运行。

注意：
ASP.NET Core BlazorWebAssembly 是在浏览器中创建 WebAssembly 代码的一种方式。另外一个选项是 Uno Platform(见网址 27-4)，它允许在浏览器中的 WinUI 控件中运行 C#和 XAML 代码。第 29 章~第 31 章将详细介绍 WinUI。

27.1.3 BlazorWebAssembly

与使用 Blazor Server 相似，使用 BlazorWebAssembly 时也会编写 Razor 组件，但二者的相似性有限。在编程环境之外，BlazorWebAssembly 有非常大的不同。对于 BlazorWebAssembly，.NET 代码运行在客户端(如图 27-2 所示)。你根本不需要服务器，而只需要把文件分发到客户端。也可以把 BlazorWebAssembly 创建为渐进式 Web 应用程序(progressive web application，PWA)，这种应用程序在没有连接到服务器时也可以运行(需要先在客户端安装应用程序)。

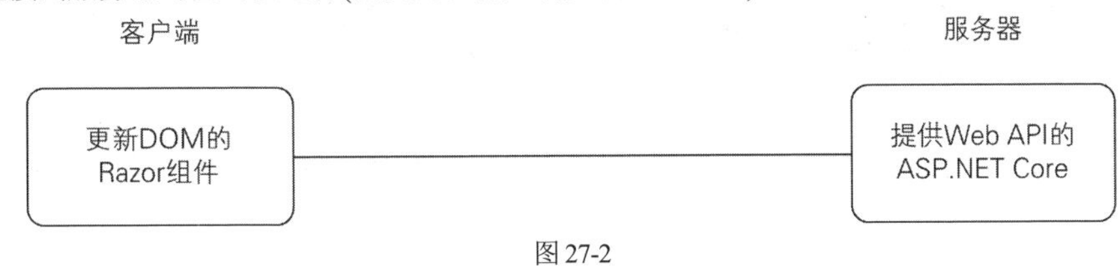

图 27-2

BlazorWebAssembly 没有使用 SignalR。.NET 运行库(Wasm 二进制文件)和 Blazor 运行库会随着你的应用程序的.NET DLL(IL 代码)一同发送到客户端。你可能认为.NET 运行库很大，但其实没有想象中那么大，因为它是专门为 WebAssembly 构建的一个运行库，并不支持你的系统上本地运行的.NET 运行库的全部功能。而且，为 ASP.NET Core BlazorWebAssembly 构建的二进制文件和你的应用程序的二进制文件会被剪裁。剪裁二进制文件意味着不使用的代码会从二进制文件中剪裁掉，它扮演着一个重要的角色。关于剪裁程序集的更多信息，请阅读第 1 章。

BlazorWebAssembly 可以在一个静态 Web 应用程序中托管，例如使用 Azure Storage 账户托管，更好的方法是使用 Azure Static Web Apps 托管。当然，通常也需要一个后端。使用 Azure Static Web Apps 时，可以使用 Azure Functions 创建一个 REST API 服务。第 25 章介绍了 Azure Functions。

为了充分利用 BlazorWebAssembly，在服务器端使用.NET 仍然是有优势的。在服务器端使用.NET 允许预渲染发送到客户端的 HTML 代码，使客户端能够在下载完并运行 WebAssembly 代码之前就看到 HTML 代码。

使用 BlazorWebAssembly 相比于使用 Blazor Server 的优势在于能够使用客户端的功能和处理能力，并且可以把应用程序安装为 PWA，以及能够在服务器不可用时运行。当然，它也有一些缺点，例如更多的代码需要下载到客户端，并且开发环境不如服务器端成熟。如今，客户端.NET 代码的调试在大部分场景中都可用，但也有一些场景不可用。

27.2 创建 Blazor Server Web 应用程序

首先使用下面的.NET CLI 命令，创建一个 Blazor Server Web 应用程序：

```
> dotnet new blazorserver -o Blazor.ServerSample
```

当然，也可以使用 Visual Studio 模板。在生成的代码中，包含 Host 类配置的 Program.cs 文件与前面的章节相同，但 Startup 类中的依赖注入容器的配置发生了变化，如下面的代码片段所示。使用扩展方法 AddRazorPages()添加了 Razor 页面后，使用扩展方法 AddServerSideBlazor()添加了服务器端 Blazor 需要的服务。AddServerSideBlazor()返回一个 IServerSideBlazorBuilder，它允许配置中心(AddHubOptions)和线路(AddCircuitOptions)选项。中心选项允许配置客户端超时、配置缓冲区大小和启用详细错误。生成的模板中还为天气预报信息注册了一个单例(代码文件 Blazor.ServerSample/Startup.cs)：

```
public void ConfigureServices(IServiceCollection services)
{
  services.AddRazorPages();
  services.AddServerSideBlazor();
  services.AddSingleton<WeatherForecastService>();
}
```

需要配置中间件来把静态文件发送到客户端(UseStaticFiles())。端点路由指定了 Blazor 接管默认路由(MapBlazorHub())，这配置了用于从客户端到服务器的 WebSocket 通信使用的 SignalR 中心路由。如果没有找到路由，则通过 MapFallbackToPage()回退到_Host(代码文件 Blazor.ServerSample/Startup.cs)：

```
public void Configure(IApplicationBuilder app, IWebHostEnvironment env)
{
  //...
  app.UseHttpsRedirection();
  app.UseStaticFiles();

  app.UseRouting();

  app.UseEndpoints(endpoints =>
  {
    endpoints.MapBlazorHub();
    endpoints.MapFallbackToPage("/_Host");
  });
}
```

27.2.1 启动 Blazor Server

配置好 DI 容器和中间件并启动 ASP.NET Core 之后，启动 Blazor Server 的下一步是_Host.cshtml Razor 页面。这个文件包含 component Tag Helper(第 26 章讨论了 Tag Helper)，如下面的代码片段所示，它渲染 Razor 组件 App。使用 render-mode 选项可以指定 Razor 组件的输出。将它设置为 Static，将只渲染 HTML，不会激活 Blazor 代码。使用 Server 将创建标记，Blazor 通信使用这些标记来通过 SignalR 动态发送 HTML 和 JavaScript 输出。默认选项是 ServerPrerendered，这将在服务器端预渲染 HTML，并且除了 HTML 以外，还会把标记发送到客户端。使用 ServerPreRendered 时，客户端将更快看到第一批 HTML 输出。标记随后将用于动态更新(代码文件 Blazor.ServerSample/Pages/_Host.cshtml)：

```
<component type="typeof(App)" render-mode="ServerPrerendered"/>
```

在_Host 文件中，HTML 元素 base 在设置 Blazor 的基础路由时起到了重要作用。这个 Helper 与其他 HTML 头设置一起使用，包含了所有 Razor 组件都使用的样式表(代码文件 Blazor.ServerSample/Pages/_Host.cshtml)：

```
<head>
  <meta charset="utf-8"/>
  <meta name="viewport" content="width=device-width, initial-scale=1.0" />
  <title>Blazor.ServerSample</title>
  <base href="~/" />
  <link rel="stylesheet" href="css/bootstrap/bootstrap.min.css" />
  <link href="css/site.css" rel="stylesheet" />
  <link href="Blazor.ServerSample.styles.css" rel="stylesheet" />
</head>
```

App 是启动应用程序时第一个起作用的 Razor 组件。下面的代码片段显示了完整的生成的 App 组件。这个组件包含其他一些 Razor 组件和一些 HTML 代码。p 元素是 HTML，其他所有元素是 Razor 组件：Router、Found、NotFound、RouteView 和 LayoutView(代码文件 Blazor.ServerSample/App.razor)：

```
<Router AppAssembly="@typeof(Program).Assembly" PreferExactMatches="@true">
  <Found Context="routeData">
    <RouteView RouteData="@routeData" DefaultLayout="@typeof(MainLayout)" />
  </Found>
  <NotFound>
    <LayoutView Layout="@typeof(MainLayout)">
      <p>Sorry, there's nothing at this address.</p>
    </LayoutView>
  </NotFound>
</Router>
```

Router 组件负责 Blazor 应用程序的路由。第 26 章介绍了使用 Razor 页面和@page 指令创建路由。Razor 组件中也使用@page 指令(但是，对于 Razor 组件，@page 指令是可选的)。如果 Razor 组件包含一个路由，则 Router 组件会把它添加到可能的路由匹配中。如果找到匹配(使用 Found 组件)，则使用 RouteView 组件继续执行。如果没有找到匹配(NotFound 组件)，则使用 LayoutView 组件。在生成的文件中，RouteView 和 LayoutView 使用相同的 Razor 组件 MainLayout 来渲染 HTML 布局。LayoutView 在 Layout 属性指定的相关布局内渲染子内容。在生成的代码中，如果 URL 没有匹配的路由，就显示简单的 HTML 代码。RouteView 指定了默认布局，如果特定的组件应该使用不同的布局，就可以重新默认布局。接下来，RouteView 的主要职责是激活匹配路由的 Razor 组件，并把路由数据传递给这个组件。

27.2.2 Blazor 布局

根据 App 组件的定义，MainLayout 组件(如下面的代码片段所示)用于默认布局。该组件集成了 LayoutComponentBase 基类。LayoutComponentBase 定义了 RenderFragment 类型的 Body 属性。RenderFramgement 允许创建模板化组件，“使用模板化组件”小节将进行详细介绍。在 MainLayout 中，使用 Body 属性来渲染 RouteView 传递过来的 Razor 组件。在 MainLayout 中还使用了另外一个 Razor 组件：NavMenu，它用于显示应用程序的导航。除此之外，MainLayout 只包含 HTML(代码文件 Blazor.ServerSample/Shared/MainLayout.razor)：

```
@inherits LayoutComponentBase

<div class="page">
  <div class="sidebar">
    <NavMenu />
  </div>

  <div class="main">
    <div class="top-row px-4">
      <a href="https://docs.microsoft.com/aspnet/" target="_blank">About</a>
    </div>

    <div class="content px-4">
      @Body
    </div>
  </div>
</div>
```

MainLayout 存储在文件夹 Shared 中。Blazor 使用与前一章介绍的相同的机制。首先在 Pages 文件夹中搜索组件，如果找不到，就在 Shared 文件夹中继续搜索。这样一来，就可以重写应用程序，使用不同的 Pages 和 Areas 文件夹中的不同 MainLayout.razor 布局。

27.2.3 导航

在 Razor 组件 NavMenu 中，可以看到更多 Blazor 特性的应用。如下面的代码片段所示，该组件使用了一个 HTML 按钮，它的 onclick 事件绑定到 C#方法 ToggleNavMenu()上。使用 Blazor Server 时，当用户在客户端点击这个 HTML 按钮的时候，就会与服务器进行通信，ToggleNavMenu()方法就会在服务器端运行(代码文件 Blazor.ServerSample/Shared/NavMenu.razor)：

```
<div class="top-row pl-4 navbar navbar-dark">
  <a class="navbar-brand" href="">Blazor.ServerSample</a>
  <button class="navbar-toggler" @onclick="ToggleNavMenu">
    <span class="navbar-toggler-icon"></span>
  </button>
</div>
```

要把HTML元素事件映射到.NET方法，可以使用@符号作为事件名的前缀，将该事件绑定到.NET方法。“双向绑定”小节将更详细地进行介绍。

使用 Razor 组件时，在@code 节中定义 C#代码(这与 Razor 页面在@functions 节中定义不同)。在这个代码节中，可以看到 ToggleNavMenu()方法，它将 collapseNavMenu 的值在 true 和 false 之间进行切换。NavMenuCssClass 根据这个布尔字段的值返回不同的值(collapse 或 null)(代码文件 Blazor.ServerSample/Shared/NavMenu.razor)：

```
@code {
  private bool collapseNavMenu = true;

  private string? NavMenuCssClass => collapseNavMenu ? "collapse" : null;
  private void ToggleNavMenu()
  {
    collapseNavMenu = !collapseNavMenu;
  }
}
```

在下面的代码片段中，另一个方向上的绑定(从 C#代码到 HTML)是通过第一个 div 元素的 class 特性实现的。这个 HTML 特性 class 绑定到代码节中定义的 NavMenuCssClass 字符串。当发生事件(如 click 事件)、C#源改变时，用户界面就会更新。该 div 元素还把 onclick 事件绑定到 ToggleNavMenu()方法，所以可以点击按钮或者点击 div 元素来调用该方法。NavMenu 组件还包含 NavLink 组件，用于创建匹配默认路由以及 counter 和 fetchdata 路由(由 href 特性指定)的 Razor 组件的 HTML 链接。href 特性被添加到 NavMenu 中渲染的锚元素(a)中(代码文件 Blazor.ServerSample/Shared/NavMenu.razor)：

```
<div class="@NavMenuCssClass" @onclick="ToggleNavMenu">
  <ul class="nav flex-column">
    <li class="nav-item px-3">
      <NavLink class="nav-link" href="" Match="NavLinkMatch.All">
        <span class="oi oi-home" aria-hidden="true"></span> Home
      </NavLink>
    </li>
    <li class="nav-item px-3">
      <NavLink class="nav-link" href="counter">
```

```
        <span class="oi oi-plus" aria-hidden="true"></span> Counter
      </NavLink>
    </li>
    <li class="nav-item px-3">
      <NavLink class="nav-link" href="fetchdata">
        <span class="oi oi-list-rich" aria-hidden="true"></span> Fetch data
      </NavLink>
    </li>
  </ul>
</div>
```

NavLink 组件不只创建 HTML 锚元素(a)，还切换激活的 CSS 类。将 Match 属性设置为 NavLinkMatch.All，则只有当链接完全匹配时才会激活该类。使用默认的 NavLinkMatch.Prefix 时，如果链接的开头匹配，就激活这一 CSS 类。

27.2.4 Counter 组件

介绍了启动、布局和导航后，我们接着来介绍组件。Counter 组件是默认模板创建的组件之一。它与 MainLayout 和 NavMenu 组件并没有很大的区别。Counter 组件以@page 指令开头，这定义了链接/counter。不包含@page 指令的 Razor 组件只能在其他组件内使用。因为 Counter 组件包含@page 指令，其链接为/counter，所以可以通过在 URI 中传递/counter 来访问该组件。Counter 组件还使用绑定，将按钮的 onclick 事件绑定到.NET 方法 IncrementCount()，以及使用@currentCount 获取 currentCount 字段的值(代码文件 Blazor.ServerSample/Pages/Counter.razor)：

```
@page "/counter"

<h1>Counter</h1>

<p>Current count: @currentCount</p>

<button class="btn btn-primary"@onclick="IncrementCount">Click me</button>

@code {
  private int currentCount = 0;

  private void IncrementCount()
  {
    currentCount++;
  }
}
```

运行应用程序时，可以看到 Counter 组件，并点击按钮来增加计数。当缩小应用程序时，由于使用了 Bootstrap 主题，所以外观会发生变化。使应用程序变小时，“导航”小节中讨论的切换按钮会显示(如图 27-3 所示)，点击它可以显示或隐藏菜单。

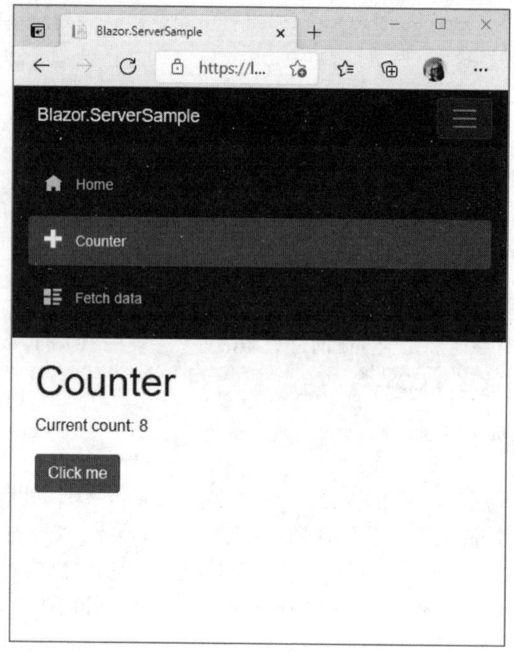

图 27-3

27.2.5 FetchData组件

默认模板创建的另外一个值得注意的组件是 FetchData 组件。这个组件使用@inject 指令注入了WeatherForecastService。回忆一下，“创建 BlazorServer Web 应用程序”小节开始的时候把这个服务注入到了 DI 容器中(代码文件 Blazor.ServerSample/Pages/FetchData.razor)：

```
@page "/fetchdata"

@using Blazor.ServerSample.Data
@inject WeatherForecastService ForecastService
<!--...-->
```

在代码节中，OnInitializeAsync()方法调用了 GetForecastAsync()方法，它返回接下来几天的天气信息。初始化 Razor 组件时会调用 OnInitializeAsync()方法(代码文件 Blazor.ServerSample/Pages/FetchData.razor)：

```
@code {
  private WeatherForecast[]? forecasts;

  protected override async Task OnInitializedAsync()
  {
    forecasts = await ForecastService.GetForecastAsync(DateTime.Now);
  }
}
```

注意：
Razor 组件的生存期与 Razor 页面不同。当父组件渲染的时候，可以重写下面的方法，按照列出的顺序调用：SetParametersAsync()(设置参数)、OnInitialized(Async)()(为初始化代码重写)、OnParametersSet(Async)()(为参数赋值)、StateHasChanged()、ShouldRender()(如果应该进行渲染，就返回true)和OnAfterRender(Async)()(在渲染后调用)。其中一些方法既有同步版本、又有异步版本。同步方法在异步方法之前调用。如果调用异步API，则重写异步方法。只有当初始化组件时，才会调用OnInitialized(Async)()方法。其他方法在每次显示组件时都会调用。

在下面的代码片段中，使用WeatherForecast数组来显示返回的信息，这里混合使用了Razor语法和HTML(代码文件Blazor.ServerSample/Pages/FetchData.razor)：

```
@if (forecasts == null)
{
  <p><em>Loading...</em></p>
}
else
{
  <table class="table">
    <thead>
      <tr>
        <th>Date</th>
        <th>Temp. (C)</th>
        <th>Temp. (F)</th>
        <th>Summary</th>
      </tr>
    </thead>
    <tbody>
      @foreach (var forecast in forecasts)
      {
        <tr>
          <td>@forecast.Date.ToShortDateString()</td>
          <td>@forecast.TemperatureC</td>
          <td>@forecast.TemperatureF</td>
          <td>@forecast.Summary</td>
        </tr>
      }
    </tbody>
  </table>
}
```

运行应用程序时，可以打开浏览器的开发者工具，看到客户端与服务器之间使用了WebSocket通信。

27.3 BlazorWebAssembly

了解了Blazor Server项目后，我们来介绍BlazorWebAssembly与Blazor Server的区别。使用dotnet new blazorwasm会创建一个新的BlazorWebAssembly项目，可以把它发布到一个服务器，以便能够发布需要返回给客户端的文件。我们在这个命令中添加--hosted和--pwa选项：

```
> dotnet new blazorwasm --hosted --pwa -o Blazor.WasmSample
```

运行这个命令会创建3个项目：一个共享库，它包含API和BlazorWebAssembly都能够使用的代码；一个ASP.NET Core Web API项目，它不只托管Web API控制器，还用于包含在发布应用程序时需要的所有BlazorWebAssembly文件，以便能够把它们发送到客户端；一个用于BlazorWebAssembly

的文件。

Blazor.WasmSample.Server 项目引用了 Blazor.WasmSample.Client 项目，以及 Blazor.WasmSample.Shared 项目。这是一个 ASP.NET Core 项目，托管了 Razor 页面(第 26 章介绍)、一个 ASP.NET Core Web API(第 25 章介绍)以及为客户端提供 Blazor 客户端文件的代码。发布时，需要创建一个包含此项目的发布包，并在项目中包含需要发布到 Web 服务器的全部文件。为服务器端部分添加了 NuGet 包 Microsoft.AspNetCore.Component.WebAssembly.Server。

在 Startup 类中，可以在中间件配置那里看到特定于 Blazor 的配置。在开发模式下，添加了 UseWebAssemblyDebugging()中间件来允许在基于 Chromium 的浏览器中调试 BlazorWebAssembly 应用程序。可以使用 Google Chrome 和 Microsoft Edge 来进行调试。UseBlazorFrameworkFiles()定义了用于 BlazorWebAssembly 的路径。在该方法的一个重载版本中，可以提供一个路径。默认情况下，为 Blazor 使用根路径。在端点配置中，通过调用 MapRazorPages()来映射 Razor 页面(这个项目包含一个 Error.cshtml Razor 页面，根据 UseExceptionHandler()方法定义，如果返回了服务器端异常，就返回这个页面)，并通过调用 MapControllers()来映射 API 控制器。这个项目包含 WeatherForecastController，用于从服务器返回天气信息。在这个项目中，将回退路径设置为 index.html。在服务器上找不到这个文件，因为它是 Blazor.WasmSample.Client 的一部分。完整的 wwwroot 目录在客户端项目中定义。

```
public void Configure(IApplicationBuilder app, IWebHostEnvironment env)
{
  if (env.IsDevelopment())
  {
    app.UseDeveloperExceptionPage();
    app.UseWebAssemblyDebugging();
  }
  else
  {
    app.UseExceptionHandler("/Error");
    app.UseHsts();
  }

  app.UseHttpsRedirection();
  app.UseBlazorFrameworkFiles();
  app.UseStaticFiles();

  app.UseRouting();

  app.UseEndpoints(endpoints =>
  {
    endpoints.MapRazorPages();
    endpoints.MapControllers();
    endpoints.MapFallbackToFile("index.html");
  });
}
```

27.3.1 启动 BlazorWebAssembly

把 Blazor 文件发送到客户端之后，需要启动 BlazorWebAssembly，但这个过程与启动 Blazor Server 不同。第一个区别是使用了 index.html 文件，而不是_Host Razor 页面。客户端无法使用 Razor 页面。index.html 为相对地址使用 base 元素，并且引用了与_Host 类似的样式表。除此之外，还引用了 JavaScript 文件_framework/blazor.webassembly.js 来加载 BlazorWebAssembly。

在 Blazor.WasmSample.Client 项目中，Main()方法在.NET 代码的开始位置可用，如下面的代码片段所示。在 WebAssembly 中，不能使用 Host 类的 CreateDefaultBuilder()方法，因为它的一些部分在浏览器的沙盒中不可用。但代码并没有太大区别，并且也为 DI 容器使用了 ServiceCollection。这里使用 WebAssemblyHostBuilder 的 CreateDefault()方法来创建一个 WebAssemblyHostBuilder 实例。该类型(类似于 HostBuilder 类)可用于配置依赖注入、日志和配置。在生成的代码中，在 DI 容器中注册了一个 HttpClient 实例。这一点很重要，因为在 WebAssembly 中运行时，受到浏览器的沙盒的限制，所以不能简单地创建一个新的 HttpClient 实例来发出 HTTP 请求。相反，只能使用浏览器提供的 API。为了在 BlazorWebAssembly 中仍然能够使用 HttpClient 类，将 System.Net.Http.BrowserHttpHandler 注册为一个处理程序。它处理使用浏览器 API 创建 HTTP 请求的工作。因为在 DI 容器中注册了 HttpClient，所以可以注入它，并像以前一样使用它。在 DI 容器中配置的根组件是 App Razor 组件(代码文件 Blazor.WasmSample.Client/Program.cs)：

```
public static async Task Main(string[] args)
{
  var builder = WebAssemblyHostBuilder.CreateDefault(args);
  builder.RootComponents.Add<App>("#app");

  builder.Services.AddScoped(sp => new HttpClient
  {
    BaseAddress = new Uri(builder.HostEnvironment.BaseAddress)
  });

  await builder.Build().RunAsync();
}
```

BlazorWebAssembly 中的 App 组件、NavMenu 组件和 MainLayout 组件与 Blazor Server 中的相应组件完全相同。

27.3.2 在 BlazorWebAssembly 中注入 HttpClient

在 Blazor Server 中看到的 Counter 组件在 BlazorWebAssembly 中是相同的，这里的代码不需要修改。在 BlazorWebAssembly 中，Counter 组件可以完全在客户端运行，不同的地方在于 FetchData 组件。在 Blazor Server 中，可以在服务器端直接访问服务器的功能，因为 Blazor Server 的组件在服务器端运行。在 BlazorWebAssembly 中，要从服务器获取天气信息，可以访问 API。

下面的代码片段使用@inject 声明，注入了在 DI 容器中注册的 HttpClient 实例。在这个组件中，还导入了 Blazor.WasmSample.Shared 名称空间。在 API 控制器和客户端应用程序中都可以使用共享库中定义的 WeatherForecast 类，这就是.NET 全栈(代码文件 Blazor.WasmSample/Pages/FetchData.razor)：

```
@page "/fetchdata"
@using Blazor.WasmSample.Shared
@inject HttpClient Http
```

在初始化组件时，使用 GetFromJsonAsync()扩展方法获取天气预报信息(代码文件 Blazor.WasmSample/Pages/FetchData.razor)：

```
@code {
  private WeatherForecast[]? forecasts;

  protected override async Task OnInitializedAsync()
  {
```

```
      forecasts = await Http.GetFromJsonAsync<WeatherForecast[]>("WeatherForecast");
    }
  }
```

运行应用程序时，可以打开开发者工具，查看下载的 dotnet.wasm 文件，这是 WebAssembly 形式的.NET 运行库。图 27-4 显示了 FetchData 组件和从 API 返回的天气信息。

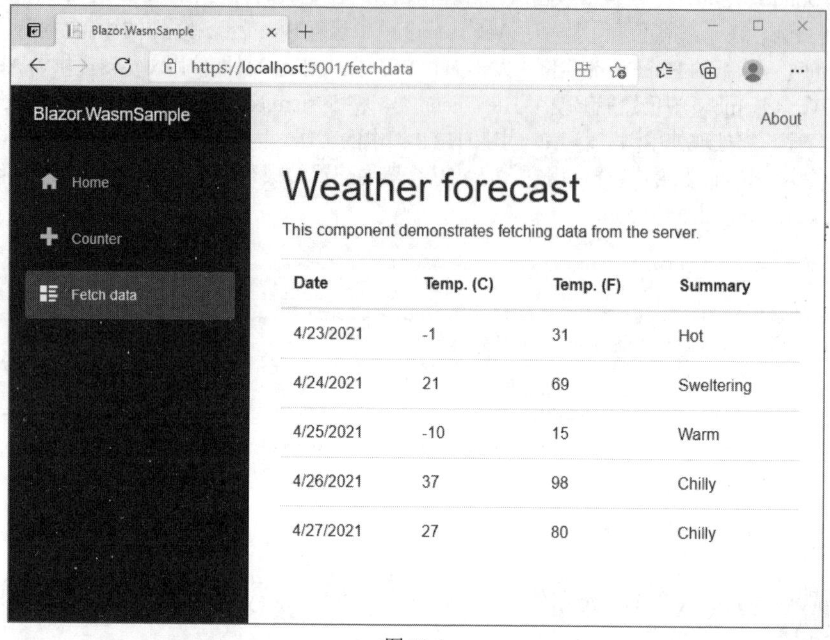

图 27-4

注意：

在 FetchData Razor 组件的实现中，组件专门用于 BlazorWebAssembly。如果在 Razor 组件中注入一个 EFCore 上下文，则只能在 Blazor Server 中使用该组件。不过，可以注入一个独立于客户端和服务器的服务，例如在 Razor 组件中使用 IBooksService 接口。对于 BlazorWebAssembly 项目，使用 BooksApiClient(它注入 HttpClient)来实现 IBooksService 接口，并在 BlazorWebAssembly 项目的 DI 容器中配置 BooksApiClient。对于 Blazor Server 项目，通过注入 EF Core 上下文的 BooksDataClient 来实现 IBooksService 接口。在 Blazor Server 项目中，配置了 DI 容器，在请求 IBooksService 时使用 BooksDataClient 实现。这样一来，就可以把 BooksComponent 组件放到一个 Razor 类库中，在 BlazorWebAssembly 和 Blazor Server 中都可以使用该库。

27.3.3 使用渐进式 Web 应用程序

BlazorWebAssembly 可以配置为作为 PWA 应用程序运行。在创建应用程序的时候使用--pwa 选项，将添加 service-worker.js 脚本。如果启用它，则浏览器中会出现一个安装按钮，可以用来在本地安装应用程序。

对于 PWA，有一些值得注意的地方。只有当应用程序主要处理本地数据时，才使用这个功能。有两个重要的 HTML API 可以用来在浏览器中读写数据：本地存储和 IndexedDB。本地存储(见网址 27-5)允许使用字符串索引存储和获取对象。Indexed Database API (IndexedDB，https://www.w3.org/

TR/IndexedDB/)支持在表中存储数据，允许使用事务和查询。使用应用程序的时候，可能无法访问网络，也无法访问你的 API。当网络可用且应用程序的新版本可用时，会自动更新。需要注意的是，只有当用户关闭浏览器的标签页或者应用程序时，更新才会完成。当更新仍在进行时，用户只能运行应用程序的旧版本。由于无法确定用户运行的是哪个版本，所以需要确保在应用程序中不创建可能破坏现有客户端版本的破坏性修改。

需要注意，应用程序会创建 service-worker.js 脚本的两个版本。在开发模式中，这个文件没有实现。为了在开发过程中避免缓存问题，不在本地缓存应用程序。有应用程序的旧版本会让调试变得麻烦。为了进行发布，重命名 service-worker.published.js 文件以用于安装，该文件包含在本地系统上缓存和更新应用程序需要的所有功能。使用--pwa 配置了应用程序时，项目配置文件会包含 ServiceWorker 定义，以便在发布时使用 service-worker.published.js(项目配置文件 Blazor.WasmSample.Client/Blazor.WasmSample.Client.csproj)：

```
<ItemGroup>
  <ServiceWorker Include="wwwroot\service-worker.js"
   PublishedContent="wwwroot\service-worker.published.js" />
</ItemGroup>
```

27.4 Razor 组件

了解了 Blazor Server 和 BlazorWebAssembly 之间的区别后，来深入探讨 Razor 组件。在 Blazor Server 和 BlazorWebAssembly 中都能使用这些组件。

虽然 Razor 组件基于 Razor 页面的概念(第 26 章介绍了 Razor 页面)，但它们有重要的区别。这两种技术中都可以使用@page 指令。在 Razor 组件中不能使用 HTML Helper、Tag Helper 和视图组件。这些特性使用服务器端功能，当组件在客户端运行时，这些服务器端功能是不可用的。

为了讨论 Razor 组件的特性，创建了一个带有托管 API 的 BlazorWebAssembly：

```
> dotnet new blazorwasm --hosted -o Blazor.ComponentsSample
```

本节将介绍如何向组件传递参数、注入服务、使用事件回调、通过代码更新用户界面、双向绑定、级联参数、模板化组件和内置组件。

27.4.1 理解组件的参数

本章前面的“Counter 组件”小节介绍了 Counter 组件，以及如何导航到该组件。还可以在组件中包含组件，并把属性赋值给被包含的组件。

下面的代码片段显示了 Counter 组件的代码块，其中指定了 Incrementor 属性。Parameter 特性指定，当使用这个组件时，可以对该属性赋值。代码中不是将 currentCount 变量递增 1，而是使用 Incrementor 属性的值来计算新值(代码文件 BlazorComponentsSample/Pages/Counter.razor)：

```
@code {
  private int currentCount = 0;

  [Parameter]
  public int Incrementor { get; set; } = 1;

  private void IncrementCount()
  {
```

```
      currentCount += Incrementor;
    }
  }
```

现在把 Counter 组件添加到 Index 组件中。当用在这个组件中时，Counter 组件使用的 Incrementor 的值为 3(代码文件 BlazorComponentsSample/Pages/Index.razor)：

```
<Counter Incrementor="3" />
```

现在运行应用程序时，可以看到 Index 页面中显示了 Counter 组件，并且仍然可以通过应用程序导航来访问该组件。在 Index 组件中，每次递增 3，而在导航到 Counter 组件时，使用默认值 1 递增。

27.4.2 注入服务

运行应用程序并使用包含在 Index 页面和 Counter 页面中的 Counter 组件时，每次打开页面，currentCount 变量都从 0 开始。打开页面会重新初始化该组件。

可以创建一个服务来保存状态，并将它与不同的组件共享。下面的 CounterService 类为状态定义了 Counter 属性(代码文件 BlazorComponentsSample/Services/CounterService.cs)：

```
public class CounterService
{
  public int Counter { get; set; }
}
```

在 DI 容器的配置中，将 CounterService 注册为单例服务，如下所示(代码文件 BlazorComponentsSample.Client/Program.cs)：

```
public static async Task Main(string[] args)
{
  var builder = WebAssemblyHostBuilder.CreateDefault(args);
  builder.RootComponents.Add<App>("#app");

  builder.Services.AddScoped(sp => new HttpClient
  {
    BaseAddress = new Uri(builder.HostEnvironment.BaseAddress)
  });
  builder.Services.AddScoped<CounterService>();
  await builder.Build().RunAsync();
}
```

注意：

BlazorWebAssembly 目前没有 DI 范围的概念。范围的行为类似于单例服务。第 15 章介绍了配置服务的不同模式。在 Blazor Server 中，使用 ASP.NET Core 在服务器端配置了 DI 容器，它的行为与熟悉的 ASP.NET Core Web 应用程序中的 DI 容器相同。

在组件中，使用@inject 指令注入 CounterService。这个指令创建指定类型的属性，CounterService 可用于访问 Counter 属性，IncrementCount()方法可以使用绑定读取该属性的值，如下面的代码片段所示(代码文件 BlazorComponentsSample/Pages/CounterWithService.razor)：

```
@page "/counterwithservice"
@inject CounterService CounterService
```

```
<h1>Counter</h1>

<p>Current count: @CounterService.Counter</p>
<button class="btn btn-primary"@onclick="IncrementCount">Click me</button>

@code {
  [Parameter]
  public int Incrementor { get; set; } = 1;

  private void IncrementCount()
  {
    CounterService.Counter += Incrementor;
  }
}
```

使用应用程序并切换到这个组件，然后切换到其他组件。再切换回到这个组件时，状态将得到保留。

27.4.3 使用事件回调

Razor 组件可以发布事件。要把事件提交到父组件，需要定义 EventCallback 类型的属性。如下面展示 TimerEvent 的代码片段所示，每次.NET 类 Timer 的 Elapsed 事件触发时，就向父组件发送一个事件。通过泛型 EventCallback 类型，可以指定向父组件传递的信息。泛型参数需要派生自 EventArgs 基类。自定义的 TimerEventArgs 类定义了 DateTime 类型的 SignalTime 属性。当使用 EventCallback 类的 InvokeAsync()方法触发回调时，就为它赋值。TimerEvent 组件定义了 Start()和 Stop()方法，用于启动和停止定时器(代码文件 BlazorComponentsSample/Pages/TimerEvent.razor)：

```
@using System.Timers
@implements IDisposable

<h4>Timer Event</h4>

@code {
  [Parameter]
  public int DelaySeconds { get; set; } = 10;

  [Parameter]
  public EventCallback<TimerEventArgs> OnTimerCallback { get; set; }

  public void Start() => timer?.Start();

  public void Stop() => timer?.Stop();

  private Timer? timer;
  protected override void OnInitialized()
  {
    timer = new()
    {
      Interval = 1000 * DelaySeconds
    };
    timer.Elapsed += async (sender, e) =>
    {
      await OnTimerCallback.InvokeAsync(new TimerEventArgs { SignalTime = e.SignalTime });
    };
```

```
  }

  public void Dipose() => timer?.Dispose();
}
```

在 UseTimer 组件中使用 TimerEvent 组件。通过为 DelaySeconds 属性赋值，为定时器设置指定的秒数。将 OnTimerCallback 赋值给 ShowTimer()方法的地址。TimerEvent 使用 ref 关键字来映射到一个变量，因此可以在代码中使用 TimerEvent 组件来调用方法(代码文件 BlazorComponentsSample/Pages/UseTimer.razor)：

```
<TimerEvent @ref="myTimer" DelaySeconds="3" OnTimerCallback="@ShowTimer" />
```

在代码声明中，指定 ShowTimer()方法接受 TimerEventArgs 类型的一个参数，该参数是在 TimerEvent 组件中使用 EventCallback 参数指定的参数。在这个方法的实现中，更新了 message 和 timeMessage 字段，以便在绑定到这些字段的 UI 元素中显示来自事件的信息(代码文件 BlazorComponentsSample/Pages/UseTimer.razor)：

```
@code {
  private TimerEvent? myTimer;
  private string timeMessage = string.Empty;
  private bool disableStartTimerButton = false;
  private bool disableStopTimerButton = true;

  string message = string.Empty;
  private void ShowTimer(TimerEventArgs e)
  {
    message += ".";
    timeMessage = e.SignalTime.ToLongTimeString();
  }
  //...
}
```

前面看到在 HTML 代码中使用了 ref 关键字来引用 TimerEvent 组件。使用这个关键字时，需要声明一个与 ref 名称相同的名称且类型为组件类型的一个变量。创建组件时将填充此变量。使用它，可以调用组件的方法，如下面的代码片段中调用了 Start()和 Stop()方法(代码文件 BlazorComponentsSample/Pages/UseTimer.razor)：

```
private TimerEvent? myTimer;
private void StartTimer()
{
  myTimer?.Start();
  DisableStartTimerButton();
}

private void StopTimer()
{
  myTimer?.Stop();
  DisableStartTimerButton(false);
}
```

运行应用程序，点击 UseTimer 组件的 Start 按钮时，会调用定时器回调来显示一些点并更新时间，如图 27-5 所示。

图 27-5

27.4.4 通过代码更新 UI

由用户界面触发的事件或者通过 EventCallback 类型指定的事件会自动更新用户界面。如果一些功能是在后台触发的，就需要调用 StateHasChanged()方法，通知 UI 状态已经改变，以再次渲染。

下面的代码片段在一个 Razor 组件中使用 Timer 对象，在发生 Elapsed 事件时更新 counter 字段。在事件处理程序中，调用了 StateHasChanged()方法来更新用户界面。可以试着注释掉这个方法调用，此时将看到用户界面不会更新。在这个代码片段中，还可以看到绑定使用了表达式语法。调用 Start()和 Stop()方法的 onclick 处理程序直接通过声明实现(代码文件 BlazorComponentsSample/Pages/Timer2.razor)：

```
@page "/timer"
@using System.Timers
@implements IDisposable

<h4>Timer Event</h4>

<p>@counter</p>

<button @onclick="(() => timer.Start())">Start</button>

<button @onclick="(() => timer.Stop())">Stop</button>

@code {
  private int counter = 0;

  private Timer timer = new(1000);

  protected override void OnInitialized()
  {
    timer.Elapsed += (sender, e) =>
    {
      counter++;
      StateHasChanged();
    };
  }
  public void Dispose() => timer.Dispose();
}
```

27.4.5 双向绑定

在前面的代码示例中，看到了从源(字段)到 HTML DOM 和从事件到方法的绑定。Blazor 还通过@bind 指令支持双向绑定，如下面的代码片段所示。下面的代码片段将 text1 字段绑定到 input 元素的 value 特性(DOM 的源)和 input 元素的 onchange 事件，以更新 text1 字段(代码文件

BlazorComponentsSample.Client/Pages/Binding.razor)：

```
<input id="input1" @bind="text1" />
<div>@text1</div>
```

运行应用程序时，一旦失去焦点，就会在 div 元素中看到更新后的输入值。要为其他事件使用双向绑定，可以通过为@bind 指令添加 event 关键字来指定事件。下面的代码片段绑定了 text2 字段，使其随着 oninput 事件更新。因此，每当 input 元素改变一个字符的时候，text2 字段就会更新(代码文件 BlazorComponentsSample.Client/Pages/Binding.razor)：

```
<input id="input2" @bind-value="text2" @bind-value:event="oninput" />
<div>@text2</div>
```

27.4.6 级联参数

使用 Parameter 特性时，可以在父组件中设置子组件的值。随着用户界面增长，可能会创建一个组件层次结构，即组件逐层嵌套。此时，可以从外部向内部传递参数，而中间的组件不需要知道任何关于参数的信息。可以通过级联参数实现逐层嵌套。

在内层组件中，使用 CascadingParameter 特性来标注属性。Cascade3 组件使用了名为 Value1 的 CascadingParameter，并显示其值(代码文件 BlazorComponentsSample.Client/Pages/Cascade3.razor)：

```
<h3>Cascade3</h3>

<div>@Value1</div>

@code {
  [CascadingParameter(Name = "Value1")]
  public string Value1 { get; set; } = string.Empty;
}
```

中间有一个组件。Cascade2 组件不知道 Value1 属性的信息，只是嵌套了 Cascade3 组件(代码文件 BlazorComponentsSample/Pages/Cascade2.razor)：

```
<h3>Cascade2</h3>
<Cascade3 />
```

为了在整个树中向下传递值，Cascade1 组件使用 CascadingValue 组件。在这个组件中，Value 绑定到了 SomeValue 属性。Name 引用的 Value1 与内层组件的 CascadingParameter 值同名(代码文件 BlazorComponentsSample/Pages/Cascade1.razor)：

```
@page "/cascade"
<h3>Cascade1</h3>

<input type="text" @bind-value="SomeValue" @bind-value:event="oninput" />

<CascadingValue Value="@SomeValue" Name="Value1">
  <Cascade2 />
</CascadingValue>

@code {
  [Parameter]
  public string SomeValue { get; set; } = string.Empty;
}
```

运行应用程序时可以看到，在最外层组件中输入的值显示到了最内层的组件中。CascadingValue 组件和 CascadingParameter 特性在类型和名称上都匹配。如果没有为相同的类型使用多个级联参数，则名称是可选的。

27.4.7 使用模板化组件

创建嵌套的组件时，可以使用外层组件提供嵌套组件的内容，并将其传递给嵌套的内层组件。这种组件被称为模板化组件。模板化组件指定了 RenderFragment 类型的一个或多个属性。在模板化组件中，泛型类型可能很有用，但并不是必须使用泛型类型。

下面的代码片段显示了模板化组件 Repeater。在这个组件中，可以使用 Items 属性提供一个项列表。使用的泛型类型是 TItem，这是由代码开头的@typeparam 指定的。这里使用了两个 RenderFragment 类型的属性。HeaderTemplate 属性用于显示标题信息，ItemTemplate 属性指定了每一项的外观，它在@foreach 迭代中调用(代码文件 BlazorComponentsSample/Shared/Repeater.razor)：

```
@typeparam TItem

<div>
  <div>@HeaderTemplate</div>
  @foreach (var item in Items ?? Array.Empty<TItem>())
  {
    <div>@ItemTemplate(item)</div>
  }
</div>

@code {
#nullable disable
  [Parameter]
  public RenderFragment HeaderTemplate { get; set; }
  [Parameter]
  public RenderFragment<TItem> ItemTemplate { get; set; }
#nullable restore
  [Parameter]
  public IEnumerable<TItem>? Items { get; set; }
}
```

使用 Repeater 组件时，HeaderTemplate 和 ItemTemplate 被用作子元素。每个元素定义了在 Repeater 组件中使用的内容。为 Repeater 元素指定的 TItem 特性定义了泛型类型 Book 类。Context 特性为迭代定义了内容参数(代码文件 BlazorComponentsSample/Pages/UseTemplate.razor)：

```
@page "/template"
<h3>UseTemplate</h3>

<Repeater Items="@books" TItem="Book">
  <HeaderTemplate>
    <div class="bookstitle">The Books</div>
  </HeaderTemplate>
  <ItemTemplate Context="book">
    <div class="book">@book.Title</div>
  </ItemTemplate>
  </Repeater>

  @code {
    private IEnumerable<Book> books = Enumerable.Range(1, 10)
```

```
        .Select(i => new Book
        {
          Id = Guid.NewGuid(),
          Title = $"title {i}",
          Publisher = "Sample",
          ReleaseDate = DateTime.Today.AddDays(i)
        }).ToArray();
    }
```

27.4.8 使用内置组件

Blazor 包含几个内置组件，可以在应用程序中加以使用。其中最重要的可能是表单组件，使用这些组件可以创建可编辑的表单。下面的示例为一个表单定义了类型，并添加了可用来验证用户注入的注释。

为了看到如何使用编辑表单，为应该在表单中填写的所有数据定义一个模型类型，如下面的代码片段所示。在这个模型中，使用了注释来进行输入验证(代码文件 BlazorComponentsSample/Models/BookEditModel.cs)：

```
public class BookEditModel
{
  [StringLength(20, ErrorMessage = "Title is too long")]
  [Required]
  public string Title { get; set; } = string.Empty;

  public DateTime ReleaseDate { get; set; } = DateTime.Today;
  public string? Type { get; set; } = string.Empty;
}
```

为了创建输入公式，可以像下面的代码片段那样使用 EditForm 组件。EditForm 组件创建了一个 EditContext 作为级联参数。EditForm 组件的所有子组件都可以访问这个上下文来注册通知，并参与验证。除了直接在 EditForm 中赋值 EditContext，还可以把 Model 属性赋值给模型类型(示例中赋给了 BookEditModel)，这会隐式设置 EditContext。这里使用的子组件是 DataAnnotationValidator 和 ValidationSummary 组件。DataAnnotationValidator 使用模型的注释(如 StringLength 和 Required 特性)来验证模型。当点击表单的 submit 按钮时，会调用验证，当验证失败时将在 ValidationSummary 组件中显示错误消息。通过 EditContext 可以访问错误消息，DataAnnoationValidator 和 ValidationSummary 组件都使用了它。如果验证成功，则调用 OnValidSubmit 的处理程序。要读取验证的详细信息，可以使用 HandleValidSubmit()方法访问 EditContext 参数。在表单中，使用了 InputText、InputSelect 和 InputDate 用于绑定到模型的属性。这些组件生成 HTML input、select 和 input type="date"元素，并访问 EditContext(代码文件 BlazorComponentsSample/Pages/Editor.razor)：

```
<EditForm Model="@bookEditModel" OnValidSubmit="HandleValidSubmit">
  <DataAnnotationsValidator />
  <ValidationSummary />
  <p>
    <label>
      Title:
      <InputText @bind-Value="bookEditModel.Title" />
    </label>
  </p>
  <p>
    <label>
```

```
      Type:
      <InputSelect @bind-Value="bookEditModel.Type">
        <option value="Hardcover">Hardcover</option>
        <option value="Ebook">Ebook</option>
      </InputSelect>
    </label>
  </p>
  <p>
    <label>
      Release date:
      <InputDate @bind-Value="bookEditModel.ReleaseDate" />
    </label>
  </p>

  <button type="submit">Submit</button>
  <div>@validText</div>
</EditForm>

@code {
  private BookEditModel bookEditModel = new();
  private string validText = string.Empty;

  private void HandleValidSubmit(EditContext context)
  {
    validText = "Input is valid, ready to send it to the server";
  }
}
```

在表单中可以使用的其他内置 Razor 组件包括 InputCheckbox、InputFile、InputNumber、InputRadio、InputRadioGroup 和 InputTextArea。对于自定义验证，可以编写自定义特性来重写 ValidationAttribute，或者编写访问 EditContext 的组件进行验证，类似于 DataAnnotationValidator。

许多第三方提供商都为 Blazor 提供了组件，例如 Telerik、Syncfusion、DevExpress、Mublazor 等。使用这些提供商提供的组件时，搜索可用的 NuGet 包即可。

27.5 小结

本章介绍了创建 ASP.NET Core 应用程序的最新方式：Blazor，并展示了使用服务器端组件的 Blazor，和使用 WebAssembly 在浏览器中运行.NET 的 Blazor。

你还了解了 Razor 组件的特性，包括传递参数、注入服务、使用事件、双向绑定等。

第28章将介绍SignalR，这是一种实时通信技术。Blazor Server 基于 SignalR。在 BlazorWebAssembly 中，可以使用 SignalR 向一组客户端发送通知。

第28章 SignalR

本章要点

- SignalR 概述
- 创建 SignalR 中心
- 使用 HTML 和 JavaScript 创建 SignalR 客户端
- 创建 SignalR .NET 客户端
- 将 SignalR 用于组
- 使用 SignalR 进行流传输

本章源代码：

通过扫描封底二维码下载本书源代码。本章源代码可以在代码文件的 3_Web/SignalR 目录中找到。

本章代码分为以下几个主要的示例文件：

- SignalRSample/ChatServer
- SignalRSample/WinAppChatClient
- SignalRStreaming

本章的示例主要使用了 Microsoft.AspNetCore.SignalR 名称空间。所有项目都启用了可空引用类型。

28.1 概述

在.NET 中，可以使用事件来获得通知。可以向事件注册一个事件处理程序，这也称为订阅事件。一旦在另外一个地方触发事件，你的事件处理程序方法就会被调用。在 Web 应用程序中，不能使用事件。

前面的章节详细讨论了 Web 应用程序和 Web 服务。这些应用程序和服务之间有一个共同点：请求总是从客户端应用程序发出的。客户端发出 HTTP 请求，收到一个响应。

如果服务器要主动告诉客户端一些信息，该怎么办？它们没有提供可以订阅的事件，对吧？对于到现在为止介绍的 Web 技术，可以通过让客户端轮询新信息来解决这个问题。客户端需要向服务器发送请求，询问是否有新信息可用。取决于定义的请求间隔，这种通信方式可能导致网络上出现高请求负载，却只产生“没有新信息”的结果，或者当客户端请求的时候，实际的信息已经变成了旧信息。

对于使用防火墙的客户端，当使用 HTTP 协议的时候，服务器是无法发起与客户端的连接的。连接总是需要从客户端发起。HTTP 连接是无状态的，并且客户端常常无法连接到 80 或 443 以外的端口，此时 WebSockets 可以提供帮助。WebSockets 由 HTTP 请求启动，但它们会升级为 WebSocket 连接，使连接保持打开。使用 WebSocket 协议时，一旦服务器有新信息，就可以通过打开的连接把信息发送给客户端。

SignalR 是一种 ASP.NET Core Web 技术，提供了 WebSockets 的一种易用的抽象。使用 SignalR 比使用套接字接口编程容易得多，而且 SignalR 提供了许多有用的特性。

28.2 使用 SignalR 创建一个简单的聊天

SignalR 基于 WebSockets，但可以回退到其他选项。如果 WebSockets 在客户端和服务器上都不可用，则客户端将使用轮询来持续检查新数据。如今，所有浏览器和服务器都支持 WebSockets。但是，WebSockets 可能会被关闭，而且使用代理的时候也可能存在问题。如果将 Web 应用程序部署到 Azure App Services 中，将默认关闭 WebSockets，因为服务器端的 WebSockets 需要更多资源来支持与客户端建立的始终打开的连接。使用 Azure App Service 时，需要显式启动 WebSockets。在应用程序前方使用了代理的时候，也需要思考是否支持 WebSockets。例如，使用 Azure Front Door(https://azure.microsoft.com/services/frontdoor/)来获得负载均衡和保护的能力时，需要知道这个服务截至撰写本书时，仍不支持 WebSockets。

我们的第一个 SignalR 示例应用程序是一个聊天应用程序，使用 SignalR 很容易创建它。在这个应用程序中，可以启动多个客户端，使它们通过 SignalR 中心彼此通信(参见图 28-1)。当一个客户端应用程序发送一条消息时，所有连接的客户端会依次收到这个消息。

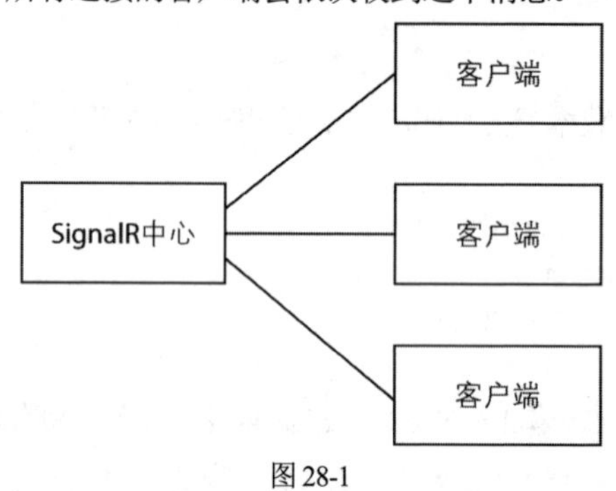

图 28-1

服务器应用程序是一个空 ASP.NET Core Web 应用程序。一个客户端是使用 HTML 和 JavaScript 创建的，另一个客户端应用程序是使用 WinUI 的 Windows 应用程序。

28.2.1 创建中心

空 ASP.NET Core Web 项目被命名为 ChatServer。创建了该项目后，在 Hubs 文件夹中添加一个名为 ChatHub 的新类。SignalR 的主要功能将在中心中定义。客户端会间接调用中心，并导致客户端被调用。ChatHub 类派生自 Hub 基类，以获得必要的中心功能。Send()方法由向其他客户端发送消息的客户端应用程序调用。可以使用带有任意数量的参数的方法名称。客户端代码只需要匹配方法的名称和参数。要向客户端发送消息，会使用 Hub 类的 Clients 属性。Clients 属性返回一个实现了 IHubCallerClients 接口的对象。这个接口允许向特定客户端或所有连接的客户端发送消息。想要只向一个客户端返回消息，可以使用 Client()方法并传递一个连接标识符。示例代码使用 All 属性发送消息给所有客户端。All 属性返回一个 IClientProxy。IClientProxy 定义了 SendAsync()方法，用于调用客户端的一个方法。SendAsync()方法的第一个参数是被调用的方法的方法名。SendAsync()方法有多个重载，最多允许传递 10 个参数给客户端方法。对于有超过 10 个参数的情况，有一个重载版本允许传递一个对象数组。在示例代码中，定义的方法名是 BroadcastMessage()，并为该方法传递了两个字符串参数，分别是 name 和 message(代码文件 SignalRSample/ChatServer/Hubs/ChatHub.cs)：

```
public class ChatHub: Hub
{
  public void Send(string name, string message) =>
    Clients.All.BroadcastMessage(
      HttpUtility.HtmlEncode(name),
      HttpUtility.HtmlEncode(message));
}
```

注意：

在 ChatHub 类中，需要在返回从客户端收到的数据之前，对其进行 HTML 编码。否则，客户端可能发送 HTML 格式的数据，甚至 JavaScript 内容，来将收到数据的所有用户重定向到另外一个网站(只是一个例子)。关于 Web 应用程序的安全性问题，请阅读第 20 章。

要使用 SignalR，需要在依赖注入容器中注册 SignalR 的接口。这在 Startup 类的 ConfigureServices()方法中，通过调用 IServiceCollection 接口的 AddSignalR()扩展方法来完成(代码文件 SignalRSample/ChatServer/Startup.cs)：

```
public class Startup
{
  public void ConfigureServices(IServiceCollection services)
  {
    services.AddSignalR();
  }
  //...
}
```

在 Configure()方法中配置该中间件时，需要在端点配置中映射 SignalR。使用 IEndpointRouteBuilder 的 MapHub()扩展方法时，需要指定中心的类类型(它需要派生自 Hub 类)，以及使用这个路由的链接。在该方法的重载版本中，还可以指定底层 WebSockets 的选项(代码文件 SignalRSample/ChatServer/Startup.cs)：

```
app.UseEndpoints(endpoints =>
{
  endpoints.MapHub<ChatHub>("/chat");
  //...
  endpoints.Map("/", async context =>
  {
    StringBuilder sb = new();
    sb.Append("<h1>SignalR Sample</h1>");
    sb.Append("<div>Open <a href='/ChatWindow.html'>ChatWindow</a> " +
      "for communication</div>");
    await context.Response.WriteAsync(sb.ToString());
  });
});
```

注意：

要让 SignalR 服务器服务 HTML 客户端，需要把扩展方法 UseStaticFiles()添加到中间件管道中，并且创建 wwwroot 文件夹。

28.2.2 使用 HTML 和 JavaScript 创建客户端

SignalR 的前一个版本包含一个带有 jQuery 扩展的 JavaScript 库。当时，几乎每个网站都使用 jQuery 来访问 HTML 页面的 DOM 元素。SignalR 库的 ASP.NET Core 版本不依赖于其他任何脚本库。只需要有一个可以从内容交付网络(content delivery network，CDN)服务器获取的 JavaScript 文件。在示例应用程序中，使用了 libman 来获取 JavaScript 文件(第 24 章介绍了 libman)。

要将 libman 安装为项目的工具，需要创建一个工具清单文件，并将 libman 添加到该清单文件中：

```
> dotnet new tool-manifest
> dotnet tool install microsoft.web.library.manager.cli
```

安装了该工具后，可以使用 libman init 创建一个 libman.json 配置文件，并使用 libman install 命令添加 JavaScript 库。需要注意的是，在 libman 默认使用的 CDN 提供商 CDNJS 中，SignalR JavaScript 库是不可用的，但它在 Node 的 CDN 服务器(https://unpkg.com)上可用：

```
> dotnet libman init
> dotnet libman install @microsoft/signalr@latest --providerunpkg
  --destination wwwroot/lib/signalr --files dist/browser/signalr.js
  --files dist/browser/signalr.min.js
```

在 HTML 客户端中，定义了两个 input 字段和一个 button，以允许用户输入姓名和一条消息，并点击按钮来把该消息发送到 SignalR 服务器。收到的消息将显示在 output 元素中(代码文件 SignalRSample/ChatServer/wwwroot/ChatWindow.html)：

```
<label for="name">Name:</label>
<input type="text" id="name" />
<br />
<label for="message">Message:</label>
<input type="text" id="message" />
<br />
<input id="sendButton" type="button" value="send" />
<p />
<output id="output"></output>
```

第一个 script 元素引用了 SignalR 库中的 JavaScript 文件。记住，应为生产环境使用最小化的文件。当加载了 HTML 文件的 DOM 树后，创建到 Chat 服务器的一个连接。使用 connect.on 时，定义了当收到 SignalR 服务器的消息时会发生什么。第一个参数是在服务器中调用代理时使用的方法的名称，只不过大小写形式从 C# Pascal 命名法(BroadMessage)改成了 JavaScript 驼峰命名法(broadcastMessage)。第二个参数定义了一个函数，它的参数个数与服务器发送的参数个数相同。收到消息时，output 元素的内容改为包含此消息。注册接收此事件后，通过调用 start()方法来启动到 SignalR 服务器的连接。当连接完成后，then()函数定义了接下来做什么。这里将一个事件监听器赋值给按钮的 click 事件，以便把消息发送给 SignalR 服务器。在 SignalR 服务器上调用的方法由 invoke()函数的第一个参数定义，在示例代码中就是 send，它的名称与 ChatHub 中定义的方法名称相同(只不过命名法发生了变化)。同样，使用了数量相同的参数(代码文件 SignalRSample/ChatServer/wwwroot/ChatWindow.html)：

```
<script src="lib/signalr/dist/browser/signalr.min.js"></script>
<script>
 document.addEventListener("DOMContentLoaded", function () {
  const connection = new signalR.HubConnection('/chat');
  connection.on('broadcastMessage', (name, message) => {
   console.log(message);
   document.getElementById('output').innerHTML +=
    `message from ${name}: ${message}<br />`;
  });

  connection.start().then(function () {
   document.getElementById('sendButton')
    .addEventListener('click', function () {
     let name = document.getElementById('name').value;
     let message = document.getElementById('message').value;

     connection.invoke('send', name, message);
    });
   });
  });
</script>
```

运行应用程序时，可以打开多个浏览器窗口，甚至使用不同的浏览器应用程序，然后通过输入姓名和消息来进行聊天，如图 28-2 所示。

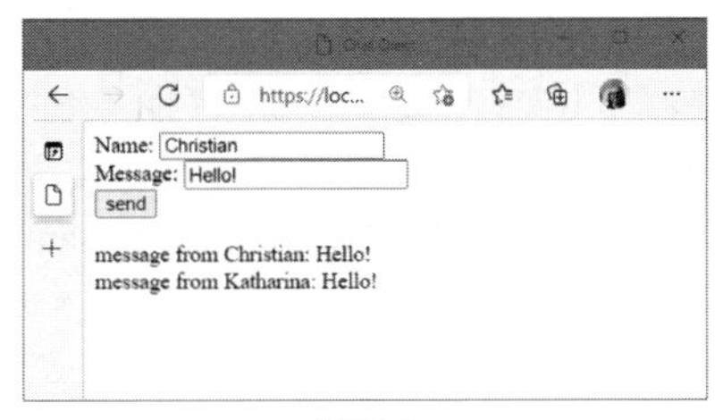

图 28-2

使用 Microsoft Edge 开发者工具时(在 Microsoft Edge 打开时按 F12 键可打开开发者工具)，可以使用网络监视标签页来查看从 HTTP 协议到 WebSocket 协议的升级，如图 28-3 所示。

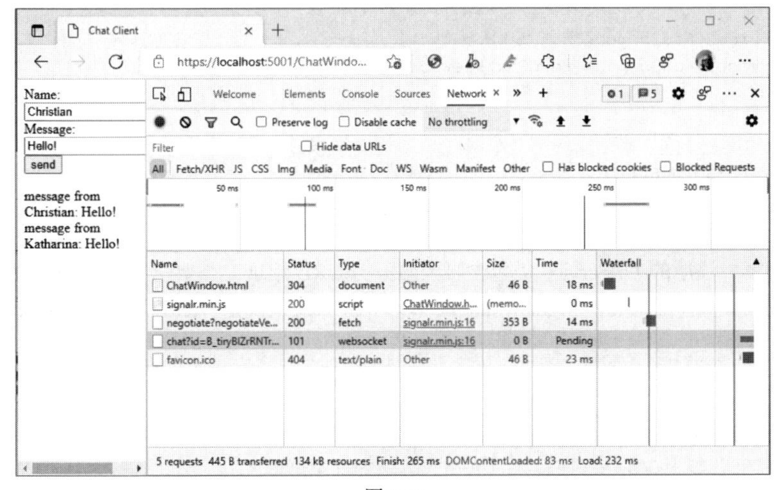

图 28-3

28.2.3 创建 SignalR .NET 客户端

使用 SignalR 服务器的示例.NET 客户端应用程序是一个 WinUI 3 应用程序，其功能与前面显示的 HTML/JavaScript 应用程序类似。请查看下载代码中的 readme 文件来了解构建这个应用程序需要什么。需要添加的 NuGet 包包括 Microsoft.AspNetCore.SignalR.Client(用于.NET 的 SignalR 客户端库)、Microsoft.Extensions.Hosting(用于 DI 容器)和 Microsoft.Toolkit.Mvvm(Microsoft 提供的一个 MVVM 库，第 30 章将对其详细介绍)。

这个 Windows 应用程序的用户界面定义了两个 TextBox、两个 Button 和一个 ListBox，分别用于输入姓名和消息、连接到服务中心以及显示收到的消息的列表(代码文件 SignalRSample/WinAppChatClient/Views/ChatUC.xaml)：

```
<TextBox Header="Name" Text="{x:Bind ViewModel.Name, Mode=TwoWay}"
  Grid.Row="0" Grid.Column="0" />
<TextBox Header="Message" Text="{x:Bind ViewModel.Message, Mode=TwoWay}"
  Grid.Row="1" Grid.Column="0" />
<StackPanel Orientation="Vertical" Grid.Column="1" Grid.RowSpan="2">
  <Button Content="Connect" Command="{x:Bind ViewModel.ConnectCommand}" />
  <Button Content="Send"
    Command="{x:Bind ViewModel.SendCommand, Mode=OneTime}" />
</StackPanel>
<ListBox ItemsSource="{x:Bind ViewModel.Messages, Mode=OneWay}" Grid.Row="2"
  Grid.ColumnSpan="2" Margin="12" />
```

在应用程序的 App 类中，按照如下代码片段所示来配置 DI 容器。这里注册了服务来显示对话框(DialogService)，以便有一个中央位置来配置服务链接(UrlService)，另外还为应用程序中使用的视图模型注册了服务(代码文件 SignalRSample/WinAppChatClient/App.xaml.cs)：

```
public App()
{
  this.InitializeComponent();
  _host = Host.CreateDefaultBuilder()
    .ConfigureServices(services =>
    {
      services.AddScoped<IDialogService, DialogService>();
      services.AddScoped<UrlService>();
      services.AddScoped<ChatViewModel>();
      services.AddScoped<GroupChatViewModel>();
    }).Build();
}

private IHost _host;

internal IServiceProvider Services => _host.Services;
```

在 DI 容器中注册的 UrlService 类包含聊天服务的 URL 地址。需要把 BaseUri 改为启动 SignalR 服务器时显示的地址(代码文件 SignalRSample/WinAppChatClient/Services/UrlService.cs)：

```
public class UrlService
{
  private string BaseUri = "https://localhost:5001/";
  public string ChatAddress => $"{BaseUri}/chat";
  public string GroupAddress => $"{BaseUri}/groupchat";
}
```

在用户控件的代码隐藏文件中，使用DI容器将ChatViewModel赋值给ViewModel属性(代码文件SignalRSample/WinAppChatClient/Views/ChatUC.xaml.cs)：

```
public sealed partial class ChatUC : UserControl
{
  public ChatUC()
  {
    this.InitializeComponent();

    if (Application.Current is App app)
    {
      _scope = app.Services.CreateScope();
      ViewModel = _scope.ServiceProvider.GetRequiredService<ChatViewModel>();
    }
    else
    {
      throw new InvalidOperationException("Application.Current is not App");
    }
  }

  private readonly IServiceScope? _scope;
  public ChatViewModel ViewModel { get; private set; }
```

中心特定的代码在ChatViewModel中实现。首先，查看绑定的属性和命令。绑定Name属性以输入聊天者的姓名，绑定Message属性以输入消息。ConnectCommand属性映射到OnConnect()方法，以启动与服务器的连接；SendCommand属性映射到OnSendMessage()方法，以发送聊天消息(代码文件SignalRSample/WinAppChatClient/ViewModels/ChatViewModel.cs)：

```
public sealed class ChatViewModel
{
  private readonly IDialogService _dialogService;
  private readonly UrlService _urlService;

  public ChatViewModel(IDialogService dialogService, UrlService urlService)
  {
    _dialogService = dialogService;
    _urlService = urlService;

    ConnectCommand = new RelayCommand(OnConnect);
    SendCommand = new RelayCommand(OnSendMessage);
  }

  public string Name { get; set; }
  public string Message { get; set; }

  public ObservableCollection<string> Messages { get; } =
    new ObservableCollection<string>();
  public RelayCommand SendCommand { get; }
  public RelayCommand ConnectCommand { get; }
  //...
}
```

OnConnect()方法启动与服务器的连接。使用HubConnectionBuilder可以创建一个HubConnection。这个生成器使用流式API进行配置。在示例代码中可以看到，首先使用了WithUrl()方法来配置服务器的 URL。完成配置后，HubConnectionBuilder 的 Build()方法创建一个 HubConnection。为了注册接收服务器返回的消息，调用了 On()方法。传递给 On()方法的第一个参数定义了服务器调用的方法名；第二个参数定义了被调用的方法的委托。OnMessageReceived()方法的参数由 On()方法的泛型参数指定，它们是两个字符串。为了最终启动连接，调用了 HubConnection 实例的 StartAsync()方法，以连接到 SignalR 服务器(代码文件 SignalRSample/WinAppChatClient/ViewModels/ChatViewModel.cs)：

```
private HubConnection _hubConnection;

public async void OnConnect()
{
  await CloseConnectionAsync();
  _hubConnection = new HubConnectionBuilder()
    .WithUrl(_urlService.ChatAddress)
    .Build();

  _hubConnection.Closed += HubConnectionClosed;
  _hubProxy.On<string, string>("BroadcastMessage", OnMessageReceived);

  try
  {
    await _hubConnection.StartAsync();
    await _dialogService.ShowMessageAsync("Client connected");
  }
  catch (Exception ex)
  {
    _dialogService.ShowMessage(ex.Message);
  }
}
```

注意：

SignalR 支持 JSON 和 MessagePack 协议(参见网址 28-1)。使用.NET 客户端时，MessagePack 更加简洁。要使用 MessagePack，需要添加 NuGet 包 Microsoft.AspNetCore.SignalR.Protocols.MessagePack，并通过中心连接的配置调用 AddMessagePackProtocol()方法。

要向 SignalR 发送消息，只需要调用 HubConnection 的 SendAsync()方法。其第一个参数是服务器应该调用的方法的名称，其余参数是服务器端的方法的参数(代码文件 SignalRSample/WinAppChatClient/ViewModels/ChatViewModel.cs)：

```
Public async void OnSendMessage()
{
  try
  {
    _hubConnection.SendAsync("Send", Name, Message);
  }
  catch (Exception ex)
  {
    await _dialogService.ShowMessageAsync(ex.Message);
  }
}
```

收到消息时，调用 OnMessageReceived()方法。Messages 属性是一个 ObservableCollection 类，以便在消息到达时立即更新用户界面(代码文件 SignalRSample/WinAppChatClient/ViewModels/

ChatViewModel.cs)：

```
public async void OnMessageReceived(string name, string message)
{
  try
  {
    Messages.Add($"{name}: {message}");
  }
  catch (Exception ex)
  {
    await _dialogService.ShowMessageAsync(ex.Message);
  }
}
```

运行应用程序时，可以在 Windows 应用程序客户端接收和发送消息，如图 28-4 所示。还可以同时打开多个 Web 页面，在它们之间进行通信。

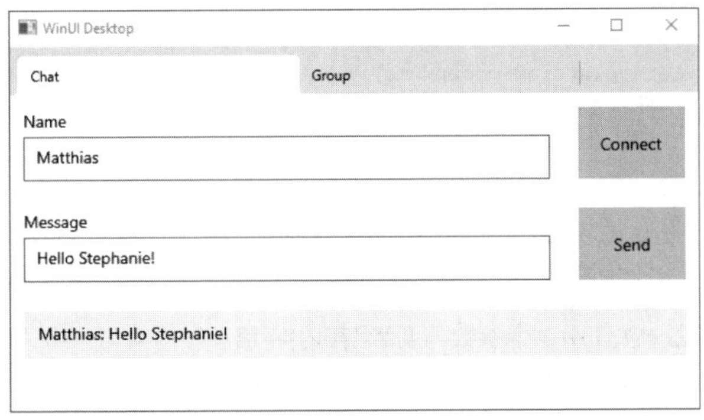

图 28-4

28.3 连接分组

通常，并不需要在所有客户端之间进行通信，而是只想在一组客户端之间进行通信。SignalR 对这种场景直接提供了支持。

本节将添加另外一个具有分组功能的聊天中心，并介绍在使用 SignalR 中心时可用的其他选项。我们将扩展 Windows 应用程序客户端，为其添加输入组并向选定组发送消息的功能。

28.3.1 使用组扩展中心

为了支持组聊天，创建了 GroupChatHub 类。在前一个中心中，我们看到了如何使用 SendAsync()方法来定义要发送给客户端的消息。这里不使用该方法，而是创建一个自定义接口，如下面的代码片段所示。将这个接口用作基类 Hub 的泛型参数(代码文件 SignalRSample/ChatServer/Hubs/GroupChatHub.cs)：

```
public interface IGroupClient
{
  Task MessageToGroup(string groupName, string name, string message);
}

public class GroupChatHub: Hub<IGroupClient>
```

```
{
  //...
}
```

AddGroup()和 LeaveGroup()是由客户端调用的方法。注册组时，客户端通过 AddGroup()方法发送一个组名。Hub 类定义了一个 Groups 属性，用来注册组的连接。泛型 Hub 类的 Groups 属性返回 IGroupManager。该接口定义了两个方法：AddToGroupAsync()和 RemoveFromGroupAsync()。这两个方法都需要组名和连接标识符，才能在组中添加或删除指定的连接。连接标识符是与客户端连接关联的唯一标识符。客户端连接标识符以及关于客户端的其他信息可通过 Hub 类的 Context 属性访问。下面的代码片段调用 IGroupManager 的 AddToGroupAsync()方法来向连接注册组，调用 RemoveFromGroupAsync()方法取消注册组(代码文件 SignalRSample/ChatServer/Hubs/GroupChatHub.cs)：

```
public Task AddGroup(string groupName) =>
  Groups.AddToGroupAsync(Context.ConnectionId, groupName);

public Task LeaveGroup(string groupName) =>
  Groups.RemoveFromGroupAsync(Context.ConnectionId, groupName);
```

注意：
Hub 类的 Context 属性返回 HubCallerContext 类型的一个对象。使用这个类时，不止可以访问连接的连接标识符，还可以访问关于客户端的其他信息，例如用户，但前提是该用户获得了授权。

调用 Send()方法(这一次使用 3 个参数，包括组在内)将信息发送给与该组关联的所有连接。Clients 属性现在用于调用 Group()方法。Group()方法接受一个组字符串，将 MessageToGroup 消息发送给所有与组名关联的连接。在 Group()方法的一个重载版本中，可以添加应该排除的连接 ID。因为 Hub 实现了 IGroupClient 接口，所以 Group()方法返回一个 IGroupClient。这样一来，就可以通过编译时支持来调用 MessageToGroup()方法(代码文件 SignalRSample/ChatServer/Hubs/GroupChatHub.cs)：

```
public Task Send(string group, string name, string message) =>
  Clients.Group(group).MessageToGroup(group, name, message);
```

还有几个扩展方法可以把信息发送给一个客户端连接的列表。上面看到 Group()方法可以把消息发送给由组名指定的一组连接。使用这个方法时，可以排除客户端连接。例如，发送消息的客户端可能不需要接收它。Groups()方法接受组名的一个列表，向这些组发送消息。前面已经介绍了 All 属性，它用于将消息发送给所有连接的客户端。用于在发送消息时排除调用者的方法包括 OthersInGroup()和 OthersInGroups()。这些方法把消息发送给排除调用者的一个特定的组，或者排除调用者的一个组列表。

也可以把消息发送给一个自定义组，它不基于内置的分组功能。此时，可以重写 OnConnectedAsync()和 OnDisconnectedAsync()方法。每次客户端连接时，就调用 OnConnectedAsync()方法；当客户端断开连接时，调用 OnDisconnectedAsync()方法。在这些方法中，可以访问 Hub 类的 Context 属性，进而访问客户端信息以及与客户端关联的连接 ID。可以把连接信息写入一个共享状态，使服务器能够通过多个实例来扩展，这些实例都访问相同的共享状态。也可以基于自己的业务逻辑选择客户端。例如，实现可能基于优先级向客户端发送消息。

```
public override Task OnConnectedAsync() =>
  base.OnConnectedAsync();
```

```
public override Task OnDisconnectedAsync(Exception exception) =>
  base.OnDisconnected(exception);
```

28.3.2 使用组扩展 Windows 客户端应用程序

准备好中心的分组功能后，就可以扩展 Windows 客户端应用程序。为了使用分组功能，定义了另外一个关联到 GroupChatViewModel 类的用户控件。

相比前面定义的 ChatViewModel，GroupChatViewModel 类定义了更多属性和命令。NewGroup 属性定义了用户注册到的组。SelectedGroup 属性定义了在持续通信(如发送消息给组或者离开组)中使用的组。SelectedGroup 属性需要修改通知，以便在该属性改变时更新用户界面。因此，GroupChatViewModel 类实现了 INotifyPropertyChanged 接口，并让 SelecteGroup 的 set 访问器触发通知。该类中还定义了加入和离开组的命令(EnterGroupCommand 和 LeaveGroupCommand 属性)(代码文件 SignalRSample/WinAppChatClient/ViewModels/GroupChatViewModel.cs)：

```
public sealed class GroupChatViewModel
{
  private readonly IDialogService _dialogService;
  private readonly UrlService _urlService;

  public GroupChatViewModel(IDialogService dialogService,
    UrlService urlService)
  {
    _dialogService = dialogService;
    _urlService = urlService;

    ConnectCommand = new RelayCommand(OnConnect);
    SendCommand = new RelayCommand (OnSendMessage);
    EnterGroupCommand = new RelayCommand (OnEnterGroup);
    LeaveGroupCommand = new RelayCommand (OnLeaveGroup);
  }

  public string? Name { get; set; }
  public string? Message { get; set; }
  public string? NewGroup { get; set; }
  public string? SelectedGroup { get; set; }

  public ObservableCollection<string> Messages { get; } =
    new ObservableCollection<string>();
  public ObservableCollection<string> Groups { get; } =
    new ObservableCollection<string>();
  public ICommand SendCommand { get; }
  public ICommand ConnectCommand { get; }
  public ICommand EnterGroupCommand { get; }
  public ICommand LeaveGroupCommand { get; }
  //...
}
```

下面的代码片段显示了 EnterGroupCommand 和 LeaveGroupCommand 命令的处理程序，在组中心中调用了 AddGroup() 和 RemoveGroup() 方法(代码文件 SignalRSample/WinAppChatClient/ViewModels/GroupChatViewModel.cs)：

```
public async void OnEnterGroup()
{
```

```
    try
    {
      if (NewGroup is not null)
      {
        await _hubConnection.InvokeAsync("AddGroup", NewGroup);
        Groups.Add(NewGroup);
        SelectedGroup = NewGroup;
      }
    }
    catch (Exception ex)
    {
      await _dialogService.ShowMessageAsync(ex.Message);
    }
  }

  public async void OnLeaveGroup()
  {
    try
    {
      if (SelectedGroup is not null)
      {
        await _hubConnection.InvokeAsync("LeaveGroup", SelectedGroup);
        Groups.Remove(SelectedGroup);
      }
    }
    catch (Exception ex)
    {
      _dialogService.ShowMessage(ex.Message);
    }
  }
```

发送和接收消息与上例类似。区别在于添加了组信息(代码文件 SignalRSample/WinAppChatClient/ViewModels/GroupChatViewModel.cs):

```
public async void OnSendMessage()
{
  try
  {
    await _hubConnection.InvokeAsync("Send", SelectedGroup, Name, Message);
  }
  catch (Exception ex)
  {
    _dialogService.ShowMessage(ex.Message);
  }
}

public void OnMessageReceived(string group, string name, string message)
{
  try
  {
    Messages.Add($"{group}-{name}: {message}");
  }
  catch (Exception ex)
  {
    await _dialogService.ShowMessageAsync(ex.Message);
  }
}
```

运行应用程序时，可以向加入的所有组发送消息，并看到所有注册的组中收到的消息，如图 28-5 所示。

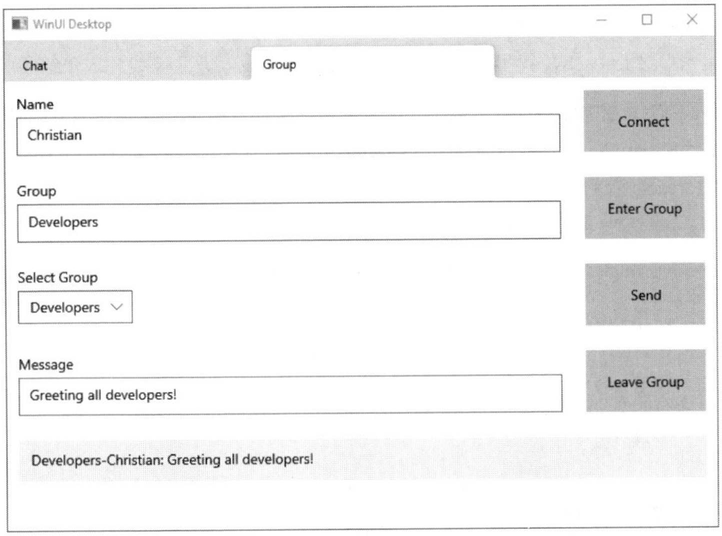

图 28-5

28.4 使用 SignalR 进行流传输

SignalR 支持流传输，包括从服务器传输到客户端、从客户端传输到服务器以及在两个方向上同时传输。

示例应用程序将模拟传感器的数据流返回给客户端。为了实现这种行为，需要创建一个新的空 ASP.NET Core Web 应用程序，并添加与上一个示例类似的 SignalR 配置。现在把中心类 StreamingHub 声明为返回 IAsyncEnumerable<SensorData>。该中心将 1000 个 SensorData 值传递给客户端，直到客户端发送了取消请求，并且在 cancellationtoken 中收到了该请求(代码文件 SignalRStreaming/Hubs/StreamingHub.cs)：

```
public record SensorData(int Val1, int Val2, DateTime TimeStamp);

public class StreamingHub : Hub
{
  public async IAsyncEnumerable<SensorData> GetSensorData(
    [EnumeratorCancellation] CancellationToken cancellationToken)
  {
    Random r = new();
    for (int i = 0; i < 1000; i++)
    {
      yield return new SensorData(r.Next(20), r.Next(20), DateTime.Now);
      await Task.Delay(1000, cancellationToken);
    }
  }
}
```

注意：

除了使用 IAsyncEnumerable 进行流传输，根据流的方向，SignalR 流中心还可以返回 System.Threading.Channels 名称空间中定义的 ChannelReader 或 ChannelWriter。只不过，借助 C#扩展以及 yield 语句和 await foreach，使用 IAsyncEnumerable 更容易实现。第 11 章介绍了异步流的基础。

这一次，使用.NET 控制台应用程序模板来创建客户端应用程序。中心连接的创建和启动与之前相同。现在，使用 StreamAsync()方法来调用 GetSensorData()方法。该方法返回 IAsyncEnumerable，现在可以在 await foreach 语句中使用它。通过 WithCancellation()方法将取消令牌传递给服务。在 10 秒钟过后，取消请求流(代码文件 StreamingClient/Program.cs)：

```
using Microsoft.AspNetCore.SignalR.Client;
using System;
using System.Threading;
using System.Threading.Tasks;

Console.WriteLine($"Wait for service - press return to start");
Console.ReadLine();

var connection = new HubConnectionBuilder()
  .WithUrl("https://localhost:5001/stream")
  .Build();

await connection.StartAsync();

CancellationTokenSource cts = new(10000);

try
{
  await foreach (var data in
    connection.StreamAsync<SensorData>("GetSensorData").WithCancellation(cts.Token))
  {
    Console.WriteLine(data);
  }
}
catch (OperationCanceledException)
{
  Console.WriteLine("Canceled!");
}

await connection.StopAsync();

Console.WriteLine("Completed");


public record SensorData(int Val1, int Val2, DateTime TimeStamp);
```

运行服务和客户端应用程序时，将在客户端应用程序中显示传感器数据流，直到 10 秒钟后取消请求。

注意：

除了在客户端调用 StreamAsync()，还可以调用 StreamAsChannelAsync()方法。无论服务返回 ChannelReader 还是 IAsyncEnumerable，它都会返回一个 ChannelReader。

28.5　小结

本章介绍了使用 ASP.NET Core SignalR 与多个客户端进行通信。SignalR 提供了一种简单的方式来使用 WebSocket 技术，可以使网络连接保持打开，从而能够从服务器向客户端连续发送信息。使用 SignalR 时，也可以把信息发送给所有连接的客户端，或者选定的一组客户端。示例应用程序演示了如何实现客户端来注册到组中，以及服务器如何返回来自组的信息。

本章使用 JavaScript 和.NET 创建了 SignalR 客户端。对于不同的客户端库，API 是类似的，只不过中心方法的名称有所区别。

通过使用 yield 语句来返回 IAsyncEnumerable，并使用 await foreach，可以实现 SignalR 的流传输。

从第 29 章开始，我们进入本书的第 IV 部分，这部分内容介绍如何使用 XAML 来创建 Windows 应用程序。

第 IV 部分
应用程序

第29章 Windows 应用程序

本章要点

- XAML 概论
- 使用控件
- 使用已编译的数据绑定
- 使用导航
- 实现布局面板

本章源代码：

通过扫描封底二维码下载本书源代码。本章源代码可以在代码文件的 4_Apps/Windows 目录中找到。

本章代码分为以下几个主要的示例文件：

- XAMLIntro
- ControlsSamples
- DataBindingSamples
- NavigationControls
- LayoutSamples

所有项目都启用了可空引用类型。

29.1 Windows 应用程序简介

在创建 Windows 应用程序时，有许多选项可用。当 2002 年第一次发布.NET Framework 时，Windows Forms 是创建 Windows 应用程序的主要技术。自从.NET Core 3.1 以来，也可以使用新的.NET 创建 Windows Forms 应用程序。“旧”.NET(.NET Framework 3.0)引入了 Windows Presentation Foundation(WPF)。使用 WPF 时，通过可扩展应用程序标记语言(eXtensible Application Markup Language，XAML)来创建用户界面，XAML 是一种允许灵活扩展的 XML 语法。Silverlight(代号 WPF-E 或 WPF-Everywhere)技术将 XAML 语法引入浏览器，并为 Windows Phone 带来了简化版的.NET。在浏览器中需要添加插件才能使用这种技术。多年来，Silverlight 也为 Windows Phone 创建应用程序。

最后一个版本的 Silverlight 的目标是提供更多桌面支持，并能够(在把更多特性与 HTML 5 集成之后)控制 Microsoft Office。通用 Windows 平台(Universal Windows Platform，UWP)成为 Silverlight 的继承者，为 Windows 创建基于 XAML 的应用程序。

UWP 提供了 WPF 中不可用的现代 XAML 特性。UWP 应用程序在沙盒环境中运行，用户能够控制应用程序做什么操作。从 Microsoft Store 中安装 UWP 应用程序的时候，用户得到了应用程序可能做什么操作的一些保证，并且在卸载应用程序时，将不再在系统上保留部分文件或注册表项。UWP 使用带有 Windows Runtime(WinRT)的简化版本的.NET。

现在，有一种新技术可用于开发用户界面。富桌面应用程序使用了现代 XAML 语法，而且能够利用最新的 C#语言特性和最新版本的.NET：WinUI。控件与 Windows 10 版本是分开的。UI 控件是库的一部分，可以在较旧的 Windows 10 版本中使用，所以用户不必等待新的 Windows 10 版本可用就能够使用新的 UI 控件。

WinUI 提供了创建应用程序的不同选项：打包的桌面应用程序、不打包的桌面应用程序和 UWP 应用程序。打包的桌面应用程序使用 MSIX。MSIX 是部署 Windows 应用程序时使用的 Windows 应用程序打包格式(https://docs.microsoft.com windows/msix)。打包的桌面应用程序创建了两个项目：一个包含应用程序代码，一个用于创建部署包。使用 MSIX 部署的应用程序在一个轻量级应用程序容器内运行。使用 MSIX 时，应用程序与其他应用程序隔离开，并且可以完全卸载，不在系统上保留任何东西。UWP 应用程序容器，也称为原生容器，支持更好的电池续航(它们会挂起不使用的应用程序)和显式安全性控制。在原生容器中，用户通过授予权限来决定允许应用程序做什么操作。在 Microsoft Store 中，不只可以添加使用原生容器的应用程序，还可以添加使用 MSIX 应用程序容器的应用程序。但对于 MSIX 容器，一些用户会不满于应用程序需要获得所有权限才能运行。

在撰写本书时，WinUI 只支持打包的桌面应用程序，但其他应用程序类型在 WinUI 的路线图上。在以下网址可以查看 WinUI 3.0 的特性路线图，以了解 WinUI 的当前状态：https://github.com/Microsoft/microsoft-ui-xaml/blob/master/docs/roadmap.md#winui-30-feature-roadmap。

注意：

本书上个版本的 GitHub 存储库(https://github.com/ProfessionalCSharp/ProfessionalCSharp7)包含的 UWP 示例使用了墨迹控件和地图控件，以及其他一些 UWP 特性。在撰写本书时，WinUI 不支持墨迹和地图。因为 WinUI 的更新速度很快，所以一定要查看本书可下载代码示例中的 readme 文件来获取更新，并查看 https://github.com/ProfessionalCSharp/MoreSamples 来获得 WinUI 的其他示例，例如使用墨迹和地图控件的示例。

本章和后面的章节将介绍如何使用 WinUI 创建 Windows 应用程序。讨论的几乎所有主题也可以使用其他基于 XAML 的技术实现。相同的语法基本上也可以用于 UWP 应用程序。

对比 WinUI 和 WPF，XAML 语法看起来几乎是相同的，但二者存在重要区别。WinUI 不仅具有更加现代的控件，控件还有其他属性(如 TextBlock 元素的 Header 属性)。WinUI 提供了已编译绑定(也提供了 WPF 中可用的基于反射的绑定)。WinUI 的类层次结构比 WPF 的类层次结构更加简单，有许多相似的地方采用了完全不同的实现。WPF 是使用.NET 开发的，但 WinUI 控件是使用 C++开发的。

另外一个使用了 XAML 的用户界面选项是.NET Multi-Platform App UI(MAUI)。这个库是 Xamarin.Forms 的继承者。它提供了其他控件和其他控件层次结构，为 Android 和 iOS 提供了渲染器。

注意：

Project Reunion 是 Microsoft 的一个代号，旨在将所有桌面技术合并到一个名称下。你不必将现有的 C++/MFC 和 WPF 应用程序移植到 WinUI，在所有桌面技术中使用 WinUI 控件，就能够在现有应用程序中轻松地使用新的特性。

29.1.1 Windows 运行库

在深入讨论 XAML 语法之前，需要了解 Windows 运行库(Windows Runtime，WinRT)。WinRT 是 Windows 平台的现代原生 API，WinUI(和 UWP)应用程序使用这个运行库。它是使用 C++和新一代 COM 对象开发的。Windows 操作系统中的许多应用程序(如计算器)是使用 C++和 XAML 开发的。在 https://github.com/Microsoft/Calculator 可以找到计算器的源代码，从而查看其 XAML 代码和 C++视图模型，甚至可以添加拉取请求来增强其功能。

为了在.NET 应用程序中使用 WinRT，C#/WinRT 为 C#提供了投影功能。通过投影支持，WinRT API 的原生细节被隐藏起来，映射到.NET 数据类型。

在.NET 中，可以使用自定义特性扩展元数据，使用反射访问元数据(第 12 章详细介绍了相关信息)。WinRT 使用与.NET 相同的元数据格式。因此，可以使用 ildasm 命令行打开.winmd 文件(WinRT 的元数据文件)，查看 API 调用及其参数。Windows 元数据文件包含在%ProgramFiles(x86)%\Windows Kits\10\References\目录中。

语言投影将 Windows 运行库类型映射到.NET 类型。例如，在 Windows.Foundation.FoundationContract.winmd 文件中，可以找到 Windows.Foundation.Collections 名称空间中的 IIterable 和 IIterator 接口。这些接口看起来类似于.NET 接口 IEnumerable 和 IEnumerator。实际上，它们通过语言投影自动映射。

并非契约的所有接口都可以直接映射。第 18 章显示了 Windows 运行库在 Windows.Storage.Streams 名称空间提供的文件和流。要在.NET 流中使用 Windows 流，可以使用扩展方法，如 AsStream()、AsStreamForRead()和 AsStreamForWrite()。

要使用 WinRT，需要在.NET 5 中使用正确的目标框架别名。对于 WinUI 应用程序，不使用 net5.0 作为目标框架(前面的.NET 控制台和 ASP.NET Core 应用程序都使用了 net5.0)，而是使用目标框架别名 net5.0-windows10.0.19041.0。19041.0 指定了 Windows10 版本来使用 C#/WinRT 投影，因此也就指定了可用的 API。需要注意，并不是每次 Windows 10 更新都会有一个新的投影层。Windows10 版本 20H2.19042 和 21H1.19043 只包含小更新，没有提供新的 API，所以不需要有新的投影。

下面的项目文件片段显示了示例应用程序的 TargetFramework 配置(项目文件 XAMLIntro/HelloWindows/HelloWindows.csproj)：

```
<TargetFramework>net5.0-windows10.0.19041.0</TargetFramework>
```

注意：

关于投影层 C#/WinRT 的更多信息，以及如何为原生库编写自己的投影的信息，可以访问 https://docs.microsoft.com/windows/uwp/csharp-winrt/。

29.1.2 Hello, Windows

下面开始使用 Visual Studio 创建一个新的 Windows 应用程序。在模板中搜索 WinUI 桌面应用程序。一定要查看本章的 readme 文件来了解更新。输入名称和位置后，下一个要回答的问题是支持的目标版本和最小版本。在每一个更新的平台版本中，都有更多的特性。然而，需要注意用户使用的 Windows 10 版本。如果不支持他们的平台版本，他们就无法安装和运行你的 Windows 10 应用程序。在 WinUI 3.0 中，用户界面组件独立于 Windows 运行库版本，最早支持 Windows 10 1809.17763 版本。

1809 版本发布于 2018 年 11 月。

对于所选择的目标版本，指定应用程序可以使用的 API 版本。对于最小版本，指定安装和运行应用程序的构建版本。如果将目标版本和最小版本设置为不同的值，且使用了最小版本中不可用的 API，就需要编写自适应代码。

29.1.3 应用程序清单文件

可以使用包项目的项目属性更改构建目标和最小版本号。对于打包 Windows 应用程序，还有另一个重要的配置：文件 Package.appxmanifest。在 Visual Studio 中打开这个文件，会打开 Package Manifest Editor。

在 Application 设置(参见图 29-1)中，可以配置应用程序的显示名称、默认语言、支持设备的旋转以及定期的自动磁贴更新。

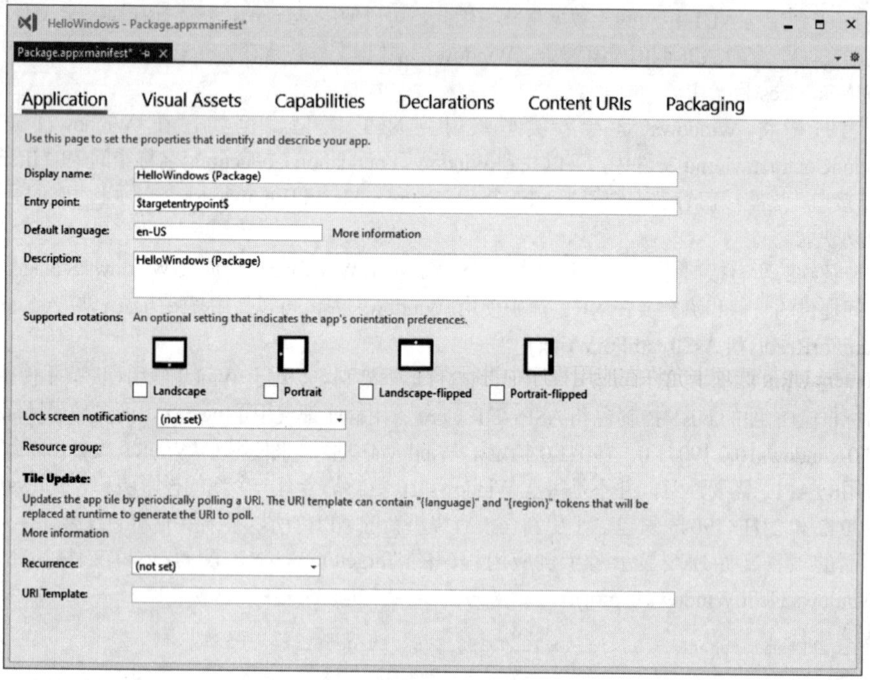

图 29-1

在 Visual Assets 选项卡中，可以配置应用程序的所有不同图标：给不同的磁贴大小、不同的设备分辨率、闪屏和 Windows Store 的包标识指定磁贴图像。

Capabilities 选项卡中的设置允许选择应用程序所需的功能，例如 Internet、Microphone、WebCam 等，它们允许应用程序访问这些资源(前提是用户同意授权)。对于使用原生应用程序容器的 UWP 风格的应用程序，这一点很重要。打包的 WinUI 应用程序使用 MSIX 环境，所以需要更多权限。

在 Declarations 设置(参见图 29-2)中，可以添加 Windows 需要了解的应用程序特性。例如，当共享一个应用程序的数据时，Windows 显示接受共享数据的应用程序。为此，应用程序需要注册为 Share Target。除了使用应用程序作为共享目标外，需要指定指定声明的其他例子，包括通过协议或文件类型扩展来激活应用程序，在应用程序服务之间进行通信，或者应用程序应该通过应用程序服务通信等。

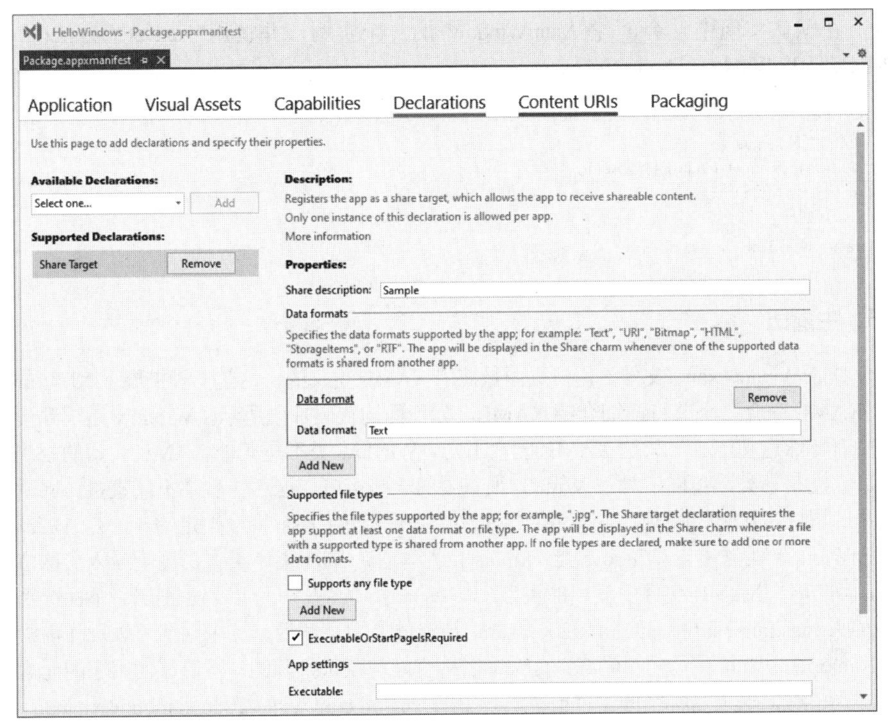

图 29-2

Content URIs 选项卡允许在应用程序中进行深度链接。在这里，可以指定在应用程序中打开页面的 URL。最后，使用 Packaging 选项卡，可以配置包名、版本和关于发布者的信息。

29.1.4 应用程序启动

应用程序的入口点 HelloWindows.App 在应用程序清单中定义，如前一节所示。App 类派生自 Application 基类，调用在分部类的另外一个部分中声明的 InitializeComponent()方法来初始化 XAML 代码 (代码文件 HelloWindows/App.xaml.cs)：

```
sealed partial class App : Application
{
  public App()
  {
    this.InitializeComponent();
  }
  //...
}
```

可以看到在 App.xaml 指定的 XAML 代码中，引用了 Microsoft.UI.Xaml.Controls 名称空间中的 XAML 控件资源。在这个名称空间中，指定了 WinUI XAML 控件的默认样式。第 31 章将介绍如何使用资源字典来自定义资源的外观。

在 C# App 类中，重写了 OnLaunched()方法。当用户启动应用程序时，将调用此方法。从应用程序清单可知，启动应用程序有不同的方式。通过从 LaunchActivatedEventArgs 参数读取信息，可以知道应用程序是如何启动的。应用程序可以直接由用户启动，也可以在用户从另一个应用程序共享数据时启动。在默认实现中，会创建 MainWindow 的一个实例，并调用 Activate()方法(代码文件 XAMLIntro/HelloWindows/App.xaml.cs)：

```
protected override void OnLaunched(Microsoft.UI.Xaml.LaunchActivatedEventArgs args)
{
  m_window = new MainWindow();
  m_window.Activate();
}
private Window? m_window;
```

29.1.5 主窗口

打开 MainWindow.xaml 文件。用户界面是使用 XAML 定义的，这是一种扩展了 XML 的功能的语言，“XAML 简介”小节将详细介绍 XAML。如下面的代码片段所示，Window 是根元素，它在 WinUI 中有特殊意义，这与其他 XAML 元素不同。Window 类不是其他 XAML 元素的层次结构的一部分。它没有基类，实现了对于 WinRT 很重要的一些接口。这意味着你不能直接访问所有框架元素可用的属性。代码隐藏文件中使用的自定义类是使用 x:Class 特性指定的：这是 MainWindow 类。MainWindow 类派生自 Window 类。xmlns 特性与 C# using 指令类似，用于导入名称空间。通过 xmlns，打开了 XAML 文件中使用的类型。与 using 指令类似，可以创建别名。下面的别名 x 引用 http://schemas.microsoft.com/winfx/2006/xaml 指定的类型。然后，这个别名可以用作前缀，例如使用 x:Name 定义 Button 元素的名称。有一个名称空间是默认打开的，所以在使用它的元素的时候不需要添加前缀，这个名称空间是 http://schemas.microsoft.com/winfx/2006/xaml/presentation。WinUI XAML 控件在这个名称空间中定义。通过使用 using 打开.NET 名称空间，例如 xmlns:local="using:HelloWindows"，可以在 XAML 代码中打开.NET 名称空间并使用其中的.NET 类。这样一来，通过添加 local 前缀，就可以在 XAML 代码中使用简单的.NET 类，如下一节所示。在下面的代码片段中，添加了 StackPanel 和 Button 控件作为 Window 元素的子元素。对于 StackPanel，设置了 Orientation、HorizontalAlignment 和 VerticalAlignment。使用这种 XML 语法时，会设置 StackPanel 类的对应属性。对于 Button 控件，将其内容设置为一个简单的字符串(这会设置 Content 属性)，将 Click 特性设置为 myButton_Click 事件处理程序。Click 是 Button 控件的一个事件。第 7 章详细介绍了 C# 事件(代码文件 XAMLIntro/HelloWindows/MainWindow.xaml)：

```
<Window
  x:Class="HelloWindows.MainWindow"
  xmlns="http://schemas.microsoft.com/winfx/2006/xaml/presentation"
  xmlns:x="http://schemas.microsoft.com/winfx/2006/xaml"
  xmlns:local="using:HelloWindows"
  xmlns:d="http://schemas.microsoft.com/expression/blend/2008"
  xmlns:mc="http://schemas.openxmlformats.org/markup-compatibility/2006"
  mc:Ignorable="d">

  <StackPanel Orientation="Horizontal" HorizontalAlignment="Center"
    VerticalAlignment="Center">
    <Button x:Name="myButton" Click="myButton_Click">Click Me</Button>
  </StackPanel>
</Window>
```

在代码隐藏文件中，使用 myButton 变量来访问按钮。XAML 文件中的 x:Name 特性创建了.NET 变量。点击按钮时，myButton_Click 事件处理程序会改变 Content 属性的值(代码文件 XAMLIntro/HelloWindows/MainWindow.xaml.cs)：

```
using Microsoft.UI.Xaml;

namespace HelloWindows
{
  public sealed partial class MainWindow : Window
  {
    public MainWindow()
    {
      this.InitializeComponent();
    }

    private void myButton_Click(object sender, RoutedEventArgs e)
    {
      myButton.Content = "Clicked";
    }
  }
}
```

构建并部署应用程序后，可以运行应用程序，点击按钮来查看其内容的变化。在 Visual Studio 的配置管理器(Build | Configuration Manager)中设置了部署配置时，构建应用程序的时候会自动部署该应用程序。如果不在构建时部署应用程序，就需要在构建后部署。为此，在 Solution Explorer 中选择该项目，然后从上下文菜单中选择 Deploy 选项。或者，在 Visual studio 中，通过选择 Build | Deploy 选项，可以部署解决方案中的全部项目。

29.2 XAML

用 ASP.NET Core 编写 Web 应用程序时，除了需要知道 C#之外，还需要了解 HTML、CSS 和 JavaScript。创建 Windows 应用程序时，除了 C#之外，还需要了解 XAML。XAML 不仅用于创建 Windows 应用程序，还用于 Windows Presentation Foundation (WPF)、Windows Workflow Foundation (WF)和 Xamarin 的跨平台应用程序。

可以用 XAML 完成的工作都可以用 C#实现，每个 XAML 元素都用一个类表示，因此可以从 C#中访问。那么，为什么还需要 XAML？XAML 通常用于描述对象及其属性，可以描述很深的层次结构。例如，Page 包含一个 Grid 控件，Grid 控件包含一个 StackPanel 和其他控件，StackPanel 包含按钮和文本框控件。XAML 便于描述这种层次结构，并通过 XML 特性或元素分配对象的属性。

XAML 允许以声明的方式编写代码，而 C#主要是一种命令式编程语言。XAML 支持声明式定义。在命令式编程语言(如 C#)中，用 C#代码定义一个 for 循环，编译器就使用中间语言(IL)代码创建一个 for 循环。在声明性编程语言中，需要声明应该做什么，而不是如何完成。

XAML 是一个 XML 语法，但它定义了 XML 的几个增强特性。尽管存在这些增强，XAML 仍然是有效的 XML，只不过这些增强特性有特殊的意义和特殊的功能，例如，在 XML 特性中使用花括号就是一种增强。对于 XML，这仍然只是一个字符串，因此是有效的 XML。对于 XAML，这是一个标记扩展。

在有效使用 XAML 之前，需要了解这门语言的一些重要特性。本章介绍了如下 XAML 特性。

- **依赖属性**：从外部看起来，依赖属性像正常属性。然而，它们需要更少的存储空间，实现了变更通知。
- **路由事件**：从外部看起来，路由事件像正常的.NET 事件。然而，通过添加和删除访问器来使用自定义事件实现方式，就允许冒泡和隧道。事件从外部控件进入内部控件称为隧道，从内部控件进入外部控件称为冒泡。

- **附加属性**：通过附加属性，可以给其他控件添加属性。例如，按钮控件没有属性用于把它自己定位在 Grid 控件的特定行和列上。在 XAML 中，看起来有这样一个属性。
- **标记扩展**：编写 XML 特性需要的编码比编写 XML 元素少。然而，XML 特性只能是字符串。使用 XML 元素可以编写更强大的语法。为了减少需要编写的代码量，标记扩展允许在特性中编写强大的语法。

29.2.1 将元素映射到类

在每个 XAML 元素的后面都有一个具有属性、方法和事件的类。可以使用 C#代码或使用 XAML 创建 UI 元素。下面看一个例子。使用以下代码片段，定义了一个包含按钮控件的 StackPanel。使用 XML 特性，按钮分配了 Content 属性和 Click 事件。Content 属性只包含一个简单的字符串，而 Click 事件引用了方法 OnButtonClick 的地址。XML 特性 x:Name 用于向按钮控件声明一个名称，该名称可以在 XAML 和 C#代码隐藏文件中使用(代码文件 XAMLIntro/Intro/MainWindow.xaml)：

```
<StackPanel x:Name="stackPanel1">
  <Button Content="Click Me!" x:Name="button1" Click="OnButtonClick" />
  <!--...-->
</StackPanel>
```

在页面顶部，可以看到带有 XML 特性 x:Class 的 Window 元素。这定义了类的名称，在该类中，XAML 编译器生成了分部代码。使用 Visual Studio 中的代码隐藏文件，可以看到这个类中能修改的部分(代码文件 XAMLIntro/Intro/MainWindow.xaml)：

```
<Window
  x:Class="XAMLIntro.MainWindow"
  <!--...-->
</Window>
```

代码隐藏文件包含类 MainWindow 的一部分(XAML 编译器没有生成这个部分)。在构造函数中，调用方法 InitializeComponent()。InitializeComponent()的实现是由 XAML 编译器创建的。该方法加载 XAML 文件，并将其转换为 XAML 文件中的根元素指定的对象。OnButtonClick()方法是之前在 XAML 代码中创建的按钮的 Click 事件处理程序。这个实现打开了一个 MessageDialog(代码文件 XAMLIntro/Intro/MainWindow.xaml.cs)：

```
public sealed partial class MainWindow : Window
{
  public MainPage()
  {
    this.InitializeComponent();
  }

  private async void OnButtonClick(object sender, RoutedEventArgs e)
  {
    await new MessageDialog("button 1 clicked").ShowAsync();
  }
}
```

现在，在 C#代码的 Button 类中创建一个新对象，并将其添加到现有的 StackPanel 中。在下面的代码片段中，修改了 MainWindow 的构造函数，以创建一个新按钮，设置 Content 属性，并为 Click 事件分配一个 Lambda 表达式。最后，新创建的按钮添加到 StackPanel 的 Children 中(代码文件 XAMLIntro/Intro/MainWindow.xaml.cs)：

```
public MainWindow()
{
  this.InitializeComponent();
  Button button2 = new()
  {
    Content = "created dynamically"
  };
  button2.Click += async (sender, e) =>
    await new MessageDialog("button 2 clicked").ShowAsync();
  stackPanel1.Children.Add(button2);
}
```

如前所述，XAML 只是处理对象、属性和事件的另一种方式。下一节将展示 XAML 在用户界面上的优势。

29.2.2 通过 XAML 使用自定义的.NET 类

要在 XAML 代码中使用自定义的.NET 类，可以使用简单的 POCO 类，对类定义没有特殊要求。只需要将.NET 名称空间添加到 XAML 声明中。为了演示这一点，下面定义一个具有 FirstName 和 LastName 属性的简单 Person 类(代码文件 XAMLIntro/DataLib/Person.cs)：

```
public class Person
{
  public string? FirstName { get; set; }
  public string? LastName { get; set; }
  public override string ToString() => $"{FirstName} {LastName}";
}
```

在 XAML 中定义了一个名为 datalib 的 XML 名称空间别名，它映射到程序集 DataLib 中的.NET 名称空间 DataLib。有了这个别名，现在就可以把别名作为元素的前缀，来使用这个名称空间中的所有类。

在 XAML 代码中添加一个列表框，其中包含 Person 类型的项。使用 XAML 特性，可以设置属性 FirstName 和 LastName 的值。运行应用程序时，ToString()方法的输出显示在列表框中(代码文件 XAMLIntro/Intro/MainWindow.xaml)：

```
<Window x:Class="XamlIntro.MainWindow"
  xmlns="http://schemas.microsoft.com/winfx/2006/xaml/presentation"
  xmlns:x="http://schemas.microsoft.com/winfx/2006/xaml"
  xmlns:local="using:XAMLIntro"
  xmlns:datalib="using:DataLib"
  xmlns:d="http://schemas.microsoft.com/expression/blend/2008"
  xmlns:mc="http://schemas.openxmlformats.org/markup-compatibility/2006"
  mc:Ignorable="d">

  <StackPanel x:Name="stackPanel1" >
    <Button Content="Click Me!" x:Name="button1" Click="OnButtonClick">
    <ListBox>
      <datalib:Person FirstName="Stephanie" LastName="Nagel" />
      <datalib:Person FirstName="Matthias" LastName="Nagel" />
      <datalib:Person FirstName="Katharina" LastName="Nagel" />
    </ListBox>
  </StackPanel>
</Window>
```

注意：

WPF 和 Xamarin 在别名声明中使用 clr-namespace 而不是使用 using。原因是，WinUI 和 UWP 中的 XAML 既不基于.NET，也不局限于.NET。也可以使用本机 C++和 XAML，因此 clr(公共语言运行库)就不适合了。

29.2.3 将属性用作特性

在前面的 XAML 示例中，类的属性用 XML 特性来设置。要在 XAML 中设置属性，只需要属性的类型可以表示为字符串，或者可以把字符串转换为属性类型，就可以把属性设置为特性。下面的代码片段用 XML 特性设置了 Button 元素的 Content 和 Background 属性。

```
<Button Content="Click Me!" Background="LightGoldenrodYellow" />
```

在上面的代码片段中，因为 Content 属性的类型是 object，所以可以接受字符串。Background 属性的类型是 Brush，字符串转换为派生自 Brush 的 SolidColorBrush 类型。

29.2.4 将属性用作元素

总是可以使用元素语法给属性提供值。Button 类的 Background 属性可以用子元素 Button.Background 设置。下面的代码片段定义的 Button 与前面使用特性的效果是相同的：

```
<Button>
  Click Me!
  <Button.Background>
    <SolidColorBrush Color="LightGoldenrodYellow" />
  </Button.Background>
</Button>
```

使用元素代替特性，可以把比较复杂的画笔应用于 Background 属性(如 LinearGradientBrush)，如下面的示例所示(代码文件 XAMLIntro/Intro/MainWindow.xaml)。

```
<Button x:Name="button1" Click="OnButtonClick">
  Click Me!
  <Button.Background>
    <LinearGradientBrush StartPoint="0.5,0.0" EndPoint="0.5, 1.0">
      <GradientStop Offset="0" Color="Yellow" />
      <GradientStop Offset="0.3" Color="Orange" />
      <GradientStop Offset="0.7" Color="Red" />
      <GradientStop Offset="1" Color="DarkRed" />
    </LinearGradientBrush>
  </Button.Background>
</Button>
```

注意：

当设置示例中的内容时，Content 特性和 Button.Content 元素都不用于编写内容。相反，内容会直接写入为 Button 元素的子元素值。这是因为在 Button 类的基类 ContentControl 中，ContentProperty 特性通过[ContentProperty("Content")]应用。这个特性把 Content 属性标记为 ContentProperty。这样，XAML 元素的直接子元素就应用于 Content 属性。

29.2.5 依赖属性

XAML 使用依赖属性完成数据绑定、动画、属性变更通知、样式化等。依赖属性存在的原因是什么？假设创建一个类，它有 100 个 int 型的属性，这个类在一个表单上实例化了 100 次。需要多少内存？因为 int 的大小是 4 个字节，所以结果是 4×100×100 = 40 000 字节。你是否看过了 XAML 元素的属性？由于继承层次结构非常大，一个 XAML 元素定义了数以百计的属性。属性类型不是简单的 int，而是更复杂的类型，这样的属性会消耗大量的内存。然而，通常只改变其中一些属性的值，大部分的属性保持对所有实例都相同的默认值。这个难题可以用依赖属性解决。使用依赖属性，对象内存不是分配给每个属性和实例。依赖属性系统管理一个包含所有属性的字典，只有值发生了改变才分配内存。否则，默认值就在所有实例之间共享。

依赖属性也内置了对变更通知的支持。对于普通属性，需要为变更通知实现 INotifyPropertyChanged 接口。其实现方式参见本章的“使用数据绑定”一节。这种变更机制是通过依赖属性内置的。对于数据绑定，绑定到.NET 属性源上的 UI 元素的属性必须是依赖属性。现在，详细讨论依赖属性。

从外部来看，依赖属性像是正常的.NET 属性。但是，正常的.NET 属性通常还定义了由该属性的 get 和 set 访问器访问的数据成员。

```
private int _value;
public int Value
{
  get => _value;
  Set => _value = value;
}
```

与正常的属性相似，依赖属性也有 get 和 set 访问器，但没有声明数据成员。依赖属性的访问器调用 DependencyObject 的 GetValue()和 SetValue()方法。这就为依赖对象规定了一个要求：依赖对象必须在派生自 Microsoft.UI.Xaml 名称空间中的 DependencyObject 类的一个类中实现。

有了依赖属性，数据成员就放在由基类管理的内部集合中，仅在值发生变化时分配数据。对于没有变化的值，数据可以在不同的实例或基类之间共享。GetValue()和 SetValue()方法需要一个 DependencyProperty 参数。这个参数由类的一个静态成员定义，该静态成员与属性同名，并在该属性名的后面追加Property术语。对于Value属性，静态成员的名称是ValueProperty。DependencyProperty.Register()是一个辅助方法，可在依赖属性系统中注册属性。在下面的代码片段中，使用 Register()方法和 4 个参数定义了属性名、属性的类型和拥有者的类型(即 MyDependencyObject 类)，使用 PropertyMetadata 指定了默认值(代码文件 XAMLIntro/DependencyObjectSample/MyDependencyObject.cs)。

```
public class MyDependencyObject: DependencyObject
{
  public int Value
  {
    get => (int)GetValue(ValueProperty);
    set => SetValue(ValueProperty, value);
  }

  public static readonly DependencyProperty ValueProperty =
    DependencyProperty.Register("Value", typeof(int),
      typeof(MyDependencyObject), new PropertyMetadata(0));
}
```

29.2.6 创建依赖属性

下面的示例定义的不是一个依赖属性，而是 3 个依赖属性。MyDependencyObject 类定义了依赖属性 Value、Minimum 和 Maximum。所有这些属性都是用 DependencyProperty.Register()方法注册的依赖属性。GetValue()和 SetValue()方法是基类 DependencyObject 的成员。对于 Minimum 和 Maximum 属性，定义了默认值，用 DependencyProperty.Register()方法设置该默认值时，可以把第 4 个参数设置为 PropertyMetadata。使用带一个参数 PropertyMetadata 的构造函数，把 Minimum 属性设置为 0，把 Maximum 属性设置为 100(代码文件 XAMLIntro/DependencyObjectSample/MyDependencyObject.cs)。

```
public class MyDependencyObject: DependencyObject
{
  public int Value
  {
    get => (int)GetValue(ValueProperty);
    set => SetValue(ValueProperty, value);
  }

  public static readonly DependencyProperty ValueProperty =
    DependencyProperty.Register(nameof(Value), typeof(int),
      typeof(MyDependencyObject));

  public int Minimum
  {
    get => (int)GetValue(MinimumProperty);
    set => SetValue(MinimumProperty, value);
  }

  public static readonly DependencyProperty MinimumProperty =
    DependencyProperty.Register(nameof(Minimum), typeof(int),
      typeof(MyDependencyObject), new PropertyMetadata(0));

  public int Maximum
  {
    get => (int)GetValue(MaximumProperty);
    set => SetValue(MaximumProperty, value);
  }

  public static readonly DependencyProperty MaximumProperty =
    DependencyProperty.Register(nameof(Maximum), typeof(int),
      typeof(MyDependencyObject), new PropertyMetadata(100));
}
```

注意：

在 get 和 set 属性访问器的实现代码中，只应该调用 GetValue()和 SetValue()方法，而不应做其他操作。使用依赖属性，可以通过 GetValue()和 SetValue()方法从外部访问属性的值，WinUI 也是这样做的。因此，强类型化的属性访问器可能根本就不会被调用，包含它们仅为了方便在自定义代码中使用正常的属性语法。

29.2.7 值变更回调和事件

为了获得值变更的信息，依赖属性还支持值变更回调。在属性值发生变化时调用的 Dependency-

Property.Register()方法中，可以添加一个 DependencyPropertyChanged 事件处理程序。在示例代码中，把 OnValueChanged()处理程序方法赋予 PropertyMetadata 对象的 PropertyChangedCallback 属性。在 OnValueChanged()方法中，可以用 DependencyPropertyChangedEventArgs()参数访问属性的新旧值(代码文件 XAMLIntro/DependencyObjectSample/MyDependencyObject.cs)。

```
public class MyDependencyObject: DependencyObject
{
  public int Value
  {
    get => (int)GetValue(ValueProperty);
    set => SetValue(ValueProperty, value);
  }

  public static readonly DependencyProperty ValueProperty =
    DependencyProperty.Register(nameof(Value), typeof(int),
      typeof(MyDependencyObject),
      new PropertyMetadata(0, OnValueChanged, CoerceValue));

  private static void OnValueChanged(DependencyObject obj,
    DependencyPropertyChangedEventArgs e)
  {
    int oldValue = (int)e.OldValue;
    int newValue = (int)e.NewValue;
    //...
  }
}
```

29.2.8　路由事件

第 7 章介绍了.NET 事件模型。使用默认实现的事件，当触发事件时，将调用直接连接到事件的处理程序。使用 UI 技术时，对事件处理有不同的需求。在一些事件中，应该可以创建一个带有容器控件的处理程序，并对来自子控件的事件做出反应。这可以通过为.NET 事件创建自定义实现代码来实现，如第 7 章的 add 和 remove 访问器所示。

WinUI 提供了路由事件。示例应用程序定义的用户界面包含：一个复选框，如果选中它，就停止路由；一个按钮控件，其 Tapped 事件设置为 OnTappedButton()处理程序方法；一个网格，其 Tapped 事件设置为 OnTappedGrid()处理程序。Tapped 事件是 WinUI 应用程序的一个路由事件，这个事件可以用鼠标、触摸屏和笔设备触发(代码文件 XAMLIntro/RoutedEvents/MainWindow.xaml)：

```
<Grid Tapped="OnTappedGrid">
  <Grid.RowDefinitions>
    <RowDefinition Height="auto" />
    <RowDefinition Height="auto" />
    <RowDefinition />
  </Grid.RowDefinitions>
  <StackPanel Grid.Row="0" Orientation="Horizontal">
    <CheckBox x:Name="CheckStopRouting">Stop Routing</CheckBox>
    <Button Click="OnCleanStatus">Clean Status</Button>
  </StackPanel>
  <Button Grid.Row="1" Tapped="OnTappedButton">Tap me!</Button>
  <TextBlock Grid.Row="2" Margin="20" x:Name="textStatus" />
</Grid>
```

OnTappedXX()处理程序方法把状态信息写入一个 TextBlock，来显示处理程序方法和事件初始源

的控件 (代码文件 XAMLIntro/RoutedEvents/MainWindow.xaml.cs)：

```
private void OnTappedButton(object sender, TappedRoutedEventArgs e)
{
  ShowStatus(nameof(OnTappedButton), e);
  e.Handled = CheckStopRouting.IsChecked == true;
}

private void OnTappedGrid(object sender, TappedRoutedEventArgs e)
{
  ShowStatus(nameof(OnTappedGrid), e);
  e.Handled = CheckStopRouting.IsChecked == true;
}

private void ShowStatus(string status, RoutedEventArgs e)
{
  textStatus.Text += $"{status} {e.OriginalSource.GetType().Name}";
  textStatus.Text += "\r\n";
}

private void OnCleanStatus(object sender, RoutedEventArgs e)
{
  textStatus.Text = string.Empty;
}
```

运行应用程序，在网格内单击按钮的外部，就会看到处理的 OnTappedGrid()事件，并把 Grid 控件作为触发事件的源：

```
OnTappedGrid Grid
```

单击按钮的中间，会看到事件被路由。第一个调用的处理程序是 OnTappedButton()，其后是 OnTappedGrid()：

```
OnTappedButton TextBlock
OnTappedGrid TextBlock
```

有趣的是，事件源不是按钮，而是 TextBlock。原因在于，这个按钮使用 TextBlock 设置样式，来包含按钮的文本。如果单击按钮内的其他位置，还可以看到 Grid 或 ContentPresenter 是原始事件源。Grid 和 ContentPresenter 是创建按钮的其他控件。

在单击按钮之前，选中复选框 CheckStopRouting，可以看到事件不再路由，因为事件参数的 Handled 属性被设置为 true：

```
OnTappedButton TextBlock
```

在事件的 Microsoft API 文档内，可以在文档的备注部分看到事件类型是否路由。在 WinUI 应用程序中，tapped、drag 和 drop、key up 和 key down、pointer、focus、manipulation 事件是路由事件。

29.2.9 附加属性

依赖属性是可用于特定类型的属性。而通过附加属性，可以为其他类型定义属性。一些容器控件为其子控件定义了附加属性。例如，如果使用 RelativePanel 控件，就可以为其子控件使用 Below 属性。Grid 控件定义了 Row 和 Column 属性。

下面的代码片段说明了附加属性在 XAML 中的情况。Button 类没有 Grid.Row 属性，但它是从 Grid 控件附加的。

```
<Grid>
  <Grid.RowDefinitions>
    <RowDefinition />
    <RowDefinition />
  </Grid.RowDefinitions>
  <Button Content="First" Grid.Row="0" Background="Yellow" />
  <Button Content="Second" Grid.Row="1" Background="Blue" />
</Grid>
```

附加属性的定义与依赖属性非常类似，如下面的示例所示。定义附加属性的类必须派生自基类DependencyObject，并定义一个普通的属性，其中get和set访问器调用基类的GetValue()和SetValue()方法。这些都是类似之处。接着不调用DependencyProperty类的Register()方法，而是调用RegisterAttached()方法。RegisterAttached()方法注册一个附加属性，现在它可用于每个元素(代码文件XAMLIntro/AttachedProperty/MyAttachedProperyProvider.cs)。

```
public class MyAttachedPropertyProvider: DependencyObject
{
  public static readonly DependencyProperty MySampleProperty =
    DependencyProperty.RegisterAttached
      "MySample",
      typeof(string),
      typeof(MyAttachedPropertyProvider),
      new PropertyMetadata(string.Empty));

  public static void SetMySample(UIElement element, string value) =>
    element.SetValue(MySampleProperty, value);

  public static int GetMyProperty(UIElement element) =>
    (string)element.GetValue(MySampleProperty);
}
```

注意：

似乎Grid.Row属性只能添加到Grid控件中的元素。实际上，附加属性可以添加到任何元素上。只是无法使用这个属性值。Grid控件能够识别这个属性，并从其子元素中读取它，以安排其子元素。该属性无法从子元素的子元素中读取。

在XAML代码中，附加属性现在可以附加到任何元素上。第二个Button控件button2为自身附加了属性MyAttachedPropertyProvider.MySample，其值指定为42(代码文件XAMLIntro/AttachedProperty/MainWindow.xaml)。

```
<Grid x:Name="grid1">
  <Grid.RowDefinitions>
    <RowDefinition Height="Auto"/>
    <RowDefinition Height="Auto"/>
    <RowDefinition Height="*"/>
  </Grid.RowDefinitions>
  <Button Grid.Row="0" x:Name="button1" Content="Button 1" />
  <Button Grid.Row="1" x:Name="button2" Content="Button 2"
    local:MyAttachedPropertyProvider.MySample="42" />
  <ListBox Grid.Row="2" x:Name="list1" />
</Grid>
```

在代码隐藏文件中执行相同的操作时，必须调用MyAttachedPropertyProvider类的静态方法

SetMyProperty()。不能扩展 Button 类，使其包含某个属性。SetProperty()方法获取一个应由该属性及其值扩展的 UIElement 实例。在如下的代码片段中，把该属性附加到 button1 中，将其值设置为 sample value(代码文件 XAMLIntro/AttachedProperty/MainWindow.xaml.cs)。

```
public MainWindow()
{
  InitializeComponent();
  MyAttachedPropertyProvider.SetMySample(button1, "sample value");
  //...
}
```

为了读取分配给元素的附加属性，可以使用 VisualTreeHelper 迭代层次结构中的每个元素，并试图读取其附加属性。VisualTreeHelper 用于在运行期间读取元素的可见树。GetChildrenCount()方法返回子元素的数量。为了访问子元素，可以使用 GetChild()方法，通过第二个参数传递一个元素的索引，该方法返回元素。只有当元素的类型是 FrameworkElement(或派生于它)，且用 Func 参数传递的谓词返回 true 时，该方法的实现代码才返回元素(代码文件 XAMLIntro/AttachedProperty/ MainWindow.xaml.cs)。

```
private IEnumerable<FrameworkElement> GetChildren(FrameworkElement element,
  Func<FrameworkElement, bool> pred)
{
  int childrenCount = VisualTreeHelper.GetChildrenCount(rootElement);
  for (int i = 0; i < childrenCount; i++)
  {
    var child = VisualTreeHelper.GetChild(rootElement, i) as FrameworkElement;
    if (child != null && pred(child))
    {
      yield return child;
    }
  }
}
```

GetChildren()方法现在在页面的构造函数中，用于把带有附加属性的所有元素添加到 ListBox 控件中(代码文件 XAMLIntro/AttachedProperty/MainPage.xaml.cs)：

```
public MainWindow()
{
  InitializeComponent();
  MyAttachedPropertyProvider.SetMySample(button1, "sample value");
  foreach (var item in GetChildren(grid1, e =>
    MyAttachedPropertyProvider.GetMySample(e) != string.Empty))
  {
    list1.Items.Add(
      $"{item.Name}: {MyAttachedPropertyProvider.GetMySample(item)}");
  }
}
```

运行应用程序时，会看到列表框中的两个按钮控件与下述值：

```
button1: sample value
button2: 42
```

注意：

本章的“实现布局面板”一节展示了许多不同的附加属性和许多容器控件，如 Canvas、Grid 和 RelativePanel。

29.2.10　标记扩展

通过标记扩展，可以扩展 XAML 的元素或特性语法。如果 XML 特性包含花括号，就表示这是标记扩展。特性的标记扩展常常用作简写记号，而不再使用元素。

这种标记扩展的示例是 StaticResourceExtension，它可查找资源。下面是带有 gradientBrush1 键的线性渐变笔刷的资源(代码文件 XAMLIntro/MarkupExtensions/MainWindow.xaml)：

```
<StackPanel.Resources>
  <LinearGradientBrush x:Key="gradientBrush1" StartPoint="0.5,0.0"
    EndPoint="0.5, 1.0">
    <GradientStop Offset="0" Color="Yellow" />
    <GradientStop Offset="0.3" Color="Orange" />
    <GradientStop Offset="0.7" Color="Red" />
    <GradientStop Offset="1" Color="DarkRed" />
  </LinearGradientBrush>
</StackPanel.Resources>
```

使用 StaticResourceExtension，通过特性语法来设置 Button 的 Background 属性，就可以引用这个资源。特性语法通过花括号和没有 Extension 后缀的扩展类名来定义。

```
<Button Content="Test" Background="{StaticResource gradientBrush1}" />
```

Windows 应用程序不支持可用于 WPF 的所有标记扩展，只支持其中的一些。StaticResource 和 ThemeResource 参见第 31 章，绑定标记扩展 Binding 和 x:Bind 在本章的“使用数据绑定”一节讨论。

29.2.11　自定义标记扩展

自定义标记扩展允许在 XAML 代码的花括号中添加自己的特性。可以创建自定义绑定、基于条件的评估或简单的计算器，如下例所示。

Calculator 标记扩展允许使用加、减、乘、除操作计算两个值。标记扩展非常简单：类名包含 Extension 后缀，它派生自基类 MarkupExtension，重写了方法 ProvideValue。使用 ProvideValue，标记扩展返回分配给属性的值或对象(在其中定义了标记)。返回值的类型由 MarkupExtensionReturnType 特性定义。下面的代码片段显示了 Calculator 标记扩展的实现。这个扩展定义了可以设置的三个属性：X、Y 的属性，以及应用于 X 和 Y 的 Operation。Operation 用一个枚举来定义。在 ProvideValue 方法的实现中，对 X 和 Y 应用一个运算，返回结果(代码文件 CustomMarkupExtension/ CalculatorExtension.cs)：

```
public enum Operation
{
  Add,
  Subtract,
  Multiply,
  Divide
}

[MarkupExtensionReturnType(ReturnType = typeof(string))]
public class CalculatorExtension : MarkupExtension
{
  public double X { get; set; }
  public double Y { get; set; }
  public Operation Operation { get; set; }

  protected override object ProvideValue() =>
```

```
    (Operation switch
    {
     Operation.Add => X + Y,
     Operation.Subtract => X -Y,
     Operation.Multiply => X * Y,
     Operation.Divide => X / Y,
     _ => throw new InvalidOperationException()
    }).ToString();
}
```

现在，Calculator 标记扩展可以与 XML 特性语法一起使用。在这里，初始化标记扩展，以设置属性。返回的字符串应用于 TextBlock 的 Text 属性(代码文件 XAMLIntro/CustomMarkupExtension/MainWindow.xaml)：

```
<TextBlock Text="{local:Calculator Operation=Add, X=38, Y=4}" />
```

使用标记扩展语法，不使用名称 Extension。这个后缀会自动应用。当然，如果 CalculatorExtension 类仅仅用于将它实例化为 Text 属性的子元素，并设置扩展的属性，就会有所不同(代码文件 XAMLIntro/CustomMarkupExtension/MainWindow.xaml)：

```
<TextBlock>
  <TextBlock.Text>
    <local:CalculatorExtension Operation="Multiply" X="7" Y="6" />
  </TextBlock.Text>
</TextBlock>
```

运行应用程序时，在所使用的两个操作中返回值 42。

29.3　使用控件

由于 Windows 应用程序有很多控件可用，因此最好了解 UI 控件的层次结构中的一些特定的基类。了解这些会更容易使用 WinUI 控件，知道这些类型能做什么工作。

下面讨论用于 Windows 应用程序的 UI 类的层次结构。

- DependencyObject——这个类位于 Windows Runtime XAML 元素的层次结构顶部。派生自 DependencyObject 的每个类都可以有依赖属性。在本章的 XAML 介绍中，已经介绍了依赖属性。
- UIElement——这是带有视觉外观的元素的基类。这个类提供了用户交互的功能，比如指针事件(PointerPressed、PointerMoved 等)，键处理事件(KeyDown、KeyUp)，焦点事件(GotFocus、LostFocus)，指针捕获(CapturePointer、PointerCanceled 等)，拖放(DragOver、Drop 等)。这个类还提供了 Lights 属性，这是流畅设计的一个特殊特性，用于使用光照效果高亮显示元素。KeyboardAccelerators 属性允许设置键组合，以使用键盘快速访问功能。菜单中常常使用这个属性。
- FrameworkElement——FrameworkElement 类派生自 UIElement，添加了更多的特性。从 FrameworkElement 派生的类可以参与布局系统。属性 MinWidth、MinHeight、Height 和 Width 由 FrameworkElement 类定义。FrameworkElement 也定义了生命周期事件：Loaded、SizeChanged、Unloaded 等。数据绑定特性是 FrameworkElement 类定义的另一组功能。这个类定义了 DataContext、DataContextChanged、SetBinding 和 GetBindingExpression API。

- Control——Control 类派生自 FrameworkElement，是 UI 控件的基类，例如 TextBox、Hub、DatePicker、SearchBox、UserControl 等。控件通常有一个默认样式，其 ControlTemplate 分配给 Template 属性。Control 类为基类 UIElement 定义的事件定义了可重写的 OnXX()方法，例如用于拖放的 OnDrop()方法，在发生 KeyDown 事件前调用的 OnKeyDown()方法和在发生 PointerPressed 事件前调用的 OnPointerPressed()方法。控件定义了 TabIndex；用于前景、背景和边框的属性(Foreground、Background、BorderBrush、BorderThickness)；启用它并使用键盘上的 Tab 键来访问它的属性(IsTabStop、TabIndex)。
- ContentControl——ContentControl 类派生自 Control，允许将任何内容作为该控件的子内容。ContentControl 的例子有 AppBar、Frame、ButtonBase、GroupItem 和 ToolTip 控件。ContentControl 定义了可以分配任何内容的 Content 属性、分配 DataTemplate 的 ContentTemplate 属性、动态分配数据模板的 ContentTemplateSelector 以及用于简单动画的 ContentTransitions 属性。
- ItemsControl——ContentControl 只能有一个内容，而 ItemsControl 可以查看内容列表。ContentControl 定义了要列出其子项的 Content 属性，而 ItemsControl 用 Items 属性实现了这个功能。ContentControl 和 ItemsControl 都派生自基类 Control。ItemsControl 可以显示固定数量的项或通过列表绑定的项。派生自 ItemsControl 的控件有 ListView、GridView、ListBox、Pivot 和 Selector。
- Panel——另一个可以作为项容器的类是 Panel 类。这个类派生自基类 FrameworkElement。Panel 用于定位和排列子对象。从 Panel 派生的类的例子有 Canvas、Grid、StackPanel、VariableSizedWrapGrid、VirtualizingPanel、ItemsStackPanel、ItemsWrapGrid 以及 RelativePanel。本章后面的“实现布局面板”小节将讨论面板控件。
- RangeBase——这个类派生自 Control 类，是 ProgressBar、ScrollBar 和 Slider 的基类。RangeBase 定义了当前值的 Value 属性、Minimum 和 Maximum 属性，以及 ValueChanged 事件处理程序。
- FlyoutBase——这个类直接派生自 DependencyObject，允许在其他元素上显示用户界面。换句话说，它们是随时可弹出的。

注意：
控件模板详见第 31 章。

在浏览了主要类别和类型的层次结构之后，下面了解细节。

29.3.1　派生自 FrameworkElement 的 UI 元素

有些元素不是真正的控件，但它们仍然是派生自 FrameworkElement 的 UI 元素。这类元素不允许通过指定模板来定制外观。表 29-1 展示了这类元素的不同类别，并描述了它们的功能：

表 29-1

类	说明
Border	呈现器不是交互式的类，但是它们仍然提供视觉外观
Viewbox	Border 类定义了围绕单个控件的边框(可以是包含多个其他控件的 Grid)
ContentPresenter	Viewbox 能够拉伸和缩放子元素
ItemsPresenter	ContentPresenter 在 ControlTemplate 中使用，用于定义控件的内容将显示在何处
	ItemsPresenter 用于确定项在 ItemsControl 中的位置。第 31 章讨论了控件和项模板

(续表)

类	说明
TextBlock RichTextBlock	TextBlock 和 RichTextBlock 控件用于显示文本。使用这些控件不能输入文本，只能用来展示。TextBlock 控件不仅允许分配简单的文本，还允许分配更复杂的文本元素，如段落和内联元素。RichTextBlock 也支持溢出。注意，RichTextBlock 不支持使用 RTF(富文本文件)。此时需要使用 RichEditBox
Ellipse Polygon Polyline Path Rectangle	Shape 类派生自 FrameworkElement。Shape 本身是 Ellipse、Polygon、Polyline、Path、Rectangle 等的基类。这些类用于将向量绘制到屏幕上。这些类参见第 31 章
Panel	Panel 类派生自 FrameworkElement。Panel 用于组织屏幕上的 UI 元素。派生自 Panel 类的不同面板将在本章的“实现布局面板”一节中讨论
Image	Image 控件用于显示图像。此控件支持显示如下格式的图像：JPEG、PNG、BMP、GIF、TIFF、JPEG XR、ICO 以及 SVG
ParallaxView	ParallaxView 是在滚动时产生视差效果的控件
WebView2	WebView2 控件使用基于 Chrome 的 Microsoft Edge 浏览器，在 WinUI 应用程序中显示 Web 页面。如果客户端系统中没有安装 Edge 浏览器，则可以在应用程序中使用 WebView2 运行库分发该浏览器(参见 https://developer.microsoft.com/microsoft-edge/webview2/)

呈现器

在 PresentersPage 中使用一些呈现器控件：Border 和 Viewbox。Border 用于对两个 TextBox 元素分组。因为 Border 元素只能包含一个子元素，所以在 Border 元素中使用 StackPanel。Border 指定了 Background、BorderBrush 和 BorderThickness。

在下面的代码片段中，两个 Viewbox 控件用于拉伸 Button 控件。第一个 Viewbox 使用 Fill 模式的拉伸，将 Button 完全填充在 Viewbox 中，而第二个 Viewbox 使用 Uniform 模式的拉伸。对于 Uniform，要保持纵横比(代码文件 ControlsSamples/Views/PresentersPage.xaml)：

```
<Border Background="LightSeaGreen" BorderBrush="DarkGreen" BorderThickness="12"
  Margin="12" Padding="8">
  <StackPanel Orientation="Vertical">
    <TextBox Header="Title" x:Name="Title" FontSize="34" />
    <TextBox Header="Publisher" x:Name="Publisher" FontSize="34" />
  </StackPanel>
</Border>
<Viewbox Grid.Row="1" Stretch="Fill" StretchDirection="Both">
  <Button Margin="4" FontSize="14">Button with fill stretch</Button>
</Viewbox>
<Viewbox Grid.Row="2" Stretch="Uniform" StretchDirection="Both">
  <Button Margin="4" FontSize="14">Button with uniform stretch</Button>
</Viewbox>
```

图 29-3 显示了正在运行的应用程序的呈现器页面。在这里可以看到 TextBox 控件是如何被包围的，按钮显示在两个不同的 Viewbox 配置中。

注意：
控件派生的类有一个隐式边框，可以使用 BorderThickness 和 BorderBrush 属性来定制它。

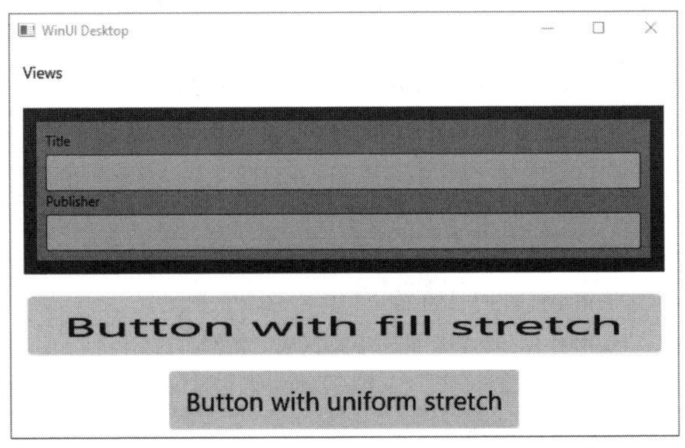

图 29-3

29.3.2　Control 派生的控件

直接从基类 Control 派生的控件属于这个类别。表 29-2 描述了其中的一些控件。

表 29-2

控件	说明
TextBox	此控件用于显示简单的、未格式化的文本。此控件可用于用户输入。Text 属性包含用户输入。PlaceholderText 允许向用户提供要在输入字段中输入的信息内容。通常有关输入文本的一些信息会显示在附近。这可以直接使用 Header 属性完成
RichEditBox	与 TextBox 控件相反，RichEditBox 允许输入格式化的文本、超链接和图像。文本对象模型(Text Object Model ，TOM)是在 Document 属性中使用的。可以使用 Microsoft Word 创建能读入 RichEditBox 的 RTF 文件
PasswordBox	此控件用于输入密码。它具有密码输入的特定属性，比如 PasswordChar 定义在用户输入密码时显示的字符。可以使用 Password 属性检索输入的密码。此控件还具有与 TextBox 控件类似的 Header 和 PlaceholderText 属性
ProgressRing	此控件指示操作正在进行。它显示为一个环形的“旋转器”。另一个显示正在进行的操作的控件是 ProgressBar，但是这个控件属于范围控件
DatePicker CalendarDatePicker CalendarView	DatePicker 和 CalendarDatePicker 控件允许用户选择日期。如果用户知道日期，则不需要显示日历，就可以使用 DatePicker 选择日期。 CalendarDatePicker 在内部使用 CalendarView。如果日历应该一直可见，或者需要选择多个日期，就可以使用 CalendarView。请注意，还有一个 DatePickerFlyout(派生自 Flyout 的控件)，它允许用户在新打开的窗口中选择日期
TimePicker	TimePicker 允许用户输入时间。类似于 DatePicker，通过 TimePicker 还可以使用 TimePickerFlyout
AppBarSeparator	AppBarSeparator 控件可以用作 CommandBar 中的分隔符
ColorPicker	ColorPicker 允许用户选择颜色
Hub HubSection	Hub 控件允许在平移视图中对内容进行分组。该控件中的内容是在多个 HubSection 控件中定义的。Hub 控件与许多应用程序一起使用，以“Hero”图像布局应用程序的主视图。本章后面的“实现导航”小节将介绍这个控件

(续表)

控件	说明
UserControl	UserControl 是可以用于重用的控件，并简化页面的 XAML 代码。用户控件可以添加到页面中，本章和下一章使用用户控件
Page	Page 类本身派生自 UserControl，因此它也是 UserControl。Page 用于在 Frame 中导航。本章后面的“实现导航”和第 30 章在介绍 MVVM 模式的时候将讨论导航
PersonPicture	PersonPicture 用来显示一个人的头像。此控件与 ContactManager 和 Contact API 一起使用
RatingControl	RatingControl 使用户可以输入星级评分
SemanticZoom	SemanticZoom 控件定义了两个视图：缩小视图和放大视图。这允许用户快速导航到大型数据集，例如，在缩小视图中只显示前几个字符。在放大视图中，用户用选定的字母定位数据对象
SplitView	SplitView 控件有一个窗格和一个内容区域。窗格可以打开和关闭。当打开窗格时，内容可以部分位于窗格后面，也可以向右移动。打开的窗格可以是小的(紧凑的)或宽的。SplitView 在 NavigationView 中使用
TwoPaneView	TwoPaneView 控件对于包含两个区域的显示有帮助，例如列表和详情。对于双屏设备，TwoPaneView 可以将用户界面干净地拆分到两个屏幕上。关于双屏设备的介绍，可以参见 https://docs.microsoft.com/dual-screen/introduction
TreeView	TreeView 控件显示嵌套项的一个层次结构列表。第 22 章的示例使用 TreeView 控件显示了嵌套区域性的一个树
MenuBar MenuBarItem	MenuBar 是一个新的容器，用于在水平行中显示菜单。MenuBar 控件包含 MenuBarItem 控件，后者又包含 MenuFlyoutItem 控件

1. 使用文本框

包含Control派生控件的第一个示例显示了几个TextBox控件。在TextBox类中，可以将InputScope属性指定为大量值列表中的值，如 EmailNameOrAddress、CurrencyAmountAndSymbol 或 Formula.。如果应用程序在平板模式下使用，并带有屏幕键盘，键盘会根据输入字段的需要调整不同的布局并显示键。示例代码中的最后一个文本框是多行 TextBox。为了让用户按下回车键，可以设置 AcceptsReturn 属性。同时，如果文本在一行中放不下，就设置 TextWrapping 属性，使文本换行。文本框的高度设置为 150。如果输入的文本在这个文本框中放不下，则使用附加属性 ScrollViewer.VerticalScrollBarVisibility 来显示滚动条 (代码文件 ControlsSamples/Views/TextPage.xaml)：

```
<TextBox Header="Email" InputScope="EmailNameOrAddress"></TextBox>
<TextBox Header="Currency" InputScope="CurrencyAmountAndSymbol"></TextBox>
<TextBox Header="Alpha Numeric" InputScope="AlphanumericFullWidth"></TextBox>
<TextBox Header="Formula" InputScope="Formula"></TextBox>
<TextBox Header="Month" InputScope="DateMonthNumber"></TextBox>
<TextBox Header="Multiline" AcceptsReturn="True" TextWrapping="Wrap"
  Height="150" ScrollViewer.VerticalScrollBarVisibility="Auto" />
```

图 29-4 为多行文本框的结果，其中包含多行文本和一个滚动条。

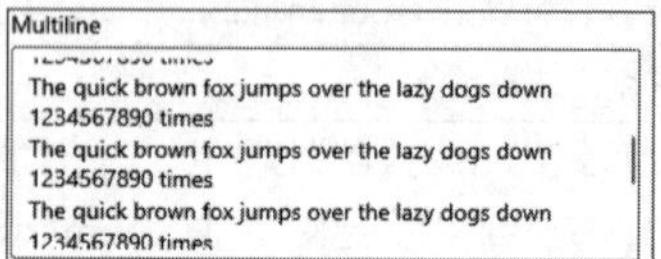

Multiline

The quick brown fox jumps over the lazy dogs down
1234567890 times
The quick brown fox jumps over the lazy dogs down
1234567890 times
The quick brown fox jumps over the lazy dogs down
1234567890 times

图 29-4

2. 选择日期

对于选择日期，可以使用多个选项。下面看看不同的选项，以及CalendarView控件的特殊特性。

在以下代码片段中，CalendarView配置为允许选择多个日期。每周的第一个工作日设置为周一，最小的一天设置为绑定属性MinDate，事件CalendarViewDayItemChanging和SelectedDatesChanged分配给事件处理程序(代码文件ControlsSamples/Views/DateSelectionPage.xaml)：

```
<CalendarView x:Name="CalendarView1" Margin="12" HorizontalAlignment="Center"
  SelectionMode="Multiple"
  FirstDayOfWeek="Monday"
  MinDate="{x:Bind MinDate, Mode=OneTime}"
  CalendarViewDayItemChanging="OnDayItemChanging"
  SelectedDatesChanged="OnDatesChanged" />
```

在代码隐藏文件中，MinDate属性设置为一个预定义的日期。用户不能使用日历访问更早的日期(代码文件ControlsSamples/Views/DateSelectionPage.xaml.cs)：

```
public DateTimeOffset MinDate { get; } =
  DateTimeOffset.Parse("1/1/1965, new CultureInfo("en-US"));
```

在OnDayItemChanging事件处理程序中，应该将某些日期标记为special。当天之前的日期应该排除在选择之外，根据实际的预订情况，当天应该用彩线标记。

为了获得预订，将定义GetBookings()方法，以返回示例数据。在真正的应用程序中，可以从Web API或数据库中获得数据。GetBookings()方法通过元组返回从现在开始若干天(2，3，5...)的预订，以及一天内的预订数量(1，4，3...) (代码文件ControlsSamples/Views/DateSelectionPage.xaml.cs)：

```
private IEnumerable<(DateTimeOffset day, int bookings)> GetBookings()
{
  int[] bookingDays = { 2, 3, 5, 8, 12, 13, 18, 21, 23, 27 };
  int[] bookingsPerDay = { 1, 4, 3, 6, 4, 5, 1, 3, 1, 1 };
  for (int i = 0; i < 10; i++)
  {
    yield return (DateTimeOffset.Now.Date.AddDays(bookingDays[i]),
      bookingsPerDay[i]);
  }
}
```

当显示CalendarView的项时，将调用OnDayItemChanging()方法。每个显示的日期都调用此方法。方法OnDayItemChanging()是使用局部函数实现的。该方法的主块包含一个switch语句，基于数据绑定阶段来调用不同的方法。CalendarView控件支持多个阶段，允许在不同的迭代中调整用户界面。第一阶段很快，在此阶段之后，已经可以向用户显示一些信息。接下来的每个阶段都是如此。在以后的阶段中，可以从Web API中检索信息，并在数据可用后更新这些信息。

在OnDayItemChanging()的实现中，第一个阶段调用局部函数RegisterUpdateCallback()来注册对OnDayItemChanging()事件处理程序的下一个调用。在第二个阶段，使用局部函数SetBlackoutDates()将日期涂黑。第三个阶段检索预订(代码文件ControlsSamples/Views/DateSelectionPage.xaml.cs)：

```
private void OnDayItemChanging(CalendarView sender,
  CalendarViewDayItemChangingEventArgs args)
{
  switch (args.Phase)
  {
    case 0:
      RegisterUpdateCallback();
```

```
        break;
      case 1:
        SetBlackoutDates();
        break;
      case 2:
        SetBookings();
        break;
      default:
        break;
    }

    // local functions...
  }
```

局部函数 RegisterUpdateCallback()调用 CalendarViewDayItemChangingEventArgs 参数的 RegisterUpdateCallback()，传递事件处理程序方法，因此再次调用此方法(代码文件 ControlsSamples/Views/DateSelectionPage.xaml.cs)：

```
void RegisterUpdateCallback() => args.RegisterUpdateCallback(OnDayItemChanging);
```

局部函数 SetBlackoutDates()涂黑今天之前的日期，以及所有的星期六和星期天。从 args.Item 属性返回的 CalendarViewDayItem 定义了 IsBlackout 属性(代码文件 ControlsSamples/Views/DateSelectionPage.xaml.cs)：

```
async void SetBlackoutDates()
{
  RegisterUpdateCallback();
  CalendarViewDayItem item = args.Item;
  await Task.Delay(500); // simulate a delay for an API call
  if (item.Date < DateTimeOffset.Now || item.Date.DayOfWeek == DayOfWeek.Saturday ||
      item.Date.DayOfWeek == DayOfWeek.Sunday)
  {
    args.Item.IsBlackout = true;
  }
}
```

最后，SetBookings()方法检索关于预订的信息。对于在 CalendarViewDayItem 中找到的接收日期，检查它是否也包含在预订的日期中。如果是，则调用 SetDensityColors()，把红色或绿色的列表(取决于工作日)添加到日期项中。最后，再次调用 RegisterUpdateCallback()局部函数，否则，在第三个阶段只会调用显示的第一天(代码文件 ControlsSamples/Views/DateSelectionPage.xaml.cs)：

```
void SetBookings()
{
  CalendarViewDayItem item = args.Item;
  await Task.Delay(3000); // simulate a delay for an API call
  var bookings = GetBookings().ToList();

  var booking = bookings.SingleOrDefault(b => b.day.Date == item.Date.Date);
  if (booking.bookings > 0)
  {
    List<Color> colors = new();
    for (int i = 0; i < booking.bookings; i++)
    {
      if (item.Date.DayOfWeek == DayOfWeek.Saturday ||
          item.Date.DayOfWeek == DayOfWeek.Sunday)
```

```
        {
          colors.Add(Colors.Red);
        }
        else
        {
          colors.Add(Colors.Green);
        }
      }

      item.SetDensityColors(colors);
    }
  }
```

当用户选择日期时，将调用 OnDatesChanged()方法。在这个方法中，所有选中的日期都将在 CalendarViewSelectedDatesChangedEventArgs 中接收。选中的日期写入 currentDatesSelected 列表，取消选择的日期将再次从列表中删除。使用 string.Join()，所有选中的日期都显示在 MessageDialog 中(代码文件 ControlsSamples/Views/DateSelectionPage.xaml.cs)：

```
private List<DateTimeOffset> currentDatesSelected = new List<DateTimeOffset>();

private async void OnDatesChanged(CalendarView sender,
  CalendarViewSelectedDatesChangedEventArgs args)
{
  currentDatesSelected.AddRange(args.AddedDates);
  args.RemovedDates.ToList().ForEach(date =>
    currentDatesSelected.Remove(date));
  string selectedDates = string.Join(", ",
    currentDatesSelected.Select(d => d.ToString("d")));

  await new MessageDialog($"dates selected: {selectedDates}").ShowAsync();
}
```

运行这个应用程序时，可以看到日历，如图 29-5 所示。其中，前几天以及周六/周日都被涂黑了，而预订的信息用彩线显示。

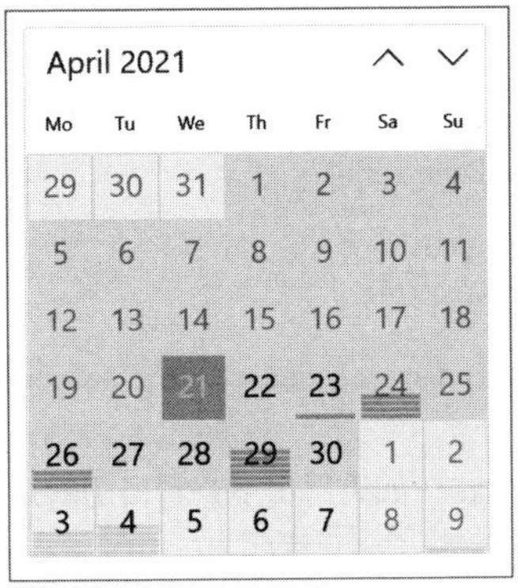

图 29-5

单击日历的月份时，将显示完整的年份。单击顶部的年份时，可以看到一个纪元(参见图 29-6)。所以很容易选择很远的日期。

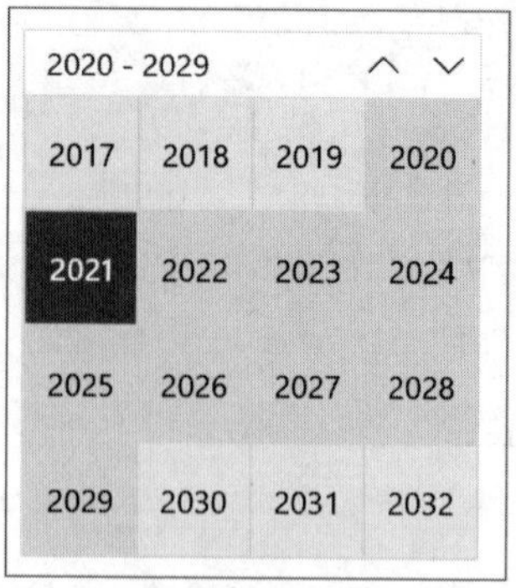

图 29-6

CalendarDatePicker 没有 CalendarView 那么多特性，但是它不会占用屏幕的空间，除非用户打开它来选择日期。CalendarDatePicker 定义了 DateChanged 事件，但只能选择一个日期(代码文件 ControlsSamples/Views/DateSelectionPage.xaml)：

```
<CalendarDatePicker x:Name="CalendarDatePicker1" Grid.Row="0" Grid.Column="1"
  DateChanged="OnDateChanged" Margin="12" />
```

在 OnDateChanged()事件处理程序中，会接收到 CalendarDatePickerDateChangedEventArgs 对象，它包含 NewDate 属性(代码文件 DateSelectionSample/MainPage.xaml.cs)：

```
private async void OnDateChanged(CalendarDatePicker sender,
  CalendarDatePickerDateChangedEventArgs args)
{
  await new MessageDialog($"date changed to {args.NewDate}").ShowAsync();
}
```

DatePicker 的 XAML 代码非常相似，只是不显示日历来选择日期，而是有一个完全不同的视图(代码文件 ControlsSamples/Views/DateSelectionPage.xaml)：

```
<DatePicker DateChanged="OnDateChanged1" x:Name="DatePicker1" Grid.Row="1"
  Margin="12" />
```

DatePicker 的事件处理程序接收对象和 DatePickerValueChangedEventArgs 参数(代码文件 ControlsSamples/Views/DateSelectionPage.xaml)：

```
private async void OnDateChanged1(object sender,
  DatePickerValueChangedEventArgs e)
  {
    await new MessageDialog($"date changed to {e.NewDate}").ShowAsync();
  }
```

图 29-7 显示了打开时的 DatePicker。如果用户不查看日历就知道日期(例如生日)，那么滚动年份、月份和日期的速度要快得多。

图 29-7

选择日期的最后一个选项是 Flyout。Flyout 可以与其他控件一起使用。这里使用一个按钮控件，按钮的 Flyout 属性定义为使用 DatePickerFlyout。

```
<Button Content="Select a Date" Grid.Row="1" Grid.Column="1" Margin="12">
  <Button.Flyout>
    <DatePickerFlyout x:Name="DatePickerFlyout1" DatePicked="OnDatePicked" />
  </Button.Flyout>
</Button>
```

29.3.3　范围控件

范围控件(见表 29-3)，如 ScrollBar、ProgressBar 和 Slider 都派生自同一个基类 RangeBase。

表 29-3

控件	说明
ScrollBar	ScrollBar 控件包含一个 Thumb，用户可以从 Thumb 中选择一个值。例如，如果文档在屏幕中放不下，就可以使用滚动条。一些控件包含滚动条，如果内容过多，就显示滚动条
ProgressBar	使用 ProgressBar 控件，可以指示时间较长的操作的进度
Slider	使用 Slider 控件，用户可以移动 Thumb，选择一个范围的值

1. ProgressBar

示例应用程序显示了两个 ProgressBar 控件。将第二个控件的 IsIndeterminate 属性设置为 true。如果不知道一个活动需要多长时间，最好使用这个属性。如果知道操作需要多长时间，可以在 ProgressBar 中设置当前状态值，而不设置 IsIndeterminate 模式，状态默认值为 False(代码文件 ControlsSamples/Views/RangeControlsPage.xaml)：

```
<ProgressBar x:Name="progressBar1" Grid.Row="0" Margin="12" />
<ProgressBar IsIndeterminate="True" Grid.Row="1" Margin="12" />
```

在加载页面时，将调用 ShowProgress()方法。这里，第一个 ProgressBar 的当前值是使用 DispatcherTimer 设置的。将 DispatcherTimer 配置为每秒触发一次，ProgressBar 的 Value 属性每秒都递增(代码文件 ControlsSamples/Views/RangeControlsPage.xaml.cs)：

```
private void ShowProgress()
{
  DispatcherTimer timer = new();
  timer.Interval = TimeSpan.FromSeconds(1);
  int i = 0;
  timer.Tick += (sender, e) => progressBar1.Value = i++ % 100;
  timer.Start();
}
```

注意：
DispatcherTimer 类详见第 17 章。

运行应用程序时，可以看到两个 ProgressBar 控件处于活动状态。对于第一个 ProgressBar 控件，通过递增的值可以看到状态，而第二个 ProgressBar 控件则通过一个连续移动的条来显示进度(参见图 29-8)。

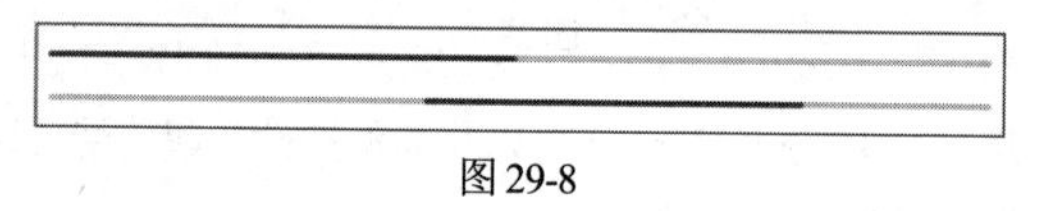

图 29-8

2. Slider

使用 Slider 控件，可以指定 Minimum 和 Maximum 值，并使用 Value 属性来分配当前值。代码示例使用一个 TextBox 框来显示滑块的当前值(代码文件 ControlsSamples/Views/RangeControlsPage.xaml)：

P848 代码段 3

在图 29-9 中可以看到 Slider 和 TextBox，注意观察它们是如何相互关联的，因为 TextBox 显示了 Slider 的实际值。

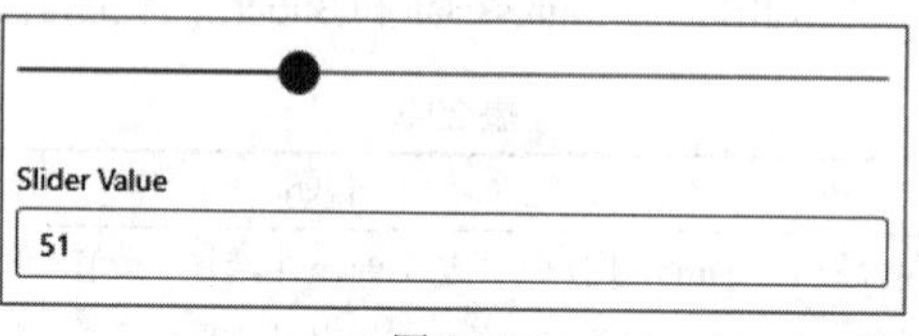

图 29-9

29.3.4 内容控件

内容控件(见表 29-4)的 Content 属性允许添加任何单一内容。不允许使用多个内容对象作为 Content 属性的直接子对象，但是可以添加(例如)StackPanel，它本身可以把多个控件作为子控件。

表 29-4

控件	说明
ScrollViewer	ScrollViewer 是一个内容控件，可以包含单项，并提供水平和垂直的滚动条。还可以使用带有附加属性的 ScrollViewer，如前面介绍的 ParallaxViewSample 所示
Frame	Frame 控件用于页面之间的导航。本章后面的“实现导航”小节会讨论这个控件

(续表)

控件	说明
SelectorItem ComboBoxItem FlipViewItem GridViewItem ListBoxItem ListViewItem GroupItem PivotItem	这些控件是 ContentControl 对象，作为属于某 ItemsControl 的项。例如，ComboBox 控件包含 ComboBoxItem 对象，ListBox 控件包含 ListBoxItem 对象，Pivot 控件包含 PivotItem 对象。GroupItem 对象通常不直接使用，在使用带有分组配置的 ItemsControl 派生控件时，会使用它们
ToolTip	当用户悬停在控件上时，ToolTip 会弹出一个窗口，显示工具提示。可以使用 ToolTipService.ToolTip 附加属性配置 ToolTip。工具提示不只是文本，它还是一个内容控件
TeachingTip	TeachingTip 的目的是给用户提供提示，说明如何更有效地完成工作。通过分析遥测信息和使用机器学习，应用程序能够学习用户在做什么，以及他们本应该知道、却没有使用的特性。这个控件支持富内容
CommandBar	使用 CommandBar，可以安排 AppBarButton 控件和属于命令元素的控件(如 AppBarSeparator)。CommandBar 为这些控件提供了一些布局特性。在 Windows 8 中，使用 AppBar 而不是 CommandBar——这就是为什么按钮有这些名称。CommandBar 派生自 AppBar。但是，如果 CommandBar 中的布局不能满足需求，也可以使用其他控件来布局命令
ContentDialog	使用 ContentDialog 打开一个对话框。可以使用对话框所需的任何 XAML 控件自定义此控件
SwipeControl	SwipeControl 允许通过触摸交互执行上下文命令，例如，在用户向左或向右滑动时为某些项打开特定的操作

注意：
下一节包含一个示例，它使用按钮填充内容控件的内容。按钮本身就是一个内容控件。

29.3.5 按钮

按钮组成了一个层次结构。ButtonBase 类派生自 ContentControl，因此按钮有一个 Content 属性，可以包含任何单个内容。ButtonBase 类还定义了 Command 属性，因此，所有按钮都可以有一个相关的命令。表 29-5 比较了不同的按钮。

表 29-5

控件	说明
Button	Button 类是最常用的按钮。这个类派生自 ButtonBase(其他按钮也一样)。ButtonBase 是所有按钮的基类
DropDownButton	DropDownButton 显示一个 V 形，表示可以打开一个菜单。在按钮的内容中，通常使用 MenuFlyout 来显示菜单
HyperlinkButton	HyperlinkButton 显示为链接。可以在浏览器中打开 Web 页面、打开其他应用程序或导航到其他页面
RepeatButton	RepeatButton 是一个按钮，当用户按下按钮时，Click 事件将连续触发。使用常规按钮，Click 事件只触发一次

(续表)

控件	说明
AppBarButton	AppBarButton 用于激活应用程序中的命令。可以将该按钮添加到 CommandBar，并使用图标和标签来为用户显示信息
AppBarToggleButton CheckBox RadioButton	CheckBox、RadioButton 和 AppBarToggleButton 派生自基类 ToggleButton。ToggleButton 可以使用 bool?表示三种状态：Checked、Unchecked 和 Indeterminate。AppBarToggleButton 是 CommandBar 的切换按钮

1. 替换按钮的内容

按钮是一个内容控件，可以有任何内容。下面的示例向包含 Ellipse 和 TextBlock 的按钮添加 Grid 控件。该按钮还定义了 Click 事件，以说明它看起来不同，但行为是相同的(代码文件 ControlsSample/Views/ButtonsPage.xaml)：

```
<Button Margin="12" Click="OnButtonClick">
  <Grid>
    <Ellipse Width="200" Height="90" Fill="red" />
    <TextBlock HorizontalAlignment="Center" VerticalAlignment="Center"
      Text="Click Me!" FontSize="24" />
  </Grid>
</Button>
```

在图 29-10 中，可以看到按钮的新外观。Content 属性替换了前景，但是按钮仍然具有默认的背景。

图 29-10

注意：
要替换按钮的完整外观(包括背景)，并使按钮变成非矩形的形状，需要为按钮创建一个 ControlTemplate。详见第 31 章。

2. 通过 HyperlinkButton 进行链接

使用 HyperlinkButton 控件，可以轻松激活其他应用程序。将 NavigateUri 属性设置为 URL，单击按钮，会打开默认浏览器，以打开 Web 页面。

```
<HyperlinkButton NavigateUri="https://csharp.christiannagel.com"
  Content="C# Infos" Grid.Column="1"
  Style="{StaticResource TextBlockButtonStyle}" FontSize="24" />
```

默认情况下，HyperlinkButton 看起来像浏览器中的一个链接。使用 HyperlinkButton 可以设置 NavigateUri 或定义 Click 事件，但不能同时执行这两个操作。作为 Click 事件的操作，可以以编程方式导航到另一个页面。本章后面的“实现导航”小节将介绍导航。

不仅可以为 NavigateUri 属性分配 http://或 https://值，还可以使用 ms-appx://激活其他应用程序。

29.3.6 项控件

与 ContentControl 相反，ItemsControl 控件可以包含项的列表。通过 ItemsControl，可以使用 Items 属性来确定某些项，也可以使用数据绑定和 ItemsSource 属性来确定某些项。但不能同时使用这两种方式。表 29-6 说明了不同的项控件。

表 29-6

控件	说明
ItemsControl	ItemsControl 是所有其他项控件的基类，也可以直接用于显示项的列表
Pivot	Pivot 控件是为应用程序创建类似于标签页的行为的控件。“实现导航”小节将更详细地介绍这个控件
AutoSuggestBox	AutoSuggestBox 替换了先前的 SearchBox。使用 AutoSuggestBox，用户可以输入文本，控件提供自动完成功能
ListBox ComboBox FlipView	ListBox、ComboBox 和 FlipView 是三个派生自基类 Selector 的项控件。Selector 派生自 ItemsControl，并添加 SelectedItem 和 SelectedValue 属性，以便从集合中选择某项。ListBox 显示了用户可以从中选择的列表。ComboBox 结合了一个文本框和一个下拉列表，允许选择列表，且使用更少的屏幕空间。FlipView 控件允许使用触摸交互来浏览项目列表，但只显示一项
ListView GridView	ListView 和 GridView 派生自基类 ListViewBase，ListViewBase 派生自 Selector，因此这些是最强大的选择器。ListViewBase 提供了附加的拖放项、重新排序项、添加页眉和页脚，并允许选择多个项。ListView 垂直显示项目(但也可以创建一个模板，水平显示列表)。GridView 用行和列显示项

29.3.7 Flyout 控件

Flyout 控件用于在其他 UI 元素(例如上下文菜单)之上打开窗口。所有的 Flyout 都派生自基类 FlyoutBase。FlyoutBase 类定义了一个 Placement 属性，允许定义 Flyout 的位置。它可以在屏幕中居中，也可以围绕目标元素定位。表 29-7 说明了 Flyout 控件。

表 29-7

控件	说明
MenuFlyout	MenuFlyout 控件用于显示菜单项的列表
Flyout	Flyout 控件可以包含一个能使用 XAML 元素自定义的项
CommandBarFlyout	CommandBarFlyout 是一种特殊的 Flyout 控件，为应用程序栏中的控件定义了布局

MenuBar 控件的 Flayout 是一种不同的 Flyout 类别。MenuFlyoutItem、MenuFlyoutSubItem 和 MenuFlyoutSeparator 派生自 MenuFlyoutItemBase 基类。

29.4 使用数据绑定

对于基于 XAML 的应用程序来说，数据绑定是一个极其重要的概念。数据绑定把数据从.NET 对象传递给 UI，或从 UI 传递给.NET 对象。简单对象可以绑定到 UI 元素、对象列表和 XAML 元素上。在数据绑定中，目标可以是 XAML 元素的任意依赖属性，CLR 对象的每个属性都可以是绑定源。因为 XAML 元素也提供了.NET 属性，所以每个 XAML 元素也可以用作绑定源。图 29-11 显示了绑定源和绑定目标之间的连接。绑定定义了该连接。

Binding 对象支持源与目标之间的几种绑定模式。绑定可以是单向的，即从源信息指向目标，但如果用户在用户界面上修改了该信息，则源不会更新。要更新源，需要双向绑定。

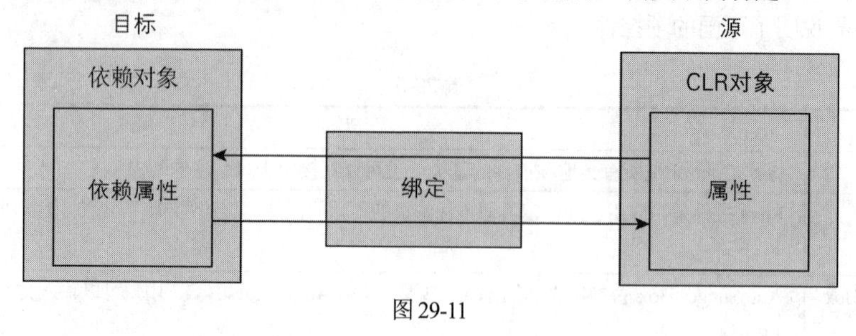

图 29-11

表 29-8 列出了绑定模式及其要求。

表 29-8

绑定模式	说明
一次性	绑定从源指向目标，且仅在应用程序启动时，或数据上下文改变时绑定一次。通过这种模式可以获得数据的快照
单向	绑定从源指向目标。这对于只读数据很有用，因为它不能从用户界面中修改数据。要更新用户界面，源必须实现 INotifyPropertyChanged 接口
双向	在双向绑定中，用户可以从 UI 中修改数据。绑定是双向的既从源指向目标，也从目标指向源。源对象需要实现读/写属性，才能把改动的内容从 UI 更新到源对象上

注意：

WinUI 支持两种绑定类型：使用 Binding 标记扩展的基于反射的绑定，以及使用 x:Bind 标记扩展的已编译绑定。请注意，绑定模式的默认值在这些绑定类型之间存在差异，因此最好总是指定绑定模式。本节主要关注已编译绑定。

除了绑定模式之外，数据绑定还涉及许多方面。本节详细介绍与简单的.NET 对象和列表的绑定。通过更改通知，可以使用绑定对象中的更改更新 UI。本节也将论述如何动态地选择数据模板。

下面从 DataBindingSamples 示例应用程序开始。该应用程序显示图书列表，并允许用户选择一本书，并查看图书细节。

29.4.1 用 INotifyPropertyChanged 更改通知

首先创建模型。为了在属性值变化时把更改信息传递给用户界面，必须实现 INotifyPropertyChanged 接口。为了重用此实现代码，创建实现此接口的 ObservableObject 类。该接口定义了 PropertyChanged 事件处理程序，该事件在 OnPropertyChanged()方法中触发。方法 SetProperty()用于更改属性值，并触发 PropertyChanged 事件。如果要设置的值与当前值没有不同，则不触发事件，且方法仅返回 false。只有使用不同的值时，属性才设置为新值，并触发 PropertyChanged 事件。这个方法在 C#中通过 CallerMemberName 属性来使用调用者信息。propertyName 参数通过这个属性定义为可选参数时，C#编译器就会通过这个参数传递属性名，所以不需要在代码中添加硬编

码字符串(代码文件 DataBindingSamples/Models/ObservableObject.cs):

```
public abstract class ObservableObject : INotifyPropertyChanged
{
  public event PropertyChangedEventHandler? PropertyChanged;

  public virtual bool SetProperty<T>(ref T item, T value,
    [CallerMemberName] string? propertyName = null)
  {
    if (EqualityComparer<T>.Default.Equals(item, value)) return false;
    item = value;
    OnPropertyChanged(propertyName);
    return true;
  }

  protected virtual void OnPropertyChanged(string propertyName) =>
    PropertyChanged?.Invoke(this, new PropertyChangedEventArgs(propertyName));
}
```

注意:
调用者信息参见第10章。INotifyPropertyChanged的实现参见第30章。

Book类派生自基类ObservableObject，并实现了属性BookId、Title、Publisher和Authors。BookId属性是只读的；Title和Publisher使用来自基类的变更通知实现；Author是一个只读属性，返回作者列表(代码文件 DataBindingSamples/Models/Book.cs):

```
public class Book : ObservableObject
{
  public Book(int id, string title, string publisher, params string[] authors)
  {
    BookId = id;
    _title = title;
    _publisher = publisher;
    Authors = authors;
  }

  public int BookId { get; }

  private string _title;
  public string Title
  {
    get => _title;
    set => SetProperty(ref _title, value);
  }

  private string __publisher;
  public string Publisher
  {
    get => _publisher;
    set => SetProperty(ref _publisher, value);
  }

  public IEnumerable<string> Authors { get; }

  public override string ToString() => Title;
}
```

29.4.2 创建图书列表

GetSampleBooks()方法使用 Book 类的构造函数返回应显示的图书列表(代码文件 DataBindingSamples/Services/SampleBooksService.cs)：

```
public class SampleBooksService
{
  private List<Book> _books = new()
  {
    new(1, "Professional C# and .NET - 2021 Edition", "Wrox Press", "Christian Nagel"),
    new(2, "Professional C# 7 and .NET Core 2", "Wrox Press", "Christian Nagel"),
    new(3, "Professional C# 6 and .NET Core 1.0", "Wrox Press", "Christian Nagel"),
    new(4, "Professional C# 5.0 and .NET 4.5.1", "Wrox Press", "Christian Nagel",
      "Jay Glynn", "Morgan Skinner"),
    new(5, "Enterprise Services with the .NET Framework", "AWL", "Christian Nagel")
  };
  public IEnumerable<Book> GetSampleBooks() => _books;
}
```

现在，BooksService 类提供了 RefreshBooks()、GetBook()、AddBook()方法以及属性 Books。属性 Books 返回一个 ObservableCollection<Book>对象。ObservableCollection 是一个泛型类，通过实现接口 INotifyCollectionChanged 来提供更改通知(代码文件 DataBindingSamples/Services/ BooksService.cs)：

```
public class BooksService
{
  private ObservableCollection<Book> _books = new();

  public void RefreshBooks()
  {
    _books.Clear();
    SampleBooksService sampleBooksService = new();
    var books = sampleBooksService.GetSampleBooks();
    foreach (var book in books)
    {
      _books.Add(book);
    }
  }

  public Book? GetBook(int bookId) =>
    _books.SingleOrDefault(b => b.BookId == bookId);

  public void AddBook(Book book) => _books.Add(book);

  public ObservableCollection<Book> Books => _books;
}
```

29.4.3 列表绑定

现在可以显示图书列表了。可以使用任何 ItemsSource 派生控件指定 ItemsSource 属性，绑定到列表上。下面的代码片段使用 ListView 控件将 ItemsSource 绑定到 Books 属性上。使用标记扩展 x:Bind 时，指定的第一个名称是绑定的源，Mode 参数确定了绑定模式。对于 OneWay，当源发生变化时，WinUI 利用变更通知来更新用户界面：

```
<ListView ItemsSource="{x:Bind Books, Mode=OneWay}" />
```

在代码隐藏文件中，指定 Books 属性以引用 BooksService 的 Books 属性(代码文件 DataBindingSamples/MainPage.xaml.cs)：

```
public sealed partial class MainWindow : Window
{
  private BooksService _booksService = new();
  public MainPage()
  {
    this.InitializeComponent();
  }
  public ObservableCollection<Book> Books => _booksService.Books;
  //...
}
```

29.4.4 把事件绑定到方法

如果没有在 BooksService 中调用 RefreshBooks()方法，列表将为空。在资源中，定义了两个 XamlUICommand 来指定标签、图标和键。ExecuteRequested 属性绑定到代码隐藏文件中定义的 RefreshBooks()和 AddBooks()方法 (代码文件 DataBindingSamples/MainWindow.xaml)：

```
<Grid.Resources>
  <XamlUICommand x:Name="RefreshBooksCommand" Label="Refresh" Description="Refresh books"
    ExecuteRequested="{x:Bind RefreshBooks}">
    <XamlUICommand.IconSource>
      <SymbolIconSource Symbol="List" />
    </XamlUICommand.IconSource>
    <XamlUICommand.KeyboardAccelerators>
      <KeyboardAccelerator Key="R" Modifiers="Control" />
    </XamlUICommand.KeyboardAccelerators>
  </XamlUICommand>
  <XamlUICommand x:Name="AddBookCommand" Label="Add Book" Description="Add a book"
    ExecuteRequested="{x:Bind AddBook}">
    <XamlUICommand.IconSource>
      <SymbolIconSource Symbol="Add" />
    </XamlUICommand.IconSource>
    <XamlUICommand.KeyboardAccelerators>
      <KeyboardAccelerator Key="A" Modifiers="Control" />
    </XamlUICommand.KeyboardAccelerators>
  </XamlUICommand>
  <!--...-->
</Grid.Resources>
```

StandardUICommand 类定义了一组预定义命令，例如 Cut、Copy、Paste、Open、Close 和 Play 等。有了这些命令，就不需要使用 XamlUICommand 声明自己的命令。

对于用户界面，创建了一个 CommandBar 来列出两个 AppBarButton 控件。AppBarButton 控件的 Command 属性使用 StaticResource 标记扩展来引用命令(代码文件 DataBindingSamples/MainWindow.xaml)：

```
<CommandBar Grid.Row="0" Grid.Column="0" Grid.ColumnSpan="2">
  <AppBarButton Command="{StaticResource RefreshBooksCommand}"/>
  <AppBarButton Command="{StaticResource AddBookCommand}"/>
</CommandBar>
```

AppBarButton 控件定义了 Label 和 Icon 属性，以及一个 Click 事件处理程序。由于指定了 Command 属性，不需要指定值。

如果方法没有参数或具有事件的委托类型指定的参数，则可以将事件绑定到方法。在以下代码片段中，OnRefreshBooks() 和 OnAddBook() 方法声明为 void，没有参数(代码文件 DataBindingSamples/MainWindow.xaml.cs)：

```
public void RefreshBooks() => _booksService.RefreshBooks();

public void AddBook() =>
  _booksService.AddBook(new Book(GetNextBookId(),
    $"Professional C# and .NET - {GetNextYear()} Edition", "Wrox Press"));

private int GetNextBookId() => Books.Select(b => b.BookId).Max() + 1;
private int _year = 2021;
private int GetNextYear() => _year += 3;
```

> **注意：**
> 绑定到方法上只能使用 x:Bind 标记扩展，不能使用传统的 Binding 标记扩展。

29.4.5 使用数据模板和数据模板选择器

为了创建不同的项外观，可以创建一个 DataTemplate。使用 x:key 特性指定的键引用 DataTemplate。使用 x:DataType 特性时，可以在数据模板中使用已编译绑定。已编译绑定需要在编译时绑定到的类型。要绑定到 Title 属性，使用 Book 类定义类型(代码文件 DataBindingSamples/MainWindow.xaml)：

```
<Page.Resources>
  <!--...-->
  <DataTemplate x:DataType="models:Book" x:Key="WroxTemplate">
    <Border Background="Red" Margin="4" Padding="4" BorderThickness="2"
      BorderBrush="DarkRed">
      <TextBlock Text="{x:Bind Title, Mode=OneWay}" Foreground="White"
        Width="300" />
      </Border>
    </DataTemplate>
    <!--...-->
  </Page.Resources>
```

在 ItemsControl 中使用的数据模板可以使用 ItemsControl 的 ItemTemplate 属性来引用。现在使用 DataTemplateSelector，根据出版社的名称动态地选择 DataTemplate，而不是为列表中所有的项目指定 DataTemplate。

BookDataTemplateSelector 派生自基类 DataTemplateSelector。数据模板选择器需要重写方法 SelectTemplateCore()并返回所选的 DataTemplate。在实现 BookTemplateSelector 时，指定了两个属性 WroxTemplate 和 DefaultTemplate。在 SelectTemplateCore()方法中，会接收 Book 对象。可以使用模式匹配与 switch 表达式，这样，如果出版社是 Wrox Press，则返回 WroxTemplate。在其他情况下，会返回 DefaultTemplate。可以使用更多的出版社扩展 switch 表达式(代码文件 DataBindingSamples/Utilities/BookTemplateSelector.cs)：

```
public class BookTemplateSelector : DataTemplateSelector
{
  public DataTemplate? WroxTemplate { get; set; }
  public DataTemplate? DefaultTemplate { get; set; }
```

```
    protected override DataTemplate? SelectTemplateCore(object item) =>
      item switch
      {
        Book { Publisher: "Wrox Press"} => WroxTemplate,
        Book => DefaultTemplate,
        _ => null
      };
}
```

接下来，需要实例化和初始化数据模板选择器。可以在 XAML 代码中完成这个工作。在这里，指定属性 WroxTemplate 和 DefaultTemplate 来引用先前创建的 DataTemplate 模板(代码文件 DataBindingSamples/MainWindow.xaml)：

```
<Page.Resources>
  <!--...-->
  <DataTemplate x:DataType="models:Book" x:Key="WroxTemplate">
    <Border Background="Red" Margin="4" Padding="4" BorderThickness="2"
      BorderBrush="DarkRed">
      <TextBlock Text="{x:Bind Title, Mode=OneWay}" Foreground="White"
        Width="300" />
    </Border>
  </DataTemplate>
  <DataTemplate x:DataType="models:Book" x:Key="DefaultTemplate">
    <Border Background="LightBlue" Margin="4" Padding="4" BorderThickness="2"
      BorderBrush="DarkBlue">
      <TextBlock Text="{x:Bind Title, Mode=OneWay}" Foreground="Black"
        Width="300" />
    </Border>
  </DataTemplate>
  <utils:BookTemplateSelector x:Key="BookTemplateSelector"
    WroxTemplate="{StaticResource WroxTemplate}"
    DefaultTemplate="{StaticResource DefaultTemplate}" />
</Page.Resources>
```

为了将 BookTemplateSelector 与 ListView 中的项一起使用，ItemTemplateSelector 属性使用键和 StaticResource 标记扩展来引用模板：

```
<ListView ItemsSource="{x:Bind Books, Mode=OneWay}"
  ItemTemplateSelector="{StaticResource BookTemplateSelector}"
  Grid.Row="1" />
```

29.4.6 显示列表和详细信息

为了定义包含列表和详细信息视图的用户界面，可以使用 TwoPaneView 控件。TwoPaneView 定义了 Pane1 和 Pane2 属性。Pane1 的内容是 ListView，Pane2 的内容是接下来定义的用户控件。取决于可用的空间，TwoPaneView 定义了宽高配置。在宽配置中，将左右显示窗格；在高配置中，将上下显示窗格(代码文件 DataBindingSamples/MainWindow.xaml)：

```
<TwoPaneView WideModeConfiguration="LeftRight" TallModeConfiguration="TopBottom"
  Grid.Row="1">
  <TwoPaneView.Pane1>
    <!--ListViewdefinition -->
  </TwoPaneView.Pane1>
```

```
  <TwoPaneView.Pane2>
    <views:BookUserControl x:Name="CurrentBook" Margin="4" />
  </TwoPaneView.Pane2>
</TwoPaneView>
```

29.4.7 绑定简单对象

不只是绑定列表，单本书应该显示在 TwoViewPane 的第二个窗格中。已编译绑定用于绑定 Book 对象的 BookId、Title 和 Publisher 属性(代码文件 DataBindingSamples/Views/BookUserControl.xaml)：

```
<UserControl
    x:Class="DataBindingSamples.Views.BookUserControl"
    xmlns="http://schemas.microsoft.com/winfx/2006/xaml/presentation"
    xmlns:x="http://schemas.microsoft.com/winfx/2006/xaml"
    xmlns:local="using:DataBindingSamples.Views"
    xmlns:conv="using:DataBindingSamples.Converters"
    xmlns:d="http://schemas.microsoft.com/expression/blend/2008"
    xmlns:mc="http://schemas.openxmlformats.org/markup-compatibility/2006"
    mc:Ignorable="d"
    d:DesignHeight="300"
    d:DesignWidth="400">
    <!--...-->
    <StackPanel Orientation="Vertical" Grid.Row="1">
      <TextBox Header="BookId" IsReadOnly="True"
        Text="{x:Bind Book.BookId, Mode=OneWay}" />
      <TextBox Header="Title" Text="{x:Bind Book.Title, Mode=TwoWay}" />
      <TextBox Header="Publisher"
        Text="{x:Bind Book.Publisher, Mode=TwoWay}" />
      <!--...-->
    </StackPanel>
  </Grid>
</UserControl>
```

在代码隐藏文件中，Book 属性定义为一个依赖属性。当值更改时，需要更改通知来进行更新，这就是为什么要使用依赖属性的原因。还可以实现 INotifyPropertyChanged，但是由于依赖属性已经可以从基类 DependencyObject 中获得，所以可以轻松地使用依赖属性(代码文件 DataBindingSamples/Views/BookUserControl.xaml.cs)：

```
public Book Book
{
  get => (Book)GetValue(BookProperty);
  set => SetValue(BookProperty, value);
}

public static readonly DependencyProperty BookProperty =
  DependencyProperty.Register("Book", typeof(Book), typeof(BookUserControl),
    new PropertyMetadata(null));
```

上一节在 TwoViewPane 的第二个窗格中引用了用户控件，但没有在 ListView 中使用绑定显示用户控件中当前选中的项。如下面的代码片段所示，在 ListView 中，SelectedItem 属性绑定到用户控件的 Book 属性。这次，需要 TwoWay 绑定来在 ListView 中更新 UserControl(代码文件 DataBindingSamples/MainWindow.xaml)：

```
<ListView x:Name="BooksList" ItemsSource="{x:Bind Books, Mode=OneWay}"
```

```
ItemTemplateSelector="{StaticResource BookTemplateSelector}"
SelectedItem="{x:Bind CurrentBook.Book, Mode=TwoWay}" />
```

注意：

也可以以另一种方式创建绑定，将 BookUserControl 绑定到 ListView。这样，OneWay 绑定就足够了，只需要将更新后的值从 ListView 获取到 BookUserControl。但是在这里 XAML 编译器会报错，因为它不能将一个对象(来自 ListView)分配给 BookUserControl 的强类型 Book 属性。可以通过创建一个值转换器(稍后讨论)来解决这个问题。

29.4.8 值的转换

现在，作者还没有显示在用户控件中，因为 Authors 属性是一个列表。可以在用户控件中定义一个 ItemsControl 来显示 Authors 属性。但是，仅为了显示一个以逗号分隔的作者列表，使用 TextBlock 即可。只需要一个转换器就可以将 IEnumerable<string>(Authors 属性的类型)转换为字符串。

值转换器是 IValueConverter 接口的实现。这个接口定义了 Convert() 和 ConvertBack()方法。对于双向绑定，需要实现这两个方法。使用单向绑定，Convert()方法就足够了。CollectionToStringConverter 类使用 string.Join()方法创建单个字符串，实现了 Convert()方法。值转换器还接收一个对象 parameter，可以在使用值转换器时指定该参数。这里，将该参数用作字符串分隔符(代码文件 DataBindingSamples/Converters/CollectionToStringConverter.cs)：

```
public class CollectionToStringConverter : IValueConverter
{
  public object Convert(object value, Type targetType, object parameter,
    string language)
  {
    IEnumerable<string> names = (IEnumerable<string>)value;
    return string.Join(parameter?.ToString() ?? ", ", names);
  }

  public object ConvertBack(object value, Type targetType, object parameter,
    string language)
  {
    throw new NotImplementedException();
  }
}
```

使用用户控件，CollectionToStringConverter 在资源部分实例化(代码文件 DataBindingSamples/Views/BookUserControl.xaml)：

```
<UserControl.Resources>
  <conv:CollectionToStringConverter x:Key="CollectionToStringConverter" />
</UserControl.Resources>
```

现在可以使用 Converter 属性在 x:Bind 标记扩展中引用转换器。ConverterParameter 属性指定在之前的 string.Join()方法中使用的字符串分隔符 (代码文件 DataBindingSamples/Views/ BookUserControl.xaml)：

```
<TextBox Header="Authors" IsReadOnly="True"
  Text="{x:Bind Book.Authors, Mode=OneWay,
    Converter={StaticResource CollectionToStringConverter},
    ConverterParameter='; '}" />
```

运行该应用程序，结果将如图 29-12 所示。

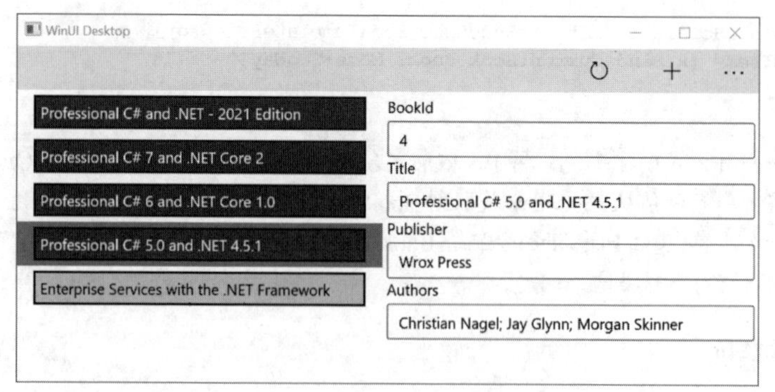

图 29-12

29.5 实现导航

如果应用程序是由多个页面组成的，就需要能在这些页面之间导航。有不同的应用程序结构需要导航，比如使用汉堡包按钮(参见网址 29-1，来了解这个包含三个横条的图标的起源和用法)导航到不同的根页面，或者使用不同的选项卡和替换选项卡项。

如果需要为用户提供导航的方法，导航的核心是 Frame 类。Frame 类允许使用 Navigate()方法，选择性地传递参数，导航到具体的页面上。Frame 类有一个用户已经导航的页面堆栈，因此可以后退、前进，限制堆栈中页面的数量等。

另外，应用程序的主导航有不同的选项。本节将创建一个 Windows 应用程序，使用不同的页面来显示 Hub、TabView 和 NavigationView 控件的特性。示例应用程序使用带 AppBarButton 控件的 CommandBar 和 Frame。在代码隐藏文件中，调用了 Frame 类的 Navigate()方法。这个方法的参数是要导航到的页面的类型(代码文件 NavigationControls/MainWindow.xaml.cs)：

```
private void OnNavigate(XamlUICommand sender, ExecuteRequestedEventArgs args)
{
  Type pageType = args.Parameter switch
  {
    "Hub" => typeof(HubPage),
    "Tab" => typeof(TabViewPage),
    "Navigation" => typeof(NavigationViewPage),
    _ => throw new InvalidOperationException()
  };

  MainFrame.Navigate(pageType);
}
```

Frame 类保存已经访问的页面的栈。GoBack()方法可在这个栈中后退(前提是 CanGoBack 属性返回 true)，在向后导航后，可以使用 GoForward()方法前进一个页面。Frame 类还为导航提供了几个事件，如 Navigating、Navigated、NavigationFailed 和 NavigationStopped。

Page 类定义了在导航时可以使用的几个方法。当导航到页面时，将调用 OnNavigatedTo()方法。在这个页面中，可以读取导航的方式(NavigationMode 属性)。还可以访问在导航时传递的参数。当离开页面时，第一个调用的方法是 OnNavigatingFrom()。在这里，可以取消导航。离开页面时，最后调用的方法是 OnNavigatedFrom()。在这里，应该对 OnNavigatedTo()方法分配的资源执行清理工作。

下面讨论 Hub、TabView 和 NavigationView 的功能。

29.5.1　Hub

也可以让用户使用 Hub 控件在单个页面的内容之间导航。一个例子是，希望显示一个图像，作为应用程序的入口点，在用户滚动时显示更多的信息。

使用 Hub 控件可以定义多个部分。每个部分有标题和内容。也可以让标题可以单击，例如，导航到详细信息页面上。以下代码示例定义了一个 Hub 控件，在其中可以单击部分 2 和部分 3 的标题。单击某部分的标题时，就调用 Hub 控件的 SectionHeaderClick 事件指定的方法。每个部分都包括一个标题和一些内容。部分的内容由 DataTemplate 定义(代码文件 NavigationControls/Views/HubPage.xaml)：

```
<Hub SectionHeaderClick="{x:Bind OnHeaderClick}">
  <Hub.Header>
    <StackPanel Orientation="Horizontal">
      <TextBlock>Hub Header</TextBlock>
      <TextBlock Text="{x:Bind Info, Mode=TwoWay}" />
    </StackPanel>
  </Hub.Header>
  <HubSection Width="400" Background="LightBlue" Tag="Section 1">
    <HubSection.Header>
      <TextBlock>Section 1 Header</TextBlock>
    </HubSection.Header>
    <DataTemplate>
      <TextBlock>Section 1</TextBlock>
    </DataTemplate>
  </HubSection>
  <HubSection Width="300" Background="LightGreen" IsHeaderInteractive="True"
    Tag="Section 2">
    <HubSection.Header>
      <TextBlock>Section 2 Header</TextBlock>
    </HubSection.Header>
    <DataTemplate>
      <TextBlock>Section 2</TextBlock>
    </DataTemplate>
  </HubSection>
  <HubSection Width="300" Background="LightGoldenrodYellow"
    IsHeaderInteractive="True" Tag="Section 3">
    <HubSection.Header>
      <TextBlock>Section 3 Header</TextBlock>
    </HubSection.Header>
    <DataTemplate>
      <TextBlock>Section 3</TextBlock>
    </DataTemplate>
  </HubSection>
</Hub>
```

单击标题部分时，Info 依赖属性就获得 Tag 属性的值。Info 属性绑定在 Hub 控件的标题上(代码文件 NavigationControls/Views/HubPage.xaml.cs)：

```
public void OnHeaderClick(object sender, HubSectionHeaderClickEventArgs e)
{
  Info = e.Section.Tag as string;
}

public string Info
{
```

```
    get => (string)GetValue(InfoProperty);
    set => SetValue(InfoProperty, value);
  }

  public static readonly DependencyProperty InfoProperty =
    DependencyProperty.Register("Info", typeof(string), typeof(HubPage),
      new PropertyMetadata(string.Empty));
```

运行这个应用程序时，可以看到多个 hub 部分(参见图 29-13)，在部分 2 和部分 3 上有 See More 链接，因为在这些部分中，将 IsHeaderInteractive 设置为 true。当然，可以创建一个定制的标题模板，为标题指定不同的外观。

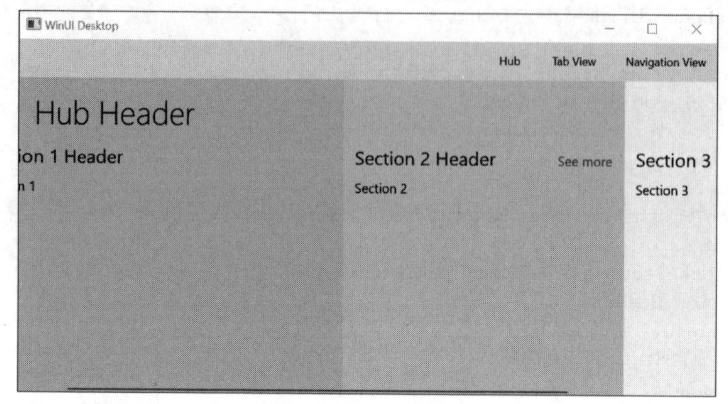

图 29-13

29.5.2 TabView

TabView 控件允许显示多个标签页，就像 Visual Studio 为打开的文件显示的标签页一样。可以静态或动态定义选项卡。在下面的示例应用程序中，使用 C#代码动态添加标签页，XAML 文件只是定义了不包含标签页的 TabView。通过设置 AddTabButtonClick 和 TabCloseRequested 事件，在添加和关闭标签页时将调用 OnTabAdd()和 OnTabClose()方法(代码文件 NavigationControls/Views/TabViewPage.xaml)：

```
<TabView x:Name="tabView" AddTabButtonClick="OnAddTab" TabCloseRequested="OnTabClose" />
```

在代码隐藏文件中，加载 TabViewPage 的时候，通过调用 CreateNewTab()方法创建了 3 个标签页。CreateNewTab()方法创建一个新的 TabViewItem，还会创建一个新的 Frame 对象，将其指定为 TabViewItem 的内容，并且通过调用 Navigate()方法为其传递一个 TabPage 使用的参数以导航到 TabPage。添加新的标签页的时候，会调用 OnTabAdd()方法，该方法会调用 CreateNewTab()来创建一个新的标签页。OnTabClose()方法关闭标签页(代码文件 NavigationControls/Views/TabViewPage.xaml.cs)：

```
public sealed partial class TabViewPage : Page
{
  public TabViewPage()
  {
    this.InitializeComponent();
    this.Loaded += OnLoaded;
  }

  private int _tabNumber = 0;
  private void OnLoaded(object sender, RoutedEventArgs e)
```

```
{
  for (int i = 1; i < 4; i++)
  {
    tabView.TabItems.Add(CreateNewTab(i));
    _tabNumber = i;
  }
}

private TabViewItem CreateNewTab(int index)
{
  TabViewItem newItem = new()
  {
    Header = $"Header {index}",
    Tag = $"Tag{index}",
    IconSource = new SymbolIconSource() { Symbol = Symbol.Document }
  };
  Frame frame = new();
  frame.Navigate(typeof(TabPage), $"Content {index}");
  newItem.Content = frame;
  return newItem;
}

private void OnTabAdd(TabView sender, object args)
{
  var newTabItem = CreateNewTab(++_tabNumber);
  tabView.TabItems.Add(newTabItem);
}
private void OnTabClose(TabView sender, TabViewTabCloseRequestedEventArgs args)
{
  tabView.TabItems.Remove(args.Tab);
}
}
```

在 TabPage 类中，重写了 OnNavigatedTo()方法来接受 NavigationEventArgs 对象的 Parameter 属性传递的参数(代码文件 NavigationControls/Views/TabPage.xaml.cs)：

```
protected override void OnNavigatedTo(NavigationEventArgs e)
{
  Text = e.Parameter?.ToString() ?? "No parameter";
}
```

运行应用程序时，可以看到 TabView 控件的标签页可以动态打开和关闭，如图 29-14 所示。

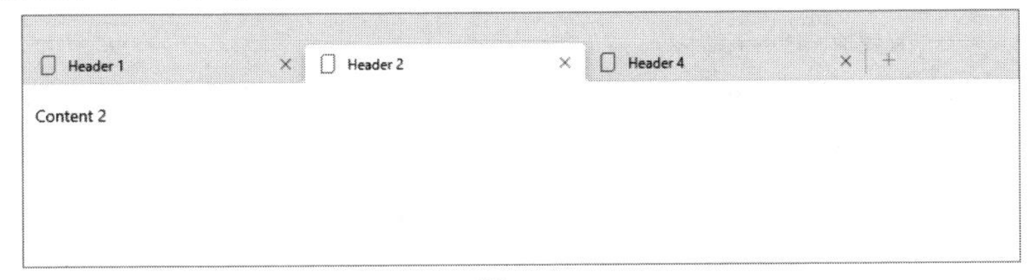

图 29-14

29.5.3　NavigationView

Windows 10 应用程序通常使用 SplitView 控件和汉堡包按钮。汉堡包按钮用于打开菜单列表。菜单会显示为一个图标，如果有更多的可用空间，菜单就显示图标和文本。为了给内容和菜单安排空间，

SplitView 控件开始发挥作用。SplitView 为窗格和内容提供了空间，其中窗格通常包含菜单项。窗格可以有一个小尺寸和一个大尺寸，可以根据可用的屏幕大小对其进行配置。

NavigationView 控件将 SplitView、通常垂直布局的菜单和汉堡包按钮合并到一个控件中。

下面讨论 NavigationView 的特性，首先看下面的代码片段。图 29-15 突出显示了 NavigationView 的不同部分。NavigationView 中定义的第一部分是 MenuItems 列表。这个列表包含 NavigationViewItem 对象。每一项都包含 Icon、Content 和 Tag。可以通过编程方式使用 Tag 来利用这些信息进行导航。对于其中的一些项，使用预定义的图标。用 home 标记的 NavigationViewItem 使用 Unicode 编号为 E10F 的 FontIcon。要分离菜单项，可以使用 NavigationViewItemSeparator。在 NavigationViewItemHeader 中，可以为一组项指定标题内容。注意，在窗格处于紧凑模式时，不要剪切该内容。在下面的代码片段中，如果窗格没有完全打开，则会隐藏 NavigationViewItemHeader(代码文件 NavigationControls/Views/NavigationViewPage.xaml)：

```
<NavigationView x:Name="NavigationView1"
  Background="{ThemeResource ApplicationPageBackgroundThemeBrush}">
    <NavigationView.MenuItems>
      <NavigationViewItem Content="Home" Tag="home">
      <NavigationViewItem.Icon>
        <FontIcon Glyph="&#xE10F;"/>
      </NavigationViewItem.Icon>
    </NavigationViewItem>
    <NavigationViewItemSeparator/>
    <NavigationViewItemHeader Content="Main Tools"
      Visibility="{x:Bind NavigationView1.IsPaneOpen, Mode=OneWay}"/>
    <NavigationViewItem Icon="AllApps" Content="Apps" Tag="apps"/>
    <NavigationViewItem Icon="Video" Content="Games" Tag="games"/>
    <NavigationViewItem Icon="Audio" Content="Music" Tag="music"/>
  </NavigationView.MenuItems>

  <!--...-->

</NavigationView>
```

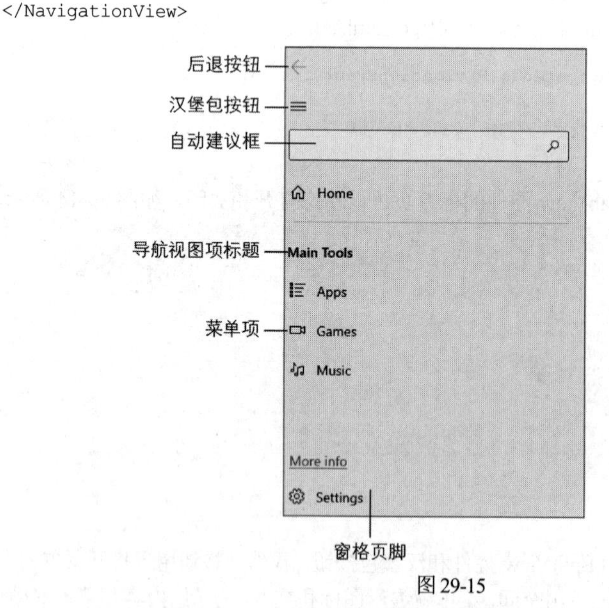

图 29-15

NavigationView 的 AutoSuggestBox 属性允许向导航添加一个 AutoSuggestsBox 控件。这显示在菜单项的顶部(代码文件 NavigationControls/Views/NavigationViewPage.xaml)：

```
<NavigationView.AutoSuggestBox>
  <AutoSuggestBox x:Name="autoSuggest" QueryIcon="Find"/>
</NavigationView.AutoSuggestBox>
```

使用 HeaderTemplate，可以定制应用程序的顶部。下面的代码片段定义了一个带有 Grid、TextBlock 和 CommandBar 的标题模板(代码文件 NavigationControls/Views/NavigationViewPage.xaml)：

```
<NavigationView.HeaderTemplate>
  <DataTemplate>
    <Grid Margin="8,8,0,0">
      <Grid.ColumnDefinitions>
        <ColumnDefinition Width="Auto"/>
        <ColumnDefinition/>
      </Grid.ColumnDefinitions>
      <TextBlock Style="{StaticResource TitleTextBlockStyle}"
        FontSize="28"
        VerticalAlignment="Center"
        Text="Welcome"/>
      <CommandBar Grid.Column="1"
        DefaultLabelPosition="Right"
        Background="{ThemeResource SystemControlBackgroundAltHighBrush}">
        <AppBarButton Label="Refresh" Icon="Refresh"/>
        <AppBarButton Label="Import" Icon="Import"/>
      </CommandBar>
    </Grid>
  </DataTemplate>
</NavigationView.HeaderTemplate>
```

PaneFooter 定义了窗格的下半部分。在页脚下方，默认显示 Settings 的菜单项。这个菜单是默认包含的，许多应用程序都使用它(代码文件 NavigationControls/Views/NavigationViewPage.xaml)：

```
<NavigationView.PaneFooter>
  <HyperlinkButton x:Name="MoreInfoBtn"
    Content="More info"
    Margin="12,0"/>
</NavigationView.PaneFooter>
```

最后，NavigationPane 的内容被 Frame 控件覆盖。此控件用于导航到页面。NavigationPane 围绕页面内容(代码文件 NavigationControls/Views/NavigationViewPage.xaml)：

```
<Frame x:Name="ContentFrame" Margin="24">
  <Frame.ContentTransitions>
    <TransitionCollection>
      <NavigationThemeTransition/>
    </TransitionCollection>
  </Frame.ContentTransitions>
</Frame>
```

29.6　实现布局面板

前一节中讨论的 NavigationView 控件是组织用户界面布局的一个重要控件。在许多新的 Windows

10 应用程序中，可以看到这个控件用于主要布局。其他几个控件也定义布局。本节演示了 VariableSizedWrapGrid 在网格中安排自动换行的多个项，RelativePanel 相对于彼此安排各项或相对于父项安排子项，自适应触发器根据窗口的大小重新排列布局。

Canvas 面板允许显式指定控件的位置。这个面板对于排列形状很有帮助，将在第 31 章进行介绍。

29.6.1 StackPanel

如果需要把多个元素添加到只支持一个控件的控件中，最简单的方式就是使用 StackPanel。StackPanel 是一个简单的面板，只能逐个显示元素。StackPanel 的方向可以是水平或垂直。

在下面的代码片段中，页面包含了一个 StackPanel，其中包含了垂直放置的各个控件。在第一个 ListBoxItem 的列表框中，包含一个横向排列的 StackPanel(代码文件 LayoutSamples/Views/StackPanelPage.xaml)：

```
<StackPanel Orientation="Vertical">
  <TextBox Text="TextBox" />
  <CheckBox Content="Checkbox" />
  <CheckBox Content="Checkbox" />
  <ListBox>
    <ListBoxItem>
      <StackPanel Orientation="Horizontal">
        <TextBlock Text="One A" />
        <TextBlock Text="One B" />
      </StackPanel>
    </ListBoxItem>
    <ListBoxItem Content="Two" />
  </ListBox>
  <Button Content="Button" />
</StackPanel>
```

在图 29-16 中，可以看到 StackPanel 垂直显示的子控件。

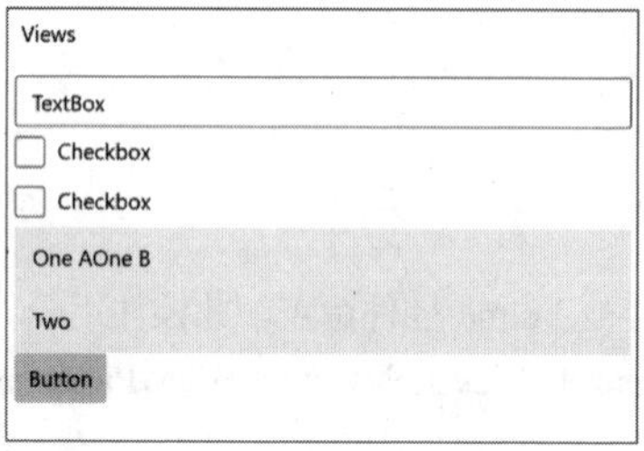

图 29-16

29.6.2 Grid

Grid 是一个重要的面板。使用 Grid，可以在行和列中排列控件。对于每一列，可以指定一个 ColumnDefinition；对于每一行，可以指定一个 RowDefinition。下面的示例代码显示两列和三行。在每一列和每一行中，都可以指定宽度或高度。ColumnDefinition 有一个 Width 依赖属性，RowDefinition 有一个 Height 依赖属性。可以以设备独立的像素为单位定义高度和宽度，或者把它们设置为 Auto，根据内容来确定其大小。Grid 还允许使用“星型大小”，即根据具体情况指定大小，也就是根据可用的空间以及与其他行和列的相对位置计算行和列的空间。在为列提供可用空间时，可以将 Width 属性设置为“*”。要使某一列的空间是另一列的两倍，则应指定“2*”。下面的示例代码定义了两列和三行，列使用“星型大小”(这是默认设置)，第一行的大小固定，第二行和第三行再次使用“星型大小”。在计算高度时，可用高度需要减去第一行的 200 像素，剩余的区域在第二行和第三行中按 1.5:1 来分配。

这个 Grid 包含几个 Rectangle 控件，它们用不同的颜色使单元格的尺寸可见。因为这些控件的父控件是 Grid，所以可以设置附加属性 Column、ColumnSpan、Row 和 RowSpan(代码文件 LayoutSamples/Views/GridPage.xaml)。

```
<Grid>
  <Grid.ColumnDefinitions>
    <ColumnDefinition />
    <ColumnDefinition />
  </Grid.ColumnDefinitions>
  <Grid.RowDefinitions>
    <RowDefinition Height="200" />
    <RowDefinition Height="1.5*" />
    <RowDefinition Height="*" />
  </Grid.RowDefinitions>
  <Rectangle Fill="Blue" />
  <Rectangle Grid.Row="0" Grid.Column="1" Fill="Red" />
  <Rectangle Grid.Row="1" Grid.Column="0" Grid.ColumnSpan="2" Fill="Green" />
  <Rectangle Grid.Row="2" Grid.Column="0" Grid.ColumnSpan="2" Fill="Yellow" />
</Grid>
```

在 Grid 中排列矩形的结果如图 29-17 所示。

图 29-17

29.6.3 VariableSizedWrapGrid

VariableSizedWrapGrid 是一个换行网格，如果网格可用的大小不够大，它会自动换到下一行或列。这个网格的第二个特征是允许项放在多行或多列中，这就是称其为可变的原因。

下面的代码片段创建一个 VariableSizedWrappedGrid，其方向是 Horizontal，行中最多有 20 项，行和列的大小是 50(代码文件 LayoutSamples/Views/VariableSizedWrapGridSample.xaml)：

```
<VariableSizedWrapGrid x:Name="grid1" MaximumRowsOrColumns="20" ItemHeight="50"
  ItemWidth="50" Orientation="Horizontal" />
```

VariableSizedWrapGrid 填充了 30 个随机大小和颜色的 Rectangle 和 TextBlock 元素。根据大小，可以在网格内使用 1 到 3 行或列。项的大小使用附加属性 VariableSizedWrapGrid.ColumnSpan 和 VariableSizedWrapGrid.RowSpan 设置(代码文件 LayoutSamples/Views/VariableSizedWrapGridSample.xaml.cs):

```
protected override void OnNavigatedTo(NavigationEventArgs e)
{
  base.OnNavigatedTo(e);
  Random r = new();
  Grid[] items =
  Enumerable.Range(0, 30).Select(i =>
  {
    byte[] colorBytes = new byte[3];
    r.NextBytes(colorBytes);
    Rectangle rect = new()
    {
      Height = r.Next(40, 150),
      Width = r.Next(40, 150),
      Fill = new SolidColorBrush(new Color
      {
        R = colorBytes[0],
        G = colorBytes[1],
        B = colorBytes[2],
        A = 255
      })
    };

    TextBlock textBlock = new()
    {
      Text = (i + 1).ToString(),
      HorizontalAlignment = HorizontalAlignment.Center,
      VerticalAlignment = VerticalAlignment.Center
    };
    Grid grid = new();
    grid.Children.Add(rect);
    grid.Children.Add(textBlock);
    return grid;
  }).ToArray();

  foreach (var item in items)
  {
    grid1.Children.Add(item);
    Rectangle? rect = item.Children.First() as Rectangle;
    if (rect is not null && rect.Width > 50)
    {
      int columnSpan = ((int)rect.Width / 50) + 1;
      VariableSizedWrapGrid.SetColumnSpan(item, columnSpan);
      int rowSpan = ((int)rect.Height / 50) + 1;
      VariableSizedWrapGrid.SetRowSpan(item, rowSpan);
    }
  }
```

运行应用程序时，可以看到占用了不同的窗口的矩形，如图 29-18 所示。

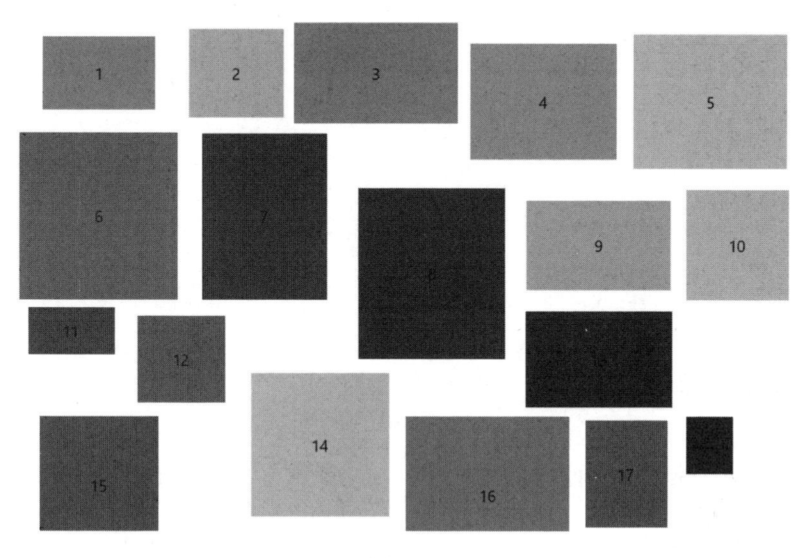

图 29-18

29.6.4　RelativePanel

RelativePanel 是允许一个元素相对于另一个元素定位的面板。如果使用的 Grid 控件定义了行和列，且需要插入一行，就必须修改插入行下面的所有元素。原因是所有行和列都按数字索引。使用 RelativePanel 就没有这个问题，它允许根据元素的相对关系放置它们。

> **注意：**
> 与 RelativePanel 相比，Grid 控件仍然有它的自动、星形和固定大小的优势。

下面的代码片段在 RelativePanel 内对齐数个 TextBlock 和 TextBox 控件、一个按钮和一个矩形。TextBox 元素定位在相应 TextBlock 元素的右边；按钮相对于面板的底部定位；矩形与第一个 TextBlock 的顶部对齐，与第一个 TextBox 的右边对齐(代码文件 LayoutSamples/Views/RelativePanelPage.xaml)：

```
<RelativePanel>
  <TextBlock x:Name="FirstNameLabel" Text="First Name" Margin="8" />
  <TextBox x:Name="FirstNameText" RelativePanel.RightOf="FirstNameLabel"
    Margin="8" Width="150" />
  <TextBlock x:Name="LastNameLabel" Text="Last Name"
    RelativePanel.Below="FirstNameLabel" Margin="8" />
  <TextBox x:Name="LastNameText" RelativePanel.RightOf="LastNameLabel"
    Margin="8" RelativePanel.Below="FirstNameText" Width="150" />
  <Button Content="Save" RelativePanel.AlignHorizontalCenterWith="LastNameText"
    RelativePanel.AlignBottomWithPanel="True" Margin="8" />
  <Rectangle x:Name="Image" Fill="Violet" Width="150" Height="250"
    RelativePanel.AlignTopWith="FirstNameLabel"
    RelativePanel.RightOf="FirstNameText" Margin="8" />
</RelativePanel>
```

图 29-19 显示了运行应用程序时对齐的控件。

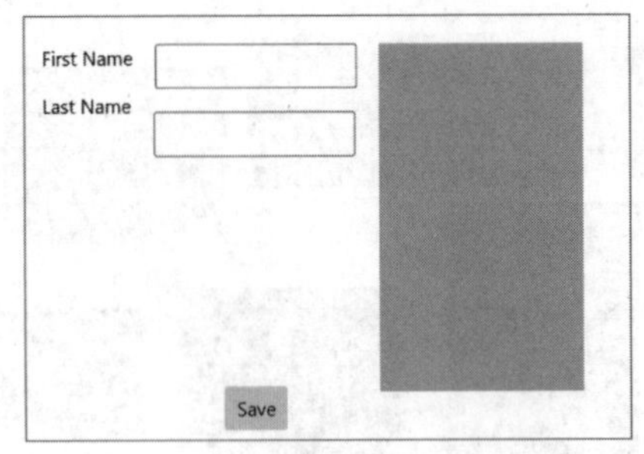

图 29-19

29.6.5 自适应触发器

RelativePanel 是用于对齐的一个好控件。为了支持多个屏幕大小，根据屏幕大小重新排列控件，可以使用自适应触发器与 RelativePanel 控件。例如，在小屏幕上，TextBox 控件应该安排在 TextBlock 控件的下方，但在较大的屏幕上，TextBox 控件应该在 TextBlock 控件的右边。

在以下代码中，之前的 RelativePanel 改为删除 RelativePanel 中不应用于所有屏幕尺寸的所有附加属性，并添加一个可选的图片(代码文件 LayoutSamples/Views/AdaptiveRelativePanelPage.xaml)：

```
<RelativePanel ScrollViewer.VerticalScrollBarVisibility="Auto" Margin="16">
  <TextBlock x:Name="FirstNameLabel" Text="First Name" Margin="8" />
  <TextBox x:Name="FirstNameText" Margin="8" Width="150" />
  <TextBlock x:Name="LastNameLabel" Text="Last Name" Margin="8" />
  <TextBox x:Name="LastNameText" Margin="8" Width="150" />
  <Button Content="Save" RelativePanel.AlignBottomWithPanel="True"
    Margin="8" />
  <Rectangle x:Name="Image" Fill="Violet" Width="150" Height="250"
    Margin="8" />
  <Rectangle x:Name="OptionalImage" RelativePanel.AlignRightWithPanel="True"
    Fill="Red" Width="350" Height="350" Margin="8" />
</RelativePanel>
```

使用自适应触发器(可以设置 MinWindowWidth 来定义何时触发触发器)，设置不同的属性值，根据应用程序可用的空间安排元素。随着屏幕尺寸越来越小，这个应用程序所需的宽度也会变小。向下移动元素，而不是向旁边移动，可以减少所需的宽度。另外，用户可以向下滚动。对于最小的窗口宽度，将可选图像设置为折叠起来(代码文件 LayoutSamples/Views/AdaptiveRelativePanelPage.xaml)：

```
<VisualStateManager.VisualStateGroups>
  <VisualStateGroup>
    <VisualState x:Name="WideState">
      <VisualState.StateTriggers>
        <AdaptiveTrigger MinWindowWidth="1024" />
      </VisualState.StateTriggers>
      <VisualState.Setters>
        <Setter Target="FirstNameText.(RelativePanel.RightOf)"
          Value="FirstNameLabel" />
        <Setter Target="LastNameLabel.(RelativePanel.Below)"
          Value="FirstNameLabel" />
        <Setter Target="LastNameText.(RelativePanel.Below)"
          Value="FirstNameText" />
        <Setter Target="LastNameText.(RelativePanel.RightOf)"
          Value="LastNameLabel" />
```

```
          <Setter Target="Image.(RelativePanel.AlignTopWith)"
            Value="FirstNameLabel" />
          <Setter Target="Image.(RelativePanel.RightOf)" Value="FirstNameText" />
        </VisualState.Setters>
      </VisualState>
      <VisualState x:Name="MediumState">
        <VisualState.StateTriggers>
          <AdaptiveTrigger MinWindowWidth="720" />
        </VisualState.StateTriggers>
        <VisualState.Setters>
          <Setter Target="FirstNameText.(RelativePanel.RightOf)"
            Value="FirstNameLabel" />
          <Setter Target="LastNameLabel.(RelativePanel.Below)"
            Value="FirstNameLabel" />
          <Setter Target="LastNameText.(RelativePanel.Below)"
            Value="FirstNameText" />
          <Setter Target="LastNameText.(RelativePanel.RightOf)"
            Value="LastNameLabel"/>
          <Setter Target="Image.(RelativePanel.Below)" Value="LastNameText" />
          <Setter Target="Image.(RelativePanel.AlignHorizontalCenterWith)"
            Value="LastNameText" />
        </VisualState.Setters>
      </VisualState>
      <VisualState x:Name="NarrowState">
        <VisualState.StateTriggers>
          <AdaptiveTrigger MinWindowWidth="320" />
        </VisualState.StateTriggers>
        <VisualState.Setters>
          <Setter Target="FirstNameText.(RelativePanel.Below)"
            Value="FirstNameLabel" />
          <Setter Target="LastNameLabel.(RelativePanel.Below)"
            Value="FirstNameText" />
          <Setter Target="LastNameText.(RelativePanel.Below)"
            Value="LastNameLabel"/>
          <Setter Target="Image.(RelativePanel.Below)" Value="LastNameText" />
          <Setter Target="OptionalImage.Visibility" Value="Collapsed" />
        </VisualState.Setters>
      </VisualState>
    </VisualStateGroup>
  </VisualStateManager.VisualStateGroups>
```

运行应用程序时，可以在调整应用程序大小时看到不同的贴合点。根据可用的空间大小，布局会重新安排，将控件移动到其他位置或者隐藏起来。图 29-20 和图 29-21 显示了不同的布局结果。

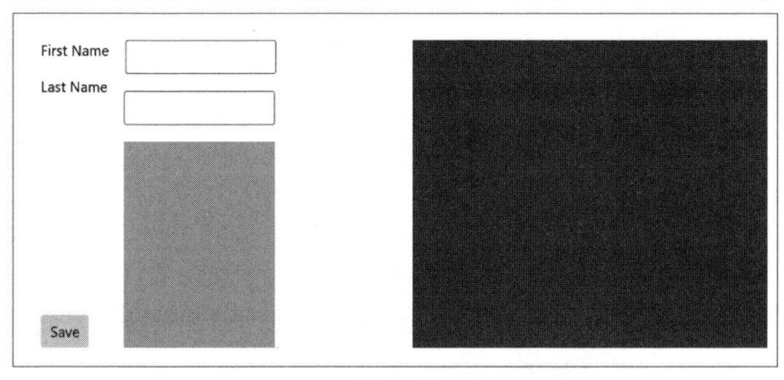

图 29-20

图 29-21

29.6.6 延迟加载

为了使 UI 更快，可以把控件的创建延迟到需要它们时。在小型设备上，有一些控件可能根本不需要，但如果系统使用较大的屏幕，也比较快，就需要这些控件。在 XAML 应用程序的先前版本中，添加到 XAML 代码中的元素也被实例化。Windows 10 不再是这种情况，而可以把控件的加载延迟到需要它们时再进行。

可以使用延迟加载和自适应触发器，以便稍后仅加载一些控件。一个样本场景是，用户可以把小窗口调整得更大。在小窗口中，有些控件应该不可见，但它们应该在更大的窗口中可见。延迟加载可能有用的另一个场景是，布局的某些部分可能需要更多时间来加载。此时可以使用延迟加载，而不是让用户等待，直到显示出完整加载的布局。

要使用延迟加载，需要给控件添加 x: Load 特性(其值为 False)，如下面带有 Grid 控件的代码片段所示。这个控件也需要分配一个名字(代码文件 LayoutSamples/Views/DelayLoadingPage.xaml):

```
<Grid x:Load="False" x:Name="deferGrid">
  <Grid.ColumnDefinitions>
    <ColumnDefinition />
    <ColumnDefinition />
  </Grid.ColumnDefinitions>
  <Grid.RowDefinitions>
    <RowDefinition />
    <RowDefinition />
  </Grid.RowDefinitions>
  <Rectangle Fill="Red" Grid.Row="0" Grid.Column="0" />
  <Rectangle Fill="Green" Grid.Row="0" Grid.Column="1" />
  <Rectangle Fill="Blue" Grid.Row="1" Grid.Column="0" />
  <Rectangle Fill="Yellow" Grid.Row="1" Grid.Column="1"/ >
</Grid>
```

要使这个延迟的控件可见，只需要调用 FindName()方法访问控件的标识符。这不仅使控件可见，而且会在控件可见前加载控件的 XAML 树(代码文件 LayoutSamples/Views/DelayLoadingPage.xaml.cs):

```
private void OnDeferLoad(object sender, RoutedEventArgs e)
{
```

```
    FindName(nameof(deferGrid));
}
```

注意：

特性 x:Load 有大约 600 字节的开销，所以只应该在需要隐藏的元素上使用它。如果在容器元素上使用此特性，就只需要向应用该特性的元素支付一次开销。

29.7　小结

本章介绍了 Windows 应用程序编程的许多不同方面，讲解了 XAML 的基础，以及它如何使用附加属性和标记扩展来扩展 XML。你学习了 WinUI 提供的许多控件的层次结构，以及数据绑定的基础知识。

本章讨论了如何处理不同的屏幕大小、使用不同面板布置控件的选项，以及不同控件的类别和特性。

下一章将继续介绍基于 XAML 的应用程序、MVVM 模式、命令和创建可共享的视图模型。

第30章 模式和 XAML 应用程序

本章要点

- 共享代码
- 创建模型
- 创建存储库
- 创建视图模型
- 页面之间的导航
- 使用事件聚合器

本章源代码：

通过扫描封底二维码下载本书源代码。本章源代码可以在代码文件的 4_Apps/Patterns 目录中找到。

本章代码分为以下几个主要的示例文件：

- BooksApp
- BooksLib
- GenericViewModels

所有项目都启用了可空引用类型。

30.1 使用 MVVM 的原因

依赖注入(参见第 15 章)为创建单元测试提供了一种简单的方式，并使我们能够独立于托管技术来构建应用程序的主要功能。第 25 章已经看到了具体示例，在该章中，ASP.NET Core Web API、gRPC 和 Azure Functions 使用了相同的功能。

在基于 XAML 的应用程序中，依赖注入也扮演了重要的角色。Windows 和移动应用程序提供了许多可以使用的选项，不应该将应用程序开发局限到其中的某个技术。对于 XAML，可以使用旧技术(WPF、Silverlight、Xamarin.Forms 和 UWP)，也可以使用新技术(WinUI、MAUI 和 Platform Uno)技术。一些旧技术在.NET 5 中仍然得到了很好的支持，例如 WPF。

创建一个支持所有 Windows 10 平台的项目可能不符合需求。那么是否可以编写一个仅支持 Windows 10 的程序吗？该程序考虑支持 HoloLens 或 Xbox 设备吗，Windows 10X 呢，是否支持 Android

和 iOS？.NET Multi-Platform App UI(MAUI)能满足你的需求吗？目标应该是重用尽可能多的代码，支持所需的平台，且易于从一种技术切换到另一种。

在基于 XAML 的应用程序中，使用依赖注入会有帮助。Model-View-ViewModel(MVVM)设计模式便于分离视图和功能。在实现的视图模型中，可以注入服务，类似于 ASP.NET Core 技术中的控制器。MVVM 设计模式由 Expression Blend 团队的 John Gossman 发明，能更好地适应 XAML，改进了 Model-View-Controller (MVC)和 Model-View-Presenter(MVP)模式，因为它使用了 XAML 的首要功能：数据绑定。

在基于 XAML 的应用程序中，XAML 文件和代码隐藏文件是紧密耦合的。这很难重用代码隐藏文件，也很难做到单元测试。为了解决这个问题，人们提出了 MVVM 模式，它允许更好地分离用户界面和代码。

原则上，MVVM 模式并不难理解。然而，基于 MVVM 模式创建应用程序时，需要注意更多的需求。一些模式会发挥作用，使应用程序工作起来，使重用成为可能，包括独立于视图模型的实现和通信的依赖注入机制。

本章介绍的这些内容，不仅可以帮助 Windows 应用程序和桌面应用程序使用相同的代码，还可以在 Xamarin.Forms 和.NET MAUI 的帮助下把应用程序用于 iOS 和 Android。本章将给出一个示例应用程序，其中包括了所有不同的方面和模式，实现很好的分离，支持不同的技术。

30.2 定义 MVVM 模式

首先看看 MVVM 模式的起源之一：MVC 设计模式。Model-View-Controller (MVC)模式分离了模型、视图和控制器(见图 30-1)。模型定义视图中显示的数据，以及改变和操纵数据的业务规则。控制器是模型和视图之间的管理器，它会更新模型，给视图发送要显示的数据。当用户请求传入时，控制器就采取行动，使用模型，更新视图。

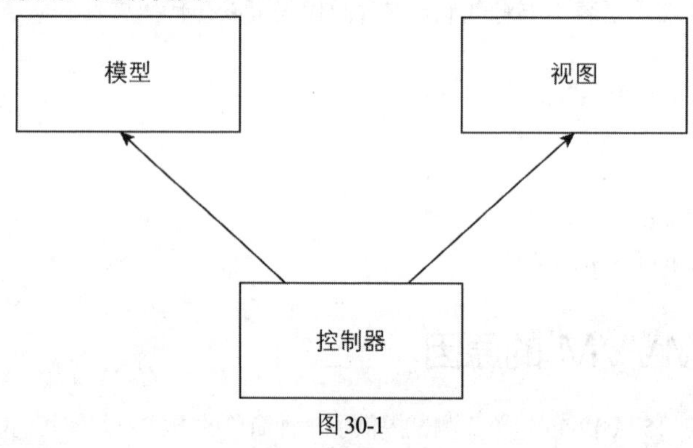

图 30-1

> **注意：**
> MVC 模式大量用于 ASP.NET Core MVC，参见第 26 章。

通过 Model-View-Presenter(MVP)模式(见图 30-2)，用户与视图交互操作。显示程序包含视图的所有业务逻辑。显示程序可以使用一个视图的接口作为协定，从视图中解除耦合。这样就很容易改变单元测试的视图实现。在 MVP 中，视图和模型是完全相互隔离的。

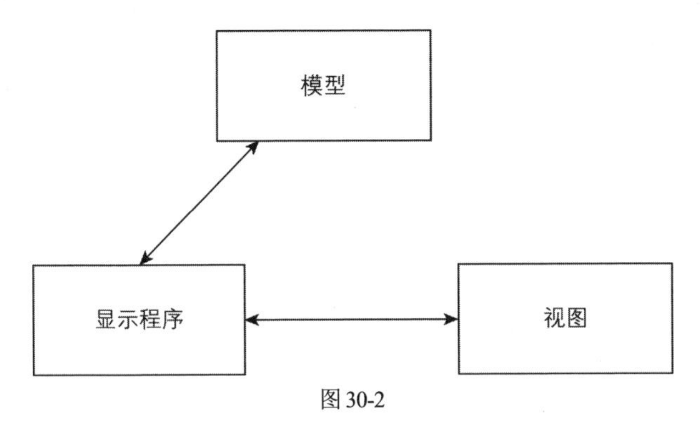

图 30-2

基于 XAML 的应用程序使用的主要模式是 Model-View-ViewModel(MVVM)(见图 30-3)。这种模式利用数据绑定功能与 XAML。通过 MVVM，用户与视图交互。视图使用数据绑定来访问视图模型的信息，并在绑定到视图上的视图模型中调用命令。视图模型不直接依赖视图。视图模型本身使用模型来访问数据，获得模型的变更信息。

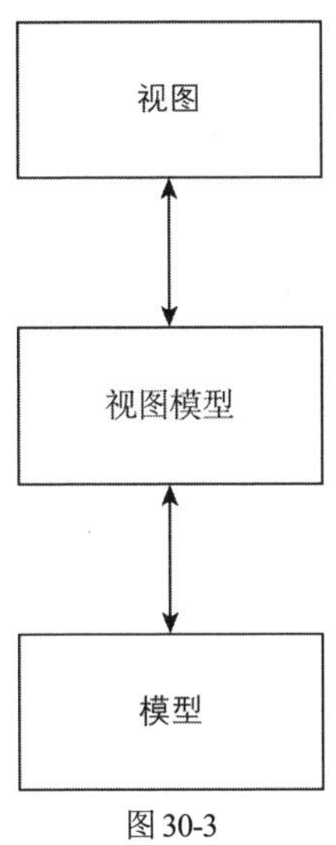

图 30-3

本章的下面几节介绍如何在应用程序中使用这个架构创建视图、视图模型、模型和其他需要的模式。

> **注意：**
> 为了重用库的代码，一定要阅读第 14 章。

30.3　示例解决方案

示例解决方案包括一个 WinUI 应用程序，用于显示和编辑一个图书列表。解决方案使用如下项目：

- BooksApp——WinUI 应用程序项目，是现代应用程序的 UI，此应用程序包含带有 XAML 代码的应用程序视图，以及服务特定于平台的实现。

- BooksLib——一个.NET 5 库，提供模型、视图模型和服务来创建、读取和更新图书。
- GenericViewModels——一个.NET 5 库，包含可用于不同项目的视图模型基类。

这个应用程序使用 NuGet 包 Microsoft.Toolkit.Mvvm，它包含使用 MVVM 模式的应用程序中需要用到的核心类。还有其他许多 MVVM 库可供使用，通过自定义实现，很容易创建 MVVM 需要的核心功能。因为 Microsoft 提供了一个 MVVM 库，所以本章使用该库。

应用程序的用户界面有两个视图：一个视图显示图书列表，一个视图显示图书的详细信息。从列表中选择一本书，就会显示详细信息，也可以添加和编辑图书。

BooksLib 和 GenericViewModels 库可以由带有 XAML 代码的多个应用程序使用，例如，WinUI、Platform Uno 和.NET MAUI。

30.4 模型

下面先定义模型，尤其是 Book 类型。这个类型在 UI 中显示和编辑。为了支持数据绑定，在用户界面中更新的属性值需要实现变更通知。BookId 属性只是显示，而不改变，所以不需要变更通知。SetProperty()方法由 NuGet 包 Microsoft.Toolkit.Mvvm 的 Microsoft.Toolkit.Mvvm.ComponentModel 名称空间中的 ObservableObject 基类定义(代码文件 BooksLib/Models/Book.cs)：

```
public class Book: ObservableObject
{
  public Book(string? title = null, string? publisher = null, int id = 0)
  {
    BookId = id;
    _title = title ?? string.Empty;
    _publisher = publisher ?? string.Empty;
  }

  public int BookId { get; set; }
  private string _title;
  public string Title
  {
    get => _title;
    set => SetProperty(ref _title, value);
  }

  private string _publisher;
  public string Publisher
  {
    get => _publisher;
    set => SetProperty(ref _publisher, value);
  }

  public override string ToString() => Title;
}
```

注意：

ObservableObject 类实现了 INotifyPropertyChanged 接口。基于 XAML 的应用程序的数据绑定使用这个接口，以通知用户界面数据源中发生了变更。对于绑定标记扩展的 Mode 属性，需要指定 OneWay 或 TwoWay 绑定，才能在数据源中使用 INotifyPropertyChanged 接口。

接下来，需要一种方式来获取、更新和删除 Book 对象。可以使用 EF Core 来读写数据库中的图书、调用 REST API 或者使用 RPC 来访问服务。示例应用程序只是在内存中访问图书，但可以创建一个 API 服务，并创建一个服务类来调用该 API 服务。为了方便这项工作，使用基于任务的异步模式来指定存储库模式的契约，从而能够使用第 25 章介绍的 HttpClient 类创建不同的实现。

在客户端应用程序中，最好能够使其独立于数据存储。为此，定义了存储库设计模式。存储库模式是模型和数据访问层之间的中介，它可以作为内存中的对象集合。它为数据访问层提供了一个抽象，从而更容易进行单元测试。

泛型接口 IQueryRepository 定义了按 ID 获取一项和获取项列表的方法(代码文件 BooksLib/Services/IQueryRepository.cs)：

```
public interface IQueryRepository<T, in TKey>
  where T: class
{
  Task<T?> GetItemAsync(TKey id);
  Task<IEnumerable<T>> GetItemsAsync();
}
```

泛型接口 IUpdateRepository 定义了添加、删除和更新项的方法(代码文件 BooksLib/Services/IUpdateRepository.cs)：

```
public interface IUpdateRepository<T, in TKey>
  where T: class
{
  Task<T> AddAsync(T item);
  Task<T> UpdateAsync(T item);
  Task<bool> DeleteAsync(TKey id);
}
```

IBooksRepository 接口通过将泛型类型 T 指定为 Book 类型，使前两个泛型接口变得具体(代码文件 BooksLib/Services/IBooksRepository.cs)：

```
public interface IBooksRepository: IQueryRepository<Book, int>,
  IUpdateRepository<Book, int>
{
}
```

使用这些接口可以修改存储库。创建一个示例存储库 BooksSampleRepository，使其实现 IBooksRepository 接口的成员，包含初始图书的一个列表(代码文件 BooksLib/Services/BooksSampleRepository.cs)：

```
public class BooksSampleRepository: IBooksRepository
{
  Private readonly List<Book> _books;
  public BooksSampleRepository() =>
    _books = GetSampleBooks();

  private List<Book> GetSampleBooks() =>
    new()
    {
      new("Professional C# and .NET - 2021 Edition", "Wrox Press", 1),
      new("Professional C# 7 and .NET Core 2", "Wrox Press", 2),
      new("Professional C# 6 and .NET Core 1.0", "Wrox Press", 3),
      new("Professional C# 5.0 and .NET 4.5.1", "Wrox Press", 4),
      new("Enterprise Services with the .NET Framework", "AWL", 5)
```

```
    };

    public Task<bool> DeleteAsync(int id)
    {
      Book? bookToDelete = _books.Find(b => b.BookId == id);
      if (bookToDelete is not null)
      {
        return Task.FromResult<bool>(_books.Remove(bookToDelete));
      }
      return Task.FromResult<bool>(false);
    }

    public Task<Book?> GetItemAsync(int id) =>
      Task.FromResult(_books.Find(b => b.BookId == id));

    public Task<IEnumerable<Book>> GetItemsAsync() =>
      Task.FromResult<IEnumerable<Book>>(_books);

    public Task<Book> UpdateAsync(Book item)
    {
      Book bookToUpdate = _books.Single(b => b.BookId == item.BookId);
      int ix = _books.IndexOf(bookToUpdate);
      _books[ix] = item;
      return Task.FromResult(_books[ix]);
    }

    public Task<Book> AddAsync(Book item)
    {
      item.BookId = _books.Select(b => b.BookId).Max() + 1;
      _books.Add(item);
      return Task.FromResult(item);
    }
  }
```

30.5 服务

要从存储库中获取图书，需要使用一个服务，并且可以在访问相同数据的多个视图模型中使用它。因此，服务很适合在视图模型之间共享数据。

图书的示例服务实现了泛型接口 IItemsService。这个接口定义了类型 ObservableCollection 的 Items 属性。当集合发生变化时，ObservableCollection 实现了用于通知的 INotifyCollectionChanged 接口。接口 IItemsService 也定义了 SelectedItem 属性，以及事件 SelectedItemChanged 的更改通知。除此之外，RefreshAsync()、AddOrUpdateAsync()和 DeleteAsync()都是需要由服务类实现的方法(代码文件 GenericViewModels/Services/IItemsService.cs):

```
public interface IItemsService<T>
{
  Task RefreshAsync();

  Task<T> AddOrUpdateAsync(T item);

  Task DeleteAsync(T item);

  ObservableCollection<T> Items { get; }
```

```
    T? SelectedItem { get; set; }
    event EventHandler<T>? SelectedItemChanged;
  }
```

类 BooksService 派生自基类 ObservableObject，并实现了泛型接口 IItemsService。BooksService 使用以前创建的 SampleBooksRepository，但需要 IBooksRepository 接口提供的这个类的功能。该类通过构造函数注入，用于刷新图书列表、添加或更新图书以及删除图书(代码文件 BooksLib/Services/BooksService.cs)：

```
public class BooksService : ObservableObject, IItemsService<Book>
{
  Private readonly ObservableCollection<Book> _books = new();
  private readonly IBooksRepository _booksRepository;

  public event EventHandler<Book>? SelectedItemChanged;

  public BooksService(IBooksRepository repository)
  {
    _booksRepository = repository;
  }

  public ObservableCollection<Book> Items => _books;

  private Book? _selectedItem;
  public Book? SelectedItem
  {
    get => _selectedItem;
    set
    {
      if (value is not null && SetProperty(ref _selectedItem, value))
      {
        SelectedItemChanged?.Invoke(this, _selectedItem);
      }
    }
  }

  public async Task<Book> AddOrUpdateAsync(Book book)
  {
    if (book.BookId == 0)
    {
      return await _booksRepository.AddAsync(book);
    }
    else
    {
      return await _booksRepository.UpdateAsync(book);
    }
  }

  public Task DeleteAsync(Book book) =>
    _booksRepository.DeleteAsync(book.BookId);

  public async Task RefreshAsync()
  {
    IEnumerable<Book> books = await _booksRepository.GetItemsAsync();
    _books.Clear();
```

```
    foreach (var book in books)
    {
      _books.Add(book);
    }
    SelectedItem = Items.FirstOrDefault();
  }
}
```

服务功能已经就绪，下面继续讨论视图模型。

30.6 视图模型

每个视图或页面都有一个视图模型。在示例应用程序中，BooksPage 与 BooksViewModel 关联。在后面的示例中，用户控件也可以有其特定的视图模型，但这并不总是必需的。BookDetailPage 与 BookDetailViewModel 关联。书的列表和详细信息是否可以在同一个页面中实现，是一个 UI 设计决策。这取决于应用程序的可用屏幕大小。屏幕上可以放什么？对于示例应用程序，采用了一种灵活的方法。如果应用程序可用的空间足够大，则 BooksPage 显示列表和详细信息；如果空间不够大，则数据将显示在多个单独的页面中，其中包含导航。

页面视图和视图模型之间是一对一映射。实际上，视图和视图模型之间还有多对一映射，因为同一个视图可以用不同的技术(WinUI、WPF、Platform Uno 等)多次实现。因此，视图模型必须对视图一无所知，但视图了解视图模型。视图模型用.NET 库实现，这样就可以把它用于多种技术。

对于视图模型的通用功能，需要创建基类。GenericViewModels 库包含一个 ViewModelBase 类，该类为进度信息和错误实现了特性(代码文件 GenericViewModels/ViewModels/ViewModelBase.cs)：

```
public abstract class ViewModelBase : ObservableObject
{
  // functionality for progress information and
  // error information
}
```

示例应用程序显示了图书列表，并允许用户选择图书。在这里，可以为具有属性 Items 和 SelectedItem 的视图模型定义泛型基类。这些属性的实现利用了先前创建的、实现 IItemsService 接口的服务(代码文件 GenericViewModels/ViewModels/MasterDetailViewModel.cs)：

```
public abstract class MasterDetailViewModel<TItemViewModel, TItem> :
  ViewModelBase
  where TItemViewModel : IItemViewModel<TItem>
  where IItem: class
{
  private readonly IItemsService<TItem> _itemsService;

  public MasterDetailViewModel(IItemsService<TItem> itemsService)
  {
    _itemsService = itemsService;

    //...
  }

  public ObservableCollection<TItem> Items => _itemsService.Items;

  protected TItem? _selectedItem;
  public virtual TItem? SelectedItem
```

```
    {
      get => _itemsService.SelectedItem;
      set
      {
        if (!EqualityComparer<TItem>.Default.Equals(
          _itemsService.SelectedItem, value))
        {
          _itemsService.SelectedItem = value;
          OnPropertyChanged();
        }
      }
    }

  //...
}
```

为详细显示一项，基类 ItemViewModel 定义了 Item 属性(代码文件 GenericViewModels/ViewModels/ItemViewModel.cs)：

```
public abstract class ItemViewModel<T> : ViewModelBase, IItemViewModel<T>
{
  public ItemViewModel(T item) => _item = item;
  private T _item;
  public virtual T Item
  {
    get => _item;
    set => Set(ref _item, value);
  }
}
```

比简单类 ItemViewModel 更复杂的是视图模型类 EditableItemViewModel。这个类通过允许编辑来扩展 ItemViewModel，因此它定义了读取或编辑模式。属性 IsReadMode 只是 IsEditMode 的逆属性。EditableItemViewModel 使用与 MasterDetailViewModel 类相同的服务，该服务实现了接口 IItemsService。这样，EditableItemViewModel 和 MasterDetailViewModel 类就可以共享相同的项和相同的选择。视图模型类允许用户取消输入。为此，项通过 EditItem 属性获得了复制版本(代码文件 GenericViewModels/ViewModels/EditableItemViewModel.cs)：

```
public abstract class EditableItemViewModel<TItem> : ItemViewModel<TItem>,
  IEditableObject
  where TItem : class
{
  private readonly IItemsService<TItem> _itemsService;

  public EditableItemViewModel(IItemsService<TItem> itemsService)
    : base(itemsService.SelectedItem ?? throw new InvalidOperationException())
  {
    _itemsService = itemsService;

    PropertyChanged += (sender, e) =>
    {
      if (e.PropertyName == nameof(Item))
      {
        OnPropertyChanged(nameof(EditItem));
      }
    };
```

```
    //...
  }

  //...
  private bool _isEditMode;
  public bool IsReadMode => !IsEditMode;
  public bool IsEditMode
  {
    get => _isEditMode;
    set
    {
      if (Set(ref _isEditMode, value))
      {
        OnPropertyChanged(nameof(IsReadMode));
        //...
      }
    }
  }

  private TItem? _editItem;
  public TItem? EditItem
  {
    get => _editItem ?? Item;
    set => Set(ref _editItem, value);
  }
  //...
}
```

30.6.1 IEditableObject

接口 IEditableObject 定义方法来在不同编辑状态之间更改对象。这个接口在名称空间 System.ComponentModel 中定义。IEditableObject 定义了方法 BeginEdit()、CancelEdit()和 EndEdit()。调用 BeginEdit()，以将项从读取模式更改为编辑模式。CancelEdit()取消编辑并切换回读取模式。EndEdit()用于编辑模式的成功结束，因此需要保存数据。EditableItemViewModel 类通过切换编辑模式、创建项的副本并保存状态来实现这个接口的方法。这个视图模型类是一个泛型类，不知道如何复制和保存该项。通过使用二进制序列化可以进行复制。然而，并不是所有的对象都支持二进制序列化。相反，有些对象将实现代码转发到派生自 EditableItemViewModel 的类中，类似于保存方法 OnSaveAsync()。OnSaveAsync()和 CreateCopy()定义为抽象方法，因此需要由派生类实现。另一个方法 OnEndEditAsync()定义为在 CancelEdit()和 EndEdit()结尾调用。这个方法可以由派生类实现，但是没有必要这样做。这就是该方法声明为方法体为空的虚函数原因(代码文件 GenericViewModels/ViewModels/EditableItemViewModel.cs)：

```
public virtual void BeginEdit()
{
  IsEditMode = true;
  TItem itemCopy = CreateCopy(Item);
  if (itemCopy != null)
  {
    EditItem = itemCopy;
  }
}
```

```
public async virtual void CancelEdit()
{
  IsEditMode = false;
  EditItem = default;
  await _itemsService.RefreshAsync();
  await OnEndEditAsync();
}

public async virtual void EndEdit()
{
  using var _ = StartInProgress();
  await OnSaveAsync();
  EditItem = default;
  IsEditMode = false;
  await _itemsService.RefreshAsync();
  await OnEndEditAsync();
}

public abstract Task OnSaveAsync();
public abstract TItem CreateCopy(TItem item);
public virtual Task OnEndEditAsync() => Task.CompletedTask;
```

30.6.2　视图模型的具体实现

下面继续讨论视图模型的具体实现。BookDetailViewModel 派生自 EditableItemViewModel，并将 Book 指定为泛型参数。由于基类已经实现了主要功能，因此这个类可以很简单。它为接口 IItemsService 和 INavigationSerivce 注入服务。在 OnSaveAsync()方法中，请求转发到 IItemsService。OnSaveAsync()方法还使用了 ILogger 和 IMessageService 接口。在视图模型类中，CreateCopy()方法实现图书副本的创建。这个方法由基类调用(代码文件 BooksLib/ViewModels/BookDetailViewModel.cs)：

```
public class BookDetailViewModel : EditableItemViewModel<Book>
{
  private readonly IItemsService<Book> _itemsService;
  private readonly INavigationService _navigationService;
  private readonly IMessageService _messageService;
  private readonly ILogger _logger;

  public BookDetailViewModel(IItemsService<Book> itemsService,
    INavigationService navigationService, IMessageService messageService,
    ILogger<BookDetailViewModel> logger)
    : base(itemsService)
  {
    _itemsService = itemsService;
    _navigationService = navigationService;
    _messageService = messageService;
    _logger = logger;

    itemsService.SelectedItemChanged += (sender, book) =>
    {
      Item = book;
    };
  }

  public override Book CreateCopy(Book? item)
```

```
  {
    int id = item?.BookId ?? -1;
    string title = item?.Title ?? "enter a title";
    string publisher = item?.Publisher ?? "enter a publisher";
    return new Book(title, publisher, id);
  }

  public override async Task OnSaveAsync()
  {
    try
    {
      if (EditItem is null) return;
      await _itemsService.AddOrUpdateAsync(EditItem);
    }
    catch (Exception ex)
    {
      _logger.LogError("error {0} in {1}", ex.Message, nameof(OnSaveAsync));
      await _dialogService.ShowMessageAsync("Error saving the data");
    }
  }
  //...
}
```

注意：

ILogger 接口参见第 16 章。接口 IDialogService 将在本章后面的“从视图模型中打开对话框”小节中讨论。

类 BooksViewModel 可以通过继承 MasterDetailViewModel 的主要功能来保持简洁。这个类注入 INavigationService 接口(稍后讨论)，将 IItemsService 接口转发给基类，并重写由基类调用的 OnAdd() 方法(代码文件 BooksLib/ViewModels/BooksViewModel.cs)：

```
public class BooksViewModel : MasterDetailViewModel<BookItemViewModel, Book>
{
  private readonly IItemsService<Book> _booksService;
  private readonly INavigationService _navigationService;

  public BooksViewModel(IItemsService<Book> booksService,
    INavigationService navigationService)
    : base(booksService)
  {
    _booksService = booksService ??
      throw new ArgumentNullException(nameof(booksService));
    _navigationService = navigationService ??
      throw new ArgumentNullException(nameof(navigationService));
    //...
  }

  public override void OnAdd()
  {
    Book newBook = new();
    Items.Add(newBook);
    SelectedItem = newBook;
  }
  //...
}
```

30.6.3 命令

视图模型提供了实现 ICommand 接口的命令。命令允许通过数据绑定来分离视图和命令处理程序方法。命令还提供启用或禁用命令的功能。ICommand 接口定义了方法 Execute()和 CanExecute()，以及 CanExecuteChanged 事件。

实现这个接口的类 RelayCommand 在 NuGet 包 Microsoft.Toolkit.Mvvm 的 Microsoft.Toolkit.Mvvm.Input 名称空间中定义。

EditableItemViewModel 的构造函数创建新的 RelayCommand 对象，在执行命令时，指定前面所示的方法 BeginEdit()、CancelEdit()和 EndEdit()。所有这些命令还使用 IsReadMode 和 IsEditMode 属性来检查该命令是否可用。当 IsEditMode 属性发生更改时，将触发命令的 CanExecuteChanged 事件，相应地更新命令(代码文件 GenericViewModels/ViewModels/EditableItemViewModel.cs)：

```
public abstract class EditableItemViewModel<TItem> : ItemViewModel<TItem>,
  IEditableObject
  where TItem : class
{
  private readonly IItemsService<TItem> _itemsService;

  public EditableItemViewModel(IItemsService<TItem> itemsService)
  {
    _itemsService = itemsService;
    Item = _itemsService.SelectedItem;

    EditCommand = new RelayCommand(BeginEdit, () => IsReadMode);
    CancelCommand = new RelayCommand(CancelEdit, () => IsEditMode);
    SaveCommand = new RelayCommand(EndEdit, () => IsEditMode);
  }

  public RelayCommand EditCommand { get; }
  public RelayCommand CancelCommand { get; }
  public RelayCommand SaveCommand { get; }

  //...

  public bool IsEditMode
  {
    get => _isEditMode;
    set
    {
      if (Set(ref _isEditMode, value))
      {
        OnPropertyChanged(nameof(IsReadMode));
        CancelCommand.NotifyCanExecuteChanged();
        SaveCommand.NotifyCanExecuteChanged();
        EditCommand.NotifyCanExecuteChanged();
      }
    }
  }
  //...
}
```

从 XAML 代码中，命令绑定到按钮的 Command 属性。在本章后面的“视图”小节创建视图时，将对此进行更详细的讨论(代码文件 BooksApp/Views/BookDetailUserControl.xaml)：

```
<AppBarButton Content="Edit" Icon="Edit"
  Command="{x:Bind ViewModel.EditCommand, Mode=OneTime}" />
<AppBarButton Content="Save" Icon="Save"
  Command="{x:Bind ViewModel.SaveCommand, Mode=OneTime}" />
```

30.6.4　服务、ViewModel 和依赖注入

视图模型和服务注入服务，需要创建视图模型。为此，可以使用依赖注入容器。示例应用程序使用 Microsoft.Extensions.DependencyInjection，第 15 章详细介绍了它。Microsoft.Toolkit.Mvvm 提供了 Ioc 类，它默认使用了这个容器。该容器在 ApplicationServices 类中配置。

在 App 类的 RegisterServices()方法中使用 Ioc.Default.ConfigureServices 配置容器。OnLaunched()方法调用了 RegisterServices()(代码文件 BooksApp/App.xaml.cs)：

```
private void RegisterServices()
{
  Ioc.Default.ConfigureServices(
    new ServiceCollection()
      .AddSingleton<IBooksRepository, BooksSampleRepository>()
      .AddScoped<BooksViewModel>()
      .AddScoped<BookDetailViewModel>()
      .AddScoped<MainWindowViewModel>()
      .AddSingleton<IItemsService<Book>, BooksService>()
      .AddSingleton<IDialogService, WinUIDialogService>()
      .AddSingleton<INavigationService, WinUINavigationService>()
      .AddSingleton<WinUIInitializeNavigationService>()
      .AddLogging(builder =>
      {
        builder.AddDebug();
      }).BuildServiceProvider());
}
```

现在视图模型需要与视图相关联，为此，在 BooksPage 中访问 App 类的 AppServices 属性，并从 DI 容器中调用 GetService()方法。然后，容器用视图模型类的构造函数中定义的所需服务实例化视图模型类。BooksPage 包含了一个用户控件，以获取需要不同视图模型的图书的详细信息。此视图模型通过设置 BookDetailUserControl 用户控件的 ViewModel 属性来分配(代码文件 BooksApp/Views/BooksPage.xaml.cs)：

```
public sealed partial class BooksPage : Page
{
  public BooksPage()
  {
    this.InitializeComponent();
    BookDetailUC.ViewModel = Ioc.Default.GetRequiredService<BookDetailViewModel>();
  }

  public BooksViewModel ViewModel { get; } =
    Ioc.Default.GetRequiredService<BooksViewModel>();
}
```

在 BookDetailPage 中，与视图模型的关联是类似的(代码文件 BooksApp/Views/BookDetailPage.xaml.cs)：

```
public sealed partial class BookDetailPage : Page
{
  public BookDetailPage()
  {
    this.InitializeComponent();
  }

  public BookDetailViewModel ViewModel { get; } =
    Ioc.Default.GetRequiredService<BookDetailViewModel>();
}
```

30.7　视图

前面介绍了视图模型的创建，并将视图连接到视图模型，现在介绍视图。

应用程序的主视图由 MainWindow 定义。该窗口使用的是上一章介绍的 NavigationView 控件。通常，如果只有一个导航项的小列表，就不应该使用这个 UI 控件。但是，在示例应用程序中使用了控件，因为假定应用程序中将增长到当前大小的 8 倍以上。

NavigationView 控件将 SelectionChanged 事件分配给 MainPageViewModel 的 OnNavigationSelectionChanged()方法。这个视图模型与其他模型非常不同，将在本章后面的“页面之间的导航”小节中讨论。定义一个 NavigationViewItem，以导航到 BooksPage(代码文件 BooksApp/MainWindow.xaml)：

```
<NavigationView IsBackButtonVisible="Collapsed"
  SelectionChanged="{x:Bind ViewModel.OnNavigationSelectionChanged, Mode=OneTime}">
  <NavigationView.MenuItems>
    <NavigationViewItem Content="Books" Tag="books">
      <NavigationViewItem.Icon>
        <FontIcon FontFamily="Segoe MDL2 Assets" Glyph="&#xE82D;" />
      </NavigationViewItem.Icon>
    </NavigationViewItem>
  </NavigationView.MenuItems>

  <Frame x:Name="MainFrame" Margin="16">
    <Frame.ContentTransitions>
      <TransitionCollection>
        <NavigationThemeTransition/>
      </TransitionCollection>
    </Frame.ContentTransitions>
  </Frame>
</NavigationView>
```

图 30-4 显示了正在运行的应用程序的 NavigationView，其中包含指向 BooksPage 的导航项。

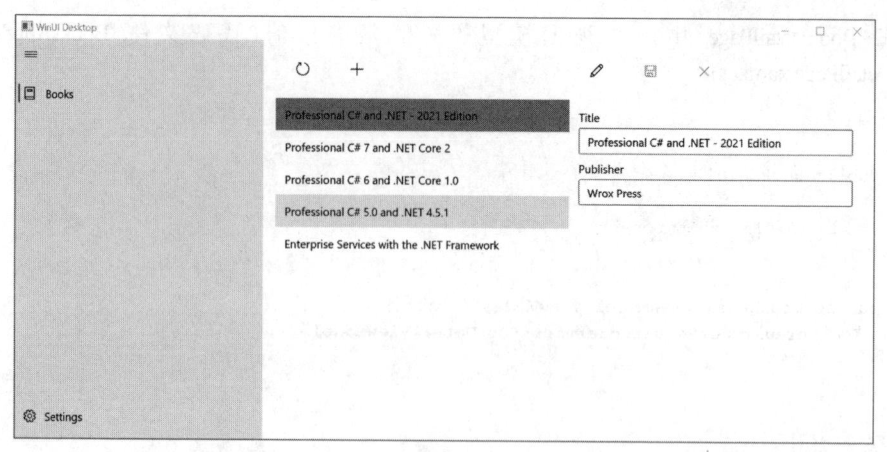

图 30-4

BooksPage 包含一个 ListView，并将 ItemsSource 绑定到 BooksViewModel 的 ItemsViewModel 属性上。通常将它绑定到 BooksViewModel 的 Items 属性上。然而，单个列表项不仅用于显示 Book 对象的值，还包含绑定到命令的按钮。要实现这样的功能，该项将使用另一个视图模型(代码文件 BooksApp/Views/BooksPage.xaml)：

```
<StackPanel Orientation="Horizontal" Grid.Row="1">
  <AppBarButton Icon="Refresh" IsCompact="True"
    Command="{x:Bind ViewModel.RefreshCommand}"
    Label="Get Books" />
  <AppBarButton Icon="Add" IsCompact="True"
    Command="{x:Bind ViewModel.AddCommand}"
    Label="Add Book" />
  </StackPanel>
  <ListView ItemTemplate="{StaticResource BookItemTemplate}" Grid.Row="2"
    ItemsSource="{x:Bind ViewModel.ItemsViewModels, Mode=OneWay}"
    SelectedItem="{x:Bind ViewModel.SelectedItemViewModel, Mode=TwoWay}" />
  <local:BookDetailUserControl x:Name="BookDetailUC" Visibility="Collapsed"
    Grid.Column="1" Grid.RowSpan="2" />
```

BookDetailPage 仅仅包含一个用户控件 BookDetailUserControl。BookDetailPage 关联了 BookDetailViewModel，如前所述。将 BookDetailPage 的 ViewModel 属性分配给 BookDetailUserControl 的 ViewModel 属性，并把这个视图模型转发到 BookDetailUserControl (代码文件 BooksApp/Views/BookDetailPage.xaml)：

```
<Grid Background="{ThemeResource ApplicationPageBackgroundThemeBrush}">
  <views:BookDetailUserControl ViewModel="{x:Bind ViewModel, Mode=OneTime}" />
</Grid>
```

BookDetailUserControl 的依赖属性显示在下面的代码片段中。接下来，将对该视图模型的映射用于 XAML 代码中的数据绑定(代码文件 BooksApp/Views/BookDetailUserControl.xaml.cs)：

```
public BookDetailViewModel ViewModel
{
  get => (BookDetailViewModel)GetValue(ViewModelProperty);
  set => SetValue(ViewModelProperty, value);
}
```

```
public static readonly DependencyProperty ViewModelProperty =
  DependencyProperty.Register("ViewModel", typeof(BookDetailViewModel),
    typeof(BookDetailUserControl), new PropertyMetadata(null));
```

BookDetailUserControl 的用户界面使用了两个 StackPanel 元素。对于第一个 StackPanel, AppBarButton 控件的 Command 属性绑定到视图模型中定义的 EditCommand、SaveCommand 和 CancelCommand 命令，按钮将根据命令的状态自动启用或禁用。在第二个 StackPanel 中，TextBox 元素用于显示 Book 的 Title 和 Publisher 属性。对于只读显示，把 IsReadOnly 属性分配给视图模型的 IsReadMode 属性。当视图模型设置为编辑模式时，TextBox 控件允许输入数据(代码文件 BooksApp/Views/BookDetailUserControl.xaml)：

```
<StackPanel Orientation="Horizontal">
  <AppBarButton Content="Edit" Icon="Edit"
    Command="{x:Bind ViewModel.EditCommand, Mode=OneTime}" />
  <AppBarButton Content="Save" Icon="Save"
    Command="{x:Bind ViewModel.SaveCommand, Mode=OneTime}" />
  <AppBarButton Content="Cancel" Icon="Cancel"
    Command="{x:Bind ViewModel.CancelCommand, Mode=OneTime}" />
</StackPanel>
<StackPanel Orientation="Vertical" Grid.Row="1">
  <TextBox Header="Title"
           IsReadOnly="{x:Bind ViewModel.IsReadMode, Mode=OneWay}"
           Text="{x:Bind ViewModel.EditItem.Title, Mode=TwoWay,
           UpdateSourceTrigger=PropertyChanged}" />
  <TextBox Header="Publisher"
           IsReadOnly="{x:Bind ViewModel.IsReadMode, Mode=OneWay}"
           Text="{x:Bind ViewModel.EditItem.Publisher, Mode=TwoWay,
           UpdateSourceTrigger=PropertyChanged}" />
</StackPanel>
```

30.7.1 从视图模型中打开对话框

有时需要在视图模型中的操作显示对话框。由于视图模型是在.NET 库中实现的，所以除非添加对 WinUI 包的引用，否则不能从 WinUI 中访问 MessageDialog 类。这妨碍了在其他技术中使用这个库。无论如何，都应该避免这种情况，因为 MessageDialog 是特定于 UWP 和 WinUI 的。在 WPF 中，可以使用 MessageBox 类。在 Xamarin.Forms 中，可以使用 Page.DisplayAlert。

需要定义一个可以由视图模型和服务使用的协定。该协定在 BooksLib 库中用 IDialogService 接口定义(代码文件 BooksLib/Services/IDialogService.cs)：

```
public interface IDialogService
{
  Task ShowMessageAsync(string message);
}
```

在 BookDetailViewModel 中，把 IDialogService 注入构造函数中，用于 OnSaveAsync()方法。在出现异常时调用 ShowMessageAsync()方法(代码文件 BooksLib/ViewModels/BookDetailViewModel.cs)：

```
public override async Task OnSaveAsync()
{
  try
  {
    if (EditItem is null) throw new InvalidOperationException();
    await _itemsService.AddOrUpdateAsync(EditItem);
```

```
    }
    catch (Exception ex)
    {
      _logger.LogError("error {0} in {1}", ex.Message, nameof(OnSaveAsync));
      await _messageService.ShowMessageAsync("Error saving the data");
    }
  }
```

现在只需要一个用于 WinUI 的特定实现。ShowMessageAsync()方法是使用 MessageDialog 类实现的。WinUIDialogService 在 WinUI BooksApp 中实现，因此现在可以访问 MessageDialog 的(代码文件 BooksApp/Services/WinUIDialogService.cs)：

```
public class WinUIDialogService : IDialogService
{
  public async Task ShowMessageAsync(string message) =>
    await new MessageDialog(message).ShowAsync();
}
```

在本章前面的"服务、ViewModel 和依赖注入"小节讨论的依赖容器配置中，将 WinUIDialogService 配置为在请求 IDialogService 接口的时候使用。创建.NET MAUI 或 WPF 应用程序时，需要创建不同的实现，然后在应用程序的 DI 容器中配置它们。使用 IDialogService 协定的库不需要知道具体实现。

30.7.2 页面之间的导航

与打开对话框一样，不同技术之间的页面导航也不同。在 WinUI 中，Frame 类用于在应用程序中导航页面。在 WPF 中，也是使用一个 Frame 类，但它是一个不同的类。在 Xamarin.Forms 中，NavigationPage 用于导航。这些技术实现导航的方式也有所不同。在 UWP 中，需要 Type 对象来导航。在 Xamarin.Forms 中，需要页面的对象实例。在 Xamarin.Forms 中，导航方法是异步的，而在 WinUIzhong，导航方法是同步的。为此，再次需要一个共同的协定。

在示例应用程序中，需要导航到页面，还需要进行导航回滚。此外，需要访问当前页面，以了解是否需要进行导航。为此，定义了接口 INavigationService。这个接口是基于字符串的导航，因此可以为不同的平台创建实现代码(代码文件 GenericViewModels/Services/INavigationService.cs)：

```
public interface INavigationService
{
  bool UseNavigation { get; set; }
  Task NavigateToAsync(string page);
  Task GoBackAsync();
  string CurrentPage { get; }
}
```

WinUINavigationService 需要分配一个 Frame，以便为 WinUI 导航。当定义 Frame 的属性时，无法访问它，因为在外部只使用 INavigationService 接口。在 INavigationService 接口中，不能使用 Frame，以避免依赖于 WinUI。在这种场景中，可以创建一个特定于 WinUI 的服务，将其注入到 INavigationService 的 WinUI 实现中。在内部，当访问 Pages 和 Frame 属性时，这些信息从初始化服务中获取，如下面的代码片段所示(代码文件 BooksApp/Services/WinUINavigationService.cs)：

```
public class WinUINavigationService : INavigationService
{
  private readonly WinUIInitializeNavigationService _initializeNavigation;

  public WinUINavigationService(
```

```
    WinUIInitializeNavigationService initializeNavigation) =>
    _initializeNavigation = initializeNavigation;

  private Dictionary<string, Type>? _pages;
  private Dictionary<string, Type> Pages => _pages ??= _initializeNavigation.Pages;

  private Frame? _frame;
  private Frame Frame => _frame ??= _initializeNavigation.Frame;
  //...
}
```

NavigateToAsync()方法的实现使用 Frame 属性来导航到页面(代码文件 BooksApp/Services/WinUINavigationService.cs):

```
public class UWPNavigationService : INavigationService
{
  //...
  public Task NavigateToAsync(string pageName)
  {
    _currentPage = pageName;
    Frame.Navigate(Pages[pageName]);
    return Task.CompletedTask;
  }
}
```

WinUIInitializeNavigationService 提供的唯一功能是用 Frame 和页面字典初始化它，并检索这个信息(代码文件 BooksApp/Services/WinUIInitializeNavigationService.cs):

```
public class WinUIInitializeNavigationService
{
  public void Initialize(Frame frame, Dictionary<string, Type> pages)
  {
    Frame = frame ?? throw new ArgumentNullException(nameof(frame));
    Pages = pages ?? throw new ArgumentNullException(nameof(pages));
  }
  private Frame? _frame;
  public Frame Frame => _frame ?? throw new InvalidOperationException(
    $"{nameof(WinUIInitializeNavigationService)} not initalized");

  private Dictionary<string, Type>? _pages;
  public Dictionary<string, Type> Pages => _pages ?? throw new InvalidOperationException(
    $"{nameof(WinUIInitializeNavigationService)} not initalized");
}
```

现在可以在 Frame 可用的位置初始化 WinUIInitializeNavigationService。在 WinUI 示例应用程序中,这个位置在MainWindow 中。在前面指定的NavigationView 控件中,指定名为MainFrame 的 Frame。现在可以在 MainWindow 的代码隐藏文件中或特定于 WinUI 的 MainPageViewModel 中定义初始化。对于示例应用程序，选择第二个选项。

在下面的代码片段中，MainPageViewModel 保存了用于导航的页面列表，并在调用SetNavigationFrame()时初始化导航服务(代码文件 BooksApp/ViewModels/MainWindowViewModel.cs):

```
public class MainPageViewModel : ViewModelBase
{
  private readonly Dictionary<string, Type> _pages = new()
  {
```

```
    [PageNames.BooksPage] = typeof(BooksPage),
    [PageNames.BookDetailPage] = typeof(BookDetailPage)
  };

  private readonly INavigationService _navigationService;
  private readonly WinUIInitializeNavigationService _initializeNavigationService;
  public MainPageViewModel(INavigationService navigationService,
    WinUIInitializeNavigationService initializeNavigationService)
  {
    _navigationService = navigationService;
    _initializeNavigationService = initializeNavigationService;
  }
  public void SetNavigationFrame(Frame frame) =>
    _initializeNavigationService.Initialize(frame, _pages);

  //...
}
```

有了这个视图模型，MainWindow 的代码隐藏文件中需要 ViewModel 属性，并通过调用 SetNavigationFrame()方法将 MainFrame 传递给导航服务(代码文件 BooksApp/MainWindow.xaml.cs)：

```
public sealed partial class MainWindow : Window
{
  public MainWindow()
  {
    this.InitializeComponent();
    ViewModel = Ioc.Default.GetRequiredService<MainPageViewModel>();
    ViewModel.SetNavigationFrame(MainFrame);
  }

  public MainPageViewModel ViewModel { get; }
}
```

BooksPage 的第一个导航发生在 MainPageViewModel 中。方法 OnNavigationSelectionChanged()是 NavigationView 控件的 NavigationSelectionChanged 事件处理程序。把 Tag 设置为 books，使用 INavigationService 导航到 BooksPage (代码文件 BooksApp/ViewModels/MainPageViewModel.cs)：

```
public class MainPageViewModel : ViewModelBase
{
  //...
  public void OnNavigationSelectionChanged(NavigationView sender,
    NavigationViewSelectionChangedEventArgs args)
  {
    if (args.SelectedItem is NavigationViewItem navigationItem)
    {
      switch (navigationItem.Tag)
      {
        case "books":
          _navigationService.NavigateToAsync(PageNames.BooksPage);
          break;
        default:
          break;
      }
    }
  }
}
```

来自 BooksPage 的导航直接在共享的视图模型中执行。从 BooksPage 到 BooksDetailPage 的导航在选择列表项并触发 PropertyChanged 事件时发生。导航也只有在 UseNavigation 属性设置为 true 时才能完成。如前所述，在 WinUI 中，当 UI 足够大时，此处不需要导航，因为详细信息会与列表并排显示(代码文件 BooksLib/ViewModels/BooksViewModel.cs)：

```
public class BooksViewModel : MasterDetailViewModel<BookItemViewModel, Book>
{
  private readonly IItemsService<Book> _booksService;
  private readonly INavigationService _navigationService;
  public BooksViewModel(IItemsService<Book> booksService,
    INavigationService navigationService)
    : base(booksService)
  {
    _booksService = booksService ??
      throw new ArgumentNullException(nameof(booksService));
    _navigationService = navigationService ??
      throw new ArgumentNullException(nameof(navigationService));

    PropertyChanged += async (sender, e) =>
    {
      if (UseNavigation && e.PropertyName == nameof(SelectedItem) &&
        _navigationService.CurrentPage == PageNames.BooksPage)
      {
        await _navigationService.NavigateToAsync(PageNames.BookDetailPage);
      }
    };
  }

  public bool UseNavigation { get; set; }
  //...
}
```

为了告诉应用程序窗口大小发生了改变，可以使用事件聚合器，如下一节所述。

30.8　使用事件传递消息

通过使用在 DI 容器中配置的有状态服务，可以在视图模型、视图和服务之间传递信息。在这种服务中，还可以定义事件，使得订阅者可以向事件注册，而发布者发布信息。我们不需要创建自定义的这种服务，而是可以使用一个事件聚合器，如 Microsoft.Toolkit.Mvvm 中提供的事件聚合器。在这个框架中，可以使用 IMessenger 接口来发布和订阅事件。WeakReferenceManager 类实现了这个接口。

如果在移动设备上通过.NET MAUI 来使用图书应用程序，则在点击列表中的图书时，可能总是会在 BooksPage 和 BookDetailPage 之间导航。在桌面上，不使用 BookDetailPage，而是在 BooksPage 中，将为图书详细信息使用的用户控件设置为可见。如果应用程序窗口不够大，就可以切换到使用页面导航。为了通知对窗口大小感兴趣的方面，可以使用事件聚合器。

要将有关导航的信息从主窗口传递到视图模型，需要使用 NavigationInfoEvent。这个事件信息类使用布尔属性来定义是否应该使用导航(代码文件 BooksLib/Events/NavigationMessage.cs)：

```
public class NavigationInfo
{
  public bool UseNavigation { get; set; }
}
```

```
public class NavigationMessage : ValueChangedMessage<NavigationInfo>
{
  public NavigationMessage(NavigationInfo navigationInfo)
    : base(navigationInfo) { }
}
```

当主窗口的大小发生变化时，发布该事件。在 MainWindow 类中，OnSizeChanged()事件处理程序注册到页面的 SizeChanged 事件。在事件处理程序中，访问 WeakReferenceMessenger 来发送 NavigationMessage(代码文件 BooksApp/MainWindow.xaml.cs)：

```
public sealed partial class MainWindow : Window
{
  //...
  private void OnSizeChanged(object sender, SizeChangedEventArgs e)
  {
    double width = args.Size.Width;
    NavigationMessage navigation = new(new()
    {
      UseNavigation = width < 1024
    });
    WeakReferenceMessenger.Default.Send(navigation);
  }
}
```

在需要窗口大小信息的地方，可以通过实现 IRecepient<TMessage>接口来订阅事件。这个接口定义了 Receive()方法来接收事件信息。

```
WeakReferenceMessenger.Default.Register<NavigationMessage>(this);
```

使用 Unregister()方法可以取消订阅事件。为了避免在没有取消订阅时造成内存泄漏，WeakReferenceMessenger 使用 WeakReference 对象。Microsoft.Toolkit.Mvvm 也提供了更快的 StrongReferenceMessenger，但使用它时需要确保取消订阅事件。

30.9 小结

本章围绕 MVVM 模式提供了创建基于 XAML 的应用程序的架构指南。讨论了模型、视图和视图模型的关注点分离。除此之外，还介绍了使用接口 INotifyPropertyChanged 实现更改通知，分离数据访问代码的存储库模式，使用事件在视图模型之间传递消息(这也可以用来与视图通信)，以及使用 IoC 容器注入依赖项。

本章还展示了可以跨应用程序使用的视图模型库。这些都允许代码共享，同时仍然允许使用特定平台的功能。可以通过库和服务实现使用特定于平台的特性，协定可用于所有的平台。

第 31 章将继续讨论 XAML，介绍样式和资源。

第31章 样式化 Windows 应用程序

本章要点

- 为 Windows 应用程序指定样式
- 用形状和几何形状创建基础图
- 用转换进行缩放、旋转和扭曲
- 使用笔刷填充背景
- 处理样式、模板和资源
- 创建动画
- 使用 VisualStateManager

本章源代码：

通过扫描封底二维码下载本书源代码。本章源代码可以在代码文件的 4_Apps/Styles 目录中找到。

本章代码分为以下几个主要的示例文件：

- Shapes
- Geometries
- Transformations
- Brushes
- Styles And Resources
- Templates
- Animation
- Transitions
- VisualStates

所有项目都启用了可空引用类型。

31.1 样式设置

在现代应用程序中，开发人员越来越关心应用程序的外观。当使用 Windows Forms 创建桌面应用程序时，用户界面没有提供许多设置应用程序样式的选项。控件有标准的外观，根据正在运行应用程序的操作系统版本而略有不同，但完全自定义外观并不容易。

Windows Presentation Foundation(WPF)改变了这一切。WPF 基于 DirectX，提供了向量图形，允许方便地调整窗口和控件的大小。控件是完全可定制的，可以有不同的外观。设置应用程序的样式变得非常重要。应用程序可以有任何外观。有了优秀的设计，用户可以使用应用程序，而不需要知道如何使用 Windows 应用程序。相反，用户只需要拥有特定领域的知识。例如，苏黎世机场创建了一个 WPF 应用程序，其中的按钮看起来像飞机。通过按钮，用户可以获取飞机的位置信息(完整的应用程序看起来像机场)。按钮的颜色可以根据配置有不同的含义，可以显示航线或飞机的准时/延迟信息。通过这种方式，应用程序的用户很容易看到目前在机场的飞机有或长或短的延误。

应用程序拥有不同的外观，这对于现代 Windows 应用程序更加重要。有了这些应用程序，以前没有使用过 Windows 应用程序的用户可以使用这些设备。对于非常熟悉 Windows 应用程序的用户，应该考虑通过使用户工作得更简便的典型过程，帮助这些用户提高效率。

Microsoft 通过流畅设计系统(Fluent Design System)(https://www.microsoft.com/design/fluent/)来指导 UI 设计，不断演进应用程序的跨平台 UI 设计，包括 web、Windows、iOS、Android、macOS 和其他跨平台应用程序。许多 Microsoft 应用程序采用这种设计指导，WinUI 扮演了一个重要的角色(https://microsoft.github.io/microsoft-ui-xaml/)。

本章首先介绍 XAML 的核心元素 shapes，它允许绘制线条、椭圆和路径元素。之后介绍 shapes 的基础，即 geometry 元素。可以使用 geometry 元素来创建快速的、基于矢量的图形。

使用 transformations，可以缩放、旋转 XAML 元素。用 brush 可以创建纯色、渐变或更高级的背景。本章将论述如何在样式中使用画笔和把样式放在 XAML 资源中。

最后，使用 template 模板可以完全自定义控件的外观，本章还要学习如何创建动画。

31.2 形状

形状是 XAML 的核心元素。利用形状，可以绘制矩形、线条、椭圆、路径、多边形和折线等二维图形，这些图形用派生自抽象类 Shape 的类表示。对于 WinUI，形状在 Microsoft.UI.Xaml.Shapes 名称空间中定义。

下面的 XAML 示例绘制了一个黄色笑脸，它用一个椭圆表示脸，两个椭圆表示眼睛，两个椭圆表示眼睛中的瞳孔，一条路径表示嘴型(代码文件 Shapes/MainWindow.xaml)：

```
<Canvas>
  <Ellipse Canvas.Left="10" Canvas.Top="10" Width="100" Height="100"
    Stroke="Blue" StrokeThickness="4" Fill="Yellow" />
  <Ellipse Canvas.Left="30" Canvas.Top="12" Width="60" Height="30">
    <Ellipse.Fill>
      <LinearGradientBrush StartPoint="0.5,0" EndPoint="0.5, 1">
        <GradientStop Offset="0.1" Color="DarkGreen" />
        <GradientStop Offset="0.7" Color="Transparent" />
      </LinearGradientBrush>
    </Ellipse.Fill>
  </Ellipse>
  <Ellipse Canvas.Left="30" Canvas.Top="35" Width="25" Height="20"
    Stroke="Blue" StrokeThickness="3" Fill="White" />
  <Ellipse Canvas.Left="40" Canvas.Top="43" Width="6" Height="5"
    Fill="Black" />
  <Ellipse Canvas.Left="65" Canvas.Top="35" Width="25" Height="20"
    Stroke="Blue" StrokeThickness="3" Fill="White" />
  <Ellipse Canvas.Left="75" Canvas.Top="43" Width="6" Height="5"
```

```
    Fill="Black" />
  <Path Stroke="Blue" StrokeThickness="4"
    Data="M 40,74 Q 57,95 80,74" />
</Canvas>
```

图 31-1 显示了这些 XAML 代码的结果。

图 31-1

无论是按钮还是线条、矩形等形状，所有这些 XAML 元素都可以通过编程来访问。把 Path 元素的 Name 或 x:Name 属性设置为 mouth，就可以用变量名 mouth 以编程方式访问这个元素：

```
<Path Name="mouth" Stroke="Blue" StrokeThickness="4"
  Data="M 40,74 Q 57,95 80,74 " />
```

接下来更改代码，脸上的嘴在代码隐藏文件中动态改变。添加一个按钮和单击处理程序，在其中调用 SetMouth()方法(代码文件 Shapes/MainWindow.xaml.cs)：

```
private void OnChangeShape() => SetMouth();
```

在代码隐藏文件中，可以使用图片和片段创建几何形状。首先，创建一个二维数组，其中包含的 6 个点定义了表示快乐状态的 3 个点，和表示悲伤状态的 3 个点(代码文件 Shapes/MainWindow.xaml.cs)：

```
private readonly Point[,] _mouthPoints = new Point[2, 3]
{
  { new(40, 74), new(57, 95), new(80, 74) },
  { new(40, 82), new(57, 65), new(80, 82) }
};
```

接下来，将一个新的 PathGeometry 对象分配给 Path 的 Data 属性。PathGeometry 包含定义了起点的 PathFigure(设置 StartPoint 属性与路径标记语法中的字母 M 是一样的，本章后面的“使用路径标记的几何图形”小节中将讨论路径标记语法)。PathFigure 包含 QuadraticBezierSegment，其中的两个 Point 对象分配给属性 Point1 和 Point2 (与带有两个点的字母 Q 一样)：

```
private bool _laugh = false;
public void SetMouth()
{
  int index = _laugh ? 0: 1;

  PathFigure figure = new() { StartPoint = _mouthPoints[index, 0] };
  figure.Segments = new PathSegmentCollection();
  QuadraticBezierSegment segment1 = new()
  {
    Point1 = _mouthPoints[index, 1];
    Point2 = _mouthPoints[index, 2];
  }

  figure.Segments.Add(segment1);
  PathGeometry geometry = new();
  geometry.Figures = new PathFigureCollection();
  geometry.Figures.Add(figure);
```

```
  mouth.Data = geometry;
  _laugh = !_laugh;
}
```

分段和图片的使用在下一节详细说明。运行应用程序，单击按钮会在笑脸和悲伤的脸之间切换。表 31-1 描述了名称空间 Microsoft.Ui.Xaml.Shapes 中可用的形状。

表 31-1

Shape 类	说明
Line	可以在坐标(X1,Y1)到(X2,Y2)之间绘制一条线
Rectangle	使用 Rectangle 类，通过指定 Width 和 Height 可以绘制一个矩形
Ellipse	使用 Ellipse 类，可以绘制一个椭圆
Path	使用 Path 类可以绘制一系列直线和曲线。Data 属性是 Geometry 类型。还可以使用派生自基类 Geometry 的类绘制图形，或使用路径标记语法来定义图形
Polygon	使用 Polygon 类可以绘制由线段连接而成的封闭图形。多边形由一系列赋予 Points 属性的 Point 对象定义
Polyline	类似于 Polygon 类，使用 Polyline 也可以绘制连接起来的线段。与多边形的区别是，折线不一定是封闭图形

31.3 几何图形

前面示例显示，其中一种形状 Path 使用 Geometry 来绘图。Geometry 元素也可用于其他地方，如 DrawingBrush。

在某些方面，Geometry 元素非常类似于形状。与 Line、Ellipse 和 Rectangle 形状一样，也有绘制这些形状的 Geometry 元素：LineGeometry、EllipseGeometry 和 RectangleGeometry。形状与几何图形有显著的区别。Shape 是一个 FrameworkElement，可以用于把 UIElement 用作其子元素的任意类。FrameworkElement 派生自 UIElement。形状会参与布局系统，并渲染自身。而 Geometry 类不渲染自身，特性和系统开销也比 Shape 类少。Geometry 类直接派生自 DependencyObject。

Path 类使用 Geometry 来绘图。几何图形可以用 Path 的 Data 属性设置。可以设置的简单几何图形元素有绘制椭圆的 EllipseGeometry、绘制线条的 LineGeometry 和绘制矩形的 RectangleGeometry。

31.3.1 使用段的几何图形

也可以使用段来创建几何图形。几何图形类 PathGeometry 使用段来绘图。下面的代码段使用 BezierSegment 和 LineSegment 元素绘制一个红色的图形。可下载的代码中还包含绘制绿色图形的代码。图 31-2 显示了这两个图形。第一个 BezierSegment 在图形的起点(70,40)、终点(150,63)、控制点(90,37)和(130,46)之间绘制了一条贝塞尔曲线。下面的 LineSegment 使用贝塞尔曲线的终点和(120,110)绘制了一条线段(代码文件 Geometries/MainWindow.xaml)：

```
<Path Canvas.Left="0" Canvas.Top="0" Fill="Red" Stroke="Blue"
  StrokeThickness="2.5">
  <Path.Data>
    <GeometryGroup>
      <PathGeometry>
        <PathGeometry.Figures>
```

```
        <PathFigure StartPoint="70,40" IsClosed="True">
          <PathFigure.Segments>
            <BezierSegment Point1="90,37" Point2="130,46"
              Point3="150,63" />
            <LineSegment Point="120,110" />
            <BezierSegment Point1="100,95" Point2="70,90"
              Point3="45,91" />
          </PathFigure.Segments>
        </PathFigure>
      </PathGeometry.Figures>
    </PathGeometry>
  </GeometryGroup>
</Path.Data>
</Path>
```

图 31-2

除了 BezierSegment 和 LineSegment 元素之外，还可以使用 ArcSegment 元素在两点之间绘制椭圆弧。使用 PolyLineSegment 可以绘制一组线段，PolyBezierSegment 由多条贝塞尔曲线组成，QuadraticBezierSegment 创建一条二次贝塞尔曲线，PolyQuadraticBezierSegment 由多条二次贝塞尔曲线组成。

31.3.2 使用路径标记的几何图形

本章前面使用了路径标记和 Path 形状。使用路径标记时，后台会使用 StreamGeometry 高效绘图。WinUI 应用程序的 XAML 会创建图形和片段。通过编程，可以创建线段、贝塞尔曲线和圆弧，以定义图形。通过 XAML 可以使用路径标记语法。路径标记语法可以与 Path 类的 Data 属性一起使用。特殊字符定义点的连接方式。在下面的示例中，M 标记起点，L 是到指定点的线条命令，Z 是闭合图形的闭合命令。图 31-3 显示了这个绘图操作的结果。路径标记语法允许使用更多的命令，如水平线(H)、垂直线(V)、三次贝塞尔曲线(C)、二次贝塞尔曲线(Q)、平滑的三次贝塞尔曲线(S)、平滑的二次贝塞尔曲线(T)，以及椭圆弧(A)(代码文件 Geometries/MainWindow.xaml)：

```
<Path Canvas.Left="0" Canvas.Top="200" Fill="Yellow" Stroke="Blue"
  StrokeThickness="2.5"
  Data="M 120,5 L 128,80 L 220,50 L 160,130 L 190,220 L 100,150
    L 80,230 L 60,140 L0,110 L70,80 Z" StrokeLineJoin="Round">
</Path>
```

图 31-3

31.4 变换

因为 XAML 基于矢量，所以可以重置每个元素的大小。在下面的例子中，基于矢量的图形现在可以缩放、旋转和倾斜。不需要手工计算位置，就可以进行命中测试(如移动鼠标和鼠标单击)。

图 31-4 显示了矩形的几个不同形式。所有的矩形都定位在一个水平方向的 StackPanel 元素中，以并排放置矩形。第 1 个矩形有其原始大小和布局，第 2 个矩形重置了大小，第 3 个矩形移动了，第 4 个矩形旋转了，第 5 个矩形倾斜了，第 6 个矩形使用变换组进行变换，第 7 个矩形使用矩阵进行变换。下面各节讲述所有这些变换的代码示例。

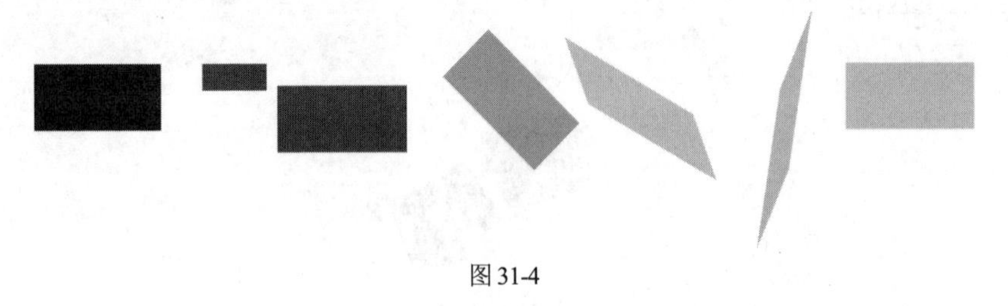

图 31-4

31.4.1 缩放

给 Rectangle 元素的 RenderTransform 属性添加 ScaleTransform 元素，如下所示，把整个矩形的内容在 X 轴方向上放大 0.5 倍，在 Y 轴方向上放大 0.4 倍(代码文件 Transformations/MainWindow.xaml)。

```
<Rectangle Width="120" Height="60" Fill="Red" Margin="20">
  <Rectangle.RenderTransform>
    <ScaleTransform ScaleX="0.5" ScaleY="0.4" />
  </Rectangle.RenderTransform>
</Rectangle>
```

除了变换像矩形这样简单的形状之外，还可以变换任何 XAML 元素，因为 XAML 定义了矢量图形。在以下代码中，前面所示的脸部 Canvas 元素放在一个用户控件 SmilingFace 中，这个用户控件先显示没有变换的状态，再显示调整大小后的状态。结果如图 31-5 所示。

```
<local:SmilingFace />
<local:SmilingFace>
  <local:SmilingFace.RenderTransform>
    <ScaleTransform ScaleX="1.6" ScaleY="0.8" CenterY="180" />
  </local:SmilingFace.RenderTransform>
</local:SmilingFace>
```

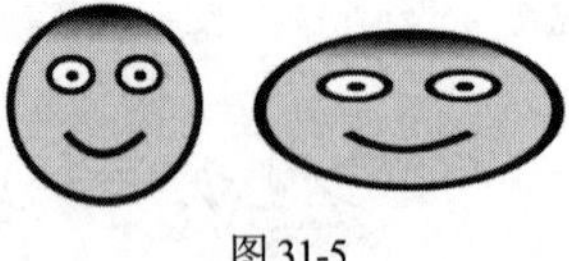

图 31-5

31.4.2 平移

在 X 轴或 Y 轴方向上移动一个元素时，可以使用 TranslateTransform。在以下代码片段中，给 X 指定 -90，元素向左移动，给 Y 指定 20，元素向底部移动(代码文件 Transformations/MainWindow.xaml):

```
<Rectangle Width="120" Height="60" Fill="Green" Margin="20">
  <Rectangle.RenderTransform>
    <TranslateTransform X="-90" Y="20" />
  </Rectangle.RenderTransform>
</Rectangle>
```

31.4.3　旋转

使用 RotateTransform 元素，可以旋转元素。对于 RotateTransform，设置旋转的角度，用 CenterX 和 CenterY 设置旋转中心(代码文件 Transformations/MainWindow.xaml)：

```
<Rectangle Width="120" Height="60" Fill="Orange" Margin="20">
  <Rectangle.RenderTransform>
    <RotateTransform Angle="45" CenterX="10" CenterY="-80"/>
  </Rectangle.RenderTransform>
</Rectangle>
```

31.4.4　倾斜

对于倾斜，可以使用 SkewTransform 元素。此时可以指定 X 轴和 Y 轴方向的倾斜角度(代码文件 Transformations/MainWindow.xaml)：

```
<Rectangle Width="120" Height="60" Fill="LightBlue" Margin="20">
  <Rectangle.RenderTransform>
    <SkewTransform AngleX="20" AngleY="30" CenterX="40" CenterY="390" />
  </Rectangle.RenderTransform>
</Rectangle>
```

31.4.5　组合变换和复合变换

同时执行多种变换的简单方式是使用 CompositeTransform 和 TransformationGroup 元素。TransformationGroup 元素可以包含 SkewTransform、RotateTransform、TranslateTransform 和 ScaleTransform 作为其子元素(代码文件 Transformations/MainWindow.xaml)：

```
<Rectangle Width="120" Height="60" Fill="LightGreen" Margin="20">
  <Rectangle.RenderTransform>
    <TransformGroup>
      <SkewTransform AngleX="45" AngleY="20" CenterX="-390" CenterY="40" />
      <RotateTransform Angle="90" />
      <ScaleTransform ScaleX="0.5" ScaleY="1.2" />
    </TransformGroup>
  </Rectangle.RenderTransform>
</Rectangle>
```

除了使用 TransformGroup 来组合多个变换，还可以使用 CompositeTransform 类。CompositeTransform 定义多个属性，用于一次进行多个变换。例如，ScaleX 和 ScaleY 进行缩放，TranslateX 和 TranslateY 移动元素

31.4.6　使用矩阵的变换

同时执行多种变换的另一个选择是指定一个矩阵。这里使用 MatrixTransform。MatrixTransform 定义了 Matrix 属性，它有 6 个值。设置值 1,0,0,1,0,0 不改变元素。值 0.5, 1.4, 0.4, 0.5, −200, 0 会重置元素的大小、倾斜和平移元素(代码文件 Transformations/MainWindow.xaml)：

```
<Rectangle Width="120" Height="60" Fill="Gold" Margin="20">
  <Rectangle.RenderTransform>
    <MatrixTransform Matrix="0.5, 1.4, 0.4, 0.5, -200,0" />
  </Rectangle.RenderTransform>
</Rectangle>
```

如果将一个字符串赋给 Matrix 属性，则 MatrixTransform 类按顺序定义公共字段 M11、M12、M21、M22、OffsetX 和 OffsetY。MatrixTransform 实现了一个仿射变换，所以 9 个矩阵成员中只有 6 个需要指定。其余矩阵成员使用固定值 0、0、1。M11 和 M22 字段具有默认值 1，用于在 x 和 y 方向上伸缩。M12 和 M21 的默认值为 0，用于倾斜控件。OffsetX 和 OffsetY 的默认值为 0，用于平移控件。

31.5 笔刷

本节演示了如何使用 XAML 的画笔绘制背景和前景。本节将学习如何使用纯色和线性渐变的笔刷，使用笔刷绘制图像，还会使用 AcrylicBrush。图 31-6 显示了使用不同笔刷的椭圆形和矩形。为了方便看到笔刷的类型，使用 TextBlock 元素来显示笔刷的类型。

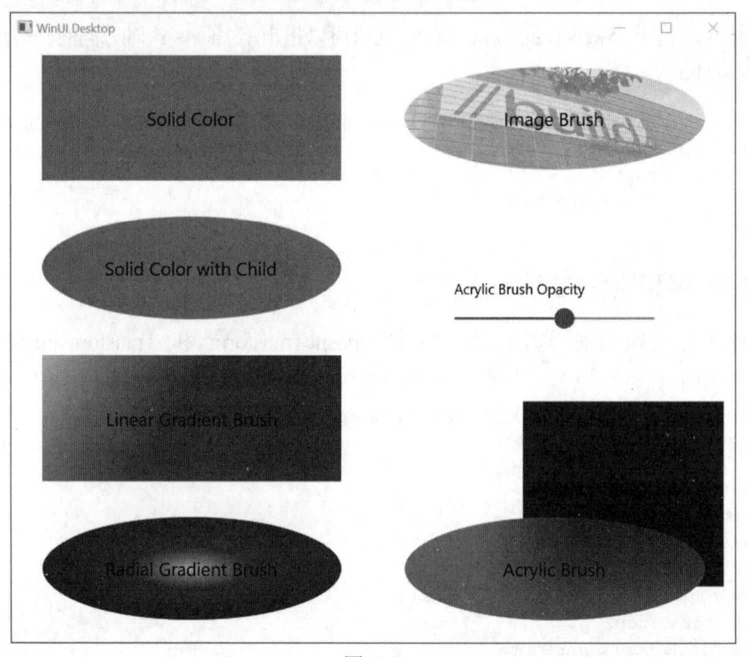

图 31-6

31.5.1 SolidColorBrush

图 31-6 中的第一个按钮使用了 SolidColorBrush，顾名思义，这支画笔使用纯色，全部区域用同一种颜色绘制。

使用形状时，通过把 Fill 特性设置为定义纯色的字符串，就可以定义纯色。使用 BrushValueSerializer 把该字符串转换为一个 SolidColorBrush 元素(代码文件 Brushes/MainWindow.xaml)。

```
<Rectangle Fill="#FFC9659C" />
```

当然，通过设置 Fill 子元素并把 SolidColorBrush 元素添加为它的内容，也可以得到同样的效果，如下面的代码片段所示。应用程序中的前两个形状使用十六进制值(透明值、红色值、绿色值和蓝色值)作为纯背景色(代码文件 Brushes/MainWindow.xaml)：

```
<Ellipse>
  <Ellipse.Fill>
    <SolidColorBrush Color="#FFC9659C" />
  </Ellipse.Fill>
</Ellipse>
```

31.5.2　渐变笔刷

对于平滑的颜色变化，可以使用 LinearGradientBrush。这个画笔定义了 StartPoint 和 EndPoint 属性。使用这些属性可以为线性渐变指定 2D 坐标。默认的渐变方向是从(0, 0)到(1, 1)的对角线，从对象的左上角到右下角。定义其他值可以给渐变指定不同的方向。例如，StartPoint 指定为(0, 0)，EndPoint 指定为(0, 1)，就得到了一个垂直渐变。StartPoint 指定为(0, 0)，EndPoint 值指定为(1, 0)，就得到了一个水平渐变。

通过该画笔的内容，可以用 GradientStop 元素定义指定偏移位置的颜色值。在各个偏移位置之间，颜色是平滑过渡的(代码文件 Brushes/MainWindow.xaml)。

```
<Rectangle>
  <Rectangle.Fill>
    <LinearGradientBrush StartPoint="0,0" EndPoint="1,1">
      <GradientStop Offset="0" Color="LightGreen" />
      <GradientStop Offset="0.4" Color="Green" />
      <GradientStop Offset="1" Color="DarkGreen" />
    </LinearGradientBrush>
  </Rectangle.Fill>
</Rectangle>
```

WinUI 还支持辐射渐变笔刷，如下面的椭圆形所示。将偏移值指定为从 0 到 1，颜色将从中心平滑过渡到四周。要改变中心值，可以设置 GradientCenter 属性，它的默认值是(0.5, 0.5)(代码文件 Brushes/MainWindow.xaml)：

```
<Ellipse Grid.Row="3" Grid.Column="0">
  <Ellipse.Fill>
    <RadialGradientBrush>
      <GradientStop Offset="0" Color="LightGreen" />
      <GradientStop Offset="0.4" Color="Green" />
      <GradientStop Offset="1" Color="DarkGreen" />
    </RadialGradientBrush>
  </Ellipse.Fill>
</Ellipse>
```

31.5.3　ImageBrush

要把图像加载到画笔中，可以使用 ImageBrush 元素。通过这个元素，显示 ImageSource 属性定义的图像。图像可以在文件系统中访问，或从程序集的资源中访问。在代码示例中，添加文件系统中的图像(代码文件 Brushes/MainWindow.xaml)：

```
<Ellipse>
  <Ellipse.Fill>
    <ImageBrush ImageSource="msbuild.jpg" Opacity="0.5" />
  </Ellipse.Fill>
</Ellipse>
```

31.5.4 AcrylicBrush

AcrylicBrush 提供了透明效果，让应用或主机的其他元素能够通过该画笔显示出来。

试用 Windows 10 的计算器。这个计算器有一些透明度，可以让其他应用程序或壁纸图像在应用程序中显示出来。这种效果并不适用于计算器中的主数字按钮，但是计算器的其他元素可以让背景光线透出来。

对于需要笔刷的任何属性，可以分配 AcrylicBrush。在下面的代码片段中，TintOpacity 的值取自应用程序滑块的值。这样，移动应用程序中的滑块时，就可以根据不透明度来查看画笔的不同效果。TintColor 属性指定笔刷的主色。使用 BackgroundSource 属性，可以在 HostBackdrop 或 Backdrop 之间进行选择。使用 Backdrop 时，应用程序本身的颜色就会透出来。这就是所谓的程序内亚克力效果。控件中使用该笔刷覆盖的元素会显示出来。而使用 HostBackdrop 时，会选取应用程序下面的颜色，这就是背景亚克力效果。由于亚克力 UI 效果需要消耗 GPU 的能量，因此这一特性会缩短电池使用时间。当系统的电量低时，AcrylicBrush 使用由 FallbackColor 属性定义的纯色。还可以配置属性 AlwaysUseFallback，以始终使用回退色。用户配置可以触发此设置，以提高电池使用时间(代码文件 Brushes/MainWindow.xaml)：

```
<Ellipse Grid.Row="3" Grid.Column="1">
  <Ellipse.Fill>
    <AcrylicBrush BackgroundSource="Backdrop" TintColor="#FFFF0000"
      TintOpacity="{x:Bind acrylicOpacitySlider.Value, Mode=OneWay}"
      FallbackColor="Orange" />
  </Ellipse.Fill>
</Ellipse>
```

图 31-6 显示了将 TintOpacity 设置为 0.4 的 AcrylicBrush。顶部的椭圆形用 Backdrop 配置。这里可以看到椭圆形下面的一个矩形透出来。

注意：
何时使用亚克力笔刷？亚克力可以为应用程序增加纹理和深度。应用程序内的导航和命令在亚克力背景下看起来令人印象深刻。然而，应用程序的主要内容应该使用纯色背景。

31.6 样式和资源

通过设置属性，如设置 Button 元素的 FontSize 和 Background 属性，就可以定义 XAML 元素的外观，如 Button 元素所示(代码文件 StylesAndResources/MainWindow.xaml)：

```
<Button Width="150" FontSize="12" Background="AliceBlue" Content="Click Me!" />
```

除了定义每个元素的外观之外，还可以定义用资源存储的样式。为了完全定制控件的外观，可以使用模板，再把它们存储到资源中。“模板”小节将介绍模板。

31.6.1　样式

控件的 Style 属性可以赋予附带 Setter 的 Style 元素。Setter 元素定义 Property 和 Value 属性，并给目标元素设置指定的属性和值。下例设置 Background、FontSize、FontWeight 和 Margin 属性。把 Style 设置为 TargetType Button，以便直接访问 Button 的属性(代码文件 StylesAndResources/MainWindow.xaml)。

```
<Button Width="150" Content="Click Me!">
  <Button.Style>
    <Style TargetType="Button">
      <Setter Property="Background" Value="Yellow" />
      <Setter Property="FontSize" Value="14" />
      <Setter Property="FontWeight" Value="Bold" />
      <Setter Property="Margin" Value="4" />
    </Style>
  </Button.Style>
</Button>
```

直接通过 Button 元素设置 Style 对样式的共享没有什么帮助。样式可以放在资源中。在资源中，可以把样式赋予指定的元素，把一个样式赋予某一类型的所有元素，或者为该样式使用一个键。要把样式赋予某一类型的所有元素，可使用 Style 的 TargetType 属性，将其设置为目标类型。要定义需要引用的样式，必须设置 x:Key(代码文件 StylesAndResources/MainWindow.xaml)：

```
<Grid.Resources>
  <Style TargetType="Button">
    <Setter Property="Background" Value="LemonChiffon" />
    <Setter Property="FontSize" Value="18" />
    <Setter Property="Margin" Value="4" />
  </Style>
  <Style x:Key="ButtonStyle1" TargetType="Button">
    <Setter Property="Background" Value="Red" />
    <Setter Property="Foreground" Value="White" />
    <Setter Property="FontSize" Value="18" />
    <Setter Property="Margin" Value="8" />
  </Style>
</Grid.Resources>
```

在示例应用程序中，使用 Grid 控件的 Resources 属性来定义样式。

在下面的 XAML 代码中，第一个按钮没有用元素属性定义样式，而是使用为 Button 类型定义的样式。对于下一个按钮，用 StaticResource 标记将 Style 属性扩展设置为{StaticResource ButtonStyle}，而 ButtonStyle 指定了前面定义的样式资源的键值，所以该按钮的背景为红色，前景是白色。在 Button 控件中直接指定设置会覆盖使用样式指定的设置(代码文件 StylesAndResources/MainWindow.xaml)：

```
<Button Width="200" Content="Default Button style" Margin="8" />
<Button Width="200" Content="Named style"
  Style="{StaticResource ButtonStyle1}" Margin="8" />
```

除了把按钮的 Background 设置为单个值之外，还可以使用子元素设置 Setter 的值。如果需要多次使用笔刷，则可以在资源中直接使用 StaticResource 标记扩展。只需要在使用资源之前先定义资源，如下面的代码片段所示。使用 BasedOn 属性时，资源可以获取基础资源的所有值，并重写应该不同的值。这个代码片段定义的 FancyButtonStyle 获取 ButtonStyle1 的所有设置，只是修改了 Background 属性的值。Background 属性的笔刷是从 GreenBrush 键指定的资源获取的(代码文件 StylesAndResources/

MainWindow.xaml)：

```
<LinearGradientBrush x:Key="GreenBrush" StartPoint="0,0" EndPoint="0,1">
  <GradientStop Offset="0.0" Color="LightCyan" />
  <GradientStop Offset="0.14" Color="Cyan" />
  <GradientStop Offset="0.7" Color="DarkCyan" />
</LinearGradientBrush>

<Style x:Key="FancyButtonStyle" TargetType="Button"
  BasedOn="{StaticResource ButtonStyle1}">
  <Setter Property="Background" Value="{StaticResource GreenBrush}" />
</Style>
```

这个按钮应用了 FancyButtonStyle：

```
<Button Width="200" Content="Style inheritance"
  Style="{StaticResource FancyButtonStyle}" />
```

图 31-7 显示了对这些按钮进行样式化后的效果。

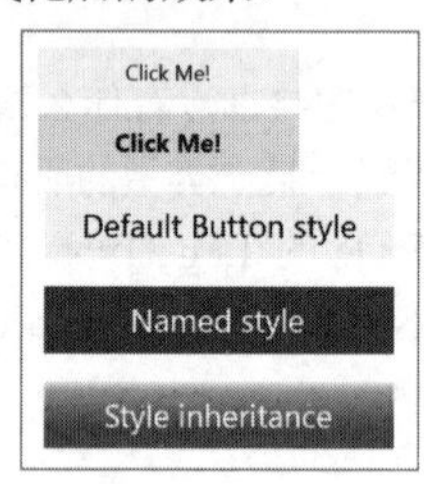

图 31-7

31.6.2 资源层次结构

从样式示例可以看出，样式通常存储在资源中。基类 FrameworkElement 定义 Resources 属性，所以每个派生自 FrameworkElement 基类的类都可以指定资源。

资源按层次结构来搜索。如果用根元素定义资源，它就会应用于所有子元素。如果根元素包含一个 Grid，该 Grid 包含一个 StackPanel，且资源是用 StackPanel 定义的，该资源就会应用于 StackPanel 中的所有控件。如果 StackPanel 包含一个按钮，但只用该按钮定义资源，这个样式就只对该按钮有效。

注意：

对于层次结构，需要注意是否为样式使用了没有 Key 的 TargetType。如果用 Canvas 元素定义一个资源，并把样式的 TargetType 设置为应用于 TextBox 元素，该样式就会应用于 Canvas 中的所有 TextBox 元素。如果 Canvas 中有一个 ListBox，该样式甚至会应用于 ListBox 包含的 TextBox 元素。

如果需要将同一个样式应用于多个窗口、页面或用户控件，就可以用应用程序定义样式。在用 Visual Studio 创建的 Windows 应用程序中，创建 App.xaml 文件，以定义应用程序的全局资源。应用程序样式对其中的每个页面或窗口都有效。每个元素都可以访问用应用程序定义的资源。如果通过父窗口找不到资源，就可以通过 Application 继续搜索资源。可以在单独的文件中使用资源字典来定义资源，如 MyGradientBrush 资源所示(代码文件 StylesAndResources/Styles.xaml)：

```
<ResourceDictionary
  xmlns="http://schemas.microsoft.com/winfx/2006/xaml/presentation"
```

```
  xmlns:x="http://schemas.microsoft.com/winfx/2006/xaml"
  xmlns:local="using:StylesAndResources">
  <RadialGradientBrush x:Key="MyGradientBrush" x:Name="MyGradientBrush">
    <GradientStop Offset="0" Color="White" />
    <GradientStop Offset="0.6" Color="Orange" />
    <GradientStop Offset="1" Color="Red" />
  </RadialGradientBrush>
</ResourceDictionary>
```

通过设置 ResourceDictionary 的 MergedDictionaries 属性来引用这个资源字典，如下面的代码片段所示。在 Application 类中引用资源文件时，应用程序中的每个 XAML 元素都可以使用该资源(代码文件 StylesAndResources/App.xaml)：

```
<Application
  x:Class="StylesAndResources.App"
  xmlns="http://schemas.microsoft.com/winfx/2006/xaml/presentation"
  xmlns:x="http://schemas.microsoft.com/winfx/2006/xaml">
  <Application.Resources>
    <ResourceDictionary>
      <ResourceDictionary.MergedDictionaries>
        <XamlControlsResources xmlns="using:Microsoft.UI.Xaml.Controls" />
        <ResourceDictionary Source="Styles.xaml" />
      </ResourceDictionary.MergedDictionaries>
    </ResourceDictionary>
  </Application.Resources>
</Application>
```

31.6.3 主题资源

在 Windows 应用程序中，提供了浅色主题和暗色主题的默认样式，可以动态修改。通过指定自定义样式，可以为不同的主题定义样式。

主题资源可以在 ThemeDictionaries 集合的资源字典中定义。在 ThemeDictionaries 集合中定义的 ResourceDictionary 对象需要分配一个包含主题名称(Light 或 Dark)的键。示例代码为浅色背景和暗色前景的 Light 主题定义了一个按钮，为浅色前景和暗色背景的 Dark 主题定义了一个按钮。用于样式的键在这两个字典中是一样的：SampleButtonStyle(代码文件 StylesAndResources/UseThemesUserControl.xaml)：

```
<ResourceDictionary>
  <ResourceDictionary.ThemeDictionaries>
    <ResourceDictionary x:Key="Light">
      <Style TargetType="Button" x:Key="SampleButtonStyle">
        <Setter Property="Background" Value="Yellow" />
        <Setter Property="Foreground" Value="Black" />
      </Style>
    </ResourceDictionary>

    <ResourceDictionary x:Key="Dark">
      <Style TargetType="Button" x:Key="SampleButtonStyle">
        <Setter Property="Background" Value="Black" />
        <Setter Property="Foreground" Value="Yellow" />
      </Style>
    </ResourceDictionary>
  </ResourceDictionary.ThemeDictionaries>
</ResourceDictionary>
```

注意：

在 Microsoft Store 中，可以找到 Windows app Fluent XAML Theme Editor (如图 31-8 所示)。使用该编辑器可以很容易基于你的颜色和边框选择创建主题。

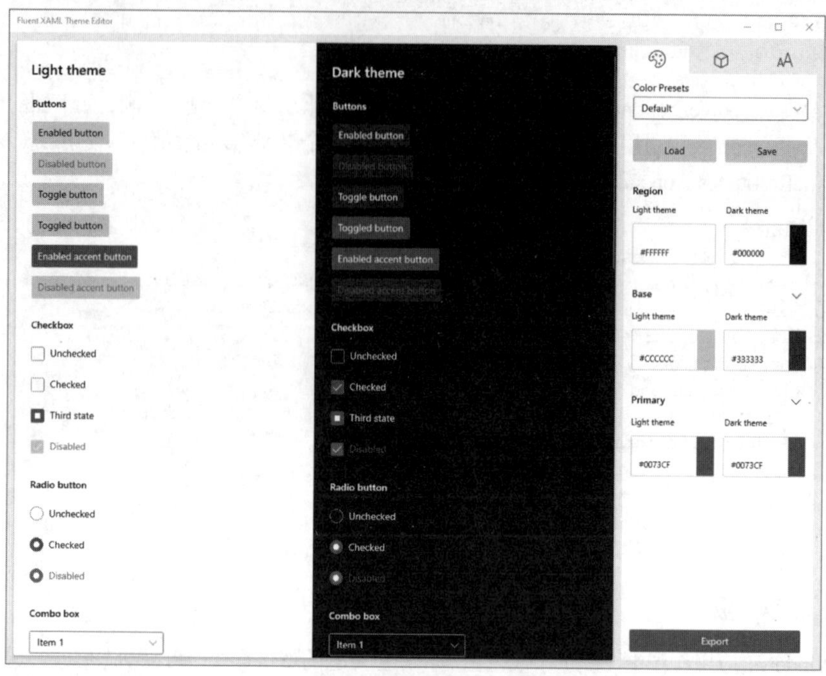

图 31-8

通过使用 FrameworkElement 的 RequestedTheme 属性来设置默认主题，可以改变默认主题。页面的不同元素可以请求不同的主题。下面的代码片段在按钮的 Click 处理程序中改变网格的主题(代码文件 StylesAndResources/UseThemesUserControl.xaml.cs)：

```
private void OnChangeTheme(object sender, RoutedEventArgs e)
{
  grid1.RequestedTheme = grid1.RequestedTheme == ElementTheme.Dark ?
    ElementTheme.Light : ElementTheme.Dark;
}
```

RequestedTheme 属性在 XAML 元素的层次结构中定义。每个元素可以覆盖用于它本身及其子元素的主题。下面的 Grid 元素改变了 Dark 主题的默认主题。现在它用于 Grid 元素及其所有子元素(代码文件 StylesAndResources/UseThemesUserControl.xaml)：

```
<Grid x:Name="grid1"
  Background="{ThemeResource ApplicationPageBackgroundThemeBrush}"
  RequestedTheme="Dark">
  <Button Style="{ThemeResource SampleButtonStyle}" Click="OnChangeTheme"
    Content="Change Theme" s/>
</Grid>
```

单击按钮时，通过设置 FrameworkElement 的 RequestedTheme 属性来更改主题(代码文件 StylesAndResources/UseThemesUserControl.xaml.cs)：

```
private void OnChangeTheme(object sender, RoutedEventArgs e)
{
  grid1.RequestedTheme = grid1.RequestedTheme == ElementTheme.Dark ?
    ElementTheme.Light : ElementTheme.Dark;
}
```

注意：
只有资源看起来与主题不同，使用 ThemeResource 标记扩展才有用。如果资源应该与主题相同，应继续使用 StaticResource 标记扩展。

31.7　模板

XAML Button 控件可以包含任何内容，如简单的文本，还可以给按钮添加 Canvas 元素。Canvas 元素可以包含形状，也可以给按钮添加 Grid 或视频。然而，按钮还可以完成更多的操作。使用基于模板的 XAML 控件，控件的功能完全独立于它们的外观。虽然按钮有默认的外观，但可以用模板完全定制其外观。

如表 31-2 所示，Windows 应用程序提供了几个模板类型，这些类型派生自基类 FrameworkTemplate。

表 31-2

模板类型	说明
ControlTemplate	使用 ControlTemplate 可以指定控件的可视化结构，重新设计其外观
ItemsPanelTemplate	对于 ItemsControl，可以赋予一个 ItemsPanelTemplate，以指定项的布局。每个 ItemsControl 都有一个默认的 ItemsPanelTemplate。MenuItem 使用 WrapPanel，StatusBar 使用 DockPanel，ListBox 使用 VirtualizingStackPanel
DataTemplate	DataTemplate 非常适用于对象的图形表示。给 ListBox 指定样式时，默认情况下，ListBox 中的项根据 ToString()方法的输出来显示。应用 DataTemplate，可以重写其操作，定义项的自定义表示。第 29 章介绍了 DataTemplate

31.7.1　控件模板

本章前面介绍了如何给控件的属性定义样式。如果设置控件的简单属性得不到需要的外观，就可以修改 Template 属性。使用 Template 属性可以定制控件的整体外观。下面的例子说明了定制按钮的过程，后面逐步地说明了列表框的定制，以便显示出改变的中间结果。

Button 类型的定制在一个单独的资源字典文件 ControlTemplates.xaml 中进行。在下面的代码示例中，定义了键名为 RoundedGelButton 的样式。RoundedGelButton 样式设置 Background、Height、Foreground、Margin 和 Template 属性。Template 属性是这个样式中最有趣的部分，它指定一个仅包含一行一列的网格。

在这个单元格中，有一个名为 GelBackground 的椭圆。这个椭圆给笔触设置了一个线性渐变笔刷。包围矩形的笔触非常细，因为将 StrokeThickness 设置为 0.5。

因为第二个椭圆 GelShine 比较小，其尺寸由 Margin 属性定义，所以在第一个椭圆内部可见。因为其笔触是透明的，所以该椭圆没有边框。这个椭圆使用一个线性渐变填充笔刷，从部分透明的浅色变为完全透明，这使椭圆具有“亦真亦幻”的效果。

ContentPresenter 是控件内容的占位符，并定义了放置这些内容的位置。在下面的代码中，把内容放在网格的第一行上，即 Ellipse 元素所在的位置。ContentPresenter 的 Content 属性定义了内容的外观。把内容设置为 TemplateBinding 标记表达式。TemplateBinding 绑定父元素(本例中是 Button 元素)。{TemplateBinding Content}指定 Button 控件的 Content 属性值应作为内容放在占位符内(代码文件 Templates/Styles/ControlTemplates.xaml)：

```
<ResourceDictionary
  xmlns="http://schemas.microsoft.com/winfx/2006/xaml/presentation"
  xmlns:x="http://schemas.microsoft.com/winfx/2006/xaml">

  <Style x:Key="RoundedGelButton" TargetType="Button">
    <Setter Property="Width" Value="100" />
    <Setter Property="Height" Value="100" />
    <Setter Property="Foreground" Value="White" />
    <Setter Property="Template">
      <Setter.Value>
        <ControlTemplate TargetType="Button">
          <Grid>
            <Ellipse Name="GelBackground" StrokeThickness="0.5" Fill="Black">
              <Ellipse.Stroke>
                <LinearGradientBrush StartPoint="0,0" EndPoint="0,1">
                  <GradientStop Offset="0" Color="#ff7e7e7e" />
                  <GradientStop Offset="1" Color="Black" />
                </LinearGradientBrush>
              </Ellipse.Stroke>
            </Ellipse>
            <Ellipse Margin="15,5,15,50">
              <Ellipse.Fill>
                <LinearGradientBrush StartPoint="0,0" EndPoint="0,1">
                  <GradientStop Offset="0" Color="#aaffffff" />
                  <GradientStop Offset="1" Color="Transparent" />
                </LinearGradientBrush>
              </Ellipse.Fill>
            </Ellipse>
            <ContentPresenter Name="GelButtonContent"
              VerticalAlignment="Center"
              HorizontalAlignment="Center"
              Content="{TemplateBinding Content}" />
          </Grid>
        </ControlTemplate>
      </Setter.Value>
    </Setter>
  </Style>
</ResourceDictionary>
```

在 app.xaml 文件中，引用资源字典，如下所示(代码文件 Templates/App.xaml)：

```
<Application
  x:Class="Templates.App"
  xmlns="http://schemas.microsoft.com/winfx/2006/xaml/presentation"
  xmlns:x="http://schemas.microsoft.com/winfx/2006/xaml"
  xmlns:local="using:Templates">
  <Application.Resources>
    <ResourceDictionary>
      <ResourceDictionary.MergedDictionaries>
        <XamlControlsResources xmlns="using:Microsoft.UI.Xaml.Controls" />
        <ResourceDictionary Source="Styles/ControlTemplates.xaml" />
```

```
    </ResourceDictionary.MergedDictionaries>
  </ResourceDictionary>
 </Application.Resources>
</Application>
```

现在 Button 控件可以与样式关联起来。按钮的新外观如图 31-9 所示(代码文件 Templates/Views/ButtonTemplatesUsercontrol.xaml)：

```
<Button Style="{StaticResource RoundedGelButton}" Content="Click Me!" />
```

图 31-9

注意：

TemplateBinding 允许将控件定义的值提供给模板。这不仅可以用于内容，还可以用于颜色和笔触样式等。

这样一个样式化的按钮在屏幕上看起来很漂亮，但仍有一个问题：如果用单击或触摸该按钮，或使鼠标滑过该按钮，它没有任何反应。用户操作按钮时一般不会这样。解决方法如下：对于模板样式的按钮，必须给它指定可视化状态或触发器，使按钮在响应鼠标移动和鼠标单击时有不同的外观。首先阅读“动画”小节，因为 VisualStateManager 使用了动画，然后阅读“可视化状态管理器”小节，了解如何修改按钮模板来响应单击和鼠标移动。

除了从头创建这种模板，还可以在 XAML 设计器或者 Document Explorer 中选中 Button 控件，然后从上下文菜单中选择 Edit Template。此时，可以创建一个空模板，或者复制一个预定义的模板。可以使用一个模板的副本来查看预定义模板是什么样子。

31.7.2 样式化 ListView

更改按钮或标签的样式是一个简单的任务，例如改变包含一个元素列表的父元素的样式。应如何更改 ListView？这个列表控件也有操作方式和外观。它可以显示一个元素列表，用户可以从列表中选择一个或多个元素。至于操作方式，ListView 类定义了方法、属性和事件。ListView 的外观与其操作是分开的。ListView 元素有一个默认的外观，但可以通过创建模板改变这个外观。

为了给 ListView 填充一些项，类 CountryRepository 返回几个要显示出来的国家的列表。Country 类包含 Name 和 ImagePath 属性(代码文件 Templates/Models/CountryRepository.cs)：

```
public sealed class CountryRepository
{
  private static IEnumerable<Country>? s_countries;
  public IEnumerable<Country> GetCountries() => s_countries ?? = new List<Country>
  {
    new() { Name = "Austria", ImagePath = "/Images/Austria.bmp" },
    new() { Name = "Germany", ImagePath = "/Images/Germany.bmp" },
    new() { Name = "Norway", ImagePath = "/Images/Norway.bmp" },
    new() { Name = "USA", ImagePath = "/Images/USA.bmp" }
  };
}
```

在代码隐藏文件中，在 StyledList 类的构造函数中，使用 CountryRepository 的 GetCountries()方法创建并填充只读属性 Countries(代码文件 Templates/Views/StyledListUserControl.xaml.cs)：

```
public ObservableCollection<Country> Countries { get; } =
  new ObservableCollection<Country>();

public StyledListUserControl()
{
  this.InitializeComponent();
  this.DataContext = this;
  var countries = new CountryRepository().GetCountries();
  foreach (var country in countries)
  {
    Countries.Add(country);
  }
}
```

在 XAML 代码中，定义了 countryList1 ListView。countryList1 只使用元素的默认样式。把 ItemsSource 属性设置为 Binding 标记扩展，它由数据绑定使用。从代码隐藏文件中，可以看到数据绑定用于 Country 对象数组。图 31-10 显示了 ListView 的默认外观。在默认情况下，只在一个简单的列表中显示 ToString()方法返回的国家名称(代码文件 Templates/StyledListUserControl.xaml)。

```
<Grid>
  <ListView ItemsSource="{x:Bind Countries}" Margin="10"
    x:Name="countryList1" />
</Grid>
```

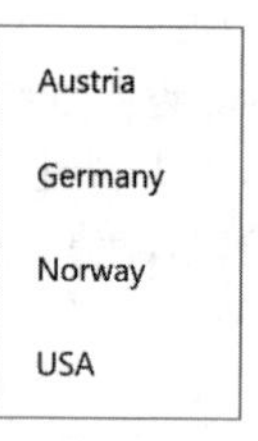

图 31-10

由第 29 章可知，使用数据模板可以自定义 ListView 中的项的外观。示例代码使用了将 TextBlock 和 Image 元素绑定到 Name 和 ImagePath 属性的数据模板(代码文件 Templates/Styles/ListTemplates.xaml)：

```
<DataTemplate x:Key="CountryDataTemplate">
  <Border Margin="4" BorderThickness="2" CornerRadius="6"
    BorderBrush="{StaticResource BorderBrush}"
    Background="{StaticResource BackgroundBrush">
    <Border.BorderBrush>
    <Grid Margin="4">
      <Grid.RowDefinitions>
        <RowDefinition Height="auto" />
        <RowDefinition Height="auto" />
      </Grid.RowDefinitions>
      <Image Source="{Binding ImagePath, Mode=OneTime, FallbackValue=Name}" Width="120" />
      <TextBlock Text="{Binding Name, Mode=OneTime}" Grid.Row="1" Opacity="0.6"
        FontSize="16" VerticalAlignment="Bottom" HorizontalAlignment="Right" Margin="15"
        FontWeight="Bold" />
```

```
    </Grid>
  </Border>
</DataTemplate>
```

图 31-11 显示了 ListView 的新外观。

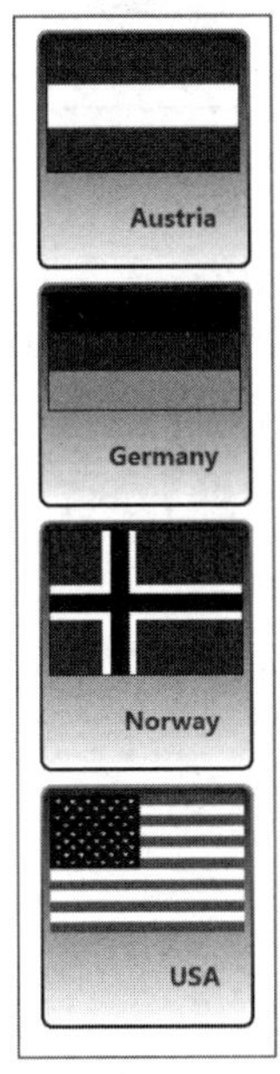

图 31-11

31.7.3　项容器的样式

ListView 中的每一项被放到一个容器中。使用 ListView 的 ItemContainerStyle 属性可以自定义容器。项容器可以定义每项的容器的外观，例如，选择、按下项时，应给笔刷使用什么前景和背景等。对于容器边界的简单视图，下面的代码片段中设置了 Margin 和 Background 属性。然后，ListViewItemPresenter 展示了这些项。使用展示器可以自定义焦点笔刷、占位符背景、选定项的前景和背景等(代码文件 Templates/Styles/ListTemplates.xaml)：

```
<Style x:Key="ListViewItemStyle1" TargetType="ListViewItem">
  <Setter Property="Background" Value="Orange"/>
  <Setter Property="Margin" Value="5" />
  <Setter Property="Template">
    <Setter.Value>
      <ControlTemplate TargetType="ListViewItem">
        <ListViewItemPresenter />
      </ControlTemplate>
    </Setter.Value>
  </Setter>
</Style>
```

样式与 ListView 的 ItemContainerStyle 属性相关联。这种样式的结果如图 31-12 所示。这个图显示了项容器的边界(代码文件 Templates/StyledListUserControl.xaml)：

```
<ListView ItemsSource="{Binding Countries}" Margin="10"
```

```
ItemContainerStyle="{StaticResource ListViewItemStyle1}"
Style="{StaticResource ListViewStyle1}" MaxWidth="180" />
```

图 31-12

31.7.4　项面板

默认情况下， ListView 的项垂直放置。还可以用其他方式安排项，如水平放置。在项控件中安排项由项面板负责。

下面的代码片段为 ItemsPanelTemplate 定义了资源，水平布置 ItemsStackPanel，而不是垂直布置，并使用一个不同的背景，以便轻松看到项面板的边界(代码文件 Templates/Styles/ListTemplates.xaml)：

```
<ItemsPanelTemplate x:Key="ItemsPanelTemplate1">
  <VirtualizingStackPanel Orientation="Horizontal" Background="Yellow"/>
</ItemsPanelTemplate>
```

下面的 ListView 声明使用与之前相同的 Style 和 ItemContainerStyle，但添加了 ItemsPanel 的资源。图 31-13 显示，项现在水平布置(代码文件 Templates/StyledListUserControl.xaml)：

```
<ListView ItemsSource="{Binding Countries}" Margin="10"
  ItemContainerStyle="{StaticResource ListViewItemStyle1}"
  ItemTemplate="{StaticResource CountryDataTemplate}"
  ItemsPanel="{StaticResource ItemsPanelTemplate1}" />
```

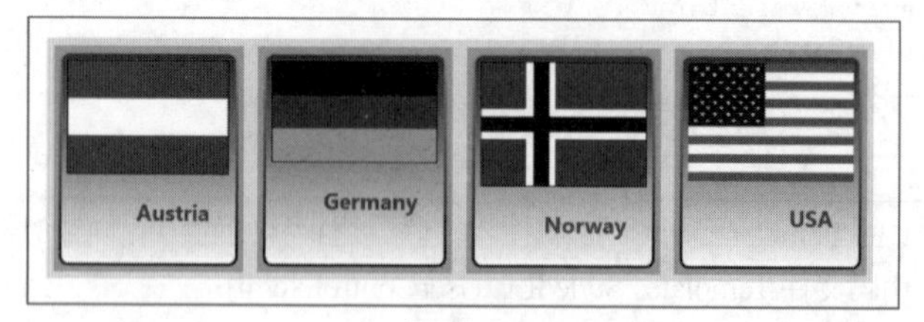

图 31-13

要改变整个控件的外观，还可以自定义 ListView 的 Template 属性，来改变滚动条行为等。为此，可以为目标类型 ListView 创建一个 ControlTemplate，类似于在自定义 Button 控件时所做的那样，然后配置 ScrollViewer。

31.8 动画

在动画中，可以使用移动的元素、颜色变化、变换等制作平滑的变换效果。XAML 使创建动画非常简单。还可以连续改变大部分依赖属性的值。不同的动画类可以根据其类型，连续改变不同属性的值。

动画最重要的元素是时间轴，它定义了值随时间的变化方式。不同类型的时间轴，可用于改变不同类型的值。所有时间轴的基类都是 Timeline。为了连续改变 double 值，可以使用 DoubleAnimation 类。Int32Animation 类是 int 值的动画类。PointAnimation 类用于连续改变点，ColorAnimation 类用于连续改变颜色。

Storyboard 类可以用于合并时间轴。Storyboard 类派生自基类 TimelineGroup，TimelineGroup 又派生自基类 Timeline。

注意：
要在没有构建和运行应用程序的情况下查看动画，可以查看可下载代码中的 GIF 文件，或者在 GitHub 上本章的 readme 文件中直接查看并访问 GIF 文件的链接。

31.8.1 时间轴

Timeline 定义了值随时间的变化方式。下面的示例连续改变椭圆的大小。在接下来的代码中，DoubleAnimation 时间轴缩放和平移椭圆，ColorAnimation 改变填充笔刷的颜色。Ellipse 类的 Triggers 属性被设置为 EventTrigger，在加载椭圆时触发事件。BeginStoryboard 是启动故事板的触发器动作。在故事板中，DoubleAnimation 元素用于连续改变 CompositeTransform 类的 ScaleX、ScaleY、TranslateX、TranslateY 属性。动画在 10 秒内把水平比例改为 5，垂直比例改为 3(代码文件 Animation/SimpleAnimationControl.xaml)：

```
<Ellipse x:Name="ellipse1" Width="100" Height="40"
 HorizontalAlignment="Left" VerticalAlignment="Top">
 <Ellipse.Fill>
  <SolidColorBrush Color="Green" />
 </Ellipse.Fill>
 <Ellipse.RenderTransform>
  <CompositeTransform ScaleX="1" ScaleY="1" TranslateX="0" TranslateY="0" />
 </Ellipse.RenderTransform>
 <Ellipse.Triggers>
  <EventTrigger>
   <BeginStoryboard>
    <Storyboard x:Name="MoveResizeStoryboard">
     <DoubleAnimation Duration="0:0:10" To="5"
      Storyboard.TargetName="ellipse1"
      Storyboard.TargetProperty=
       "(UIElement.RenderTransform).(CompositeTransform.ScaleX)" />
     <DoubleAnimation Duration="0:0:10" To="3"
      Storyboard.TargetName="ellipse1"
      Storyboard.TargetProperty=
```

```
            "(UIElement.RenderTransform).(CompositeTransform.ScaleY)" />
          <DoubleAnimation Duration="0:0:10" To="400"
            Storyboard.TargetName="ellipse1"
            Storyboard.TargetProperty=
            "(UIElement.RenderTransform).(CompositeTransform.TranslateX)" />
          <DoubleAnimation Duration="0:0:10" To="200"
            Storyboard.TargetName="ellipse1"
            Storyboard.TargetProperty=
              "(UIElement.RenderTransform).(CompositeTransform.TranslateY)" />
          <ColorAnimation Duration="0:0:10" To="Red"
            Storyboard.TargetName="ellipse1"
            Storyboard.TargetProperty=
              "(Ellipse.Fill).(SolidColorBrush.Color)" />
        </Storyboard>
      </BeginStoryboard>
    </EventTrigger>
  </Ellipse.Triggers>
</Ellipse>
```

动画并不仅仅是一直和立刻显示在屏幕上的一般窗口动画，还可以给业务应用程序添加动画，使用户界面的响应性更好。光标划过按钮或单击按钮时的外观由动画定义。

Timeline 可以完成的任务如表 31-3 所示。

表 31-3

Timeline 属性	说明
AutoReverse	使用 AutoReverse 属性，可以指定连续改变的值在动画结束后是否返回初始值
SpeedRatio	使用 SpeedRatio，可以改变动画的移动速度。在这个属性中，可以定义父子元素的相对关系。默认值为 1，将速率设置为较小的值，会使动画移动较慢；将速率设置为高于 1 的值，会使动画移动较快
BeginTime	使用 BeginTime，可以指定从触发器事件开始到动画开始移动之间的时间长度。其单位可以是天、小时、分钟、秒和几分之秒。取决于 SpeedRatio，动画开始可以不是实时的。例如，如果把 SpeedRatio 设置为 2，把开始时间设置为 6 秒，动画就在 3 秒后开始
Duration	使用 Duration 属性，可以指定动画重复一次的时间长度
RepeatBehavior	给 RepeatBehavior 属性指定一个 RepeatBehavior 结构，可以定义动画的重复次数或重复时间
FillBehavior	如果父元素的时间轴有不同的持续时间，FillBehavior 属性就很重要。例如，如果父元素的时间轴比实际动画的持续时间短，则将 FillBehavior 设置为 Stop 就表示实际动画停止。如果父元素的时间轴比实际动画的持续时间长，且当 AutoReverse 设置为 true 时，HoldEnd 就会一直执行动画，直到把它重置为初始值为止

根据 Timeline 类的类型，还可以使用其他一些属性。例如，使用 DoubleAnimation，可以为动画的开始和结束设置 From 和 To 属性。还可以指定 By 属性，用 Bound 属性的当前值启动动画，该属性值会递增由 By 属性指定的值。

31.8.2 缓动函数

在前面的动画中，值以线性的方式变化。但在现实生活中，移动不会呈线性的方式。移动可能开始时较慢，逐步加快，达到最高速度后减缓，最后停止。一个球掉到地上，会反弹几次，最后停在地上。这种非线性行为可以使用缓动函数创建。

动画类有 EasingFunction 属性。这个属性接受一个派生自基类 EasingFunctionBase 的对象。通过这个类型，缓动函数对象可以定义值随着时间的变化方式。有几个缓动函数可用于创建非线性动画，如 ExponentialEase，它给动画使用指数公式。QuadraticEase、CubicEase、QuarticEase 和 QuinticEase 的指数分别是 2、3、4、5，PowerEase 的指数是可以配置的。特别有趣的是 SineEase，它使用正弦曲线，BounceEase 创建弹跳效果，ElasticEase 用弹簧的来回震荡模拟动画值。

下面的代码片段把 BounceEase 函数添加到 DoubleAnimation 中。添加不同的缓动函数，就会看到动画的有趣效果：

```
<DoubleAnimation Storyboard.TargetProperty="(Ellipse.Width)"
  Duration="0:0:3" AutoReverse="True"
  FillBehavior=" RepeatBehavior="Forever"
  From="100" To="300">
  <DoubleAnimation.EasingFunction>
    <BounceEase EasingMode="EaseInOut" />
  </DoubleAnimation.EasingFunction>
</DoubleAnimation>
```

为了看到不同的缓动动画，下一个示例让椭圆在两个小矩形之间移动。Rectangle 和 Ellipse 元素在 Canvas 画布上定义，椭圆定义了 TranslateTransform 变换，来移动椭圆(代码文件 Animation/EasingFunctions.xaml)：

```
<Canvas Grid.Row="1">
  <Rectangle Fill="Blue" Width="10" Height="200" Canvas.Left="50"
    Canvas.Top="100" />
  <Rectangle Fill="Blue" Width="10" Height="200" Canvas.Left="550"
    Canvas.Top="100" />
  <Ellipse Fill="Red" Width="30" Height="30" Canvas.Left="60" Canvas.Top="185">
    <Ellipse.RenderTransform>
      <TranslateTransform x:Name="translate1" X="0" Y="0" />
    </Ellipse.RenderTransform>
  </Ellipse>
</Canvas>
```

用户单击按钮，启动动画。单击此按钮之前，用户可以从 ComboBox comboEasingFunctions 中选择缓动函数，使用单选按钮选择一个 EasingMode 枚举值。

```
<StackPanel Orientation="Horizontal">
  <ComboBox x:Name="comboEasingFunctions" Margin="10" />
  <Button Click="OnStartAnimation" Margin="10">Start</Button>
  <Border BorderThickness="1" BorderBrush="Black" Margin="3">
    <StackPanel Orientation="Horizontal">
      <RadioButton x:Name="easingModeIn" GroupName="EasingMode" Content="In" />
      <RadioButton x:Name="easingModeOut" GroupName="EasingMode"
        Content="Out" IsChecked="True" />
      <RadioButton x:Name="easingModeInOut" GroupName="EasingMode"
        Content="InOut" />
    </StackPanel>
  </Border>
</StackPanel>
```

ComboBox 中显示的、动画激活的缓动函数列表从 EasingFunctionManager 的 EasingFunctionModels 属性中返回。这个管理器把缓动函数转换为 EasingFunctionModel，以显示出来(代码文件 Animation/EasingFunctionsManager.cs)：

```
public class EasingFunctionsManager
{
  private readonly static List<EasingFunctionBase> s_easingFunctions = new()
  {
    new BackEase(),
    new SineEase(),
    new BounceEase(),
    new CircleEase(),
    new CubicEase(),
    new ElasticEase(),
    new ExponentialEase(),
    new PowerEase(),
    new QuadraticEase(),
    new QuinticEase()
  };

  public IEnumerable<EasingFunctionModel> EasingFunctionModels =>
    s_easingFunctions.Select(f => new EasingFunctionModel(f));
}
```

EasingFunctionModel 类定义了 ToString()方法，返回定义了缓动函数的类的名称。这个名字显示在组合框中(代码文件 Animation/EasingFunctionModel.cs)：

```
public class EasingFunctionModel
{
  public EasingFunctionModel(EasingFunctionBase easingFunction) =>
    EasingFunction = easingFunction;
  public EasingFunctionBase EasingFunction { get; }

  public override string ToString() => EasingFunction.GetType().Name;
}
```

在代码隐藏文件的构造函数中填充 ComboBox (代码文件 Animation/EasingFunctions.xaml.cs)：

```
private readonly EasingFunctionsManager _easingFunctions = new();
private const int AnimationTimeSeconds = 6;

public EasingFunctions()
{
  InitializeComponent();
  foreach (var easingFunctionModel in _easingFunctions.EasingFunctionModels)
  {
    comboEasingFunctions.Items.Add(easingFunctionModel);
  }
}
```

在用户界面中，不仅可以选择用于动画的缓动函数的类型，还可以选择缓动模式。所有缓动函数的基类(EasingFunctionBase)定义了 EasingMode 属性，它可以是 EasingMode 枚举的值。

单击此按钮，启动动画，会调用 OnStartAnimation()方法。该方法又调用 StartAnimation()方法。在这个方法中，通过编程方式创建一个包含 DoubleAnimation 的故事板。之前列出了使用 XAML 的类似代码。动画连续改变 translate1 元素的 X 属性 (代码文件 Animation/EasingFunctionsPage.xaml.cs)：

```
private void OnStartAnimation(object sender, RoutedEventArgs e)
{
  if (comboEasingFunctions.SelectedItem is EasingFunctionModel easingFunctionModel)
  {
```

```
    EasingFunctionBase easingFunction = easingFunctionModel.EasingFunction;
    easingFunction.EasingMode = GetEasingMode();
    StartAnimation(easingFunction);
  }
}

private void StartAnimation(EasingFunctionBase easingFunction)
{
  chartControl.Draw(easingFunction);

  Storyboard storyboard = new();
  DoubleAnimation ellipseMove = new();
  ellipseMove.EasingFunction = easingFunction;
  ellipseMove.Duration = new
    Duration(TimeSpan.FromSeconds(AnimationTimeSeconds));
  ellipseMove.From = 0;
  ellipseMove.To = 460;
  Storyboard.SetTarget(ellipseMove, translate1);
  Storyboard.SetTargetProperty(ellipseMove, "X");

  // start the animation in 0.5 seconds
  ellipseMove.BeginTime = TimeSpan.FromSeconds(0.5);

  // keep the position after the animation
  ellipseMove.FillBehavior = FillBehavior.HoldEnd;
  storyboard.Children.Add(ellipseMove);
  storyBoard.Begin();
}
```

现在，可以运行应用程序，观察椭圆使用不同的缓动函数，以不同的方式从左矩形移动到右矩形。其中一些缓动函数，比如 BackEase、BounceEase 或 ElasticEase，使用起来的区别是显而易见的。其他的一些缓动函数没有明显的区别。为了更好地理解缓动值如何变化，可以创建一个折线图，图中显示了一条线，其上的值由基于时间的缓动函数返回。

为了显示折线图，可以创建一个用户控件，它定义了一个 Canvas 元素。默认情况下，x 方向从左到右，y 方向从上到下。为了把 y 方向改为从下到上，可以定义一个变换(代码文件 Animation/EasingChartControl.xaml)：

```
<Canvas x:Name="canvas1" Width="500" Height="500" Background="Yellow">
  <Canvas.RenderTransform>
    <TransformGroup>
      <ScaleTransform ScaleX="1" ScaleY="-1"/>
      <TranslateTransform X="0" Y="500" />
    </TransformGroup>
  </Canvas.RenderTransform>
</Canvas>
```

在代码隐藏文件中，使用线段绘制折线图。线段在本章的“使用段的几何图形”小节中用 XAML 代码讨论过。可以在本例中使用这段代码。通过传递 x 轴上显示的时间值的规范化值，缓动函数的 Ease 方法将返回一个值，显示在 y 轴上(代码文件 Animation/EasingChartControl.xaml.cs)：

```
private const double SamplingInterval = 0.01;

public void Draw(EasingFunctionBase easingFunction)
{
  canvas1.Children.Clear();
```

```
    var pathSegments = new PathSegmentCollection();
    for (double i = 0; i < 1; i += _samplingInterval)
    {
      double x = i * canvas1.Width;
      double y = easingFunction.Ease(i) * canvas1.Height;
      var segment = new LineSegment();
      segment.Point = new Point(x, y);
      pathSegments.Add(segment);
    }

    var p = new Path();
    p.Stroke = new SolidColorBrush(Colors.Black);
    p.StrokeThickness = 3;
    var figures = new PathFigureCollection();
    figures.Add(new PathFigure { Segments = pathSegments });
    p.Data = new PathGeometry { Figures = figures };
    canvas1.Children.Add(p);
  }
```

EasingChartControl 在动画开始时调用 Draw()方法(代码文件 Animation/EasingFunctions.xaml.cs):

```
private void StartAnimation(EasingFunctionBase easingFunction)
{
  // show the chart
  chartControl.Draw(easingFunction);
  //...
```

运行应用程序时，可以看到使用 BounceEase 和 EaseOut 的结果，如图 31-14 所示。对于其他选择，可以运行应用程序或查看可下载的.avi 文件。

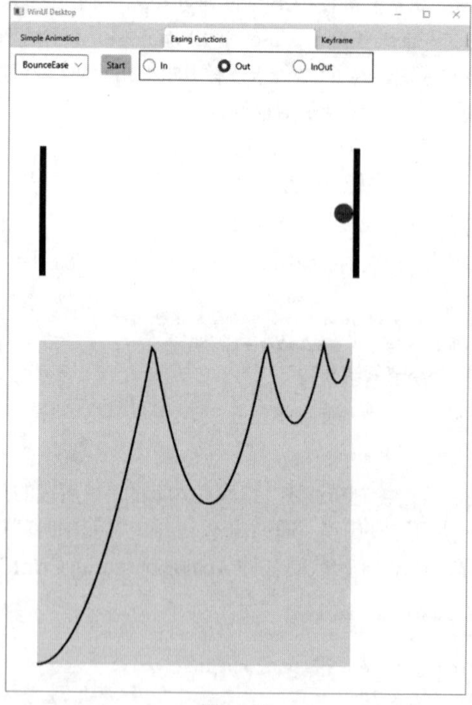

图 31-14

31.8.3　关键帧动画

如前所述，使用缓动函数，就可以用非线性的方式制作动画。如果需要为动画指定几个值，就可以使用关键帧动画。与正常的动画一样，关键帧动画也有不同的动画类型，它们可以改变不同类型的属性。

DoubleAnimationUsingKeyFrames 是双精度类型的关键帧动画。其他关键帧动画类型有 Int32AnimationUsingKeyFrames、PointAnimationUsingKeyFrames、ColorAnimationUsingKeyFrames、SizeAnimationUsingKeyFrames 以及 ObjectAnimationUsingKeyFrames。

示例 XAML 代码连续地改变 TranslateTransform 元素的 X 值和 Y 值，从而改变椭圆的位置。把 EventTrigger 定义为 RountedEvent Ellipse.Loaded，动画就会在加载椭圆时启动。事件触发器用 BeginStoryboard 元素启动一个 Storyboard。该 Storyboard 包含两个 DoubleAnimationUsingKeyFrame 类型的关键帧动画。关键帧动画由帧元素组成。第一幅关键帧动画使用一个 LinearKeyFrame、一个 DiscreteDoubleKeyFrame 和一个 SplineDoubleKeyFrame；第二幅关键帧动画是一个 EasingDoubleKeyFrame。LinearDoubleKeyFrame 使对应值线性变化。KeyTime 属性定义了动画应何时达到 Value 属性的值。

本例中，LinearDoubleKeyFrame 用 3 秒的时间使 X 属性到达值 30。DiscreteDoubleKeyFrame 在 4 秒后立即改变为新值。SplineDoubleKeyFrame 使用贝塞尔曲线，其中的两个控制点由 KeySpline 属性指定。EasingDoubleKeyFrame 是一个帧类，它支持设置缓动函数(如 BounceEase)来控制动画值(代码文件 Animation/KeyFrameAnimationPage.xaml)：

```
<Canvas>
  <Ellipse Fill="Red" Canvas.Left="20" Canvas.Top="20" Width="25" Height="25">
    <Ellipse.RenderTransform>
      <TranslateTransform X="50" Y="50" x:Name="ellipseMove" />
    </Ellipse.RenderTransform>
    <Ellipse.Triggers>
      <EventTrigger>
        <BeginStoryboard>
          <Storyboard>
            <DoubleAnimationUsingKeyFrames Storyboard.TargetProperty="X"
              Storyboard.TargetName="ellipseMove">
              <LinearDoubleKeyFrame KeyTime="0:0:2" Value="30" />
              <DiscreteDoubleKeyFrame KeyTime="0:0:4" Value="80" />
              <SplineDoubleKeyFrame KeySpline="0.5,0.0 0.9,0.0"
                KeyTime="0:0:10" Value="300" />
              <LinearDoubleKeyFrame KeyTime="0:0:20" Value="150" />
            </DoubleAnimationUsingKeyFrames>
            <DoubleAnimationUsingKeyFrames Storyboard.TargetProperty="Y"
              Storyboard.TargetName="ellipseMove">
              <SplineDoubleKeyFrame KeySpline="0.5,0.0 0.9,0.0"
                KeyTime="0:0:2" Value="50" />
              <EasingDoubleKeyFrame KeyTime="0:0:20" Value="300">
                <EasingDoubleKeyFrame.EasingFunction>
                  <BounceEase />
                </EasingDoubleKeyFrame.EasingFunction>
              </EasingDoubleKeyFrame>
            </DoubleAnimationUsingKeyFrames>
          </Storyboard>
        </BeginStoryboard>
      </EventTrigger>
```

```
    </Ellipse.Triggers>
  </Ellipse>
</Canvas>
```

31.8.4 过渡

为方便创建带动画的用户界面，UWP 应用程序定义了过渡效果。过渡效果创建引人注目的应用程序更容易，而不需要考虑如何制作很酷的动画。过渡效果预定义了如下动画：添加、移除和重新排列列表上的项，打开面板，改变内容控件的内容等。

下面的示例演示了几个过渡效果，在用户控件的左边和右边展示它们，再显示没有过渡效果的相似元素，这有助于看到它们之间的差异。当然，需要启动应用程序才能看到区别，很难在印刷出来的书上证明这一点。

1. 复位过渡效果

第一个例子在按钮元素的 Transitions 属性中使用了 RepositionThemeTransition。过渡效果总是需要在 TransitionCollection 内定义，因为这样的集合是不会自动创建的，如果没有使用 TransitionCollection，就会显示一个有误导作用的运行库错误。第二个按钮不使用过渡效果(代码文件 Transitions/RepositionUserControl.xaml)：

```
<Button Grid.Row="1" Click="OnReposition" Content="Reposition"
  x:Name="buttonReposition" Margin="10">
  <Button.Transitions>
    <TransitionCollection>
      <RepositionThemeTransition />
    </TransitionCollection>
  </Button.Transitions>
</Button>
<Button Grid.Row="1" Grid.Column="1" Click="OnReset" Content="Reset"
  x:Name="button2" Margin="10" />
```

RepositionThemeTransition 是控件改变位置时的过渡效果。在代码隐藏文件中，用户单击按钮时，Margin 属性会改变，按钮的位置也会改变。

```
private void OnReposition(object sender, RoutedEventArgs e)
{
  buttonReposition.Margin = new Thickness(100);
  button2.Margin = new Thickness(100);
}

private void OnReset(object sender, RoutedEventArgs e)
{
  buttonReposition.Margin = new Thickness(10);
  button2.Margin = new Thickness(10);
}
```

2. 窗格过渡效果

PopupThemeTransition 和 PaneThemeTransition 显示在下一个用户控件中。在这里，过渡效果用 Popup 控件的 ChildTransitions 属性定义(代码文件 Transitions/PaneTransitionUserControl.xaml)：

```
<StackPanel Orientation="Horizontal" Grid.Row="2">
  <Popup x:Name="popup1" Width="200" Height="90" Margin="60">
```

```
    <Border Background="Red" Width="100" Height="60">
    </Border>
    <Popup.ChildTransitions>
      <TransitionCollection>
        <PopupThemeTransition />
      </TransitionCollection>
    </Popup.ChildTransitions>
  </Popup>
  <Popup x:Name="popup2" Width="200" Height="90" Margin="60">
    <Border Background="Red" Width="100" Height="60">
    </Border>
    <Popup.ChildTransitions>
      <TransitionCollection>
        <PaneThemeTransition />
      </TransitionCollection>
    </Popup.ChildTransitions>
  </Popup>
  <Popup x:Name="popup3" Margin="60" Width="200" Height="90">
    <Border Background="Green" Width="100" Height="60">
    </Border>
  </Popup>
</StackPanel>
```

代码隐藏文件通过设置 IsOpen 属性，打开和关闭 Popup 控件。这会启动过渡效果(代码文件 Transitions\PaneTransitionUserControl.xaml):

```
private void OnShow(object sender, RoutedEventArgs e)
{
  popup1.IsOpen = true;
  popup2.IsOpen = true;
  popup3.IsOpen = true;
}

private void OnHide(object sender, RoutedEventArgs e)
{
  popup1.IsOpen = false;
  popup2.IsOpen = false;
  popup3.IsOpen = false;
}
```

运行应用程序时可以看到，打开 Popup 和 Flyout 控件的 PopupThemeTransition 看起来不错。PaneThemeTransition 慢慢从右侧打开 Popup。这个过渡效果也可以通过设置属性，配置为从其他侧边打开，因此最适合从一侧移入的面板，例如设置栏。

3. 项的过渡效果

从项控件中添加和删除项也定义了过渡效果。以下的 ItemsControl 利用了 EntranceThemeTransition 和 RepositionThemeTransition。项添加到集合中时使用 EntranceThemeTransition，重新安排项时，例如从列表中删除项，将使用 RepositionThemeTransition (代码文件 Transitions/ListItemsUserControl.xaml):

```
<ItemsControl Grid.Row="1" x:Name="list1">
  <ItemsControl.ItemContainerTransitions>
    <TransitionCollection>
      <EntranceThemeTransition />
      <RepositionThemeTransition />
    </TransitionCollection>
```

```
    </ItemsControl.ItemContainerTransitions>
  </ItemsControl>
  <ItemsControl Grid.Row="1" Grid.Column="1" x:Name="list2" />
```

在代码隐藏文件中，在列表控件中添加和删除 Rectangle 对象。ItemsControl 对象没有关联的过渡效果，所以运行应用程序时，很容易看出差异(代码文件 Transitions/ListItemsUserControl.xaml.cs)：

```
private void OnAdd(object sender, RoutedEventArgs e)
{
  list1.Items.Add(CreateRectangle());
  list2.Items.Add(CreateRectangle());
}

private Rectangle CreateRectangle() =>
  new Rectangle
  {
    Width = 90,
    Height = 40,
    Margin = new Thickness(5),
    Fill = new SolidColorBrush { Color = Colors.Blue }
  };

private void OnRemove(object sender, RoutedEventArgs e)
{
  if (list1.Items.Count > 0)
  {
    list1.Items.RemoveAt(0);
    list2.Items.RemoveAt(0);
  }
}
```

注意：

通过这些过渡效果，了解了如何减少使用户界面连续动起来所需的工作量。一定要查看可用于 UWP 应用程序的更多过渡效果。通过在 Microsoft 文档中查看 Transition 中的派生类，可以看到所有的过渡效果。

31.9 可视化状态管理器

本章前面的“控件模板”中，介绍了如何创建控件模板，自定义控件的外观。其中还缺少了一些内容。使用按钮的默认模板，按钮会响应鼠标的移动和单击，当鼠标移动到按钮或单击按钮时，按钮的外观是不同的。这种外观变化通过可视化状态和动画来处理，由可视化状态管理器控制。

本节介绍如何改变按钮样式，来响应鼠标的移动和单击，还描述了如何创建自定义状态，当几个控件应该切换到禁用状态时，例如进行后台处理，这些自定义状态用于处理完整页面的变化。

对于 XAML 元素，可以定义可视化状态、状态组和状态，指定状态的特定动画。状态组允许同时有多个状态。对于一组，一次只能有一个状态。然而，另一组的另一个状态可以在同一时间激活。例如，按钮的状态和状态组。按钮控件定义了状态组 CommonStates 和 FocusStates。用 FocusStates 定义的状态是 Focused、Unfocused 和 PointerFocused，CommonStates 组定义了状态 Normal、PointerOver、Pressed 和 Disabled。有了这些选项，多个状态可以同时激活，但一个状态组内总是只有一个状态是激活的。例如，按钮可以是 Focused 和 Normal 状态，也可以是 Focused 和 Pressed 状态，还可以定义指定的状态和状态组。

下面看看具体的例子。

31.9.1　用控件模板预定义状态

下面利用先前创建的自定义控件模板，样式化按钮控件，使用可视化状态改进它。为此，一个简单的方法是使用 Blend for Visual Studio。Blend 提供了一个设计器，允许创建和自定义状态，以及记录故事板，以定义当一个状态切换到另一个状态时应该发生什么。

注意：

在撰写本书时，Blend for Visual Studio 还不支持 WinUI。如果当设计自己的 WinUI 应用程序时，仍然是这种情况，那么可以在 UWP 应用程序中使用 Blend，然后把样式复制到你的 WinUI 应用程序中。

之前的按钮模板改为定义可视化状态：Pressed、Disabled 和 PointerOver。在状态中，Storyboard 定义了一个 ColorAnimation 来改变椭圆的 Fill 属性的颜色(代码文件 VisualStates/MainPage.xaml)：

```
<Style x:Key="RoundedGelButton" TargetType="Button">
  <Setter Property="Width" Value="100" />
  <Setter Property="Height" Value="100" />
  <Setter Property="Foreground" Value="White" />
  <Setter Property="Template">
    <Setter.Value>
      <ControlTemplate TargetType="Button">
        <Grid>
          <VisualStateManager.VisualStateGroups>
            <VisualStateGroup x:Name="CommonStates">
              <VisualState x:Name="Normal"/>
              <VisualState x:Name="Pressed">
                <Storyboard>
                  <ColorAnimation Duration="0" To="#FFC8CE11"
                    Storyboard.TargetProperty=
                      "(Shape.Fill).(SolidColorBrush.Color)"
                    Storyboard.TargetName="GelBackground" />
                </Storyboard>
              </VisualState>
              <VisualState x:Name="Disabled">
                <Storyboard>
                  <ColorAnimation Duration="0" To="#FF606066"
                    Storyboard.TargetProperty=
                      "(Shape.Fill).(SolidColorBrush.Color)"
                    Storyboard.TargetName="GelBackground" />
                </Storyboard>
              </VisualState>
              <VisualState x:Name="PointerOver">
                <Storyboard>
                  <ColorAnimation Duration="0" To="#FF0F9D3A"
                    Storyboard.TargetProperty=
                      "(Shape.Fill).(SolidColorBrush.Color)"
                    Storyboard.TargetName="GelBackground" />
                </Storyboard>
              </VisualState>
            </VisualStateGroup>
          </VisualStateManager.VisualStateGroups>
          <Ellipse x:Name="GelBackground" StrokeThickness="0.5" Fill="Black">
```

```
          <Ellipse.Stroke>
          <LinearGradientBrush StartPoint="0,0" EndPoint="0,1">
            <GradientStop Offset="0" Color="#ff7e7e7e" />
            <GradientStop Offset="1" Color="Black" />
          </LinearGradientBrush>
        </Ellipse.Stroke>
      </Ellipse>
      <Ellipse Margin="15,5,15,50">
        <Ellipse.Fill>
          <LinearGradientBrush StartPoint="0,0" EndPoint="0,1">
            <GradientStop Offset="0" Color="#aaffffff" />
            <GradientStop Offset="1" Color="Transparent" />
          </LinearGradientBrush>
        </Ellipse.Fill>
      </Ellipse>
      <ContentPresenter x:Name="GelButtonContent"
        VerticalAlignment="Center"
        HorizontalAlignment="Center"
        Content="{TemplateBinding Content}" />
    </Grid>
  </ControlTemplate>
 </Setter.Value>
</Setter>
</Style>
```

现在运行应用程序，可以看到颜色随着鼠标的移动和单击而变化。

31.9.2 定义自定义状态

使用 VisualStateManager 可以定义定制的状态，使用 VisualStateGroup 可以定义定制的状态组，使用 VisualState 可以定义状态。下面的代码片段在 CustomStates 组内创建了 Enabled 和 Disabled 状态。可视化状态在主窗口的网格中定义。改变状态时，Button 元素的 IsEnabled 属性使用 DiscreteObjectKeyFrame 动画立即改变 (代码文件 VisualStates/MainPage.xaml):

```
<VisualStateManager.VisualStateGroups>
  <VisualStateGroup x:Name="CustomStates">
    <VisualState x:Name="Enabled"/>
    <VisualState x:Name="Disabled">
      <Storyboard>
        <ObjectAnimationUsingKeyFrames
          Storyboard.TargetProperty="(Control.IsEnabled)"
          Storyboard.TargetName="button1">
          <DiscreteObjectKeyFrame KeyTime="0">
            <DiscreteObjectKeyFrame.Value>
              <x:Boolean>False</x:Boolean>
            </DiscreteObjectKeyFrame.Value>
          </DiscreteObjectKeyFrame>
        </ObjectAnimationUsingKeyFrames>
        <!-- another key frame animation for button2 -->
      </Storyboard>
    </VisualState>
  </VisualStateGroup>
</VisualStateManager.VisualStateGroups>
```

31.9.3 设置自定义的状态

现在需要设置状态。为此，可以调用 VisualStateManager 类的 GoToState()方法。在代码隐藏文件中，OnEnable()和 OnDisable()方法是页面上两个按钮的 Click 事件处理程序(代码文件 VisualStates/MainWindow.xaml.cs)：

```
private void OnEnable(object sender, RoutedEventArgs e) =>
  VisualStateManager.GoToState(page1, "Enabled", useTransitions: true);

private void OnDisable(object sender, RoutedEventArgs e) =>
  VisualStateManager.GoToState(page1, "Disabled", useTransitions: true);
```

在真实的应用程序中，可以以类似的方式更改状态，例如执行网络调用时，用户不应该处理页面内的一些控件。用户仍应被允许单击取消按钮。通过改变状态，还可以显示进度信息。

31.10 小结

本章介绍了样式化 Windows 应用程序的许多功能。XAML 便于分离开发人员和设计人员的工作。所有 UI 功能都可以使用 XAML 创建，其功能用代码隐藏文件创建。

我们还探讨了许多形状和几何图形元素。基于矢量的图形允许 XAML 元素缩放、倾斜、旋转和平移。

可以使用不同类型的笔刷绘制背景和前景元素，不仅可以使用纯色笔刷、线性渐变或辐射渐变笔刷，而且可以使用提供透明效果的亚克力笔刷。

样式和模板可以定制控件的外观。可视化状态管理器可以动态更改 XAML 元素的属性。连续改变 WPF 控件的属性值，就可以轻松地制作出动画。

这是本书关于 WinUI 的最后一章。在撰写本书时，WinUI 仍然处于早期阶段，将来会有更多的特性被开发出来。访问网址 31-1 和网址 31-2 来了解 WinUI 的更多特性，以及如何在通过.NET MAUI 在 Android 和 iOS 设备上运行的移动应用程序中使用 XAML。